FASTEST LEARNING COURSE GUARANTEED BY :
MEMORY GURU BISWAROOP ROY CHOWDHURY
GUINNESS BOOK OF WORLD RECORD HOLDER

डायनैमिक मेमोरी
कंप्यूटर कोर्स

स्टेप बाई स्टेप

•पढ्नमा सजिलो •पूरा सरह अपडेटेड
•इंटरनेट सर्च •फेसबुक •ब्लॉगिंग •चैटिंग
•ई-मेल •ई-कॉमर्स •फ़्लिकर

लेखक व सम्पादक
देवेन्द्र सिंह मिन्हास

डायमंड बुक्स

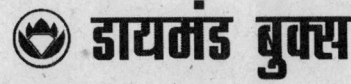

विषय-सूची

1. कंप्यूटर परिचय 1-18
कंप्यूटर के हो? 2
कंप्यूटरसंग संबंधित केहि महत्वपूर्ण तथ्यहरु
कंप्यूटर पीढिहरु 2
पहिलो पीढ़ी, दोस्रो पीढ़ी, तेस्रो पीढ़ी,
चौथो पीढ़ी, पाचौं पीढ़ी
कंप्यूटरसंग संबधित मुख्य उपलब्धिहरु (1937 देखि 2012 सम्म) .3
पर्सनल कंप्यूटर्स 10
नोटबुक कंप्यूटर 10
स्मार्ट फोन 10
सिस्टम यूनिट भित्र 11
सिस्टम यूनिट 11
मदरबोर्ड 11
सी.पी.यू. (सेन्ट्रल प्रोसेसिंग यूनिट) 11
मेमोरी 11
रैम (रैंडम एक्सेस मेमोरी) 11
रोम (रीड-ओनली मेमोरी) 12
एक्सपेन्शन स्लॉट्स र एक्सपेन्शन कार्ड्स 12
पोर्ट्स 12
पावर सप्लाई 12
इनपुट डिवाइसेस 13
इनपुट 13
की-बोर्ड 13
माउस 13
जॉयस्टिक 13
टच स्क्रीन 13
स्कैनर 14
वॉइस इनपुट 14
ऑडियो इनपुट 14
वेब कैम 14
डिजिटल कैमरा 14
वीडियो कॉन्फ्रेंसिंग 14
आउटपुट डिवाइसेस 15
आउटपुट 15
मॉनीटर 15
वीडियो कार्ड 15
प्रिंटर्स 15
डॉट मैट्रिक्स प्रिंटर्स 15
इंक-जैट प्रिंटर्स 15
लेजर प्रिंटर्स 16
स्पीकर्स 16
स्टोरेज डिवाइसेस 16
स्टोरेज 16
फ्लॉपी डिस्क 16
फ्लॉपी डिस्क ड्राइव 16
हार्ड डिस्क ड्राइव 16
एक्सटर्नल हार्ड ड्राइव (बाह्य हार्ड ड्राइव) 17
सीडी-रोम 17
सीडी-रोम ड्राइव 17
सीडी-आर (सीडी-रीकॉर्डेबल) 17
सीडी-आर डब्ल्यू (सीडी-रीराइटेबल) 17
डीवीडी-रोम ड्राइव 17
फ्लैश ड्राइव 18
स्मार्ट कार्ड 18
क्लाउड स्टोरेज 18
नेटवर्क अटैच्ड स्टोरेज (एनएएस सर्वर) 18

2. सॉफ्टवेयर 19-30
सिस्टम सॉफ्टवेयर 19
ऑपरेटिंग सिस्टम 19
ऑपरेटिंग सिस्टमका मुख्य फंक्शन वा कामहरु 20
कंप्यूटरलाई स्टार्ट गर्न 20
ऑपरेटिंग सिस्टमको प्रकारहरु 21
सिंगल यूजर सिंगल टास्क ऑपरेटिंग सिस्टम, सिंगल यूजर मल्टी टास्किंग ऑपरेटिंग सिस्टम, मल्टी यूजर मल्टी टास्किंग ऑपरेटिंग सिस्टम, बैच प्रोसेसिंग ऑपरेटिंग सिस्टम, रीयल टाइम ऑपरेटिंग सिस्टम
ऑपरेटिंग सिस्टमको कैटेगरी (श्रेणी) 22
स्टैंड अलोन ऑपरेटिंग सिस्टम 22
एमएस डॉस, माइक्रोसॉफ्ट विंडोज, विंडोज 7, मैक ओएस, लाइनेक्स
सर्वर ऑपरेटिंग सिस्टम 23
विंडोज सर्वर 2008, यूनिक्स, सोलरीज नॉवेल्स नेटवेयर
एंबडेड ऑपरेटिंग सिस्टम 23
विंडोज एंबडेड सीई, विंडोज मोबाइल, पाम ओएस, आईफोनओएस, ब्लैकबेरी ओएस, गूगल एंड्रायड, सिमबियन ओएस
यूटीलिटी प्रोग्राम्स 25
फाइल कंप्रेशन, अनइंस्टालर, डिस्क स्कैनर, स्क्रीन सेवर, डिस्क डीफ्रेगमेंट
एप्लीकेशन सॉफ्टवेयर 26
प्रोडक्टिविटी सॉफ्टवेयर 26
वर्ड प्रोसेसिंग सॉफ्टवेयर 26
स्प्रेडशीट सॉफ्टवेयर 27
डाटाबेस सॉफ्टवेयर 27
प्रेजेंटेशन ग्राफिक्स सॉफ्टवेयर 27
एकाउंटिंग सॉफ्टवेयर 27
कैड 27
पेंट/इमेज एडीटिंग सॉफ्टवेयर 28
विडियो ओर ऑडियो एडीटिंग 28
ई-मेल 28
वेब ब्राउसर्स 28
प्रोग्रामिंग सॉफ्टवेयर 28
प्रोग्रामिंग लैंग्वेज 28
प्रोग्राम डेवलपमेंट टूल्स 28
प्रोग्राम डेवलपमेंट लाइफ साइकिल 29
प्रोग्रामिंग लैंग्वेजेसको केटेगरी 29
मशीन लैंग्वेजेस 29
असेंबली लैंग्वेजेस 29
हाई-लेवल लैंग्वेजेस 30
फोर्थ-जेनरेशन लैंग्वेजेस 30

3. नेटवर्क 31-47
नेटवर्क 31
नेटवर्किंगको आवश्यक्ता 31
हार्डवेयर शेयर गर्नको लागि डाटा र जानकारी शेयर गर्नको लागि सॉफ्टवेयर शेयर गर्नको लागि, फैसिलिटेड कम्युनिकेशन
नेटवर्कको प्रकारहरु 32
लोकल एरिया नेटवर्क 32
मेट्रोपॉलिटन एरिया नेटवर्क 32
वाइड एरिया नेटवर्क 33
नेटवर्क हार्डवेयर 33
कंप्यूटर, नेटवर्क इंटरफेस कार्ड, कनेक्टर, केबल्स, रिसोर्स
पियर-टु-पियर नेटवर्क 34
रिसोर्स, प्रोग्राम, परफॉरमेंस, इंस्टॉलेशन, रिसोर्सेज सम्म एक्सेस गर्नु, सुरक्षा, लागत
क्लाइंट/सर्वर नेटवर्क 35
साइज, क्षमता, सर्विसेज, सुरक्षा, लागत
नेटवर्कको संरचना 36
स्टार नेटवर्क स्ट्रक्चर 36
एक्सपेंशन वा विस्तार, ट्रबलशूटिंग, लागत
बस नेटवर्क स्ट्रक्चर 37
टर्मिनेटर, सेटअप, विस्तार, ट्रबलशूटिंग, लागत
रिंग नेटवर्क स्ट्रक्चर 38
सेटअप, विस्तार, ट्रबलशूटिंग, लागत
हाइब्रिड नेटवर्क स्ट्रक्चर 39
वाइड एरिया नेटवर्क, सेटअप, ट्रबलशूटिंग
नेटवर्कको लागि आवश्यक उपकरणहरु 40
सर्वर 40
नेटवर्क प्रिंटर 40
प्रिंट सर्वर 41
नेटवर्क इंटरफेस कार्ड 41
हब 42
स्विच 42
सुरक्षा, राउटिंग स्विच
रिपीटर 43
ब्रिज 43
राउटर 44
राउटरको प्रकार, वाइड एरिया नेटवर्क
नेटवर्क कम्युनिकेशन टेक्नोलॉजी 44
इथरनेट 44
टोकन रिंग 45

(III)

ट्रांसमिसन कंट्रोल प्रोटोकॉल/इंटरनेट प्रोटोकॉल 45
वेप 45
इंटरनेट 45
फायरवॉल 46
वॉयस ओवर इंटरनेट प्रोटोकॉल 46
टेलीफोन सिस्टम 46
हार्डवेयर र सफ्टवेयर 46
वायरलेस नेटवर्क 47
रेडियो सिग्नल, रेडियो ट्रान्ससिवर्स
रेडियो टेक्नोलॉजी 47
ग्लोबल सिस्टम फॉर मोबाइल कम्युनिकेशन (जी.एस.एम.)
कोड डिभिजन मल्टीपल एक्सेस (सी.डी.एम.ए)
टाइम डिभिजन मल्टीपल एक्सेस (टी.डी.एम.ए)
वायरलेस टेक्नोलॉजी 47
ब्लुटूथ, रिकोचेट

4. इंटरनेट र ई-मेल 48-81
इंटरनेट 48
इंटरनेटको इतिहास 48
इंटरनेट कसरी काम गर्दछ? 49
इंटरनेट एड्रेस 49
टप लेवल डोमेन (टी.एल.डी.) 50
इंटरनेट फाईल्सहरू 50
ई-मेल, सूचना, मनोरञ्जन, प्रोग्राम, सामूहिक वाद-विवाद,
अन-लाइन शपिंग, चैट
इंटरनेटको लागि आवश्यक उपकरणहरू 51
मोडेम 52
मोडेमको किसिमहरू, मोडेमको स्पीड
टेलीफोन लाइन 52
अन्य कनेक्शंस 52
आई.एस.डी.एन. 52
केबल मोडेम 52
डी.एस.एल. 53
इंटरनेट सर्भिस प्रोभाइडर 53
एक आई.एस.पी. को खर्च 53
वर्ल्ड वाइड वेब 53
वेब पेज 53
वेबसाइट 53
वेबसाइट्सको प्रकार 54
वेब सर्भर 55
हाइपरलिंक 55
यू.आर.एल. 55
होम पेज 55
वेब ब्राउजर्स 56
बुकमार्क्स 56
हिस्ट्री लिस्ट 56
वेब माथि सुरक्षा 56
सिक्योर (सुरक्षित) वेब पेज, सुरक्षित वेब पेजमा जानु
वेबमा सुरक्षित रूपबाट कार्य गर्नु 57
इलैक्ट्रॉनिक मेल (ई-मेल) 58
ई-मेलको लाभ 58
गति, मूल्य, सुविधा
कंप्यूटर सूचनाको विनिमय कसरी गरिन्छ? 58
ई-मेल एड्रेस 59
ई-मेल एड्रेसको भागहरू 59
एक ई-मेल एड्रेसको चुनाव 59
ई-मेल मैसेजको भागहरू 59
From, To, CC, BCC, Subject
मैसेज बनाउने तरीका 60
लेखन ढंग, स्माइलीज, एब्रिविएशन, शाउटिंग, सिग्नेचर
मैसेज पठाउने तरीका 61
इंटरनेट बंद गर्नको लागि मैसेज लेख्नुहोस्, एड्रेस बुकको प्रयोग
गर्नुहोस्
बाउंस्ड मैसेज, मैसेज अटैच गर्न
ई-मेल वायरस 61
वायरस के हो? 61
वायरस तपाईको कंप्यूटरमा कसरी लाग्छ? 61
ई-मेल मैसेजको माध्यमबाट वायरस कसरी फैलिन्छ? 62
ई-मेलका मुख्य विशेषताहरू 62
मैसेज प्राप्त गर्न, मैसेजको रिप्लाई गर्न, मैसेज फॉरवर्ड
गर्न, मैसेज प्रिंट गर्न, मैसेजेस व्यवस्थित गर्न
ई-मेलको केही अन्य फीचर्स 62
स्वत: प्रत्युत्तर, व्यवस्थित हुनु, बोल्ने खालको ई-मेल,

आफ्नो कंप्यूटरसंग कुरा गर्नु
राम्रो ई-मेल लेख्नको लागि केहि उपायहरू 63
हॉटमेलमा ई-मेल अकाउंट (खाता) तैयार गर्न 64
मेल पढ्न र आदान-प्रदान गर्न 67
हॉटमेलमा नयाँ मेल कंपोज (तैयार) गर्न 69
ई-मेलसंग कुनै फाईल अटैच (जोड्न) गर्न 71
न्यूजग्रुप्स 72
चैटिंग 72
टेक्स्ट बेस्ड, मल्टीमीडिया
इन्स्टेंट मैसेज 73
इन्स्टेंट मैसेजिंग प्रोग्राम
इलैक्ट्रॉनिक कॉमर्स (ई-कामर्स) 73
इंटरनेटमा इंफोर्मेशन सर्च (सूचनाहरूको खोजी) गर्न 74
गूगलको प्रयोग गरेर सर्च गर्न 75
गूगलको प्रयोग गरेर इमेज (फोटो र पिक्चर) सर्च गर्न .. 77
पोर्टल वेब पेज 78
इंटरनेटमा खरीद गर्न 79
इंटरनेटमा इंटरटेनमेंट (मनोरञ्जन) 79
इंटरनेटमा फोटो शेयर गर्न 80
फिलकर, पिकासा वेब अलबम
सोशल नेटवर्किंग 80
ऑरकुट 81
फेसबुक 81
ब्लगिंग 81
ब्लगर 81

5. डिस्क ऑपरेटिंग सिस्टम (DOS) 82-86
MS-DOS लाई प्रारंभ वा बूटिंग गर्न 82
डिस्क ड्राइभको परिवर्तन 83
फाइल्स 83
डायरेक्टरीज़ 84
डॉस कमांड्स 84
आंतरिक कमांड्स 84
DIR, COPY, DEL, MKDIR वा MD, CHDIR वा CD, CLS,
DATE, TIME तथा TYPE.
बाहिरी कमांड्स 85
CHKDSK, FORMAT, XCOPY, PRINT, DISKCOPY, TREE,
MEM तथा ATTRIB
बैच प्रोसेसिंग 86

6. विंडो 7 87-165
विंडो 7 87
विंडो 7 एडिशन 87
विंडो 7 लाई शुरू गर्न 87
विंडो 7 स्क्रीन 88
विंडो 7 मा सहायता लिन 89
विंडो 7 लाई रीस्टार्ट (फेरीबाट शुरू) गर्न 91
विंडो 7 लाई शटडाउन गर्न 91
प्रोग्रामलाई इन्स्टॉल गर्न 92
प्रोग्रामलाई अनइन्स्टॉल गर्न 94
प्रोग्रामलाई स्टार्ट (शुरू) गर्न 95
प्रोग्राम विंडो को समझना 96
विंडो ठूलो (मैक्सीमाइज) पार्न 97
विंडो मिनीमाइज (सानो) पार्न 98
विंडो मूव गराउन (एक ठाउँबाट अर्को ठाउँमा लैजान) ... 99
विंडो रीसाइज (आकार बदलिन) गर्न 100
विंडो बदलिन (स्विच गर्न) 101
ऐरो पीकको प्रयोग गरेर डेस्कटॉपमा जान 102
पर्सनलाइज (निजी) विंडो ओपन गर्न   103
डेस्कटॉपको बैकग्राउंड बदलिन 104
डेस्कटॉप स्लाइड शो तैयार गर्न 106
स्क्रीन सेवर सेट गर्न 108
कलर स्कीममा बदलाव 110
थीम अप्लाई (लागू) गर्न 112
साइड बारमा गैजेट एड गर्न (जोड्न) 113
गैजेट को रिमूव गर्न अथवा हटाउन 114
स्टार्ट मेनूबाट कुनै प्रोग्राम हटाउन 115
स्टार्ट मेनूमा कुनै प्रोग्राम शामिल गर्न 115
टास्क बारलाई कस्टमाइज गर्न 116
विंडोमा फाइल र फोल्डर 119
आफ्नो फाइल हेर्न 119
माई कंप्यूटर 121
फाइललाई सलेक्ट गर्न 122

फाइलको व्यू बदलिन	124
फाइल कपी गर्नु	125
फाइललाई मूव गर्नु (एक ठाउँबाट अर्को ठाउँमा लैजान)	126
सीडी वा डीभीडीमा फाइल कपी गर्न	127
फाइलको नाम बदलिन	130
नयाँ फाइल क्रिएट (तैयार) गर्न	131
फाइल डिलीट (हटाउन) गर्न	132
डिलीट गरिएको फाइललाई रीस्टोर (फेरीबाट प्राप्त गर्न) गर्न	133
रिसाइकिल बिनलाई पूरा खाली गर्न	133
फाइल सर्च गर्न (खोजी गर्न)	134
आफ्नो सर्च सेव गर्न	135
पिक्चर फोल्डरलाई ओपन गर्न	136
अपनी इमेज (पिक्चर) हेर्न	137
कुनै पिक्चरलाई रिपेयर (ठीक) गर्न	139
इमेज (पिक्चर) को प्रिंट लिन	141
विंडो मीडिया प्लेयरलाई ओपन (खोल्न) गर्न	143
विंडो मीडिया प्लेयर बुझ्नु	144
लाइब्रेरीको प्रयोग गर्नु	145
अडियो वा वीडियो फाइल प्ले गर्न	146
भोल्यूम (आवाज) एडजस्ट गर्नु	147
म्युजिक सीडीलाई प्ले गर्न	148
नेटवर्क र शेयरिंग सेंटर	149
वायरलेस (बिना तार) नेटवर्क कनेक्सन	151
हार्ड डिस्कको स्पेस (ठाउँ) हेर्न	152
डिस्क क्लीन अप (सफा) गर्न	153
हार्ड डिस्कलाई डिफ्रागमेंट गर्न	154
सिस्टम रीस्टोर प्वाइंटलाई क्रिएट गर्न	155
सिस्टम रीस्टोर प्वाइंटलाई अप्लाई (लागू) गर्न	157
बैकअप फाइल्स (फाइललाई फेरीबाट प्राप्त गर्न)	159
डाक्युमेंट्सको बारमा जान्न-बुझ्न	162
वर्डपैड ओपन गर्न	162
पेंट	163
पेंटलाई शुरू गर्न	163
पेंट एनभायरमेंट	164
गेम्स एक्सप्लोरर	165
7. एमएस वर्ड	**166-260**
परिचय	166
वर्ड 2010 शुरू गर्न	166
वर्डको विंडो	167
फाइल टैब	168
रिबन	169
वर्डमा टेक्स्ट लेख्न	170
टेक्स्टलाई सलेक्ट गर्न अथवा छान्न	171
डाक्युमेंट सेव गर्न	172
डाक्युमेंटलाई वर्डको 97-2003 फार्मेटमां सेव गर्न	173
डाक्युमेंटलाई पीडीएफ र एक्सपीएस फार्मेटमां सेव गर्न	174
डाक्युमेंट क्लोज (बंद) गर्न	175
सेव गरिएको डाक्युमेंट ओपन गर्न	175
नयाँ फाइल तैयार गर्न	176
ओपन डाक्युमेंटलाई एक-अर्कामा जान	177
डाक्युमेंटलाई कंपेयर (तुलना) गर्न	178
आफ्नो डाक्युमेंटलाई प्रोटेक्ट गर्न अर्थात् त्यसलाई सुरक्षित राख्न	179
डाक्युमेंटमा टेक्स्टलाई इंसर्ट (शामिल) गर्न	181
डाक्युमेंटबाट टेक्स्टलाई डिलीट गर्न	182
अनडू फीचर्स	182
टेक्स्टलाई कपी वा मूव गर्नु	183
पेस्ट प्रिव्यू	184
जूम गर्न वा जूम कम गर्न	185
सिंबल (प्रतीक, संकेतहरु र चिह्नहरु) शामिल गर्न	186
गणितीय समीकरणहरुको साथमा काम गर्न	188
टेक्स्टको अनुवाद गर्न	190
टेक्स्ट खोज्न र रिप्लेस गर्न	191
डाक्युमेंटमा शब्दहरुको गणना वा शब्द संख्या जान्न	193
मिस्टेक (गलतीहरु) स्वयं ठीक गर्न	194
स्पेलिंग र व्याकरणको गलतीहरु	195
शब्दकोशको प्रयोग	197
कमेंट्स (टिप्पणी) शामिल गर्न	198
टेक्स्टको फोंट बदलिन	200
मिनी टूल बारको प्रयोग	201
टेक्स्टको आकार बदलिन	202
टेक्स्टलाई 'बोल्ड', 'इटैलिक' वा 'अंडरलाइन' गर्न	202
टेक्स्टको केस (दशा) बदलिन	203

टेक्स्टको रंग बदलिन	203
टेक्स्टलाई हाईलाईट गर्न (राम्रो देखाउन)	204
टेक्स्टमा इफेक्ट (प्रभाव) लागू गर्न	204
टेक्स्टको फार्म (रूप) कपी गर्न	205
टेक्स्टको एलाइनमेंट (क्रम) बदलिन	206
लाइनहरुको स्पेस (खाली स्थान) बदलिन	206
पैराग्राफको बीचमा लाइन स्पेसिंगको प्रयोग गर्न	207
नंबर लिस्ट वा बुलेट क्रिएट (तैयार) गर्न	208
डाक्युमेंटमा रूलर लुकाउन र प्रदर्शित गर्न	209
पैराग्राफको इंडेंटिंग (ठाँउ छोड्न) गर्न	210
टैबको सेटिंग बदलिन	211
बॉर्डरलाई एड (जोड्न) गर्न	213
पैराग्राफ शेडिंग एड (जोड्न) गर्न	215
मार्जिन (किनारा अथवा छेउछाउ) बदलिन	216
पेज ब्रेकलाई इंसर्ट गर्न	218
सेक्शन ब्रेकलाई इंसर्ट (शामिल) गर्न	219
पेजको (ओरिएंटेशन) स्थिति बदलिन	221
पेज नंबर एड (जोड्न) गर्न	222
हेडर र फुटर शामिल गर्न	223
न्यूजपेपर कॉलम क्रिएट (तैयार) गर्न	225
टेबल क्रिएट गर्न अर्थात् सारिणी तैयार गर्न	226
टेबलमा टेक्स्ट हाल्न	227
टेबललाई डिलीट गर्न अर्थात् हटाउन	227
टेबलमा सेललाई सलेक्ट गर्न	228
टेबलमा पंक्ति जोड्न	229
टेबलमा कॉलम जोड्न	229
टेबलबाट कुनै पंक्ति वा कॉलम डिलीट गर्न	230
पंक्तिको ऊँचाई बदलिन	231
कॉलमको चौडाई बदलिन	231
टेबललाई मूव गर्न अर्थात् टेबलको स्थान बदलिन	232
टेबलको साइज (आकार) बदलिन	232
टेबलमा सेल मिलाउन	233
टेबलमा सेललाई अलग गर्न	234
सेलमा टेक्स्टको स्थिति बदलिन	235
सेलमा शेडिंग शामिल गर्न	235
टेबलमा स्टाइल अप्लाई (लागू) गर्न	236
वर्डआर्ट एड (शामिल) गर्न	237
पिक्चरलाई एड (शामिल) गर्न	238
ग्राफिकको चारौतिर टेक्स्टलाई रैप (बेर्न) गर्न	239
ऑब्जेक्टलाई मूव गर्न र त्यसको साइज (आकार) बदलिन	240
पिक्चरको बॉर्डर शामिल गर्न	241
पिक्चर इफेक्टलाई शामिल गर्न	242
क्लिप आर्टलाई इंसर्ट (हाल्न) गर्न	243
ऑटोशेप एड (जोड्न) गर्न	245
स्क्रीन शॉट इंसर्ट (शामिल) गर्न	246
इमेजमा अर्टिस्टिक इफेक्ट अप्लाई गर्न	247
मेल मर्जमा लेटर (पत्र) तैयार गर्न	248
मैक्रोलाई रन गराउन र त्यसलाई रिकार्ड गर्न	252
डाक्युमेंटलाई ई-मेल गर्न	255
डाक्युमेंटलाई वेब पेजको रूपमा सेव गर्न	256
डाक्युमेंटको प्रिंट गर्न	257
एनवलप (खाम) प्रिंट गर्न	259
लेबललाई प्रिंट गर्न	260
8. एमएस एक्सेल	**261-325**
परिचय	261
एक्सेल शुरू गर्न	261
एक्सेल विंडो	262
नयाँ वर्कबुक फाइललाई स्टार्ट (शुरू) गर्न	264
एक्टिव सेललाई बदलिन	264
डाटालाई एंटर गर्न	265
वर्कबुक सेव गर्न	266
व्यू बदलिन	267
वर्कबुक विंडोलाई अरैंज (व्यवस्थित) गर्न	268
वर्कबुकलाई प्रोटेक्ट (सुरक्षित) गर्न	269
रो (पंक्ति) लाई सलेक्ट गर्न	270
कॉलमको चौडाई बदलिन	272
रोको लम्बाई बदलिन	272
वर्कशीटमा डाटा एडिट र डिलीट गर्न	273
गरिएको बदलवलाई फेरीबाट प्राप्त गर्न	273
सीरीज पूरा गर्न	274
स्मार्ट टैग	276
वर्कशीट	277

वर्कशीटको नाम बदलिन	277
र वर्कशीट जोड्न	277
वर्कशीट डिलीट गर्न	277
वर्कशीटलाई मूव गर्न र कपी गर्न	278
वर्कशीट ट्याबलाई रंगीन गर्न	278
वर्कशीटको डाटालाई सुरक्षित राख्न	279
डाटालाई मूव/कपी गर्न	280
रो (पंक्ति) लाई शामिल गर्न	281
कोलमलाई इन्सर्ट (शामिल) गर्न	281
कोलम र रो डिलीट गर्न	282
सेललाई इन्सर्ट गर्न	283
सेललाई डिलीट गर्न	283
डाटालाई कोलमको सेंटर (बीच) मा ल्याउन	284
कोलम र रोलाई हाइड गर्न अर्थात् लुकाउन	284
कोलम र रोलाई ट्रान्सपोज (बदलिन) गर्न	285
कोलम र रोलाई फ्रीज (जाम) गर्न	286
फर्मेटिंग	287
डाटाको फन्ट बदलिन	287
डाटाको साइज (आकार) बदलिन	287
बोल्ड/इट्यालिक र अन्डरलाइन डाटा	288
डाटाको लाइनमेन्ट (स्थिति) बदलिन	288
डाटाको कलर (रंग) बदलिन	289
सेलको रंग परिवर्तित गर्न	289
नम्बर फर्मेटमा बदलाव	290
डेसीमल (दशमलव) लाई घटाउन-बढाउन	291
वर्कबुक थीम अप्लाई (लागू) गर्न	291
कन्डीशनल (विशेष) फर्मेटिंगलाई शामिल गर्न	292
फर्मूला र फंक्शन	294
फर्मूला एन्टर गर्न अर्थात् फर्मूलाको प्रयोग	295
फर्मूला कपी गर्न	296
फर्मूला डिस्प्ले गर्न	297
फंक्शन्स	297
कमन (साधारण) गणना गर्न	301
वर्कशीटमा गल्तिहरू थाहा गर्नु	302
एवरेज, म्याक्सीमम् र मिनीममको प्रयोग	303
सेल रेंज र सेललाई नाम दिने	308
फर्मूलामा नेम रेंजको प्रयोग गर्न	309
लोनको गणना गर्न	310
कन्डीशनल जोडलाई शामिल गर्न	312
टाइम क्यालकुलेशन (समयको गणना)	314
डेट क्यालकुलेशन (मितिको गणना)	315
चार्ट तैयार गर्न	317
चार्टलाई मूव गर्न र त्यसको आकार बदलिन	318
चार्टको टाइप बदलिन	319
टाइटल शामिल गर्न	320
स्पार्कलाइन (चम्किलो लाइन) इन्सर्ट गर्न	321
प्रिन्ट एरिया डिफाइन (सीमांकित) गर्न	323
वर्कबुक प्रिन्ट गर्नु	324

9. एमएस पावर प्वाइंट	**326-358**
पावर प्वाइंट	326
पावर प्वाइंटको फीचर्स	326
पावर प्वाइंट 2010 स्टार्ट (शुरू) गर्न	326
पावर प्वाइंट विंडो	327
डिजाइन थीमको साथमा ब्लैंक (खाली) प्रेजेंटेशन तैयार गर्न	328
टाइटल स्लाइड क्रिएट गर्न	329
सबटाइटलमा टेक्स्ट एन्टर गर्न	
प्रेजेंटेशनमा नया स्लाइड जोड्न	330
स्लाइड 2 मा टेक्स्ट जोड्न	330
टेक्स्ट सलेक्ट गर्न	331
टेक्स्ट डिलीट गर्न	332
गरिएको बदलावहरूलाई पुनः प्राप्त गर्न	332
टेक्स्टको फन्ट बदलिन	333
टेक्स्टको साइज (आकार) बदलिन	333
टेक्स्टको रंग बदलिन	334
टेक्स्टको स्टाइल बदलिन	334
टेक्स्टको अलाइनमेन्ट बदलिन	335
लाइनको बीचको स्थिति सेट गर्न	335
प्रेजेंटेशनलाई सेव गर्न	336
प्रेजेंटेशन क्लोज (बन्द) गर्न	337
पावर प्वाइंटबाट बाहिर आउन	337
स्लाइडको लेआउट बदलिन	338
क्लिप आर्ट इमेज शामिल गर्न	339
पिक्चर शामिल गर्न	341
स्लाइडमा टेबल (सारिणी) जोड्न	342
बैकग्राउंड कलर (रंग) बदलिन	343
स्लाइडको ऑब्जेक्ट मूव गराउन	347
स्लाइडको ऑब्जेक्टको आकार बदलिन	348
पावर प्वाइंटको व्यू बदलिन	349
नर्मल व्यूको प्रयोग, आउटलाइन व्यूको प्रयोग, स्लाइड शोर्टर व्यूको प्रयोग, रीडिंग व्यूको प्रयोग	
स्लाइड परिवर्तन शामिल गर्न	351
एनीमेशन इफेक्ट्सको प्रयोग गर्न	352
मल्टीपल एनीमेशन इफेक्ट्स	353
एनीमेशन पैन	353
स्लाइड शो रन गर्न अर्थात् चलाउन	354
स्पीकर द्वारा स्लाइड शोको प्रेजेंटेशन, आडिएन्स (दर्शकहरू) द्वारा स्लाइड शोको प्रेजेंटेशन, स्लाइड शो स्वतः नै रन गराउन	
स्पीकर नोट्स क्रिएट (तैयार) गर्न	356
स्लाइड शो रन गर्न अर्थात् चलाउन	357

10. एमएस एक्सेस	**359-399**
एक्सेस शुरू गर्न	360
ब्लैंक (खाली) डाटाबेस तैयार गर्न	360
एक्सेस विंडोको बारेमा थाहा पाउन	361
टेम्प्लेटको प्रयोग गरेर डाटाबेस तैयार गर्न	362
डाटाबेस फाइल ओपन गर्न	363
नेवीगेशन पैन व्यूलाई बदलिन	364
ऑब्जेक्टलाई ओपन (खोल्न) र क्लोज (बन्द) गर्न	364
नया टेबल क्रिएट (तैयार) गर्न	365
डिजाइन व्यूमा नया टेबल क्रिएट गर्न	366
प्राइमरी (प्राथमिक) बटन सेट गर्न	370
टेबल सेव गर्न	371
फील्डलाई फेरीबाट अरेंज (व्यवस्थित) गर्न	372
फील्ड्सलाई इन्सर्ट (शामिल) गर्न र डिलीट (हटाउन) गर्न	372
डाटा टाइप	373
डाटा टाइप बदलिन	373
टेबलको नाम बदलिन	374
टेबललाई डिलीट गर्न	374
फील्डको प्रॉपर्टीज (विशेषता) जान्न	375
फील्डको आकारको बारेमा जान्न	375
फील्डको साइज (आकार) बदलिन	376
फील्डको फर्मेट (रूप) सेट गर्न	376
डिफॉल्ट वैल्यूलाई सेट गर्न	377
वैलिडेशन नियम तैयार गर्न	377
टेबलमा रिकार्ड्स शामिल गर्न	378
टेबलमा डाटालाई सलेक्ट गर्न	380
फाइन्ड र रिप्लेस फीचर	381
डाटालाई शॉर्ट गर्न अर्थात् छान्न	383
सलेक्शन द्वारा डाटालाई फिल्टर गर्न	383
मल्टीपल वैल्यूलाई फिल्टर गर्न	384
टेक्स्ट वैल्यूलाई फिल्टर गर्न	384
टेबलको बीचमा समन्वय स्थापित गर्न	385
रिलेशनशिपलाई एडिट गर्न, रिलेशनशिपलाई रिमुव गर्न	
विजार्डको प्रयोग गरेर फर्म तैयार गर्न	388
फर्मको व्यू बदलिन	390
थीम अप्लाई गर्न	390
क्वेरी	391
क्वेरी क्रिएट (तैयार) गर्न	391
क्वेरी रन गर्न अर्थात् त्यसमा काम गर्न	393
क्वेरी सेव गर्न	393
क्वेरीमा क्राइटेरिया (मानक) को प्रयोग	394
क्वेरीमा वाइल्ड कार्डको प्रयोग	394
तुलनात्मक ऑपरेटरको प्रयोग	395
क्वेरीमा डाटा शॉर्ट (छानौट गर्न) गर्न	395
रिपोर्ट क्रिएट गर्न	396
रिपोर्ट टूलको प्रयोग गरेर साधारण रिपोर्ट तैयार गर्न	396
रिपोर्ट विजार्डको प्रयोग गरेर रिपोर्ट क्रिएट गर्न	397

11. कोरल ड्रॉ	**400-444**
कोरल ड्रॉ शुरू गर्न	400
कोरल ड्रॉ विंडो	402
ड्रॉइंग शेप	406
आयताकार र वर्गाकार क्रिएट गर्न	406
गोलाकार रेक्टेंगल (आयत) तैयार गर्न	406

अंडाकार र गोलाकार आकृति तैयार गर्न		407
आर्क र पाई शेप तैयार गर्न		407
पॉलीगन (बहुभुज) तैयार गर्न		408
स्टार्स तैयार गर्न		408
ड्रइंग स्पाइरल		408
ग्राफ पेपर ग्रिड ड्रा (तैयार) गर्न		409
लाइन ड्रा गर्न अर्थात् तैयार गर्न		409
लाइन अब्जेक्ट ड्रा गर्न		409
अब्जेक्ट्स सलेक्ट गर्न		410
ट्याब बटनबाट अब्जेक्ट सलेक्ट गर्न		
धेरै अब्जेक्ट्स सलेक्ट गर्नी		
अब्जेक्ट्सको शेप (आकृति) मा बदलाव		411
अब्जेक्ट्सलाई मूव गराउन		411
अब्जेक्ट्सलाई कपी गर्न		411
अब्जेक्टको डुप्लीकेट कपी तैयार गर्न		412
आउटलाइनलाई डिफाइन (परिभाषित) गर्न		412
आउटलाइनलाई क्रिएट (तैयार) गर्न		412
आउटलाइन फ्लाइआउटबाट आउटलाइनको चौडाई तय गर्न		413
आउटलाइन पेन डायलग बक्सबाट आउटलाइन अप्संस तय गर्न		413
अब्जेक्ट्सको कलर (रंग) बदलिन		415
अब्जेक्ट्सको शेप (आकृति) बदलिन		416
आउटलाइन कलर र फिललाई सलेक्ट गर्न		417
'जुम इन' र 'जुम आउट' गर्न		418
कर्भ्सको साथमा काम गर्न		419
फ्रीह्यान्ड कर्भ्सबाट ड्रइंग बनाउन		419
फ्रीह्यान्ड कर्भमा एडिट नोड्स		419
कर्भ्ड अब्जेक्टमा नोड्स सलेक्ट गर्न		420
नोड्स एड गर्न अर्थात् शामिल गर्न		421
नोड्स रिमूव गर्न अर्थात् हटाउन		421
नोड्स मिलाउन		421
कर्भ्ड अब्जेक्टमा नोड्स मूव गर्न		422
सेगमेन्टलाई स्ट्रेट बनाउन		422
सेगमेन्टलाई कर्भ्ड (घुमावदार) बनाउन		422
पाथ (बाटो) लाई ब्रेक गर्न अर्थात् तोड्न		423
पेज सेटअप		424
पेज साइजलाई डिफाइन (निर्धारित) गर्न		424
पेजलाई इन्सर्ट (जोड्न) र डिलीट गर्न (हटाउन)		424
डक्युमेन्ट नेभीगेशन		426
गाइडलाइन्स र ग्रिड्स		427
कलर भर्न		428
युनिफार्म फिल अप्लाइ गर्न		429
फाउन्टेन फिललाई अप्लाइ गर्न		429
टू कलर फाउन्टेन फिल अप्लाइ गर्न		430
कस्टम फाउन्टेन फिल अप्लाइ गर्न		432
प्याटर्न फिल्सको साथमा काम गर्न		432
टू कलर प्याटर्न फिल अप्लाइ गर्न		432
फुल कलर प्याटर्न फिललाई अप्लाइ गर्न		434
बिटम्याप प्याटर्न फिललाई अप्लाइ गर्न		434
टेक्स्चर फिललाई अप्लाइ गर्न		435
पोस्टस्क्रिप्ट टेक्स्चरलाई अप्लाइ गर्न		437
फिल टूललाई मिलाउन		438
आर्टिस्टिक र प्याराग्राफ टेक्स्ट तैयार गर्न		439
आर्टिस्टिक टेक्स्ट तैयार गर्न		439
आर्टिस्टिक टेक्स्टको फन्ट बदलिन		439
फन्टको साइज (आकार) बदलिन		440
टेक्स्ट फिल र आउटलाइन कलरलाई शामिल गर्न		440
प्याराग्राफ टेक्स्ट		441
फ्रेमको बीचमा टेक्स्ट हाल्न		442
पाथमा टेक्स्ट फिट गर्न		443
इनभलप (लिफाफा वा कवर पेज) क्रिएट गर्न		444
12. फोटोशप		**445-476**
फोटोशप शुरू गर्न		445
फोटोशप वर्क्सपेस (कार्यक्षेत्र)		446
फोटोशप टूलबक्स		446
नया इमेज विन्डोलाई क्रिएट (तैयार) गर्न		448
कुनै इमेज ओपन गर्न अर्थात् खोल्न		449
स्क्रीनमा इमेजको साइज (आकार) बदलिन		450
इमेजको प्रिन्ट साइज बदलिन		450
इमेज क्यानभास साइजलाई बदलिन		451
इमेज क्रप गर्न अर्थात् सानो-ठूलो गर्न		452
जुम टूल		453
स्क्रीनको मोड बदलिन		454
फुल स्क्रीनमा बदलिन अर्थात् स्विच गर्न, टूलबक्स र प्यालेटलाई क्लोज (बन्द) गर्न		
मार्क टूल्सबाट सलेक्ट गर्न		456
रेक्टंगुलर मार्क टूल, इलिप्टिकल मार्क टूल		
लस्सू टूललाई सलेक्ट गर्न		457
रेगुलर लस्सू टूल, पलिगोनल लस्सू टूल		
म्याग्नेटिक लस्सू टूल		458
म्याजिक वान्ड टूलबाट सलेक्ट गर्न		459
सलेक्ट गरिएको पिक्सललाई डिलीट गर्न		
सलेक्शन मूव गराउन		460
अल इमेज यानी पूरा इमेज सलेक्ट गर्न		461
सलेक्शन बर्डर मूव गराउन		461
सलेक्शनलाई इन्भर्ट गर्न अर्थात् पल्टाउन		462
सलेक्शन कपी र पेस्ट गर्न		462
रबर स्ट्याम्प टूल		463
कलर मोड्स		464
आरजीबी मोड		464
कलर इमेजलाई ग्रेस्केल (रंगहीन) मा बदलिन		465
फोरग्राउन्ड (अगाडि) र ब्याकग्राउन्ड (पछाडि) कलर		466
आईड्रपर टूलबाट कलर सलेक्ट गर्न		467
पेन्टब्रश टूलको प्रयोग गर्न		468
पेन्सिल टूलको प्रयोग गर्न		469
पेन्ट बकेटको प्रयोग गर्न		470
सलेक्शनलाई फिल गर्न		471
ब्राइटनेस र कन्ट्रास्ट		472
कलर ब्यालेन्स (रंगहरूको संयोजन)		473
कलर भेरिएशन्स (रंगहरूमा विविधता)		473
डज इफेक्टको प्रयोग		474
बर्न इफेक्टको प्रयोग		475
फोटोशपको इमेज सेव गर्न		475
अर्को एप्लीकेशन (कार्यहरू) को लागि इमेज सेव गर्न		476
वेबको लागि जेपीईजी सेव गर्न		476
वेबको लागि जीआईएफ सेव गर्न		476
इमेजलाई प्रिन्ट गर्न		476
13. इनडिजाइन		**477-514**
इनडिजाइन सीएस स्टार्ट (शुरू) गर्न		477
इनडिजाइन विन्डो		478
टूल प्यालेट्स		479
कन्ट्रोल प्यालेट		479
नया डक्युमेन्ट क्रिएट (तैयार) गर्न		480
पब्लिकेशनमा पेज एड (शामिल गर्न अथवा जोड्न) गर्न		481
लेफ्ट पेजबाट डक्युमेन्टको स्टार्ट (शुरू) गर्न		482
पेज नम्बर राखेर काम गर्न		483
मास्टर पेज		484
मास्टर पेज क्रिएट गर्न		485
मास्टर पेजलाई डक्युमेन्ट पेजमा अप्लाइ गर्न		486
टेक्स्ट फ्रेमलाई क्रिएट (तैयार) गर्न		487
टेक्स्टलाई एन्टर गर्न		488
टेक्स्ट फ्रेमलाई मूव गर्न अथवा रीसाइज गर्न		488
लिंक टेक्स्ट फ्रेमलाई म्यानुअली तैयार गर्न		489
टेक्स्टलाई प्लेस (राख्न) गर्न		490
टेक्स्ट फ्रेमको प्रपर्टी सेट गर्न		491
टेक्स्टलाई सलेक्ट गर्न		492
स्पेलिंगलाई चेक गर्न (गल्तिहरूको जाँच गर्न)		493
टेक्स्टको फन्ट र फन्ट साइज बदलिन		494
टेक्स्टलाई बोल्ड, इटालिक र बोल्ड इटालिक स्टाइलमा बदलिन		495
टेक्स्टको कलर (रंग) बदलिन		495
लाइन स्पेसिंग (लाइनहरूको बीचको ठाउँ) बदलिन		496
टेक्स्टको केस बदलिन		497
अक्षरहरूलाई क्याप्स र स्मल क्याप्समा बदलिन		497
अक्षरहरूलाई सुपरस्क्रिप्ट र सबस्क्रिप्टमा बदलिन		498
क्यारेक्टर (अक्षरहरू) लाई अन्डरलाइन र स्ट्राइकथ्रूमा बदलिन		498
कन्ट्रोल प्यालेटबाट अलाइन्मेन्ट बदलिन		499
टेबल क्रिएट (तैयार) गर्न		500
टेबलमा टेक्स्ट एड (शामिल) गर्न		501
टेबलमा पंक्ति र कलम इन्सर्ट (जोड्न) गर्न		501
ग्राफिक फ्रेम तैयार गर्न		502
ग्राफिक फ्रेममा पिक्चर इन्सर्ट गर्न		503
लाइन टूलबाट स्ट्रेट (सीधा) लाइन ड्रा (तान्न) गर्न		504
लाइनको (स्ट्रोक) मोटाइ परिवर्तित गर्न		504
लाइनको टाइप (प्रकार) परिवर्तित गर्न		505

लाइनमा एरो (तीर) को प्रयोग 505
पेन्सिल टूलबाट फ्रीहैंड लाइन तान्न 506
पेन टूलको सहायताले स्ट्रेट (सीधा) लाइन तान्न 507
पेन टूल द्वारा कर्व (वक्र वा घुमाउदार लाइन) बनाउन 508
आयताकार, अंडाकार र बहुभुज आकृति बनाउन 509
ऑब्जेक्टलाई रोटेट (दिशा परिवर्तन गर्न अथवा घुमाउन) ...510
ऑब्जेक्ट नाप्न अथवा मान थाहा पाउन 510
मल्टीपल (धेरै) ऑब्जेक्ट सलेक्ट गर्न 511
ओवरलैपिंग राखिएको ऑब्जेक्टलाई सलेक्ट गर्न 511
ऑब्जेक्टमा कलर फिल गर्न अर्थात् रंग भर्न 512
ऑब्जेक्टको अलाइन् बदलिन 512
कर्नर इफेक्ट (किनारा) अप्लाई गर्न 513
डाक्यूमेन्टलाई सेव (स्टोर वा सुरक्षित) गर्न 514

14. पेजमेकर 515-541
नयाँ डाक्यूमेन्ट तैयार गर्न 515
डाक्यूमेन्टको साइज (आकार) सेट गर्न 516
डाक्यूमेन्टको मार्जिन (किनारा) सेट गर्न 516
डाक्यूमेन्टको पुरानो वर्जन (संस्करण) मा वापस आउन ...516
पेजमेकर स्क्रीन 517
टूलबॉक्स 518
रूलर्स शो गर्न अर्थात् हेर्न 518
    डिफॉल्ट (मूल) मीजरमन्ट सिस्टमलाई बदलिन 519
पैलेटको साथमा काम गर्न 519
कंट्रोल पैलेट द्वारा काम गर्न 520
टेक्स्ट टूललाई एंटर गर्न अर्थात् टेक्स्ट हाल्न 520
टेक्स्ट टूललाई एक्सेस गर्न 521
    टेक्स्ट ब्लॉकलाई क्रिएट गर्न 521
    टेक्स्ट ब्लॉकको शेप (आकृति) बदलिन 521
    लिंक्ड टेक्स्ट ब्लॉकलाई म्यानुअली तैयार गर्न 522
टेक्स्टलाई प्लेस गर्न अर्थात् राख्न 522
टेक्स्टलाई फ्रेममा प्लेस गर्न अथवा राख्न 523
टेक्स्ट भएको फ्रेमलाई लिंक गर्न वा आपसमा जोड्न ..523
फ्रेमसंग टेक्स्टलाई अटैच गर्न अर्थात् जोड्न 524
फ्रेमसंग टेक्स्टलाई सेपरेट (अलग) गर्न 524
स्पैलिंगलाई चेक गर्न 524
कैरेक्टर स्पेसिफिकेशन डायलॉग बॉक्सबाट कैरेक्टरको रंग-रूप बदलिन ..525
कंट्रोल पैलेटले कैरेक्टरको रंग-रूप बदलिन 525
स्मॉल कैप्सको प्रयोग 526
केस (अपर देखि लोअर वा लोअर देखि अपर) बदलिन 526
लीडिंग एडजस्ट गर्न 527
टेक्स्टको कलर (रंग) बदलिन 527
कंट्रोल पैलेटबाट पैराग्राफ फार्मेट अप्लाई गर्न 527
डायलॉग बॉक्सबाट पैराग्राफ फार्मेट अप्लाई गर्न 528
इंडेंटलाई अप्लाई गर्न 528
पैराग्राफ स्पेसिंग अर्थात् पैराग्राफको बीचको ठाँउ ..529
पैराग्राफको रूल क्रिएट गर्न 530
टैब्स अप्लाई गर्न 531
स्टाइल अप्लाई गर्न 532
    नयाँ स्टाइल डिफाइन (परिभाषित) गर्न 532
    स्टाइललाई मॉडिफाई गर्न 533
ड्रॉइंग 533
    ड्रॉइंग लाइन्स 533
रेक्टेंगल (आयत) अथवा इलिप्स (अंडाकार) आकृति तैयार गर्न ..534
    गोलाकार किनारा भएको आयत बनाउन 534
फ्रेम तैयार गर्न 534
ऑब्जेक्टको साइज (आकार) परिवर्तित गर्न 535
ऑब्जेक्टलाई फ्रेममा बदलिन 535
फिल्सलाई बदलिन 536
स्ट्रोकलाई बदलिन 536
फिल र स्ट्रोक बदलिन 536
कस्टम स्ट्रोक क्रिएट गर्न 537
इमेजलाई प्लेस (राख्न) गर्न 537
ग्राफिकको चारैतिर टेक्स्ट राख्न अथवा रैप गर्न 538
टेक्स्टमा कलर अप्लाई गर्न अर्थात् टेक्स्टलाई रंगीन गर्न ..538
ऑब्जेक्टमा फिल कलरलाई अप्लाई गर्न 539
स्ट्रोक कलर अप्लाई गर्न 539
कॉलम गाइड सेट गर्न 539
पेजहरुमा काम गर्न 540
    कुनै विशेष पेजमा जान 540
    पेजलाई इंसर्ट (शामिल) गर्न 540
    पेजलाई रिमूव गर्न अथवा हटाउन 541
मास्टर पेज 541
    मास्टर पेज पैलेट हेर्न 541
    मास्टर पेज क्रिएट (तैयार) गर्न 541

15. टैली 542-595
बेसिक कन्सेप्ट ऑफ अकाउंटिंग 542
    बेसिक अकाउंटिंग 542
    कंप्यूटरीकृत अकाउंटिंग 543
टैली कंपनी क्रिएशन 544
अकाउंट लेजर क्रिएट गर्न 545
वाउचर क्रिएट (तैयार) गर्न 550
    अकाउंट्स वाउचर 550
    टैली अकाउंट्स वाउचर टाइप 550
    अकाउंट्स वाउचर क्रिएशन 550
    कांट्रा वाउचर 551
    पेमेंट वाउचर 553
    रिसिप्ट वाउचर 554
    जर्नल वाउचर 555
रिपोर्ट्सको प्रिंटिंग (छपाई) 563
    प्रिंटिंग डायलॉग 563
    प्रिंटिंग डायलॉगको बटन 563
    प्रिंट फार्मेट 564
    नंबर ऑफ कॉपी (कॉपिहरुको संख्या) 564
    प्रिंटर सलेक्शन 564
    स्क्रीनमा रिपोर्टको प्रीव्यू 565
अकाउंट्सको बुकहरु 565
    डे-बुक 565
    कैश बैंक बुक्स 568
    कैश बुक 569
    बैंक बुक 571
    जर्नल बुक 577
    लेजर बुक 579
    ट्रायल बैलेंस 583
    लेजर अनुसार विस्तारित ट्रायल बैलेंस 586
फाइनल अकाउंट्स 588
बैलेंस शीट 588
    बैलेंस शीट कंफिगरेशन 588
    वर्टिकल बैलेंस शीट 588
प्रॉफिट एंड लॉस अकाउंट 590
ईयर एंड प्रोसेस (वर्ष र प्रक्रिया) 593
बैकअप 594
रीस्टोर 594
रीराइटिंग (पुनर्लेखन) 595

16. कंप्यूटरको सुरक्षा 596-598
कंप्यूटर वायरस 596
    वायरसलाई खोजी गर्न र नष्ट गर्न 596
अनाधिकृत रूपबाट कंप्यूटरको प्रयोग 597
यूजर नेम (नाम) र पासवर्ड 597
पजेस्ड ऑब्जेक्ट 598
बायोमैट्रिक डिवाइस 598
कॉलबैक सिस्टम 598

17. परचेजिंग र ट्रबलशूटिंग 599-602
ब्रांड नेम 599
क्लोन 599
    कंपैटिबिलिटी (अनुकूलता), रिलायबिलिटी (विश्वसनीयता),
    कॉस्ट (कीमत), बिक्री पछिको सर्विस
खरीद गर्नु भन्दा पहिला ध्यान दिने केहि कुराहरु 600
आफ्नो कंप्यूटरलाई मेंटेन राख्न 601
ट्रबलशूटिंग 601

18. मेमोरी टिप्स 603-618

परिशिष्ट-1 619
परिशिष्ट-2 620
परिशिष्ट-3 621

19. विंडो 8 : संक्षिप्त परिचय 622-623

1 कंप्यूटर परिचय

वर्तमान समयमा हरेक कामको लागि कंप्यूटरको प्रयोग गरिन्छ। हाम्रो दैनिक जीवनका धेरै काम यस्ता छन्, जसको लागि हामी कंप्यूटरको प्रयोग गर्दछौं वा फेरि त्यसबाट पाउने सूचनाहरु माथि निर्भर रहन्छौं। कंप्यूटरको मद्दतबाट विभिन्न कामहरु जस्तै जागीरको खोजी, कुनै उत्पादको बारेमा जानकारी प्राप्त गर्न, शिक्षा संबंधी कार्य वा फेरि कतै घूम्न जाने योजना सजिलैसंग तैयार गर्न सकिन्छ।

विभिन्न स्थानहरुमा र विभिन्न कार्यहरुको लागि फरक-फरक प्रकार र आकारको कंप्यूटरहरु प्रयोग हुन्छन्। केहि कंप्यूटरहरु डेस्क माथि अथवा जमीनमा राखेर प्रयोग गरिन्छ भने केहि कंप्यूटरहरु हाम्रो सुविधाको अनुसार मोबाइल कंप्यूटर र मोबाइल डिवाइसको रुपमा पनि प्रयोग हुन्छ। मोबाइल डिवाइस अर्थात ती मोबाइल फोनहरु जुन प्राय: कंप्यूटरको सरह प्रयोग गरिन्छ।

घरमा निजी कंप्यूटरको मद्दतले तपाई आफ्नो चेक बुकको लेखा जोखा तैयार गर्न, बिलहरुको भुगतान, आफ्नो आय र खर्चको हिसाब, पैसा स्थांतरित, स्टॉकको खरीद र बिक्रि देखि लिएर आफ्नो वित्तीय योजनाहरुको आंकलन जस्ता काम सजिलैसंग गर्न सक्नुहुन्छ। ए.टी.एम (ऑटोमेटेड टैलर मशीन) मशीनको माध्यमबाट मानिस पैसा जम्मा गर्न वा निकाल्न सक्छन् । साउजीको पसलमा खरीदारीको हिसाब किताब कंप्यूटरबाट गर्ने गरिन्छ।

ज्यादातर उच्च तकनीकी कारहरुको मार्ग निर्देशन संबंधि प्रणालीबाट युक्त हुन्छ जुन दिशा बताउने, आपातकाल परिस्थितिहरुमा सूचित दिने र कार चोरी हुदा त्यसलाई पक्राउ सम्मको काममा यसले मद्दत गर्दछ।

ऑफिसमा मानिस कंप्यूटरको प्रयोग विज्ञापन र पत्र बनाउन, तलबको हिसाब किताब गर्न, सामान आदिको सूची बनाउन र मूल्य सहित समानको सूची तैयार गर्न लागि गरिन्छ। घरहरु र स्कूलहरुमा कंप्यूटरको प्रयोग शैक्षिक कार्यहरुको लागि गर्ने गरिन्छ। शिक्षक यसको प्रयोग पढाउनको लागि गर्दछन्। विद्यार्थीले आफनो असाइंमेन्ट पूरा गर्न र प्रयोगशालाहरु र घरहरुमा शोध कार्यको लागि कंप्यूटरको प्रयोग गर्दछन्।

मानिस कंप्यूटरमा गेम्स खेलेर, गाना सुनेर, सिनेमा हेरेर, किताब वा पत्रिका पढेर, विडियो बनाएर, फोटोलाई नया रूप दिएर वा फेरि विदाको योजना बनाएर घंटौ घन्टा आफ्नो मनोरंजन गर्दछन्। कंप्यूटरको माघ्यमबाट विश्वको कुनै पनि कुनाको जानकारी पाउन सकिन्छ। यसबाट तपाईलाई स्थानीय र राष्ट्रीय समाचार, मौसम संबंधी जानकारी, खेलहरुको स्कोर, स्टॉकको मूल्य, आफनो मेडिकल रिकार्ड, बैंकमा जम्मा राशिको जानकारी र असख्य प्रकारको शैक्षिक सामग्री पाईन्छ। यति नै नभएर कंप्यूटरको माघ्यमबाट तपाई कसैलाई संदेश पठाउन सक्नुहुन्छ, नया साथी बनाउन सक्नुहुन्छ, खरीदारी गर्न सक्नुहुन्छ, कर र प्रिसक्रिप्शन फाइल गर्न सक्नुहुन्छ र घर बसेर नै कुनै कोर्स पनि गर्न सक्नुहुन्छ।

मनिसहरु कंप्यूटरको प्रयोग संचारको साधनको रुपमा गर्दछन्। यो संचार, मात्र लिखित रूप सम्म नै सीमित छैन्। आधुनिक तकनीकको कारण कंप्यूटरको माध्येम आवाज, ध्वनि, विडियो र ग्राफिक्स पनि पठाउन सकिन्छ। कंप्यूटरको प्रयोगबाट तपाई जुन व्यक्तिसंग संचार गर्दै हुनुहुन्छ उसलाई हेर्न पनि सक्नुहुन्छ। यसको साथै आफ्नो मित्र, परिवारजन तथा क्लाइंटलाई फोटो तथा विडियो पनि पठाउन सक्नुहुन्छ। कंज्यूमर (उपभोक्ता) आफ्नो कंप्यूटरको प्रयोग व्यवसायमा गर्दछ। एउटा कर्मचारी कुनै अर्को कर्मचारी वा ग्राहकसंग संवाद कायम राख्नको लागि प्रयोग गर्दछ। छात्र आफ्नो सहपाठि, शिक्षक र परिजनहरुसंग कुराकानीको लागि गर्दछ। यस बाहेक सुरक्षा बलमा कार्यरत मानिसहरु आफ्नो साथी र परिजनहरुसंग कुराकानी गर्नको लागि पनि कंप्यूटरको प्रयोग गर्दछन्। साधारण नोट वा संदेश पठाउने कार्यको साथै मानिसहरु कंप्यूटरको प्रयोग फोटो, ग्राफ, कैलेंडर, जर्नल, म्यूजिक र वीडियोको आदान-प्रदानमा पनि गर्दछन्।

प्रतिदिन नया तकनीक विकसित भई रहेको छ। डिजिटल क्रांतिलाई हामी कसरी काममा ल्याउछौं त्यो पूर्ण रुपबाट हामी माथि निर्भर गर्दछ। आज कंप्यूटर हाम्रो जीवनको एक अहम् भाग बनेको छ। डिजिटल संसारमा सफल हुनको लागि कंप्यूटर शिक्षित हुनु आवश्क छ। कंप्यूटर शिक्षित हुनुको अर्थ कंप्यूटर र यसको प्रयोगको जानकारी हुनु।

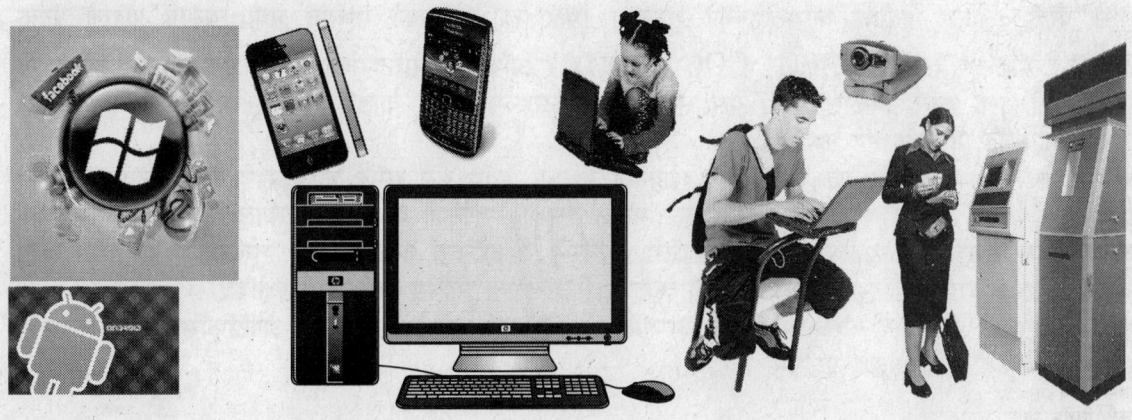

कंप्यूटर भनेको के हो?

कंप्यूटर एउटा यस्तो इलैक्ट्रॉनिक उपकरण हो जसले आफ्नो मैमरीमा रहेको निर्देशनहरुको आधारमा काम गर्दछ। यो डाटा (इनपुट) लाई ग्रहण गरेर त्यसलाई नियमहरुको अनुसार व्यवस्थाबद्ध (प्रोसेस) गरेर परिणाम निकाल्छ र साथै भविष्यमा प्रयोग गर्न त्यसलाई स्टोर पनि गर्दछ

कंप्यूटरसंग संबंधित केहि महत्वपूर्ण तथ्यहरु

डाटा : असंगठित र अव्यवस्थित तथ्यहरु र तथ्यांकहरुको संगठित र व्यवस्थित रूपलाई डाटा भनिन्छ। यो तथ्यांक नभएर अंक, टेक्स्ट, चित्र, घ्वनि आदि पनि हुन सक्छ। डाटा स्यंम नै कुनै किसिमको सूचना संप्रेषित गर्दैन्, बल्कि महत्वपूर्ण सूचनाहरुलाई प्रस्तुत गर्नमा काम आउछ। उदाहरणको लागि- स्कूल-कालेजमा भर्नाको समय छात्र द्वारा फार्म भरिन्छ, जसमा तथ्यहरुको रूपमा छात्रको नाम, उसको बुबाको नाम र ठेकाना आदि हुन्छ। यी तथ्यांकहरुलाई एकत्रित गर्नुको मतलब ती सबै छात्रको बारेका चाहिएको जानकारीहरु वा रिकार्ड मेंटेन (सुरक्षित) गरेर राख्नु हो।

इंफोर्मेशन : डाटालाई यता-उता पुगाउने कार्य रूप नै इंफोर्मेशन हो। यो डाटा भन्दा बढि महत्वपूर्ण हुन्छ। यसको आधारमा कुनै पनि चीजको निर्धारण हुन्छ र निर्णय लागि जान्छ। उदाहरणको लागि- मार्कशीट (अंकपत्र) मा प्रविष्ट अंक डाटा र पूरा माक्रशीट एउटा इंफोर्मेशन हो जसले उसको प्रतिशत इत्यादि बताउछ, जसबाट थाहा हुन्छ कि छात्र पास छ वा फेल। अर्थात यसले परिणाम बताउछ।

यूजर : त्यो व्यक्ति जसले कंप्यूटरको प्रयोग गर्दछ र जस द्वारा कंप्यूटरमा सूचनाहरुको आदान-प्रदान गरिन्छ, त्यो व्यक्ति नै यूजर हो।

हार्डवेयर : कंप्यूटर बनाउनमा प्रयोग गरिने सबै उपकरणहरु हार्डवेयर हो।

सॉफ्टवेयर : कंप्यूटर प्रोग्रामहरुको समूह वा यसलाई दिईने खालको निर्देश जसले हार्डवेयरको कार्यक्षमता बढाउछ र यसले कुन टास्क (काम) कसरी गरिन्छ त्यसको बारेमा बताउछ, त्यसलाई साफ्टवेयर भनिन्छ। हार्डवेयर र साफ्टवेयर एक-अर्काको पूरक हो। बिना साफ्टवेयरको कंप्यूटर हार्डवेयरको कुनै मतलब हुदैन्, त्यसरी नै बिना हार्डवेयरको कुनै पनि साफ्टवेयरलाई चलाउन सकिदैन्।

कंप्यूटरको पीढ़िहरु

पहिलो पीढ़ी : पहिलो पीढ़ीको कंप्यूटरहरुको शुरुआत 1951 को दशकमां यूनिवेक I (UNIVAC I) को संग-सगै भयो। यसमा वेक्यूम ट्यूबसको प्रयोग गरियो र यसको मेमोरी तरल पारो र विद्युतीय ड्रम्सको पातलो नलीबाट निर्मित गरिएको थियो।

दोस्रो पीढ़ी : 1950 को दशकको अंतमा दोस्रो पीढ़ीको कंप्यूटरहरुमा वेक्यूम ट्यूबसको ठाउ ट्रान्सिटरहरुले लियो र मेमोरी (IBM 1401, Honeywell 800) को लागि मैगनेटिक कोरको निर्माण हुन थाल्यो। कंप्यूटरको आकार सानो हुन गयो र विश्वसनियता पनि बढ्न गयो।

तेस्रो पीढ़ी : तेस्रो पीढ़ीको कंप्यूटरहरुको शुरुआत 1960 को दशकको मध्यमा भयो। यसमा पहिलो पटक इंटिग्रेटिड सर्क्टिस (IBM 360 , CDC 6400) र ऑपरेटिंग सिस्टम्सको प्रयोग भयो। यसमा ऑनलाइन सिस्टम्सको ठूलो रुपमा विकास भयो। यस समयको कंप्यूटरहरुमा पंचड कार्डस र विद्युतीय टेप्सको प्रयोग गरेर बैचमा आधारित प्रोसेसिंग हुने गर्थ्यो।

चौथो पीढ़ी : यसको शुरुआत 1970 को दशकको मध्यमा भयो। यस समय कंप्यूटरहरुलाई बनाउनमा चिपको प्रयोग हुन थाल्यो जसको कारण सानो प्रोसेसर्स (माइक्रोप्रोसेसर) र निजी कंप्यूटर्स (पर्सनल कंप्यूटर्स)अस्तित्त्वमा आयो। त्यस समयको कंप्यूटरहरुमा डिसट्रिब्यूटिड प्रोसेसिंग र ऑफिस ऑटोमेशनको शुरुआत भयो। त्यस बेला क्यूरी भाज़ाहरु, रिपोर्ट राइटर्स र स्प्रेडशीट्सको कारण धेरै संख्यामा मानिस कंप्यूटरसंग जोडिए।

पांचौ पीढ़ी : पांचौ पीढ़ीको कंप्यूटरहरुमा कंप्यूटिंगको धेरै राम्रो तरीकाहरु जसमा आर्टिफिसियल इंटेलिजेंस र ट्रयू डिस्ट्रीब्यूटेड प्रोसेसिंगलाई प्रयोगमा ल्याइयो।

कंप्यूटरसंग संबन्धित मुख्य उपलब्धिहरु (19937 देखि 2006 सम्म)

1937

डॉ. जॉन.वी.एटनसॉफ र क्लीफॉर्ड बेरी मिलेर पहिलो इलैक्ट्रोनिक डिजिटल कंप्यूटर डिज़ाइन तथा निर्मित गरेका थिए। एटनसॉफ-बेरी-कंप्यूटर वा ए.बी.सी. को नामले चर्चित यो कंप्यूटर डिजिटल कंप्यूटरहरुको आधार बन्यो।

1943

द्वितीय विश्व युद्धको दौरान ब्रिटिश वैज्ञानिक एलन ट्यूरिंगले कॉलोसास नामक कंप्यूटर आफ्नो देशको फौजीको लागि डिज़ाइन गरे ताकि जर्मनीको गुप्त संदेशहरुलाई जान्न सकियोस्। यस कंप्यूटरको असितत्वलाई 1970 को दशक सम्म लुकाएर राखियो।

1945

डॉ. नॉन वॉन न्यूमैनले स्टोर्ड प्रोग्रामको कॉन्सेप्टमा कागज़ तैयार गरे। मेमोरीमा तथ्यांक र प्रोग्राम स्टोर गर्ने उनको उपायले भविष्यको डिजिटल कंप्यूटरहरुको निर्माणको नींव ल्यायो।

1948

डॉ. जॉन डब्लू. मॉचली र जे. प्रेस्पर एकर्ट जूनियरले आम व्यक्तिको उपयोगको लागि पहिला ठूलो मात्रामा डिजिटल कंप्यूटर बनाउने काम पूरा गरे। ENIAC नामक यस कंप्यूटरको तौल तीस टन थियो र यसमा 18000 वेक्यूम ट्यूब्स लगाईएको थियो। तीस बटा पचास फुटको ठाउ लिने यो कंप्यूटर 160 किलोवाट बिजलीबाट चल्ने गर्थ्यो। जब पहिला पटक यस कंप्यूटरलाई चलाईयो तब पूरा फिलेडेल्फिया क्षेत्रको बत्तिहरु धमिलो हुन जान्थ्यो।

1951

रेमिंगटन रेन्डले वाणिज्यक प्रयोगको पहिलो डिजिटल कंप्यूटर UNIVAC I (यूनिवर्सल ऑटोमेटिक कंप्यूटर) बाजारमा ल्याए।

1953

आई.बी.एम को मॉडल नम्बर 650 ती शुरुआती मॉडलहरु मध्ये एउटा थियो जसको प्रयोग ठूलो संख्यामा गरियो। पहिला आई.बी. थियो जसको प्रयोग ठूलो संख्यामा मानिसहरुले गरे। पहिला आई.बी.एम. को योजना यस मॉडलको 50 कंप्यूटरहरुलाई निर्मित गर्नको लागि गरिएको थियो तर यसको सफलता हेर्दा 1000 भन्दा पनि बढि मॉडल बनाईयो।

1957

जॉन बैकसले सजिलैसंग प्रयोग गरिने खालको प्रोग्रामिंग भाषा Fortran (फार्मूला ट्रान्सलेशन) को शुरुआत गरे।

प्रथम इन्टिग्रेटिड सर्किट

1958

टेक्सॉस इन्सट्रयूमेन्टसको जैक किल्बीले इन्टिग्रेटिड सर्किटको आविष्कार गरे जसको आधारमा ज्यादा क्षमता भएको मेमोरी र तेजिलो गतिको कंप्यूटरको नींव हाले।

1960

डॉ. ग्रेस हॉपरको अध्यक्षतामा बनेको समितिले बिज़नेसको उच्चस्तरीय भाषा, कोबोलको विकास गरे।

1965

डार्टमाउथको जॉन केमेनीले प्रोग्रामिंग भाषा बेसिक (Basic) को विकसित गरे जसको इस्तेमाल निजी कंप्यूटरमा ठूलो रुपमा प्रयोग गरियो।

डिज़िटल इक्विपमेंट कॉरपोरेशनले पहिला सानो कंप्यूटर, पी.डी.पी.–8 बाज़ारमा ल्याए जसको प्रयोग आज ठूलो रुपमा आइम शेयरिंग सिस्टम्समा त्यसलाई इंटरफेस गरिन्छ।

1969

संयुक्त राज्यको रक्षा विभागको अंतर्गत ए.आर.पी.ए. द्वारा ए.आर.पी.एन.इ.टी (एडवांस्ड रिसर्च प्रोजेक्ट्स एजेन्सी नेटवर्क) को विकास भयो जुन विश्वको पहिला ऑपरेशनल पैकेट सिचिंग नेटवर्क थियो र ग्लोबल इंटरनेटको पूर्वज।

1971

इन्टेल कॉरपॉरेशनको डॉ. टेड हॉफले सानो प्रोसेसर अर्थात माइक्रोप्रोग्रामेबल कंप्यूटर चिप, इन्टेल 4004 को विकास गरे।

1975

ज़िरॉक्स पी.ए.आर.सी (पॉलो ऑल्टो रिसर्च सेन्टर) मा कार्यरत रॉबर्ट मेटकाफॅले पहिला स्थानीय नेटवर्क (LAN) अर्थनेटको विकास गरे। लैनको मद्दतले विभन्न कंप्यूटर आपसमा तथ्यांक, सॉफ्टवेयर इत्यादी बाट्न सकिन्छ।

1976

स्टीव जॉब्स र स्टीव वॉज़्नायेकले एप्पलको पहिलो कप्यूटर बनाए। यसको तुरंत पछि एप्पल टू को विकास भयो जुन धेरै सफल रह्यो।

1979

बॉब प्रेन्कस्टन र डेन ब्रिक्लिन द्वारा संयुक्त रूपमा बनाईएको विसिकॉल्क नामक एउटा स्प्रेडशीट प्रोग्राम बाजारमा ल्याईयो।

विसिकॉल्क प्रोग्राम एउटा मुख्य कारण हो जसले व्यापार जगतमा पर्सनल कंप्यूटरको प्रयोगलाई लोकप्रियता दिलायो।

VISICALC

1980

आई.बी.एमले माइक्रोसॉफ्ट कॉरपारेशनको सह संस्थापक, बिल गेट्सलाई बाज़ारमा चाढो ल्याउने खालको आफ्नो पर्सनल कंप्यूटरको लागि ऑपरेटिंग सिस्टमलाई विकसित गर्ने मौका दियो। एम. एस-डॉसको सफलताको कारण माइक्रोसॉफ्टको काफी विकास भयो।

1981

पर्सनल कंप्यूटर बाजारमा ल्याउदै आई.बी.एमले आफ्नो पहिलो पीसी प्रदर्शित गरे।

COMPAQ

1982

आई.बी.एम. को पर्सनल कंप्यूटरलाई विकसित गर्न र त्यसको पिवणन गर्नको लागि कॉम्पेक इंक. को स्थापना भयो।

हेयसले 300 गति भएको सानो मॉडम निकाले जुन धेरै सफल रह्यो।

1983

लोटस डिवेलपमेन्ट कॉरपारेशनको स्थापना भयो। लोटस सॉफ्टवेयर (अब आई.बी.एम. को भाग हो) को स्प्रेडशीट प्रोग्राम लोटस 1-2-3, ले आई.बी.एमको पर्सनल कंप्यूटरलाई पहिलो ठूलो सफलता दिलायो। यस प्रोग्रामको आपार सफलताको कारण आई.बी.एम नेकॉरपोरेट जगतमा आफ्नो लागि खास ठाँउ बनायो।

1984

ह्यूलेट-पैकर्ड (hp) ले अपनेपर्सनल कंप्यूअरको लागि पहिला लेज़रजेट प्रिन्टर ल्याउने घोषणा गरे। एप्पलले मैकिन्टोश नामक कंप्यूटर बाज़ारमा ल्याए जसमा सजिलोसंग सिक्न सक्ने खालको ग्राफिकल यूज़र इन्टरफेस थियो।

1987

यस समयमा धेरै पर्सनल कंप्यूटर आयो जुन सानो प्रोसेसर, इन्टेल 80386 ले युक्त थियो।

1988

इन्टेल 486, विश्वको यस्तो पहिलो सानो प्रोसेसर बन्यो जसमा 10,00,000 ट्रांसिस्टर थियो। इन्टेल i486 (486 वा 80486 को नामले पनि जानिन्थ्यो) 32 बिट स्केलर इंटेल सीआईएससी माइक्रोप्रोसेसर थियो जुन इंटेल 486 को भाग थियो।

1991

विश्व व्यापी जालयानिको वर्ड वाइड वेब कंसॅर्टियमले ती मानदंडलाई जारी गर्‍यो जसमा विभिन्न कंप्यूटरहरुको डाक्यूमेन्ट्सलाई आपसमा जोड्ने ख़ाका तैयार गरिएको थियो।

MICROSOFT WINDOWS

1992

माइक्रोसोफ्टले विन्डोज़ सिस्ट्म्सको तहत विन्डोज़ 3.1 को श्रृंखला बाज़ारमा ल्यायो। यसमा ट्र्यू टाइप फॉन्ट्स, मल्टीमीडिया, ऑब्जेक्ट लिंकिंग र इम्बेडिंग जस्तो आयाम जोडियो।

1993

मार्क एंड्रेसनले ग्राफिक्स युक्त मोसाइक नामक वेब ब्राउज़रको आविष्कार गरे। यसको सफलताबाट नेटस्केप कंम्यूनिकेशन्स कॉरपारेशन संगठित भयो।

Netscape Navigator

1994

जिम क्लार्क र मार्क एंड्रेसनले नेटस्केपको स्थापना गरे र वर्ल्ड वाइड वेबलाई ब्राउज़र, नेटस्केप नेविगेटर 1.0 लाई लॉन्च गरे।

1995

ऑपरेटिंग सिस्टमलाई राम्रो बनाउदै माइक्रोसॉफ्टले विंडोज़-95 बनायो। विन्डोज़ 95 खास रुपमा आम उपभोक्ताको लागि तैयार गरिएको ग्राफिक्स युक्त इंटरफेस आधारित ऑपरेटिंग सिस्टम हो।

1997

माइक्रोसॉफ्टले इंटरनेट एक्सप्लोरर 4.0 को बदौलत इंटरनेट जगतमा खास ठाँउ बनायो।

इंटेल 7.5 मिलियन ट्रांसिस्टर्सले युक्त प्रोसेसर पेन्टियम II लाई ल्यायो।

1998

माइक्रोसॉफ्टले विन्डोज़ 95 मा बदलाव गऱ्यो र विन्डोज़ 98 जारी गऱ्यो। विन्डोज़ 98 बाट कंप्यूटरको प्रदर्शन राम्रो हुनुको साथै इंटरनेटको दृष्टिबाट पनि राम्रो साबित भयो। यसको खास कुरा यो थियो कि यो नया पीढ़ीको हार्डवेयर र सॉफ्टवेयरहरुको अनुकूल थियो।

एप्पलले आफ्नो लोकप्रिय कंप्यूटर, मेकिन्टोशको आउने संस्करण, आई.मैक (iMAC) निकाल्यो।

1999

इंटेलले मल्टीमीडियाको राम्रो क्षमता भएको प्रोसेसर, पेन्टियम III जारी गऱ्यो।

माइक्रोसॉफ्टले ऑफिस 2000 लाई बाज़ारमा ल्यायो।

2000

माइक्रोसॉफ्टले विन्डोज़ 2000 र विन्डोज़ एम.ई. जारी गऱ्यो। ऑफिस 2000 सुरक्षा र निर्भरताको दृष्टिले पुरानो संस्करणको तुलनामा राम्रो थियो। विन्डोज़ एम.ई. को नामबाट जानिने विन्डोज़ मिलेनियम, 16-बिट/32 को क्षमता भएको ग्राफिकलयुक्त ऑपरेटिंग स्टिम हो जुन मुख्य रूपमा घरेलू उपभोक्ताहरुको लागि तैयार गरियो।

इंटेलले पेन्टियम 4 प्रोसेसरको चिप बनायो जुन 1.4 जीगा हर्ट्जबाट शुरु हुने खालको क्लॉक स्पीड्सबाट युक्त थियो।

2001

कंप्यूटरमा पढिने खालको डिजिटल किताबहरु यानी ई-बुक्सको जन्म भयो। माइक्रोसॉफ्टले ऑपरेटिंग सिस्टममा भारी बदलाव गरेर डेस्कटॉप र सर्वसको लागि विडोज़-एक्स.पी. निकाले।

माइक्रोसॉफ्टले त्यसपछि ऑफिस एक्स.पी. निकाले जुन नया जमानाको रिजल्ट दिने खालको सॉफ्टवेयर जस्तै छ।

2002

माइक्रोसॉफ्टले डाट नेटको कॉन्सेप्टलाई लॉन्च गर्‍यो जसको प्रयोग वेबमा आधारित सेवाहरुको सॉफ्टवेयर एप्लिकेशन्सलाई विकसित गर्न र चलाउनको लागि गरियो।

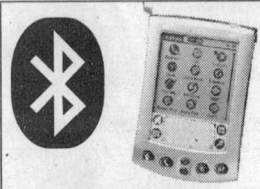

सी.डी. (CD-RW) राइटर्सको ठाउ डी.वी.डी (DVD+RW) राइटर्सले लियो। डी.वी.डी मा सी.डीको तुलनामा आठ गुना ज्यादा डाटा स्टोर गर्ने क्षमता हुन्छ।

2003

तारहित कंप्यूटर र अन्य उपकरण जस्तै कीबोर्ड, माउस, होम नेटवर्क र इंटरनेट आजकाल आम चीज भएको छ। मौजूद ऑपरेटिंग स्टिम्स डब्ल्यू.आइ-एफ.आइ (wireless fidelity) र ब्लूटूथ दुबैको लागि अनुकूल छ।

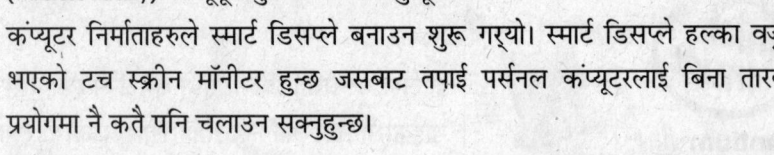

कंप्यूटर निर्माताहरुले स्मार्ट डिसप्ले बनाउन शुरू गर्‍यो। स्मार्ट डिसप्ले हल्का वज़न भएको टच स्क्रीन मॉनीटर हुन्छ जसबाट तपाई पर्सनल कंप्यूटरलाई बिना तारको प्रयोगमा नै कतै पनि चलाउन सक्नुहुन्छ।

2004

भारी तौलको सी.आर.टी मॉनीटरको ठाँउमा कंप्यूटर उपभोक्ताले फ्लैट-पेनल भएको एल.सी.डी. मॉनीटरको प्रयोग गर्न थाले।

एप्पल कंप्यूटरले पातलो स्क्रीन भएको आई.मैक जी-5 नामक कंप्यूटर बाज़ारमा ल्यायो। यसको सिस्टम यूनिट मॉनीटरमा नै लगाईएको थियो।

सर्वरको बाजारमा माइक्रोसॉफ्ट विन्डोज़, सनूस सोलारिस र यूनिक्स ऑपरेटिंग सिस्टम्संको विकल्पको रूपमा लिनॅक्स ऑपरेटिंग सिस्टमले आफ्नो ठाँउ बनायो।

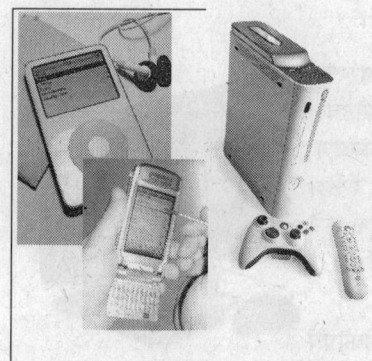

2005

एप्पलले खल्तिमा राख्न सक्ने खालको आईपॉड आडियो प्लेयर ल्यायो।

माइक्रोसॉटले एक्स बॉक्स 360 नामको गेम कन्सोल निकाल्यो।

मोबाइल उपकरणको रूपमा मानिसहरु पी.डी.ए मोबाइलको ठाउमा स्मार्ट फोन बढि मन पराउन थाले। स्मार्ट फोन, सेल्लूलर फोन, ई-मेल, वेब ब्राउजर, गाना, वीडियो गेम, इनबिल्ट कैमरा र व्यक्तिगत सूचना प्रबंधन जस्तो सुविधाहरुले युक्त हुन्छ।

2006

2006 : वर्ष 2006 मा इंटेलले कोर-2 ड्यो सीरिजको माइक्रोप्रोसेसर पेश गर्‍यो। यी प्रोसेसरहरुको गति धेरै छ।

2007

वर्ष 2007 मा माइक्रोप्रोसेसरले यसको सबै भन्दा बढि प्रयोग हुने खालको आपरेटिंग सिस्टमको नयाँ वर्जन विंडो विस्टा लांच गरेको थियो। यस भन्दा पहिला माइक्रोसाफ्टले माइक्रोसाफ्ट प्रोडक्टिविटी सूटको नयाँ वर्जन आफिस 2007 जारी गरेको थियो।

2008

केहि नयाँ र राम्रो फीचर्स भएको जस्तै- मल्टीटच टेक्नोलोजीको साथमा टच स्क्रीन, मोबाइल टीवी, फेसबुक, जीपीआरएस र राम्रो कैमराको कारण स्मार्ट फोन बढि स्मार्ट भई सकेको छ। गूगलले नयाँ वेब ब्राउसर *गूगल क्रोम* रिलीज गर्‍यो।

Google Chrome

2009

माइक्रोसाफ्टले यसको धेरै प्रयोग हुने आपरेटिंग सिस्टमको नयाँ वर्जन *विंडो 7* लांच गर्‍यो। ठंटेलले कोर आई5 र कोर आई7 प्रोसेसर जारी गर्‍यो।

2010

माइक्रोसाफ्टले आफ्नो आफिस सूटको लेटेस्ट (नवीनतम) वर्जन जारी गर्‍यो। अफिस 2010 धेरै एडिशनमा उपलब्ध छ र मानिसलाई बढि प्रभावी तरीकाबाट काम गर्नमा मद्दत गरि रहेको छ।

2012

माइक्रोसॉफ्टले यसको धेरै प्रयोग हुने खालको ऑपरेटिंग सिस्टमको नया वर्जन 'विंडो 8' लांच गर्‍यो।

पर्सनल कंप्यूटर्स

कुनै निजी कंप्यूटर वा भनौं कि पी.सी. लाई खास तरिकाले व्यक्तिगत आवश्क्ताहरुलाई पूरा गर्नको लागि डिजाइन गरिएको छ। यसलाई खासगरी आई.बी.एम कम्पैटेबल कंप्यूटर्स भनिन्छ। यसमा कम से कम एउटा इनपुट उपकरण, एउटा आउटपुट उपकरण, एउटा स्टोरेज उपकरण र मेमोरी र प्रोसेसर हुन्छ जसको मद्दतबाट यसले काम गर्दछ। प्रोसेसर वा फेरि माइक्रोप्रोसेसर एउटा चिपमा निर्मित सेंट्रल प्रोसेसिंग यूनिट हो जुन कुनै पी.सी बनाउने मुख्य आधार हो। पर्सनल कंप्यूटर्स धैरै जसो बिज़नेसमा प्रयोग गरिन्छ र साथै घरहरुमा पनि यो धैरै लोकप्रिय छ।

पर्सनल कंप्यूटर

पर्सनल कंप्यूटरहरुको श्रंशखलामा आइ.बी.एम र एप्पल मेकिनटोश सर्वाधिक लोकप्रिय छ।

आईबीएम कंपेक्टिबल शब्द: आईबीएम कंपेक्टिबल शब्दले, ऑरिजिनल आईबीएम पर्सनल कंप्यूटर डिजाइनमा आधारित जुनसुकै पर्सनल कंप्यूटरको बारेमा बताउछ। विभिन्न कंपनिहरु जस्तै डेल, एचपी र तोशिबा पीसी कंपेक्टिबल कंप्यूटरको बिक्री गर्दछ। पीसी र पीसी कंपेक्टिबल कंप्यूटर सामान्यत: विंडो आपरेटिंग सिस्टमको प्रयोग गर्दछ।
एप्पल कंप्यूटर्स सामान्यत: मैंकितोश आपरेटिंग सिस्टम (मैक ओएस) को प्रयोग गर्दछ।
मैंकितोश कंप्यूटर्स वा मैक्स, एप्पल कंप्यूटर द्वारा वर्ष 1984 मा पेश गरिएको थियो। जस्तै आईमैक, सामान्यत: **मैंकितोश आपरेटिंग सिस्टम** माथि कार्य गर्दछ।

एप्पल मेकिनटोश

नोटबुक कंप्यूटर

नोटबुक कंप्यूटरलाई लैपटॉप पनि भनिन्छ। नोटबुक सानो आकार र कम तौल भएको कंप्यूटर हो जसलाई सजिलैसंग एक स्थान देखि अर्को स्थान सम्म लैजान सकिन्छ। धैरै जसो लैपटॉप बैटरीबाट वा बिजलीबाट काम गर्छ। लैपटॉपले त्यो सबै काम गर्न सक्छ जुन एक साधारण कंप्यूटरले गर्दछ। साधारण कंप्यूटरको तुलनामा यो महंगो छ।

एउटा लैपटॉपको की-बोर्ड सिस्टम यूनिटमा लगाईएको हुन्छ र यसको मॉनीटर पनि सिस्टम यूनिटसंग नै जोडिएको हुन्छ। लैपटॉपको विभिन्न ड्राइव्स सिस्टम यूनिटमा नै लगाईएको हुन्छ। त्यस्तो यूज़र्सलाई लैपटॉपको धैरै आवश्यक हुन्छ जसको काम एक ठाउँमा बसेर हुदैन जस्तो कि बिज़नस ट्रैवल्र्स। एउटा नोटबुक, नोटबुक कंप्यूटरको नै एउटा रूप हो। यो सानो र हल्का हुन्छ। सामान्यत: यो पारंपरिक नोटबुक कंप्यूटरको तुलनामा ज्यादा पावरफुल हुदैन्।

नोटबुक कंप्यूटर

स्मार्ट फोन

स्मार्टफोनमा इंटरनेटको सुविधा पनि हुन्छ। यस बाहेक यसमा पर्सनल इंफोर्मेशन मैनेजमेंट (पीआईएम) फंक्शन जस्तै कैलेंडर, अप्वाइंटमेंट बुर्क, कैलकुलेटर, एड्रेस बुक र नोटबुक आदि पनि हुन्छ।

बेसिक फोनको तुलनामा स्मार्ट फोनमा तपाई इंटरनेट द्वारा ई-मेल पनि पढ्न र गर्न सक्नुहुन्छ। केहि स्मार्टफोन बिना कुनै तारको सहयताबाट अरु उपकरणहरु र कंप्यूटरसंग पनि जोड्न (कनेक्ट) सकिन्छ। यस बाहेक यसमा सानो मीडिया प्लेयर र कैमरा पनि हुन्छ, जसको प्रयोग तपाईले फोटो खीचेर वा वीडियो बनाएर त्यसलाई तुरंत अरुसंग शेयर पनि गर्न सक्नुहुन्छ।

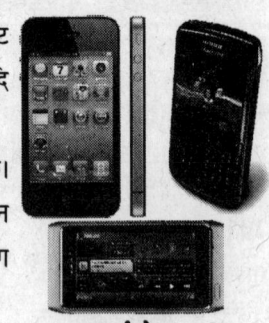

स्मार्टफोन

सिस्टम यूनिट भित्र

सिस्टम यूनिट

सिस्टम यूनिट

सिस्टम यूनिटलाई धेरै पटक चेससिस (बाडी) पनि भनिन्छ। यो एउटा बाकस जस्तै देखिन्छ जसमा डाटालाई प्रोसेस गर्ने खालका इलैक्ट्रॉनिक तत्त्व उपस्थित हुन्छ। यसले भित्रको इलैक्ट्रॉनिक तत्त्वहरुलाई नोक्सानबाट बचाउछ । हरेक कंप्यूटरमा सिस्टम यूनिट हुन्छ।

धेरै जसो इलैक्ट्रॉनिक तत्त्व र स्टोर गर्ने खालका उपकरण सिस्टम यूनिटको भित्र नै हुन्छ। अन्य उपकरण जस्तो कि कीबोर्ड, माउस, माइक्रोफोन, प्रिन्टर, स्पीकर, स्कैनर, कैमरा आदि सिस्टम यूनिटको बाहिर हुन्छ।

मदरबोर्ड

मदरबोर्डलाई मेनबोर्ड वा सिस्टम बोर्ड पनि भनिन्छ। यो मुख्य बोर्ड हो जसमा सॉकेट लागेको हुन्छ र यसमा अन्य बोर्ड पनि जोड्न सकिन्छ। मदरबोर्डमा धेरै किसिमको चिप्स रहेको हुन्छ जसमा प्रोसेसर वा सेन्ट्रल प्रोसेसिंग यूनिट मुख्यरुप हुन्।

मदरबोर्ड

सी.पी.यू. (सेन्ट्रल प्रोसेसिंग यूनिट)

सीपीयू एउटा माइक्रोप्रोसेसर हो, यसलाई माइक्रोप्रोसेसर पनि भनिन्छ। एक किसिमले कंप्यूटरको दिमाग हो जसले सबै गणनाहरु गर्दछ र सबै प्रोग्रामहरुलाई रन (चलाउने) गराउछ। यसले कंप्यूटरको सबै आपरेशनहरु (कार्यहरु) लाई मैनेज गर्दछ र यसमा ती सबै आवश्यक निर्देशनहरु हुन्छ, जसबाट कंप्यूटर आपरेट हुन्छ। अधिकांश प्रोसेसर अहिले मल्टी कोर प्रोसेसरमा आई रहेका छन्। कोर प्रोसेसरमा ती सबै आवश्यक सक्रिट हुन्छ जसले निर्देशहरुलाई एग्जीक्यूट (पालन) गराउछ। आपरेटिंग सिस्टम प्रत्येक कोर प्रोसेसरलाई अलग प्रोसेसरको रूपमा हेरेर कार्य गर्दछ। मल्टी प्रोसेसर एउटा सिंगल चिप हो जसमा दुई वा दुई भन्दा अधिक मल्टी कोर प्रोसेसर हुन्छ। ड्यूल कोर प्रोसेसर एक प्रकारको चिप हुन्छ जसमा दुई वटा अलग-अलग कोर प्रोसेसर शमावेस हुन्छ। क्वाड कोर पनि एउटा चिप नै हो जसमा चार कोर प्रोसेसर शमावेस हुन्छन्।

सी.पी.यू.

मेमोरी

कंप्यूटरमा मेमोरीको अहम् भूमिका हुन्छ। मेमोरीमा त्यो डाटा जुन प्रोसेस गर्नुछ र जुन प्रोसेस भई सकेको छ दुबै उपस्थित हुन्छ। यो मेमोरी, डाटा, निर्देशन र सूचनाहरु स्टोर गर्ने अस्थायी ठाउ हो। प्राइमेरी स्टोरेज नामले जानिने यो मेमोरी र अन्य मेमोरिहरु एक वा धेरै चिप्सहरुबाट बन्छ जुन मदरबोर्ड वा कंप्यूटरको कुनै सर्किट बोर्डसंग लगाइएको हुन्छ।

रैम (रैंडम एक्सेस मेमोरी)

रैम मेमोरी चिप्सबाट तैयार गरिन्छ। सीपीयू र अन्य उपकरणहरुको सहायताबाट यसको प्रयोग गरिन्छ।

जब कुनै कंप्यूटरको मेमोरीको कुरा आउछ तब सामान्यत: त्यसको मतलब रैमसंग हुन्छ। कंप्यूटरलाई स्टार्ट गर्नको लागि जब पावर ऑन गरिन्छ तब केहि आपरेटिम सिस्टम फाइल स्टोरेज डिवाइसबाट लोड गरिन्छ जस्तै हार्ड डिस्कबाट रैममा। यो फाईल रैममा त्यति नै समय सम्म रहन्छ जब सम्म कंप्यूटर चलि रहेको हुन्छ। अतिरिक्त प्रोग्राम र डाटा पनि स्टोरेजबाट रैममा लोड गर्ने गरिन्छ। जुन प्रोग्राममा तपाई काम गरि रहनु भएको छ त्यो कंप्यूटर स्क्रनमा डिस्प्ले हुन्छ।

प्राय:जसो रैम अस्थिर हुन्छ। कंप्यूटर बंद हुदा यसले आफ्नो कंटेन्ट्स हराउछ। त्यसैले पछिको लागि डाटालाई सेव गर्नु पर्छ। रैममा उपस्थित वस्तुहरुलाई हार्ड डिस्कमा कॉपी गर्ने प्रक्रियालाई सेविंग भनिन्छ।

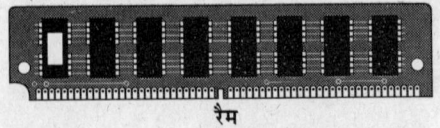

रैम

रोम (रीड-ओनली मेमोरी)

रोम स्टोरेज मीडियाको श्रेणीमा आउछ जसको प्रयोग कंप्यूटर र अन्य इलैक्ट्रॉनिक उपकरणहरुमा गर्ने गरिन्छ। रोममा उपस्थित डाटामा कुनै बदलाव गर्न सकिदैन। यो अस्थिर हुदैन। कंप्यूटर बंद भए पछि यसको कंटेन्ट्स हराउदैन।

रोमको चिपमा स्थायी डाटा, निर्देशन र सूचनाहरु हुन्छ। उदाहरणको रुपमा यसमा निर्देशनहरु श्रंशखलाबाट युक्त बेसिक इनपुट/आउटपुट सिस्टम हुन्छ जसबाट कंप्यूटर स्टार्ट हुदा नै ऑपरेटिंग सिस्टम र अन्य फाइलहरु लोड हुन जान्छ। धेरै उपकरणहरुमा पनि रॉमका चिपलगाईएको हुन्छ। उदाहरणको लागि प्रिन्टरमा लागेको रोमको चिपमा फान्टसंग संबंधित डाटा हुन्छ।

रोम

एक्सपेन्शन स्लॉट्स र एक्सपेन्शन कार्डस

एक्सपेन्शन स्लॉट एउटा सॉकेट हो जसको मद्दतले सर्किट बोर्डलाई मदरबोर्डमा लगाउने गरिन्छ। यो सर्किट बोर्ड कंप्यूटरमा नया उपकरणहरुलाई जोड्छ वा कंप्यूटरको क्षमतालाई बढाउने काम गर्दछ। उदाहरणको रुपमा यसले मेमोरीको विस्तार गर्न सकिन्छ, धवनीसंग संबंधित उपकरणहरु र ग्राफिक्स तथा मॉडमको गुणत्व बढाउन सकिन्छ। धेरै पटक कुनै उपकरणलाई वा कुनै आयामलाई कार्डको रूपमा बनाउन सकिन्छ। अन्य कार्डहरु संगै यस एक्सपेन्शन कार्डलाई उपकरण जसरी कि स्कैनरमा एक केबलको मद्दतले जोड्न सकिन्छ।

एक्सपेन्शन कार्ड

पोर्ट्स

पोर्ट कंप्यूटरको पछाडि लगाईएको एउटा कनेक्टर वा सॉकेट हो। बाहिरी उपकरणहरु जस्तै कीबोर्ड, मॉनीटर, प्रिन्टर र माउसलाई सिस्टम यूनिटमा प्रायजसो एक केबलको मद्दतले जोडिन्छ जसबाट यी उपकरणहरु र कंप्यूटरको बीच डाटा र सूचनाहरु स्थानांतरित हुन्छ। पोर्ट केबललाई उपकरणसंग जोड्ने काम गर्दछ। केबलको एउटा छेउ सिस्टम यूनिटमा र हुन्छ र अर्को छेउ उपकरणमा लागेको कनेक्टरसंग जाडिएको

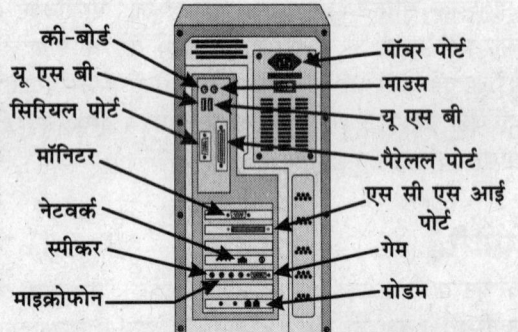

की-बोर्ड
यू एस बी
सिरियल पोर्ट
मॉनिटर
नेटवर्क
स्पीकर
माइक्रोफोन
पॉवर पोर्ट
माउस
यू एस बी
पैरेलल पोर्ट
एस सी एस आई पोर्ट
गेम
मोडम

रेक्ट करंटमा बदलिने काम गर्दछ र यसैबाट कंप्यूटर काम
मा नापिन्छ। एक औसत कंप्यूटरले लगभग 250 वाट्सको
बल्बले 60 वाट्स बिजुलीबाट काम गर्दछ। कंप्यूटरको
लगाईएको पंखाको मद्दतबाट नियंत्रित गर्ने गरिन्छ।

पावर सप्लाई

इनपुट उपकरणहरु (डिवाइस)

इनपुट

कुनै पनि डाटा वा निर्देश जुन तपाई कंप्यूटरको मेमोरीमा हाल्नुहुन्छ त्यसलाई इनपुट भनिन्छ। विभिन्न तकनीकहरुको प्रयोगबाट यूज़र्स इनपुट हाल्न सक्छन्।

कीबोर्डको माध्यमबाट कैरेक्ट्र्स टाइप गरिन्छ। माउसलाई क्लिक वा रोल गरेर निर्देशन दिन सकिन्छ। माइक्रोफोनको माध्यमबाट तपाई बोल्न सक्नुहुन्छ। विशेज़ किसिमको उपकरणको मद्दतले स्क्रीनमा लेख्न सक्नुहुन्छ। केहि डिवाइस यस्ता छन् जसको मद्दतबाट तपाइ स्क्रीनलाई छोएर नै छनौट गर्न सक्नुहुन्छ। डिजिटल कैमरा, वीडियो कैमरा वा स्कैनरको माध्यमबाट कंप्यूटरमा चित्र हाल्न सकिन्छ।

कीबोर्ड

कीबोर्ड एउटा इनपुट उपकरण हो जसमा कीज़ लगाईएको हुन्छ। यसै कीज़लाई थिचेर कंप्यूटरमा डाटा हालिन्छ। कीबोर्डको कीज़ टाइपराइटरको कीज़को सरह नै हुन्छ। एउटा डेस्कटॉप कंप्यूटरमा 101 देखि लिएर 105 कीज़ हुन्छन्। नोटबुक कंप्यूटरहरु जस्तो कि सानो कंप्यूटरको कीज़ कम नै हुन्छ।

कीबोर्ड

माउस

माउस एक प्वाईंटिंग उपकरण हो जुन सजिलै संग हातहरु फिट हुन जान्छ। माउसको मद्दतबाट स्क्रीनमा देखिने प्वाइन्टर, जसलाई प्राय: माउस प्वाइन्टर भनिन्छ र यसले गतिविधीलाई नियन्त्रित गर्दछ र साथै स्क्रीनबाट छनौट पनि गर्न सकिन्छ। माउसको माथिल्लो भागमा दुई वा तीनवटा बटन लागेको हुन्छ। कुनै माउसमा सानो पांग्रा पनि हुन्छ। माउसको तल्लो भाग समतल हुन्छ जुन माउसको चाल थाहा पाउने प्रणालीबाट युक्त हुन्छ।

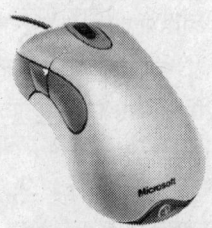

माउस

जॉयस्टिक

प्राय:जसो गेम्ससंग जोडिएको सॉफ्टवेयरको प्रयोग गर्ने खालका यूज़र्स पॉयन्टिंग उपकरणको रुपमा जॉयस्टिकको प्रयोग गर्दछन्। जॉयस्टिक कुनै आधारमा सीधा उभिएको लीवर हो। खेलाड़ी लीवरलाई विभिन्न दिशाहरुमा घुमाएर खेललाई नियन्त्रित गर्दछ। लीवरमा बटन लगाईएको हुन्छ जसलाई ट्रिगर्स भन्छौं र जसलाई थिच्दा काम गर्दछ। केहि जॉयस्टिकमा अन्य कामहरुको लागि अतिरिक्त बटन लगाईएको हुन्छ।

जॉयस्टिक

टच स्क्रीन

टच स्क्रीन एउटा यस्तो स्क्रीन हो जसमा तपाई स्क्रीनको विभिन्न क्षेत्रहरुलाई औंलाहरुको स्पर्शले मात्र माध्येमले तपाई कंप्यूटरसंग संवाद गर्न सक्नुहुन्छ। यस प्रणालीमा बाहुहरुलाई पटक पटक हल्लाउनु पर्छ त्यसैले अक्सर मानिस टच स्क्रीनमा ठूलो मात्रामा डाटा हाल्दैनन्। तसर्थ स्क्रीनमा चिंहित शब्दहरु, चित्रहरु, आंकड़ाहरु वा फेरि स्थानलाई छूनको लागि यसको प्रयोग गर्ने गरिन्छ। धेरै ए.टी.एम मशीनहरुमा टच स्क्रीन लगाईएको हुन्छ जसबाट उपभोक्ता आफनो खातासंग संबंधित काम सजिलै संग गर्न सकून। केहि नोटबुक कंप्यूटरहरुमा पनि टच स्क्रीन हुन्छ।

टच स्क्रीन

स्कैनर

कुनै ऑप्टिकल स्कैनरलाई साधारणतया स्कैनरको रुपमा जानिन्छ। यो लाइट-सेंसिंग इनपुट डिवाइस हो। स्कैनर प्रिंटिड टैक्स्ट र ग्राफिक्सलाई पढ्छ र यस्तो फोर्ममा रिजल्ट्सलाई बदलिन्छ र कंप्यूटर प्रयोग गर्न सकोस्। सर्वाधिक लोकप्रिय स्कैनरहरुमा फ्लेटबेड स्कैनर पनि एक हो। फ्लेटबेड स्कैनर डाक्यूमेंटलाई पेपरमा कॉपी गर्नुको सट्टा यसलाई आफ्नो मेमोरीमा फाइलको कॉपी बनाउछ। यस बाहेक यो केवल एउटा कॉपी मशीनको सरह काम गर्दछ। एक पटक यो ऑब्जेक्टलाई स्कैन गर्दछ। फेरि यो ऑब्जेक्टलाई स्क्रीनमा डिसप्ले, स्टोरेज मीडियममा स्टोर, प्रिंट, फैक्स र ई-मेल मैसेजको सरह अटैच हुन सक्छ।

स्कैनर

वॉइस इनपुट

तपाई जुन प्रोसेसको माध्यमबाट, कंप्यूटरको साउंड कार्डसंग अटैच माइक्रोफोनमा बोलेर डाटालाई एंटर गर्नुहुन्छ, त्यसलाई वॉइस इनपुट भनिन्छ। डाटा इनपुट गर्नको लागि कीबोर्ड प्रयोग गर्नुको सट्टा धेरै जसो यूजर्स आफनो कंप्यूटर्ससंग कुरा गर्दछन्। कंप्यूटर वॉइस रिकोगनिशनको माध्यमबाट बोलिएको शब्दहरुमा अंतर गर्न सक्छ। यसलाई स्पीच रिकोगनिशन पनि भनिन्छ। वॉइस रिकोगनिशन प्रोग्राम बोलीलाई चिन्न सक्दैन। वॉइस रिकोगनिशन प्रोग्राम केवल प्री-प्रोग्राम्ड शब्दहरुको शब्दावलीलाई पहिचान गर्दछ। वॉइस रिकोगनिशन प्रोग्राम्सको शब्दावलीमा दुई शब्दहरुबाट लाखौं शब्दहरुको रेंज हुन सक्छ। तपाईको कंप्यूटरको वॉइस रिकोगनिशन प्रोग्राम 20 लाख शब्दहरुमा अंतर गरेर पहिचान गर्न सकिन्छ।

ऑडियो इनपुट

ऑडियो इनपुट कंप्यूटरमा कुनै पनि आवाजलाई जस्तै बोली, संगीत वा ध्वनिलाई एंटर गर्ने प्रोसेस हो। तपाईको पर्सनल कंप्यूटरमा हाई क्वालिटी साउंड इनपुट गर्नको लागि साउंड कार्ड हुनु पर्छ। धेरै डिवाइसिस जस्तै कि माइक्रोफोन, टेप प्लेयर, सीडी प्लेयर वा रेडियो द्वारा साउंड इनपुट गर्न सकिन्छ। यसमा हरेक उपकरण साउंड कार्डको पोर्टमा जोड्छ।

वैब कैम

वैब कैमरा वा वैब कैम आधुनिक कैमरा हो, जसको इमेजिस संसार भरिको वैब, इंस्टेंट मैसेजिंग वा पर्सनल कंप्यूटरको वीडियो कॉलिंग एप्लीकेशनमा एक्सेस हुन सक्छ। वैब कैमरा आम रुपमा सॉफ्टवेयरसंग आउछ। यसको सॉफ्टवेयर सेटअप र वैब कैमरा प्रयोग गर्नमा मद्दत गर्दछ।

डिजिटल कैमरा

डिजिटल *(डिजीकैम्स)* पारंपरिक कैमराहरुको सरह फोटोग्राफिक फिल्म प्रयोग गर्नको सट्टा, कंप्यूटरमा इलैक्ट्रॉनिक ढंगबाट फोटोग्राफ्स कैप्चर गर्ने र स्टोर गर्ने इलैक्ट्रॉनिक इनपुट डिवाइस हो। मोडर्न कंपैक्ट डिजिटल कैमरा विशिष्ट रुपमा मल्टीफंक्शनल छ। केहि डिजिटल कैमरा साउंड रिकार्ड गर्नमा र फोटोग्राफ्सको वीडियो बनाउनमा सक्षम छ।

डिजिटल कैमरा

वीडियो कान्फ्रेंसिंग

वीडियो कान्फ्रेंसिंग भौगोलिक रुपमा अलग-अलग ठाउमा रहेको दुई वा दुई भन्दा बढि मानिसहरुको बीचको मीटिंग र कुराकानी हो, जुन नेटवर्क वा ऑडियो र वीडियो डाटा ट्रांसफर गर्नको लागि इंटरनेट प्रयोग गर्दछ। वीडियो कान्फ्रेंसिंगमा पार्टिसिपेट गर्नको लागि माइक्रोफोन, स्पीकर्स र तपाईको कंप्यूटरसंग अटैच वीडियो कैमराको साथ वीडियो कान्फ्रेंसिंग सॉफ्टवेयरको आवश्यक्ता हुन्छ। यसमा प्रत्येक पार्टिसिपेंट स्क्रीनमा वीडियो कैमराको अगाडि कुनै पनि इमेज जस्तै पार्टिसिपेंटको अनुहार आदि डिसप्ले हुन्छ।

वीडियो कान्फ्रेंसिंग

आउटपुट डिवाइसिस

आउटपुट

कंप्यूटरमा प्रोसेस र ओरगेनाइज हुने धेरै डाटा फीड हुन्छ। उपयोगी फोर्ममा प्रोसेस भएको डाटालाई आउटपुट भनिन्छ। कंप्यूटर यूजरको आवश्यक्ता र प्रयोग भई रहेको हार्डवेयर र सॉफ्टवेयरको आधारमा विभिन्न प्रकारको आउटपुट जेनरेट गर्दछ। तपाई कंप्यूटर द्वारा तैयार गरिएको आउटपुटलाई हेर्न, सुन्न र प्रिंट गर्न सक्नुहुन्छ। आफनो डेस्कटॉपको मॉनीटरमा हेरेर तपाई स्क्रीनमा सूचना हेर्न सक्नुहुन्छ। केहि प्रिंटर्स कालो र सेतो अक्षर र ग्राफिक्स निकाल्छ र केहि प्रिंटर्सले रंगीन पनि प्रिंट निकाल्दछ। त्यसैले तपाई रंगीन डाक्यूमेंट्स, फोटोग्राफ्स र ट्रांसपेरेंसीज प्रिंट गर्न सक्नुहुन्छ। कंप्यूटरको स्पीकर्स र हैडसैटको माध्यमबाट तपाई साउंड, म्यूजिक र वॉइस सुन्न सक्नुहुन्छ।

मॉनीटर

मॉनीटर आउटपुट डिवाइस हो, जसमा हामी आंखाबाट टैक्स्ट, ग्राफिक्स र वीडियो इन्फोर्मेशन हेर्न सक्छौं। मॉनीटरमा इन्फोर्मेशन इलैक्ट्रानिक तरीकाको हुन्छ, जुन केहि समयको लागि डिसप्ले हुन्छ। त्यसैले मॉनीटरको इनीर्मेशन साफ्ट कॉपी मानिन्छ।

मॉनीटर

वीडियो कार्ड

वीडियो कार्डलाई *डिसप्ले एडाप्टरको* नामले पनि जानिन्छ। यो एक्सपेंशन बोर्ड हो, जुन डेस्कटोप कंप्यूटरको मदरबोर्डसंग जोड्छ र कंप्यूटरमा क्रिएटिड इमेजिजलाई मॉनीटरको लागि आवश्यक इलैक्ट्रानिक सिग्नल्समा कन्वर्ट गर्दछ। यसले मॉनीटरमा पठाईने धेरै भन्दा धेरै रेजोल्यूशन, रिफेश रेट र रंगहरुको संख्या निर्धारित गर्दछ।

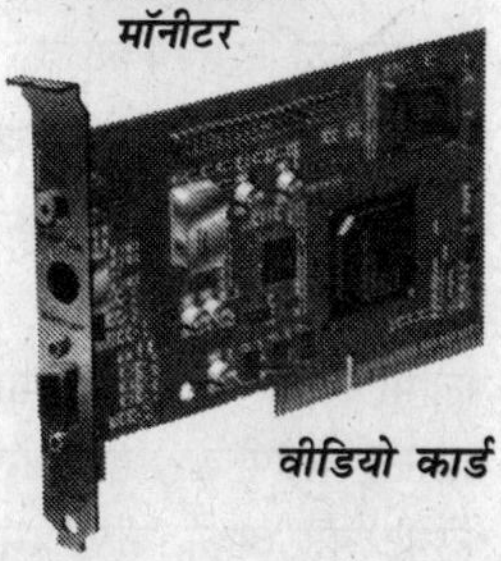

वीडियो कार्ड

प्रिंटर

प्रिंटर यस्तो आउटपुट डिवाइस हो, जुन कागजमा फिजिकल माध्यमबाट टैक्स्ट र ग्राफिक्स छाप्छ र मुद्रित गर्दछ। फिजिकली एग्जिस्ट गर्ने खालको प्रिंटिड इन्फोर्मेशनलाई हार्ड कॉपी भनिन्छ।

डॉट मैट्रिक्स प्रिंटर्स

डॉट मैट्रिक्स प्रिंटर लो-क्वालिटी इमेजिस निकाल्छ। यो प्रिंटर डॉटले इमेज बनाउनको लागि हैमर र रिबनको प्रयोग गर्दछ। प्रिंटिड इमेजको हायर रेजोल्यूशनको लागि ज्यादा डॉट हैमरको प्रयोग हुन्छ। मैन्यूफेक्चरर र प्रिंटरको मॉडलको आधारमा डॉट मैट्रिस प्रिंटरको प्रिंट हैड मैकेनिज़्ममा 9 देखि 24 सम्म पिनहरु हुन्छ। पिनहरुको संख्या ज्यादा हुनुको मतलब ज्यादा डॉट प्रिंट हुनु हो, जसमा हायर प्रिंट क्वालिटी पाईन्छ।

डॉट मैट्रिक्स प्रिंटर

इंक जैट प्रिंटर्स

इंक जैट प्रिंटर कागजमा तरल मसिको सानो थोपा छरेर करेक्टर्स र ग्राफिक्स बनाउछ। इंक जैट प्रिंटरको क्वालिटी यसको रेजोल्यूशन वा शार्पनैस र क्लेरिटीबाट नापिन्छ। आउटपुटमा प्रिंटरको रेजोल्यूशनमा इंच डॉट्स डीपीआईको संख्याबाट नापिन्छ। ज्यादा डीपीआईको मतलब उत्तम प्रिंट क्वालिटी हो। इंक जैट प्रिंटरमा मसिको थोपा डॉट हुन्छ।

इंक जैट प्रिंटर्स

लेज़र प्रिंटर्स

कागजमा हाई क्वालिटी इमेज निकाल्न फोटोकोपियर मशीनको सरह काम गर्ने खालको हाई स्पीड प्रिंटरलाई लेज़र प्रिंटर भनिन्छ। लेज़र बीम लाइट सेंसिटिव ड्रममा इमेजको आकृति बनाउछ। ड्रम फाइन पावडरले इंक लिन्छ र टोनरलाई ट्रांसफर गर्दछ, जसले कागजमा इमेज क्रिएट गर्दछ।

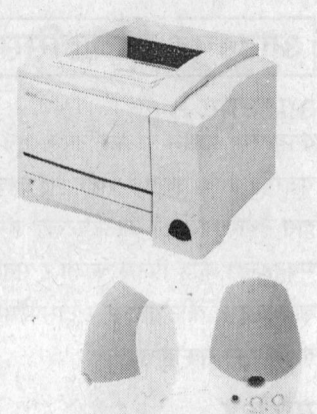

स्पीकर्स

स्पीकर्स कंप्यूटरको ऑडियो आउटपुट डिवाइस हो, जुन म्यूजिक, स्पीच र बीप्स जस्ता अन्य आवाजहरु निकाल्छ।

स्टोरेज डिवाइसिस

स्टोरेज

स्टोरेज डिवाइसिस पूरक, स्थायी, सेकंडरी र ज्यादा स्टोरेजको रुपमा जानिन्छ। यो भविष्यको लागि डाटा, इंस्ट्रक्शंस र इन्फ़्रोर्मेशंस राख्न सक्छ।

कल्पना गर्नुहोस्, आफ्नो एउटा विशेष रिपोर्ट बनाउनको लागि कंप्यूटरमा लामो समय लगाउनु भयो, यसलाई पूरा गर्नको लागि केहि अरु घंटाको आवश्यक्ता छ, जसलाई तपाई अर्को दिन गर्न सक्नुहुन्छ भने बिना स्टोरेज डिवाइसिसको त्यस ठाउ देखि फेरि शुरू गर्ने प्रश्न नै उठ्दैन। त्यसैले तपाईलाई आफ्नो काम सेव गर्नको लागि सेकंडरी स्टोरेज र पूरक स्टोरेजको आवश्यक्ता पर्छ त्यसैले यस कामलाई पछि शुरू गर्न सकियोस् र जहा देखि छोडिएको छ, त्यहा देखि कैरी गर्न सकियोस्।

फ्लॉपी डिस्क

फ्लॉपी डिस्क स्टोरेज डिवाइस हुन्छ अर्थात् यसमा डाटा स्टोर गरिन्छ। सामान्यत: यसलाई फ्लॉपीज र डिस्केटीज भनिन्छ। फ्लॉपी स्थानांतरीय हुन्छ अर्थात् यसलाई एक कंप्यूटरसंग अर्को कंप्यूटरमा सजिलैसंग प्रयोग गर्न सकिन्छ। फ्लॉपी दुई कॉमन आकारमा आउछ जसको व्यास 3.5 इंच र 5.25 हुन्छ।

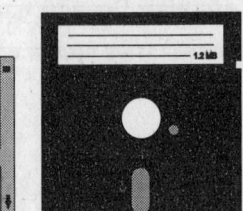

3½-inch diskette

5¼-inch diskette

फ्लॉपी डिस्क ड्राइव

फ्लॉपी डिस्क ड्राइव (एफडीडी) एउटा डिवाइस (उपकरण) हो जसले फ्लॉपीमा रीड र राइट गर्न सक्छ अर्थात् त्यसमा काम गर्न सक्छ।

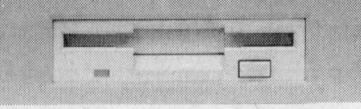

हार्ड डिस्क ड्राइव

हार्ड डिस्क ड्राइव एक प्रकारको स्टोरेज डिवाइस हो जसमा एक वा एक भन्दा अधिक वृत्ताकार प्लेट हुन्छ जसले डाटा, निर्देश र सूचनाहरु स्टोर गर्नको लागि चुंबकीय कणहरु (मैग्नेटिक पार्टिकल्स) को प्रयोग गर्दछ। हरेक प्लेटमा दुई वटा सिरा (रीड र राइट) हुन्छ। यस मध्ये प्रत्येक प्लेटर र त्यसको किनारामा ट्रैक्सको संख्या समान हुन्छ र ट्रैकको यो स्थिति जसले सबै प्लेटर्सलाई विभाजित गर्दछ, त्यसलाई सिलेंडर भनिन्छ। सबै कंप्यूटर र नोट बुकमा कम से कम एउटा हार्ड डिस्क अवश्य रहेको हुन्छ।

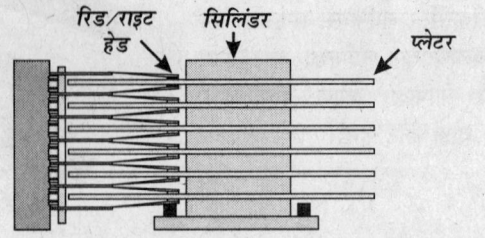

हार्ड डिस्क

एक्सटर्नल हार्ड ड्राइव (बाह्य हार्ड ड्राइव)

एक्सटर्नल हार्ड ड्राइव

एक्सटर्नल हार्ड ड्राइव पनि इंटर्नल हार्ड ड्राइव जस्तै हुन्छ जसलाई कंप्यूटरसंग जोड्न सकिन्छ। भनाईको तात्पर्य यो छ कि एक्सटर्नल हार्ड ड्राइव एक सरहको हार्ड ड्राइव नै हो जसलाई कंप्यूटरसंग यूएसबी 2, फायरवायर 400 र ईसाटा द्वारा सजिलैसंग जोड्न सकिन्छ। एक्सटर्नल हार्ड डिस्कको स्टोरेज क्षमता 4 टीबी वा त्यो भन्दा पनि अधिक हुन सक्छ।

सीडी-रोम

सीडी-रोम

सीडी-रोम कंपेक्ट डिस्क रीड ओनली मैमरी यस्तो कंपेक्ट डिस्क हो, जसमा कंप्यूटर द्वारा एक्सेस गर्ने योग्य डाटा हुन्छ। सीडी रोम्स गेम्स र मल्टीमीडिया एप्लीकेशंस सहित कंप्यूटर सॉफ्टवेयर वितरित गर्नको लागि लोकप्रिय छ। यसो त डिस्कको उच्चतम क्षमता सम्म यसमा कुनै पनि डाटा स्टोर गर्न सकिन्छ। एउटा स्टैंडर्ड 120 एम.बी. सीडी रोममा 650 वा 700 एम.बी. डाटा हुन्छ।

सीडी-रोम ड्राइव

सीडी-रोम ड्राइव

कंपेक्ट डिस्क्समा स्टोर इन्फोर्मेशंस रीड गर्ने खालको डिवाइस सीडी-रोम ड्राइव हो। प्राय:जसो सीडी-रोम ड्राइव सिस्टम यूनिटको भित्र स्थित हुन्छ। तपाईले प्राय सीडी ड्राइवमा एउटा नंबर जस्तै 16X, 40X वा 52X हेर्नु हुन्छ होला। सामान्य रुपमा यसको मतलब ड्राइवको स्पीडसंग हुन्छ। ज्यादा नंबरको मतलब ज्यादा फास्ट ड्राइव। एक्सको मतलब छ कि ओरिजनल सीडी स्टैंडर्डको

सीडी-आर (सीडी-रीकॉर्डेबल)

सीडी-आर कंपेक्टर डिस्क-रीकॉर्डेबल मल्टी सैशन कंपेक्ट डिस्क हो, जसमा तपाई आफनो डाटा जस्तै टैक्स्ट, ग्राफिक्स र ऑडियो रिकार्ड गर्न सक्नुहुन्छ। सीडी-आरमा तपाई एक भागमा एक चोटि राइट गर्न सक्नुहुन्छ र पछि दोस्रो भागमा लेख्न सक्नुहुन्छ। तपाई केवल एक पटकमा नै हरेक भागमा राइट गर्न सक्नुहुन्छ, तर तपाई डिस्कको कटेंटको इरेज (मेटाउन) गर्न सक्नु हुन्न। प्राय#जसो सीडी-रोम्स ड्राइव सीडी-आर रीड गर्न सक्छ । तपाई सीडी-आरमा सीडी रिकॉर्डर वा सीडी-आर ड्राइव र विशेष सॉफ्टवेयरको

सीडी-आर डब्ल्यू (सीडी-रीराइटेबल)

सीडी-आरडब्ल्यू इरेजेबल डिस्क हो, जुन तपाईलाई धेरै पटक लेख्न र मेटाउन दिन्छ। शुरुमा यसलाई इरेजेबल सीडी (सीडी-ई) भन्ने गर्थियो। पछि यो सीडी-आरडब्ल्यू, जुन सीडी-आरमा एक पटक लेख्नु भन्दा धेरै लाभदायक छ। सीडी-आरडब्ल्यूमा लेख्नको लागि तपाईसंग सीडी-आरडब्ल्यू सॉफ्टवेयर र सीडी-आरडब्ल्यू ड्राइव अवश्य हुनु पर्छ। सीडी-आरडब्ल्यू रिकॉर्डर, सीडी-आरडब्ल्यूमा 700 एमबी सम्म डाटा रीराइट गर्न सकिन्छ। यो ड्राइवमा 52x सम्म राइट स्पीड, 32x सम्म रीराइट स्पीड र 52x सम्म रीड स्पीड हुन्छ। मैन्यूफेक्चरर विशिष्ट रूपबाट उदाहरणको रुपमा यस प्रकार 52/32/52 लेख्छन्।

डीवीडी-रोम ड्राइव

डीवीडी-रोम ड्राइवको माध्यमबाट डीवीडी-रोम डिस्कमा स्टोर इन्फोर्मेशंस रीड गरिन्छ। रीड-ओनलीको मतलब हुन्छ डिस्कमा स्टोर इन्फोर्मेशंसलाई बदलिन सकिदैन। डीवीडी-रोम डिस्क साइज र शेपमा सीडी-रोम डिस्कको समान हुन्छ, तर यसमा धेरै ज्यादा इन्फोर्मेशंस स्टोर हुन सक्छ।

फ्लैश ड्राइव

फ्लैश डिवाइस र थंब डिवाइस कंप्यूटर स्टोरेजको नवीनतम फार्म (रूप) हो। यो डिवाइसहरुलाई कंप्यूटरको यूएसबी पोर्टसंग जोड्न सकिन्छ। यूएसबी फ्लैश ड्राइव द्वारा यूजर डाक्यूमेंट, फोटो, म्यूजिक र वीडियोलाई एक कंप्यूटरबाट अर्को कंप्यूटरमा सजिलैसंग स्थानांतरित गर्न सकिन्छ (पठाउन सकिन्छ)। पेन ड्राइवको सबै भन्दा बढि फाईदा यो छ कि यसलाई सजिलैसंग एक ठाँउबाट अर्को ठाँउमा लैजान सकिन्छ, किनकि यो धेरै सानो र हल्का हुन्छ। यसको क्षमता 16 एमबी देखि 64 जीबी सम्म हुन्छ र डाटालाई तेजीबाट स्थानांतरित गर्न सक्छ।

पेन ड्राइव

स्मार्ट कार्ड

स्मार्ट कार्ड क्रेडिट कार्डको जस्तै प्लास्टिकको कार्ड हो र यसमा माइक्रोचिपको रूपमा धेरै मात्रामा इनफोर्मेशन हुन्छ। स्मार्ट कार्ड मैग्नेटिक स्ट्रिप कार्ड भन्दा दुई कारणले फरक छ। पहिलो यसमा धेरै मात्रामा इंफोर्मेशनलाई स्टोर गर्न सकिन्छ र दास्रो यसमा डाटालाई रीअरैंज (पुन : व्यवस्थित), डिलीट र एड (जोड्न) सजिलैसंग गर्न सकिन्छ।

स्मार्ट कार्ड दुई प्रकारको हुन्छ। पहिलो कार्डलाई **'डंब कार्ड'** भनिन्छ, जसमा केवल मेमोरी हुन्छ।

दोस्रो कार्ड वास्तवमा 'स्मार्ट' हुन्छ र यसमा मेमोरीको साथै माइक्रोप्रोसेसर पनि शमावेस हुन्छ। यो कार्डमा वास्तवमा कार्डमा स्टोर डाटाको बारेमा निर्णय लिने क्षमता हुन्छ। जब कुनै स्मार्ट कार्डलाई कार्ड रीडरसंग कनेक्ट गरिन्छ तब तपाई कार्डको सूचनाहरुलाई पढ्न सक्नुहुन्छ र त्यसलाई अपडेट पनि गर्न सक्नुहुन्छ।

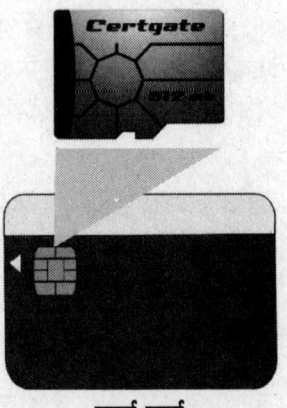

स्मार्ट कार्ड

क्लाउड स्टोरेज

क्लाउड स्टोरेज एउटा इंटरनेट सेवा हो जसले कंप्यूटर यूजरलाई स्टोरेज (संग्रहको क्षमता) उपलब्ध गराउछ। धेरै सर्विस प्रोवाइड (सेवा प्रदाता) छन् जसले शुल्क लिएर र बिना शुल्कको पनि विभिन्न प्रकारको स्टोरेज प्रदान गराउछ। यस मध्ये केहि प्रोवाइडले विशिष्ट प्रकारको फाइलहरु जस्तै फोटो र ई-मेल आदिको लागि नै स्टोरेज उपलब्ध गराउछ जबकि केहिले हरेक किसिमको फाइलहरुको लागि स्टोरेज उपलब्ध गराउछ। स्टोरेज उपलब्ध गराउने केहि स्टोरेज प्रोवाइडरहरु विंडो लाइव स्काई ड्राइव, फ्लिकर, पिकासा, यू ट्यूब र फेसबुक आदि हुन्।

नेटवर्क अटैच्ड स्टोरेज (एनएएस सर्वर)

नेटवर्क अटैच्ड स्टोरेज (एनएएस) पनि कंप्यूटर स्टोरेजको नै दोस्रो कॉमन रूप हो। एनएएस सामान्यत : एक प्रकारको तरीका हो जुन बिजनेसमा एक कंप्यूटरबाट अर्को कंप्यूटरको फाइलहरु शेयर गर्नमा प्रयोग गरिन्छ। एनएएस सामान्यतः नेटवर्कलाई सर्वरसंग जोड्दछ जसको एकमात्र काम स्टोरेज उपलब्ध गराउनु हो। नेटवर्कसंग जोडिएको कुनै पनि यूजर र डिवाइस एनएएस डिवाइसमा फाइलहरु माथि काम गर्न सक्छ।

नेटवर्क अटैच्ड स्टोरेज

2 सॉफ्टवेयर

सॉफ्टवेयर वा प्रोग्राम सिस्टम हार्डवेयरको फिजिकल कंपोनेंटको विपरीत कंप्यूटरलाई कुनै कार्य गर्ने योग्य बनाउछ। यसमा धेरै एप्लीकेशन सॉफ्टवेयर हुन्छन् जस्तै वर्ड प्रोसेसर, जुसले यूजरलाई काम गर्ने योग्य बनाउछ। यसमा सिस्टम सॉफ्टवेयर हुन्छ। जस्तै ऑपरेटिंग सिस्टम, जसले हार्डवेयर र अन्य सॉफ्टवेयरको बिचमा मिलाउने वा यूजर स्पेसिफिकेशंसलाई नियंत्रित गर्ने खालको कस्टम सॉफ्टवेयरको माध्यमबाट तथा अन्य सॉफ्टवेयरलाई ठीक ढंगले चलाउने योग्य बनाउछ। तपाईले सॉफ्टवेयरमा प्रयोग अक्षर लेख्न, आफ्नो फाइनेंस मैनेज गर्न, पिक्चरको खींच्न, गेम्स खेल्न आदि धेरै जसो कामको लागि प्रयोग गर्न सक्नुहुन्छ।

प्रेक्टिकल कंप्यूटर सिस्टम मुख्यतय तीन वर्गहरुमा विभाजित गरिएका छन् - सिस्टम सॉफ्टवेयर, एप्लीकेशन सॉफ्टवेयर र प्रोग्रामिंग सॉफ्टवेयर।

सिस्टम सॉफ्टवेयर कंप्यूटर हार्डवेयर र कंप्यूटर सिस्टमलाई चलाउनमा मद्दत गर्दछ। यसमा ऑपरेटिंग सिस्टम, डिवाइस ड्राइवर्स, डायग्नोस्टिक टूल्स, सर्वर्स, विंडो सिस्टम्स, यूटीलिटीज अरु धेरै कुराहरु हुन्छन्। सिस्टम सॉफ्टवेयर सर्वर्स यूजर, सॉफ्टवेयर र कंप्यूटरको हार्डवेयर एसेसरीज डिवाइस जस्तै कम्युनिकेशंस, प्रिंटर्स, की-बोर्ड्स आदिको बीच तालमेल बनाउछ।

एप्लीकेशन सॉफ्टवेयर यूजर्सलाई एक वा त्यो भन्दा बढि नॉन-कंप्यूटर संबंधी काममा सहयोग गर्दछ। यी विशिष्ट एप्लीकेशंसमा ऑफिस ऑटोमेशन, बिजिनेस सॉफ्टवेयर, एजूकेशनल सॉफ्टवेयर, मेडिकल सॉफ्टवेयर, डाटाबेस र कंप्यूटर गेम्स समावेस छन्। बिजिनेस हाउस संभवत: एप्लीकेशन सॉफ्टवेयरको सबै भन्दा ठूलो यूजर्स हो, जसलाई लगभग सबै क्षेत्रको मानव गतिविधिहरु एप्लीकेशन सॉफ्टवेयरको कुनै न कुनै फोर्मको प्रयोग हुन्छ। यी सबै कार्यहरुलाई स्वचालित गर्नको लागि यसको प्रयोग गर्ने गरिन्छ।

प्रोग्रामिंग सॉफ्टवेयर साधारणतया ज्यादा सुविधाजनक ढंगबाट विभिन्न प्रोग्रामिंग भाषाहरु प्रयोग गर्दै कंप्यूटर प्रोग्राम्स र सॉफ्टवेयर राइट गर्नमा प्रोग्रामरकको सहायताको लागि टूल्स उपलब्ध गराउछ। यी टूल्समा टैक्स्ट एडीटर्स, कंपाइलर्स, इंटरप्रेटर्स, लिंकर्स, डेबगर्स र अन्य टूल्स समाबेस छन्। इंटेग्रेटिड डेवलपमेंट एनवायरनमेंट आईडीई यी टूल्सलाई एउटा सॉफ्टवेयर बंडलमा मिलाउछ र एक प्रोग्रामरलाई कंपाइलिंग, इंटरप्रेटर, डीबगिंग, ट्रेसिंग आदिको लागि मल्टीपल कमांड्स टाइप गर्ने आवश्यक्ता पर्दैन किनकि आईडीईमा साधारणतया एडवांस ग्राफिकल यूजर इंटरफेस जीयूआई हुन्छ।

सिस्टम सॉफ्टवेयर

यसमा ऑपरेटिंग सिस्टम्स र यूटीलिटी प्रोग्राम्स दुई प्रकारको सिस्टम सॉफ्टवेयर हुन्छ। यस अध्यायमा पर्सनल कंप्यूटरको ऑपरेटिंग सिस्टमको साथै विभिन्न यूटीलिटी प्रोग्राम्सको छलफल गरिएको छ।

ऑपरेटिंग सिस्टम

आपरेटिंग सिस्टम (ओएस) प्रोग्रामहरुको सेट (समूह) हो जसमा कंप्यूटर र हार्डवेयरको बीचमा-आर्डिनेट (समन्वय स्थापित) गर्नको लागि सबै आवश्यक संदेश र निर्देशहरु शमावेस हुन्छ। उदाहरणको लागि आपरेटिंग सिस्टम इनपुट डिवाइस जस्तै की-बोर्ड, माउस, माइक्रोफोन र पीसी कैमराबाट इनपुट प्राप्त गर्दछ र कंप्यूटरमा यसलाई डिस्प्ले गरेर आउटपुटसंग समन्वय स्थापित (को-आर्डिनेट) गर्दछ। यस बाहेक डिस्कमा स्टोर इंफोर्मेशन र मेमोरीको डाटा र निर्देशनहरुको बीचमा समन्वय स्थापित गर्दछ। यसले उच्च स्तरीय फंक्शनको लागि ग्राफिकल यूजर इंटरफेस उपलब्ध गराउछ।

प्राय:जसो ऑपरेटिंग सिस्टम कंप्यूटरको हार्ड डिस्कमा हुन्छ। सानो हैंडहेल्ड कंप्यूटरमा ऑपरेटिंग सिस्टम रोम (रीड ओनली मैमरी) चिपमा पनि हुन सक्छ।

विभिन्न ऑपरेटिंग सिस्टम विभिन्न साइजको कंप्यूटरहरुमा उपयुक्त हुदैन्। उदाहरणको लागि, एउटा मेनफ्रेम कंप्यूटरमा डेस्कटॉप कंप्यूटरमा प्रयोग भएको ऑपरेटिंग सिस्टम प्रयोग हुदैन। यहा सम्म कि यस प्रकारको कंप्यूटर जस्तै डेस्कटॉप कंप्यूटर पनि समान सरहको ऑपरेटिंग सिस्टम प्रयोग गर्दैन्। एउटा पर्सनल कंप्यूटरले विंडोज प्रयोग गर्न सक्छ भने त्यहा अर्को मैक ऑपरेटिंग सिस्टम प्रयोग गरेको पाईन्छ। यो भन्दा पनि बढि, यो विभिन्न ऑपरेटिंग सिस्टमहरु प्राय एक-अर्कासंग नमिलेको पनि हुन सक्छ। जुन ऑपरेटिंग सिस्टमले एउटा पर्सनल कंप्यूटरलाई चलाउछ। हुन सक्छ कि तर त्यहि ऑपरेटिंग सिस्टम एप्पल कंप्यूटरले चलाउन सक्दैन होला। यस बाहेक, जुन

ऑपरेटिंग सिस्टमको मुख्य फंक्शन वा कामहरु

कंप्यूटर स्टार्ट गर्नु

कंप्यूटरलाई स्टार्ट र रीस्टार्ट गर्ने कार्यलाई *बूटिंग* भनिन्छ। जब तपाई कंप्यूटर पूरै बंद गरेर ऑन गर्नुहुन्छ, तब तपाई *कोल्ड* बूट गनुहुन्छ। वार्म बूट त्यो हो, जसमा पहिला देखि नै कंप्यूटरमा पावर ऑन हुन्छ र तपाई रीस्टार्ट गर्नुहुन्छ। हरेक पटक जब तपाई कंप्यूटर बूट गर्नुहुन्छ, तब करनेल (kernel) र अन्य भागहरु ऑपरेटिंग सिस्टमको इंस्ट्रक्शंसलाई प्रयोग गर्दछ, जुन इंस्ट्रक्शंस कंप्यूटरको मैमरी रेममा हार्ड डिस्क स्टोरेजबाट लोड वा कॉपी गरिएको हुन्छ। करनेल ऑपरेटिंग सिस्टमको कोर (केंद्रीय भाग) हो, जुन मैमोरी र डिवाइसिस (कंप्यूटरको घड़ी), एप्लीकेशंस स्टार्टलाई मैनेज गर्दछ र डिवाइसिस, प्रोग्राम्स, डाटा र इन्फोर्मेशन जस्तै कंप्यूटरको रिसोर्सेजलाई निर्धारित गर्दछ। करनेल मैमरीको रेजीडेंट हो। यसको मतलब छ कि जब कंप्यूटर चल्छ, तब यो मैमरीमा रहन्छ। ऑपरेटिंग सिस्टमको अन्य पार्ट नॉन रेजीडेंट हो। यसको मतलब यो छ कि यसको इंस्ट्रक्शंसको जब सम्म आवश्यक्ता हुदैन, तब सम्म त्यो हार्ड डिस्कमा रहन्छ।

निम्नलिखित स्टेप्सले बताउछ कि विंडोज ऑपरेटिंग सिस्टम प्रयोग गर्ने समय पर्सनल कंप्यूटरले कोल्ड बूट हुदा खेरी के गर्दछ:

1. जब तपाई कंप्यूटर ऑन गर्नुहुन्छ, तब पावर सप्लाई मदरबोर्ड र सिस्टम यूनिटमा स्थित अन्य डिवाइसिसलाई इलैक्ट्रॉनिक सिग्नल पठाउछ।
2. इलैक्ट्रीसिटीको आवेश स्वयंलाई रीसेट गर्दछ र रोम (रीड ओनली मैमरी) चिपलाई अरु बढ्।उछ। रोम चिपमा बायोज (BIOS) हुन्छ। बायोस (basic input/output system) फर्मवेयर हो, जसमा कंप्यूटरको स्टार्टअपको इंस्ट्रक्शंस हुन्छ।
3. बायोसले यो सुनिश्चित गर्नको लागि टैस्टको पूरा सीरीज जाच्दछ कि कंप्यूटर हार्डवेयर ठीक तरीकाले कनेक्टिड छ र ऑपरेट गरि रहेको छ वा छैन। यो टैस्ट सम्पूर्ण रुपमा पावर-ऑन सेल्फ टैस्ट (POST) नामले जानिन्छ, जसले बस, सिस्टम क्लॉक, एक्सपेंशन कार्ड, रेम चिप्स, कीबोर्ड र ड्राइव आदि विभिन्न सिस्टम कंपोनेंटलाई चैक गर्दछ। जसरी नै पोस्ट सक्रिय हुन्छ, त्यसरी नै लेड्स (LEDs) डिस्क ड्राइव र कीबोर्ड सहित डिवाइसिसमा टिमटिमाउन गर्छ। कुनै कुनै बीप्सले आवाज गर्दछ र मॉनीटरको स्क्रीनमा धेरै मैसेज डिसप्ले हुन थाल्छ।
4. पोस्ट, मदरबोर्डमा सीमोस (CMOS) चिपको डाटालाई कंपेयर गर्दछ। सीमोस चिपमा मैमरीको मात्रा, डिस्क ड्राइवको प्रकार, कीबोर्ड र मॉनीटर, करेंट डेट र टाइम र अन्य स्टार्टअप इन्फोर्मेशन जस्ता कंप्यूटर संबंधी कन्फिगरेशन इन्फोर्मेशन स्टोर हुन्छ। यसले कंप्यूटरसंग कनेक्टिड कुनै नया डिवाइसलाई डिटेक्ट गर्दछ। यदि कुनै समस्या हुन जान्छ भने समस्याको गंभीरताको आधारमा कंप्यूटरले बीप गर्न थाल्छ, एरर मैसेज डिस्प्ले गर्न थाल्छ

5. यदि पोस्ट सफलतापूर्वक पूरा हुन जान्छ भने बायोस सिस्टम फाइलको नामले जानिन ऑपरेटिंग सिस्टम फाइल्सलाई सर्च गर्दछ। साधारणतया, ऑपरेटिंग सिस्टम सबै भन्दा पहिला फ्लॉपी डिस्क ड्राइवको स्थान ड्राइवको ए मा खोज्दछ। यदि सिस्टम फाइल ड्राइव एमा छैन भने बायोस प्राय:जसो पहिला हार्ड डिस्कको स्थान ड्राइव सीमा खोज्छ। यदि ड्राइव ए र ड्राइव सीमा सिस्टम फाइल छैन भने केहि कंप्यूटर सीडी-रोम वा डीवीडी रोम ड्राइवमा पनि खोज्छ।
6. पहिला मैमरीमा लोड सिस्टम फाइल लोकेट र एग्जीक्यूट हुन्छ। यस भन्दा अगाडि, ऑपरेटिंग सिस्टमको केरनेल त्यसलाई मैमरीमा लोड गर्दछ र मैमरीमा ऑपरेटिंग सिस्टम कंप्यूटरको नियंत्रण गर्न थाल्छ।
7. ऑपरेटिंग सिस्टम कन्फिगरेशन इन्फोर्मेशनलाई लोड गर्दछ। विंडोजको रजिस्ट्रीमा धेरै फाइलहरु हुन्छ, जसमा सिस्टम कन्फिगरेशन इन्फोर्मोशन हुन्छ। इंस्टाल्ड हार्डवेयर र सॉफ्टवेयर डिवाइसिस र माउस स्पीड, पासवर्ड र अन्य यूजर इन्फोर्मेशनको लागि कंप्यूटरको ऑपरेटिंगको दौरान विंडोज लगातार रजिस्ट्री एसेस गरि रहन्छ।

ऑपरेटिंग सिस्टमको प्रकार

यो भन्दा पहिला सबै आपरेटिंग सिस्टम डिवाइस माथि नै निर्भर थियो। डिवाइस माथि निर्भर साफ्टेवयर प्रोडक्ट कुनै विशेष प्रकारको कंप्यूटर माथि नै कार्य गर्थ्यो। जब निर्माताहरुले कंप्यूटरको नयाँ मॉडल लांच गरे तब उनीहरुले एक प्रकारको राम्रो आपरेटिंग सिस्टम पनि प्रस्तुत गरे। डिवाइस माथि निर्भर आंपरेटिंग सिस्टममा यूजरको नयाँ कंप्यूटरमा कार्य गर्न सकेन् जुन समस्याको रुपमा अगाडि आयो, किनकि यो विशिष्ट कंप्यूटरको लागि तैयार गरिएको थियो। केहि आपरेटिंग सिस्टम अहिले पनि डिवाइस डिपेंडेंट छन्।

अहिले डिवाइस इनडिपेंडेंट आपरेटिंग सिस्टम आईसकेको छ, जुन सबै प्रकारको कंप्यूटर माथि कार्य गर्न सक्छ।

यस प्रकारको आपरेटिंग सिस्टमको यो फाईदा छ कि तपाई आफ्नो डाटा फाइलहरु र एप्लीकेंशंसलाई तब पनि प्राप्त गर्न सक्नुहुन्छ, जब तपाई अर्को कुनै उच्च कंप्यूटर बदलिनुहुन्छ।

सिंगल यूजर सिंगल टास्क आपरेटिंग सिस्टम : जस्तो कि यसको नामबाट नै विदित छ, सिंगल यूजर सिंगल टास्क आपरेटिंग सिस्टमलाई एक यूजरको राम्रो कार्यको लागि बनाईएको हो र यसमा एक पटकमा केवल एउटै प्रोग्राम माथि नै कार्य गर्न सकिन्छ।सिंगल यूजर मल्टी टास्किंग आपरेटिंग सिस्टम : यस आपरेटिंग सिस्टमको सहायताले एउटा यूजर एक पटकमा धेरै प्रोग्राम रन गर्न सक्छ। माइक्रोसाफ्ट विंडोज र एप्पलको मैंचिंटोश यस प्रकारका आपरेटिंग सिस्टम हुन् जुन सामान्यत: प्रयोगमा आयो।

मल्टी यूजर मल्टी टास्किंग आपरेटिंग सिस्टम : यस प्रकारको आपरेटिंग सिस्टममा धेरै यूजर कंप्यूटरमा कार्य गर्न सक्छ। यस प्रकारको आपरेटिंग सिस्टम सामान्यत: नेटवर्क्र सिस्टममा प्रयोग गरिन्छ।

यूनिक्स र विंडोज एनटी यस प्रकारको आपरेटिंग सिस्टमको उदाहरणहरु हुन्।

बैच प्रोसेसिंग आपरेटिंग सिस्टम (बीपीओएस) : बैच प्रोसेसिंग आपरेटिंग सिस्टममा डाटा र प्रोग्रामहरुमा कार्य गर्नको लागि बंडलको रूपमा एग्जीक्यूट गराउनु पर्ने आवश्यक्ता हुन्छ। यस प्रकारको आपरेटिंग सिस्टम त्यस स्थितिमा धेरै राम्रो हुन्छ जब बढि मात्रामा डाटामा काम गर्नुपर्ने हुन्छ। यस प्रकारको आपरेटिंग सिस्टममा प्रोसेसिंग स्वत: (ऑटोमैटिकली) गरिन्छ।

रीयल टाइम आपरेटिंग सिस्टम (आरटीओएस) : यस प्रकारको आपरेटिंग सिस्टममा कुनै निश्चित टाइममा कार्य गरिन्छ। यस प्रकारको आपरेटिंग सिस्टमको तब प्रयोग गरिन्छ जब समय धेरै कम हुन्छ र कार्य धेरै ज्यादा र महत्वपूर्ण। यस प्रकारको आपरेटिंग सिस्टम विशेष रूपमा त्यस समय बढि महत्वपूर्ण हुन्छ जब गणनाहरुको धेरै महत्वपूर्ण हुन्छ र कार्यमा ढिलो हुने समस्या रहेको हुन्छ।

ऑपरेटिंग सिस्टमको कैटेगरी (श्रेणी)

अधिकांश यूजर ती आपरेटिंग सिस्टमको प्रयोग गर्दछन् जुन कंप्यूटरमा पहिला देखि लोड गरिएको हन्छ। तर यसलाई बदलिन र अपग्रेड गर्न सकिन्छ। आपरेटिंग सिस्टमको तीन सामान्य श्रेणी स्टैंड अलोन, सर्वर, एंबडेड हुन्छ।

स्टैंड अलोन ऑपरेटिंग सिस्टम

स्टैंड अलोन आपरेटिंग सिस्टम एक प्रकारको कंप्लीट आपरेटिंग सिस्टम हो जुन डेस्कटॉप कंप्यूटर, नोटबुक र मोबाइल कंप्यूटिंग डिवाइस माथि काम गर्दछ। केहि स्टैंड अलोन आपरेटिंग सिस्टमलाई क्लाइंट आपरेटिंग सिस्टम भनिन्छ किनकि यो सर्वर आपरेटिंग सिस्टम माथि काम गर्दछ। क्लाइंट आपरेटिंग सिस्टम नेटवर्कको साथमा र नेटवर्क बिना पनि आपरेट गर्न सकिन्छ। उदाहरणको लागि अहिले माइक्रोसाफ्ट विंडोज, मैक ओएस र लाइनेक्स क्लाइंट आपरेटिंग सिस्टम प्रयोग गर्न सकिन्छ।

एमएस डॉस : एमएस डॉस माइक्रोसाफ्ट डिस्क आपरेटिंग सिस्टममा कार्य गर्दछ। एमएस डॉस टेक्स्टको लाइनहरुलाई डेस्कटॉप माथि डिस्प्ले गर्दछ। तपाईले कमांडलाई टाइप गरेर टास्क गर्न सक्नुहुन्छ। यस समय प्राय : डॉसको प्रयोग ज्यादा गरिदैन् किनकि यसमा ग्राफिकल यूजर इंटरफेसको सुविधा छैन्। यो आधुनिक 32 बिट माइक्रोप्रोसेसरको पूरा लाभ उठाउन सक्दैन्।

एमएस डॉस

माइक्रोसॉफ्ट विंडोज : माइक्रोसाफ्टले विंडोज आपरेटिंग सिस्टमलाई डेवलप गरेको छ जसमा ग्राफिकल यूजर इंटरफेसको सुविधा छ। विंडोजका केहि लोकप्रिय आपरेटिंग सिस्टम हुन् विंडोज 3.1, विंडोज एक्सपी, विंडोज विस्टा र विंडोज 7।

विंडोज 7 विंडोज 7 माइक्रोसाफ्टको **आधुनिक** विंडोज आपरेटिंग सिस्टम हो। यो **ग्राफिकल** यूजर इंटरफेस आपरेटिंग सिस्टम हो जुन सीख्न र कार्य गर्नमा धेरै सजिलो छ। विंडोज 7 तपाईको कंप्यूटरमा स्टोर फाइलहरुलाई मैनेज गर्ने धेरै तरीकाहरु उपलब्ध गर्दछ। तपाईले यी फाइलहरुलाई रीनेम, ओपन, डिलीट र सर्च आदि गर्न सक्नुहुन्छ।

विंडोज 7

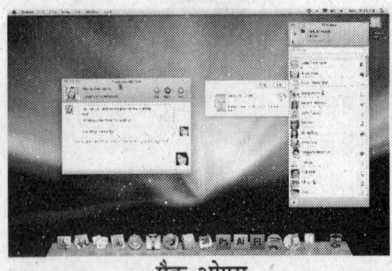

मैक ओएस

मैक ओएस : यो एप्पल द्वारा मैंचिंटोश लाइन कंप्यूटरको लागि डिजाइन गरिएको ग्राफिकल यूजर इंटरफेस आधारित आपरेटिंग सिस्टमको सीरिज हो।

लाइनेक्स : यो यूनिक्स आधारित आपरेटिंग सिस्टम हो जुन वर्ल्ड वाइड वेब माथि नि:शुल्क उपलब्ध छ। धेरै कंपनिहरु जस्तै रेड हैट, कोरेल र मैंड्रेकले प्रयोगमा सजिलो लाइनेक्सको धेरै वर्जन तैयार गरेका छन् जसको तपाई खरीद गर्न सक्नुहुन्छ। रेड हैट लाइनेक्स एउटा लोकप्रिय वर्जन हो जुन जीनोम डेस्कटॉप एनवायरमेंटको साथमा आउछ। जीनोमले तपाईको टास्कलाई परफार्म गर्ने समयमा सहायताको लागि स्क्रीनमा पिक्चर्सलाई डिस्प्ले गर्दछ। लाइनेक्स ओपन सोर्स कोड आपरेटिंग सिस्टम हो र यसलाई कापी, मोडीफाई र केहि निर्देशनहरुको साथमा पुन व्यवस्थित गर्न सकिन्छ। आफ्नो यस गुणको कारण यो यूजर्समा धेरै लोकप्रिय छ।

मैक ओएस

सर्वर ऑपरेटिंग सिस्टम

सर्वर आपरेटिंग सिस्टम त्यो आपरेटिंग सिस्टम हो जसलाई विशेष रूपमा नेटवक्र सपोर्ट गर्नको लागि डिजाइन गरिएको छ। यो विशेष रूपमा सर्वर माथि कार्य गर्दछ। सर्वरसंग जाडिएको क्लाइंटको कंप्यूटर सर्वरबाट रिसोर्स प्राप्त गर्दछ। स्टैंड अलोन आपरेटिंग सिस्टम क्लाइंटको सरह हुन्छ र सर्वर आपरेटिंग सिस्टमको साथमा कार्य गर्दछ। यस मध्ये केहि स्टैंड अलोन आपरेटिंग सिस्टम नेटवक्रको क्षमता अनुसार कार्य गर्दछ। सर्वर आपरेटिंग सिस्टमलाई यसरी प्रकार डिजाइन गरिन्छ कि यसले सबै प्रकारको सर्वरलाई सपोर्ट गर्दछ। उदाहरणको लागि सबै सर्वर आपरेटिंग सिस्टममा विंडोज सर्वर 2008, यूनिक्स सोलरीज र नेटवेयर शमावेस हुन्छ।

विंडोज सर्वर 2008 : यो विंडोज सर्वर 2003 को आधुनिक रूप हो। विंडोज सर्वर 2008 मा शमावेस इंप्रूविंग वेब सर्वर मैनेजमेंट जस्तै फीचर्स यूजरले डाटा शेयर गर्न, सर्वरको सुरक्षालाई बढाउन र विभिन्न साफ्टवेयर अटैकबाट बचाउने सुविधा दिन्छ।

विंडोज सर्वर 2008

यूनिक्स : यो मल्टीयूजर, मल्टी टास्किंग सर्वर आपरेटिंग सिस्टम हो जसले कार्यस्थल र सर्वर माथि मास्टर कंट्रोल प्रोग्रामको सरह प्रयोग हुन्छ। यूनिक्स मल्टी यूजर एनवायरमेंटमा हाई लेवलको टांजेक्सनलाई संभाल्नमा र मल्टीप्रोसेसिंगको प्रयोग गरेर मल्टीप्रोसेसरको साथमा कार्य गर्नमा सक्षम हुन्छ। पहिला कंप्यूटरमा केवल इंटरनेट चलाउनको लागि यूनिक्सको प्रयोग गरिन्थ्यो, तर अहिले इंटरनेटमा सर्वरको लागि धेरै ठूलो रुपमा यूनिक्सको प्रयोग गरिन्छ।

सोलरीज : यो यूनिक्सको वर्जन (संस्करण) हो जुन सन माइक्रोसिस्टम द्वारा डेवलप गरिएको हो। यो सर्वर आपरेटिंग सिस्टम हो जुन विशेष रूपमा ई-कामर्स एप्लीकेशंसको लागि डिजाइन गरिएको छ अर्थात तैयार गरिएको छ।

नावेल्स नेटवेयर : यो सर्वर आपरेटिंग सिस्टम हो जुन क्लाइंट/सर्वरको लागि डिजाइन गरिएको छ। नेटवेयरमा एउटा सर्वर पोर्शन (भाग) हुन्छ जुन नेटवक्र सर्वरमा हुन्छ र एउटा क्लाइंट पोर्शन हुन्छ जुन नेटवक्रसंग जोडिएको प्रत्येक क्लाइंटको कंप्यूटरमा हुन्छ। नेटवेयर ओपन सोर्सले साफ्टवेयरलाई सपोर्ट गर्दछ र मुख्य ठाँउसंग जोडिएको सबै पर्सनल कंप्यूटरमा कार्य गर्दछ।

एंबडेड ऑपरेटिंग सिस्टम

एंबडेड आपरेटिंग सिस्टम मोबाइल डिवाइस र अरु इलेक्टोनिक्समा प्रयोग हुन्छ। यो रोम चिपमा स्थित हुन्छ। वर्तमान समयमा लोकप्रिय एंबडेड आपरेटिंग सिस्टममा विंडोज एंबडेड सीई, विंडोज मोबाइल पाम ओएस, आईफोन ओएस, ब्लैकबेरी, गूगल, एंड्रॉयड र सिंबियन ओएस रहेका छन्।

विंडोज एंबडेड सीई : विंडोज एंबडेड सीई एउटा विंडोज आपरेटिंग सिस्टम हो जसलाई कम्यूनिकेशन, मनोरंजन र केहि कंप्यूटिंग डिवाइसको लागि केहि विशिष्ट फंक्शन जस्तै डिजिटल कैमरा, ऑटोमेटेड टेलर मशीन, डिजिटल फोटो फ्रेम, फ्यूल पंप, सिक्योरिटी रोबोट्स, पोर्टेबल मीडिया प्लेयरको साथमा तैयार गरिएको छ।

विंडोज एंबडेड सीई

विंडोज मोबाइल : यो विंडोज एंबडेड सीई माथि आधारित आपरेटिंग सिस्टम हो। यसमा विशिष्ट प्रकारको स्मार्ट फोन र पीडीए (पर्सनल डिजिटल असिस्टेंट) को लागि प्रोग्रम र यूजर इंटरफेस डिजाइन गरिन्छ। विंडोज मोबाइल धेरै फीचर्स प्रोवाइड (उपलब्ध) गराउछ जसले यूजरलाई ई–मेल चेक गर्ने, इंटरनेटको प्रयोग गर्ने, फोटो खिच्ने, वीडियो तैयार गर्ने, वायस मैसेजलाई रिकार्ड गर्ने, संगीत सुन्ने र गेम खेल्ने सुविधाहरु प्रदान गर्दछ।

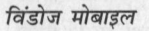

विंडोज मोबाइल

पाम ओएस

पाम ओएस : पर्सनल डिजिटल असिस्टेंट (पीडीए) स्मार्ट फोनको लागि वर्ष 1996 पाम द्वारा डिजाइन गरिएको मोबाइल आपरेटिंग सिस्टम हो। पाम आपरेटिंग सिस्टमलाई विशिष्ट प्रकारको डिवाइसको रूपमा पाम साइजको डिवाइसमा फिट गर्नको लागि डिजाइन गरिएको थियो।

आईफोन ओएस : यो एप्पल द्वारा आईफोन, आईपॉड टच, एप्पल स्मार्ट फोन र एप्पल टीवीको लागि तैयार गरिएको आपरेटिंग सिस्टम हो।

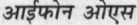

आईफोन ओएस

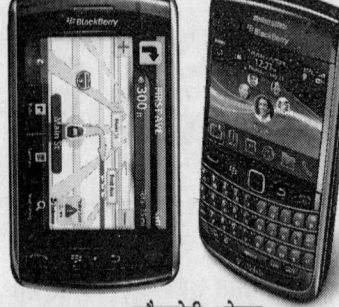

ब्लैकबेरी ओएस

ब्लैकबेरी ओएस : यो रिम (रिसर्च इन मोशन) द्वारा सप्लाई गरिएको डिवाइस माथि काम गर्ने खालको आपरेटिंग सिस्टम हो। ब्लैकबेरी डिवाइस फोनको क्षमताको अनुसार पिम (पर्सनल इंफोर्मेशन मैनेजर) शिड्यूल, संपक्र र एप्वाइंटमेंटलाई व्यवस्थित गर्ने क्षमता पनि प्रदान गराउछ।

गूगल एंड्रायड : यो गूगल द्वारा मोबाइल डिवाइसको लागि डिजाइन गरिएको आपरेटिंग सिस्टम हो। गूगल एंड्रायडमा धेरै फीचर्स जस्तै ई–मेल अकांउट चेक गर्ने, अलार्म घड़ी, वीडियो तैयार गर्ने र अरु धेरै सजिलो वेब ब्राउसिंग शमावेस छन्।

गूगल एंड्रायड

सिंबियन ओएस

सिंबियन ओएस : यो स्मार्टफोन द्वारा डिजाइन गरिएको र नोकिया द्वारा मेंटीनेंस गरिने खालको ओपनासोर्स मल्टीटास्किंग आपरेटिंग सिस्टम हो। सिंबियनमा एस 60 फिफ्थ एडीशन माथि आधारित यूजर इंटरफेस कंपोनेंट शामिल रहेको छ। लेटेस्ट वर्जन (नवीनतम संस्करण) सिंबियन 3, अधिकारिक रूपमा वर्ष 2010 मा रिलीज (जारी) गरिएको थियो। र नोकिया एन8 मा पहिलो पटक यसको प्रयोग गरियो।

यूटीलिटी प्रोग्राम्स

प्राय:जसो ऑपरेटिंग सिस्टममा अनेक यूटीलिटी प्रोग्राम्स हुन्छ। यो एक प्रकारको सिस्टम सॉफ्टवेयर हो, जुन साधारणतया कंप्यूटर, यसको डिवाइस वा यसको प्रोग्राम्स मैनेज गर्ने संबंधी काम गर्दछ। यसलाई यूटीलिटी पनि भनिन्छ। तपाईले यूटीलिटीजलाई बेग्लै खरीद गर्न सक्नुहुन्छ, जसले ऑपरेटिंग सिस्टमको क्षमता बढाउछ। केहि यूटीलिटीज *वैब-बेस्ड यूटीलिटी सर्विसेस* हो। यसको प्रयोग गर्नको लागि तपाई वर्षै फीस तिर्नुहुन्छ जसले तपाईलाई वैबमा एक्सेस गर्ने र यूटीलिटी प्रोग्रामको प्रयोग गर्ने अनुमति दिन्छ। मेकेफी (McAfee) र नोरटन (Norton) वैब-बेस्ड यूटीलिटीले सर्विसेस प्रदान गर्दछ।

फाइल कंप्रेसन

फाइल कंप्रेसन यूटीलिटीको प्रयोग फाइलको साइज खुम्चाउनमा गरिन्छ। स्टोरेज मीडियाको स्पेस बचत हुन्छ, किनकि ओरिजनल फाइलको तुलनामा कंप्रेस्ड फाइल कम स्टोरेज स्पेस लिन्छ। यसले सिस्टमको परफोर्मेंश बढ्छ। कंप्रेस्ड फाइलमा साधारणतया जिप एक्सटेंशन हुन्छ, यसलाई जिप्ड फाइल पनि भनिन्छ। जब तपाई एक कंप्रेस्ड फाइल रिसीव गर्नुहुन्छ तब तपाई यसलाई अनकंप्रेस अवश्य गर्नुपर्छ। अनकंप्रेस वा अनजिप गर्नको लागि तपाई यसलाई यसको ओरिजनल फोर्ममा रिस्टोर गर्नुहुन्छ। पीकेजिप र विनजिप दुईवटा लोकप्रिय स्टेंड-एलोन फाइल कंप्रेशन हुन्।

अनइंस्टालर

कुनै यूटीलिटी नै अनइंस्टालर हो, जसले कुनै एप्लीकेशन र तपाईको सिस्टम फाइल्सबाट यस एप्लीकेशनसंग जोडिएको फाइल एंट्रीजलाई रिमूव गर्दछ। जब तपाई एक एप्लीकेशन इंस्टाल गर्नुहुन्छ तब ऑपरेटिंग सिस्टमले इन्फोर्मेशनलाई रिकार्ड गर्दछ जुन सिस्टम फाइल्समा सॉफ्टवेयरलाई चलाउनमा उपयुक्त हुन्छ। यदि तपाईले अनइंस्टालर नचलाईकन प्रोग्रामसंग जोडिएको फाइल्स र फोल्डर्स डिलीट गरेर आफनो कंप्यूटरबाट एप्लीकेशन रिमूव गरेता पनि सिस्टम्स फाइल एंट्रीज तपाईको कंप्यूटरमा रहन्छ। प्राय:जसो ऑपरेटिंग सिस्टम्समा अनइंस्टालर हुन्छ।

डिस्क स्कैनर

डिस्क स्कैनर यस्तो यूटीलिटी हो, जसले हार्ड डिस्क वा फ्लॉपी डिस्कको प्रोब्लम्सलाई सर्च, डिटेक्ट र करेक्ट गर्दछ र अनावश्यक फाइल्सलाई हटाउछ। विंडोजमा दुईवटा डिस्क स्कैनर हुन्छ। एउटाले प्रोब्लम्स डिटेक्ट गर्दछ र अर्कोले त्यसको लागि सर्च गर्दछ तथा टेंपरेरी फाइल्स जस्ता अनावश्यक फाइलहरुलाई रिमूव गर्दछ।

स्क्रीन सेवर

स्क्रीन सेवर यस्तो यूटीलिटी हो जसले यदि कुनै समय सम्म कीबोर्ड र माउसबाट कुनै एक्टिविटी हुदैन भने स्क्रीन सेवर मॉनीटरको स्क्रीनमा कुनै यता-उता गरि रहेको इमेज वा ब्लेंक स्क्रीनमा उत्पन्न गर्दछ। जब तपाई कीबोर्डको कुनै की लाई प्रैस गर्नुहुन्छ वा माउसलाई हल्लाउनु हुन्छ तब स्क्रीनमा पहिलाको डिसप्ले इमेज आउछ। स्क्रीन सेवर्स बिजिनेस वा एंटरटेनमेंटमा सुरक्षाको परपजले लोकप्रिय छ। आफनो कंप्यूटरलाई सुरक्षित गर्नका लागि, तपाईले आफनो स्क्रीन सेवरलाई कन्फिगर गर्न सक्नुहुन्छ, जसले गर्दा कुनै यूजरले स्क्रीन सेवर रोक्नको लागि र पहिलाको इमेजलाई रीडिसप्ले गर्नको लागि अवश्य नै पासवर्ड टाइप गरोस्।

डिस्क डीफ्रेगमेंट

यो यूटीलिटीले कंप्यूटरको हार्ड डिस्कमा फाइल्स र अनयूज्ड स्पेसलाई रिकोगनाइज़ गर्दछ, त्यसैले ऑपरेटिंग सिस्टम ज्यादा तेजीसंग डाटा एक्सेस गर्न सकोस्। यसलाई डिस्क डीफ्रेगमेंट पनि भनिन्छ। जब ऑपरेटिंग सिस्टम डिस्कमा डाटा स्टोर गर्दछ तब त्यो डिस्कमा पहिलाको उपलब्ध सैक्टरमा डाटा राख्दछ। यसर्थ यसको कंटीनुअस नजिकको वा निकटस्थ सैक्टरहरुमा डाटालाई स्टोर गर्ने कोशिश गर्दछ, तर यो सधै संभव हुदैन। जब एउटा फाइलको कटेंट दुईवटा वा त्यस भन्दा ज्यादा कंटीनुअस सैक्टरहरुमा फैलिन्छ तब फाइल फ्रेगमेंटिड हुन्छ। फ्रेगमेंटेशन डिस्कलाई एक्सेस गर्न र पूरा कंप्यूटरको परफोर्मेंशलाई ढिलो गरि दिन्छ। डिस्कको डीफ्रेगमेंटेशन यस समस्याको हल गर्दछ र फाइलहरु कंटीनुअस सैक्टरहरुमा स्टोर हुन जान्छ।

एप्लीकेशन सॉफ्ट्वेयर

एप्लीकेशन प्रोग्राम जसले यूजरको लागि मुख्य काम पूरा गर्दछ, त्यसलाई एप्लीकेशन सॉफ्टवेयर वा *एप्लीकेशन* भनिन्छ। एप्लीकेशन एप्लीकेशनको काम यस प्रकार छन्:

- यो एउटा प्रोडेक्टिविटी बिजनेस टूल हो।
- यसले ग्राफिक र मल्टीमीडियोको सहायता गर्दछ।
- यसले घरेलू र पर्सनल बिजनेसको गतिविधिहरुलाई स्पोर्ट गर्दछ।

यसले कम्यूनीकेशन टूल्स पनि प्रदान गर्दछ।

एप्लीकेशनको उपरोक्त चारवटा यूटीलिटीज परस्पर विशिष्ट छैन। उदाहरणको लागि सबै ई-मेल प्रोग्राम्स, कंप्यूनिकेशन र प्रोडक्टिविटी प्रोग्राम्स हुन। सॉफ्टवेयर स्यूट प्रोडक्टिविटी टूल्स हो।, जसमा वैब पेज अथॉरिंग सॉफ्टवेयर समावेस छ। होम र बिजिनेस यूजर दुबैले वैध सॉफ्टवेयर राख्दछ।

एप्लीकेशन सॉफ्टवेयरको वैरायटी, पैकेज़्ड सॉफ्टवेयरको सरह उपलब्ध छ। तपाई यी सॉफ्टवेयरलाई रिटेल स्टोरको संबंधित विक्रेता वा वैबमा खरीद गर्न सक्नुहन्छ। सॉफ्टवेयर पैकेज माइक्रोसॉफ्ट ऑफिस जस्तै एक सॉफटवेयर प्रोडक्ट हुन्छ। शेयरवेयर, फ्रीवेयर र पब्लिक-डोमेन सॉफ्टवेयर जस्ता धेरै सॉफ्टवेयर पैकेजेज पनि उपलब्ध छ। तर पनि यो पैकेजेज रिटेल सॉफ्टवेयर पैकेजेजको तुलनामा कम नै क्षमता राख्दछ।

प्रोडक्टिविटी सॉफ्टवेयर

डेली एक्टिविटीज गर्ने समय प्रोडक्टिविटी सॉफ्टवेयर ज्यादा एफिसिएंसी र इफेक्टिवनेस पाउनको लागि मानिसहरुको मद्दत गर्दछ। यसमा वर्ड प्रोसेसिंग, स्प्रेडशीट, डाटाबेस, प्रेजेंटेशन, ग्राफिक्स, पर्सनल इन्फोर्मेशन मैनेजर, सॉफ्टवेयर सूट, एकाउंटिंग र प्रोजेक्ट मैनेजमेंट जस्ता एप्लीकेशंस समावेस छन्।

वर्ड प्रोसेसिंग सॉफ्टवेयर: वर्ड प्रोसेसिंग, वर्ड प्रोसेसरको प्रयोग गर्दै डाक्यूमेंट क्रिएट गर्ने क्षमता राख्दछ। डाक्यूमेंट प्रीपेरेशन सिस्टमको नामले जानिने वर्ड प्रोसेसर, कुनै पनि प्रिंट हुने मैटीरियलको कंपोजीशन, एडीटिंग, फोर्मेटिंग र प्रिंटिंग आदि प्रोडक्शनको लागि प्रयोग हुने खालको कंप्यूटर एप्लीकेशन हो। वर्ड प्रोसेसरलाई टाइपराइटरको समान स्टेंड-एलोन कंप्यूटर यूनिट पनि भनिन्छ, तर यसमा स्क्रीन, एडवांस्ड फोर्मेटिंग, प्रिंटिंग आप्शंस र कंप्यूटर मैमरी वा डिस्कमा डाक्यूमेंट सेव गर्ने क्षमता जस्तै टेक्नॉलॉजी एडवांसमेंट्स पनि हुन्छ।

माइक्रोसॉफ्ट वर्ड सर्वाधिक व्यापक प्रयुक्त कंप्यूटर वर्ड प्रोसेसिंग सिस्टम हो।

वर्ड प्रोसेसिंग ऑटोमैटिक जेनरेशनले जस्तै टैक्स्ट मेनीपुलेशनले पनि फंक्शंस देखाउछ:

- बैच मेलिंग्स लैटर टेंपलेटको फोर्मको प्रयोग गर्दछ, जसलाई मेल मर्जिंग पनि भनिन्छ।
- कीवर्ड्सको इंडिक्स र यसको पेज नंबर्स
- सेक्शन टाइल्सको साथ कंटेंटको टेबल्स र यसको पेज नंबर्स
- केप्शन टाइटल्सको साथ फिगर्सको टेबल्स र यसको पेज नंबर्स
- सेक्शनको साथ क्रॉस-रेफ्रेंसिंग वा पेज नंबर्स
- फुटनोट नंबरिंग

अन्य वर्ड प्रोसेसिंग फंक्शंसमा स्पेल चैकिंग, ग्रामर चैकिंग र थिसारस जस्ता पर्यायवाची शब्दकोश समावेस छन्। थिसारस समान अरु विपरीत अर्थ भएको शब्द खोज्दछ।

वर्ड प्रोसेसर, टेक्स्ट एडीटर जस्तै सॉफ्टवेयरमा र अन्य सॉफ्टवेयर भन्दा फरक हुन सक्छ।

नोटपैड जस्तै टेक्स्ट एडीटर, वर्ड प्रोसेसर भन्दा पहिला बनेको थियो। जब कंपोजिंग र एडीटिंगको लागि सुविधा ऑफर भयो, तब डॉक्यूमेंटको फोरमेट गर्दैन थिया। प्रोग्रामर्स, वेबवसाइट डिजायनर्स र कंप्यूटर सिस्टम एडमिनिस्ट्रेटर द्वारा टेक्स्ट एडीटरको मुख्य रूपबाट प्रयोग गर्ने गरिन्छ। जब स्टार्टअप टाइम फास्ट छ, फाइल साइज सानो छ र पोर्टेबिलिटी गर्नु छ भने यो ज्यादा मददगार हुन जान्छ।

स्प्रेडशीट सॉफ्टवेयर: स्प्रेडशीट सॉफ्टवेयर अर्को व्यापक प्रयुक्त सॉफ्टवेयर हो, जुन तपाईलाई रो र कॉलममा डाटा ऑर्गेनाइज गर्ने अनुमति दिन्छ। यसलाई रोज र कॉलम्सको सामूहिक रूपबाट वर्कशीट भनिन्छ। वर्षौं सम्म मानिस कागज र पेंसिलले रोज र कॉलम्समा डाटा ऑर्गेनाइज गर्ने जस्तै मैन्युअल तरीका अपनाउने गर्थे। इलैक्ट्रॉनिक वर्कशीटमा डाटा त्यसै सरह आर्गेनाइज गर्ने गरिन्छ, जस्तै यो मैन्युअल वर्कशीटमा गर्ने गरिन्छ।

वर्ड प्रोसेसिंग सॉफ्टवेयरमा प्राय:जसो स्प्रेडशीट सॉफ्टवेयरमा तपाईलाई वर्कशीट बनाउन, एडिट र फोर्मेट गर्ने खालको बेसिक फीचर्स हुन्छन्।

डाटाबेस सॉफ्टवेयर: डाटाबेस सॉफ्टवेयर: डाटाबेस त्यस सरह आर्गेनाइज्ड डाटाको कलेक्शन हो जसले डाटालाई एक्सेस, रीट्रीवल, सुधार गर्ने र प्रयोग गर्ने अनुमति दिन्छ। मैन्युअल डाटाबेसमा तपाई पेपरमा डाटा रिकार्ड गर्नु हुन्छ होला र फाइलिंग केबिनेटमा राख्नु हुन्छ होला। डाटाबेस मैनेजमेंट सिस्टम डी.बी.एम.एस. नामले चिनिने डाटाबेस सॉफ्टवेयर यस्तो सॉफ्टवेयर हो, जसले तपाईलाई डाटाबेस क्रिएट, एक्सेस र मैनेज गर्ने अनुमति दिन्छ। डाटाबेस सॉफ्टवेयरको प्रयोग गरेर तपाई डाटाबेसमा डाटा एड, चेंज र डिलीट गर्न सक्नुहुन्छ, सॉर्ट र रीट्रीव गर्न सक्नुहुन्छ तथा डाटाबेसको डाटा प्रयोग गर्दै फॉर्म्स र रिपोर्टसलाई बनाउन सक्नुहुन्छ।

पर्सनल कंप्यूटरको प्राय:जसो लोकप्रिय डाटाबेस सॉफ्टवेयर पैकेजेज रोज र कॉलम्समा ऑर्गेनाइज्ड हुन्छ। डाटाबेस टेबलको समूहमा बनेको हुन्छ। एउटा टेबलको एउटा रो रिकार्ड हुन्छ, जसमा पर्सन, प्रोडक्ट वा इवेंटको बारेमा जानकारी हुन्छ। एउटा टेबलमा एउटा कॉलम फील्ड हुन्छ, जसमा रिकार्डको भित्रको जानकारी हुन्छ।

प्रेजेंटेशन ग्राफिक्स सॉफ्टवेयर: प्रेजेंटेशन ग्राफिक्स तपाईलाई यस्ता डाक्यूमेंट क्रिएट गर्ने अनुमति दिन्छ, जसले आइडियाज, मैसेजेस र अन्य इन्फोर्मेशन कुनै ग्रुपलाई कम्युनिकेट गर्नमा प्रयुक्त हुन्छ। प्रेजेंटेशंस स्लाइडको सरह देखिन सक्छ, जुन कुनै ठूलो मॉनीटर वा कुनै प्रोजेक्शन स्क्रीनमा डिसप्ले हुन्छ। प्रेजेंटेशनको एउटा पेजलाई स्लाइड भनिन्छ। स्लाइडमा विषय दर्शकलाई बुझाउनको लागि टेक्स्ट, ग्राफिक्स, मूवीज, साउंड आदि हुन सक्छ।

जब तपाई प्रेजेंटेशन गर्नुहुन्छ तब तपाई स्लाइड टाइमिंग पनि सैट गर्न सक्नुहुन्छ, ताकि प्रेजेंटेशन बिना ढिलो अर्को स्लाइडलाई स्वत: नै प्रदर्शित गरोस्। हरेक स्लाइडको बीच अंतरको लागि विशेष इफेक्ट एप्लाई गर्न सकिन्छ। उदाहरणको लागि एउटा स्लाइड बिस्तारै-बिस्तारै डिसाल्व होस् र अर्को स्लाइड आओस्।

एक खेटी तपाईले प्रेजेंटेशन क्रिएट गर्नु भयो भने त्यसलाई तपाई स्लाइड वा विभिन्न अन्य फोर्मेट्समा हेर्न र प्रिंट गर्न सक्नुहुन्छ। प्रेजेंटेशन ग्राफिक्समा स्पेलिंग चैकर, फोंट फोर्मेटिंग केपेबिलिटीज, मौजूदा स्लाइड शो लाई वर्ल्ड वाइड वैबको लागि स्टैंडर्ड डाक्यूमेंट फोरमेटमा बदलिने क्षमता जस्तै वर्ड प्रोसेसिंग सॉफ्टवेयरमा पाईने केहि फीचर्स पनि जोडिएको हुन्छ।

एकाउंटिंग सॉफ्टवेयर: कंपनीहरु एकाउंटिंग सॉफ्टवेयर प्रयोग गरेर आफ्नो फाइनेंशियल ट्रांजेक्शंस रिकार्ड वा रिपोर्ट गर्न सक्छन्। यी सॉफ्टवेयरबाट सानो र ठूलो बिजिनेस यूजर्स जनरल लेजर, एकाउंट रिसीवेबल, एकाउंट पेयेबल, परचेजिंग, इनवॉइसिंग, जॉब कोस्टिंग र पेरोल फंक्शंस संबंधी एकाउंटिंग एक्टिविटीज गर्न सक्छन्। तपाई पनि चैक राइट व प्रिंट गर्न तथा ट्रेक चेकिंग एकाउंट एक्टिविटीको लागि एकाउंटिंग सॉफ्टवेयरको प्रयोग गर्न सक्नुहुन्छ। डायरेक्ट डिपॉजिट र पेरोल सर्विसेस, नया एकाउंटिंग सॉफ्टवेयर पैकेजेज द्वारा ऑन लाइन सपोर्टेड हुन्छ। यी सर्विसेसको प्रयोगबाट कंपनीमा पेको चैक कर्मचारीको चैकिंग एकाउंटमा सीधा डिपॉजिट गर्छन र कर्मचारीको टैक्स इलैक्ट्रॉनिकली पेड गर्न सकिन्छ।

केड: कंप्यूटर एडिड डिजायन (CAD) को प्रयोग प्रोडक्ट्सलाई डिजायन, डेवलप र ऑप्टिमाइज गर्नको लागि हुन्छ, जुन एंड-कंज्यूमर द्वारा प्रयोग गरिने वस्तुहरु हुन सक्छ वा अन्य प्रोडक्ट्समा प्रयोग गरिने इंटरमीडिएट वस्तुहरु हुन सक्छ। पुर्जाको निर्माणमा प्रयुक्त हुने खालका टूल्स र मशीनरीको डिजाइन बनाउनमा विस्तृत केडको प्रयोग हुदै आई रहेको छ। सानो रेजीडेंशियल टाइप्स (हाउसेस) भन्दा ठूलो कमर्शियल र इंडस्ट्रियल स्ट्रक्चर्स (हॉस्पिटल्स र फैक्टरीज) सम्म सबै प्रकारको भवनहरुको ड्राफ्टिंग र डिजाइनमा केडको प्रयोग गरिदै छ।

पेंट/इमेज एडीटिंग सॉफ्टवेयरः इमेज एडीटिंग सॉफ्टवेयर पेंट सॉफ्टवेयरको सबै गुणहरु राख्दछ, यसलाई इलस्ट्रेशन सॉफ्टवेयर पनि भनिन्छ जुन स्केन गरिएको इमेजमा बदलाव गर्ने र सुन्दर बनाउने अनुमति दिन्छ। यूजर्स पेन, ब्रश, आईड्रॉपर र पेंट बकेट जस्तै विभिन्न ऑन-स्क्रीन टूल्सले पिक्चर्स, शेप्स र अन्य ग्राफिकल इमेज ड्रा गर्न सक्छन्। तपाई फोटोग्राफ्सलाई रीटच, इमेजलाई कलर्स एडजस्ट र एनहांस र शैडो र ग्लो जस्ता विशेष इफेक्ट्स दिन सक्नुहुन्छ। केहि फुल-फीचर्ड इमेज एडीटर्स एडोब फोटोशॉप, पिक्चर पब्लिशर र फेक्टल डिजायन पेंटर छन्।

वीडियो र ऑडियो एडीटिंग सॉफ्टवेयरः वीडियो एडीटिंग सॉफ्टवेयरबाट तपाई क्लिप नामको वीडियोको एक भागलाई मोडिफाई गर्न सक्नुहुन्छ। उदाहरणको लागि तपाई वीडियो क्लिपको लंबाई घटाउन सक्नुहुन्छ, क्लिप्सलाई रीऑर्डर गर्न सक्नुहुन्छ वा स्क्रीनको आर-पार हॉरीजेंटली जाने खालका शब्दहरु जस्तै विशेष इफेक्ट्स दिन सक्नुहुन्छ।

ऑडियो एडीटिंग सॉफ्टवेयरमा साधारणतया फिल्टर हुन्छ, जुन ऑडियो क्वालिटी बढाउनको लागि बनेको हुन्छ। ऑडियो क्लिपबाट डिस्ट्रेक्टिंग र बैकग्राउंडको शोरलाई फिल्टर गर्छ।

ई-मेलः ई-मेल (इलैक्ट्रॉनिक मेल) पर्सनल र बिजिनेस यूजर दुबैको द्वारा प्रयोग गरिने मुख्य कम्युनिकेशन टेक्नोलॉजी हो। ई-मेल लोकल एरियो नेटवर्क वा वाइड एरियो नेटवर्क जस्तै कंप्यूटर नेटवर्कको माध्यमबाट मैसेजको ट्रांसमिशन गर्छ। तपाई ई-मेल सॉफ्टवेयरलाई ई-मेल मैसेज क्रिएट, सेंड, रिसीव, फोरवर्ड, स्टोर, प्रिंट र डिलीट गर्नको लागि प्रयोग गर्न सक्नुहुन्छ। ई-मेल मैसेज, साधारण टैक्स्ट हुन सक्छ वा वर्ड प्रोसेसिंग डाक्यूमेंट, ग्राफिकल इमेज वा ऑडियो व वीडियो क्लिप जस्तो अटैचमेंट हुन सक्छ।

वैब ब्राउसर्सः वैब ब्राउसर, इंटरेटमा वैब पेजलाई एक्सेस र हेर्नको लागि इंटरफेसको सरह काम गर्दछ। आज ब्राउसर्समा ग्राफिकल यूजर इंटरफेस छ र सीख्न र प्रयोग गर्नमा धेरै सजिलो छ। ब्राउसर्समा वैब साइटको माध्यमबाट तपाईलाई नेवीगेट गर्नमा मद्दत दिनको लागि बटन सहित धेरै विशेष फीचर्स राखिएको छ।

प्रोग्रामिंग सॉफ्टवेयर

डाटा प्रोसेस गरेर त्यसलाई इन्फोर्मेशनमा बदलिनको लागि आवश्यक कामहरु पूरा गर्न निर्देश दिनको लागि कंप्यूटर प्रोग्राममा इंस्ट्रक्शंसको समूह हुन्छ। एक कंप्यूटर प्रोग्रामर प्रोग्रामिंग लेंग्वेजको प्रयोग गर्दै यी इंस्ट्रक्शंसलाई लेख्न सकिन्छ। प्रोग्रामिंग लेंग्वेज वर्ड्स, सिंबल र कोड्सको समूह हुन्छ, जसको कंप्यूटर द्वारा प्रोसेस र एक्सेस गर्न सक्ने योग्य इंस्ट्रक्शंस क्रिएट गर्नमा प्रयोग हुन्छ। प्रोग्रामर कंप्यूटर प्रोग्राम तैयार गर्नको लागि जुन स्टेप्स उठाईन्छ, त्यसलाई प्रोग्राम डेवलपमेंट लाइफ साइकिल (PDLC) भनिन्छ।

प्रोग्रामिंग लेंग्वेज

प्रोग्रामिंग लेंग्वेज वर्ड्स, सिंबल र कोड्सको समूह हो, जुन प्रोग्रामरलाई कंप्यूटरमा सॉल्यूशन एलगोरिदम (गणना प्रक्रिया) पुगाउनमा सक्षम बनाउछ। जुन सरह मानिस इंग्लिश, हिंदी, पंजाबी, फ्रेंच आदि बोली जान्ने विभिन्न भाषाहरुलाई बुझ्दछ, त्यसै सरह कंप्यूटर विभिन्न प्रोग्रामिंग लेंग्वेजलाई बुझ्दछ। कंप्यूटर प्रोग्रामर इन्फोर्मेशन सिस्टमको आवश्यक्ताहरुको सॉल्यूशन क्रिएट गर्नको लागि विभिन्न प्रोग्रामिंग लेंग्वेज वा प्रोग्राम डेवलपमेंट टूल्सबाट कुनै एक लाई छान्न सकिन्छ।

प्रोग्राम डेवलपमेंट टूल्स

प्रोग्राम डेवलपमेंट टूल्समा इन्फोर्मेशन सिस्टम सॉल्यूशन बनाउनमा मद्दत गर्नको लागि बनेको यूजर-फ्रेंडली सॉफ्टवेयर प्रोडक्ट्स हुन्छ। यो प्रोग्राम डेवलपमेंट टूल्स कंप्यूटरमा कम्युनिकेट गर्नको लागि आवश्यक प्रोग्रामिंग लेंग्वेज इंस्ट्रक्शंस स्वतः नै क्रिएट गर्दछ। प्रोग्राम डेवलपमेंट टूल्समा, एक डेवलपरलाई प्रोग्रामिंग लेंग्वेज सिख्नु पर्ने विशेष आवश्यक्ता छैन।

प्रोग्राम डेवलपमेंट लाइफ साइकिल (PDLC)

प्रोग्राम डेवलपमेंट लनको लागि प्रोग्राम लोजिक तैयार गर्नु।

◉ कोडिंग गर्दै विशेष प्रोग्रामिंग लेंग्वेजमा प्रोग्राम लोजिक लेख्नु।

◉ मशीन लेंग्वेजमा बदलिनको लागि प्रोग्रामलाई असेंबली र कंपाइल गर्नु।

◉ प्रोग्रामलाई टैस्टिंग र डीबगिंग गर्नु।

◉ आवश्यक डाक्यूमेंटेशन तैयार गर्नु।

● लाइफ साइकिल,स्टेप्सको यस्तो सैट हुन्छ, प्रोग्रामर्स जसले कंप्यूटर प्रोग्राम्स बनाउनमा प्रयोग गर्दछन्। किनकि प्रोग्राम डेवलपमेंट लाइफ साइकिल, इन्फोर्मेशन सिस्टमको डेवलपमेंटको माध्यमबाट इन्फोर्मेशन टेक्नोलॉजी (आई.टी.) को प्रोफेशनल्सलाई गाइड गर्दछ। त्यसैले प्रोग्राम डेवलपमेंट लाइफ साइकिल, प्रोग्राम डेवलपमेंटको माध्यमबाट कंप्यूटर प्रोग्रामर्सलाई गाइड गर्दछ। पी.डी.एल.सी. को स्टेप्स छन्।:

◉ पी.डी.एल.सी. को स्टेप्स छ।

लोजिक, प्रोग्रामिंगको साधारणतया सबै भन्दा कठिन भाग हो। स्टेटमेंट्स राइटिंग पनि प्रोग्रामिंग लेंग्वेजको आधारमा महिनतको काम हुन सक्छ। तर एउटा कुरा निश्चित छ कि प्राय:जसो प्रोग्रामर्स द्वारा प्रोग्रामको डॉक्यूमेंटिंग धेरै अफ्ट्यारो काम मानिन्छ।

प्रोग्रामिंग लेंग्वेजेसको केटेगरी

प्रोग्रामिंग लेंग्वेजेजमा मशीन लेंग्वेजेस, असेंबली लेंग्वेजेस, थर्ड-जेनरेशन लेंग्वेजेस, फोर्थ-जेनरेशन लेंग्वेजेस र नेचुरल लेंग्वेजेस नामको पांच मुख्य लेंग्वेजेस छन्। मशीन र असेंबली लेंग्वेजेस लो-लेवल लेंग्वेजेज मानिन्छ। थर्ड-जेनरेशन लेंग्वेजेस, फोर्थ-जेनरेशन लेंग्वेजेस र नेचुरल लेंग्वेजेस, हाई-लेवल लेंग्वेज हुन। लो-लेवल लेंग्वेजेस एक खास प्रकारको कंप्यूटरलाई चलाउनको लागि राइट गरिन्छ। हाई-लेवल लेंग्वेज धेरै विभिन्न प्रकारको कंप्यूटरहरुलाई चलाउन सक्छ।

मशीन लेंग्वेज: फस्ट्र-जेनरेशन लेंग्वेजको नामले प्रख्यात मशीन लेंग्वेज अकेली लेंग्वेज हो, जसलाई कंप्यूटर सीधा बुझ्न सक्छ। मशीन लेंग्वेज इंस्ट्रक्शंस बाइनरी डिजिट्स (1s and 0s) को सीरीज प्रयोग गर्दछ। बाइनरी डिजिट्स कंप्यूटरको इलैक्ट्रिकल स्थितिलाई ऑन र ऑफ गर्दछ।

मशीन लेंग्वेज प्रोग्राम्स केवल त्यस कंप्यूटरहरुमा काम आउछ जसको लागि त्यो बनाईएको छ। त्यसैले यो मशीन-डिपेंडेंट हुन्छ। मशीन लेंग्वेज प्रोग्राम्स अन्य कंप्यूटरहरुको लागि पोर्टेबल छैन। मशीन लेंग्वेज को 1s र 0s मा प्रोग्राम्सको कोडिंग उबाऊ र धेरै समय लाग्ने खालको हुन सक्छ।

असेंबली लेंग्वेज: असेंबली लेंग्वेज पनि प्रोग्रामिंग लेंग्वेजको सेकंड जेनरेशन हो, यसलाई त्यसैले डेवलप गरिकोछ, किनकि मशीन लेंग्वेज प्रोग्राम्स लेख्नमा यति कठिन थियो। असेंबली लेंग्वेजमा इंस्ट्रक्शंस, एब्रीविएशंस र कोड्सको प्रयोग गर्दै लेखिन्छ। मशीन लेंग्वेजको सरह असेंबली लेंग्वेज प्राय: पढ्नेमा कठिन र मशीन-डिपेंडेंट हुन्छ।

यसो त मशीन लेंग्वेजको तुलनामा असेंबली लेंग्वेजको धेरै लाभहरु छन्। प्रोग्रामर 1s र 0s बिट्स सीरीज प्रयोग गर्नुको सट्टा *सिंबोलिक इंस्ट्रक्शंस कोड्स* वा *मेनोमोनिक्स* नामको मीनिंगफुल एब्रीविएशंसको प्रयोग गर्दछ। असेंबली लेंग्वेजमा एउटा प्रोग्रामर, एडीशनको लागि ए, कंपेयरको लागि सी, लोडको लागि एल र मल्टीप्लाईको लागि एम जस्ता कोड्स लेख्दछ। असेंबली लेंग्वेजमा *प्रोग्रामर सिंबोलिक एड्रेसको* स्टोरेज लोकेशन बताउछ। उदाहरणको लागि एउटा प्रोग्रामर यूनिट प्राइसको एक्चुअल न्यूमेरिक स्टोरेज एड्रेसको प्रयोग गर्नुको सट्टा उ सिंबोलिक नेम PRICE को प्रयोग गर्न सक्छ।

असेंबली लेंग्वेज प्रोग्रामको एउटा समस्या यो छ कि यसलाई कंप्यूटरले बुझ्नको लागि मशीन लेंग्वेजमा ट्रांसेलेट गर्नु पर्छ। असेंबली लेंग्वेज कोड भएको *प्रोग्राम सोर्स प्रोग्राम* हो। कंप्यूटर यस सोर्स प्रोग्रामलाई तब सम्म अंडरस्टैंड वा एग्जीक्यूट गर्न सक्दैन, जब सम्म यो ट्रांसलेटिड हुदैन। असेंबलर नामले चिनिने यो प्रोग्राम असेंबली लेंग्वेज सोर्स प्रोग्रामलाई त्यस मशीन लेंग्वेजमा बदलि दिन्छ, जसलाई कंप्यूटर बुझ्न सक्छ।

हाई-लेवल लेंग्वेजेस: हाई-लेवल लेंग्वेजेस 1950 र 1960 को दशकमा विकसित गरियो। मशीन र असेंबली लेंग्वेज जस्ता लो लेवल लेंग्वेजको विपरीत, हाई-लेवल लेंग्वेजेस प्रोग्रामरको लागि प्रोग्राम्स डेवलप र मेंटेन गर्नमा सजिलो बनाउछ। प्रोग्रामर्सको लागि पढ्न र प्रयोग गर्न पनि सजिलो हुन गएको छ, किनकि हाई-लेवल लेंग्वेजेस *मशीन-इनडिपेंडेंट* छ। मतलब कि यो विभिन्न प्रकारको कंप्यूटरहरुमा चल्न सक्छ। हाई-लेवल लेंग्वेजेसको केटेगरीमा थर्ड-जेनरेशन लेंग्वेजेस, फोर्थ-जेनरेशन लेंग्वेजेस र नेचुरल लेंग्वेजेस छन्।

थर्ड-जेनरेशन लेंग्वेजेस (3GL): थर्ड-जेनरेशन लेंग्वेजेस इंस्ट्रक्शन अंग्रेजीको शब्दहरुको सरह सीरीजमा लेखिन्छ। उदाहरणको लागि, प्रोग्रामर एडीशनको लागि ADD र प्रिंटको लागि PRINT लेख्दछ। धैरै जसो थर्ड-जेनरेशन लेंग्वेजेज मल्टीप्लीकेशनको लागि x र एडीशनको लागि A जस्ता अर्थमैटिक ऑपरेटर्सको प्रयोग गर्दछ। अंग्रेजीको सरहको यो शब्द र गणितीय चिह्न प्रोग्रामरको लागि प्रोग्राम डेवलपमेंट प्रोसेसलाई सरल बनाउछ।

जसरी असेंबली लेंग्वेज प्रोग्राममा 3GL कोड्सलाई सोर्स प्रोग्राम भनिन्छ, जसले कंप्यूटरलाई बुझ्ने योग्य बनाउनको लागि मशीन लेंग्वेजमा ट्रांसलेट गरिन्छ। यो ट्रांसलेट प्रोसेस अक्सर धैरै कठिन हुन्छ, किनकि एउटा 3GL सोर्स प्रोग्राम इंस्ट्रक्शन धैरै मशीन लेंग्वेज इंस्ट्रक्शंसमा ट्रांसलेट हुन्छ। *कंपाइलर* र *इंटरप्रेटर* थर्ड-जेनरेशन लेंग्वेजेजलाई ट्रांसलेट गर्नको लागि प्रयोग हुने प्रोग्राम्स हो।

कंपाइलर : कंपाइलर एकै चाटी पूरा सोर्स प्रोग्रामलाई मशीन लेंग्वेजमा कन्वर्ट गर्दछ। यदि कंपाइलरले कुनै एरर पाईन्छ भने त्यो त्यसलाई प्रोग्राम लिस्टिंग फाइलमा रिकार्ड गर्दछ, जसलाई कुनै प्रोग्रामर पूरा कंपाएलेशनको काम समाप्त भए पछि प्रिंट गर्न सक्छ। मशीन लेंग्वेज वर्जन, 3GL बाट कंपाइल गर्दछ, त्यसलाई ऑब्जेक्ट कोड वा ऑब्जेक्ट प्रोग्राम भनिन्छ। पछि ऑब्जेक्ट कोडलाई एग्जीक्यूशनको लागि डिस्कमा स्टोर गरिन्छ।

इंटरप्रेटर : जब कंपाएलर एक पटकमा पूरा प्रोग्राम ट्रांसलेट गरि दिन्छ भने *इंटरप्रेटर* प्रोग्राम कोड स्टेटमेंटलाई ट्रांसलेट गर्दछ। इंटरप्रेटर कोड स्टेटमेंटलाई पढ्छ, यो त्यसलाई एक वा ज्यादा मशीन लेंग्वेज इंस्ट्रक्शंसमा बदलि दिन्छ र त्यो प्रोग्राममा अर्को कोड स्टेटमेंट भन्दा पहिला मशीन लेंग्वेज इंस्ट्रक्शंसलाई एग्जीक्यूट गर्दछ। यदि इंटरप्रेटर कोडको लाइन बदलिने समय कुनै एरर देखिन्छ भने स्क्रीनमा तुरंत नै एरर मैसेज डिसप्ले हुन्छ र इंटरप्रेशन रोकिन्छ। हरेक पटक तपाई सोर्स प्रोग्राम चलाउनु हुन्छ, सोर्स प्रोग्राम मशीन लेंग्वेजमा इंटरप्रेट हुन्छ, स्टेटमेंट पछि स्टेटमेंट र त्यस पछि एग्जीक्यूट हुन्छ।

फोर्थ-जेनरेशन लेंग्वेजेस

3GL को सरह फोर्थ-जेनरेशन लेंग्वेजेस (4GL) अंग्रेजी सरहको स्टेटमेंटको प्रयोग गर्दछ। यसो हुदा पनि 4GL *नॉन प्रोसीजरल लेंग्वेज* हो। यसको अनुसार प्रोग्रामर केवल के को उल्लेख गर्दछ र प्रोग्राम कसरी नसोधिकन सहयोग गर्दछ। परिणामस्वरूप, 4GLमा प्रोग्राम कोड गर्नमा कम समय र प्रोग्रामरको कम प्रयासहरुको आवश्यक्ता हुन्छ। वास्तवमा, 4GLs प्रयोगमा यति सजिलो छ कि धैरै कम प्रोग्रामिंगको समझ राख्ने यूजर्स, फोर्थ-जेनरेशन लेंग्वेजेसको प्रयोग गरेर प्रोग्राम डेवलप गर्न सक्छन्।

धैरै 4GLs डाटाबेस र यसको प्रोजेक्ट डिक्शनरीसंग तालमेलमा काम गर्दछ। यो शक्तिशाली लेंग्वेजेस, डाटाबेस एडमिनिस्ट्रेटर्सलाई डाटाबेस र यसको स्ट्रक्चरलाई डिफाइन गर्न, प्रोग्रामर्सलाई डाटाबेसमा डाटा मेंटेन गर्न र यूजर्सलाई डाटाबेससंग प्रश्न गर्ने अनुमति दिन्छ। केहि डाटाबेस मैनेजमेंट सिस्टम *रिपोर्ट राइटर* उपलब्ध गराउछ। *रिपोर्ट राइटर* वा *रिपोर्ट जेनरेटर* सॉफ्टवेयर हो, जसले डेवलपरलाई स्क्रीनमा रिपोर्ट डिजायन वा लेआउट गर्न, रिपोर्ट लेआउटमा डाटा एक्सट्रेक्ट गर्न र त्यस पछि रिपोर्ट डिस्प्ले वा प्रिंट गर्नमा सक्षम बनाउछ। पर्दाको पछाडि, यो रिपोर्ट राइटर 4GL क्वेरी गर्दछ्, जसले तपाईलाई डाटा एक्सेस गर्नमा सक्षम बनाउछ। रिपोर्ट राइटरको लाभ यो छ कि तपाई क्वेरी लेंग्वेजलाई नजानिकन डाटाको सुधार गर्न सकिन्छ। रिपोर्ट राइटर साधारणतया मेन्यू-ड्राइवन नै हो र यसमा ग्राफिकल यूजर इंटरफेस हुन्छ।

फिफ्थ जेनरेशन लैंग्वेज :

फिफ्थ जेनरेशन कंप्यूटर कृत्रिम समझको रूपमा प्रयोग गरियो। अर्थात यसको यहा निर्णय केवल कंप्यूटर द्वारा गरिनेछ। फिफ्थ जेनरेशनको कंप्यूटर तैयार गर्नुको उद्देश्य पछाडि एसी डिवाइस तैयार पार्नु हो जसले आम भाषामा काम गर्न सकोस् र यसमा सिख्ने र आर्गनाइज्ड गर्ने सक्षम होस्। रोबोट यसको एउटा राम्रो उदाहरण हो।

3 नेटवर्क

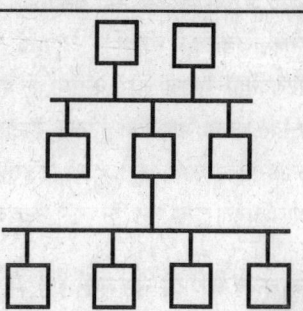

कंप्यूटर जब पहिलो पटक संसारमा आएको थियो त्यस समय यो आफैमा एक्लो उपकरण थियो। पछि गएर यसको विस्तृत प्रयोगबाट यस्ता हार्डवेयर र सॉफ्टवेयर तैयार गर्ने बाटो बनाईयो जसको माध्यमबाट कंप्यूटर एक अर्कासंग कम्युनिकेट (कुराकानी) गर्न सकोस्। कंप्यूटर कम्यूनिकेशनको तात्पर्य त्यो प्रक्रिया जसको माध्यमबाट एउटा कंप्यूटरबाट डाटा, निर्देशन तथा सूचनाहरु अर्को कंप्यूटरहरु सम्म पुग्दछ। आरंभमा केवल ठूला कंप्यूटरहरुमा कम्युनिकेशनको क्षमता थियो तर अहिले सानो भन्दा सानो कंप्यूटर र उपकरणले एक अर्कामा कम्युनिकेट गर्न सक्छ।

नेटवर्क

नेटवर्क कंप्यूटर र उपकरणहरुको यस्तो समूह हो जुन एउटा कम्युनिकेशन चैनलसंग जोडि रहन्छ। यसको माध्यमबाट यूजर डाटा, जानकारी, हार्डवेयर र सॉफ्टवेयरलाई अर्को यूजर्ससंग शेयर गर्न सक्छ। निजी र संस्थानिक कंप्यूटरहरुलाई धेरै कारणहरुले कुनै नेटवर्कमा जाडिन्छ। यसमा डाटा, जानकारी, हार्डवेयर र सॉफ्टवेयरलाई शेयर गर्ने र कम्युनिकेशन स्थापित गर्ने क्षमता राख्दछ।

नेटवर्किंगको आवश्यक्ता

हार्डवेयर शेयर गर्नको लागिः कुनै नेटवर्कमा समावेस प्रत्येक कंप्यूटर हार्डवेयरलाई एक्सेस गरेर त्यसको प्रयोग गर्न सकिन्छ उदाहरणको लागि मानौं कि कुनै नेटवर्कमा धेरै कंप्यूटर समावेस छ र हरेक कंप्यूटरलाई लेजर प्रिंटरको आवश्यक्ता छ। यस्तोमा नेटवर्कसंग जोडिएको एउटै लेजर प्रिंटरको हरेक कंप्यूटर प्रयोग गर्न सकिन्छ।

डाटा र जानकारीलाई शेयर गर्नको लागिः कुनै नेटवर्कमा समावेस कुनै पनि कंप्यूटरमा कार्य गर्ने समय कुनै पनि वैध(अनुमति प्राप्त भएको) यूजर कुनै पनि अर्को कंप्यूटरमा संग्रहित डाटा र सूचनाहरु सम्म पुगेर त्यसको प्रयोग गर्न सक्छ। उदाहरणको लागि कंप्यूटर इंर्फोमेशनको डाटाबेस सर्वरको हार्ड डिस्कमा सेव हुन सक्छ। नेटवर्कमा समावेस कुनै पनि वैध यूजर यहा सम्म कि हैंडहेल्डले कंप्यूटरको प्रयोग गर्ने मोबाइल यूजर पनि यस डाटाबेस सम्म पुग्न सक्छ र त्यसको प्रयोग गर्न सक्छ। स्टोरेज डाटा र इंफोर्मेशन सम्म पुगेर त्यसको प्रयोग गर्ने सुविधा नेटवर्कहरुको धेरै नै महत्त्वपूर्ण फीचर हो।

सॉफ्टवेयर शेयर गर्नको लागिः सॉफ्टवेयर शेयरिंगमा धेरै ज्यादा प्रयोग हुने खालका सॉफ्टवेयर सर्वरको हार्ड डिस्कमा स्टोर हुन्छ। ताकि नेटवर्कमा समावेस एकै साथ धेरै यूजरले यहा सम्म पुगेर यसको प्रयोग गर्न सकोस्। जब तपाई कुनै सॉफ्टवेयर पैकेजको नेटवर्क वर्जन किन्नुहुन्छ, सॉफ्टवेयर वेंडर तपाईलाई एउटा लीगल एग्रीमेंट इश्यू गर्दछ जसलाई साइट लाइसेंस भनिन्छ। यो धेरै यूजरहरुलाई एकै समसमा सॉफ्टवेयर पैकेजको प्रयोग गर्ने अनुमति दिन्छ। साइट लाइसेंसको फीस प्राय:जसो नेटवर्कमा समावेस कंप्यूटरहरु वा यूजरहरुको संख्याको आधारमा तय हुन्छ। प्रत्येक कंप्यूटरको लागि अलगबाट सॉफ्टवेयर किन्नुको तुलनामा नेटवर्कको माध्यमबाट यसको शेयरिंगको खर्च लगभग न को बराबर हुन्छ।

फैसिलिटेटेड कम्युनिकेशनः नेटवर्कको प्रयोग गरेर मानिस प्रभावशाली र सजिलो ढंगबाट ई-मेल, इंस्टेंट मैसेज, चैट रूम्स, टेलीफोनी र वीडियोकांफ्रेंसिंगको माध्यमबाट कम्युनिकेट गर्न सक्छन। ई-मेल मैसेज प्राय:जसो तुरंत डिलीवर हुन्छ। कहिले काहि यो कम्युनिकेशन एक बिजनेस नेटवर्कमा पनि काम आउछ।

नेटवर्क साइजको एउटा पूरा रेंज हुन्छ। कुनै सानो नेटवर्क दुईवटा कंप्यूटरहरुलाई आपसमा जाड्छ भने ग्लोबल नेटवर्क जस्तै इंटरनेटमा दुनियाको लाखौं कंप्यूटर आपसमा जोडिएको हुन्छ। नेटवर्क सबै सरहको कंप्यूटरहरुलाई आपसमा जोड्छ चाहे त्यो हैंडहेल्ड कंप्यूटर होस् वा सुपरकंप्यूटर।

नेटवर्कको प्रकार

मुख्य रूपमा नेटवर्क तीन प्रकारका छन्। LAN, MAN, WAN । यो निजी, बिजनेस हाउस र संस्थाहरु द्वारा प्रयोग हुन्छ। किनकि हरेक बिजनेस र संस्थाको आफ्नो आवश्यक्ता छ त्यसैले हरेक नेटवर्क आफैमा यूनीक हुन्छ।

नेटवर्कको साइज यस कुरामा निर्भर गर्दछ कि बिजनेस हाउस अथवा संस्थाले कुन किसिमको नेटवर्क प्रयोग गर्न चाहन्छ। फरक-फरक साइजको नेटवर्क डाटालाई फरक-फरक किसिमबाट ट्रांसमिट गर्दछ।

उदाहरणको लागि कुनै हजार यूजरहरु भएको संस्थाको नेटवर्क अलग किसिमबाट व्यवस्थित रहन्छ र त्यसलाई अरु विविधताको आवश्यक्ता हुन्छ जुन कि त्यस नेटवर्कमा हुदैन जसमा केवल पांच यूजर हुन्छ।

लोकल एरियो नेटवर्क (LAN)

कुनै ठूलो घर अथवा घरहरुको समूहमा यस्तो कंप्यूटर नेटवर्क हुन्छ जसमा दुईवटा वा अधिक कंप्यूटर भौतिक रूपबाट एक अर्का संग जोडिएको हुन्छ यसलाई नै लोकल एरियो नेटवर्क भनिन्छ। जोडिएको कंप्यूटर वर्कस्टेशन हो। यसमा कंप्यूटर एक अर्का संग त्यसैले जोडिए रहन्छ किनकि महगो उपकरणहरु जस्तै लेजर प्रिंटरको संयुक्त रूपबाट प्रयोग गर्न सकोस्, सर्वरमा उपस्थित डाटाबेस र एप्लीकेशन सबै वर्कस्टेशनहरुको लागि उपलब्ध हुन सकोस्।

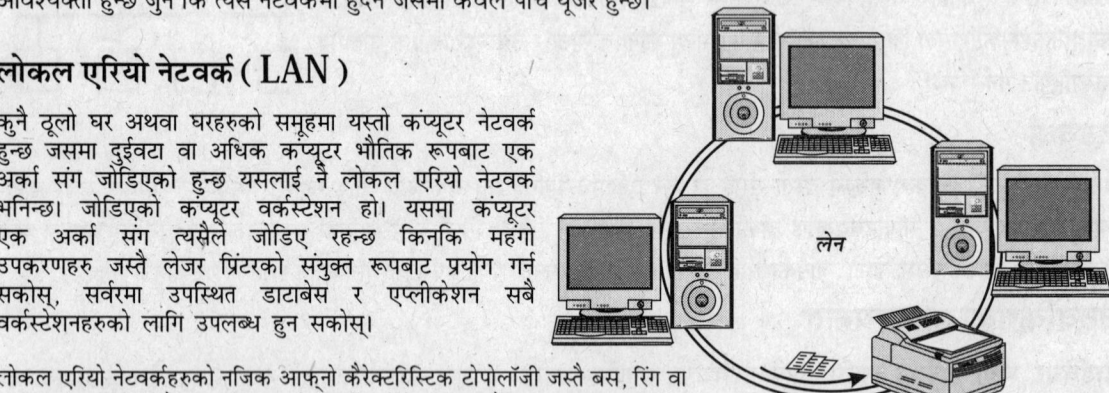

लेन

लोकल एरियो नेटवर्कहरुको नजिक आफ्नो कैरेक्टरिस्टिक टोपोलॉजी जस्तै बस, रिंग वा स्टार हुन्छ र त्यो एकै साथ अधिक नेटवर्किंग प्रोटोकॉल जस्तै एप्पल, टॉक, ईथरनेट अथवा TCP/IP प्रसयोगमा ल्याईन्छ।

मेट्रोपॉलिटन एरिया नेटवर्क (MAN)

यो एउटा हाईस्पीड नेटवर्क हो जो 200 Mbps (मेगाबिट प्रति सेकेंड) सम्ममा आवाज, डाटा र इमेजलाई तेजी बाट 75 कि.मी. को दूरी सम्म घरहरुको केहि ब्लॉकहरु अथवा पूरा शहरमा ल्याउन सकिन्छ। ट्रांसमिशनको स्पीड नेटवर्कको आर्किटेक्चरमा आधारित हुन्छ र यो कम दूरीको लागि ज्यादा हुन सक्छ। मैन जसमा एक वा अधिक लैन यहा सम्म कि टेलीकम्यूनिकेशन उपकरण जस्तै माइक्रोवेव र सेटेलाइट रिले स्टेशन समावेस रहन्छ र त्यो वाइड एरियो नेटवर्कको तुलनामा सानो हुन्छ तर यसको स्पीड प्राय:जसो अधिक हुन्छ।

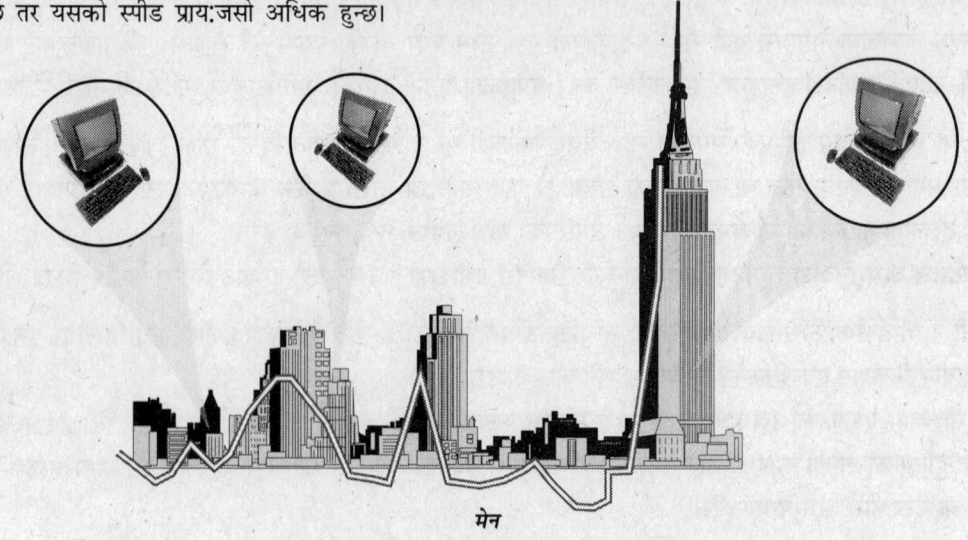

मेन

वाइड एरिया नेटवर्क (WAN)

वैन एउटा कंप्यूटर नेटवर्क हो जुन आफ्नो लामो दूरी सम्म कम्यूनिकेशन गर्ने क्षमताको कारण लोकल एरियो नेटवर्क भन्दा धेरै फरक छ। यस नेटवर्कमा पूरा देश र ठूलो बहुराष्ट्रीय कंपनीको सबै साइटहरु कवर हुन सक्छ। वैनको प्रयोग लोकल एरियो नेटवर्क र अन्य नेटवर्कहरु लाई एक अर्का संग जोड्नको लागि हुन्छ ताकि एकै ठाउमा बसेको कुनै यूजर आफनो कंप्यूटरको माघ्यमबाट अर्को ठाएमा रहको अर्को यूजरसंग कम्युनिकेट गर्न सकोस्। प्राय:जसो वैन कुनै संस्था विशेष द्वारा बनाईन्छ र निजी हुन्छ। अन्य इंटरनेट सर्विस प्रोवाइडर द्वारा बनाईन्छ र कुनै संस्थाको लैन लाई कनेक्शन दिएर त्यसलाई इंटरनेटसंग जोड्छ। कम्युनिकेशन प्राय:जसो एक वा अधिक राष्ट्रीय अथवा अंतरराष्ट्रीय सरकारी इकाईहरु द्वारा उपलब्ध गराईन्छ।

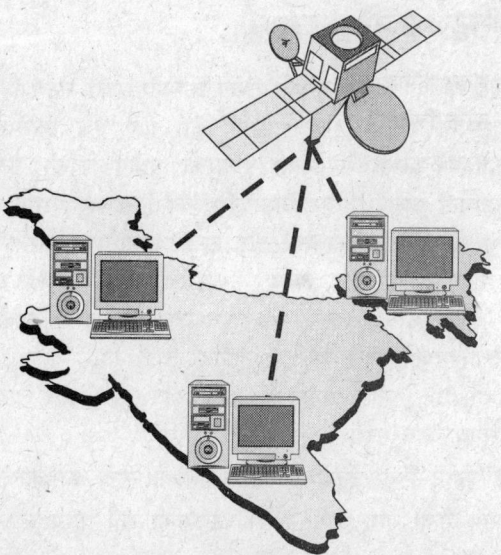

नेटवर्क हार्डवेयर

नेटवर्क हार्डवेयरमा त्यो उपकरण समावेस हुन्छ जुन नेटवर्कमा समावेस हुन्छ। सबै नेटवर्कहरुमा कार्य गर्नको लागि नेटवर्क हार्डवेयरको आवश्यक्ता हुन्छ।

कंप्यूटर: नेटवर्कको सबै भन्दा महत्त्वपूर्ण कार्य हो कंप्यूटरहरुलाई एकअर्का संग जोड्नु। जुन बुला कंप्यूटर जोडिएको रहन्छ र मानिस यसको प्रयोग गर्दछ उनीहरु धेरै प्रभावी ढंगबाट कार्य गर्न सक्छन्। नेटवर्कमा जोडिने खालको सबै कंप्यूटर एकै किसिमको हुनै पर्छ भन्ने आवश्यक छैन। उदाहरणको लागि कुनै नेटवर्कमा डेस्कटॉप कंप्यूटर जस्तै आई.बी.एम.-कम्पेटिबल र मैकिंटॉश कंप्यूटर, अथवा पोर्टेबल कंप्यूटर जस्तै नेटबुक र पर्सनल डिजिटल असिस्टेंड (PDAs) समावेस हुन सक्छ।

कंप्यूटर

नेटवर्क इंटरफेस कार्ड

नेटवर्क इंटरफेस कार्ड (NIC): कुनै एक्सपेंशन कार्ड अथवा अन्य उपकरण जसले कंप्यूटर र अन्य उपकरणहरु जस्तै प्रिंटरलाई नेटवर्क एक्सेस गर्ने सुविधाको अनुमति दिलाउछ। नेटवर्क इंटरफेस कार्ड, कंप्यूटर र फिजिकल मीडियो जस्तै केबल जसको माघ्यमबाट ट्रांसमिशन हुन्छ र बीच मध्यस्थको भूमिका निभाउछ।

कनेक्टर: कनेक्टर एउटा यस्तो उपकरण हो जसले दुईवटा नेटवर्कहरुलाई आपसमा जोड्छ। सबै भन्दा आम कनेक्टर छ। हब, ब्रिज र राउटर।

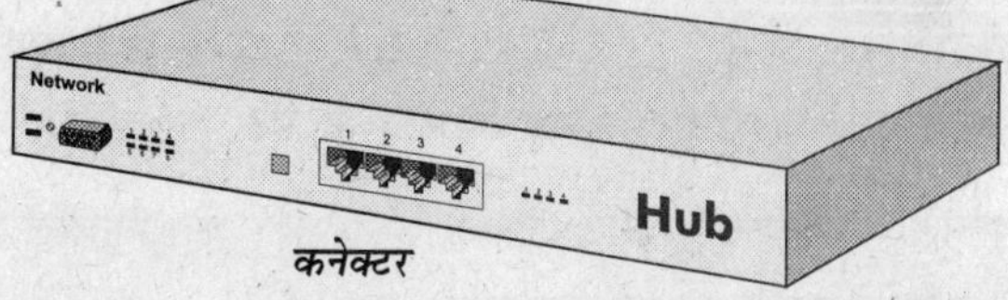

कनेक्टर

केबल्स

केबल्स: ताराहरुको समूह अथवा ग्लास वायर अथवा फलैक्सिबल मेटल। सबै केबल इलैक्ट्रॉनिक्समा प्रयोग गरिन्छ र प्लास्टिक अथवा रबरबाट घेरिएको हुन्छ।

रिसोर्स:

कंप्यूटर सिस्टम अथवा नेटवर्कको कुनै पनि पार्ट जस्तै डिस्क ड्राइव, प्रिंटर अथवा मैमरी जसले कुनै प्रोग्रामलाई आवंटित हुन सक्छ वा त्यस प्रक्रियालाई जसले चलाई रहेको छ।

रिसोर्स

पियर टु पियर नेटवर्क

दुई वा दुई भन्दा अधिक यस्ता कंप्यूटरहरुको नेटवर्क जुन कम्युनिकेशन र डाटा शेयर गर्नको लागि एकै किसिमको प्रोग्राम अथवा प्रोग्रामको प्रकारको प्रयोग गर्दछ। प्रत्येक कंप्यूटर अथवा पियर जिम्मेदारिहरुको हिसाबले यसमा एकै जस्तो मानिन्छ र प्रत्येक त्यसै सरह काम गर्दछ जस्तो कि नेटवर्कमा समावेस अर्को कंप्यूटरले गर्दछ। क्लाइंट/सर्वर आर्किटेक्चरको जस्तै यहा एउटा फाइल सर्वरको आवश्यक्ता हुदैन। यसो त नेटवर्क त्यति राम्ररी काम गर्दैन जति कि क्लाइंट/सर्वरको तहत खासगरी भारी लोडको समय काम गर्दछ।

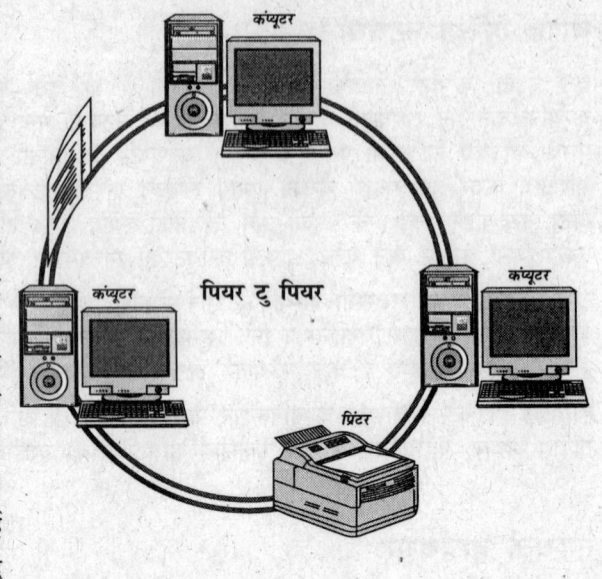

पियर टु पियर नेटवर्कले सानो अवस्था(सानो कामकाजमा) सबै भन्दा राम्रो काम गर्दछ। नेटवर्कको सबै कंप्यूटरहरुलाई व्यक्तिगत प्रशासन र मेंटेनैंसको आवश्यक्ता हुन्छ। यदि तपाईलाई दस भन्दा ज्यादा कंप्यूटर आपसमा जोड्नु छ भने पियर टु पियर नेटवर्कको प्रयोग न गर्नुहोस्।

रिसोर्सः रिसोर्समा प्रिंटर र मॉडम समावेस हुन्छ। यो प्राय:जसो पियर टु पियर नेटवर्कमा एक कंप्यूटरसंग जोडिएको हुन्छ। यो कंप्यूटर यसको प्रयोगलाई नेटवर्कको दोस्रो कंप्यूटरहरुसंग शेयर गर्दछ।

प्रोग्रामः प्राय:जसो सॉफ्टवेयर एप्लीकेशन जस्तै कि वर्ड प्रोसेसर र स्प्रैडशीट प्रोग्राम जुन पियर टू पियर नेटवर्कमा प्रयोग हुन्छ, प्रत्येक कंप्यूटरमा इंस्टॉल हुन्छ। यूजर यसको प्रयोग आफनो कंप्यूटरमा नेटवर्कको दोस्रो यूजरहरु द्वारा तैयार डॉक्यूमेंटलाई हेर्न र त्यसमा काम गर्नको लागि प्रयोग गर्न सक्छ।

परफोरमेंसः यदि कंप्यूटर रिसोर्सेजको प्रयोग गरिन्छ भने त्यसको परफोरमेंस प्रभावित हुन सक्छ। उदाहरणको लागि यदि पियर टु पियर नेटवर्कमा कुनै प्रिंटर कंप्यूटरसंग जोडिएको छ भने कंम्यूटर हरेक पटक त्यस समय ढिलो गतिले कार्य गर्नेछ जब कुनै यूजर कुनै डॉक्यूमेंटको प्रिंट निकालि रहेको छ।

इंस्टॉलेशनः पियर टु पियर नेटवर्कमा सबै कंप्यूटरहरुमा नेटवर्क ऑपरेटिंग सिस्टम र सबै एप्लीकेशन इंस्टॉल हुनु पर्छ। नेटवर्कमा समावेस प्रत्येक कंप्यूटरमा यस किसिमबाट सेट हुनु पर्छ कि त्यो आफैमा पूरै सूचनाहरु र रिसोर्सेज सम्म एक्सेज गर्ने योग्य छ।

यूजरले यो सिक्नुपर्छ कि उ आफनो कंप्यूटरलाई कुन किसिले एडमिनिस्ट्रेट गरुन। पियर टु पियर नेटवर्कको लागि प्राय:जसो कुनै डेडिकेटेड सिस्टम एडमिनिस्टर हुदैन।

रिसोर्सेज सम्म एक्सेस गर्नुः पियर टु पियर नेटवर्कमा यदि कंप्यूटरले ठीकसंग काम गरि रहेको छैन भने अन्य कंप्यूटरले यसको फाइलहरु र रिसोर्सेज सम्म एक्सेज गर्न पाउनेछैन। यसर्थ अन्य कंप्यूटरहरुको फाइलहरु र रिसोर्सेजलाई यसले प्रभावित गर्ने छैन।

सुरक्षाः पियर टु पियर नेटवर्कमा यूजर फाइल र इंफोर्मेशनलाई आफै कंप्यूटरमा स्टोर गर्दछ। कुनै पनि अन्य यूजर आफनो कंप्यूटरको प्रयोग गरेर दोस्रो यूजरको कंप्यूटरको फाइलहरु र इंफोर्मेशन सम्म एक्सेज गर्न सक्छ। त्यसैले पियर टु पियर नेटवर्कमा इंफोर्मेशन कम सुरक्षित रहन्छ।

लागतः जब कम कंप्यूटर एक अर्का संग पियर टु पियर नेटवर्कको माध्यमले जोडिएको हुन्छ तब यसमा लागत कम आउछ तर जसरी जसरी नेटवर्क बढ्दै जान्छ, यो महंगो हुदै जान्छ।

क्लाइंट/सर्वर नेटवर्क

यस्तो नेटवर्क जसमा एक वा अधिक कंप्यूटर सर्वरको रूपमा डिजाइन गरिएको छ र नेटवर्कको बाकी कंप्यूटरलाई क्लाइंट भनिन्छ जसले सर्वरबाट सेवाहरुको निवेदन गर्न सक्छन्।

सर्वरः

यस्तो कंप्यूटर जुन आफूसंग जोडिएको कंप्यूटरहरुलाई सूचना उपलब्ध गराउछ जस्तै वेब सर्वर, मेल सर्वर र लैन सर्वर। जब कुनै यूजर सर्वरसंग कनेक्ट हुन्छ तब एप्लीकेशंस, फाइल, प्रिंटर र अन्य सूचनाहरु त्यसलाई उपलब्ध हुन जान्छ।

क्लाइंट

क्लाइंट एक कंप्यूटर सिस्टम हो जुन कुनै पनि सरहको नेटवर्कको माध्यमबाट अन्य कंप्यूटरहरुमा सर्विस एक्सेज गर्दछ।

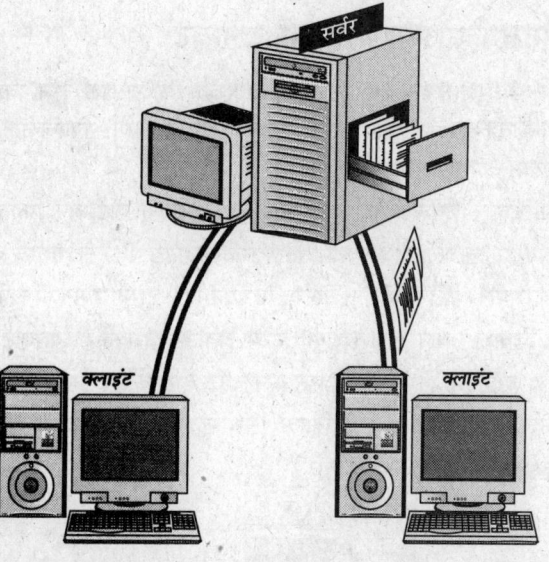

साइज

क्लाइंट/सर्वर नेटवर्क प्राय:जसो ठूलो नेटवर्कको लागि ठीक रहन्छ। कुनै पनि साइजको नेटवर्कमा प्रयोग गर्न सकिन्छ। क्लाइंट/सर्वर नेटवर्क लाई सेट गर्न सजिलो हुन्छ र ठूलो कंपनिहरुको अधिकांश आवश्यक्ताहरुलाई यसले पूरा गर्दछ।

क्षमता

सर्वरमा क्लाइंट अथवा डेस्कटॉप कंप्यूटरहरुको तुलनामा ज्यादा मैमरी हुन्छ र यो ज्यादा तेजलो हुन्छ। यो जटिल टास्कलाई पूरा गर्नको लागि राम्रो हुन्छ। सर्वरमा क्लाइंट कंप्यूटरहरुको तुलनामा स्टोर गर्नको लागि ज्यादा ठाउ हुन्छ। ताकि सर्वर प्रभावी ढंगले नेटवर्कको सबै फाइलहरुलाई स्टोर र मैनेज गर्न सकोस्।

सर्विसेज

सर्वरको प्राय:जसो प्रयोग नेटवर्कमा समावेस क्लाइंट कंप्यूटरहरुलाई कुनै विशेष सर्विस उपलब्ध गराउनको लागि गर्ने गरिन्छ। जस्तै प्रिंट सर्वर नेटवर्कको सबै क्लाइंट कंप्यूटरहरुको प्रिंटिंगलाई नियंत्रित गर्दछ। डाटाबेस सर्वर ठूलो मात्रामा इंफोर्मेशनलाई स्टोर र व्यवस्थित गर्दछ। प्राय:जसो क्लाइंट/सर्वर नेटवर्कमा नेटवर्क एडमिनिस्ट्रेटर हुन्छ। यो एडमिनिस्ट्रेटरको कार्य नेटवर्क लाई मैनेज गर्ने, जस्तै डाटा बेकअप र सिक्योरिटी मॉनीटरिंग नियमित रूपबाट भई रहोस्। क्लाइंट/सर्वर नेटवर्कमा सर्वर प्राय:जसो कुनै केन्द्रीय एरियामा स्थापित हुन्छ ताकि राम्रो सरह एडमिनिस्ट्रेशन गर्न सकोस्।

सुरक्षा

प्राय:जसो कंपनिहरु नेटवर्क सर्वरलाई बंद कोठामा राख्दछ। केवल नेटवर्क एडमिनिस्ट्रेटर नै यस कोठामा पुग्न सक्छ। त्यसैले अनधिकृत व्यक्ति यस सर्वरमा दखलंदाजी(हेरफेर) गर्न पाउदैनन्। यदि कुनै नेटवर्क सर्वर ठीकसंग काम गरि रहेको छैन भने यसबाट पूरा नेटवर्क प्रभावित हुन जान्छ।

लागत

क्लाइंट/सर्वर नेटवर्कलाई केहि विशेष र समर्पित सर्वरहरुको आवश्यक्ता हुन्छ जुन कि धेरै महंगो हुन सक्छ। किनकि अधिकांश कार्य सर्वर नै गर्दछ त्यसैले क्लाइंट/सर्वर नेटवर्कमा क्लाइंट कंप्यूटर कम शक्तिशाली र सस्तो हुन सक्छ।

नेटवर्कको संरचना वा बनावट

नेटवर्कको संरचना वा स्ट्रक्चरले बताउछ कि नेटवर्क कुन किसिमले डिजाइन गरिएको छ। यो नेटवर्क टोपोलॉजीको रूपमा पनि जानिन्छ। नेटवर्क स्ट्रक्चरमा दुईवटा स्तर छन्; फिजिकल र लॉजिकल। बस, रिंग, स्टार र हाइब्रिड नेटवर्क स्ट्रक्चरको मुख्य चार प्रकारका छन्।

फिजिकल लेवलले बताउछ कि नेटवर्कको त्यो पार्ट जुन फिजिकली अस्तित्त्व राख्दछ। त्यो यस प्रकार व्यवस्थित हुन्छ जस्तै कंप्यूटर, केबल र कनेक्टर। यो स्तरले बताउछ कि नेटवर्कमा कंप्यूटर कहा राखिएकोछ र नेटवर्कको सबै पार्ट आपसमा कुन किसिमले जोडिएका छन्। नेटवर्कमा इंफोर्मेशन ट्रांसफर गर्नको लागि केबल सबै भन्दा लोकप्रिय माध्यम हो।

लॉजिकल लेवल त्यस बाटोको बारेमा बताउछ जसको माघ्यमबाट इंफोर्मेशन नेटवर्कमा एक स्थान देखि अर्को स्थान सम्म पुग्छ। यो धेरै कुराहरुमा निर्भर गर्दछ जस्तै कुन चाहि एप्लीकेशन प्रयोग भई रहेको छ र नेटवर्कमा इंफोमेशन कुन गतिमा ट्रांसफर भई रहेको छ। कंप्यूटर इंर्फोमेशनलाई इलैक्ट्रिकल सिग्नलको आदान प्रदान गरेर शेयर गर्दछ। सिग्नल ट्रांसमिशन मीडियमको बाटोबाट पठाईन्छ। जसले कंप्यूटरहरुलाई जोड्छ।

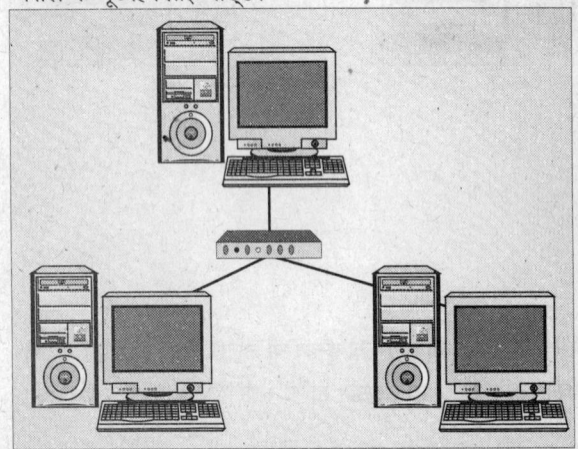

फिजिकल

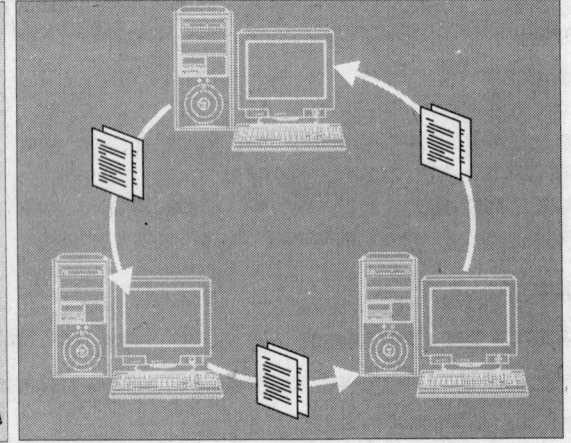

लॉजिकल

स्टार नेटवर्क स्ट्रक्चर

स्टार नेटवर्क सबै भन्दा आम कंप्यूटर नेटवर्क टोपोलॉजी मधय एक हो। यसमा कंप्यूटर कुनै केंद्रीय नेटवर्क कनेक्टरसंग जोडिएको हुन्छ। जुन प्राय:जसो कुनै हब वा स्विच हुन्छ। नेटवर्कमा समावेस कुनै पनि कंप्यूटर द्वारा अर्को कंप्यूटरलाई पठाईने सूचनाहरु हब वा स्विचमा भएर नै जान्छ। स्टार नेटवर्कमा प्रत्येक कंप्यूटरलाई जति सम्म संभव हुन्छ सेंट्रल नेटवर्क कनेक्टरको नतिक हुनु पर्छ। कंप्यूटर र कनेक्टरको बीच केबलको लंबाई 100 मीटर भन्दा कम हुनु पर्छ। हब वा स्विच प्राय:जसो 24 वटा कंप्यूटरसंग सम्म जोडिएको हुन्छ।

एक ठूलो घरमा फैलिएको ऑफिसमा यो पाईएकोछ कि घरको हरेक तल्लामा एउटा स्विच वा हब छ। हब वा स्विच यस सरह एउटा ठूला लोकल एरियो नेटवर्कसंग जोडिएको हुन सक्छ।

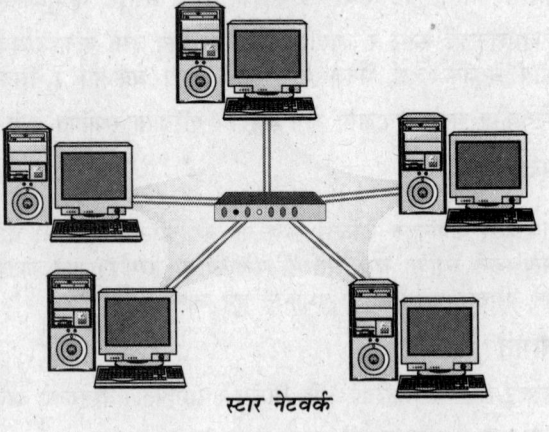

स्टार नेटवर्क

एक्सपेंशन वा विस्तारः यदि सेंट्रल नेटवर्क कनेक्टरमा खाली पोर्ट छ भने स्टार नेटवर्कसंग कुनै अन्य नया कंप्यूटर जोड्नको लागि केवल एक केबलको आवश्यक्ता हुन्छ। यहा नया कंप्यूटर जोडिने समय नेटवर्कलाई बंद गर्नु पर्ने कुनै आवश्यक्ता हुदैन।

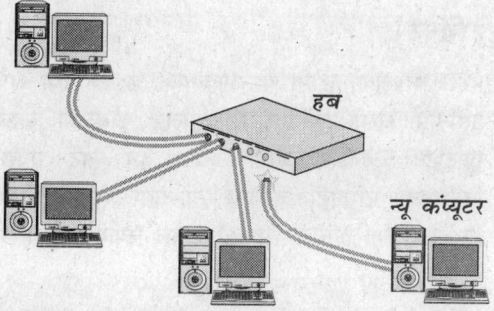

ट्रबलशूटिंगः जब कंप्यूटर अथवा केबलमा कुनै एरर आउन जान्छ भने बाकीको नेटवर्क यसबाट प्रभावित हुदैन। प्राय;जसो सेंट्रल नेटवर्क कनेक्टरमा यो क्षमता हुन्छ कि यो एरर भएको एरियोको पहिचान गरेर त्यसलाई बाकीको नेटवर्कबाट अलग गरि दिन्छ ताकि बाकीको नेटवर्क काम गरि रहोस्। जब हब वा स्विच खराब हुन्छ तब कंप्यूटरहरुको बीच सूचनाहरुको आदान प्रदान राकिन जान्छ।

लागतः स्टार नेटवर्कको प्रयोगमा ज्यादा लागत(खर्च) आउछ। स्टार नेटवर्कमा हरेक कंप्यूटरलाई हब वा स्विचसंग जोडिएको हुनु आवश्यक छ। यसमा ठूलो मात्रामा केबल लाग्छ किनकि प्रत्येक कंप्यूटरलाई स्वतंत्र रूपले हब वा स्विचसंग जोड्नु पर्छ।

बस नेटवर्क स्ट्रक्चर

कुनै बस नेटवर्क त्यो स्ट्रक्चर हो जसमा क्लाइंट कंप्यूटरहरुको पूराको पूरा सेट एक संयुक्त कम्युनिकेशन लाइनसंग जोडिएको हुन्छ।

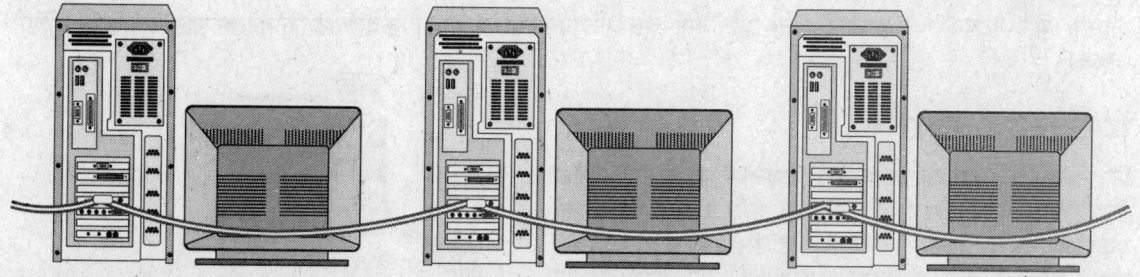

एक समयमा केवल एउटा कंप्यूटर सूचना पठाउन सक्छ। जब कंप्यूटर इंफोंमेशन ट्रांस्फर गर्दछ तब त्यो इंफोंमेशन केबलको पूरा लंबाईमा घूम्छ। जुन कंप्यूटरलाई त्यो इंफोंमेशन पठाईएको छ त्यो त्यसलाई रिसीव गर्छ।

टर्मिनेटर

हरेक केबलको लागि यो आवश्यक छ कि त्या संगै एउटा टर्मिनेटर होस्। टर्मिनेटर सिंगल्सलाई केबलमा बाउंस बैक हुनबाट बचाएर बाधा उत्पन्न हुन बाट रोक्छ। कुन किसिमको टर्मिनेटर चाहिन्छ त्यो यस कुरामा निर्भर गर्दछ कि नेटवर्कमा कुन किसिमको केबल प्रयोग भई रहेको छ।

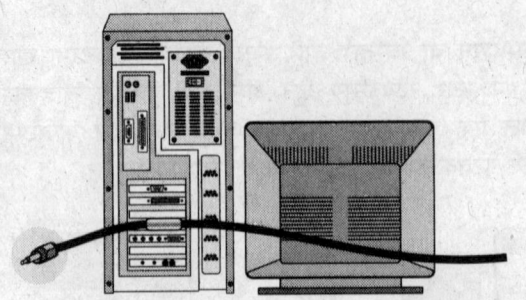

सेटअपः बस नेटवर्कको सेटअप धेरै सामान्य छ किनकि प्रत्येक कंप्यूटर केबलको लंबाईमा क्रमसंग जोडिएको रहन्छ। बस नेटवर्क ती कंप्यूटरहरुलाई जोड्नको लागि प्रयोग गर्ने गरिन्छ जुन कुनै सानो क्षेत्रमा उपस्थित छ र जहा सेंट्रल नेटवर्क कनेक्टरको कुनै आवश्यक्ता छैन। हालांकि बस नेटवर्क सेट गर्नको लागि प्रयोग गरिने केबलको लंबाई प्राय:जसो कम हुन्छ।

विस्तारः बस नेटवर्कको विस्तार गर्न अलिकति गाह्रो छ। बस नेटवर्कमा जब कुनै नया कंप्यूटर जोडिन्छ तब केबललाई बढाउनको लागि त्यसलाई भाच्नु पर्छ र कंप्यूटरलाई जोडिन्छ। जब केबल भाच्छ तब नेटवर्कको अन्य कंप्यूटर सूचनाहरु ट्रांसफर गर्न सक्दैन।

ट्रबलशूटिंगः यदि कंप्यूटर ठीकसंग काम गरि रहेको छैन र सूचनाहरु ट्रांसफर गर्नमा यसलाई समस्या भई रहेको छ भने पूरा नेटवर्क यसबाट प्रभावित हुन जान्छ।

लागतः बस नेटवर्क धेरै खर्चीलो छैन। धेरै जसो बस नेटवर्कहरुमा कॉपरको केबलबाट कंप्यूटरहरुलाई आपसमा जोडिने गरिन्छ।

रिंग नेटवर्क स्ट्रक्चर

रिंग नेटवर्क कंप्यूटर नेटवर्कको त्यो टोपोलॉजी हो जसमा प्रत्येक नोड दुईवटा अन्य नोड्ससंग जोडिएको हुन्छ र यस किसिमको एउटा रिंग बन्न जान्छ। जब कुनै नोड मैसेज रिसीव गर्छ भने यसले त्यस मैसेजमा जोडिएको ठेकानालाई जाच गर्दछ। रिंगमा यस किसिमले पनि डिजाइन गरिएको हुन्छ जसमा कुनै मालफंक्शनिंग अथवा फेल नोडलाई बाईपास गर्न सकियोस्।

इंफोर्मेशन यसमा केवल एकै दिशामा गति गर्दछ। जब कुनै कंप्यूटर इंफोर्मेशन पठाउछ तब यसले त्यस इंफोर्मेशनलाई अर्को कंप्यूटरलाई पठाउछ। त्यस इंफोर्मेशनमा जुन जोडिएको ठेकाना यदि अर्को कंप्यूटरमा छैन भने त्यो त्यस इंफोर्मेशनलाई अर्को कंप्यूटरमा पठाउछ। यो इंफोर्मेशन एक पछि अर्को कंप्यूटर यसरी नै अर्को कंप्यूटरमा पठाउछ। त्यस बेला सम्म जब सम्म कंप्यूटरले ठिक त्यस ठेगानामा इंफोर्मेशनलाई पठाउदैन।

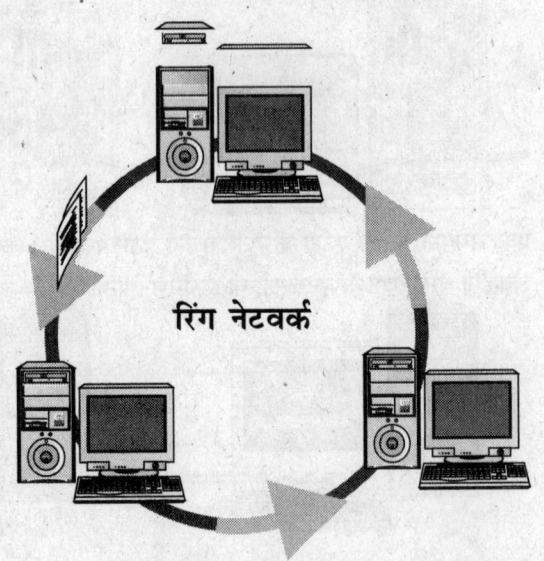

सेटअपः रिंग नेटवर्कमा प्राय:जसो कंप्यूटर एक अर्काको नजिक नै राखिएको हुन्छ। यो सेटअपको तरिकाले सजिलो छ किनकि यसमा केबलको एउटा एक्लो रिंगले सबै कंप्यूटर जोडिएको हुन्छ र कुनै सेंट्रल कनेक्टरको यसमा आवश्यक्ता हुदैन, उदाहरणको लागि हब आदिको रिंग नेटवर्कको कुनै आरंभ वा अंत हुदैन।

विस्तारः रिंग नेटवर्कको विस्तार समस्या पैदा गर्दछ किनकि जब तपाई यसमा कुनै नया कंप्यूटर जोड्नुहुन्छ तब केबल काट्नु पर्ने हुन्छ यसमा जब सम्म नया कंप्यूटर जोडिदैन तब सम्म नेटवर्क ठीकसंग काम गर्दैन।

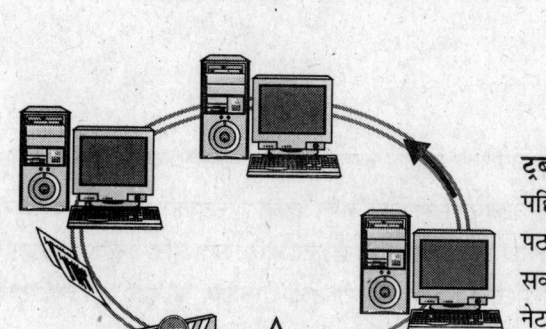

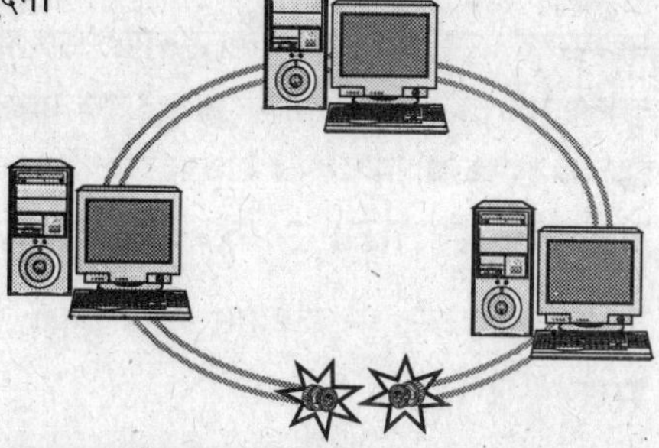

ट्रबलशूटिंगः जब रिंगमा कुनै टूटन वा छुटाव हुदा त्यस ब्रेक भन्दा पहिला कंप्यूटर केबलको माध्यमले इंफोर्मेशन एक अर्कालाई पठाउन सक्छ तर ब्रेक पछि उपस्थित कंप्यूटरहरुमा यस्तो संभव हुन सक्दैन। यो समस्या दिशाको निर्धारण पनि गर्न पाउदैन। धैरै रिंग नेटवर्कमा दोहरो रिंग हुन्छ जसको माध्यमबाट इंफोर्मेशन परस्पर विपरीत दिशामा गति गर्दछ ताकि केबल टूट्न जादा पनि नेटवर्कको सेवाहरुमा कुनै कमी न आओस्।

लागतः रिंग नेटवर्क महंगो हुन्छ। यसमा सबै कंप्यूटर एउटै केबलसंग जोडिएको हुन्छ त्यसैले यदि कंप्यूटर एक अर्का भन्दा केहि दूरीमा उपस्थित छ भने धैरै केबलको आवश्यक्ता पर्छ।

हाइब्रिड नेटवर्क स्ट्रक्चर

हाइब्रिड नेटवर्कमा फरक-फरक टोपोलॉजी जस्तै बस, रिंग वा स्टार आदि एकै साथ हुन्छ।

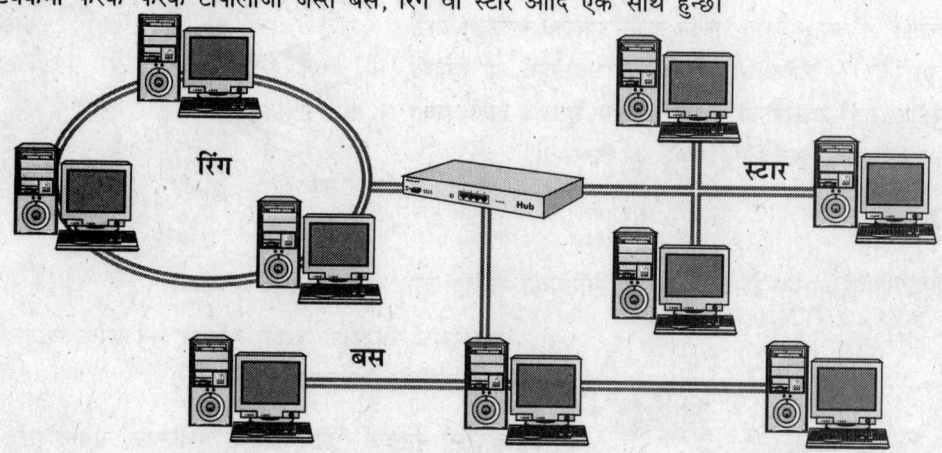

वाइड एरिया नेटवर्कः वाइड एरियो नेटवर्क प्राय:जसो हाइब्रिड नेटवर्क नै हो। एउटा ठूलो नेटवर्क बनाउनको लागि यो नेटवर्क धैरै किसिमको स्ट्रक्चरबाट जोडिएको हुन्छ। उदाहरणको लागि कुनै कंपनी आफनो कुनै ऑफिसमा स्टार नेटवर्क स्ट्रक्चर अपनाउन सक्छ भने अर्कोले बस नेटवर्क स्ट्रक्चर। यो फरक-फरक नेटवर्क हाइब्रिड नेटवर्क बनाउनको लागि माइक्रोवेव वा सैटलाइटसंग जोडिएको हुन सक्छ।

सेटअप: हाइब्रिड नेटवर्क खासगरी त्यहा बन्दछ जहा कुनै नेटवर्कलाई बढाएर बढ्दो ट्रैफिकको व्यवस्थित गर्ने प्रयास गरिन्छ। हाइब्रिड नेटवर्क फरक-फरक नेटवर्क स्ट्रक्चरलाई आपसमा जोड्नको लागि विभिन्न उपकरणहरुको प्रयोग गर्न सक्छ जस्तै हब, राउटर र ब्रिज। हाइब्रिड नेटवर्कको सेटअप केहि गाह्रो हुन्छ किनकि जुन उपकरण यसमा प्रयोग गरिदै छ, त्यसलाई विभिन्न नेटवर्क स्ट्रक्चरहरुलाई संगसंगै कार्य गर्न सहूलियत(साहायता) गर्नु हो।

ट्रबलशूटिंग: जब हाइब्रिड नेटवर्कमा कुनै एरर आउन जान्छ भने त्यस समस्याको सोर्स खोज्नु धेरै गाह्मो हुन्छ। यस्ता कंपनी जसले कुनै ठूला हाइब्रिड नेटवर्कको प्रयोग गर्दछ आफ्नो नेटवर्कको लागि सपोर्ट डिपार्टमेंट राख्दछ।

नेटवर्कको लागि आवश्यक उपकरणहरु

नेटवर्किंगको लागि धेरै हार्डवेयर प्रयोग हुन्छ।

सर्वर

यस्तो कंप्यूटर जसले आफूसंग जोडिएको कंप्यूटरहरुलाई सूचनाहरु उपलब्ध गराउछ त्यसलाई सर्वर भनिन्छ। जस्तै वेब सर्वर, मेल सर्वर र LAN सर्वर। टिपिकल सर्वर त्यो कंप्यूटर सिस्टम हो जुन नेटवर्कमा लगातार चलि रहन्छ र नेटवर्कसंग जोडिएको अन्य कंप्यूटरहरु द्वारा सेवाहरु आउने पर्खाई गर्दछ। धेरै सर्वर त्यस भूमिकाको प्रति समर्पित रहन्छ। तर केहि यस्ता पनि छन् जसको प्रयोग अन्य कार्यहरुको लागि पनि गर्न सकिन्छ। उदाहरणको लागि कुनै सानो ऑफिसमा एउटा ठूलो डेस्कटॉप कंप्यूटर कुनै व्यक्तिको लागि डेस्कटॉप वर्कस्टेशनको जस्तै र बाकी कंप्यूटरहरुको लागि कुनै सर्वरको जस्तै कार्य गर्न सक्छ।

सर्वर फ़िजिकली आजकल आम उपयोगमा आउने खालका कंप्यूटरको जस्तै नै हुन्छ अर्थात यदि त्यो सर्वरको भूमिकाको प्रति समर्पित छ भने यसको हार्डवेयर संघटन यस भूमिकामा राम्रो हुनको लागि अलिकति भिन्न हुन सक्छ। हार्डवेयर प्राय;जसो त्यस्तै हुन्छ जुन स्टैंडर्ड कम्प्यूटरमा प्रयोग हुन्छ। सर्वरको सॉफ्टवेयर डेस्कटॉप कंप्यूटर र वर्कस्टेशनमा प्रयोग हुने खालका सॉफ्टवेयरहरुको अपेक्षामा धेरै फरक हुन्छ।

सर्वर हार्डवेयर रिर्सोसेजमा नै आधारित हुन्छ। यसले ती क्लाइंट कंप्यूटरहरुलाई नियंत्रण र शेयर गर्नको लागि उपलब्ध गराउछ। जस्तै प्रिंटर (प्रिंट सर्वर) र फाइल सिस्टम (फाइल सर्वर)हुन। यो शेयरिंग एक्सेस कंट्रोल र सिक्योरिटीको कारण धेरै राम्रो हुन्छ र हार्डवेयरको डुप्लीकेशनबाट बचाएर खर्च पनि धेरै कम गरि दिन्छ।

मेल सर्वर *वेब सर्वर*

नेटवर्क प्रिंटर

प्रिंटर नेटवर्कसंग जोडिएको हुन्छ ताकि प्रिंटिंगको लागत कम हुन सकोस्।

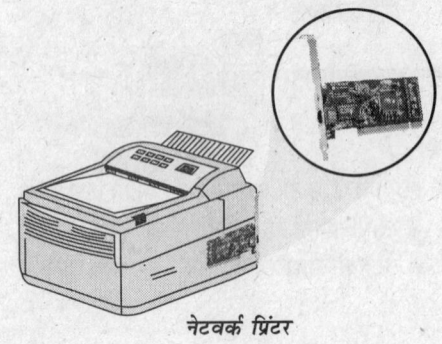

नेटवर्क प्रिंटर

यदि नेटवर्क प्रिंटरको प्रयोग गरिएन भने हरेक यूजरलाई आफनो फरक प्रिंटरको आवश्यक्ता हुनेछ।

प्राय;जसो नेटवर्क प्रिंटर नेटवर्क एडेप्टरको प्रयोग गरेर नेटवर्कसंग सीधा जोडिएको हुन्छ। नेटवर्क केबलको प्लग नेटवर्क एडेप्टरमा लगाईएको हुन्छ जुन प्रिंटरको पछाडि हुन्छ। प्राय;जसो नेटवर्क प्रिंटर धेरै किसिमको नेटवर्कहरु संग जोडिएको हुन सक्छ।

प्रिंट सर्वर

प्रिंटर सर्वर होस्ट कंप्यूटर वा उपकरण हो जसले एक वा एक भन्दा अधिक कंप्यूटरहरुसंग जोडिएको हुन्छ। यो आफ्नो नेटवर्कमा जोडिएको क्लाइंट कंप्यूटरहरुसंग प्रिंटको लागि जॉब लिन्छ र त्यस पछि यो त्यस डाटालाई यसको अनुसार प्रिंटरमा पठाएर त्यसको प्रिंट निकाल्न लगाउछ।

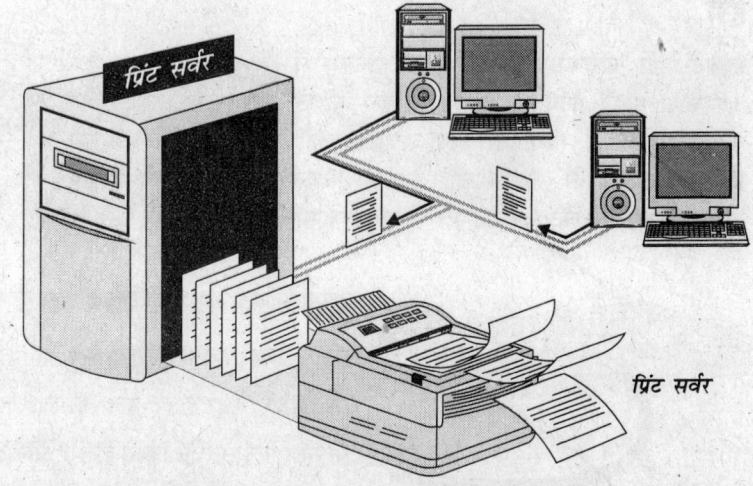

प्रिंट सर्वर

नेटवर्क इंटरफेस कार्ड

कुनै नेटवर्क कार्ड, नेटवर्क एडेप्टर अथवा NIC (नेटवर्क इंटरफेस कंट्रोलर) कंप्यूटर हार्डवेयरको एउटा अुक्रा हो जुन कंप्यूटर नेटवर्कमा जोडिएको कंप्यूटरहरुलाई एक अर्का संग कम्यूनिकेट गर्ने सुविधा दिन्छ।

जब कुनै नेटवर्क इंटरफेस कार्ड बन्दछ तब त्यसलाई एक यूनीक हार्डवेयर एड्रेस दिईन्छ। जब इर्फोमेशन पठाईन्छ अथवा रिसीव गरिन्छ तब हार्डवेयरको एड्रेस नेटवर्क इंटरफेस कार्डको पहिचान गर्नमा साहायक हुन्छ।

फरक-फरक किसिमको ऑपरेटिंग सिस्टमको लागि नेटवर्क इंटरफेस कार्ड ड्राइवर संगै आउछ। ड्राइवर एउटा सॉफ्टवेयर हो जसको माध्यमबाट ऑपरेटिंग सिस्टम नेटवर्क इंटरफेस कार्डको बीच सूचनाहरुको आदान प्रदान गरिन्छ। नेटवर्क इंटरफेस कार्ड ठीक रुपबाट कार्य गराउनको लागि आवश्यक छ कि सही ड्राइवर इंस्टॉल गरियोस्। यदि ऑपरेटिंग सिस्टम कंप्यूटरले नेटवर्क इंटरफेस कार्ड जोड्न पछि आफै ड्राइवरलाई इंस्टॉल गर्दैन भने तपाईले ड्राइवरलाई मैनुअली इंस्टॉल गराउनु पर्नेछ।

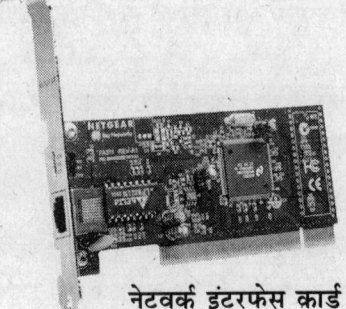

नेटवर्क इंटरफेस कार्ड

वायरलेस नेटवर्क इंटरफेस कंट्रोलर (WNIC) एउटा नेटवर्क कार्ड हो जुन रेडियो बेस्ड कंप्यूटर नेटवर्कसंग जोडिएको हुन्छ। यो आम नेटवर्क इंटरफेस कार्ड NIC को सरह वायर बेस्ड नेटवर्कसंग जोडिएको हुदैन। WNIC वायरलेस डेस्कटॉप कंप्यूटरको लागि एउटा आवश्यक उपकरण हो। यो कार्ड माइक्रोवेवको माध्यमबाट कम्यनिकेट गर्नको लागि एउटा एंटिनाको प्रयोग गर्दछ।

वायरलेस नोटबुक
नेटवर्क कार्ड

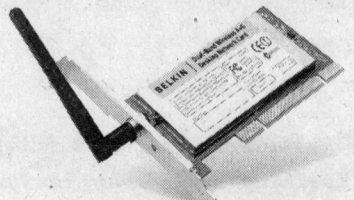

वायरलेस डेस्कटॉप
नेटवर्क कार्ड

हब

हबको प्रयोग बीचको ठाउमा हुन्छ जहा नेटवर्कको सबै केबल पाईन्छ। हब अधिकांश मॉडर्न नेटवर्कमा पाईन्छ। पहिला केवल स्टार स्ट्रक्चर नेटवर्कमा यसको प्रयोग हुने गर्थ्यो तर अब कंप्यूटरहरुलाई जोड्नको लागि यसको प्रयोग गरिन्छ। धेरै किसिमको नेटवर्क स्ट्रक्चर अब हबको प्रयोग कंप्यूटरहरुलाई कनेक्ट गर्ने प्राइमरी मैथडको रूपमा गरि रहेको छ।

हब

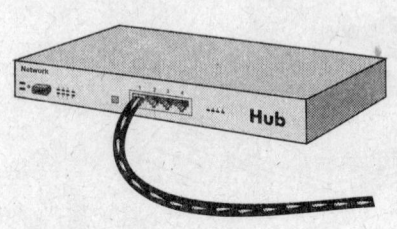

हबमा सॉकेट अथवा पोर्ट हुन्छ जहा कंप्यूटर उपकरणहरुबाट आउने खालका केबल प्लग्ड हुन्छ। हबमा प्रायःजसो 4, 8, 16 अथवा 24 पोर्ट हुन्छन्। प्रायःजसो हरेक पोर्टको इंडीकेटर लाइट हुन्छ जसलाई लाइट एमिटिंग डायोड (LED) भनिन्छ। जब कंप्यूटर पोर्टसंग जोडिएको हुन्छ र ऑन छ भने लाइट जलि रहन्छ। केहि LEDs त्यस समय पनि संकेत दिन्छ जब पोर्टको माध्यमबाट सूचना एक बाट दोस्रो ठाउमा शिफ्ट भई रहेको हुन्छ।

दुई वा दुई भन्दा बढि हबलाई जोड्नु लाई नै डेजी चेनिंग भनिन्छ। कुनै ठूलो हबमा 24 वटा कंप्यूटरहरु सम्म जोडिएको हुन्छ। यदि नेटवर्कमा 24 भन्दा अधिक कंप्यूटर छ भने दुईवटा वा अधिक हबको प्रयोग गर्नु पर्ने हुन्छ।

हबमा कंप्यूटरहरु अथवा हबको चेनलाई जोड्नु, हटाउनु अथवा एका ठाउबाट अर्को ठाउमा फिट गर्नु धेरै सजिलो छ। केबल कुनै पनि पोर्टसंग सजिलै निकालेर दोस्रो पोर्टमा लगाउन सकिन्छ। यस प्रक्रियाको बीच नेटवर्कलाई बंद गर्नु पर्ने कुनै आवश्यक्ता हुदैन।

स्विच

नेटवर्क स्विच (अथवा सिर्फ स्विच) एउटा नेटवर्क डिवाइस हो जुन हार्डवेयरको स्पीड सम्म ट्रांसपेरेंट ब्रिजिंग बनाउछ। आम हार्डवेयरमा स्विच समावेस हुन्छ जुन प्रति सेकेंड 10, 100 अथवा 1000 मेगाबिटमा कनेक्ट हुन सक्छ।

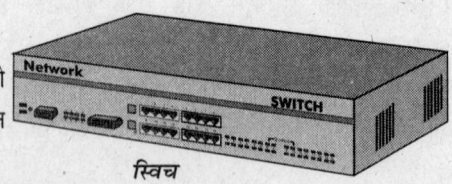
स्विच

यो हाफ र फुल डुप्लेक्सको रूपमा हुन्छ। हाफ डुप्लेक्सको तात्पर्य हो एक समयमा उपकरण डाटा रिसीव गर्न सक्छ वा पठाउन सक्छ जबकि फुल डुप्लेक्समा उपकरण एकै समयमा डाटा पठाउन पनि सक्छ र रिसीव पनि गर्न सक्छ। स्विचलाई हबको स्थानमा प्रयोग गर्न सकिन्छ।

जब कुनै नया यूजरलाई जोड्नको लागि अथवा जटिल एप्लीकेशनको लागि कुनै नेटवर्क बढाईन्छ भने हुन सक्छ कि नेटवर्क जति सूचनाहरुलाई ट्रांसफर गर्ने क्षमता राख्दछ त्यस भन्दा धेरै सूचनाहरु त्यसमा ट्रांसफर हुनको लागि तैयार हुन सक्छ। यस्तोमा स्वाभाविक छ कि नेटवर्कले यति बिस्तारै काम गर्नेछ वा त्यसमा कुनै अन्य समस्या पैदा हुन जानेछ। यसबाट बच्नको लागि र नेटवर्कको क्षमतालाई बढाउनको लागि ओवरलोड नेटवर्कमा हबलाई स्विचमा रिप्लेस गरि दिन्छ। प्रायःजसो यस रिप्लेसमेंटको दौरान नेटवर्कको अन्य घटकहरु जस्तै केबल सिस्टमलाई रिप्लेस गर्ने आवश्यक्ता हुदैन।

सुरक्षाः स्विचले यस कुरालाई तय गर्नमा मद्दत गर्दछ जुन सूचनाहरु नेटवर्कको माध्यमबाट शिफ्ट भई रहेको छ भने त्यो सुरक्षित रहोस्। हब नेटवर्कको हरेक कंप्यूटरलाई सूचनाहरु ट्रांसफर गरि दिन्छ जबकि स्विचमा यो सूचनाहरु केवल वांछित रिसीवरलाई नै उपलब्ध हुन्छ।

राउटिंग स्विच: केहि स्विचलाई राउटिंग स्विच पनि भनिन्छ। यसमा राउटर जस्तो क्षमताहरु हुन्छ। राउटिंग स्विच नेटवर्कको कुनै स्थानमा पठाईने सूचनाहरुको पहिचान गरेर त्यसलाई बाटो देखाउछ। यसको अलावा राउटिंग स्विचमा त्यो क्षमता पनि हुन्छ जसले सूचनाहरुलाई त्यसको गन्तव्य सम्म पुगाउने सबै भन्दा सही बाटो खोजेर त्यसै बाटोमा सूचनाहरु पठाओस्।

रिपीटर

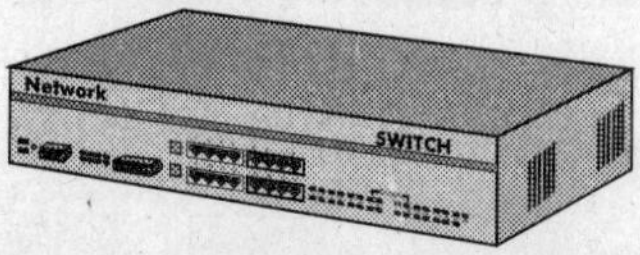

रिपीटर

रिपीटर इलैक्ट्रॉनिक उपकरण हो जसले मंद(ढिलो) अथवा निम्न स्तरको सिगनललाई रिसीव गरेर त्यसलाई उच्च स्तर अथवा उच्च शक्तिको बनाएर पठाउछ। जसले सिगनलले लामो दूरी बिना कुनै बाधाको तय गर्न सकोस्। यो LANs मा सेग्मेंट्सलाई इंटरकनेक्ट गर्नको लागि प्रयोग हुन्छ र WAN ट्रांसमिशनलाई बढाउछ।

केबलमा एक स्थान बाट दोस्रो स्थानमा जादा जादै सिग्नल कमजोर पर्न जान्छ। यसलाई प्राय:जसो एटेन्यूएशन भनिन्छ। रिपीटर त्यस समस्याहरुबाट बचाउछ। जुन सिग्नल कमजोर हुनाले पैदा हुन्छ।

रिपीटरको प्रयोग नेटवर्कमा कंप्यूटर उपकरणहरुलाई एक अर्का संग जोड्ने खालका केबलको लंबाई बढाउनको लागि गर्ने गरिन्छ। रिपीटर त्यस समय धेरै नै उपयोगी साबित हुन्छ जहा कंप्यूटरहरुलाई एक अर्का संग जोड्नको लागि धेरै लामो केबलको आवश्यक्ता हुन्छ जस्तै एउटा ठूला मालगोदामको नेटवर्कमा।

ब्रिज

यस्तो उपकरण जसले दुईवटा नेटवर्कहरुलाई एउटा ठूला लॉजिकल नेटवर्कको रूपमा जोड्दछ जसले गर्दा त्यस बीच सूचनाहरुको आदान प्रदान हुन सकोस्।

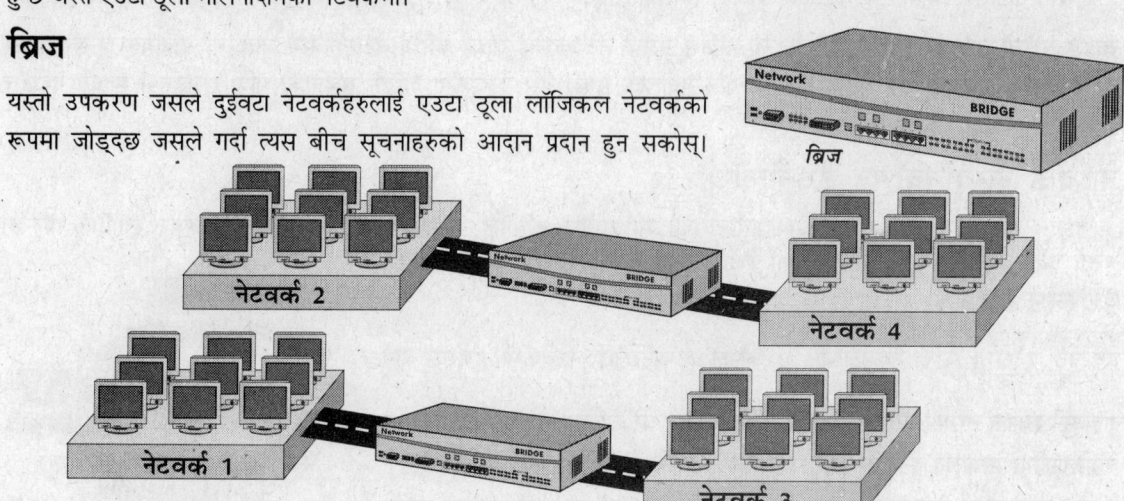

ब्रिज

ब्रिज सानो नेटवर्कहरुलाई आपसमा जोड्नको लागि काम आउछ जसले गर्दा त्यो सबै नेटवर्क संयुक्त रूपबाट एउटा ठूला नेटवर्कको रूपमा कार्य गर्न सकोस्।

ब्रिज एउटा व्यस्त नेटवर्कलाई सा-सानो भागहरुमा बाट्नमा पनि धेरै साहायक गर्छ। व्यस्त नेटवर्कलाई बाट्ने आवश्यक्ता तब हुन्छ जब नेटवर्कको ट्रैफिकलाई कम गर्नुछ। एउटा ब्रिज नेटवर्कको यस भागहरुलाई बाकीको भागहरुबाट अलग राख्न सकिन्छ।

राउटर: राउटर त्यो कंप्यूटर नेटवर्क उपकरण हो जसले नेटवर्कमा कुनै पनि डाटालाई जहा पनि पठाउन सक्छ । यसको यसको पूरा प्रक्रियालाई राउटिंग भनिन्छ।

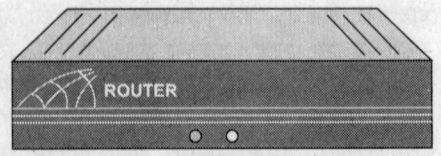

राउटर

राउटर दुईवटा वा दुईवटा भन्दा अधिक नेटवर्कहरुको बीच एउटा जंक्शनको सरह कार्य गर्दछ ताकि यसको बीच डाटाको पैकेट यता बाट उता हुन सकोस्। राउटर स्विचको नै एउटा भिन्न रूप हो। स्विच उपकरणहरुलाई जोड्छ। जसले गर्दा कुनै लोकल एरियो नेटवर्क बन्न सकोस्। राउटर र स्विचको विभिन्न कार्यहरुलाई बुझ्ने सबै भन्दा सजिलो तरीका यो छ कि स्विचलाई छिमेकीको सड़कहरु मान्नुहोस् र राउटरलाई सड़कको चिह्नहरुबाट बनेको भागहरु जस्तै मान्नुहोस्।

एउटा ठूला नेटवर्कमा एक भन्दा ज्यादा रूट हुन सक्छ जसको माघ्यमबाट सूचनाहरु आफ्नो गन्तव्य सम्म पुग्न सकोस्। केहि राउटरबाट थाहा पाउन सकिन्छ कि नेटवर्कको कुनै भागमा के गड़बडी छ वा त्यो धैरै स्लो छ कि छैन। यस्तोमा राउटरले कोशिश गर्दछ कि सूचनालाई समस्याग्रस्त एरियाबाट नपठाएर कुनै अर्को बाटोबाट त्यसको गन्तव्य सम्म पठाईयोस् जसबाट नेटवर्कमा गड़बड़ीको कम से कम असर रहोस्। राउटरलाई बुद्धिमान पनि भनिन्छ।

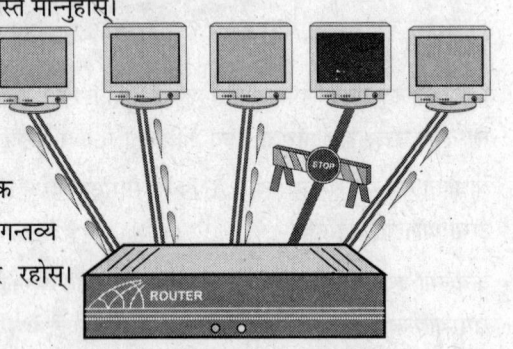

राउटरका प्रकारहरु: प्राय;जसो राउटर सूचनाहरुको लागि सबै भन्दा राम्रो बाटोलाई आफै थाहा पाउछ। पुरानो राउटर जसलाई स्टेटिक राउटर भनिन्छ जसमा काम गर्ने समयमा नेटवर्क एडमिनिस्ट्रेटरलाई राउटरलाई मैनुअली बताउने गर्थ्यो जसले हरेक रूटको इंर्फोमेशन राखोस्। जबकि नया राउटर जसलाई डायनेमिक राउटर भनिन्छ।

वाइड एरियो नेटवर्क (WAN): राउटर लोकल एरियो नेटवर्कलाई वाइड एरियो नेटवर्क संग जोड्नमा साहायक हुन्छ। राउटर वाइड एरियो नेटवर्कलाई सेग्मेंटमा बाटनमा पनि साहायक हुन्छ। यस नेटवर्कमा दौडिने सूचनाको मात्रा घटाउनमा मद्दत गर्दछ र WAN को दक्षता बनि रहन्छ।

नेटवर्क कम्युनिकेशन टेक्नोलॉजी

आजकाल नेटवर्किंग WAN, LAN र वायरलेसको माघ्यमबाट टर्मिनल, उपकरण र कंप्यूटरहरुलाई जोडेर स्थापित गरिन्छ। यस्तो केहि कम्युनिकेशन टेक्नोलॉजीको विविधताको बारेमा अगाडि चर्चा गरिएको छ।

इथरनेट

इथरनेट केबल

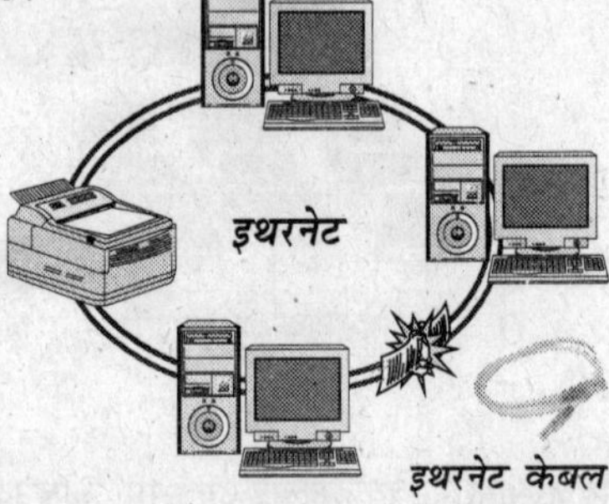

इथरनेट एउटा LAN टेक्नोलॉजी हो जसले कंप्यूटरलाई नेटवर्कमा एक्सेस गर्ने र कम खर्चीलो तरीका हो। यो सेटअप गर्ने तरिकाले धैरै सजिलो नेटवर्क हो। यो बस टोपोलॉजीमा आधारित हुन्छ तर इथरनेट नेटवर्क स्टार पैटर्नमा तारहरुबाट पनि हुन्छ। इथरनेट ठीक त्यसै प्रकार काम गर्दछ जस्सरी मानिस बिस्तारै कुरा गर्ने समयमा गर्दछ। जब इथरनेट काम गर्दछ तब प्रत्येक कम्प्यूटर नेटवर्कको माघ्यमबाट सूचनाहरु पठाउनु भन्दा पहिला केहि समय सम्म पर्खाई गर्दछ। जब दुईवटा कंप्यूटरले एउटै समयमा सूचनाहरु पठाउने कोशिश गरि रहेको छ भने सूचनाहरु ण्क अर्कासंग ठेकिन्छ र केहि बेर पछि कंप्यूटर सूचनाहरुलाई फेरि पठाउछ।

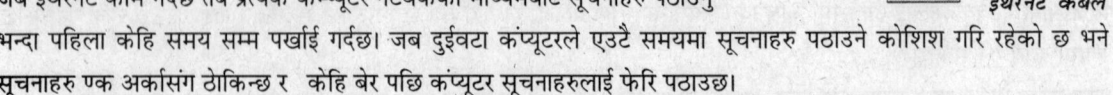

इथरनेट सूचनाहरुलाई नेटवर्कको माघ्यमबाट 10 मेगाबिट प्रति सेकेंड (Mbps) को रफ्तार(गति) बाट ट्रांसफर गर्न सक्छ। तेजिलो इथरनेट सूचनाहरुलाई नेटवर्कको माघ्यमबाट 100 मेगाबिट प्रति सेकेंड (Mbps) सम्मको गतिले ट्रांसफर गर्न सक्छ। गिगाबिट इथरनेट सूचनाहरुलाई नेटवर्कको माघ्यमबाट 1000 मेगाबिट प्रति सेकेंड (Mbps) सम्मको गतिले ट्रांसफर गर्न सक्छ।

टोकन रिंग

टोकन रिंग LAN टेक्नोलॉजीको एउटा प्रकार हो जुन प्राय ठूला संस्थानाहरु जस्तै बैंक र बीमा कंपनीमा पाईन्छ। एउटा टोकन रिंग नेटवर्क सूचनाहरुलाई नेटवर्कको माध्यमबाट चार अथवा 16 Mbps को स्पीडबाट पठाउन सक्छ।

टोकन रिंगको वर्किंग

टोकन रिंग कंप्यूटर देखि कंप्यूटर सम्म सिंगल टोकन नजिक गर्ने काम गर्दछ। टोकन नेटवर्कमा घूम्दै सूचनाहरुलाई कलेक्ट गरेर त्यसलाई डिलीवर गर्दछ। जहिले पनि नेटवर्कको कुनै कंप्यूटर डाटा पठाउन चाहन्छ तब त्यो स्वतंत्र टोकनलाई नियंत्रणमा लिन्छ। यस पछि कंप्यूटर डाटालाई ट्रांसमिट गर्न सक्छ। जब सम्म डाटा पठाउने खालका कंप्यूटर टोकनलाई छोड्दैन तब सम्म अर्को कुनै कंप्यूटर डाटा ट्रांसमिट गर्न सकि रहेको हुदैन। यस सरह एउटै समयमा केवल एउटा कंप्यूटर टोकनको प्रयोग गर्न सकिन्छ जसबाट व्यवधानको संभावना समाप्त हुन जान्छ।

TCP/IP (ट्रांसमिशन कंट्रोल प्रोटोकॉल/इंटरनेट प्रोटोकॉल)

TCP/IP डाटालाई सानो पैकेटको रुपमा बाढिदिन्छ। इंटरनेट ट्रांसमिशन प्राय:जसो TCP/IP मा प्रयोग गर्दछ। जब कुनै कंप्यूटर इंटरनेटमा डाटा पठाउछ तब डाटा सा-साना पीस वा पैकेटमा टुक्रा हुन जान्छ। प्रत्येक पैकेटमा डाटा हुन्छ जसमा त्यसको गन्तव्य त्यसको ठेगाना र क्रमवार सूचना समावेस रहन्छ। यी पैकेट उपलब्ध सबै भन्दा तेजिलो बाटोको माध्यमबाट गन्तव्य सम्म पुग्छ। जुन उपकरणको माध्यमबाट यो लक्ष्य सम्म पुग्छ, त्यसलाई राउटर भनिन्छ। सोर्स देखि गन्तव्य सम्म उपलब्ध सबै भन्दा राम्रो बाटोबाट पैकेजको ट्रांसमिशनको यो तकनीकलाई पॉकेट स्विचिंग भनिन्छ।

वैप

WAP अथवा वायरलेस एप्लीकेशन प्रोटोकॉल वायरलेस कम्यूनिकेशनमा प्रयोग हुने खालका एप्लीकेशनहरुको लागि ओपन इंटरनेशनल स्टैंडर्ड हो। यसको मुख्य एप्लीकेशन मोबाइल फोन अथवा PDA संग इंटरनेट एक्सेस गर्नु हो। WAP ब्राउजर यस सरह डिजाइन गरिएको हुन्छ कि कंप्यूटर आधारित वेब ब्राउजरको सबै बेसिक सेवाहरु यसलाई दिन सकियोस् तर मोबाइल फोनको सीमाहरुमा रहदै त्यसलाई ऑपरेट गर्नु सजिलो होस्। WAP अहिले यस्तो प्रोटोकॉल हो जसले दुनियाको अधिकांश भागहरुमा मोबाइल इंटरनेट साइटहरुको लागि प्रयोग हुन्छ। यी साइटहरुलाई WAP साइट्स भनिन्छ।

इंटरानेट

एउटा यस्तो प्राइवेट नेटवर्क जुन इंटरनेट प्रोटोकॉल जस्तै TCP/IP मा आधारित हुन्छ तर कुनै कंपनी अथवा संस्थासंग इंफोर्मेशन मैनेजमेंटको लागि डिजाइन गरिन्छ। यसमा जुन सेवाहरु समावेस हुन्छ त्यसमा डॉक्यूमेंट डिस्ट्रीब्यूशन, सॉफ्टवेयर डिस्ट्रीब्यूशन र डाटाबेस सम्म एक्सेस हुन। यसलाई इंटरानेट भनिन्छ। यो वर्ल्ड वाइड वेब साइट जस्तै हुन्छ र समान टेक्नोलाजीमा आधारित हुन्छ। हालांकि यो पूरा सरहबाट संस्थाको भित्रि नेटवर्क हो र इंटरनेटमा ठीकसंग जोडिएको हुदैन। केहि इंटरानेट इंटरनेट एक्सेसको सुविधा पनि दिन्छ। तर यस किसिमको कनेक्शन एउटा फायरवालको माध्यमबाट जान्छ। जसले बाहिरी वेब बाट भित्रको नेटवर्कलाई अलग राखेर त्यसलाई बचाउछ।। कहिले काहि कंपनी एक्स्ट्रानेटको प्रयोग गर्दछ। जसले उपभोक्ताहरु र सप्लायरहरुलाई आफनो इंटरानेट सम्म एक्सेस गर्ने सुविधा दिन्छ। उदाहरणको लागि केहि बैंक आफनो ग्राहकहरुलाई आफनो इंटरानेट सम्म एक्सेसको सुविधा दिन्छ ताकि उ आफनो एकाउंट बैलेंस र अन्य सेवाहरुको बारेमा जान्न सकोस् र त्यसको प्रिंट निकाल्न सकोस्।

फायरवॉल

फायरवॉल शब्द त्यस हार्डवेयर र सॉफ्टवेयरको लागि प्रयुक्त हुन्छ जसले नेटवर्कको सूचनाहरु र कसैलाई डाटा एक्सेस गर्न बाट रोक्दछ। यसले बाहिरी मानिसहरुलाई यस नेटवर्क एक्सेस गर्न बाट रोक्नु। पब्लिक नेटवर्कमा कुनै पनि कनेक्शन लिएर इंटरनेटमा एक्सेस गर्न सकिन्छ तर निजी इंटरानेट र एक्सट्रानेटमा एक्सेस गर्न अनुमति केवल वैध यूजरहरु जस्तै कर्मचारी, सप्लायर, वेंडर र कस्टमर आदिलाई नै हुन्छ। अवांछित यूजरहरुलाई एक्सेसबाट रोक्नको लागि कंपनिहरु आफनो इंटरानेट र एक्सट्रानेटमा फायरवॉलको प्रयोग गर्दछ।

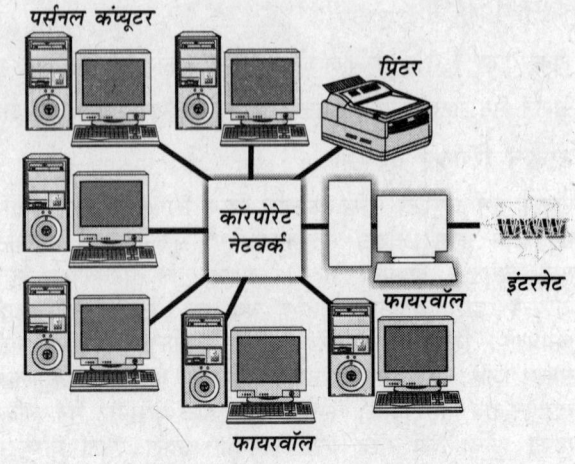

वॉयस ओवर इंटरनेट प्रोटोकॉल

वॉयस ओवर इंटरनेट प्रोटोकॉल जसलाई VoIP, IP टेलीफोनी, इंटरनेट टेलीफोनी, ब्रॉडबैंड टेलीफोनी, ब्रॉडबैंड फोन र वॉयस ओवर ब्रॉडबैंड पनि भनिन्छ। इंटरनेटमा अथवा कुनै अन्य IP मा आधारित नेटवर्कको माध्यमबाट हुने खालका वॉयस कनवरसेशनको रूटिंग अथवा बाटो हो। IP नेटवर्कमा वॉयस सिग्नललाई लैजाने प्रोटोकॉललाई प्राय:जसो वॉयस ओवर IP अथवा VoIP भनिन्छ। यो धेरै नया तकनीक हो।

टेलीफोन सिस्टम: एउटा VoIP सिस्टम नेटवर्कको मानिसहरुलाई यो सुविधा दिलाउछ कि उ परंपरागत टेलीफोन सिस्टमको स्थानमा नेटवर्कको प्रयोग फोन कॉलको लागि गरुन। एउटा कंपनीले आफनो पूरा टेलीफोन सिस्टमलाई फेरेर VoIP सिस्टम अथवा इंटीग्रेट VoIP लाई त्यससंग जोड्न सक्छ। यसबाट एउटा नेटवर्कको मानिस अर्को नेटवर्कको मानिसहरु संग VoIP सिस्टमको मद्दतले कुरा गर्न सक्छन् जबकि नेटवर्क भन्दा बाहरी व्यक्तिहरुसंग कुरा गर्नको लागि परंपरागत टेलीफोन लाइनहरुको प्रयोग गर्न सकियोस्।

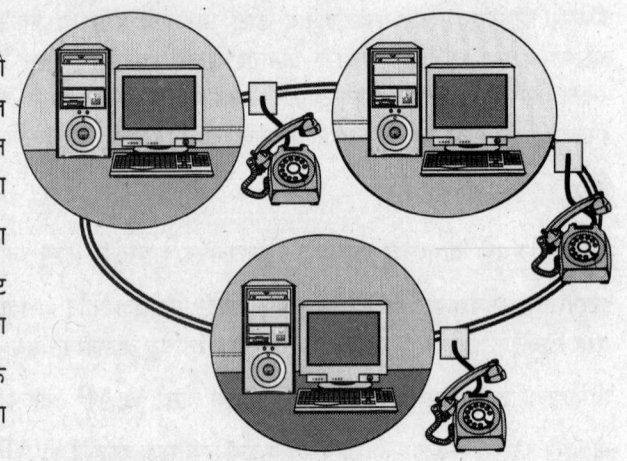

हार्डवेयर सॉफ्टवेयर

VoIP सिस्टमलाई प्रयोग गर्नका लागि यसको लागि बनको हार्डवेयर र विशेष सॉफ्टवेयरको आवश्यक्ता हुन्छ। VoIP सिस्टम हब जस्तै एउटा उपकरण प्रयोग गर्दछ ताकि नेटवर्कको माध्यमबाट हुने खालका फोन कॉल्सलाई मैनेज गर्न सकोस्। VoIP सॉफ्टवेयर त्यस कारण आवश्यक छ जसले नेटवर्कमा हुने खालका वॉयस कम्युनिकेशनको गुणवत्ता र क्षमतालाई मोनीटर र मेंटेन गर्न सकोस्।

वायरलेस नेटवर्क

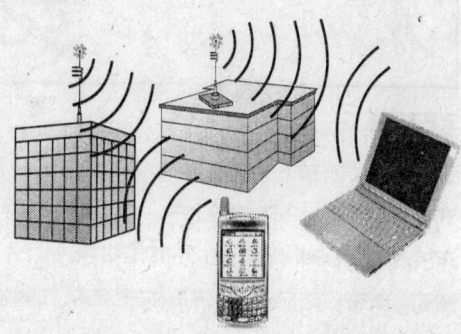

नोटबुक कंप्यूटर अथवा पर्सनल डिजिटल असिस्टेंट (PDAs) जस्ता उपकरण वायरलेस नेटवर्कको प्रयोग गरेर भौतिक रूपबाट नेटवर्क संग नजोडिकन त्यसको इंफोर्मेशन सम्म एक्सेस गर्न सक्छ। वायरलेस नेटवर्कलाई त्यस केबलको आवश्यक्ता समाप्त गरि दिन्छ जुन परंपरागत नेटवर्कमा उपकरणहरुलाई एक अर्का संग जोड्छ। यसले यस्ता मोबाइल उपकरणहरुको सुविधा दिन्छ।

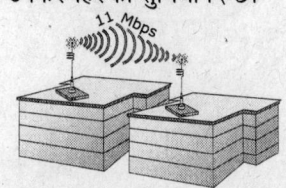

रेडियो सिग्नल: प्राय;जसो वायरलेस नेटवर्क उपकरणहरुको बीच सूचनाहरुलाई एक ठाउ देखि अर्को ठाउ सम्म लैजानको लागि रेडियो सिग्नलको प्रयोग गर्दछ। यो नेटवर्क प्राय:जसो 800 मेगाहर्ट्ज र 1.9 गिगाहर्ट्जको बीच रेडियो चैनलहरुमा ऑपरेट हुन्छ। वायरलेस नेटवर्कमा सूचनाहरु 11 Mpbs सम्मको स्पीडले ट्रांसफर हुन सक्छ।

रेडियो ट्रांससीवर्स: रेडियो ट्रांससीवर्स नेटवर्कमा सूचनाहरुको आदान प्रदानको लागि प्रयोग हुन्छ। केहि वायरलेस उपकरणहरुमा ट्रांससीवर्स हुन्छ जुन उपकरणहरुको बाहिरबाट जोडिएर रहन्छ। जबकि अन्य वायरलेस उपकरणहरुमा बिल्ट इन ट्रांससीवर्स हुन्छ।

रेडियो टैक्नोलॉजी

रेडियो सिग्नलको प्रयोग गरेर कुनै वायरलेस नेटवर्कमा सूचनाहरुको ट्रांसफर गर्न तीनवटा फरक-फरक बाटाहरु छन्।

GSM: संसार भरिमा मोबाइल फोनको लागि वायरलेस स्टैंडर्डमा प्रयोग हुने खालका सबै भन्दा लोकप्रिय ट्रांसमिशन टैक्नोलॉजी हो। ग्लोबल सिस्टम फॉर मोबाइल कम्युनिकेशन अर्थात GSM । यो सिस्टम सूचनाहरुलाई कंप्रैस गरे पछि डाटा ट्रांसमिट गर्नको लागि उपलब्ध चैनलहरुमा एउटा सिंगल रेडियो चैनलको प्रयोग गरेर ट्रांसफर गर्दछ।

CDMA: कोड डिविजन मल्टीपल एक्सेज प्रख्यात ट्रांसमिशन टैक्नोलॉजी हो। यो टैक्नोलॉजी सबै उपलब्ध चैनलहरुलाई डाटा बाढेर वायरलेस उपकरणहरुको बीच सूचनाहरुलाई पठाउछ।

TDMA: टाइम डिविजन मल्टीपल एक्सेज तकनीक मल्टीपल डिवाइसेसको बीच एउटा रेडियो चैनललाई बढ्दछ। प्रत्येक उपकरणले चैनलको प्रयोग गरेर टर्न लिन सक्छ। यो तकनीक प्राय;जसो बिजनेसमैनले प्रयोग गर्दछन् जुन डिजीटल सेल्युलर कम्युनिकेशन ऑफर गर्दछ।

वायरलेस टेक्नोलॉजी

यसो त वायरलेस उपकरण जस्तै कि नोटबुक, PDA, स्मार्ट फोन आदिको प्रयोग गरेर नेटवर्क सम्म एक्सेस गर्नु नया तकनीकमा निर्भर गर्दछ तर केहि स्टैंडर्ड तकनीक पनि छन्। जसले यो निश्चित (तय) गर्दछ कि वायरलेस नेटवर्क ठीकसंग कार्य गरि रहोस्।

ब्लूटूथ: ब्लूटूथ वायरलेस पर्सनल एरियो नेटवर्कहरुको लागि इंडस्ट्रियल स्पेसिफिकेशन हो। ब्लूटूथ फोन, लेपटॉप, पर्सनल कंप्यूटर, प्रिंटर, डिजिटल कैमरा र वीडियो गेम जस्ता उपकरणहरुको बीच कनेक्शन स्थापित गर्न र सूचनाहरुको आदान प्रदान गर्ने बाटो बनाउछ। यो काम एउटा सुरक्षित, ग्लोबली अनलाइसेंस्ड शॉर्ट रेंज रेडियो फ्रिक्वेंशीको माघ्यमबाट गर्दछ। ब्लूटूथ एउटा रेडियो स्टैंडर्ड र कम्युनिकशन प्रोटोकॉल हो जुन शुरुआतमा हरेक उपकरणमा लागेको कम मूल्यको ट्रांससीवर माइक्रोचिप्समा आधारित शॉर्ट रेंजमा लो पावर कंसम्पशनको लागि डिजाइन भएको हो। यो उपकरण रेडियोकम्यूनिकेशन सिस्टमको प्रयोग गर्दछ त्यसैले यसमा एक अर्काको नजिक हुनु पर्ने कुनै आवश्यक्ता हुदैन।

रिकोचेट: रिकोचेट एउटा नया नेटवर्क आर्किटेक्चर हो जुन हाई स्पीड वायरलेस नेटवर्कको लागि डिजाइन गरिएको छ। रिकोचेट नेटवर्क कुनै एरिया विशेषमा वायरलेस रेडियो उपकरण राखेर तैयार हुन्छ। यस पछि वायरलेस उपकरण रिकोचेट मॉडमको प्रयोग गरेर रेडियो उपकरणहरु सम्म एक्सेस गर्दछ ताकि यो नेटवर्कसंग जोड्नि सकोस्। रिकोचेट नेटवर्क आर्किटेक्चर इंफोर्मेशनलाई 128 Kpbs को स्पीडबाट ट्रांसफर गर्न सक्छ।

4 इंटरनेट र ई-मेल

इंटरनेट

इंटरनेटलाई नेट पनि भनिन्छ। यो एउटा इलैक्ट्रॉनिक कम्युनिकेशन डिवाइस हो। यो सबै भन्दा ठूलो नेटवकहरु मध्य एक हो जुन संसार भरीको लाखौं, करोडौं कंप्यूटरहरुसंग जोडिएको छ। तपाईले कम्युनिकेशन उपकरणहरु र मीडियो जस्तै मॉडम, केबल, टेलीफोन लाइन र सैटलाइटको माध्यमबाट यस नेटवर्क सम्म एक्सेस गर्न सक्नुहुन्छ।

इंटरनेटसंग कतिवटा कंप्यूटर जोडिएको छ यो कुरा कसैलाई थाह छैन। जबकि यो निश्चित छ कि यो संख्या लाखौंमा छ र दिन दिनै तेजिले बढि रहेको छ।

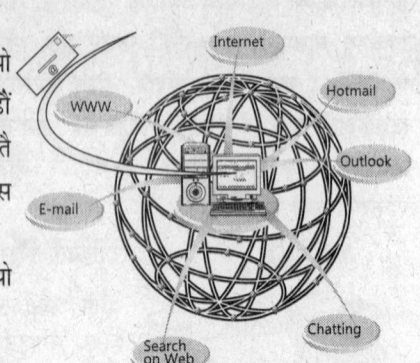

इंटरनेट धेरै सुविधाहरुलाई तपाईको औंलामा ल्याएर राखि दिएको छ। तपाईले यसको माध्यमबाट नया साथी बनाउन सक्नुहुन्छ, बैंकिंग, शॉपिंग, इनवेस्ट, टैक्स भुगतान, शैक्षणिक कोर्स, गेम खेल्न, म्यूजिक सुन्न अथवा मूवी हेर्ने जस्ता कार्य घर बसेर नै गर्न सक्नुहुन्छ। इंटरनेटको सबै भन्दा ठूलो फाईदा यो छ कि आफनो कंप्यूटरमा यसको प्रयोग तपाईले कुनै बेला कतै पनि गर्न सक्नुहुन्छ, चाहे त्यो आफनो घरमा, स्कूल वा रेस्टोरेंट होस्।

इंटरनेटको मद्दतबाट तपाई आफनो साथीलाई ऑनलाइन मैसेज पठाउन सक्नुहुन्छ। यहा यस कुराको कुनै मतलब छैन कि उनी कहा बसेका छन्। बस उनको नजिक कंप्यूटर र इंटरनेट कनेक्शन हुनु पर्छ।

इंटरनेटमा धेरै लोकल, रीजनल, नेशनल र इंटरनेशनल नेटवर्क समावेस रहन्छ। हालांकि यसमा हरेक नेटवर्क कुनै निजी अथवा सार्वजनिक संस्थाको संपति हुन्छ तर इंटरनेटमा कुनै एक्लो संस्था वा संगठनको नियंत्रण र मालिक कोहि हुदैन। इंटरनेटमा हरेक संस्था केवल आफनो नेटवर्कलाई मेंटेन गर्नको लागि जिम्मेदार हुन्छ।

यस समय 500 मिलियन मानिस संसारको विभिन्न भागहरुमा इंटरनेटको प्रयोग गर्दछन्। इंटरनेटको प्रयोग बढाउनमा सबै भन्दा ठूलो जुन फीचरको हात छ त्यो हो यसको कुनै पनि ठाउमा पनि प्रयोग गर्न र गराउने सक्ने क्षमता।

आजको बिजनेस वर्ल्डमा यदि सफलता पाउनुछ भने इंटरनेटलाई बुझ्नु नै पर्छ। यसको बिना तपाईले बिभिन्न कुराहरु, सुविधाहरु, सूचनाहरु र कम्यूनिकेशनको एउटा धेरै नै महत्त्वपूर्ण स्रोतबाट बंचित हुनु हुनेछ।

इंटरनेटबाट जुन काम गर्न सकिन्छ–संसार भरिमा कुनै पनि कम्यूनिकेशन, बैंकिंग, निवेश, चीजहरु अथवा सुविधाहरुको खरीद, म्यूजिक डाउनलोन गर्नु र सुन्नु, मूवी हेर्नु, कुनै कोर्स गर्नु, शैक्षणिक सामग्री खोज्नु, ऑनलाइन गेम खेल्नु, मैग्जीन पढ्नु, कुनै फाइल, डॉक्यूमेंट आदिको आदान प्रदान गर्नु, इंफोर्मेशन, आडियो क्लिप, वीडियो क्लिप, फोटो आदि उपलब्ध गर्नु इत्यादि।

इंटरनेटको इतिहास

आउनुहोस् अब हामी इंटरनेटको संक्षिप्त इतिहासलाई बुझ्ने कोशिश गरौं।

यो पेंटागन अमेरिकाको रक्षा विभागमा आरंभ भएको थियो। ARPA अर्थात एडवांस रिसर्च प्रोजेक्ट एजेंसी नामको नेटवर्किंग प्रोजेक्ट लांच गरियो जुन यस्ता नेटवर्कको सरह काम गर्थ्यो जसमा युद्धको परिदृश्यको बारेमा सैनिक र वैज्ञानिक दुबैले अर्का लाई बिना कुनै बाधाको गोपनीय सूचनाहरु पठाउन सकोस्। ARPANET नामले चिनिने यो नेटवर्क सितंबर 1969 मा आरंभ भयो। यसले वैज्ञानिक र अकेडमिक शोधकर्ताहरुलाई आपसमा जोड्यो। जसरी जसरी शोधकर्ताहरुलाई इलैक्ट्रॉनिक मेलको माध्यमबाट सूचनाहरु पठाउने फाईदाहरु थाहा भयो यसको प्रयोग बढ्दै गयो। 1984 देखि यो नेटवर्कसंग 1000 भन्दा बढि निजी कंप्यूटर जोडिएको थियो। आज इंटरनेटले हजारौं लाखौं कंप्यूटरहरुलाई आकर्षित गरेर आफूसंग जोडेको छ।

बिस्तारै-बिस्तारै दोस्रो क्षेत्रको शोधकर्ताहरु र विद्वानहरुले यसको प्रयोग आरंभ गरे। 1986 मा नेशनल साइंस फाउंडेशनले आफनो पांच सुपरकंप्यूटर सेंटरहरुको विशाल नेटवर्कहरु जोड्यो।

यसलाई NSFnet भनिएको थियो। जटिल नेटवर्काहरुको यो विलय इंटरनेटको रूपमा लिईयो। 1995 सम्म NSFnet इंटरनेटमा ठूलो मात्रामा कम्युनिकेशन एक्टिविटी अथवा ट्रैफिकलाई संभालेर राख्यो। 1995 मा उनले आफनो नेटवर्कलाई इंटरनेटबाट अलग गरि दिए र आफनो पुरानो स्टेटस रिसर्च नेटवर्कमा राखे।

पछि नेटको ट्रैफिक विभिन्न निगमहरु, व्यावसायिक फार्महरु र अन्य कंपनिहरुले राखे जसले नेटवर्क उपलब्ध गराउछ। यो नेटवर्क टेलीफोन कंपनिहरु, केबल र सैटलाइट कंपनिहरु संग र इंटरनेटको भित्री स्ट्रक्चरमा सरकारी मद्दतबाट अगाडि बढ्यो।

इंटरनेट कुनै सरकार द्वारा नियंत्रित छैन। यो एक अतिविशाल स्वतंत्र सहकारिता हो। हालांकि कुनै एक व्यक्ति, कंपनी, संस्था अथवा सरकारी एजेंसी यसको मालिकाना(मालिकको हक) हक राख्दैन र न नै यसलाई नियंत्रित गर्दछ, तर केहि एजेंसिहरु सल्लाह दिएर, मानक निर्धारित गरेर र अन्य मुद्दाहरु माथि जानकारी दिएर यसको सफलतामा सहभागी बनेका छन्। इंटरनेटको विभिन्न क्षेत्रहरुको लागि मानक र गाइड लाइन तय गर्ने र रिसर्च गर्ने खालका समूहलाई वर्ल्ड वाइड वेब कनसोर्टियम (W3C) भनिन्छ।

इंटरनेटले कसरी काम गर्दछ?

इंटरनेटसंग जोडिएको कंप्यूटर क्लाइंट र सर्वरहरुको प्रयोग गरेर संसार भरिमा एक अर्कालाई डाटा ट्रांसफर गर्दछ। त्यो कंप्यूटर जुन कुनै नेटवर्कको स्रोतहरु जस्तै प्रोग्राम र डाटालाई व्यवस्थित गर्दछ र एउटा केंद्रीय स्टोरेज एरियो उपलब्ध गराउछ, त्यसलाई सर्वर भनिन्छ।

त्यो कंप्यूटर जसले यस स्टोरेज एरियो सम्म एक्सेज गरेर प्रोग्राम वा डाटा लिन चाहन्छ त्यसलाई क्लाइंट भनिन्छ। इंटरनेटमा कुनै क्लाइंट जसले धेरै सर्वरहरुको फाइलहरु र प्रोग्रामहरु सम्म एक्सेस गर्न सक्छ त्यसलाई होस्ट कंप्यूटर भनिन्छ। तपाईको कंप्यूटर होस्ट कंप्यूटर नै हो।

इंटरनेटको आन्त्रिक संरचनामा एउटा ट्रांसपोर्टेशन सिस्टम हुन्छ। इंटरनेटमा केहि मुख्य कम्युनिकेशन लाइनहरु हुन्छ जसले ट्रैफिकको अधिकतम भार वहन गर्दछ। यी कम्युनिकेशन लाइनहरुलाई संयुक्त रूपमा इंटरनेट बैकबोन भनिन्छ।

इंटरनेट एउटा पैकेट आधारित नेटवर्क हो। यसको अर्थ यो हो कि जुन पनि डाटा तपाई ट्रांसफर गर्नुहुन्छ त्यो पैकेटमा बाटिन्छ। नेटवर्क विशेष कंप्यूटरहरुसंग जोडिएको हुन्छ जसलाई राउटर भनिन्छ।

राउटर पहिला यो चेक गर्दछ कि तपाईको पैकेट (डाटा) लाई कहा जानुछ फेरि यसले यो तय गर्दछ कि कुन दिशामा यसलाई पठाउनु पर्छ। यो संभव छैन कि प्रत्येक राउटर अन्य राउटरसंग जोडिएको होस्। यो केवल तपाईको डाटाको दिशा तय गर्दछ। राउटरलाई यो बताउनको लागि कि डाटाको कहा जानुछ, एक किसिमको एड्रेस हुन्छ जसलाई IP (इंटरनेट प्रोटोकॉल) भनिन्छ। IP संग ट्रांसफर हुने खालका डाटा पैकेटमा बाटिएको हुन्छ। यो एक अन्य प्रोटोकॉल द्वारा हुने गरिन्छ जसलाई TCP (ट्रांसमिशन कंट्रोल प्रोटोकॉल) भनिन्छ।

पछि यो पत्ता गरियो कि IP एड्रेस जुन कि वास्तवमा केवल नंबर हुन्छ कंप्यूटर सजिलैसंग संचालन गर्न सक्छ तर मनुष्य भएको हुनाले हाम्रो लागि यो संभव हुदैन। यसको संमाधानको लागि 1984 मा डोमेन नेम अस्तित्त्वमा आयो। डोमेन नेम इंटरनेटमा कुनै व्यक्तिको अकाउंटको लोकेश हुन्छ।

इंटरनेट एड्रेस

पोस्टल सिस्टमको समान नै इंटरनेटमा पनि डाटालाई कुनै खास ठाउमा पठाउनको लागि एड्रेसिंग सिस्टमको प्रयोग गरिन्छ। IP एड्रेस इंटरनेट प्रोटोकॉल स्टैंडर्डको मद्दतले नेटवर्कमा एउटा कंप्यूटर द्वारा अर्को कंप्यूटरको पहिचान गर्ने र त्यससंग कम्यूनिकेट गर्नको लागि प्रयोग हुने खालको एउटा यूनीक एड्रेस हो।

IP एड्रेस नंबरहरुको चार समूहबाट युक्त हुन्छ। यी समूह आपसमा एक अर्का संग एउटा डॉट (.) द्वारा अलग रहन्छ। नंबर 0 देखि लिएर 255 सम्म हुन सक्नुहुन्छ। उदाहरणको लागि 155.27.34.10 एक IP एड्रेस हो। प्राय:जसो IP एड्रेसको पहिलो भाग नेटवर्कको पहिचान गर्छ जबकि अंतिम कंप्यूटर विशेषको।

यी नंबरहरुलाई याद गरेर यसको प्रयोग गर्न धेरै कठिन हुन्छ। त्यसैले इंटरनेटमा यसको ठाउ टैक्सट नाम तैयार गरिन्छ जसले एक वा अधिक IP एड्रेसको प्रतिनिधित्व गर्दछ।

IP एड्रेसको टैक्सट वर्जनलाई डोमेन नेम भनिन्छ। डोमेन नेमको घटक पनि एक अर्का संग डॉट (.) द्वारा अलग रहन्छ। हरेक डोमेन नेममा टॉप लेवल डोमेन (TLD) एब्रिविएशन हुन्छ जसले त्यस संस्थाको प्रकारको बारेमा बताउछ। जुन डोमेनसंग जोडिएको रहन्छ डॉट कॉम त्यो नाम हो जुन कहिले-काहि त्यस संस्थालाई परिभाषित गर्दछ जोसंग कॉमको टीएलडी छ।

IP address → 204.71.200.67
Domain name → www.yahoo.com
Identifies top-level domain

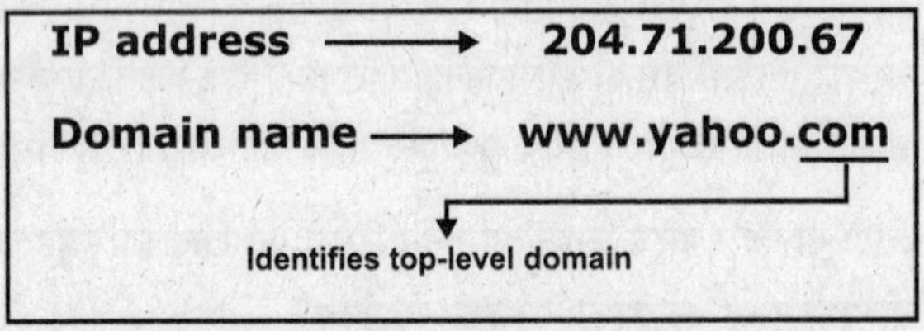

डोमेन नेम सिस्टम (DNS) त्यो सिस्टम हो जुन इंटरनेटमा डोमेन नेम र त्यससंग संबंधित आईपी एड्रेस स्टोर राख्दछ। हरेक पटक जब तपाईलाई कुनै डोमेन नेम दिईन्छ, इंटरनेट सर्वर (DNS सर्वर) त्यसलाई संबंधित आईपी एड्रेसमा ट्रांसलेट गरेर डाटालाई सही कंप्यूटर सम्म पठाउछ।

टॉप लेवल डोमेन (TLD)

Original TLD	Type of Domain	Newer TLD	Type of Domain
.com	commercial	.biz	a business
.net	gateway or host	.store	goods for sale
.org	non-profit organization	.aero	air transport company
.edu	educational and research	.arts	culture/entertainment
.gov	government	.rec	recreation/entertainment
.mil	military agency	.info	information service
		.name	individuals or families

इंटरनेटका फाईदाहरु

इंटरनेट धेरै किसिमको सुविधाहरु तपाईलाई प्रदान गर्दछ:

ई-मेल (इलैक्ट्रॉनिक मेल): ई-मेलको माध्यमबाट तपाई संसार भरिको कुनै कुनामा रहेको आफनो आफन्तहरु, मित्रहरु, सहयोगिहरु, ग्राहकहरुलाई संदेश पठाउन सक्नुहुन्छ। त्यसैले इंटरनेटको यो एउटा सर्वाधिक लोकप्रिय चमत्कार हो। ई-मेलको माध्यमबाट तपाई धेरै सस्तोमा सबै सम्म सजिलै संग पुग्न सक्नुहुन्छ। यसको अलावा यो वातावरणको लागि पनि प्रदूषण रहित छ किनकि यसमा कागजको प्रयोग हुदैन।

सूचना: इंटरनेटमा हामी आफ्नो रूचिको विषयको बारेमा कुनै पनि सूचना प्राप्त गर्न सक्छौं। शोध कार्यको लागि त यो एउटा अद्वितीय सुविधा हो। यदि कुनै समाचारपत्र, शब्दकोश, भाषण अंश, नौकरी इत्यादिको बारेमा कुनै सूचना चाहिन्छ भने तपाई तुरंत पाउन सक्नुहुन्छ। तपाई आफ्नो घूम्मफिर गर्ने प्रोग्राम पनि बनाउन सक्नुहुन्छ, कतैको यात्रा-विवरण पनि लिन सक्नुहुन्छ र मनचाहा व्यंजन (डिश) बनाउने विधि पनि प्राप्त गर्न सक्नुहुन्छ। लगभग सबै विषयहरुमा सूचना यस द्वारा सजिलैसंग उपलब्ध हुन सक्छ।

मनोरंजनः मनोरंजनको असीमित साधन पनि इंटरनेटको द्वारा उपलब्ध हुन सक्छ। रेडियो वा टी.वी.को प्रोग्राम एवम् वीडियो र संगीत-विषयक प्रोग्राम कतैबाट पनि प्राप्त गर्न सक्छ। आधुनिक फिल्महरुको प्रीव्यू, प्रसिद्ध सिताराहरुको इंटरव्यू बाजारमा आउनु पूर्व बिल्कुल नया संगीतको मजा तपाईलाई इंटरनेटबाट प्राप्त हुन सक्छ। धेरै प्रकारको आपसी खेल पनि टाढा स्थित मानिसहरु संग तपाई आरामले खेल्न सक्नुहुन्छ।

प्रोग्रामः इंटरनेटको माध्यमबाट हजारौ प्रोग्राम तपाईले कंप्यूटरको लागि प्राप्त गर्न सक्नुहुन्छ -जस्तै वर्ड-प्रोसेसर, ड्राइंग प्रोग्राम, खेल व एकाउंटिंग प्रोग्राम इत्यादि।

सामूहिक वाद-विवादः आफ्नो रूचिको विषयमा तपाई संसार भरिको मानिसहरुसंग वाद-विवाद गर्न सक्नुहुन्छ-प्रश्न सोध्न सकिन्छ, संस्थाहरु माथि विचार-विमर्श हुन सक्छ एवम् रोचक कथाहरु पनि पढ्न सकिन्छ। इंटरनेटबाट तपाई लाखौं समूहहरुमा विभिन्न विषयहरुमा चर्चा गर्न सक्नुहुन्छ। विषय जे पनि हुन सक्छः जस्तै भोजन, खल्याल-ठट्ठा, संगीत, फोटोग्राफी, राजनीति, धर्म, खेलकूद, टेलीविजन।

ऑन-लाइन शॉपिंगः कुनै पनि वस्तु बेचबिखिन गर्नुछ, कुनै सेवा पेश वा उपलब्ध गराउछ भने इंटरनेटले तपाईलाई यो सुविधा घर बसेर प्रदान गर्दछ। यानी खरीदारी गर्नको लागि बाहिर जानुपर्ने कुनै पनि आवश्यकता छैन। फूल, किताबहरु, कार, कंप्यूटर प्रोग्राम, संगीतको सीडीज, पिज़्ज़ा इत्यादि प्राप्त गर्नको लागि कतै जाने कष्ट गर्नु पर्दैन।

चैट (कुराकानी गर्नु): इंटरनेटमा टाईप्ड मैसेजेज़ द्वारा तपाई अरु व्यक्तिसंग कुराकानी वा चैट गर्न सक्नुहुन्छ। पठाईएको संदेश तुरंत नै अर्कोको कंप्यूटरमा देखिनेछ। यो कुराकानी एक व्यक्ति देखि मानिसहरुको कुनै समूहसंग एकै समयमा संभव हुन सक्छ।

इंटरनेटको लागि आवश्यक उपकरणहरु

इंटरनेटमा सर्फ (surf) गर्नको लागि धेरै उपकरणहरुको आवश्यकता पर्दछः

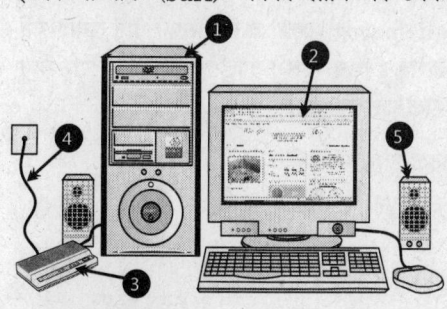

1. कंप्यूटरः कुनै पनि कंप्यूटर इंटरनेटसंग जोड्न सकिन्छ।

2. प्रोग्राम्सः इंटरनेटमा खास प्रोग्राम्सको आवश्यक्ता हुन्छ-प्राय;जसो सर्विस प्रोवाइडर जस्ता प्रोग्रामहरुलाई सित्तैमा नै दिन्छ।

3. मोडेमः मोडेमको माध्यमबाट कंप्यूटर एवं इंटरनेटको बीच सूचनाहरुको आदान-प्रदान हुन्छ।

4. टेलीफोन लाइनः इंटरनेटको सबै सूचना टेलीफोन लाइनको माध्यमबाट नै उपलब्ध हुन्छ।

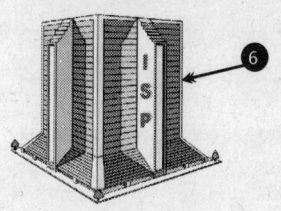

5. स्पीकर्सः स्पीकरहरुको माध्यमबाट हामी कंप्यूटरमा पैदा भएको आवाजहरु तथा मानव-ध्वनिहरु संगीत इत्यादि सुन्न सक्छौं।

6. आई.एस.पी. (इंटरनेट सर्विस प्रोवाइडर): आई.एस.पी. एउटा कंपनी हो जसले इंटरनेट सम्म पुग्नमा सुविधा उपलब्ध गराउछ, जस्तै वी.एस.एन.एल, सत्यम, मंत्रा-ऑन-लाइन्न इत्यादि।

मोडेम

मोडेम त्यो यंत्र हो जसले कंप्यूटरलाई टेलीफोनको माध्यमबाट संचार वा विनियन गराउने सुविधा प्रदान गर्दछ। मोडेम शब्दको निर्माण दुईवटा अंग्रेजीको शब्दहरु Modulate र demodulate बाट भएकोछ। पहिलो शब्द एनालोगको डिजिटल सिग्नलमा परिवर्तनको द्योतक हो जबकि अर्को एनालोगलाई पुन: डिजिटल सिग्नलमा बदलि दिन्छ। डाटा वा आँकड़ाहरु इत्यादिको संप्रेषण गर्नको लागि प्रेषित (sending) र स्वीकार गर्ने (receiving) खालका कंप्यूटरहरुमा मोडेम हुनु आवश्यक छ।

मोडेमको किसिमहरु

मोडेम दुई किसिमका छन्: इंटरनल मोडेम र एक्सटरनल मोडेम। इंटरनल मोडेम कंप्यूटरको भित्र एउटा सर्किट बोर्ड हुन्छ। एक्सटरनल मोडेममा एउटा सानो बॉक्स (box) हुन्छ जसले एउटा तारको सहाराले कंप्यूटरको पछिल्लो भागबाट जोडिएको हुन्छ। एक्सटरनल मोडेमको तुलनामा इंटरनल मोडेम सस्तो पनि हुन्छ।

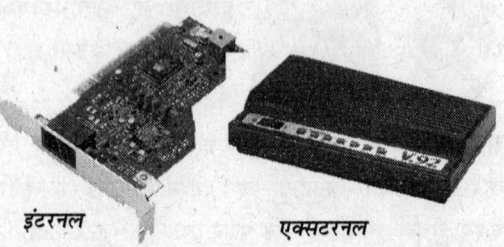

इंटरनल

एक्सटरनल

मोडेमको स्पीड (गति): जुन गतिबाट तपाई सूचना टेलीफोन लाइनहरुको द्वारा पठाउनुहुन्छ वा प्राप्त गर्नुहुनेछ, त्यो पनि मोडेम द्वारा नै निर्धारित हुन्छ। तीव्र गति भएको मोडेम सूचनाको आदान-प्रदान शीघ्रताबाट गरि दिन्छ। मोडेमको गति किलोबिट्स प्रति सैकिंड (kbps) द्वारा नापिन्छ। कम से कम 56 kbps स्पीड भएको मोडेम नै प्रयोग गर्नु पर्छ।

टेलीफोन लाइन

इंटरनेटमा सूचंना टेलीफोन लाइन द्वारा नै प्रेषित गरिन्छ। यो टेलीफोन लाइन त्यस्तै हुन्छ जस्तो हाम्रो घरहरुमा प्रयोग भएको छ।

जब तपाई मोडेमको माघ्यमबाट इंटरनेट सम्म पुगाई बनाउनु हुन्छ। तब तपाई टेलीफोन लाइनको साधारण कुराकानीको लागि प्रयोग गर्न सक्नु हुन्न। यदि तपाईको टेलीफोन लाइन र मोडेम लाइन एउटै लाइनमा छ भने 'कॉल वेटिंग' फीचरलाई बंद नै राख्नुहोस् जब मोडेमको प्रयोग गर्नुहोस्, नत्रभने मोडेमको कनेक्शनमा व्यवधान उपस्थित हुनेछ।

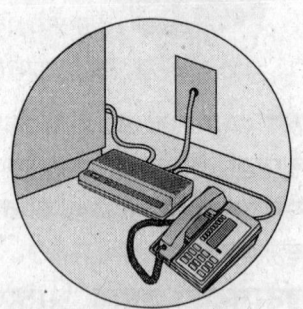

टेलीफोन लाइन

अन्य कनेक्शंस

टेलीफोन लाइन बाहेका इंटरनेटमा सूचना आदान-प्रदान हेतु अन्य तीव्र गति (high speed) भएको कनेक्शंसको पनि प्रयोग गर्न सकिन्छ। यस तीव्र लाइनहरुको यही कार्य छ कि यसले तपाईको टेलीफोन लाइन बाधित हुनेछैन, जसरी तपाई इंटरनेट प्रयोग गरि रहनु भएको छ। यस प्रकार तपाई फोन लाइन वा फैक्स मशीनको पनि प्रयोग विधिवत रूपले गर्न सक्नुहुन्छ।

आई.एस.डी.एन: इंटीग्रेटेड सर्विस डिजिटल नेटवर्क डाटा (ISDN)लाई डिजिटल ट्रांसमिशनको लागि एउटा स्टैंडर्ड सैट हो जुन टेलीफोन कंपनिहरु द्वारा दिईन्छ। आई.एस.डी.एन. लाइन 56 देखि 128 kbpsलाई गतिबाट सूचनाको आदान-प्रदान गर्न सक्छ।

आई.एस.डी.एन

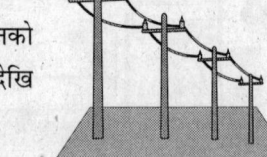

केबल मोडम

केबल मोडेम: कुनै केबल मोडेमको माध्यमबाट तपाई इंटरनेटसंग त्यसरी नै जोडिन सक्नुहुन्छ जसरी केबलको द्वारा तपाई केबल टी.वी. नेटवर्कसंग जोडिनुहुन्छ। यो केबल मोडेम 3000 kbps लाई गतिबाट सूचना संप्रेषित गर्न सक्छ। तपाईको स्थानीय केबल ऑपरेटरले यो सुविधा प्रदान गर्न सक्छ।

डी.एस.एल.: कुनै डिजिटल सबस्क्राईबर लाइन (डी.एस.एल.) धेरै नाजुक(कलिलो) तकनीकहरुको प्रयोग गरेर धेरै बाईट (Dytes) लाई ठूलो संख्यालाई टेलीफोन कंपनिहरु द्वारा प्रदत्त ट्विस्टेड पेयर केबल डिजिटल लाइन सर्विस (Twisted pair cable of digital phone line service) द्वारा गर्दछ। डी.एस.एल., आई.एस.डी. एन. लाइनहरुको तुलनामा तेजीसंग ट्रांसफर दर प्रदान गर्दछ। डी.एस.एल. सूचनाको संप्रेषण 1000 kbps देखि 6000 kbps गति सम्म गरिन्छ।

डी.एस.एल.

इंटरनेट सर्विस प्रोवाइडर

इंटरनेट सर्विस प्रोवाईडर (आई.एस.पी.) एउटा कंपनी हो जसले तपाईलाई इंटरनेट दिएको बावत केहि पैसा लिएर प्रदान गर्दछ। यस्ता धेरै सर्विस प्रोवाईडर्स छन्। भारतमा यस्ता धेरै आई.एस.पी. छन्। त्यसमा मुख्य छन्: (विदेश संचार निगम लिमिटेड) वी.एस.एन.एल. मंत्रा-ऑन-लाइन, सत्यम, हैथवे तथा टाटा इंडीकॉम।

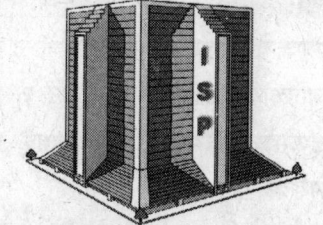

कुनै आई.एस.पी.लाई खर्च: एउटा आई.एस.पी. तपाईको द्वारा इंटरनेटमा बिताईएको समयको अनुसार विभिन्न सरहबाट त्यसको मूल्य लिने गर्दछ। केहि सर्विस प्रोवाईडर्स महीनामा केहि घंटाको आधारमा नै मूल्य लिन्छन् जबकि केहि आई.एस.पी. कुनै विषेश मूल्य लिएर इंटरनेटको सेवामा असीमित समय दिन्छ। त्यसैले कुनै आई.एस.पी.लाई चुनाव गर्ने समय त्यसको लुकेका मूल्यहरुमा पहिला पूरा जाँच गरेर नै लिनु पर्छ। धेरै आई.एस.पी. इंटरनेट एकाउंटमा धेरै ई-मेल ठेकानाको सुविधा दिन्छ।

वर्ल्ड वाइड वेब

वर्ल्ड वाइड वेब आफै इंटरनेटको एउटा भाग हो। वेबमा धेरै प्रकारको ठूलो संख्यामा दस्तावेज (documents) कंप्यूटरमा विश्वभरीको लागि भरेको हुन्छ। तथा वेब इंटरनेटको साथ-साथै धेरै साइट द्वारा बन्दछ जसले वैब ब्राउसिंग (browsing) लाई सपोर्ट गर्दछ। वैबमा तपाईलाई आफ्नो लिंक छानेर-जुन वैब पेजमा उपलब्ध हुन्छ।-तपाई एक ठाउ बाट अर्को ठाउमा जान सक्नुहुन्छ। यो लिंक कुनै तस्वीर (picture) वा हाईलाईटेड टैक्स्ट (text) हो जुन स्क्रीनमा देखिन्छ। तपाईको द्वारा त्यस पिक्चर वा टेक्स्टमा क्लिक गर्दा नै तपाईको वैब ब्राउज़र तपाईलाई सम्बद्ध लिंकमा लैजान्छ। इंटरनेटमा सर्फिंग गर्नु उति नै सजिलो छ जति विंडोज़ (Windows)लाई प्रयोग गर्नु।

वैब पेज: इंटरनेट वा वैबमा इलैक्ट्रॉनिक डॉक्यूमेंट्सको एउटा विश्वव्यापी संग्रह हो। यस वैबमा हरेक इलैक्ट्रॉनिक डॉक्यूमेंट एउटा वैब पेज भनिन्छ।

वैब पेजमा टेक्स्ट (text), तस्वीर, ग्राफिक्स, साउंड वा वीडियोको अलावा अन्य डॉक्यूमेंट्सको ब्रिल्ट-इन कनेक्शंस पनि हुन्छ।

वैब साइट: वैब साइट धेरै वैब पेजहरुको संग्रह हो जुन कुनै कॉलेज, यूनिवर्सिटी, गवर्नमेंट, कंपनी कुनै संगठन वा व्यक्ति द्वारा मैन्टेन हुन्छ। धेरैजसो वैबसाइटहरुको शुरूमा एउटा होम पेज हुन्छ जसले साइटमा एउटा टेबल ऑफ कंटेन्ट्सको रूपमा काम गर्दछ।

वेबसाइट्सको प्रकारहरु

वेबसाइट्स 13 प्रकारको हुन्छ।

पोर्टल एक वेबसाइट हो जसले कुनै निश्चित र सजिलो स्थानबाट विभिन्न इंटरनेट सेवा प्रदान गराउछ। पोर्टलमा धेरै लिंकहरु हुन्छ जस्तै मौसमको सूचना, ब्रेकिंग न्यूज, फ्री ई-मेल सर्विस, स्पोर्ट्स स्कोर आदि। रेडिफ, याहू, एमएसएन आदि लोकप्रिय वेब पोर्टलहरु हुन्।

न्यूज वेबसाइटमा न्यूजसंग संबंधित कंटेंट हुन्छ जस्तै करेंट ईवेंट संबंधी आर्टिकल, लाइफ, मनी स्पोर्ट्स र मौसम आदिको यसमा जानकारी हुन्छ। याहू न्यूज, हंगामा पोस्ट, गूगल न्यूज, न्यूयाक्र टाइम्स लोकप्रिय न्यूज वेबसाइट हुन्।

इंफोर्मेशन वेबसाइटमा तथ्यात्मक सूचनाहरु हुन्छन् र केहि संगठन पब्लिक ट्रांसपोर्ट शिड्यूल र त्यसको रिसर्च आदि उपलब्ध गराउछ।

लगभग हरेक संस्थानहरुको **बिजनेस र मार्केट एंटरप्राइजेज वेबसाइट** हुन्छ, जसले त्यस कंपनीको सेवाहरु आदिको बारेमा बताउछ। जनरल मोटर्स कारपोरेशन, पेप्सी, मैकडोनाल्ड र बीमा कंपनिहरुको वेबसाइट छन्। केहि कंपनिहरुले आफ्नो वेबसाइटबाट ऑनलाइन खरीदारी गर्ने सुविधा पनि प्रदान गरेको छ।

ब्लॉगः एक प्रकारको वेबसाइट हो जसमा तपाईले हरेक प्रकारको सूचनाहरुलाई संग्रहित र व्यवस्थित र अपडेट गर्न सक्नुहुन्छ। ब्लॉगलाई वेबब्लॉगको नामबाट पनि जानिन्छ। ब्लॉगिंग एउटा राम्रो माध्यम हो जसद्वारा तपाई आफ्नो विचार, सुझाव र स्टोरीलाई ऑनलाइन पब्लिश (प्रकाशित) गर्न सक्नुहुन्छ। अरुले के पब्लिश गरेको छ, त्यो पनि तपाई हेर्न सक्नुहुन्छ। ब्लॉगर र ट्विटर धेरै लोकप्रिय वेबसाइट हुन्।

विकीः एक प्रकारको वेबसाइट हो जसले यूजरलाई वेब ब्राउसरको माध्यमबाट वेबसाइटको कंटेंट तैयार गर्ने, डिलीट गर्ने र मॉडीफाई गर्ने सुविधा प्रदान गर्दछ। लोकप्रिय विकी, विकीपीडिया रहेको छ।

ऑनलाइन सोशल नेटवर्कः जसलाई सोशल नेटवक्रिंग वेबसाइट पनि भनिन्छ जहा तपाई आफूलाई मनपर्ने व्यक्तिहरुसंग कुराकानी गर्न सक्नुहुन्छ। अधिकांश सोशल वेबसाइटमा रहेका सदस्यले दोस्तहरु, उसको दोस्तहरु र उसको पनि दोस्तहरुको माध्यमबाट एक-अर्काको संपक्रमा रहन्छन्। ऑरकुट, फेसबुक र माईस्पेस धेरै लोकप्रिय सोशल नेटवक्रिंग वेबसाइटहरु हुन्।

एजूकेशन वेबसाइटः बाट तपाई पढ्ने र पढाउने बारेमा ऑनलाइन जानकारी पाउन सक्नुहुन्छ। यसमा तपाई यो पनि जानकारी पाउन सक्नुहुन्छ कि कंप्यूटरले कसरी काम गर्दछ र खाना कसरी तैयार गरिन्छ।

एडवोकेसी वेबसाइटः वेबसाइटले कुनै निश्चित ग्रुप र संगठनको विचार र सुझावहरुको बारेमा बताउछ। जनावरहरु माथि भई रहेको अत्याचारहरुको बारेमा लड्ने र आम मानिसहरुलाई अधिकारको बारेमा जागरूक गराउने खालको यो वेबसाइट हो।

वेब एप्लीकेशनः त्यो वेबसाइट हो जहा तपाईले इंटरनेटसंग जोडिएको कुनै पनि कंप्यूटरबाट साफ्टवेयरलाई वेब ब्राउसर, कंप्यूटर र कुनै डिवाइसबाट एक्सेस गरेर त्यस माथि काम गर्न सक्नुहुन्छ। वेब एप्लीकेशनको उदाहरणहरु गूगल डॉक्स (वर्ड प्रोसेसिंग, स्प्रेडशीट) र विंडो लाइन हॉटमेल (ई-मेल) हुन्।

कंटेंट एग्रीगेटरः त्यो वेबसाइट हो जसले वेब कंटेंट जस्तै न्यूज, म्यूजिक, वीडियो र पिक्चर्सलाई एकत्रित गर्दछ र त्यसलाई शुल्क लिएर वा निःशुल्क वितिरत गर्दछ अर्थात यसको प्रसार गर्दछ।

कुनै पनि व्यक्ति र संस्थाको आफ्नो पर्सनल वेबसाइट हुन सक्छ वा कवेल एउटा सिंगल वेब पेज हुन सक्छ। मानिसहरु यसलाई आफ्नो विचारको आदान-प्रदानको लागि र केवल मनोरंजनको लागि तैयार गर्दछन्।

वैब सर्वर: इंटरनेटमा जसले कंप्यूटर वैब पेज स्टोर गर्दछ त्यसलाई वैब सर्वर भनिन्छ। वैब पेज अरु मानिसहरुलाई देखाउनको लागि तब नै उपलब्ध रहन्छ जब उ वैब सर्वरमा हुन्छ।

हाईपरलिंक्स: वैब पेजेसमा उपलब्ध हाईलाईटेड टैक्स्ट (Highlighted text) वा इमेजेसलाई हाईपरलिंक भनिन्छ। हाईपरलिंकको द्वारा तपाई वैबको अन्य पेजहरुसंग जोडिन सक्नुहुन्छ। हाईपरलिंकको सहायताबाट तपाई सजिलैसंग एउटा वैब पेजबाट अर्कोमा गएर सूचनाहरुको छान-बीन गर्दै अगाडि बढ्न सक्नुहुन्छ । तपाई कुनै हाईपरलिंकको चुनाव गरेर एउटै कंप्यूटरमा स्थित वैब पेजमा वा कुनै अन्य कंप्यूटरहरु तपाईको शहर, देश वा विश्वमा कतै पनि हुन सक्छ।

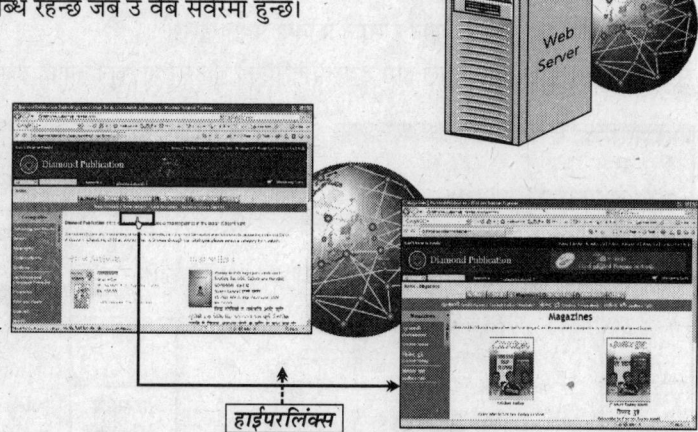

हाईपरलिंक वैब पेजमा अंडरलाइंड देखिन्छ तथा रंगीन चित्रहरु हुन्छ त्यसैले यसको पहिचान गर्नु धैरै गाह्रो हुदैन।

यू.आर.एल.: एक यू.आर.एल. (यूनिफोर्म रिसोर्स लोकेटर) वा URL वैब पेजको लागि अद्वितिय हो। यदि तपाईलाई यू.आर.एल. लाई ज्ञान छ भने तपाई तुरंत कुनै पनि वैब पेजमा पुग्न सक्नुहुन्छ।

एउटा वैब पेजमा यू.आर.एल. http (हाईपर टैक्स्ट ट्रांसफर प्रोटोकोल वा Hyper Text Transfer Protocol) बाट प्रारंभ हुन्छ जसमा कंप्यूटरको नाम, डायरेक्टरी नाम तथा वैब पेजको नाम दिईएको हुन्छ।

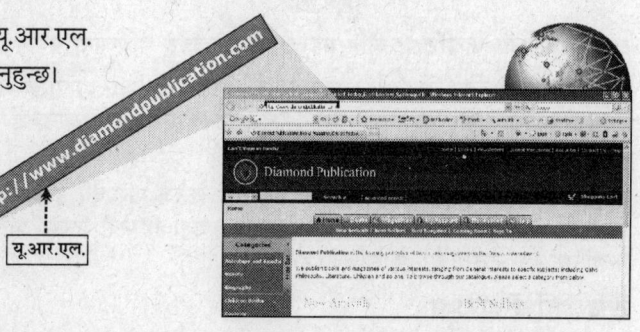

होम पेज: ब्राउज़रको प्रारंभिक पेज होम पेजको नामले जानिन्छ। यो वैब साइटको लागि किताबको कवर वा विषय क्रम बनाउने खालको तालिकाको सरह हुन्छ। यसबाट साइटको उद्देश्य एवं विषयको बारेमा सूचना प्राप्त हुन्छ। पहिलो पेज त्यो हो जुन तपाईको वैब ब्राउज़रले छानेको छ। तपाई जब चाहनुहुन्छ तब होम पेजलाई बदलिन सक्नुहुन्छ। धैरै साईटहरुमा होम पेजलाई पर्सनलाईज़ गर्ने पनि सुविधा रहन्छ जसबाट यो त्यसले क्षेत्र वा विषय देखाउछ जसमा तपाईको रूची छ।

वेब ब्राउसर : वेब ब्राउसर त्यो प्रोग्राम हो जसले वर्ल्ड वाइड वेबमा रहेको इंफोर्मेशनलाई सर्च गर्ने र हेर्ने सुविधा प्रदान गर्दछ। वर्तमान समयमा निम्नलिखित वेब ब्राउसर ठूलो रुपमा प्रयोग गरिन्छ।

माइक्रोसॉफ्ट इंटरनेट एक्सप्रोलर : यो वेब ब्राउसर पूरा दुनियामा सबै भन्दा बढि प्रयोग गरिन्छ। माइक्रोसाफ्ट द्वारा वर्ष 1995 मा यसलाई माइक्रोसाफ्टको विंडो आपरेटिंग सिस्टमको सपोर्टिव पैकेजको रूपमा डेवलप गरिएको थियो।

नेटस्पेस नेवीगेटर : यो वेब ब्राउसर ती कंप्यूटरहरुको लागि उपलब्ध छ जो विभिन्न आपरेटिंग सिस्टम (विंडोज, मैचिंटोश, ओएस/2, यूनिक्स) माथि काम गरि हरेको छ। तपाई डब्ल्यूडब्ल्यूडब्ल्यूडॉटनेटस्पेसडॉटकॉम वेबसाइटबाट नेटस्पेस नेवीगेटर नि:शुल्क प्राप्त गर्न सक्नुहुन्छ।

मोजिला फायरफॉक्स : इंटरनेट एक्सप्रोलर ब्राउसर पछि यो दोस्रो लोकप्रिय ब्राउसर हो। यो विभिन्न आपरेटिंग सिस्टम (विंडोज, मैचिंटोश, ओएस/2 र यूनिक्स) माथि प्रयोग गर्न सकिन्छ। यसले टैब्ड ब्राउसिंगलाई सपोर्ट गर्दछ जसमा तपाईले कुनै एक विंडोमा धैरै साइट्सहरु ओपन गर्न सक्नुहुन्छ।

ओपेरा : यो वेब ब्राउसर ओपेरा साफ्टवेयर द्वारा वर्ष 1996 मा डेवलप गरिएको थायो। यो काफी लोकप्रिय ब्राउसर हो जसमा मुख्यत: एक्टीवेटेड मोबाइल फोन र स्मार्ट फोनमा प्रयोग हुन्छ।

गूगल क्रोम : गूगल क्रोम गूगल द्वारा डेवलप गरिएको ब्राउसर हो, जुन काफी तेज, सुरक्षित र इंस्टॉल गर्नमा धेरै सजिलो छ।

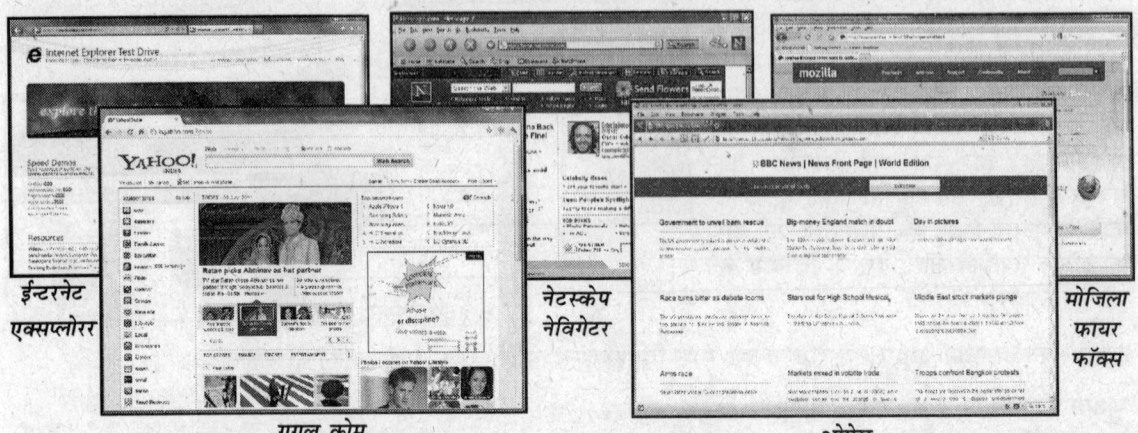

ईन्टरनेट एक्सप्लोरर — नेटस्केप नेविगेटर — मोजिला फायर फॉक्स

गूगल क्रोम — ओपेरा

बुक मार्क्स या फैवरेट्स: केहि महत्त्वपूर्ण सूचनाहरु भविष्यमा प्रयोगको लागि स्टोर गरिन्छ। वैब ब्राउज़र्स बुकमार्क्सले प्रावधान गर्दछ जसले तपाईको प्रिय साईट्सको ठेगाना (addresses) राख्दछ। प्राय;जसो इलैक्ट्रॉनिक रेफरेंसेज़, लार्ज टैक्स्ट डाटाबेसेज़ एवम् हैल्प सिस्टम्स बुकमार्क्सले प्रदान गर्दछ जसले एउटा लोकेशनलाई मार्क गर्दछ। यूजर्स त्यस साईटमा विज़िट गर्न सक्छन जहा उनले आफनो फेवरेट्स (प्रिय) मार्क गरेका थिए।

हिस्टरी लिस्ट: वैब साईटमा ब्राउज़िग गर्दै सबै ब्राउज गरिएको पेजहरु र विज़िट गरिएको साइटहरुलाई सम्झिन गाह्रो हुन्छ। यस गाह्रोलाई सजिलो गर्ने उद्देश्यले वैब ब्राउज़रमा एउटा हिस्टरी लिस्ट पनि हुन्छ जसको द्वारा तपाईलाई तुरुन्तै विज़िट गरेको वैब पेजहरुमा पुन: र तुरंत पुग्नमा सजिलो हुन जान्छ।

वैब माथि सुरक्षा

कहिले-काहि तपाईले इंटरनेटको माध्यमबाट कुनै खास वा व्यक्तिगत सूचना पठाउनु हुन्छ जुन धेरै नै पर्सनल छ। उदाहरणको लागि तपाईको बैंक एकाउंटको क्रेडिट कार्ड नंबर। यस्ता मौकामा तपाईलाई सिक्योरिटी (सुरक्षा) चाहिन्छ। यसको लागि सिक्योर वैब पेजेस हुन्छ जसले तपाईको पठाईएको व्यक्तिगत सूचनालाई पूरै सरह सिक्योर वा सुरक्षित राख्दछ।

यदि केहि मानिसहरुको विचार छ कि इंटरनेटमा कुनै संवेदनशील सूचना पठाउनु खतरनाक छ भने उनी पूरै गलत छन्। किनकि तपाई यस्तो सिक्योर वैब पेजेसको रूपमा नि:शंक पठाउन सक्नुहुन्छ। वास्तवमा सत्य त यो छ कि यस्तो गर्नु टेलीफोनमा आफनो कुनै मित्रसंग कुरा गर्नु भन्दा धेरै सुरक्षित छ।

सिक्योर (सुरक्षित) वैब पेज: सिक्योरिटी सिस्टम-जसको सिक्योरिटी भंग(बिग्रिन) हुन नै सक्दैन-लाई सिक्योर वैब पेजेस द्वारा वैब ब्राउज़रहरुको माध्यमबाट बनाउन सकिन्छ। जब कुनै सूचना इंटरनेटको द्वारा पठाईन्छ तब आफ्नो गन्तव्यमा पुग्नु भन्दा पहिला त्यो धेरै कंप्यूटरहरु भएर जान्छ। त्यसैले यदि तपाई सिक्योर वैब पेजसंग कनेक्टेड हनुहुन्न भने इंटरनेटमा धेरै मानिसले तपाईको सूचनालाई हेर्न सक्छन्।

सुरक्षित वैब पैजहरुमा जानु: सिक्योर वैब पेजको प्रारंभमा वैब एड्रेस (यू.आर.एल.) संग http लाई ठाउमा https लेखिएको हुन्छ। प्राय: वैब ब्राउज़र स्क्रीनमा एउटा लोक (ताल्चा) वा की (साचो) देखाउनेछ त्यो एउटा सिक्योर वैब पेज नै हो।

वेबमा सुरक्षित रूपबाट कार्य गर्नु अथवा आफ्नो सुरक्षाको ध्यान राख्नु

इंटरनेटमा आफ्नो निजी सूचनाहरु जस्तै बैंक खाता नंबर, क्रेडिट कार्ड नंबर आदि कसैलाई पठाउदा आफ्नो यी जानकारीहरुलाई सुरक्षित राख्नु महत्वपूर्ण कार्य हुन्छ। आफूसंग संबधीत कुराहरुको सुरक्षा मतलब ती समस्याहरु जसमा वायरस, स्पाईवेयर र पासवर्ड संबंधी सूचनाहरु लीक हुने डर हुन्छ, जसबाट तपाईको निजी सूचनाहरु अरु सम्म पुग्न सक्छ र समस्या आउन सक्छ।

स्पाईवेयर : यो एउटा साफ्टवेयर प्रोग्राम हो जसले तपाईको कंप्यूटरमा बिना तपाईको जानकारीको इंस्टॉल हुन जान्छ। यो प्रोग्राम तपाईको कंप्यूटरबाट डाटा डिलीट गर्न सक्छ, तपाईको पासवर्ड चोरी गर्न सक्छ र तपाईको वेब ब्राउसरको नियंत्रण आफ्नो हातमा लिन सक्छ। अनवांछित विज्ञापन डिस्प्ले गर्न सक्छ। आफ्नो कंप्यूटरबाट स्पाईवेयर हटाउनको लागि तपाईले एंटीस्पाईवेयर प्रोग्राम इंस्टॉल गर्नुपर्ने हुन्छ। यदि तपाई विंडोज विस्टा र विंडोज 7 को प्रयोग गर्नुहुन्छ भने तपाई एंटी स्पाईवेयर प्रोग्रामको प्रयोग गरेर आफ्नो कंप्यूटरबाट स्पाईवेयरलाई हटाउन सक्नुहुन्छ, यसलाई विंडोज डिफेंडर भनिन्छ।

वायरस : वायरस त्यो प्रोग्राम हो जसलाई डाटा रिमूव गर्न अर्थात नष्ट गर्नको लागि जानिबूझि तैयार गरिन्छ। धेरै वायरस त हाम्रो जानकारी बिना नै हाम्रो कंप्यूटर र त्यसमा मौजूद रहेको डाटालाई नोक्सान पुगाउन सक्छ। यो हाम्रो कंप्यूटरको कार्यप्रणालीलाई पनि बदलिदिन्छ। यदि हाम्रो कंप्यूटरमा कुनै वायरस छ भने त्यसले हाम्रो कंप्यूटरमा रहेको फाइलहरु र आपरेटिंग सिस्टमलाई नोक्सान पुगाउन सक्छ। धेरै कम वायरस होला जसले नोक्सान गर्दैन्, त्यसले केवल एउटा साधारण मैसेज डिस्प्ले गर्दछ। तर अधिकांश वायरस धेरै खतरनाक हुन्छ र हाम्रो डाटा अथवा पूरा हार्ड डिस्कलाई खराब पान सक्छ। हाम्रो कंप्यूटरलाई नोक्सान पुगाउनुको साथै यसले अरु कंप्यूटरहरु माथि अटैक गर्नको लागि हाम्रो कंप्यूटरलाई प्रयोग (हाईजैक) गर्न सक्छ। वायरस आफूलाई प्रोग्राम फाइलहरुको साथमा अटैच गर्दछ र एउटा डिस्कबाट अर्को डिस्कमा जान्छ। वायरसको हमला रोक्नको लागि वा त्यसलाई नष्ट गर्नको लागि हामी कंप्यूटरमा एंटीवायरस प्रोग्राम इंस्टॉल गर्न सक्छौं।

पॉप अप एड : यो एउटा सानो विज्ञापन हो जसले हाम्रो करेंट विंडोमा कुनै कुनामा अलगबाट ब्राउसर विंडो ओपन गरेर वा सबै भन्दा माथि डिस्प्ले भएर हाम्रो वेब ब्राउसिंगलाई डिस्टर्ब गर्न सक्छ। पॉपले धेरै समस्या जन्माउन सक्छ। तर यो तब खतरनाक हुन सक्छ जब तपाई यसलाई क्लिक गरिन्छ किनकि यससंगै हाम्रो कंप्यूटरमा स्पाईवेयर र वायरस इंस्टॉल हुन सक्छ। ब्राउसरमा पॉप अप एड रोक्नको लागि हामीले पॉपअप ब्लॉकरको प्रयोग गर्न सक्छौं।

सेव्ड पासवर्ड : जब तपाई कुनै विशेष वेबसाइटमा लॉग इन गर्नको लागि यूजर नेम र पासवर्ड एंटर गर्नुहुन्छ तब कहिले-काहि एक्प्रोलर र फायरफॉक्स कुनै प्रॉम्प्टलाई डिस्प्ले गर्दछ जसमा लेखिएको हुन्छ कि तपाईले एंटर गर्नु भएको पासवर्डको रिमेन (जारी) राख्न चाहनुहुनछ। यदि तपाई यस माथि क्लिक गर्नुहुन्छ भने भविष्यमा लॉगइन गर्ने समय वेब ब्राउसर तपाईको लॉगइन पेजलाई बाईपास (नजरअंदाज) गरेर सीधा तपाईको साइटलाई खोल्दछ। यसको बेफाईदा यो छ कि यदि कुनै अरु व्यक्तिले त्यस माथि लॉगइन गर्दछ भने त्यो व्यक्तिले पनि त्यो साइट हेर्न सक्छ। त्यसैले यदि कंप्यूटरमा पासवर्ड रिमेन गर्ने कुरा आउछ भने हामीले नो (होईन्) माथि क्लिक गर्नुपर्छ।

कुकीज : यो एउटा सानो टेक्स्ट मैसेज हो जसले वेब ब्राउसर वेब साइटलाई तपाईको कंप्यूटरमा डिस्प्ले गर्नको लागि स्टोर राख्दछ। कुकीज यूजर नेम र पासवर्डलाई तपाईको क्रेडिट कार्डको सरह स्टोर राख्न सक्छ। यदि संभव छ भने साइटको यस डाटालाई सेव गर्नको लागि आदेश दिनुहुदैन्। धेरै आधुनिक ब्राउसरले कुकीजलाई स्वीकार गर्ने र त्यसलाई निश्चित समयको लागि राख्ने सुविधा प्रदान गर्दछ। तर कुकीजलाई रिजेक्ट (अस्वीकार) गर्दा केहि साइट्सहरु उपयोगी नहुन सक्छ।

सिक्योर साइट इंडीकेटर : सिक्योर (सुरक्षित) वेब पेजको लागि वेब एड्रेस (यूआरएल) शुरू गर्ने समय एचटीटीपीएसको ठाँउमा एचटीटीपी देखिन्छ। सुरक्षित वेब पेज भएपछि यस वेब ब्राउसरले सामान्यत: स्क्रीनमा एउटा लॉक (ताला) र की (साचो) डिस्प्ले गर्दछ। कहिले-काहि वेब ब्राउसरले एउटा डायलॉग बाक्स डिस्प्ले गर्दछ जसले तपाईलाई बताउछ कि तपाई जुन पेजलाई हेरिरहनु भएको छ त्यो सिक्योर वेब पेज हो।

आइडेंटीफाई थेफ्ट : यो तपाईलाई यस्तो स्कैनरको रूपमा रेफर गर्दछ जसले केवल तपाईको डाटालाई आइडेंटीफाई (पहिचान) गर्दछ। यसमा तपाईको नाम, ठेकाना, क्रेडिट कार्ड नंबर आदि शमिल हुन्छ। यो स्कैनर तपाईको डाटालाई नयाँ क्रेडिट कार्ड सेट गर्ने समय र तपाईको नामबाट लिईएको लोनको रूपमा शामिल गर्दछ। ऑनलाइन काम गर्ने समय स्यंमलाई सुरक्षित राख्नको लागि तपाई महत्वपूर्ण पाईला उठाउनुपर्छ। तपाईले कहिले पनि आफ्नो निजी सूचनाहरु उपलब्ध गराउनुहुदैन् तब सम्म जब सम्म यो वैधानिक रूपबाट आवश्यक हुदैन्। तपाईले आफ्नो क्रेडिट कार्डबाट गरिएको लेन-देन माथि पनि ध्यान दिनुपर्छ।

इलैक्ट्रॉनिक मेल (ई-मेल)

इलैक्ट्रॉनिक मेल वा (ई-मेल) द्वारा तपाई संदेश वा फाईलहरु कंप्यूटर नेटवर्कको माध्यम कतै पनि प्रेषित गर्न सक्नुहुन्छ। यो इंटरनेटको एउटा प्रारंभिक र मूल सेवाहरु हो जस द्वारा वैज्ञानिक र शोधकर्ता सुदूर ठाउहरुमा स्थित तथा सरकारी योजनाहरुमा समावेस मानिसहरुको आपसी संपर्क तुरंत जोडिन जान्थ्यो। एउटा प्राथमिक सम्प्रेषण प्रणालीको रूपमा जस द्वारा व्यक्तिगत र व्यापारिक सूचनाको आदान-प्रदान सजिलैसंग हुन सक्छ। यदि ई-मेल प्रोग्राम जस्तै आउटलुक एक्सप्रैस (Outlook Express), हॉटमेल (Hotmail) वा जीमेल (Gmail)लाई प्रयोग गरेर तपाई मैसेजेसलाई क्रिएट, पठाउन सक्नुहुन्छ, फोरवर्ड, स्टोर, प्रिंट र डिलीट पनि गर्न सक्नुहुन्छ। यो संदेश वा मैसेजेस साधारण टेक्स्ट वा वर्ड प्रोसेसिंग डॉक्यूमेंटको अटैचमेंट पनि हुन सक्छ।

यदि कहिले तपाई कुनै अर्को एप्लीकेशनमा काम गरि रहनु भएको छ भने प्रायजसो ई-मेल प्रोग्राम एउटा मेल नोटिफिकेशन एलर्ट प्रदान गर्दछ जसले तपाईलाई मैसेज वा साउंडको माध्यमबाट सावधान गरि दिन्छ जब तपाई नया मेल प्राप्त गर्नुहुन्छ। जसरी नै तपाईको मेल आउछ त्यो तपाईको मेल बॉक्समा राखिन्छ। कंप्यूटरहरुमा प्रायः एउटा स्टोरेज लोकेशन हुन्छ जसले तपाईलाई इंटरनेटसंग जोडि दिन्छ-जस्तै सर्वर जुन तपाईको ISP द्वारा ऑपरेट भएर तपाईलाई मेल बॉक्ससंग जाडि दिन्छ। यस सर्वरलाई प्रायः 'मेल सर्वर' पनि भनिन्छ, तथा यसमा मेल बॉक्सेज़ हुन्छ। प्रायजसो ISPs एउटा इंटरनेट ई-मेल प्रोग्राम तथा एउटा मेल बॉक्सको संगै एउटा मेल सर्वर प्रोवाइड गर्दछ जुन उनको इंटरनेट एक्सेस सर्विसेज़को एउटा भाग हुन्छ। तपाईले वैब साइटसंग कनेक्ट गरेर जसरी नै कुनै ई-मेल एकाउंट सेटअप गर्नुहुन्छ तब त्यसमा एउटा खास ई-मेल एड्रेस र एउटा पासवर्ड प्राप्त हुन्छ जसबाट तपाईलाई केहि वैब साईटहरु द्वारा प्रदत्त वैब-आधारित ई-मेल प्रोग्राम प्राप्त हुन्छ।

जब तपाई कुनै ई-मेल मैसेज पठाउनु हुन्छ तब मेल सर्वरमा कुनै प्रोग्राम तपाईको मैसेजको रूट इंटरनेट निर्धारित गर्दछ त्यस पछि त्यसलाई पठाउछ। जब तपाईको मैसेज प्राप्तकर्ताको मेल सर्वरमा पुग्दछ तब मैसेज POP वा POP3 सर्वरमा ट्रांसफर हुन जान्छ। POP (पोस्ट ऑफिस प्रोटोकोल) एउटा संप्रेषणको प्रौद्योगिकी हो जसद्वारा एउटा मेल सर्वर बाट ई-मेललाई रीट्रीव गर्न सकिन्छ। POP सर्वर त्यस मैसेजलाई तब सम्म राख्दछ जब सम्म प्राप्तकर्ता आफनो ई-मेल सोफ्टवेयरबाट त्यो रीट्रीव (पुनः प्राप्त) लिदैन।

ई-मेलका फाईदाहरु

गति : आफ्नो मैसेजेसलाई तुरन्त पठाउन, एक्सचेंज गर्ने वा प्राप्त गर्नेको लागि यस भन्दा राम्रो कुनै माध्यम छैन।

मूल्य वा कीमत (Price) : ई-मेल पठाउन वा प्राप्त गर्नेको लागि कुनै पैसा तिर्नु पर्दैन। जसरी तपाईले आफनो इंटरनेट कनेक्शनको लागि भुगतान गर्नुभयो, ई-मेल पठाउनको खर्च पनि त्यसमा समावेस हुन्छ। यस बाहेक तपाईको लामो-लामो संदेश जति सुकै टाढा पठाउनको लागि कुनै पैसा पनि दिनुपर्ने आवश्यक्ता हुदैन।

सुविधा : एउटा ई-मेल मैसेजलाई कुनै पनि समय जतासुकै पनि पठाउन सकिन्छ। यो पनि आवश्यक छैन कि तपाईको ई-मेललाई प्राप्तकर्ता आफनो कंप्यूटरमा बसको छ-जस्तो कि टेलीफोन कॉलको लागि आवश्यक हुन्छ। तपाईको मेल सर्विस प्रोवाईडरमा स्टोर हुन जानेछ र जब प्राप्तकर्ता चाहन्छ त्यसको प्राप्त गर्न सकोस्। साथै हामले यो पनि सोच्नु हुदैन कि हाम्रो ई-मेलको प्राप्तकर्ता त्यसलाई तुरंत नै पढोस्।

कंप्यूटर सूचनाको विनिमय (Exchange) कसरी गरिन्छ?

कंप्यूटरमा एउटा सेट ऑफ रूल्स (set of rules) वा नियमावली हुनु पर्छ जसबाट निर्धारित हुन्छ कि सूचना कसरी पठाउनु पर्छ। यस नियमावली वा सेट ऑफ रूल्सलाई प्रोटोकोल भनिन्छ। नेटमा सर्वाधिक महत्त्वपूर्ण प्रोटोकोल इंटरनेट प्रोटोकोल वा IP हो। यसले तय गर्दछ कि कंप्यूटरहरु, सर्वरहरु तथा रूटर्समा पठाईएको सूचनालाई डाटाको पेकेटमा टुक्रा गरियोस्।

जब कुनै मैसेज एउटा कंप्यूटरबाट अर्को कंप्यूटरमा इंटरनेटको माध्यमबाट पठाईन्छ भने त्यसलाई सा-सानो टुक्रामा बाटिन्छ, जसलाई पैकेट्स (Packets) भनिन्छ। हरेक पैकेटमा गंतव्य (destination) कंप्यूटरको एड्रैस हुन्छ।

पैकेट

ई-मेल एड्रैस

एउटा ई-मेल एड्रैस प्रयोगकर्ता (यूजर)लाई नाम र डोमेन (domain)दुबैको नामको संयोजन हो जसले यूजरको पहिचान बनाउछ। तपाईको यूजर नेम (user name) केहि करैक्टर्सको अद्वितीय समन्वय हो जसले तपाईको पहिचान बनाउछ र जुन एउटै मेन सर्वरमा उपलब्ध अन्य यूज़र नेम भन्दा फरक हुनु पर्छ। तपाईको यूजर नाम आठवटा करैक्टर वा अक्षरहरुको समूहमा हुनुपर्छ जुन प्राय: तपाईको प्रथम र अंतिम नामको संयोजनबाट बन्दछ-जस्तै तपाईको पहिला नामको इनीशियल (प्रारंभिक अक्षर) तथा तपाईको अन्तिम नामको जोड। तपाईले चाहेको जस्तै कुनै खास 'निकनेम' वा धेरै अक्षरहरुको यूजर नेम छान्न सक्नुहुन्छ।

ई-मेल एड्रैसका भागहरु

एउटा ई-मेल एड्रैसमा दुई वटा भागहरु हुन्छन् जुन @('at') चिह्नले फरक हुन्छ।

यूज़र आई.डी. - प्राय: यूजरको प्रथम र अन्तिम नामको मिलनबाट हुन्छ

डोमेन नेम - प्राय: यूजरको ई-मेल एकाउंटको ठाउ

minhasds@gmail.com

An example of an Internet e-mail address. Sometimes, the underscore character separates sections of the user's name; for example, minhas_ds@gmail.com.

com	commercial
edu	education
gov	government
mil	military
net	network
org	organization

कुनै ई-मेल एड्रैसमा अन्तिम केहि करैक्टर्स प्राय: संगठन वा देशको परिचायक हुन्छ जहा को त्यो व्यक्ति छ।

एक ई-मेल एड्रैसको चुनाव

जसरी नै तपाई आफ्नो कुनै एकाउंट खोल्नुहुन्छ, सर्वरले त्यसैगरी तपाईलाई यूज़रले नेम छान्ने मौका दिन्छ। तर तपाईको त्यो यूज़र नेम यस्तो न होस् जुन पहिला नै कुनै अन्य व्यक्ति द्वारा छानिएको छ। त्यसैले त्यस नामको लागि संख्याहरु र अक्षरहरुको अद्वितीय संयोजन गरियोस्। उदाहरणको लागि कुनै यूज़र नाम छ Sila Gupta जसको सर्वरको डोमेन नेम rediffmail.com हो S_Gupta छान्नेछ त्यो उसको यूज़र नेम हुनेछ। तर यदि rediffmail.com मा कुनै S_Gupta (मानौ Sapna Gupta को लागि) पहिला देखि नै उपस्थित छ भने Sila लाई लागि कुनै आर्के नाम छान्नु पर्ने आवश्यकता पर्छ-जस्तै Silagupta वा Sila-gupta । प्रायजसो यूज़र आफनो पहिला र अन्तिम नामलाई जोडेर नै यूज़र नेम छानिन्छ। जसबाट अरु मानिस यसलाई सजिलैसंग याद राख्न सकोस्-यद्यपि 'निकनेम' (nickname) । ई-मेल एड्रेसमा कुनै कॉमा (comma) खाली ठाउ (spaces) वा ब्रैकिटको प्रयोग वर्जित छ यद्यपि हाईफन र underscores को प्रयोग गर्न सकिन्छ।

ई-मेल मैसेजका भागहरु

जब तपाई कुनै ई-मेल मैसेज लेख्नुहुन्छ भने तपाईलाई मैसेजको विभिन्न भागहरु जस्तै From:, To:, Cc:, Bcc: तथा Subject: आदि संगै काम गर्नु पर्छ।

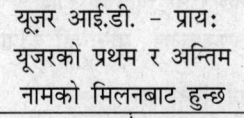

minhasds@hotmail.com

From: minhasds@hotmail.com
To: nk@dpb.in
Cc: ankur@dpb.in
Bcc: sanjay@dpb.in
Subject: Books

Please send me the detail of your computer books.

Thanks
With Regards,
Davinder Singh Minhas

From: जो व्यक्ति ई-मेल पठाई रहेको छ उसको ई-मेल एड्रेस यस भागमा (Section) म लेखिन्छ।

To: यस भागमा जुन व्यक्तिले ई-मेल प्राप्त गर्दछ, त्यसको ई-मेल एड्रेस लेखिन्छ।

Cc: Cc को अर्थ हो कार्बन कॉपी। यो मैसेजको एउटा कापी हो। यस भागमा त्यस व्यक्तिको ई-मेल एड्रेस लेखिनेछ जुन सीधा रूपबाट यस व्यवहारसंग जोडिएको छैन परंतु तपाई चाहनुहुन्छ कि उसले पनि मैसेजको कॉपी

Bcc: Bcc को अर्थ हो Blind corbon copy. यदि तपाईले धेरै मानिसहरुलाई यसै मैसेजको कॉपी पठाउन चाहनुहुन्छ। र उसलाई यो थाहा छैन कि अरुहरुलाई पनि यही कॉपी पठाईदै छ त्यसको लागि तपाई Bcc को प्रयोगको सहायताबाट गर्न सक्नुहुन्छ।

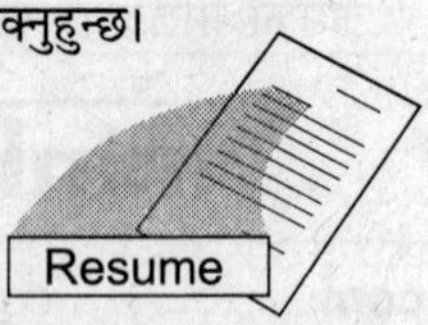

Subject: यस भागहरुमा तपाईको ई-मेल एड्रेसको संक्षिप्त रूपमा लेख्नु राम्रो हुन्छ। उदाहरणको लागि यदि तपाई ई-मेलमा आफ्नो resume पठाउनुहुन्छ भने subject section मा Resume लेख्नुहोस्।

मैसेज बनाउन

मैसेज लेख्नको लागि तपाई निम्नलिखित नियम पालन गर्नुपर्छ।

We are going to start three sections in our computer school.

1. Children Section
2. Internet Cafe for 24 hour
3. Study Course

<u>Children Section:</u>

In children section we will give 2 ½ month course for each student of age 2 ½ to 7.
Charges for this course will be

लेख्ने तरिका

तपाईले यो सुनिश्चित गर्नु पर्छ कि तपाईको मैसेज स्पष्ट, संक्षिप्त छ या छैन तथा कुनै spellings (वर्तनी) वा व्याकरणको त्रुटिहरु त छैन।

Cry	:'-(
Smile	:-)
Laugh	:-D
Frown	:-(
Surprise	:-0
Wink	;-)
Santa Claus	*<|:-)

स्माइलीज (Smileys)

यो स्पेशल कैरेक्टर जसलाई smileys कभनिन्छ (बाया तिर दिईएको छ) आफनो मैसेजमा इमोशन (emotions) देखाउनको लागि प्रयोग गर्न सकिन्छ। यो करैक्टर मानव अनुहारसंग मिल्दाजुल्दो हुन्छ यदि तपाई यसलाई खोज्नु भयो भने।

Abbreviations: These are commonly used in messages to save time while typing.

e.g.,	FAQ	=	frequently asked questions
	BTW	=	by the way

शाउटिंग (Shouting) : यदि कुनै मैसेज ठूलो अक्षरहरु (CAPITAL LETTERS) मा लेख्छि भने त्यो पढ्नमा गाह्रो हुन्छ तथा चिड़चिड़ापन पनि पैदा हुन्छ। यसलाई Shouting भनिन्छ।

जहिले पनि मैसेज टाइप गर्नुहोस् सदै Upper र lower case letters को नै प्रयोग गर्नुहोस्।

सिगनेचर (Signature): ई-मेल प्रोग्राम द्वारा पठाईएको हरेक मैसेजको अंतमा तपाई आफनो बारेमा कुनै सूचना जोड्न सक्नुहुन्छ। यसलाई सिगनेचर (Signature) भनिन्छ। यसमा तपाईलाई एउटा नै सूचना पटक-पटक लेख्नु पर्ने आवश्यक्ता पर्दैन। सिगनेचरको रूपमा तपाई आफ्नो नाम, ई-मेल एड्रेसए व्यवसाय वा कुनै तपाईको प्रिय उद्धरण (quotation) को प्रयोग ई-मेलको अंतमा गर्न सक्नुहुन्छ।

मैसेज पठाउन

सूचना प्राप्ति वा विचार (idea) विनिमयको लागि कुनै मेल मैसेज पाठाउन सकिन्छ। तर यो माननु गलत हुनेछ कि जसरी नै मैसेज पठाईन्छ त्यसै बेला पढियोस्। मानिस प्रतिदिन आफनो मैसेज चैक गर्दैन त्यसैले तपाईको मैसेज शीघ्रताबाट पढ्दिैन।

इंटरनेटलाई बंद गरेर मैसेज लख्नुहोस्: जब तपाई ई-मेल मैसेज लेखि रहेनु भएको छ भने सुनिश्चित गर्नुहोस् कि तपाई कुनै इंटरनेट (Internet) संग त जोडिनु भएको त छैन। जब पूरा मैसेज लेख्नुहुन्छ तब कनेक्शन जोडेर सबै एकै पटकमा पठाउनुहोस्।

एड्रेस बुकको प्रयोग गर्नुहोस्: प्रायजसो ई-मेल प्रोग्राम्सको संगै address book (एड्रेस बुक) दिईन्छ। तपाई त्यस मानिसहरुको ई-मेल एड्रेस नोट गर्न सक्नुहुन्छ जसलाई तपाई प्राय: ई-मेल पठाई रहनुहुन्छ वा पठाउन चाहनुहुन्छ।

बाउंस्ड मैसेज: जुन मैसेज तपाई काहा फिर्ता आउछ वा गंतव्य सम्म पुग्न सकेन त्यसलाई बाउंसड (bounced) वा फर्केको मैसेज भनिन्छ। प्राय: मैसेज पठाउनु भन्दा पहिला ई-मेल एड्रेस अवश्य जांच गर्नुहोस् ताकि गल्ति नहोस्।

मैसेजलाई अटैच गर्नु: मैसेजसंगै कुनै दस्तावेज (document), चित्र, ध्वनि, वीडियो वा प्रोग्रामलाई जोडेर पठाउन सक्नुहुन्छ। तर यसलाई प्राप्त गर्ने खालका कंप्यूटरको नजिक यस्तो प्रोग्राम हुनु पर्छ जसमा तपाई त्यस अटैच्ड मैसेजलाई खोल्न वा हेर्न सकोस्। त्यस समय कंप्यूटर इंटरनेटमा मैसेजलाई पठाउनमा धेरै समय लिन्छ जब यससंग ठूलो फाइल जोडिएको हुन्छ। त्यसैले कोशिश यही गर्नुहोस् कि जोडिएको फाइलको साइज 150 KB (kilobytes) को भित्र नै होस्।

ई-मेल वायरस

प्रायजसो संदेहास्पद (doubtful) संदेशले (messages) वायरस फैलाउछ। यो वायरस फाइलसंग जोडिएर आउछ। यदि वायरस फैलिन्छ भने यसको तुरंत रोकथाम गरिनु पर्छ। तर एक टेक्स्ट मेल जसमा केहि अटैचमेंट छैन, त्यसमा वायरस हुदैन।

वायरस के हो ?

यथ्हलेको संदर्भमा वायरसको भनेको यस्तो घातक कंप्यूटर प्रोग्राम हो जसले तपाईको फाईल्स (सुरक्षित डाटा/मैसेज इत्यादि) को लागि खतरनाक हुन्छ। यो ऋणात्मक रूपले तपाईको कंप्यूटरलाई यसरी आक्रान्त गर्न सक्छ कि तपाईलाई थाहा पनि हुदैन र कंप्यूटरको वर्किंग गड़बड हुन जान्छ।

वायरस तपाईको कंप्यूटरमा तीन मूल सरहबाट आउछ: (i) कुनै वायरससंग जोडिएको फाइललाई खोलेर (ii) कुनै वायरससंग जोडिएको प्रोग्रामलाई चलाएर (iii) यदि तपाईको नजिक कुनै वायरसबाट युक्त फ्लोपी डिस्क तपाईको फ्लोपी ड्राइवमा छ र तपाई कंप्यूटरमा त्यसलाई boot गर्नुहुन्छ।

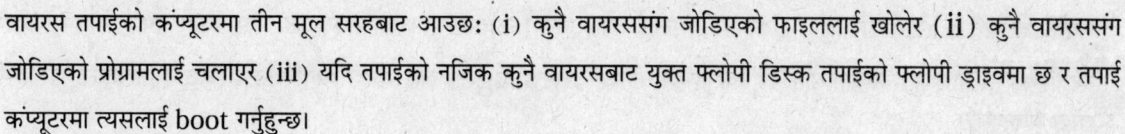

वायरसको मुख्य स्रोत हो ई-मेलंसग जुन जोडिएको (attached files) फाइल। त्यसैले कुनै पनि ई-मेलसंग जोडिएको कुनै पनि फाइललाई खोल्नु पूर्व तपाई यो सुनिश्चित गर्नुहोस् कि यो तपाईको विश्वाशीलो स्रोतबाट नै आएको छ वा छैन। यदि कुनै अनजान स्रोतबाट तपाईको नजिक कुनै ई-मेल आउछ भने त्यसलाई नखोलिकन त्यसलाई तुरंत डिलीट (delete) गर्नुहोस्।

वायरस कंप्यूटरमा कसरी लाग्छ?

कुनै प्रोग्रामर द्वारा वायरस प्रोग्राम बनाउन सकिन्छ। वायरस वर्ड डॉक्यूमेंटमा लुकि रहन्छ र वर्ड डॉक्यूमेंट कुनै ई-मेल मैसेजसंग जोडिएको रहन्छ। इंटरनेट त पुरै विश्वमा ई-मेल पठाउनको लागि लाखैं लाख संख्यामा प्रयुक्त हुन्छ। यसको जानकारीको लागि यी कुरारहरु याद(सम्झनामा) राख्नुहोस्:

1. एकै पटक यदि अटैचमेंट खोलिन्छ भने तपाईको कंप्यूटरमा वायरस आउन सक्छ।

2. जब ई-मेल पठाउने मानिसको नाम पहिचान गरिदैन भने ई-मेल मैसेजलाई तुरुन्त मेटाउनुहोस्।

ई-मेल मैसेजको माध्यमबाट वायरस कसरी फैलिन्छ?: जब वायरस आक्रांत ई-मेल अटैचमेंट खोलिन्छ तब वायरस कंप्यूटरमा फैलिन्छ। यदि तपाई त्यस अटैचमेंटलाई अरुलाई वितूंतक गरि दिनुहुन्छ भने यसको कंप्यूटर पनि वायरस ग्रस्त हुनेछ, जब उ त्यस अटैचमेंटलाई खोल्नेछ। धेरै ई-मेल वायरस तपाईको address book (एड्रेस बुक) सम्म पनि पुग्न सक्छ र यस प्रकार एड्रेस बुकमा जति व्यक्तिहरुको फाइल्स छ, वायरस त्यो सबैमा फैलिन्छ।

ई-मेलको मुख्य विशेषताहरु

ई-मेलको मुख्य विशेषताहरु तल वर्णन छ:

मैसेज प्राप्त गर्नु: मैसेज प्राप्त गर्नेको लागि आवश्यक छैन कि सम्बद्ध व्यक्ति आफनो कंप्यूटरमा नै बसि रहनुपर्छ। सर्विस प्रोवाइडर सबै प्राप्त मैसेजेस सहेज गरेर राख्दछ जब सम्म ती रीट्रीव वा स्वीकार गरिदैन। यी मैसेजेसलाई नियमित रूपबाट चैक गरिनु पर्छ। तपाई आफनो कंप्यूटरलाई मोडेमसंग कनेक्ट गरेर आफनो सर्विस प्रोवाइडरसंग जोडिएर पुनः मैसेज प्राप्त गर्न सक्नुहुन्छ।

मैसेजको रिप्लाई दिनु: तपाई मैसेज द्वारा कुनै प्रश्नको जवाब वा सम्बद्ध विषयको बारेमा अतिरिक्त सूचना पनि प्रदान गर्न सक्नुहुन्छ।

जब तपाई मैसेजको उत्तर दिनुहुन्छ भने यो आवश्यक छ कि मूल मैसेजको भाग त्यसमा समावेस गर्नुहोस्। त्यसलाई 'क्वोटिंग' भनिन्छ। क्वोटिंगको काम यो छ कि प्रश्नकर्तालाई तुरंत थाहा हुन जान्छ कि उसको कुन मैसेजको उत्तर तपाईले दिनु भएको छ। उत्तरमा मूल मैसेजको त्यो भागहरु तपाई delete गर्न सक्नुहुन्छ जुन तपाईको उत्तरसंग कुनै पनि सम्बन्ध राख्दैन। यस प्रकार तपाई मैसेज पाउने समयलाई पनि बचाउन सक्नुहुन्छ।

मैसेजलाई फॉरवर्ड गर्नु: जब तपाई मैसेज प्राप्त गर्नुहोस् र चाहनु हुन्छ भने त्यसैमा केहि आफनो विचार जोडेर मनचाहेको गंतव्यमा त्यसलाई फॉरवर्ड पनि गर्न सक्नुहुन्छ।

मैसेज प्रिंट गर्नु: तपाई मैसेज प्रिंट गरेर त्यसको पेपर कॉपी प्राप्त गर्न सक्नुहुन्छ।

मैसेजेसलाई व्यवस्थित गर्नु: प्राय: ई-मेल प्रोग्राम्स त्यस मैसेजेसलाई स्टोर गर्दछ। जुन तपाईले पठाउनु भएको छ, प्राप्त पठाउनु भएको छ वा delete गरि दिनु भएको छ। यसलाई तपाई अलगै फोल्डर्समा राख्न सक्नुहुन्छ। यस प्रकार तपाई सबै मैसेजेसलाई व्यवस्थित गरे पछि पुनर्निरीक्षण पनि गर्न सक्नुहुन्छ। आफ्नो messages लाई ज्यादा व्यवस्थित ढंगबाट पर्सनलाईज्ड फोल्डर्समा राख्न सक्नुहुन्छ।

यस व्यवस्थित मैसेजेसलाई तपाई नियमित रूपबाट delete पनि गर्न सक्नुहुन्छ जुन तपाईको कामको छैन।

ई-मेलको केहि अन्य फीचर्सहरु

केहि ई-मेल प्रोग्रामहरुमा अतिरिक्त फीचर्स पनि हुन्छ जसको द्वारा तपाई मैसेज पठाउन वा प्राप्त गर्नु बाहेक पनि धेरै जसो काम गर्न सक्नुहुन्छ। यसको मद्दतले तपाई ज्यादा व्यवस्थित हुन सक्नुहुन्छ र इंटरनेटको अन्य प्रयोग पनि गर्न सक्नुहुन्छ। तपाईको ई-मेल प्रोग्रामले तपाईसंग कुरा पनि गर्न सक्छ।

स्वतः प्रत्युत्तर (Automatic replies): केहि ई-मेल प्रोग्राममा यस्तो पनि प्रावधान छ कि जब तपाई बाहिर हुनु हुन्छ तब तपाईको मैसेजेसको स्वतः जवाब जान्छ। यो फीचर उदाहरणको लागि, 'ऑर्डर ऑफ ऑफिस एसिस्टेंट इन माईक्रोसोफ्ट आउटलुक' भनिन्छ। यसको उपयोग धेरै छ किनकि यसको द्वारा तपाईको बारेमा जानकारी लिने मानिसहरुलाई स्वतः नै तपाईको आएको सूचना प्राप्त हुनेछ।

व्यवस्थित हुनुः कहिले-काहि ई-मेल प्रोग्राममा धेरै प्रकारको फीचर्स हुन्छ जसबाट तपाई स्वयंलाई ज्यादा व्यवस्थित गर्न सक्नुहुन्छ-जसरी एउटा कलेंडर, कुनै एड्रैस बुक तथा लिस्ट बनाउने तरीका। जुन प्रोग्राम तपाईलाई ज्यादा व्यवस्थित गर्दछ त्यसलाई PIM वा Personal Information Managers पनि भनिन्छ।

बोल्ने खालको ई-मेलः यदि सही उपकरण तपाईको नजिक छ भने तपाईको कंप्यूटर तपाईसंग कुराकानी पनि गर्न सक्छ। यसको लागि तपाईलाई टॉकिंग ई-मेल प्रोग्राम चाहिन्छ जुन डाउनलोड भए पछि तपाईलाई मैसेजेस पढेर सुनाओस्।

आफनो कंप्यूटरसंग कुरा गर्नुः केहि प्रोग्राम्स, जस्तै माईक्रोसोफ्ट वर्ड 2003लाई द्वारा तपाई आफनो कंप्यूटरसंग वार्तालाप पनि गर्न सक्नुहुन्छ। यस्ता प्रोग्रामहरुलाई 'स्पीच रिकोगनिशन प्रोग्राम' भनिन्छ। यसको द्वारा तपाई आफ्नो ई-मेल मैसेज, पत्र वा अन्य डाक्यूमेंटलाई बाकायदा डिक्टेट (dictate) पनि गर्न सक्नुहुन्छ।

राम्रो ई-मेल लेख्ने केहि उपायहरु

ई-मेलको माध्यमबाट मैसेजेस पठाउने समय केहि नियम वा काईदाको पालन गरियो भने राम्रो रहन्छ। यी तल दिईएका छन्।

1. तपाईको मैसेजमा एउटा सब्जेक्ट लाइन हुनु पर्छ जुन तपाईको आशयलाई स्पष्ट गर्दछ। उदाहरणको लागि, 'Can you send your CD? भन्दा राम्रो हुन्छ send CD।

2. तपाईको मैसेज सादा (simple) र मूल अर्थ केंद्रित वा to the point हुनु पर्छ। तपाईको मैसेज एउटा संक्षिप्त नोट हुनु पर्छ न कि पूरा इतिहास।

3. मैसेज कहिले ठूलो अक्षरहरु (CAPITAL LETTERS) मा पठाउनु हुदैन। यस्तो मैसेजलाई ई-मेलको भाषामा शाउटिंग (shouting) मानिन्छ।

4. आफनो मैसेजलाई तुरंत लेखेर पठाउनुहोस्-आफनो मूर्खतापूर्ण गलतिहरुलाई पहिचान गर्ने केहि ई-मेल प्रोग्रामहरुमा तपाईलाई स्पैलिंग चैकको सहूलियत हुन्छ। वैकल्पिक रूपमा कुनै वर्ड प्रोसेसिंग प्रोग्राममा मैसेज टाइप गर्नुहोस्, फेरि स्पैलिंग चैक गर्नुहोस् तथा त्यसको कॉपी बनाएर नया ई-मेल मैसेज विंडोमा त्यसलाई पेस्ट गर्नुहोस्।

5. जब तपाई कुनै हास्यव्यंग्य (funny) रिमार्क गरि रहेनु भएको छ भने Smileys को आवश्य उपयोग गर्नुहोस् किनकि टेलीफोनमा त तपाई आफ्नो आवाज द्वारा ख्यालठ्ठा गर्न सक्नुहुन्छ तर ई-मेलमा smileys प्रयोग न गर्नाले मानिस यसको गलत अर्थ लगाउनु सक्छन्।

6. प्राय;जसो e-mail प्रोग्रामहरुमा 'bold' वा 'italic' letters समावेस हुदैन र उ यसको प्रयोग गर्दैन त्यसैले यसको प्रयोग नगर्नु नै ठीक हुनेछ।

7. ई-मेल सदैव निजी वा प्राईवेट रहन सक्दैन र मैसेज कहिले-काहि गलत मानिसमा पनि पुग्न जान्छ। त्यसैले यस्ता कुराहरुको ध्यान र सावधानी राखेर लेख्नुहोस्।

8. ई-मेलको उत्तर यथा शीघ्र दिने प्रयास गर्नुहोस्। पत्रहरुको जवाब त केहि दिन पछि दिन सकिन्छ तर यदि ई-मेलको जवाब एक दिनमा दिईएन भने त्यो मानिस क्रोधित पनि हुन सक्छ।

9. 'Snail mail' मा हामीलाई सोच्ने तथा उत्तर दिनको लागि समय प्राप्त हुन्छ तर ई-मेलमा तपाई तुरंत उत्तर दिन सक्नुहुन्छ र पछि गल्तिको क्षमा याचना पनि प्रकट गर्न सक्नुहुन्छ। ई-मेल भाषामा असभ्य र क्रोधपूर्ण मैसेजेसलाई 'Flame' भनिन्छ।

10. जब तपाई कुनै उत्तर पठाउनुहुन्छ वा कुनै मैसेज फॉरवर्ड गर्नुहुन्छ, स्वतः नै पूरा ऑरिजनल मैसेज समावेस न गर्नुहोस्।

हॉटमेलमा ई-मेल अकांउट (खाता) तैयार पार्नु

हॉटमेल फ्री (नि:शुल्क) ई-मेल सर्विस हो, जसले तपाईलाई परमानेंट (स्थायी) इंटरनेट ई-मेल एड्रेस उपलब्ध गराउछ। माइक्रोसाफ्टको यो सेवाको तहत तपाईले हाटमेल द्वारा आफ्नो ई-मेल अकांउट खोलेर आफ्नो मेल (संदेश) लाई हेर्न सक्नुहुन्छ र त्यसको जवाफ दिन सक्नुहुन्छ। आफ्नो ई-मेल अकांउट ओपन (खोल्न) को लागि निम्नलिखित स्टेपलाई पूरा गर्नुहोस्।

1 ब्राउसको यस क्षेत्रमा डब्ल्यूडब्ल्यूडब्ल्यूडॉटहॉटमेल डॉटकॉम टाइप गर्नुहोस्।

2 हॉटमेलको साइट खोल्नको लागि गो बटन थिच्नुहोस् वा आफ्नो कीबोर्डमा एंटर माथि क्लिक गर्नुहोस्। हॉटमेलको पेज देखिनेछ।

हॉटमेलको पेज देखिनेछ।

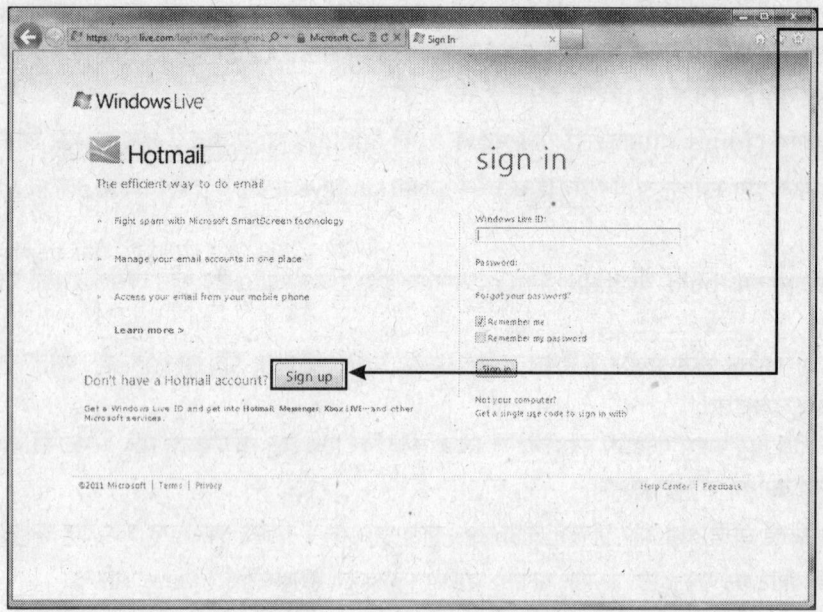

3- हॉटमेलमा नयाँ खाता खोल्नको लागि **साइन अप** माथि क्लिक गर्नुहोस्। **ऑप्शन** पेज खोलिनेछ।

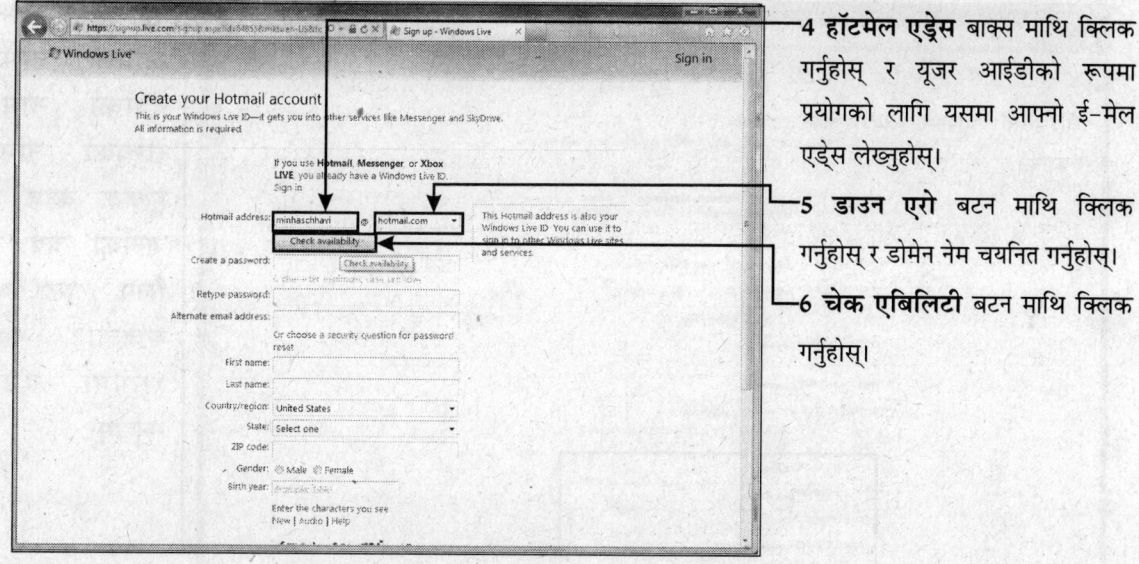

4 हॉटमेल एड्रेस बाक्स माथि क्लिक गर्नुहोस् र यूजर आईडीको रूपमा प्रयोगको लागि यसमा आफ्नो ई-मेल एड्रेस लेख्नुहोस्।

5 डाउन एरो बटन माथि क्लिक गर्नुहोस् र डोमेन नेम चयनित गर्नुहोस्।

6 चेक एबिलिटी बटन माथि क्लिक गर्नुहोस्।

अब हॉटमेलले चेक गर्नेछ कि तपाईद्वारा छानिएको ई-मेल एड्रेस कतै-कुनै अरु व्यक्तिले छानि सेकेको त छैन्। यदि त्यो ई-मेल एड्रेस कुनै अरु व्यक्ति द्वारा प्रयोग गरिदै छ भने हॉटमेल प्रांप्ट तपाईलाई अर्को ई-मेल एड्रेस एंटर गर्नको लागि भन्नेछ। यदि तपाईद्वारा पहिला छानिएको ई-मेल एड्रेस कुनै अरु व्यक्तिले छानेको छैन् भने हॉटमेल तपाईलाई बताउनेछ कि तपाईद्वारा छानिएको ई-मेल एड्रेस ***एबीलेवल*** (उपलब्ध) छ।

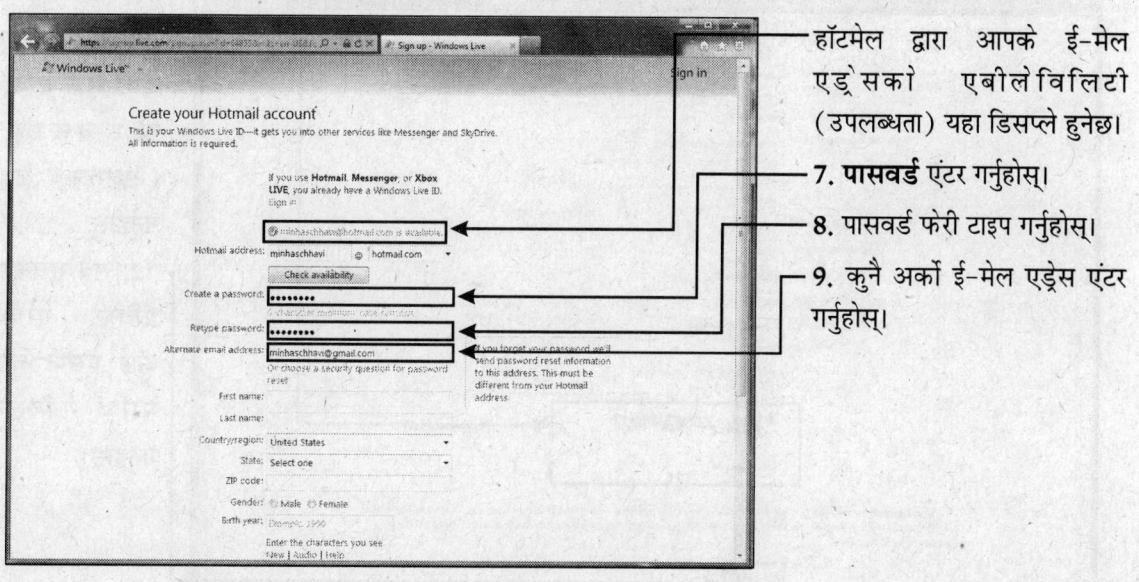

हॉटमेल द्वारा आपके ई-मेल एड्रेसको एबीलेविलिटी (उपलब्धता) यहा डिसप्ले हुनेछ।

7. पासवर्ड एंटर गर्नुहोस्।

8. पासवर्ड फेरी टाइप गर्नुहोस्।

9. कुनै अर्को ई-मेल एड्रेस एंटर गर्नुहोस्।

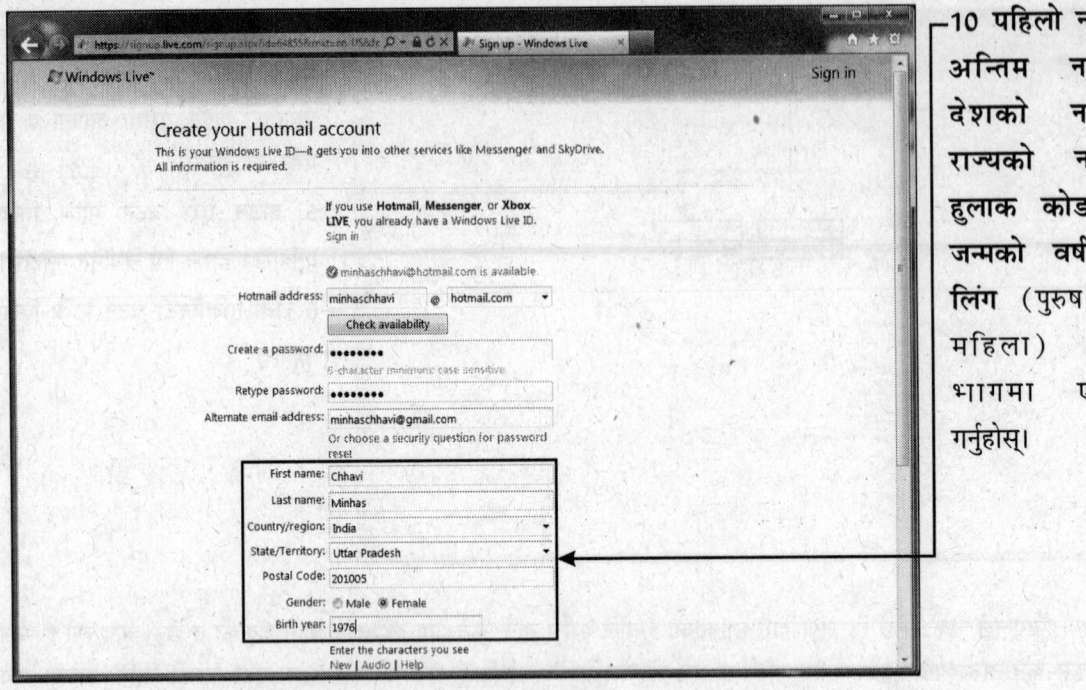

10 पहिलो नाम, अन्तिम नाम, देशको नाम, राज्यको नाम, हुलाक कोड र जन्मको वर्ष र लिंग (पुरुष वा महिला) यस भागमा एंटर गर्नुहोस्।

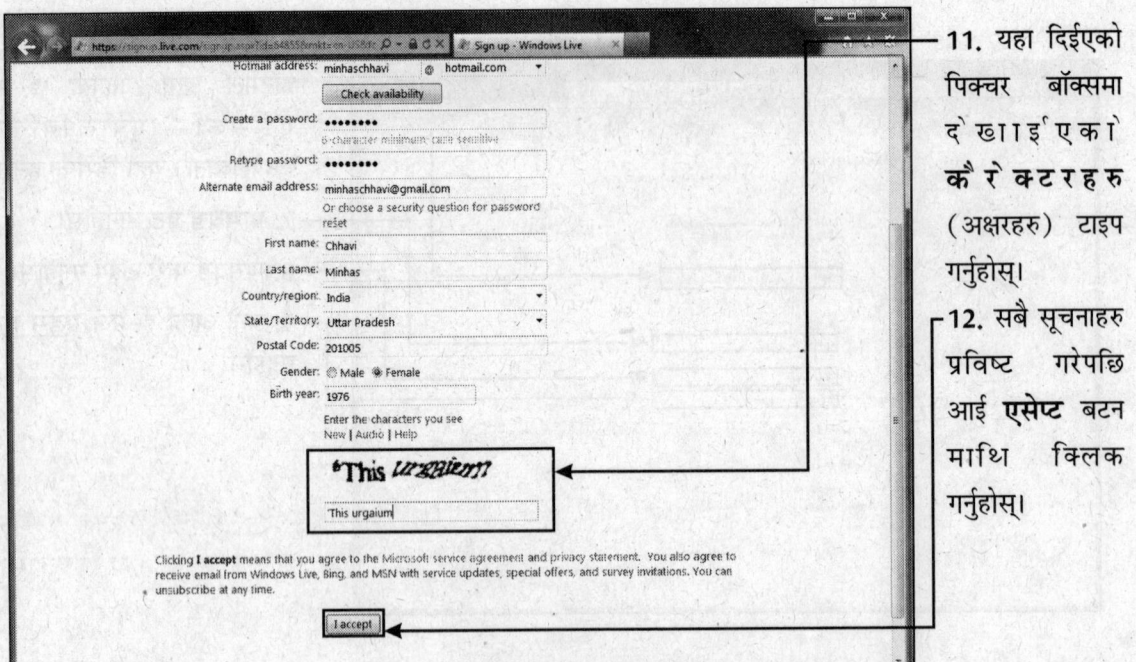

11. यहा दिईएको पिक्चर बॉक्समा देखाइएको **कैरेकटरहरु** (अक्षरहरु) टाइप गर्नुहोस्।

12. सबै सूचनाहरु प्रविष्ट गरेपछि आई **एसेप्ट** बटन माथि क्लिक गर्नुहोस्।

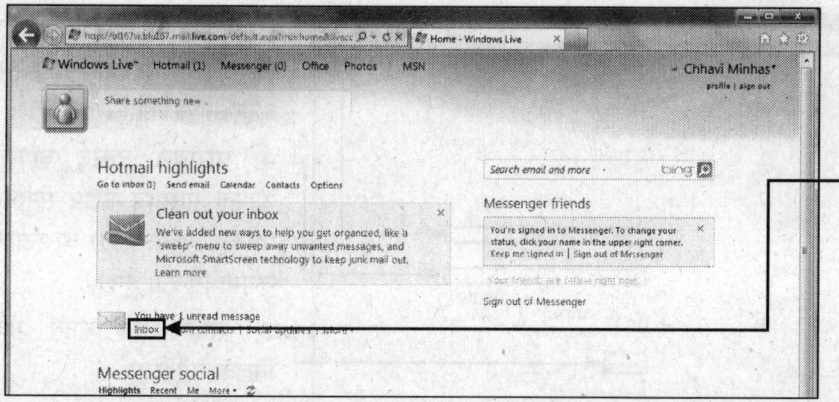

तपाईको खाता खुल्नेछ र तपाईको हॉटमेल पेज देखिनेछ।

13. इनबॉक्स बटन माथि क्लिक गर्नुहोस्।

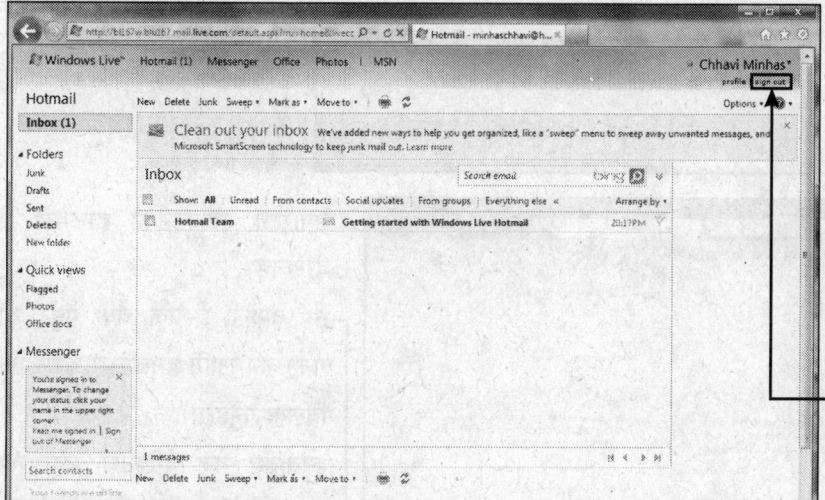

तपाईको **इनबॉक्स** पेज डिस्प्ले हुन्छ। जसमा तपाईको ई-मेल अकाउंटमा रहेको सबै मेल हुन्छ।

आफ्नो कार्य पूरा गरेपछि हॉटमेल अकाउंट साइन आउट गर्न कहिले नभूल्नुहोस्।

14. हॉटमेल अकांउटमा वापसी आउनको लागि साइन आउट बटन माथि क्लिक गर्नुहोस्।

एमएसएन वेबसाइट देखिनेछ।

मेल पढ्न वा आदान-प्रदान गर्न

अब तपाई यस प्रोग्रामको सहायताबाट आफ्नो मेल पढ्न सक्नुहुन्छ र ई-मेल पठाउन सक्नुहुन्छ।

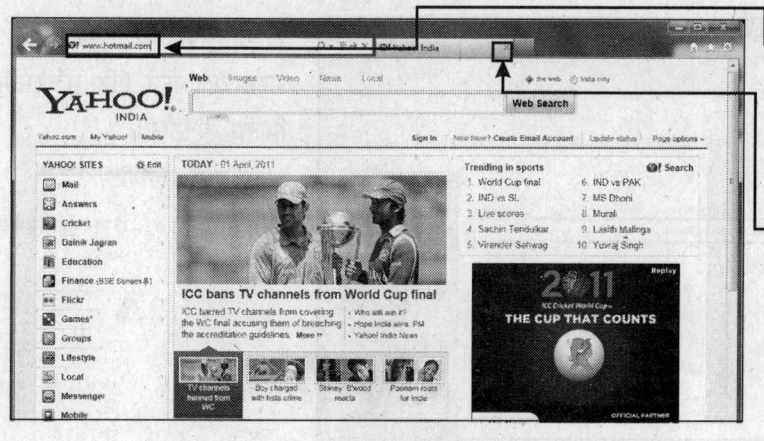

1. आफ्नो ब्राउसरको यस एरिया (क्षेत्र) मा तपाइले किर्बोडमा डब्ल्यूडब्ल्यूडब्ल्यूडॉटहॉटमेलडॉट कॉम टाइप गर्नुहोस्।

2. हॉटमेलको यो साइट खोल्नको लागि गो बटन माथि क्लिक गर्नुहोस् वा आफ्नो कीबोर्डमा एंटर थिच्नुहोस्।

हॉटमेलको पेज देखिनेछ।

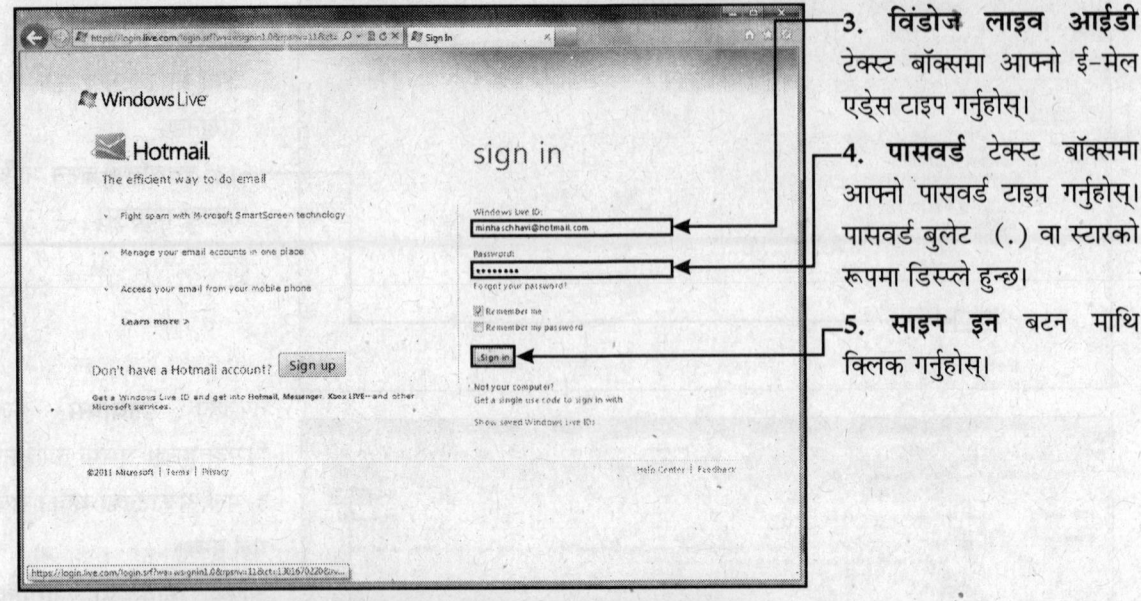

3. विंडोज लाइव आईडी टेक्स्ट बॉक्समा आफ्नो ई-मेल एड्रेस टाइप गर्नुहोस्।

4. पासवर्ड टेक्स्ट बॉक्समा आफ्नो पासवर्ड टाइप गर्नुहोस्। पासवर्ड बुलेट (.) वा स्टारको रूपमा डिस्प्ले हुन्छ।

5. साइन इन बटन माथि क्लिक गर्नुहोस्।

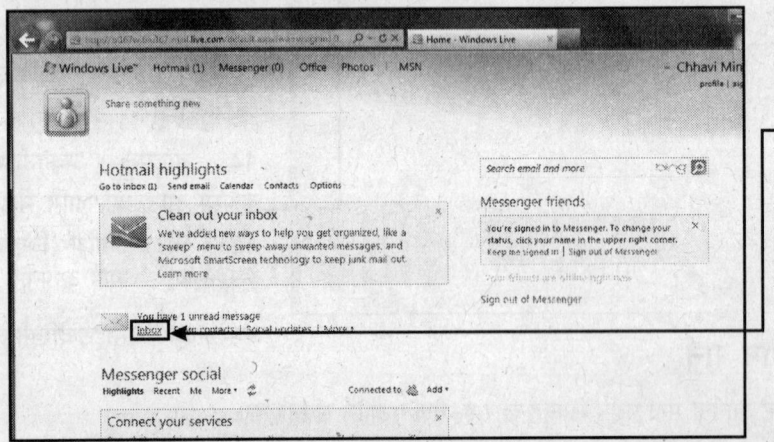

तपाईको अकांउटको **हाटमेल** पेज देखिनेछ।

6- आफ्नो ई-मेल चेक गर्न (जाँच गर्न) को लागि **इनबॉक्स** बटन माथि क्लिक गर्नुहोस्।

इनबॉक्स पेज देखिनेछ जहा तपाई आफ्नो ई-मेल पढ्न सक्नुहुन्छ।

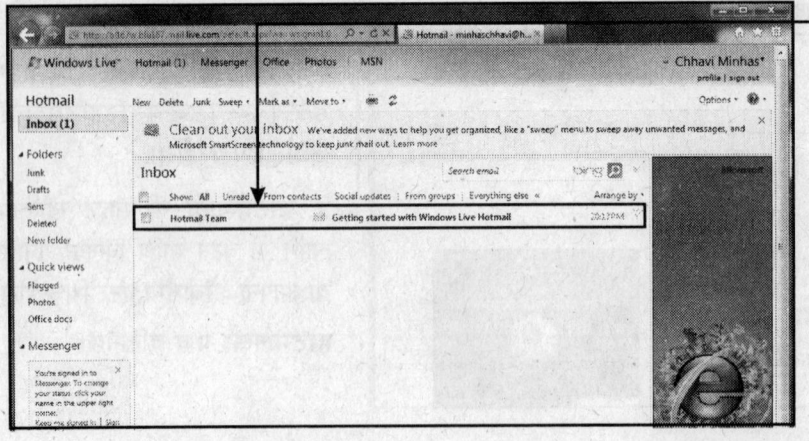

7. माउसको प्वाइंटरको सहायताले कुनै पनि मेल माथि क्लिक गर्नुहोस्।

तपाई द्वारा सलेक्ट (छानिएको) ई-मेल खोलिनेछ।

हॉटमेलमा नयाँ मेल कंपोज (तैयार) गर्न

आफ्नो विचार र संदेशहरु अरु व्यक्ति सम्म पुगाउनको लागि तपाई हॉटमेलमा मेल (संदेश) तैयार गर्न सक्नुहुन्छ।

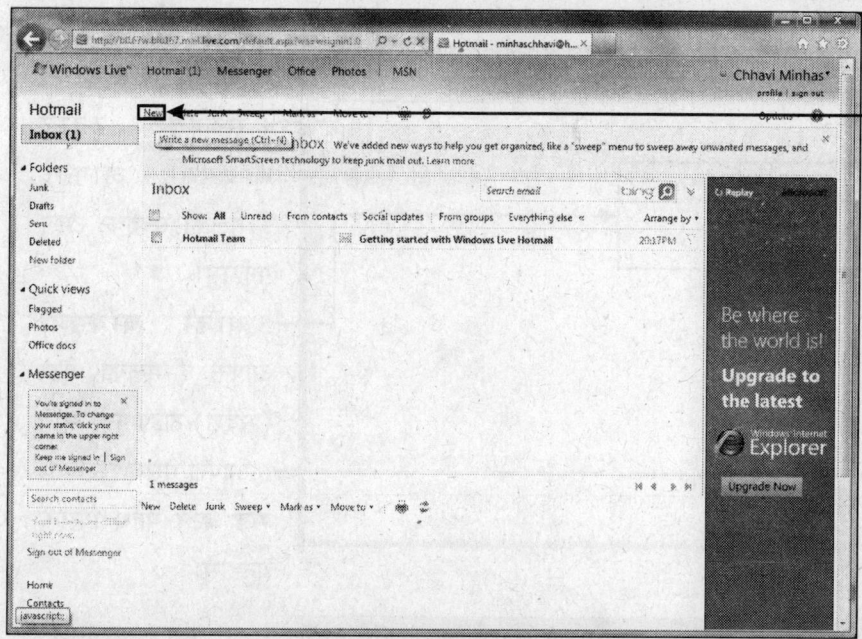

1. ई मेल कंपोज गर्नको लागि सबै भन्दा पहिला **यूजर आईडी** र पासवर्ड हालेर पहिलाको सरह आफ्नो ई-मेल अकाउंट ओपन गर्नुहोस्।
2. नयाँ ई-मेल मैसेज ओपन गर्नको लागि **न्यू** माथि क्लिक गर्नुहोस्।

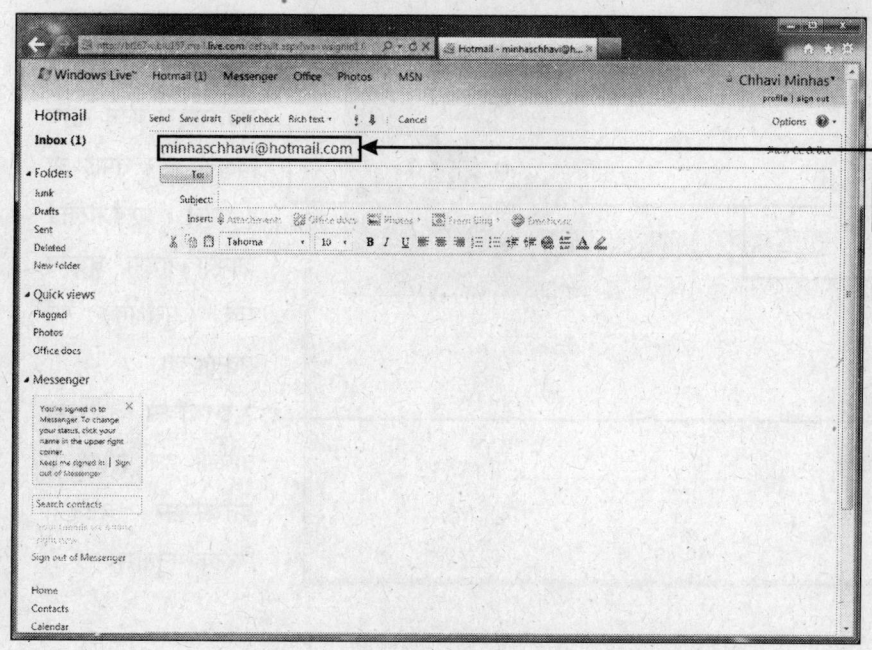

कंपोज पेज डिस्प्ले हुनेछ, जहा तपाई आफ्नो मेल कंपोज (लेख्न) सक्नुहुन्छ।

फार्म बाक्समा तपाईको ई-मेल एड्स देखिनेछ।

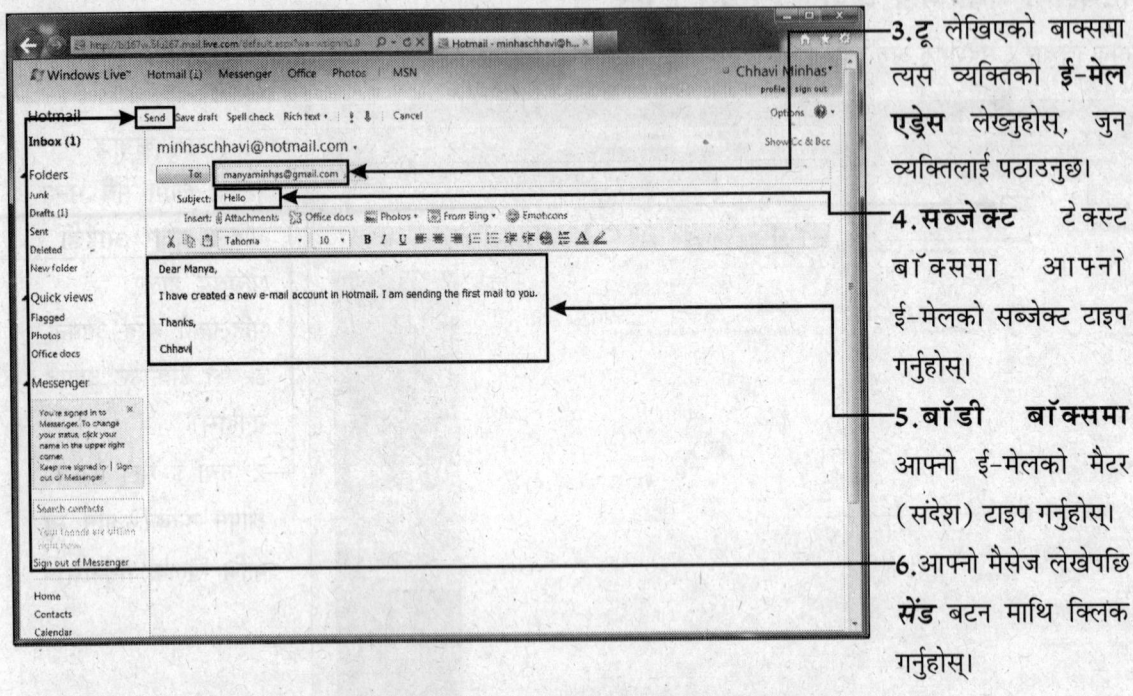

3. **टू** लेखिएको बाक्समा त्यस व्यक्तिको **ई-मेल एड्रेस** लेख्नुहोस्, जुन व्यक्तिलाई पठाउनुछ।

4. **सब्जेक्ट** टेक्स्ट बॉक्समा आफ्नो ई-मेलको सब्जेक्ट टाइप गर्नुहोस्।

5. **बॉडी बॉक्समा** आफ्नो ई-मेलको मैटर (संदेश) टाइप गर्नुहोस्।

6. आफ्नो मैसेज लेखेपछि ***सेंड*** बटन माथि क्लिक गर्नुहोस्।

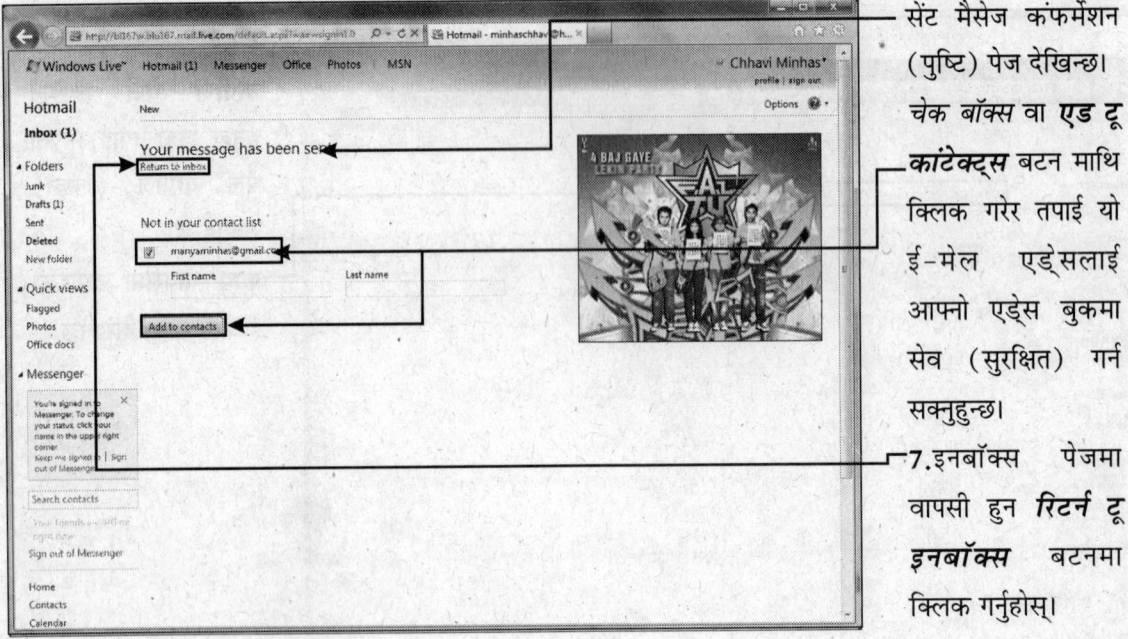

सेंट मैसेज कंफर्मेशन (पुष्टि) पेज देखिन्छ। चेक *बॉक्स* वा ***एड टू कांटेक्ट्स*** बटन माथि क्लिक गरेर तपाई यो ई-मेल एड्सलाई आफ्नो एड्स बुकमा सेव (सुरक्षित) गर्न सक्नुहुन्छ।

7. इनबॉक्स पेजमा वापसी हुन ***रिटर्न टू इनबॉक्स*** बटनमा क्लिक गर्नुहोस्।

ई-मेलसंग कुनै फाइल अटैच (जोड्न) गर्नको लागि

अटैचमेंट सुविधा प्रयोग गरेर तपाई आफ्नो संदेशसंग फाइल पनि पठाउन सक्नुहुन्छ। तपाई आफ्नो ई-मेलसँगै कुनै पिक्चर, फोल्डर, फाइल र जिप फाइल अटैच गर्न सक्नुहुन्छ।

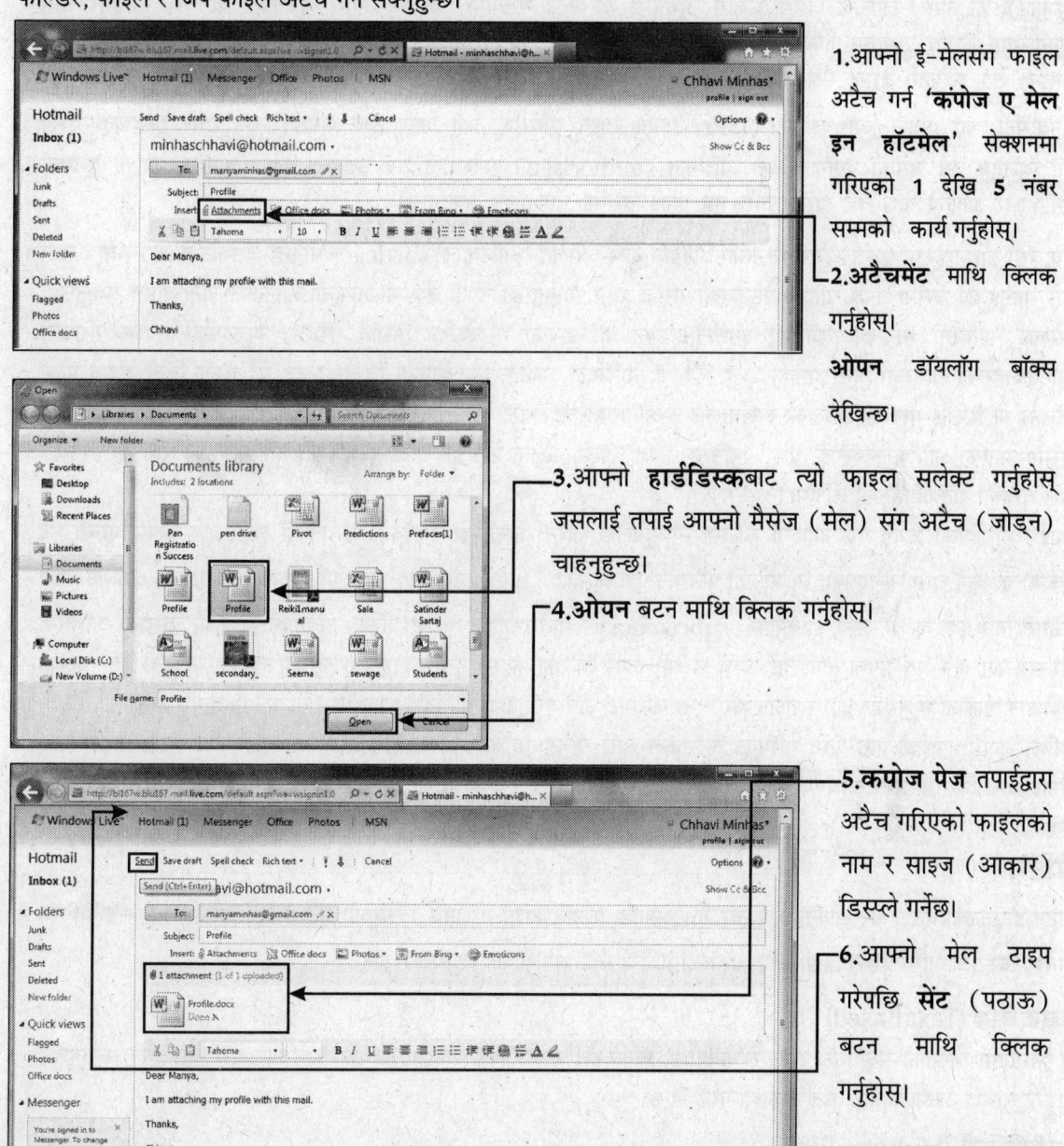

1.आफ्नो ई-मेलसंग फाइल अटैच गर्न **'कंपोज ए मेल इन हॉटमेल'** सेक्शनमा गरिएको **1** देखि **5** नंबर सम्मको कार्य गर्नुहोस्।

2.अटैचमेंट माथि क्लिक गर्नुहोस्।

ओपन डॉयलॉग बॉक्स देखिन्छ।

3.आफ्नो **हार्डडिस्क**बाट त्यो फाइल सलेक्ट गर्नुहोस् जसलाई तपाई आफ्नो मैसेज (मेल) संग अटैच (जोड्न) चाहनुहुन्छ।

4.ओपन बटन माथि क्लिक गर्नुहोस्।

5.कंपोज पेज तपाईद्वारा अटैच गरिएको फाइलको नाम र साइज (आकार) डिस्प्ले गर्नेछ।

6.आफ्नो मेल टाइप गरेपछि **सेंट** (पठाऊ) बटन माथि क्लिक गर्नुहोस्।

सेंट मैसेज कंफर्मेशन पेज (पठाईएको संदेशको पुष्टि) देखिन्छ। जसले यो बताउछ कि ई-मेलसंग पठाईएको तपाईको अटैचमेंट गई सकेको छ।

न्यूज़ग्रुप्स

न्यूज़ग्रुप एउटा ऑनलाइन क्षेत्र हो जसमा यूज़र्स कुनै विषयमा मिलेर चर्चा गर्न सक्छन्। न्यूज़ग्रुपको यूज़रहरु मध्य message को विनिमय हुन्छ र यस प्रकार चर्चा जारी रहन्छ। इंटरनेट ग्रुप्सको पूरा संग्रह (collection) 'Usenet' (यूज़नेट) को नामले जानिन्छ जसमा हजारौं न्यूज़ग्रुप्स धेरै ठूलो संख्यामा विषयहरु माथि कुराकानी वा चर्चा गर्दछन्। केहि न्यूज़ग्रुप्सको विषय समाचार, मनोरंजन, व्यापार, विज्ञान एवम् कंप्यूटरहरुको संबोधन हुन्छ। यसो त धेरै विषयहरु हुन सक्छन्। त्यो कंप्यूटर जसले मैसेजेसलाई स्टोर गरेर त्यसलाई विभिन्न ग्रुपहरुमा बाट्दछ, त्यसलाई न्यूज़ सर्वर भनिन्छ। धेरै यूनिवर्सिटी, कॉरपोरेशन, आई.एस.पी. (ISPs), ऑन लाइन सर्विसेज तथा अन्य ठूलो संगठन न्यूज़ सर्वर राख्दछन्। यस्ता पनि न्यूज़ग्रुप छन् जसको प्रयोग केवल अधिकृत (authorised) सदस्य नै गर्न सक्छन्। यसमा तपाईले पहिला यूज़रको नाम हालेर आफ्नो पास वर्ड हाल्नु पर्नेछ तब तपाई चर्चामा भाग लिन सक्नुहुन्छ।

प्राय:जसो ब्राउज़रहरुमा एउटा न्यूज़रीडर नामको प्रोग्राम हुन्छ जसलाई 'आर्टिकल' (article) भनिन्छ जसबाट तपाई न्यूज़ग्रुप सम्म पुग्न सक्नुहुन्छ। जसमा तपाई पहिला पठाईएको मैसेज पढ्न सक्नुहुन्छ। तपाई त्यसमा आफ्नो आर्टिकल पनि जोड्न सक्नुहुन्छ, जसलाई 'पोस्टिंग' भनिन्छ। न्यूज़रीडर तपाईले पढेको वा नपढेको मैसेजेसको हिसाब राख्दछ। न्यूज़ग्रुपको सदस्य पछिल्लो आर्टिकलहरुको जवाबमा कुनै प्रश्नको उत्तर दिदै वा ऑर्जिनल आर्टिकलमा आफनो विचार प्रकट गर्दै छिटो-छिटो जवाब पोस्ट गर्दछन्। यो रिप्लाई मूल आर्टिकलको लेखकलाई र अतिरिक्त आर्टिकल पोस्ट गर्नेको लागि प्रोत्साहित गर्दछ। मूल आर्टिकल तथा त्यसमा आएका आर्टिकलहरुलाई 'थ्रेड' भनिन्छ। 'थ्रेड' अल्पकालिक पनि हुन सक्छ र दीर्घ कालिक पनि। यो सबै मूल विषय र त्यस चर्चाका प्रतियोगिहरुको रूचिमा निर्भर गर्दछ।

तपाई न्यूज़गीडरको प्रयोग गरेर आफ्नो रूचिमा न्यूज़ग्रुपलाई खोज्न सक्नुहुन्छ। तपाईको सहायताको लागि कुन विषय चर्चित भई सकेको छ, कुनै खास न्यूज़ग्रुपमा, न्यूज़ग्रुपको पहिचान एक क्रमबद्ध (hierachical) नाम दिने प्रणाली द्वारा गरिन्छ। जसबाट मुख्य कैटेगरी कुनै एक वा धेरै अन्य उपवर्गहरु (subcategory) मा विभाजित गरिन्छ। हरेक उपवर्गको विभाजन समयको आधारमा गरिन्छ। यदि कुनै-पूर्व ग्रुपमा तपाईलाई रूचि छ भने तपाई त्यसको सदस्य हुन सक्नुहुन्छ। जसको उद्दश्य यो हुन्छ कि त्यसको लोकेशन तपाईको न्यूज़रीडर द्वारा सुरक्षित गरि दिन्छ जसबाट भविष्यमा तपाईको पहुँच त्यहा सम्म सजिलैसंग हुन सकोस्।

कहिले-काहि तपाईको द्वारा पोस्ट गरिएको आर्टिकल त्यस न्यूज़ग्रुपमा तुरंत डिस्प्लेयिंग सिस्टममा पठाउनको सट्टा माडरेटरलाई पाठाई दिन्छ। यस माडरेटर उपवर्गमा मॉडरेटर तपाईलाई संपादित अंश नै देखाउछ जुन चालू चर्चाको लागि प्रासंगिक र सार्थक प्रतीत हुन्छ।

चैटिंग

चैटिंग इंटरनेटको एउटा धेरै लोकप्रिय फीचर हो। अगाडि-पछाडि टाइप गरे पछि विश्वको कुनै व्यक्ति संग सम्पर्क स्थापित हुन जान्छ। टैक्स्ट आधारित (text based) तथा मल्टीमीडियो चैटिंगको दुईवटा किसमहरु छन्।

टेक्स्ट बेस्ड (Text Based)

यो इंटरनेटमा चैटिंगको सर्वाधिक पुरानो र लोकप्रिय तरीका हो। यसमा तपाई एक वा अधिक मानिसहरु संग चैटिंग गर्न सक्नुहुन्छ। इंटरनेट सम्बद्ध टेक्स्ट वा पाठ तुरंत उपलब्ध गराई दिन्छ।

मल्टीमीडियो (Multimedia)

यस प्रणाली द्वारा तपाई बोलेर कुरा गर्न सक्नुहुन्छ र इंटरनेटमा सम्पर्क लाईव वीडियो द्वारा स्थापित गर्न सक्नुहुन्छ। तर इंटरनेटमा ध्वनि र वीडियो बिस्तारै गतिबाट transfer हुन्छ, अत: मल्टीमीडियो पेंटको लागि एक हाई स्पीड कनेक्शन हुनु आवश्यक हुन्छ।

इंस्टेंट मैसेज (Instant Messages)

इंटरनेटमा आफनो मित्रहरु, सहयोगी वा परिवार जनहरुसंग वार्तालाप गर्नेको लागि इंस्टेंट मैसेजेसको विनियमको तुरंत सुविधा पनि छ जे पनि तपाई मैसेज पठाउनुहुन्छ त्यो तुरंत अरु व्यक्तिको स्क्रीनमा प्रदर्शित हुनेछ र त्यो पनि तुरंत प्रत्युत्तर दिन सक्छन्।

धेरै इंस्टेंट मैसेजेसको सेवाहरुमा तपाईलाई तुरंत सचेत गर्ने सुविधा पनि हुन्छ-यानी कुनै कैलेंडर एपाइंटमेंट, शेयर मार्केटको उद्धरण, मौसमको जानकारी वा खेल-कूदमा स्कोर जान्ने इच्छा छ भने तपाई यी सबै तुरंत पाउनु सक्नुहुन्छ। मानिस इंस्टेंट मैसेजेसको प्रयोग हरेक प्रकारको कंप्यूटरमा गर्न सक्छ जसमा समावेस छ डेस्कटॉप कंप्यूटर, नोटबुक कंप्यूटरए हातले समाटिने कंप्यूटर एवम- web enabled डिवाईज़ेज।

इन्स्टेंट मैसेजिंग प्रोग्राम

मानिसहरु संग तुरंत मैसेजको विनिमय गर्न हेतु तपाईले आफनो कंप्यूटरमा एउटा इन्स्टेंट मैसेजिंग प्रोग्राम लगाउनु हुन्छ। तपाईले मानिसहरुसंग तुरंत मैसेजको विनिमयको लागि यही प्रोग्राम प्रयोगमा ल्याउनु पर्छ। नेटको द्वारा इंटरनेट मैसेजिंग प्रोग्राम लगाउन सकिन्छ।

इलैक्ट्रॉनिक कॉमर्स (ई-कामर्स)

इलेक्ट्रोनिक कॉमर्स (ई-कॉमर्स) लाई ई-बिजनेस पनि भनिन्छ। यो इलेक्ट्रोनिक नेटवक्रमा गरिएको बिजनेसको वित्तीय लेन-देन हुन्छ। जो व्यक्तिसंग इंटरनेटको सुविधायुक्त कंप्यूटर छ र कुनै सामान अथवा सेवाको लागि उसले केड्टि कार्ड आदिबाट भुक्तानी गर्दछ भने त्यसलाई ई-कामर्स भनिन्छ।?

ऑनलाइन शॉपिंगको तहत हजारौं यस्ता वेबसाइट्स छन् जसले इंटरनेटमा आफ्नो प्रॉडक्ट अथवा सेवाहरु उपलब्ध गराउछ। यस मध्ये केहि साइट्सहरुले केहि खास चीजहरु माथि नै केंद्रित रहन्छ जस्तै बुक्स र ट्रैवल, जबकि धेरै साइट्सहरु धेरै चीजहरु वा सेवाहरु ऑनलाइन उपलब्ध गराउछ। वेबसाइट आफ्नो चीजहरु वा सेवाहरु बेच्ने राम्रो माध्यम हो जसले तपाईको समय र यात्रामा हुने समस्याहरु कम गर्दछ। ई-कामर्स द्वारा तपाई पूरा विश्वमा कतै पनि तेजीबाट लेन-देन गर्न सक्नुहुन्छ र यो तपाईको समयको पनि धेरै बचत गर्दछ।

ऑनलाइन खरीददारी भन्दा पहिला रिसर्च : यदि तपाई लैपटॉप, वीडियो कैमरा, ठूलो स्क्रीन टीवी वा कार खरीद गर्ने विचार गर्दै हुनुहुन्छ भने यसको खरीददारी भन्दा पहिला इंटरनेटमा यससंग संबंधित इंफोर्मेशन अवश्य लिनुपर्छ। वेबसाइटमा तपाईले यी प्रॉडक्टसंग संबंधित धेरै मानिसहरुको विचार पनि जान्न सक्नुहुन्छ जुन तपाईको लागि लाभदायक हुन सक्छ।

शॉपिंग कार्ट : ई-कामर्सबाट खरीददारी गर्ने समय सामान्यतः तपाईले आभासी पसलहरु (वर्चुअल कार्ट) बाट ती आइटम एड (जोड्नु) गर्नुहुन्छ जसको तपाई खरीद गर्न चाहनुहुन्छ। धेरै साइट्समा कार्ट लिंक हेर्ने सुविधा पनि हुन्छ जहा तपाईले उपलब्ध सामान हेर्न सक्नुहुन्छ। धेरै साइट्सहरुमा एउटा लिंक जोडिएको हुन्छ जसलाई क्लिंक गर्दा तपाईलाई त्यो पेज देखिन्छ जसमा तपाई आफ्नो ठेकाना हाल्नुहुन्द र त्यहा भुक्तान संबंधी प्रक्रियाको जानकारी हुन्छ।

सिक्योरिटी कंसर्न : वर्तमान समयमा ऑनलाइन खरीददारी गर्नु धेरै सजिलो, सुरक्षित र कम समयमा गर्न सकिन्छ। जब तपाई ऑनलाइन कुनै सामानको खरीद गर्नुहुन्छ तब विक्रेता तपाईसंग भुक्तानी संबंधी पूरा जानकारी लिन्छ। जसमा सामान्यतः तपाईको नाम र ठेकानाको साथै क्रेडिट कार्डको नंबर, त्यसको एक्सपायरी र कहिले-काहि सिक्योरिटी कोडको जानकारी पनि माग्दछ। यस्तोमा यो सुनिश्चित गर्नु आवश्यक हुन्छ कि यी महत्वर्पूण डाटा (तथ्यांक) गलत हातमा नजाओस्। त्यसैले यो काफी महत्वपूर्ण छ कि तपाईले यी डाटाहरु कुनै पनि सुरक्षित साइटलाई मात्र उपलब्ध गराउनुहोस्।

ऑनलाइन बिक्री : जसरी तपाई इंटरनेटमा ऑनलाइन कुनै पनि सामान अथवा सुविधा सजिलैसंग प्राप्त गर्न सक्नुहुन्छ, त्यसरी नै तपाई यसमा आफ्नो प्रॉडक्ट र सर्विसको बिक्री पनि गर्न सक्नुहुन्छ। इंटरनेटमा ऑनलाइन बिक्रीको लागि विभिन्न तरीकाहरु उपलब्ध छन् जस्तै नीलामी, वर्गीकृत विज्ञापन र कुनै रिटेल आपरेशनसंग जोडिएर आदि। यस्ता पनि वेबसाइट्सहरु पनि छन् जहा तपाईले आफ्नो ऑनलाइन स्टोर तैयार पार्न सक्नुहुन्छ। यदि तपाई कुनै प्रॉडक्टको बिक्री गर्ने समय त्यसको मूल्य माथि सशंकित हुनुहुन्छ भने तपाई त्यसको ऑनलाइन नीलामी पनि गर्न सक्नुहुन्छ। ऑनलाइन नीलामीको लागि सबै भन्दा बढि लोकप्रिय साइट ईबाय **(wwww.ebay.com)** रहेको छ।

इंटरनेटमा इंफोर्मेशन सर्च (सूचनाहरुको खोजी) गर्नु

यो सॉफ्वेयर प्रोग्रामले जसले वेबसाइट, वेब पेज र इंटरनेट फाइलहरुको खोजी गर्नमा तपाईको मद्दत गर्दछ, त्यसलाई *सर्च इंजन* भनिन्छ। सर्च इंजन त्यो स्थितिमा काफी लाभदायक हुन्छ जब तपाइलाई कुनै वेबपेज वा फाइलको खोजीको दौरान निश्चित यूआरएलको जानकारी हुदैन्। कुनै पनि वेबपेज र वेबपेजहरु खोज्नको लागि सर्च इंजनको टेक्स्ट बॉक्समा त्यससंग संबंधित कुनै शब्द वा सूचना एंटर गर्नुपर्छ, जसलाई सर्च टेक्स्ट र कीवर्ड भनिन्छ। धेरै सर्चइंजनले प्रोग्रामको पनि प्रयोग गर्दछ जसले तपाईद्वारा एंटर गरिएको सूचनासंग संबंधित वेबपेजको पूरा लिस्टहरु डिस्प्ले गर्दछ, यसलाई क्रॉलर र बोट पनि भनिन्छ। स्पाइडर वेबसाइटको पेजहरु यसको कैटेलॉग र इंडेक्सको अनुसार सर्च गर्दछ।

हिट वेबपेजको नाम हो जसले सर्चको रिजल्टको लिस्टलाई प्रदर्शित गर्दछ। उदाहरणको लागि तपाई यदि दिल्लीको पिज्जा हटको लिस्ट हेर्न चाहनुहुन्छ भने सर्च टेक्स्टमा 'पिज्जा हट आउटलेट्स इन देहली' एंटर गर्नुपर्छ। सर्च इंजन ती वेबपेजको लिस्टहरु प्रदर्शित गर्नेछ जसमा पिज्जा हट आउटलेट्स इन देहली शामिल हुनेछन्। तपाईले आफूसंग संबंधित वेबसाइट वा वेबपेज डिस्प्ले गर्नको लागि यस लिस्टमा सटीक लिंकमा क्लिक गर्न सक्नुहुन्छ। यदि तपाई त्यो सर्च टेक्स्ट एंटर गर्नुहुन्छ जसमा धेरै की-वर्ड हुन्छ भने सर्च इंजन सामान्यतः ती साइट्सहरु डिस्प्ले गर्दछ जसमा ती वर्ड रहेको हुन्छ। गूगल, एमएसएन, रेडिफ, याहू, एक्साइट, गो, लुक्स्मार्ट, नेटस्केप सर्च, हॉटबोट आदि केहि लोकप्रिय वेबसाइट्सहरु हुन्।

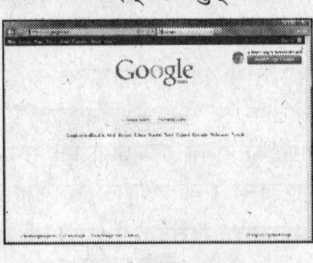

याहू

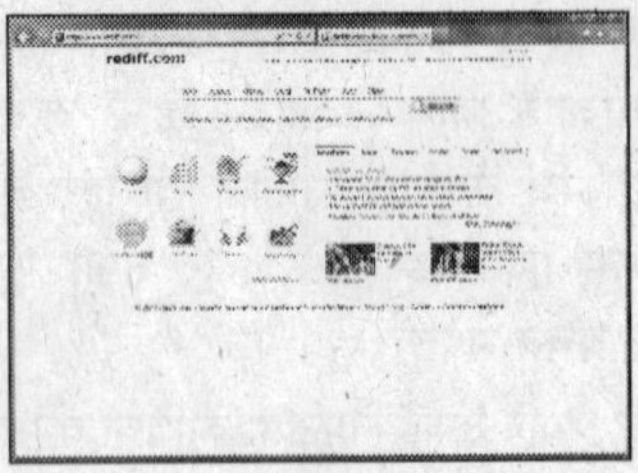

रेडिफ

गूगल

सर्च गर्ने तरीकाहरु

सब्जेक्ट डायरेक्टरी

तपाई मूवी, स्पोर्ट्स, बुक्स आदि कैटेगरीको प्रयोग रुचि अनुसार गर्न सक्नुहुन्छ, ब्राउस गर्न सक्नुहुन्छ। जब तपाईले आफूलाई मनपर्ने कुनै कैटगरी सलेक्ट गर्नुहुन्छ तब सबकैटेगरीको एउटा लिस्ट देखिन्छ। तपाई तब सम्म सबै कैटेगरीको लिस्टहरु कंटीन्यू (लगातार) गर्न सक्नुहुन्छ जब सम्म तपाईले आफूलाई मनपर्ने वेबपेज पाउनुहुन्न।

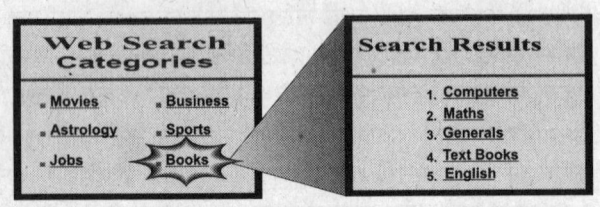

की-वर्डबाट सर्च गर्नु

आफुलाई मनपर्ने वेबपेज खोजी गर्नको लागि सर्चटूलमा त्यससंग संबंधित कुनै शब्द टाइप गर्नुहोस्। सर्च टूल तपाईद्वारा टाइप गरिएको वेबपेजको लिस्ट डिस्प्ले गर्नेछ। केहि सर्च टूल्सले वेबपेजको खोजीको समय पूरा जानकारी एंटर गर्ने सुविधा उपलब्ध गराउछ।

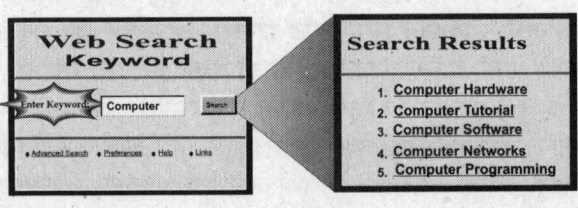

गूगलको प्रयोग गरेर सर्च गर्नु

वेब सर्च सर्विसको लागि गूगल धेरै प्रख्यात र लोकप्रिय नाम हो जुन कंपनीको सफलताको ठूलो कारण पनि हो। गूगलमा खरबहरु वेबपेजको इंडेक्स हो जसमा तपाई की-वर्ड र आपरेटरको सहायताबाट आफुलाई मनपर्ने सूचना वा वेबपेज सजिलैसंग खोज्न सक्नुहुन्छ।

1. करेंट (वर्तमान) वेबपेज को हाईलाइट गर्नको लागि यस एरियामा क्लिक गर्नुहोस्।
2. http:// www.google.com/. टाइप गर्नुहोस्।
3. एंटर थिच्नुहोस्।

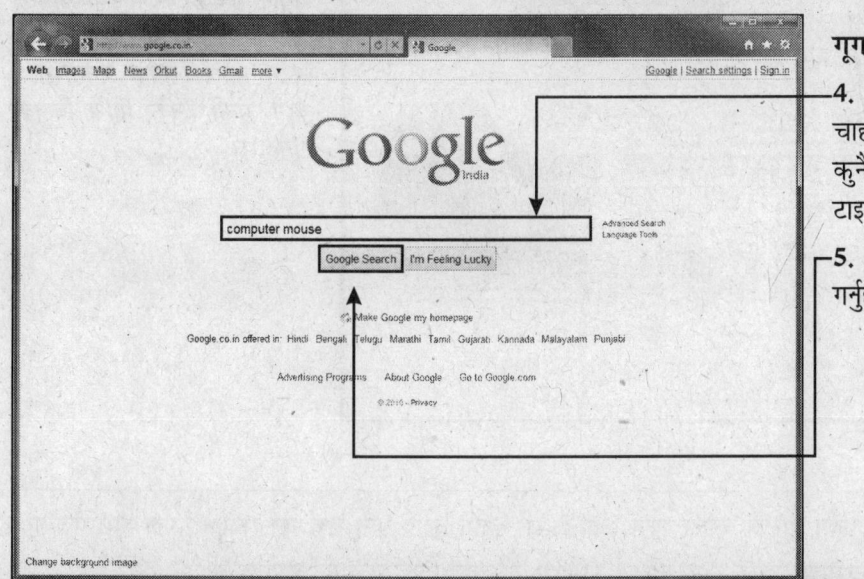

गूगलको होम पेज देखिनेछ।

4. जुन प्रकारको सूचना तपाई चाहनुहुन्छ त्यससंग संबंधित कुनै शब्द, पैराग्राफ वा प्रश्न टाइप गर्नुहोस्।
5. गूगल सर्च माथि क्लिक गर्नुहोस्।

यो पनि जान्नुहोस् !!

चार स्टेप गरेपछि यदि तपाई गूगल सर्च माथि क्लिक नगरिकन यदि 'आई एम फीलिंग लकी' माथि क्लिक गर्नुहुन्छ भने गूगल आफै त्यो साइट डिस्प्ले गर्नेछ जुन तपाईद्वारा उपलब्ध गराईएको जानकारीबाट सबै भन्दा बढि मेल खान्छ।

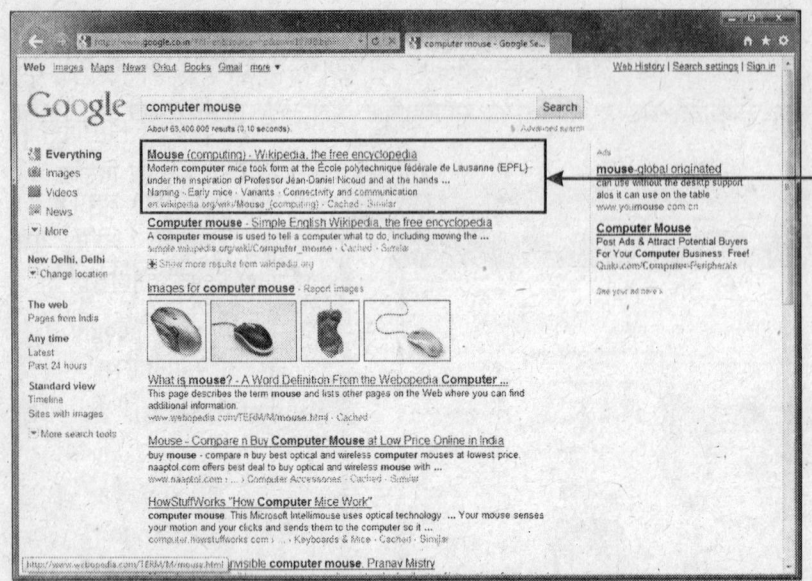

तपाईद्वारा एंटर गरिएको सर्च टेक्ससंग मैच गर्दै वेब पेज देखिन थाल्छ।

6.वेब पेजको लिंक माथि क्लिक गर्नुहोस्।

तपाई त्यस वेबपेजको चयन गर्नुहोस् जुन तपाईद्वारा मागिएको जानकारीसंग धेरै बढि मेल खान्छ।

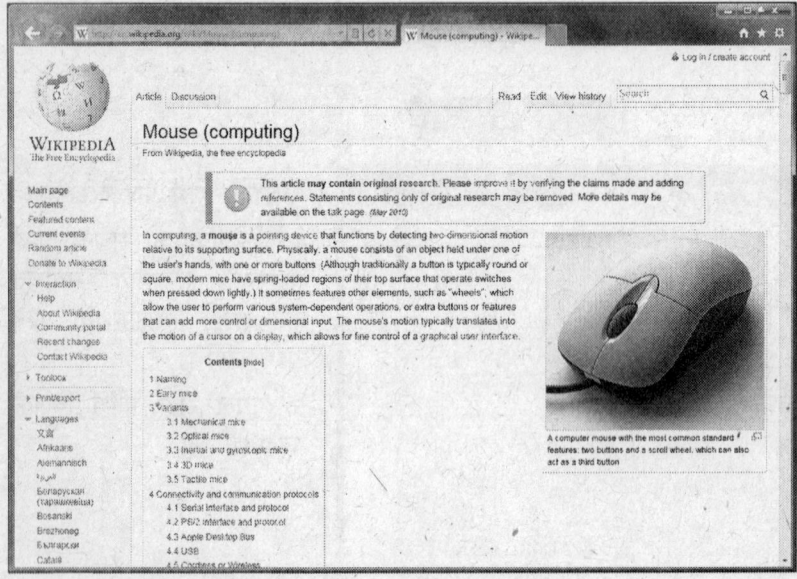

वेज पेज देखिन्छ।

*ययदि तपाई वेबपेजमा रहेको सूचनाहरुबाट संतुष्ट हुनुहुन्न भने गूगल सर्चको रिजल्टमा वापसी जानको लागि ब्राउसरको **बैक** बटन माथि क्लिक गर्नुहोस्। र कुनै अर्को लिंक माथि क्लिक गर्नुहोस्।*

यो पनि जान्नुहोस् !!

गूगल केवल वेबपेज नै सर्च गर्दैन् बल्कि यसले न्यूज, आर्टिकल, ब्लॉग आदि पनि सर्च गर्न सक्छ। गूगल होम पेजको टॉपमा, त्यस प्रकारको डाटा टाइपको लिंक माथि क्लिक गर्नुहोस्, जसलाई तपाई सर्च गर्न चाहनुहुन्छ।

गूगलको प्रयोग गरेर इमेज (फोटो र पिक्चर) सर्च गर्ने

गूगल केवल वेबपेज नै सर्च गर्दैन् बल्कि यसले इमेज, न्यूज आर्टिकल्स, न्यूजग्रुप पोस्ट, ब्लॉग पोस्ट आदि पनि सर्च गर्न सक्छ। गूगल होम पेजको टॉपमा, त्यस प्रकारको डाटा टाइप (इमेज, न्यूज, मैप, शॉपिंग) को लिंक माथि क्लिक गर्नुहोस्, जुन तपाई सर्च गर्न चाहनुहुन्छ। त्यससंग संबंधित अझ बढि सूचनाहरु सर्च गर्नको लागि तपाई (मोर) माथि क्लिक गर्न सक्नुहुन्छ।

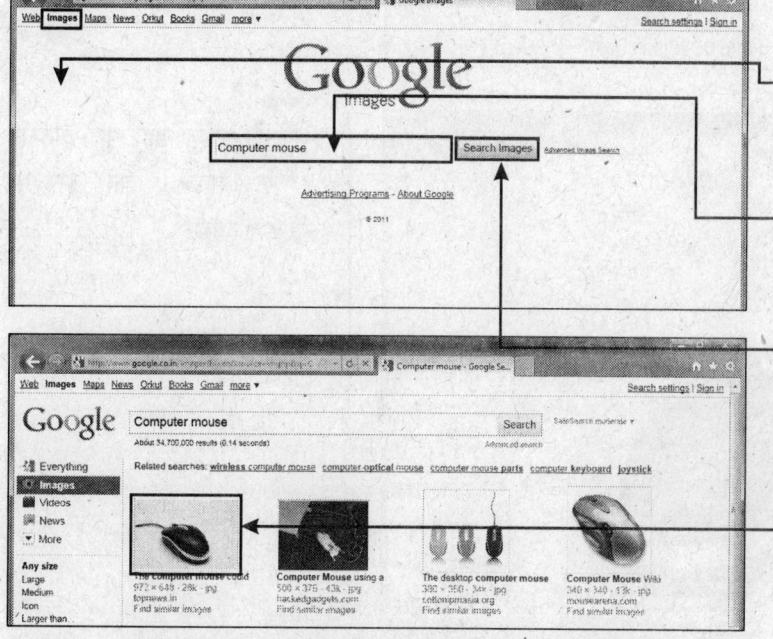

1. **गूगल** होम पेज माथि क्लिक गर्नुहोस्।
2. यदि तपाई इमेज सर्च गर्न चाहनुहुन्छ भने **इमेज** माथि क्लिक गर्नुहोस्।
3. त्यस इमेजसंग संबंधित शब्द, सूचना वा प्रश्न टाइप गर्नुहोस्, जुन तपाई सर्च गर्न चाहनुहुन्छ।
4. **सर्च इमेज** माथि क्लिक गर्नुहोस्।

तपाई द्वारा सर्च गरिएको **संबंधित** इमेज देखिन्छ।

5. आफुलाई मनपर्ने **इमेज** माथि क्लिक गर्नुहोस्।

तपाई **दुई भाग** भएको पेजमा पुग्नुहुनेछ।

टॉपमा (माथि) तपाईको इमेज देखिनेछ।

बॅटम (तल) तपाईलाई त्यो पूरा पेज देखिनेछ जसमा इमेज देखिन्छ।

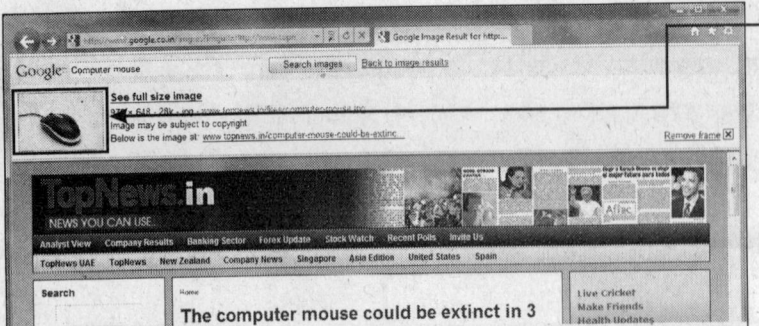

6. माथिल्लो भागमा **थंबनेल** इमेज माथि क्लिक गर्नुहोस्।

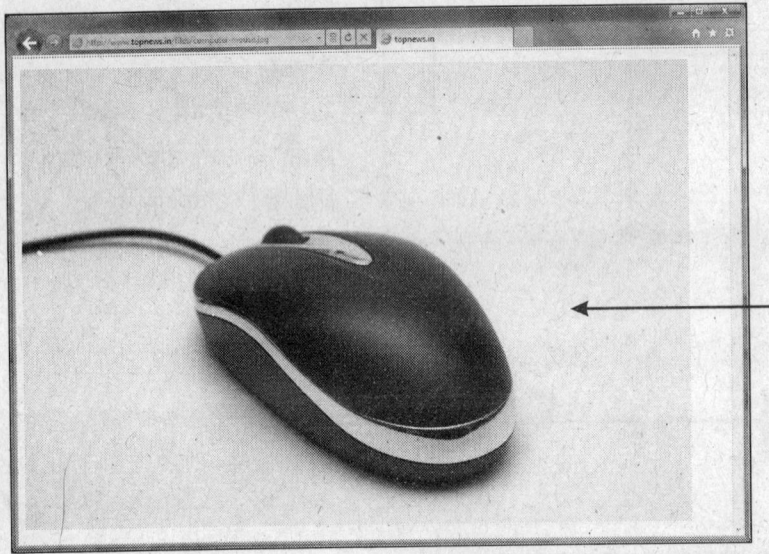

थंबनेल इमेज यहा पूरा आकार (फुल साइज) को इमेजमा डिस्प्ले हुनेछ।

ब्राउसरको फाइल मीनूमा **सेव एज** र **सेव पेज** एजको प्रयोग गरेर तपाई त्यस इमेजलाई आफ्नो हार्डडिस्कमा सेव गर्न सक्नुहुन्छ। तपाई माउसको राइट प्वाइंटरमा क्लिक गरेर सेव एज र सेव पेज एजको प्रयोग गरेर यसलाई पॉप अप मीनूमा पनि सेव गर्न सक्नुहुन्छ।

पोर्टलवेबपेज

एउटा पोर्टल वेब पेज, प्रायः पोर्टल' को नाम ले जानिन्छ। यो धेरै प्रकारको इंटरनेट सर्विस एउ टै सुविधाजनक ठाँउ बाट इंटरनेट को धेरै सेवाहरु प्रदान गर्दछ। प्रायजसो पोर्टल्स निम्नलिखित फ्री सर्विस प्रदान गर्दछः सर्चइंजन, स्थानीय, राष्ट्रीय एवम् विश्वव्यापी समाचार, खेलकूद र मौसमको खबर, फ्रि पर्सनल वेब पेजेस एवम् रेफरेंस टूल्स जस्तै यैलोपेजेस, शॉपिंग मॉल्स, नीलामी को सुविधा, ई–मेल, इंस्टेंट मैसेजिंग, न्यूजग्रुप वा मेसेजेस, कैलेंडर्स एवम् बैट रूस।

केहि लोकप्रिय पोर्टल्स मारेडिफ,आल्टाविस्ता, अमेहिका ऑनलाइन, एक्साइट, गोडॉटकॉम, गूगल, हॉटबॉट, लुक स्मार्ट, लाइकॉस, माइक्रो मॉफ्ट नेटर्वक, नेटस्केपनेट सेंटर र याहू! तपाईले यी हेर्नुहुनेछकि धेरै पोर्टल्स इंटरनेट सर्विस प्रोवाइडर अर्थात आइ. एस.पी. छ। तथात पाईलाई धेरै सर्चइंजन एवम् डायरेक्ट्रीहरु प्रदान गराउछन्। यी पोर्टल्स को आफ्नो लक्ष्य अनुसार ब्राउजर माहोम पेजनै हुनुपर्छ। होमपेज यानी त्यो पहिलो पेज जुनत पाई कोस्क्रिन मा आउछ जबत पाई इंटरनेट संग जाडिनु हुन्छ।

वेबमा शॉपिंग

घर बाट बाहिर नगईकन वैब मा शॉपिंग गर्नु एक धेरैलोकप्रिय तरीका हो। प्रायजसो वेबसाइट उत्पादन हरुको बारेमा नवीतम जानकारी र मूल्यको बारेमा बताउछ। कुनैप निनेट उपभोक्ता उत्पादह रुको बारेमा समीक्षा र यस कोरेटिंग कोबारे मादिई एको जानकारी पनि वेब बाटपा उनसक्छ। यस रीतपाई आफ्नो खरीदारी भन्दा पहिला सहीनिर्णय लिन सक्नुहुन्छ।

वेब मा बेचिने बस्तु हरुको मूल्य प्राय: परम्परागत पसलह रुमाबेचिने बस्तु हरुको मूल्य भन्दाकम नै हुन्छकि नकि यस मा कंपनी लेओवर हेड लागत बचा उछ। यस को साथै यस लेपसल को भाडा वा त्य समाका मगरि रहे को सेल्समैन को खर्च को पनि बचत गर्दछ। यस मा धेरै उत्पादन हरु छुट को साथ माबे चिन्छ। कुनै पनि व्यक्ति वेब माक पड़ा, खाने कु राहरु, कार वा कंप्यूटर आदि सजिलै खरीदगर्न सक्छन्।

इंटरनेटमा इंटरटेनमेंट (मनोरंजन)

इंटरनेटमा तपाई विभिन्न प्रकारबाट मनोरंजन पनि गर्न सक्नुहुन्छ। तपाई इंटरनेट बेस्ट रेडियो स्टेशनबाट म्यूजिक र ट्यून डाउनलोड गर्न सक्नुहुन्छ र असीमित गाना सुन्न सक्नुहुन्छ। तपाई यसमा वीडियो हेर्न सक्नुहुन्छ र मानिसहरुसंग आफ्नो फोटो शेयर गर्न सक्नुहुन्छ।

इंटरनेटमा म्यूजिकसंग संबंधित धेरै साइट छन् जहा तपाई म्यूजिकलाई डाउनलोड पनि गर्न सक्नुहुन्छ।

डिजिटल म्यूजिक फाइल : यो एउटा डाटा फाइल हो जसमा एउटा गाना वा एउटा अलबम हुन्छ। जब तपाई ऑनलाइन म्यूजिक स्टोरबाट कुनै गानाको खरीद गर्नुहुन्छ वा नि:शुल्क गानाको लागि कुनै लिंक माथि क्लिक गर्नुहुन्छ तब त्यससंग जोडिएको डिजिटल म्यूजिक फाइल तपाईको कंप्यूटरमा सेव हुन जान्छ।

एमपी 3 : मोशन पिक्चर्स एक्सपर्ट्स ग्रुप ऑडियो लेवल 3 वा एमपी3 सबै भन्दा बढि लोकप्रिय म्यूजिक फाइल फार्मेट हो। यसले ती अतिरिक्त साउंडलाई हटाएर अर्थात सामान्यत: व्यक्तिको कानले सुन्न नसक्ने, हटाएर डिजिटल म्यूजिकलाई कंप्रेस (सानो वा दबाउना) गरिदिन्छ। यसबाट हामीलाई उच्च क्वालिटीको साउंड प्राप्त हुन्छ जुन आकार बिना कंप्रेस गरिएको फाइलको दसौं भाग हुन्छ। डिजिटल ऑडियो प्लेयरको लागि एमपी3 लाई डाउनलोड गर्नु र स्टोर गर्नु धेरै राम्रो र सुविधाजनक हुन्छ। ती ऑडियो प्लेयरलाई एमपी3 ऑडियो प्लेयर भनिन्छ। जबकि यसले अरु प्रकारको ऑडियो फार्मेटलाई पनि सपोर्ट गर्दछ।

ऑनलाइन म्यूजिक स्टोर : डिजिटल म्यूजिक फाइल डाउनलोड गर्ने सबै भन्दा सजिलो तरीका ऑनलाइन म्यूजिक स्टोरको प्रयोग गर्नुहो। इंटरनेटमा सबै भन्दा बढि लोकप्रिय ऑन लाइन म्यूजिक स्टोर आइट्यूंस रहेको छ। आइट्यूंस सॉफ्टवेयर डाउनलोड गर्नको लागि **(see www.apple.com/itunes)** और र ईम्यूजिक डाउनलोडक गर्नको लागि **(www.emusic.com)** लाई हेर्नुहोस्।

म्यूजिक सुन्नु : डिजिटल म्यूजिक फाइल सुन्नको लागि एक प्रकारको सॉफ्टवेयर प्रोग्रामको आवश्यक्ता हुन्छ जसलाई डिजिटल म्यूजिक प्लेयर भनिन्छ। विंडो 7 मा यसको लागि विंडो मीडिया प्लेयर हुन्छ। तपाईले अरु प्रोग्राम जस्तै रीयल प्लेयर (डब्ल्यूडब्ल्यूडब्ल्यूडॉटरीयलप्लेयरडॉटकॉम) र विनैंप **(www.winmap.com))** पनि इंस्टॉल गर्न सक्नुहुन्छ।

मीडियाको प्रसार : स्ट्रीमिंग मीडियाको मतलब ऑडियो र वीडियोलाई कुनै वेबसाइटसबाट लगातार ब्रॉडकास्ट (प्रसार) गर्नु हो। डिजिटल ऑडियो र वीडियो फाइलको विपरीत मीडिया स्ट्रीमलाई आफ्नो कंप्यूटरको हार्डडिस्कमा सेव गर्न सकिदैन्। मीडिया स्ट्रीम रेडियो र टेलीविजन सिग्नलमा बढि मन पराउने गरिन्छ।

.रनेट रेडियो : सामान्य रेडियो स्टेशनको सरह इंटरनेटमा पनि धेरै रेडियो स्टेशन हुन्छ जुन तपाई सुन्न सक्नुहुन्छ। तपाई वंडो मीडिया प्लेयरको प्रयोग गरेर पनि रेडियो स्टेशन सुन सक्नुहुन्छ। यसमा ऑनलाइन रेडियो स्टेशनको लिस्ट पनि हुन्छ त्यसैले इंटरनेट रेडियो सुन्नको लागि विंडो मीडिया प्लेयर धेरै सुविधाजनक हुन्छ।

यू ट्यूब : इंटरनेटमा वीडियो शेयर गर्ने सबै भन्दा बढि लोकप्रिय साइट हो। यू ट्यूबमा अरबौंको संख्यामा वीडियो रहेको छ जस्तै पिक्चरको ट्रेलर, विज्ञापन, टीवी शो आदि। वीडियो क्लिप हेर्नको लागि तपाई यू ट्यूब शुरू गर्नुहोस् र यो तपाईको कंप्यूटरमा देखिनेछ। यदि तपाई कुनै डिजिटल मूवी र एनीमेशनलाई विश्वको कुनै अरु व्यक्तिसंग शेयर गर्न चाहनुहुन्छ भने तपाईले तयस फाइललाई यू ट्यबमा अपलोड गर्न सक्नुहुन्छ। तपाई नि:शुल्क यू ट्यूब अकाउंट बनाउनु पर्नेहुन्छ। वा गूगल अकांउटमा साइन इन गर्नु पर्ने हुन्छ।

इंटरनेटमा फोटो शेयर गर्ने

फोटो शेयरिंग साइटमा गएर तपाई आफ्नो डिजिटल वीडियो साथीहरु, आफन्तहरु, परिचितहरु र यहा सम्मकी अनजान व्यक्तिहरुसंग पनि शेयर गर्न सक्नुहुन्छ। यो साइटले तपाईलाई फोटो अपलोड गर्न सुविधा दिन्छ जसले गर्दा अरु व्यक्तिले पनि त्यसलाई हेर्न सकोस् र त्यस माथि आफ्नो प्रतिक्रिया वा टिप्पणी दिन सकोस्।

यहा यो घ्यान दिनु आवश्यक छ कि कुनै चाहि फोटो शेयरिंग साइटले तपाईलाई बढि स्पेस उपलब्ध गराउछ। धेरै साइटहरुले फ्रीमा फोटो शेयर गर्ने सुविधा दिन्छ तर त्यसमा कम स्पेस हुन्छ।

ज्यादा स्पेस र फीचर्स पाउनको लागि तपाईले भुक्तानी प्रक्रियाको प्रयोग गरेर त्यसलाई अपग्रेड पनि गर्न सक्नुहुन्छ। किनकि डिजिटल फोटोको आकार धेरै ठूलो हुन्छ त्यसैले तपाईसंग जति बढि स्पेस हुनेछ तपाईले उति नै बढि फोटो वेबसाइटमा अपलोड गर्न सक्नुहुन्छ। नि:शुल्क अकांउटको रूपमा ज्यादातर फोटो शेयरिंग साइट तपाईलाई 100 एमबी देखि 1 जीबी सम्मको स्पेस उपलब्ध गराउछ। लगभग सबै साइटमा भुक्तानी गरेर तपाईले त्यस स्पेसलाई बढाउन सक्नुहुन्छ।

फ्लिकर (www.flickr.com)

वर्तमान समयमा यो फोटो शेयरिंग साइट बढि लोकप्रिय छ। फ्लिकर तपाईलाई आफ्नो फोटो एडिट (संपादित) गर्ने र त्यसलाई अलबममा व्यवस्थित गर्ने, कार्ड र बुक तैयार गर्ने र कसले यसलाई हेर्न सक्छ, यी कुराहरुको नियंत्रित गर्ने सुविधा पनि दिन्छ। फ्लिकर अकाउंटमा प्रत्येक महिना 100 एमबी सम्मको फोटो अपलोड गर्न सक्नुहुन्छ। तपाई भुक्तानी गरेर यसलाई अपग्रेड पनि गर्न सक्नुहुन्छ। त्यसपछि तपाईले अनलिमिटेड स्पेस र फोटो स्टोर गर्ने सुविधा पाउनुहुन्छ।

पिकासा वेब अलबम

पिकासा वेब अलबम (पिकासावेबडॉटगूगलडॉटकॉम) गूगलको फोटो शेयरिंग साइट हो। तपाई पिकासामा आफ्नो फोटो अपलोड गर्न सक्नुहुन्छ र तपाई यो पनि नियंत्रित गर्न सक्नुहुन्छ कि कसले यस अलबमलाई हेर्न सक्छ। ती फोटोहरुको प्रिंटआउट लिन सकिन्छ। फ्री पिकासा अकाउंटमा तपाईले 1 जीबी को स्पेस पाउनुहुन्छ, तपाईले केहि भुक्तानी गरेर त्यस स्पेसलाई बढाउन पनि सक्नुहुन्छ।

सोशल नेटवर्किंग

इंटरनेटले तपाईलाई आफ्नो रुचि र निजी र व्यावसायिक एकरूपता भएको व्यक्तिहरुसंग कुराकानी गर्ने सुविधा पनि प्रदान दैछ। विभिन्न सोशल नेटवर्किंग साइटमा तपाई आफ्नो मित्रहरु, मित्रको मित्रहरु र उनको मित्रहरुसंग नेटवर्कको रूपमा एक-अर्कासंग जोडिनु भएको हुन्छ। ऑरकुट, फेसबुक र माईस्पेस आदि विश्वमा काफी लोकप्रिय नेटवर्किंग साइट हुन् जहा तपाई राम्रो तरीकाबाट आफ्नो टाइम पास गर्न सक्नुहुन्छ र धेरै मानिसहरु यससंग जोडिएका छन्।

सोशल नेटवक्रिंग साइटको प्रयोगको प्रमुख उद्देश्य छ कि तपाई आफ्नो साथीहरु, परिजनहरु र आफन्तहरुको सर्म्पकमा रहनुहोस्। तपाई ती मानिसहरुको सर्म्पकमा पनि सजिलैसंग रहन सक्नुहुन्छ जोसंग तपाई दिनौंहु भेट्घाट गर्न सक्नुहुन्न। यो सार्थीहरु र बिजनेस संबंधी मानिसहरुसंग तपाईको संर्पकको दायरा बढाउनमा बढि उपयोगी छ।

ऑरकुट

यो गूगलको इंटरनेट नेटवक्र सेवा हो। यसको नाम यसलाई बनाउने गूगलकै कर्मचारी ऑरकुट बायकोटनको नाममा राखिएको हो। यसलाई यसरी डिजाइन गरिएको छ कि जहा एक सोच भएका मानिसहरु आपसमा कुराकानी र सर्म्पक गर्न सकोस्। फेंडस्टर र माईस्पेसको सरह ऑरकुटमा तपाईलाई सजिलो तरीकाबाट अकांउट बनाउने सुविधा दिन्छ। वर्ष 2006 देखि उपभोक्ता बिना इनविटेशन (आमंत्रण) को यसमा आफ्नो अकाउंट तैयार गर्न सक्छन्।

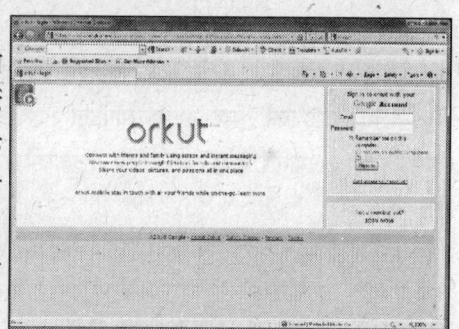

फेसबुक (www.facebook.com)

'फेसबुक' पनि इंटरनेटमा रहेको धेरै लोकप्रिय वेबसाइट हो। यूजरले यसमा साथीहरु बनाउन सक्छन् र संदेश पठाउन सक्छन्। फेसबुक वर्ष 2004 मा हावर्ड विश्विद्यालयमा छात्रहरुलाई एक-अर्कासंग कनेक्ट गर्नको लागि शुरू गरिएको थियो। तर सानो समयमा नै यो अरु विश्वविद्यालयहरुमा पनि लोकप्रिय हुदै गयो र त्यसपछि हांईस्कूलका छात्राहरुले पनि यसको प्रयोग शुरू गर्न थाले।

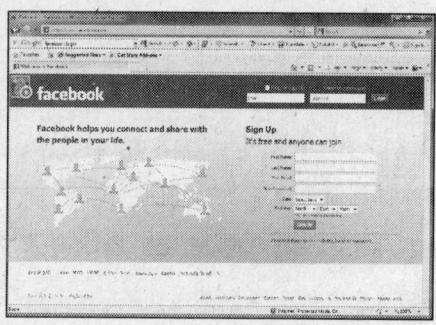

ब्लॉगिंग

ब्लॉगिंग : ब्लॉगिंग लाई **'वेब ब्लॉग'** को नामबाट पनि जानिन्छ। इंटरनेटमा अरबौं ब्लॉगहरु मौजूद छन्। ब्लॉगिंग एउटा धेरै राम्रो ऑनलाइन माध्यम हो जहा तपाई आफ्नो विचार, सुझाव र स्टोरी ऑनलाइन मानिसहरुसंग शेयर गर्न सक्नुहुन्छ। इंटरनेटमा मौजूदा अरबौं ब्लॉगहरु पढेर तपाई यो जान्न सक्नुहुन्छ कि अरु व्यक्तिहरुले के पब्लिश (प्रकाशित) गरेका छन्।

ब्लॉग : ब्लॉग एक प्रकारको वेबसाइट हो जहा मानिसहरुको प्रविष्टिहरुको संग्रह हुन्छ। अधिकांश ब्लॉगहरु कुनै विषय अथवा टॉपिक माथि केंद्रित हुन्छन्। हालांकि अधिकांश ब्लॉगहरुमा मानिसहरु द्वारा लेखिएको विचार हुन्छ भने धेरै ब्लॉगहरु कुनै विषय माथि व्यक्तिहरुको विचार अथवा न्यूज उपलब्ध गराउछ। आम ब्लॉगमा टेक्स्ट, इमेज र अरु ब्लॉगको लिंक जोडिएको हुन्छ। इंटरेक्टिव फार्मेट धेरै ब्लॉगहरुको एउटा महत्वपूर्ण भाग हो।

ब्लॉग होस्टिंग सर्विस : यो एउटा वेबसाइट हो जसले तपाईलाई तेजीबाट फुल फार्मेट (पूरा प्रारूप) मा तेजीबाट ब्लॉग बनाउने र त्यसलाई सजिलैसंग पोस्ट गर्ने सुविधा उपलब्ध गराउछ।

ब्लॉगर (www.blogger.com)

ब्लॉगर एउटा फ्री र सबै फीचर्सबाट युक्त ब्लॉग होस्टिंग सर्विस हो। यसलाई वर्ष 1999 मा लॉच गरिएको थियो। वर्ष 2003 मा यसलाई गूगलले अधिगृहीत गरेको थियो। यसमा तपाईले धेरै विस्तृत फार्मेट र लेआउट आप्शन पाउनुहुन्छ जसबाट तपाई आफ्नो कमेंट आदि माथि पूरा नियंत्रण राख्न सक्नुहुन्छ। पोस्टलाई ई-मेल र मोबाइल फोनबाट पठाउने सुविधा र गूगल टूलबार आदिको प्रयोग धेरै ब्लॉगरहरुले गर्दछन्।

5 डिस्क ऑपरेटिंग सिस्टम (DOS)

DOS एउटा सिंगल यूज़र ऑपरेटिंग सिस्टम हो जुन पछिल्लो शताब्दीको नवें दशकको शुरु-शुरुमा विकसित पर्सनल कंप्यूटरहरुको लागि बनाईएको थियो। यसमा दुईवटा प्रचुरताबाट भरको प्रयुक्त वर्जन छ। PC-DOS एण्ड MS-DOS जसलाई माईक्रोसोफ्ट कारपोरेशनले विकसित गरेका थिए। यी दुबै वर्जनहरुको फॅक्शन एउटै बाट हुन्छ। मूल फरक कंप्यूटरहरुको किसिमहरुमा ह्न्छ जसमा यो लगाईएको थियो। माईक्रोसोफ्टले PC-DOS , IBM को लागि बनाईएका थिए जसले PC-DOS तैयार गरेर आफनो कंप्यूटरहरुमा लगातार बेचे। त्यसै समय माईक्रोसोफ्टले MS-DOS को मार्केटिंग गरेर उनले IBM संग कम्पेटिबल (copatible) PC बेचे।

जब माईक्रोसोफ्टले पहिलो पटक DOS विकसित गरे तब उनले Command-line इंटरफेसको प्रयोग गरेका थिए। पछि वर्जनमा दुबै कमांड-लाइन तथा मेन्यू ड्रिवन इंटरफेस र साथ-साथै राम्रो मैमरी र डिस्क मेनेजमेंटको पनि प्रयोग गरेका थियो।

कुनै समय DOS सबै भन्दा धेरै प्रयोग हुने खालका ऑपरेटिंग सिस्टम थियो। एउटा अनुमान अनुसार यसको उपयोग 7 करोड़ भन्दा बढि कंप्यूटरहरुमा भई रहेको थियो। अब DOS ज्यादा प्रयोगमा आउदैन किनकि यो graphical user interface (GUI) को सुविधा दिदैन तथा यो 32-bit PC प्रोसेसरमा काम आउदैन्।

ळामीलाई थाहा छ कि कुनै ऑपरेटिंग सिस्टम यूज़र र कंप्यूटर सिस्टमको बीच एउटा इंटरफेस हुन्छ। त्यसैले ऑपरेटिंग सिस्टम मैमरीमा नै लोड हुनु पर्छ। त्यस पछि नै यूज़र मशीन संग ऑपरेटिंग सिस्टमको माध्यमबाट काम गर्न सक्छ। ऑपरेटिंग सिस्टम सॉफ्टवेयर डिस्कमा स्टोर गर्ने गरिन्छ फेरि मेन स्टोर र मेन मेमोरीमा डिस्कसंग जोडिन जान्छ जहा त्यो बसि रहन्छ।

MS-DOS को प्रारंभ वा बूटिंग गर्नु

जब कंप्यूटरमा काम गर्ने गरिन्छ तब एउटा प्रोग्राम स्वत: प्रारंभ हुन जान्छ र ऑपरेटिंग सिस्टमलाई लोड गरि दिन्छ। जसबाट कंप्यूटर काम गर्नको लागि तैयार हुन जान्छ। यस पूरा प्रक्रियोलाई नै बूटिंग (booting) को नाम चिनिन्छ।

DOS को मेन मैमरीमा लोड गर्नको लागि 3 आवश्यक फाइलहरु जस्तै IO. SYS, MSDOS.SYS र COMMAND.COM संग जोड्नु पर्छ। यी 3 वटा फाइलहरुलाई मेन मैमरीमा लोड गर्ने कार्यलाई बूटिंग (booting) भनिन्छ। बूटिंग प्रक्रिया क्रमको वर्णन तल दिईएको छ।

1. जब कंप्यूटरमा काम गरिन्छ तब यसले Self-diagnostic tests को एउटा पूरा शृंखला तैयार गर्दछ जसलाई POST (Power on Self Test) भनिन्छ। POST को काम मुख्यरुपमा तपाईको कंप्यूटरको हार्डवेयर ठीकसंग काम गरि रहेको छ वा छैन त्यो हेर्नु हो। यदि कुनै अवयवमा कंप्यूटर कुनै समस्या देखउछ भने कुनै एरर मैसेज (error message) तुरंत स्क्रीनमा आउछ।
2. त्यो प्रोग्राम जुन ROM-BIOS मा स्टोर छ र ऑपरेटिंग सिस्टमलाई लोड गर्नको लागि प्रयोग गर्ने गरिन्छ, त्यो शुरु हुन जान्छ। फेरि चैक गर्ने गरिन्छ कि DOS फाइल सही छ वा छैन। यसको चैक गर्ने क्रम निम्नलिखित छन्।

   (i) सबै भन्दा पहिला फ्लोपी डिस्क ड्राइवमा सर्च गरिन्छ र यदि त्यो उपस्थित छ, DOS लाई फ्लोपी ड्राइवबाट लोड गर्ने गरिन्छ।

   (ii) यदि फ्लोपी डिस्क ड्राइवमा DOS को फाइल उपस्थित छैन भने फेरि हार्ड डिस्कमा सर्च गर्ने गरिन्छ। यदि DOS फाईल्स हार्ड डिस्क ड्राईवमा पाईयो भने DOS त्यहाबाट लोड गर्ने गरिन्छ।

   (iii) यदि DOS को फाइलहरु कतै पनि पाईएन भने एउटा एरर मैसेज स्क्रीनमा आउछ:
   Non-System disk or Disk error

3. यदि कुनै ड्राइवमा DOS फाइल आउछ भने यसको पहिलो सैक्टर (boot sector) रीड गर्ने गरिन्छ। यो सैक्टर एउटा स्मॉल प्रोग्राम स्टोर गर्दछ जसलाई bootstrap loader भनिन्छ जसले बूटिंगको प्रक्रियाको लागि Instructions store गर्दछ। फेरि बूटस्टैप लोडरलाई मेन मैमरीमा लोड गरिन्छ र दिईएको इंस्ट्रक्शन निम्नलिखित रूपले पूरा सरह चलाईन्छ।

(I) पहिला IO.SYS फाइल, फेरि MSDOS.SYS फाइल मेन मैमरीमा लोड गरिन्छ। यसको साथै केहि इंटरनल टेबिल्स जस्तै प्रोसेस मेनेजमेंट, मैमरी मेनेजमेंट र इंफॉरमेंशन मेनेजमेंट इनिशिलाइज़्ड गरिन्छ।

(ii) यस पश्चात् एउटा CONFIG.SYS नामक फाइल यसै ड्राइवमा सर्च गरिन्छ जहा बाट DOS लोड भई रहेको छ। यस थाहा गरिन्छ कि कंप्यूटर सिस्टम CONFIG.SYS को अनुरूप कॉनफीगर छ कि छैन।

(iii) COMMAND.COM फाइललाई (जुन DOS कमांड इंटरप्रेटर हो) मेन मैमरीमा लोड गरिन्छ।

(iv) एउटा बैच फाइल जसलाई 'AUTOEXEC.BAT' भनिन्छ, खोजिन्छ र यदि त्यो पाएको खण्डमा त्यसमा सबै निर्देश एग्जिक्यूट हुन जान्छ। (v) अंततः DOS prompt (जुन ड्राइव लैटर चिन्ह ':\>' को पछि लगाईन्छ) प्रदर्शित हुन्छ जसले देखाउछ कि ड्राइव लैटर जसबाट DOS लोड गरिएको छ, अर्थात त्यो C:\> ok A:\> हो। अब DOS जुन ड्राइवमा लोड भएको छ त्यो डिफॉल्ट ड्राइव (default drive) हुन जान्छ–अर्थात अब जे पनि ऑपरेशन हुनेछ त्यो यसै ड्राइवको अंतर्गत हुनेछ।

डिस्क ड्राइव्सको परिवर्तन (Changing Disk Drives)

C:\> प्रोंप्ट स्क्रीनमा आएर बताउछ कि यूज़र अहिले जुन हार्ड ड्राइवमा काम गरि रहेको छ। डिफॉल्ट ड्राइवलाई फ्लोपीबाट हार्ड डिस्कमा परिवर्तित गर्न सकिन्छ तथा यसको उल्टो पनि हुन सक्छ–केवल नया ड्राइव फिर्ता आए पछि एउटा कॉलम (:) लगाउनाले र फेरि Enter दबाउनाले। उदाहरणको लागि वर्किंग ड्राइवलाई हार्ड ड्राइवबाट फ्लोपी ड्राइव बनाउनको लागि टाइप गर्नुहोस्।

C:\>A:

एक पटक माथि लेखिएको कमांड यदि दिएको खण्डमा, इंटरप्रेटर (command.com) यूज़रको रिक्वेस्टलाई DOS मा इंटरप्रेट गरि दिनेछ र कमांडलाई एग्जिक्यूट गरि दिनेछ। जब कमांड एग्जिक्यूट हुनेछ तब prompt बदलिने छ।

A:\>

तर यदि फ्लॉपी ड्राइवको नजिक कुनै फ्लॉपी छैन भने DOS एउटा एरर मैसेज देखाउनेछ जुन तल देखाईएको छ:

Not ready reading drive A

Abort, Retry, Fail?

यस समस्याको समाधान ड्राइवमा फ्लॉपी हालेर हुन सक्छ र करेक्टर 'R' लाई टाइप गरेर। तब Prompt A:\> मा बलिनेछ।

फाईल्स (Files)

कंप्यूटरमा प्राईमेरी यूनिट ऑफ स्टोरेजलाई फाइल भनिन्छ। एउटा फाईलको सहायताबाट MS-DOS सूचनाको कुनै संग्रहबाट अरुलाई पहिचान गर्न क्षमता प्राप्त गर्छ। उदाहरणको लागि कुनै वर्ड प्रोसेसिंग प्रोग्रामको प्रयोग कुनै लैटर आफ्नै फाइलमा लेख्नको लागि हुन सक्छ। हरेक फाइलको एउटा नाम हुन्छ जुन प्रायः सूचित गर्दछ कि फाइलमा कस्तो सूचना भरेको छ।

कंप्यूटरमा धेरै फाइलहरु हुन्छन् र सबै फाइल यूज़र द्वारा बनाईएको हुदैन। केहि फाइलहरु MS-DOS बाट आउछ। जबकि अन्य एप्लीकेशंसबाट पनि आउछ।, जस्तै वर्ड प्रोसेसरबाट। यी फाइलहरुमा कोड तथा अन्य सूचनाहरु हुन्छन्।

फाइलको नामको दुईवटा भागहरु हुन्छ:

aa. प्राइमरी फाइल नाम b. सैकिंडरी फाइल नेम वा एक्सटेंशन नाम

प्राइमरी नाम 8 करैक्टर्स भन्दा धेरैको हुन सक्दैन तथा सैकिंडरी फाइल नाम 3 करैक्टर्स भन्दा धेरैको हुन सक्दैन । सैकिंडरी फाइलको नाम वा एक्सटेंशनमा एउटा पीरियड (.) हुन्छ, जस पछि 3 वटा करैक्टर्स हुन्छ। एक्सटेंशन वैकल्पिक (optional) त हुन्छ तर यसको प्रयोग नै राम्रो हुनेछ किनकि यो फाइलको विषय बताउछ। उदाहरणको लागि सबै वर्ड प्रोसेसर डॉक्यूमेंटलाई एउटा एक्सटेंशन .doc दिन सकिन्छ।

हरेक फाइलको एउटै डायरेक्ट्रीमा कुनै अद्वितीय नाम हुन आवश्यक छ। तर यदि प्राइमरी नाम त्यहि छ र सैकिंडरी नाम फरक छ भने तपाई अलग-अलग फाइलहरुको रूपमा सूचना स्टोर गर्न सक्नुहुन्छ।

केहि वैध फाइलहरुको नाम छन्:

✦ abc.exe ✦ xyz.cdr ✦ diamond.pdf ✦ diamond.com ✦ diamond.psd

केहि अवैध फाइलहरुको नाम: ✦ **diamond exe** (खाली ठाउ हुनु हुदैन) ✦ **diamond,cdr** (कॉमा लगाउन हुदैन) ✦ **diamond<”.pdf** (विशेष कैरेक्टर्स जस्तै <= को अनुमति छैन)

डायरेक्टरीज़

A
C
D
E
F
G
xyz.doc
diamond.exe
game.pdf
project.doc

एउटा हार्ड डिस्क धेरै डाटा (data) स्टोर गर्न सक्छ-हजारौं मेगा बाइट्ज सम्म-त्यसैले हार्ड डिस्क हजारौं फाइलहरु पनि स्टोर गर्न सक्छ। तर यूज़र को संख्या बढ्नाले फाइलहरुको संख्या पनि बढ्न जान्छ-त्यसैले डिस्कको सबै फाइलहरुंको पूरा ठेगाना राख्न धेरै गाह्रो हुन जान्छ।

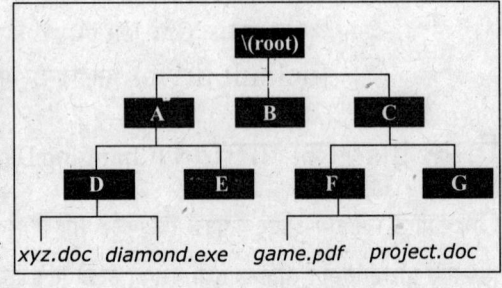

DOS यस समस्याको समाधान प्रदान गर्दछ। यस द्वारा हार्ड-डिस्क धेरै भागहरुमा बाटिन्छ जसलाई 'डायरेक्टरीज़' भनिन्छ। हरेक डायरेक्टरी आफ्नो फाइलहरुको एउटा अलग सेट राख्दछ। यसको बाहेक डायरेक्टरीको एंट्रीज (प्रविष्टिहरु) सब-डायरेक्टरिहरुमा पनि राख्न सक्नुहुन्छ। यस सरहको व्यवस्ता द्वारा फाइल राख्नाले फाइल सिस्टम तल देखाईएको कुनै वृक्षको समन्वय छ जसलाई 'डायरेक्टरी ट्री' भनिन्छ।

DOS सिस्टम सदै त्यस डायरेक्टरीबाट प्रारंभ हुन्छ जसलाई root भनिन्छ। यसलाई slash (\) बाट चिह्नित गरिन्छ। अन्य डायरेक्टरिहरु रूट-डायरेक्टरीको शाखामा बाटिन्छ।-त्यसलाई रूट-डायरेक्टरीको सब-डायरेक्टरी भनिन्छ। यसैलाई उदाहरण दिएर बुझाउनको लागि पछिल्लो पेजमा एउटा रेखा चित्र बनाईएको छ जसमा रूट डायरेक्टरीबाट तीनवटा डायरेक्टरिहरु A, B, C निकालिएको छ। यसबाट A र C मा दुई-दुई डायरेक्टरिहरु अरु निस्कन्छ। जसलाई A र C को सब डायरेक्टरीज (sub-directories) भनिन्छ।

डॉस कमांड्स (DOS COMMANDS)

DOS कमांड त्यो विशेष प्रोग्रामलाई हो जुन कंप्यूटरको सुचारू चयनलाई सुनिश्चित गर्दछ। DOS मा धेरै फरक कमांड्स हुन्छन् र हरेक कमांडको एउटा निश्चित एवम् वांछित काम (function) छ। DOS मा दुई किसिमको कमांड्स हुन्छ।

आंतरिक कमांड्स (Internal Commands) :

DOS शुरु हुदा नै इंटरनल कमांड्स मैमरीमा लोड गरिन्छ। किनकि यो कमांड मैमरीमा रहन्छ, यो सधै प्रयोगको लागि उपलब्ध रहन्छ। यद्यपि जब यूज़र फाईल नामहरुको डिस्क डायरेक्टरी स्क्रीनमा देखाउछ तब त्यो देखिदैन। DOS को केहि Internal Commands हुन।: DIR, COPY, DEL, MD, CD, CLS, TIME तथा TYPE.

DIR: DIR टाइप गर्दा सबै फाइलहरुको लिस्ट तथा चालू डायरेक्टरीमा स्टोर्ड सबै सब-डायरेक्टरी पनि प्रदर्शित हुन जान्छ।

कुनै विशेज़ डायरेक्टरी चाहिन्छ भने स्टोर गरिएको फाइलहरु बाट खोज्न सक्नुहुन्छ। यदि डिस्क ड्राइवको लैटरलाई टाइप गर्नु भयो भने अर्को डिस्कको पनि कॉन्टेन्ट तपाई हेर्न सक्नुहुन्छ। तर तपाईलाई डिस्क ड्राइव लैटर टाइप गरे पछि एउटा कोलन (:) यस कमांड पछि लगाउनु आवश्यक छ।

COPY : कॉपी (Copy) कमांडको प्रयोग एक वा अधिक फाइलहरुलाई त्यसै डायरेक्टरी वा कुनै अरु डायरेक्टरी वा अरु डिस्कमा कॉपी गर्नको लागि गर्ने गरिन्छ। Copy कमांड टाइप गरे पश्चात् जुन फाइल तपाई कॉपी गर्नु चाहनुहुन्छ। त्यसको पूरा पाथनेम दिनुहोस् र त्यस डायरेक्टरीको पूरा पाथनेम दिनुहोस् जसबाट तपाई त्यो Copy उठानाउन चाहनुहुन्छ।

DEL: डेल (DEL) टाइप गरे पछि फाइलको नाम दिनाले फाइल डिलीट हुन जान्छ, जसबाट तपाईको हार्ड डिस्क वा फ्लॉपी डिस्कमा धेरै ठाउ बच्नेछ।

MKDIR OR MD: जब तपाई डिस्कमा नया डायरेक्टरी बनाउनु हुन्छ भने MKDIR वा MD type गरे पछि त्यस डायरेक्टरीको नाम लेख्नुहोस् जुन तपाई बनाउन चाहनुहुन्छ।

CHDIR OR CD: तपाई त्यस समय जुन ड्राईव तथा डायरेक्टरीमा काम गरि रहनु भएको छ, त्यसको नाम प्रदर्शित गर्नको लागि CD कमांडको प्रयोग गर्न सक्नुहुन्छ। यदि त्यस डायरेक्टरी पुनः परिवर्तित गरेर कुनै अर्को डायरेक्टरीमा जान चाहनुहुन्छ भने CD टाइप गरेर अर्का डायरेक्टरीको पाथनेम टाइप गर्नुहोस्। रूट-डायरेक्टरीमा पुग्नको लागि CD पछि बैकस्लेश (/) लगाउनुहोस्।

CLS: CLS कमांडको प्रयोग स्क्रीन clear गर्न तथा कमांड प्रोंप्ट (prompt) लाई सबै भन्दा माथि बाया तिर लैजानको लागि गरिन्छ।

DATE: DATE ले तपाईलाई त्यो मिति दिन्छ जुन PC को इंटरनल कलेंडर द्वारा रिकॉर्ड गरिएको छ। यदि त्यो गलत छ भने तपाई यसलाई ठिक पनि गर्न सक्नुहुन्छ।

TIME: TIME कमांड ले PC को आंतरिक घड़ी द्वारा चलि रहेको समय स्क्रीनमा देखाउछ। समयलाई तपाई बदलिन पनि सक्नुहुन्छ। तर यदि सही छ भने केवल Enter थिच्निुहोस्।

TYPE: यो TYPE कमांडको माघ्यमबाट एउटा टेक्स्ट फाइलको सबै कॉन्टेंट तपाईको स्क्रीनमा देखिन्छ तर TYPE कमांड पछि फाइल नेम पनि type गर्नुहोस्।

बाहिरी कमांड्स (External Commnads)

यो कमांड इंटप्रेटरमा भित्री रूपबाट उपलब्ध हुदैन मतलब Command.com मा। यो बाहरी कमांड्स सा-सानो प्रोग्रामको सरह हुन्छ। जुन कुनै मुख्य कार्य गर्न सजिलो बनाउछ। यी कमांडहरुको बाहिरी विशेष फाइलहरु हुनु आवश्यक छ। यी specification फाइलको त्यो नै प्राइमरी नाम हुन जुन कमांड र एक्सटेंशनको हुन्छ-जस्तै .COM वा .EXE, तर जुन कमांड यहा दिईएको छ, त्यो सिस्टममा तब काम गर्नेछ जब specification फाइलहरु सिस्टममा उपलब्ध हुनेछ। अन्यथा 'File Not Found' एरर मैसेज स्क्रीनमा आउनेछ। DOS को केहि एक्सटर्नल कमांड हुन।: CHKDSK, FORMAT, XCOPY, PRINT, TREE तथा DISC COPY.

CHKDSK: जब हार्ड डिस्क र फ्लॉपीको status (वर्तमानमा) थाहा गर्नु छ भने CHKDSK को प्रयोग गर्न सक्नुहुन्छ। MS-DOS तपाईलाई बताउनेछ कि डिस्कमा कतिवटा भरेको वा खाली ठाउ छ, डिस्कमा कति फाइलहरु छन् र किन डिस्कको केहि भागहरु खराब भई सकेको छ।

FORMAT: तपाई यस कमांडको प्रयोग फ्लॉपी डिस्कलाई फार्मेट गर्नको लागि गर्न सक्नुहुन्छ् जसबाट त्यस MS-DOS मा काम गर्न सकियोस्। FORMAT पछि त्यस डिस्क ड्राइवको नाम लेख्नुहोस् जसमा डिस्क छ जसलाई तपाई फार्मेट गर्नु चाहनुहुन्छ। यस पछि कॉलन (:) लगाउनुहोस्।

XCOPY: XCOPY कमांड Copy जस्तै हो तर धेरै तेजीसंग काम गर्दछ। यसलाई directories र sub-directories लाई copy गर्नको लागि प्रयोग गरिन्छ।

PRINT: यस कमांड द्वारा फाइललाई प्रिंट गर्न सक्नुहुन्छ।

DISK COPY: यस कमांड द्वारा एउटा फ्लॉपी डिस्कबाट अर्को फ्लॉपी डिस्कमा कंटेंट्सको डुप्लिकेट बनाउन सकिन्छ। जुन डिस्कमा कापी हुन्छ त्यो फॉर्मेट वा अनफॉर्मेट हुन सक्छ, तर त्यसको साइज र क्षमता ऑरिजनल डिस्क जस्तो हुनु पर्छ।

TREE : यो कमांड तब प्रयोग गरिन्छ जब चालुमा (काममा) डायरेक्टरीको तलको ट्री स्ट्रैक्चर समेत पूरा डायरेक्टरी प्रदर्शित गर्नु छ। यदि डिस्कको रूट डायरेक्ट्रीमा प्रयोग छ भने डिस्कको पूरा स्ट्रैक्चर प्रदर्शित हुन जान्छ।

MEM : यस द्वारा तपाईको कंप्यूटरमा यो थाहा हुन्छ कि कति मैमरी प्रयोग भएको छ र कति खाली छ। MEM को प्रयोगबाट एलोकेटेड मैमरी एरियाहरु मैमरी एरिया तथा त्यो प्रोग्राम जुन हालैमा मैमरीमा भरिएको छ, त्यो प्रदर्शित हुन जानेछ।

एट्रीब (ATTRIB) : कहिले-काहि यो यस्तो भान(अनुमान) हुन्छ कि फाईलमा अचानक कुनै बदलाव वा deletion हुनेछ कि! यस्ता कुराहरु बाट बचाएर फाईलहरु राख्न चाहन्छ। यसै प्रकार कुनै यूज़रलाई यो पनि भान हुन सक्छ कि कुनै फाइल यस प्रकार लुकाएर राखियोस् कि DIR कमांड यसलाई स्क्रीनमा ल्याउन न सकोस्। यस्ता कामहरुको लागि ATTRIB को प्रयोग गरिन्छ।

BATCH PROCESSING

अहिले सम्म हामी यो बझि सकेको छौं कि एक पटकमा एउटा कमांड यूज़रले एउटै कमांड प्रॉम्प्ट गरे पछि Enter Key थिचिन्छ। तर यदि धेरै कामंड्स एकै साथ स्वत: पूरा छ भने त्यसको लागि एउटा बैच फाइल बनाउनु पर्छ। एउटा बैच फाइल एउटा unformatted text file हो। यसको मद्दतबाट DOS कमांड्सलाई एकै समयमा एउटै बैचमा execute गर्न सकिन्छ। DOS को बैच फाइलहरुमा एउटा फाइल एक्सटेंशन जस्तै .BAT हुनु पर्छ। एउटा बैच फाइललाई execute गर्नको लागि यूज़रले केवल primary फाइलनेम नै टाइप गरेर Enter थिच्नुछ। यस कुराको पनि विचार राख्न आवश्यक छ कि यदि फाइलमा कुनै external DOS कमांड छ भने सहि Path पनि डायरेक्टरी संग दिनुपर्छ जसमा DOS फाईल्स छ। स्क्रीनमा कुनै एडिटरको द्वारा batch file बनाउन सजिलो छ, अथवा बैच फाइल बनाउनको लागि कमांड पनि दिन सकिन्छ। diamond.bat नामको बैच फाइल बनाउनको लागि कॉपी कमांड तल लेखिएको सरह लेख्नु पर्छ।

```
COPY CON DIAMOND.BAT
```

यहा CON कीबोर्डको लागि उपकरणको नाम हो, यानी CON (Keyboard) नै सूचनाको स्रोत हो। कीबोर्डमा टाइप गरिएको कमांड DIAMOND.BAT मा स्टोर हुन जानेछ। यस कमांड पछि जसरी नै तपाई Enter दबाउनुहुन्छ त्यति बेला नै कर्सर अर्को पंक्तिको तिर बढ्न जान्छ जहा बाट तपाई DOS कमांड टाइप गर्नु शुरु गर्नु भएको छ। फाइलको end मार्क गर्नको लागि CTRL+Z दबाउनुहोस् तथा Enter थिच्निुहोस्। उदाहरणको लागि मान्नुहोस् कि हामीलाई कुनै बैच फाइल बिल्कुल शुरु देखि बनाउनुछ जुन केहि DOS कमांडलाई Execute गर्नेछन्।

```
C:\>copy con diamond.bat
cls
type xyz.doc
copy abc.txt a:\
^Z
```

जब तपाईको बैच फाइलको editing समाप्त हुन जान्छ तब CTRL+Z थिच्नुहिस् र CTRL+Z थिचे पछि, तल लेखिएको अनुसार स्क्रीनमा एउटा मैसेज आउनेछ।

```
1 file(s) copied ↵
```

यसको अर्थ हो कि तपाईको बैच फाइल बनि सकेको छ। अब हाम्रो बैच फाइल बनि सकेको छ, हामी त्यस बैच फाइललाई मात्र फाइल नाम टाइप गरेर Enter कमांड प्रोंप्ट (prompt) मा प्रैस गर्नेछौं।

```
C:\>test ↵
```

6 विंडो 7

विंडो 7

माइक्रोसाफ्टले **विंडो 7** लांच गरेको छ जुन कि नवीनतम विंडो आपरेटिंग सिस्टम हो। विंडो 7 विंडो विस्टा भन्दा पनि अधिक सफल छ। यस आपरेटिंग सिस्टमलाई बिजनेस र पर्सनल यूजर्स (उपभोक्ता) दुबैको आवश्यकताहरुलाई घ्यानमा राखेर विशेष रूपले डिजाइन गरिएको छ। 22 जुलाई 2009 को यस उत्पादनको लागि रिलीज (जारी) गरिएको छ र बाजारमा फुटकरमा 22 अक्टूबर 2009 को यो एउटा उपलब्धि बनेको छ।

कंप्यूटरमा विंडो 7 शुरू गरेर तपाईले न्यू यूजर इंटरफेसको नयाँ र राम्रो लुक पाउनुहुनेछ। यसमा काम गरेपछि यसको नयाँ र विश्वाससिलो सुरक्षा फीचरहरुको बारेमा पनि जान्नुहुनेछ। विंडो 7 मा तपाईले धेरै नयाँ फीचर्स पाउनुहुनेछ जसले तपाईको कार्यक्षमतालाई अझ बढाउनेछ। विंडोको पुरानो वर्जनमा फाइलहरुलाई खोज्ने प्रतिका यति धेरै सजिलो थिएन्। तर विंडो 7 मा तपाई जुन फाइललाई खोज्न चाहनुहुन्छ भने त्यससंग संबंधित कुनै पनि एउटा शब्द जुन तपाईलाई थाहा छ, त्यसलाई टाइप गर्दा विंडो 7 ले ती सबै फाइलहरुलाई प्रदर्शित गर्दछ जसमा त्यो शब्द (वर्ड) समावेस हुन्छ।

विंडो 7 एडिशन

विंडो 7 को सात विभिन्न एडिशंस (संस्करण) छन् तर प्रीमियम, प्रोफेशनल र अल्टीमेट नै ठूलो मात्रामा उपलब्ध छ। अन्य एडिशंस केवल ठूलो औद्योगिक क्षेत्रमा प्रयोग हुन्छ।

विंडो 7 शुरू गर्ने तरीका

जब तपाई आफ्नो कंप्यूटरलाई स्टार्ट गर्नुहुन्छ तब विंडो 7 स्यंम शुरू हुन ज़ान्छ र एउटा वेलकम स्क्रीन देखिन्छ। तपाईसंग पासवर्ड पनि सोध्न सक्छ।

1. आफ्नो कंप्यूटर स्टार्ट (शुरू) गर्नुहोस्।

विंडो 7 वेलकम स्क्रीन देखिन्छ जसमा तपाईले यूजर सलेक्ट गरेर त्यसमा पासवर्ड एंटर (हाल्नु) गर्नुछ।

यदि तपाईको विंडो 7 सिंगल यूजरको लागि अपलोड गरिएको छ र त्यसमा पासवर्डको आवश्यक्ता छैन् भने त्यो वेलकम स्क्रीनलाई बेवास्ता गरेर सीधा डेस्कटॉप ओपन गर्नेछ।

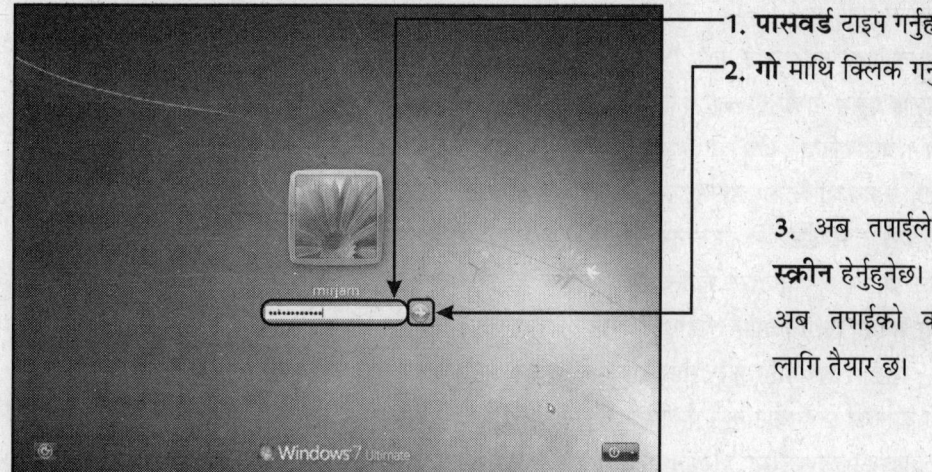

1. **पासवर्ड** टाइप गर्नुहोस्।
2. **गो** माथि क्लिक गर्नुहोस्।
3. अब तपाईले फाइनल **डेस्कटॉप स्क्रीन** हेर्नुहुनेछ।

अब तपाईको कंप्यूटर काम गर्नको लागि तैयार छ।

विंडो 7 स्क्रीन

विंडो 7 को विशिष्टता जान्नु भन्दा पूर्व यसको बेसिक स्क्रीन एलीमेंट्ससंग तपाईलाई परिचय गराउनेछौं।

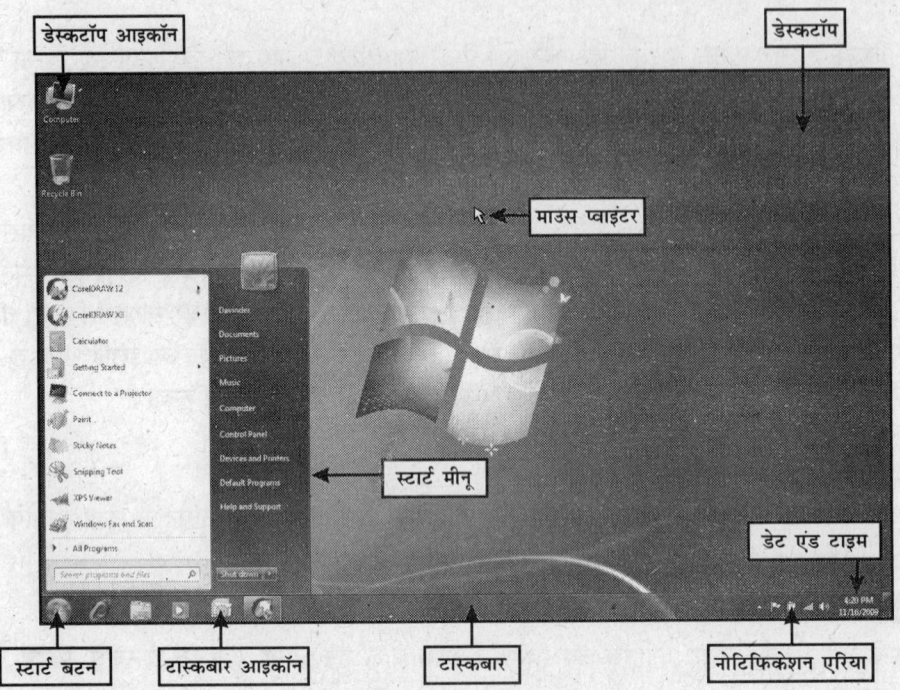

डेस्कटॉप आइकॉन : डेस्कटॉपमा मौजूद रहेको आइकॉन कुनै प्रोग्राम वा विंडो 7 को फीचरलाई रिप्रजेंट (प्रदर्शित) गर्दछ। जब तपाईले कुनै प्रोग्रामलाई इंस्टॉल गर्नुहुन्छ तब सामान्यत: त्यसको आइकॉन पनि डेस्कटॉपमा एड (जोड्नि) जान्छ।

माउस प्वाइंटर : जब तपाई माउस मूव (चलाउनुहुन्छ) गर्नुहुन्छ तब यसको प्वाइंटर पनि त्यसको साथमा मूव गर्दछ।

डेस्कटॉप : यो विंडो 7 को वर्किंग एरिया (कार्य क्षेत्र) हो। यसबाट यो थाहा हुन्छ कि यो त्यो स्थान हो जहा तपाई कुनै प्रोग्राम वा डाक्यूमेंटमा काम गर्नुहुन्छ।

टाइम एंड डेट : यसले तपाईको कंप्यूटरमा करंट (वर्तमान) समय र दिनांक प्रदर्शित गर्दछ। दिन र मिती पूरा विंडोमा हेर्नको लागि माउसको प्वाइंटरलाई यसमा राखेर क्लिक गर्नुहोस्। मिती र समय बदलिनको लागि तपाई टाइम माथि क्लिक गर्नुहोस्।

नोटिफिकेशन एरिया : यस एरिया (क्षेत्र)मा तपाईले स्मॉल (सानो) आइकॉन हेर्नुहुन्छ जसले तपाईको कंप्यूटरमा चलि रहेको चीजहरुको बारेमा जानकारी दिन्छ। उदाहरणको लागि जब तपाईको प्रिंटर बिना कागजको चलि रहेको हुन्छ तब त्यो यहा प्रदर्शित हुनेछ वा विंडो 7 अपडेट यदि इंटरनेटमा उपलब्ध छ भने त्यो पनि तपाईको यस एरियामा प्रदर्शित हुनेछ।

टास्क बार : कुनै पनि प्रोग्राम जुन तपाईले खोलि राख्नु भएको छ त्यो यहा प्रदर्शित हुनेछ। यदि तपाई एउटै बारमा धेरै प्रोग्राममा काम गरि रहनु भएको छ भने तपाई त्यहा गएर पनि ती प्रोग्रामलाई बदलिन सक्नुहुन्छ।

टास्क बार आइकॉन : विंडो 7 का केहि फीचर्सहरुलाई यहा केवल एक क्लिक गरेर पनि लांच गर्न सक्नुहुन्छ।

स्टार्ट बटन : तपाई यो बटनको प्रयोगबाट कुनै प्रोग्राम शुरू गर्न सक्नुहुन्छ र विंडो 7 को धेरै फीचर्सहरु लांच गर्न सक्नुहुन्छ।

स्टार्ट मीनू : यसले तपाईको कंप्यूटरमा इंस्टॉल सबै प्रोग्रामहरुको लिस्ट देखाउछ।

विंडो 7 को सहयोग लिनु

विंडो 7 मा कुनै पनि प्रोग्राम कसरी रन गर्छ र यसलाई आपरेट गर्नमा आईरहेको समस्याहरुलाई कसरी हटाउने भन्ने कुराको तपाईले हेल्प सिस्टमको प्रयोग गर्न सक्नुहुन्छ।

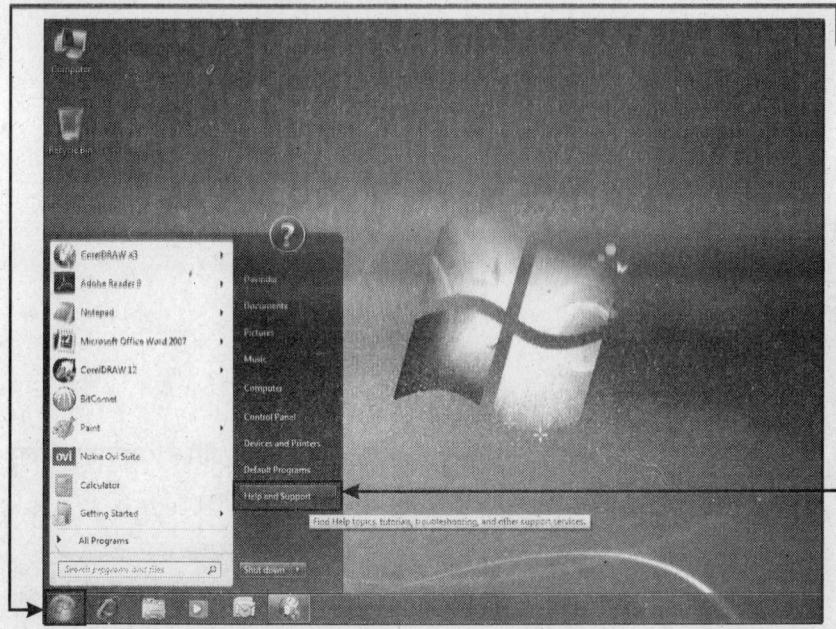

1. **स्टार्ट** बटन माथि क्लिक गर्नुहोस्। स्टार्ट मीनू देखिने छ।
2. **हेल्प एंड सपोर्ट** माथि क्लिक गर्नुहोस्। विंडो हेल्प एंड सपोर्ट विंडो देखिन्छ।

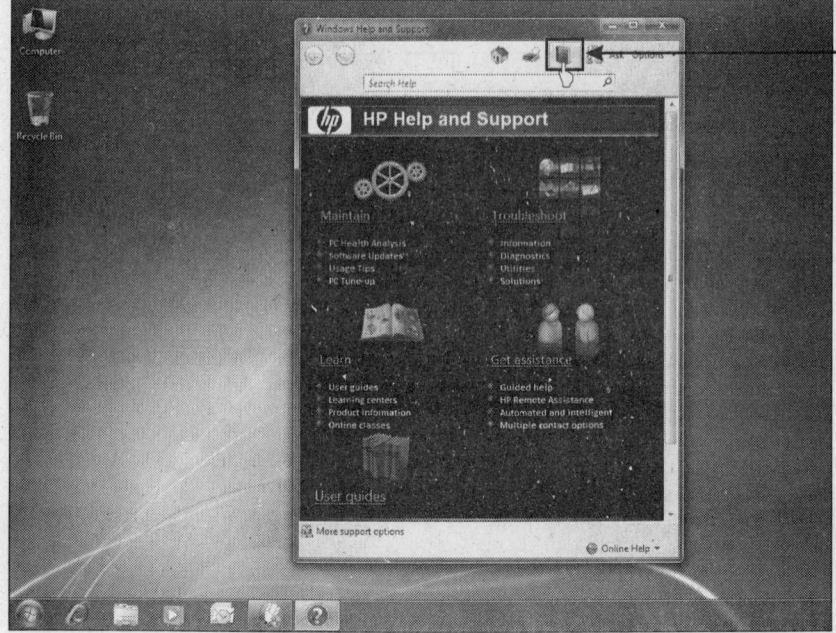

3. **ब्राउस हेल्प** बटन माथि क्लिक गर्नुहोस्।

विंडो 7को सहयोग लिनु

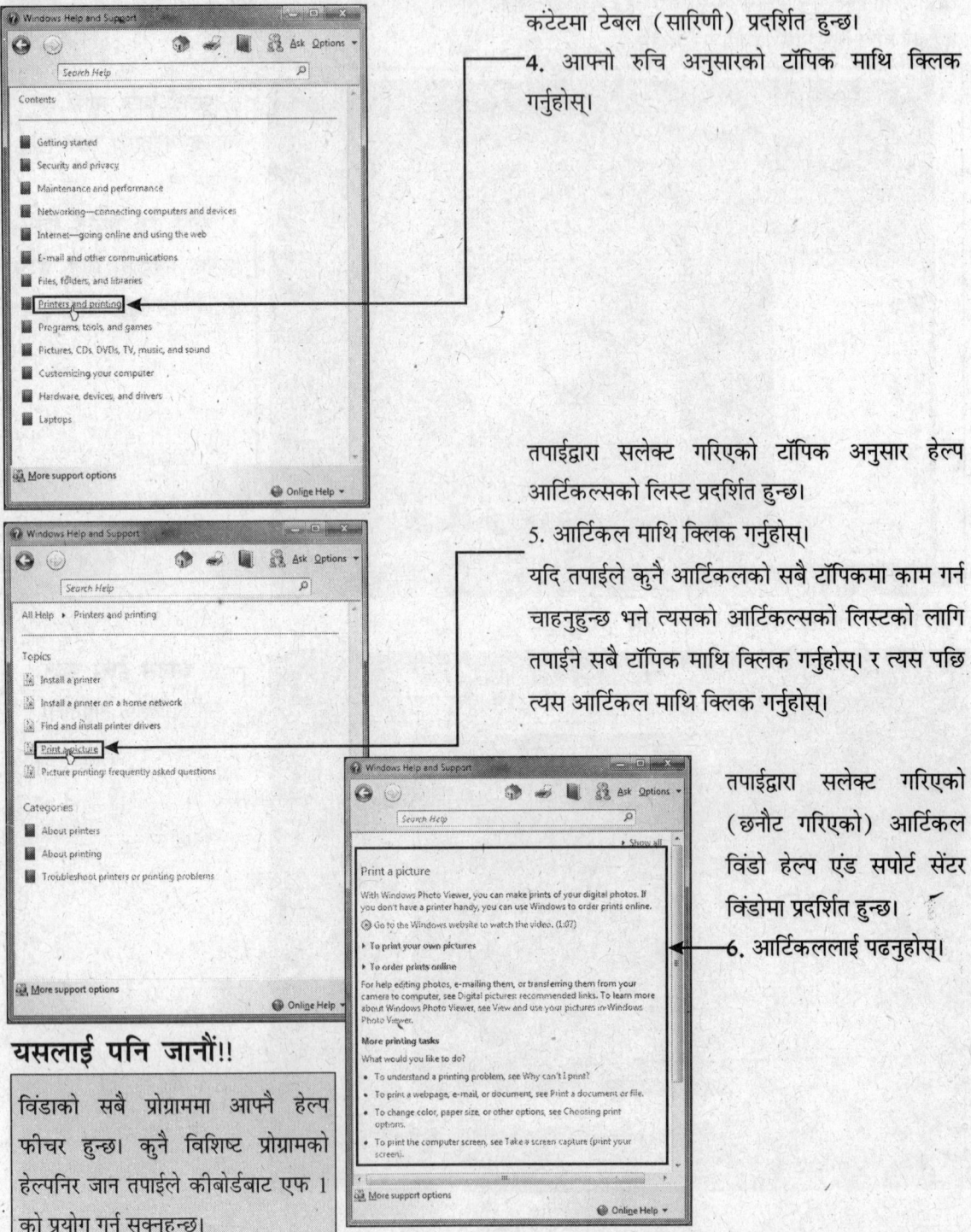

कंटेटमा टेबल (सारिणी) प्रदर्शित हुन्छ।

4. आफ्नो रुचि अनुसारको टॉपिक माथि क्लिक गर्नुहोस्।

तपाईद्वारा सलेक्ट गरिएको टॉपिक अनुसार हेल्प आर्टिकल्सको लिस्ट प्रदर्शित हुन्छ।

5. आर्टिकल माथि क्लिक गर्नुहोस्।

यदि तपाईले कुनै आर्टिकलको सबै टॉपिकमा काम गर्न चाहनुहुन्छ भने त्यसको आर्टिकल्सको लिस्टको लागि तपाईने सबै टॉपिक माथि क्लिक गर्नुहोस्। र त्यस पछि त्यस आर्टिकल माथि क्लिक गर्नुहोस्।

तपाईद्वारा सलेक्ट गरिएको (छनौट गरिएको) आर्टिकल विंडो हेल्प एंड सपोर्ट सेंटर विंडोमा प्रदर्शित हुन्छ।

6. आर्टिकललाई पढनुहोस्।

यसलाई पनि जानौं!!

> विंडाको सबै प्रोग्राममा आफ्नै हेल्प फीचर हुन्छ। कुनै विशिष्ट प्रोग्रामको हेल्पनिर जान तपाईले कीबोर्डबाट एफ 1 को प्रयोग गर्न सक्नुहुन्छ।

विंडो 7 लाई रीस्टार्ट (फेरि शुरू) गर्नु

विंडो 7 लाई रीस्टार्ट गर्नुको आशय यो छ कि यो शटडाउन हुन जान्छ र त्यस पछि तेजिबाट पुनः शुरू हुन जान्छ। यदि तपाईको कंप्यूटर ठीकले काम गरि रहेको छ भने समस्या जान्न र त्यसलाई टाढा गर्नको लागि तपाई विंडो 7 रीस्टार्ट गर्न सक्नुहुन्छ। विंडो 7 लाई रीस्टार्ट गर्नु भन्दा पहिला यो सुनिश्चित गर्नुहोस् कि तपाईले सबै प्रोग्राम बंद गर्नु भएको छ जन तपाईले खोल्नु भएको थियो।

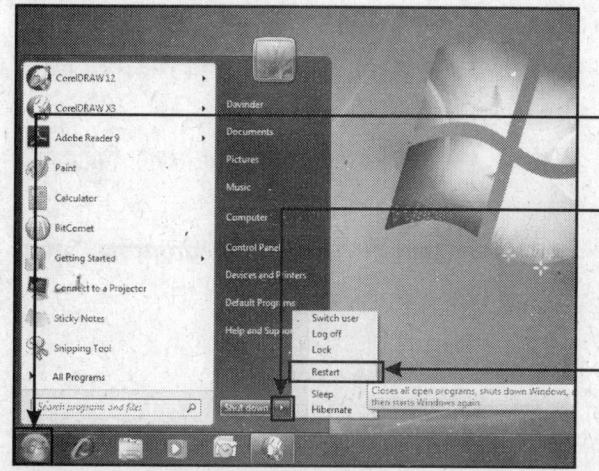

1. **स्टार्ट** बटन माथि क्लिक गर्नुहोस्।
स्टार्ट मीनू देखिन्छ।
2. **शट डाउन एरो** माथि क्लिक गर्नुहोस्।
एउटा मीनू देखिनेछ।
3. **रीस्टार्ट** माथि क्लिक गर्नुहोस्।
विंडो शट डाउन हुनेछ र तपाईको कंप्यूटर रीस्टार्ट हुनेछ।

विंडो 7 शटडाउन गर्ने तरीका

कंप्यूटर प्रयोग गरेपछि बंद गर्नु भन्दा पहिला त्यसलाई शटडाउन गर्नु पर्ने हुन्छ। शटडाउन गर्नु भन्दा पहिला यो सुनिश्चित गर्नुहोस् कि तपाईले खोल्नु भएको सबै प्रोग्राम बंद गरि सक्नुभएको छ।

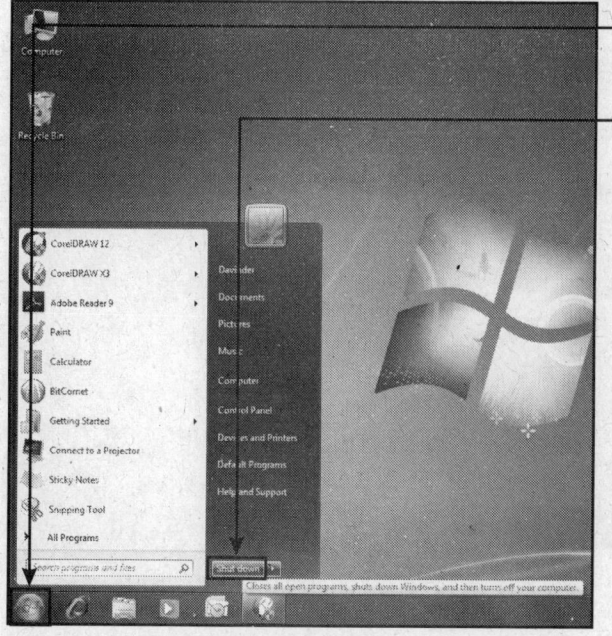

1. **स्टार्ट** बटन माथि क्लिक गर्नुहोस्।
स्टार्ट मीनू देखिनेछ।
2. **शटडाउन** माथि क्लिक गर्नुहोस्।
विंडो शटडाउन हुनेछ र तपाईको कंप्यूटर बंद हुनेछ।

यो पनि सिक्नुहोस्!!

यदि तपाईले विंडो 7 ठीकसंग बंद गर्नु भन्दा पहिला नै कंप्यूटरको सीधा पावर बटन बंद गर्नु हुन्छ भने यसबाट दुई वटा समस्याहरु हुन सक्छ। पहिलो तपाईको डाक्यूमेंट सेव नहोला। दोस्रो विंडो 7 को एउटा वा एक भन्दा अधिक सिस्टम फाइल खराब हुन सक्छ।

प्रोग्रामलाई इंस्टॉल गर्न

आफ्नो कंप्यूटरमा नयाँ प्रोग्राम पनि इंस्टॉल गर्न सक्नुहुन्छ। यो प्रोग्राम सीडी रोम, डीवीडी डिस्क र फ्लॉपी डिस्कमा उपलब्ध हुन्छ।

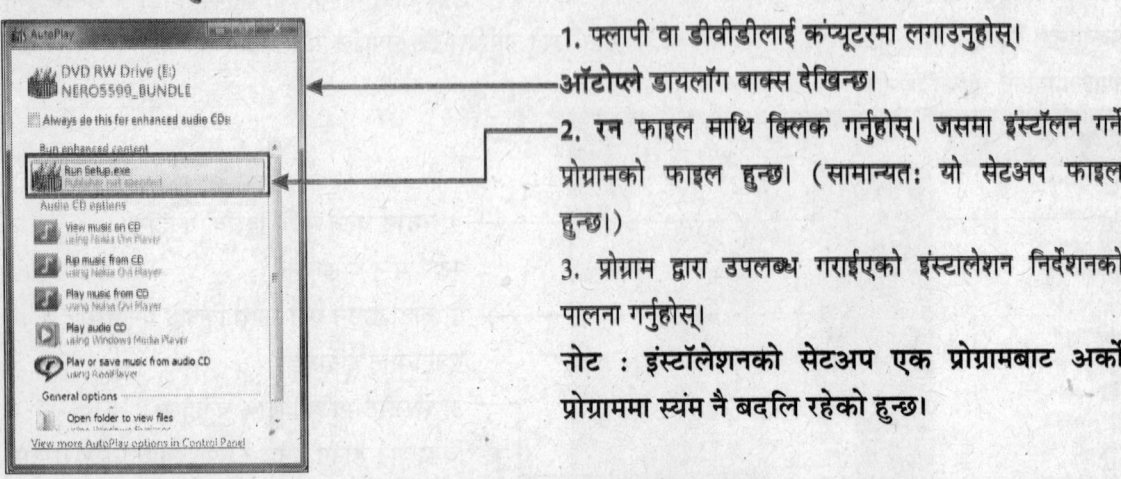

1. फ्लापी वा डीवीडीलाई कंप्यूटरमा लगाउनुहोस्। ऑटोप्ले डायलॉग बाक्स देखिन्छ।

2. **रन** फाइल माथि क्लिक गर्नुहोस्। जसमा इंस्टॉलन गर्ने प्रोग्रामको फाइल हुन्छ। (सामान्यत: यो सेटअप फाइल हुन्छ।)

3. प्रोग्राम द्वारा उपलब्ध गराईएको इंस्टालेशन निर्देशनको पालना गर्नुहोस्।

नोट : इंस्टॉलेशनको सेटअप एक प्रोग्रामबाट अर्को प्रोग्राममा स्यंम नै बदलि रहेको हुन्छ।

यदि डिस्क लगाएपछि ऑटो प्ले डायलॉग बाक्स देखि रहेको छैन् भने प्रोग्रामलाई इंस्टॉल गर्नको लागि दिईएको सेटअपको प्रयोग गर्नुहोस्।

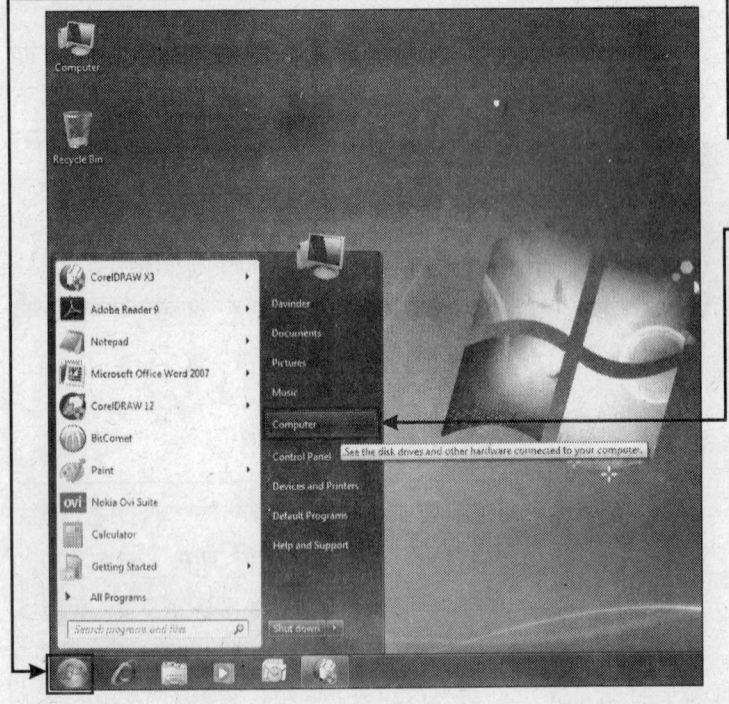

1. जुन प्रोग्राम इंस्टॉल गर्नुछ त्यसको सीडी वा डीवीडीलाई डिस्क ड्राइवमा लगाउनुहोस्।

2. **स्टार्ट** बटन माथि क्लिक गर्नुहोस्। स्टार्ट मीनू देखिन्छ।

3. **कंप्यूटर** माथि क्लिक गर्नुहोस्। **कंप्यूटर** विंडो देखिनेछ।

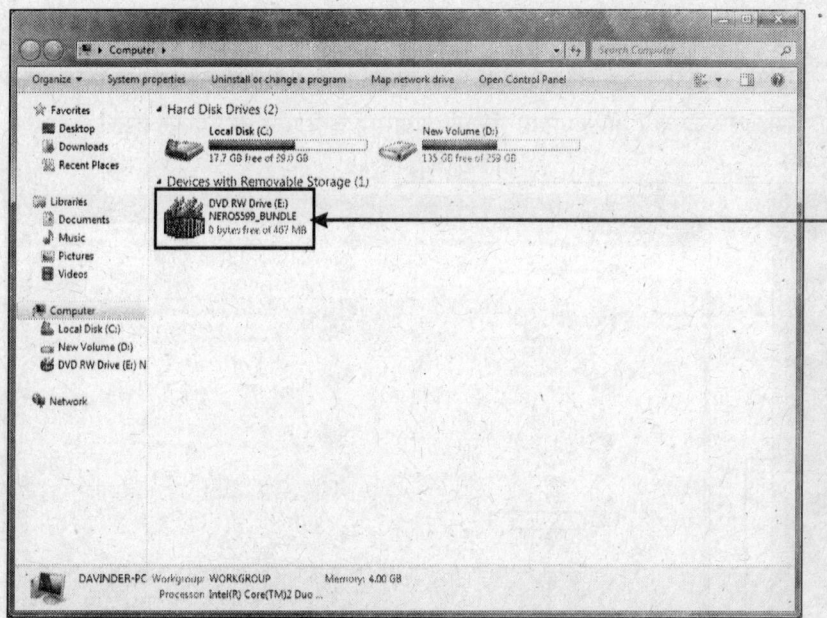

4. सीडी र डीवीडी ड्राइवको आइकॉनमा डबल क्लिक गर्नुहोस्।

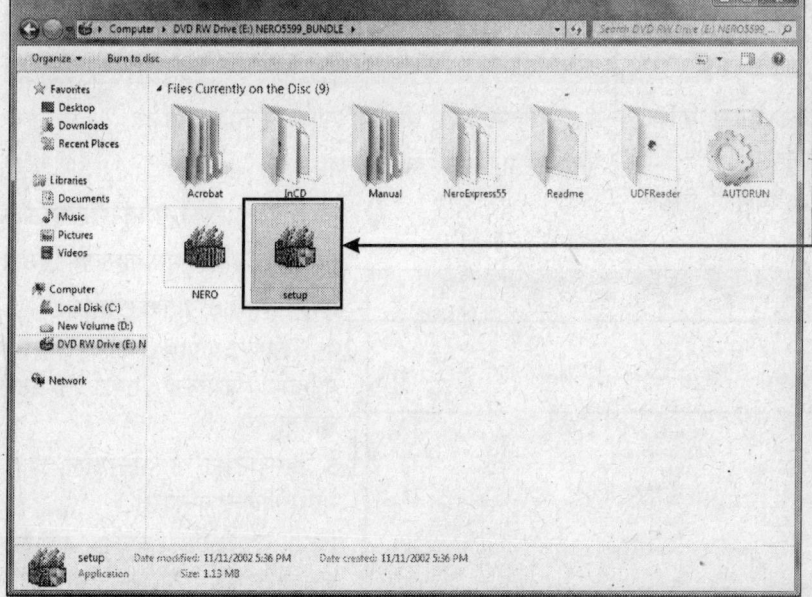

ड्राइव विंडो देखिन्छ।

5. फाइलमा डबल क्लिक गर्नुहोस् जसले इंस्टालेशन प्रोग्रामलाई लांच गर्दछ।

6. प्रोग्राम द्वारा बताईएको इंस्टालेशनको दिशा-निर्देशनहरुको पालना गर्नुहोस्।

नोटः इंस्टॉलेशन सेटअप एक प्रोग्रामबाट अर्को प्रोग्राममा स्यंम बदलिदै जान्छ।

यसको पनि जानकारीमा राख्नुहोस!!

कुनै पनि प्रोग्राम इंस्टॉल गर्न हामीलाई 'प्रोडक्ट की' वा 'सीरियल नंबर' को आवश्यक्ता हुन्छ। यो दुबै साफ्टवेयर प्रोग्रामसंग आउछ। कहिले-काहि यो सीडीको बाक्समा स्टिकरको रूपमा रहेको हुन्छ। सीडीमा पनि यो हुन सक्छ। यदि तपाई प्रोग्राम डाउनलोड गर्नुहुन्छ भने यो नंबर डाउनलोड स्क्रीनमा दखिनुपर्छ।

प्रोग्राम अनइंस्टॉल गर्न

त्यो प्रोग्राम अनइंस्टॉल (हटाउन) पनि गर्न सक्नुहुन्छ, जसको तपाईलाई आवश्यक्ता छैन्। प्रयोगमा नआउने प्रोग्रामहरुलाई हटाउनाले तपाईको हार्ड डिस्कको स्पेस बढ्न जान्छ र ऑल प्रोग्राम मीनूको प्रोग्राममा जान पनि धेरै सजिलै हुन्छ।

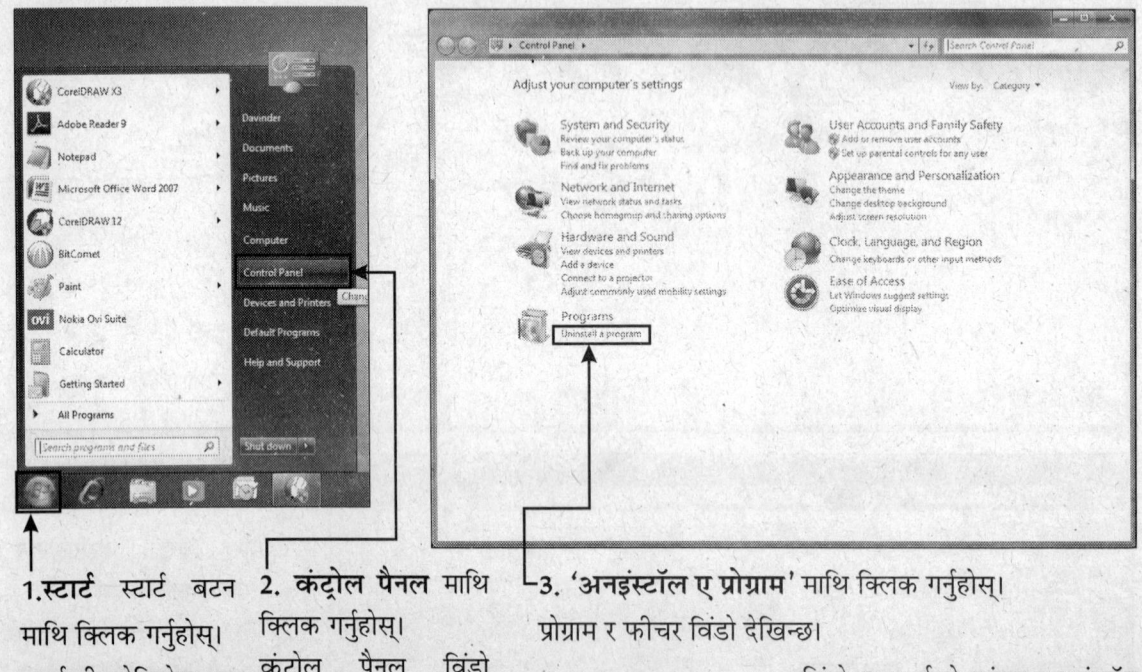

1.**स्टार्ट** स्टार्ट बटन माथि क्लिक गर्नुहोस्। स्टार्ट मीनू देखिनेछ।

2. **कंट्रोल पैनल** माथि क्लिक गर्नुहोस्। कंट्रोल पैनल विंडो देखिनेछ।

3. **'अनइंस्टॉल ए प्रोग्राम'** माथि क्लिक गर्नुहोस्। प्रोग्राम र फीचर विंडो देखिन्छ।

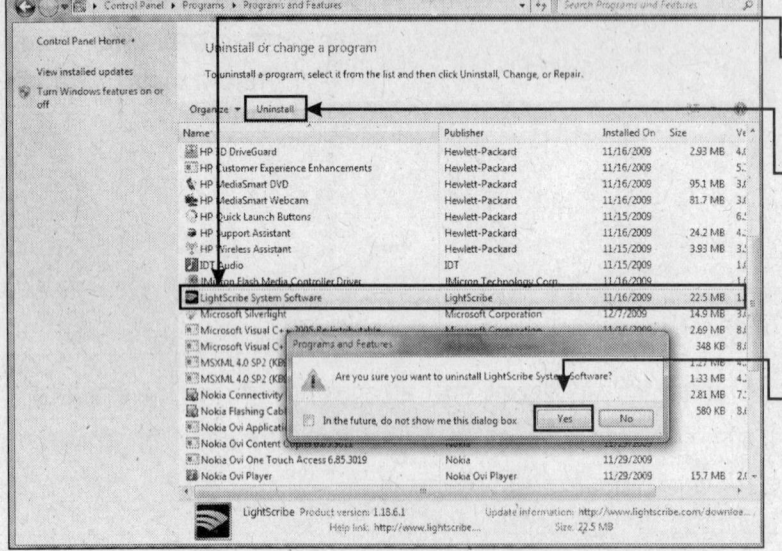

विंडो 7 तपाईको कंप्यूटरमा इंस्टॉल गरिएको सबै प्रोग्रामहरुको एउटा लिस्ट (सूची) प्रदर्शित गर्दछ।

4. त्यस प्रोग्राम माथि क्लिक गर्नुहोस् जसलाई तपाई हटाउन चाहनुहुन्छ।

5.**'अनइंस्टॉल'**या **'अनस्टॉल/चेंज'** माथि क्लिक गर्नुहोस्। एउटा डायलॉग बॉक्स देखिन्छ जसले तपाईसंग यो सुनिश्चित गर्नेछ कि के तपाई वास्तवमा त्यो प्रोग्राम अनइंस्टॉल गर्न चाहनुहुन्छ।

6. **'यस'** माथि क्लिक गर्नुहोस्। प्रोग्राम अनइंस्टॉल गर्ने प्रक्रिया शुरू हुनेछ।

7. स्क्रीनमा प्रदर्शित दिशा-निर्देशनको पालना गर्नुहोस्।

प्रोग्राम स्टार्ट (शुरू) गर्ने

विंडो 7 मा तपाईले कुनै प्रोग्राम ओपन (खोल्न) गर्न सक्नुहुन्छ। विंडो 7 प्रोग्रामलाई ओपन गर्दछ र त्यसलाई डेस्कटॉपमा डिस्प्ले (प्रदर्शित) गर्दछ।

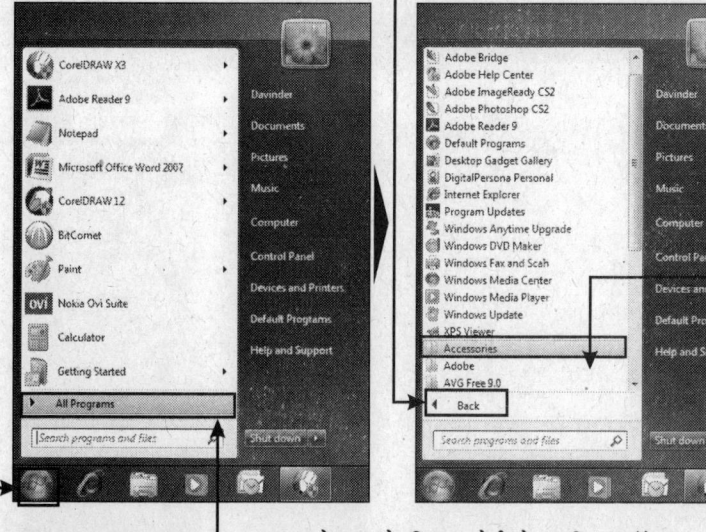

प्रोग्रामको लिस्ट (सूची) देखिन्छ।

सबै प्रोग्राम बटन 'बैक' बटनमा बदलिन जान्छ।

3. त्यस प्रोग्राम माथि क्लिक गर्नुहोस् जसलाई तपाई लांच गर्न चाहनुहुन्छ।

केहि प्रोग्राममा सबै मीन हुन्छ।

यो उदाहरणमा हामी 'ऐसेसरीज' लाई चनौठ गर्दछौं।

ऐसेसरीजको सबै मीनू पनि देखिन्छ।

1. **स्टार्ट** बटन माथि क्लिक गर्नुहोस्।

2. प्रोग्रामको लिस्ट हेर्नको लागि **'ऑल प्रोग्राम'** माथि क्लिक गर्नुहोस्।

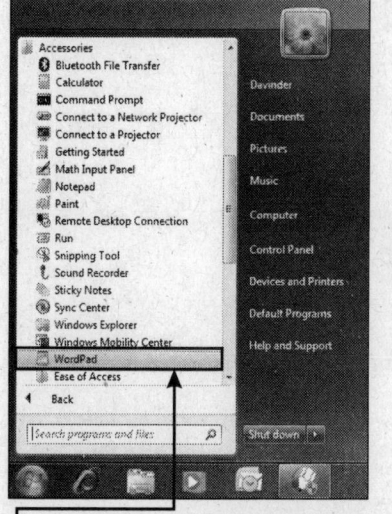

विंडो 7 ले त्यस प्रोग्रामको लागि टास्क बारमा एउटा बटन बनाउछ।

4. ऐसेसरीजको सबै मीनू मध्ये **'वर्ड पैड'** माथि क्लिक गर्नुहोस्।

'वर्ड पैड' विंडो देखिन्छ।

प्रोग्राम विंडो बुझ्नको लागि

सुविधाजनक कार्यको लागि तपाईले यस विंडोको फीचर्सलाई बुझ्नु पर्नेहुन्छ।

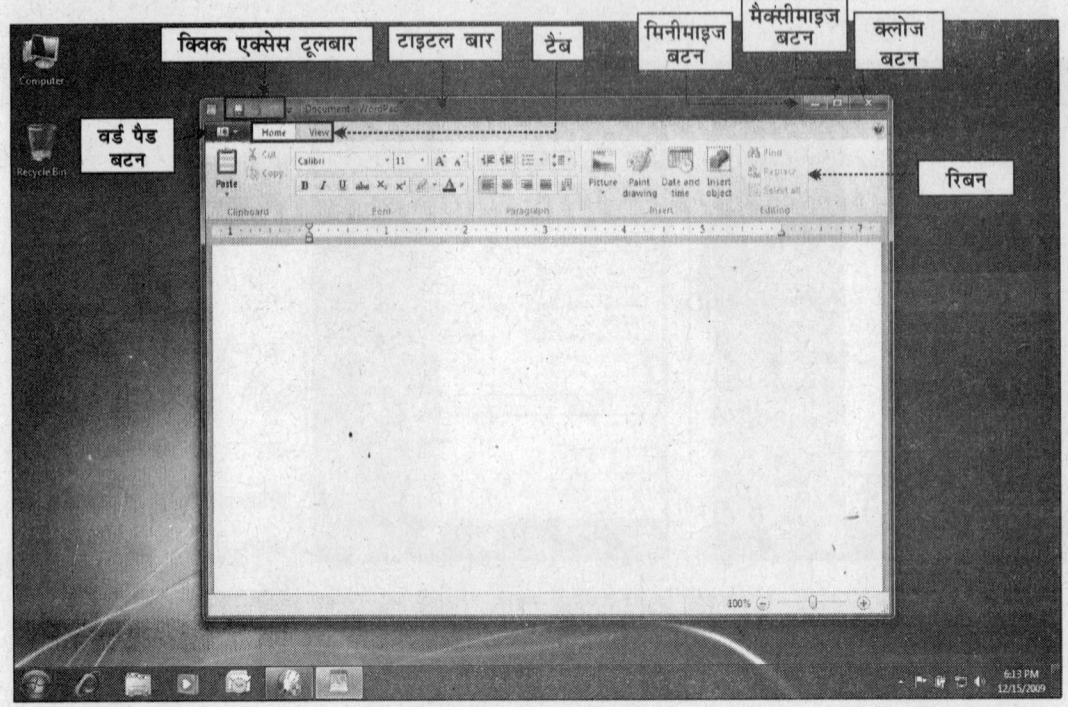

टाइटल बार : टाइटल बार प्रोग्रामको नाम प्रदर्शित गर्दछ। केहि प्रोग्राममा टाइल प्रोग्राम ओपन गरिएको डाक्यूमेंटको नाम पनि डिस्प्ले गर्दछ। विंडोमा जानको लागि तपाईले टाइटल बारको पनि प्रयोग गर्न सक्नुहुन्छ।

क्विक एक्सेस टूलबार : टाइटल बारमा क्विक एक्सेस टूलबारको बटनहरु हुन्छ जसमा 'सेव', 'डू', 'रीडू' आदि महत्वपूर्ण बटन हुन्छ।

वर्ड पैड बटन : क्विक एक्सेस टूलबार तल रहेको यो एउटा महत्वपूर्ण टूलबार हो। बायातिर पहिलो बटन वर्ड पैड बटन हुन्छ जसले वर्ड पैडको मेन मीनूलाई ओपन गर्दछ।

टैब : पेंट प्रोग्राममा 'होम' र 'व्यू' नामको दुईवटा टैब हुन्छ।

रिबन : यो टैबको रूपमा संबंधित कमांडको ग्रुप (समूह) डिस्प्ले गर्दछ। प्रत्येक टैबमा कॉमन टास्कको लागि शार्टकट बटन हुन्छ।

मिनीमाइज बटन : मिनीमाइजमा क्लिक गरेर तपाई विंडोलाई डेस्कटॉपबाट हटाउन सक्नुहुन्छ र केवल विंडोको टास्कबार बटनमा देखिन्छ। तपाई यस बटन माथि क्लिक गरेर विंडोलाई डेस्कटॉपमा फेरीबाट हेर्न सक्नुहुन्छ।

मैक्सीमाइज बटन : यसमा क्लिक गरेर तपाई विंडोलाई ठूलो गर्न सक्नुहुन्छ र तपाईले जुन विंडोमा यो बटन क्लिक गर्नु भएको छ त्यो पूरा डेस्कटॉपमा खालिनेछ।

क्लोज बटन : यो बटन माथि क्लिक गर्दा संबंधित विंडो वा प्रोग्राम बंद हुन्छ।

विंडोलाई ठूलो (मैक्सीमाइज) गर्न

मैक्सीमाइज बटनको प्रयोग गरेर तपाई विंडोलाई ठूलो गरेर पूरा स्क्रीनमा हेर्न सक्नुहुन्छ । यसमा तपाईले विंडोको बढि कटेंट हेर्न सुविधा पाउनुहुन्छ।

1. जुन विंडोलाई ठूलो पारेर हेर्न सकिन्छ, माउसको प्वाइंटर लाई त्यसको 'मैक्सीमाइज' बटनमा लैजानुहोस् र क्लिक गर्नुहोस्।

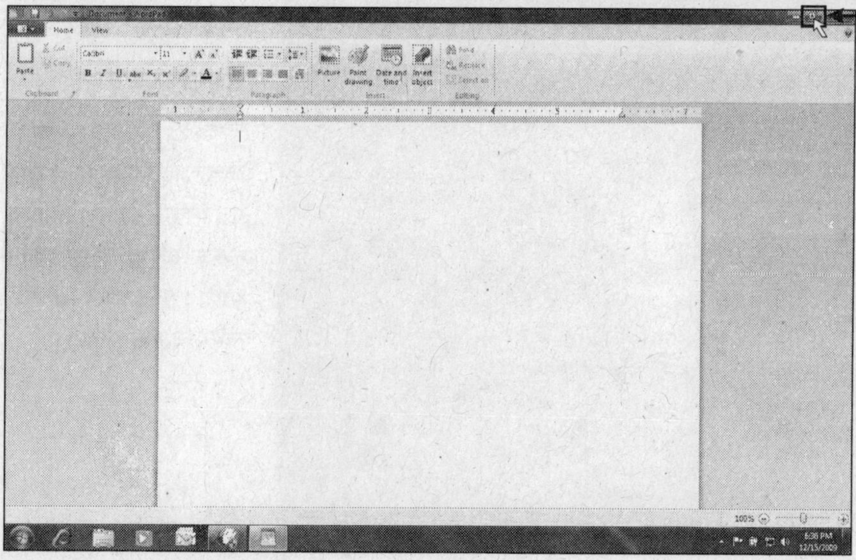

विंडो तपाईको पूरा स्क्रीनमा फैलिन्छ।

विंडोलाई पहिलाको पुरानो आकारमा वापसी ल्याउनको लागि यसको 'रीस्टोर डाउन' बटनमा माउसको प्वांटर लगेर क्लिक गर्नुहोस्।

विंडो मिनीमाइज (सानो) गर्न

जब तपाई विंडोमा काम गरि रहनु भएको भने मिनीमाइज बटनको सहायताले तपाई विंडोलाई आफ्नो स्क्रीनबाट हटाउनको लागि मिनीमाइज (सानो) गर्न सक्नुहुन्छ। हालांकि तपाई यसलाई कुनै पनि समय फेरी डिस्प्ले गराउन सक्नुहुन्छ।

1. जुन विंडोलाई मिनीमाइज गर्न सकिन्छ, माउसको प्वांटरलाई त्यसको **'मिनीमाइज'** बटनमा लगेर क्लिक गर्नुहोस्।

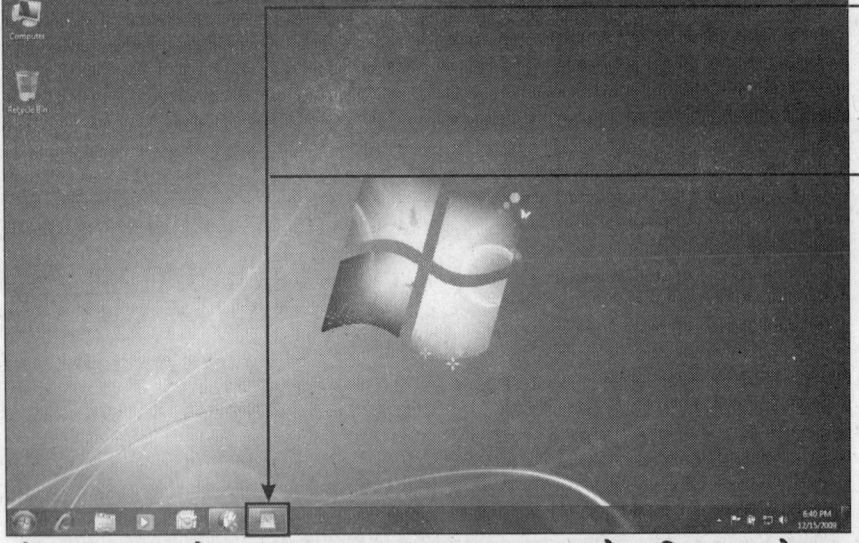

विंडो स्क्रीनबाट हट्छ र टास्क बारमा एउटा आइकॉनको रूपमा देखिन्छ।

विंडोलाई फेरीबाट डिस्प्ले गराउनको लागि तपाईले टास्क बारमा यो आइकॉन माथि माउसको प्वांटर लगेर क्लिक गर्नुहोस्।

यो पनि जान्नुहोस् !!

खोलिएको सबै विंडोलाई मिनीमाइज गर्नको लागि तपाईले टास्कबारको दायातिर बनेको **'शो डेस्कटॉप बार'** माथि क्लिक गर्नुहोस्। वा टास्क बारमा राइट क्लिक गर्नुहोस् र त्यस पछि **'शो डेस्कटॉप बार'** माथि क्लिक गर्नुहोस्।

यो पनि जान्नुहोस् !!

मिनीमाइज विंडोलाई मैक्सीमाइज गर्नको लागि 'शिफ्ट की' थिचि राख्नुहोस् र विंडोको टास्क बार बटनमा राइट क्लिक गर्नुहोस्। जुन मीनु देखिनेछ त्यसको मैक्सीमाइज बटन माथि क्लिक गर्नुहोस्।

विंडोलाई मूव गराउन (एक ठाउँबाट दोस्रो ठाउँमा लैजान)

यदि विंडो तपाईको स्क्रीनमा कुनै आइटमलाई कवर गरि रहेको छ भने विंडोलाई कुनै अर्को स्थानमा पनि लैजान सक्नुहुन्छ।

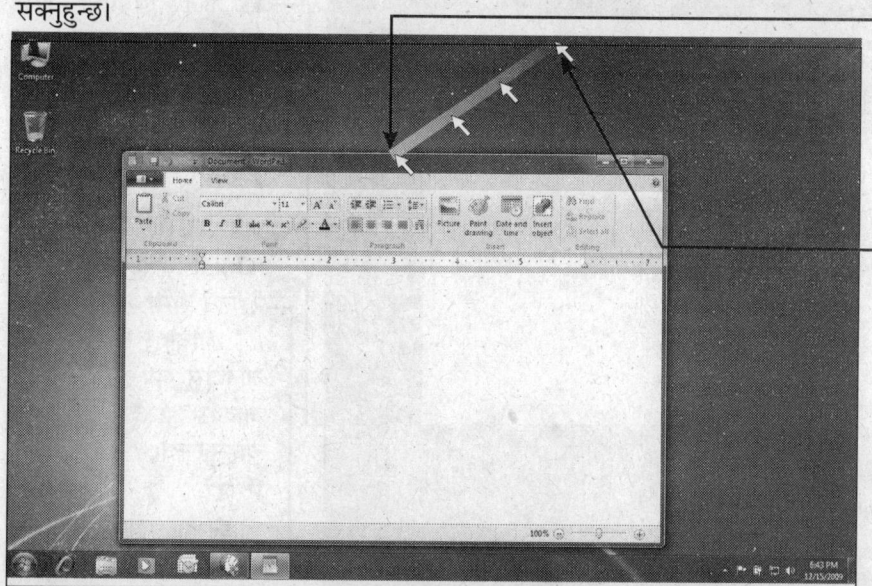

1. जुन विंडोलाई तपाई मूव गराउन चाहनुहुन्छ त्यसको टाइटल बारमा माउसको प्वांटरलाई राख्नुहोस्।

2. जुन स्थानमा तपाई विंडोलाई लैजान चाहनुहुन्छ त्यहा सम्म माउसको प्वाइंटरलाई थिचेर लैजानुहोस्। विंडो 7 माउसको प्वांटरको साथमा विंडोलाई पनि त्यस स्थान सम्म लैजान्छ।

3. माउसको बटनलाई छोडिदिनुहोस्।

विंडो 7 ले त्यस स्थानमा विंडोलाई राख्नेछ।

यो पनि जान्नुहोस् !!

यदि तपाई खोलिएको विंडोहरुलाई मूव गराउन चाहनुहुन्छ भने तपाई टास्क बारको खाली ठाँउमा माउसको राइट क्लिक गर्नुहोस् **'शो विंडो स्टैक्ड'** माथि क्लिक गर्नुहोस्। विंडो 7 ले त्यस पछि सबै विंडोलाई डेस्कटॉपमा बायाँतिरबाट व्यवस्थित क्रममा राखिन्छ।

विंडो रीसाइज (आकार बदलिन) गर्न

स्क्रीनमा डिस्प्ले भई रहेको विंडोलाई तपाई सजिलैसंग आकार पनि बदलिन सक्नुहुन्छ।

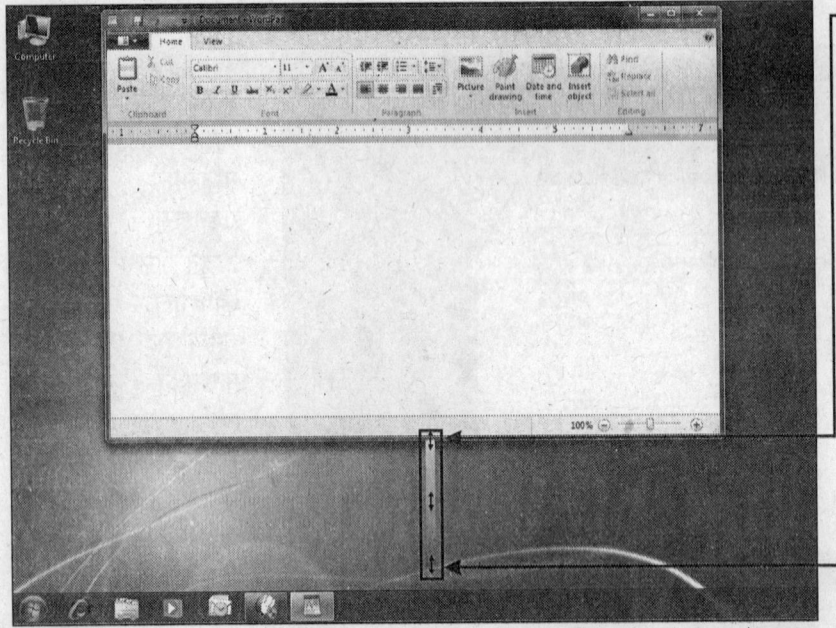

1. जुन विंडोको तपाई आकार बदलिन चाहनुहुन्छ, माउसको प्वांटर व्ह्यसको बार्डरमा लगेर क्लिक गर्नुहोस्। (↖) आकार बदलिन लागि अब माउस(↕ ↔ ↘) को प्रयोग गर्नुहोस्।

2. तब सम्म माउस प्वाइंटर (↕)दबाएर यता-उता गर्दै जानुहोस् जब सम्म कि त्यो आकार आउदैन्, जुन तपाई चाहनुहुन्छ। विंडो 7 माउसको प्वांइटरको साथै बार्डरको स्थितिमा पनि बदलाव गर्दै जान्छ।

3. माउसको प्वांटरलाई छोड्नुहोस्।

विंडो 7 ले तपाईको विंडोको साइज (आकार) बदलि दिन्छ।

नोट : एकै पटकमा विंडोको दुबै बार्डरको स्थिति बदलिनको लागि तपाईले कुनै पनि दुई कुनाहरुको प्रयोग गर्न सक्नुहुन्छ।

यो पनि जान्नुहोस् !!

यदि तपाईले ओपन गर्नु भएको सबै विंडोलाई रीसाइज गर्न चाहनुहुन्छ र एक-अर्का ओवरलैप (चढेको) हुन नदिनको लागि टास्क बारको खाली स्थानमा गएर तपाईले राइट क्लिक गर्नुहोस् र **'शो विंडो साइड बाई साइड'** माथि क्लिक गर्नुहोस्। यस्तोमा विंडो 7 प्रत्येक विंडोलाई समान स्पेस (स्थान) दिनको लागि तपाईको डेस्कटॉपलाई विभाजित गर्नेछ।

विंडो बदलिन (स्विच गर्न)

यदि आफ्नो कंप्यूटरको स्क्रीनमा एक भन्दा बढि विंडो ओपन गर्नु भएको छ भने तपाई सजिलैसंग एकबाट अर्को विंडोमा जान सक्नुहुन्छ। तपाई टास्क बार वा विंडो बटनको बीचमा गएर सजिलै एक प्रोग्रामबाट अर्को प्रोग्राममा जान सक्नुहुन्छ।

टास्क बारको प्रयोग गरेर

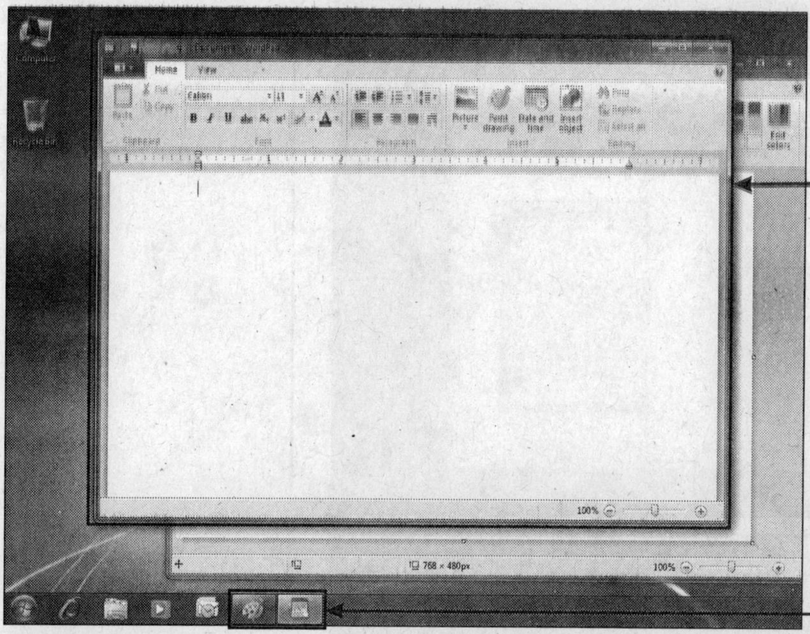

तपाई एक पटकमा एउटै विंडोमा काम गर्न सक्नुहुन्छ। खोलिएको विंडो (जसमा तपाई काम गरि रहनु भएको छ) अर्को विंडोबाट सबै भन्दा अगाडि देखिन्छ र एक गहिरो टाइटल बार डिस्पले गर्दछ।

टास्क बार तपाईको स्क्रीनमा खोलिएको प्रत्येक विंडोको लागि एउटा बटन डिस्प्ले गर्दछ।

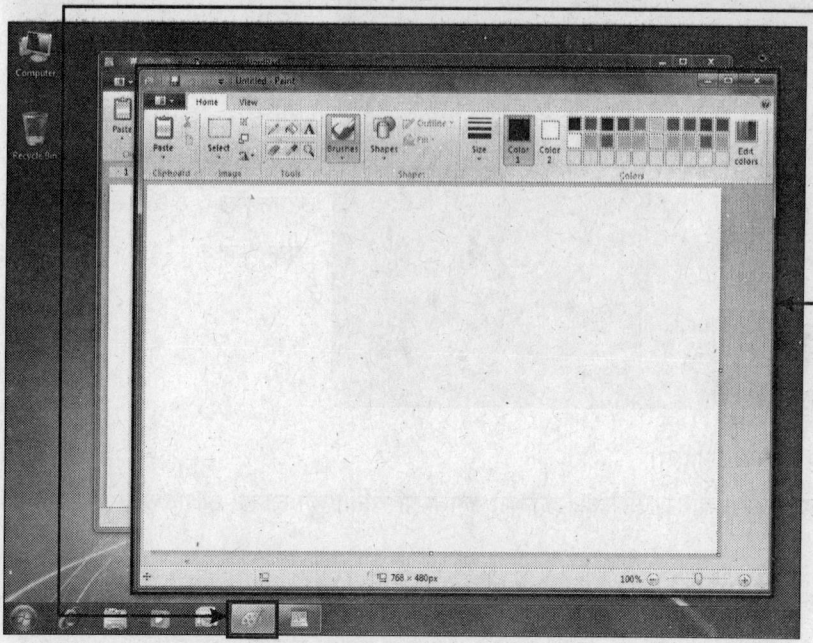

1. यस मध्ये जुन विंडोमा तपाई काम गर्न चाहनुहुन्छ त्यसलाई अर्को विंडो भन्दा अगाडि ल्याउनको लागि टास्क बारमा रहेको यसको आइकॉन माथि क्लिक गर्नुहोस्।

यो विंडो अर्को विंडो सबै भन्दा अगाडि डिस्प्ले हुनेछ। तपाई यस विंडोको कंटेंट (सामग्री) लाई स्पष्ट हेर्न सक्नुहुन्छ।

विंडो भित्र कतै क्लिक गरेर तपाई त्यस विंडोलाई अर्को विंडोलाई अगाडि ल्याएर हेर्न सक्नुहुन्छ।

ऐरो पीकको प्रयोग गरेर डेस्कटॉपमा जानु

टास्क बारको सबै भन्दा अन्तिममा ऐरो पीक बटन हुन्छ। यो बटनको प्रयोग गरेर तपाई आफ्नो स्क्रीनमा ओपन गर्नु भएको सबै विंडोलाई मिनीमाइज गरेर आफ्नो कंप्यूटरको स्क्रीनलाई सफा (खाली) गर्न सक्नुहुन्छ। त्यस पछि डेस्कटॉपमा कुनै विंडो देखिनेछैन् र सफा देखिन्छ।

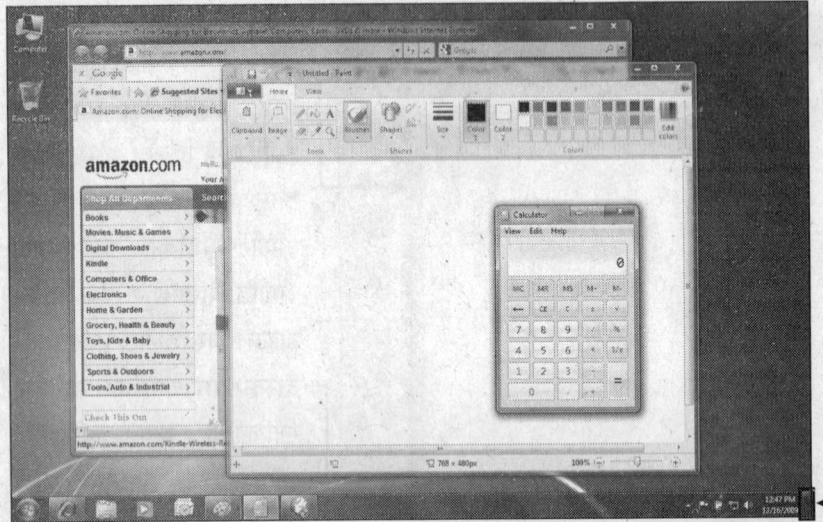

1. आफ्नो माउस प्वाइंटरलाई 'शो डेस्कटॉप' बटनमा लैजानुहोस्।

जब तपाई आफ्नो माउसको प्वाइंटरलाई 'शो डेस्कटॉप' बटनमा घुमाउनुहुन्छ तब सबै विंडो ट्रांसपेरेंट (पारदर्शी) हुन जान्छ।

अब तपाई डेस्कटॉपमा जान सक्नुहुन्छ र त्यसलाई हेर्न सक्नुहुन्छ

2. अब 'शो डेस्कटॉप' बटन माथि क्लिक गर्नुहोस्।
सबै खोलिएको विंडो मिनीमाइज भएर टास्क बारमा एउटै आइकॉनको रूपमा परिवर्तित हुन जान्छ। अब तपाईको डेस्कटॉप सफा देखिन्छ।
यदि तपाई यी सबै विंडोलाई फेरीबाट डिस्प्ले गर्न चाहनुहुन्छ भने फेरीबाट 'शो डेस्कटॉप' बटन माथि क्लिक गर्नुहोस्।
केवल एउटा विंडो डिस्प्ले गर्नको लागि टास्क बारमा गएर त्यसको आइकॉन माथि क्लिक गर्नुहोस्।

पर्सनलाइज (निजी) विंडो ओपन गर्ने तरीका

विंडो 7 को विभिन्न डिस्प्ले ऑप्शन (विकल्पहरु)मा बदलाव गर्नको लागि तपाईले यो जान्नु आवश्यक छ कि पर्सनलाइज विंडोलाई कसरी ओपन गरिन्छ।

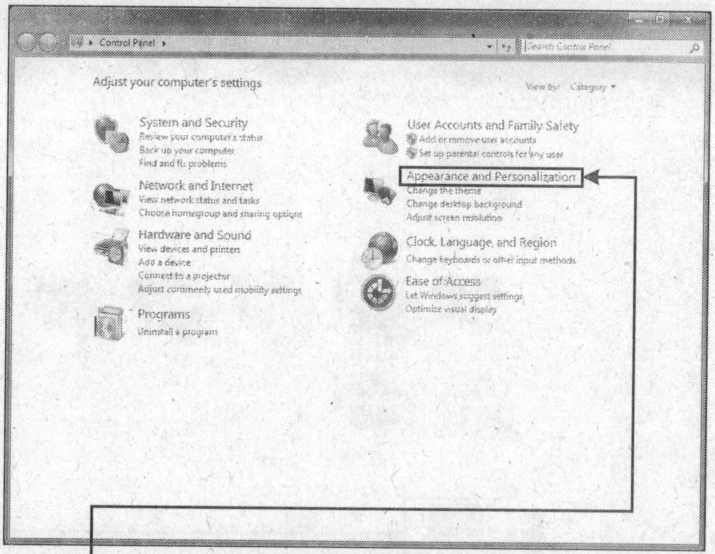

1. स्टार्ट बटन माथि क्लिक गर्नुहोस्। **'स्टार्ट'** मीनू देखिनेछ।

2. 'कंट्रोल पैनल' माथि क्लिक गर्नुहोस्। **कंट्रोल पैनल** विंडो देखिनेछ।

3. 'एपीरिएंस एंड पर्सनलाइजेशन' माथि क्लिक गर्नुहोस्। **एपीरिएंस एंड पर्सनलाइजेशन** विंडो देखिनेछ।

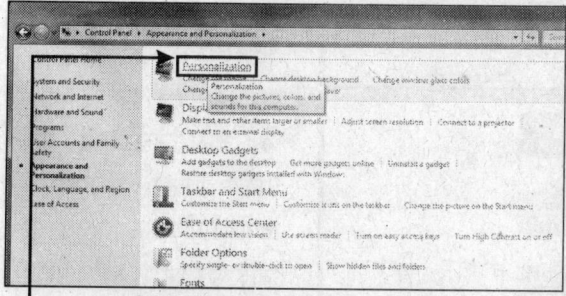

4. 'पर्सनलाइजेशन' माथि क्लिक गर्नुहोस्। **पर्सनलाइजेशन** विंडो देखिन्छ।

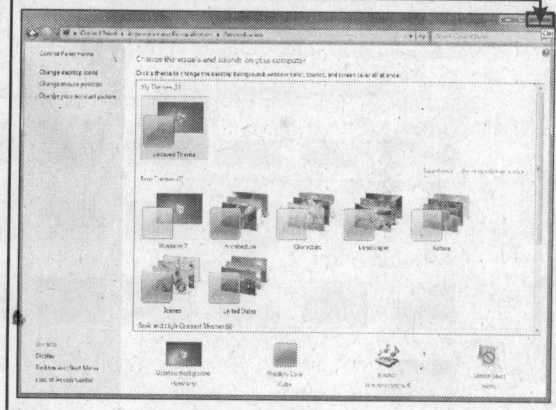

5. आफ्नो काम खतम गरेपछि **'क्लोज'** बटन माथि क्लिक गर्नुहोस्।

यो पनि जान्नुहोस्!!

डेस्कटॉपको खाली स्थानमा राइट क्लिक गरेर तपाई **'पर्सनलाइजेशन विंडो'** ओपन गर्न सक्नुहुन्छ। र यहा प्रदर्शित हुने **'पर्सनलाइजेशन'** मीनू माथि क्लिक गर्नुहोस्।

डेस्कटॉपको बैकग्राउंड बदलिन

आफ्नो डेस्कटॉप सजाउनको लागि अथवा त्यसको रूप सज्जाको लागि तपाईले आफ्नो डेस्कटॉपको बैकग्राउंडको कलर (रंग) बदलिन सक्नुहुन्छ।

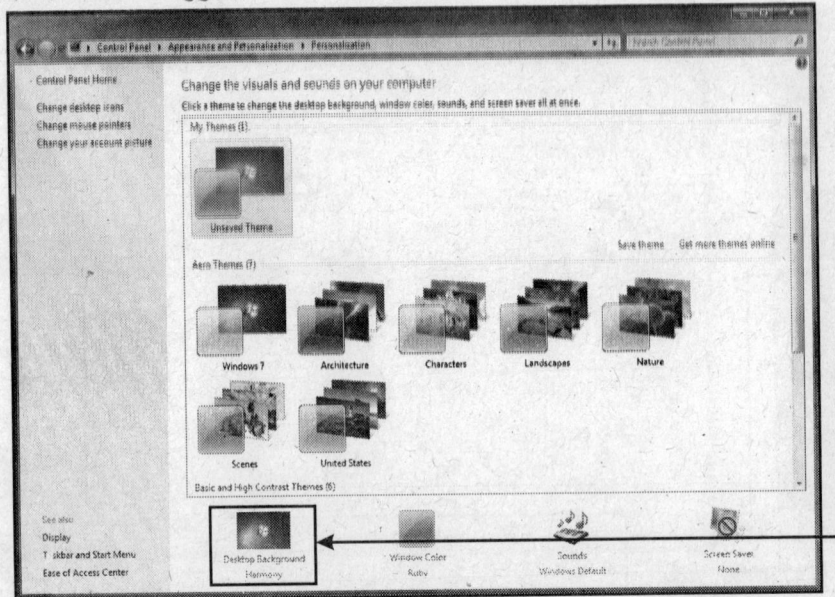

1. 'पर्सनलाइजेशन' विंडो ओपन गर्नुहोस्।

नोट : पर्सनलाइजेशन विंडो ओपन गर्नको लागि यस भन्दा पहिलाको पेजमा बताईएको स्टेप (1 देखि 4) को पालना गर्नुहोस्।

2. डेस्कटॉप बैकग्राउंड माथि क्लिक गर्नुहोस्।
'डेस्कटॉप बैकग्राउंड' विंडो देखिनेछ।

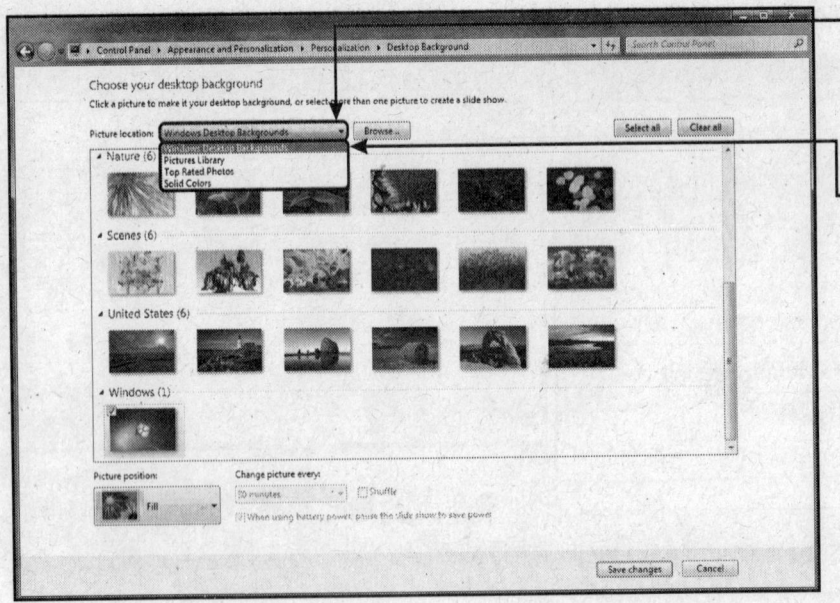

3. 'पिक्चर लोकेशन' को डाउन ऐरो माथि क्लिक गर्नुहोस्।
ड्रॉप डाउन मीन देखिनेछ।

4. त्यस बैकग्राउंड गैलरी माथि क्लिक गर्नुहोस् जुन तपाई प्रयोग गर्न चाहनुहुन्छ यदि डेस्कटॉप बैकग्राउंडमा पिक्चर जोड्न चाहनुहुन्छ भने पहिला त्यस लिस्टको 'पिक्चर लाइब्रेरी' मा जानुहोस्। तपाई 'ब्राउस' माथि पनि क्लिक गर्न सक्नुहुन्छ र फाइल छान्नको लागि ब्राउस डायलॉग बाक्सको प्रयोग हुन्छ।

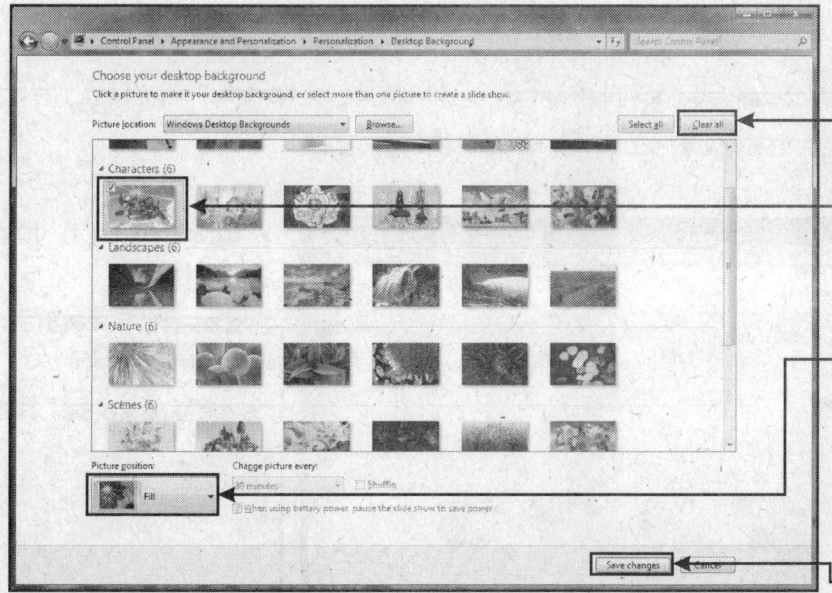

सेलेक्ट गरिएको गैलरीमा विंडो 7 ले डेस्कटॉप बैकग्राउंड प्रदर्शित गर्दछ।

5. **'क्लीयर ऑल'** माथि क्लिक गर्नुहोस्।
6. त्यस इमेज (पिक्चर) वा कलर (रंग) माथि क्लिक गर्नुहोस् जसलाई तपाई प्रयोग गर्न चाहनुहुन्छ।
7. **'पिक्चर पोजीशन'** को डाउन एरो माथि क्लिक गर्नुहोस् र त्यस पछि त्यस पोजीशन माथि क्लिक गर्नुहोस् जुन तपाई प्रयोग गर्न चाहनुहुन्छ।
8. **'सेव चेंजेज'** माथि क्लिक गर्नुहोस्।
9. **'क्लोज' (X)** बटन माथि क्लिक गर्नुहोस्।

तपाई द्वारा छानिएको पिक्चर र कलर डेस्कटॉप बैकग्राउंडमा देखिनेछ।

यो पनि जान्नुहोस्!!

पिक्चरको स्थिति (स्टेप 7)

फिल : यो ऑप्शनले पिक्चरलाई समान लंबाई र चौडाईमा पूरा स्क्रीनमा फैलाउछ। यस्तो स्थितिमा पिक्चरको कुनै भाग काटिन्छ र देखिदैन्।

फिट : यो ऑप्शनले पनि पिक्चरलाई पूरा स्क्रीनमा फैलाउछ तर यसमा पिक्चरको लंबाई र चौडाई तपाईको स्क्रीनको हिसाबबाट फिट हुन जान्छ र पूरा पिक्चर स्क्रीनमा देखिन्छ।

स्ट्रेच : यो ऑप्शनले पिक्चरलाई सबै साइडबाट बढाएर पूरा स्क्रीनमा फिट गर्दछ।

टाइल : यस ऑप्शनमा एकै पिक्चरको धेरै कॉपी बन्न जान्छ र स्क्रीनमा देखिन्छ।

सेंटर : यस ऑप्शनमा कुनै पनि पिक्चरको एउटा कॉपी स्क्रीनको सेंटरमा डिस्प्ले हुन्छ।

डेस्कटॉप स्लाइड शो तैयार गर्न

विंडो मा तपाईले डेस्कटॉप बैकग्राउंडको रूपमा कुनै पिक्चरको स्लाइड शो पनि सेट गर्न सक्नुहुन्छ। यसमा विंडो 7 ले सेट गरेको टाइम (समय) को अनुसार डेस्कटॉप बैकग्राउंडमा पिक्चरलाई बदलि रहेको हुन्छ।

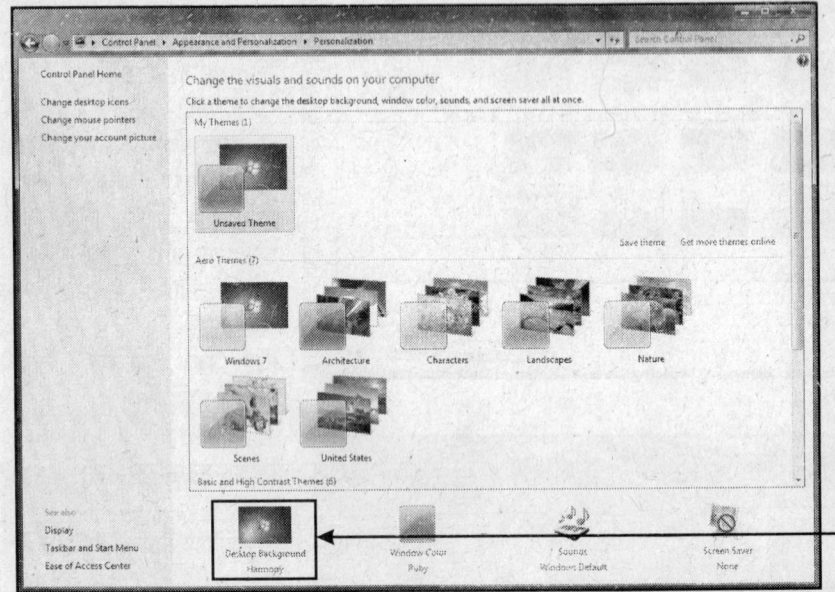

1. **'पर्सनलाइजेशन'** विंडो ओपन गर्नुहोस्।
2. **'डेस्कटॉप बैकग्राउंड'** माथि क्लिक गर्नुहोस्। **'डेस्कटॉप बैकग्राउंड'** विंडो देखिनेछ।

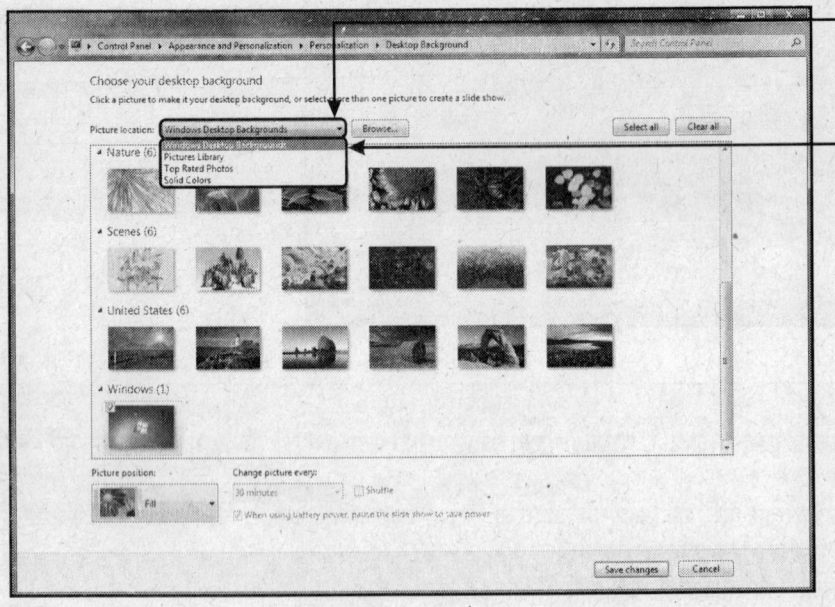

3. **'पिक्चर लोकेशन'** को डाउन एरो क्लिक गर्नुहोस्। ड्रॉप डाउन मीनू देखिन्छ।
4. जुन बैकग्राउंड गैलरी तपाई हेर्न चाहनुहुन्छ त्यस माथि क्लिक गर्नुहोस्। यदि डेस्कटॉप बैकग्राउंडको रूपमा पिक्चर समावेस गर्न चाहनुहुन्छ भने लिस्टमा **'पिक्चर लाइब्रेरी'** माथि क्लिक गर्नुहोस्। तपाईले **'ब्राउस'** माथि क्लिक गररे आफुलाई मनपर्ने फाइल छान्नको लागि ब्राउस डायलॉग बाक्सको पनि प्रयोग गर्न सक्नुहुन्छ।

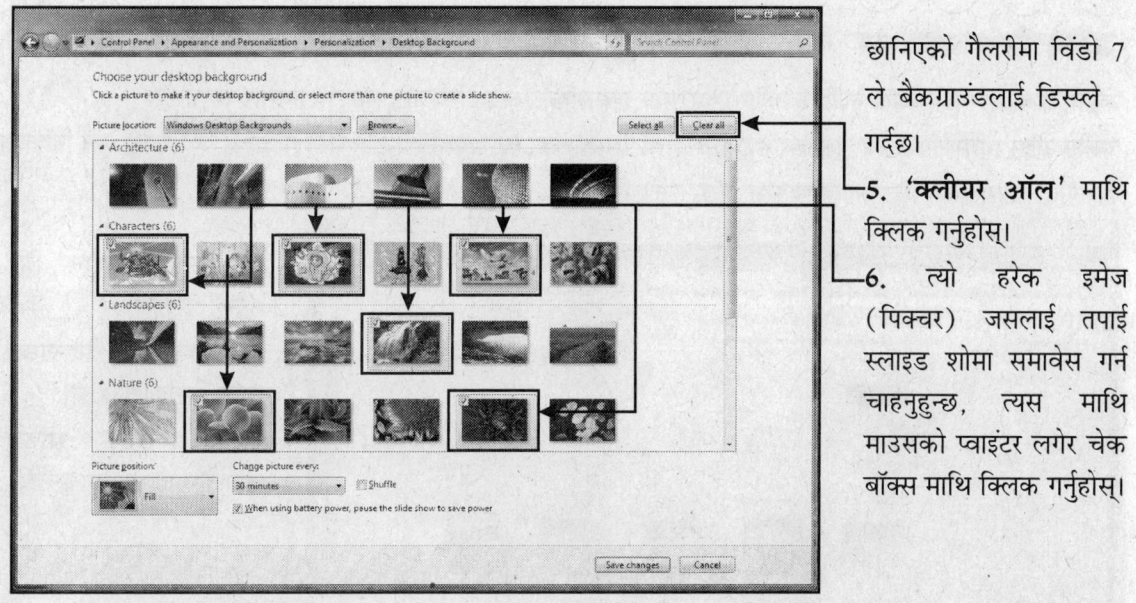

छानिएको गैलरीमा विंडो 7 ले बैकग्राउंडलाई डिस्प्ले गर्दछ।

5. **'क्लीयर ऑल'** माथि क्लिक गर्नुहोस्।

6. त्यो हरेक इमेज (पिक्चर) जसलाई तपाई स्लाइड शोमा समावेस गर्न चाहनुहुन्छ, त्यस माथि माउसको प्वाइंटर लगेर चेक बॉक्स माथि क्लिक गर्नुहोस्।

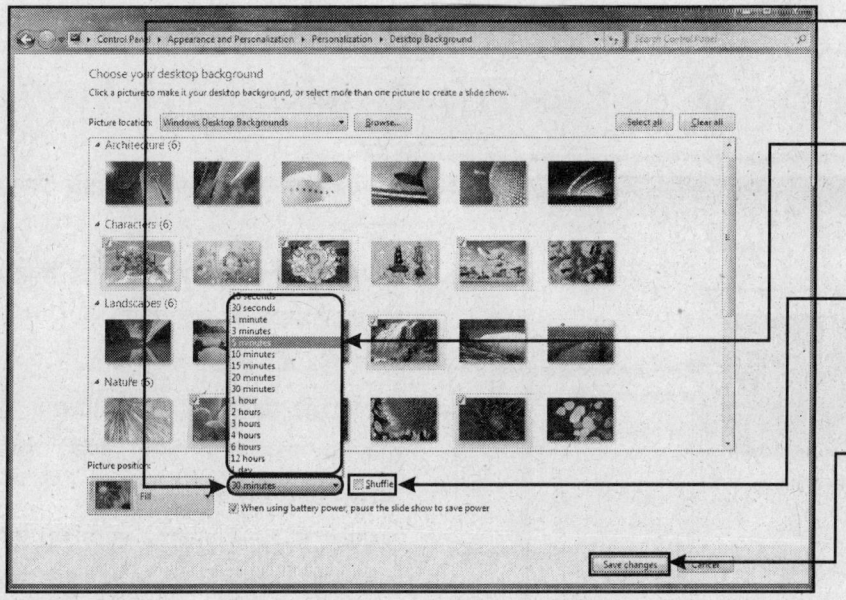

7. **'चेंज पिक्चर एवरी'** को डाउन एरो क्लिक गर्नुहोस्। एक मीनू देखिनेछ।

8. यी पिक्चरहरुको बीचमा समयको अंतर हाल्नुहोस् अर्थात कति समय पछि तपाई पिक्चर बदलिन चाहनुहुन्छ।

9. पिक्चरहरुलाई विभिन्न क्रममा हेर्नको लागि **'शफल'** को चेक बॉक्स माथि क्लिक गर्नुहोस्।

10. **'सेव चेंजेस'** माथि क्लिक गर्नुहोस्।

विंडो 7 ले पहिला पिक्चर लाई डेस्कटॉपमा प्रदर्शित गर्नेछ र त्यस पछि तपाईद्वारा सेट गरिएको समय अनुसार अर्को पिक्चरहरु देखाउनेछ।

यो पनि जान्नुहोस्!!

यदि तपाई डेस्कटॉपमा देखाउदै गरेको पिक्चर हेर्न चाहनुहुन्न भने डेस्कटॉपरमा राइट क्लिक गर्नुहोस् र त्यसपछि **'नेक्स्ट डेस्कटॉप बैकग्राउंड'** माथि क्लिक गर्नुहोस्। विंडो 7 ले त्यस स्लाइड शोमा तुरंत अर्को पिक्चर प्रदर्शित गर्न थाल्नेछ।

स्क्रीन सेवर सेट गर्न

स्क्रीन सेवर डिस्पले गर्नको लागि विंडो 7 लाई तैयार गर्न सकिन्छ र यो पिक्चरहरुको चलायमान समूह हो।

स्क्रीन सेवर मूविंग पिक्चर (चलायमान पिक्चर) हो जसले तपाईको डेस्कटॉपमा स्यंम नै देखिन्छ, जब तपाई कुनै निश्चित समयको अंतराल सम्म आफ्नो कंप्यूटरमा काम गर्नु हुन्न।

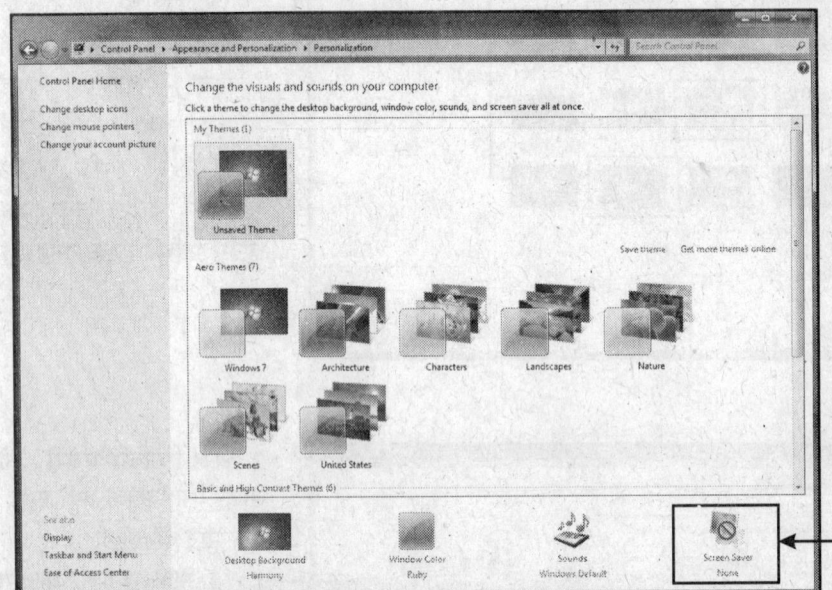

1. **'पर्सनलाइजेशन'** विंडो ओपन गर्नुहोस्।

2. **'डेस्कटॉप बैकग्राउंड'** माथि क्लिक गर्नुहोस्।

'स्क्रीन सेवर सेटिंग' डायलॉग बाक्स देखिनेछ।

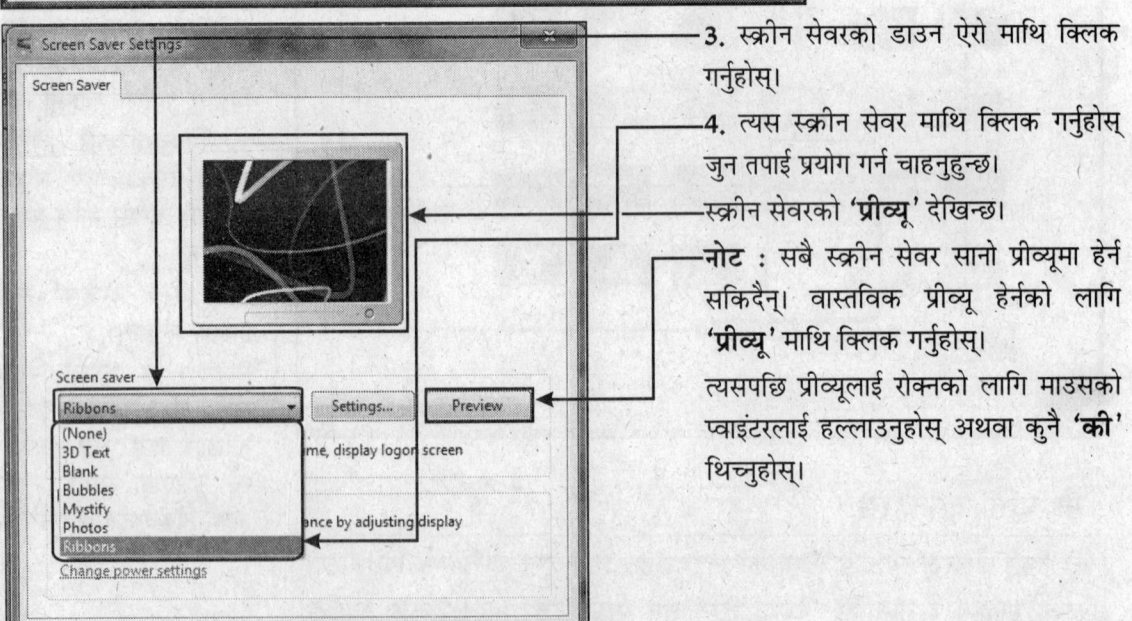

3. स्क्रीन सेवरको डाउन ऐरो माथि क्लिक गर्नुहोस्।

4. त्यस स्क्रीन सेवर माथि क्लिक गर्नुहोस् जुन तपाई प्रयोग गर्न चाहनुहुन्छ।

स्क्रीन सेवरको **'प्रीव्यू'** देखिन्छ।

नोट : सबै स्क्रीन सेवर सानो प्रीव्यूमा हेर्न सकिदैन्। वास्तविक प्रीव्यू हेर्नको लागि **'प्रीव्यू'** माथि क्लिक गर्नुहोस्।

त्यसपछि प्रीव्यूलाई रोक्नको लागि माउसको प्वाइंटरलाई हल्लाउनुहोस् अथवा कुनै **'की'** थिच्नुहोस्।

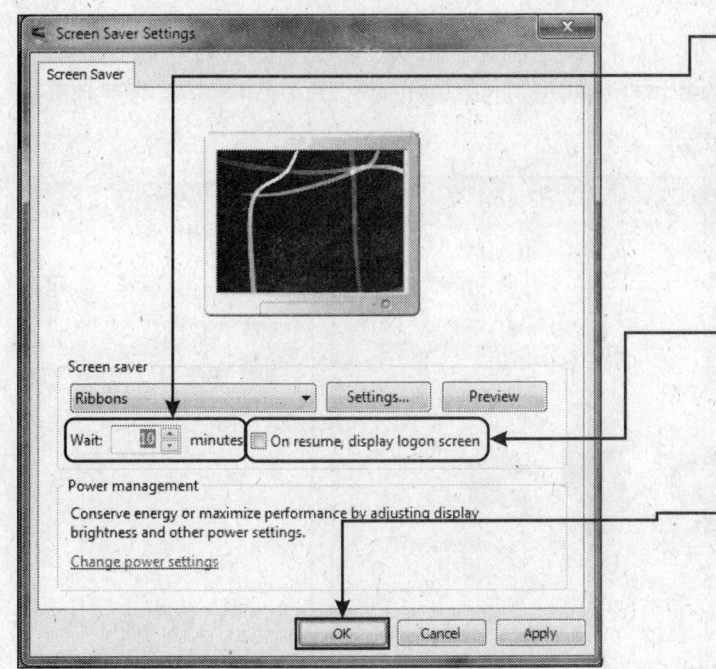

5. कति समय पछि स्क्रीन सेवर तपाईको कंप्यूटरमा देखिनुपर्छ, त्यो सेट गर्नको लागि **'वेट'** को अप र डाउन एरो बटन माथि क्लिक गर्नुहोस् र त्यसमा समय निश्चित गर्नुहोस्। यो गरेपछि कंप्यूटरमा काम नगरेको बेला तपाईले दिएको एक निश्चित समयमा नै स्क्रीन सेवर स्यांम प्रदर्शित हुन्छ।

केवल त्यो व्यक्तिले नै स्क्रीन सेवरमा छेड़छाड़ गर्न सक्छ जसलाई तपाईको पासवर्ड थाहा छ, तपाई **'ऑन रिज्यूम', 'डिस्प्ले लोगोन स्क्रीन'** को चेक बॉक्स माथि क्लिक गर्न सक्नुहुन्छ।

6. 'ओके' माथि क्लिक गर्नुहोस्।

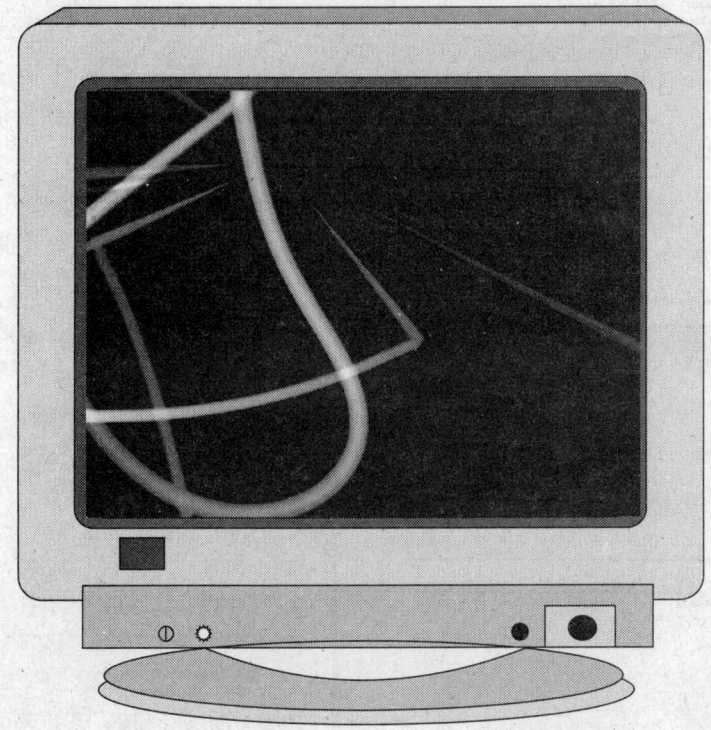

तपाई द्वारा स्टेप पाँचमा 'दिईएको समय अनुसार र त्यस समय सम्म यदि तपाईको कंप्यूटरमा कुनै काम भई रहेको छैन् भने स्क्रीन सेवर स्यंम शो (प्रदर्शित) हुन थाल्नेछ।

कलर स्कीममा बदलाव

विभिन्न कलर स्कीमको प्रयोग गरेर तपाई आफ्नो विंडो 7 को कॉपीलाई पर्सनलाइज पनि गर्न सक्नुहुन्छ जसले विंडोको टास्क बार, विंडो र स्टार्ट मीनूमा बदलाव गर्नेछ।

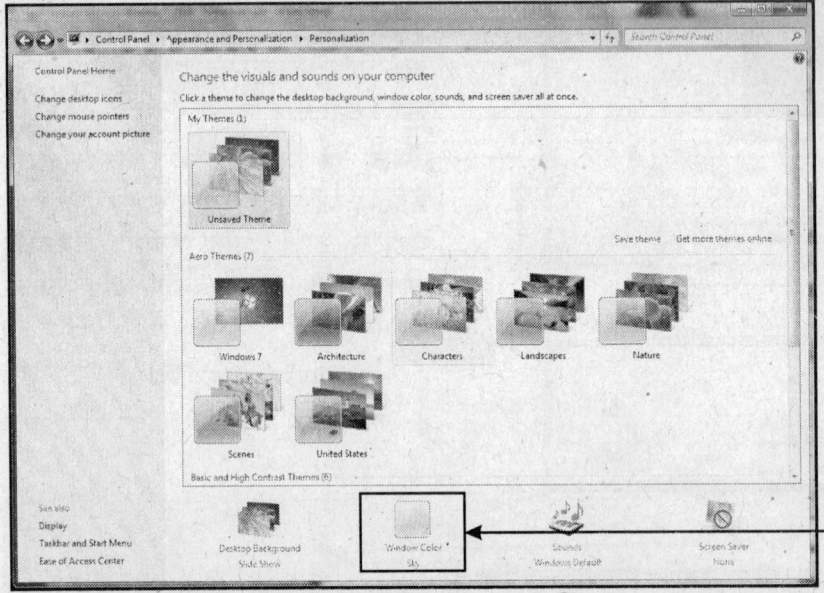

1. **'पर्सनलाइजेशन'** विंडो ओपन गर्नुहोस्।

2. **'विंडो कलर'** माथि क्लिक गर्नुहोस्।।

'विंडो कलर एंड एपीरिएंस' प्रदर्शित हुन्छ।

3. जुन कलर (रंग) तपाई प्रयोग गर्न चाहनुहुन्छ त्यस माथि क्लिक गर्नुहोस्।

विंडोले तुरंत विंडोको बार्डर को रंग परिवर्तित गर्नेछ।

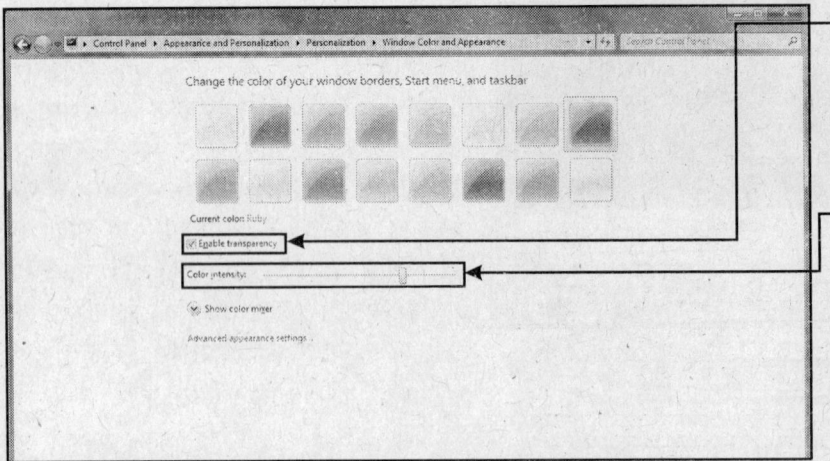

4. यदि तपाई ग्लास इफेक्टलाई हेर्न चाहनुहुन्न भने चेक मार्क ऑफ गर्नको लागि **'इनेबल ट्रांसपेरेंसी'** चेक बॉक्स माथि क्लिक गर्नुहोस्।

5. रंगको तीव्रता (इंटेंसिटी) सेट गर्नको लागि **'कलर इंटेंसिटी'** स्लाइडरमा माउसको प्वांटरलाई लगेर अगाडि-पछाडि गर्नुहोस्।

विंडो 7 ले अब विंडोको ट्रासपेंरेंसी र इंटेंसिटी बदलिदिन्छ।

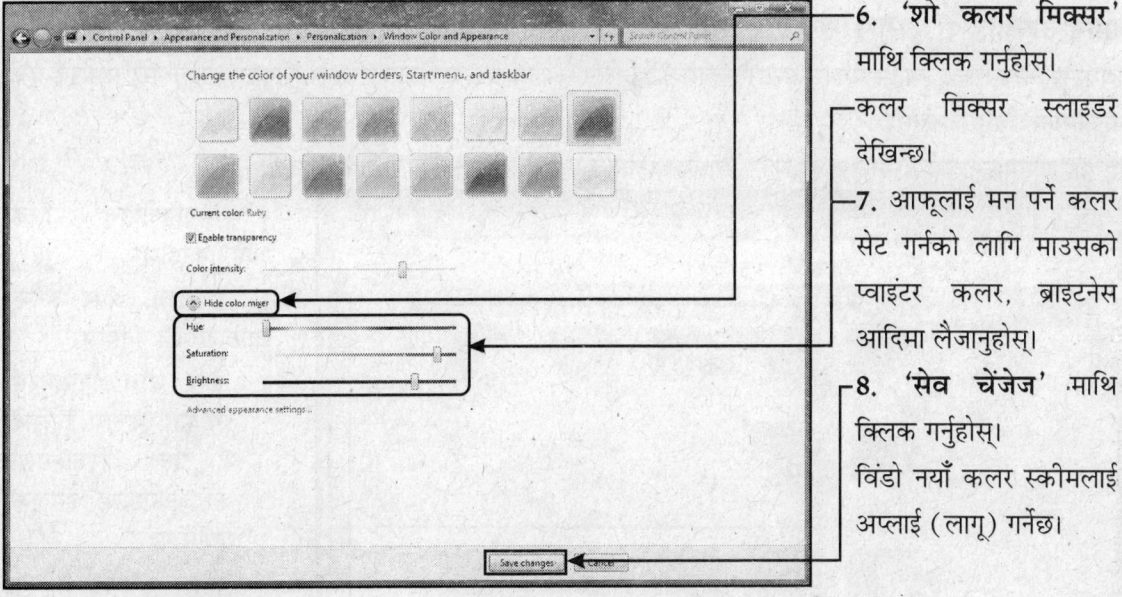

6. 'शो कलर मिक्सर' माथि क्लिक गर्नुहोस्।

कलर मिक्सर स्लाइडर देखिन्छ।

7. आफूलाई मन पर्ने कलर सेट गर्नको लागि माउसको प्वाइंटर कलर, ब्राइटनेस आदिमा लैजानुहोस्।

8. 'सेव चेंजेज' माथि क्लिक गर्नुहोस्।

विंडो नयाँ कलर स्कीमलाई अप्लाई (लागू) गर्नेछ।

यो पनि जान्नुहोस्!!

यदि तपाईको कंप्यूटरमा ग्राफिक्स कार्डको गुणवत्ता राम्रो छैन् वा ग्राफिक्सको मेमोरी बढि छैन् भने विंडो 7 ट्रांसपेरेंसी र कलर इंटेंसिटी इफेक्ट (प्रभाव) लागू गर्नमा सक्षम हेनेछैन्। यस स्थितिमा तपाईले **'विंडो कलर एंड एपीरिएंस विंडो'** को ठाँउमा **'विंडो कलर एंड डायलॉग बाक्स'** देखिनेछ।

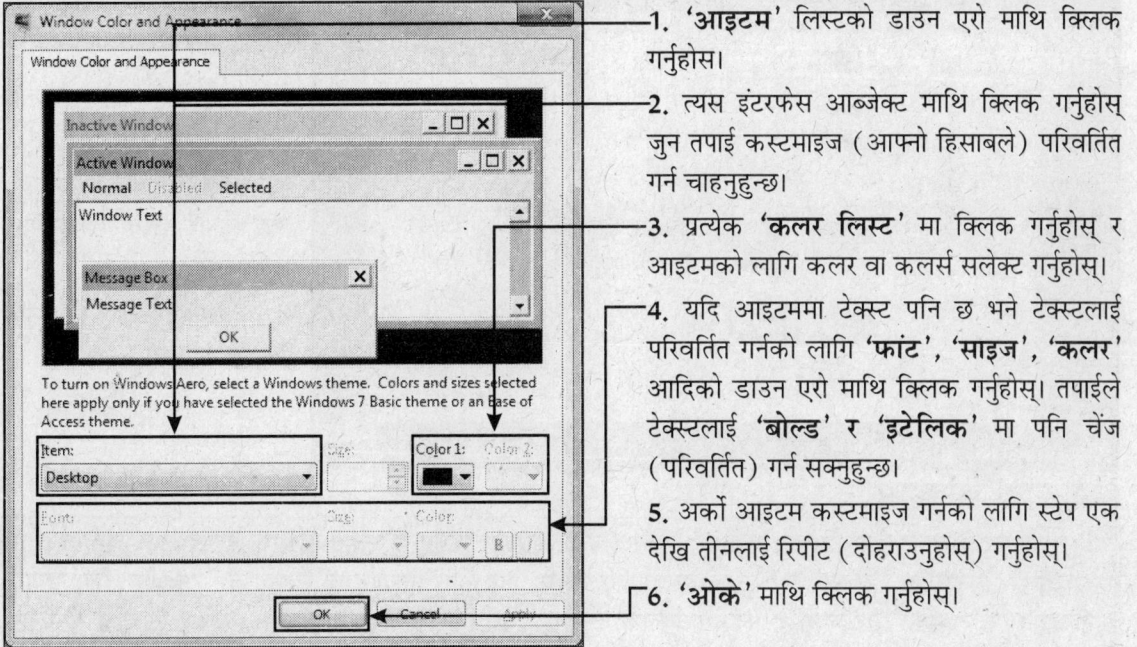

1. 'आइटम' लिस्टको डाउन एरो माथि क्लिक गर्नुहोस।

2. त्यस इंटरफेस आब्जेक्ट माथि क्लिक गर्नुहोस् जुन तपाई कस्टमाइज (आफ्नो हिसाबले) परिवर्तित गर्न चाहनुहुन्छ।

3. प्रत्येक **'कलर लिस्ट'** मा क्लिक गर्नुहोस् र आइटमको लागि कलर वा कलर्स सलेक्ट गर्नुहोस्।

4. यदि आइटममा टेक्स्ट पनि छ भने टेक्स्टलाई परिवर्तित गर्नको लागि **'फांट'**, **'साइज'**, **'कलर'** आदिको डाउन एरो माथि क्लिक गर्नुहोस्। तपाईले टेक्स्टलाई **'बोल्ड'** र **'इटेलिक'** मा पनि चेंज (परिवर्तित) गर्न सक्नुहुन्छ।

5. अर्को आइटम कस्टमाइज गर्नको लागि स्टेप एक देखि तीनलाई रिपीट (दोहराउनुहोस्) गर्नुहोस्।

6. 'ओके' माथि क्लिक गर्नुहोस्।

थीम अप्लाई (लागू) गर्ने तरीका

डेस्कटॉप बैकग्राउंड, स्क्रीन सेवर र कलर स्कीमलाई अलग–अलग सेट नगरिकन तपाईले थीमको प्रयोग गरेर यसलाई एकै पटकमा बदलिन सक्नुहुन्छ।

प्रत्येक थीममा आफ्नो डेस्कटॉप आइकॉन, साउंड इफेक्ट र माउस प्वाइंटर पनि समावेस हुन्छ।

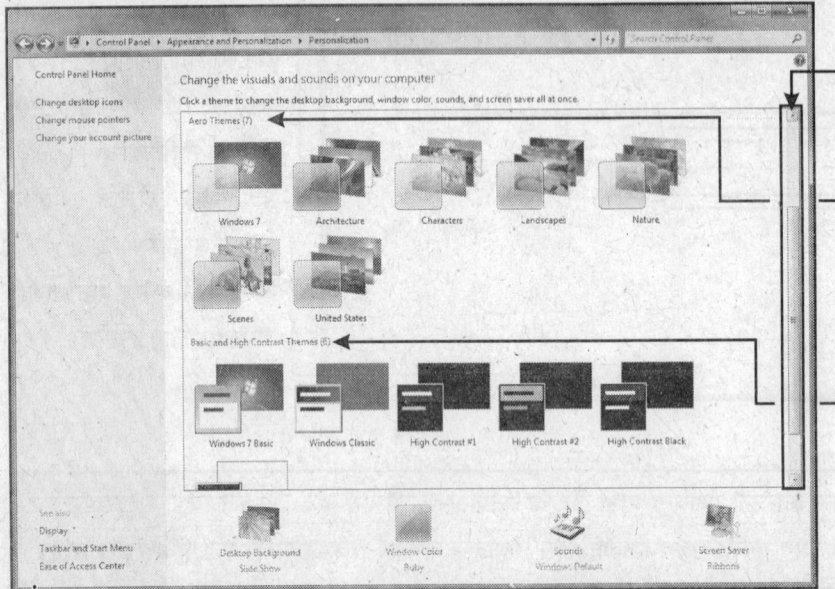

1. **'पर्सलाइजेशन'** विंडो ओपन गर्नुहोस्।

2. उपलब्ध थीम हेर्नको लागि स्क्रॉल गर्नुहोस्।

- **'ऐरो थीम'** ट्रांसपेरेंसी इफेक्ट, कलर इंटेंसिटी र उच्च रिजॉल्यूशन को बैकग्राउंड इमेजको प्रयोग गर्दछ।
- सिंपल इफेक्ट र हाई कांट्रेस्ट इफेक्टको लागि **'बेसिक एंड हाई कांट्रेस्ट थीम'** माथि क्लिक गर्नुहोस्।

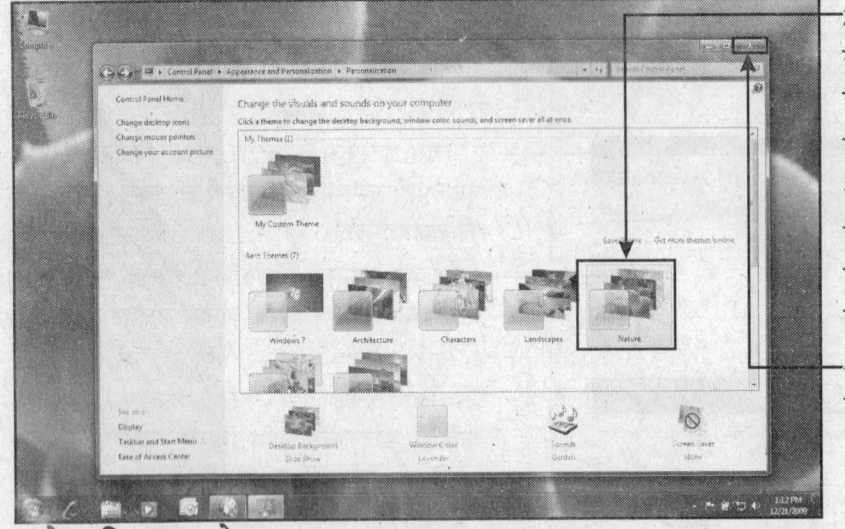

3. त्यस **'थीम'** माथि क्लिक गर्नुहोस् जुन तपाई प्रयोग गर्न चाहनुहुन्छ।

विंडो 7 ले त्यस थीमलाई अप्लाई गर्नेछ।

यो थीमको इफेक्ट (प्रभाव) लाई तपाई तुरंत डेस्कटॉपमा हेर्न सक्नुहुन्छ।

4. **'क्लोज'** (**X**) माथि क्लिक गर्नुहोस्।

यो पनि जान्नुहोस्!!

यदि तपाई **माइक्रोसाफ्ट** वेबसाइटबाट अझ बढि थीम डाउनलोड गर्न चाहनुहुन्छ भने तपाईले पर्सनलाइजेशन विंडोमा **'गेट मोर थीम्स ऑनलाइन'** लिंकमा गएर त्यहा देखाईएको **'थीम'** टैब माथि क्लिक गर्न सक्नुहुन्छ। जुन थीम तपाई प्रयोग गर्न चाहनुहुन्छ त्यसको **'डाउनलोड'** लिंकमा क्लिक गर्नुहोस्, **'ओपन'** मा क्लिक गर्नुहोस्। विंडो 7 ले त्यस थीमलाई अप्लाई गर्दछ र त्यसलाई पर्सनलाइजेशन विंडोको माई सेक्शनमा एड (शामिल) गर्दछ।

साइड बारमा गैजेट एड (जोड) गर्ने तरीका

विंडो डेस्कटॉपमा गैजेटलाई समावेस गरेर तपाईले यसलाई अझ उपयोगी बनाउन सक्नुहुन्छ। गैजेटमा सानो-सानो प्रोग्राम हुन्छ जसले कुनै विशेष कामको लागि डिजाइन गर्छ जस्तै- घड़ी र कैलकुलेटर आदि।

जुन गैजेटको प्रयोग गर्न चाहनु हुदैन त्यसलाई आफ्नो डेस्कटॉपबाट सजिलैसंग रिमूव (हटाउनु) पनि सक्नुहुन्छ।

गैजेटलाई जोडनु

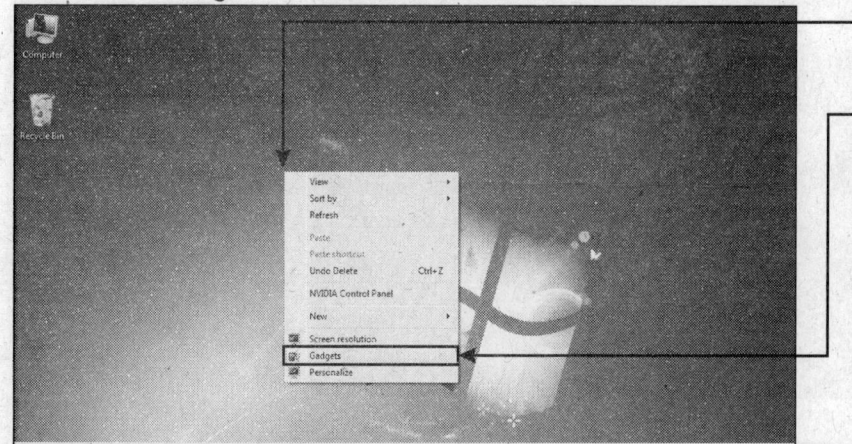

1. डेस्कटॉपमा राइट क्लिक गर्नुहोस्।
2. 'गैजेट्स' माथि क्लिक गर्नुहोस्। 'गैजेट गैलरी' देखिनेछ।

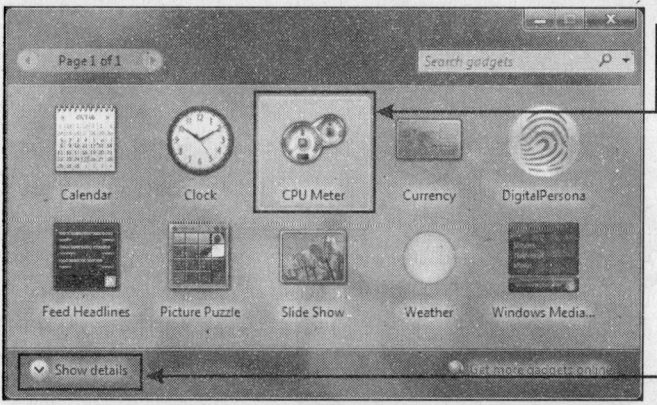

3. कुनै गैजेट माथि क्लिक गर्नुहोस्।

गैजेटको बारेमा अझ बढि जानकारी प्राप्त गर्नको लागि तपाई शो डिटेल्स माथि क्लिक गर्न सक्नुहुन्छ।

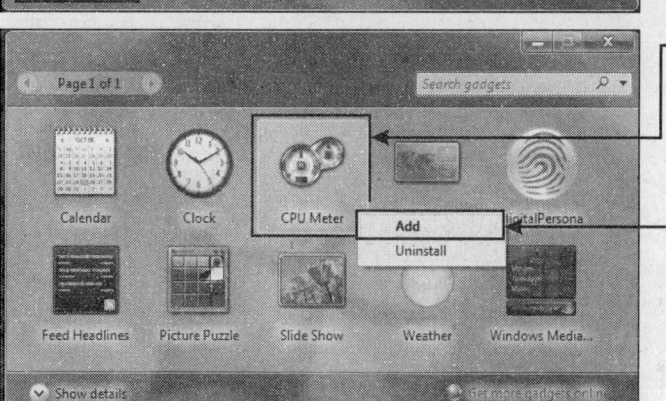

4. गैजेटमा राइट क्लिक गर्नुहोस् यदि तपाईले त्यसलाई समावेस गर्न चाहनुहुन्छ।
5. 'एड' माथि क्लिक गर्नुहोस्।

तपाई गैजेटमा डबल क्लिक पनि गर्न सक्नुहुन्छ।

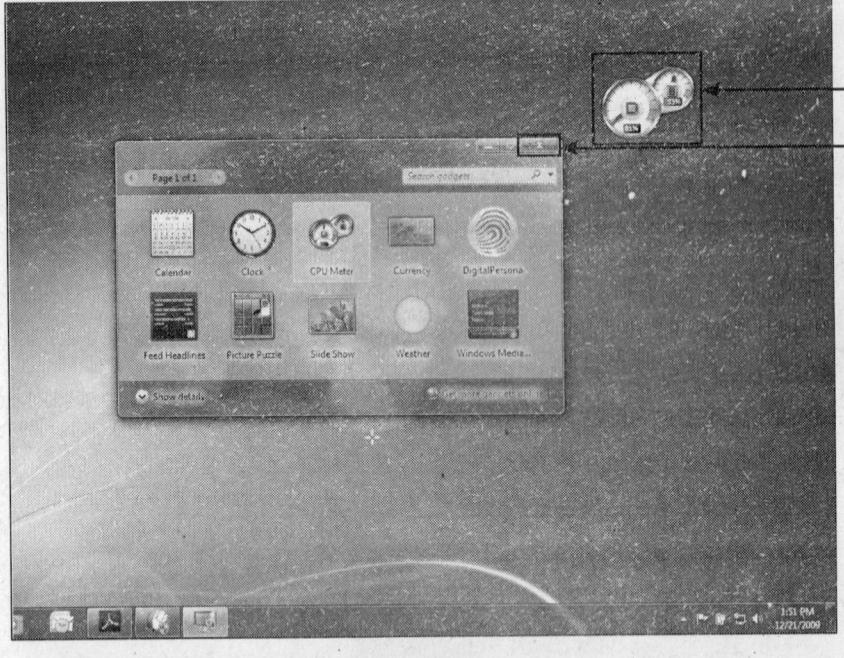

विंडो 7 ले यस गैजेटको डेस्कटॉपमा एड (शामिल) गर्छ।

6. आफ्नो डेस्कटॉपमा अझ बढि गैजेट जोड्नको लागि तपाईले स्टेप **चार** र **पांच** लाई दोहराउनुहोस।

7. **'क्लोज'** बटन माथि क्लिक गर्नुहोस्।

गैजेटलाई रिमूव गर्नु अथवा हटाउनु

जब तपाईले कुनै गैजेटलाई प्रयोग गर्न चाहनुहुन्न भने यसलाई आफ्नो डेस्कटॉपबाट सजिलैसंग हटाउन सक्नुहुन्छ।

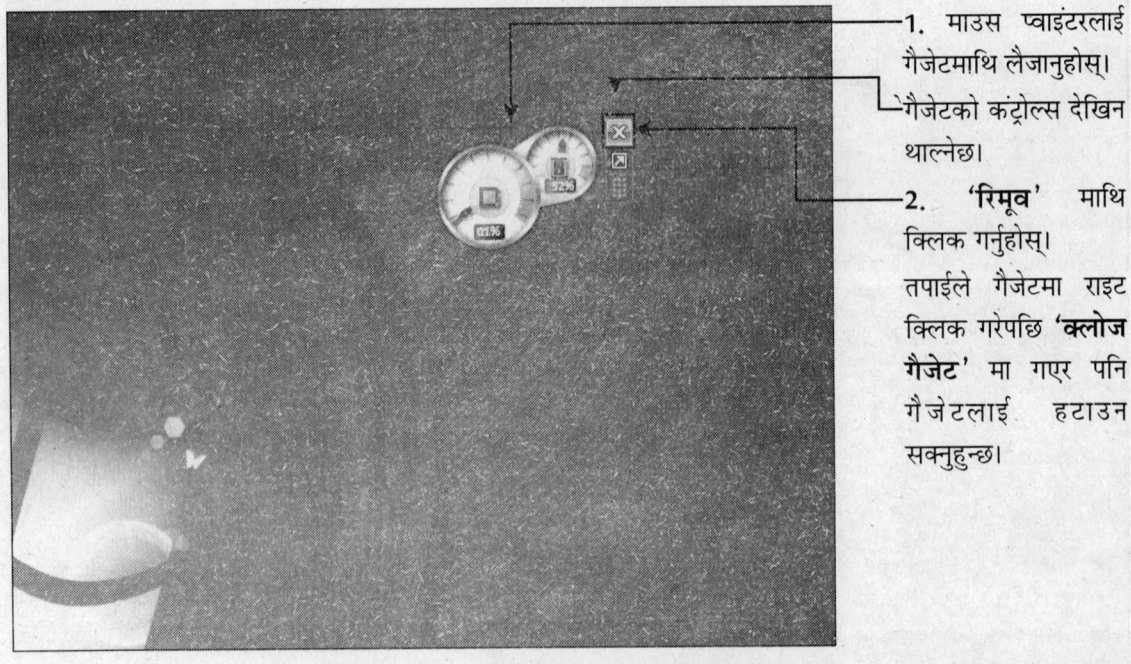

1. माउस प्वाइंटरलाई गैजेटमाथि लैजानुहोस्।

गैजेटको कंट्रोल्स देखिन थाल्नेछ।

2. **'रिमूव'** माथि क्लिक गर्नुहोस्।

तपाईले गैजेटमा राइट क्लिक गरेपछि **'क्लोज गैजेट'** मा गएर पनि गैजेटलाई हटाउन सक्नुहुन्छ।

स्टार्ट मीनुबाट कुनै प्रोग्रामलाई हटाउनु

पाईले स्टार्ट मीनूको लिस्टबाट कुनै प्रोग्रामलाई हटाउन पनि सक्नुहुन्छ।

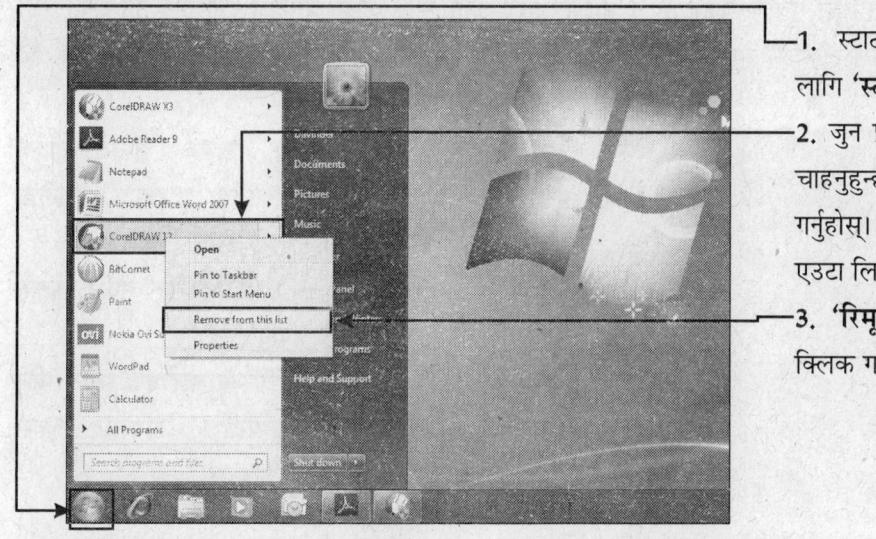

1. स्टार्ट मीनलाई ओपन गर्नको लागि **'स्टार्ट'** मा क्लिक गर्नुहोस्।
2. जुन प्रोग्रामलाई तपाई रिमूव गर्न चाहनुहुन्छ त्यसमा राइट क्लिक गर्नुहोस्।

   एउटा लिस्ट देखिनेछ।
3. **'रिमूव फ्रॅाम द लिस्ट'** माथि क्लिक गर्नुहोस्।

स्टार्ट मीनूमा कुनै प्रोग्रामलाई समावेस गर्नु

तपाईले आफ्नो स्टार्ट मीनूमा कुनै प्रोग्रामलाई स्थायी रूपले जोड्न पनि सक्नुहुन्छ।

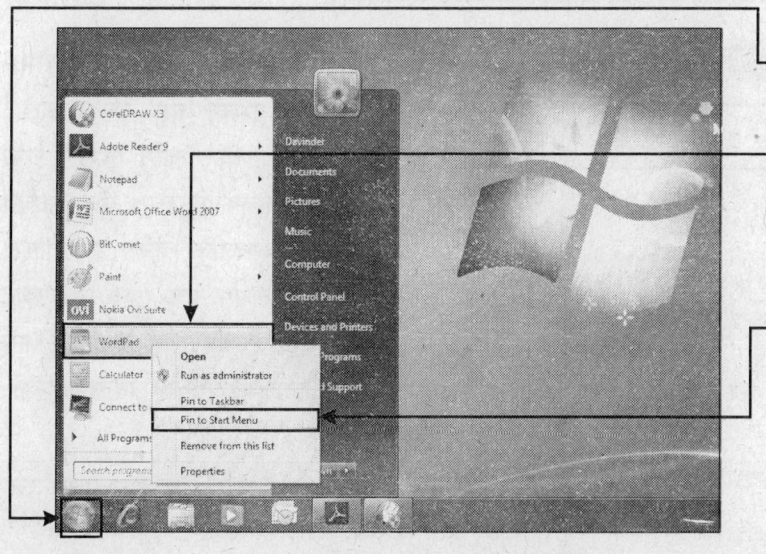

1. स्टार्ट मीनलाई ओपन गर्नको लागि **'स्टार्ट'** मा क्लिक गर्नुहोस्।
2. त्यस प्रोग्राममा राइट क्लिक गर्नुहोस् जुन कि तपाई स्टार्ट मीनूमा जोड्न चाहनुहुन्छ।

   एउटा लिस्ट देखिनेछ।
3. **'पिन टू स्टार्ट मीनू'** माथि क्लिक गर्नुहोस्।

   त्यो प्रोग्राम अब मीनूमा सबभन्दा माथि देखिनेछ।

टास्क बारलाई कस्टमाइज् गर्नु

तपाईले आफुलाई मनपर्ने टास्क बारलाई कस्टमाइज् गर्न सक्नुहुन्छ जसबाट त्यो तपाईद्वारा गरिएको सेटिंग अनुसार कार्य गर्नेछ। उदाहरणको लागि : तपाईले मूव गर्नको लागि र साइजमा बदल्नको लागि टास्क बारलाई अनलॉक गर्न सक्नुहुन्छ। टास्क बारलाई अस्थायी रूपले लुकाउन सक्नुहुन्छ। र टास्क बारलाई कवर गर्न अथवा पूरै ढाक्नको लागि विंडोलाई को मैक्सीमाइज गर्न सक्नुहुन्छ।

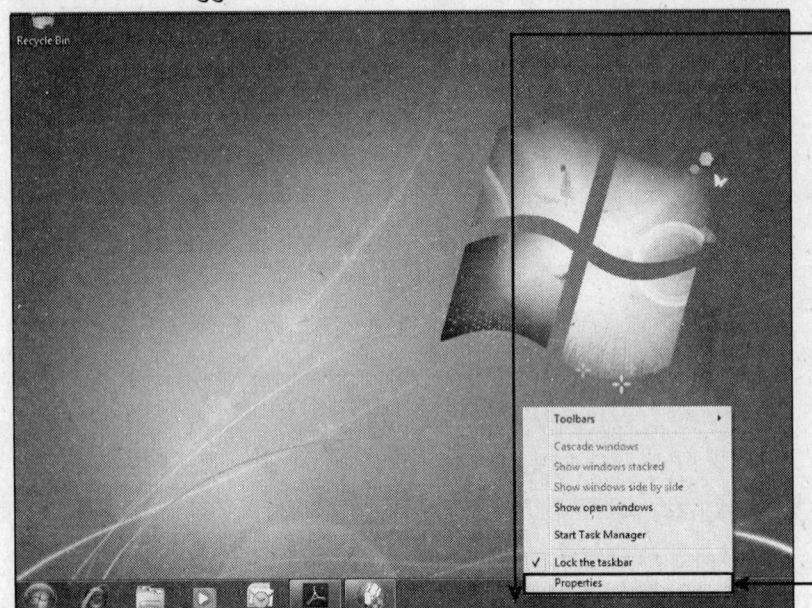

1. टास्क बारको खाली स्थानमा राइट क्लिक गर्नुहोस्।
2. **'प्रापर्टीज'** माथि क्लिक गर्नुहोस्।

'टास्क बार एंड स्टार्ट मीनू प्रापर्टीज' डायलॉग बाक्स देखिन्छ।

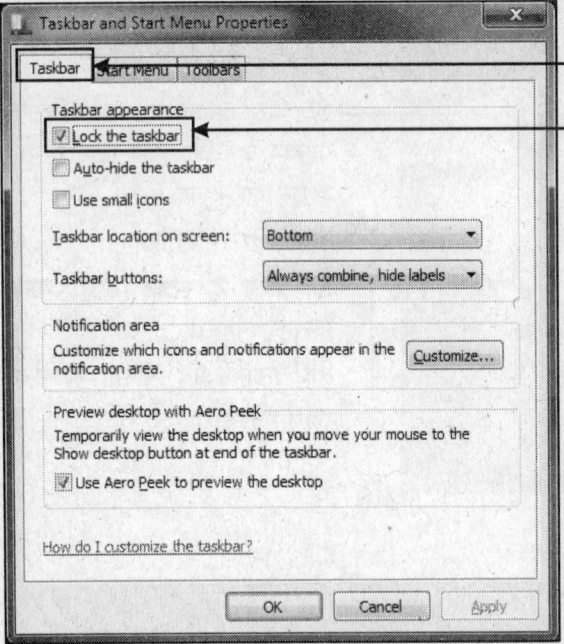

3. **'टास्कबार'** टेब माथि क्लिक गर्नुहोस्।
4. **'लॉक द टास्क बार'** चेक माक्रलाई बंद (ऑफ) गर्नको लागि तपाईले चेक बॉक्स माथि क्लिक गर्नुहोस्। अब तपाईको टास्क बार अनलॉक हुनेछ र तपाईले यसलाई सजिलैसंग मूव (एक स्थानबाट अर्को स्थानमा लैजान) गर्न सक्नुहुन्छ साथै यसको आकारलाई पनि बदलन सक्नुहुन्छ।

यो पनि जान्नुहोस्!!

टास्क बारको माथि किनारहरुलाई माउसको प्वाइंटरले समातेर ड्रैग गर्दै तपाईले टास्क बारको आकारलाई बदल्न सक्नुहुन्छ। यदि तपाईलाई लग्छ कि टास्क बार धेरै ठूलो छ भने तपाईले यसलाई यसैको तरहले तल गरेर सानो पनि बनाउन सक्नुहुन्छ।

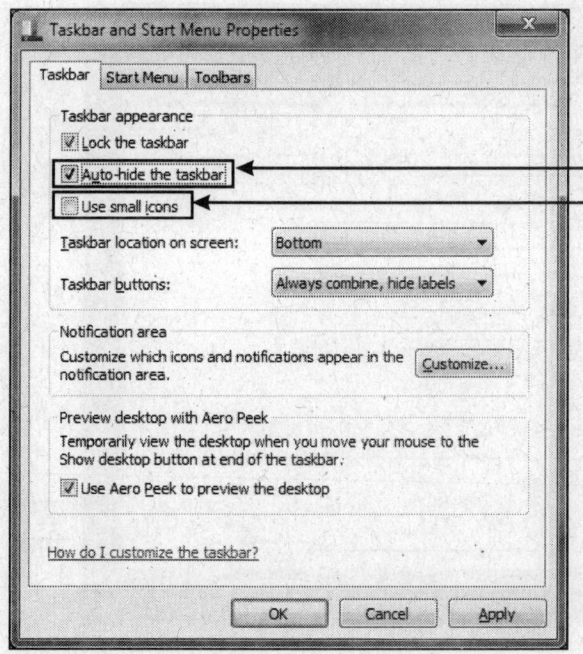

5. जब जब तपाईले कुनै प्रोग्रामलाई प्रयोग गरिरहनु भएको छ भने टास्क बारलाई लुकाउनको लागि **'ऑटो हाइड द टास्क बार'** को चेक माक्रको चेकबाक्स माथि क्लिक गरेर ओपन गर्नुहोस्।

टास्क बारलाई हाइड (लुकाउनु) बाट तपाईले विंडोलाई मैक्सीमाइज गर्न सक्नुहुन्छ जसले टास्क बारलाई पनि कवर गर्नेछ।

नोट : लुकाएको टास्क बार हेर्नको लागि माउसको प्वांटरले स्क्रीनलाई सबै भन्दा तल लैजानुहोस्।

6. टास्क टास्क बार आइकॉनको सानो रूपमा हेर्नको लागि तपाईले **'यूज स्मॉल आइकॉन'** के चेकमाक्रलाई चेकबॉक्स माथि क्लिक गरेर ऑन गर्नुहोस्।

नोट : स्मॉल आइकॉनमा गएर तपाईले टास्क बारमा अझ बढि आइकॉन फिट गर्न सक्नुहुन्छ।

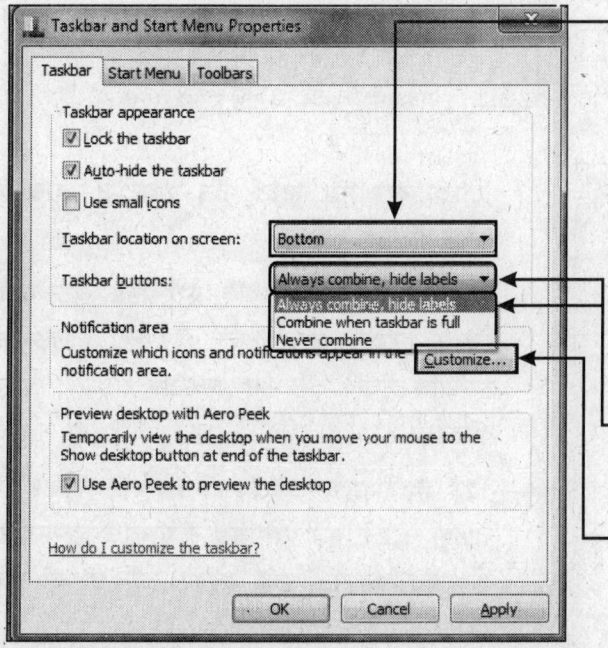

7. टास्क टास्क बारको लोकेशन (स्थिति) बदलनेको लागि तपाई **'टास्क बार लोकेशन ऑन स्क्रीन'** माथि क्लिक गर्नुहोस्। त्यस पछि तपाईले त्यस लोकेशन माथि क्लिक गर्नुहोस् जहा तपाई जान चाहनुहुन्छ जस्तै: टॉप, बॉटम, लेफ्ट र राइट।

यदि कुनै प्रोग्राममा धेरै विंडो ओपन छ भने तपाईले त्यस प्रोग्रामको एउटा बटन को हेर्नको लागि तपाईले टास्क बार बटनलाई **'ग्रुप'** गर्न सक्नुहुन्छ। यसबाट कुनै एउटा विंडोमा जानको लागि तपाईले टास्क बारमा क्लिक गर्नुहोस् र त्यसपछि त्यस विंडोको नाममा क्लिक गर्नुहोस् जुनमा तपाई जान चाहनुहुन्छ।

8. टास्क बार बटनलाई ग्रुप गर्नको लागि तपाईले **'टास्क बार बटन'** माथि क्लिक गर्नुहोस् र त्यसपछि आफुलाई मनपर्ने ग्रुप ऑप्शन माथि क्लिक गर्नुहोस्।

9. नोटिफिकेशन एरियाको आइकॉनलाई कस्टमाइज् गर्नको लागि, **'कस्टमाइज'** माथि क्लिक गर्नुहोस्। **'नोटिफिकेशन एरिया आइकॉन'** विंडो देखिनेछ।

यो पनि जान्नुहोस्!!

ग्रुपिंग टास्क बटनको अर्थ यो छ कि त्यस प्रोग्रामको लागि मात्र एउटा बटन देखिनेछ जसमा धेरै विंडोहरु खोलिएको छ।

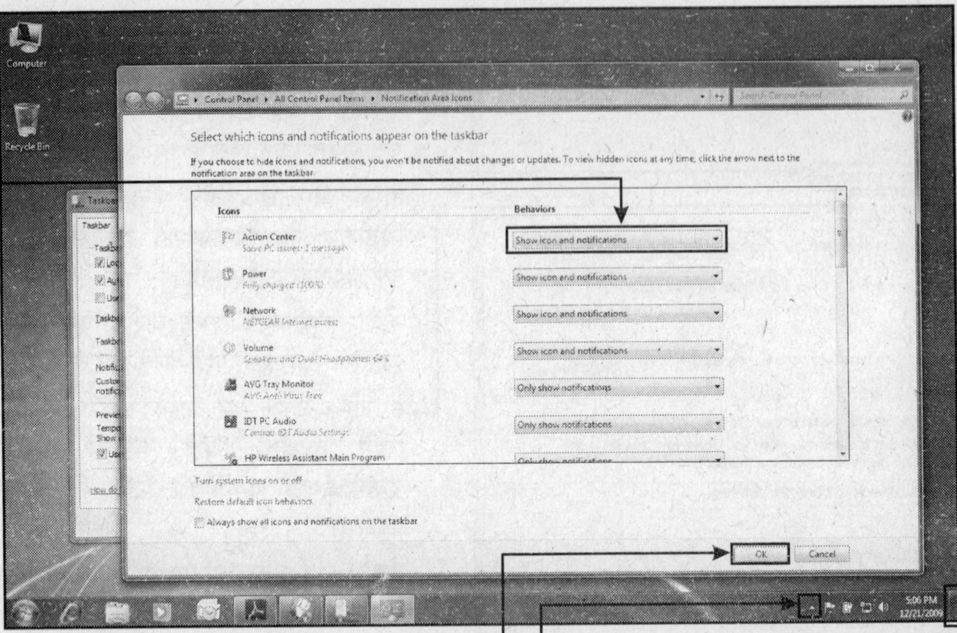

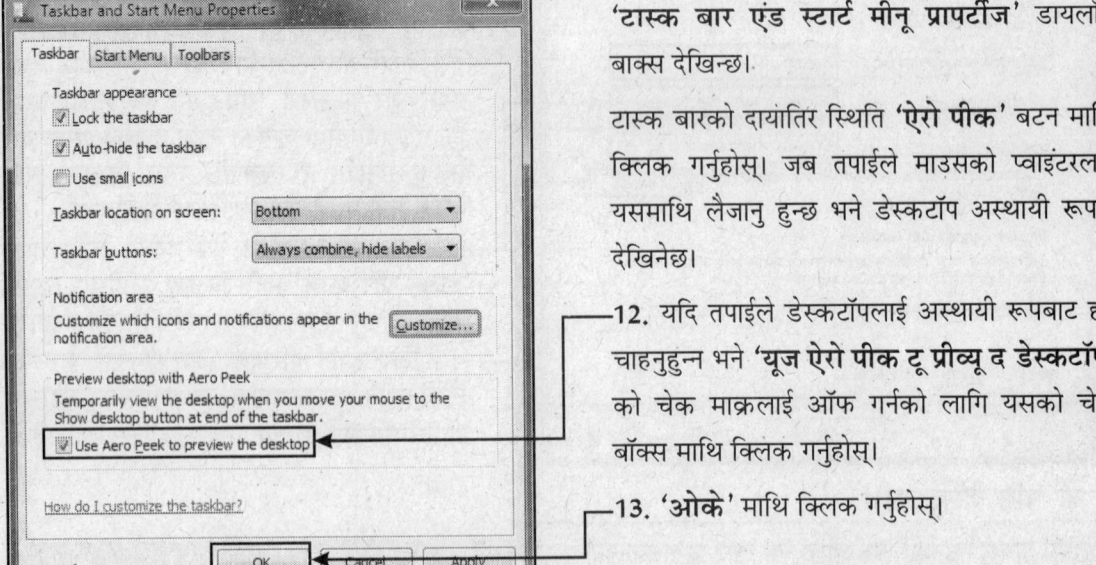

एरो पिक

10. प्रत्येक नोटिफिकेशन एरियाले आइकॉनको लागि त्यसको डाउन एरो माथि क्लिक गर्नुहोस् र त्यसपछि आफुलाई मनपर्ने सेटिंगमा क्लिक गर्नुहोस्।

यदि तपाईले एक वा एकभन्दा अधिक नोटिफिकेशन एरिया आइकॉनलाई हाइड (लुकाउन) चाहनुहुन्छ भने तपाईले हिडेन आइकॉनलाई डिस्प्ले गर्नको लागि यसमाथि क्लिक गर्न सक्नुहुन्छ।

11. **'ओके'** माथि क्लिक गर्नुहोस्।

'टास्क बार एंड स्टार्ट मीनू प्रापर्टीज' डायलॉग बाक्स देखिन्छ।

टास्क बारको दायांतिर स्थिति **'ऐरो पीक'** बटन माथि क्लिक गर्नुहोस्। जब तपाईले माउसको प्वाइंटरलाई यसमाथि लैजानु हुन्छ भने डेस्कटॉप अस्थायी रूपले देखिनेछ।

12. यदि तपाईले डेस्कटॉपलाई अस्थायी रूपबाट हर्न चाहनुहुन्न भने **'यूज ऐरो पीक टू प्रीव्यू द डेस्कटॉप'** को चेक माक्रलाई ऑफ गर्नको लागि यसको चेक बॉक्स माथि क्लिक गर्नुहोस्।

13. **'ओके'** माथि क्लिक गर्नुहोस्।

विंडोमा फाइल र फोल्डर

विंडो तपाईको फाइल र फोल्डरहरुलाई सजिलैसंग स्टोर गर्नमा तपाईको सहयोग गर्दछ। विंडोको डिफाल्टको रूपमा माई कंप्यूटर, माई म्यूजिक र माई पिक्चर तीन मुख्य फोल्डर छ जसमा विंडाले तपाईको फाइलहरुलाई स्टोर गर्दछ। आउनुहोस् तपाईलाई थाहा हुनेछ कि फाइल र फोल्डर के हो?

फाइल : डाटा डाटा र इंफोर्मेशनलाई कलेक्शन (समूह) हो जसलाई कुनै नाम दिएको छ भने त्यसलाई फाइल नेम भनिन्छ। कंप्यूटरमा स्टोर लगभग सबै इंफोर्मेशनले फाइलको रूपमा हुनुपर्छ। फाइल्सको धेरै रूप हुन्छ। जस्तै, **डाक्यूमेंट फाइल, टेक्स्ट फाइल, प्रोग्राम फाइल, डायरेक्ट्री फाइल** आदि। विभिन्न प्रकारको फाइलहरुमा विभिन्न प्रकारको इंफोर्मेशन स्टोर हुन्छ। उदाहरणको लागि यदि कुनै डाक्यूमेंटमा फाइल छ भने यसमा त्यही इंफोर्मेशन हुन्छ। यदि एउटा प्रोग्राम फाइल छ भने यसमा त्यो इंफोर्मेशन हुनेछ जुन प्रोग्रामर (प्रोग्राम तैयार गर्ने व्यक्ति) ले दिनेछ। यसमा दिशा निर्देश र कोड आदि समावेस हुन्छन्।

फोल्डर : घर र स्कूलहरुमा फाइल राख्ने स्थानको ठाउंमा कंप्यूटरले धेरै फाइलहरुलाई स्टोर गर्दछ। तपाईको कंप्यूटरमा हजारौं फाइलहरु हुन्छ। प्रत्येक फाइललाई कंप्यूटरले हार्ड ड्राइवमा राख्नुको साथै तपाइलाई फोल्डर बनाएर त्यसमा पनि राख्न सक्नुहुन्छ। अधिकतर फोल्डरमा फाइल राखिएको हुन्छ। कुनै फोल्डर भित्र पनि फोल्डर हुन्छ जसलाई हामीले **'सब फोल्डर'** भन्छौ। यदि तपाईको कंप्यूटरमा फोल्डर छैन भने तपाईको कंप्यूटरले फाइलहरुको डंपिंग जोन **'कूड़ाघर'** जस्तै बन्न जान्छ। यस्तो स्थितिमा तपाईले कुनै फाइललाई खोजेमा धेरै समय लग्नेछ र समस्याहरु पनि आउनेछ।

आफ्नो फाइलहरुलाई हेर्नु

तपाईले आफ्नो कंप्यूटरमा तैयार गरेका र कॉपी गरेको वा डाउनलोड गरेको फाइलहरुलाई सर्च (खोज्न) गर्न सक्नुहुन्छ। यदि तपाईले यसमध्ये कुनै फाइलमा काम गर्न चाहनुहुन्छ भने पहिला तपाईले त्यसलाई खाज्नु पर्नेछ।

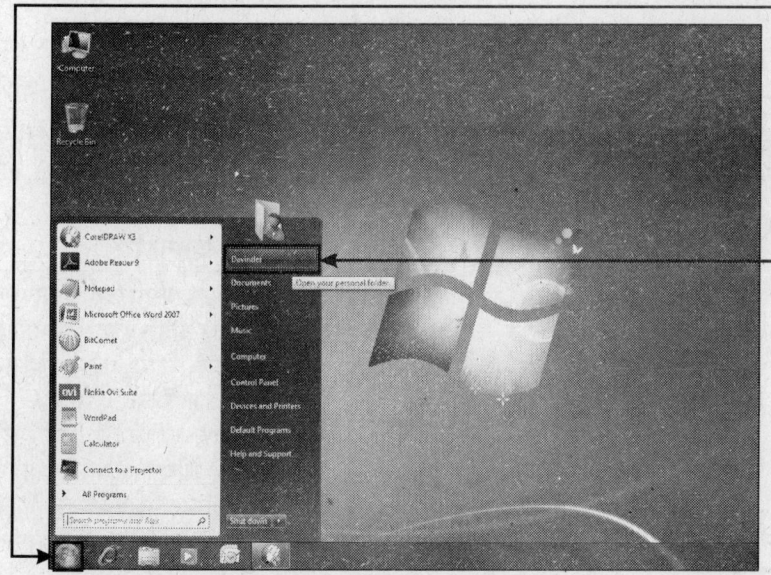

1. स्टार्ट मीनुलाई ओपन गर्नको लागि **'स्टार्ट'** बटन माथि क्लिक गर्नुहोस्।

2. आफ्नो **'यूजर नेम'** माथि क्लिक गर्नुहोस्।

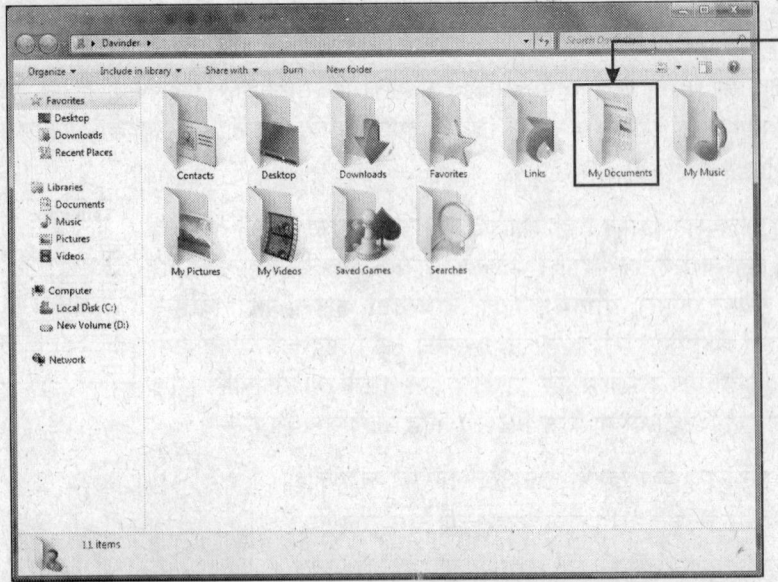

विंडो 7 ले तपाईको यूजर फोल्डरलाई ओपन गर्नेछ।

3. जुन फोल्डरलाई तपाईले ओपन गर्न चाहनुहुन्छ त्यसमा **'डबल क्लिक'** गर्नुहोस्।

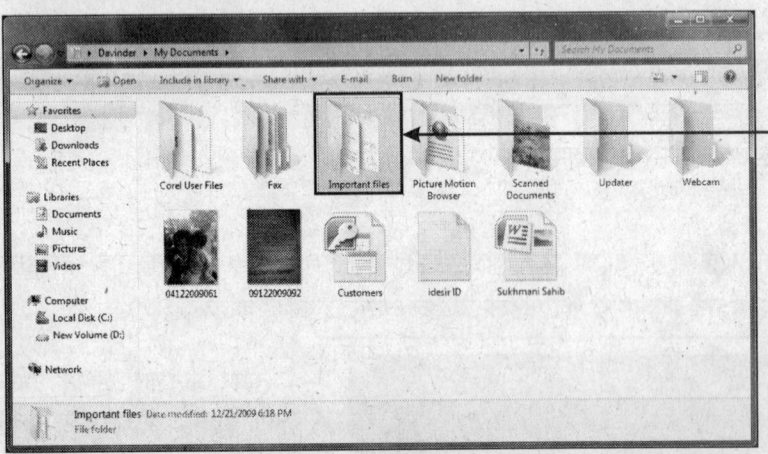

विंडो 7 ले त्यस फोल्डरलाई ओपन गर्नेछ। अब तपाईले त्यसमा भएको फाइलहरुको सबै फोल्डरलाई हेर्न सक्नुहुन्छ।

4. यदि तपाईको फाइलहरु सबै फोल्डरमा छ भने यसैरी सबै फोल्डरमा डबल क्लिक गर्नुहोस्।

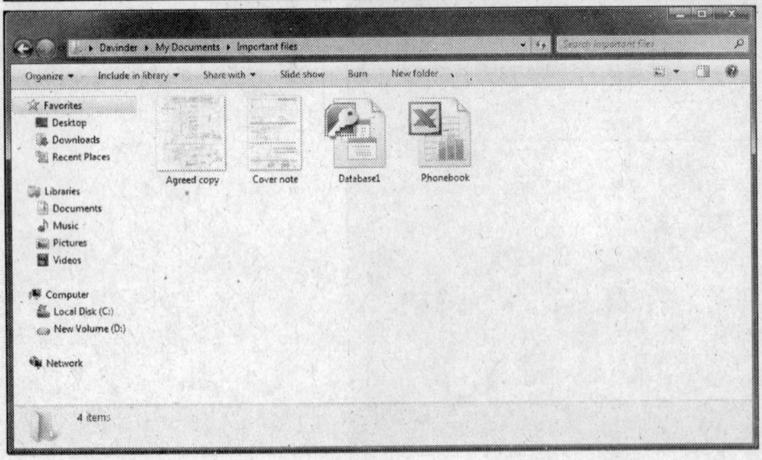

विंडो 7 ले त्यो सबै फोल्डरमा भएको कंटेंट (फाइल अथवा सामग्री) लाई प्रदर्शित गर्नेछ।

यो पनि जान्नुहोस्!!

विंडो 7 मा डाक्यूमेंटको स्टोर गर्ने चार प्रमुख क्षेत्र हुन्छ जुन कि लाइब्रेरी जस्तै काम गर्दछ। जस्तै- डाक्यूमेंट, म्यूजिक, पिक्चर र वीडियो। यस लाइब्रेरीमा कुनै पनि फोल्डरलाई जोड्न अथवा समावेस गर्नको लागि **'लोकेशन'** लिंक माथि क्लिक गर्नुहोस् र त्यसपछि **'एड'** माथि क्लिक गर्नुहोस्।

माई कंप्यूटर

तपाईले आफ्नो कंप्यूटरमा ड्राइव, फोल्डर र फाइलहरुलाई सजिलैसंग ब्राउस गर्न सक्नुहुन्छ।

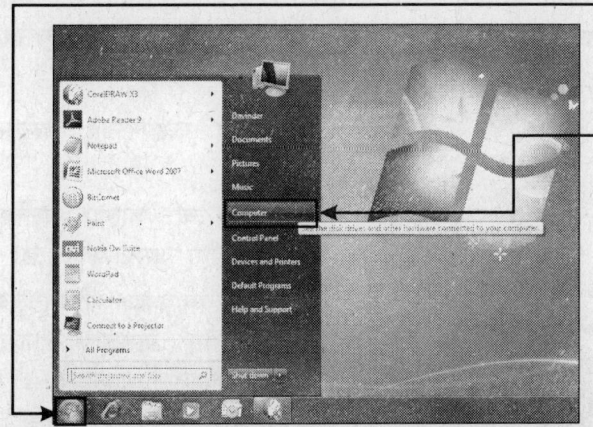

1. **'स्टार्ट'** बटन माथि क्लिक गर्नुहोस्।

स्टार्ट मीनू देखिनेछ।

2. आफ्नो कंप्यूटरको कटेंट (सामग्री) लाई हेर्नको लागि **'कंप्यूटर'** माथि क्लिक गर्नुहोस्।

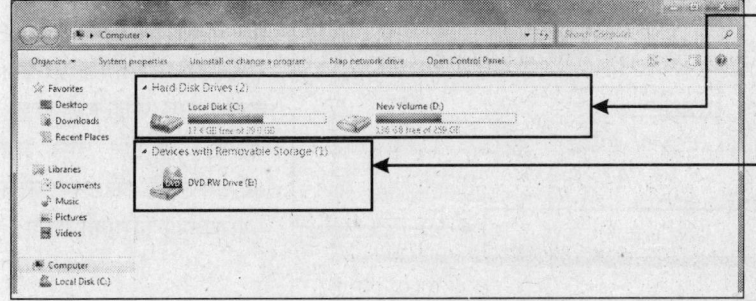

यस एरिया (क्षेत्र) ले तपाईको कंप्यूटरमा उपलब्ध हार्डड्राइवलाई प्रदर्शित गर्दछ।

यो एरियाले तपाईको कंप्यूटरमा मौजूद फ्लापी ड्राइव, सीडी रोम ड्राइव र अन्य दोस्रो ड्राइवलाई रिप्रजेंट (प्रदर्शित) गर्दछ।

3. कुनै पनि ड्राइव वा फोल्डरको कटेंटलाई हेर्नको लागि त्यसमा डबल क्लिक गर्नुहोस्।

फ्लॉपी ड्राइव वा सीडी रोम ड्रावइको कटेंटलाई हेर्नको लागि पहिला यो सुनिश्चित गर्नुहोस् कि तपाईले त्यसलाई (फ्लॉपी डिस्क वा सीडी रोम डिस्क) गरि त्यसको लागि निर्धारित स्थानमा लग्नु भएको छ।

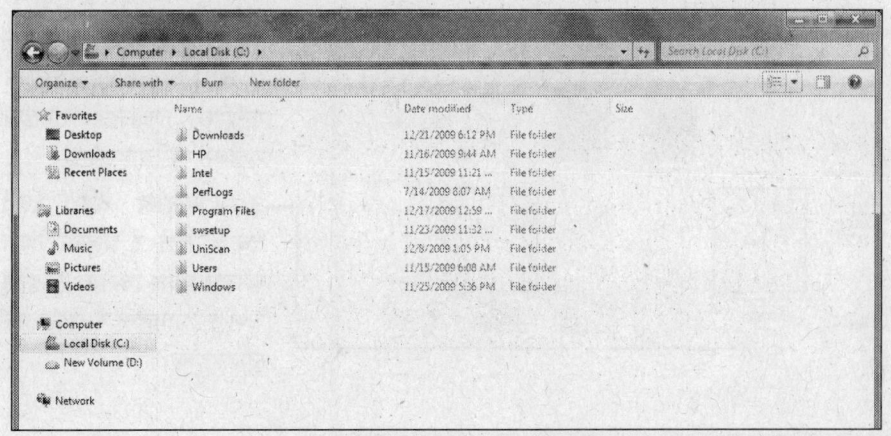

विंडो 7 ले त्यस ड्राइव वा फोल्डरको कटेंटलाई डिस्प्ले गर्नेछ।

फाइललाई सलेक्ट गर्नु

कुनै फाइलमा काम गर्नु भन्दा पहिला तपाईले प्रायः फाइंललाई सलेक्ट गर्न आवश्यक हुन्छ, जसमा विंडो 7 ले जान्दछ कि तपाईले वास्तवमा कुन फाइल काम गर्न चाहनुहुन्छ। सलेक्ट गरिएको फाइल तपाईको स्क्रीनमा हाईलाइट हुनेछ। तपाईले यहा कुनै विशेष फाइललाई सलेक्ट गर्नुपर्छ जसलाई तकनीकीले जान्न सक्छ र त्यही तकनीकले फोल्डरलाई सलेक्ट गर्नेछ।

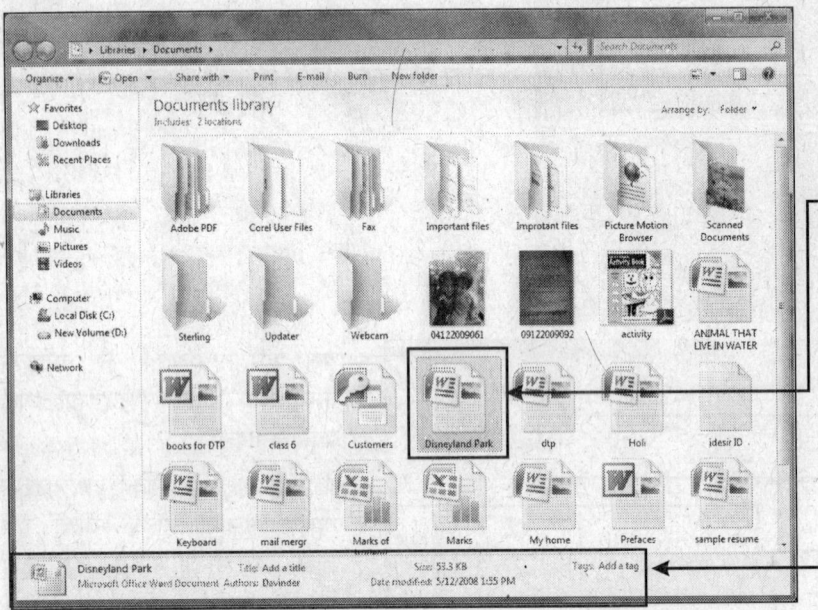

कुनै फाइललाई सलेक्ट गर्नु

1. त्यो फोल्डर सलेक्ट गर्नुहोस्, जसमा फाइल छ।
2. त्यस फाइल माथि क्लिक गर्नुहोस् जसलाई तपाईले सलेक्ट गर्न चाहनुहुन्छ।

फाइल हाईलाइट हुनेछ।

फाइलको बारेमा सबै सूचनाहरु यस क्षेत्रमा प्रदर्शित हुन्छ। जस्तै फाइलको टाइप, साइज र त्यो दिन-समय जब अन्तिम चोटि फाइलमा चेंज (परिवर्तन) गरिएको थियो।

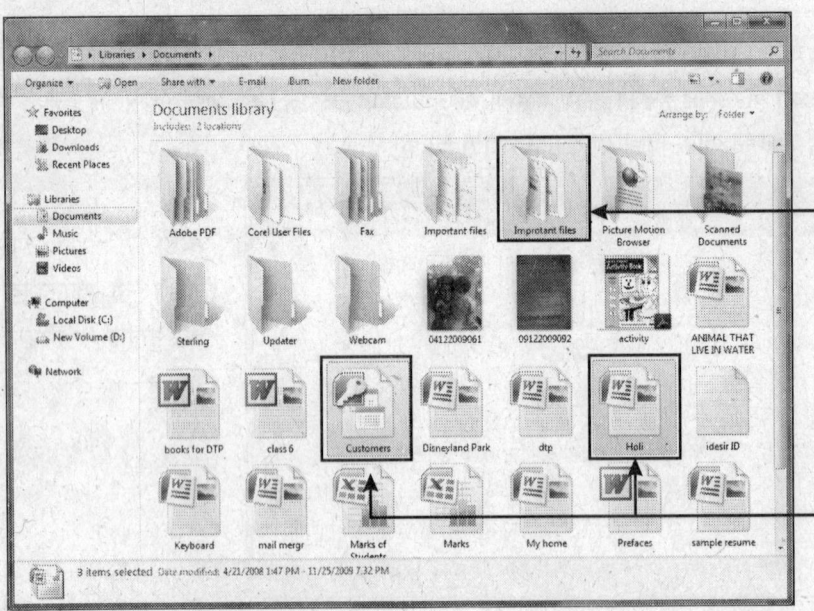

धेरै फाइलहरुलाई सलेक्ट गर्नु

1. त्यस फोल्डरलाई ओपन गर्नुहोस् जसमा त्यो फाइल छ।
2. त्यस फाइल माथि क्लिक गर्नुहोस्, जसलाई तपाईले सलेक्ट गर्न चाहनुहुन्छ।
3. (कंट्रोल की) लाई दबाई राख्ने र प्रत्येक त्यस फाइल माथि क्लिक गर्नुहोस् जसलाई तपाईले सलेक्ट गर्न चाहनुहुन्छ।

फाइलको ग्रुप (समूह) लाई सलेक्ट गर्नु

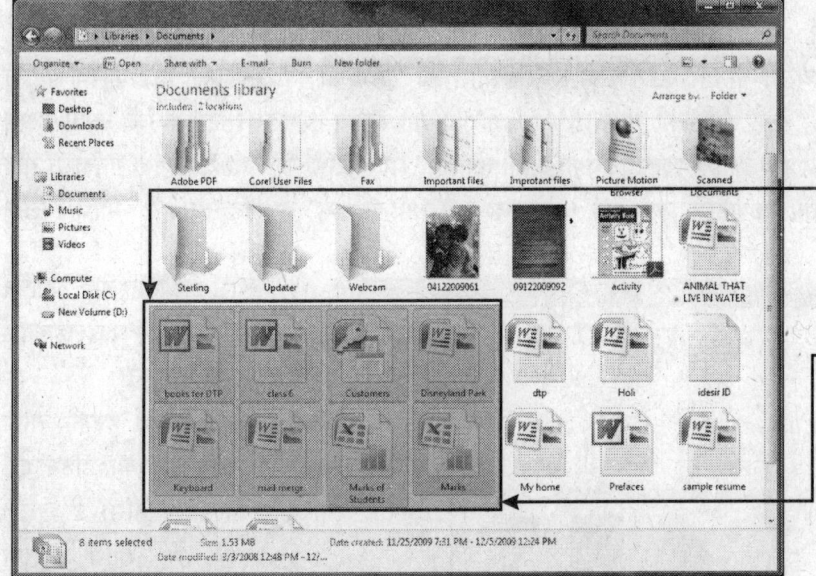

1. फाइल भएको फोल्डरलाई ओपन गर्नुहोस्।
2. अब तपाईले माउसको प्वाइंटरले त्यस ग्रुपको पहिलो फाइलसगै अलिकता बायाँतिर अलि माथि क्लिक गर्नुहोस्।
3. माउसको प्वाइंटरलाई क्लिक गर्नुहोस् र ड्रैग गर्दै अर्थात थिच्दै दायातिर त्यस फाइल सम्म लग्नुहोस् जहा सम्म तपाईले त्यसलाई सलेक्ट गर्न चाहनुहुन्छ।

सबै फाइलहरुलाई सलेक्ट गर्नु

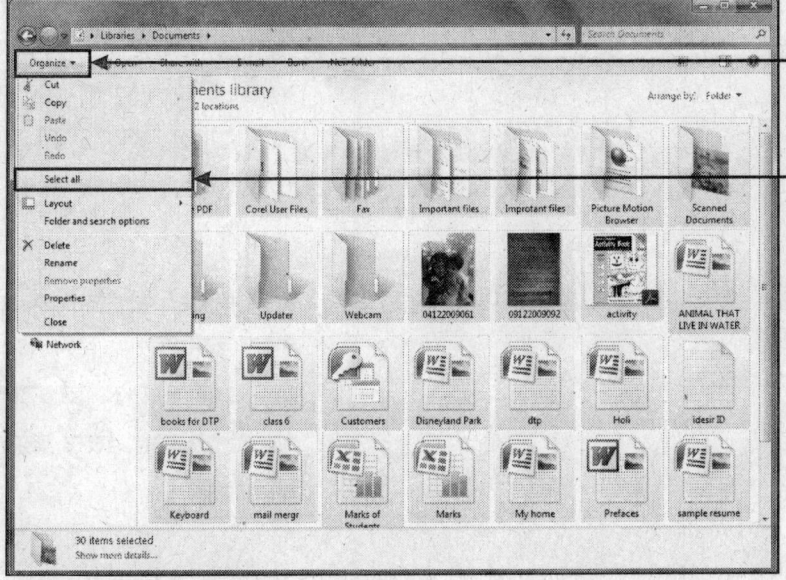

1. त्यस फोल्डरमा क्लिक गर्नुहोस् जसमा त्यो फाइल छ।
2. **'आर्गेनाइज'** माथि क्लिक गर्नुहोस्।
3. **'सलेक्ट ऑल'** माथि क्लिक गर्नुहोस्।

विंडो यस फोल्डरमा भएको सबै फाइलहरु लाई सलेक्ट गर्नेछ।

यो पनि जान्नुहोस्!!

सलेक्ट गरिएको फाइललाई हटाउन

` सलेक्टगरिएको धेरै फाइलहरुलाई कुनै फाइललाई हटाएन (डीसलेक्ट गर्न)को लागि **(कंट्रोल की)** लाई दबाई राख्ने र उस फाइललाई सलेक्ट गर्नुहोस् जसलाई तपाईले सलेक्ट गर्नु भएका छ त्यसलाई फाइलबाट हटाउन सक्नुहुन्छ।

` सलेक्ट गरिएको सबै फाइलहरुलाई डीसलेक्ट गर्नको लागि फोल्डरको खाली एरियामा क्लिक गर्नुहोस्।

` अर्कोलाई बदल्नको लागि (सलेक्ट गरिएको फाइललाई डीसलेक्ट गर्न र डीसलेक्ट गरेको फाइललाई सलेक्ट गर्नको लागि) **'अल्ट की'** लाई दबाएर **'एडिट'** माथि क्लिक गर्नुहोस् र त्यस **पछि 'इनवर्ट सलेक्शन'** माथि क्लिक गर्नुहोस्।

फाइलको व्यूलाई बदल्नु

विंडोमा तपाईले कुनै आइटमको व्यूलाई पनि बदल्न सक्नुहुन्छ। तपाईद्वारा तय गरिएको व्यू अनुसार नै विंडोमा त्यो फाइल र फोल्डर देखिनेछ। यो तपाईलाई कुनै फाइलको सानो वा ठुलो आइकॉनको रूपमा त्यसको डिटेल हेर्नको लागि सक्षम बनाउछ। फोल्डरले विंडोमा भएका सबै फाइलहरुलाई हेर्नको लागि तपाईले 'स्मॉल आइकॉन' माथि क्लिक गर्नुहोस्। यदि तपाईले फाइलको बारेमा अझ बढि जानकारी प्राप्त गर्न चाहनुहुन्छ भने 'टाइल्स व्यू' वा 'डिटेल्स व्यू' माथि क्लिक गर्नुहोस्।

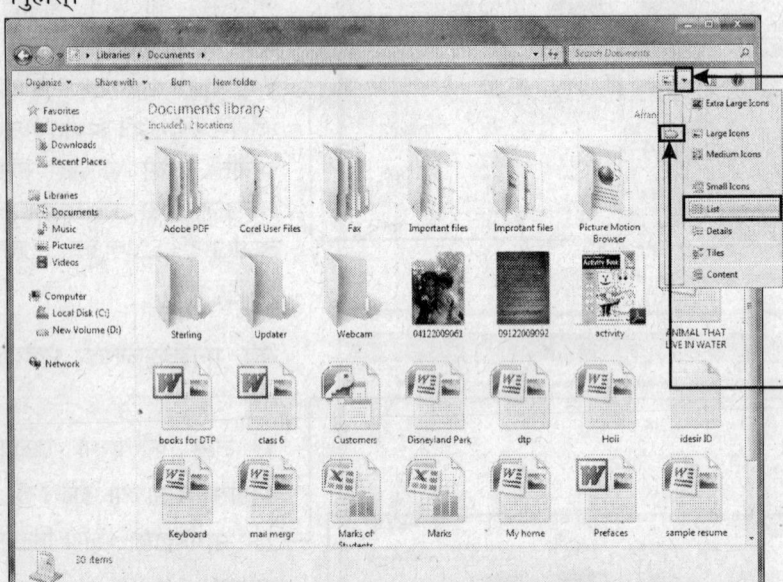

1. त्यस फोल्डरलाई ओपन गर्नुहोस् जसको फाइलहरुलाई तपाई हुर्न चाहनुहुन्छ।

2. व्यू लिस्टलाई हेर्नको लागि **'चेंज यॉर व्यू'** को डाउन एरो माथि क्लिक गर्नुहोस्।

3. त्यस व्यू माथि क्लिक गर्नुहोस् जसलाई हेर्न चाहनुहुन्छ। **'स्लाइडर'** प्वाइंट करेंट व्यू हो र यहाबाट कुनै व्यूलाई हेर्नको लागि तपाईले क्लिक र ड्रैग गर्न सक्नुहुन्छ।

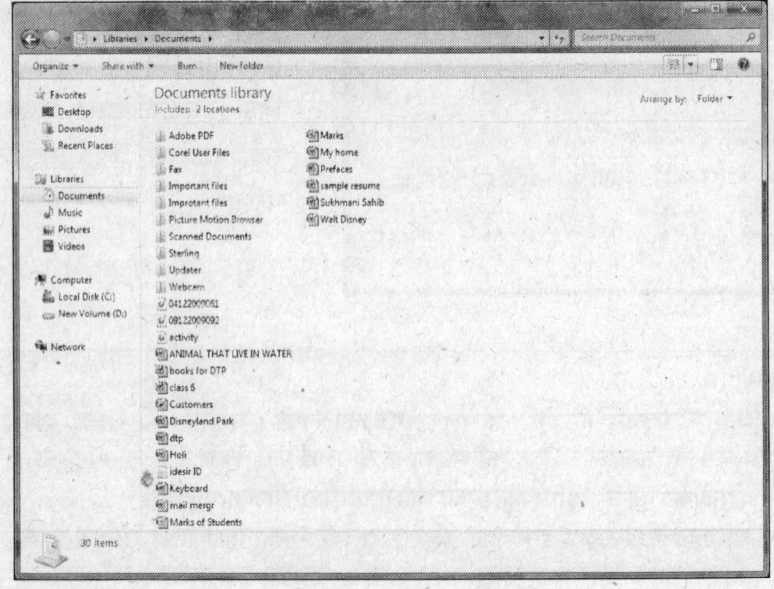

विंडो विंडोले फाइलको व्यूलाई बदल्ने काम गर्छ।

यस उदाहरणमा हामीले लार्ज आइकॉन व्यलाई लिस्ट व्यूमा बदल्ने छौं।

फाइललाई कॉपी गर्नु

तपाईले कुनै पनि फाइललाई फेरी व्यवस्थित गर्नको लागि फ्लॉपी ड्राइव, कुनै डिस्क र आफ्नो कंप्यूटरको कुनै पनि ठाँउबाट सजिलैसंग कॉपी गर्न सक्नुहुन्छ। जब तपाईले कुनै पनि फाइललाई कॉपी गर्नुहुन्छ तब त्यो आफ्नो मूल स्थानमा त्यही स्थितिमा रहन्छ र तपाईद्वारा सलेक्ट गरिएको नयाँ ठाँउमा पनि आउन थान्छ।

यहा हामीले मात्र एउटा फाइलको कॉपी गरिरहनु भएको छ तर यही तकनीकको प्रयोग गरेर तपाईले फाइलहरुको ग्रुपलाई पनि कॉपी गर्न सक्नुहुन्छ। यही स्टेपको प्रयोग गरेर कुनै फोल्डरलाई पनि कॉपी गर्न सक्नुहुन्छ।

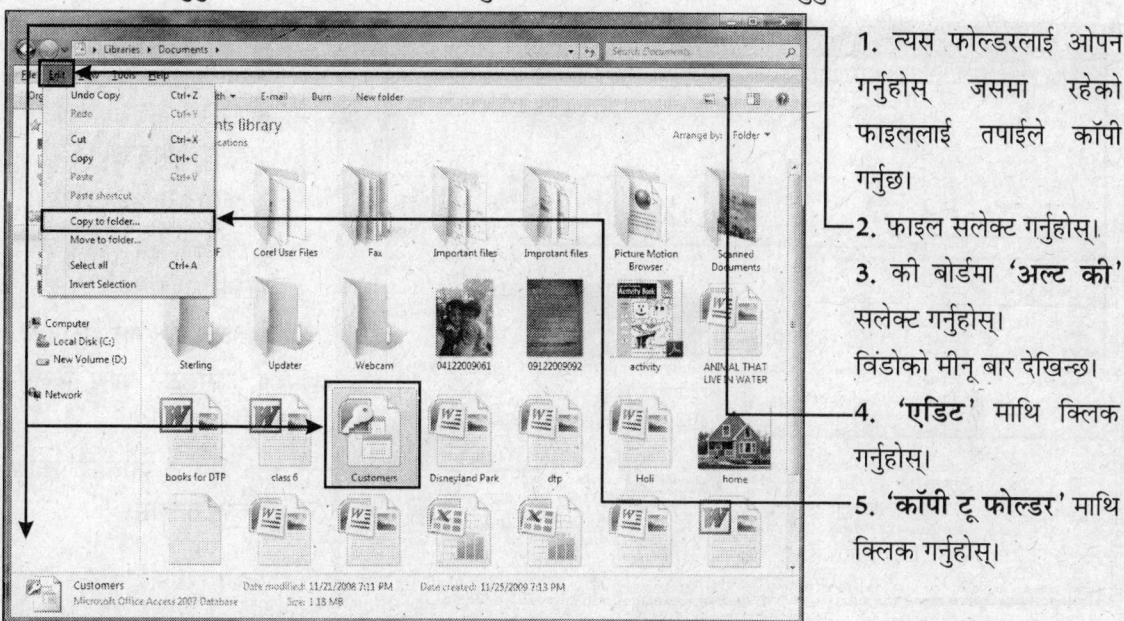

1. त्यस फोल्डरलाई ओपन गर्नुहोस् जसमा रहेको फाइललाई तपाईले कॉपी गर्नुछ।
2. फाइल सलेक्ट गर्नुहोस्।
3. की बोर्डमा **'अल्ट की'** सलेक्ट गर्नुहोस्।
   विंडोको मीनू बार देखिन्छ।
4. **'एडिट'** माथि क्लिक गर्नुहोस्।
5. **'कॉपी टू फोल्डर'** माथि क्लिक गर्नुहोस्।

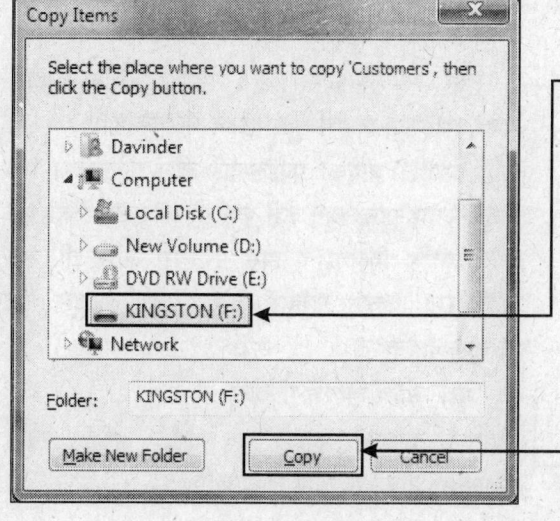

'कॉपी आइटम्स' डायलॉग बाक्स देखिन्छ।

6. त्यस लोकेशन (ठाँउ) माथि क्लिक गर्नुहोस् जहाँ तपाईले त्यस फाइलको कॉपीलाई स्टोर गर्न चाहनुहुन्छ अर्थात फाइलको कॉपी गर्न चाहनुहुन्छ।

   यदि तपाईले कुनै डिस्क ड्राइव वा फोल्डरको भित्र भएको फोल्डरमा त्यस फाइललाई कॉपी गर्न चाहनुहुन्छ भने त्यस फोल्डरमा जानको लागि तपाईले यहा क्लिक गर्नुहोस् र त्यसपछि सबै फोल्डरमा क्लिक गर्नुहोस।
7. **'कॉपी'** माथि क्लिक गर्नुहोस्।

विंडोले फाइल कॉपी गर्नेछ।

फाइललाई मूव गर्नु (एक स्थानबाट अर्को स्थानमा लैजानु)

आफ्नो फाइललाई आफ्नो हिसाबले व्यवस्थित गर्नको लागि तपाईले त्यसलाई कंप्यूटरमा रहेको कुनै पनि ठाँउबाट, पेन ड्राइव वा फ्लॉपी ड्राइवबाट मूव गराउन सक्नुहुन्छ।

मूव गराउदा फाइल आफ्नो मौजूदा स्थितिबाट हट्छ र तपाईद्वारा तय गरिएको ठाँउमा देखिन थाल्छ। यहा हामी केवल एउटा फाइललाई मूव गराउदैछौं तर त्यसरी नै तपाई धेरै फाइलहरुलाई वा फोल्डरलाई पनि सजिलैसंग मूव गराउन सक्नुहुन्छ।

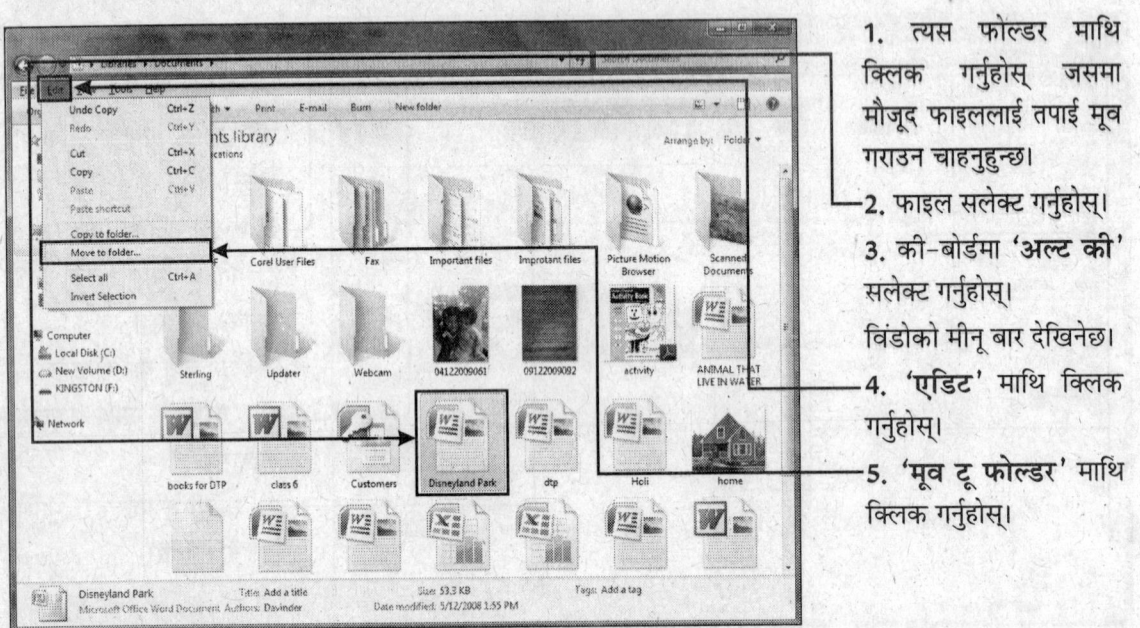

1. त्यस फोल्डर माथि क्लिक गर्नुहोस् जसमा मौजूद फाइललाई तपाई मूव गराउन चाहनुहुन्छ।
2. फाइल सलेक्ट गर्नुहोस्।
3. की-बोर्डमा **'अल्ट की'** सलेक्ट गर्नुहोस्।

   विंडोको मीनू बार देखिनेछ।
4. **'एडिट'** माथि क्लिक गर्नुहोस्।
5. **'मूव टू फोल्डर'** माथि क्लिक गर्नुहोस्।

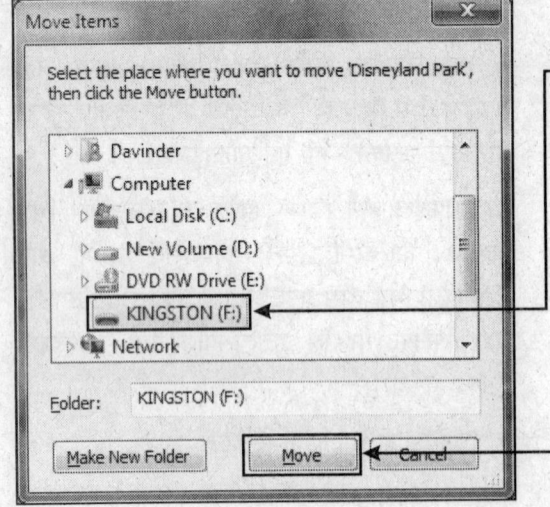

'मूव आइटम्स' डायलॉग बाक्स देखिन्छ।

6. त्यस नयाँ लोकेशन (ठाँउ) माथि क्लिक गर्नुहोस् जहा तपाई त्यो फाइल मूव गराउन चाहनुहुन्छ।

   यदि तपाईले चाहेको फाइललाई त्यस फोल्डरमा मूव गराउन चाहनुहुन्छ जुन कुनै फोल्डर वा ड्राइव भित्र भने त्यस माथि क्लिक गर्नुहोस् र त्यस पछि ती सबै फोल्डरमा क्लिक गर्नुहोस् जसमा तपाई फाइल मूव गराउन चाहनुहुन्छ।
7. **'मूव'** माथि क्लिक गर्नुहोस्।

   विंडोले तपाईको फाइल मूव गर्दछ अर्थात एउटा स्थानबाट अर्को स्थानमा लैजान्छ।

सीडी वा डीवीडीमा फाइल कॉपी गर्ने तरीका

यदि तपाईको कंप्यूटरमा रिकार्डेबल सीडी र डीवीडी ड्राइव छ भने तपाईले रिकार्डेबल सीडी वा डीवीडीमा कुनै पनि फाइल अथवा फोल्डर कॉपी गर्न सक्नुहुन्छ। यस्तो स्थितिमा तपाईले एकै स्थानमा ठूलो मात्रामा डाटा प्राप्त हुन्छ जसलाई कतै लैजान र बैकअपबाट प्राप्त गर्न धेरै सजिलो हुन्छ।

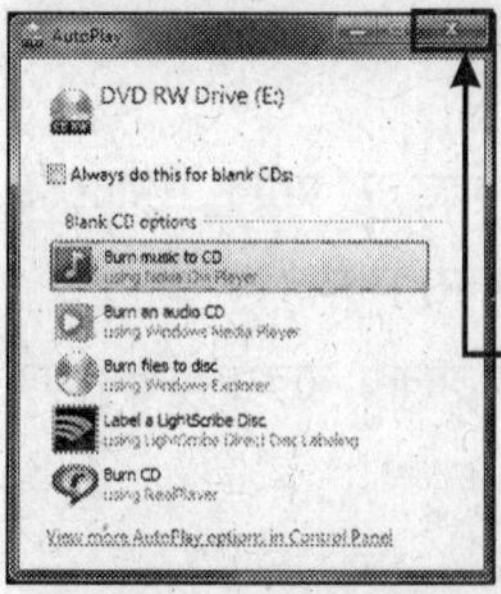

1. रिकार्डेबल सीडी र डीवीडी ड्राइवमा डिस्क इंसर्ट गर्नुहोस्।

एउटा डायलॉग बॉक्स डायलॉग बॉक्स देखिनेछ जसले सोध्नेछ कि तपाई यस डिस्कमा विंडोबाट कुन काम गराउन चाहनुहुन्छ।

2. डायलॉग डायलॉग बाक्स बंद गर्नको लागि **'क्लोज'** बटन माथि क्लिक गर्नुहोस्।

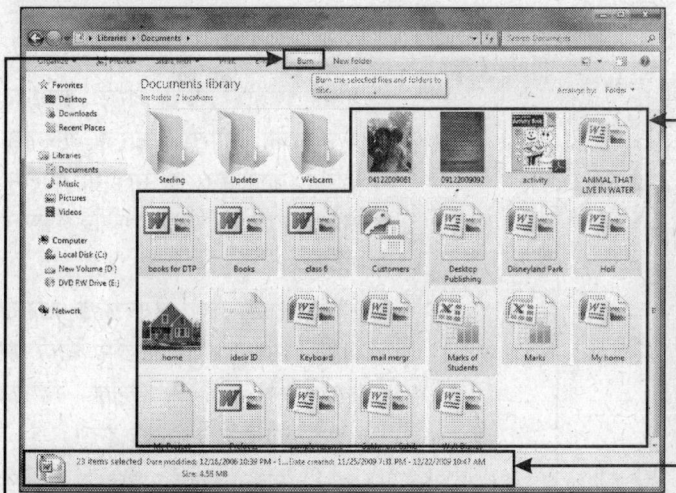

3. त्यो फोल्डर ओपन गर्नुहोस् जसमा मौजूद रहेको फाइल डिस्कमा लैजान चाहनुहुन्छ।

4. त्यस फाइललाई सलेक्ट गर्नुहोस्।

त्यसमा कति मात्रामा (साइज) डाटा कॉपी गर्न सकिन्छ, थाहा पाउनको लागि डिटेल्स पैनलमा गएर त्यसको साइज (आकार) हेर्नुहोस्।

यदि तपाईले 15 फाइल भन्दा बढि सलेक्ट गर्नुहुन्छ र जान्न चाहनुहुन्छ कि यी सबैको कुल कति साइज छ भने पहिला **'शो मोर डिटेल्स'** माथि क्लिक गर्नुहोस्।

5. **'बर्न'** बटन माथि क्लिक गर्नुहोस्।

नोट : यदि तपाई फोल्डरमा मौजूद रहेको सबै फाइलहरु वा कंटेंटलाई डिस्कमा कॉपी गर्न चाहनुहुन्छ भने कुनै फाइल वा फोल्डर सलेक्ट नगरेर बल्कि सीधा बर्न बटन माथि क्लिक गर्नुहोस्।

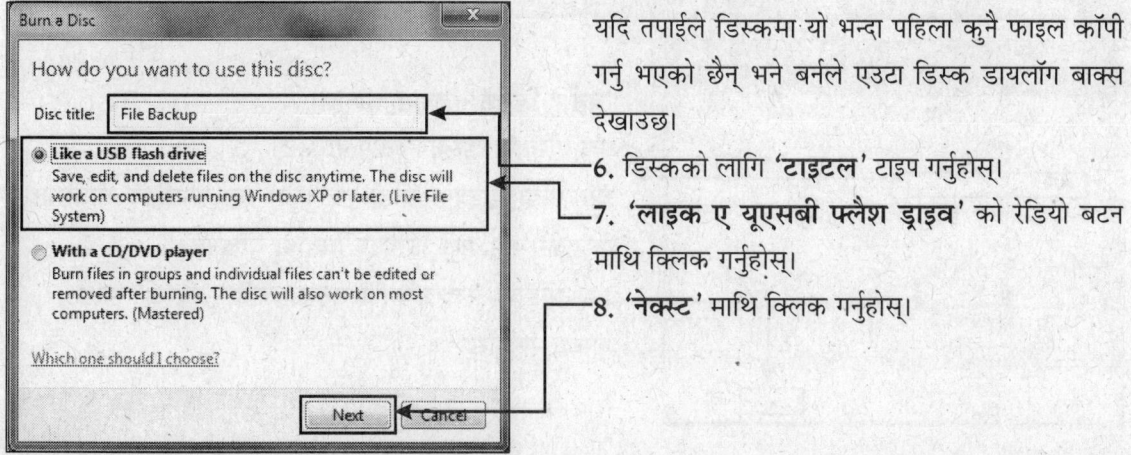

यदि तपाईले डिस्कमा यो भन्दा पहिला कुनै फाइल कॉपी गर्नु भएको छैन् भने बर्नले एउटा डिस्क डायलॉग बाक्स देखाउछ।

6. डिस्कको लागि **'टाइटल'** टाइप गर्नुहोस्।

7. **'लाइक ए यूएसबी फ्लैश ड्राइव'** को रेडियो बटन माथि क्लिक गर्नुहोस्।

8. **'नेक्स्ट'** माथि क्लिक गर्नुहोस्।

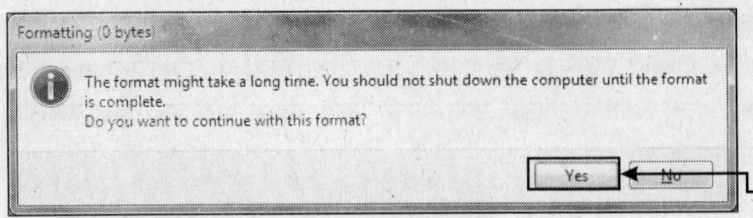

एक **'वार्निंग'** (चेतावनी) को डायलॉग बाक्स देखिनेछ जसले बताउछ कि डाटाको फार्मेटिंगमा लामो समय लाग्नसक्छ।

9. **'यस'** माथि क्लिक गर्नुहोस्।

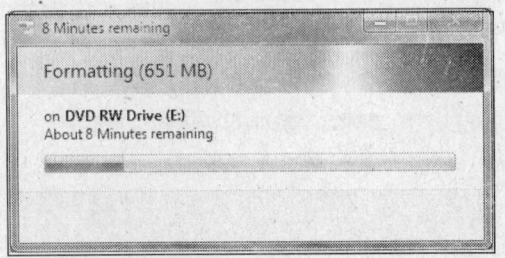

विंडो 7 ले डिस्कलाई फार्मेट गर्दछ र प्रगति रिपोर्टलाई दर्शाउनको लागि एउटा डायलॉग बाक्स डिस्प्ले गर्दछ।

फार्मेटिंग पूरा भएपछि फार्मेटिंग डायलॉग बाक्स देखिन बंद हुनेछ।

विंडो 7 ले फाइललाई डिस्कको टेंपरेरी फोल्डरमा कॉपी गर्नेछ।

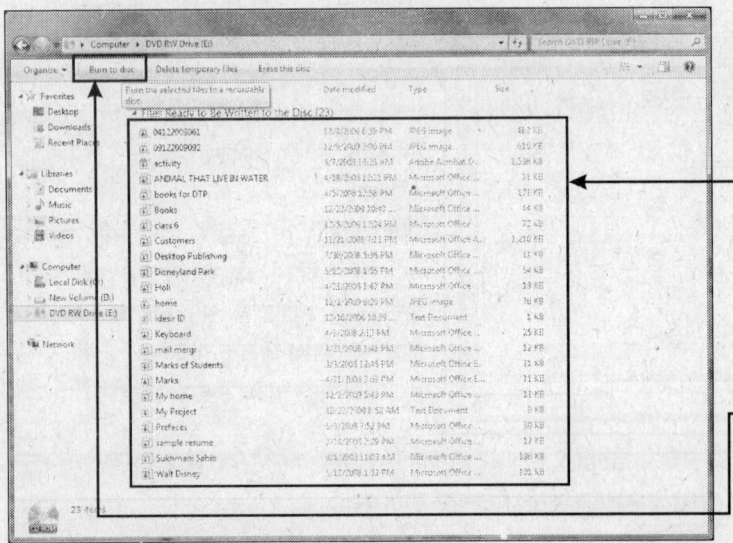

एउटा विंडो देखिन्छ जसले तपाईको कंप्यूटरको टेंपरेरी स्टोरेज एरियामा रहेको फाइलहरु र सीडीमा हालैमा स्टोर गरिएको फाइलहरुलाई डिस्प्ले गर्दछ।

यदि विंडोले त्यो फाइललाई डिस्प्ले गर्दछ जसलाई तपाई सीडीमा कॉपी गर्न चाहनुहुन्न भने त्यसलाई डिलीट (हटाउन) पनि गर्न सक्नु हुन्छ।

10. फाइलहरुलाई सीडीमा कॉपी गर्नको लागि **'बर्न टू डिस्क'** माथि क्लिक गर्नुहोस्।

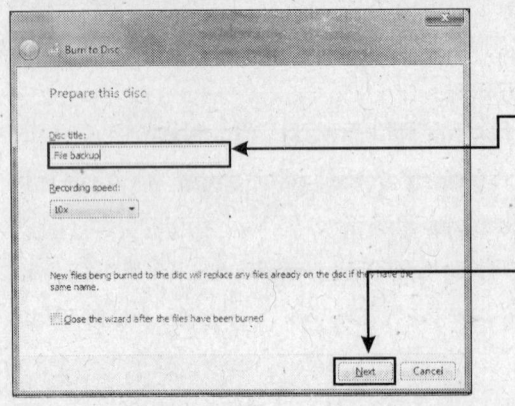

'बर्न टू डिस्क' विजार्ड देखिन्छ।

एक एरियामा डिस्कको नाम देखिन्छ।

जब सीडी ड्राइवमा सीडी हाल्नुहुन्छ तब तपाईद्वारा सीडीलाई दिईएको नाम माई कंप्यूटर विंडोमा देखिनेछ।

11. सीडीमा फाइल कॉपी गर्नको लागि **'नेक्स्ट'** माथि क्लिक गर्नुहोस्।

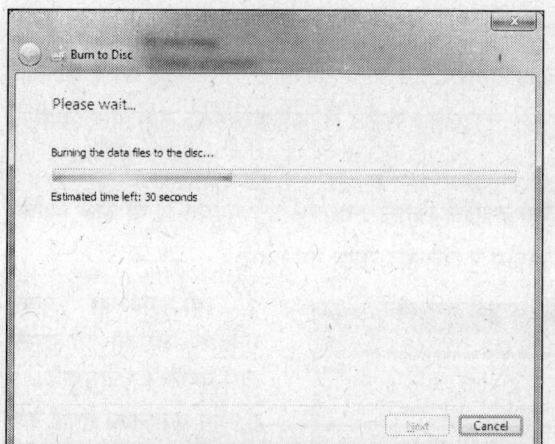

विंडो तपाईको फाईलहरुलाई सीडीमा कॉपी गर्न शुरू गर्नेछ।

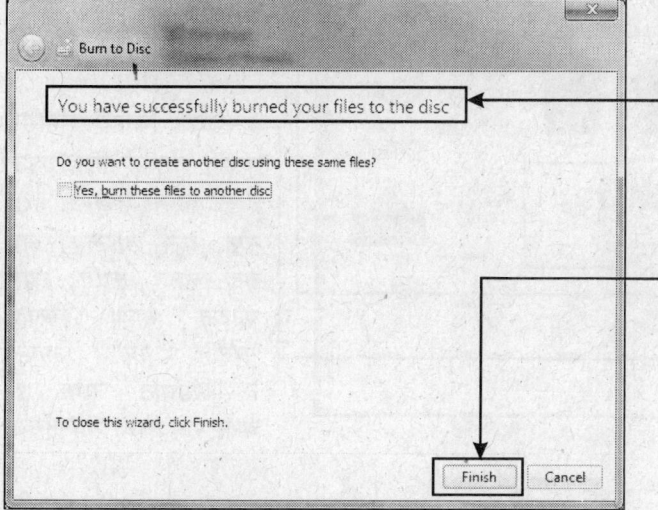

जब विंडोले फाइललाई सफलता पूर्वक सीडीमा कॉपी गर्दछ तब एउटा मैसेज (संदेश) देखिन्छ।

सीडीमा सफलता पूर्वक फाइल कॉपी भएपछि विंडोले स्यंम रिकार्डेबल सीडी ड्राइवबाट तपाईको सीडीलाई बाहिर गर्दछ।

12. विजार्ड बंद गर्नको लागि 'फिनिश' माथि क्लिक गर्नुहोस्।

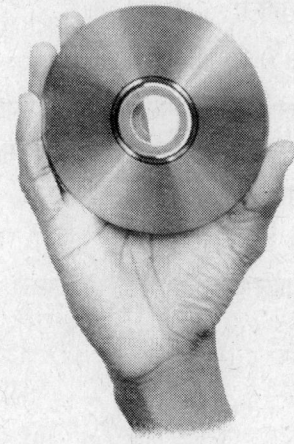

यो पनि जान्नुहोस्!!

कुनै पनि रिकार्डेबल सीडीमा फाइल कॉपी गर्नु, पुन: कॉपी गर्न र डिलीट गर्नको लागि विंडो 7 ले एउटा नयाँ सिस्टम प्रयोग गर्दछ। सामान्यत: सीडी रोम र डीवीडी रोम फाइललाई डिस्कमा केवल एक पटक कॉपी गर्ने अनुमति दिन्छ। एक पटक कॉपी भएपछि यो लॉक्ड (बंद) हुन जान्छ र त्यसपछि तपाई त्यसमा कुनै अरु फाइल कॉपी गर्न सक्नुहुन्न वा न कुनै फाइल यसबाट डिलीट गर्न सक्नुहुन्छ।

फाइलको नाम बदलिन

फाइलको कंटेंटलाई राम्ररी प्रस्तुत गर्नको लागि तपाईले फाइललाई रीनेम (नाम बदलिन) पनि गर्न सक्नुहुन्छ। फाइललाई रीनेम गरेर तपाई भविष्यमा यसलाई सजिलैसंग खोज्न सक्नुहुन्छ। फाइलको समान नै फोल्डरहरुको नाम पनि बदलिन सकिन्छ।

यो सुनिश्चित गर्नुहोस् कि त्यस फाइलको नै नाम बदलिनुहोस् जुन तपाईले क्रिएट (तैयार) गर्नु भएको छ वा अरू व्यक्ति द्वारा तपाईलाई दिईएको छ। विंडो 7 को कुनै सिस्टम फाइल वा प्रोग्राम फाइललाई रीनेम नगर्नुहोस्।

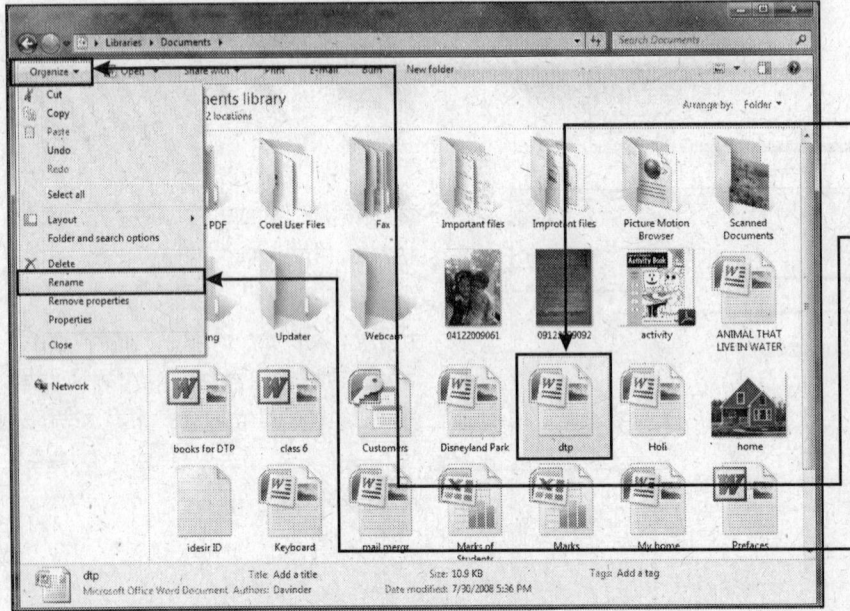

1. त्यो फोल्डर ओपन गर्नुहोस् जसको फाइलको नाम बदलिन चाहनुहुन्छ।
2. जुन फाइलको तपाई नाम बदलिन चाहनुहुन्छ त्यस माथि क्लिक गर्नुहोस्।
3. **'आर्गनाइज'** माथि क्लिक गर्नुहोस्।
4. **'रीनेम'** क्लिक गर्नुहोस्।

फाइल नेमको तल एउटा टेक्स्ट बॉक्स देखिन्छ।

नोटः *कुनै फाइलको नाम बदलिनको लागि त्यस फाइल माथि क्लिक गरेपछि तपाई आफ्नो की-बोर्डबाट* ***'एफ 2'*** *बटन पनि थिच्न सक्नुहुन्छ।*

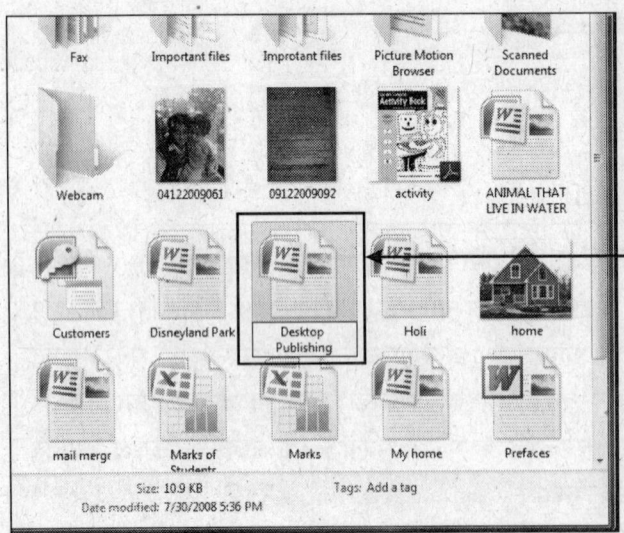

5. यस फाइलको नयाँ नाम यहा टाइप गरेपछि **'एंटर'** थिच्नुहोस्।

फाइल नेममा /! ? आदि दिन सकिदैन्।

फाइल फाइल नेम बदलिने क्रममा यदि तपाईलाई त्यसको नाम बदलिन ईच्छा मर्छ भने वापस त्यस फाइल नेममा जानको लागि **'ईएससी'** बटन थिच्नुहोस्।

नयाँ नाम फाइल आइकॉनको तल देखिन्छ।

नयाँ फाइल क्रिएट (तैयार) गर्न

कुनै प्रोग्रामको शुरू बिना नै तपाई सजिलैसंग तुरंत कुनै फाइल क्रिएट गर्न सक्नुहुन्छ र त्यसलाई कुनै पनि लोकेशन (ठाँउ) मा कुनै पनि नाम दिएर स्टोर गर्न सक्नुहुन्छ। बिना प्रोग्रामलाई शुरू गरीकन नै फाइललाई क्रिएट गर्नाले तपाईले त्यसको आर्गेनाइजेशन माथि फोकस गर्न सक्नुहुन्छ र आवश्यक्ता पर्दा त्यस फाइलको प्रयोग त्यस प्रोग्राममा पनि गर्न सक्नुहुन्छ।

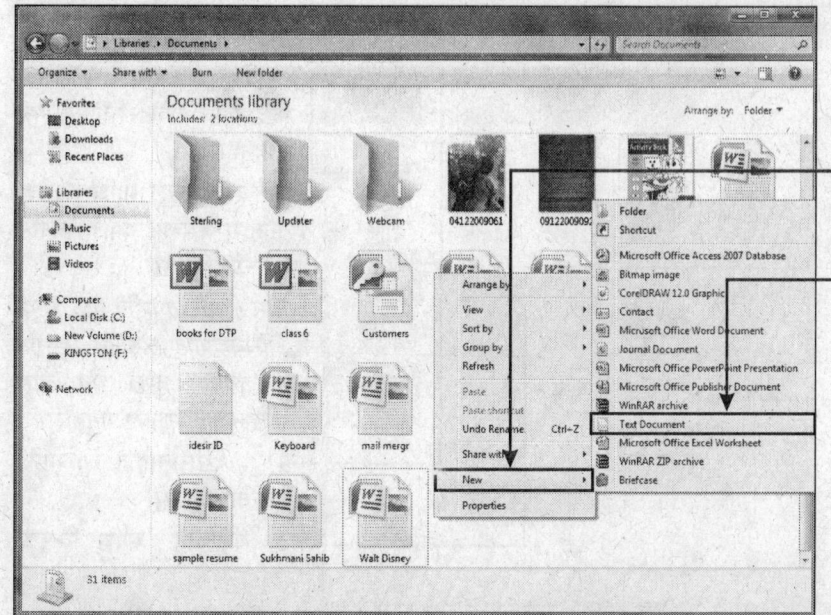

1. उत्यो फोल्डर ओपन गर्नुहोस् जसमा फाइललाई क्रिएट गर्न चाहनुहुन्छ।
2. फोल्डरको खाली ठाँउमा राइट क्लिक गर्नुहोस्।
3. **'न्यू'** मा क्लिक गर्नुहोस्।
4. त्यो फाइल टाइप गर्नुहोस् जसलाई तपाई क्रिएट गर्न चाहनुहुन्छ।

नोट : यदि तपाई फोल्डर माथि क्लिक गर्नुहुन्छ भने विंडो 7 ले नयाँ सबै फोल्डरलाई क्रिएट गर्दछ।

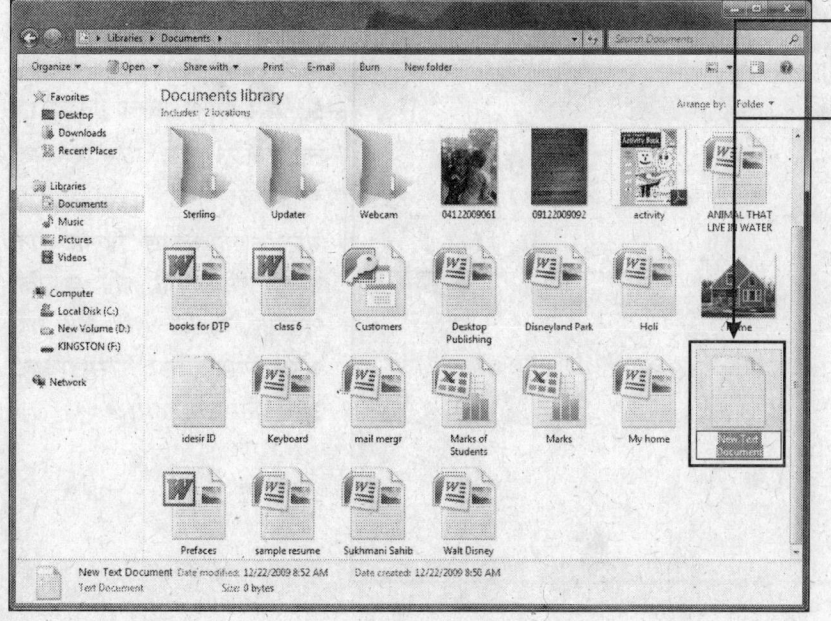

नयाँ फाइलको आइकॉन यस फोल्डरमा देखिन्छ।

5. अब तपाईले त्यो फाइलको नाम टाइप गर्नुहोस् जुन तपाई दिन चाहनुहुन्छ र त्यस पछि की-बोर्डमा **एंटर** थिच्नुहोस्।

फाइललाई डिलीट (हटउनु) गर्नु

जुन फाइलको तपाईलाई आवश्यक्ता छैन त्यसलाई तपाईले डिलीट गर्न सक्नुहुन्छ। फाइललाई डिलीट गर्नु भन्दा पहिला यो सुनिश्चित गर्नुहोस् कि त्यो फाइल तपाईले तयार गर्नु भएको छ वा अरु कुनै व्यक्तिले तयार गरेको फाईल तपाईलाई दिईएको छ। विंडो 7 को कुनै फाइल अथवा कुनै प्रोग्रामको फाइलहरुलाई डिलीट गर्नुहुदैन्।

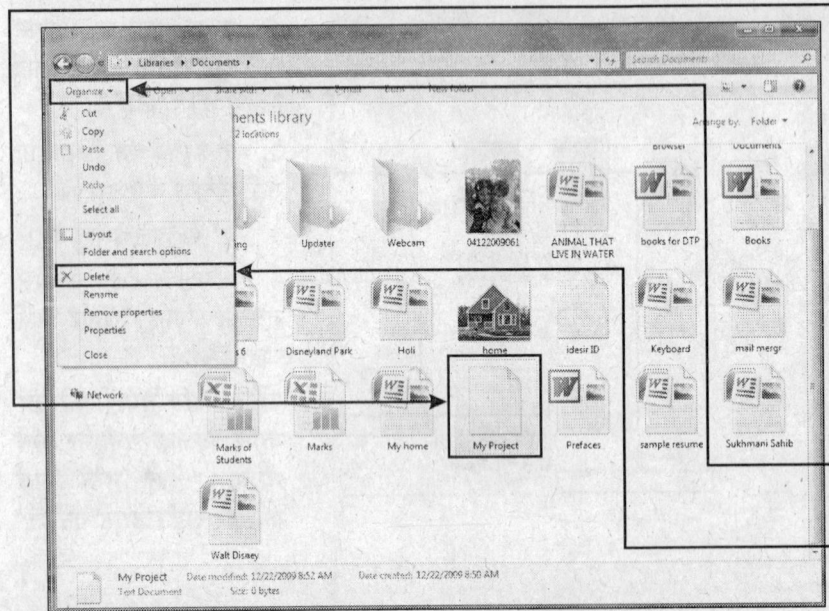

1. त्यस फोल्डरलाई ओपन गर्नुहोस् जसमा समावेस फाइललाई तपाई डिलीट गर्न चाहनुहुन्छ।
2. त्यस फाइल माथि क्लिक गर्नुहोस् जसलाई तपाई डिलीट गर्न चाहनुहुन्छ।

नोट : *यदि तपाईले एक भन्दा अधिक फाइलहरुलाई डिलीट गर्न चाहनु हुन्छ भने त्यस फाइललाई सलेक्ट गर्नुहोस्।*

3. **'आर्गनाइज'** माथि क्लिक गर्नुहोस्।
4. **'डिलीट'** माथि क्लिक गर्नुहोस्।

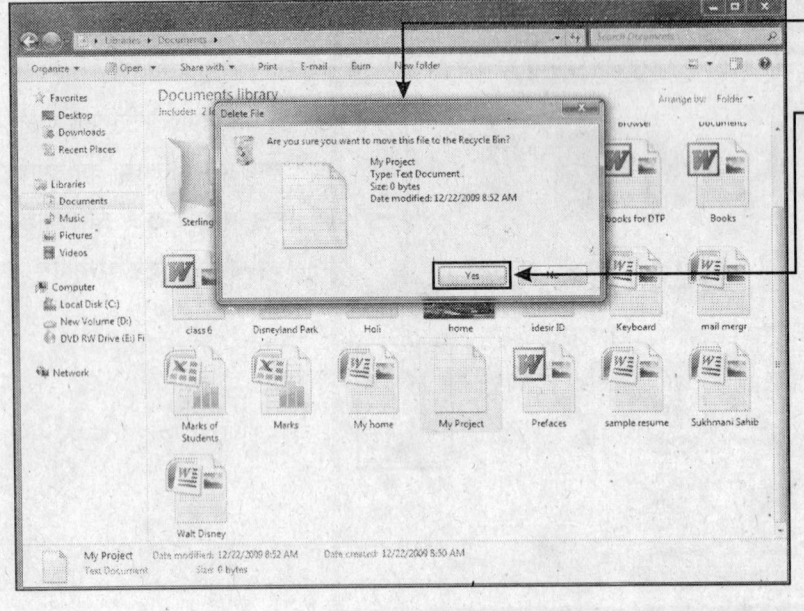

'डिलीट फाइल्स' डायलॉग बाक्स देखिन्छ।

5. **'यस'** माथि क्लिक गर्नुहोस्।

त्यो फाईल यस फोल्डर बाट हराउने छ।

नोट : *फाइललाई डिलीट गर्ने अर्को तरीका यो पनि छ कि यसलाई क्लिक गरि ड्रैग गर्दै डेस्कटॉपमा रहेको **'रिसाइकिल बिन'** तिर छोड्नुहोस्।*

डिलीट गरिएको फाइललाई रीस्टोर (फेरि प्राप्त गर्नु) गर्नु

तपाईद्वारा डिलीट गरिएको सबै फाइल रिसाइकिल बिनमा गएर बस्छ। यदि तपाईले कुनै पनि फाइललाई गल्तिले डिलीट गर्नु भएको छ भने सजिलैसंग त्यहाबाट आफ्नो कंप्यूटरमा त्यस फाइललाई पहिला भएको ठाँउमा लैजान सक्नुहुन्छ।

अतपाईले डिलीट गरेको फाइलहरुलाई पुन: प्राप्त गर्न सक्नुहुन्छ किनकी विंडो 7 ले यसको लागि यसलाई एउटा स्पेशल फोल्डरमा राख्छ जसलाई रीसाइकिल बिन भनिन्छ, यहा त्यो फाइल केहि दिन वा केहि हप्ताको लागि सुरक्षित रहन्छ समयवाधि यस कुरामा निर्भर गर्दछ कि तपाईले रीसाइकिल बिनलाई कसरी खाली गर्नुहुन्छ र कसरी यो पूरै भर्नुहुन्छ।

रिसाइकिल रिसाइकिल बिनलाई हेरेर तपाईले सजिलैसंग बुझ्न सक्नुहुन्छ कि यसमा डिलीट गरिएको फाइल छ वा छैन्।

( ) डिलीट गरेको फाइल

( ) बिना डिलीट गरिएको फाइल

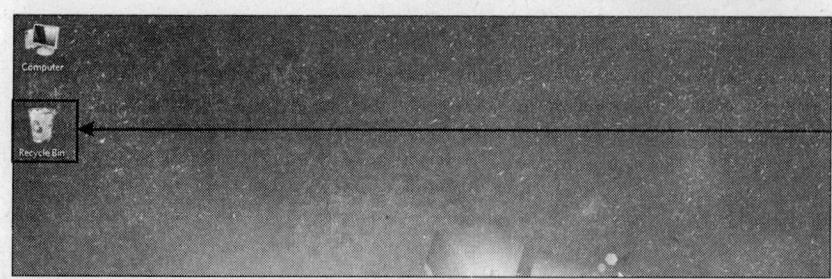

1. आफ्नो डेस्कटॉपमा बनेको **रिसाइकिल बिन**को आइकॉनमा डबल क्लिक गर्नुहोस्।

रिसाइकिल बिन विंडो ओपन हुन्छ र यहा डिलीट गरेको फाइलहरुलाई हेर्न सक्नुहुन्छ।

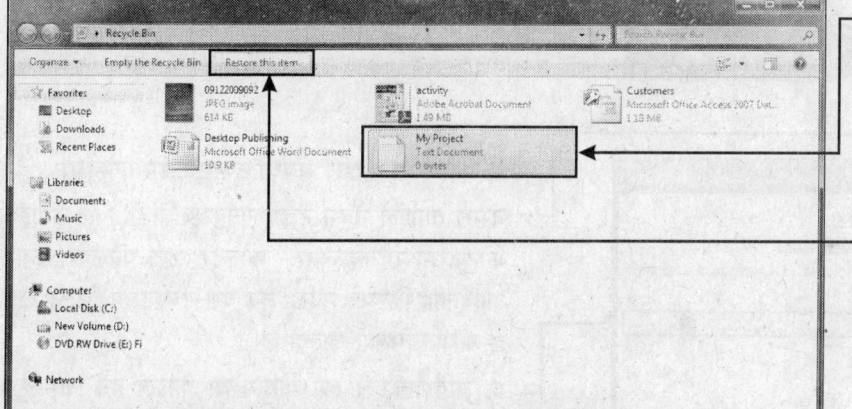

2. त्यस फाइलमा क्लिक गर्नुहोस् जसलाई तपाई रीस्टोर गर्न चाहनुहुन्छ।

3. **'रीस्टोर दिस आइटम'** माथि क्लिक गर्नुहोस्।

त्यो फाइल यहाबाट हराउछ र यसको मूल स्थानमा अर्थात जहाबाट डिलीट गरेको थियो त्यहा देखिन थाल्छ।

रिसाइकिल बिनलाई पूरा खाली गर्नु

आफ्नो कंप्यूटरमा धेरै स्पेस प्राप्त गर्नको लागि तपाईले रिसाइकिललाई खाली पनि गर्न सक्नुहुन्छ।

जब तपाईले रिसाइकिल बिनलाई एंपटी (पूरै खाली) गर्नु हुन्छ भने यसमा रहेको सबै फाइलहरु स्थायी रूपले डिलीट हुन जान्छ र तपाईले यसलाई रीस्टोर गर्न सक्नुहुन्न।

1. रिसाइकिल बिन विंडोमा **'एंपटी द रिसाइकिल बिन'** माथि क्लिक गर्नुहोस्।

'डिलीट मल्टीपल आइटम्स' डायलॉग बाक्स देखिन्छ।

2. रिसाइकिल बिनबाट सबै फाइलहरुलाई स्थायी रूपले डिलीट गर्नको लागि **'यस'** माथि क्लिक गर्नुहोस्।

फाइललाई सर्च गर्नु (खोज्नु)

यदि यदि तपाई कुनै फाइलमा काम गर्न चाहनुहुन्छ तर तपाईलाई त्यसको सही-सही नाम र त्यसको सटीक ठाँउ याद छैन् भने विंडो 7 ले त्यस फाइललाई खोज्नको लागि टूल्स पनि देखाउछ।

तपाईले स्टार्ट मीनूबाट सर्च गर्न सक्नुहुन्छ वा फोल्डरको विंडोमा सर्चलाई प्रयोग गर्न सक्नुहुन्छ।

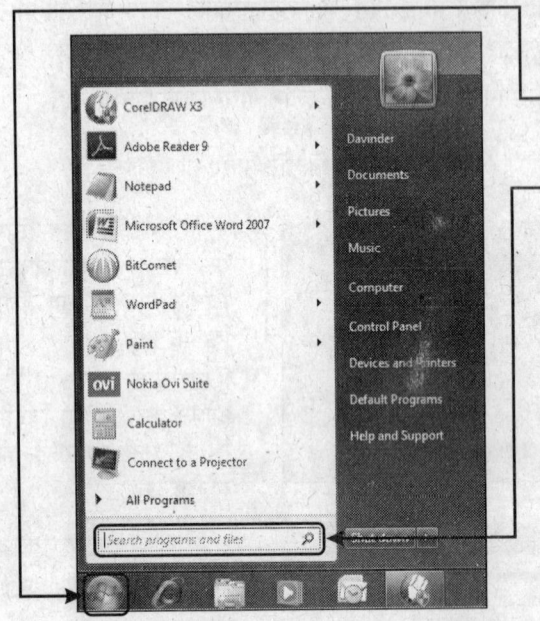

स्टार्ट मीनूबाट सर्च गर्नु

1. स्टार्ट मीनूलाई ओपन गर्नको लागि 'स्टार्ट' बटन माथि क्लिक गर्नुहोस्।
2. 'सर्च बाक्स' माथि क्लिक गर्नुहोस्।

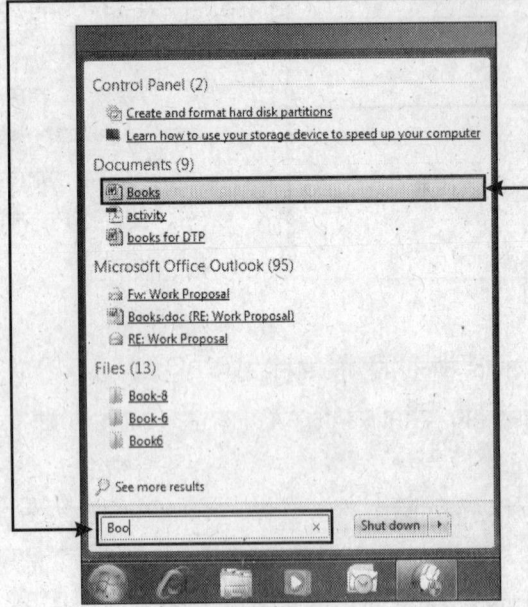

3. यहा त्यस फाइल संबंधी टेक्स्ट टाइप गर्नुहोस्।

जसरी तपाईले टेक्स टाइप गर्नुहुन्छ विंडो 7 ले तपाईको कंप्यूटरमा रहेको त्यस फोल्डर, सब फोल्डर, फाइल आदिलाई डिस्प्ले गर्दछ जुन यस टेक्स्टसगं मिल्ने खाता छ अर्थात मिल्दो-जुल्दो छ।

4. यदि तपाईले त्यो प्रोग्राम वा फाइल हेर्न चाहनुहुन्छ जसलाई तपाईले खोजी रहनु भएको छ भने यसलाई ओपन गर्नको लागि यस माथि क्लिक गर्नुहोस।

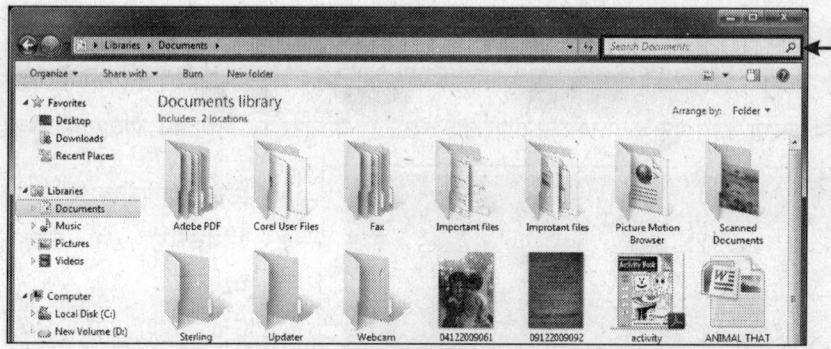

फोल्डरलाई विंडोबाट सर्च गर्नु

1. त्यस फोल्डरलाई ओपन गर्नुहोस् जसलाई सर्च गर्न चाहनुहुन्छ।

2. 'सर्च बाक्स' माथि क्लिक गर्नुहोस्।

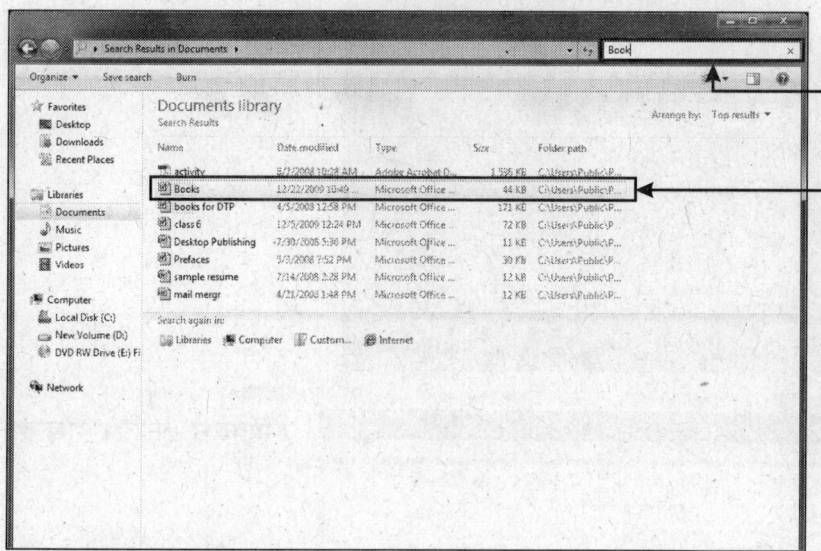

3. सर्च टेक्स्ट टाइप गर्नुहोस्। जसरी तपाईले टेक्स्ट टाइप गर्नुहुन्छ विंडो 7 ले त्यस टेक्स्टबाट मिल्दो खाता भएको डाक्यूमेंट, फोल्डर, सब फोल्डरलाई त्यस फोल्डरमा डिस्प्ले गर्नेछ।

4. यदि तपाईले त्यो फोल्डर वा डाक्यूमेंट हेर्नु हुन्छ जसलाई तपाई खोजी रहनु भएको छ भने यसलाई ओपन गर्नको लागि यसमा डबल क्लिक गर्नुहोस्।

आफ्नो सचलाई सेव गर्नु

तपाईले त्यस सर्चको सेव गर्न सक्नुहुन्छ जुनमा तपाईले लगातार काम गर्नुहुन्छ।

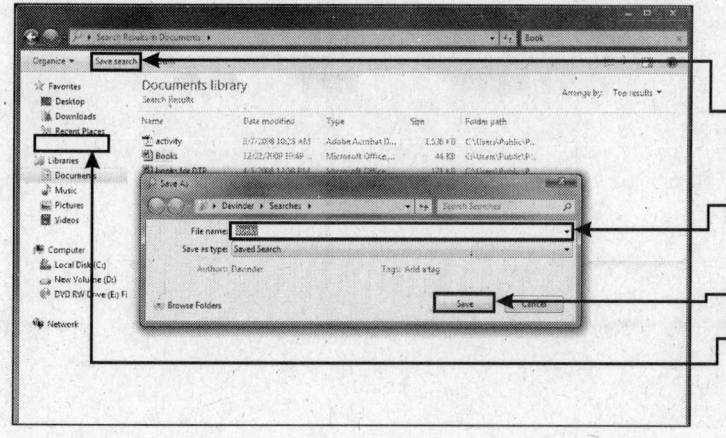

1. सर्चलाई रन गराउनुहोस् जसलाई तपाई सेव गर्न चाहनुहुन्छ।

2. 'सेव सर्च' माथि क्लिक गर्नुहोस्। **'सेव एज'** डायलॉग बाक्स देखिन्छ।

3. त्यस सर्चको लागि कुनै पनि फाइल नेम टाइप गर्नुहोस्।

4. 'सेव' माथि क्लिक गर्नुहोस।

विंडो 7 ले यस सर्चलाई सर्च फोल्डरमा सेव गर्नेछ। आफ्नो सर्चमा फिर्ता ल्याउनको लागि त्यस फोल्डरमा डबल क्लिक गर्नुहोस्।

पिक्चर फोल्डरलाई ओपन गर्नु

विंडो 7 को पिक्चर फोल्डरमा एउटा स्पेशल फोल्डर हो जसलाई पिक्चरहरुमा स्टोर गर्नको लागि खासगरि डिजाइन गरिएको छ। कुनै इमेज अथवा पिक्चरमा काम गर्नु भन्दा पहिला तपाईलाई त्यसलाई कंप्यूटर स्क्रीनमा हेर्न आवश्यक हुन्छ।

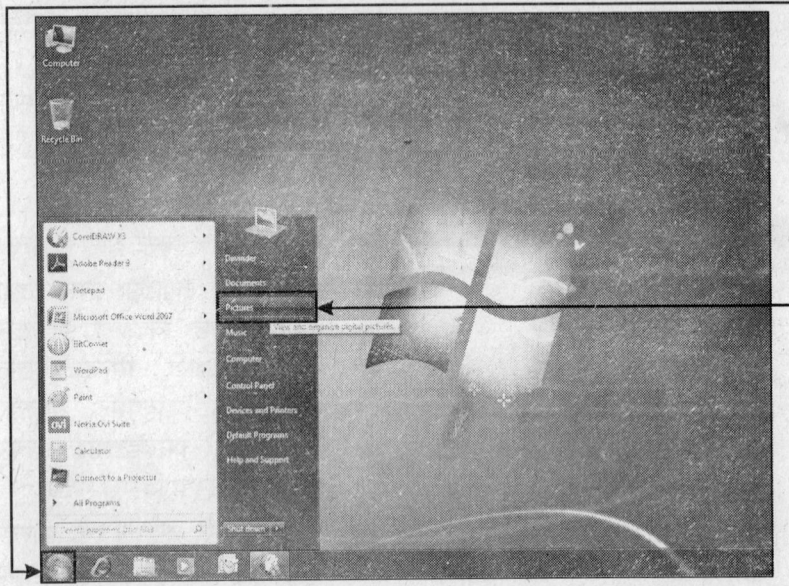

1. **'स्टार्ट'** मा क्लिक गर्नुहोस्।
2. **'पिक्चर्स'** मा क्लिक गर्नुहोस।

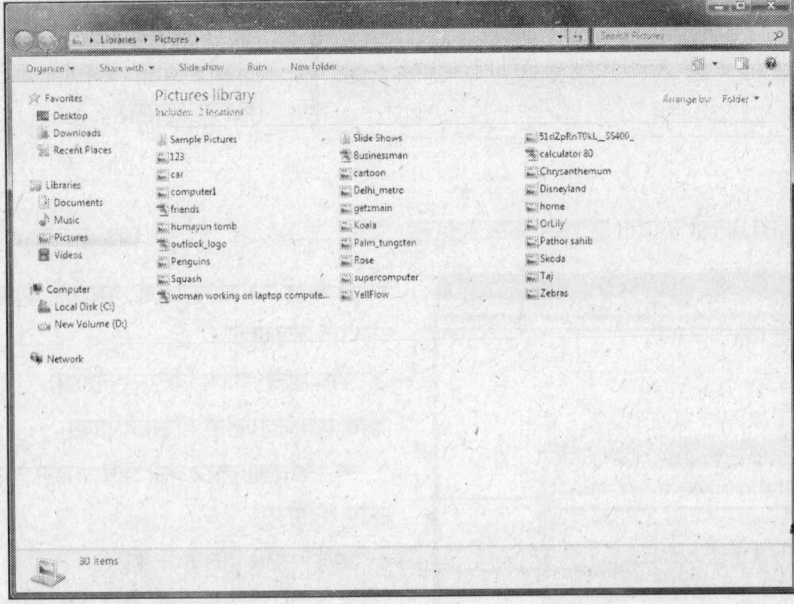

'पिक्चर्स' फोल्डर देखिन्छ।

आफ्नो इमेज (पिक्चर) लाई हेर्नु

यदि तपाई धेरै पिक्चर्स हेर्न चाहनुहुन्छ भने तपाईले विंडो 7 को विंडो फोटो व्यूअरको प्रयोग गरेर पिक्चर फोल्डरमा पिक्चरहरुलाई हेर्न सक्नुहुन्छ।

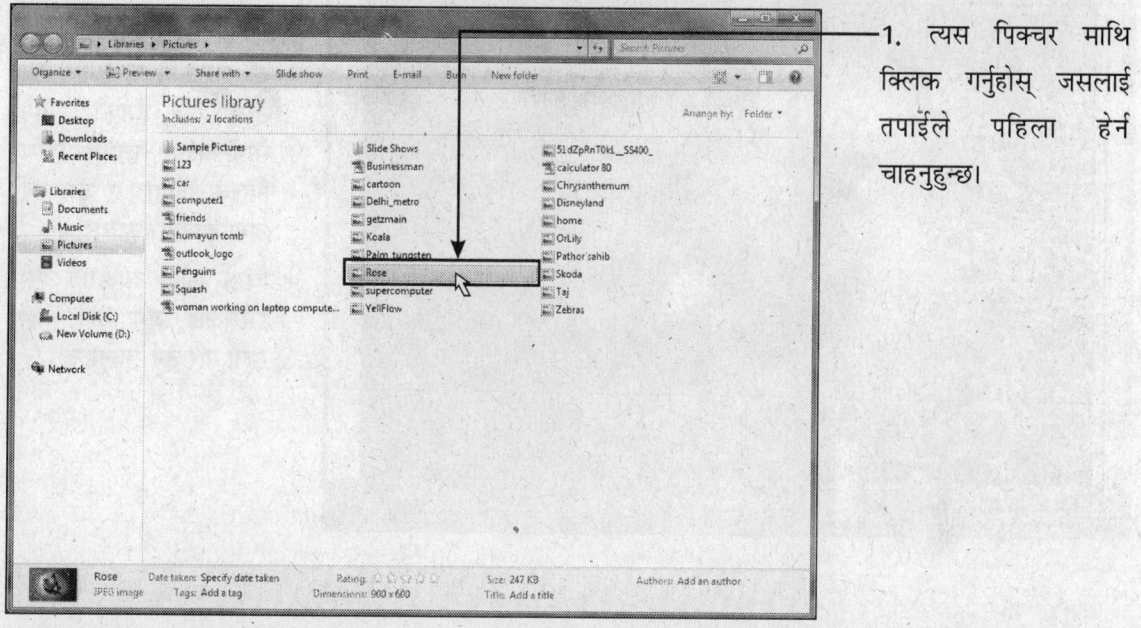

1. त्यस पिक्चर माथि क्लिक गर्नुहोस् जसलाई तपाईले पहिला हेर्न चाहनुहुन्छ।

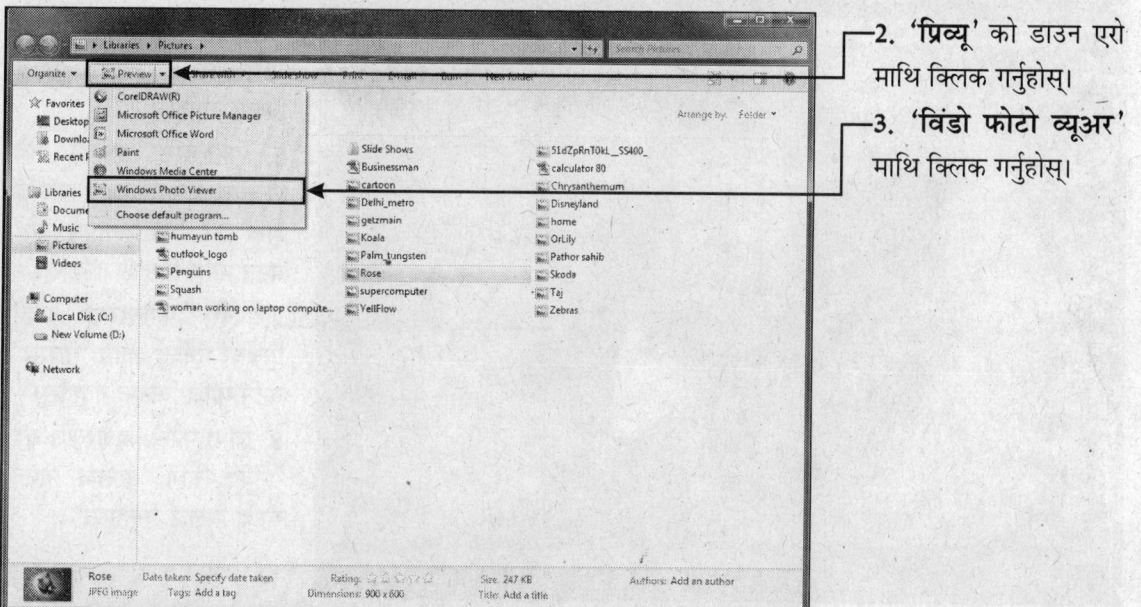

2. **'प्रिव्यू'** को डाउन एरो माथि क्लिक गर्नुहोस्।
3. **'विंडो फोटो व्यूअर'** माथि क्लिक गर्नुहोस्।

'विंडो फोटो व्यूअर' मा त्यो इमेज (पिक्चर) देखिन्छ।

4. यस पिक्चरलाई अझ ठूलो गरि हेर्नको लागि मैग्नीफाइंग ग्लास माथि क्लिक गर्नुहोस् र ड्रैग गर्दै अगाडि बढाउनुहोस्।

विंडो फोटो व्यूअरले यस इमेजलाई जूम गरेर अझ ठूलो गरि हेर्न सक्नुहुन्छ।

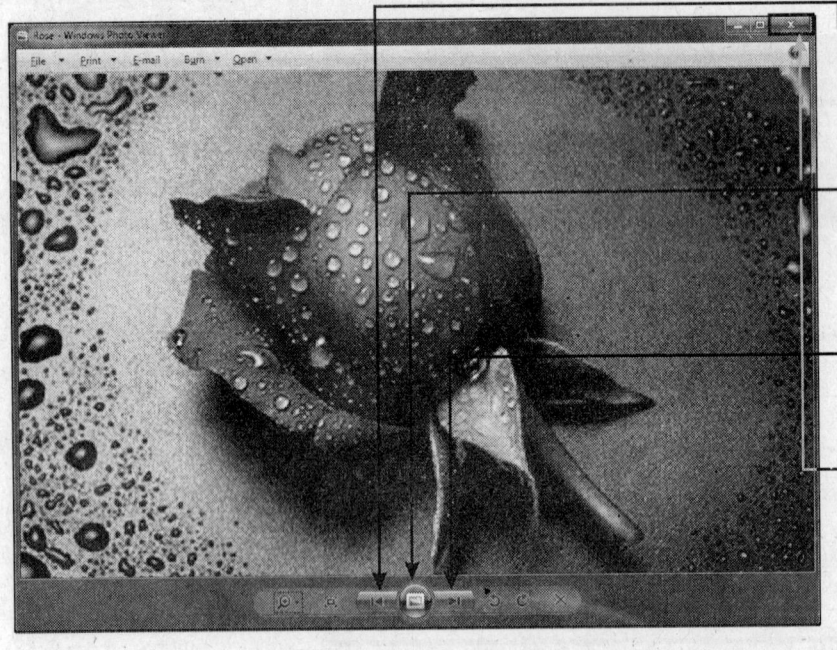

5. फोल्डरमा यसबाट पहिला को इमेज हेर्नको लागि **'प्रीवियस'** बटन माथि क्लिक गर्नुहोस्।

6. फोल्डरमा भएको सबै पिक्चरको स्लाइड शोलाई शुरू गर्न **'प्ले स्लाइड शो'** बटन माथि क्लिक गर्नुहोस्।

7. यस फोल्डरमा अर्को पिक्चर हेर्नको लागि **'नेक्स्ट'** बटन माथि क्लिक गर्नुहोस्।

8. विंडो फोटो व्यूअरलाई बंद गर्नको लागि **'क्लोज'** बटन माथि क्लिक गर्नुहोस्।

कुनै पिक्चरलाई रिपेयर (ठीक) गर्न

पिक्चरलाई राम्ररी देखाउन अर्थात त्यसको क्वालिटी (गुणवत्ता)लाई राम्रो गर्नको लागि तपाईले **'विंडोज लाइव फोटो गैलरी'** को प्रयोग गर्न सक्नुहुन्छ। विंडो लाइव फोटो गैलरी विंडो 7 को एउटा फिक्स विंडो हो जसमा रहेको टूल्सको सहायताले तपाईले पिक्चरको क्वालिटी जस्तै ब्राइटनेश, कांट्रास्ट, कलर आदिमा काम गरेर त्यसलाई सुर्धान सक्नुहुन्छ। यी टूल्सको सहायताले तपाई पिक्चरलाई क्रॉप (काट्नु) पनि गर्न सक्नुहुन्छ र रोटेट (दिशा परिवर्तन) पनि गर्न सक्नुहुन्छ।

डिफाल्ट रूपमा विंडो 7 मा प्रयोग गरिएको केहि कंप्यूटरहरुमा विंडो लाइव इंस्टॉल हुदैन्। यस स्थितिमा तपाईले माइक्रोसाफ्ट वेबसाइटबाट विंडो लाइवलाई इंस्टॉल गर्दछ।

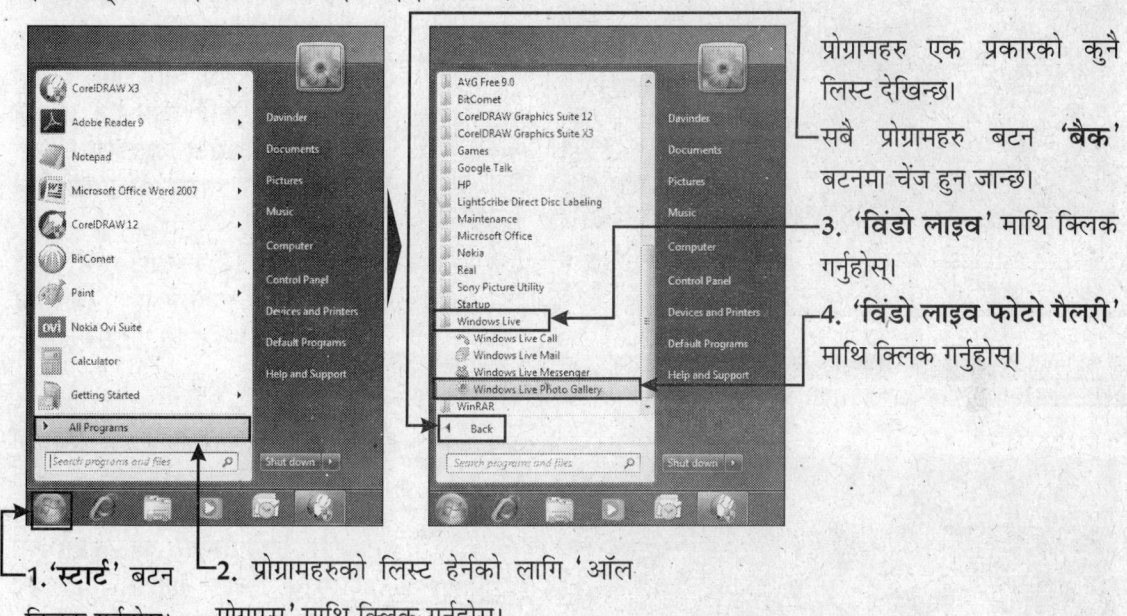

प्रोग्रामहरु एक प्रकारको कुनै लिस्ट देखिन्छ।

सबै प्रोग्रामहरु बटन **'बैक'** बटनमा चेंज हुन जान्छ।

3. 'विंडो लाइव' माथि क्लिक गर्नुहोस्।

4. 'विंडो लाइव फोटो गैलरी' माथि क्लिक गर्नुहोस्।

1. 'स्टार्ट' बटन क्लिक गर्नुहोस।

2. प्रोग्रामहरुको लिस्ट हेर्नको लागि 'ऑल प्रोग्राम्स' माथि क्लिक गर्नुहोस्।

'विंडो लाइव फोटो गैलरी' विंडो देखिन थाल्छ।

5. त्यस पिक्चर माथि क्लिक गर्नुहोस् जसमा तपाई काम गर्न चाहनु हुन्छ।

6. 'फिक्स' माथि क्लिक गर्नुहोस।

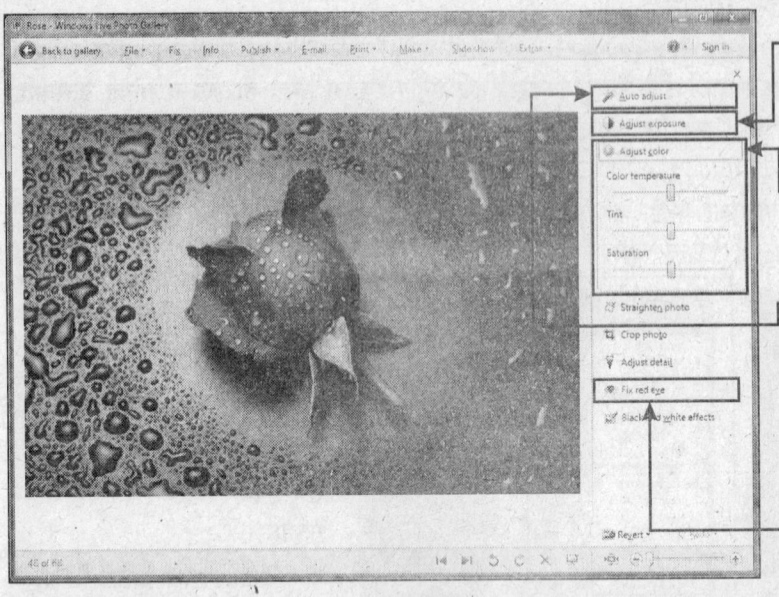

'फिक्स' विंडो देखिन्छ।

6. **'एडजस्ट एक्सपोजर'** माथि क्लिक गर्नुहोस् र माउसलाई क्लिक गरेर ड्रैग गर्दै ब्राइटनेश र कांट्रास्ट लाई बदल्न सक्नुहुन्छ।

7. **'एडजस्ट कलर'** माथि माउस लाई क्लिक गर्नुहोस् र ड्रैग गर्दै कलर टेंपरेचर र रंग बदल्न सक्छ।

यदि तपाईलाई यो थाहा छैन कि यो टूल्सले कसरी काम गर्छ र कुन पिक्चरमा कति काम गर्नु छ भने तपाईले **'ऑटो एडजस्ट'** टूल प्रयोग गरेर त्यसको सहायता लिन सक्नुहुन्छ।

8. कुनै पिक्चरबाट रेड आई हटाउनको लागि तपाई **'फिक्स रेड आई'** माथि क्लिक गर्न सक्नुहुन्छ।

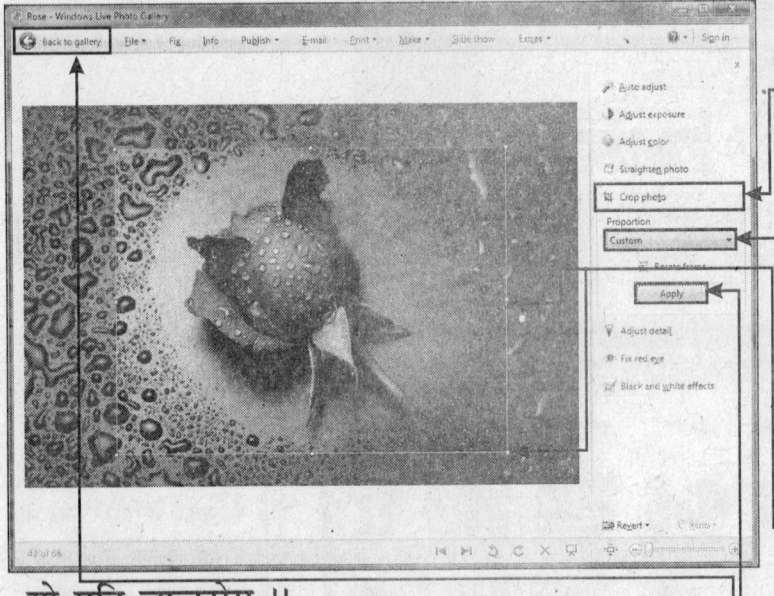

9. पिक्चरलाई क्रॉप (काट्न) को लागि **'क्रॉप पिक्चर'** माथि क्लिक गर्नुहोस्।

10. **'प्रोपोर्शन'** को डाउन एरो माथि क्लिक गर्नुहोस् र आफ्नो इच्छानुसार त्यसको माप गर्नुहोस्।

*त्यही लंबाई-चौड़ाइलाई प्राप्त गर्नको लागि **'ऑरिजनल'** माथि क्लिक गर्नुहोस्। आफुलाई मनपर्ने कुनै पनि लंबाई र चौड़ाईलाई प्राप्त गर्नको लागि **'कस्टम'** माथि क्लिक गर्नुहोस्।*

11. इमेजको नयाँ साइजलाई सेट गर्न हैंडल समातेर ड्रैग गर्नुहोस्।

12. **'अप्लाई'** मा क्लिक गर्नुहोस।

13. पिक्चरमा काम गरेपछि **'बैक टू गैलरी'** माथि क्लिक गर्नुहोस्।

विंडाको लाइव फोटो गैलरी पिक्चरमा गरिएको बदलावहरुलाई काममा लागू गर्नेछ।

यो पनि जान्नुहोस् !!

इमेजको रिपेयरिंगको दौरान यदि तपाईलाई त्यो मनपरेको छैन भने तपाई फेरी ऑरिजनल इमेजमा जान सक्नुहुन्छ। किनकी विंडोले लाइव फोटो गैलरीको पिक्चरको एक कॉपीको बैकअपलाई सुरक्षित राख्छ।

इमेज माथि क्लिक गर्नुहोस् र त्यस पछि **'फिक्स'** माथि क्लिक गर्नुहोस्। फिक्स विंडोमा पहिला **'रिवर्ट'** र फेरि **'रिवर्ट टू ऑरिजनल'** माथि क्लिक गरेर तपाई इमेजमा गरेको सबै चेंजेज (बदलाव) लाई समाप्त गरेर फेरि आफ्नो ऑरिजनल इमेजमा आउन सक्नुहुन्छ।

इमेज (पिक्चर) को प्रिंट निकाल्नु

पिक्चर फोल्डरबाट तपाई कुनै इमेजको प्रिंट आउट पनि लिन सक्नुहुन्छ। तपाईले यसबाट एक वा एक भन्दा अधिक इमेजका प्रिंट पनि लिन सक्नुहुन्छ। यदि तपाई पिक्चरहरुमा काम गरिरहनु भएको छ भने तपाईले यसमध्ये प्रत्येकको अलग-अलग अथवा हर शीटबाट दुईवटा इमेजको प्रिंट पनि लिन सक्नुहुन्छ।

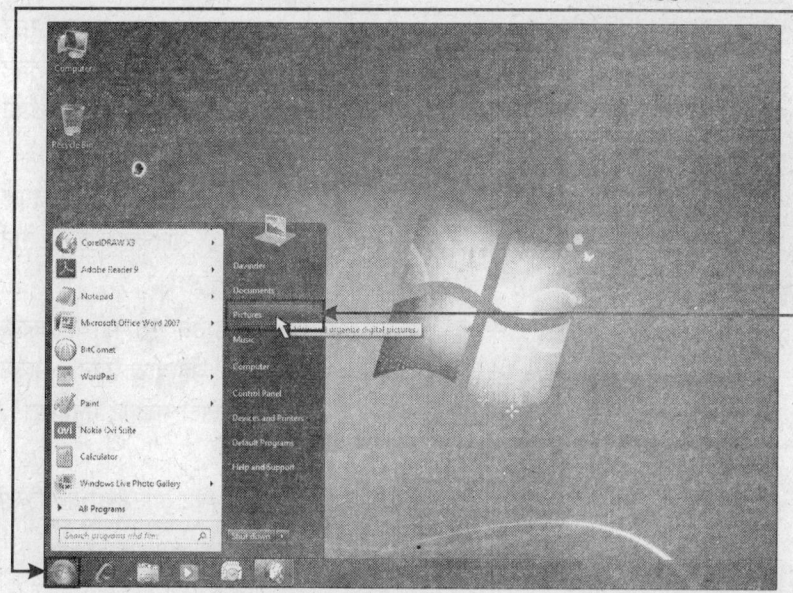

1. **'स्टार्ट'** मा क्लिक गर्नुहोस्।
2. **'पिक्चर्स'** मा क्लिक गर्नुहोस्।

3. पिक्चर्स फोल्डरबाट तपाई जुन पिक्चर वा पिक्चर प्रिंट लिन चाहनु हुन्छ, त्यसलाई सलेक्ट गर्नुहोस्।
4. **'प्रिंट'** मा क्लिक गर्नुहोस्।

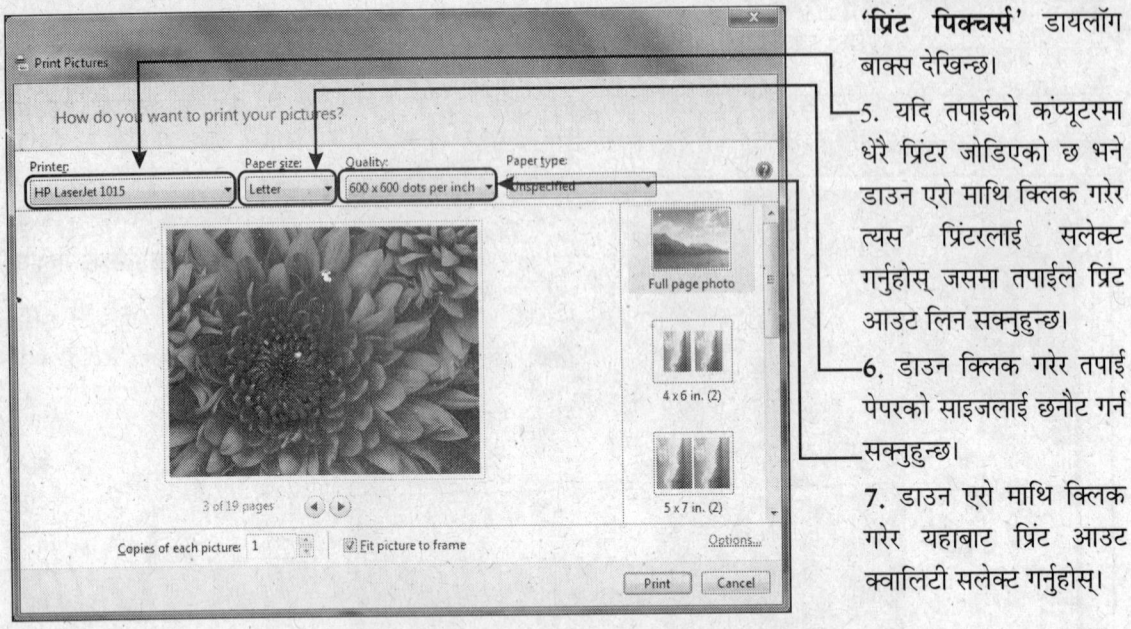

'प्रिंट पिक्चर्स' डायलॉग बाक्स देखिन्छ।

5. यदि तपाईको कंप्यूटरमा धैरै प्रिंटर जोडिएको छ भने डाउन एरो माथि क्लिक गरेर त्यस प्रिंटरलाई सलेक्ट गर्नुहोस् जसमा तपाईले प्रिंट आउट लिन सक्नुहुन्छ।

6. डाउन क्लिक गरेर तपाई पेपरको साइजलाई छनौट गर्न सक्नुहुन्छ।

7. डाउन एरो माथि क्लिक गरेर यहाबाट प्रिंट आउट क्वालिटी सलेक्ट गर्नुहोस्।

नोट : *प्रिंटको क्वालिटी डॉट्समा इंच (डीपीआई)ले माप गरिन्छ। डीपीआई वैल्यू जति बढि हुन्छ प्रिंट आउटको क्वालिटी पनि त्यति नै राम्रो हुनेछ।*

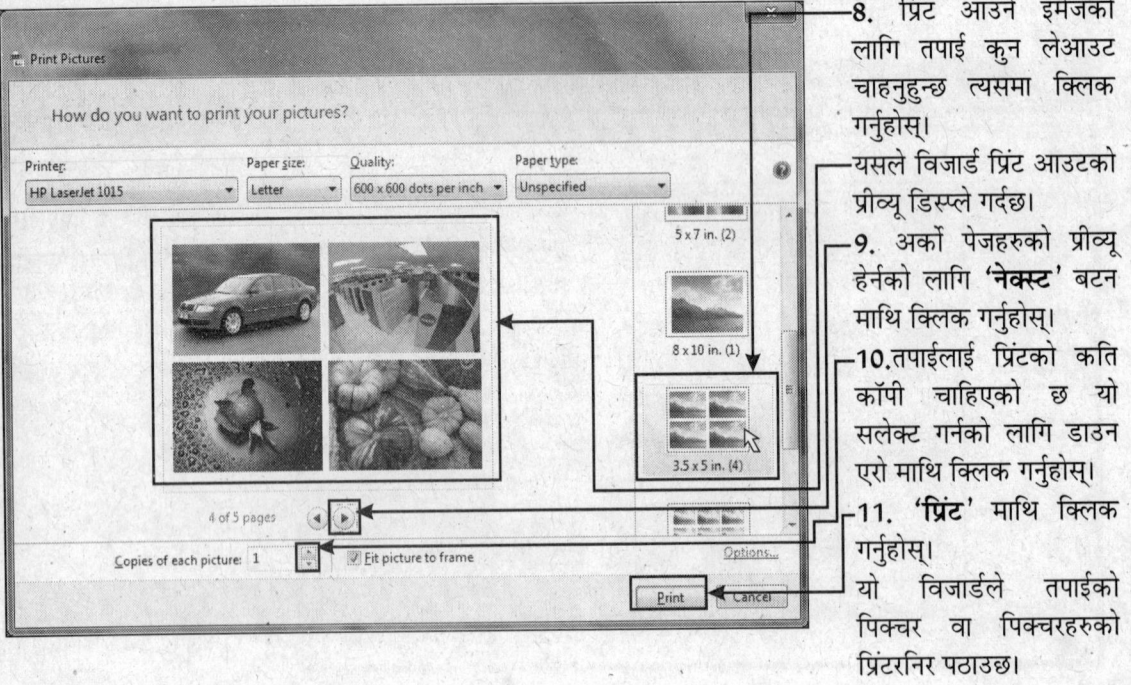

8. प्रिंट आउने इमेजको लागि तपाई कुन लेआउट चाहनुहुन्छ त्यसमा क्लिक गर्नुहोस्।

यसले विजार्ड प्रिंट आउटको प्रीव्यू डिस्प्ले गर्दछ।

9. अर्को पेजहरुको प्रीव्यू हेर्नको लागि **'नेक्स्ट'** बटन माथि क्लिक गर्नुहोस्।

10. तपाईलाई प्रिंटको कति कॉपी चाहिएको छ यो सलेक्ट गर्नको लागि डाउन एरो माथि क्लिक गर्नुहोस्।

11. 'प्रिंट' माथि क्लिक गर्नुहोस्।

यो विजार्डले तपाईको पिक्चर वा पिक्चरहरुको प्रिंटरनिर पठाउछ।

विंडो मीडियामा प्लेयरलाई ओपन (खोल्नु) गर्नु

विंडो मीडिया प्लेयरको सहायताले विंडो 7 ले तपाईलाई ऑडियो जस्तै वीडियो हेर्ने सुविधा पनि दिन्छ। सबैभन्दा पहिला यो जान्नु आवश्यक छ कि विंडो मीडिया प्लेयर विंडालाई कसरी ओपन गर्नुहुन्छ र कसरी क्लोज (बंद) गर्नुहुन्छ।

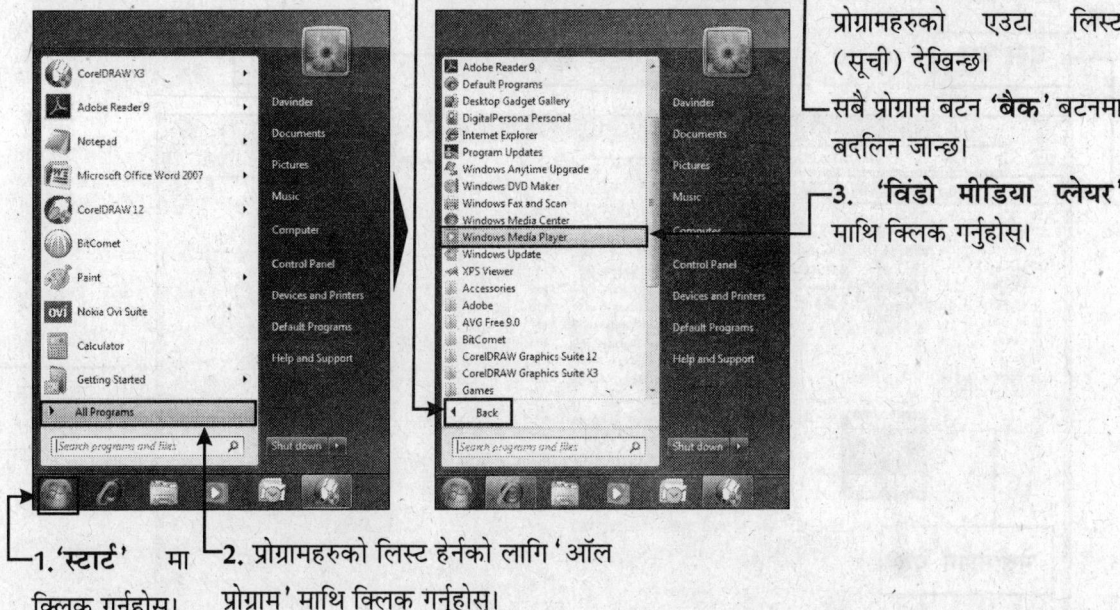

प्रोग्रामहरुको एउटा लिस्ट (सूची) देखिन्छ।

सबै प्रोग्राम बटन **'बैक'** बटनमा बदलिन जान्छ।

3. **'विंडो मीडिया प्लेयर'** माथि क्लिक गर्नुहोस्।

1. **'स्टार्ट'** मा क्लिक गर्नुहोस्।

2. प्रोग्रामहरुको लिस्ट हेर्नको लागि 'ऑल प्रोग्राम' माथि क्लिक गर्नुहोस्।

जब तपाई पहिलो पल्ट यस प्रोग्रामलाई शुरू गर्नुहुन्छ भने विंडो मीडिया प्लेयर वेलकम डायलॉग बाक्स देखिन्छ।

4. **'रिकमंडेड सेटिंग'** को रेडियो बटन माथि क्लिक गर्नुहोस्।

5. **'फिनिश'** माथि क्लिक गर्नुहोस्।

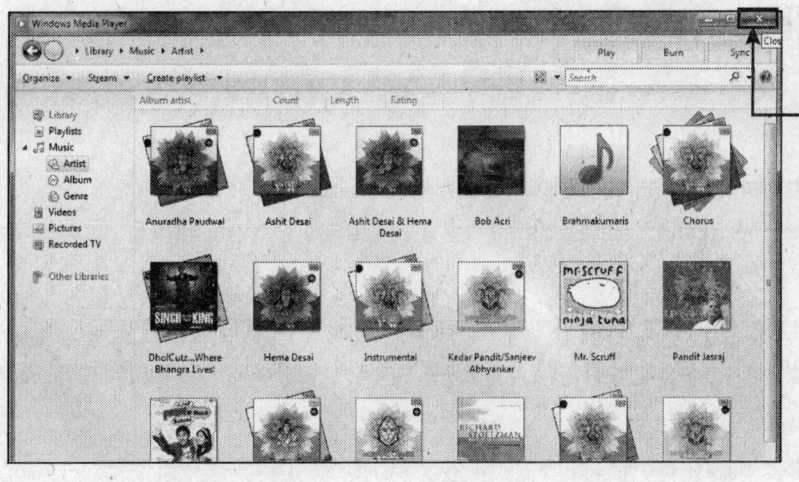

'विंडो मीडिया प्लेयर' विंडो डिस्प्ले हुन जान्छ।

6. आफ्नो काम समाप्त गरेपछि विंडो मीडिया प्लेयर विंडोलाई बंद गर्नको लागि तपाईले यसको **'क्लोज'** बटन माथि क्लिक गर्नुहोस्।

विंडो मीडिया प्लेयरलाई बुझ्न

विंडो मीडिया प्लेयरमा ऑडियो, वीडियो फाइल सुनने-हेर्ने अथवा डीवीडीलाई चलाउनु पूर्व तपाईलाई पहिला यस विंडाको सबै फंक्शनको बारेमा जानकारी हुनु आवश्यक छ।

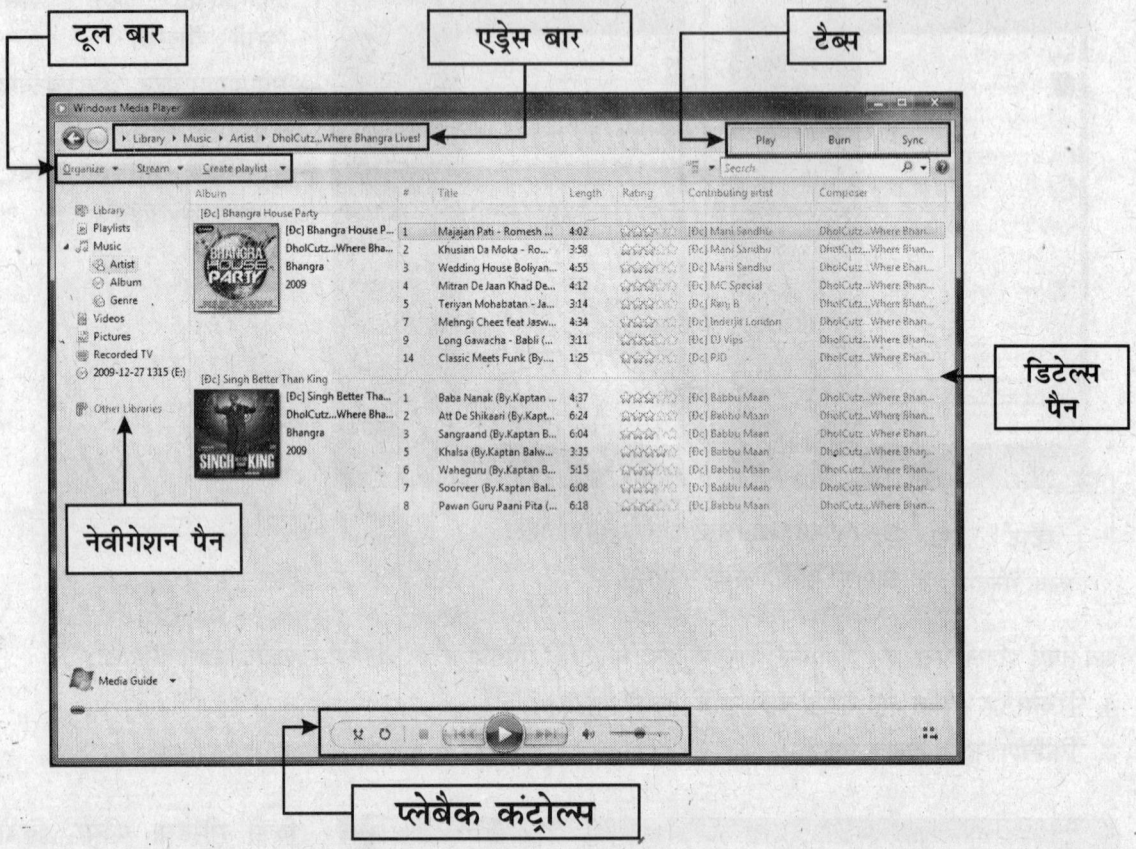

एड्रेस बार : यो एरियाले (क्षेत्र) मीडिया प्लेयरको करेंट (वर्तमान) लाइब्रेरीमा तपाईको लोकेशन (स्थिति) को बारेमा बताउछ।

टैब्स : टैब्स विंडोलाई मीडिया प्लेयरको फीचससगं जोडिएको हुन्छन्।

टूल बार : कमांड दिनको लागि व्यूलाई बदल्नको लागि र मीडियालाई सर्च गर्नको लागि तपाईले मीडिया प्लेयरबाट टूल बारको प्रयोग गर्न सक्नुहुन्छ।

नेवीगेशन पैन : यस पैनको प्रयोग तपाईले मीडिया प्लेयर लाइब्रेरीको कैटेगरीलाई खोज्नको लागि गर्न सक्नुहुन्छ।

प्लेबैक कंट्रोल्स : यो बटनले वीडियो र म्यूजिक फाइललाई कंट्रोल गर्ने सुविधा दिन्छ। यसको सहायताले तपाई साउंड पनि एडजस्ट गर्न सक्नुहुन्छ।

डिटेल्स पैन : यो पैन तपाईलाई करेंट लाइब्रेरी खोज्नको लागि भएको कटेंटको बारेमा सूचनाह डिस्प्ले गर्दछ।

लाइब्रेरीको प्रयोग गर्न

लाइब्रेरी फीचरले तपाईको कंप्यूटरमा रहेको सबै प्रकारको मीडिया फाइललाई मैनेज (व्यवस्थित) गर्दछ। जब तपाईले पहिलो पल्ट विंडो मीडिया प्लेयरको प्रयोग गर्नुहुन्छ तब तपाईले आफ्नो कंप्यूटरमा रहेको मीडिया फाइलहरुलाई लाइब्रेरीमा समावेस गर्नुपर्नेहुन्छ।

लाइब्रेरी खोज्न

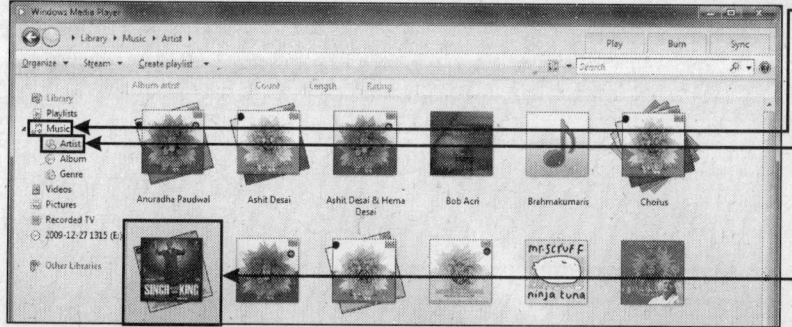

1. **'नेवीगेशन'** पैनले त्यस कैटेगरी माथि क्लिक गर्नुहोस् जसलाई तपाई प्रयोग गर्न चाहनुहुन्छ।
2. यदि कैटेगरीमा सबकैटेगरी पनि समावेस छ भने सबकैटेगरीमा समावेस एलीमेंट्सलाई हेर्नको लागि त्यस माथि क्लिक गर्नुहोस्।
3. त्यस आइटममा क्लिक गर्नुहोस् जसलाई प्रयोग गर्न चाहनुहुन्छ।

विंडो मीडिया प्लेयरले त्यस आइटमको कंटेंटलाई डिटेल्स पैनमा डिस्प्ले गर्नेछ।

कैटेगरी र सबकैटेगरीमा फिर्ता आउनको लागि तपाईले एड्रेस बारको कुनै आइटममा क्लिक गर्न सक्नुहुन्छ।

कुनै एड्रेस बारको आइटम्स हेर्नको लागि तपाईले ऐरो माथि क्लिक गर्नुहोस्।

लाइब्रेरी के व्यू को बदलना

1. **'व्यू ऑप्शंस'** को डाउन एरो माथि क्लिक गर्नुहोस्।
2. जुन व्यूलाई तपाई प्रयोग गर्न चाहनुहुन्छ, त्यस माथि क्लिक गर्नुहोस्।

मीडिया प्लेयर व्यूले चेंज गर्दछ अर्थात बदलिने काम गर्दछ।

यो पनि जान्नुहोस्!!

लाइब्रेरी म्यूजिक फाइलहरुलाई त्यसको श्रेगी अनुसार मीडिया कंटेंट इंफोर्मेशनमा तपाईले एकत्रित गर्नुपर्ने हुन्छ। मीडिया कंटेंट इंफोर्मेशनले पनि फाइलको टाइपलाई आइडेंटीफाई गर्दछ।

ऑडियो वीडियो फाइललाई प्ले गर्न

विंडो मीडिया प्लेयरले तपाईको कंप्यूटरमा स्टोर रहेको ऑडियो फाइललाई प्ले गर्नको लागि लाइब्रेरीको प्रयोग गर्दछ। जब तपाईले लाइब्रेरीबाट कुनै फाइललाई सलेक्ट गरेर यस विंडो मीडिया प्लेयरमा चलाउनु हुन्छ तब नाउ प्लेयिंग टैबमा गएर तपाईले यस गानाको विजुलाइजेशन (प्रस्तुतिकरण) हेर्न सक्नुहुन्छ।

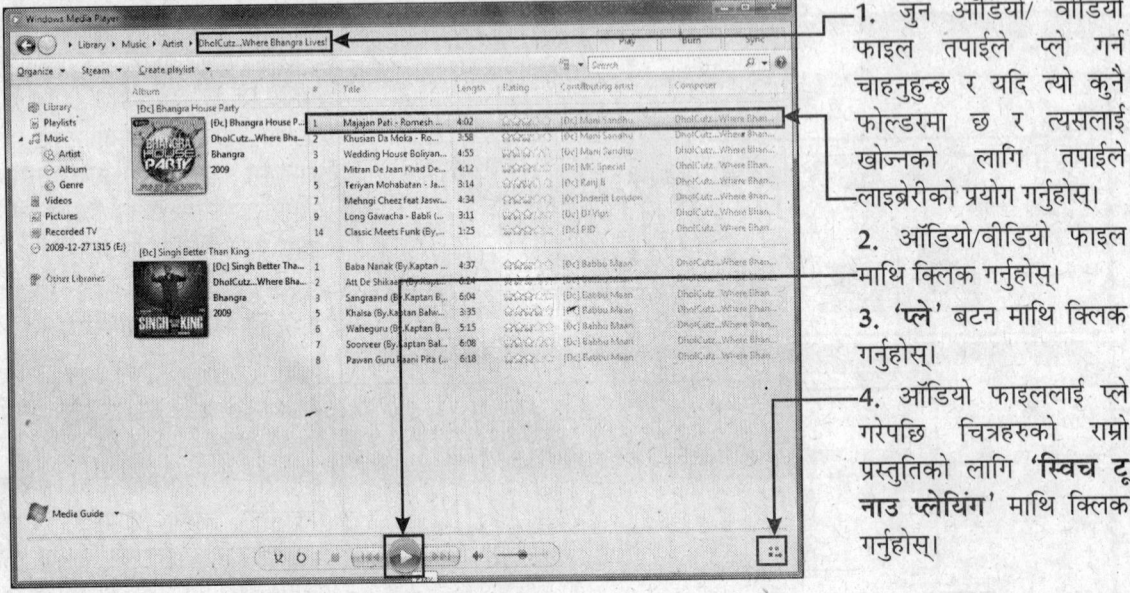

1. जुन ऑडियो/ वीडियो फाइल तपाईले प्ले गर्न चाहनुहुन्छ र यदि त्यो कुनै फोल्डरमा छ र त्यसलाई खोज्नको लागि तपाईले लाइब्रेरीको प्रयोग गर्नुहोस्।
2. ऑडियो/वीडियो फाइल माथि क्लिक गर्नुहोस्।
3. **'प्ले'** बटन माथि क्लिक गर्नुहोस्।
4. ऑडियो फाइललाई प्ले गरेपछि चित्रहरुको राम्रो प्रस्तुतिको लागि **'स्विच टू नाउ प्लेयिंग'** माथि क्लिक गर्नुहोस्।

विंडो मीडिया प्लेयरले तपाईको ऑडियो/वीडियो फाइललाई प्ले गर्नेछ।

5. माउसलाई नाउ प्लेयिंग विंडोमा लैजानुहोस्।

प्लेबैक बटन देखिने छ जसको सहायताले तपाई तय गर्न सक्नुहुन्छ कि ऑडियो वा वीडियो फाइललाई कसरी चलाउनुपर्छ।

मीडिया प्लेयर लाइब्रेरीमा फेरि फिर्ता आउनको लागि तपाईले **'स्विच टू लाइब्रेरी'** माथि क्लिक गर्नुहोस्।

वॉल्यूम (आवाज) लाई एडजस्ट गर्नु

ऑडियोको राम्ररी सुन्नको लागि विंडो मीडिया प्लेयरमा तपाईले वॉल्यूमलाई एडजस्ट (कम/बढि) पनि गर्न सक्नुहुन्छ।

लाइब्रेरीको प्रयोग गरेर वॉल्यूमलाई एडजस्ट गर्नु

'वॉल्यूम स्लाइड' मा क्लिक गरेर ड्रैग (एक स्थानबाट अर्को स्थानमा लैजान) गर्नुहोस्। यदि तपाईले वॉल्यूमलाई कम गर्न चाहनुहुन्छ भने यसलाई बायाँतिर लैजानुहोस् र यदि वॉल्यूम बढाउन चाहनुहुन्छ भने यसको दायातिर लैजानुहोस्।

2. यदि तपाईले वॉल्यूमलाई बिल्कुलै बंद राख्न चाहनुहुन्छ अर्थात आवाज सुन्न चाहनुहुन्न भने **'म्यूट'** माथि क्लिक गर्नुहोस।

वॉल्यूमलाई फेरि सुन्नको लागि तपाईले साउंड बटन माथि क्लिक गर्नुहोस्।

नाउ प्लेयिंग विंडोमा वॉल्यूमलाई एडजस्ट गर्न

1. **'नाउ प्लेयिंग विंडो'** मा माउस चलाउनुहोस्। **'प्लेबैक कंट्रोल्स'** देखिनेछ।
2. डाउन एरो माथि क्लिक गर्नुहोस् र ड्रैग गर्दै मूव गराउनुहोस्। यदि तपाईले वॉल्यूमलाई घटाउन चाहनुहुन्छ तब यसलाई बायाँतिर लैजानुहोस् र वॉल्यूम बढाउनको लागि दायातिर लैजानुहोस्।

आवाजलाई बंद गर्नको लागि **'म्यूट'** बटन माथि क्लिक गर्नुहोस्।

म्यूजिक सीडीलाई प्ले गर्न

विंडो मीडिया प्लेयरमा तपाईले आफुलाई मनपर्ने म्यूजिक सीडी पनि सुन्न सक्नुहुन्छ। नाउ प्लेयिंग विंडोको प्रयोग गरेर तपाईले केहि प्लेबैक आप्शंसलाई कंट्रोल पनि गर्न सक्नुहुन्छ। तर तपाईले अरु आप्शनको लागि मीडिया प्लेयर लाइब्रेरीमा जानु पर्नेहुन्छ।

सीडीलाई प्ले गर्नु

1. आफ्नो कंप्यूटरको सीडी/डीवीडी ड्राइवमा सीडीलाई लगाउनुहोस्।

यदि मीडिया प्लेयर पहिला देखि नै शुरू अवस्थामा छैन भने सीडी चल्न शुरू हुन्छ र **'नाउ प्लेयिंग विंडो'** देखिन्छ।

व्यावसायिक सीडीको लागि यहा तपाईले एलबमको कवर देखिन्छ।

2. **'नाउ प्लेयिंग विंडो'** मा माउस लैजानुहोस्।

प्लेबैक कंट्रोल्स हेर्नुहुनेछ।

यो पनि जान्नुहोस्!!

यदि तपाईले चाहनुहुन्छ कि नाउ प्लेयिंग विंडो सधै तपाईको डेस्कटॉपमा माथि होस् जसबाट यसलाई सजिलैसंग कंट्रोल गर्न सकियोस् भने नाउ प्लेयिंग विंडोमा राइट क्लिक गर्नुहोस् र त्यस पछि **'ऑलवेज मात्र नाउ प्लेयिंग ऑन टॉप'** माथि क्लिक गर्नुहोस्।

नेटवर्क र शेयरिंग सेंटर

नेटवर्क र शेयरिंग सेंटरलाई ओपन गरेर तपाई नेटवर्कको करेंट स्टेटस (वर्तमान स्थिति) हेर्न सक्नुहुन्छ।

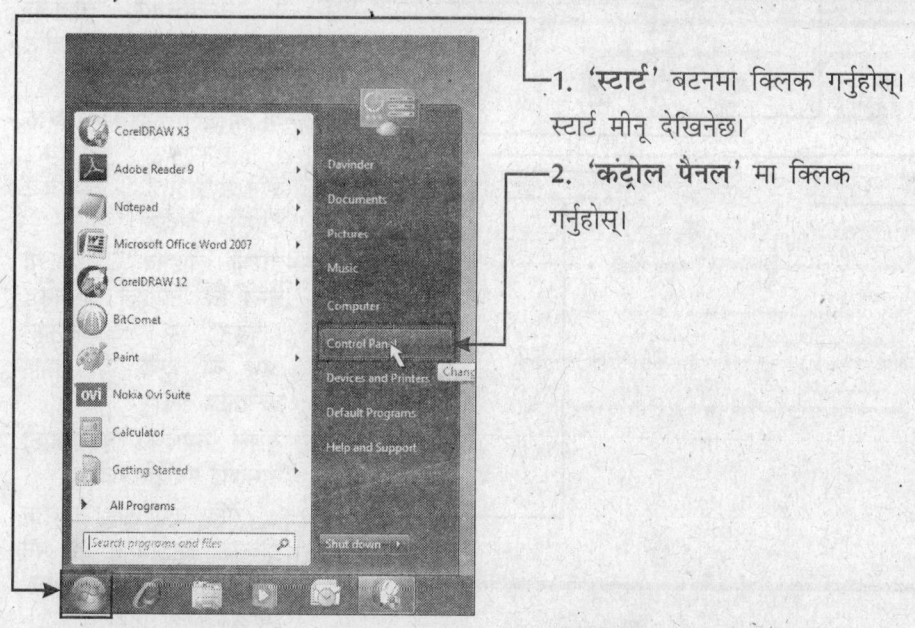

1. 'स्टार्ट' बटनमा क्लिक गर्नुहोस्। स्टार्ट मीनू देखिनेछ।
2. 'कंट्रोल पैनल' मा क्लिक गर्नुहोस्।

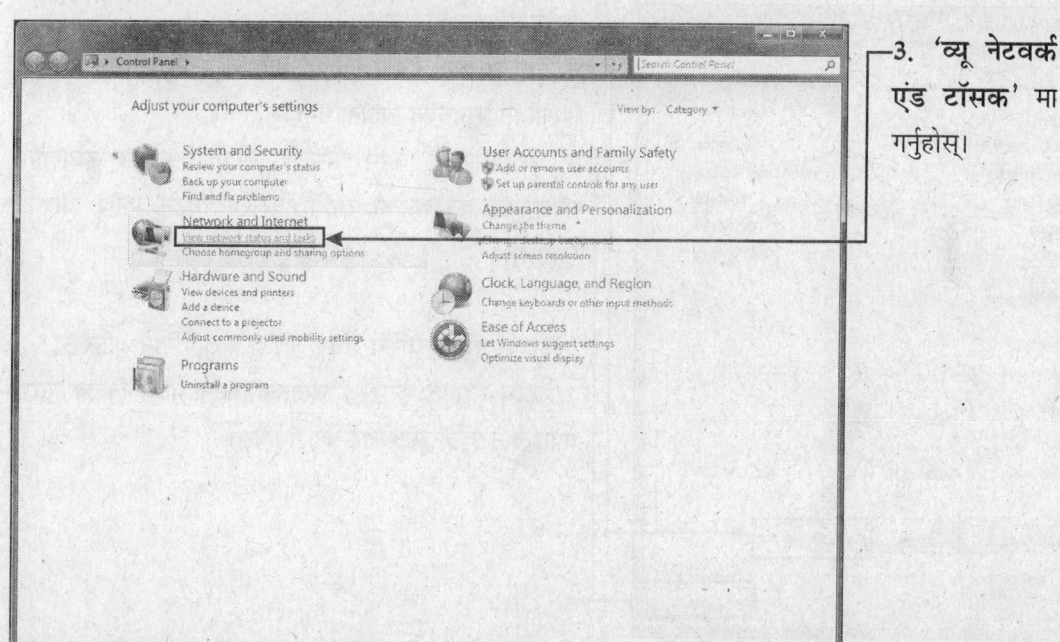

3. 'व्यू नेटवर्क स्टेटस एंड टॉसक' मा क्लिक गर्नुहोस्।

'नेटवर्क एंड शेयरिंग सेंटर विंडो' देखिन्छ।

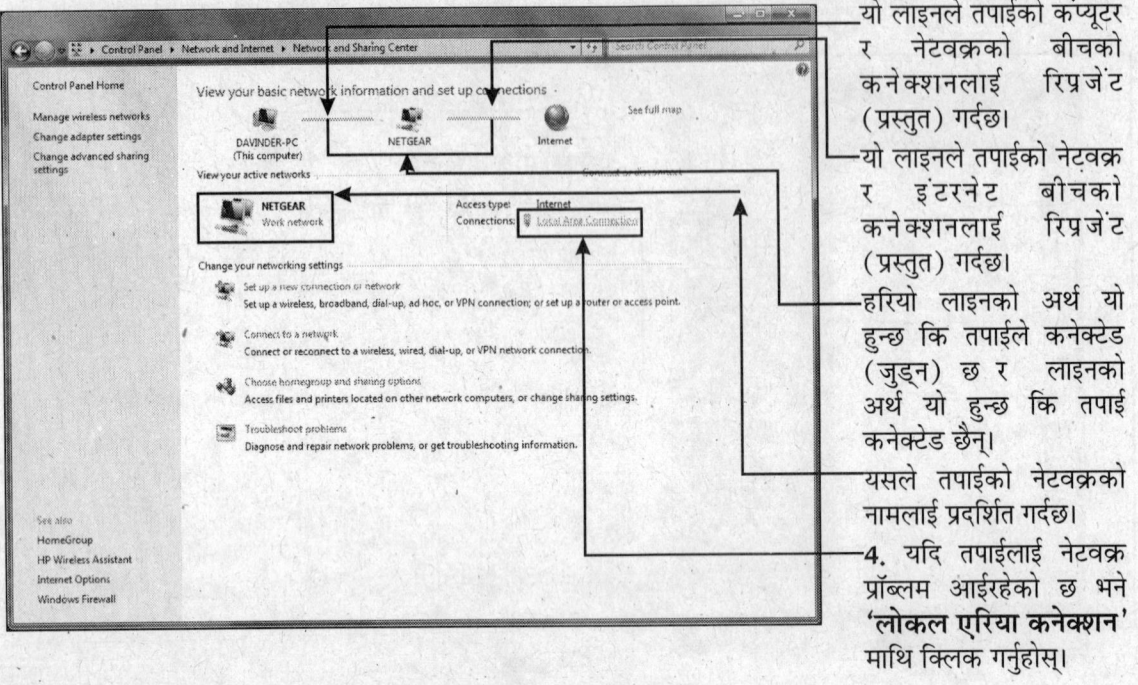

यो लाइनले तपाईको कंप्यूटर र नेटवक्रको बीचको कनेक्शनलाई रिप्रजेंट (प्रस्तुत) गर्दछ।

यो लाइनले तपाईको नेटवक्र र इंटरनेट बीचको कनेक्शनलाई रिप्रजेंट (प्रस्तुत) गर्दछ।

हरियो लाइनको अर्थ यो हुन्छ कि तपाईले कनेक्टेड (जुड्न) छ र लाइनको अर्थ यो हुन्छ कि तपाई कनेक्टेड छैन्।

यसले तपाईको नेटवक्रको नामलाई प्रदर्शित गर्दछ।

4. यदि तपाईलाई नेटवक्र प्रॉब्लम आईरहेको छ भने **'लोकल एरिया कनेक्शन'** माथि क्लिक गर्नुहोस्।

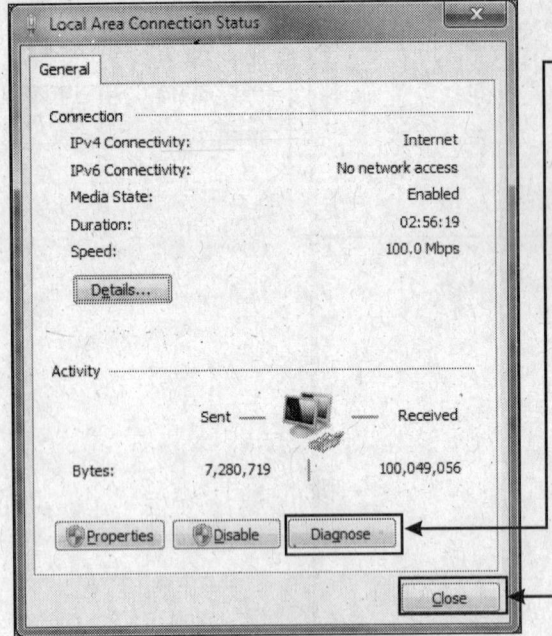

'स्टेटस' डायलॉग बाक्स देखिनेछ।

5. **'डायग्नोस'** माथि क्लिक गर्नुहोस् र विंडोद्वारा दिईएको दिशा–निर्देशहरुको पालना गर्नुहोस्।

6. रिपेयरिंगको काम समाप्त गरेपछि स्टेटस डायलॉग बॉक्सलाई बंद गर्नको लागि 'क्लोज' बटन माथि क्लिक गर्नुहोस्।

'नेटवर्क एंड शेयरिंग सेंटर' विंडो फेरी देखिन थाल्नेछ।

7. काम समाप्त गरेपछि **'क्लोज'** बटन माथि क्लिक गरेर तपाईले नेटवक्र सेंटरलाई बंद गर्नुहोस्।

वायरलेस (बिना तारहरु) को नेटवर्क कनेक्शन

यदि तपाईले घर र ऑफिसमा वायरलेस नेटवर्क छ भने आफ्नो नेटवर्क र इंटरनेटलाई एक्सेस गर्नको लागि तपाईले वायरलेस कनेक्शन पनि कनेक्ट (जोड्न) सक्नुहुन्छ। विभिन्न वायरलेस नेटवर्कमा सुरक्षाको दृष्टिले धेरै फीचर्स र पासवर्ड हुन्छ। त्यसैले कनेक्ट गर्नु भन्दा पहिला यी सुरक्षा फीचर्स र पासवर्ड आदिको बारेमा थाहा हुनुपर्छ।

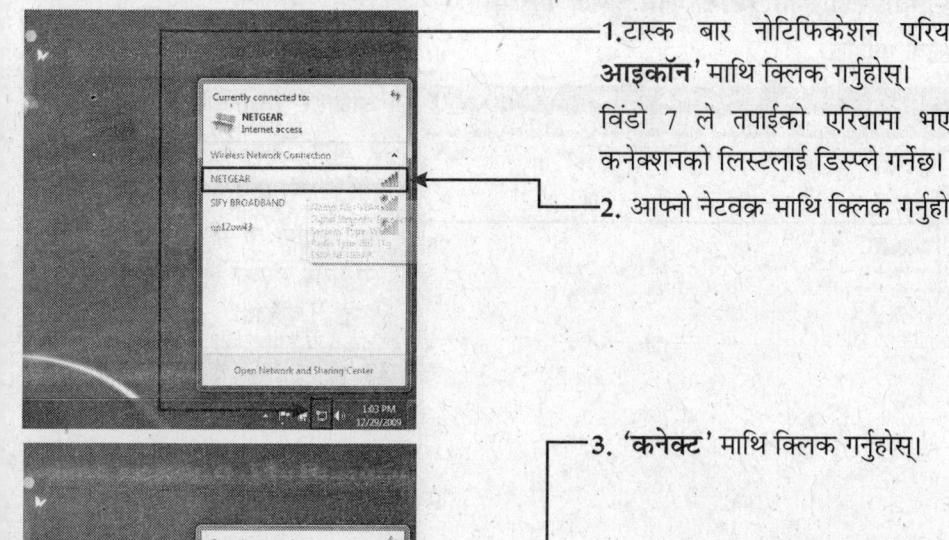

1.टास्क बार नोटिफिकेशन एरियामा गएर **'नेटवर्क आइकॉन'** माथि क्लिक गर्नुहोस्।

विंडो 7 ले तपाईको एरियामा भएको/उपलब्ध नेटवर्क कनेक्शनको लिस्टलाई डिस्प्ले गर्नेछ।

2. आफ्नो नेटवर्क माथि क्लिक गर्नुहोस्।

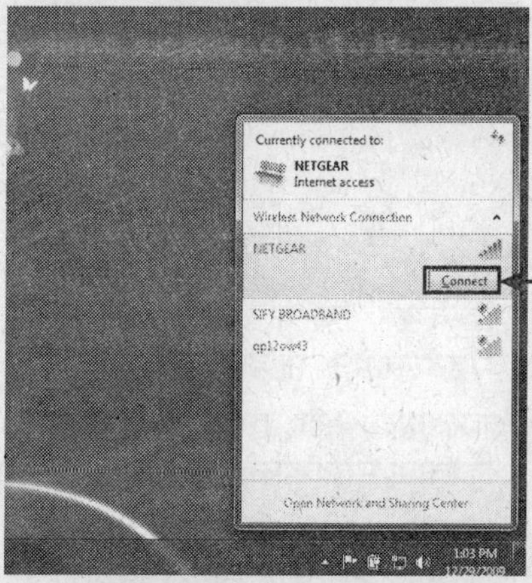

3. **'कनेक्ट'** माथि क्लिक गर्नुहोस्।

यदि तपाईको नेटवर्कमा सुरक्षा फीचर्स जोडिएको छ भने वा कुनै पासवर्ड छ भने विंडोले त्यसलाई एंटर गर्नको लागि सोध्नेछ।।

4. त्यस सुरक्षा कुंजी वा पासवर्डलाई टाइप गर्नुहोस् र त्यसपछि **'ओके'** माथि क्लिक गर्नुहोस्।

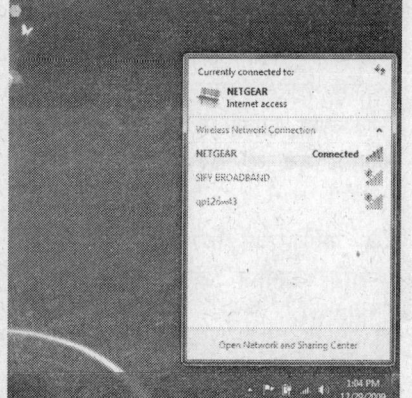

5. विंडो 7 नेटवर्क कनेक्ट हुन जान्छ अर्थात जोडिन्छ।

हार्ड डिस्कको स्पेस (ठाँउ) लाई हेर्न

तपाईले कुनै पनि डिस्कको प्रयोग गरेर स्पेस र खाली बचेको छ भने स्पेस (स्थान) लाई हेर्न सक्नुहुन्छ। तपाईले महीनेमा कमसे कम एकपटक आफ्नो कंप्यूटरको हार्ड डिस्कको खाली स्थान (एंपटी स्पेस) जानकारी राख्नुहोस्। तपाईको कंप्यूटर तब बढि प्रभावशाली रूपले काम गर्नेछ जब हार्ड डिस्कमा कमसे कम 20 प्रतिशत खाली स्पेस हुनेछ।

1. स्टार्ट मीनूलाई डिस्प्ले गराउनको लागि **'स्टार्ट'** माथि क्लिक गर्नुहोस्।
2. **'कंप्यूटर'** माथि क्लिक गर्नुहोस्।

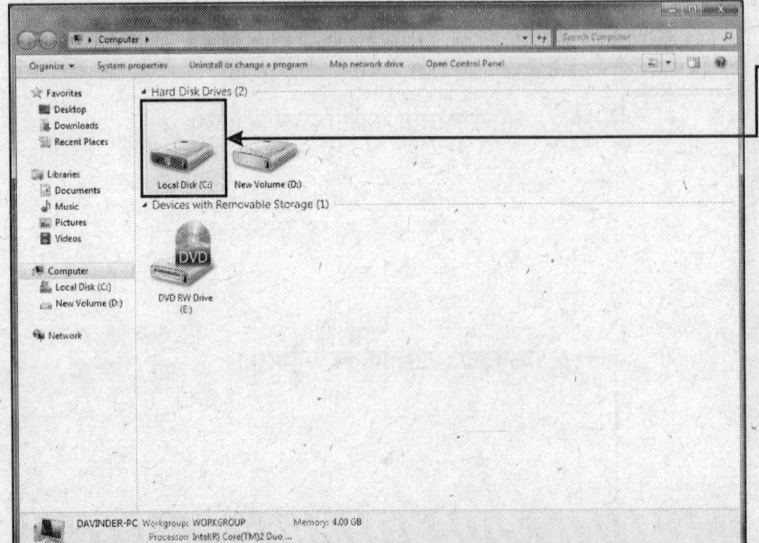

'कंप्यूटर' विंडो देखिनेछ।

3. कुनै डिस्कको स्पेसलाई हेर्नको लागि त्यस माथि क्लिक गर्नुहोस्।

कुनै फ्लॉपी वा सीडी रोममा उपलब्ध स्पेसलाई हेर्नको लागि स्टेप तीन गर्नु भन्दा पहिला त्यसलाई आफ्नो कंप्यूटरमा लगाउनुहोस्।

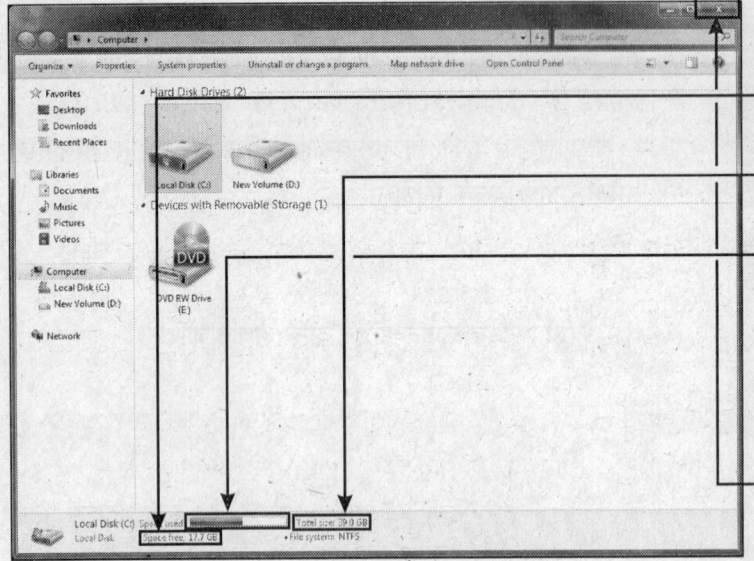

डिस्कको बारेमा सबै इंफोर्मेशन **'डिटेल्स पैन'** मा देखिन्छ।

यस बाट थाहा हुनन्छ कि तपाईको डिस्कमा स्पेस खाली छ।

यसबाट थाहा हुन्छ कि तपाईको डिस्कमा कुल कति स्पेस हुनुपर्छ।

यो **'बार'** ले बताउछ कि तपाईको डिस्कमा कति स्पेस प्रयोग भएको छ र कति खाली ठाँउ बाकी छ। जब डिस्कमा खाली स्थान धेरै कम हुन जान्छ तब यो बार स्यंम रातो रंगको हुन्छ।

4. कंप्यूटरको विंडोलाई बंद गर्नको लागि **'क्लोज'** बटन माथि क्लिक गर्नुहोस्।

डिस्कलाई क्लीन अप (सफा) गर्नु

कंप्यूटरमा भएको अनवांछित (बेकार) फाइलहरु रिमूव गरेर (हटाएर) तपाईले आफ्नो डिस्कको स्पेस बढाउन सक्नुहुन्छ।

1. **'स्टार्ट'** माथि क्लिक गर्नुहोस्।
2. **'ऑल प्रोग्राम्स'** माथि क्लिक गर्नुहोस्।
3. **'ऐसेसरीज'** माथि क्लिक गर्नुहोस्।
4. **'सिस्टम टूल्स'** माथि क्लिक गर्नुहोस्।
5. **'डिस्क क्लीन अप'** माथि क्लिक गर्नुहोस्। डिस्क क्लीन अप डायलॉग बाक्स देखिन्छ।

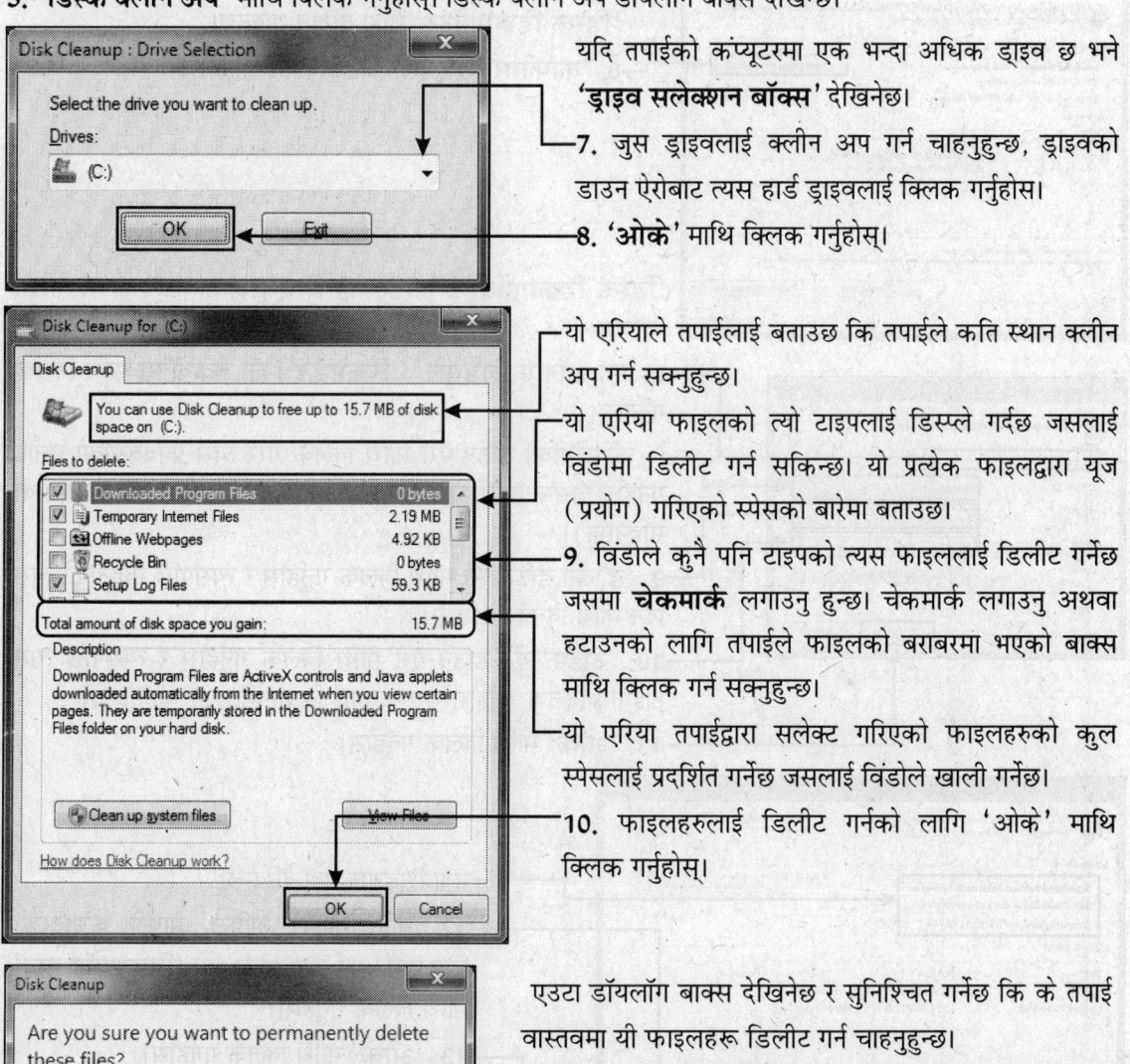

यदि तपाईको कंप्यूटरमा एक भन्दा अधिक ड्राइव छ भने **'ड्राइव सलेक्शन बॉक्स'** देखिनेछ।

7. जुस ड्राइवलाई क्लीन अप गर्न चाहनुहुन्छ, ड्राइवको डाउन ऐरोबाट त्यस हार्ड ड्राइवलाई क्लिक गर्नुहोस।
8. **'ओके'** माथि क्लिक गर्नुहोस्।

यो एरियाले तपाईलाई बताउछ कि तपाईले कति स्थान क्लीन अप गर्न सक्नुहुन्छ।

यो एरिया फाइलको त्यो टाइपलाई डिस्प्ले गर्दछ जसलाई विंडोमा डिलीट गर्न सकिन्छ। यो प्रत्येक फाइलद्वारा यूज (प्रयोग) गरिएको स्पेसको बारेमा बताउछ।

9. विंडोले कुनै पनि टाइपको त्यस फाइललाई डिलीट गर्नेछ जसमा **चेकमार्क** लगाउनु हुन्छ। चेकमार्क लगाउनु अथवा हटाउनको लागि तपाईले फाइलको बराबरमा भएको बाक्स माथि क्लिक गर्न सक्नुहुन्छ।

यो एरिया तपाईद्वारा सलेक्ट गरिएको फाइलहरुको कुल स्पेसलाई प्रदर्शित गर्नेछ जसलाई विंडोले खाली गर्नेछ।

10. फाइलहरुलाई डिलीट गर्नको लागि 'ओके' माथि क्लिक गर्नुहोस्।

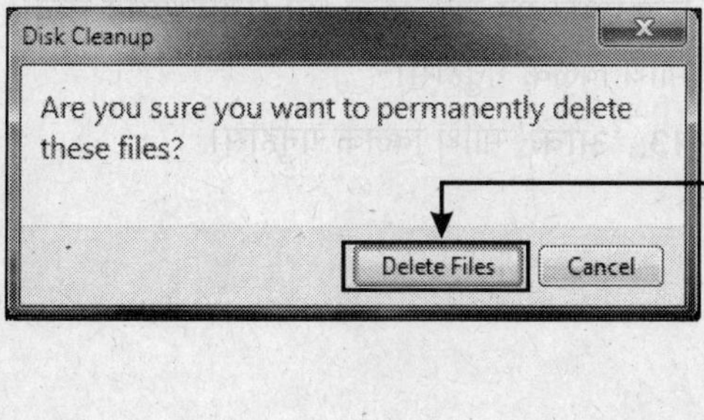

एउटा डॉयलॉग बाक्स देखिनेछ र सुनिश्चित गर्नेछ कि के तपाई वास्तवमा यी फाइलहरू डिलीट गर्न चाहनुहुन्छ।

11. परमानेंटली (स्थायी) रूपले यी फाइलहरुलाई डिलीट गर्नको लागि **'डिलीट फाइल्स'** माथि क्लिक गर्नुहोस्।

हार्ड डिस्कलाई डिफ्रागमेंट गर्न

आफ्नो हार्डडिस्कको डिफ्रागमेंट गरेर तपाईले आफ्नो कंप्यूटरको परफोर्मेस (कार्यविधि वा क्षमता) लाई अझ राम्रो गर्न सक्नुहुन्छ। तपाईले महिनामा कमसे कम एकचोटि आफ्नो कंप्यूटरको हार्ड डिस्कको डिफ्रागमेंट अवश्य गर्नु पर्ने हुन्छ।

1. **'स्टार्ट'** माथि क्लिक गर्नुहोस्।
2. **'ऑल प्रोग्राम्स'** माथि क्लिक गर्नुहोस्।
3. **'ऐसेसरीज'** माथि क्लिक गर्नुहोस्।
4. **'सिस्टम टूल्स'** माथि क्लिक गर्नुहोस्।
5. **'डिस्क डिफ्रागमेंटर'** माथि क्लिक गर्नुहोस्।

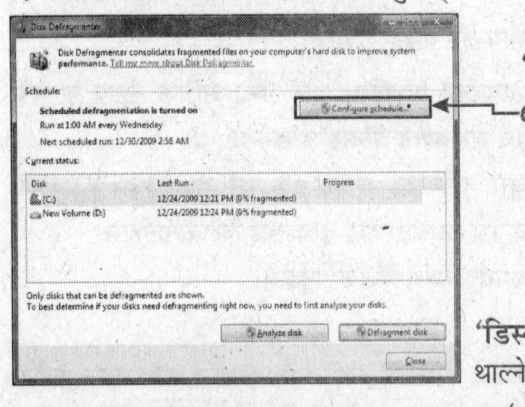

'डिस्क डिफ्रागमेंटर' विंडो देखिन थाल्नेछ।

6. **'कांफीगर शिड्यूल'** माथि क्लिक गर्नुहोस्।

'डिस्क डिफ्रागमेंटर': 'मॉडीफाई शिड्यूल' डायलॉग बाक्स देखिन थाल्नेछ।

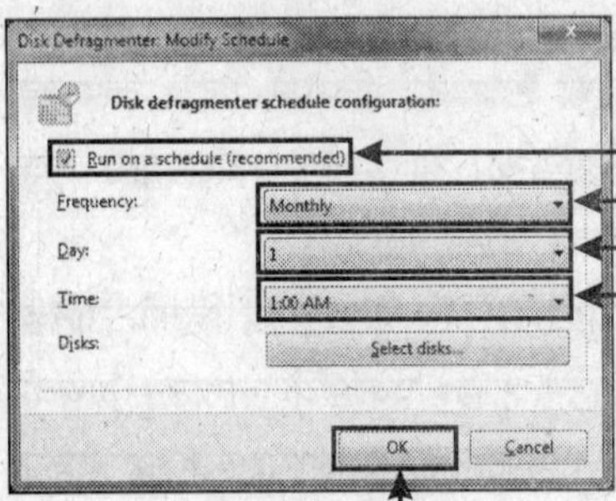

7. **'रन ऑन ए शिड्यूल' (रिकमंडेड)** को चेकबॉक्स माथि क्लिक गर्नुहोस्।
8. फ्रीक्वेंसीको डाउन एरो माथि क्लिक गरेर त्यस फ्रीक्वेंसीको छनौट गर्नुहोस् जसमा तपाई डिफ्रागमेंट गर्न चाहनुहुन्छ जस्तै (सधै, हप्तामा वा महिनामा)।
9. **'डे'** को डाउन एरो माथि क्लिक गर्नुहोस् र त्यसपछि महिनाको त्यस दिन माथि क्लिक गर्नुहोस्।
10. **'टाइम'** को डाउन एरो माथि क्लिक गर्नुहोस् र त्यसपछि त्यस टाइममा क्लिक गर्नुहोस् जसमा तपाई डिफ्रागमेंट गर्न चाहनुहुन्छ।
11. **'ओके'** माथि क्लिक गर्नुहोस्।

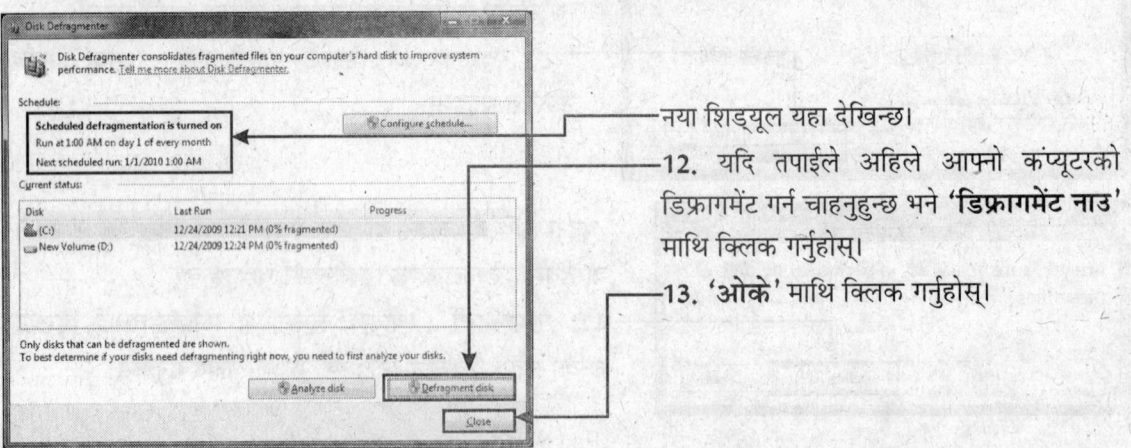

नया शिड्यूल यहा देखिन्छ।

12. यदि तपाईले अहिले आफ्नो कंप्यूटरको डिफ्रागमेंट गर्न चाहनुहुन्छ भने **'डिफ्रागमेंट नाउ'** माथि क्लिक गर्नुहोस्।
13. **'ओके'** माथि क्लिक गर्नुहोस्।

सिस्टम रीस्टोर प्वाइंटलाई क्रिएट गर्न

यदि तपाई आफ्नो कंप्यूटरमा काम गर्दा केहि समस्याको अनुभव गरिरहनु भएको छ भने सिस्टम रीस्टोरको प्रयोग गरेर तपाईले आफ्नो कंप्यूटरलाई त्यही स्थितिमा फिर्ता ल्याउन सक्नुहुन्छ जहाबाट प्रॉब्लम (समस्या) शुरू भएको थियो।

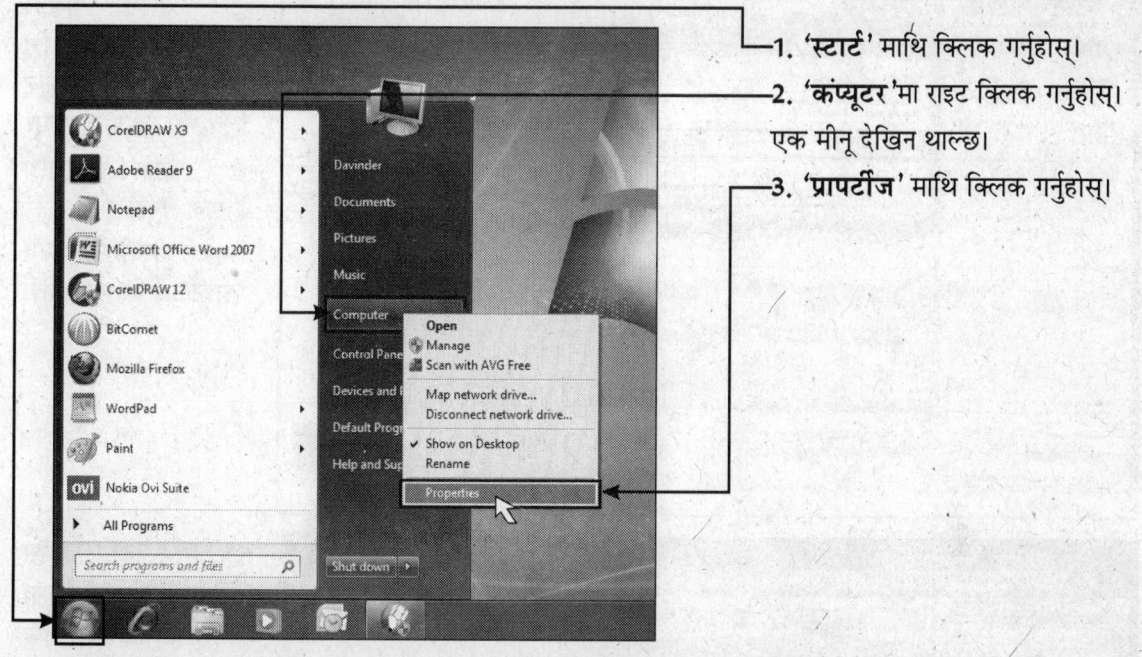

1. **'स्टार्ट'** माथि क्लिक गर्नुहोस्।
2. **'कंप्यूटर'** मा राइट क्लिक गर्नुहोस्। एक मीनू देखिन थाल्छ।
3. **'प्रापर्टीज'** माथि क्लिक गर्नुहोस्।

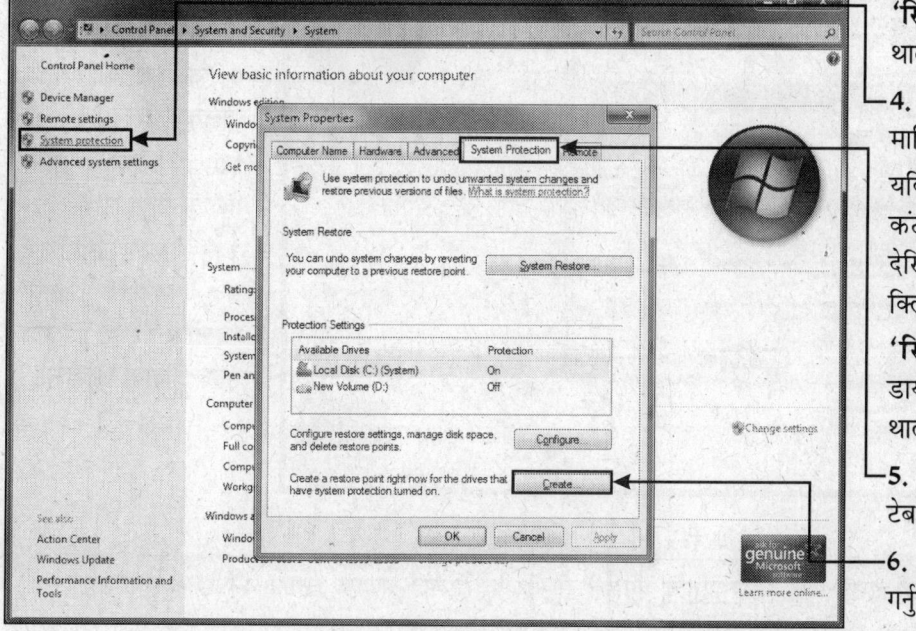

'सिस्टम' विंडो देखिन थाल्छ।

4. **'सिस्टम प्रोटेक्शन'** माथि क्लिक गर्नुहोस्। यदि यूजर अकाउंट कंट्रोल डायलॉग बाक्स देखिन्छ भने कंटीन्यू माथि क्लिक गर्नुहोस्।

'सिस्टम प्रापर्टीज' डायलॉग बाक्स देखिन थाल्छ।

5. **'सिस्टम प्रोटेक्शन'** टेब माथि क्लिक गर्नुहोस्।
6. **'क्रिएट'** माथि क्लिक गर्नुहोस्।

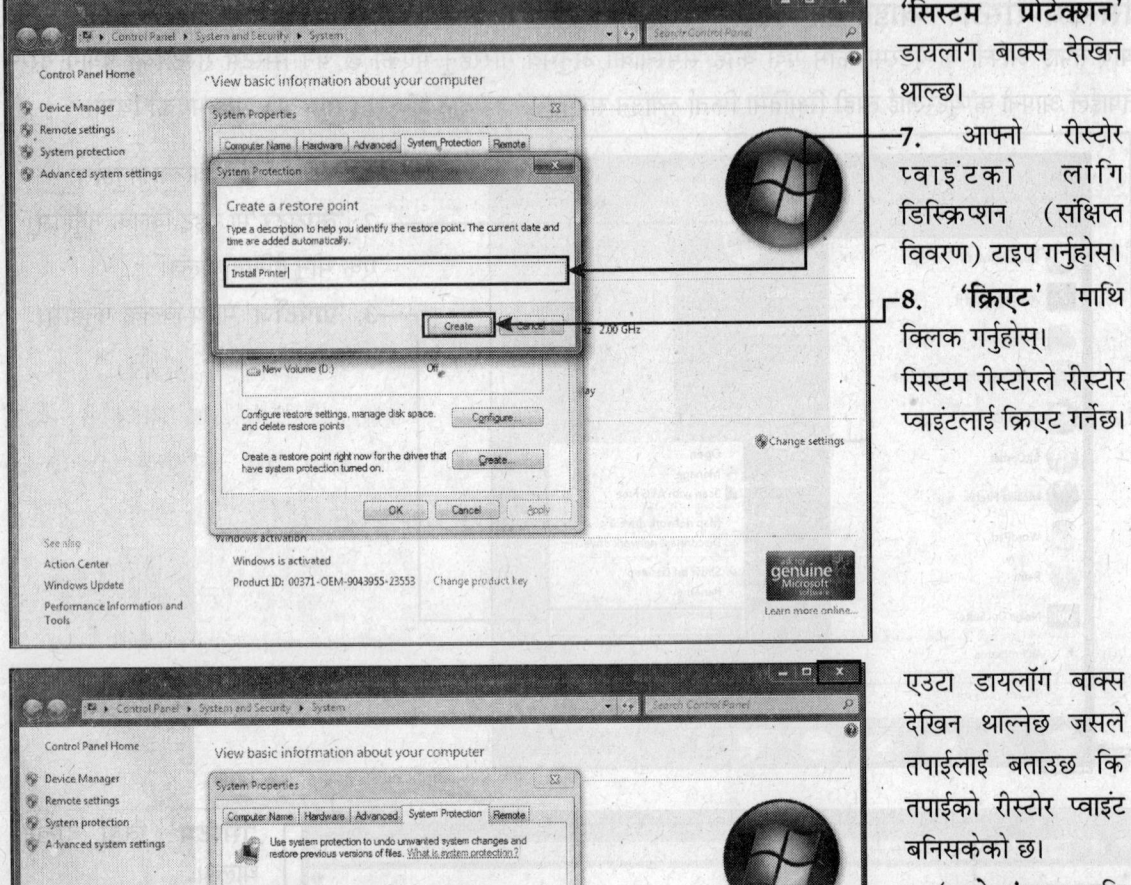

'**सिस्टम प्रोटेक्शन**' डायलॉग बाक्स देखिन थाल्छ।

7. आफ्नो रीस्टोर प्वाइंटको लागि डिस्क्रिप्शन (संक्षिप्त विवरण) टाइप गर्नुहोस्।

8. '**क्रिएट**' माथि क्लिक गर्नुहोस्।

सिस्टम रीस्टोरले रीस्टोर प्वाइंटलाई क्रिएट गर्नेछ।

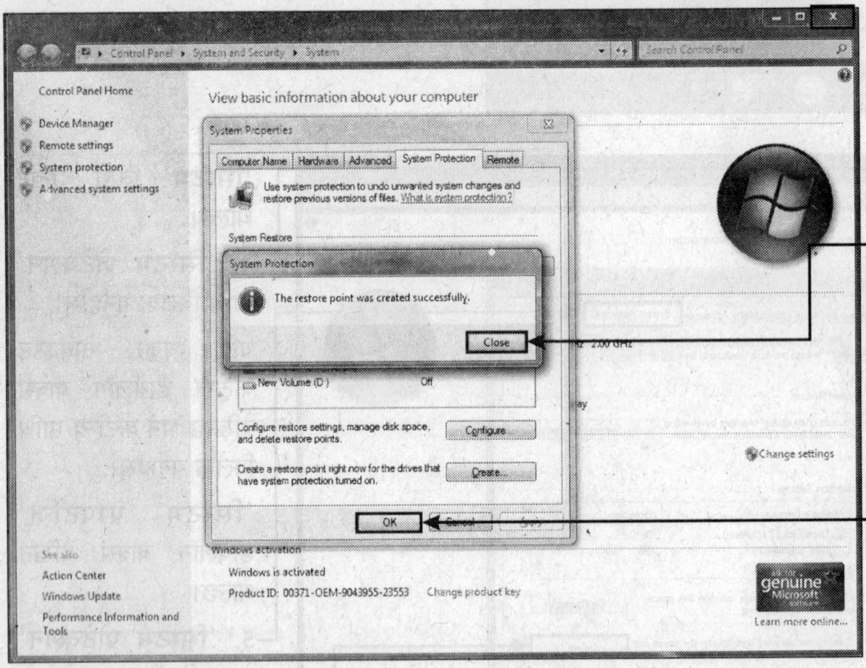

एउटा डायलॉग बाक्स देखिन थाल्नेछ जसले तपाईलाई बताउछ कि तपाईको रीस्टोर प्वाइंट बनिसकेको छ।

9. '**क्लोज**' बटन माथि क्लिक गर्नुहोस्।

10. '**ओके**' माथि क्लिक गर्नुहोस्।

11. सिस्टम विंडोलाई बंद गर्नको लागि '**क्लोज**' (**X**) बटन माथि क्लिक गर्नुहोस्।

यो पनि जान्नुहोस्!!

कुनै पनि सॉफ्टवेयरलाई इंस्टॉल गर्नु भन्दा पहिला तपाईले रीस्टोर प्वाइंटलाई अवश्य क्रिएट गर्नुपर्छ चाहे तपाईले त्यो प्रोग्राम कुनै दुकानबाट किन्नु भएको छ वा इंटरनेटबाट डाउनलोड गर्नु भएको छ।

सिस्टम रीस्टोर प्वाइंटलाई अप्लाई (लागू) गर्नु

यदि तपाईको कंप्यूटरमा कुनै समस्या भईरहेको छ भने तपाईले सिस्टम रीस्टोर फीचरको प्रयोग गरेर कंप्यूटरलाई फेरि त्यही स्थितिमा ल्याउन सक्नु हुन्छ, जहाबाट प्रॉब्लम (समस्या) को शुरुआत भएको थियो।

1. आफ्नो सबै डॉक्यूमेंट्सलाई (सेव) गर्न सबैलाई ओपन प्रोग्रामहरुलाई बंद गर्नुहोस्।
2. 'स्टार्ट' माथि क्लिक गर्नुहोस्। 3. 'ऑल प्रोग्राम्स' माथि क्लिक गर्नुहोस्।
4. 'ऐसेसरीज' माथि क्लिक गर्नुहोस्। 5. 'सिस्टम टूल्स' माथि क्लिक गर्नुहोस्।
6. 'सिस्टम रीस्टोर' माथि क्लिक गर्नुहोस्।

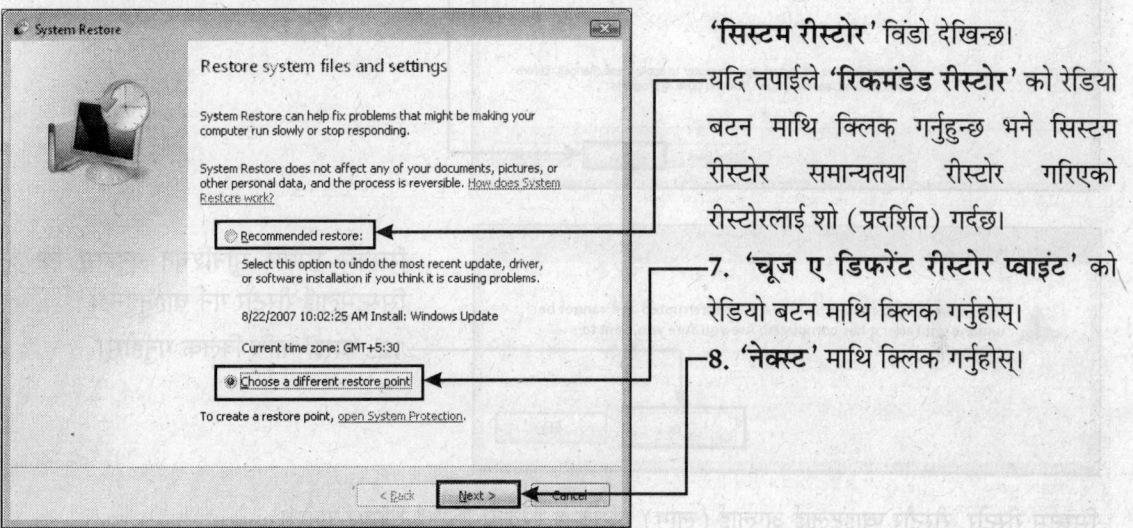

'सिस्टम रीस्टोर' विंडो देखिन्छ।
यदि तपाईले 'रिकमंडेड रीस्टोर' को रेडियो बटन माथि क्लिक गर्नुहुन्छ भने सिस्टम रीस्टोर समान्यतया रीस्टोर गरिएको रीस्टोरलाई शो (प्रदर्शित) गर्दछ।

7. 'चूज ए डिफरेंट रीस्टोर प्वाइंट' को रेडियो बटन माथि क्लिक गर्नुहोस्।
8. 'नेक्स्ट' माथि क्लिक गर्नुहोस्।

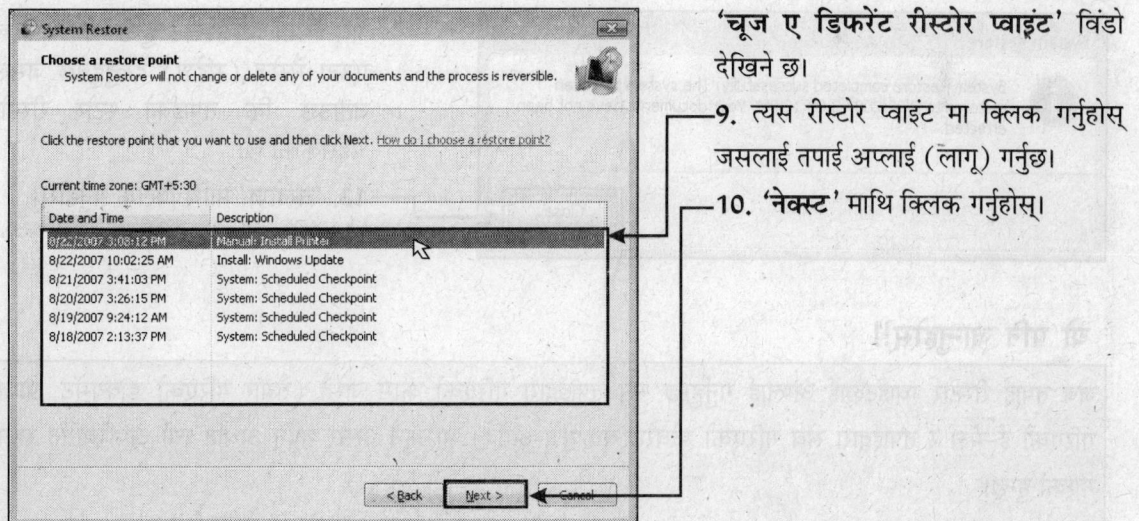

'चूज ए डिफरेंट रीस्टोर प्वाइंट' विंडो देखिने छ।
9. त्यस रीस्टोर प्वाइंट मा क्लिक गर्नुहोस् जसलाई तपाई अप्लाई (लागू) गर्नुछ।
10. 'नेक्स्ट' माथि क्लिक गर्नुहोस्।

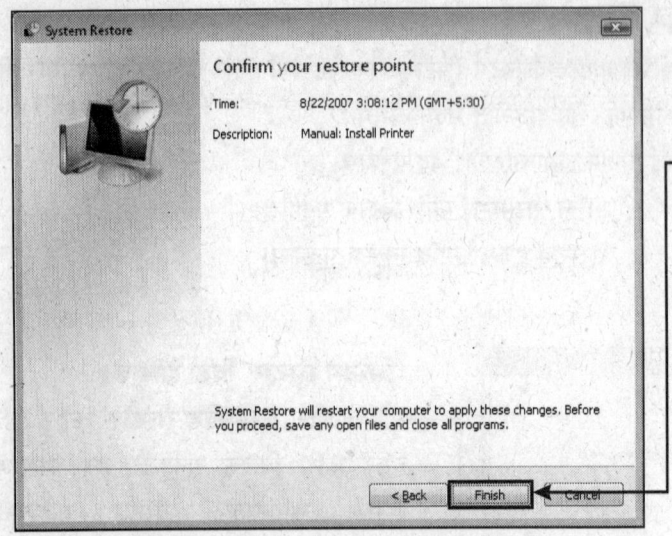

तपाईद्वारा छनौट गरिएको रीस्टोर प्वाइंटको कंफर्म विंडो (सुनिश्चित विंडो) देखिन थाल्नेछ।

11. **'फिनिश'** माथि क्लिक गर्नुहोस्।

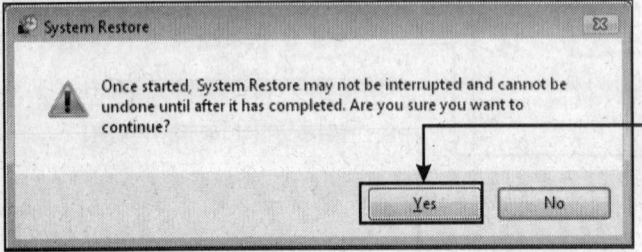

सिस्टम रीस्टोर सुनिश्चित गर्नुहोस् कि कुन सिस्टमलाई रीस्टोर गर्न चाहनुहुन्छ।

12. **'यस'** माथि क्लिक गर्नुहोस्।

सिस्टम रीस्टोर, रीस्टोर प्वाइंटलाई अप्लाई (लागू) गरिदिन्छ र विंडो 7 लाई रीस्टार्ट गर्नेछ।

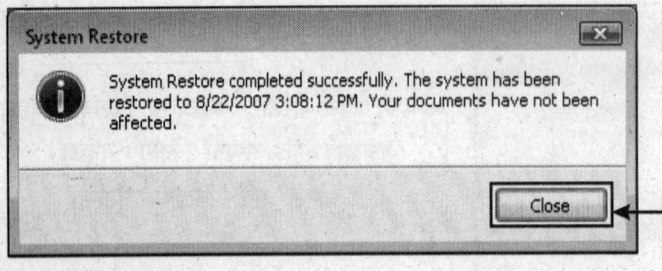

जब विंडो 7 रीस्टार्ट हुन्छ भने तपाईले एउटा मैसेज (संदेश) देख्नुहुनेछ जसले बताउछ कि तपाईको स्टोर रीस्टोर भईसकेको छ।

13. **'क्लोज'** माथि क्लिक गर्नुहोस्।

यो पनि जान्नुहोस्!!

जब तपाई रीस्टोर प्वाइंटलाई अप्लाई गर्नुहुन्छ भने तपाईद्वारा गरिएको काम जस्तै (तैयार गरिएको डाक्यूमेंट, प्राप्त गरिएको ई-मेल र तपाईद्वारा सेव गरिएको फेवरेट वेब पेज आदि) मा कुनै असर गर्दैन् अर्थात त्यो अपरिवर्तित रहन गएको हुन्छ।

बैकअप फाइल्स (फाइलहरुलाई फेरि प्राप्त गर्नु)

विंडो 7 को बैकअप प्रोग्रामलाई प्रयोग गरेर तपाईले आफ्नो महत्वपूर्ण फाइलहरुको बैकअप तैयार गर्न सक्नुहुन्छ। यो तब धेरै उपयोगी हुन्छ जब तपाईको सिस्टमले तपाईको कुनै फाइललाई हराउछ भने तपाईले त्यसलाई बैकअपबाट सजिलैसंग रीस्टोर (फेरि प्राप्त) गर्न सक्नुहुन्छ।

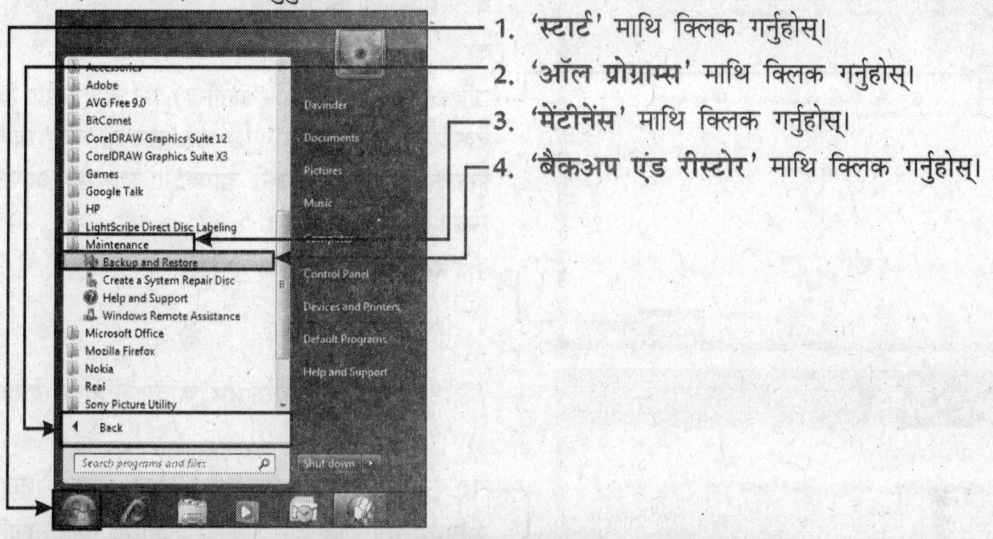

1. 'स्टार्ट' माथि क्लिक गर्नुहोस्।
2. 'ऑल प्रोग्राम्स' माथि क्लिक गर्नुहोस्।
3. 'मेंटीनेंस' माथि क्लिक गर्नुहोस्।
4. 'बैकअप एंड रीस्टोर' माथि क्लिक गर्नुहोस्।

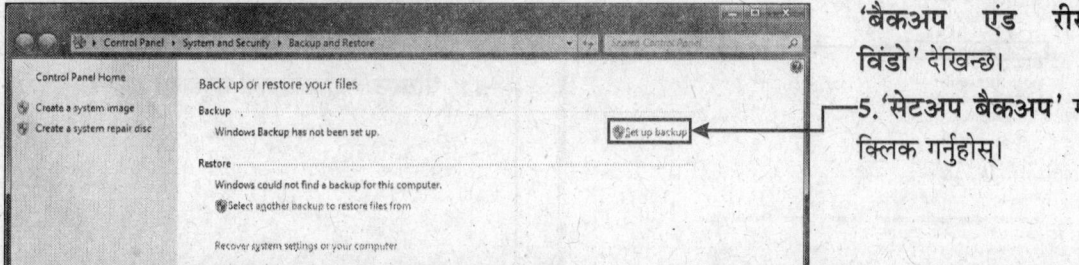

'बैकअप एंड रीस्टोर विंडो' देखिन्छ।

5. 'सेटअप बैकअप' माथि क्लिक गर्नुहोस्।

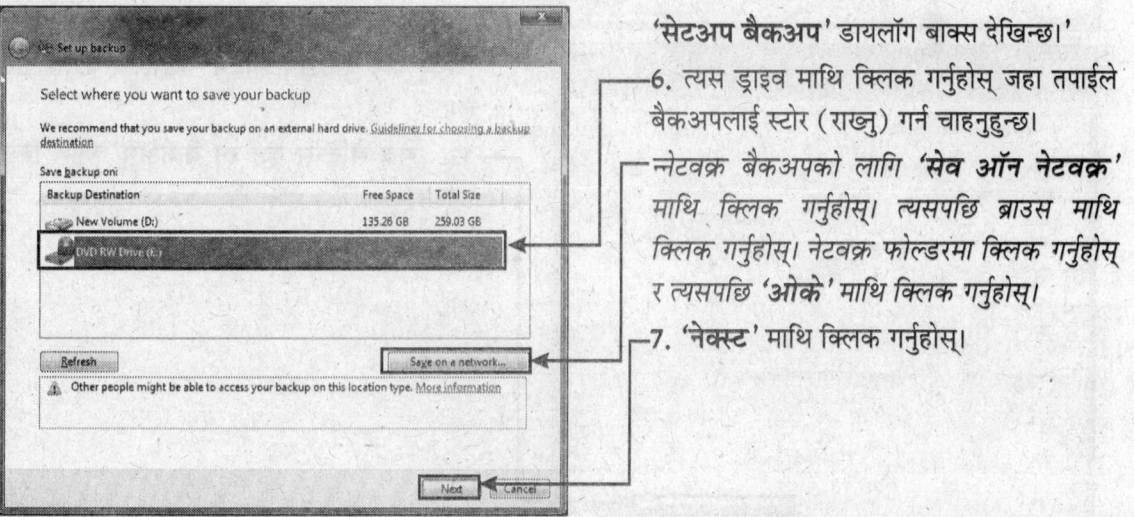

'सेटअप बैकअप' डायलॉग बाक्स देखिन्छ।'

6. त्यस ड्राइव माथि क्लिक गर्नुहोस् जहा तपाईले बैकअपलाई स्टोर (राख्नु) गर्न चाहनुहुन्छ।

नेटवर्क बैकअपको लागि 'सेव ऑन नेटवर्क' माथि क्लिक गर्नुहोस्। त्यसपछि ब्राउस माथि क्लिक गर्नुहोस्। नेटवर्क फोल्डरमा क्लिक गर्नुहोस् र त्यसपछि 'ओके' माथि क्लिक गर्नुहोस्।

7. 'नेक्स्ट' माथि क्लिक गर्नुहोस्।

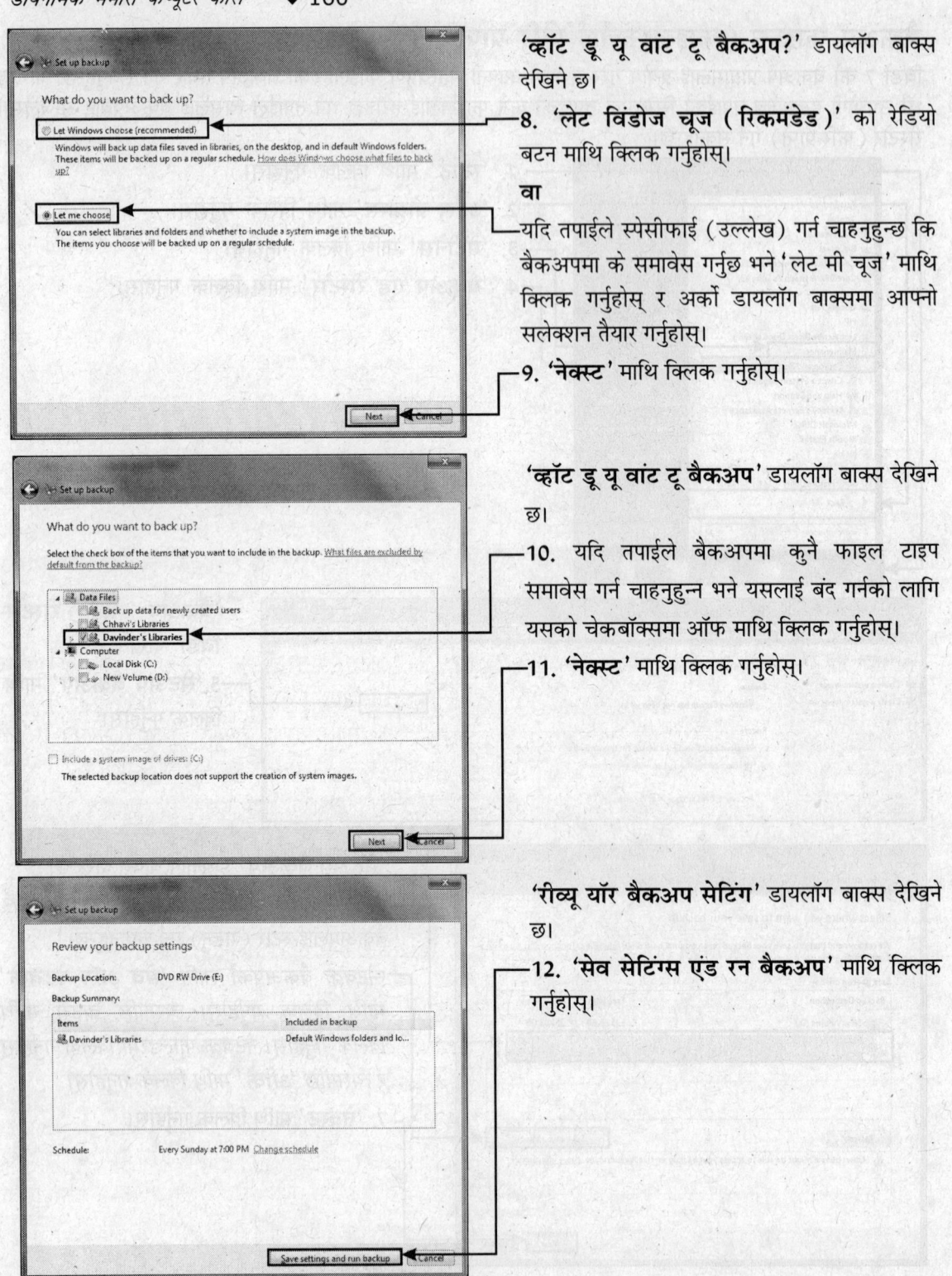

'व्हॉट डू यू वांट टू बैकअप?' डायलॉग बाक्स देखिने छ।

8. **'लेट विंडोज चूज (रिकमंडेड)'** को रेडियो बटन माथि क्लिक गर्नुहोस्।

वा

यदि तपाईले स्पेसीफाई (उल्लेख) गर्न चाहनुहुन्छ कि बैकअपमा के समावेस गर्नुछ भने **'लेट मी चूज'** माथि क्लिक गर्नुहोस् र अर्को डायलॉग बाक्समा आफ्नो सलेक्शन तैयार गर्नुहोस्।

9. **'नेक्स्ट'** माथि क्लिक गर्नुहोस्।

'व्हॉट डू यू वांट टू बैकअप' डायलॉग बाक्स देखिने छ।

10. यदि तपाईले बैकअपमा कुनै फाइल टाइप समावेस गर्न चाहनुहुन्न भने यसलाई बंद गर्नको लागि यसको चेकबॉक्समा ऑफ माथि क्लिक गर्नुहोस्।

11. **'नेक्स्ट'** माथि क्लिक गर्नुहोस्।

'रीव्यू यॉर बैकअप सेटिंग' डायलॉग बाक्स देखिने छ।

12. **'सेव सेटिंग्स एंड रन बैकअप'** माथि क्लिक गर्नुहोस्।

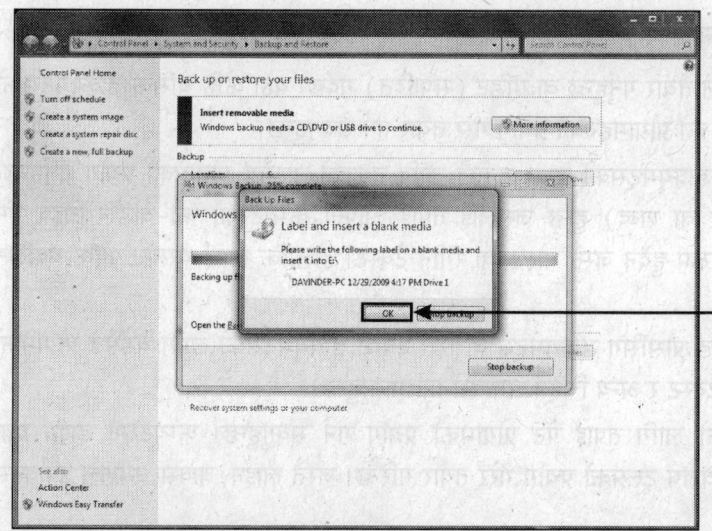

यदि तपाईले कुनै सीडी वा डीवीडीलाई बैकअप लग्न चाहनुहुन्छ भने विंडो बैकअप तपाईबाट ब्लैंक (खाली) सीडी/डीवीडी इंसर्ट (लगाउन)को लागि भन्छ।

13. ड्राइवमा कुनै ब्लैंक सीडी लगाउनुहोस्।

14. 'ओके' माथि क्लिक गर्नुहोस्।

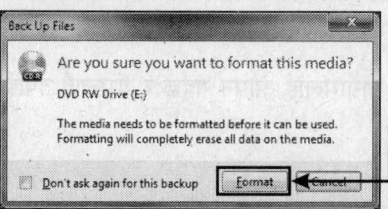

विंडो बैकअपले तपाईसगं सोध्छ कि के तपाई वाकईमा सीडीलाई फार्मेट गर्न चाहनुहुन्छ।

15. 'फार्मेट' माथि क्लिक गर्नुहोस्।

विंडो बैकअप सीडीलाई फार्मेट गरिदिन्छ र त्यसमा बैकअप राख्छ।

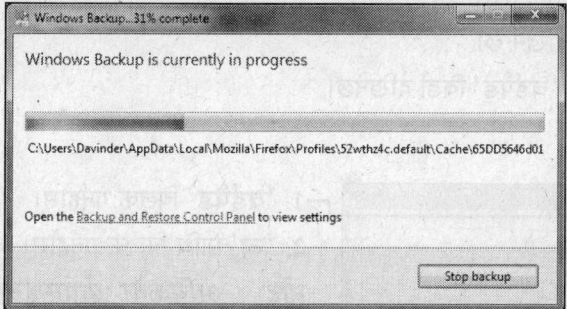

जब प्रोग्राम कुनै डाक्यूमेंटमा अझ सेटिंगलाई बैकअप गर्छ भने एउटा प्रोग्रेस (प्रगति) डायलॉग बाक्स देखिने छ। जुन माध्यमबाट तपाई बैकअप गरिरहनु भएको छ यदि त्यही फुल छ भने एउटा पॉपअप विंडो देखिनेछ।

16. यो पूरा माध्यमलाई हटाउन र यसको ठाँउमा नयाँ माध्यम बनाउनुहोस्। त्यसपछि 'ओके' मा क्लिक गर्नुहोस्। यदि तपाईको बैकअप धेरै मीडियमलाई मांग गर्दछ भने तपाईले प्रत्येक मीडियमलाई एउटा नाम दिनुपर्छ। जस्तै बैकअप 1, बैकअप 2, बैकअप 3 आदि।

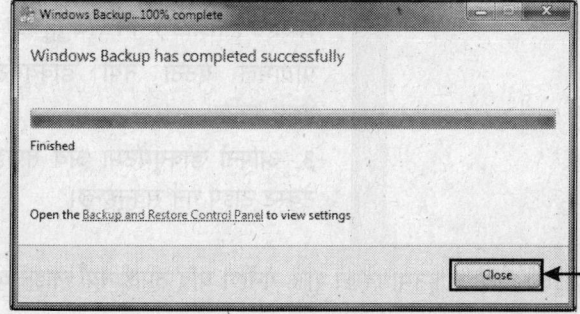

बैकअप पूरा भए पछि **'विंडोज बैकअप हैज कंप्लीटेड सक्सेफुली'** नामबाट एउटा डायलॉग बाक्स देखिन थाल्नेछ।

17. 'क्लोज' माथि क्लिक गर्नुहोस्।

डाक्यूमेंट्सको बारेमा जान्न-बुझ्न

डाक्यूमेंट्स त्यो फाइल हुन्छ जसलाई तपाईले तैयार गर्नुहुन्छ वा एडिट (संपादित) गर्दछ। यहा केहि बेसिक डाक्यूमेंट्सको उदाहरण दिईएको छ जसलाई तपाई विंडो 7 को प्रोग्रामहरुको प्रयोग गरेर तयार गर्न सक्नुहुन्छ।

टेक्स्ट डाक्यूमेंट्स : विंडो 7 को टेक्स्ट डाक्यूमेंट्सको तयार गर्नको लागि तपाइले नोटपैड प्रोग्रामको प्रयोग गर्नुहुन्छ। टेक्स्ट डाक्यूमेंट्समा मात्र कैरेक्टर (अक्षर वा शब्द) हुन्छ जसलाई तपाई आफ्नो कंप्यूटरको की-बोर्डले टाइप गर्न सक्नुहुन्छ। यस बाहेक यसको कुनै विशेष रूप हुदैन् जस्तै बोल्ड वा रंगीन टेक्स्ट। हालांकि तपाई यसको फॉन्ट बदलिन सक्नुहुन्छ।

वर्ड प्रोसेसिंग डाक्यूमेंट्स : विंडो 7मा वर्ड प्रोसेसिंग डाक्यूमेंट्स वा रिचं टेक्स्ट डाक्यूमेंट्सको लागि वर्डपैड प्रोग्रामको प्रयोग गरिन्छ। वर्ड प्रोसेसिंग डाक्यूमेंट्समा टेक्स्ट र अन्य चिह्न समावेस गर्न सक्नुहुन्छ।

ड्रॉइंग : तपाईले विंडो 7 मा चित्रकारीको लागि तपाई पेंट प्रोग्रामको प्रयोग गर्न सक्नुहुन्छ। कंप्यूटरमा ड्राइंग एक किसिमको डिजिटल इमेज हुन्छ जसलाई विशेष टूल्सको प्रयोग गरेर तयार गरिन्छ। जस्तै लाइन, बाक्स, स्पेशल इफेक्ट्स आदि।

वर्डपैडलाई ओपन गर्नु

विंडो 7 मा तपाई वर्डपैड प्रोग्रामलाई ओपन गर्न सक्नुहुन्छ। विंडो 7 ले यस प्रोग्रामलाई ओपन गर्दछ र यसलाई तपाईको कंप्यूटरको डेस्कटॉपमा डिस्प्ले गर्दछ।

1. **'स्टार्ट'** बटन माथि क्लिक गर्नुहोस्।
2. **'ऑल प्रोग्राम्स'** माथि क्लिक गर्नुहोस्। प्रोग्रामहरुको एउटा लिस्ट देखिने छ।
3. **'एसेसरीज'** माथि क्लिक गर्नुहोस्। एसेसरीज सबमीनू देखिने छ।
4. एसेसरीज सब मीनूबाट 'वर्डपैड' माथि क्लिक गर्नुहोस्। 'वर्डपैड' विंडो देखिनेछ।

प्रोग्राममा डाक्यूमेंट क्रिएट गर्नु

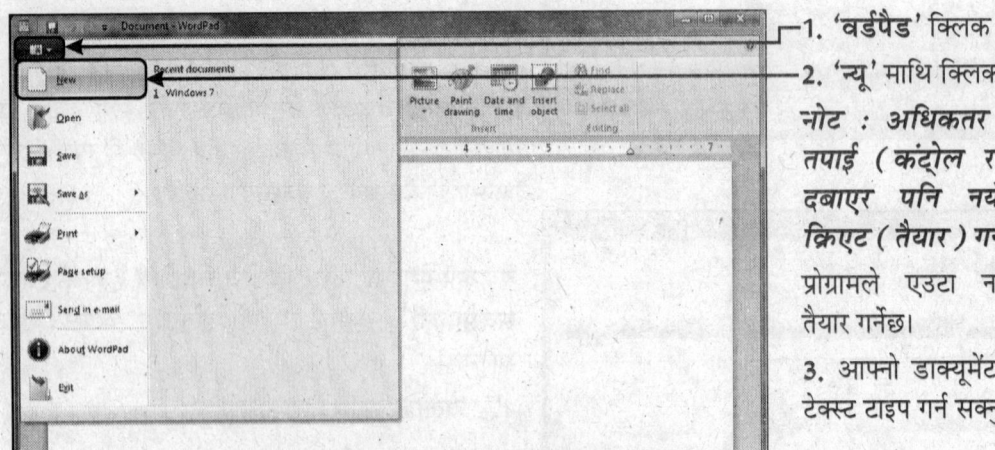

1. **'वर्डपैड'** क्लिक गर्नुहोस्।
2. **'न्यू'** माथि क्लिक गर्नुहोस्।

नोट : अधिकतर प्रोग्रामहरुमा तपाई (कंट्रोल र एन) लाई दबाएर पनि नयाँ डाक्यूमेंट क्रिएट (तैयार) गर्न सक्नुहुन्छ।

प्रोग्रामले एउटा नयाँ डाक्यूमेंट तैयार गर्नेछ।

3. आफ्नो डाक्यूमेंटमा अब तपाई टेक्स्ट टाइप गर्न सक्नुहुन्छ।

जब तपाई लाइनको अंतमा पुग्नुहुन्छ त वर्डपैड टेक्स्टले तपाईको दोस्रो लाइनमा लेख्न शुरू गर्नेछ। यदि तपाई नयाँ लाइन वा नयाँ पैराग्राफमा जान चाहनुहुन्छ भने आफ्नो की-बोर्ड बाट एंटर थिच्नुहोस्।

पेंट

पेंटको सहायताले तपाई चित्रहरुलाई कंप्यूटरमा उकेर सक्नुहुन्छ। यदि तपाई कलाकार हुनुहुन्छ भने प्राय: एमएस पेंट वा माइक्रोसाफ्ट पेंट तपाईको लागि धेरै उपयोगी हुन्छ। आफ्नो बिजनेस लेटरको लागि तपाईले पनि तैयार गर्न सक्नुहुन्छ। तपाईले क्लिप आर्ट क्रिएट गर्न सक्नुहुन्छ। आफ्नो घर वा आफिसको लागि कुनै पिक्चर पनि तैयार गर्न सक्नुहुन्छ।

कागजमा कुनै पिक्चर बनाउनको लागि तपाईलाई पेंसिल, रबर, स्केल र कलर्सको आवश्यकता हुन्छ।

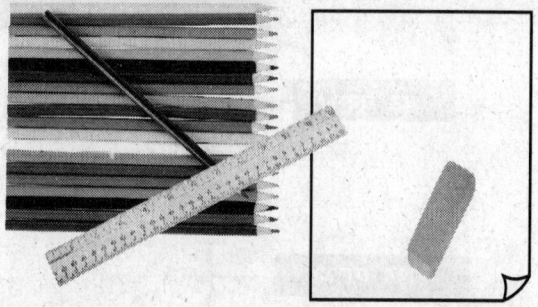

कंप्यूटरमा तपाईले मात्र एमएस पेंटको सहातयाले कुनै पनि पिक्चर तैयार गर्न सक्नुहुन्छ।

पेंट शुरू गर्नु

1. **'स्टार्ट'** थिच्नुहोस्।
2. **'ऑल प्रोग्राम्स'** माथि क्लिक गर्नुहोस्।
3. **'एसेसरीज'** माथि क्लिक गर्नुहोस्।
4. **'पेंट'**मा क्लिक गर्नुहोस्।

तपाईको कंप्यूटरको स्क्रीनमा पेंट प्रोग्राम देखिने छ।

पेंट एनवायरमेंट

जब तपाई पेंटलाई ओपन गर्नुहुन्छ भने पाउनुहुनेछ कि पेंटको पुरानो वर्जन (संस्करण) बाट पूरै बदलेको छ। अब सबै आइटम विंडोमा सबै भन्दा माथि हुन्छ।

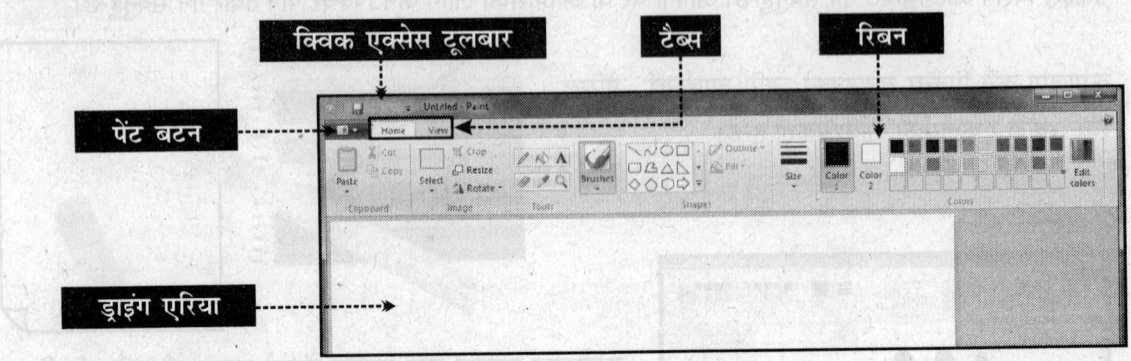

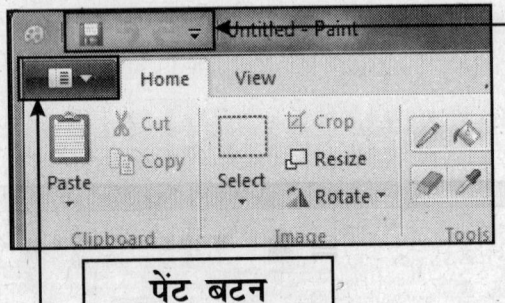

क्विक एक्सेस टूलबार

क्विक एक्सेस टूलबार : टाइटल बारमा **'क्विक एक्सेस टूलबार'** हुन्छ जसमा केहि महत्वपूर्ण बटन हुन्छ जस्तै- सेव, अनडू र रीडू।

पेंट बटन : क्विक एक्सेस टूलबारको तल मुख्य टूलबार हुन्छ। बायाँतिरको पहिलो बटन 'पेंट' बटन हो। जुन पेंटको मुख्य मीनूलाई ओपन गर्दछ।

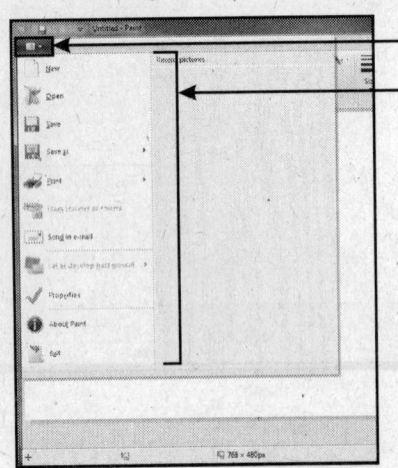

जब तपाई यस बटन माथि क्लिक गर्नुहुन्छ त एउटा मीनू देखिने छ।

यस मीनूमा तपाई एउटा नयाँ र मनपर्ने इमेज ओपन गर्न सक्नुहुन्छ। इमेजलाई सेव गर्न प्रिंट गर्न सक्नुहुन्छ र कैमरे वा स्कैनरबाट इमेज प्राप्त गर्न सक्नुहुन्छ। यस बाहेक इमेजलाई ई-मेल पनि गर्न सक्नुहुन्छ। यस इमेजलाई डेस्कटॉप बैकग्राउंडको रूपमा पनि सेट गर्न सक्नुहुन्छ। इमेजको प्रापर्टी हेर्न सक्नुहुन्छ र पेंटबाट बाँहिर पनि आउन सक्नुहुन्छ।

टैब्स

पेंट प्रोग्राममा **'होम'** र **'व्यू'** गरि दुईवटा टैब हुन्छ।

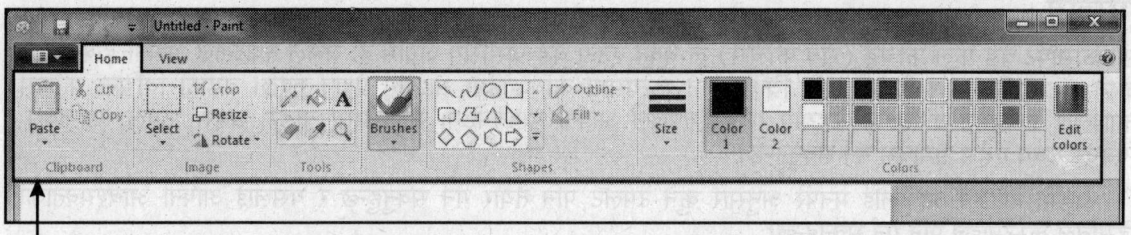

'होम' टैबमा तपाईलाई इमेजको एडिटिंग टूल्स मिल्नेछ जसमा तपाई काम गर्नु हुन्छ।

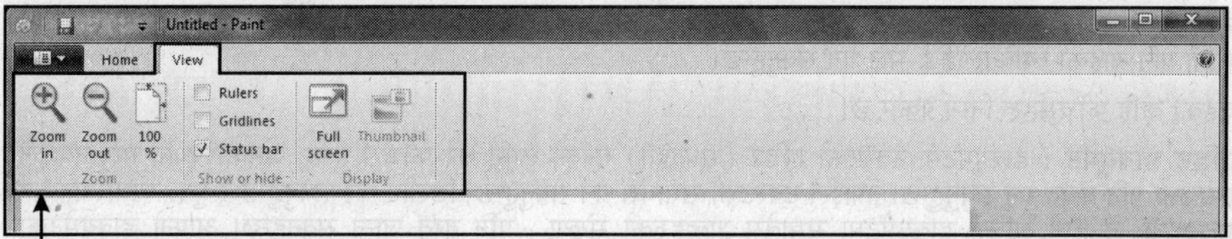

'व्यू' टैबमा तपाई इमेजलाई जूम इन/जूम आउट र फुलस्क्रीन मोडमा पनि हेर्न सक्नुहुन्छ । तपाई यहाबाट रुलर र ग्रिड लाइन पनि सलेक्ट गर्न सक्नुहुन्छ जुर्न इमेजलाई एलीमेंट्सको अलाइन (क्रमबाट लगाउने)को काम आउछ।

गेम्स एक्सप्रोलर

विंडोमा समावेस गेम्स विंडो 7 को ग्राफिक्स क्षमताको अनुसार मॉडीफाई गरिएको छ।

विंडो 7 मा तपाईलाई फ्रीसेल, हर्ट्स, माइंसवीपर, पर्बल प्लेस, सॉलीटायर र स्पाइडर सॉलीटायर गेम्स मिल्छ।

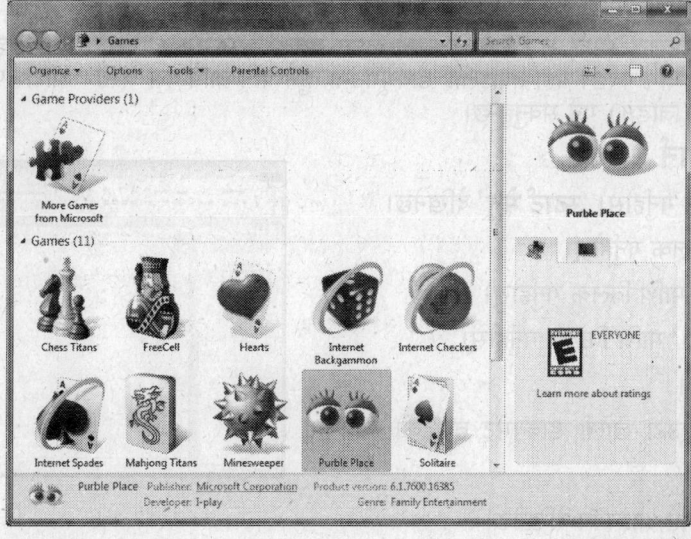

7 एमएस वर्ड

परिचय

माइक्रोसॉफ्ट वर्ड फुल फीचर्ड (सबै फीचर्स) ले युक्त एउटा वर्ड प्रोसेसिंग प्रोग्राम हो जसले तपाईलाई आफ्नो डाक्यूमेंट्स जस्तै लेटर्स, रिज्यूम र रिपोर्ट आदि क्रिएट गर्न र त्यसमा कार्य गर्नमा सहयोग प्रदान गर्दछ। वर्डको विभिन्न फीचर्स तपाईलाई डाक्यूमेंट बनाउनमा सहयोग गर्दछ। तपाईले आफ्नो डाक्यूमेंटमा सजिलैसंग बार्डर, शेड्स, टेबल, ग्राफिक्स, पिक्चर र वेब एड्रेस समावेस गर्न सक्नुहुन्छ।

वर्डमा तपाईले आफुलाई मनपरे अनुसार कुनै टेंपलेट पनि तैयार गर्न सक्नुहुन्छ र यसलाई आफ्नो आवश्यक्ताको हिसाबले कस्टमाइज पनि गर्न सक्नुहुन्छ।

चाहे तपाई कुनै पनि भाषामा टाइप गरिरहनु भएको छ, वर्डले त्यसको वाक्य विन्यासमा गड़बड़ीको पनि जांच गर्न सक्छ। वर्ड शब्द कोशको प्रयोग गरेर तपाईले आफ्नो लेखनमा शुद्धता र नयाँ शब्द समावेस गर्न सक्नुहुन्छ। वर्डमा तपाई टेक्स्टको फार्म जस्तै हेडिंग, बार्डर आदि पनि बदलिन सक्नुहुन्छ। इंटरनेटसगं जोडिएको भएमा तपाईले आफ्नो वर्ड डाक्यूमेंटको कॉपी पनि चाहेको व्यक्तिलाई ई-मेल गर्न सक्नुहुन्छ।

वर्डको केहि फीचर्सहरू निम्न प्रकार छ।

एडिट डाक्यूमेंट : डाक्यूमेंटमा टेक्स्टको एडिट (संपादित) गर्नको लागि धेरै फीचर्स हुन्छ, जसको प्रयोग गरेर तपाईले समयको पनि बचत गर्न सक्नुहुन्छ। तपाईले टेक्स्टको समावेस गर्न सक्नुहुन्छ, डिलीट गर्न सक्नुहुन्छ र पुनः व्यवस्थित गर्न सक्नुहुन्छ। तपाईले आफ्नो डाक्यूमेंटमा समावेस शब्दहरुको संख्या पनि तुरंत जान्न सक्नुहुन्छ। आफ्नो डाक्यूमेंटको व्याकरणको अशुद्धियहरुलाई जाच्न सक्नुहुन्छ र त्यसको स्थानमा धेरै उपयोगी शब्दको लागि वर्डको कोशको प्रयोग पनि गर्न सक्नुहुन्छ।

फार्मेट डाक्यूमेंट : डाक्यूमेंटको उपस्थिति अझ बढि प्रभावी बनाउनको लागि तपाईले डाक्यूमेंटको फार्मेट पनि गर्न सक्नुहुन्छ। महत्वपूर्ण टेक्स्टको रंग, स्टाइल र फॉन्ट साइज बदलेर तपाईले त्यसलाई अझ बढि राम्रो गर्न सक्नुहुन्छ। तपाई टेक्स्टको लाइनहरुको बीचको स्पेस (खाली स्थान) को पनि कम-बढि गर्न सक्नुहुन्छ। त्यसको बीचको मार्जिनलाई बदलिन सक्नुहुन्छ र समाचार पत्रको अनुसार कुनै टेक्स्टको कॉलममा विभाजित गर्न सक्नुहुन्छ।

एडिट इमेज : वर्ड 2010मा एउटा पैलेट हुन्छ जसमा समावेस आर्टिस्टिक टूल्स र फिल्टरको तपाई आफ्नो डाक्यूमेंटमा समावेस इमेजमा अप्लाई (लागू) गर्न सक्नुहुन्छ। यसको प्रयोग गरेर वर्डमा इमेजलाई तपाईले त्यही प्रकारले एडिट गर्न सक्नुहुन्छ जस्तै कि फोटो एडिटिंग सॉफ्टवेयरमा गरिन्छ।

टेबल र ग्राफिक्स : डाक्यूमेंटलाई स्पष्ट रूपले देखाउनको लागि वर्डले त्यस टेबलको प्रयोग गरेर त्यसलाई कॉलममा विभाजित गर्नमा तपाइलाई सहयोग गर्दछ। यहां तपाइलाई डाक्यूमेंटमा कुनै पनि ग्राफिक्स जस्तै- ऑटोशेप एंड क्लिप आर्ट आदिको पनि सजिलैसंग एड (जोड्न) गर्न सक्नुहुन्छ।

वर्ड 2010 लाई शुरू गर्न

1. **'स्टार्ट'** बटन माथि क्लिक गर्नुहोस्। **'स्टार्ट मेनू'** देखिनेछ।
2. **'ऑल प्रोग्राम्स'** माथि क्लिक गर्नुहोस्।
3. **'माइक्रोसॉफ्ट ऑफिस'** माथि क्लिक गर्नुहोस्।
4. **'माइक्रोसॉफ्ट वर्ड 2010'** माथि क्लिक गर्नुहोस्।

'माइक्रोसॉफ्ट वर्ड' देखिनेछ।

'डाक्यूमेंट 1' को नामले एउटा खाली डाक्यूमेंट तपाईको स्क्रीनमा डिस्प्ले हुनेछ।

विंडो टास्क बारमा यो प्रोग्रामको आइकॉन देखिनेछ।

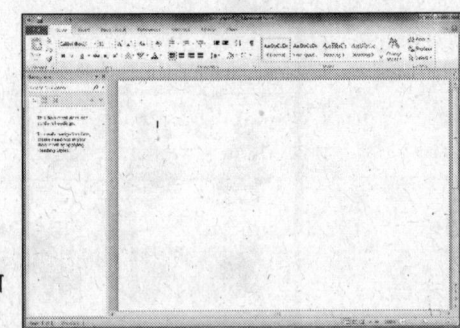

वर्डको विंडो

वर्डको विंडोमा तपाईलाई धेरै आइटम देखिने छ जसको प्रयोग तपाई कुनै डाक्यूमेंट क्रिएट गर्न वा त्यसमा काम गर्नमा मद्दत गर्दछ।

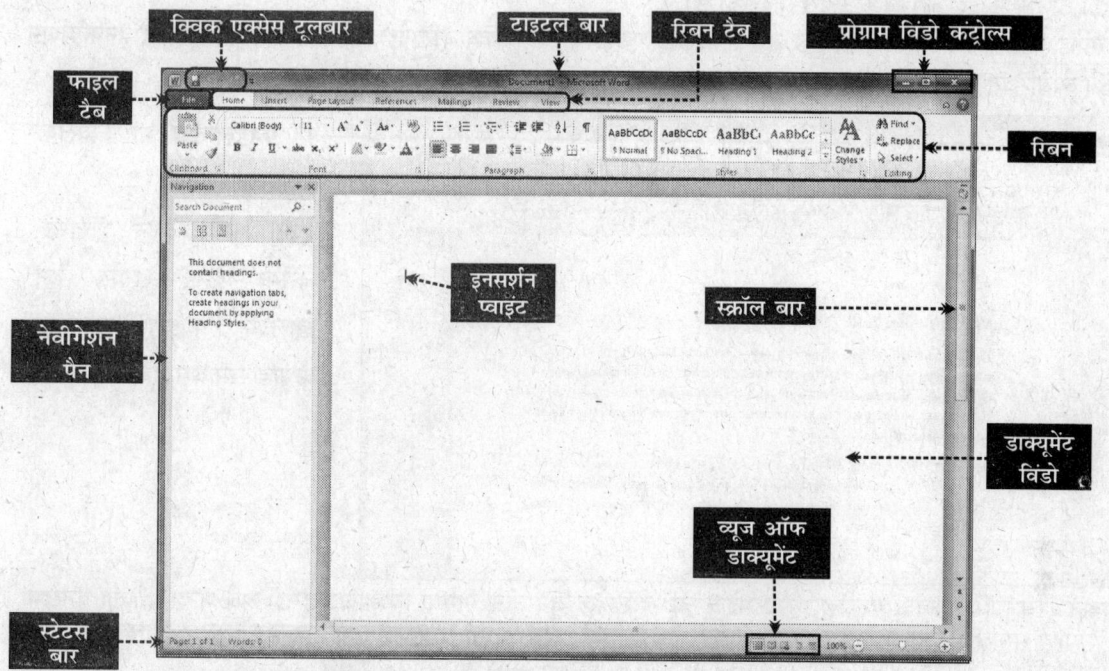

टाइटल बार : टाइटल बारमा यहां डिस्प्ले भई रहेको डाक्यूमेंटको नाम प्रदर्शित हुन्छ।

फाइल टैब : यहाबाट तपाई फाइलको इंफोर्मेशनलाई व्यवस्थित गर्न सक्नुहुन्छ। यहाबाट नै तपाई डाक्यूमेंटलाई सेव गर्न सक्नुहुन्छ, शेयर गर्न सक्नुहुन्छ र प्रिंट पनि दिन सक्नुहुन्छ।

क्विक एक्सेस टूलबार : सेव, अनडू र रीडू कमांडको लागि क्विक एक्सेस बटन डिस्प्ले हुन्छन्।

रिबन : संबंधित कमांड टैब्सको रूपमा डिस्प्ले हुन्छं। प्रत्येक टैब कॉमन टास्कको शार्टकट बटन जस्तै काम गर्दछ।

रिबन टैब : रिबन टैबमा प्रत्येक टैबले कुनै विशेष कार्य पूरा टास्कको लागि तपाईलाई त्यस संबंधित टूल्स डिस्प्ले गर्दछ।

इनसर्शन प्वाइंट : इनसर्शन प्वाइंट स्क्रीनमा देखिने त्यो लाइन हो जसले बताउछ कि तपाईद्वारा टाइप गरिएको टेक्स्ट कहा देखिनेछ।

व्यूज ऑफ डाक्यूमेंट : तपाईको डाक्यूमेंटको चार विभिन्न व्यूज उपलब्ध गराउछ।

स्क्रॉल बार : स्क्रॉल बारले तपाईलाई डाक्यूमेंटमा ब्राउस गर्ने सुविधा दिन्छ।

स्टेटस बार : स्टेटस बारले तपाईको स्क्रीनमा डिस्प्ले भईरहेको डाक्यूमेंटको एरियाको बारेमा बताउछ र तपाईको इंसर्शन प्वाइंटको स्थिति देखाउछ।

प्रोग्राम विंडो कंट्रोल्स : यी बटनहरुको प्रयोग गरेर तपाई प्रोग्राम विंडोलाई मिनीमाइज गर्न सक्नुहुन्छ, पूरा आकारमा विंडोको रीस्टोर गर्न सक्नुहुन्छ र विंडोलाई क्लोज (बंद) पनि गर्न सक्नुहुन्छ।

नेवीगेशन पैन : वर्ड 2010 को नेवीगेशन पैनले तपाईलाई त्यो बाटो उपलब्ध गराउछ कि तपाई डाक्यूमेंटमा के खोजिरहनु भएको छ। जुन डाक्यूमेंटलाई तपाई हेर्न चाहनुहुन्छ त्यसको हेडिंग प्वाइंट माथि क्लिक गरेर तपाई सजिलैसंग त्यसमा जान सक्नुहुन्छ।

व्यू टैबद्वारा तपाई सजिलैसंग नेवीगेशन पैनको हाइड एंड शो (लुकाउन र देखाउन) गर्न सक्नुहुन्छ।

फाइल टैब

वर्ड 2010 मा फाइल टैब एउटा मुख्य टैब हो। आफिस 2007 को रंगीन र गोल माइक्रोसॉफ्ट आफिस बटनलाई हटाएर त्यसको ठाँउमा फाइल टैबको समावेस गरिएको छ।

जब तपाई फाइल टैब क्लिक गर्नुहुन्छ तब तपाईलाई एउटा बैकस्टेज व्यू देखिनेछ जसबाट तपाई फाइलको इनफोर्मेशन मैनेज (व्यवस्थित) गरेर त्यसलाई सेव, शेयर र प्रिंट गर्न सक्नुहुन्छ।

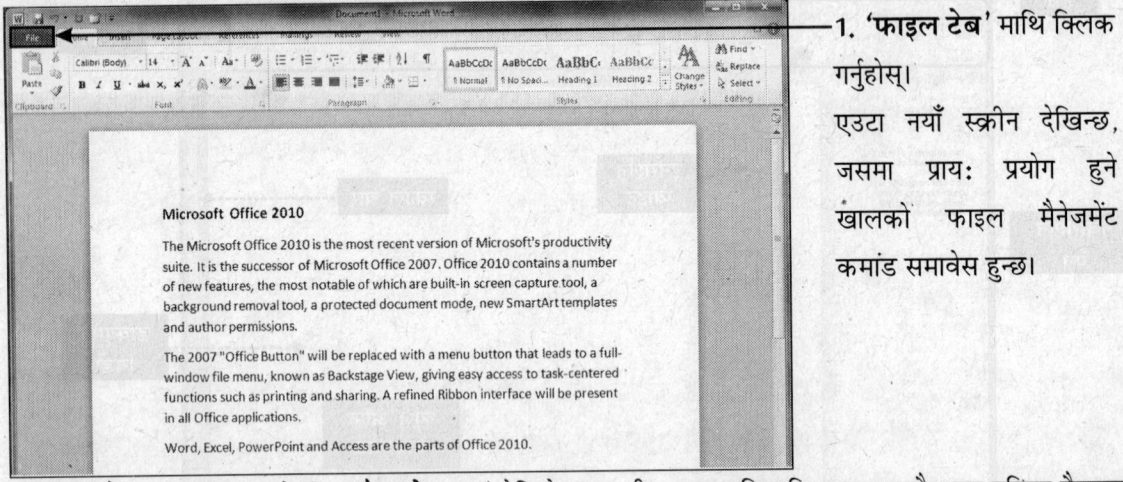

1. **'फाइल टेब'** माथि क्लिक गर्नुहोस्।

एउटा नयाँ स्क्रीन देखिन्छ, जसमा प्राय: प्रयोग हुने खालको फाइल मैनेजमेंट कमांड समावेस हुन्छ।

'फाइल' टैब माथि क्लिक गरेपछि, **'बैकस्टेज व्यू'** देखिनेछ जुन तीन भागमा विभाजित हुन्छ। सबै भन्दा पहिला पैनलमा त्यो कमांड समावेस हुन्छ जसलाई तपाई आफ्नो फाइलको काम गर्नमा प्रयोगमा ल्याउनुहुन्छ। दास्रो र बीचको पैनलमा त्यससंग संबंधित आप्शंस हुन्छ। तेस्रो र अन्तिम पैनलमा अतिरिक्त आप्शंस समावेस हुन्छ।

जस्तै – जब तपाई पहिलो पैनलमा **'प्रिंट'** माथि क्लिक गर्नुहुन्छ तब दोस्रो र बीचको पैनल **'प्रिंट ऑप्शन'** प्रदर्शित गर्दछ। तेस्रो पैनल त्यस डाक्यूमेंटको त्यो प्रीव्यू देखाउनेछ कि त्यो कस्तो प्रिंट हुनेछ। यसरी बैकस्टेज व्यूमा प्रिंटको प्रक्रिया केवल एक स्टेपमा पूरा हुन्छ जहाबाट तपाई आफ्नो डाक्यूमेंटको प्रीव्यू पनि हेर्न सक्नुहुनेछ र यसको प्रिंट पनि प्राप्त गर्न सक्नुहुनेछ।

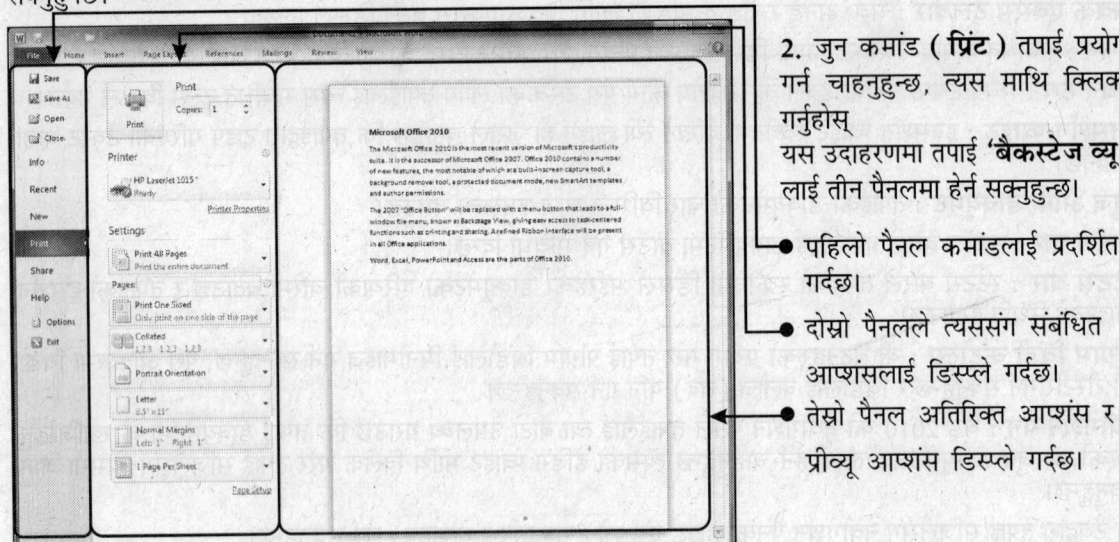

2. जुन कमांड (**प्रिंट**) तपाई प्रयोग गर्न चाहनुहुन्छ, त्यस माथि क्लिक गर्नुहोस्

यस उदाहरणमा तपाई **'बैकस्टेज व्यू'** लाई तीन पैनलमा हेर्न सक्नुहुन्छ।

- पहिलो पैनल कमांडलाई प्रदर्शित गर्दछ।
- दोस्रो पैनलले त्यससंग संबंधित आप्शंसलाई डिस्प्ले गर्दछ।
- तेस्रो पैनल अतिरिक्त आप्शंस र प्रीव्यू आप्शंस डिस्प्ले गर्दछ।

रिबन

विभिन्न प्रोग्रामको टास्क (कार्यहरू) पूरा गर्नको लागि कमांडलाई सजिलैसंग खोज्ने सबै भन्दा राम्रो माध्येम रिबन हो। यहा तपाईं कमांड सजिलैसंग दिएर कुनै पनि टास्कलाई पूरा गर्न सक्नुहुन्छ। रिबन, टैब्सको ग्रुप (समूह) हुन्छ र प्रत्येक टैबमा त्यससंग संबंधित कमांड हुन्छ।

रिबनको प्रयोग

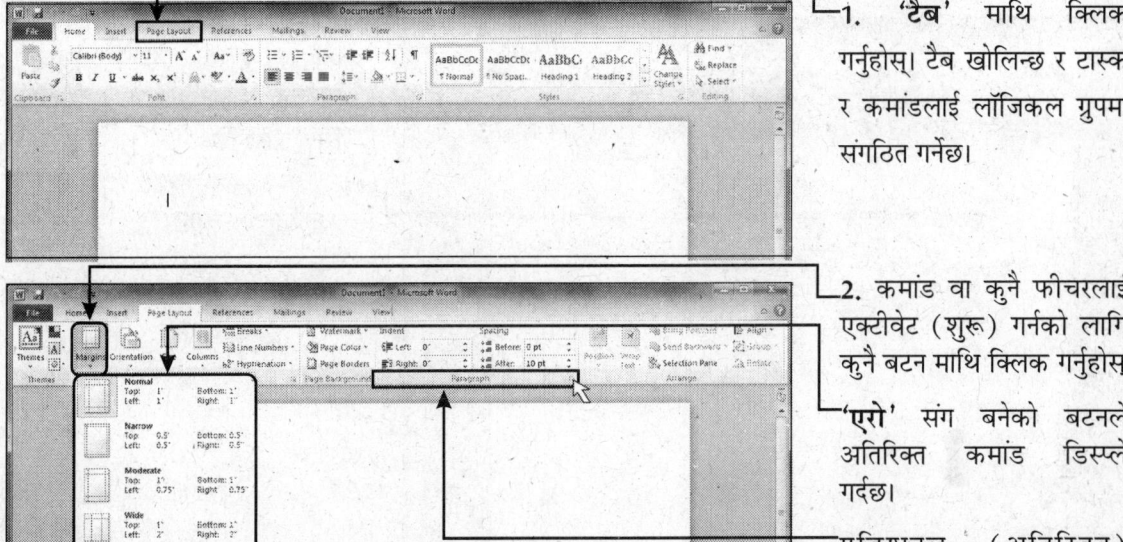

1. 'टैब' माथि क्लिक गर्नुहोस्। टैब खोलिन्छ र टास्क र कमांडलाई लॉजिकल ग्रुपमा संगठित गर्नेछ।

2. कमांड वा कुनै फीचरलाई एक्टीवेट (शुरू) गर्नको लागि कुनै बटन माथि क्लिक गर्नुहोस्

'एरो' संग बनेको बटनले अतिरिक्त कमांड डिस्प्ले गर्दछ।

एडिशनल (अतिरिक्त) सेटिंगको डायलॉग बॉक्स डिस्प्ले गर्नको लागि तपाईंले 'कॉर्नर एरो बटन' माथि क्लिक गर्न सक्नुहुन्छ।

रिबन को मिनिमाइज करना

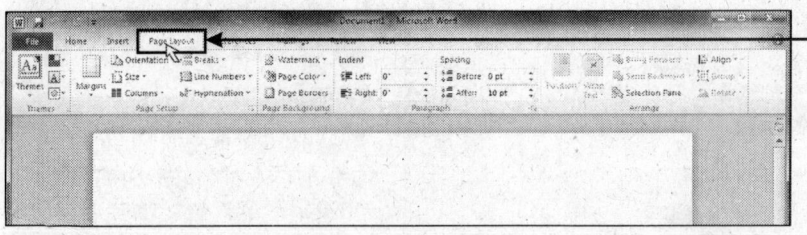

1. कुनै टैबको नाम माथि 'डबल क्लिक' गर्नुहोस्।

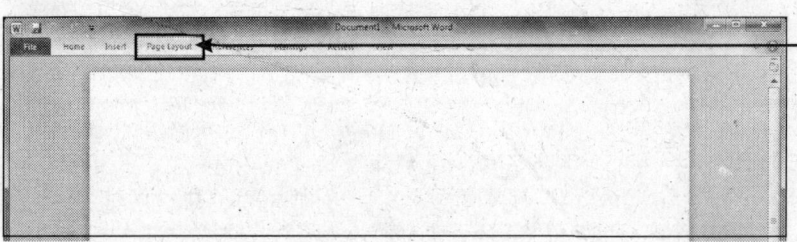

रिबन मिनीमाइज हुनेछ।

2. रिबनलाई फेरी मैक्सीमाइज गर्नको लागि फेरी टैबको नाम माथि क्लिक गर्नुहोस्।

वर्डमा टेक्स्ट लेख्न

किकुनै डाक्यूमेंटमा टेक्स्ट टाइप गर्ने यसमा केहि भिन्न तरीका छ। यदि कुनै पैराग्राफको कुनै लाइनको अंतमा तपाई जब पुग्नुहुन्छ तब यसमा इनसर्शन प्वाइंट स्यंम नै दोस्रो लाइनमा ट्रांसफर (स्थानांतरित) हुनेछ। यहा तपाईले पैराग्राफ पूरा गर्नको लागि कुनै (की) थिच्नु पर्ने आवश्यक्ता हुदैन्। यदि तपाई आफ्नो डाक्यूमेंटको नयाँ पैराग्राफमा जान चाहनुहुन्छ भने तपाईले एंटरको प्रयोग गर्न सक्नुहुन्छ।

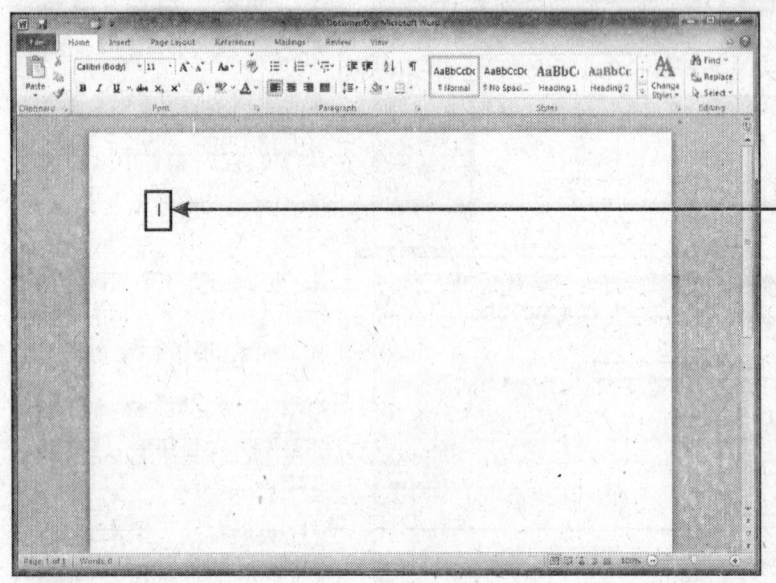

तपाईद्वारा टाइप गरिएको टेक्स्ट स्क्रीनमा देखिने इंसर्शन प्वाइंटको नजिक देखिनेछ।

1. आफ्नो डाक्यूमेंटको लागि कुनै टेक्स्ट टाइप गर्नुहोस्।

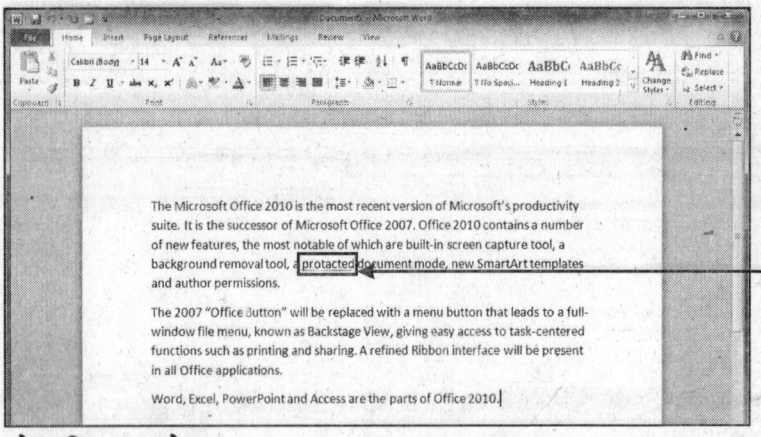

जब तपाई लाइनको अंतमा पुग्नुहुन्छ तब विंडो स्यंम नै टेक्स्ट दोस्रो लाइनमा लेख्न शुरू गर्नेछ।

यदि तपाई नयाँ पैराग्राफ शुरू गर्न चाहनुहुन्छ भने तपाईले केवल एंटर थिच्नु पर्ने हुन्छ।

यदि पैराग्राफमा स्पेलिंग गलती छ भने शब्दको तल लाल रंगको लाइन देखिन्छ र यदि व्याकरणको अशुद्धि छ भने वर्डको तल हरियो रंगको लाइन देखिन्छ।

यो पनि जान्नुहोस्

माइक्रोसाफ्टमा एउटा स्पेशल फीचर हुन्छ जसले कॉमन (आमरूपमा प्रयोग हुने खालको) शब्द र वाक्यहरुलाई स्यंम नै समावेस गर्दछ। उदाहरणको लागि यदि तपाई कुनै पत्र वा एप्लीकेशनमा कुनै सामान्य शब्द या वाक्यको केहि कैरेक्टर टाइप गर्नुहुन्छ जस्तै 'योर्स फेथफुली', र जसरी नै तपाई योर्स टाइप गर्नुहुन्छ तब पूरा वाक्यको एउटा पहिलो रंगको बाक्स देखिन्छ। यहा डिस्प्ले भई रहेको टेक्स्ट इंसर्ट (शामिल) गर्नको लागि एंटर थिच्नुहोस् अन्यथा त्यसलाई इग्नोर गरेर आफ्नो टाइपिंग जारी राख्नुहोस्।

टेक्स्ट सलेक्ट गर्न अथवा छान्न

वर्डमा विभिन्न टास्क (काम) गर्नु भन्दा पहिला तपाईले त्यो टेक्स्ट सलेक्ट गर्नु पर्ने हुन्छ जस माथि तपाई काम गर्न चाहनुहुन्छ। सलेक्ट गरिएको टेक्स्ट तपाईको स्क्रीनमा हाईलाइट हुनेछ।

शब्द सलेक्ट गर्न

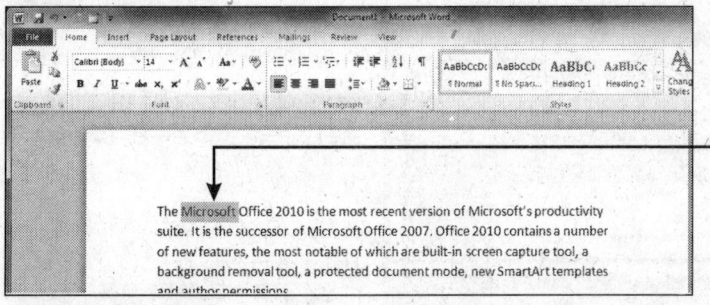

1. जुन शब्दलाई तपाई सलेक्ट गर्न चाहनुहुन्छ, त्यस माथि '**डबल क्लिक**' गर्नुहोस्।
2. सलेक्ट गरिएको टेक्स्टलाई डीसलेक्ट (पुरानो स्थिति)मा आउनको लागि सलेक्ट गरिएको एरिया भन्दा बाहिर कतै क्लिक गर्नुहोस्।

वाक्य सलेक्ट गर्न

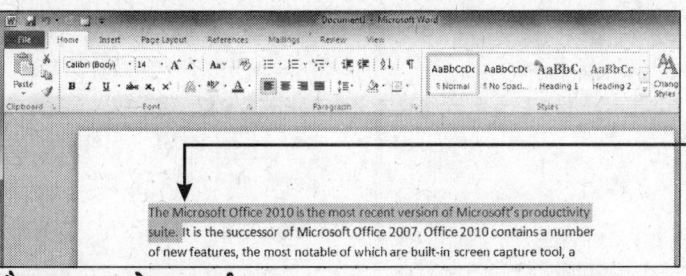

1. आफ्नो की-बोर्डले **कंट्रोल** थिच्नुहोस्।
2. जुन '**वाक्य**' लाई तपाई सलेक्ट गर्न चाहनुहुन्छ, कंट्रोल थिचेर त्यहा सम्म लैजानुहोस्।

पैराग्राफ सलेक्ट गर्न

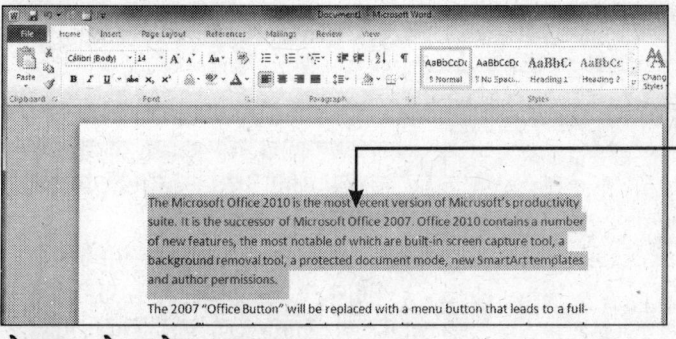

1. जुन पैराग्राफ तपाई सलेक्ट गर्न चाहनुहुन्छ, त्यस माथि माउसको प्वाइंटर राखेर '**तीन पटक क्लिक**' गर्नुहोस्।
त्यो पूरा पैराग्राफ सलेक्ट हुनेछ।।

टेक्स्ट को सलेक्ट करना

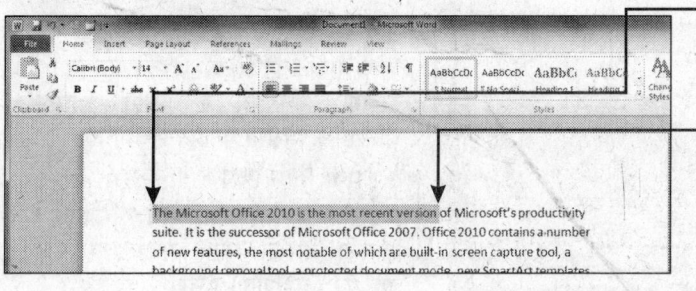

1. जति टेक्स्टलाई तपाई सलेक्ट गर्न चाहनुहुन्छ, आफ्नो माउसको प्वाइंटर त्यसको पहिला शब्दमा राख्नुहोस्।
2. त्यस पछि आफ्नो माउसको प्वाइंटरलाई ड्रैग (दबाएर घुमाउदै) गर्दै उति टेक्स्ट सम्म लैजानुहोस्, जहा सम्म तपाई सलेक्ट गर्न चाहनुहुन्छ।

डाक्यूमेंट सेव गर्न

भविष्यमा प्रयोग गर्नको लागि तपाई आफ्नो डाक्यूमेंट सेव पनि गर्न सक्नुहुन्छ। कुनै डाक्यूमेंट सेव गरेर तपाई त्यसलाई पछि पनि हेर्न सक्नुहुन्छ र त्यस माथि कार्य पनि गर्न सक्नुहुन्छ। सेव गरिएको फाइल अर्को कंप्यूटरमा पनि ओपन हुन सक्छ र त्यहा पनि त्यसमा काम गर्न सकिन्छ।

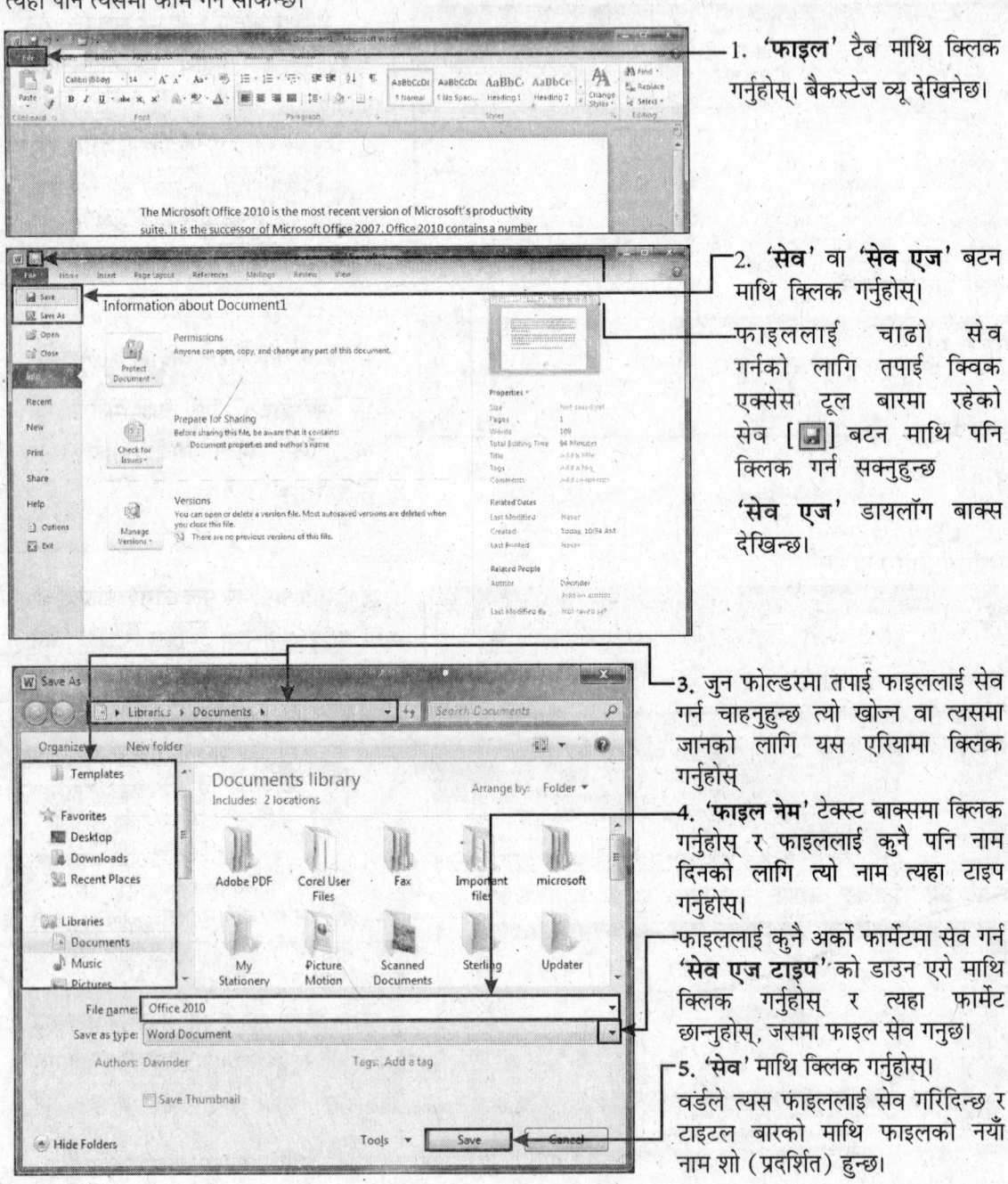

1. 'फाइल' टैब माथि क्लिक गर्नुहोस्। बैकस्टेज व्यू देखिनेछ।

2. 'सेव' वा 'सेव एज' बटन माथि क्लिक गर्नुहोस्।

फाइललाई चाढो सेव गर्नको लागि तपाई क्विक एक्सेस टूल बारमा रहेको सेव [ ] बटन माथि पनि क्लिक गर्न सक्नुहुन्छ

'सेव एज' डायलॉग बाक्स देखिन्छ।

3. जुन फोल्डरमा तपाई फाइललाई सेव गर्न चाहनुहुन्छ त्यो खोज्न वा त्यसमा जानको लागि यस एरियामा क्लिक गर्नुहोस्।

4. 'फाइल नेम' टेक्स्ट बाक्समा क्लिक गर्नुहोस् र फाइललाई कुनै पनि नाम दिनको लागि त्यो नाम त्यहा टाइप गर्नुहोस्।

फाइललाई कुनै अर्को फार्मेटमा सेव गर्न 'सेव एज टाइप' को डाउन एरो माथि क्लिक गर्नुहोस् र त्यहा फार्मेट छान्नुहोस्, जसमा फाइल सेव गनुछ।

5. 'सेव' माथि क्लिक गर्नुहोस्।
वर्डले त्यस फाइललाई सेव गरिदिन्छ र टाइटल बारको माथि फाइलको नयाँ नाम शो (प्रदर्शित) हुन्छ।

डाक्यूमेंटलाई वर्डको 97-2003 फार्मेटमा सेव गर्न

यदि तपाई आफ्नो डाक्यूमेंटलाई कुनै यस्तो कंप्यूटरमा ओपन गर्न चाहनुहुन्छ जसमा वर्डको पुरानो वर्जन (संस्करण) 97-2003 प्रयोग भई रहेको छ र तपाई माइक्रोसॉफ्ट 2010 मा तैयार गरेको आफ्नो डाक्यूमेंटलाई कुनै अर्को फार्मेटमा जस्तै टेक्स्ट फाइल र वर्ड 97-2003 फार्मेटमा पनि सेव गर्न सक्नुहुन्छ।

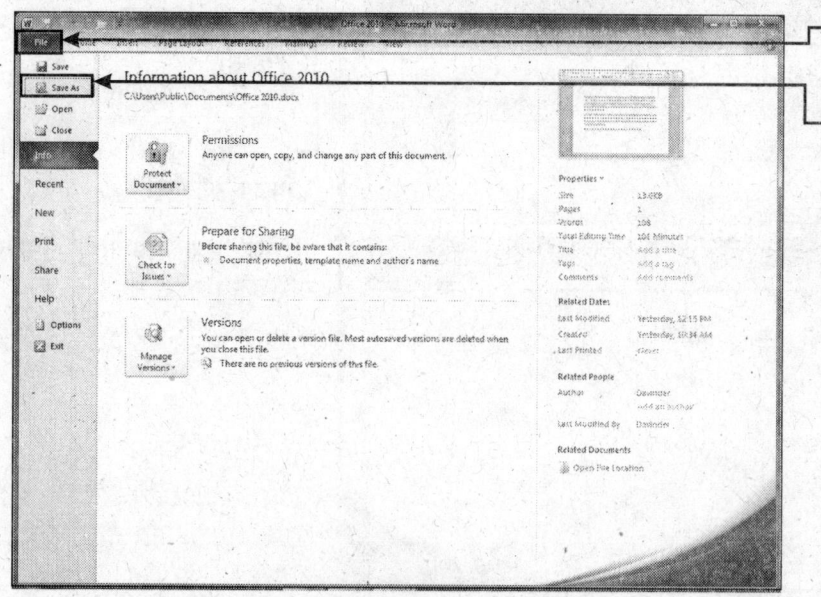

1. **'फाइल'** टैब माथि क्लिक गर्नुहोस्। बैकस्टेज व्यू देखिनेछ।
2. **'सेव एज'** बटन माथि क्लिक गर्नुहोस्।

'सेव एज' डायलॉग बाक्स देखिन्छ।

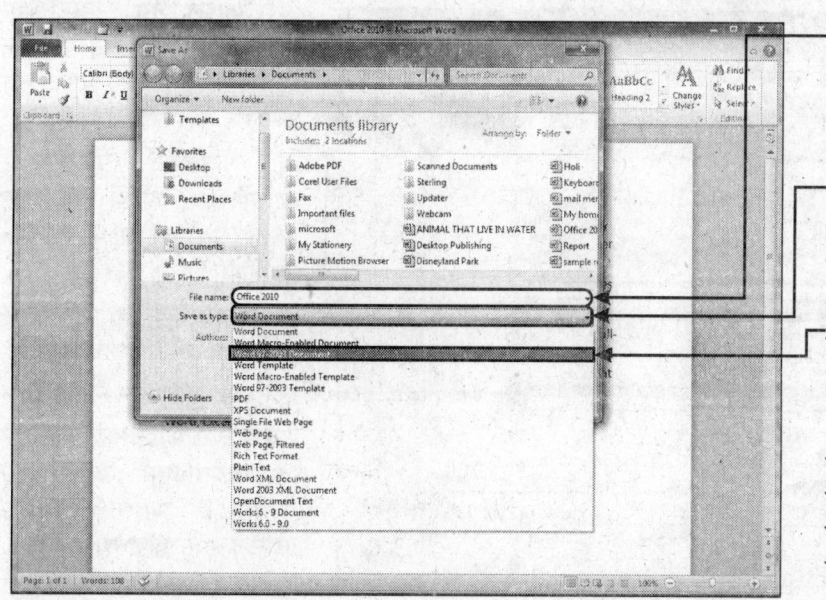

3. **'फाइल नेम'** टेक्स्ट बॉक्स माथि क्लिक गर्नुहोस् र यहा फाइललाई कुनै नाम दिनको लागि त्यो नाम टाइप गर्नुहोस्।
4. आफ्नो फाइललाई वर्ड 97-2003 को फार्मेटमा सेव गर्नको लागि **'सेव एज टाइप'** को डाउन एरो माथि क्लिक गर्नुहोस्।
5. **'वर्ड 97-2003 डाक्यूमेंट'** माथि क्लिक गर्नुहोस्।
6. **'सेव'** माथि क्लिक गर्नुहोस्।

वर्डले तपाईको त्यस फाइललाई वर्ड 97-2003 फार्मेटमा सेव गरिदिन्छ र टाइटल बारमा तपाईद्वारा फाइललाई दिईएको नयाँ नाम डिस्प्ले गरि दिनेछ।

अब आफ्नो डाक्यूमेंटलाई ती मानिसहरुसंग पनि शेयर गर्न सक्नुहुन्छ जुन माइक्रोसाफ्ट 2010 को प्रयोग गरि रहेका छैन्।

डाक्यूमेंट पीडीएफ र एक्सपीएस फार्मेटमा सेव गर्न

वर्डको डाक्यूमेंटलाई पीडीएफ र एक्सपीएस फार्मेटमा पनि सेव गर्न सक्नुहुन्छ। एडोब फ्री एकरोबेट रीडरको प्रयोग गरेर तपाई पीडीएफ फाइललाई ओपन गर्न सक्नुहुन्छ। माइक्रोसाफ्टको एक्सपीएस व्यूअरको प्रयोग गरेर तपाई एक्सपीएस फाइलहरुलाई पनि ओपन गर्न सक्नुहुन्छ। विंडो 7 मा एक्सपीएस व्यूअर र एक्सपीएस प्रिंटर ड्राइवर पनि हुन्छ, जसको द्वारा विंडो 7 को प्रयोग गरेर एक्सपीएस डाक्यूमेंटमा पनि बदलिन सक्छ।

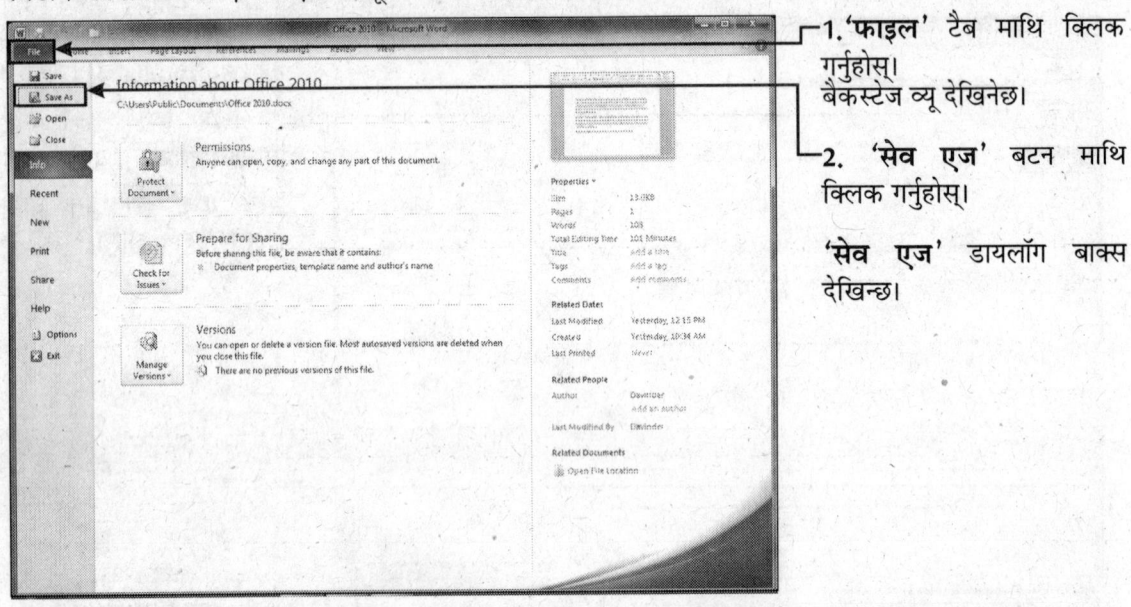

1. **'फाइल'** टैब माथि क्लिक गर्नुहोस्।
बैकस्टेज व्यू देखिनेछ।

2. **'सेव एज'** बटन माथि क्लिक गर्नुहोस्।

'सेव एज' डायलॉग बाक्स देखिन्छ।

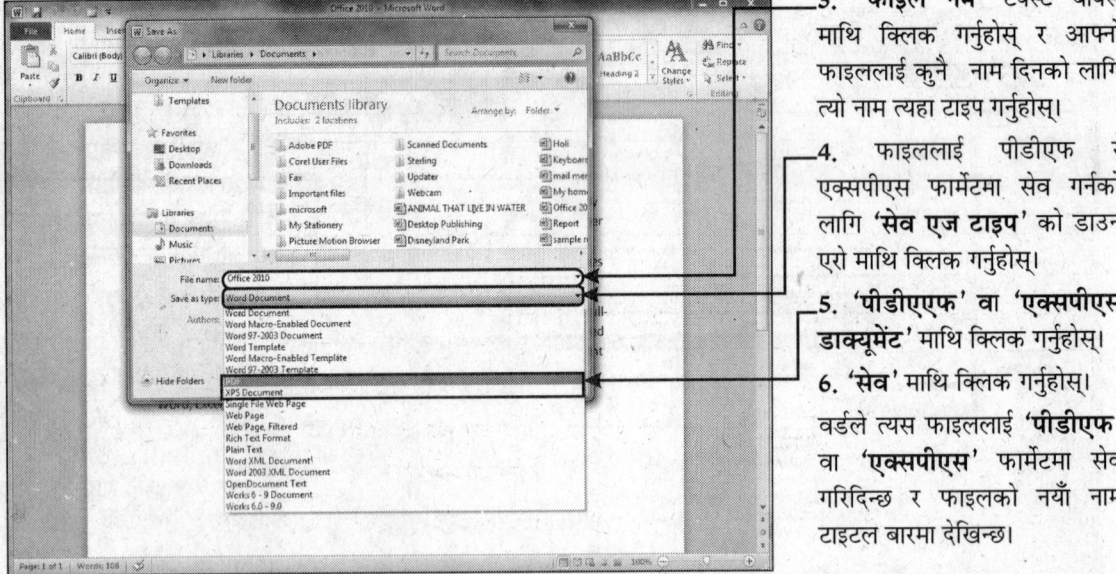

3. **'फाइल नेम'** टेक्स्ट बाक्स माथि क्लिक गर्नुहोस् र आफ्नो फाइललाई कुनै नाम दिनको लागि त्यो नाम त्यहा टाइप गर्नुहोस्।

4. फाइललाई पीडीएफ र एक्सपीएस फार्मेटमा सेव गर्नको लागि **'सेव एज टाइप'** को डाउन एरो माथि क्लिक गर्नुहोस्।

5. **'पीडीएएफ'** वा **'एक्सपीएस डाक्यूमेंट'** माथि क्लिक गर्नुहोस्।

6. **'सेव'** माथि क्लिक गर्नुहोस्।

वर्डले त्यस फाइललाई **'पीडीएफ'** वा **'एक्सपीएस'** फार्मेटमा सेव गरिदिन्छ र फाइलको नयाँ नाम टाइटल बारमा देखिन्छ।

अब तपाई पीडीएफ फाइललाई एडोब एकरोबेट रीडरमा र एक्सपीएस डाक्यूमेंटलाई माइक्रोसॉफ्टको एक्सपीएस व्यूअरमा ओपन गर्न सक्नुहुन्छ।

डाक्यूमेंट क्लोज (बंद) गर्न

स्क्रीनमा देखिदै गरेको कुनै डाक्यूमेंटलाई रिमूव गर्न (हटाउन) को लागि तपाई त्यसलाई क्लोज (बंद) पनि गर्न सक्नुहुन्छ। कुनै डाक्यूमेंटलाई क्लोज गर्नुको मतलब यो होईन् कि तपाई वर्ड प्रोग्रामबाट बाहिर हुनुभयो।

कुनै डाक्यूमेंट बंद गर्नु भन्दा पहिला तपाईले त्यसमा गर्नु भएको चेंज (बदलावहरु) सेव गर्नु पर्ने हुन्छ।

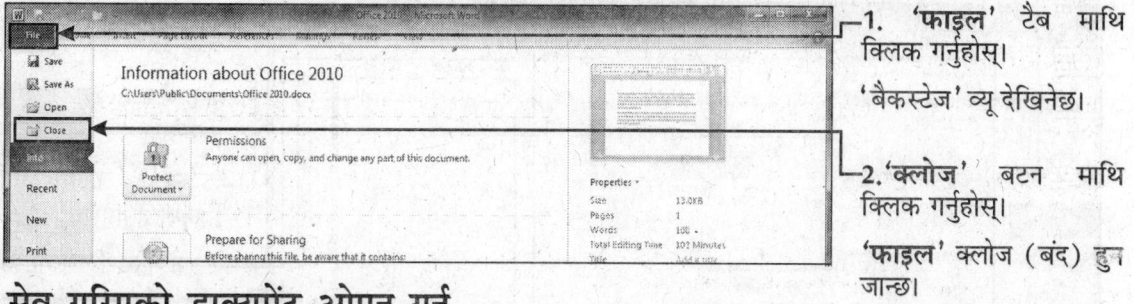

1. **'फाइल'** टैब माथि क्लिक गर्नुहोस्।

'बैकस्टेज' व्यू देखिनेछ।

2. **'क्लोज'** बटन माथि क्लिक गर्नुहोस्।

'फाइल' क्लोज (बंद) हुन जान्छ।

सेव गरिएको डाक्यूमेंट ओपन गर्न

सेव गरिएको डाक्यूमेंटलाई आफ्नो स्क्रीनमा हेर्नको लागि तपाईले त्यसलाई ओपन गर्न सक्नुहुन्छ। यहा तपाई त्यस डाक्यूमेंटमा चेंज (बदलाव) पनि गर्न सक्नुहुन्छ।

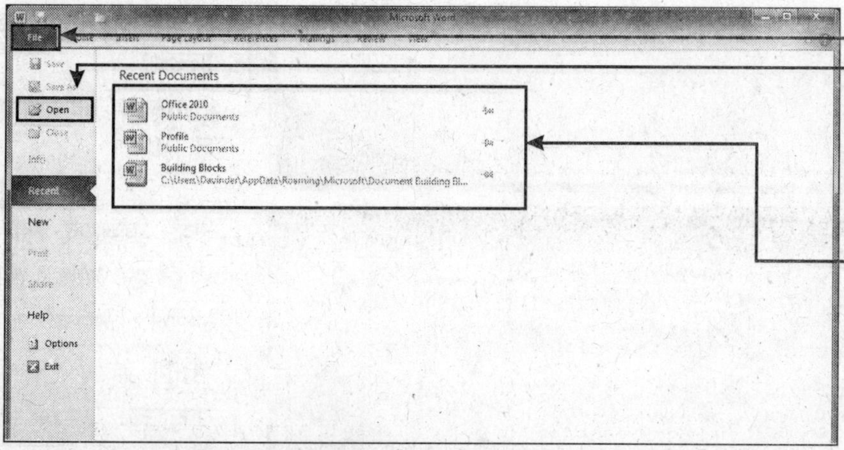

1. **'फाइल'** टैब माथि क्लिक गर्नुहोस्।
'बैकस्टेज व्यू' देखिन थाल्नेछ।

2. **'ओपन'** बटन माथि क्लिक गर्नुहोस्।

हालैमा ओपन गरिएको सबै डाक्यूमेंट यस फाइलको मीनूमा देखिन थाल्नेछ, यसमा तपाई जसलाई ओपन गर्न चाहनुहुन्छ त्यस माथि क्लिक गर्नुहोस्।

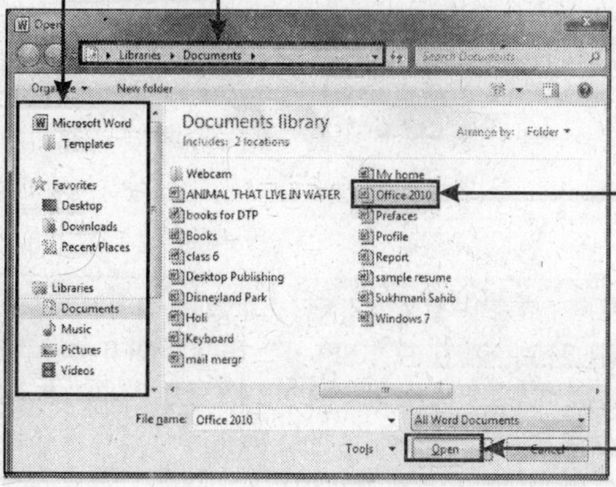

'ओपन' डायलॉग बॉक्स देखिन्छ।

3. त्यस एरिया वा फोल्डर हेर्नको लागि त्यहा क्लिक गर्नुहोस्, जहा तपाईले फाइल सेव वा स्टोर गर्नु भएको छ।

4. त्यस फाइल माथि क्लिक गर्नुहोस्, जसलाई तपाई ओपन गर्न चाहनुहुन्छ।

5. **'ओपन'** माथि क्लिक गर्नुहोस्।

त्यो फाइल प्रोग्राम विंडोमा ओपन हुन जान्छ।

नयाँ फाइल तैयार गर्न

नयाँ डाटा समावेस गर्नको लागि वर्ड प्रोग्राममा तपाई नयाँ फाइल पनि क्रिएट (तैयार) गर्न सक्नुहुन्छ। नयाँ फाइल खोल्नको लागि तपाईले वर्ड बंद गर्न र त्यसलाई फेरी खोल्नु पर्ने आवश्यक्ता हुदैन्।

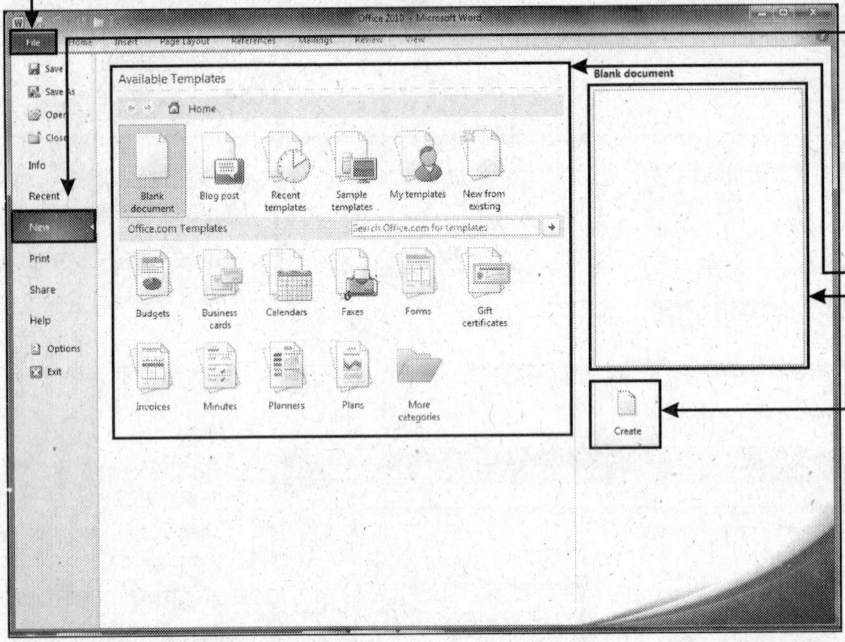

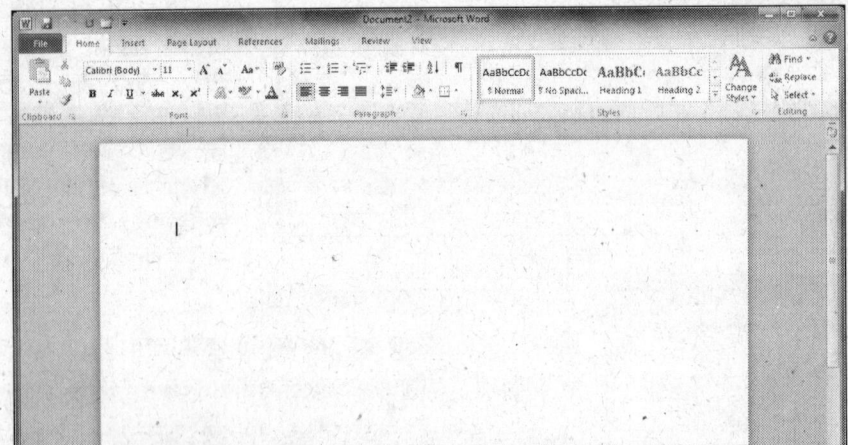

1. **'फाइल'** माथि क्लिक गर्नुहोस्।

बैकस्टेज व्यू देखिन थाल्नेछ।

2. **'न्यू'** बटन माथि क्लिक गर्नुहोस्।

3. टेंपलेट लिस्टमा कुनै पनि ऑप्शन माथि क्लिक गर्नुहोस्।

तपाई द्वारा सलेक्ट गरिएको ऑप्शनको सैंपल व्यू यस एरियामा देखिन थाल्छ।

4. **'क्रिएट'** माथि क्लिक गर्नुहोस्।

न्याँ डाक्यूमेंट फाइल ओपन हुन जान्छ र त्यहा तपाईले आफ्नो डाटा त्यसमा जोड्न शुरू गर्न सक्नुहुन्छ।

यो पनि जान्नुहोस्

वर्ड डाक्यूमेंको लागि **'टेंपलेट'** एउटा बेस हो। एमएस वर्डमा सबै डाक्यूमेंट कुनै न कुनै टेंपलेटमा आधारित हुन्छ। उदाहरणको लागि एउटा ब्लैंक डाक्यूमेंट नार्मल टेंपलेटमा तैयार हुन्छ। टेंपलेटको प्रयोग गरेर तपाई आफ्नो डाक्यूमेंट विशेष रूपमा तैयार गर्न सक्नुहुन्छ किनकि केहि टेंपलेटमा आफ्नै फान्ट र स्टाइलको विशेष सेट हुन्छ। केहि टेंपलेट ऑफिस ऑनलाइन वेबसाइटबाट आउछ। यसलाई सलेक्ट गरेर तपाई त्यसलाई डाउनलोड गर्न सक्नुहुन्छ।

ओपन डाक्यूमेंट एक-अर्कोमा जान

यदि वर्डमा दुई वा दुई भन्दा बढि डाक्यूमेंट ओपन गर्नु भएको छ भने त्यसमध्ये कुनैमा पनि सजिलैसंग जान सक्नुहुन्छ।

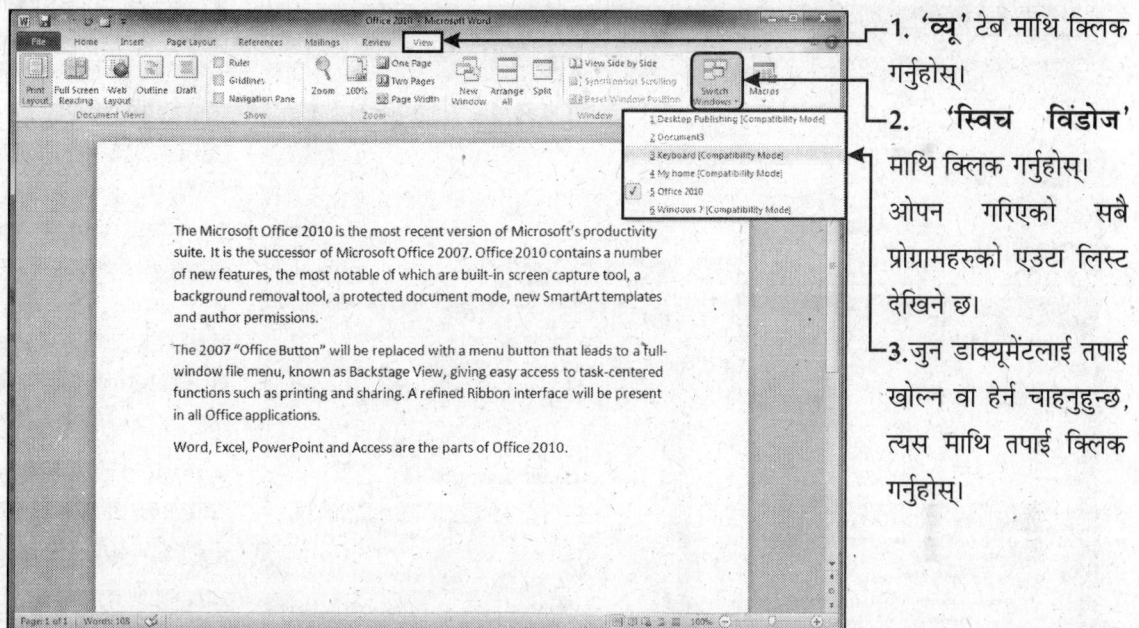

1. **'व्यू'** टेब माथि क्लिक गर्नुहोस्।
2. **'स्विच विंडोज'** माथि क्लिक गर्नुहोस्। ओपन गरिएको सबै प्रोग्रामहरुको एउटा लिस्ट देखिने छ।
3. जुन डाक्यूमेंटलाई तपाई खोल्न वा हेर्न चाहनुहुन्छ, त्यस माथि तपाई क्लिक गर्नुहोस्।

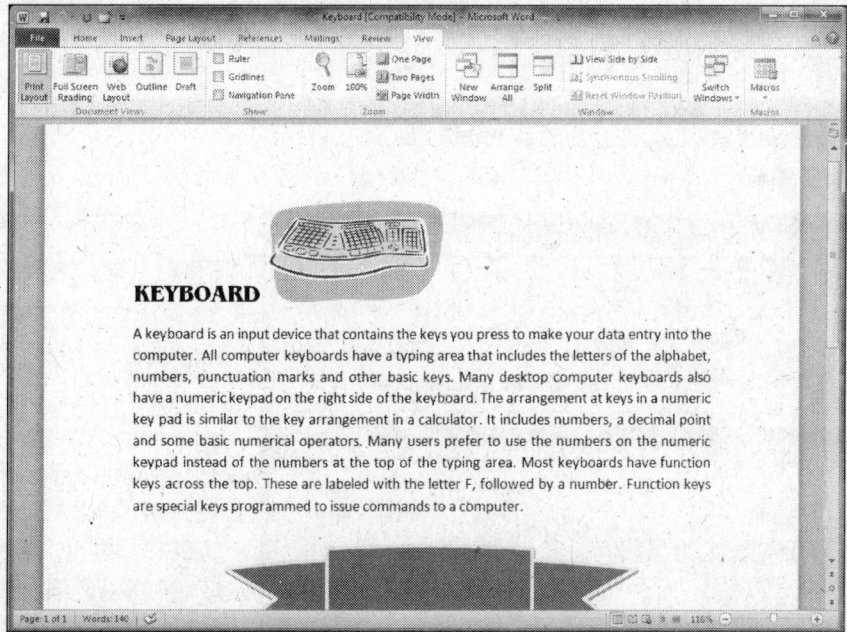

सलेक्ट गरिएको डाक्यूमेंट यहा देखिने छ।

टास्क बारमा भएको डाक्यूमेंट्स फाइलहरुको आइकॉन माथि क्लिक गरेर पनि तपाई सजिलैसंग एउटा डाक्यूमेंटबाट अर्को डाक्यूमेंटमा जान सक्नुहुन्छ।

डाक्यूमेंटको कंपेयर (तुलना) गर्न

ओपन गरिएको दुई डाक्यूमेंटको समानता र विभिन्नताको तुलना गर्नको लागि तपाई त्यसलाई स्क्रीनमा साइड बाई साइड हेर्न सक्नुहुन्छ।

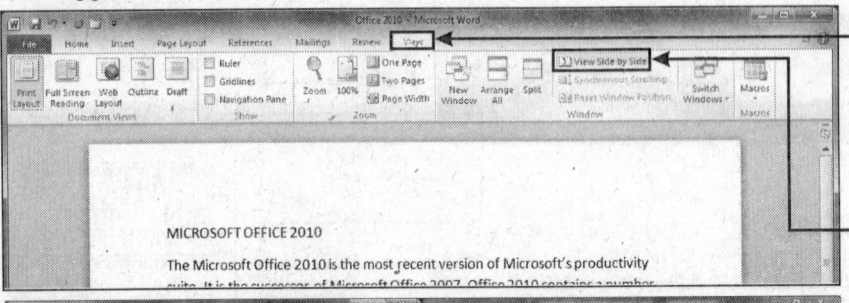

1. जुन दुई डाक्यूमेंटलाई तपाई कंपेयर गर्न चाहनुहुन्छ, पहिला त्यो ओपन गर्नुहोस्।

2. 'व्यू' टेब माथि क्लिक गर्नुहोस्।

3. 'व्यू साइड बाई साइड' मा क्लिक गर्नुहोस्।

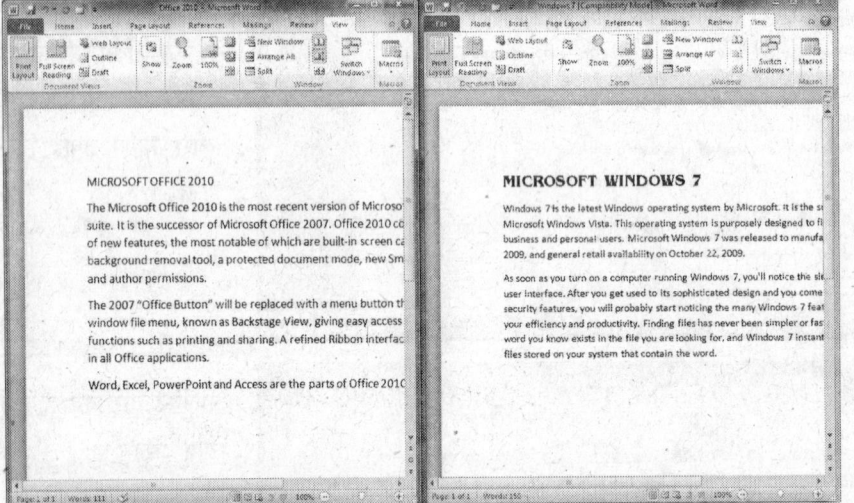

विंडो दुबै डाक्यूमेंट्सलाई दुई भागहरुमा विभाजित गरेर डिस्प्ले गर्दछ।

4. कुनै पनि डाक्यूमेंटको स्क्रॉल बारमा ड्रैग गर्नुहोस्।

वर्ड दुबै डाक्यूमेंट्सलाई साथ-साथै ड्रैग गर्दछ।

डाक्यूमेंटको तुलनालाई रोक्न

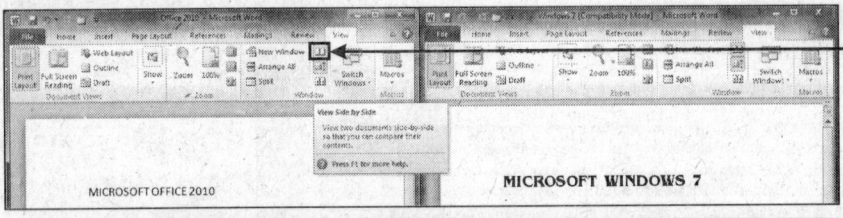

1. डाक्यूमेंटमा 'व्यू साइड बाई साइड' बटनको बायाँतिर क्लिक गर्नुहोस्।

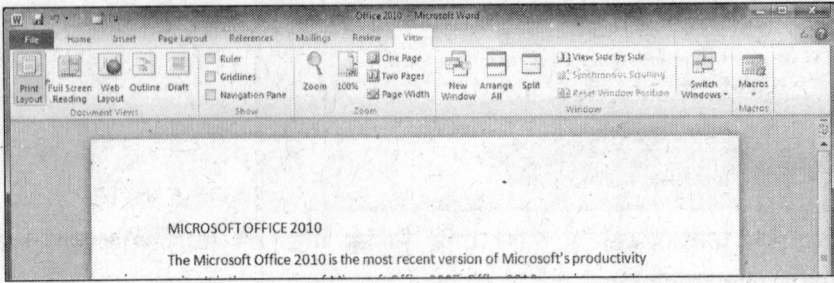

वर्डले त्यस डाक्यूमेंटलाई फेरी फुल स्क्रीनमा देखाउछ। जबकि अर्को डाक्यूमेंट पनि अहिले खुलेको छ। तपाई अर्को डाक्यूमेंटमा पनि जान सक्नुहुन्छ।

डाक्यूमेंटलाई प्रोटेक्ट गर्नु अर्थात त्यसलाई सुरक्षित राख्न

कुनै डाक्यूमेंटलाई पासवर्ड दिएर तपाई त्यसलाई सुरक्षित गर्न सक्नुहुन्छ। यस्तो गर्नाले अरु कसैले पनि त्यसलाई डाक्यूमेंटमा चेंज (बदलाव) गर्न सक्दैन् जब सम्म त्यसलाई पासवर्ड थाहा हुदैन्।

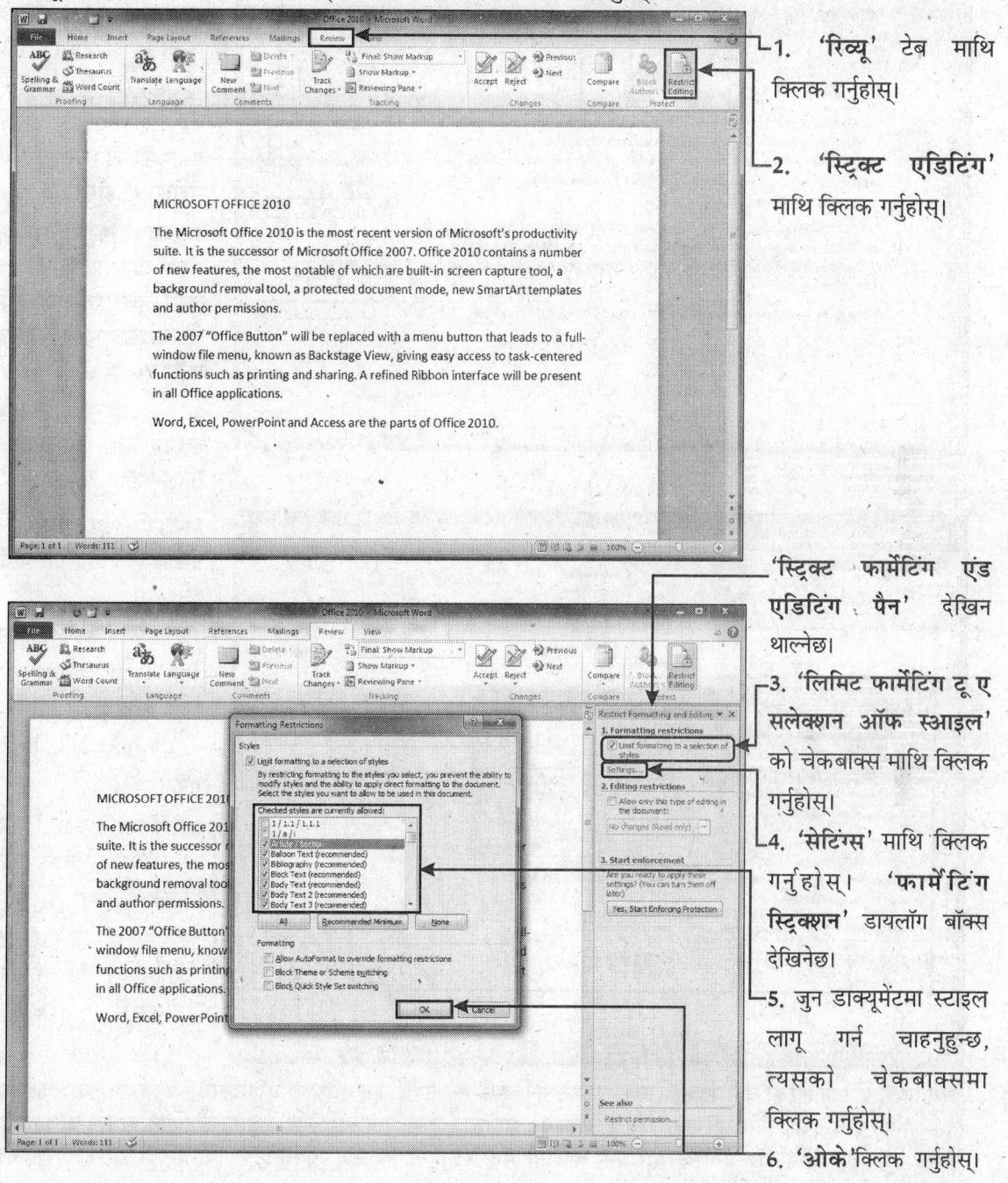

1. 'रिव्यू' टेब माथि क्लिक गर्नुहोस्।
2. 'स्ट्रिक्ट एडिटिंग' माथि क्लिक गर्नुहोस्।

'स्ट्रिक्ट फार्मेटिंग एंड एडिटिंग पैन' देखिन थाल्नेछ।

3. 'लिमिट फार्मेटिंग टू ए सलेक्शन ऑफ स्आइल' को चेकबाक्स माथि क्लिक गर्नुहोस्।
4. 'सेटिंग्स' माथि क्लिक गर्नुहोस्। 'फार्मेटिंग स्ट्रिक्शन' डायलॉग बॉक्स देखिनेछ।
5. जुन डाक्यूमेंटमा स्टाइल लागू गर्न चाहनुहुन्छ, त्यसको चेकबाक्समा क्लिक गर्नुहोस्।
6. 'ओके' क्लिक गर्नुहोस्।

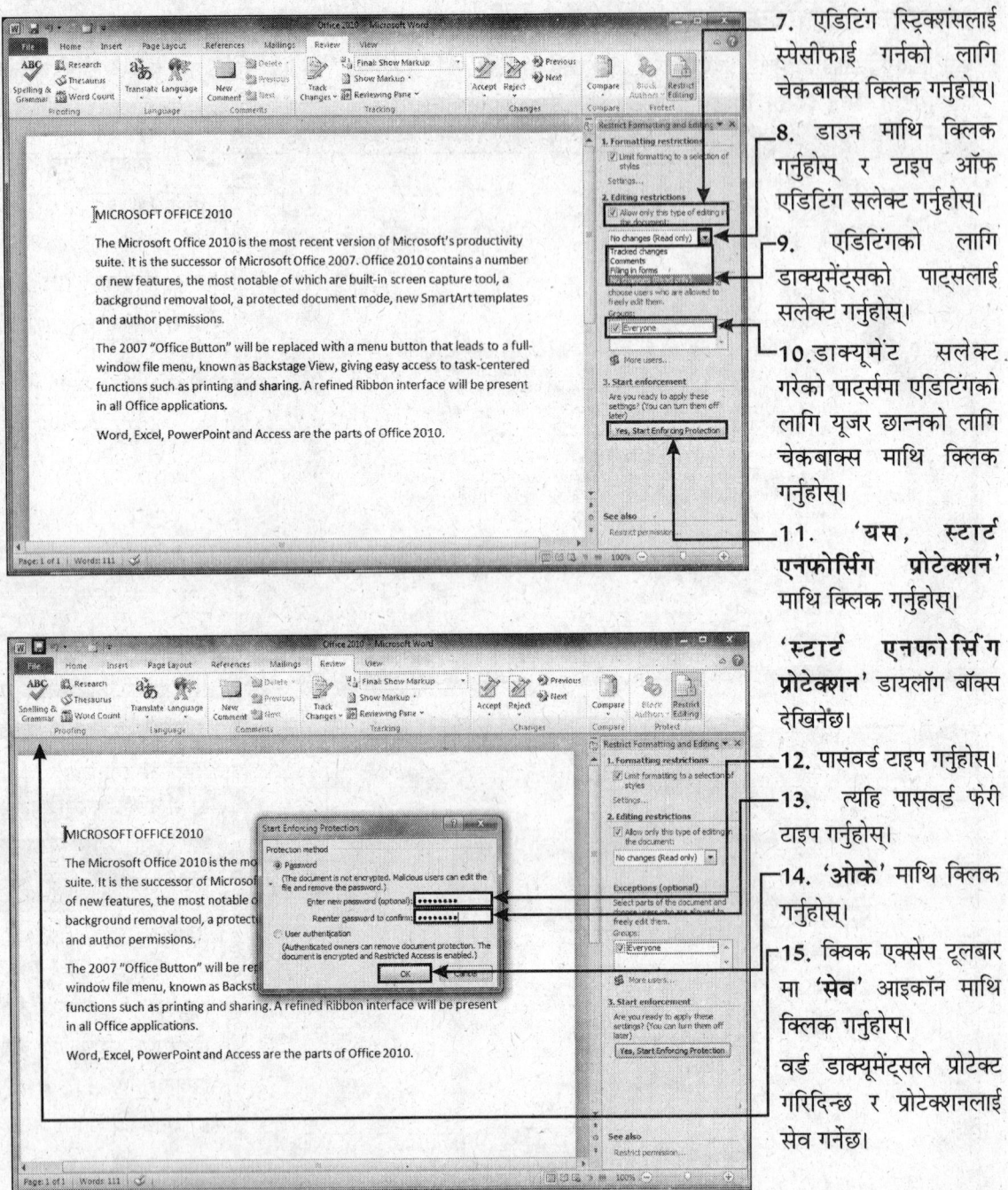

7. एडिटिंग स्ट्रिक्शंसलाई स्पेसीफाई गर्नको लागि चेकबाक्स क्लिक गर्नुहोस्।

8. डाउन माथि क्लिक गर्नुहोस् र टाइप ऑफ एडिटिंग सलेक्ट गर्नुहोस्।

9. एडिटिंगको लागि डाक्यूमेंट्सको पाट्सलाई सलेक्ट गर्नुहोस्।

10. डाक्यूमेंट सलेक्ट गरेको पाट्र्समा एडिटिंगको लागि यूजर छान्नको लागि चेकबाक्स माथि क्लिक गर्नुहोस्।

11. **'यस, स्टार्ट एनफोर्सिंग प्रोटेक्शन'** माथि क्लिक गर्नुहोस्।

'स्टार्ट एनफोर्सिंग प्रोटेक्शन' डायलॉग बॉक्स देखिनेछ।

12. पासवर्ड टाइप गर्नुहोस्।

13. त्यहि पासवर्ड फेरी टाइप गर्नुहोस्।

14. **'ओके'** माथि क्लिक गर्नुहोस्।

15. क्विक एक्सेस टूलबार मा **'सेव'** आइकॉन माथि क्लिक गर्नुहोस्।

वर्ड डाक्यूमेंट्सले प्रोटेक्ट गरिदिन्छ र प्रोटेक्शनलाई सेव गर्नेछ।

अब तपाई प्रोटेक्ट गरेको कुनै डाक्यूमेंटलाई ओपन गर्नु हुन्छ भने तपाई जुन एरियामा एडिट गर्न सक्नुहुन्छ, त्यही हाईलाइट हुन जान्छ। यदि तपाई त्यस एरियामा चेंज (बदलाव) गर्न चाहनुहुन्छ जुन हाईलाइट भएको छैन भने स्टेटस बारमा एउटा मैसेज (संदेश) देखिने छ जुन कि एरियामा बदलाव गर्न सक्नुहुन्न किनकि डाक्यूमेंटको यो एरिया प्रोटेक्ट (सुरक्षित) गरिएको छ।

डाक्यूमेंटमा टेक्स्टलाई इंसर्ट (शामिल) गर्न

डाक्यूमेंटमा तपाई सजिलैसंग टेक्स्टलाई जोड्न वा समावेस गर्न सक्नुहुन्छ।

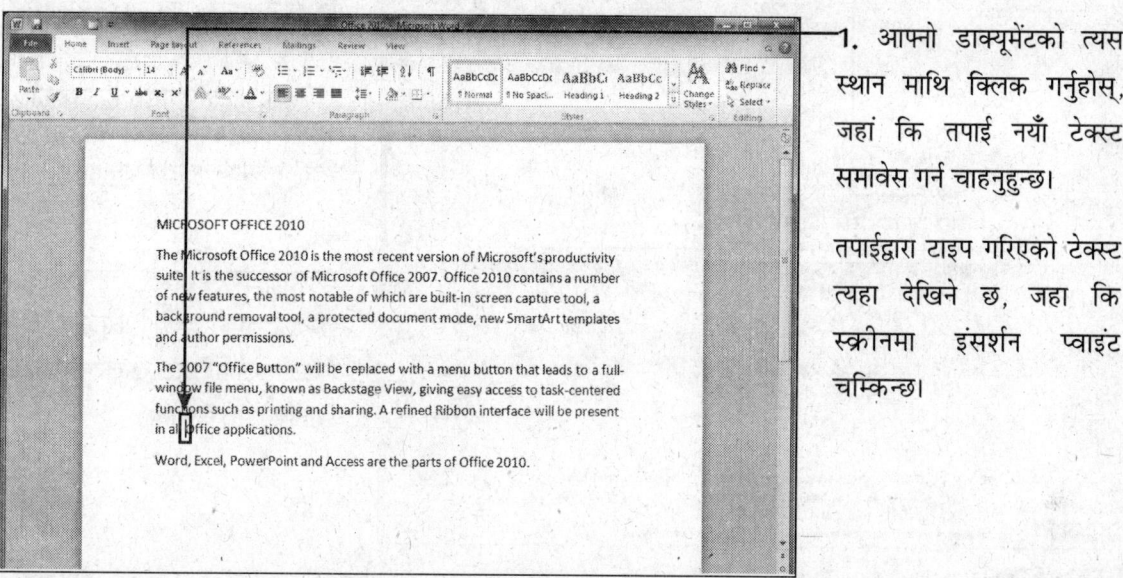

1. आफ्नो डाक्यूमेंटको त्यस स्थान माथि क्लिक गर्नुहोस्, जहां कि तपाई नयाँ टेक्स्ट समावेस गर्न चाहनुहुन्छ।

तपाईद्वारा टाइप गरिएको टेक्स्ट त्यहा देखिने छ, जहा कि स्क्रीनमा इंसर्शन प्वाइंट चम्किन्छ।

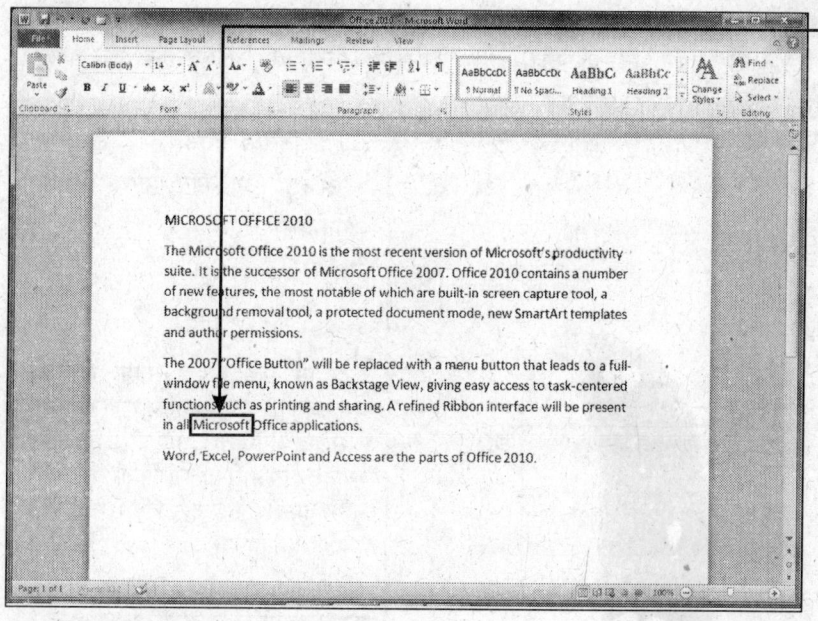

2. त्यस टेक्स्टलाई टाइप गर्नुहोस् जसलाई तपाई समावेस गर्न चाहनुहुन्छ।

ब्लैंक स्पेस (खाली स्थान) को इंसर्ट (शामिल) गर्नको लागि आफ्नो की-बोर्डबाट स्पेसबारलाई थिच्नुहोस्।

नयाँ टेक्स्टको अर्को शब्द अगाडितिर आउछ।

डाक्यूमेंटबाट टेक्स्टलाई डिलीट गर्न

यदि कुनै टेक्स्टको तपाईलाई धेरै समय सम्म आवश्यक्ता छैन् भने तपाई त्यसलाई डिलीट अथाव रिमूव गर्न सक्नुहुन्छ।

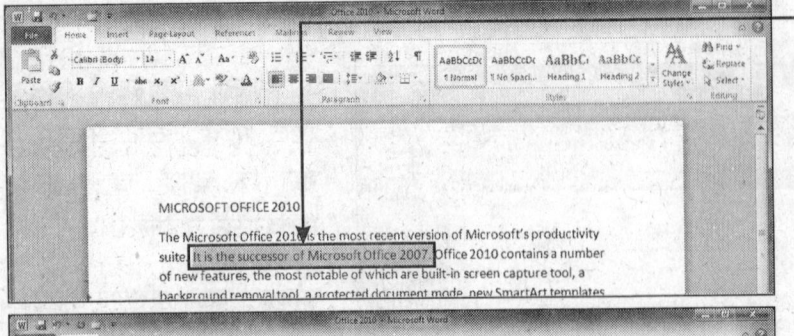

1. जुन टेक्स्टलाई तपाई डिलीट गर्न चाहनुहुन्छ, पहिला त्यसलाई सलेक्ट गर्नुहोस्।
2. त्यस टेक्स्टलाई हटाउनको लागि आफ्नो की-बोर्डबाट 'डिलीट कुंजी' लाई थिच्नुहोस्।

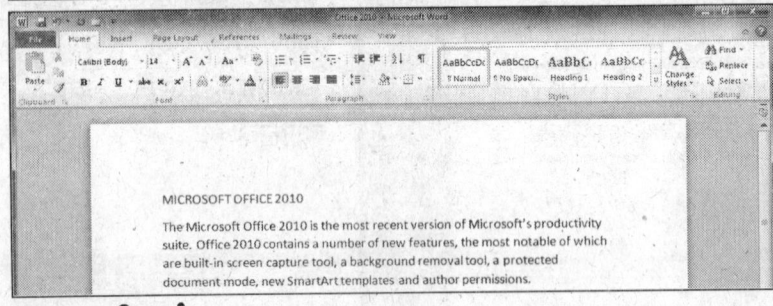

सलेक्ट गरिएको टेक्स्ट गायब हुन जान्छ र बाकी बचेको पैराग्राफ वा लाइन त्यसको ठाँउ खाली भएको स्थानमा आउन जान्छ।

अनडू फीचर्स

डाक्यूमेंटमा काम गर्दा गरिएको कुनै एक्शन (कार्य) लाई पुनः त्यसै स्थितिमा फिर्ता ल्याउनको लागि अनडू फीचर्सको प्रयोग गरिन्छ। जस्तै टेक्स्टलाई डिलीट गर्नु वा फार्मेट गर्नु। यो फीचर त्यस समयमा धेरै उपयोगी साबित हुन्छ जब तपाई गल्तिले कुनै टेक्स्टलाई डिलीट गर्नु हुन्छ र त्यसलाई फेरि प्राप्त गर्न सक्नुहुन्छ।

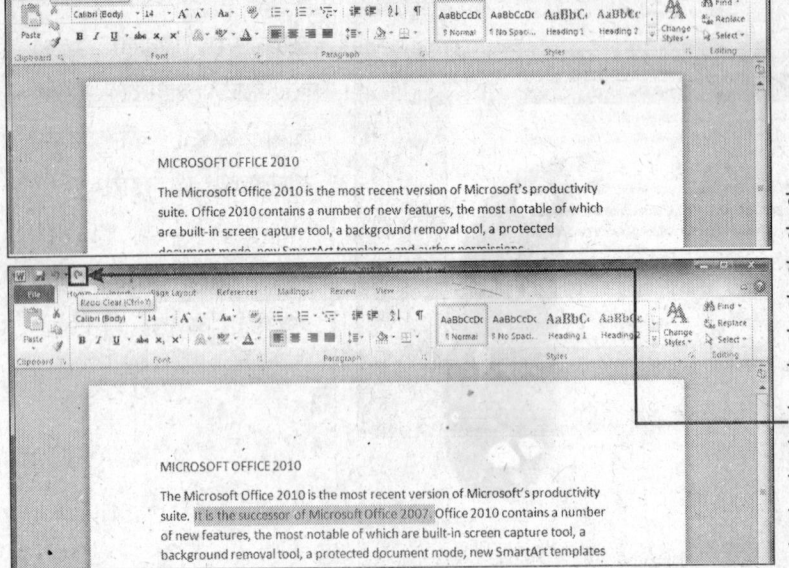

1. क्विक एक्सेस टूलबारमा **'अनडू'** आइकॉन माथि क्लिक गर्नुहोस्।

तपाईद्वारा सबै भन्दा अन्तमा गरिएको बदलावको वर्ड बदलिन जान्छ भने त्यसलाई पहिला भएको स्थितिमा ल्याउछ। त्यस स्थितिमा फिर्ता आउनको लागि तपाई (कंट्रोल र जेड) लाई पनि दबाउन सक्नुहुन्छ।

यदि अनडू आइकॉनलाई क्लिक गरेपछि तपाई यसमा बदलाव गर्न चाहनुहुन्न र चाहनुहुन्छ कि अनडू आप्शन कैंसल होस् भने तपाई **'रीडू'** आप्शन माथि क्लिक गर्न सक्नुहुन्छ।

टेक्स्टको कॉपी वा मूव गर्न

आफ्नो डाक्यूमेंटलाई व्यवस्थित गर्नको लागि टेक्स्टलाई कुनै अर्को स्थानमा कॉपी गर्न सक्नुहुन्छ वा मूव (लैजानु) गर्न सक्नुहुन्न। मूव गरिएको टेक्स्टलाई तपाईले नयाँ लोकेशन (स्थान) मा देखिनेछ र पहिलो ठाँउबाट गायब हुनेछ। जबकि कॉपी टेक्स्ट बिना टाइप गरिएको त्यस टेक्स्टलाई दोस्रो ठाँउमा लैजान्छ र यो तपाईलाई दुबै ठाँउ (नया वा पुरानो) मा देखिने छ।

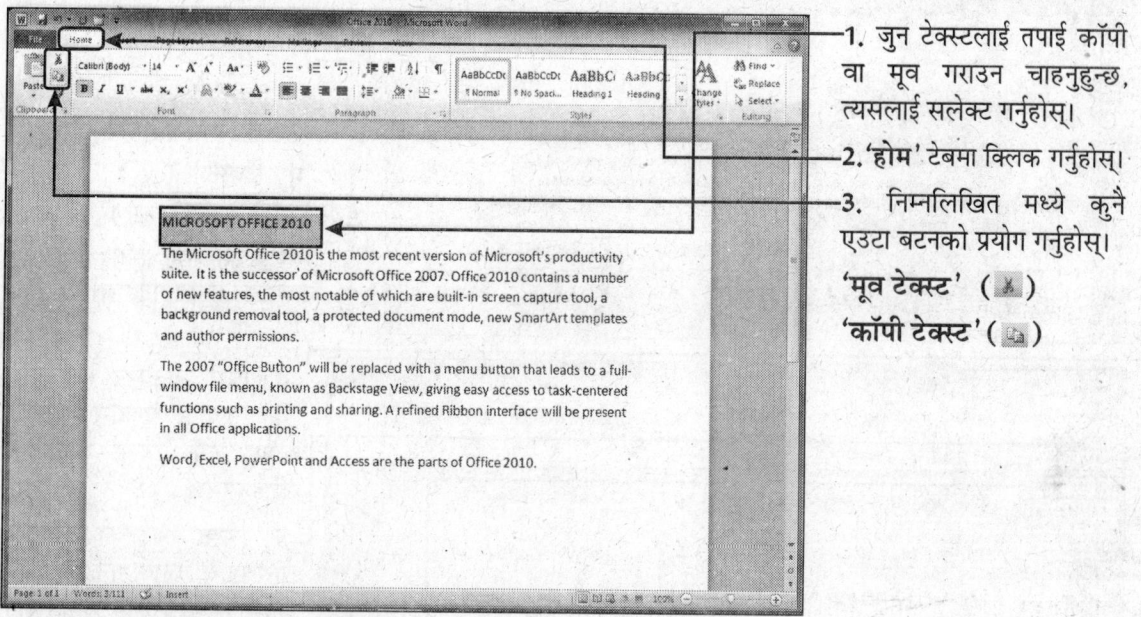

1. जुन टेक्स्टलाई तपाई कॉपी वा मूव गराउन चाहनुहुन्छ, त्यसलाई सलेक्ट गर्नुहोस्।
2. **'होम'** टेबमा क्लिक गर्नुहोस्।
3. निम्नलिखित मध्ये कुनै एउटा बटनको प्रयोग गर्नुहोस्।

'मूव टेक्स्ट' ( )

'कॉपी टेक्स्ट' ( )

यस उदाहरणमा हामी **'कॉपी'** ऑप्शनको प्रयोग गरिरहका छौ जसमध्ये टेक्स्ट दुबै ठाँउमा देखिनेछ।

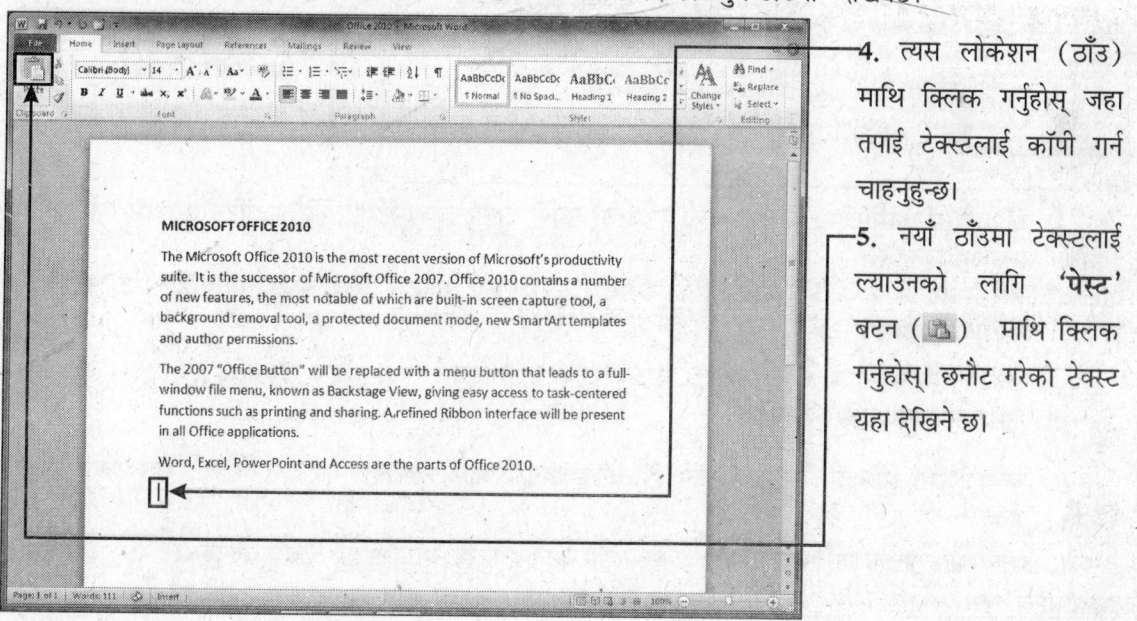

4. त्यस लोकेशन (ठाँउ) माथि क्लिक गर्नुहोस् जहा तपाई टेक्स्टलाई कॉपी गर्न चाहनुहुन्छ।
5. नयाँ ठाँउमा टेक्स्टलाई ल्याउनको लागि **'पेस्ट'** बटन ( ) माथि क्लिक गर्नुहोस्। छनौट गरेको टेक्स्ट यहा देखिने छ।

पेस्ट प्रीव्यू

कुनै नयाँ ठाँउमा पेस्ट गर्नु वा कॉपी गरेपछि तपाईको टेक्स्ट कस्तो देखिनेछ भन्ने जान्नको लागि तपाई 'पेस्ट प्रीव्यू' बटनको प्रयोग गर्न सक्नुहुन्छ।

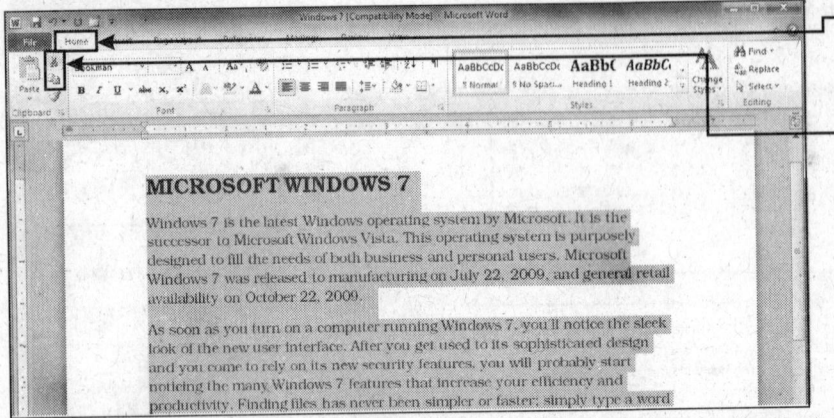

1. जुन टेक्स्टलाई तपाई कॉपी वा मूव गर्न चाहनुहुन्छ, त्यसलाई सलेक्ट गर्नुहोस्।
2. **'होम'** टैब क्लिक गर्नुहोस्।
3. निम्नलिखित मध्ये कुनै एउटा बटनको प्रयोग गर्नुहोस्।

'मूव टेक्स्ट' ( )

'कॉपी टेक्स्ट' ( )

यस उदाहरणमा हामी **'कट'** टेक्स्टको प्रयोग गर्नुहोस्।

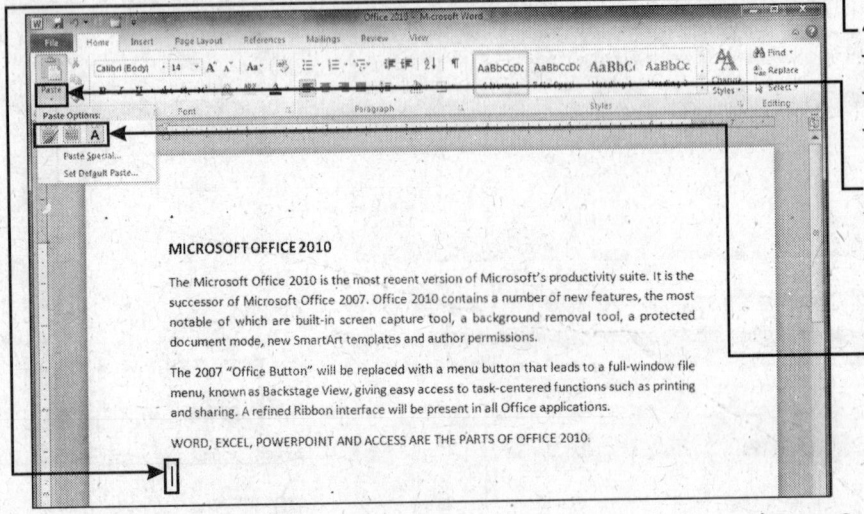

4. त्यस लोकेशन (ठाँउ) को प्रयोग गर्नुहोस् जहा तपाई नयाँ टेक्स्ट ल्याउन चाहनुहुन्छ।
5. **'पेस्ट'** बटनको डाउन एरो माथि क्लिक गर्नुहोस्।

पेस्ट ऑप्शन मीनू तीनवटा बटनसंगै यहा देखिने छ।

6. यस मध्ये कुनै पनि एक बटन माथि क्लिक गर्नुहोस्।

कीप सोर्स फार्मेटिंग : यो ऑप्शनले तपाईलाई कॉपी गरेको डाक्यूमेंटमा त्यहि फार्मेटिंग समावेस गर्नेछ जुन प्रयोग गरिएको छ।
यसका मतलब यो हो कि कॉपी गरेको टेक्स्ट र कॉपी त्यही फॉन्ट र अन्य चीजहरुमा त्यही हुन्छ, जसलाई कॉपी गरिएको छ।

मर्ज फार्मेटिंग : यस ऑप्शनमा यहा पेस्ट गरिएको एलीमेंट्सले त्यही रूपमा परिवर्तित हुन जान्छ, जुन वर्ड 2010 मा प्रयोग गरिरहेको छ।

कीप टेक्स्ट ऑनली : यस ऑप्शनमा पिक्चर र अन्य चीजहरु गायब हुन जान्छ र नयाँ ठाँउ मात्र टेक्स्ट पेस्ट हुनेछ।

कुनै पनि ऑप्शन माथि क्लिक गर्नु भन्दा पहिला तपाईले त्यस बटनमा माउस प्वाइंटरलाई लैजान सक्नुहुन्छ।
'लाइव प्रीव्यू' यस एलीमेंटले प्रीव्यू डिस्प्ले गर्दछ कि तपाईद्वारा पेस्ट गरिएको कंटेंट यहा कस्तो देखिने छ।

जूम गर्न वा जूम कम गर्न

आफ्नो स्क्रीनमा तपाई टेक्स्टलाई ठूलो वा सानो पनि गर्न सक्नुहुन्छ। डाक्यूमेंटको बारेमा अझ बढि डिटेल जान्नको लागि त्यसलाई जूम इन गर्न सक्नुहुन्छ र एक बारमा धेरै डाक्यूमेंट हेर्नको लागि त्यसलाई जूम आउट पनि गर्न सक्नुहुन्छ।

जूम स्लाइडरको प्रयोग गरेर

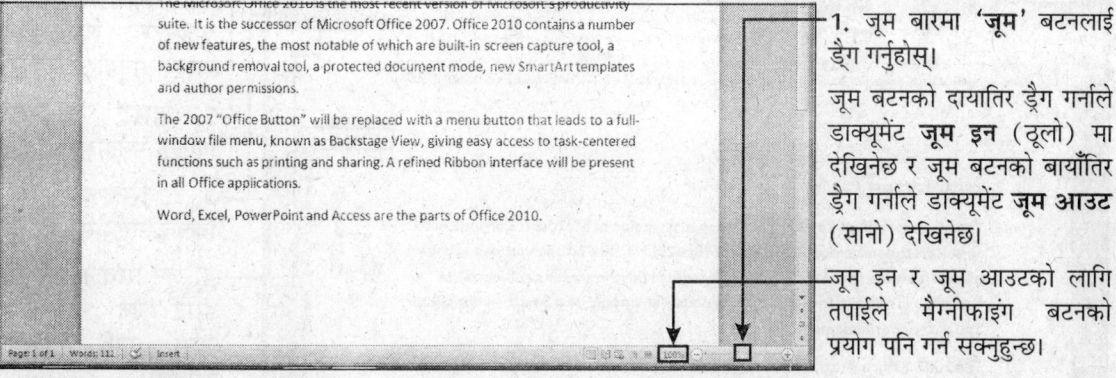

1. जूम बारमा **'जूम'** बटनलाई ड्रैग गर्नुहोस्।

जूम बटनको दायातिर ड्रैग गर्नाले डाक्यूमेंट **जूम इन** (ठूलो) मा देखिनेछ र जूम बटनको बायाँतिर ड्रैग गर्नाले डाक्यूमेंट **जूम आउट** (सानो) देखिनेछ।

जूम इन र जूम आउटको लागि तपाईले मैग्नीफाइंग बटनको प्रयोग पनि गर्न सक्नुहुन्छ।

व्यू टैब का इस्तेमाल करके

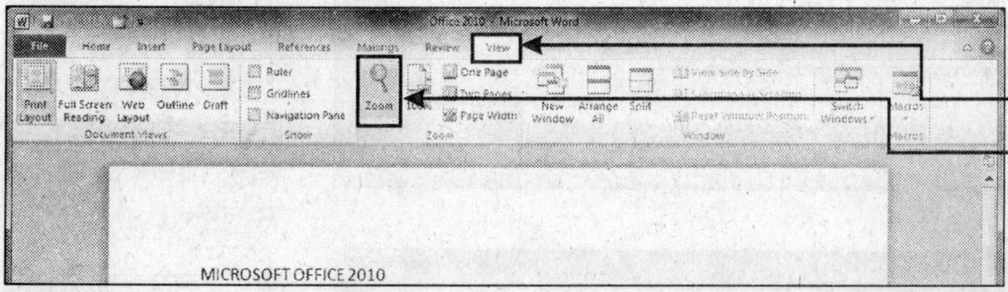

1. 'व्यू'टैबमा क्लिक गर्नुहोस्।
2. **'जूम'** मा क्लिक गर्नुहोस्।

'जूम' डायलॉग बॉक्स देखिन थाल्नेछ।

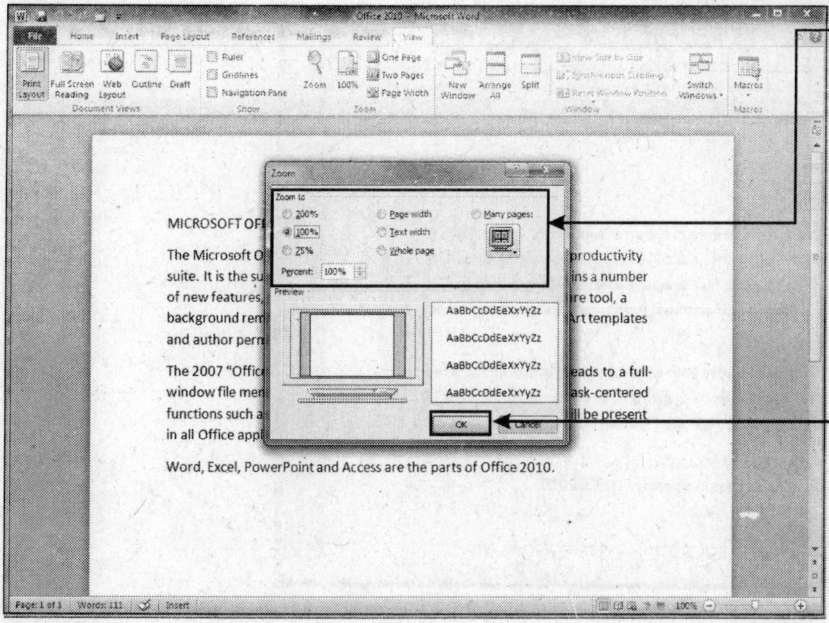

3. **'जूम'** सेटिंग माथि क्लिक गर्नुहोस्।
4. **'ओके'** माथि क्लिक गर्नुहोस्।

नया जूमको सेटिंगको प्रयोग गरेर डाक्यूमेंट स्क्रीनमा देखिने छ।

यदि तपाई डाक्यूमेंटलाई प्रिंट गरिरहनु भएको छ भने जूम सेटिंग टेक्स्टलाई अप्रभावित राख्नुहुन्छ र प्रिंटले टेक्स्ट आफ्नो वास्तविक स्थितिमा देखिने छ।

सिंबल (प्रतीक, संकेतहरु र चिन्हहरु) समावेस गर्न

तपाई आफ्नो डाक्यूमेंटमा त्यो सिंबलको पनि समावेस गर्न सक्नुहुन्छ जुन की-बोर्डमा देखिने छैन।

सिंबललाई इंसर्ट गर्न

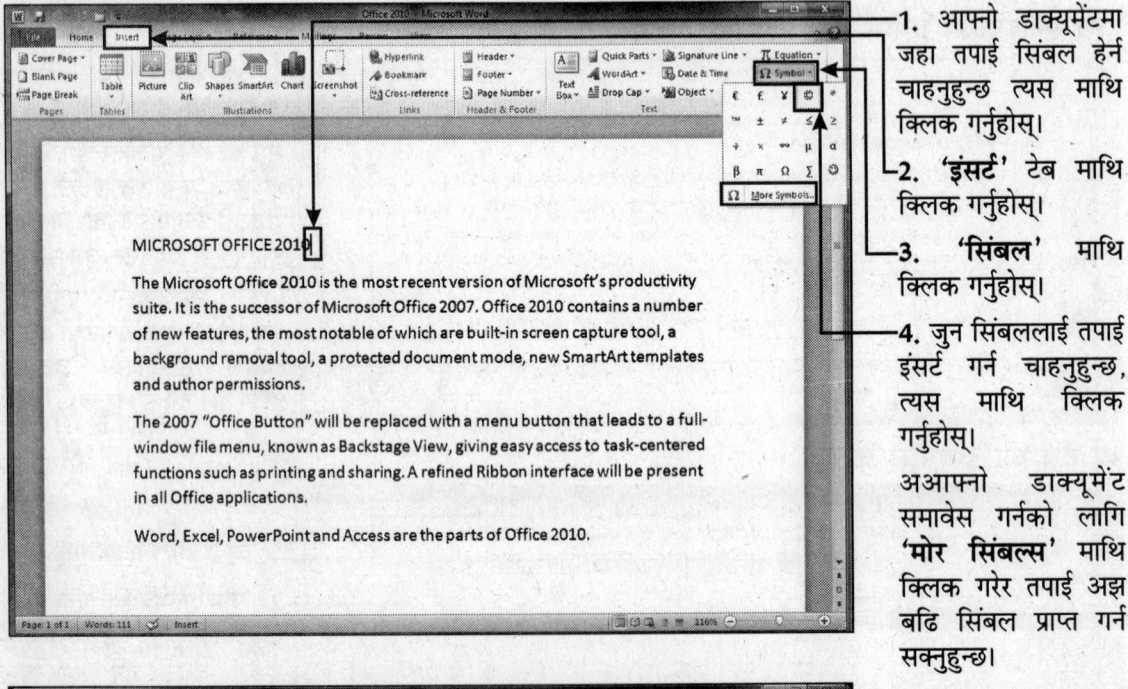

1. आफ्नो डाक्यूमेंटमा जहा तपाई सिंबल हेर्न चाहनुहुन्छ त्यस माथि क्लिक गर्नुहोस्।
2. 'इंसर्ट' टेब माथि क्लिक गर्नुहोस्।
3. 'सिंबल' माथि क्लिक गर्नुहोस्।
4. जुन सिंबललाई तपाई इंसर्ट गर्न चाहनुहुन्छ, त्यस माथि क्लिक गर्नुहोस्।

अआफ्नो डाक्यूमेंट समावेस गर्नको लागि 'मोर सिंबल्स' माथि क्लिक गरेर तपाई अझ बढि सिंबल प्राप्त गर्न सक्नुहुन्छ।

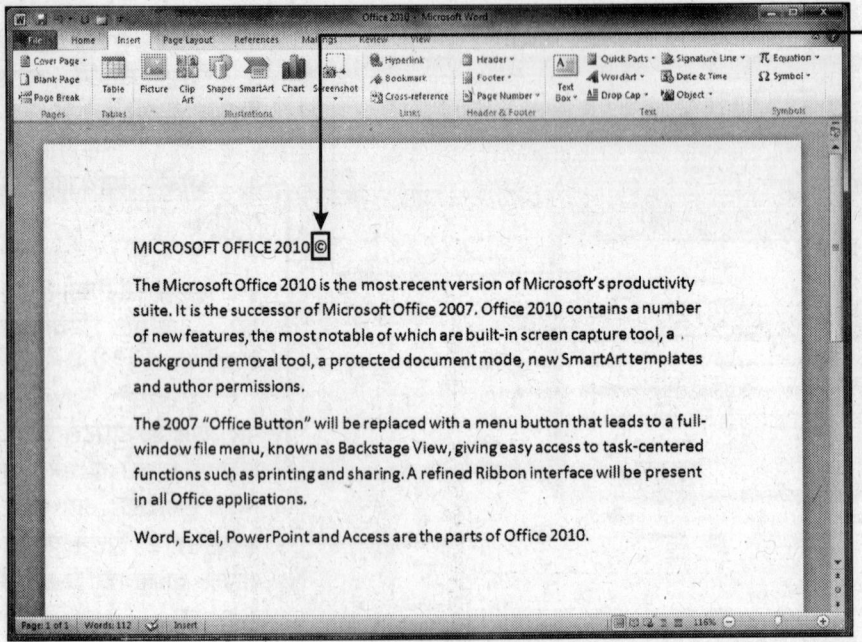

वर्ड त्यस सिंबललाई इंसर्ट (शामिल) गर्ने छ।

स्पेशल कैरेक्टरलाई इंसर्ट गर्न

1. आफ्नो डाक्यूमेंटमा जहा तपाई आफ्नो सिंबल हेर्न चाहनुहुन्छ, त्यहा तपाईले क्लिक गर्नुहोस्।
2. **'इंसर्ट'** माथि क्लिक गर्नुहोस्।
3. **'सिंबल'** माथि क्लिक गर्नुहोस्।
4. **'मोर सिंबल्स'** माथि क्लिक गर्नुहोस्।

'सिंबल' डायलॉग बॉक्स देखिने छ।

5. स्पेशल कैरेक्टरलाई एड (जोड्न) को लागि **'स्पेशल कैरेक्टर'** टैब माथि क्लिक गर्नुहोस्।
6. जुन कैरेक्टर तपाई इंसर्ट गर्न चाहनुहुन्छ, त्यसमा क्लिक गर्नुहोस्।
7. **'इंसर्ट'** माथि क्लिक गर्नुहोस्।

डाक्यूमेंटको त्यस स्थानमा वर्डले त्यस कैरेक्टरलाई ल्याउनेछ।

8. सिंबल डायलॉग बाक्सको **'क्लोज'** बटन माथि क्लिक गर्नुहोस्।

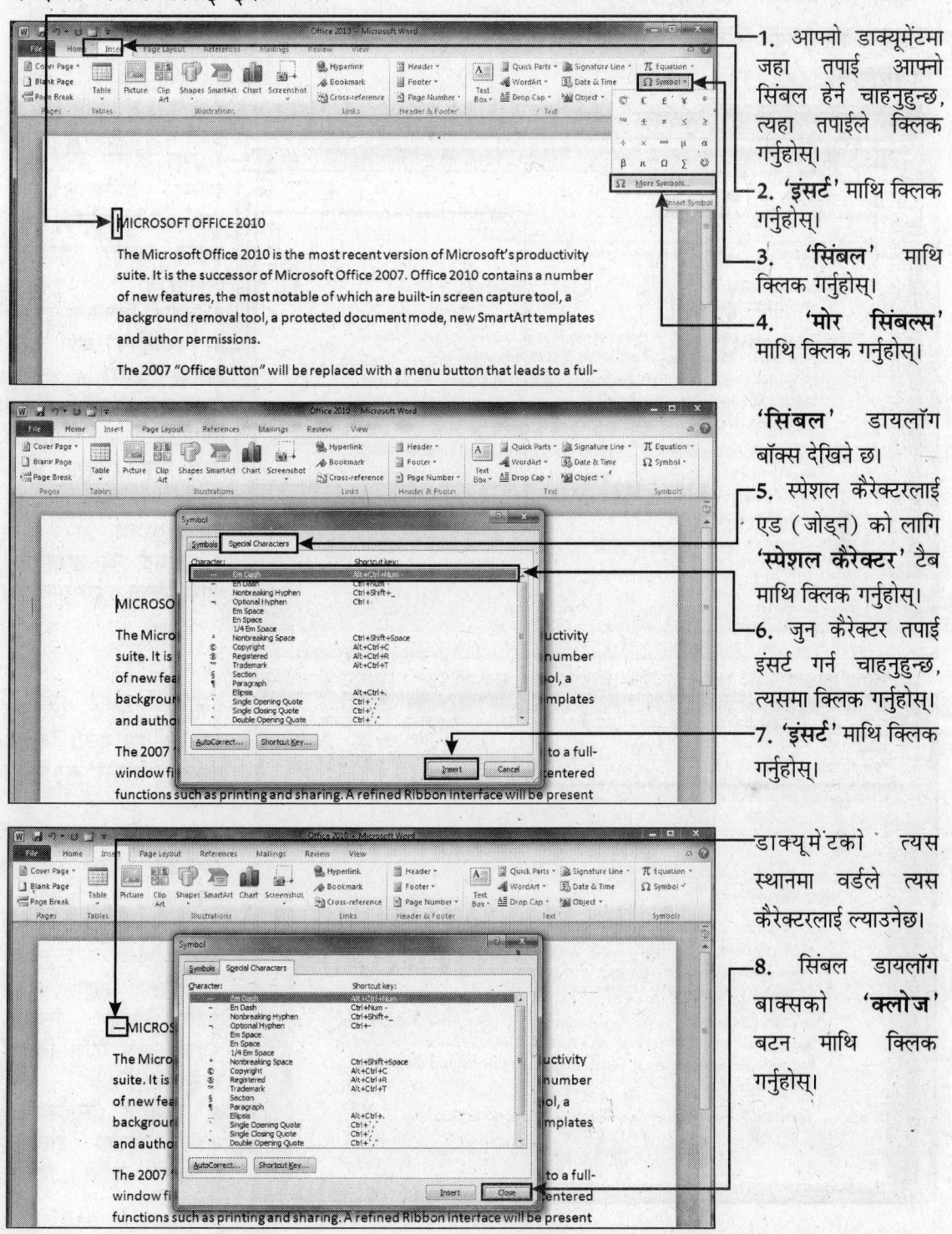

गणितीय समीकरणहरुसंग काम गर्न

वर्ड 2010 को रिबनमा भएका इक्वेशन टूल्स डिजाइन टैबको प्रयोग गरेर तपाई सजिलैसंग गणितीय समीकरणहरु तैयार गर्न सक्नुहुन्छ।

समीकरणहरुलाई इंसर्ट (शामिल) गर्न

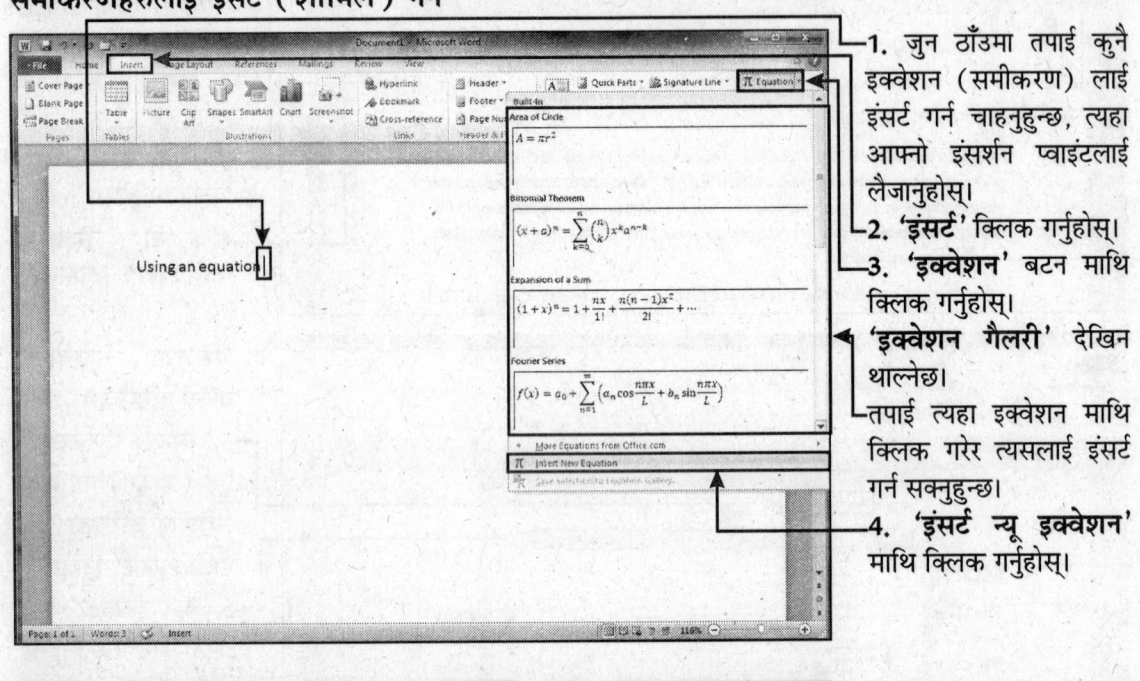

1. जुन ठाँउमा तपाई कुनै इक्वेशन (समीकरण) लाई इंसर्ट गर्न चाहनुहुन्छ, त्यहा आफ्नो इंसर्शन प्वाइंटलाई लैजानुहोस्।

2. 'इंसर्ट' क्लिक गर्नुहोस्।

3. 'इक्वेशन' बटन माथि क्लिक गर्नुहोस्।

'इक्वेशन गैलरी' देखिन थाल्नेछ।

तपाई त्यहा इक्वेशन माथि क्लिक गरेर त्यसलाई इंसर्ट गर्न सक्नुहुन्छ।

4. 'इंसर्ट न्यू इक्वेशन' माथि क्लिक गर्नुहोस्।

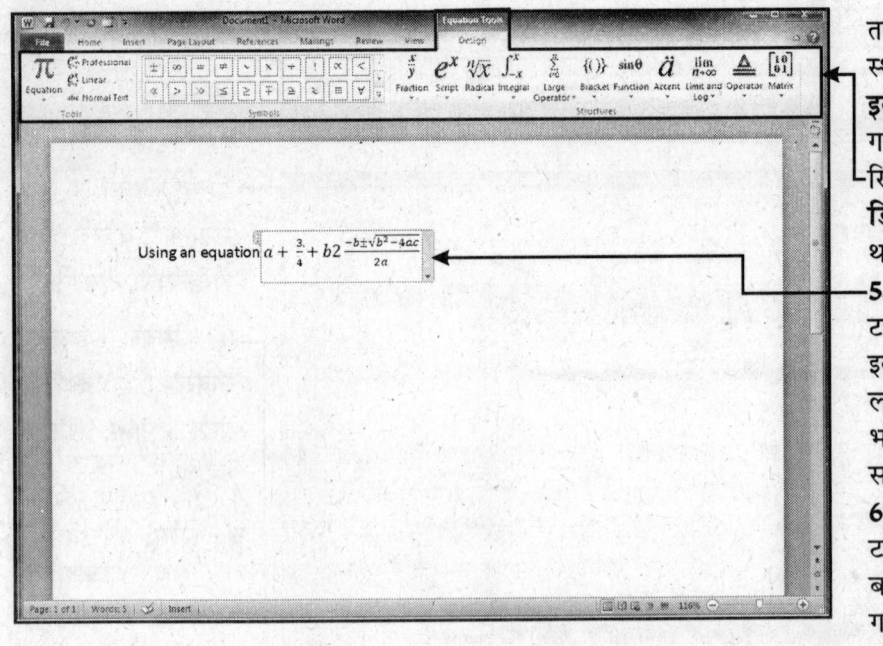

तपाईको इंसर्शन प्वांइटको स्थानमा वर्ड एउटा **'ब्लैंक इक्वेशन बाक्स'** को प्रस्तुत गर्नेछ।

रिबनमा **'इक्वेशन टूल्स डिजाइन टैब'** देखिन थाल्नेछ।

5. अआफ्नो इक्वेशनलाई टाइप गर्नुहोस्।

इक्वेशनलाई टाइप गर्नको लागि तपाईले रिबनमा भएका टूल्स माथि क्लिक सक्नुहुन्छ।

6. इक्वेशन (समीकरण) टाइप गरेपछि इक्वेशन बाक्सको बाहिर क्लिक गर्नुहोस्।

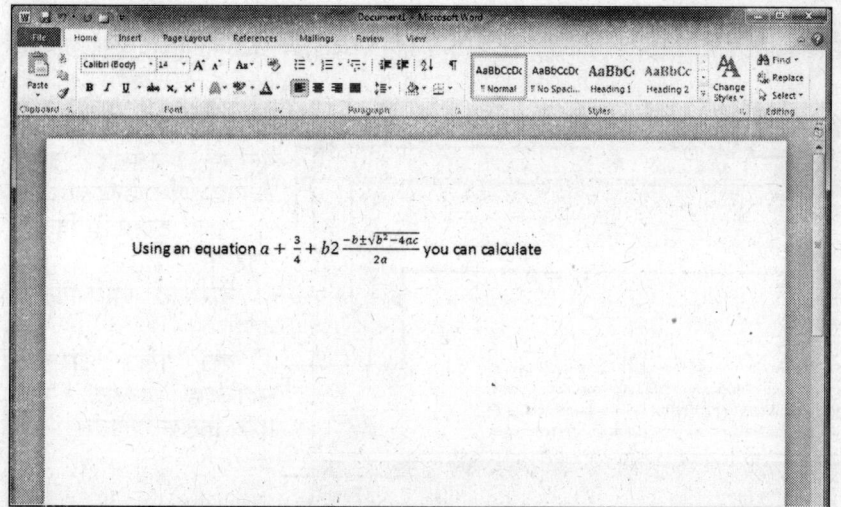

वर्ड 2010 ले इक्वेशन बाक्सलाई हाइड (लुकाउन) गर्छ र तपाईले डाक्यूमेंटमा टाइप गर्न सक्नुहुन्छ।

इक्वेशन (समीकरण) लाई डिलीट गर्न

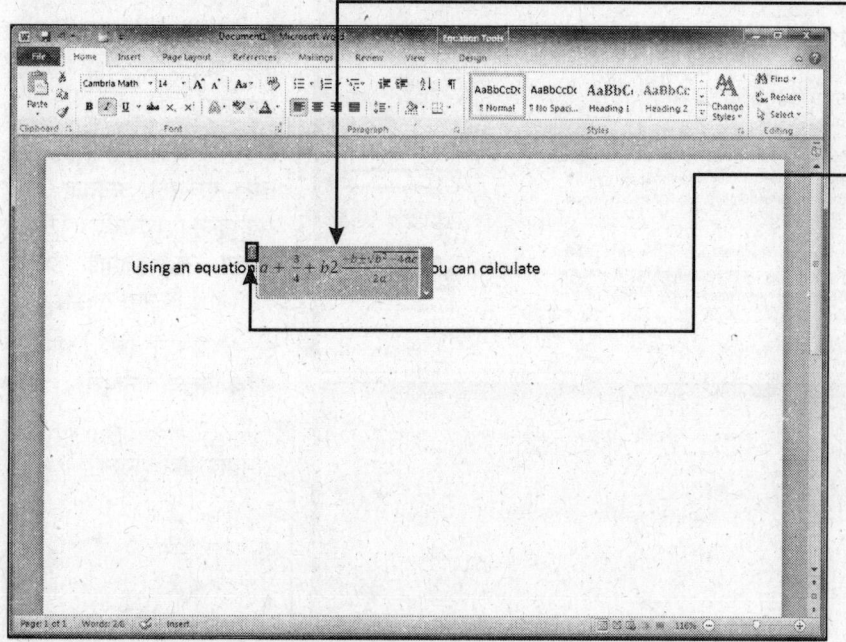

1. इक्वेशन बाक्सलाई डिस्प्ले गर्नको लागि इक्वेशनमा क्लिक गर्नुहोस्।

2. बाक्सको बायाँतिर **'थ्री डॉट्स'** माथि क्लिक गर्नुहोस्।

इक्वेशन बाक्सको कंटेंटले वर्ड हाईलाइट गर्नेछ।

3. की-बोर्डबाट **'डिलीट'** लाई थिच्नुहोस्।

वर्डले तपाईको डाक्यूमेंटबाट इक्वेशनलाई डिलीट गर्नेछ।

आफ्नो इक्वेशनलाई सेव गर्न

तपाईद्वारा लिखीत इक्वेशनलाई भविष्यमा प्रयोग गर्नको लागि तपाईले त्यसलाई सेव पनि गर्न सक्नुहुन्छ। सेव गरेपछि तपाईको इक्वेशन **'इक्वेशन गैलरी लिस्ट'** मा देखिने छ। इक्वेशन बाक्सलाई डिस्प्ले गराउनको लागि तपाईले लेखेको इक्वेशन माथि क्लिक गर्नहोस्। त्यस पछि इक्वेशन बाक्सको बायाँतिर **'थ्री डॉट्स'** माथि क्लिक गर्नुहोस्। वर्ड इक्वेशन बॉक्सको कंटेंटलाई हाईलाइट गर्नेछ। अब रिबनमा 'इक्वेशन' माथि क्लिक गर्नुहोस्। त्यस पछि **'सेव सलेक्शन टू इक्वेशन गैलरी'** माथि क्लिक गर्नुहोस्। त्यस पछि त्यहा **'क्रिएट न्यू बिल्डिंग ब्लॉक'** देखिने छ, जसमा 'ओके' माथि क्लिक गर्नुहोस्।

टेक्स्टको अनुवाद गर्न

आफ्नो कंप्यूटरमा इंस्टॉल गरेको डिक्शनरीलाई प्रयोग गरेर तपाई वर्डमा कुनै पनि शब्दलाई एउटा भाषाबाट दोस्रो भाषामा अनुवाद गर्न सक्नुहुन्छ।

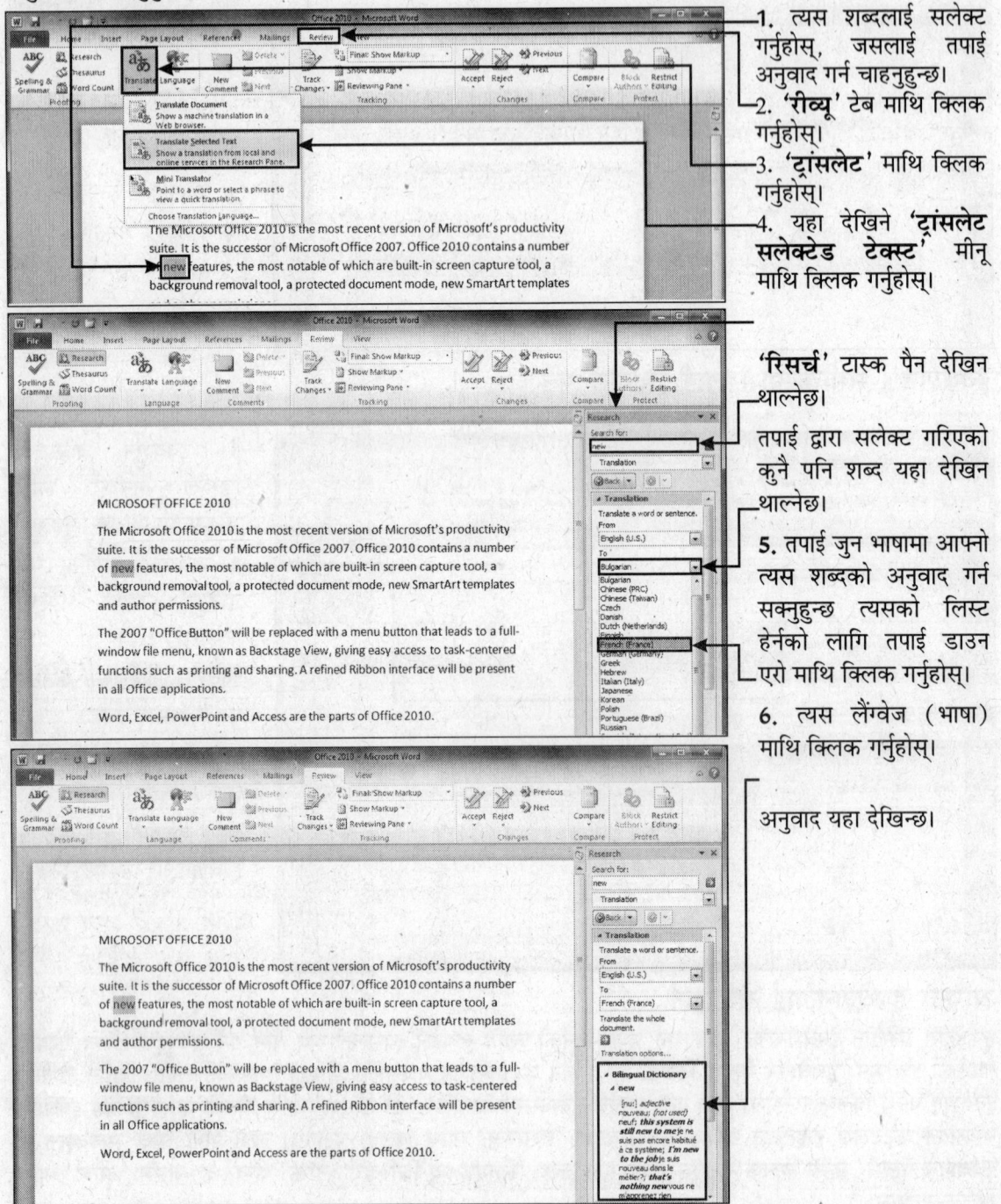

1. त्यस शब्दलाई सलेक्ट गर्नुहोस्, जसलाई तपाई अनुवाद गर्न चाहनुहुन्छ।
2. **'रीव्यू'** टेब माथि क्लिक गर्नुहोस्।
3. **'ट्रांसलेट'** माथि क्लिक गर्नुहोस्।
4. यहा देखिने **'ट्रांसलेट सलेक्टेड टेक्स्ट'** मीनू माथि क्लिक गर्नुहोस्।

'रिसर्च' टास्क पैन देखिन थाल्नेछ।

तपाई द्वारा सलेक्ट गरिएको कुनै पनि शब्द यहा देखिन थाल्नेछ।

5. तपाई जुन भाषामा आफ्नो त्यस शब्दको अनुवाद गर्न सक्नुहुन्छ त्यसको लिस्ट हेर्नको लागि तपाई डाउन एरो माथि क्लिक गर्नुहोस्।
6. त्यस लैंग्वेज (भाषा) माथि क्लिक गर्नुहोस्।

अनुवाद यहा देखिन्छ।

टेक्स्ट खोज्न र रिप्लेस गर्न

आफ्नो डाक्यूमेंटमा रहेको कुनै पनि टेक्स्ट वा वाक्यांशलाई तपाई सजिलैसंग फाइंड (खोज्न) र रिप्लेस (बदलिन) सक्नुहुन्छ। यो त्यस समय बढि उपयोगी हुन्छ जब तपाई कुनै एउटै शब्दमा लगातार (पटक-पटक) गलती गर्नुहुन्छ।

गलत डाक्यूमेंटलाई सही गर्नको लागि टेक्स्टमा रहेको गलती पत्ता लगाउन र त्यसलाई ठीक गर्नको लागि यो धेरै आवश्यक हुन्छ।

उदाहरणको लागि : यदि तपाईले पूर्वमा कुनै महत्वपूर्ण क्लाइंटलाई लेख्नु भएको लेटरमा गलती गर्नु भएको थियो वा कुनै महत्पवूर्ण बिजनेस डीलमा कुनै गलत अमाउंड दिनु भएको थियो भने त्यसलाई सजिलैसंग खोजेर सही गर्न सक्नुहुन्छ।

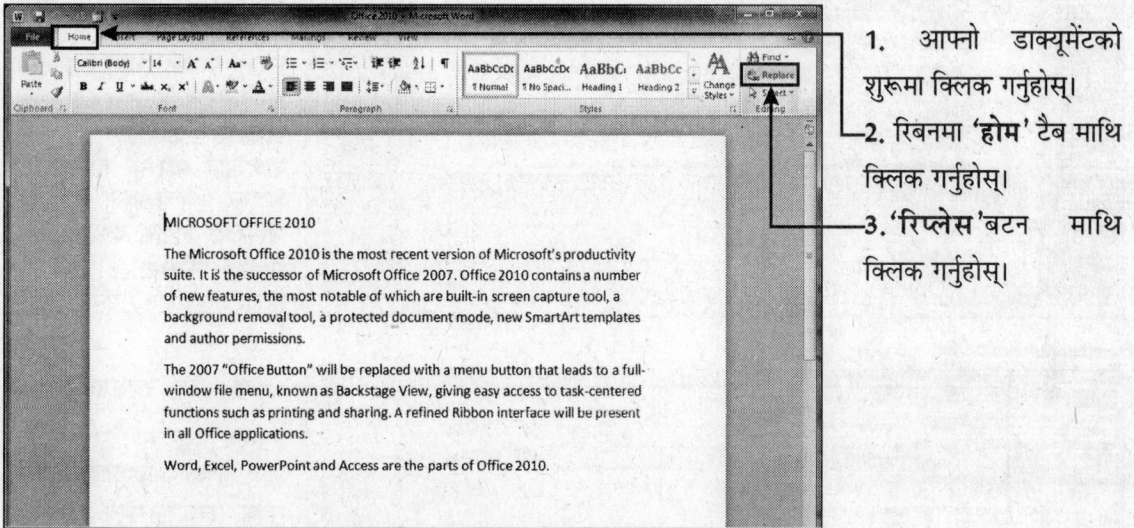

1. आफ्नो डाक्यूमेंटको शुरूमा क्लिक गर्नुहोस्।
2. रिबनमा '**होम**' टैब माथि क्लिक गर्नुहोस्।
3. '**रिप्लेस**'बटन माथि क्लिक गर्नुहोस्।

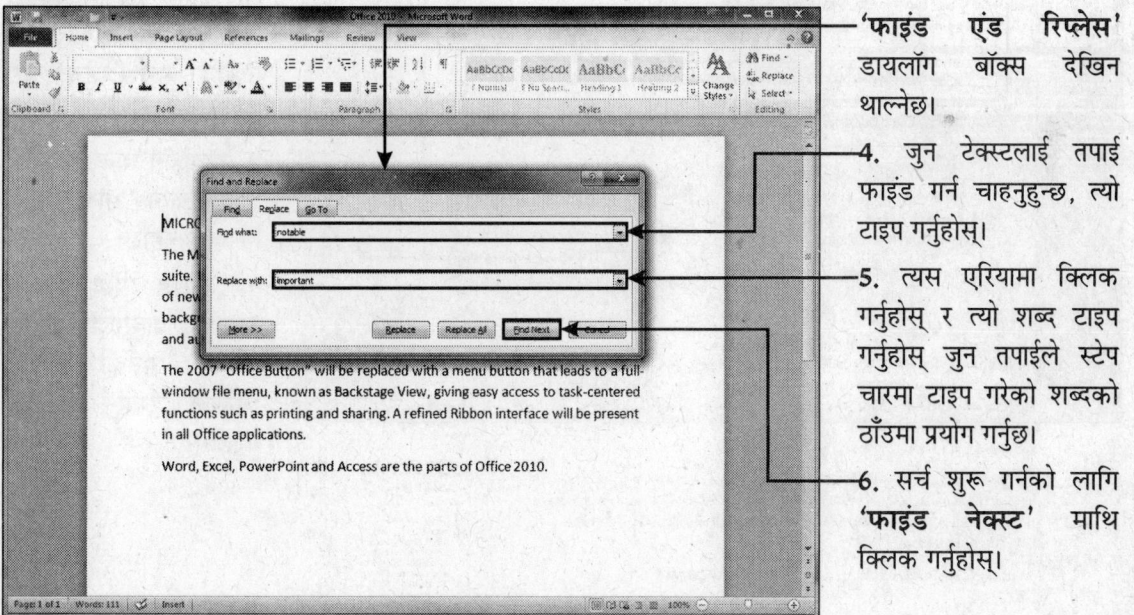

'**फाइंड एंड रिप्लेस**' डायलॉग बॉक्स देखिन थाल्नेछ।

4. जुन टेक्स्टलाई तपाई फाइंड गर्न चाहनुहुन्छ, त्यो टाइप गर्नुहोस्।
5. त्यस एरियामा क्लिक गर्नुहोस् र त्यो शब्द टाइप गर्नुहोस् जुन तपाईले स्टेप चारमा टाइप गरेको शब्दको ठाँउमा प्रयोग गर्नुछ।
6. सर्च शुरू गर्नको लागि '**फाइंड नेक्स्ट**' माथि क्लिक गर्नुहोस्।

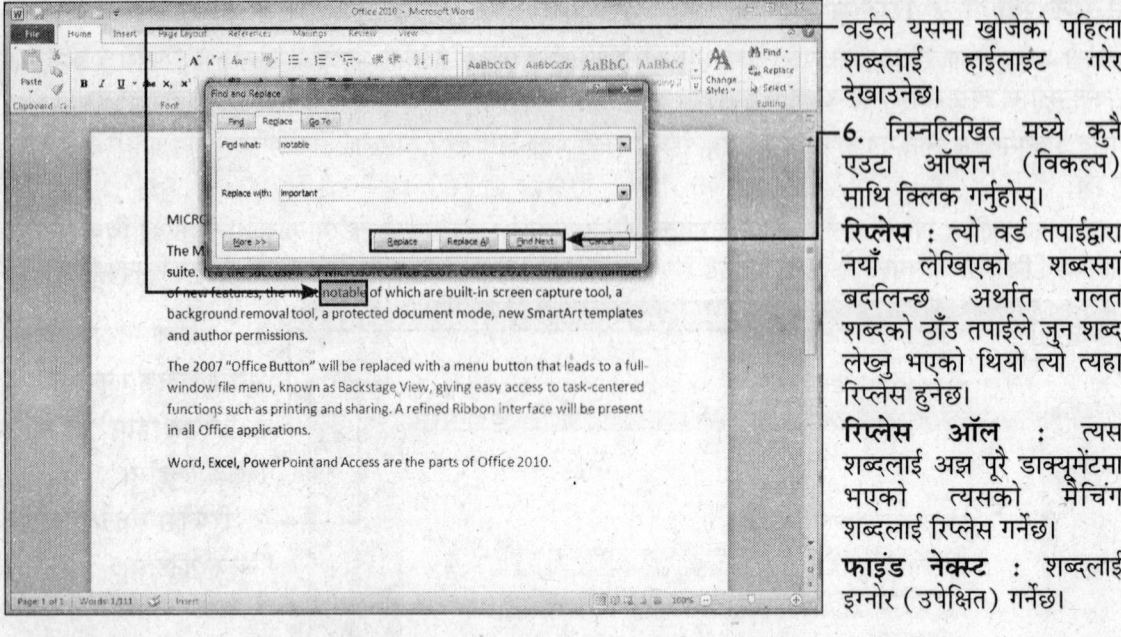

वर्डले यसमा खोजेको पहिला शब्दलाई हाईलाईट गरेर देखाउनेछ।

6. निम्नलिखित मध्ये कुनै एउटा ऑप्शन (विकल्प) माथि क्लिक गर्नुहोस्।

रिप्लेस : त्यो वर्ड तपाईद्वारा नयाँ लेखिएको शब्दसगं बदलिन्छ अर्थात गलत शब्दको ठाँउ तपाईले जुन शब्द लेख्नु भएको थियो त्यो त्यहा रिप्लेस हुनेछ।

रिप्लेस ऑल : त्यस शब्दलाई अझ पूरै डाक्यूमेंटमा भएको त्यसको मैचिंग शब्दलाई रिप्लेस गर्नेछ।

फाइंड नेक्स्ट : शब्दलाई इग्नोर (उपेक्षित) गर्नेछ।

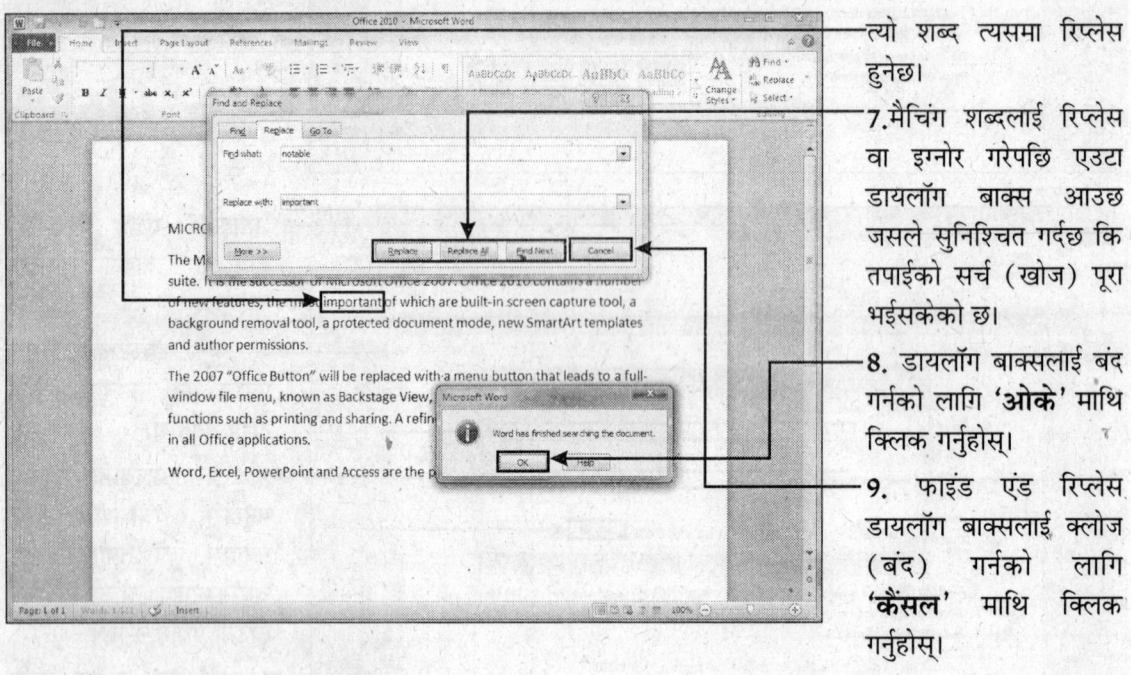

त्यो शब्द त्यसमा रिप्लेस हुनेछ।

7. मैचिंग शब्दलाई रिप्लेस वा इग्नोर गरेपछि एउटा डायलॉग बाक्स आउछ जसले सुनिश्चित गर्दछ कि तपाईको सर्च (खोज) पूरा भईसकेको छ।

8. डायलॉग बाक्सलाई बंद गर्नको लागि **'ओके'** माथि क्लिक गर्नुहोस्।

9. फाइंड एंड रिप्लेस डायलॉग बाक्सलाई क्लोज (बंद) गर्नको लागि **'कैंसल'** माथि क्लिक गर्नुहोस्।

डाक्यूमेंटमा शब्दहरुको गणना वा शब्द संख्या जान्न

जब कुनै कार्यको लागि सीमित वा निर्धारित शब्दहरुको आवश्यकता हुन्छ तबे यी शब्दहरुको संख्या गन्नको लागि तपाई वर्डको काउंट फीचरको प्रयोग गर्न सक्नुहुन्छ। यसबाट तपाई कुनै डाक्यूमेंटको निर्धारित शब्द संख्या प्राप्त गर्न सक्नुहुन्छ।

वर्ड काउंटलाई डिस्प्ले गर्न

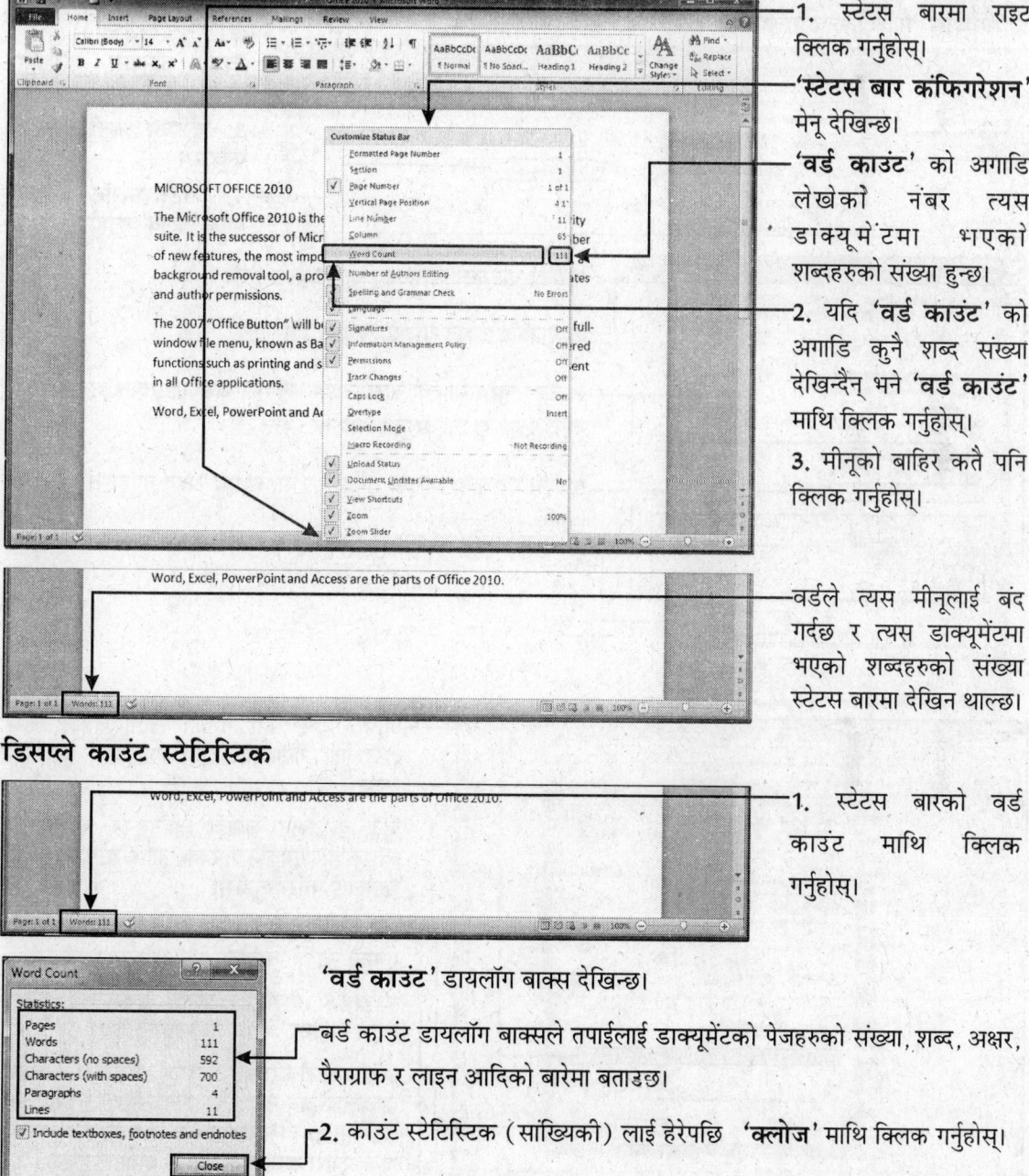

1. स्टेटस बारमा राइट क्लिक गर्नुहोस्।

'स्टेटस बार कंफिगरेशन' मेनू देखिन्छ।

'वर्ड काउंट' को अगाडि लेखेको नंबर त्यस डाक्यूमेंटमा भएको शब्दहरुको संख्या हुन्छ।

2. यदि **'वर्ड काउंट'** को अगाडि कुनै शब्द संख्या देखिन्दैन् भने **'वर्ड काउंट'** माथि क्लिक गर्नुहोस्।

3. मीनूको बाहिर कतै पनि क्लिक गर्नुहोस्।

वर्डले त्यस मीनूलाई बंद गर्दछ र त्यस डाक्यूमेंटमा भएको शब्दहरुको संख्या स्टेटस बारमा देखिन थाल्छ।

डिसप्ले काउंट स्टेटिस्टिक

1. स्टेटस बारको वर्ड काउंट माथि क्लिक गर्नुहोस्।

'वर्ड काउंट' डायलॉग बाक्स देखिन्छ।

बर्ड काउंट डायलॉग बाक्सले तपाईलाई डाक्यूमेंटको पेजहरुको संख्या, शब्द, अक्षर, पैराग्राफ र लाइन आदिको बारेमा बताउछ।

2. काउंट स्टेटिस्टिक (सांख्यिकी) लाई हेरेपछि **'क्लोज'** माथि क्लिक गर्नुहोस्।

मिस्टेक (गल्तिहरु) लाई ठीक गर्न

ऑटो करेक्ट फीचरको प्रयोग गरेर वर्ड तपाईद्वारा टाइप गरेको टेक्स्टमा टाइपिंगको र स्पेलिंगको गल्तिहरुलाई आफै ठीक गर्नेछ। यहा तपाई आफ्नो शब्दहरुलाई पनि समावेस गर्न सक्नुहुन्छ।

1. **'फाइल'** टेब माथि क्लिक गर्नुहोस्।
2. **'ऑप्शंस'** माथि क्लिक गर्नुहोस्।

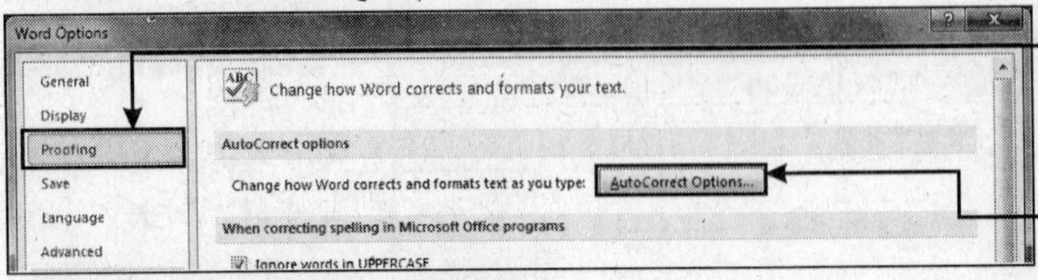

'वर्ड' ऑप्शंस डायलॉग बॉक्स देखिने छ।

3. **'प्रूफिंग'** माथि क्लिक गर्नुहोस्।
4. **'ऑटो करेक्ट'** ऑप्शन माथि क्लिक गर्नुहोस्।

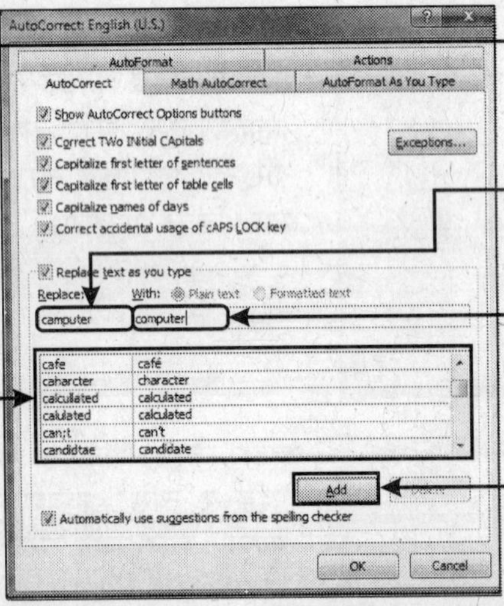

'ऑटो करेक्ट' डायलॉग बाक्स देखिने छ।

वर्डलाई करेक्शन यस एरियामा देखिने छ।

5. यस एरियामा त्यो शब्द टाइप गर्नुहोस् जसलाई तपाई गलत टाइप गर्नु भएको छ वा जसको स्पेलिंग गलत छ।
6. यस एरियामा क्लिक गर्नुहोस् र सही शब्द टाइप गर्नुहोस्।
7. **'एड'** माथि क्लिक गर्नुहोस्।

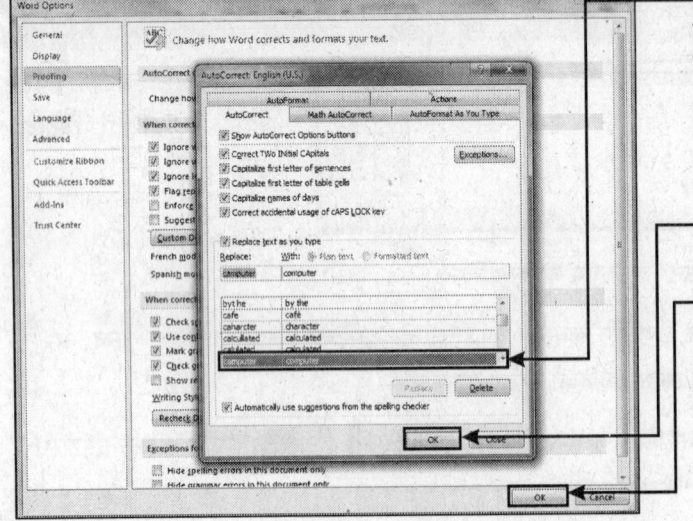

आफै स्यंम सही गर्नको लागि वर्डले त्यस शब्दलाई तपाईको शब्द संख्यामा शामिल गर्दछ।

जुन करेक्शन तपाई चाहनुहुन्छ भईहालोस् त्यसलाई समावेस गर्नको लागि स्टेप पांचबाट सातलाई फेरि गर्नुहोस्।

8. **'ऑटो करेक्ट'** डायलॉग बाक्सलाई बंद गर्नको लागि **'क्लोज'** माथि क्लिक गर्नुहोस्।
9. **'वर्ड'** ऑप्शंस डायलॉग बॉक्स बंद गर्नको लागि **'ओके'** माथि क्लिक गर्नुहोस्।

अब ऑटोकरेक्ट एंट्रीमा समावेस गरेको शब्दलाई जब तपाईले गलत टाइप गर्नुहुन्छ तब वर्ड 2010 ले त्यस शब्दको त्यही ठीक गर्नेछ जब **'स्पेस बार'** वा **'एंटर'** दबाउनु हुन्छ।

स्पेलिंग र व्याकरणको गल्तिहरु

तपाई आफ्नो डाक्यूमेंटमा स्पेलिंग र ग्रामर (व्याकरण) को गल्तिहरुलाई पनि खोज्न सक्नुहुन्छ र त्यसलाई ठीक गर्न सक्नुहुन्छ। वर्डले तपाईको डाक्यूमेंटमा समावेस सबै शब्दहरुलाई यसमा भएका वर्ड डिक्शनरीसगं मिलाउछ। यदि वर्डमा डिक्शनरी छैन् भने वर्डले गलत शब्दहरुलाई नै सही मान्छ। वर्डले आफ्नो त्यो शब्दहरुको तल रातो रंगको लाइन प्रदर्शित गर्दछ, जहा स्पेलिंगमा गल्ति छ र व्याकरणको गल्ति भएको शब्दहरुको तल हरियो रंगको लाइन प्रदर्शित गर्दछ। जब तपाईले आफ्नो डाक्यूमेंटको प्रिंट दिनु हुन्छ भने प्रिंटमा यो अंडरलाइन हुदैन्।

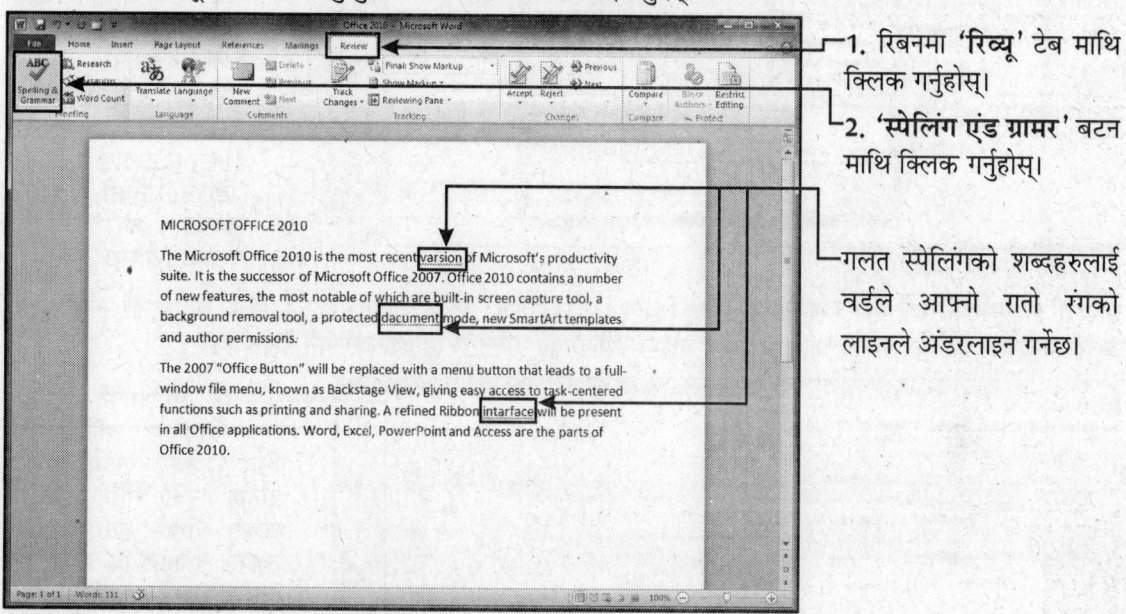

1. रिबनमा **'रिव्यू'** टेब माथि क्लिक गर्नुहोस्।

2. 'स्पेलिंग एंड ग्रामर' बटन माथि क्लिक गर्नुहोस्।

गलत स्पेलिंगको शब्दहरुलाई वर्डले आफ्नो रातो रंगको लाइनले अंडरलाइन गर्नेछ।

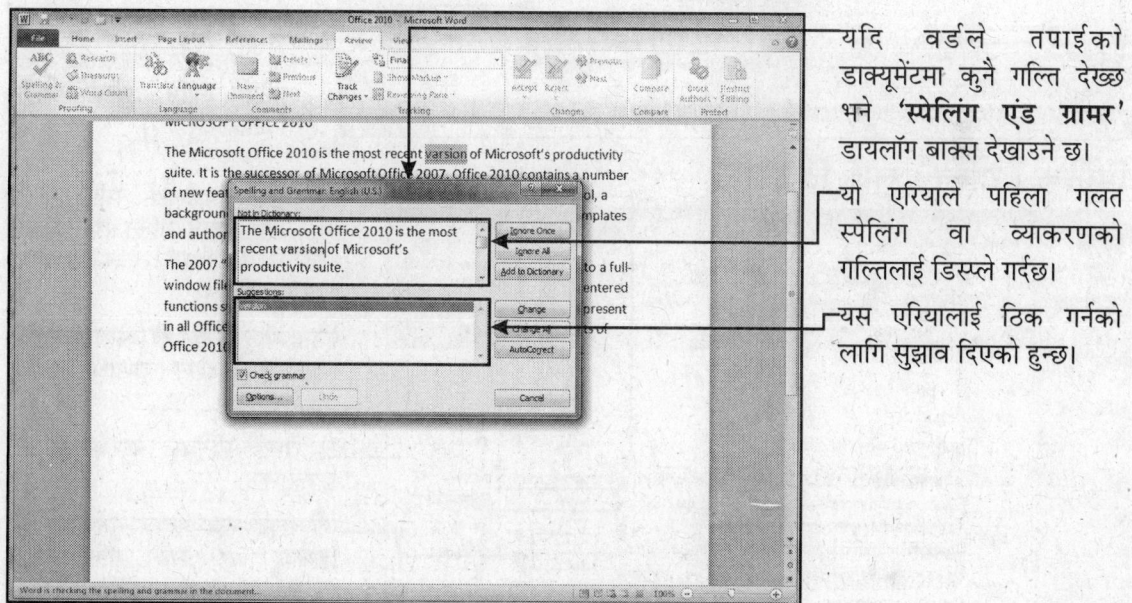

यदि वर्डले तपाईको डाक्यूमेंटमा कुनै गल्ति देख्छ भने **'स्पेलिंग एंड ग्रामर'** डायलॉग बाक्स देखाउने छ।

यो एरियाले पहिला गलत स्पेलिंग वा व्याकरणको गल्तिलाई डिस्प्ले गर्दछ।

यस एरियालाई ठिक गर्नको लागि सुझाव दिएको हुन्छ।

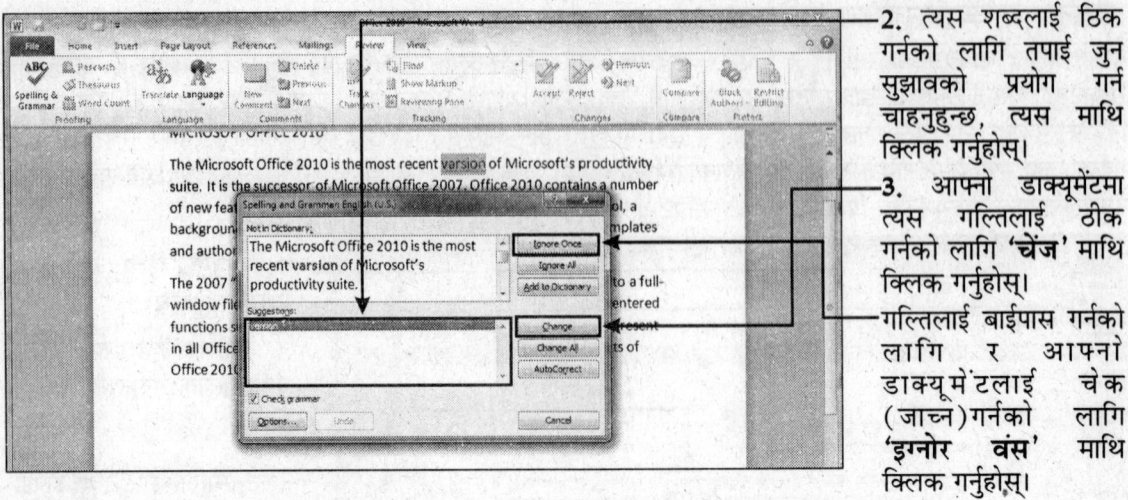

2. त्यस शब्दलाई ठिक गर्नको लागि तपाई जुन सुझावको प्रयोग गर्न चाहनुहुन्छ, त्यस माथि क्लिक गर्नुहोस्।

3. आफ्नो डाक्यूमेंटमा त्यस गल्तिलाई ठीक गर्नको लागि **'चेंज'** माथि क्लिक गर्नुहोस्।

गल्तिलाई बाईपास गर्नको लागि र आफ्नो डाक्यूमेंटलाई चेक (जाच्न) गर्नको लागि **'इग्नोर वंस'** माथि क्लिक गर्नुहोस्।

आफ्नो डाक्यूमेंटको सबै एरर (गल्तिहरु) लाई स्किप (नजरअंदाज) गर्नको लागि 'इग्नोर ऑल' वा 'इग्नोर रूल' माथि क्लिक गर्नुहोस्। बटनको नामले थाहा हुन्छ कि यसमा स्पेलिंगको गल्ति छ वा व्याकरणको गल्ति छ।

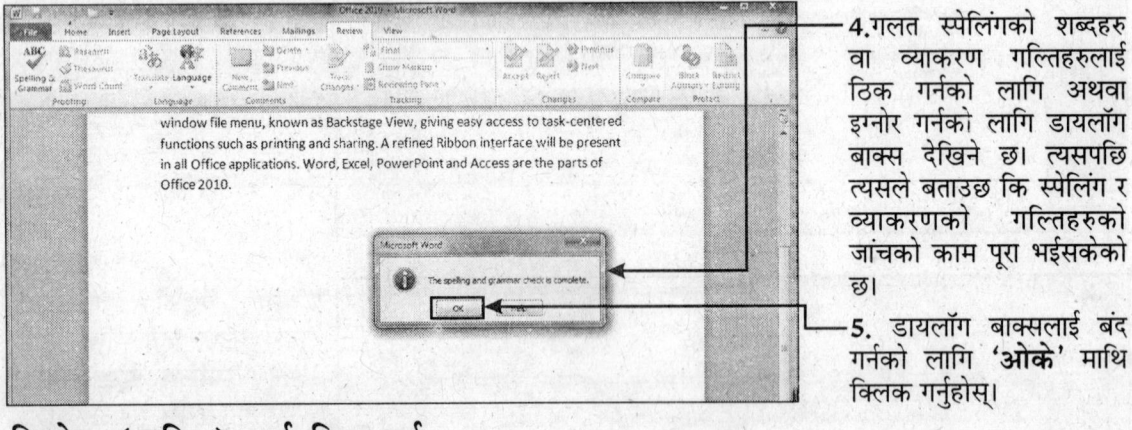

4. गलत स्पेलिंगको शब्दहरु वा व्याकरण गल्तिहरुलाई ठिक गर्नको लागि अथवा इग्नोर गर्नको लागि डायलॉग बाक्स देखिने छ। त्यसपछि त्यसले बताउछ कि स्पेलिंग र व्याकरणको गल्तिहरुको जांचको काम पूरा भईसकेको छ।

5. डायलॉग बाक्सलाई बंद गर्नको लागि **'ओके'** माथि क्लिक गर्नुहोस्।

मिस्टेक (गल्ति) लाई ठिक गर्न

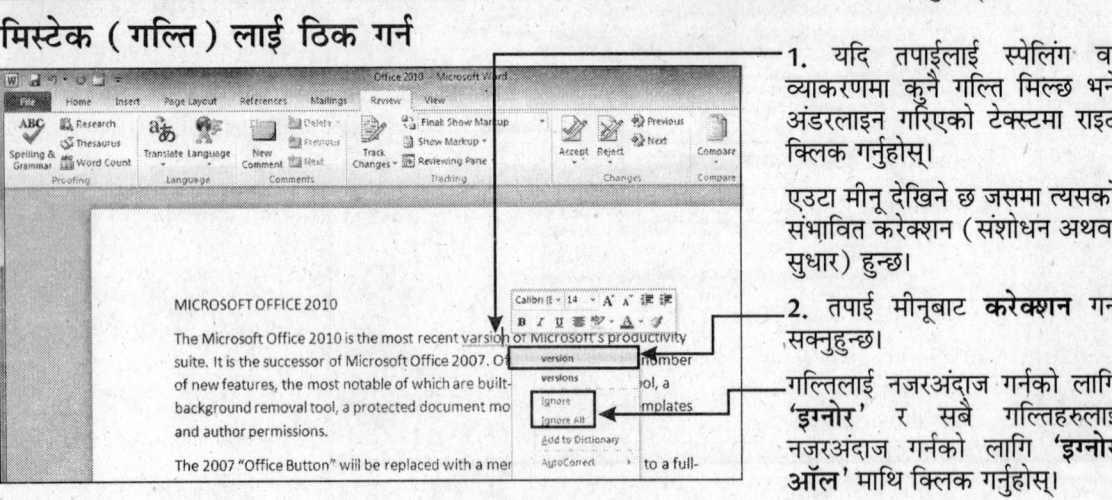

1. यदि तपाईलाई स्पेलिंग वा व्याकरणमा कुनै गल्ति मिल्छ भने अंडरलाइन गरिएको टेक्स्टमा राइट क्लिक गर्नुहोस्।

एउटा मीनू देखिने छ जसमा त्यसको संभावित करेक्शन (संशोधन अथवा सुधार) हुन्छ।

2. तपाई मीनूबाट **करेक्शन** गर्न सक्नुहुन्छ।

गल्तिलाई नजरअंदाज गर्नको लागि **'इग्नोर'** र सबै गल्तिहरुलाई नजरअंदाज गर्नको लागि **'इग्नोर ऑल'** माथि क्लिक गर्नुहोस्।

शब्दकोशको प्रयोग

शब्द कोशको प्रयोग गरेर तपाई कुनै शब्दको समानार्थी वा पर्यायवाची शब्दहरुलाई खोज्न सक्नुहुन्छ वा प्राप्त गर्न सक्नुहुन्छ। आफ्नो डाक्यूमेंटमा कुनै उपयुक्त शब्दलाई खोज्नको लागि पनि तपाई यस शब्दकोशको प्रयोग गर्न सक्नुहुन्छ।

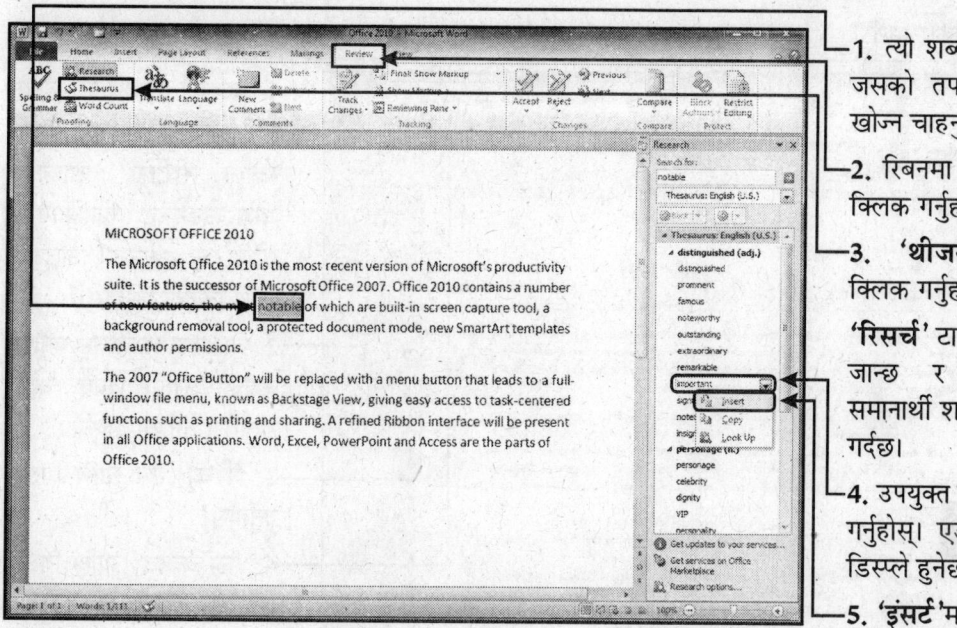

1. त्यो शब्द सलेक्ट गर्नुहोस्, जसको तपाई उपयुक्त शब्द खोज्न चाहनुहुन्छ।
2. रिबनमा **'रिव्यू'** टैब माथि क्लिक गर्नुहोस्।
3. **'थीजर्स'** बटन माथि क्लिक गर्नुहोस्। **'रिसर्च'** टास्क पैन ओपन हुन जान्छ र त्यस शब्दको समानार्थी शब्दहरुलाई डिस्प्ले गर्दछ।
4. उपयुक्त शब्द माथि क्लिक गर्नुहोस्। एउटा पॉपअप मीनू डिस्प्ले हुनेछ।
5. **'इंसर्ट'** मा क्लिक गर्नुहोस्।

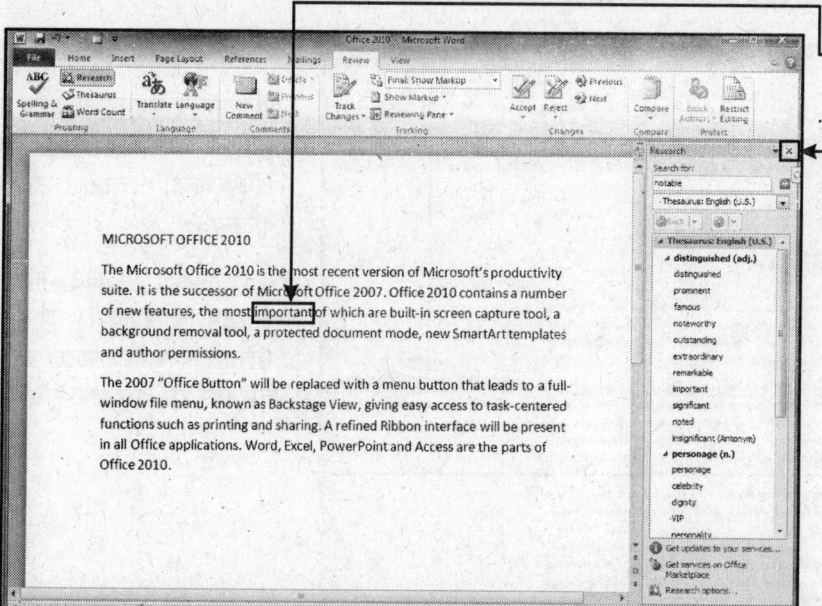

कोशको प्रयोग गरेर वर्डले त्यस शब्दलाई तपाईले सलेक्ट गरेको शब्दसगं बदलि दिने गर्दछ।

6. टास्क पैनलाई बंद गर्नको लागि **'क्लोज'** बटन माथि क्लिक गर्नुहोस्।

कमेंट्स (टिप्पणी) समावेस गर्न

आफ्नो डाक्यूमेंटलाई स्पष्ट गर्नको लागि तपाई त्यसमा कमेंट (टिप्पणी) समावेस गर्न सक्नुहुन्छ। तपाई कुनै स्टेटमेंटको व्याख्या गर्न, स्पष्ट गर्नको लागि त्यसमा नोट जोड्ने र कुनै कार्य गर्नको लागि तपाईलाई याद गराउनको लागि यसको प्रयोग गर्न सक्नुहुन्छ।

कमेंटलाई समावेस गर्न

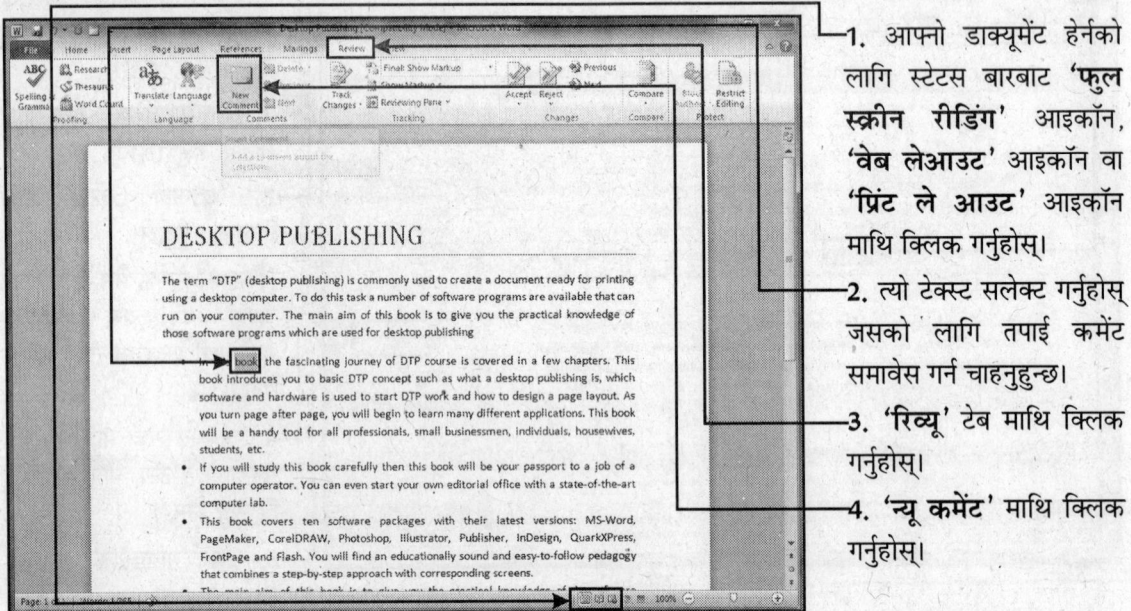

1. आफ्नो डाक्यूमेंट हेर्नको लागि स्टेटस बारबाट 'फुल स्क्रीन रीडिंग' आइकॉन, 'वेब लेआउट' आइकॉन वा 'प्रिंट ले आउट' आइकॉन माथि क्लिक गर्नुहोस्।
2. त्यो टेक्स्ट सलेक्ट गर्नुहोस् जसको लागि तपाई कमेंट समावेस गर्न चाहनुहुन्छ।
3. 'रिव्यू' टेब माथि क्लिक गर्नुहोस्।
4. 'न्यू कमेंट' माथि क्लिक गर्नुहोस्।

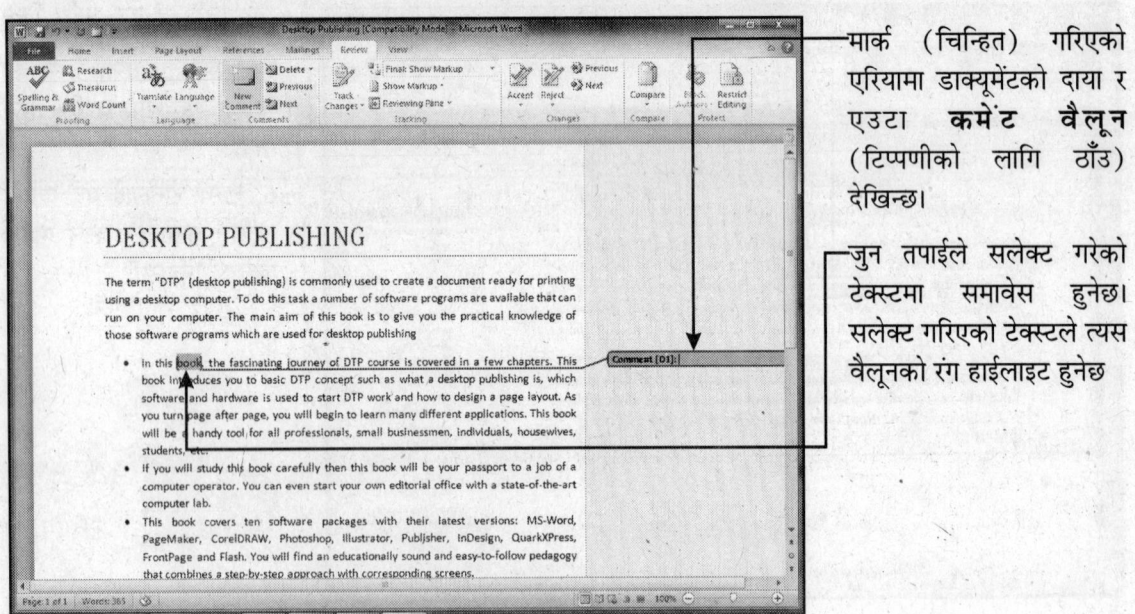

मार्क (चिन्हित) गरिएको एरियामा डाक्यूमेंटको दाया र एउटा **कमेंट वैलून** (टिप्पणीको लागि ठाँउ) देखिन्छ।

जुन तपाईले सलेक्ट गरेको टेक्स्टमा समावेस हुनेछ। सलेक्ट गरिएको टेक्स्टले त्यस वैलूनको रंग हाईलाइट हुनेछ।

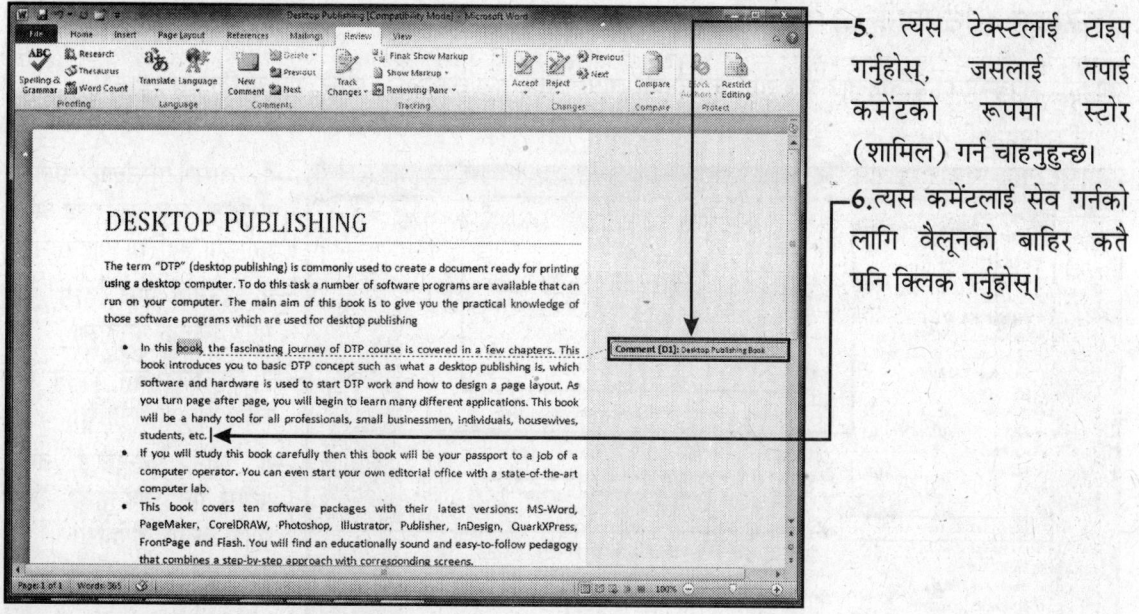

5. त्यस टेक्स्टलाई टाइप गर्नुहोस्, जसलाई तपाई कमेंटको रूपमा स्टोर (शामिल) गर्न चाहनुहुन्छ।

6. त्यस कमेंटलाई सेव गर्नको लागि वैलूनको बाहिर कतै पनि क्लिक गर्नुहोस्।

कमेंटलाई डिलीट गर्नु अथवा हटाउन

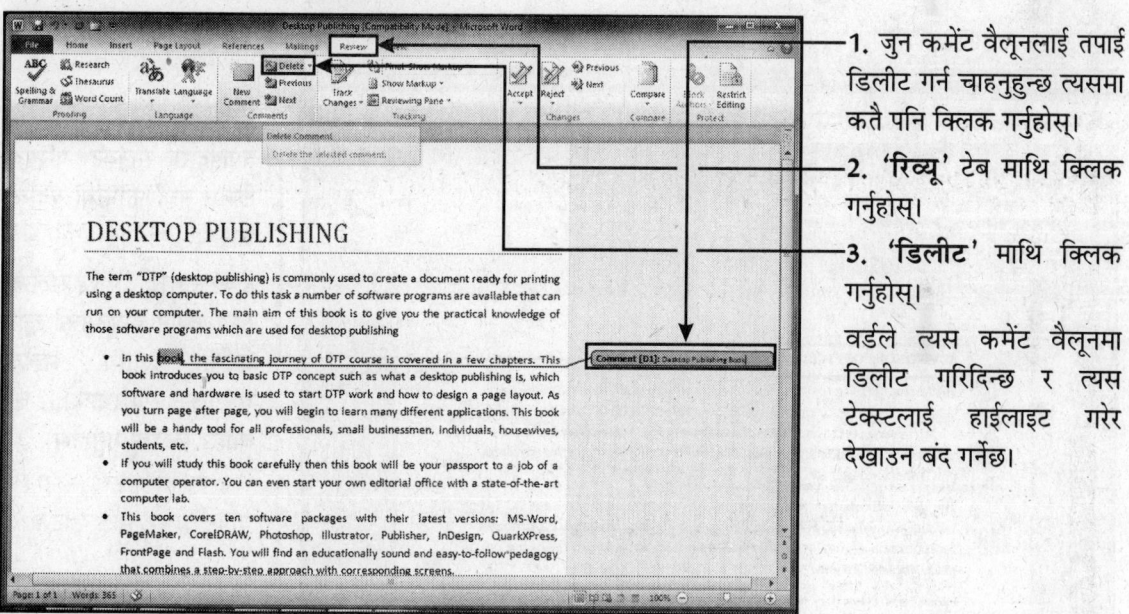

1. जुन कमेंट वैलूनलाई तपाई डिलीट गर्न चाहनुहुन्छ त्यसमा कतै पनि क्लिक गर्नुहोस्।

2. 'रिव्यू' टेब माथि क्लिक गर्नुहोस्।

3. 'डिलीट' माथि क्लिक गर्नुहोस्।

वर्डले त्यस कमेंट वैलूनमा डिलीट गरिदिन्छ र त्यस टेक्स्टलाई हाईलाइट गरेर देखाउन बंद गर्नेछ।

टेक्स्टको फॉन्ट बदल्न

आफ्नो डाक्यूमेंटको प्रस्तुतिलाई अझ राम्रो बनाउनको लागि तपाई त्यस टेक्स्टको फॉन्ट पनि बदलिन सक्नुहुन्छ।

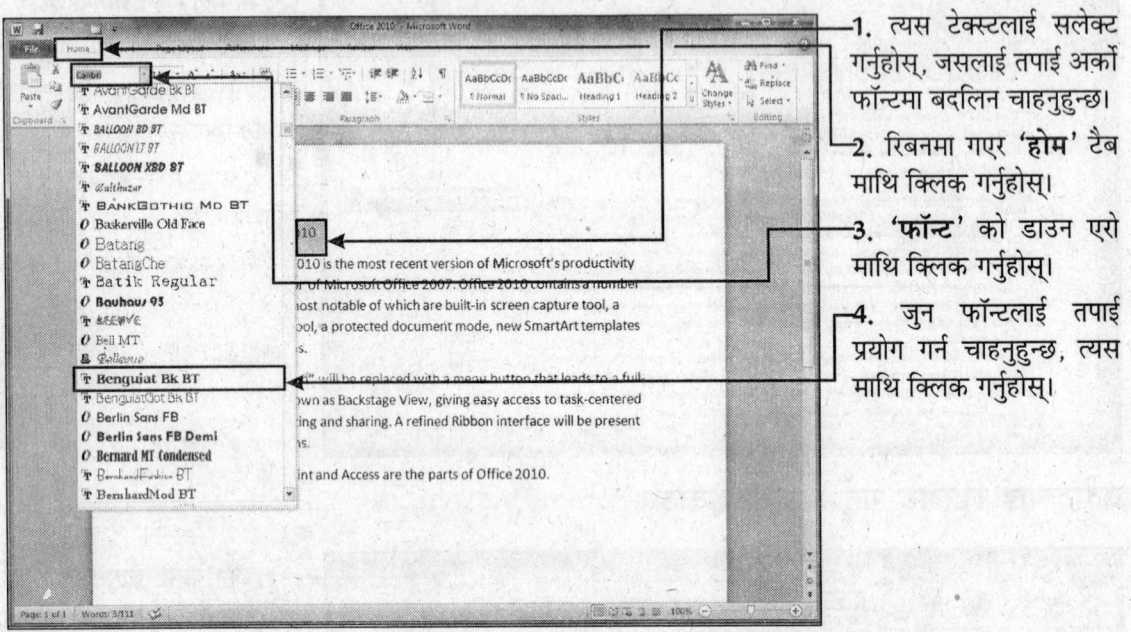

1. त्यस टेक्स्टलाई सलेक्ट गर्नुहोस्, जसलाई तपाई अर्को फॉन्टमा बदलिन चाहनुहुन्छ।
2. रिबनमा गएर **'होम'** टैब माथि क्लिक गर्नुहोस्।
3. **'फॉन्ट'** को डाउन एरो माथि क्लिक गर्नुहोस्।
4. जुन फॉन्टलाई तपाई प्रयोग गर्न चाहनुहुन्छ, त्यस माथि क्लिक गर्नुहोस्।

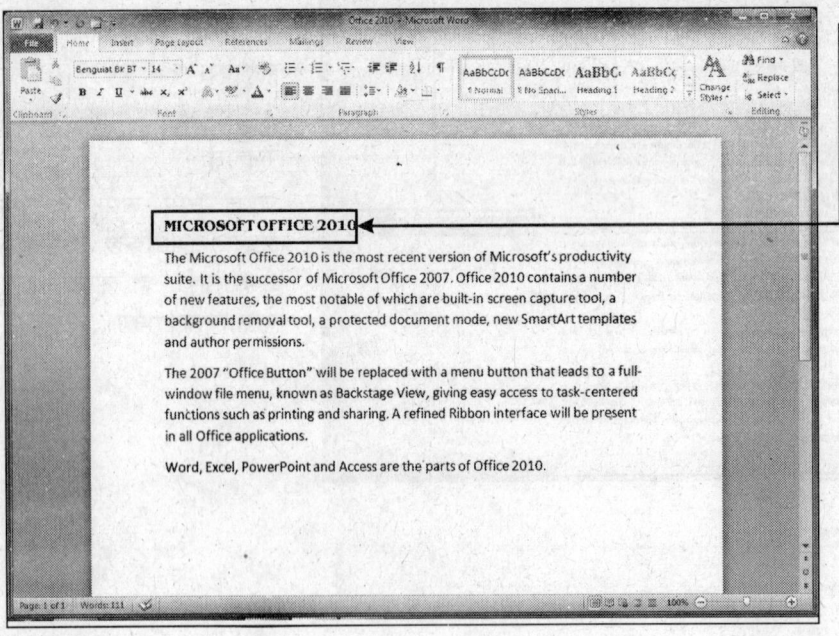

तपाईद्वारा सलेक्ट गरिएको टेक्स्ट नयाँ फॉन्टमा बदलिन जान्छ।

टेक्स्टलाई डिसलेक्ट (सलेक्शन हटाउनको लागि गर्नको लागि सलेक्ट गरिएको एरियाको कतै बाहिर क्लिक गर्नुहोस्।

मिनी टूल बारको प्रयोग

मिनी टूल बार फीचरको प्रयोग गरेर तपाई सामान्यतया प्रयोग हुने कमांडलाई सजिलैसंग अझ तेजीले प्राप्त गर्न सक्नुहुन्छ। जब तपाई कुनै डाक्यूमेंटमा कुनै टेक्स्ट सलेक्ट गर्नुहुन्छ भने धुंधलो मिनी टूल बार देखिने छ। यदि तपाई यस टूल बारको प्रयोग गर्न चाहनुहुन्छ भने तपाई यसको टूल्सलाई एक्टीवेट गर्न सक्नुहुन्छ। यदि तपाई यस टूल बारको प्रयोग गर्न चाहनुहुन्न भने आफ्नो कार्य गर्न जारी राख्नुहोस् त्यसपछि यो देखिन बंद हुनेछ।

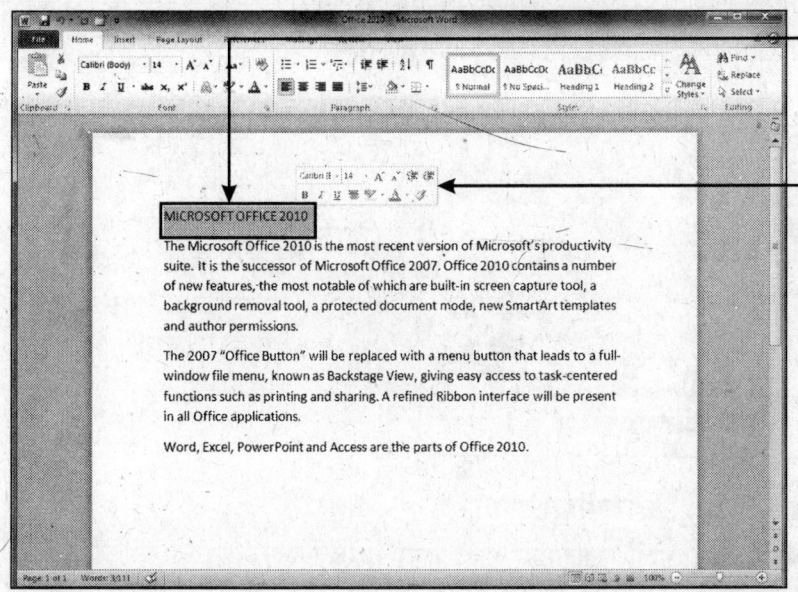

1. त्यस टेक्स्टलाई सलेक्ट गर्नुहोस्, जसलाई तपाई फार्मेट गर्न चाहनुहुन्छ वा त्यसको रूप (रंग, आकार, फॉन्ट आदि) बदलिन चाहनुहुन्छ।

धुंधलो मिनी टूल बार देखिने छ। यस टूल बारलाई हेर्नको लागि तपाई सलेक्ट गरेको टेक्स्टमा राइट क्लिक पनि गर्न सक्नुहुन्छ।

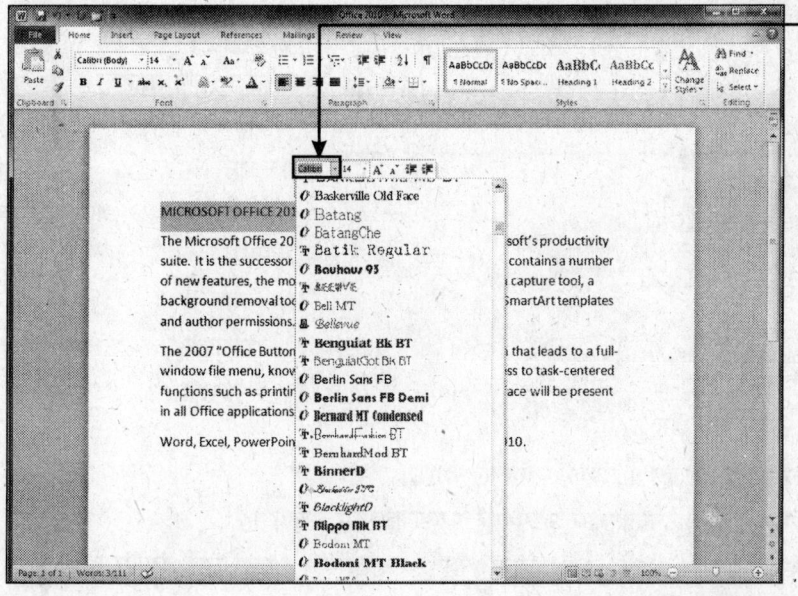

2. माउसको प्वाइंटरलाई टूलबारमा लैजानुहोस् र त्यस टूल माथि क्लिक गर्नुहोस्, जसलाई तपाई एक्टीवेट गर्न चाहनुहुन्छ।

वर्डले त्यस परिवर्तनलाई लागू गर्नेछ।

टेक्स्टको आकार बदल्न

डाक्यूमेंटमा तपाई टेक्स्टका साइज (आकार) बदलन सक्नुहुन्छ। अर्थात त्यसको आकार घटाउन-बढाउन पनि सक्नुहुन्छ।

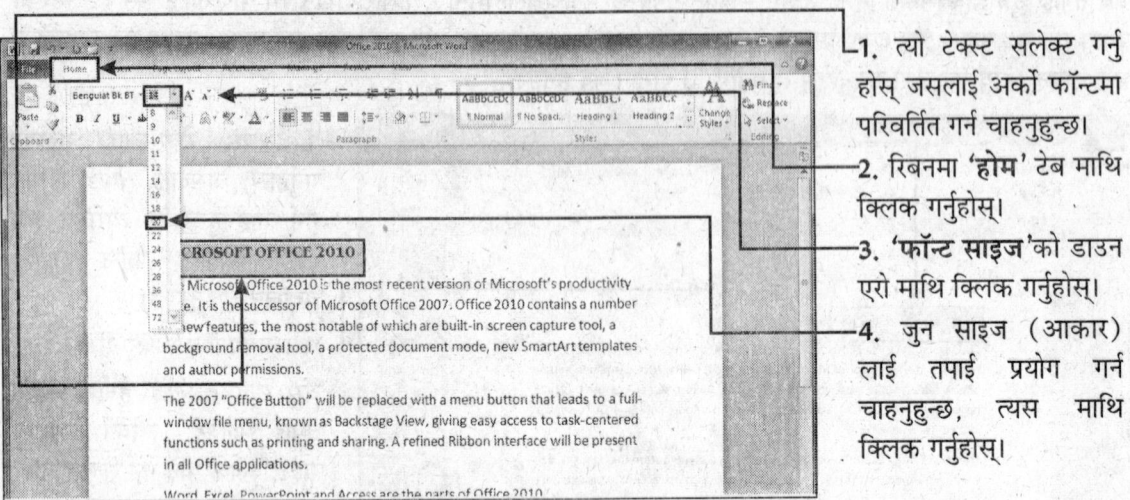

1. त्यो टेक्स्ट सलेक्ट गर्नु होस् जसलाई अर्को फॉन्टमा परिवर्तित गर्न चाहनुहुन्छ।
2. रिबनमा **'होम'** टेब माथि क्लिक गर्नुहोस्।
3. **'फॉन्ट साइज'**को डाउन एरो माथि क्लिक गर्नुहोस्।
4. जुन साइज (आकार) लाई तपाई प्रयोग गर्न चाहनुहुन्छ, त्यस माथि क्लिक गर्नुहोस्।

तपाईद्वारा सलेक्ट गरेको टेक्स्ट नयाँ आकारमा बदलिन जान्छ।

सलेक्शन हटाउनको लागि सलेक्ट गरेको एरियाबाट कतै बाहिर क्लिक गर्नुहोस्।

टेक्स्टलाई 'बोल्ड', 'इटैलिक' वा 'अंडरलाइन' गर्न

आफ्नो डाक्यूमेंटको इंफोर्मेशनलाई अझ बढि प्रभावी बनाउनको लागि तपाई त्यसको टेक्स्टलाई बोल्ड, इटैलिक र अंडरलाइन पनि गर्न सक्नुहुन्छ।

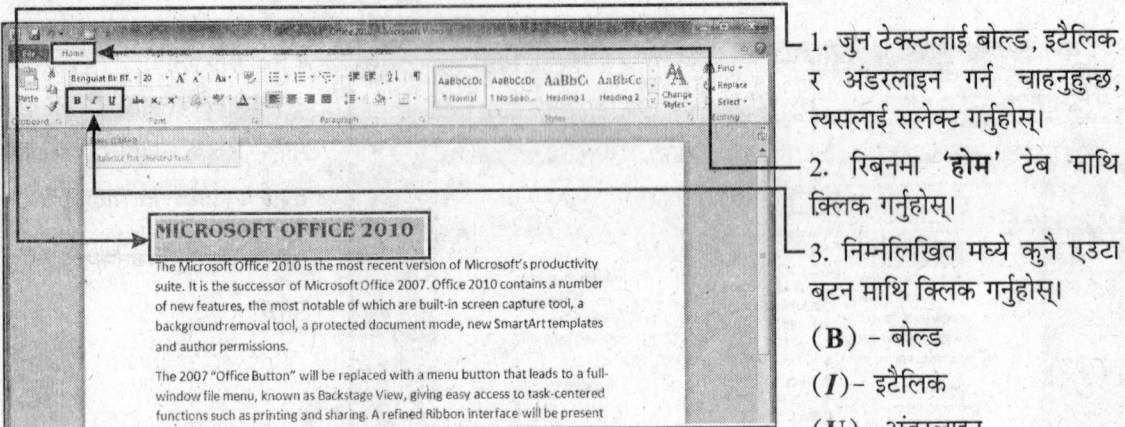

1. जुन टेक्स्टलाई बोल्ड, इटैलिक र अंडरलाइन गर्न चाहनुहुन्छ, त्यसलाई सलेक्ट गर्नुहोस्।
2. रिबनमा **'होम'** टेब माथि क्लिक गर्नुहोस्।
3. निम्नलिखित मध्ये कुनै एउटा बटन माथि क्लिक गर्नुहोस्।

(**B**) - बोल्ड

(*I*)- इटैलिक

(<u>U</u>)- अंडरलाइन

तपाईद्वारा सलेक्ट गरेको टेक्स्ट नयाँ स्टाइलमा देखिने छ।

यस उदाहरणमा टेक्स्टको इटैलिक स्टाइल अप्लाई (लागू) गरिएको छ।

टेक्स्टबाट बोल्ड, इटैलिक वा अंडरलाइनलाई हटाउनको लागि स्टेप एक र दुईलाई फेरी गर्नुहोस्।

आफ्नो कंप्यूटरको की-बोर्डबाट तपाई **'कंट्रोल र बी'** लाई दबाएर बोल्ड, **'कंट्रोल र आई'** लाई दबाएर इटैलिक र **'कंट्रोल र यू'** लाई दबाएर टेक्स्टलाई अंडरलाइन गर्न सक्नुहुन्छ।

टेक्स्टको केस (दशा) बदलिन

टेक्स्टलाई फेरि टाइप नगरिकनै तपाई आफ्नो डाक्यूमेंटमा त्यसको दशा बदलिन सक्नुहुन्छ।

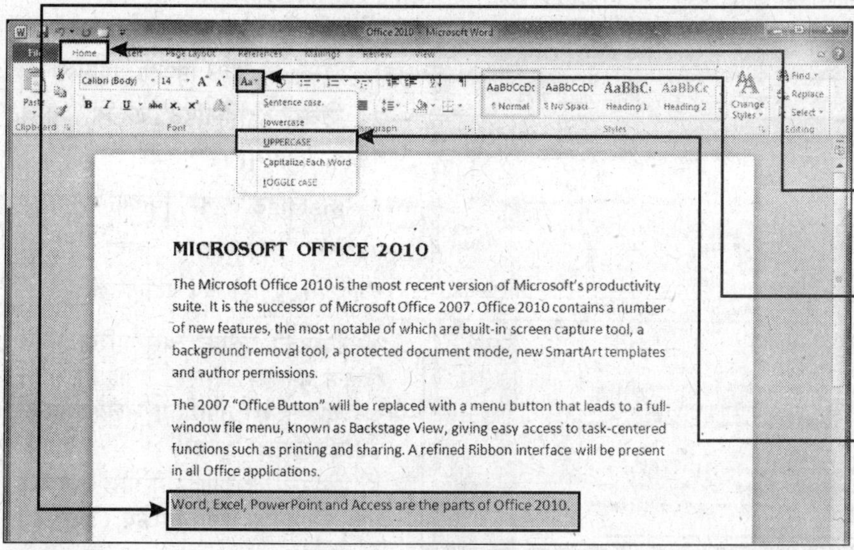

1. त्यस टेक्स्टलाई सलेक्ट गर्नुहोस्, जसलाई तपाई नयाँ केस स्टाइलमा बदलिन चाहनुहुन्छ।
2. रिबनमा गएर **'होम'** टेब माथि क्लिक गर्नुहोस्।
3. **'चेंज केस'** बटन माथि क्लिक गर्नुहोस्। **'चेंज केस'** मीनू देखिन थाल्नेछ।
4. जुन केस स्टाइललाई तपाई प्रयोग गर्न चाहनुहुन्छ, त्यस माथि क्लिक गर्नुहोस्।

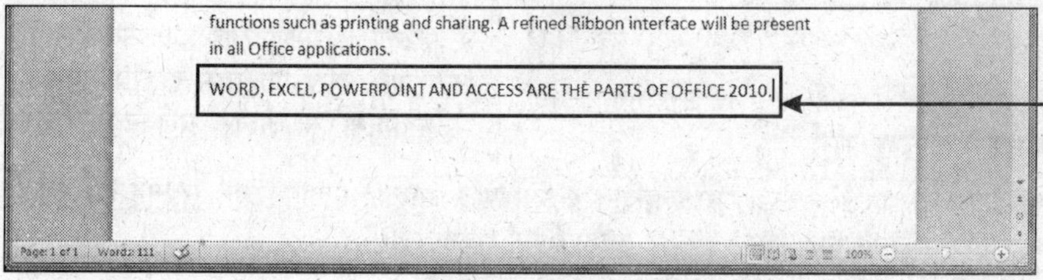

अतपाईद्वारा सलेक्ट गरेको टेक्स्ट नयाँ केस स्टाइलमा बदलिन जान्छ। सलेक्ट गरेको एरियाबाट बाहिर क्लिक गरेर तपाई टेक्स्टबाट सलेक्शनलाई हटाउन सक्नुहुन्छ।

टेक्स्टको रंग बदलिन

आफ्नो डाक्यूमेंटमा टेक्स्टका रंग बदलेर तपाई हेडिंग वा महत्वपूर्ण सूचनाहरुलाई हाईलाइट गर्न सक्नुहुन्छ।

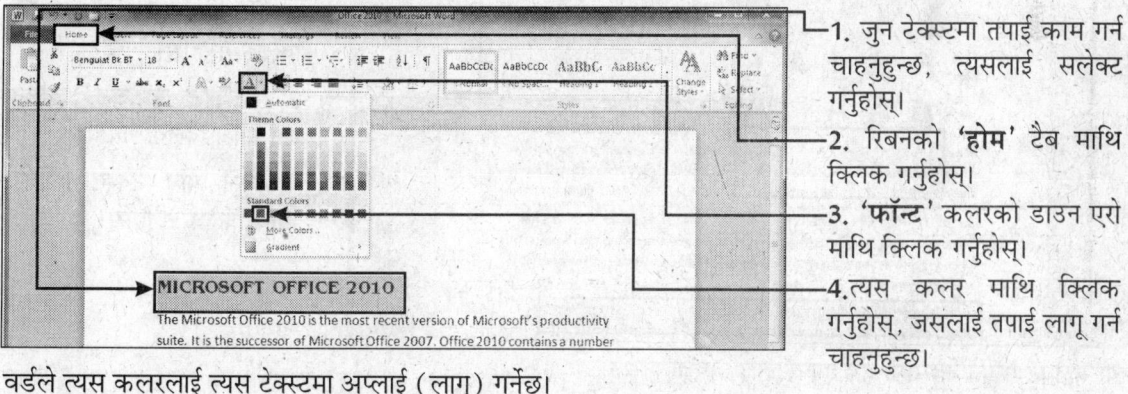

1. जुन टेक्स्टमा तपाई काम गर्न चाहनुहुन्छ, त्यसलाई सलेक्ट गर्नुहोस्।
2. रिबनको **'होम'** टैब माथि क्लिक गर्नुहोस्।
3. **'फॉन्ट'** कलरको डाउन एरो माथि क्लिक गर्नुहोस्।
4. त्यस कलर माथि क्लिक गर्नुहोस्, जसलाई तपाई लागू गर्न चाहनुहुन्छ।

वर्डले त्यस कलरलाई त्यस टेक्स्टमा अप्लाई (लागू) गर्नेछ।

यस उदाहरणमा हामीले टेक्स्टमा रातो रंग अप्लाई गर्नुपर्छ।

टेक्स्टलाई हाईलाइट गनु (मुख्य तरीकाले देखाउन)

तपाईले आफ्नो डाक्यूमेंटमा कुनै पनि टेक्स्टलाई हाईलाइट गर्न सक्नुहुन्छ, जसमा यो अलग नै देखिने छ। टेक्स्टलाई हाईलाइट गर्न त्यस समय धेरै आवश्यक हुन्छ जब तपाई पछि पनि त्यस महत्वपूर्ण टेक्स्टलाई पढन वा हेर्न चाहनुहुन्छ।

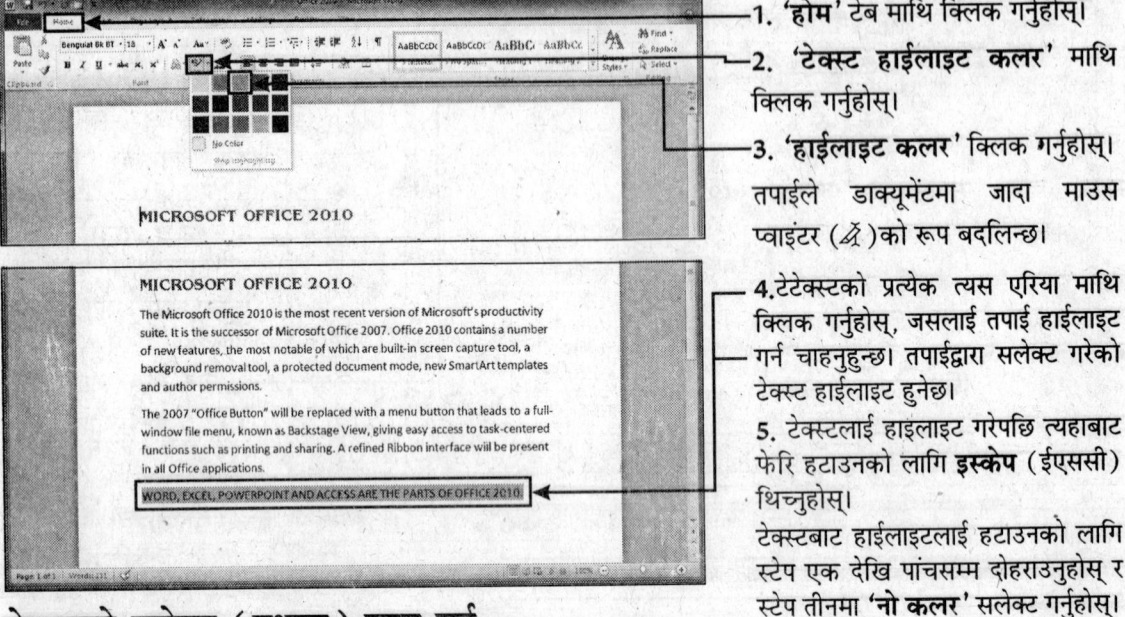

1. **'होम'** टेब माथि क्लिक गर्नुहोस्।
2. **'टेक्स्ट हाईलाइट कलर'** माथि क्लिक गर्नुहोस्।
3. **'हाईलाइट कलर'** क्लिक गर्नुहोस्।

तपाईले डाक्यूमेंटमा जादा माउस प्वाइंटर (✍)को रूप बदलिन्छ।

4. टेटेक्स्टको प्रत्येक त्यस एरिया माथि क्लिक गर्नुहोस्, जसलाई तपाई हाईलाइट गर्न चाहनुहुन्छ। तपाईद्वारा सलेक्ट गरेको टेक्स्ट हाईलाइट हुनेछ।
5. टेक्स्टलाई हाइलाइट गरेपछि त्यहाबाट फेरि हटाउनको लागि **इस्केप** (ईएससी) थिच्नुहोस्।

टेक्स्टबाट हाईलाइटलाई हटाउनको लागि स्टेप एक देखि पांचसम्म दोहराउनुहोस् र स्टेप तीनमा **'नो कलर'** सलेक्ट गर्नुहोस्।

टेक्स्टको इफेक्ट (प्रभाव) लागू गर्न

तपाई आफ्नो टेक्स्टमा विजुअल इफेक्ट्स जस्तै - सैडो, रिफ्लेक्शन र ग्लो पनि अप्लाई (लागू) गर्न सक्नुहुन्छ। तपाई आफ्नो डाक्यूमेंटमा हेडिंग वा महत्वपूर्ण सूचनाहरुमा टेक्स्ट इफेक्ट अप्लाई गर्न सक्नुहुन्छ।

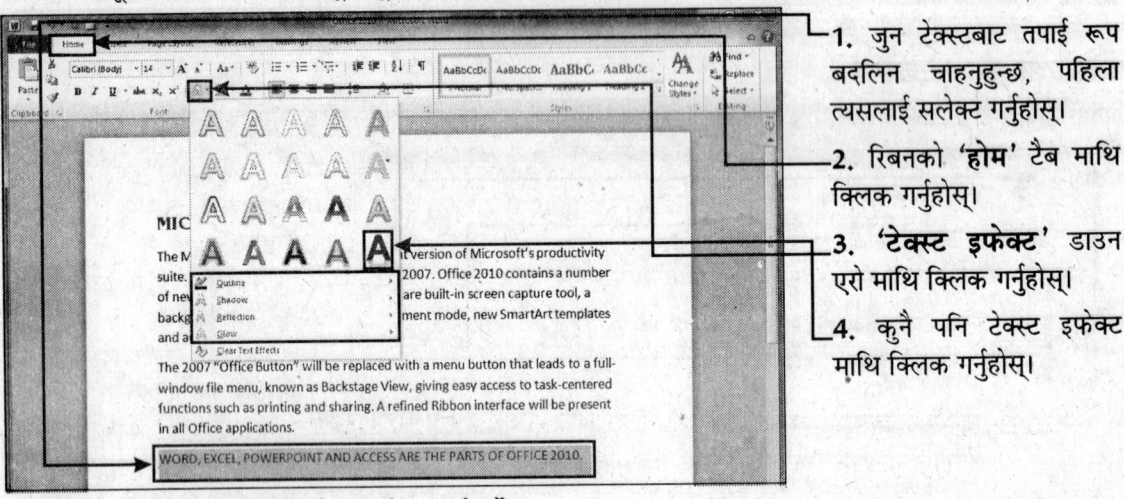

1. जुन टेक्स्टबाट तपाई रूप बदलिन चाहनुहुन्छ, पहिला त्यसलाई सलेक्ट गर्नुहोस्।
2. रिबनको **'होम'** टैब माथि क्लिक गर्नुहोस्।
3. **'टेक्स्ट इफेक्ट'** डाउन एरो माथि क्लिक गर्नुहोस्।
4. कुनै पनि टेक्स्ट इफेक्ट माथि क्लिक गर्नुहोस्।

त्यो सलेक्ट गरेको टेक्स्टमा वर्ड इफेक्टलाई अप्लाई गर्नेछ।

स्अेप **'एक'** बाट **'चार'** सम्म दोहोराएर र स्टेप **'चार'** मा **'क्लीयर टेक्स्ट इफेक्ट'** लाई सलेक्ट गरेर तपाई आफ्नो डाक्यूमेंटलाई टेक्स्टबाट इफेक्टलाई रिमूव (हटाउन) पनि सक्नुहुन्छ।

टेक्स्टको फार्म (रूप) लाई कॉपी गर्न

आफ्नो डाक्यूमेंटमा टेक्स्टलाई एउटा एरियालाई दोस्रो ठाँउमा पनि त्यसरी नै देखाउनको लागि तपाई टेक्स्टको फार्मेटिंग (रूप) लाई कॉपी पनि गर्न सक्नुहुन्छ। यदि तपाई चाहनुहुन्छ कि तपाईको डाक्यूमेंटमा सबै हेडिंग र महत्वूपर्ण इंफोर्मेशन एक जस्तै नै देखिन्छ भने तपाई टेक्स्ट फार्मेटिंगको सहयोगले गर्न सक्नुहुन्छ।

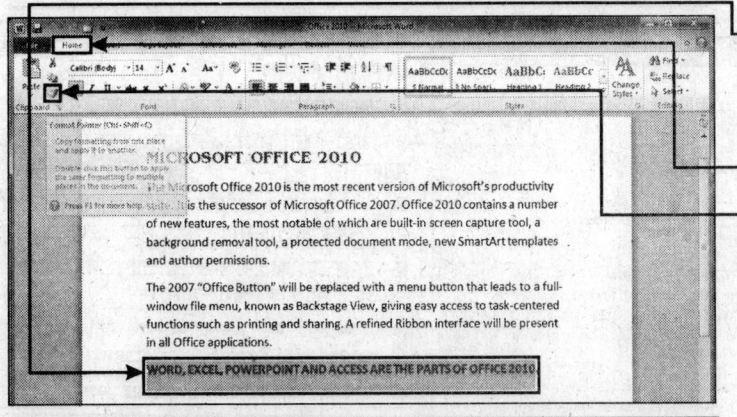

1. त्यस टेक्स्टको फार्मेटिंग (रूप) लाई सलेक्ट गर्नुहोस् जसलाई तपाई दोस्रो ठाँउमा कॉपी गर्न चाहनुहुन्छ।
2. रिबनमा **'होम'** टैबमा क्लिक गर्नुहोस्।
3. टेक्स्टको फार्मेटिंगलाई कॉपी गर्नको लागि **'फार्मेट पेंटर'** (▣) माथि क्लिक गर्नुहोस्।

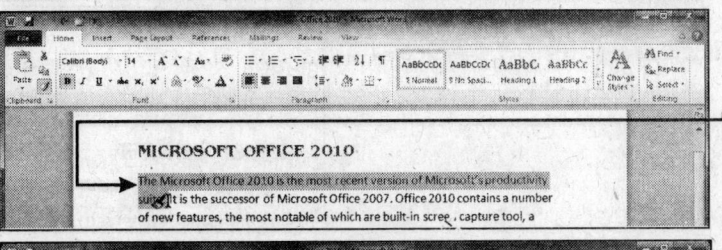

तपाईको डाक्यूमेंट माथि आउनाले माउसको प्वाइंटर (⌐I) बदलिन जान्छ।

4. त्यस टेक्स्टलाई सलेक्ट गर्नुहोस् जसमा तपाई पहिलाको टेक्स्टको फार्म लागू गर्न चाहनुहुन्छ।

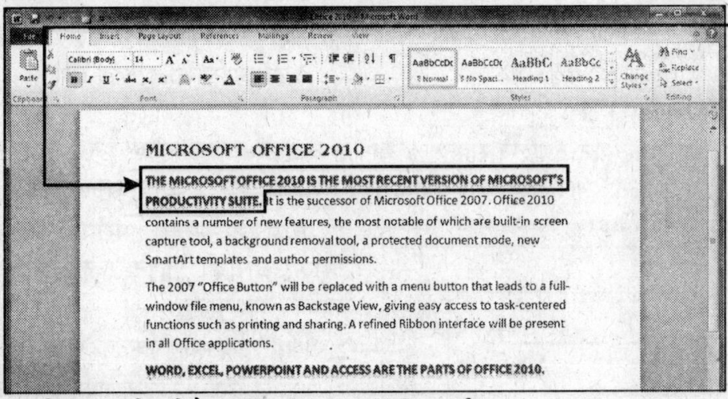

तपाई द्वारा सलेक्ट गरिएको टेक्स्ट अब नयाँ रूपमा देखिनेछ।

टेक्स्टलाई डिसलेक्ट (सलेक्श हटाउन) गर्नको लागि सलेक्ट गरिएको एरिया बाहिर क्लिक गर्नुहोस्।

फार्मेटिंगको धेरै एरियामा कॉपी गर्न

1. त्यस टेक्स्टलाई सलेक्ट गर्नुहोस्, जसको फार्मेटिंगलाई तपाई कॉपी गर्न चाहनुहुन्छ।
2. रिबनको **'होम'** टैब माथि क्लिक गर्नुहोस्।
3. टेक्स्टको फार्मेटिंगलाई कॉपी गर्नको लागि डबल क्लिक गर्नुहोस्।
4. जुन-जुन टेक्स्टमा तपाई फार्मेटिंग गर्न चाहनुहुन्छ, त्यो सबैलाई सलेक्ट गर्नुहोस्।
5. जब तपाई त्यो सबै एरियालाई सलेक्ट गर्नुहुन्छ जहा तपाई एक साथ फार्मेटिंगलाई कॉपी गर्न चाहनुहुन्छ भने त्यसपछि क्लिक गर्नुहोस् वा **इस्केप** (ईएससी) थिच्नुहोस्।

टेक्स्टको एलाइनमेंट (क्रम) बदलिन

आफ्नो डाक्यूमेंटको प्रस्तुतिलाई अझ राम्रो बनाउनको लागि तपाई टेक्स्टलाई धेरै तरीकाले व्यवस्थित गर्न सक्नुहुन्छ। डिफाल्टको रूपमा वर्ड लेफ्ट अलाइन कमांडलाई लागू गर्दछ।

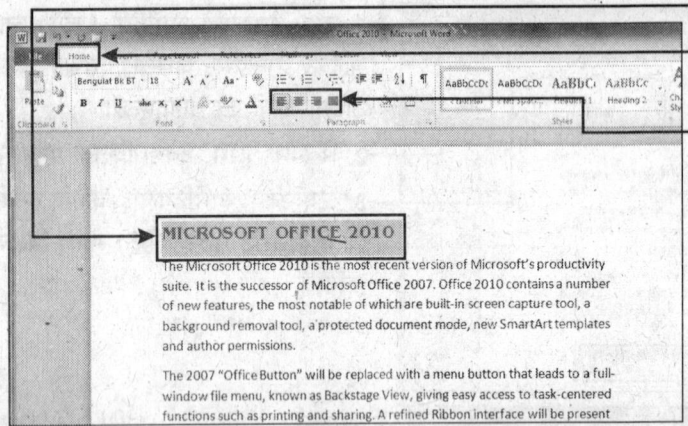

1. त्यस टेक्स्टलाई सलेक्ट गनुहोस् जसको तपाई रूप बदलिन चाहनुहुन्छ।
2. रिबनको **'होम'** टैब माथि क्लिक गर्नुहोस्।
3. निम्नलिखित मध्ये कुनै एउटा बटन माथि क्लिक गर्नुहोस्।
   - टेक्स्टको बायाँतिरबाट शुरू गर्नको लागि **'लेफ्ट अलाइनमेंट'** ( ) मा क्लिक गर्नुहोस्।
   - टेक्स्टलाई बीचमा राख्नको लागि **'सेंटर'** ( ) बटन माथि क्लिक गर्नुहोस्।
   - टेक्स्टलाई राइट अलाइनमेंटको लागि **'अलाइन राइट'** ( ) माथि क्लिक गर्नुहोस्।
   - बायातिर दायतिरको मार्जिनलाई बराबर राख्नको लागि **'जस्टीफाई'**( ) बटनमा क्लिक गर्नुहोस्।

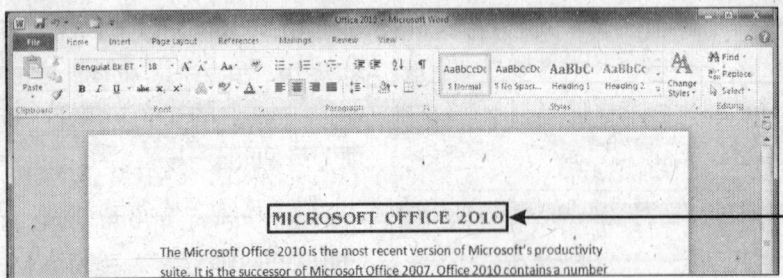

टेक्स्ट अब नयाँ अलाइनमेंटमा देखिनेछ।

सलेक्ट गरिएको टेक्स्टलाई हटाउनको लागि त्यस एरियाको बाहिर क्लिक गर्नुहोस्।

यस उदाहरणमा हामीले **'सेंटर'** अलाइन टेक्स्ट छानेको छौ।

लाइनहरुको स्पेस (खाली स्थान) बदलिन

डाक्यूमेंटमा टेक्स्टको लाइनहरुको बीचको अंतरलाई पनि बदलिन सक्नुहुन्छ अर्थात घटाउन-बढाउन सक्नुहुन्छ। लाइनहरु बीचको स्पेस (खाली) स्थानलाई बढाएर डाक्यूमेंटलाई सजिलैसंग हेर्न सक्नुहुन्छ र त्यसलाई एडिट पनि गर्न सक्नुहुन्छ।

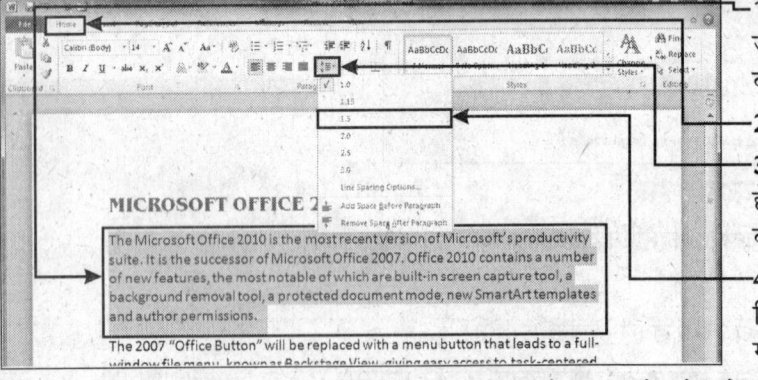

1. त्यस टेक्स्टलाई सलेक्ट गर्नुहोस् जसको बीचको लाइनहरुको स्पेसलाई बदलिन चाहनुहुन्छ।
2. **'होम'** टैब माथि क्लिक गर्नुहोस्।
3. यहा उपलब्ध लाइनहरुको स्पेसलाई हेर्नको लागि अब **'लाइन स्पेसिंग'** बटन माथि क्लिक गर्नुहोस्।
4. लाइन स्पेसिंगको त्यो आप्शन माथि क्लिक गर्नुहोस् जसलाई तपाई प्रयोग गर्न चाहनुहुन्छ।

अब टेक्स्टको लाइनहरुको बीचमा तपाईद्वारा सलेक्ट गरिएको लाइन स्पेस देखिनेछ। सलेक्ट गरिएको टेक्स्टलाई हटाउनको लागि त्यस एरिया बाहिर क्लिक गर्नुहोस्।

यस उदाहरणमा हामीले 1.5 लाइन स्पेसिंगको प्रयोग गरेका छौ।

पैराग्राफको बीचमा लाइन स्पेसिंगको प्रयोग गर्न

तपाई आफ्नो पैराग्राफको टेक्स्टको बीचको स्पेस (खाली स्थान) लाई पनि परिवर्तित गर्न सक्नुहुन्छ। प्रत्येक पैराग्राफको बीच सिंगल स्पेसलाई हटाएर तपाई त्यसको बीच डबल स्पेस पनि सजिलैसंग सेट गर्न सक्नुहुन्छ।

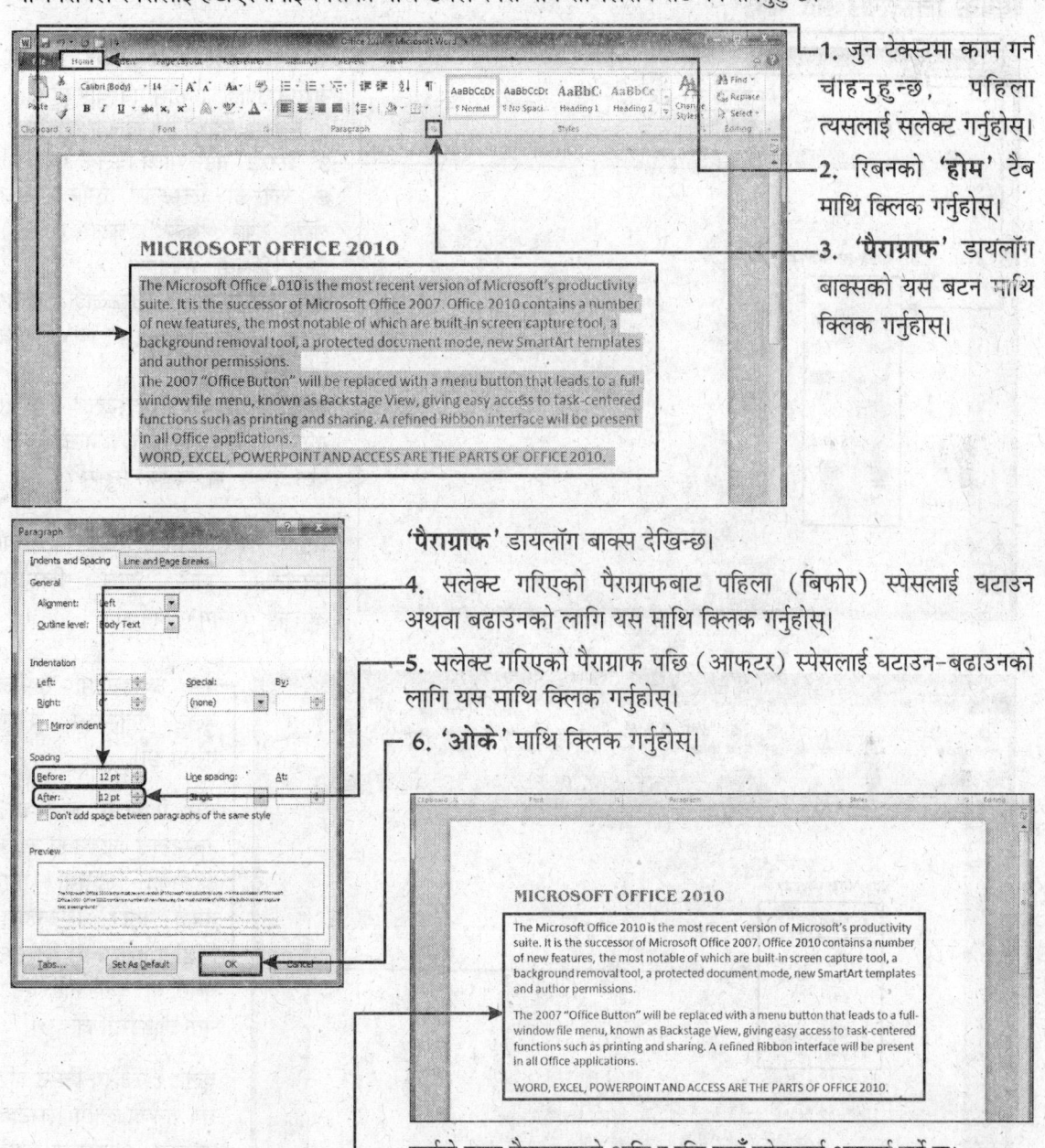

1. जुन टेक्स्टमा काम गर्न चाहनुहुन्छ, पहिला त्यसलाई सलेक्ट गर्नुहोस्।
2. रिबनको 'होम' टैब माथि क्लिक गर्नुहोस्।
3. 'पैराग्राफ' डायलॉग बाक्सको यस बटन माथि क्लिक गर्नुहोस्।

'पैराग्राफ' डायलॉग बाक्स देखिन्छ।

4. सलेक्ट गरिएको पैराग्राफबाट पहिला (बिफोर) स्पेसलाई घटाउन अथवा बढाउनको लागि यस माथि क्लिक गर्नुहोस्।
5. सलेक्ट गरिएको पैराग्राफ पछि (आफ्टर) स्पेसलाई घटाउन-बढाउनको लागि यस माथि क्लिक गर्नुहोस्।
6. 'ओके' माथि क्लिक गर्नुहोस्।

वर्डले त्यस पैराग्राफको अघि र पछि नयाँ स्पेसलाई अप्लाई गर्ने छ।

7. कामलाई जारी राख्नको लागि सलेक्ट गरेको पैराग्राफलाई बाहिर कतै पनि क्लिक गर्नुहोस्।

नंबर लिस्ट वा बुलेट क्रिएट (तैयार) गर्न

कुनै लिस्टमा तपाई आइटमलाई शुरूमा बुलेट वा नंबरिंग (नंबर राखेर) गरेर त्यसलाई अलग-अलग गर्न सक्नुहुन्छ।

क्विक लिस्टलाई सेट गर्न

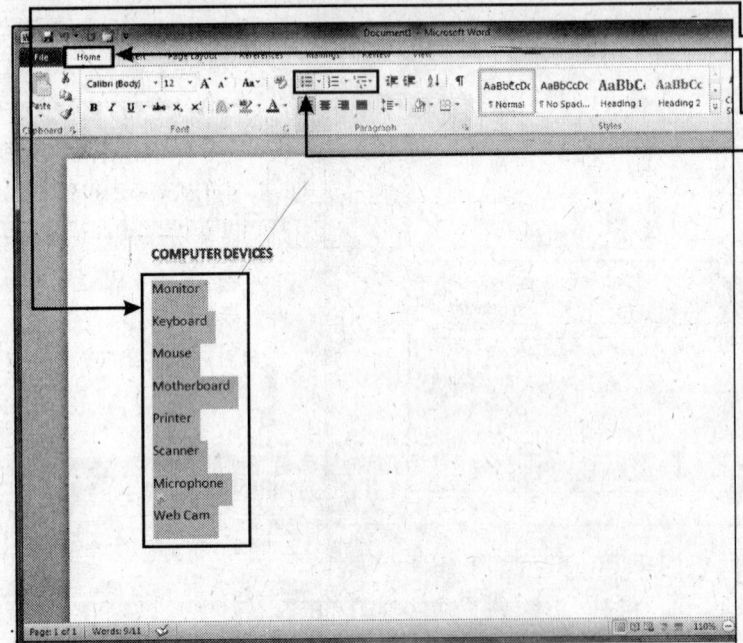

1. त्यस टेक्स्टलाई सलेक्ट गर्नुहोस्, जसमा तपाई यो काम गर्न चाहनुहुन्छ।
2. रिबनमा **'होम'** टेब क्लिक गर्नुहोस्।
3. **'लिस्ट'** बटन माथि क्लिक गर्नुहोस्।

◉ बुलेटको लिस्टलाई तैयार गर्नको लागि तपाई **'बुलेट'** बटन ( ) माथि क्लिक गर्नुहोस्।

◉ नंबरहरुको लिस्टलाई तैयार गर्नको लागि **'नंबरिंग'**( ) माथि क्लिक गर्नुहोस्।

◉ मल्टीलेवल लिस्टलाई तैयार गर्नको लागि तपाईले **'मल्टीलेवल'** बटन ( ) मा क्लिक गर्नुहोस्।

वर्डले त्यस फार्मेट (रूप वा नयाँ संरचना) लाई त्यस लिस्टमा अप्लाई (लागू) गर्नेछ।

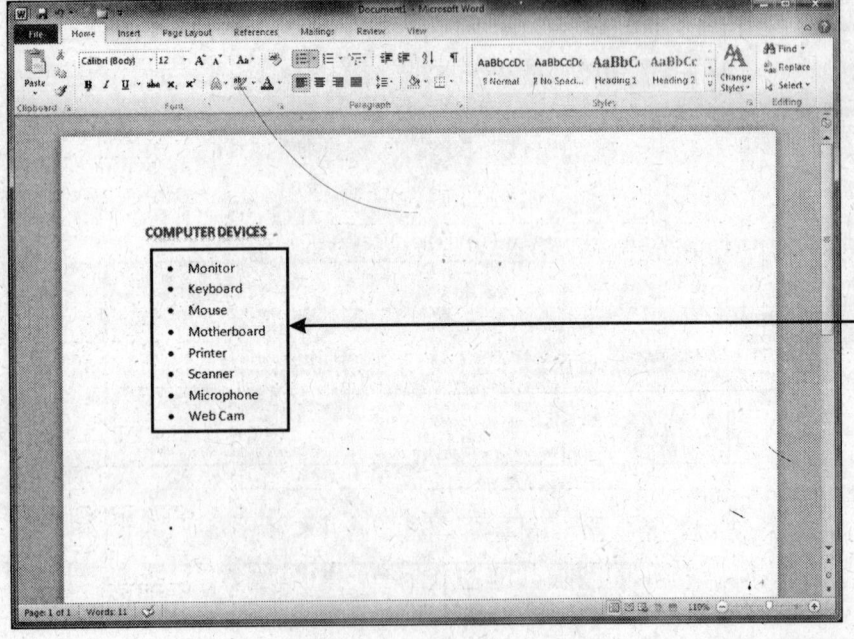

यस उदाहरणमा हामीले बुलेट लिस्टको प्रयोग गरेका छौं।

यस लिस्टमा अझ बढि टेक्स्टलाई जोडनको लागि लाइनको अन्तमा गएर तपाई **'एंटर'** थिच्नुहोस्। विंडोले तुरंत त्यस लिस्टमा नंबर वा बुलेटलाई एउटा नयाँ लाइनसगं जोड्छ।

बुलेट र नंबरिंग लिस्ट पछि बंद गर्नको लागि लिस्टको अन्तमा आइटममा गएर तपाई दुईपल्ट **(एंटर)** थिच्नुहोस्।

बुलेट र नंबरहरुको स्टाइललाई बदलिन

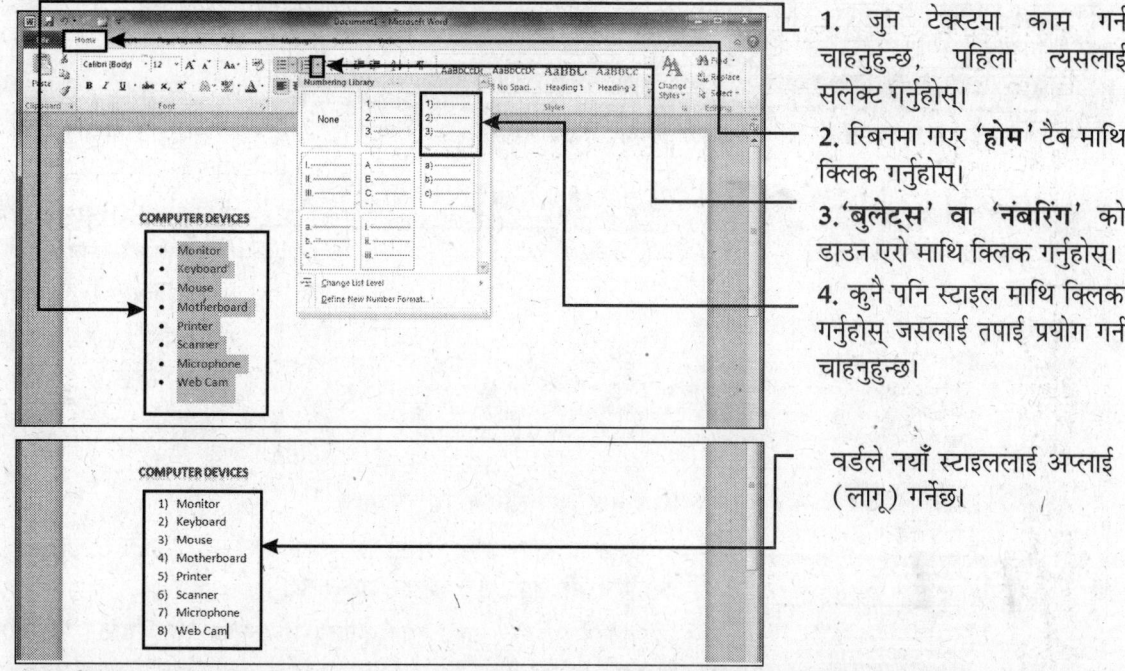

1. जुन टेक्स्टमा काम गर्न चाहनुहुन्छ, पहिला त्यसलाई सलेक्ट गर्नुहोस्।

2. रिबनमा गएर **'होम'** टैब माथि क्लिक गर्नुहोस्।

3. **'बुलेट्स'** वा **'नंबरिंग'** को डाउन एरो माथि क्लिक गर्नुहोस्।

4. कुनै पनि स्टाइल माथि क्लिक गर्नुहोस् जसलाई तपाई प्रयोग गर्न चाहनुहुन्छ।

वर्डले नयाँ स्टाइललाई अप्लाई (लागू) गर्नेछ।

डाक्यूमेंटमा रूलरलाई हाइड एंड डिसप्ले (लुकाउन अथवा प्रदर्शित) गर्न

आफ्नो डाक्यूमेंटमा पैराग्राफलाई सेट गर्नको लागि तपाई क्षैतिज र लंबवत (उभेको र सुतेको) रूलरलाई लुकाउन पनि सक्नुहुन्छ र आवश्यक्ता भएमा त्यसलाई देखाउन पनि सक्नुहुन्छ।

रूलर आपके टेक्स्ट के अलाइनमेंट और इंसर्शन प्वाइंट के स्थान को आइडेंटीफाई करने में भी आपकी सहायता करते हैं। अर्थात् आप यहां से इंसर्शन प्वाइंट और टेक्स्ट के अलाइनमेंट को सेट कर सकते हैं।

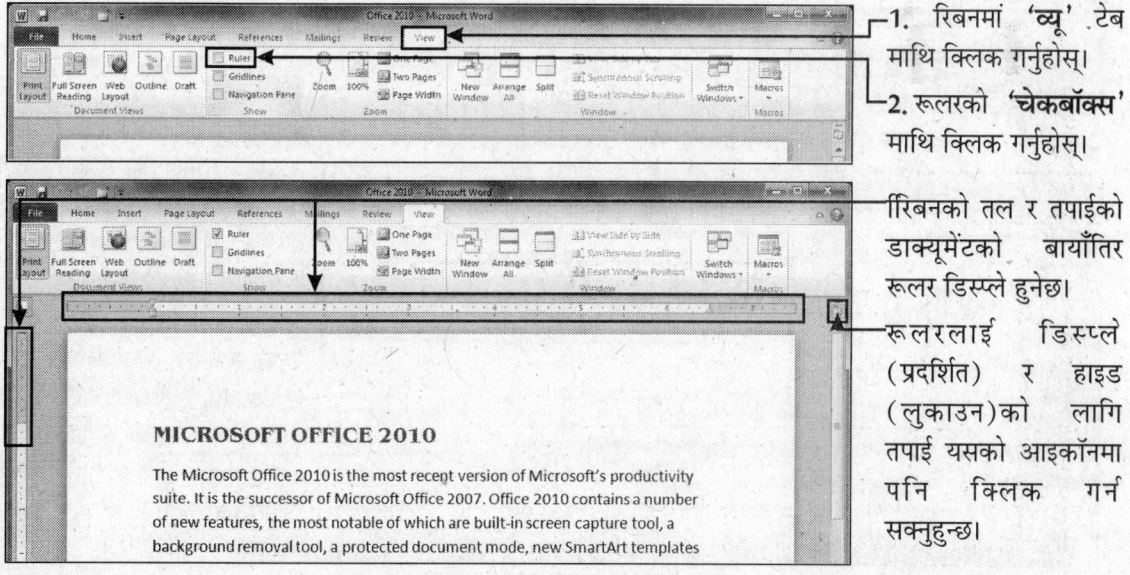

1. रिबनमां **'व्यू'** टेब माथि क्लिक गर्नुहोस्।

2. रूलरको **'चेकबॉक्स'** माथि क्लिक गर्नुहोस्।

रिबनको तल र तपाईको डाक्यूमेंटको बायाँतिर रूलर डिस्प्ले हुनेछ।

रूलरलाई डिस्प्ले (प्रदर्शित) र हाइड (लुकाउन)को लागि तपाई यसको आइकॉनमा पनि क्लिक गर्न सक्नुहुन्छ।

पैराग्राफको इंडेटिंग (ठाँउ छोड़न) गर्न

डाक्यूमेंटमा पैराग्राफ बनाउनको लागि तपाई टेक्स्टको इंडेंटिंग (ठाँउ छोडन) गर्न सक्नुहुन्छ। अर्थात कुनै टेक्स्टमा तपाई आफ्नो हिसाबले पैराग्राफ तैयार गर्न सक्नुहुन्छ।

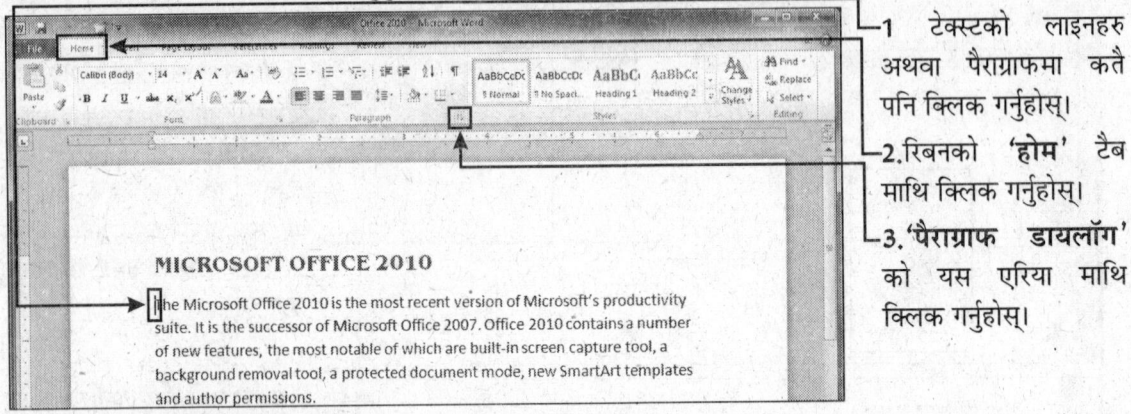

1 टेक्स्टको लाइनहरु अथवा पैराग्राफमा कतै पनि क्लिक गर्नुहोस्।

2. रिबनको **'होम'** टैब माथि क्लिक गर्नुहोस्।

3. **'पैराग्राफ डायलॉग'** को यस एरिया माथि क्लिक गर्नुहोस्।

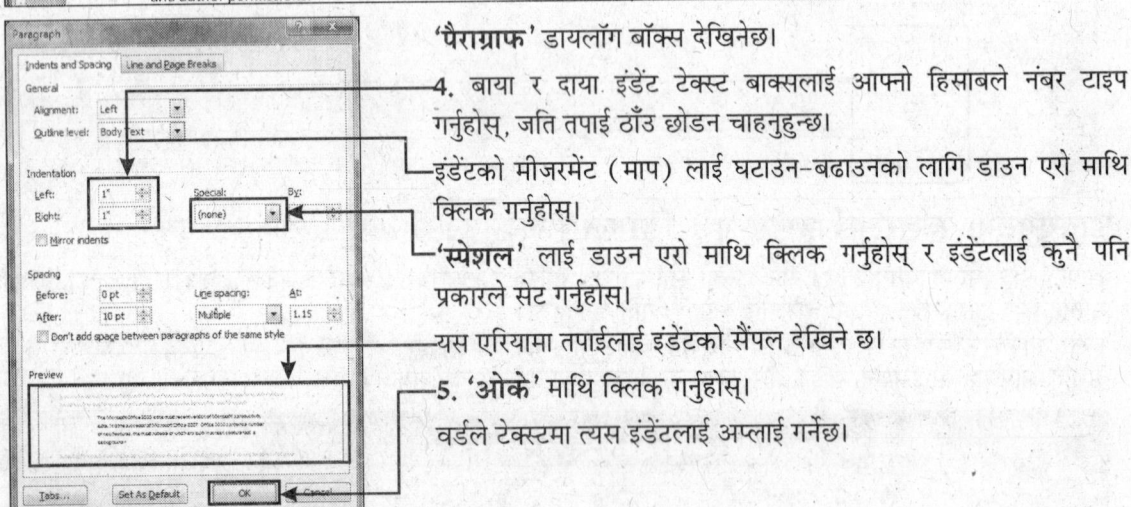

'पैराग्राफ' डायलॉग बॉक्स देखिनेछ।

4. बाया र दाया इंडेंट टेक्स्ट बाक्सलाई आफ्नो हिसाबले नंबर टाइप गर्नुहोस्, जति तपाई ठाँउ छोडन चाहनुहुन्छ।

इंडेंटको मीजरमेंट (माप) लाई घटाउन-बढाउनको लागि डाउन एरो माथि क्लिक गर्नुहोस्।

'स्पेशल' लाई डाउन एरो माथि क्लिक गर्नुहोस् र इंडेंटलाई कुनै पनि प्रकारले सेट गर्नुहोस्।

यस एरियामा तपाईलाई इंडेंटको सैंपल देखिने छ।

5. **'ओके'** माथि क्लिक गर्नुहोस्।

वर्डले टेक्स्टमा त्यस इंडेंटलाई अप्लाई गर्नेछ।

पैराग्राफको इंडेंटलाई तेजीले सेट गर्न

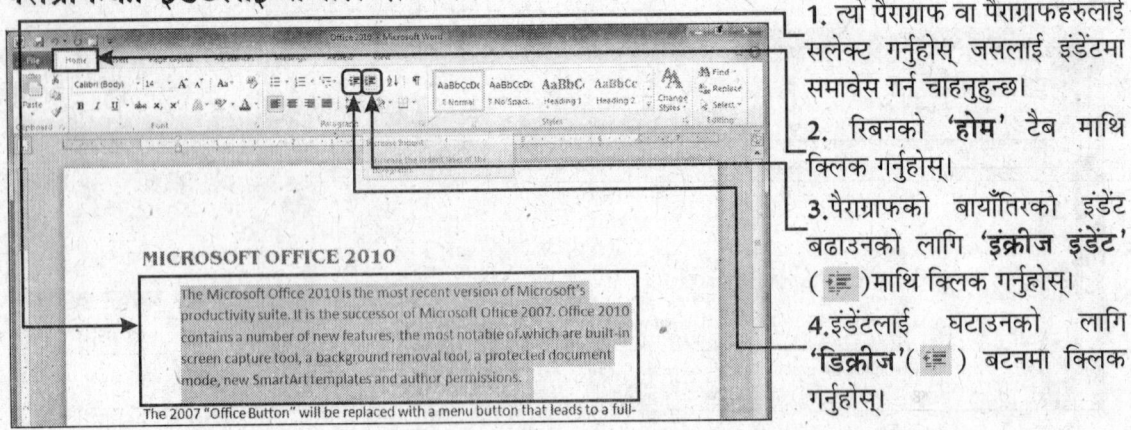

1. त्यो पैराग्राफ वा पैराग्राफहरुलाई सलेक्ट गर्नुहोस् जसलाई इंडेंटमा समावेस गर्न चाहनुहुन्छ।

2. रिबनको **'होम'** टैब माथि क्लिक गर्नुहोस्।

3. पैराग्राफको बायाँतिरको इंडेंट बढाउनको लागि **'इंक्रीज इंडेंट'** ( ) माथि क्लिक गर्नुहोस्।

4. इंडेंटलाई घटाउनको लागि **'डिक्रीज'** ( ) बटनमा क्लिक गर्नुहोस्।

टेबको सेटिंग बदलिन

अआफ्नो डाक्यूमेंटमा भएका इंफोर्मेशनलाई सेट गर्नको लागि तपाई टैबको प्रयोग गर्न सक्नुहुन्छ। वर्डमा भएका टैबलाई तपाई विभिन्न प्रकारको टैबलाई छनौट गर्न सक्नुहुन्छ।

टैबलाई एड (शामिल) गर्न

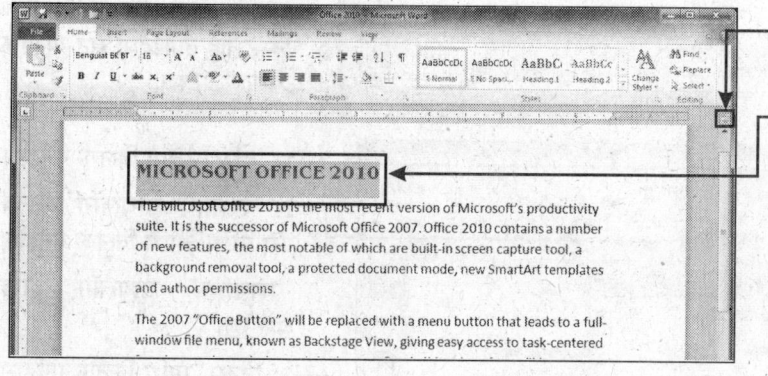

1. रूरूलरलाई हेर्नको लागि **'व्यू रूलर'** बटन माथि क्लिक गर्नुहोस्।
2. त्यो टेक्स्टलाई सलेक्ट गर्नुहोस् जसको लागि तपाई नयाँ टैब प्रयोग गर्न चाहनुहुन्छ।

टेक्स्टमा तपाई कुन प्रकारको टैबलाई समावेस गर्न चाहनुहुन्छ त्यसलाई हेर्नको लागि डाक्यूमेंटको लोकेशन (ठाँउ) माथि क्लिक गर्नुहोस् जहा टेक्स्टको टाइप छ।

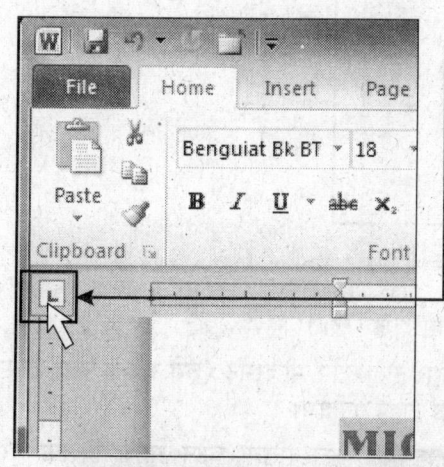

3. त्यस एरियामा तब सम्म क्लिक गर्नुहोस् जब सम्म कि त्यो टाइपको टैब एड हुदैन् वा तपाईले भेटाउनुहुन्न।

(∟)लेफ्ट टैब

(⊥)सेंटर टैब

(┘)राइट टैब

(⊥) डेसीमल टैब

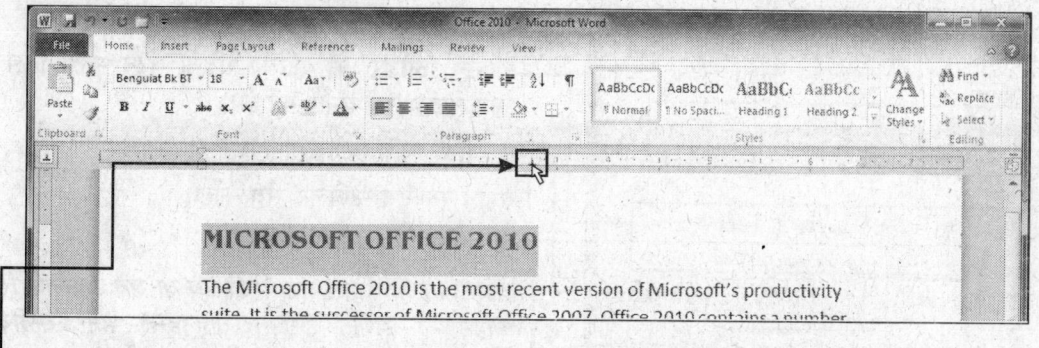

4. जहा तपाई नयाँ टैब समावेस गर्न चाहनुहुन्छ, रूलरको बॉटमलाई बीचबाट समातेर त्यहासम्म क्लिक गर्नुहोस्।

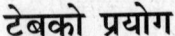

टेबको प्रयोग

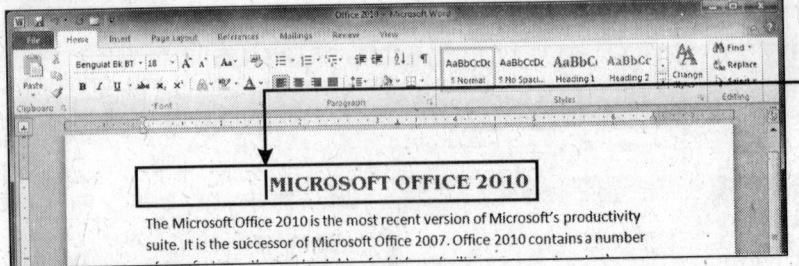

1.उत्यस लाइनको शुरुवातमा क्लिक गर्नुहोस् जहा तपाई टैबलाई मूव गराउन चाहनुहुन्छ। त्यस पछि की-बोर्ड बाट **'टैब'** मा क्लिक गर्नुहोस्।

इंसर्शन प्वाइंटले त्यसको साथै टेक्स्टलाई तपाईद्वारा सेट गरिएको टैबमा पठाउछ।

सुनिश्चित टैबको प्रयोग

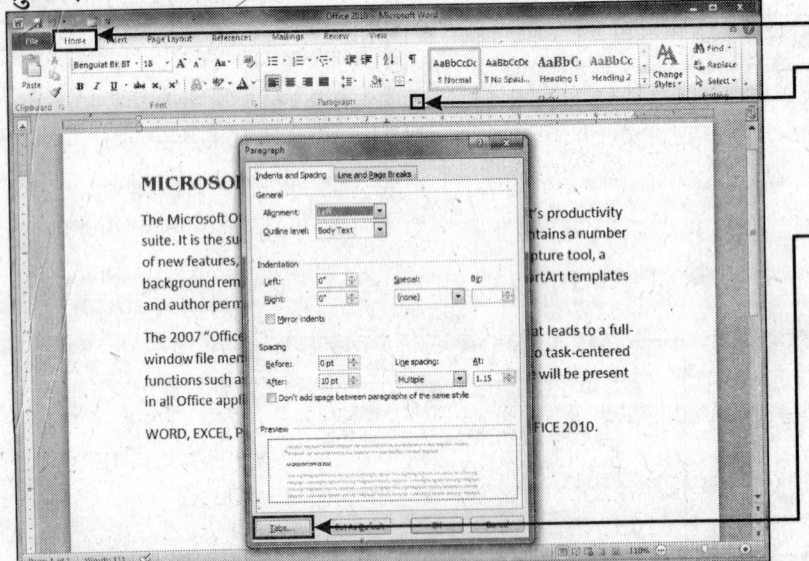

1. **'होम'** टेबमा क्लिक गर्नुहोस्।
2. **'पैराग्राफ डायलॉग'** बटनको यस एरिया माथि क्लिक गर्नुहोस्। **'पैराग्राफ'** डायलॉग देखिन थाल्नेछ।
3. **'टैब्स'** माथि क्लिक गर्नुहोस्।

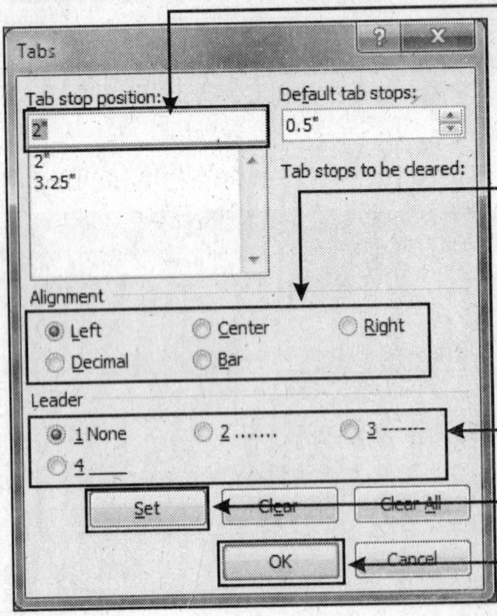

'टैब्स' डायलॉग देखिने छ।

4. यस एरियामा नयाँ स्टॉप मीजरमेंट (त्यो संख्या जहा टेक्स्ट रुकको छ)लाई टाइप गर्नुहोस्।
5. टैब **'अलाइनमेंट'** को रेडियो बटन माथि क्लिक गरेर आफुलाई मनपर्ने अलाइनमेंटलाई छनौट गर्नुहोस्।
6. टैब **'लीडर'** कैरेक्टरको रेडियो बटन माथि क्लिक गरेर आफुलाई मनपर्ने छनौट गर्नुहोस्।
7. **'सेट'** माथि क्लिक गर्नुहोस्।

वर्डले नयाँ टैब स्टॉपलाई सेव गर्नेछ।

8. **'ओके'** माथि क्लिक गर्नुहोस्।

*यदि तपाई आफैद्वारा सेट गरेको टैब वा सबै टैब्सलाई रिमूव गर्न चाहनुहुन्छ अर्थात हटाउन चाहनुहुन्छ भने **'क्लीयर'** वा **'क्लीयर ऑल'** बटन माथि क्लिक गर्नुहोस्।*

बार्डरलाई एड गर्नु (जोड्नु)

महत्वपूर्ण इंफोर्मेशनलाई हाईलाइट गर्नको लागि तपाई आफ्नो डाक्यूमेंटमा टेक्स्टमा बार्डरलाई पनि जोड्न सक्नुहुन्छ। उदाहरण. कुनै टेक्स्टमा पैराग्राफको महत्वलाई देखाउनको लागि तपाई त्यसमा बार्डर पनि एड (शामिल) गर्न सक्नुहुन्छ।

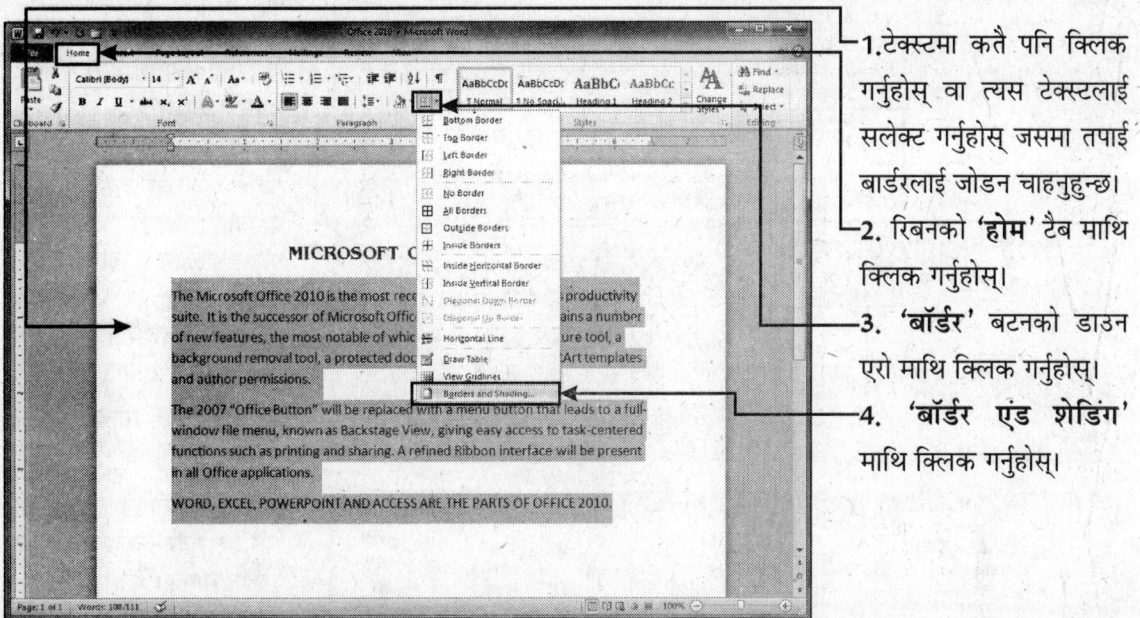

1. टेक्स्टमा कतै पनि क्लिक गर्नुहोस् वा त्यस टेक्स्टलाई सलेक्ट गर्नुहोस् जसमा तपाई बार्डरलाई जोडन चाहनुहुन्छ।
2. रिबनको **'होम'** टैब माथि क्लिक गर्नुहोस्।
3. **'बॉर्डर'** बटनको डाउन एरो माथि क्लिक गर्नुहोस्।
4. **'बॉर्डर एंड शेडिंग'** माथि क्लिक गर्नुहोस्।

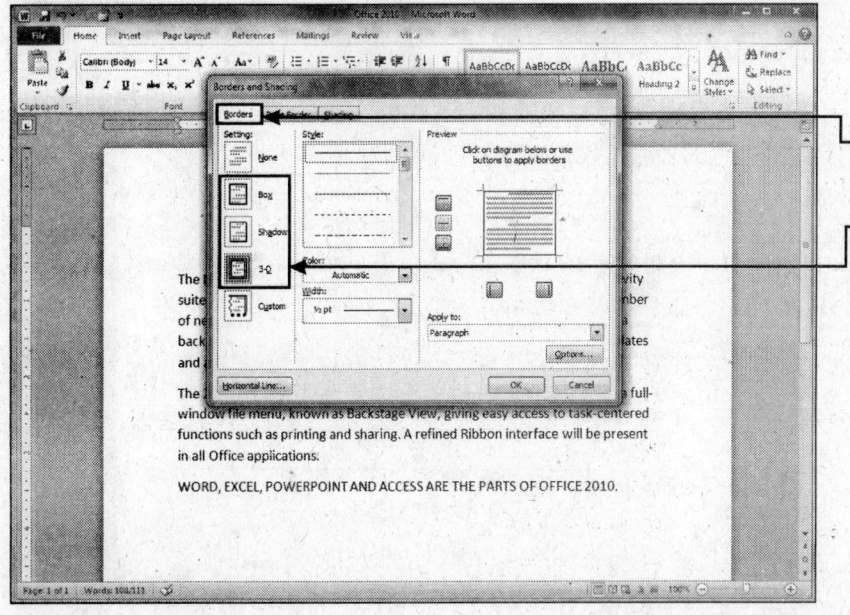

'बॉर्डर एंड शेडिंग' डायलॉग बॉक्स देखिन थाल्नेछ।

5. **'बॉर्डर'** टेब माथि क्लिक गर्नुहोस्।
6. कुनै प्रकारको बार्डरलाई सलेक्टगर्नकोलागियहाक्लिक गर्नुहोस्।

यस उदाहरणमा हामी 3-डी का प्रयोगगर्दछौं।

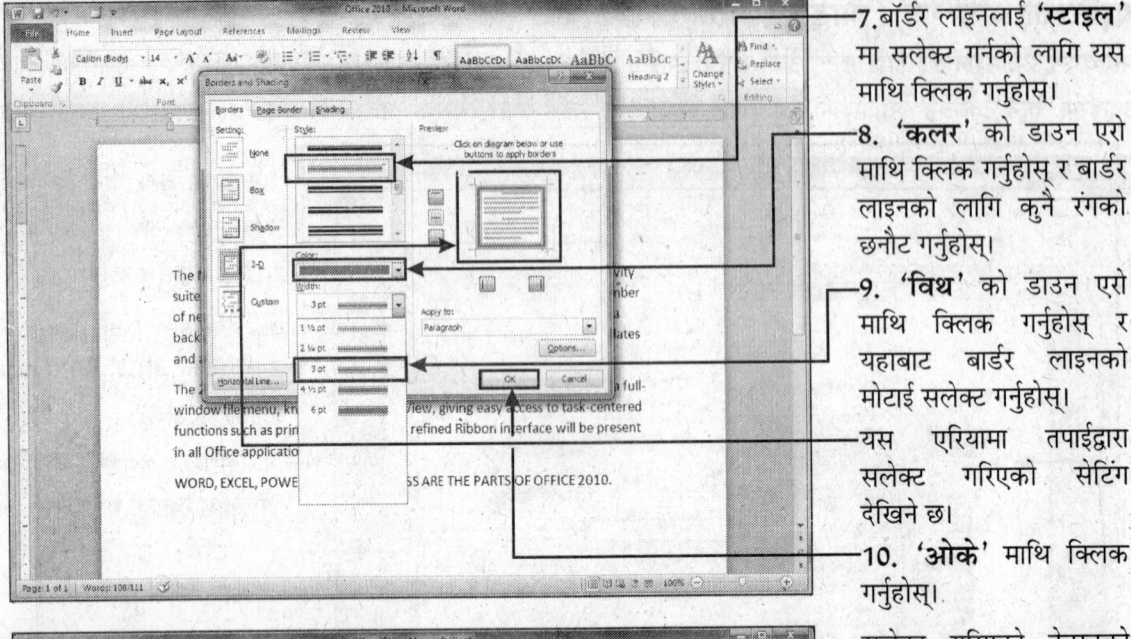

7.बॉर्डर लाइनलाई **'स्टाइल'** मा सलेक्ट गर्नको लागि यस माथि क्लिक गर्नुहोस्।

8. **'कलर'** को डाउन एरो माथि क्लिक गर्नुहोस् र बार्डर लाइनको लागि कुनै रंगको छनौट गर्नुहोस्।

9. **'विथ'** को डाउन एरो माथि क्लिक गर्नुहोस् र यहाबाट बार्डर लाइनको मोटाई सलेक्ट गर्नुहोस्।

यस एरियामा तपाईद्वारा सलेक्ट गरिएको सेटिंग देखिने छ।

10. **'ओके'** माथि क्लिक गर्नुहोस्।

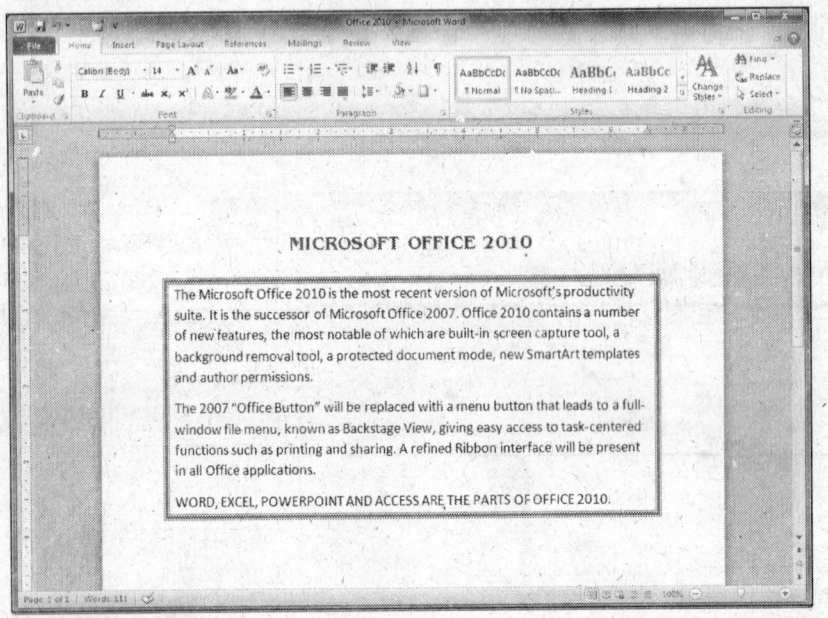

सलेक्ट गरिएको टेक्स्टको चारैतिर एक प्रकारको बार्डर देखिन थाल्छ।

सलेक्शन हटानेको लागि त्यस बाहिर कुनै ठाँउमा पनि क्लिक गर्नुहोस्।

यो पनि जान्नुहोस्

बार्डरलाई हटानेको लागि :

1. बार्डरको टेक्स्टमा कतै क्लिक गर्नुहोस्।
2. **'होम'** टेब माथि क्लिक गर्नुहोस्।
3. **'बॉर्डर'** बटनको डाउन एरो माथि क्लिक गर्नुहोस्।
4. **'नो बॉर्डर'** माथि क्लिक गर्नुहोस्। बार्डर त्यस टेक्स्टबाट बार्डरलाई रिमूव गरिदिन्छ अर्थात बार्डर हटाउछ।

पैराग्राफ शेडिंग एड (जोड्न) गर्न

रीडर (पाठक) को ध्यान आकर्षित गर्नको लागि तपाई शेडिंग फीचरको पनि प्रयोग गर्न सक्नुहुन्छ। जब तपाई आफ्नो डाक्यूमेंटको प्रिंट दिनुहुन्छ तब शेडिंग पनि प्रिंटआउटमा आउछ।

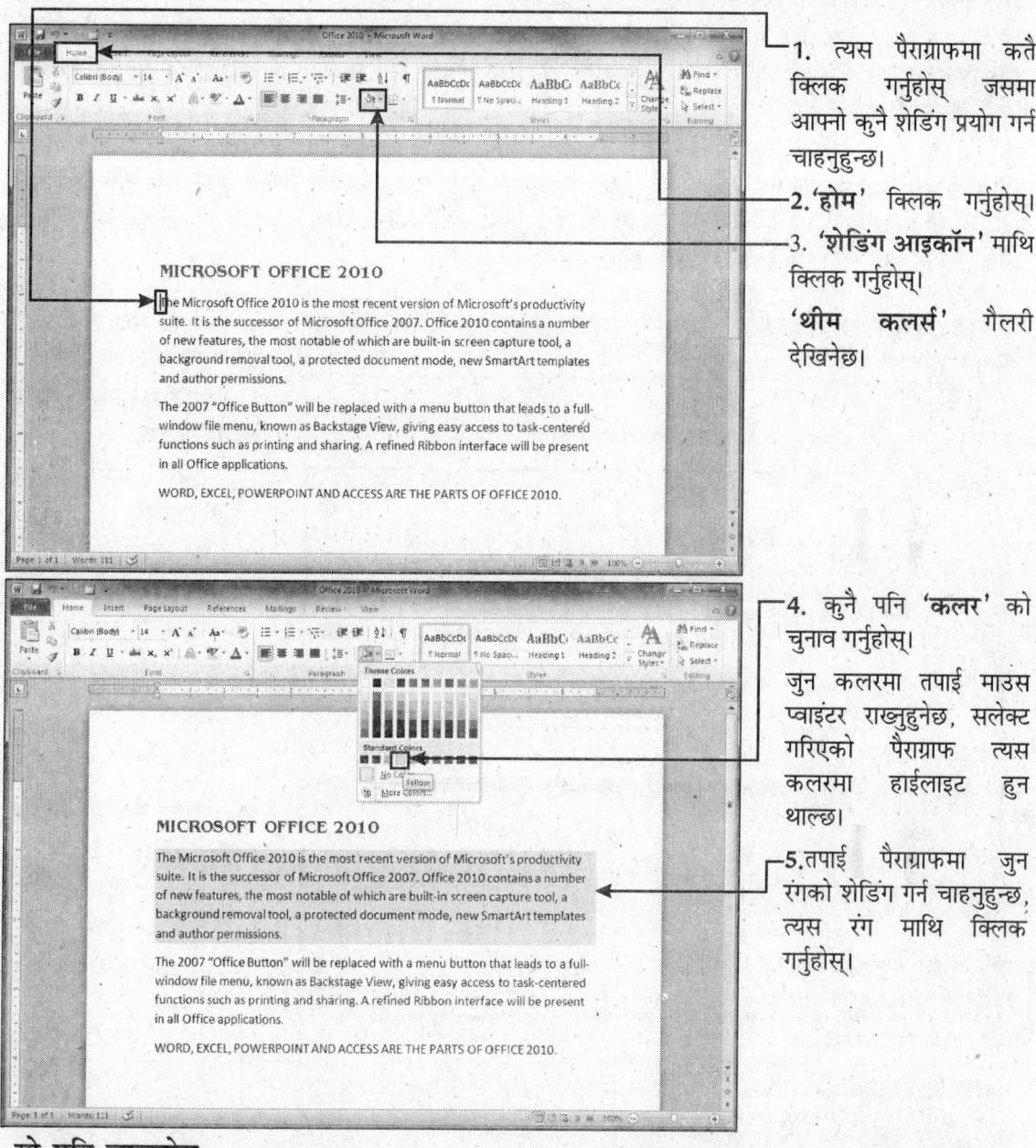

1. त्यस पैराग्राफमा कतै क्लिक गर्नुहोस् जसमा आफ्नो कुनै शेडिंग प्रयोग गर्न चाहनुहुन्छ।

2. 'होम' क्लिक गर्नुहोस्।

3. 'शेडिंग आइकॉन' माथि क्लिक गर्नुहोस्।

'थीम कलर्स' गैलरी देखिनेछ।

4. कुनै पनि 'कलर' को चुनाव गर्नुहोस्।

जुन कलरमा तपाई माउस प्वाइंटर राख्नुहुनेछ, सलेक्ट गरिएको पैराग्राफ त्यस कलरमा हाईलाइट हुन थाल्छ।

5. तपाई पैराग्राफमा जुन रंगको शेडिंग गर्न चाहनुहुन्छ, त्यस रंग माथि क्लिक गर्नुहोस्।

यो पनि जान्नुहोस्

यदि तपाई प्रिंट आउटको लागि 'ब्लैक एंड व्हाइट' प्रिंटरको प्रयोग गरि रहनु भएको छ भने यो सुनिश्चित गर्नुहोस् कि शेडिंग ग्रे (भूरा) रंगको होस्।

मार्जिन (किनारा अथवा हाशिय) बदलिन

मार्जिनको मतलब तपाईको डाक्यूमेंटमा समावेस टेक्स्टको बीचको खाली स्थान र पेपरको किनारामा छोडिएको ठाँउ हो। तपाईले आफ्नो आवश्यक्ता अनुसार मार्जिन सेट गर्न सक्नुहुन्छ।

डिफाल्टको रूपमा बर्डमा कुनै डाक्यूमेंटमा बायाँ, दायाँ, तल र माथि एक इंचको मार्जिन हुन्छ। यस प्रकारको सेटिंग व्यावसायिक पत्र र रिपोर्ट्सको लागि उपयुक्त हुन्छ। तर धेरै पटक तपाईले यस सेटिंगमा आफ्नो मतलब अनुसार बदलाव गर्नु पर्ने आवश्यक्ता हुन्छ।

उदाहरणको लागि : यदि तपाईको रिपोर्ट्स एक पेजमा लगभग पूरा हुन्छ तब तपाई यसको बायाँतिर र दायातिरको मार्जिनलाई केहि घटाएर त्यसलाई त्यस पेजमा फिट गर्न सक्नुहुन्छ। यस बाहेक यदि रिज्यूम तैयार गर्दा यदि तपाईलाई लाग्छ कि यो केहि सानो भई रहेको छ भने तपाई यसको टॉपको मार्जिन एक देखि 1.25 इंच गर्न सक्नुहुन्छ। यसबाट तपाईको रिज्यूम त्यस पेजमा केहि तलबाट शुरू हुनेछ।

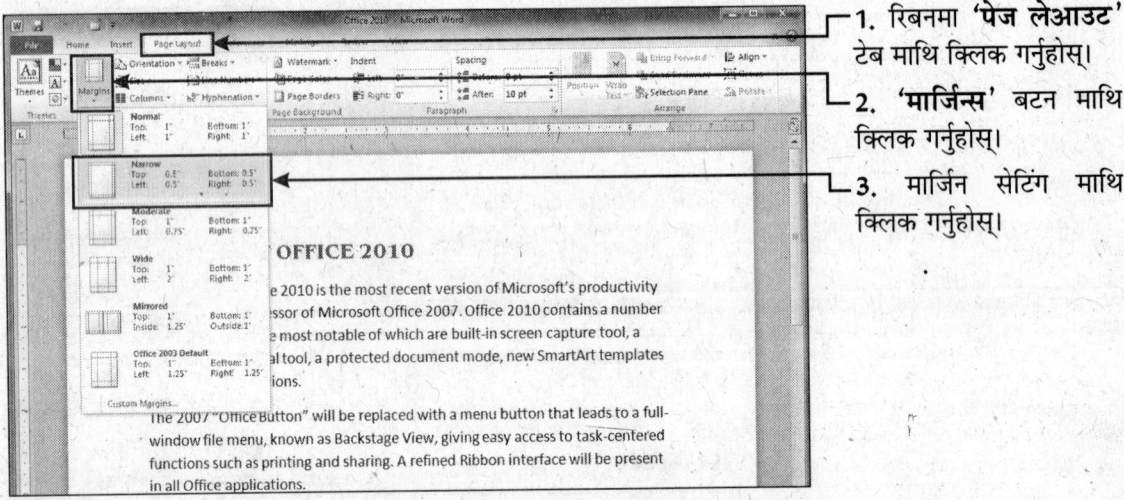

1. रिबनमा 'पेज लेआउट' टेब माथि क्लिक गर्नुहोस्।
2. 'मार्जिन्स' बटन माथि क्लिक गर्नुहोस्।
3. मार्जिन सेटिंग माथि क्लिक गर्नुहोस्।

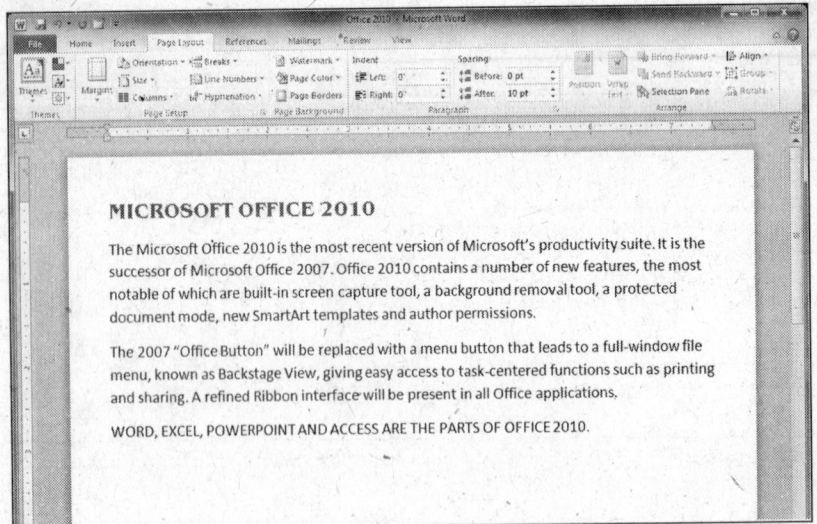

वर्ड नयाँ सेटिंग अप्लाई (लागू) गर्नेछ।

पेज सेटअप डायलॉग बाक्सबाट मार्जिन बदलिन

डाक्यूमेंटमा आफ्नो हिसाबबाट मार्जिन सेट गर्नको लागि कस्टम मार्जिन्स माथि क्लिक गर्नुहोस्।

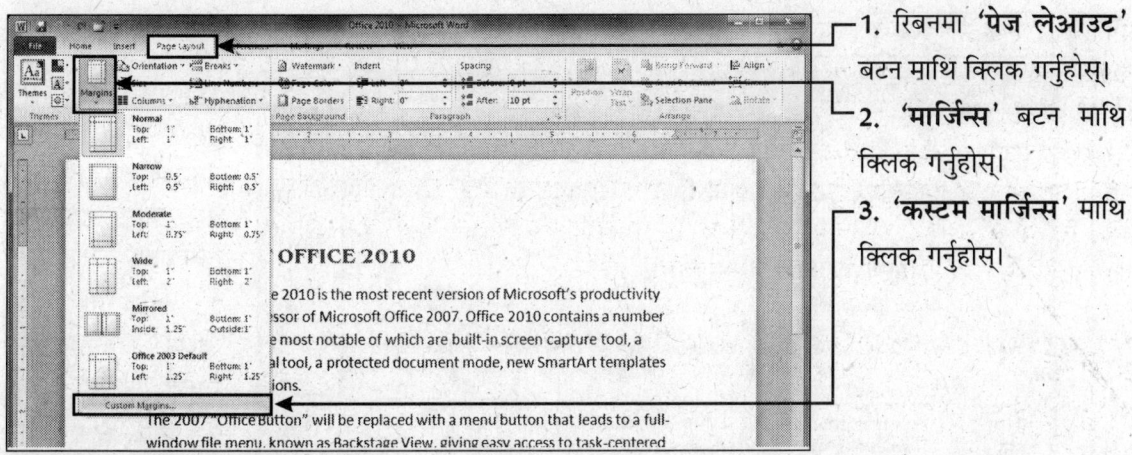

1. रिबनमा **'पेज लेआउट'** बटन माथि क्लिक गर्नुहोस्।
2. **'मार्जिन्स'** बटन माथि क्लिक गर्नुहोस्।
3. **'कस्टम मार्जिन्स'** माथि क्लिक गर्नुहोस्।

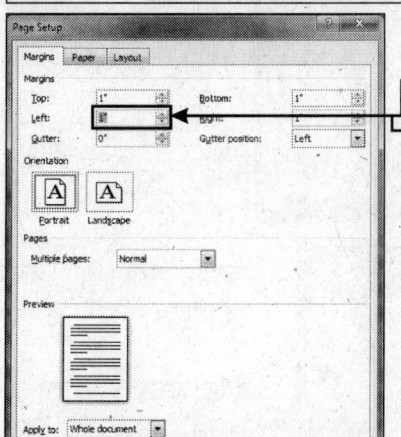

मार्जिन टैब्सको साथमा **'पेज सेटअप'** डायलॉग बॉक्स देखिनेछ।

करेंट (वर्तमान) को मार्जिन सेटिंग यहा देखिन्छ।

4. कुनै पनि मार्जिनमा माउसको प्वांटरलाई ड्ग्र गर्दै (घुमाउदै) लैजानुहोस्।

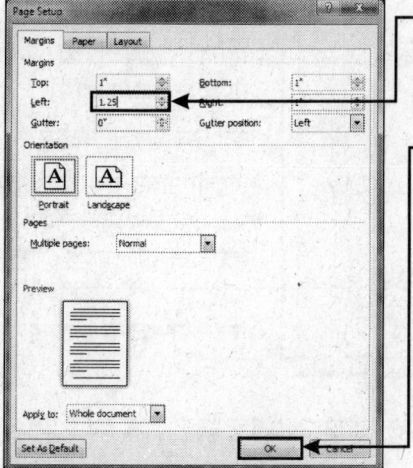

5. नयाँ मार्जिन सेटिंग टाइप गर्नुहोस्।
6. प्रत्येक मार्जिनको सेटिंगको लागि **'स्टेप चार'** र **'स्टेप पाँच'** दोहराउनुहोस्।
7. **'ओके'** माथि क्लिक गर्नुहोस्।

तपाईद्वारा गरिएको चेंज (बदलाव) लाई वर्डले सेव गर्नेछ।

पेज ब्रेक इंसर्ट गर्न

यदि तपाई चाहनुहुन्छ कि कुनै निश्चित स्थान अथवा ठाँउ पछि अर्को पेज शुरू होस् भने तपाईले आफ्नो डाक्यूमेंटमा पेज ब्रेक समावेस गर्नुपर्ने हुन्छ।

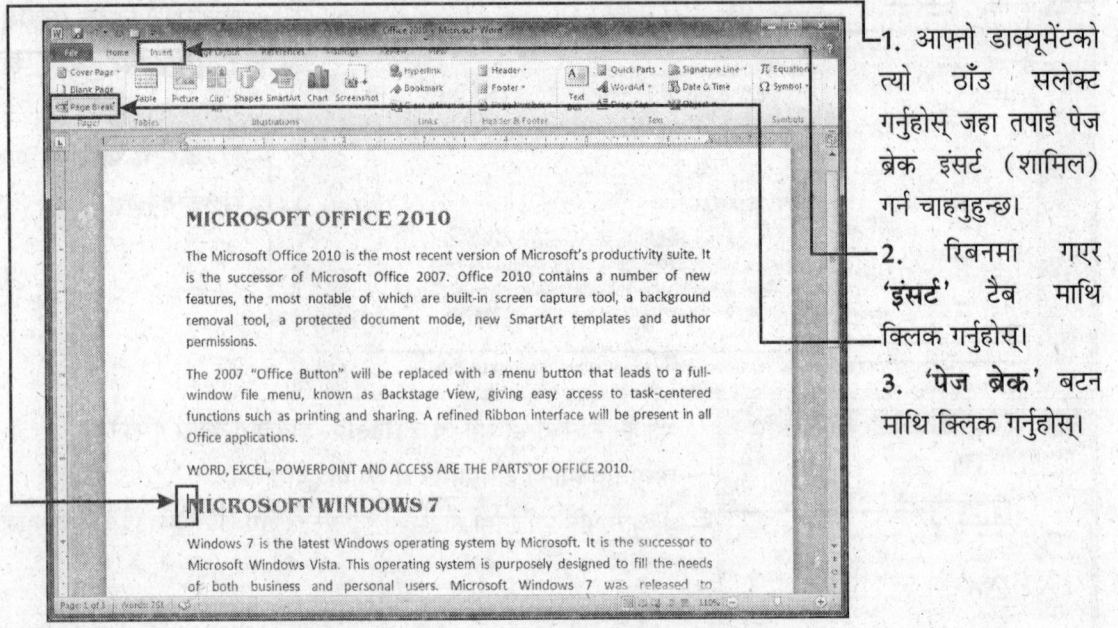

1. आफ्नो डाक्यूमेंटको त्यो ठाँउ सलेक्ट गर्नुहोस् जहा तपाई पेज ब्रेक इंसर्ट (शामिल) गर्न चाहनुहुन्छ।
2. रिबनमा गएर 'इंसर्ट' टैब माथि क्लिक गर्नुहोस्।
3. 'पेज ब्रेक' बटन माथि क्लिक गर्नुहोस्।

व्डर्डले पेज ब्रेक असाइन (शामिल) गर्नेछ।

पेज ब्रेक हटाउन

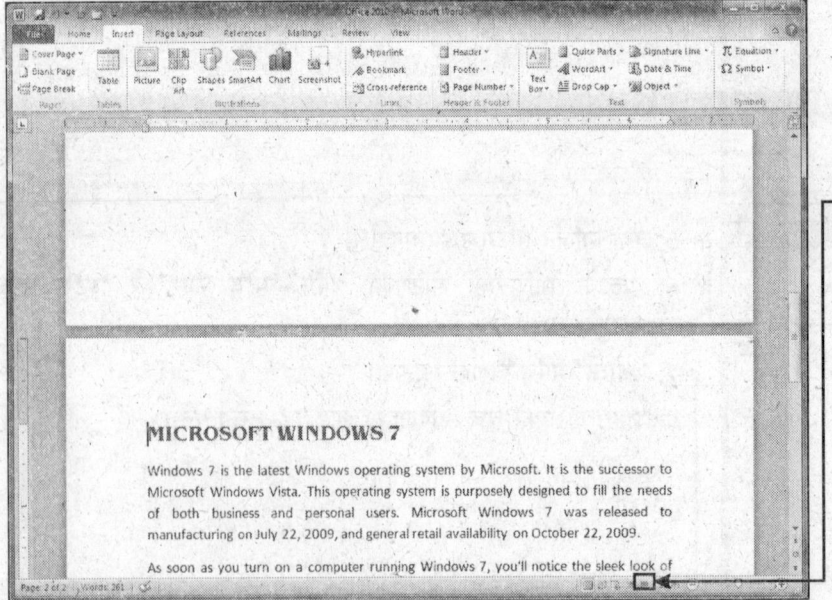

1. डाक्यूमेंटलाई ड्राफ्ट व्यूमा हेर्नको लागि स्टेटस बारमा रहेको 'ड्राफ्ट व्यू' बटन माथि क्लिक गर्नुहोस्।

पेज ब्रेक लाइन देखिन्छ।

डाक्यूमेंटबाट पेज ब्रेक रिमूव गर्न (हटाउन)को लागि पेज ब्रेक लाइन माथि क्लिक गर्नुहोस् र की-बोर्डमा 'डिलीट बटन' थिच्नुहोस्।

डाक्यूमेंटमा पेज ब्रेक इंसर्ट गर्नको लागि तपाईले की-बोर्डको शार्टकटको पनि प्रयोग गर्न सक्नुहुन्छ। जता तपाई पेज ब्रेक समावेस गर्न चाहनुहुन्छ, त्यहा डाक्यूमेंटमा 'कंट्रोल र एंटर' थिच्नुहोस्।

सेक्शन ब्रेक इंसर्ट (शामिल) गर्न

आफ्नो डाक्यूमेंटमा सेक्शन ब्रेकलाई पनि इंसर्ट गर्न सक्नुहुन्छ।
सेक्शन ब्रेकले डाक्यूमेंटमा विभिन्न स्थानमा मार्जिन, हेडर्स, फुटर्स, पेज अलाइनमेंटको साथै धेरै अरू सेटिंगहरू लागू गर्नमा मद्दत गर्दछ।

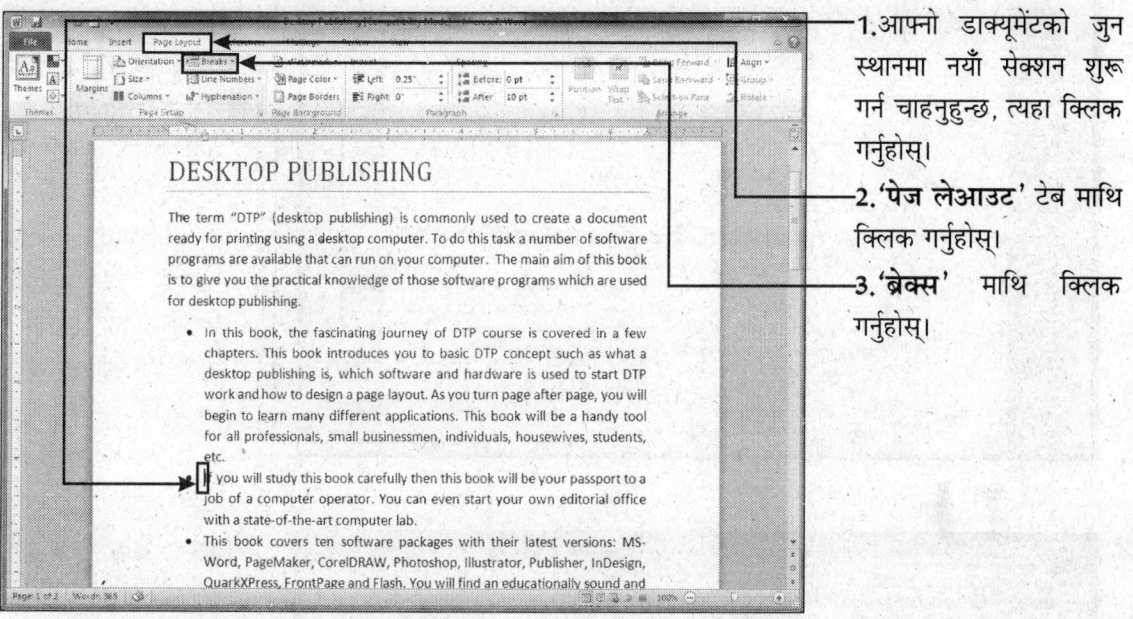

1. आफ्नो डाक्यूमेंटको जुन स्थानमा नयाँ सेक्शन शुरू गर्न चाहनुहुन्छ, त्यहा क्लिक गर्नुहोस्।
2. 'पेज लेआउट' टेब माथि क्लिक गर्नुहोस्।
3. 'ब्रेक्स' माथि क्लिक गर्नुहोस्।

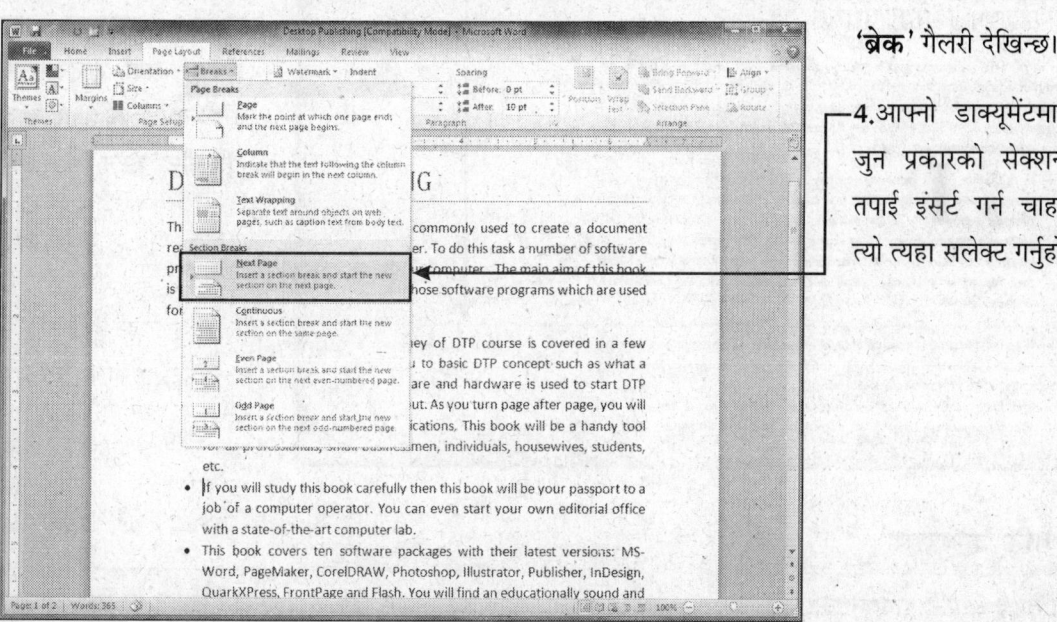

'ब्रेक' गैलरी देखिन्छ।

4. आफ्नो डाक्यूमेंटमा तपाई जुन प्रकारको सेक्शन ब्रेक तपाई इंसर्ट गर्न चाहनुहुन्छ, त्यो त्यहा सलेक्ट गर्नुहोस्।

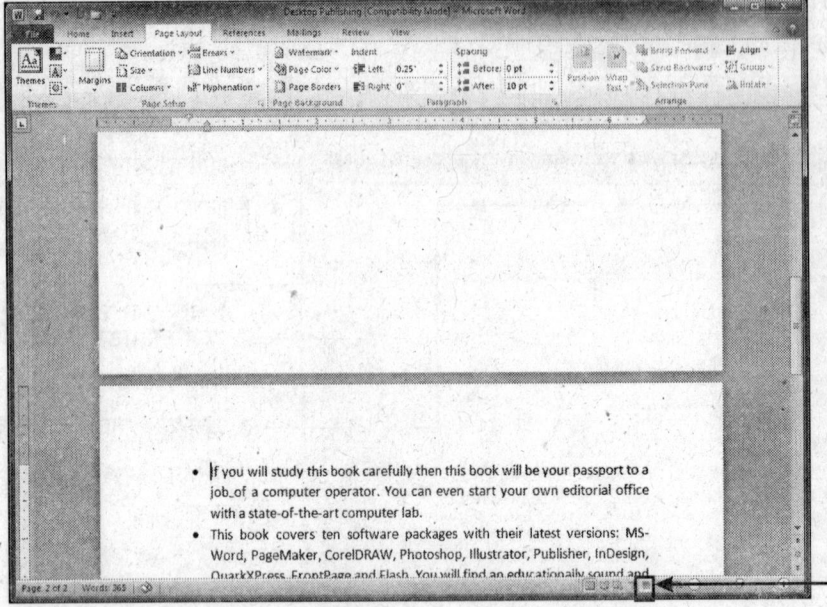

तपाई द्वारा छानिएको ब्रेकको प्रकारलाई वर्डले इंसर्ट गर्नेछ।

5. डाक्यूमेंट ड्राफ्ट व्यूमा हेर्नको लागि स्टेटस बारमा गएर **'ड्राफ्ट व्यू'** बटन माथि क्लिक गर्नुहोस्।

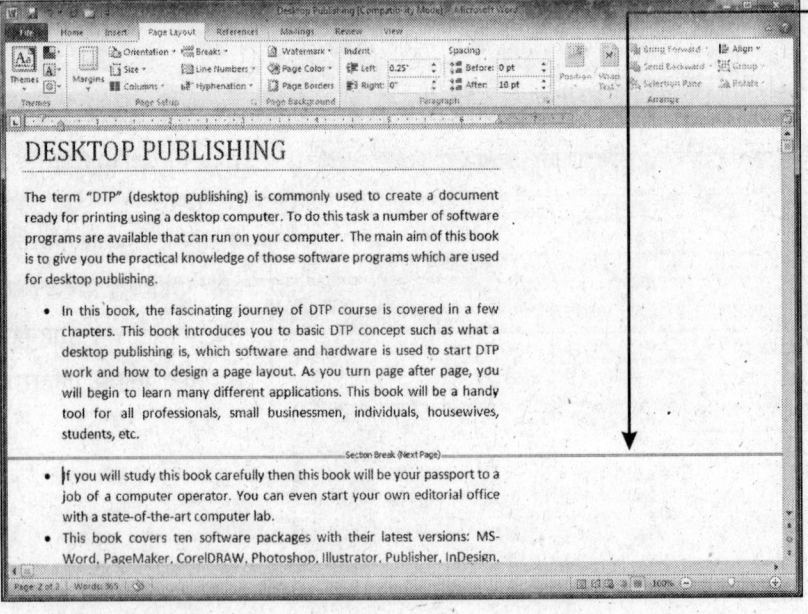

सेक्शन ब्रेक ब्रेक लाइन देखिन्छ।

डाक्यूमेंटबाट सेक्शन ब्रेक लाइन हटाउनको लागि सेक्शन ब्रेक लाइनमा गएर आफ्नो की-बोर्डबाट **'डिलीट'** बटन थिच्नुहोस्।

यो पनि जान्नुहोस

जब तपाई आफ्नो डाक्यूमेंटको प्रिंट लिनुहुन्छ तब तपाईद्वारा छानिएको सेक्शन ब्रेकको निशान देखिदैन तर प्रिंट आउटमा त्यसको प्रभाव देखिन्छ।

पेजको (ओरिएंटेशन) स्थिति बदलिन

प्रिंट गर्दा तपाईले आफ्नो टेक्स्टको स्थिति बदलिन सक्नुहुन्छ। अर्थात्, तपाई यसलाई स्टैंडर्ड पोट्रेट ओरिएंटेशन (पेज बढि लामो र कम चौडा▯) ले लैंडस्केप ओरिएंटेशन (पेज कम लामो र ज्यादा चौडा▯) मा पनि बदलिन सक्नुहुन्छ।

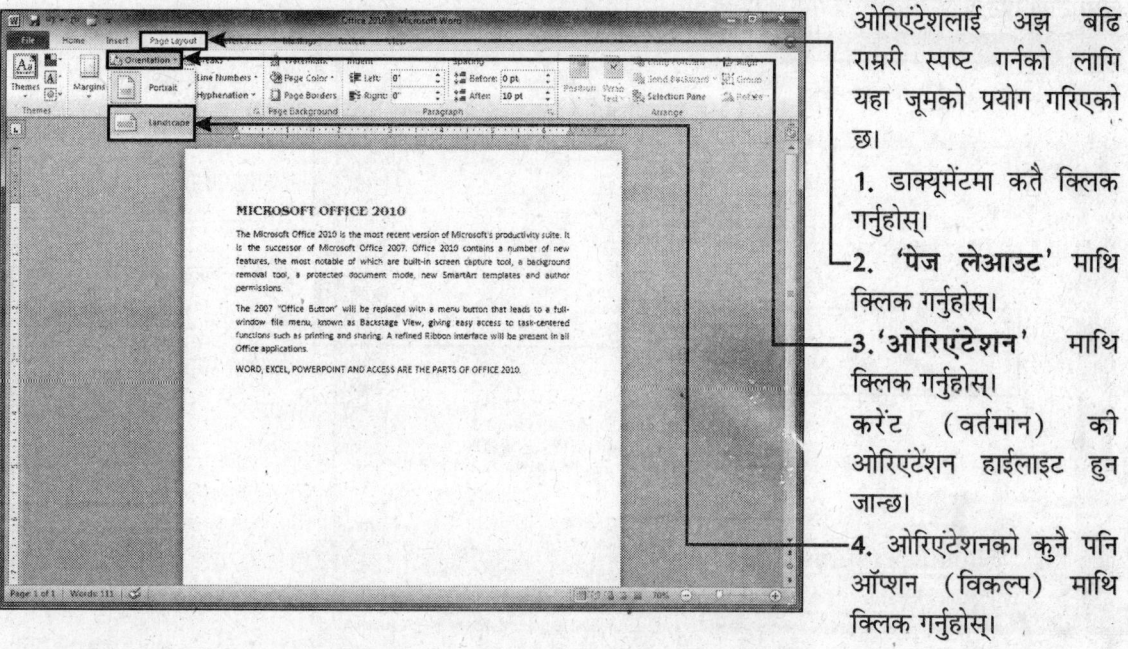

ओरिएंटेशलाई अझ बढि राम्ररी स्पष्ट गर्नको लागि यहा जूमको प्रयोग गरिएको छ।

1. डाक्यूमेंटमा कतै क्लिक गर्नुहोस्।
2. 'पेज लेआउट' माथि क्लिक गर्नुहोस्।
3. 'ओरिएंटेशन' माथि क्लिक गर्नुहोस्।
करेंट (वर्तमान) की ओरिएंटेशन हाईलाइट हुन जान्छ।
4. ओरिएंटेशनको कुनै पनि ऑप्शन (विकल्प) माथि क्लिक गर्नुहोस्।

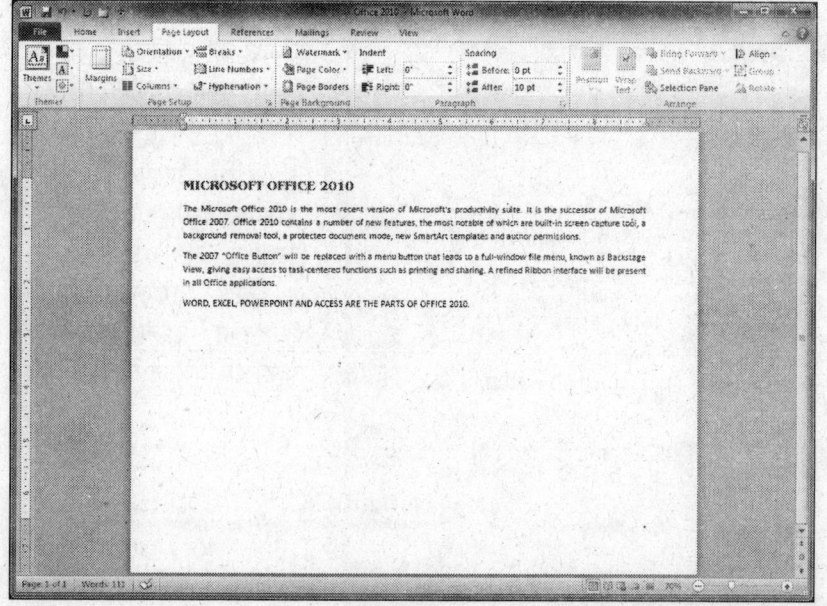

वर्डले ओरिएंटेशनलाई बदलिदिन्छ।

यस उदाहरणमा हहामीले लैंडस्केप ओरिएंटेशनलाई छानेका छौं।

पेज नंबर एड (जोड्न) गर्न

आफ्नो डाक्यूमेंट्समा पेज नंबर पनि एड गर्न सक्नुहुन्छ अर्थात समावेस गर्न सक्नुहुन्छ। आफ्नो स्क्रीनमा पेज नंबर हेर्नको लागि, तपाईको डाक्यूमेंटलाई प्रिंट लेआउट व्यूमा डिस्प्ले हुनुपर्छ। उदाहरणको लागि पेज नंबर समावेस हुनाले कुनै लामो डाक्यूमेंटको प्रिंट गर्दा त्यसलाई क्रममा लगाउन धेरै सजिलै हुन्छ।

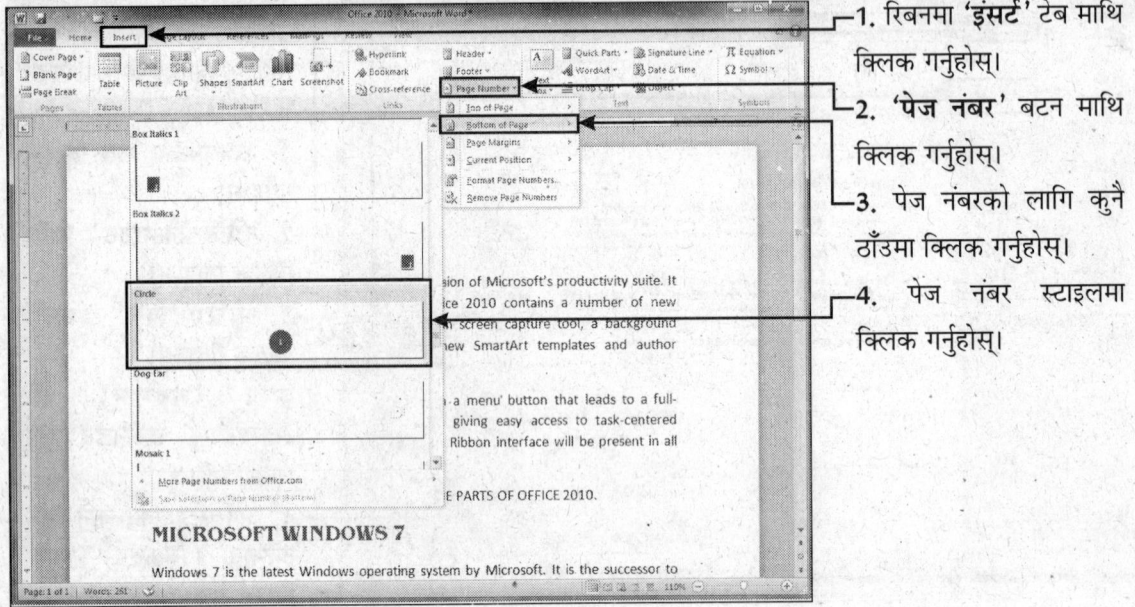

1. रिबनमा 'इंसर्ट' टेब माथि क्लिक गर्नुहोस्।
2. 'पेज नंबर' बटन माथि क्लिक गर्नुहोस्।
3. पेज नंबरको लागि कुनै ठाँउमा क्लिक गर्नुहोस्।
4. पेज नंबर स्टाइलमा क्लिक गर्नुहोस्।

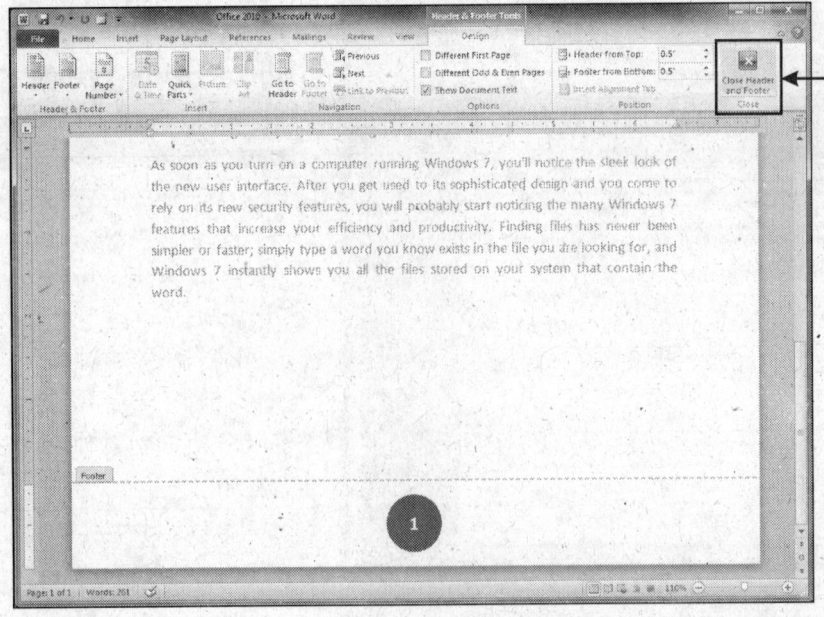

र अझ अधिक स्टाइल हेर्नको लागि तपाई स्क्रॉल बारको प्रयोग गर्न सक्नुहुन्छ।

5. वर्डले तपाईले बनाएको डाक्यूमेंटहरुमा पेज नंबर असाइन (शुरू) गर्नेछ। **हेडर र फुटर** एरियाबाट बाहिर आउनको लागि हेडर र फुटरलाई क्लोज गर्नुहोस्।

हेडर र फुटर समावेस गर्न

आफ्नो डाक्यूमेंटको प्रत्येक पेजको अतिरिक्त इंफोर्मेशनलाई डिस्प्ले गर्नको लागि तपाईंले त्यसमा हेडर र फुटरलाई पनि एड (शामिल) गर्न सक्नुहुन्छ। हेडर र फुटरमा चैप्टर टाइटल, पेज नंबर र वर्तमान मिति जस्तो सूचनाहरु समावेस हुन सक्छ। हेडर सधैं प्रिंट गरेको पेजमा सबै भन्दा माथि देखिन्छ र फुटर सधैं प्रत्येक पेजको बॉटममा देखिन्छ।

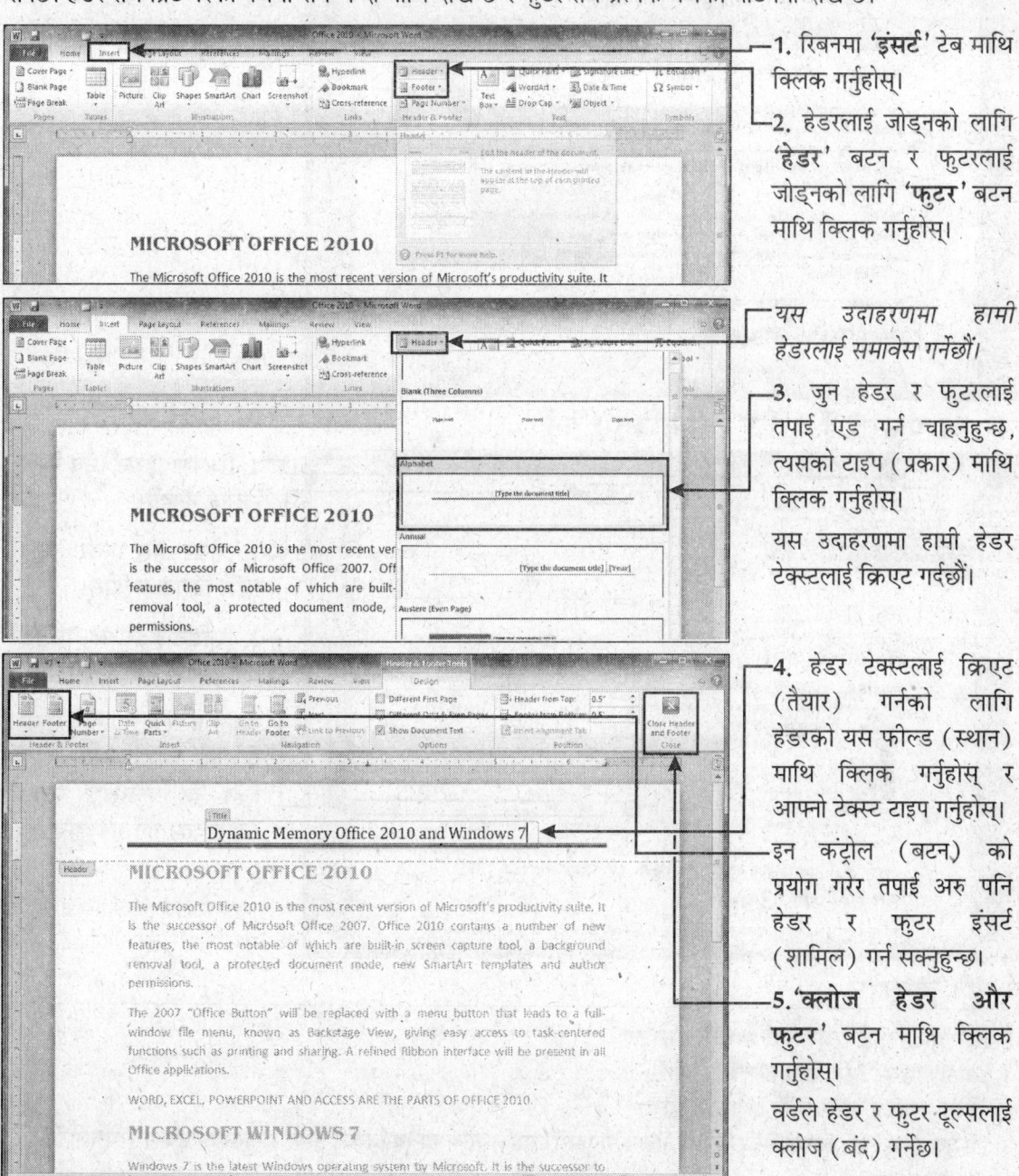

1. रिबनमा **'इंसर्ट'** टेब माथि क्लिक गर्नुहोस्।

2. हेडरलाई जोड्नको लागि **'हेडर'** बटन र फुटरलाई जोड्नको लागि **'फुटर'** बटन माथि क्लिक गर्नुहोस्।

यस उदाहरणमा हामी हेडरलाई समावेस गर्नेछौं।

3. जुन हेडर र फुटरलाई तपाई एड गर्न चाहनुहुन्छ, त्यसको टाइप (प्रकार) माथि क्लिक गर्नुहोस्।

यस उदाहरणमा हामी हेडर टेक्स्टलाई क्रिएट गर्दछौं।

4. हेडर टेक्स्टलाई क्रिएट (तैयार) गर्नको लागि हेडरको यस फील्ड (स्थान) माथि क्लिक गर्नुहोस् र आफ्नो टेक्स्ट टाइप गर्नुहोस्।

इन कंट्रोल (बटन) को प्रयोग गरेर तपाई अरु पनि हेडर र फुटर इंसर्ट (शामिल) गर्न सक्नुहुन्छ।

5. **'क्लोज हेडर और फुटर'** बटन माथि क्लिक गर्नुहोस्।

वर्डले हेडर र फुटर टूल्सलाई क्लोज (बंद) गर्नेछ।

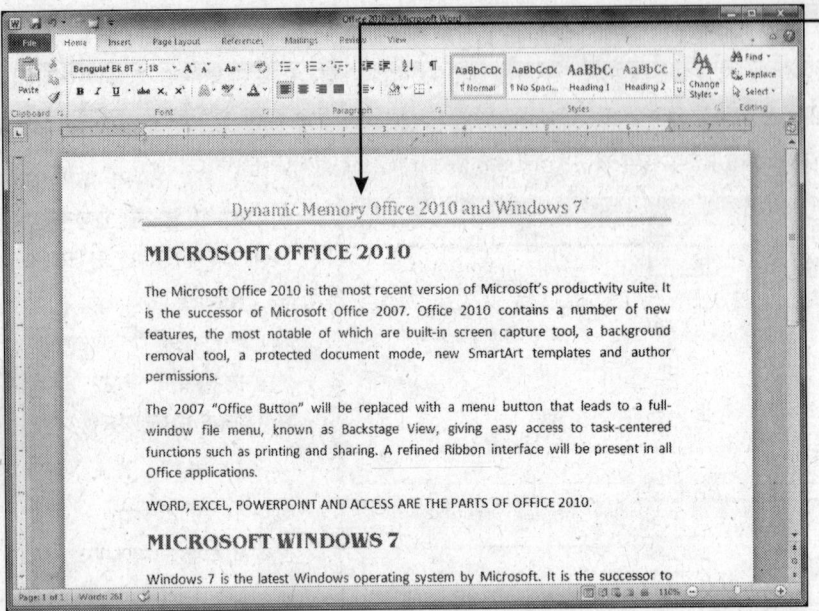

वर्डले डाक्यूमेंटको पेजमा हेडर र फुटर डिस्प्ले गर्नेछ।

हेडर वा फुटरलाई एडिट (संपादित) गर्न

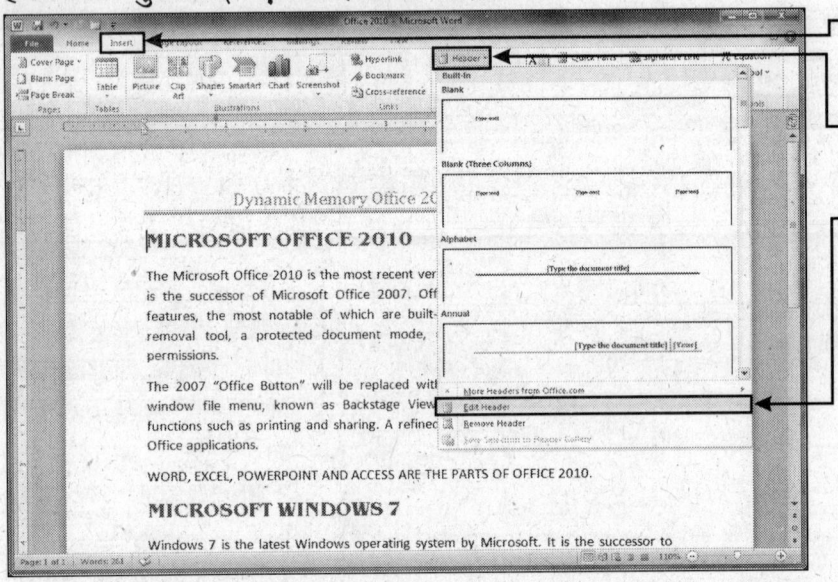

1. रिबनमा 'इंसर्ट' टेब माथि क्लिक गर्नुहोस्।
2. 'हेडर और फुटर' बटन माथि क्लिक गर्नुहोस्।
3. 'एडिट हेडर' या 'एडिट फुटर' माथि क्लिक गर्नुहोस्।

वर्डले हेडर र फुटरको टूल्स डिस्प्ले गर्नेछ। यहा तपाई हेडर वा फुटरलाई एडिट (संपादित) गर्न सक्नुहुन्छ।

यो पनि जान्नुहोस

हेडर र फुटरलाई रिमूव गर्न अर्थात हटाउन
1. रिबनमा 'इंसर्ट' टेब माथि क्लिक गर्नुहोस्।
2. 'हेडर र फुटर' बटन माथि क्लिक गर्नुहोस्।
3. 'रिमूव हेडर' वा 'रिमूव फुटर' माथि क्लिक गर्नुहोस्। वर्डले त्यस डाक्यूमेंटबाट हेडर र फुटरको टेक्स्ट रिमूव गर्नेछ अर्थात हटाउनेछ।

न्यूजपेपर कॉलम क्रिएट (तैयार) गर्न

आफ्नो टेक्स्टलाई कॉलममा त्यसरी डिस्प्ले गर्न सक्नुहुन्छ, जसरी त्यो पत्रिकामा देखिन्छ। न्यूजलेटर्स र ब्रोशर जस्तै डाक्यूमेंटमा कॉलमलाई क्रिएट गर्न धेरै उपयोगी हुन्छ।

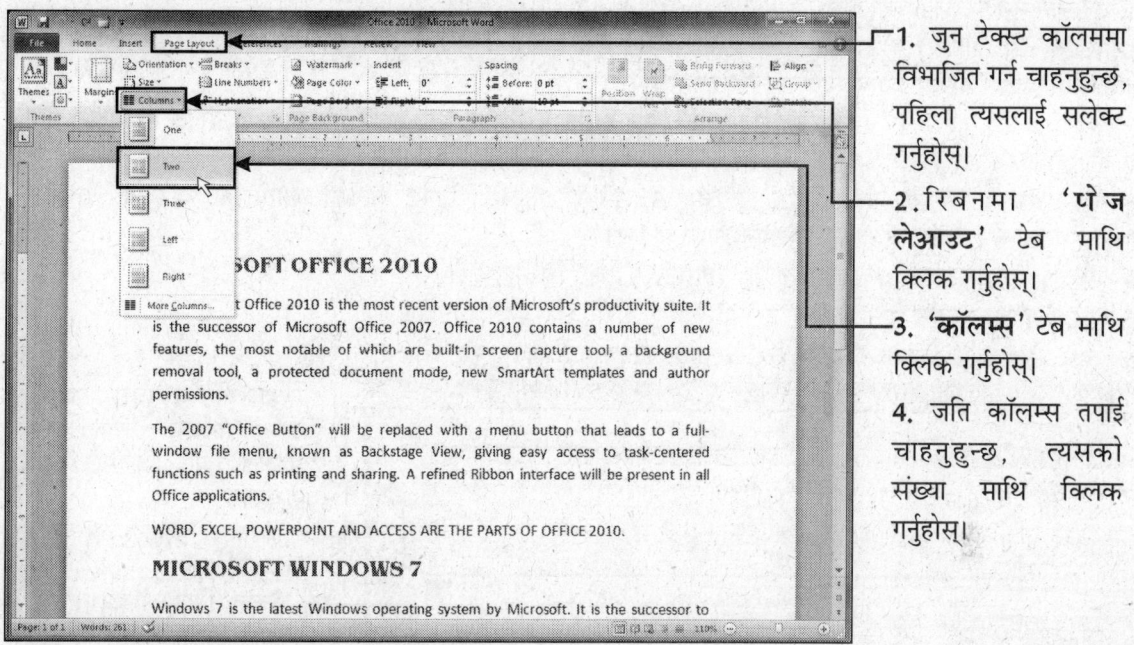

1. जुन टेक्स्ट कॉलममा विभाजित गर्न चाहनुहुन्छ, पहिला त्यसलाई सलेक्ट गर्नुहोस्।
2. रिबनमा 'पेज लेआउट' टेब माथि क्लिक गर्नुहोस्।
3. 'कॉलम्स' टेब माथि क्लिक गर्नुहोस्।
4. जति कॉलम्स तपाई चाहनुहुन्छ, त्यसको संख्या माथि क्लिक गर्नुहोस्।

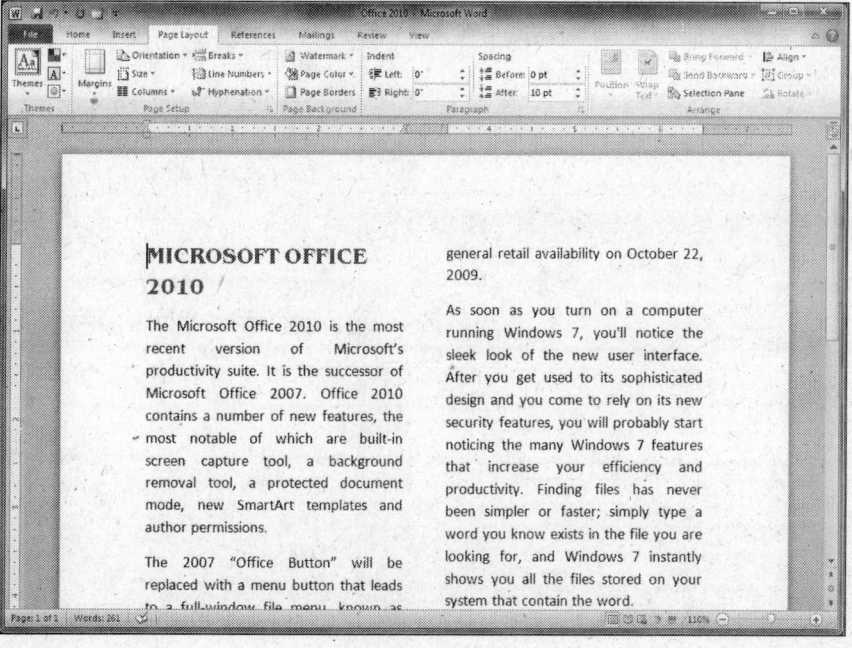

नया कॉलम शुरू गर्नु भन्दा पूर्व वर्डले टेक्स्टलाई त्यस कॉलममा सेट गर्नेछ। अर्थात एक कॉलममा टेक्स्ट भरेपछि अर्को कॉलम शुरू हुनेछ। न्यूजपेपर कॉलम रिमूव (हटाउन) को लागि स्टेप '1' देखि '3' सम्म दोहराउनुहोस्। त्यस पछि स्टेप '3' मा 'वन' कॉलम सलेक्ट गर्नुहोस्।

टेबल क्रिएट गर्ने अर्थात सारिणी तैयार गर्ने

आफ्नो डाक्यूमेंटको इंफोर्मेशनलाई अझ बढि स्पष्ट रूपबाट डिस्प्ले गर्नको लागि तपाईले टेबल (सारिणी) पनि तैयार गर्न सक्नुहुन्छ। एमएस वर्ड प्रोग्राममा टेबलको ऑप्शन एउटा उपयोगी फार्मेटिंग टूल हो। यसले तपाईलाई रो (पंक्ति) र कॉलम सजिलैसंग इंसर्ट गर्ने स्वतन्त्रता दिन्छ।

वर्डमा टेबल रो (पंक्ति) र कॉलमको रूपमा व्यवस्थित एक प्रकारको बाक्स हुन्छ। यो कहिले-काहि एक स्प्रेडशीटको सरह काम गर्दछ (यो तपाई अर्को अध्यायमा पढ्नुहोस्)

टेबलमा एक सेलबाट अर्को सेलमा इंसर्शन प्वाइंट मूव गराउन (लैजान) को लागि तपाई निम्नलिखित मध्ये कुनै पनि तरीका अपनाउन सक्नुहुन्छ।

- अर्को सेलमा जानको लागि **'टैब'** थिच्नुहोस्। (दायाँ तिरको सेलमा जानको लागि वा यदि यो दायातिर अन्तिममा छ भने अर्को पंक्तिको शुरुआतमा जानको लागि)
- पहिलो सेलमा वापस आउनको लागि **'शिफ्ट र टैब'** थिच्नुहोस्।
- एरोको दिशामा कुनै पनि सेलमा जानको लागि **'ऐरो'** को प्रयोग गर्नुहोस्।
- त्यस सेल माथि क्लिक गर्नुहोस् जसमा तपाई टाइप गर्न चाहनुहुन्छ।

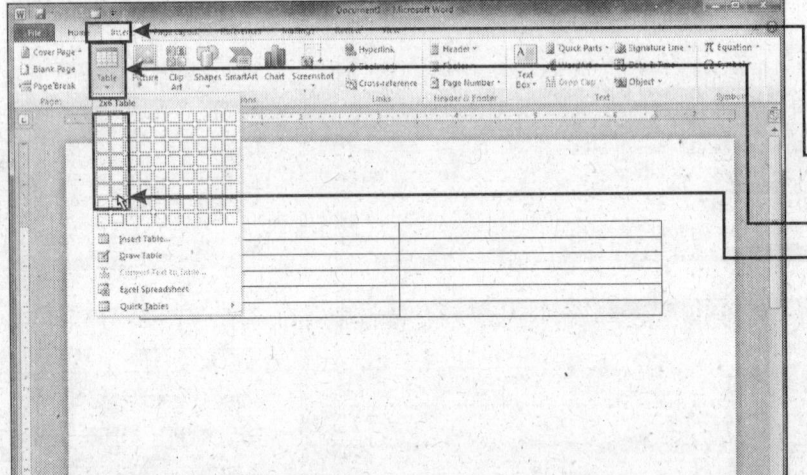

1. डाक्यूमेंटको त्यस स्थानमा क्लिक गर्नुहोस् जहा तपाई टेबललाई इंसर्ट (शामिल) गर्न चाहनुहुन्छ।

2. रिबनमा **'इंसर्ट'** टैब माथि क्लिक गर्नुहोस्।

3. **'टेबल'** क्लिक गर्नुहोस्।

4. तपाई टेबलमा जति पंक्ति र कॉलम राख्न चाहनुहुन्छ त्यस स्थान सम्म माउसको प्वाइंटरलाई क्लिक गर्दै लैजानुहोस्।

जहा सम्म तपाई सेलमा क्लिक गर्नुहुन्छ, वर्डले त्यस टेबलको प्रिव्यू डिस्प्ले गर्नेछ।

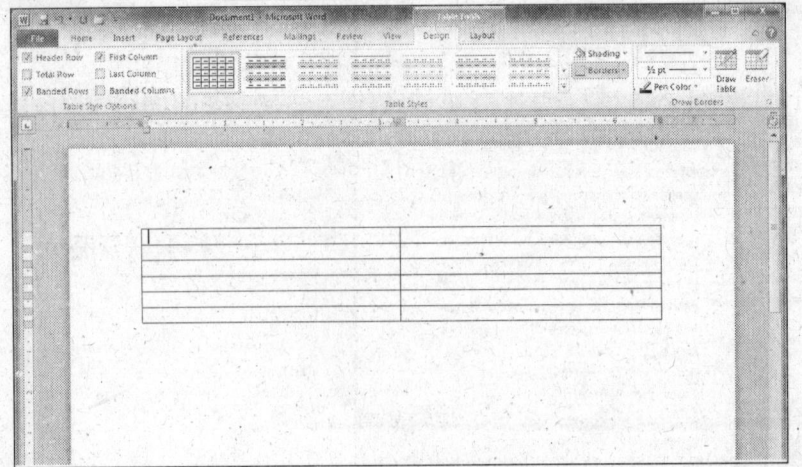

यसपछि वर्डले त्यस डाक्यूमेंटमा टेबल इंसर्ट (शामिल) गर्नेछ।

टेबलमा टेक्स्ट हाल्न

तपाई टेबलमा त्यसरी नै टेक्स्टलाई एंटर (शामिल) समावेस गर्न सक्नुहुन्छ, जसरी आफ्नो डाक्यूमेंटमा गर्दछ।

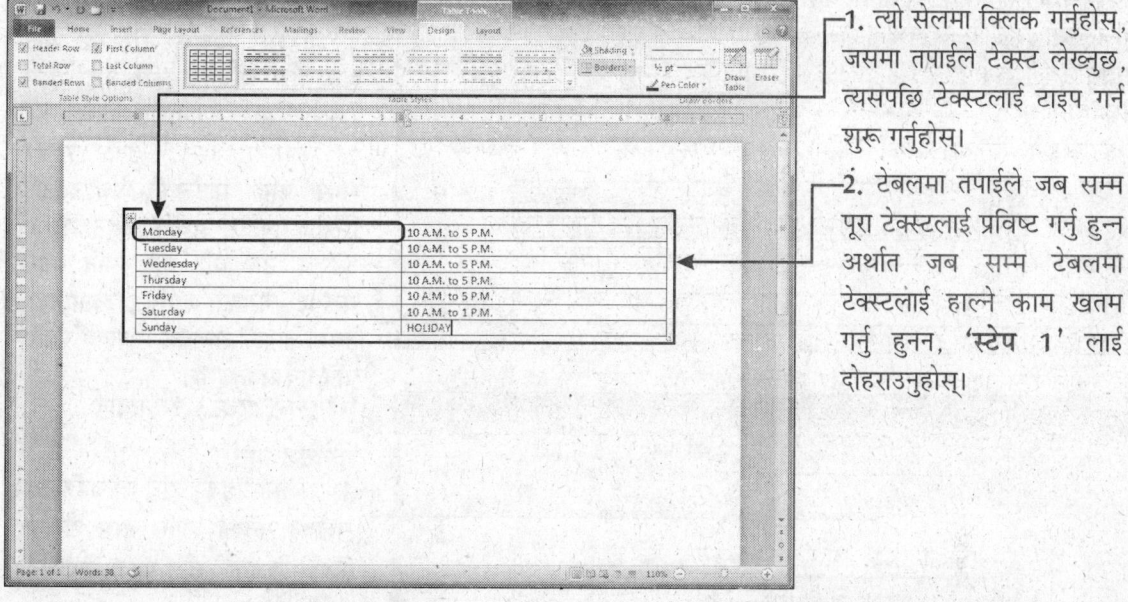

1. त्यो सेलमा क्लिक गर्नुहोस्, जसमा तपाईले टेक्स्ट लेख्नुछ, त्यसपछि टेक्स्टलाई टाइप गर्न शुरू गर्नुहोस्।
2. टेबलमा तपाईले जब सम्म पूरा टेक्स्टलाई प्रविष्ट गर्नु हुन्न अर्थात जब सम्म टेबलमा टेक्स्टलाई हाल्ने काम खतम गर्नु हुनन, **'स्टेप 1'** लाई दोहराउनुहोस्।

टेबल डिलीट गर्न अर्थात हटाउन

तपाईले चाहेको समय टेबल डिलीट गर्न सक्नुहुन्छ, अर्थात आफ्नो डाक्यूमेंटबाट हटाउन सक्नुहुन्छ।

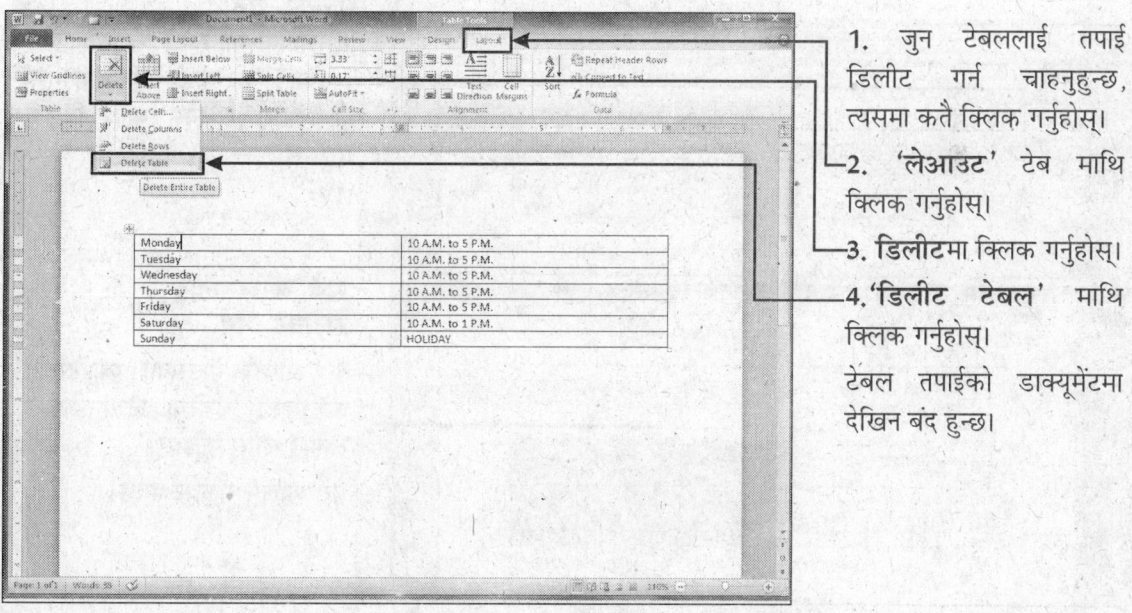

1. जुन टेबललाई तपाई डिलीट गर्न चाहनुहुन्छ, त्यसमा कतै क्लिक गर्नुहोस्।
2. **'लेआउट'** टेब माथि क्लिक गर्नुहोस्।
3. **डिलीट**मा क्लिक गर्नुहोस्।
4. **'डिलीट टेबल'** माथि क्लिक गर्नुहोस्।

टेबल तपाईको डाक्यूमेंटमा देखिन बंद हुन्छ।

टेबलमा सेललाई सलेक्ट गर्न

टेबलमा टास्क (कार्य) लाई एडिट (संपादित) गर्न र टेबलमा छानिएको सबै क्षेत्रमा फार्मेटिंगलाई अप्लाई (लागू) गर्नको लागि तपाईले रो (पंक्ति), सेल र कॉलम्स सलेक्ट गर्न सक्नुहुन्छ।

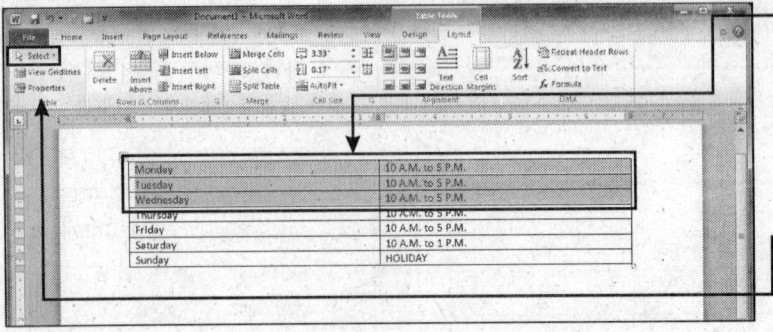

1. माउसले क्लिक गरेर त्यो सेल सम्म ड्रैग गर्दै लैजानुहोस् जहा सम्म सेललाई सलेक्ट गर्न चाहनुहुन्छ।
2. सलेक्टेड सेल (छनौट सेल) सम्म पुगेर माउसको प्वाइंटरलाई रिलीज गर्नुहोस् अर्थात छोड्नुहोस्।

आफ्नो टेबलको कुनै पनि भाग सलेक्ट गर्नको लागि **'लेआउट'** टैबमा तपाई **'सलेक्ट'** टूलको प्रयोग पनि गर्न सक्नुहुन्छ।

सिंगल (एक) सेललाई सलेक्ट गर्न

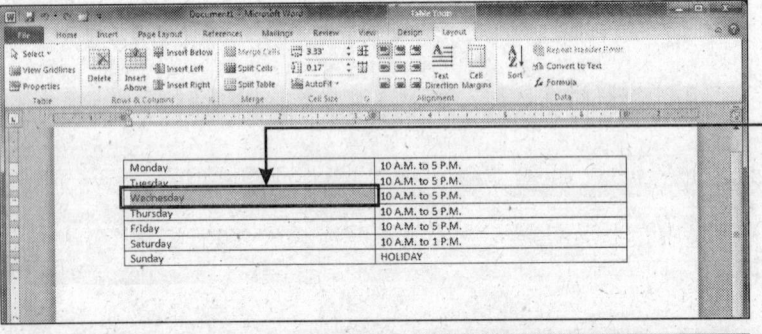

1. सेलमा रहेको सबै चीजहरुलाई सलेक्ट गर्नको लागि त्यस सेलमा ट्रिपल क्लिक (तीन पटक क्लिक) गर्न सक्नुहुन्छ।

पूरी रो (पंक्ति) सलेक्ट गर्न

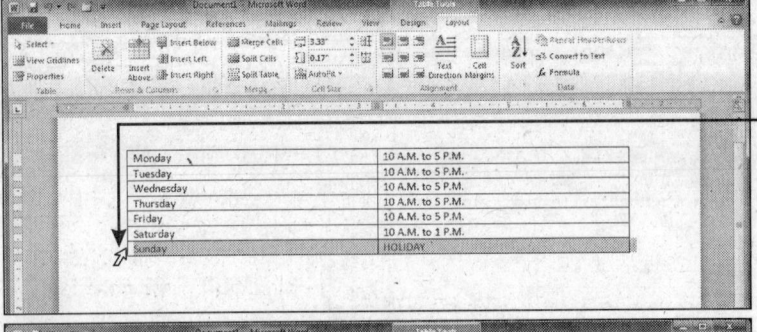

1. आफ्नो माउसको प्वाइंटरलाई रो (पंक्ति) को बार्डर (किनारा) मा लैजानुहोस् र त्यस माथि क्लिक गर्नुहोस्।

सबै कॉलममलाई सलेक्ट गर्न

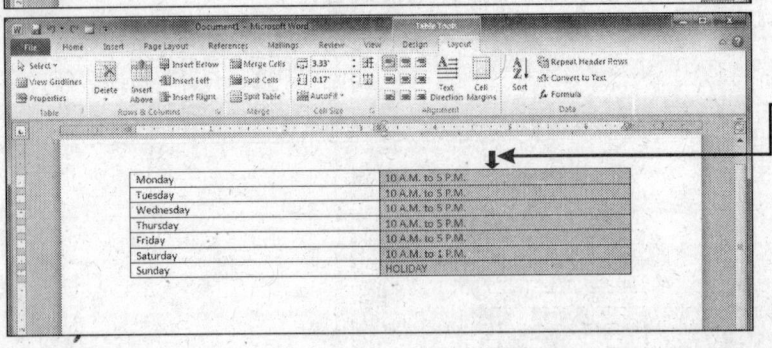

1. आफ्नो माउसको प्वाइंटरलाई कॉलमको बार्डरमा लैजानुहोस् र त्यहा क्लिक गर्नुहोस्।

पूरा कॉलम सलेक्ट हनेछ।

टेबलमा पंक्ति जोड्न

अतिरिक्त सूचनालाई इंसर्ट गर्नको लागि तपाईले आफ्नो टेबलमा अझ रो (पंक्तिहरू) पनि जोड्न सक्नुहुन्छ।

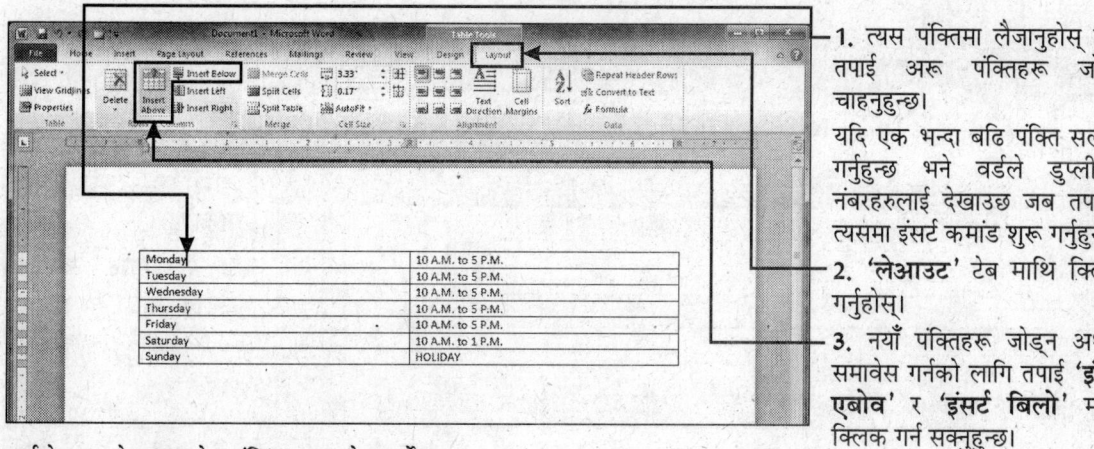

1. त्यस पंक्तिमा लैजानुहोस् जहा तपाई अरू पंक्तिहरू जोड्न चाहनुहुन्छ।

   यदि एक भन्दा बढि पंक्ति सलेक्ट गर्नुहुन्छ भने वर्डले डुप्लीकेट नंबरहरुलाई देखाउछ जब तपाईले त्यसमा इंसर्ट कमांड शुरू गर्नुहुन्छ।

2. **'लेआउट'** टेब माथि क्लिक गर्नुहोस्।
3. नयाँ पंक्तिहरू जोड्न अथवा समावेस गर्नको लागि तपाई **'इंसर्ट एबोव'** र **'इंसर्ट बिलो'** माथि क्लिक गर्न सक्नुहुन्छ।

वर्डले त्यस टेबलमा रो (पंक्ति) समावेस गर्नेछ।

टेबलमा कॉलम जोड्न

अतिरिक्त इंफोर्मेशन इंसर्ट (शामिल) गर्नको लागि तपाईले आफ्नो डाक्यूमेंटमा र कॉलम पनि जोड्न सक्नुहुन्छ।

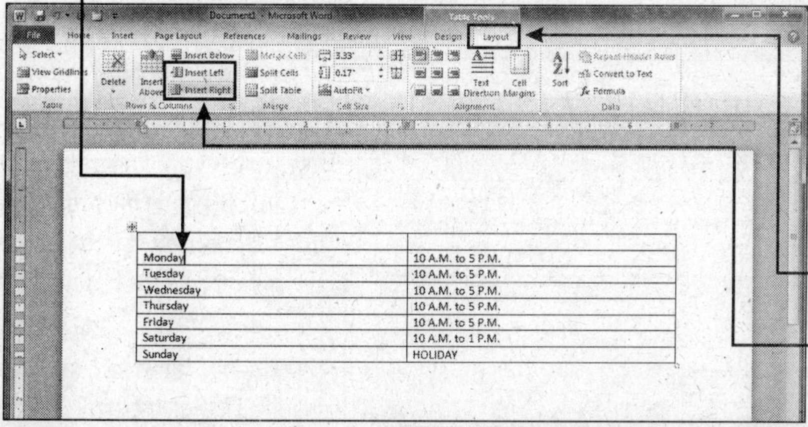

1. त्यस कॉलममा क्लिक गर्नुहोस्, जहा तपाई नयाँ कॉलम जोड्न चाहनुहुन्छ।

   यदि एक भन्दा अधिक कॉलम सलेक्ट गर्नुहुन्छ तब वर्डले डुप्लीकेट नंबरहरुलाई देखाउछ जब तपाई इंसर्ट कमांड दिनुहुन्छ।

2. **'लेआउट'** टेब माथि क्लिक गर्नुहोस्।
3. नयाँ कॉलम जोड्नको लागि **'इंसर्ट लेफ्ट'** वा **'इंसर्ट राइट'** माथि क्लिक गर्न सक्नुहुन्छ।

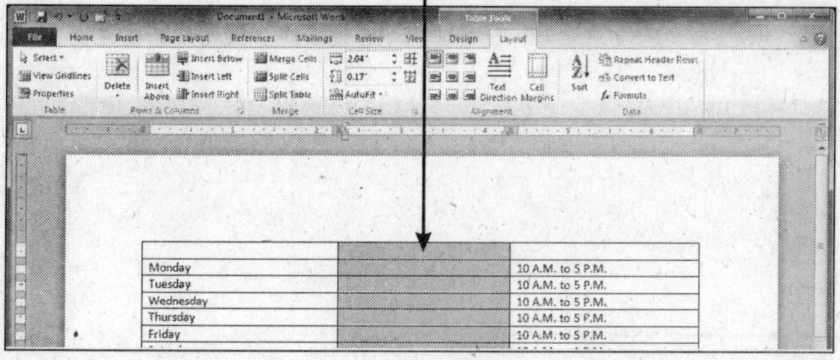

वर्डले तपाईको डाक्यूमेंटमा कॉलम इंसर्ट गर्नेछ।

टेबलबाट पंक्ति वा कॉलम डिलीट गर्न

यदि तपाईलाई आफ्नो टेबलमा कुनै टेबल वा पंक्तिको आवश्यक्ता छैन् भने तपाई त्यो सजिलैसंग डिलीट गर्न सक्नुहुन्छ।

पंक्ति डिलीट गर्न

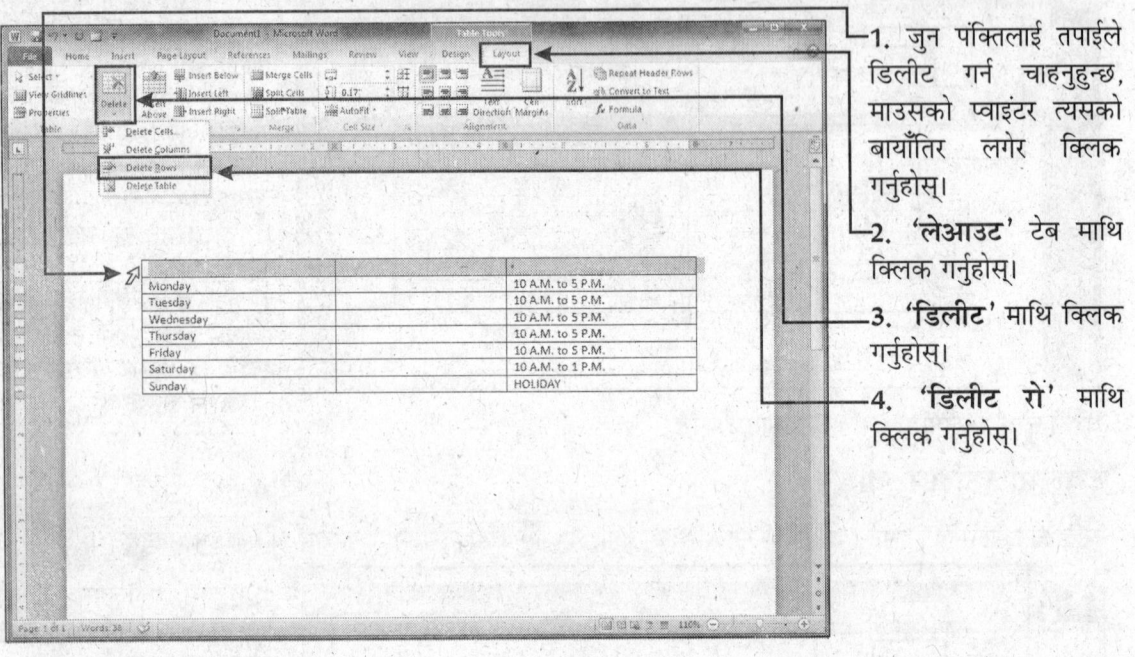

1. जुन पंक्तिलाई तपाईले डिलीट गर्न चाहनुहुन्छ, माउसको प्वाइंटर त्यसको बायाँतिर लगेर क्लिक गर्नुहोस्।
2. **'लेआउट'** टेब माथि क्लिक गर्नुहोस्।
3. **'डिलीट'** माथि क्लिक गर्नुहोस्।
4. **'डिलीट रो'** माथि क्लिक गर्नुहोस्।

कॉलम डिलीट गर्न

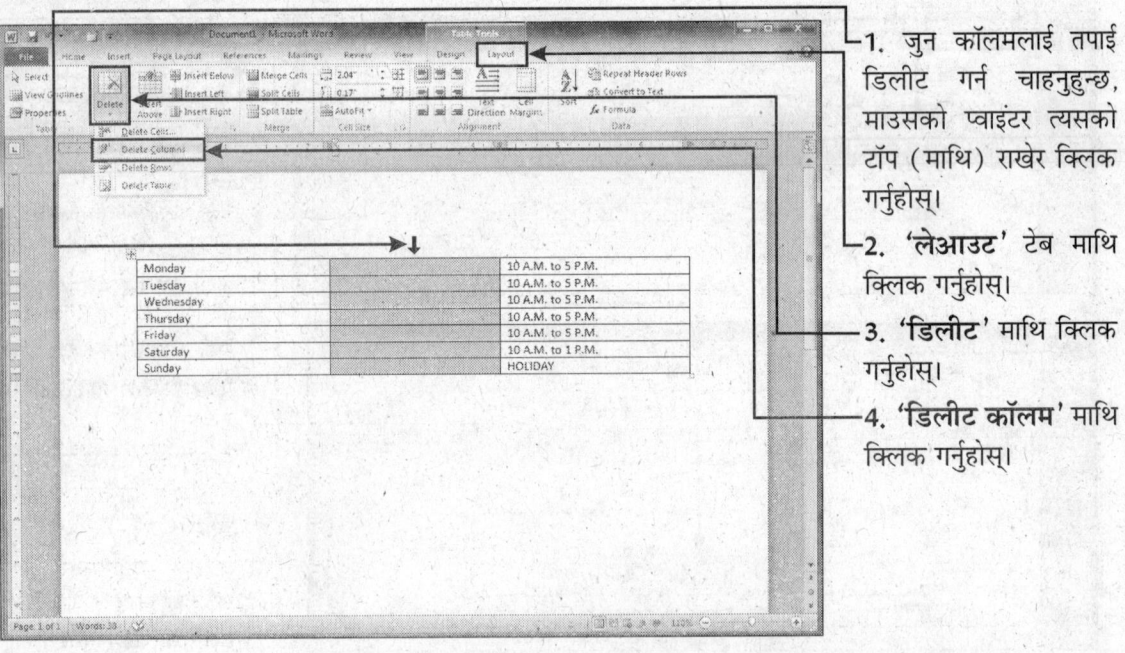

1. जुन कॉलमलाई तपाई डिलीट गर्न चाहनुहुन्छ, माउसको प्वाइंटर त्यसको टॉप (माथि) राखेर क्लिक गर्नुहोस्।
2. **'लेआउट'** टेब माथि क्लिक गर्नुहोस्।
3. **'डिलीट'** माथि क्लिक गर्नुहोस्।
4. **'डिलीट कॉलम'** माथि क्लिक गर्नुहोस्।

पंक्तिको ऊंचाई बदलिन

आफ्नो टेबलको लेआउट इंप्रूव गर्न अर्थात राम्रो बनाउनको लागि पंक्तिको हाइट (ऊंचाई) पनि बदलिन सक्नुहुन्छ।

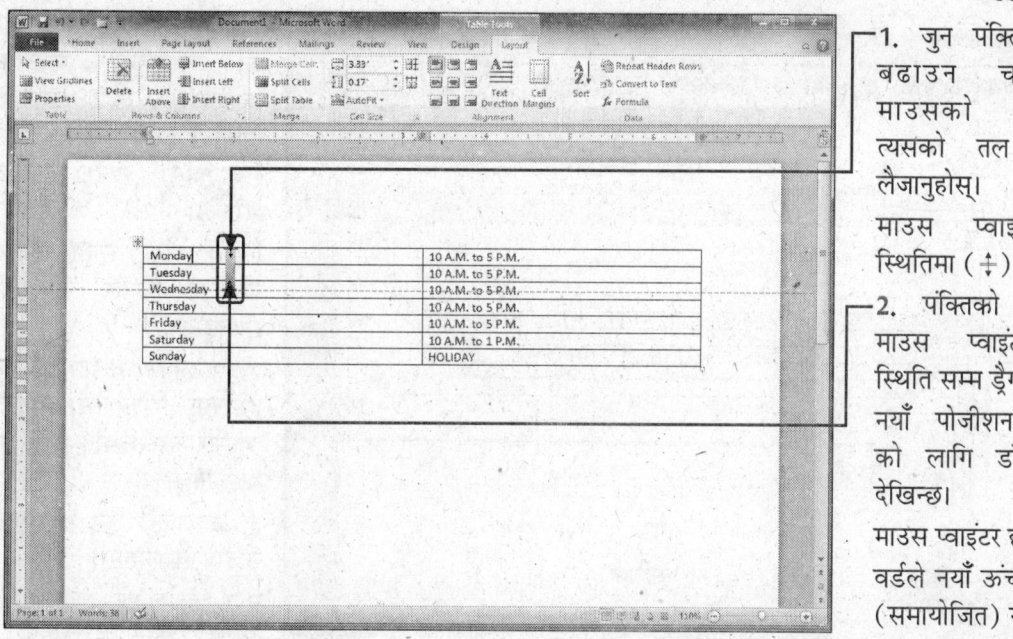

1. जुन पंक्तिको ऊंचाई बढाउन चाहनुहुन्छ, माउसको प्वांटरलाई त्यसको तल किनारामा लैजानुहोस्।

माउस प्वाइंटर त्यस स्थितिमा (‡) बदलिन्छ।

2. पंक्तिको किनारालाई माउस प्वाइंटरले नयाँ स्थिति सम्म ड्रैग गर्नुहोस्।

नयाँ पोजीशन (स्थिति) को लागि डॉटेड लाइन देखिन्छ।

माउस प्वाइंटर छोड्नुहोस्।

वर्डले नयाँ ऊंचाई एडजस्ट (समायोजित) गर्नेछ।

कॉलमको चौड़ाई बदलिन

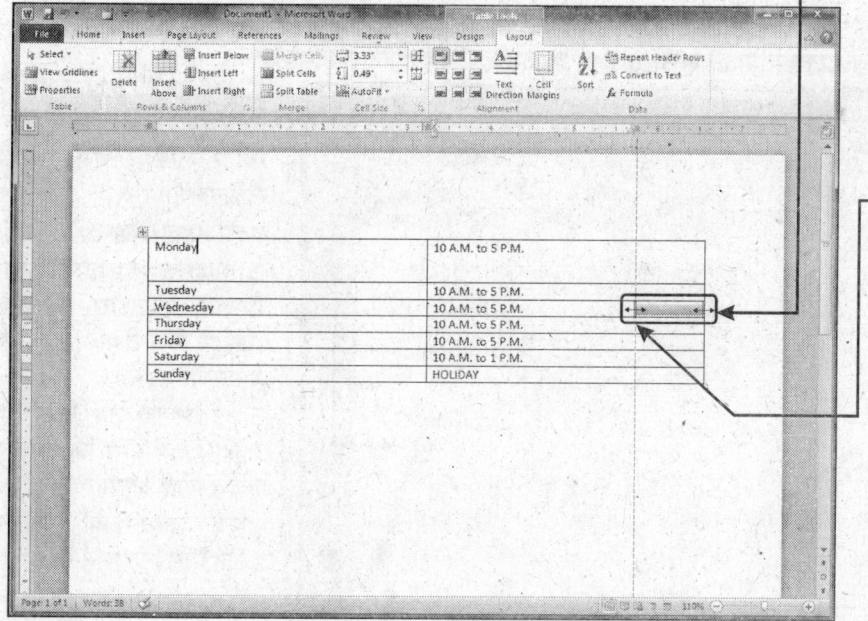

1. तपाई जुन कॉलमको चौडाई बढाउन चाहनुहुन्छ, माउसको प्वाइंटर त्यसको किनारामा लैजानुहोस्।

माउस प्वाइंटर यस स्थिति (↔)मों आउन जान्छ।

2. कॉलमको किनारालाई नयाँ पोजीशन सम्म माउसको प्वाइंटरको सहायताले ड्रैग गर्नुहोस्।

नयाँ पोजीशनको लागि एउटा डॉटेड लाइन प्रदर्शित हुन्छ।

माउसको प्वाइंटरलाई रिलीज गर्नुहोस् अर्थात छोड्नुहोस्।

वर्डले कॉलमको नयाँ चौडाईलाई एडजस्ट (समायोजित) गर्नेछ।

टेबललाई मूव गर्न अर्थात टेबलको स्थान बदलिन

आफ्नो डाक्यूमेंटमा टेबललाई एक स्थानबाट दोस्रो स्थानमा पनि लैजान सक्नुहुन्छ।

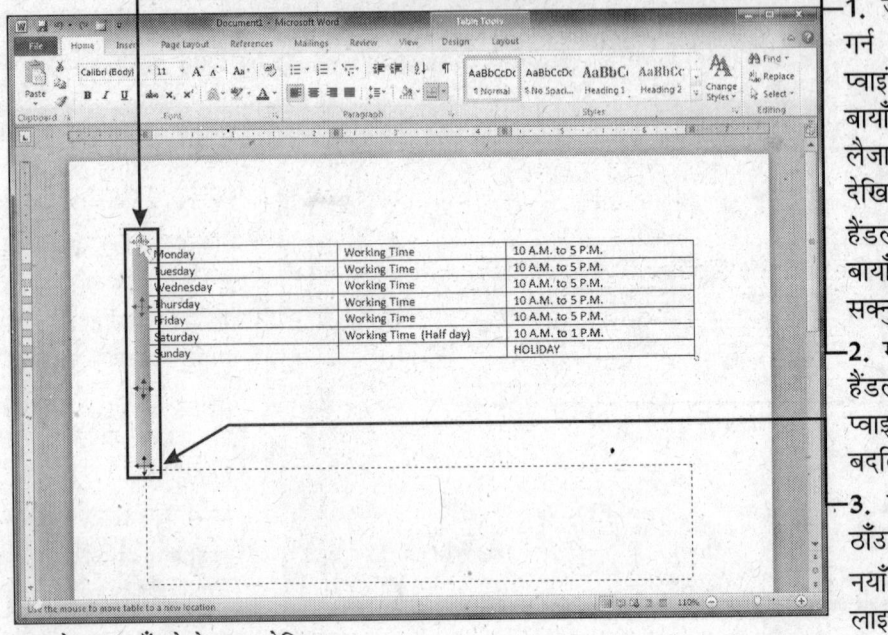

1. जुन टेबललाई तपाई मूव गर्न चाहनुहुन्छ, माउसको प्वाइंटरलाई त्यस टेबलको बायाँतिर सबै भन्दा माथि लैजानुहोस्। एउटा हैंडल देखिन्छ।
हैंडल हेर्नको लागि तपाईले बायाँतिर स्क्रॉल पनि गर्न सक्नुहुन्छ।
2. माउसको प्वाइंटरलाई यस हैंडलमा राख्नुहोस्। माउस प्वाइंटर यस स्थिति (✥)मां बदलिनेछ।
3. टेबललाई ड्रैग गर्दै अर्को ठाँउमा लैजानुहोस्।
नयाँ लोकेशनको लागि डॉटेड लाइन देखिन्छ।

अब टेबल नयाँ लोकेशनमा देखिन्छ।

टेबललाई कॉपी गर्नको लागि स्टेप **'1'** देखि **'3'** गर्नुहोस्। तर स्टेप **'3'** को ठाउमा **'कंट्रोल'** थिच्दै नयाँ लोकेशनमा लैजानुहोस्।

टेबलको साइज (आकार) बदलिन

ठाँउ अनुसार तपाईले आफ्नो डाक्यूमेंटमा टेबलको साइज (आकार) पनि बदलिन सक्नुहुन्छ।

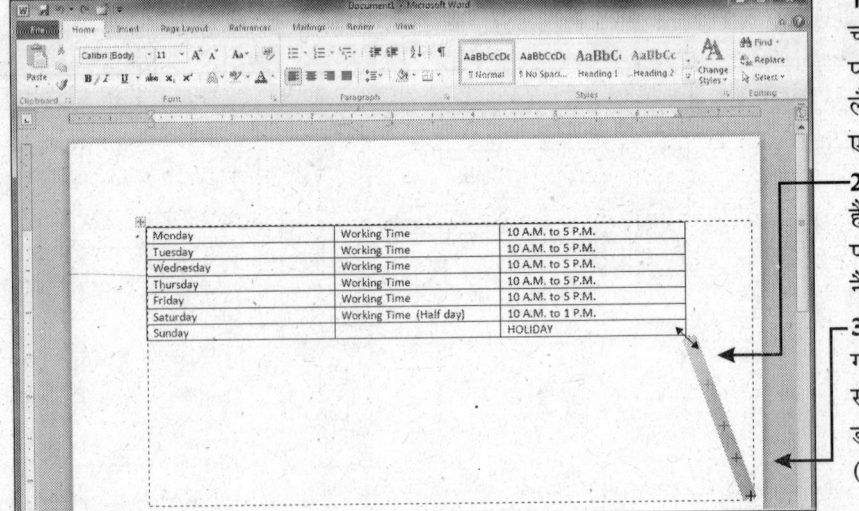

1. जुन टेबलको आकार बदलिन चाहनुहुन्छ, माउसको प्वाइंटरलाई त्यस माथि लैजानुहोस्।
एउटा हैंडल देखिन्छ।
2. माउसको प्वाइंटरलाई त्यस हैंडलमा राख्नुहोस्, माउसको प्वाइंटर त्यस स्थिति (↘) मा नै परिवर्तित हुनेछ।
3. हैंडललाई तब सम्म ड्रैग गर्नुहोस् जब सम्म कि टेबलको साइज तपाई अनुसार हुदैन्।
डॉटेड लाइन नयाँ लोकेशन (ठाँउ) लाई प्रदर्शित गर्दछ।

टेबल नयाँ आकारमा देखिन्छ।

टेबलमा सेल मिलाउन

आफ्नो डाक्यूमेंटमा ठूलो सेल प्राप्त गर्नको लागि दुई वा दुई भन्दा अधिक सेललाई जोड्न अथवा मिलाउन सकिन्छ। सेललाई कंबाइन गर्ने (मिलाउने) काम तब बढि उपयोगी हुन्छ जब तपाई आफ्नो टेबलमा माथि वा तल कुनै टाइटल डिस्प्ले गराउन चाहनुहुन्छ।

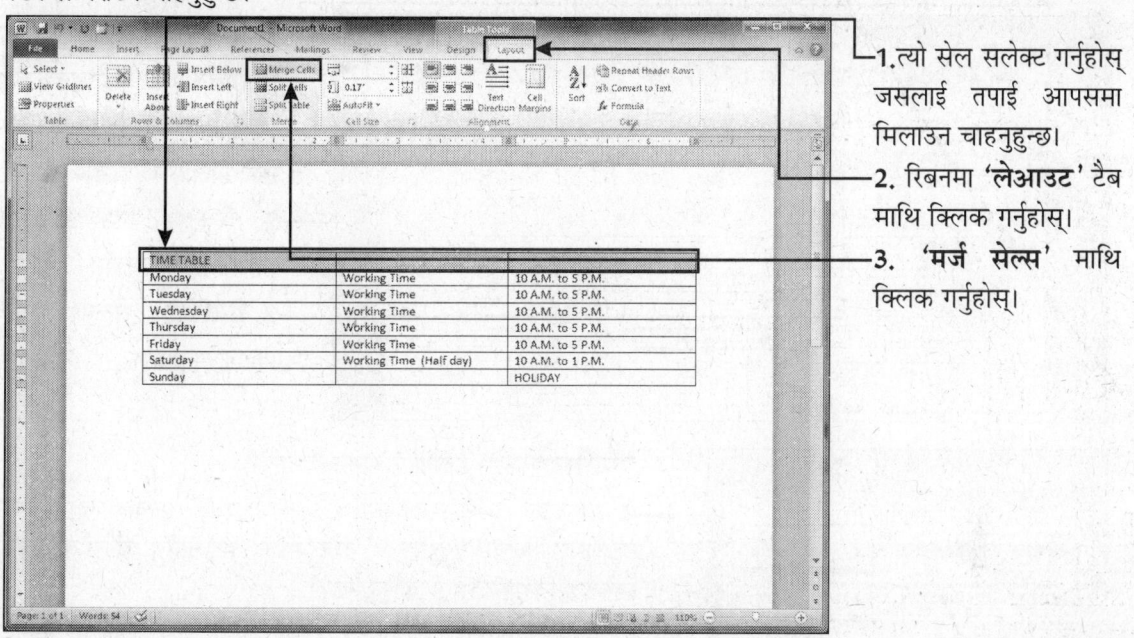

1. त्यो सेल सलेक्ट गर्नुहोस् जसलाई तपाई आपसमा मिलाउन चाहनुहुन्छ।
2. रिबनमा 'लेआउट' टैब माथि क्लिक गर्नुहोस्।
3. 'मर्ज सेल्स' माथि क्लिक गर्नुहोस्।

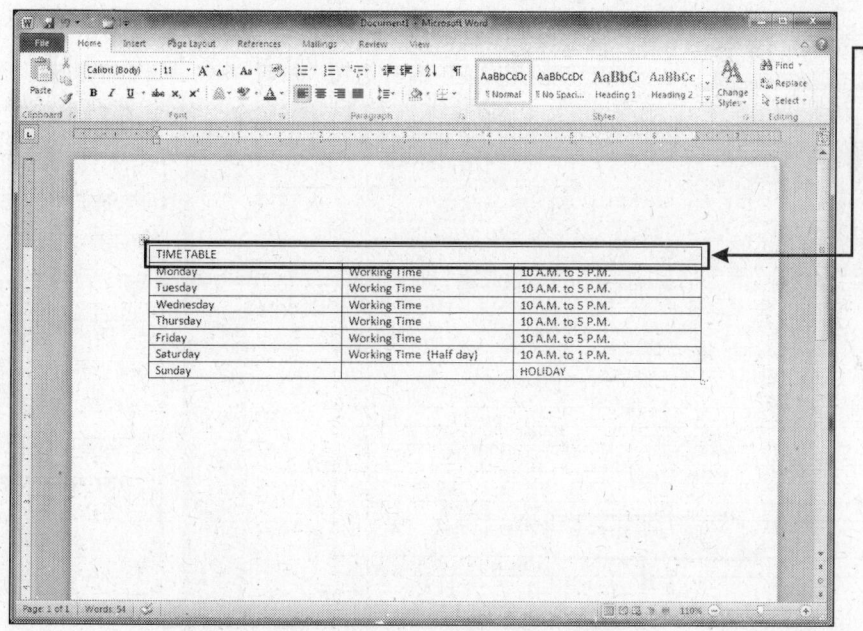

सेल आपसमा मिल्नेछ र एउटा ठूलो सेल बन्न जान्छ।

टेबलमा सेलालाई डीसलेक्ट गर्नको लागि तपाईले सलेक्ट (छानेको) गरेको एरियाको बाहिर क्लिक गर्नुहोस्।

टेबलमा सेल अलग गर्ने तरीका

आफ्नो टेबलमा कुनै सेललाई दुई वा दुई भन्दा बढि सेलमा विभाजित गर्न सक्नुहुन्छ। तपाईले सेललाई पंक्ति र कॉलममा पनि विभाजित गर्न सक्नुहुन्छ।

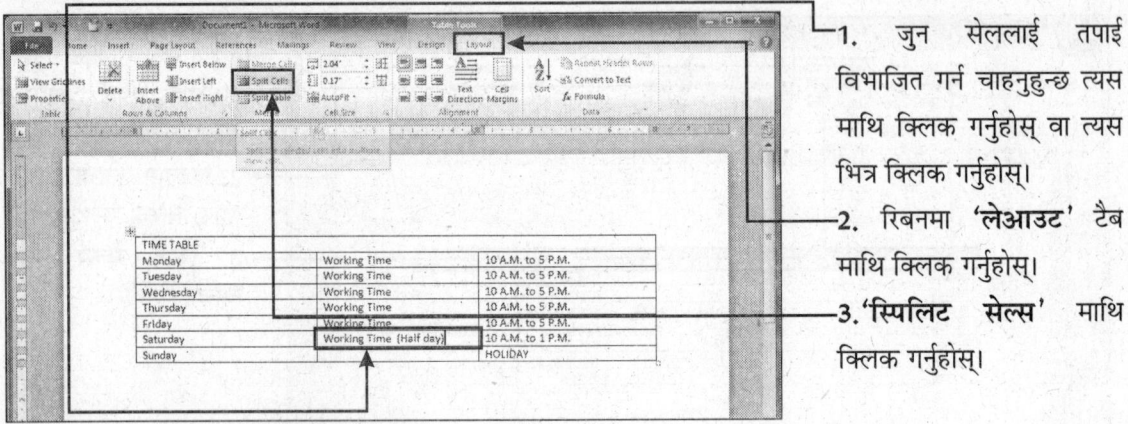

1. जुन सेललाई तपाई विभाजित गर्न चाहनुहुन्छ त्यस माथि क्लिक गर्नुहोस् वा त्यस भित्र क्लिक गर्नुहोस्।
2. रिबनमा **'लेआउट'** टैब माथि क्लिक गर्नुहोस्।
3. **'स्पिलिट सेल्स'** माथि क्लिक गर्नुहोस्।

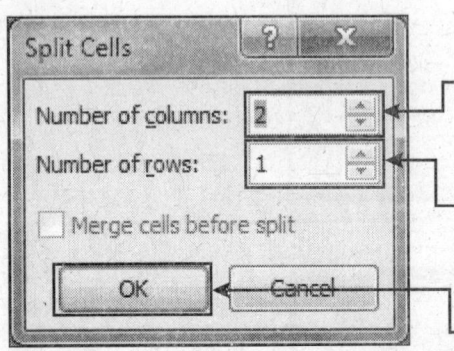

'स्पिलिट सेल्स' डायलॉग बाक्स देखिन्छ।

4. सेललाई कॉलममा स्पिलिट (विभाजित) गर्नको लागि त्यस एरियामा क्लिक गर्नुहोस् र उति संख्या हाल्नुहोस् जति कॉलममा सेललाई विभाजित गर्न चाहनुहुन्छ।
5. सेललाई पंक्तिमा विभाजित गर्नको लागि त्यस एरियामा क्लिक गर्नुहोस् र उति संख्या हाल्नुहोस् जति पंक्तिहरूमा तपाई सेललाई विभाजित गर्न चाहनुहुन्छ।
6. सेललाई विभाजित गर्नको लागि **'ओके'** माथि क्लिक गर्नुहोस्।

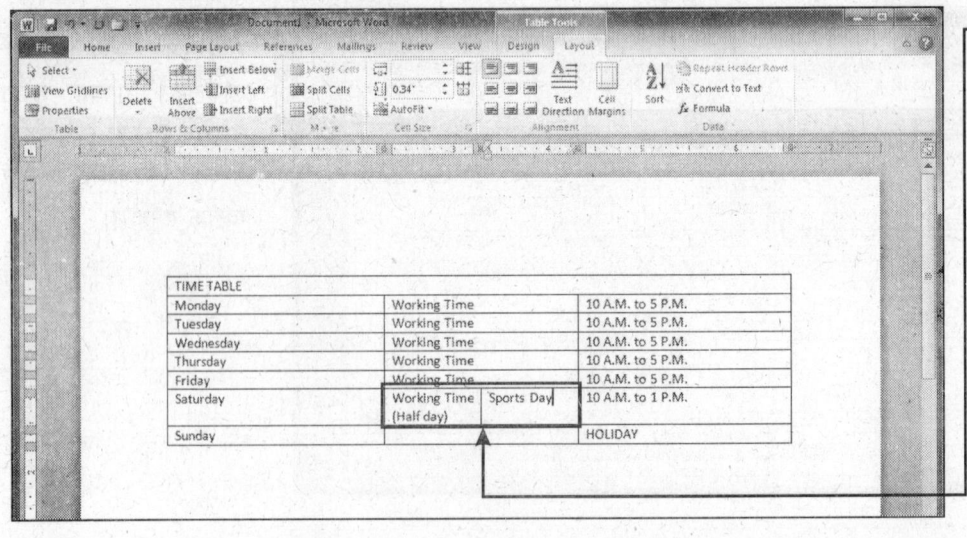

सेल धेरै सेलमा विभाजित हुन जान्छ।

यी सेलमा टेक्स्ट पनि एंटर गर्न सक्नु हुन्छ अर्थात तपाईले टेक्स्ट पनि लेख्न सक्नुहुन्छ।

सेलमा टेक्स्टको स्थिति बदलिन

सेलमा टेक्स्टको स्थितिमा बदलाव गरेर तपाईले टेबललाई आकर्षक बनाउन सक्नुहुन्छ। वर्डको टेबलमा सामान्य रूपमा लेफ्ट, राइट, सेंटर र जस्टीफाई अलाइन्मेंट ऑप्शन (विकल्प) समावेस हुन्छ। त्यसरी वर्टिकल (लंबवत) अलाइन्मेंट जस्तै बॉटम सेंटर र टॉप राइट हुन्छ। डिफॉल्ट रूपमा, वर्डले टेबलको हरेक सेलमा टेक्स्टलाई बायीं तिरबाट शुरू गर्दछ।

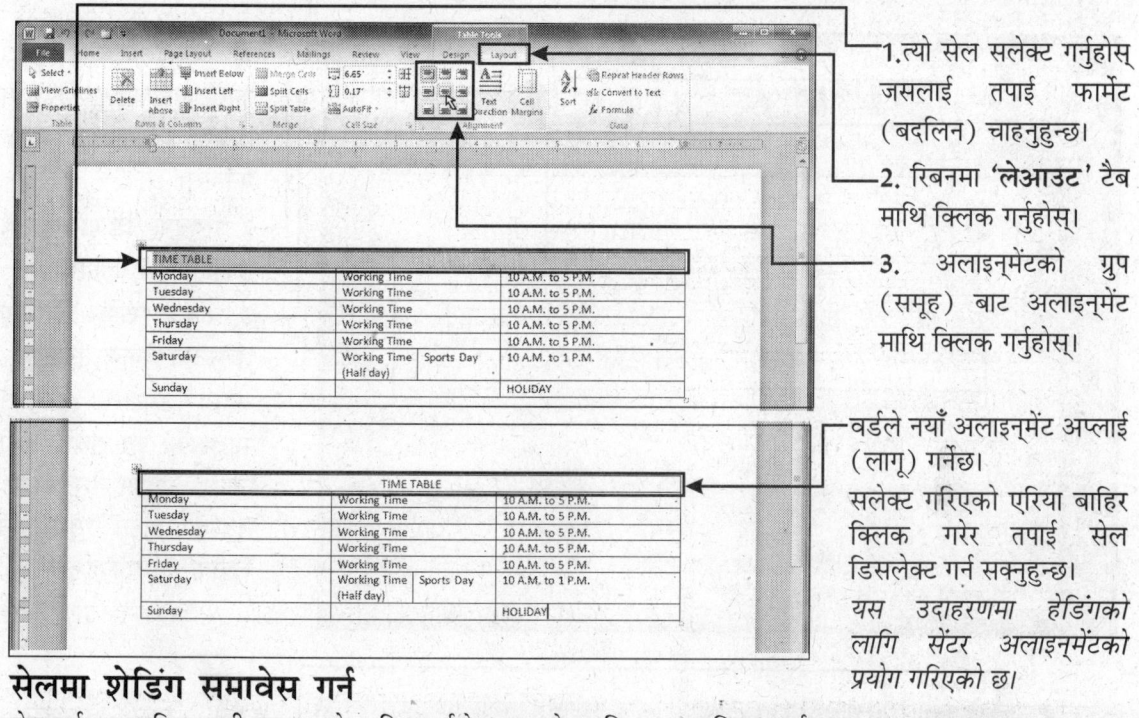

1. त्यो सेल सलेक्ट गर्नुहोस् जसलाई तपाई फार्मेट (बदलिन) चाहनुहुन्छ।
2. रिबनमा **'लेआउट'** टैब माथि क्लिक गर्नुहोस्।
3. अलाइन्मेंटको ग्रुप (समूह) बाट अलाइन्मेंट माथि क्लिक गर्नुहोस्।

वर्डले नयाँ अलाइन्मेंट अप्लाई (लागू) गर्नेछ।

सलेक्ट गरिएको एरिया बाहिर क्लिक गरेर तपाई सेल डिसलेक्ट गर्न सक्नुहुन्छ।

यस उदाहरणमा हेडिंगको लागि सेंटर अलाइन्मेंटको प्रयोग गरिएको छ।

सेलमा शेडिंग समावेस गर्न

सेललाई अझ बढि प्रभावी बनाउनको लागि तपाईले यसमा शेड पनि एड (शामिल) गर्न सक्नुहुन्छ।

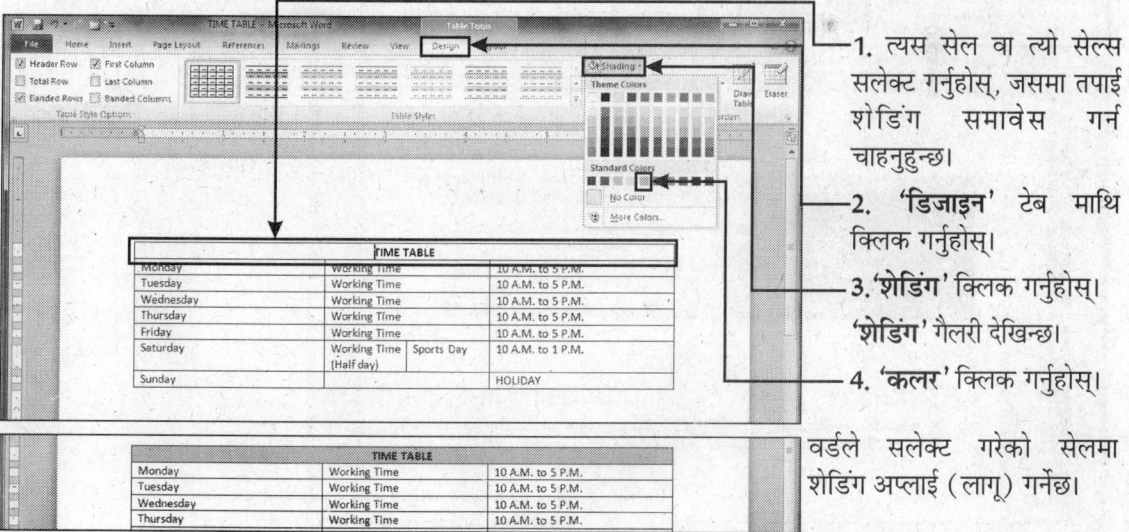

1. त्यस सेल वा त्यो सेल्स सलेक्ट गर्नुहोस्, जसमा तपाई शेडिंग समावेस गर्न चाहनुहुन्छ।
2. **'डिजाइन'** टेब माथि क्लिक गर्नुहोस्।
3. **'शेडिंग'** क्लिक गर्नुहोस्।

'शेडिंग' गैलरी देखिन्छ।

4. **'कलर'** क्लिक गर्नुहोस्।

वर्डले सलेक्ट गरेको सेलमा शेडिंग अप्लाई (लागू) गर्नेछ।

टेबल स्टाइललाई अप्लाई (लागू) गर्न

टेबलको लागि विशेष रूपले डिजाइन गरिएको फार्मेटिंग स्टाइल अपनाएर तपाई आफ्नो टेबललाई फार्मेट (रूप वा स्टाइल बदलिन) पनि गर्न सक्नुहुन्छ।

टेबल स्टाइलमा विभिन्न डिजाइनहरू हुन्छ, जसमा शेडिंग, कलर, बार्डर र फॉन्ट पनि समावेस हुन्छ।

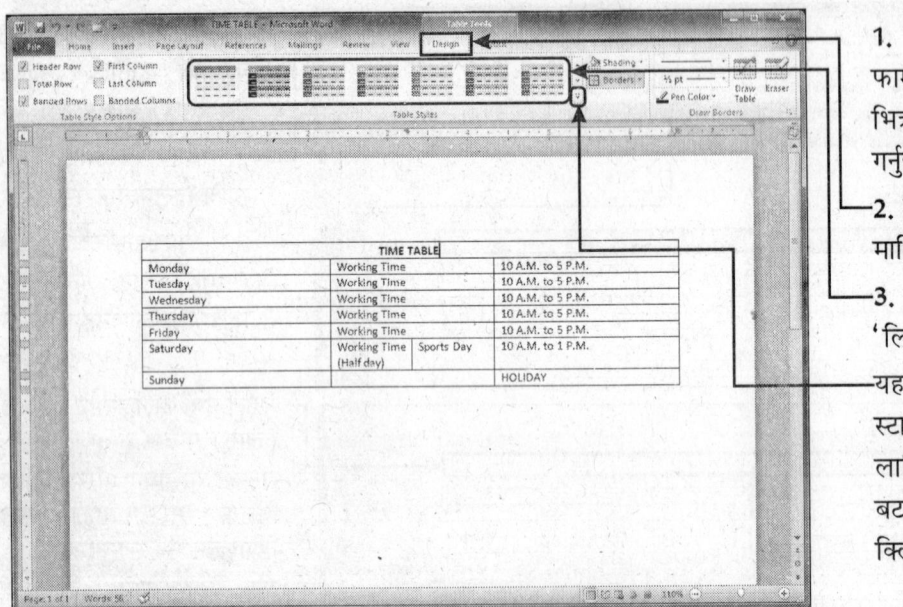

1. जुन टेबललाई तपाई फार्मेट गर्न चाहनुहुन्छ, त्यस भित्रमा कतै तपाईले क्लिक गर्नुहोस्।

2. रिबनमा 'डिजायन' टैब माथि क्लिक गर्नुहोस्।

3. टेबल स्टाइल लिस्टमा 'लिस्टमा क्लिक गर्नुहोस्।

यहा उपलब्ध रहेको स्टाइलको पूरा सूची हेर्नको लागि तपाईले 'मोर' बटनको डाउन एरोमा पनि क्लिक गर्न सक्नुहुन्छ।

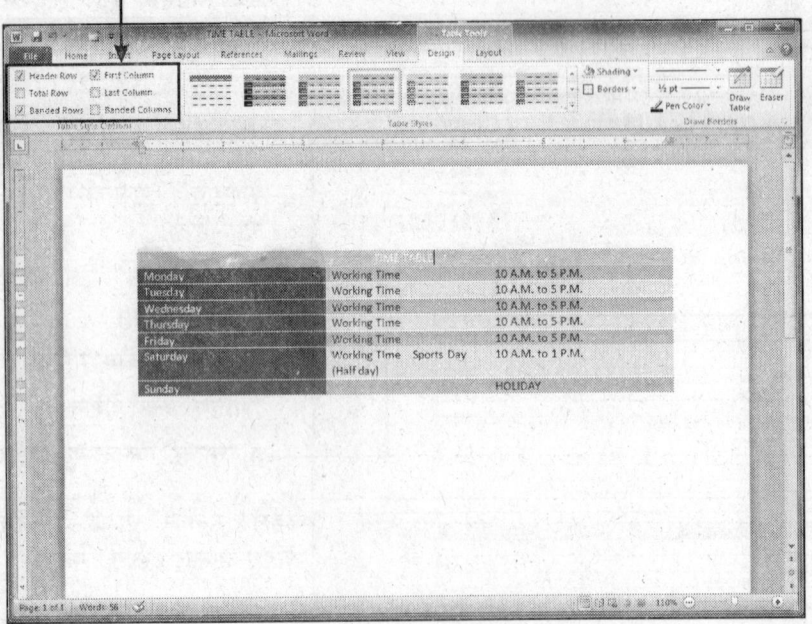

वर्डले त्यस स्टाइललाई अप्लाई (लागू) गर्नेछ।

चेक बाक्स माथि क्लिक गरेर तपाई 'टेबल स्टाइल' आप्सनको प्रयोग पनि गर्न सक्नुहुन्छ।

वर्डआर्ट एड (शामिल) गर्न

डाक्यूमेंटमा महत्वपूर्ण सूचनालाई हाईलाइट गर्नको लागि वा त्यसमा कुनै आकर्षक टाइटल (शीर्षक) दिनको लागि डाक्यूमेंटमा वर्डआर्ट पनि समावेस गर्न सकिन्छ। वर्डआर्ट 2010 को नयाँ कलरफुल आर्टइफेक्टसंग अपडेट गरिएको छ।

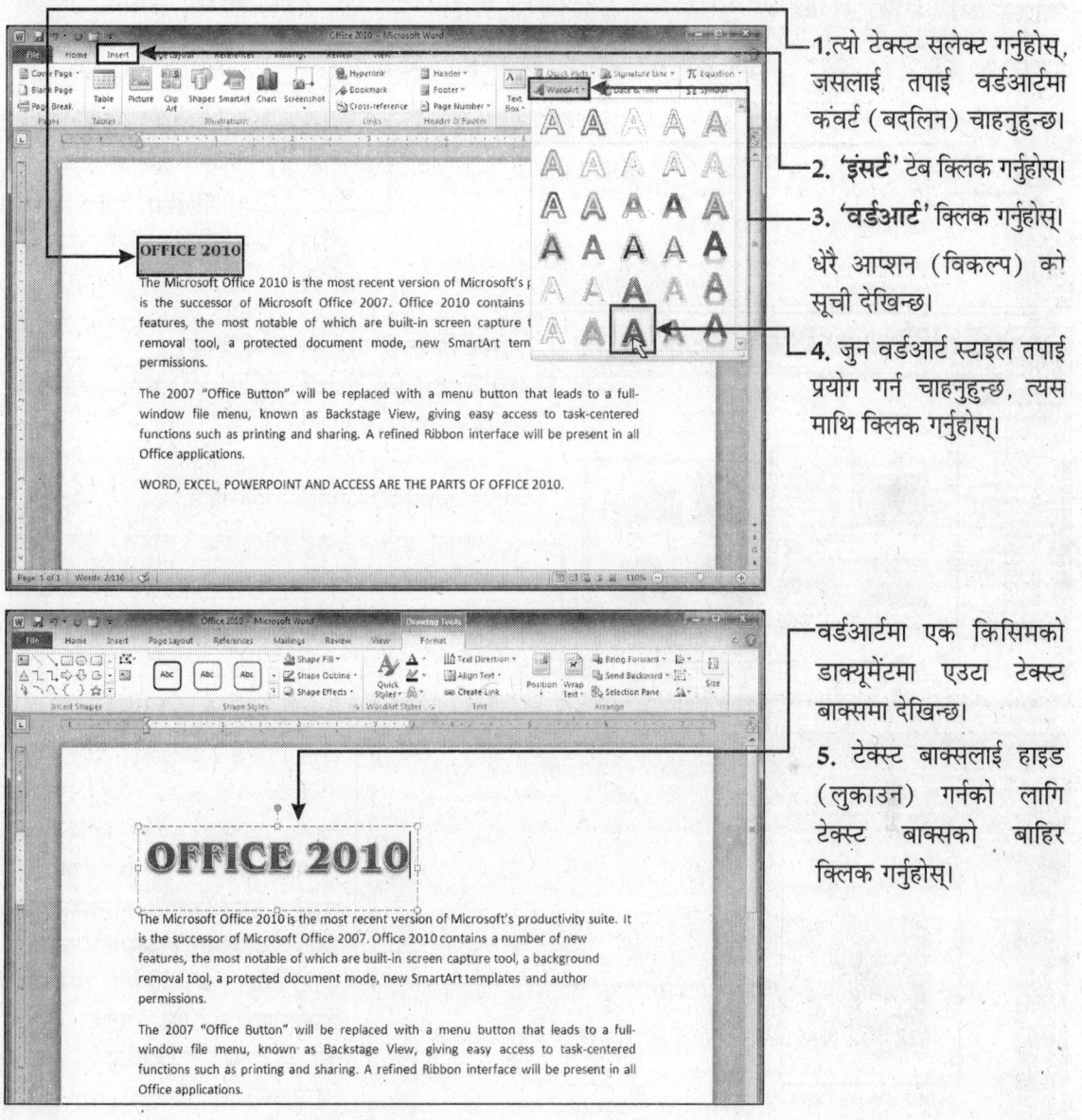

1.त्यो टेक्स्ट सलेक्ट गर्नुहोस्, जसलाई तपाई वर्डआर्टमा कंवर्ट (बदलिन) चाहनुहुन्छ।

2. **'इंसर्ट'** टेब क्लिक गर्नुहोस्।

3. **'वर्डआर्ट'** क्लिक गर्नुहोस्।

धेरै आप्शन (विकल्प) को सूची देखिन्छ।

4. जुन वर्डआर्ट स्टाइल तपाई प्रयोग गर्न चाहनुहुन्छ, त्यस माथि क्लिक गर्नुहोस्।

वर्डआर्टमा एक किसिमको डाक्यूमेंटमा एउटा टेक्स्ट बाक्समा देखिन्छ।

5. टेक्स्ट बाक्सलाई हाइड (लुकाउन) गर्नको लागि टेक्स्ट बाक्सको बाहिर क्लिक गर्नुहोस्।

पिक्चर एड (शामिल) गर्न

आफ्नो डाक्यूमेंटको कंसेप्ट (परिकल्पना) स्पष्ट गर्नको लागि तपाईले डाक्यूमेंटमा पिक्चर पनि समावेस गर्न सक्नुहुन्छ।

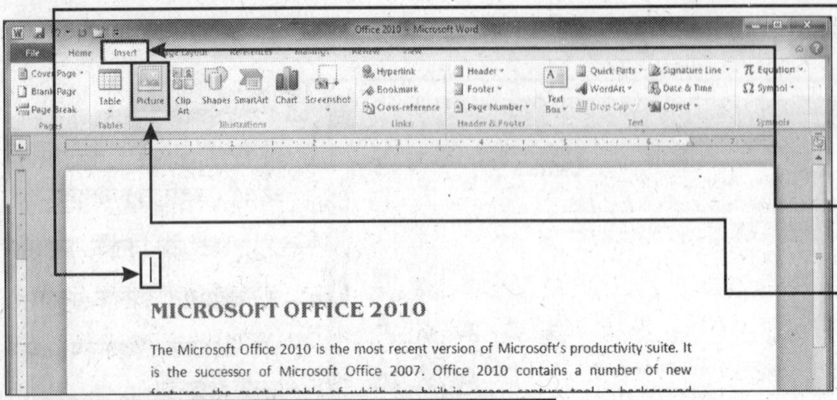

1. डाक्यूमेंटको त्यस स्थानमा क्लिक गर्नुहोस् जहा तपाई पिक्चरलाई एड (शामिल) गर्न चाहनुहुन्छ।
2. **'इंसर्ट'** टेब माथि क्लिक गर्नुहोस्।
3. **'पिक्चर'** माथि क्लिक गर्नुहोस्।

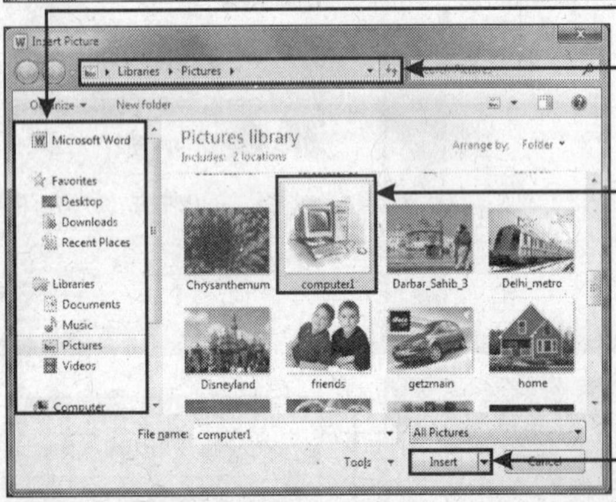

'इंसर्ट पिक्चर' डायलॉग बाक्स देखिन्छ।

त्यस एरिया यहा डिस्प्ले भई रहेको पिक्चरको लोकेशन (ठाँउ) लाई डिस्प्ले गर्दछ।

5. त्यस पिक्चर माथि क्लिक गर्नुहोस्, जसलाई तपाई आफ्नो डाक्यूमेंटमा समावेस गर्न चाहनुहुन्छ।
6. आफ्नो डाक्यूमेंटमा पिक्चर एड (जोड्न) को लागि **'इंसर्ट'** माथि क्लिक गर्नुहोस्।

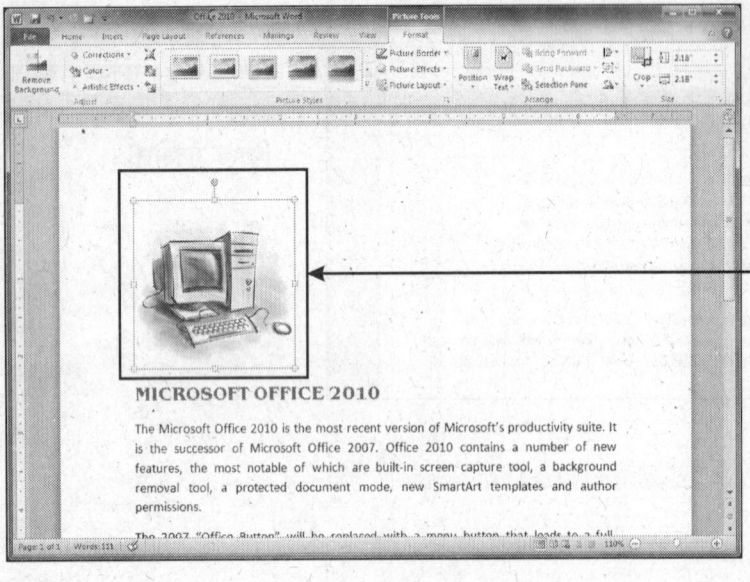

त्यो पिक्चर तपाईको डाक्यूमेंटमा देखिन्छ।

पिक्चर डिलीट गर्नको लागि त्यस पिक्चर माथि क्लिक गर्नुहोस्, जसलाई तपाई डिलीट गर्न चाहनुहुन्छ। यस अबस्थामा पिक्चरको चारैतिर एउटा हैंडल (■) देखिन्छ। त्यस पछि पिक्चरलाई डिलीट गर्नको लागि की-बोर्डमा **'डिलीट'** बटन थिच्नुहोस्।

ग्राफिकको चारैतिर टेक्स्टलाई रैप (बेर्न) गर्न

आफ्नो डाक्यूमेंटमा कुनै ग्राफिक एड (जोड्न) पछि तपाई यस ग्राफिकको चारैतिर टेक्स्ट कुन प्रकारले सक्नुहुन्छ भन्ने तपाई यसको चुनाव गर्न सक्नुहुन्छ।

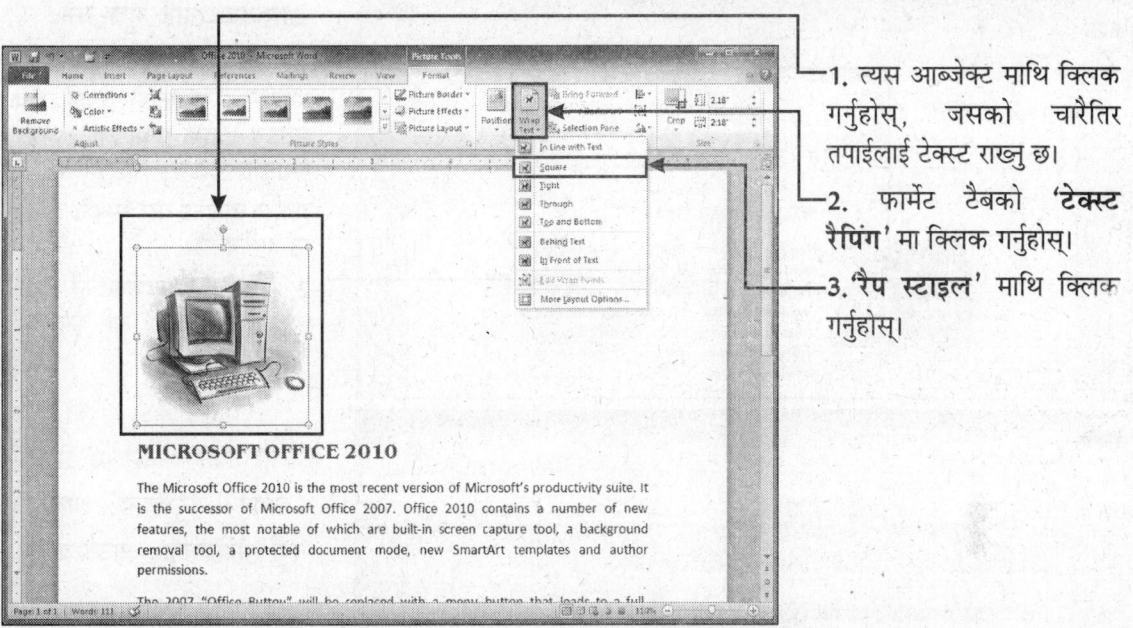

1. त्यस आब्जेक्ट माथि क्लिक गर्नुहोस्, जसको चारैतिर तपाईलाई टेक्स्ट राख्नु छ।
2. फार्मेट टैबको **'टेक्स्ट रैपिंग'** मा क्लिक गर्नुहोस्।
3. **'रैप स्टाइल'** माथि क्लिक गर्नुहोस्।

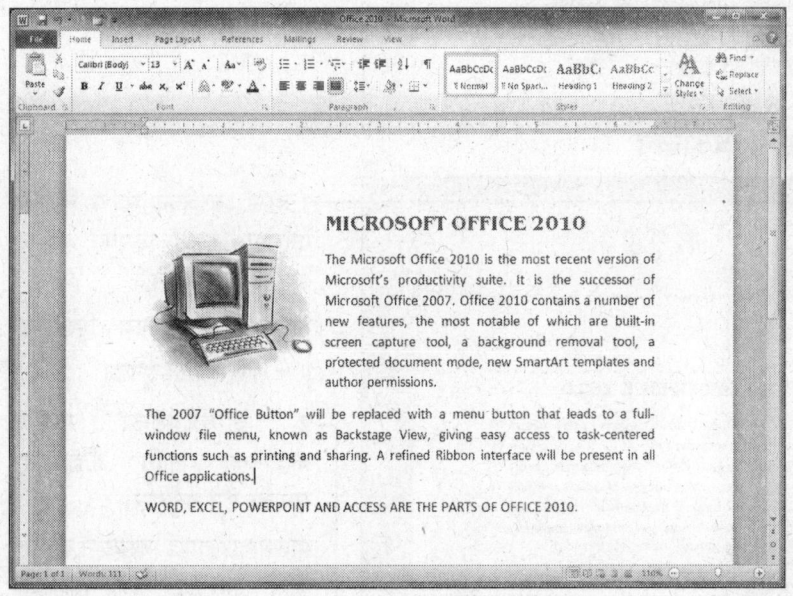

रैप स्टाइल अप्लाई (लागू) हुन जान्छ।

यस उदाहरणमा आब्जेक्टको चारैतिर टेक्स्ट स्क्वायर (वर्गाकार) रूपमा रैप हुन्छ।

आब्जेक्टलाई मूव गर्न र त्यसको साइज (आकार) बदलिन

आफ्नो फाइलमा जे इमेज (पिक्चर) लगाएको छ तपाई त्यसलाई एक स्थानबाट अर्को स्थान सम्म पनि मूव गर्न सक्नुहुन्छ अर्थात एक स्थानबाट अर्को स्थान सम्म लैजान सक्नुहुन्छ। तपाई त्यसको आकारमा बदलाव गर्न सक्नुहुन्छ।

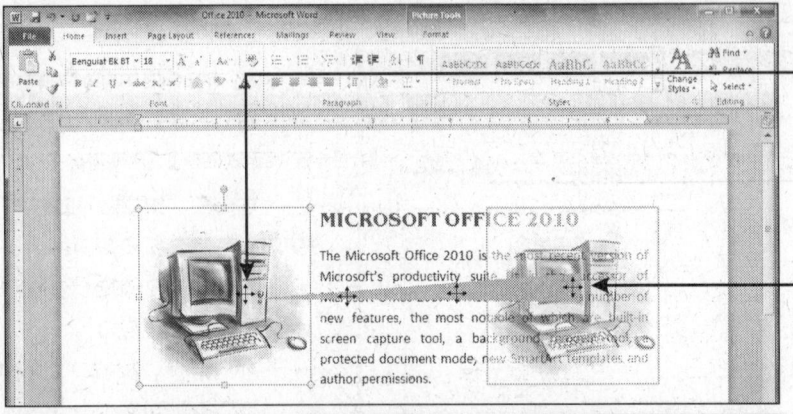

आब्जेक्टलाई मूव गर्नु

1. त्यस आब्जेक्ट माथि क्लिक गर्नुहोस्, जसलाई तपाई मूव गराउन (एक स्थानबाट अर्को स्थानमा लैजान) चाहनुहुन्छ।

माउस प्वाइंटर यस स्थिति (✣) मा बदलिनेछ।

2. आफ्नो आब्जेक्टको नयाँ लोकेशन (ठाँउ) मा ड्रैग गर्दै लैजानुहोस्।

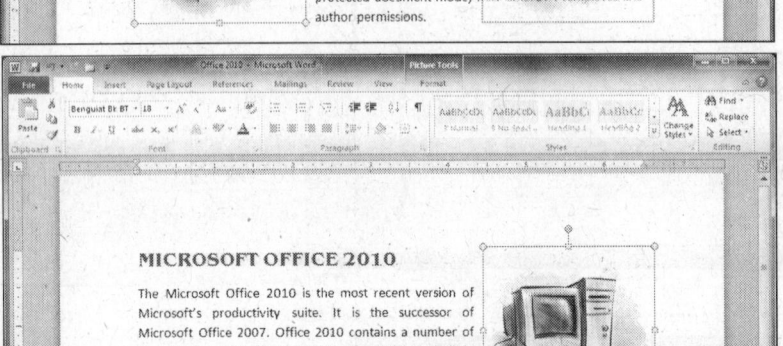

जसरी तपाई माउसलाई रिलीज (छोडनु) गर्नु हुन्छ, आब्जेक्ट नयाँ लोकेशनमा आउन जान्छ।

आब्जेक्टको साइज (आकार) बदलिन

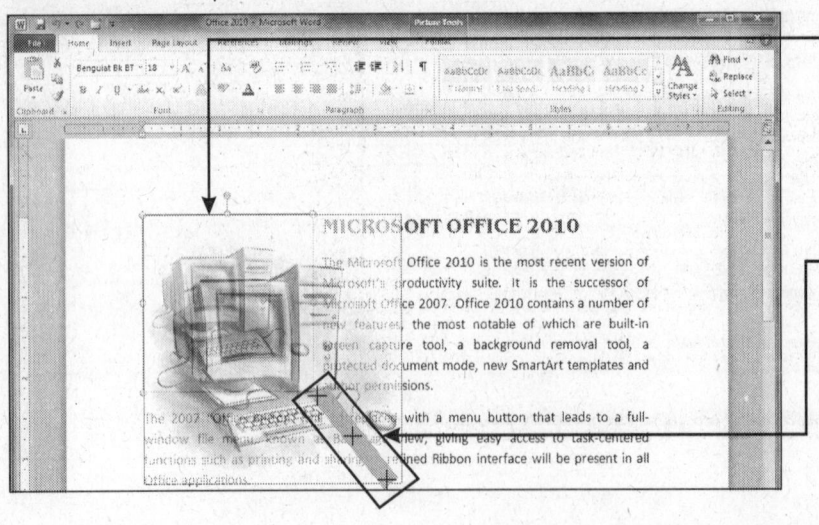

1. त्यस आब्जेक्ट माथि क्लिक गर्नुहोस्, तपाई जसको साइज बदलिन चाहनुहुन्छ।

माउस प्वाइंटर यस स्थितिमां (+)परिवर्तित हुनेछ।

2. आब्जेक्टको साइज बदलनको लागि हैंडललाई समातेर ड्रैग गर्नुहोस्।

माउसलाई तपाई जसरी नै छोडनु हुन्छ, आब्जेक्ट नयाँ साइजमा देखिनेछ।

पिक्चरलाई बार्डरमा समावेस गर्न

तपाई आफ्नो पिक्चर वा क्लिप आर्ट इमेजमा सजिलैसंग अझ तेजीले बार्डरलाई पनि समावेस गर्न सक्नुहुन्छ। तपाई बार्डरका कलर (रंग) पनि बदलिन सक्नुहुन्छ र आफ्नो हिसाबले बार्डरको मोटाई पनि निर्धारित गर्न सक्नुहुन्छ। अर्थात बार्डरको लाइन कति पातलो अथवा मोटो हुनेछ।

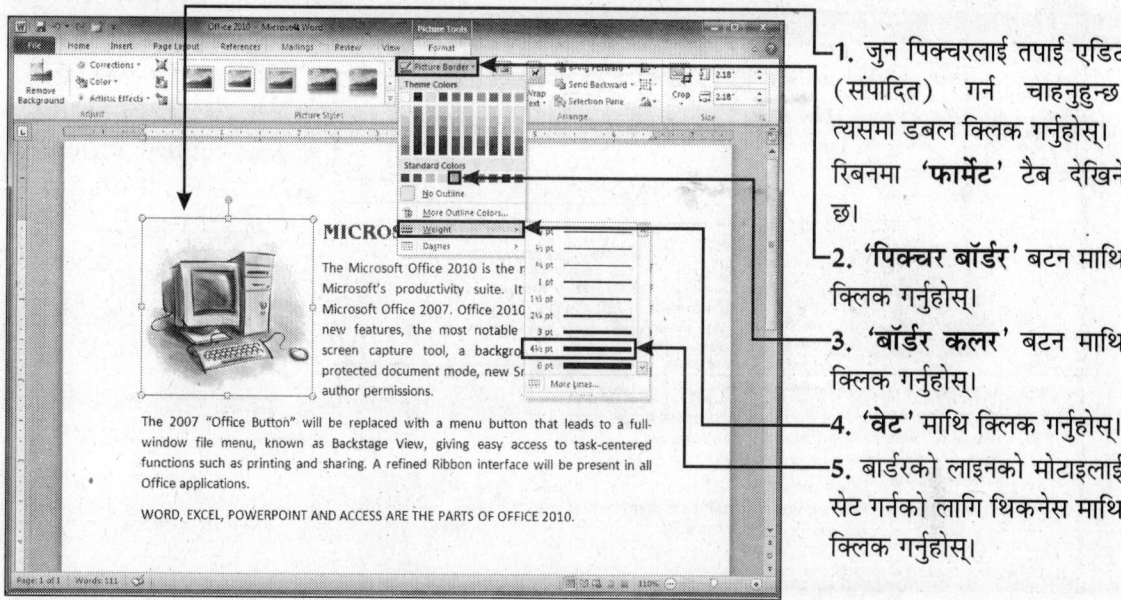

1. जुन पिक्चरलाई तपाई एडिट (संपादित) गर्न चाहनुहुन्छ, त्यसमा डबल क्लिक गर्नुहोस्। रिबनमा 'फार्मेट' टैब देखिनेछ।
2. 'पिक्चर बॉर्डर' बटन माथि क्लिक गर्नुहोस्।
3. 'बॉर्डर कलर' बटन माथि क्लिक गर्नुहोस्।
4. 'वेट' माथि क्लिक गर्नुहोस्।
5. बार्डरको लाइनको मोटाइलाई सेट गर्नको लागि थिकनेस माथि क्लिक गर्नुहोस्।

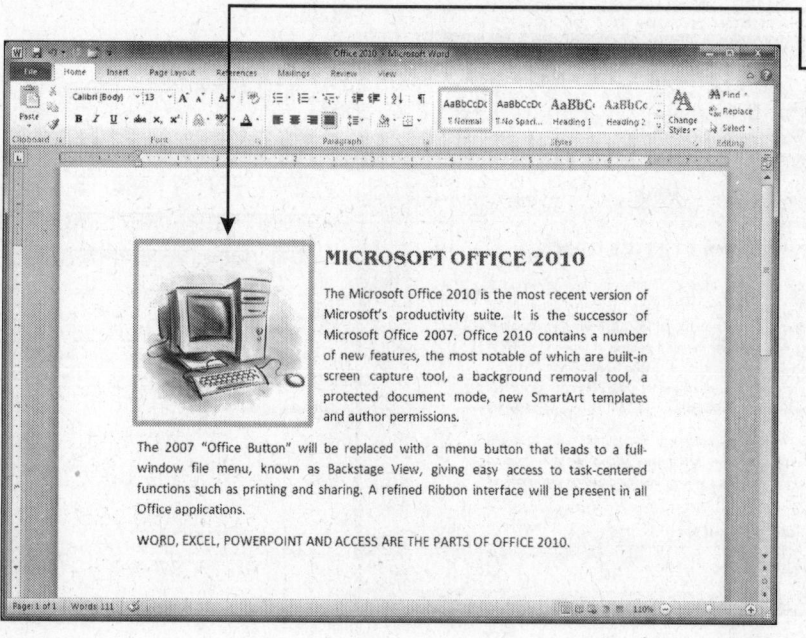

पिक्चरमा नयाँ बार्डर लागू हुनेछ।

बार्डर लाइनलाई रिमूव (हटाउन)को लागि स्टेप '1' र '2' दोहराउनुहोस्। त्यस पछि 'नो आउटलाइन' माथि क्लिक गर्नुहोस्।

पिक्चर इफेक्टलाई समावेस गर्न

नया पिक्चर इफेक्ट टूलको प्रयोग गरेर तपाई आफ्नो पिक्चर वा क्लिप आर्ट ग्राफिकमा स्पेशल इफेक्ट पनि राख्न सक्नुहुन्छ।

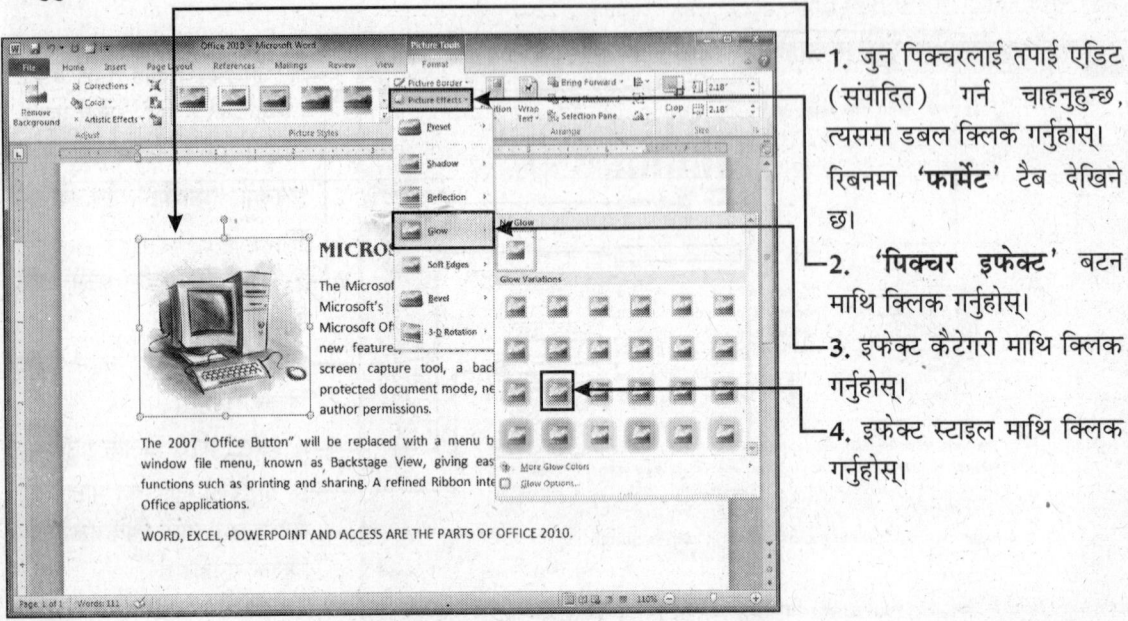

1. जुन पिक्चरलाई तपाई एडिट (संपादित) गर्न चाहनुहुन्छ, त्यसमा डबल क्लिक गर्नुहोस्। रिबनमा **'फार्मेट'** टैब देखिने छ।
2. **'पिक्चर इफेक्ट'** बटन माथि क्लिक गर्नुहोस्।
3. इफेक्ट कैटेगरी माथि क्लिक गर्नुहोस्।
4. इफेक्ट स्टाइल माथि क्लिक गर्नुहोस्।

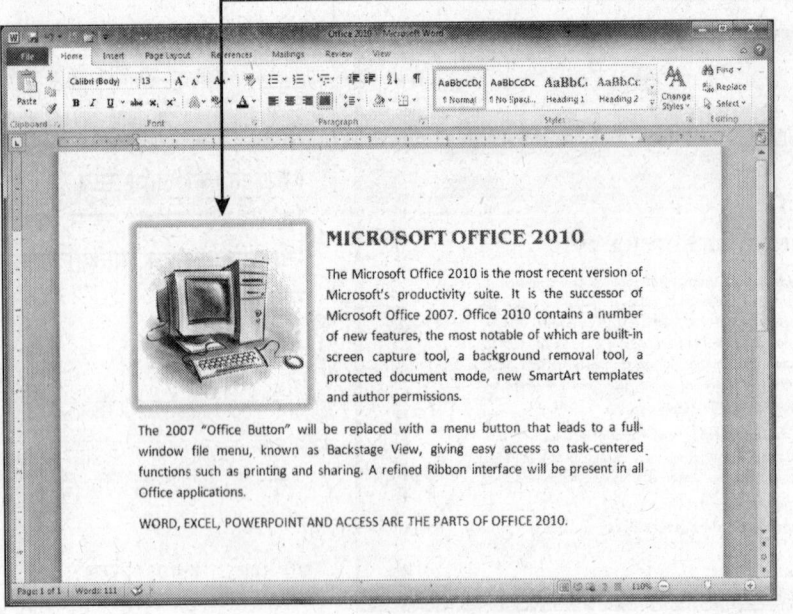

नया इफेक्ट पिक्चरमा लागू हुन जान्छ र तुरंत देखिन थाल्छ।

पिक्चर इफेक्टलाई हटाउनको लागि स्टेप **'1'** बाट **'3'** लाई दोहराउनुहोस्। त्यस पछि **'नो ग्लो'** माथि क्लिक गर्नुहोस्।

क्लिप आर्टमा इंसर्ट (राख्नु) गर्न

तपाई आफ्नो डाक्यूमेंटमा क्लिप आर्ट इमेज (तस्वीर) पनि राख्न सक्नुहुन्छ। क्लिप आटलाई राख्नाले तपाईको डाक्यूमेंट अधिक आकर्षक र मनोरंजक हुनेछ।

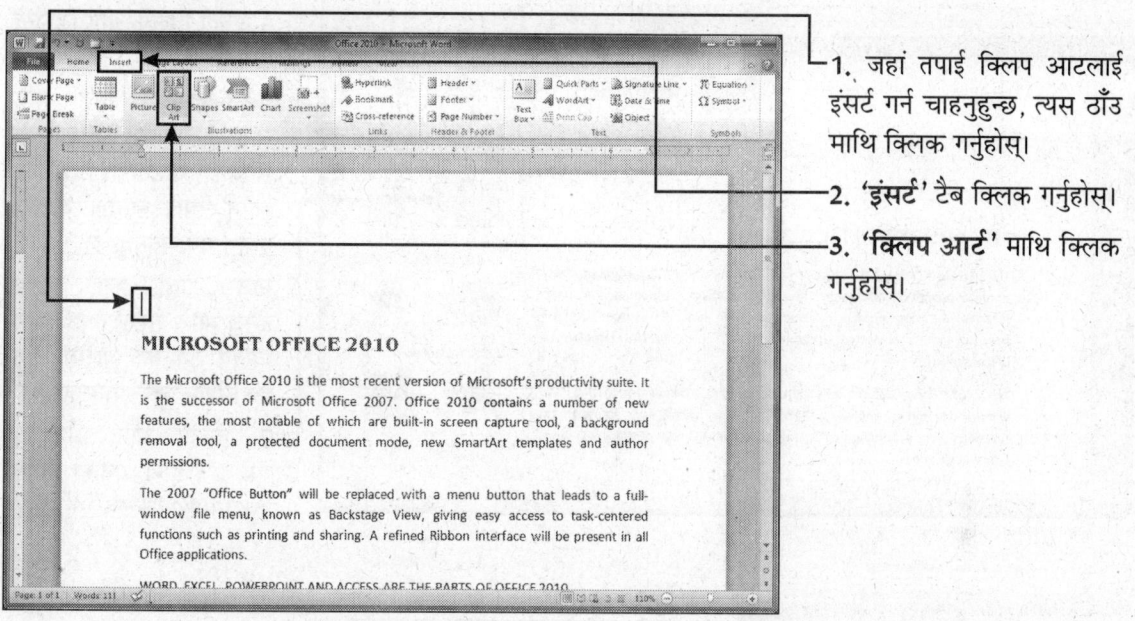

1. जहां तपाई क्लिप आटलाई इंसर्ट गर्न चाहनुहुन्छ, त्यस ठाँउ माथि क्लिक गर्नुहोस्।
2. **'इंसर्ट'** टैब क्लिक गर्नुहोस्।
3. **'क्लिप आर्ट'** माथि क्लिक गर्नुहोस्।

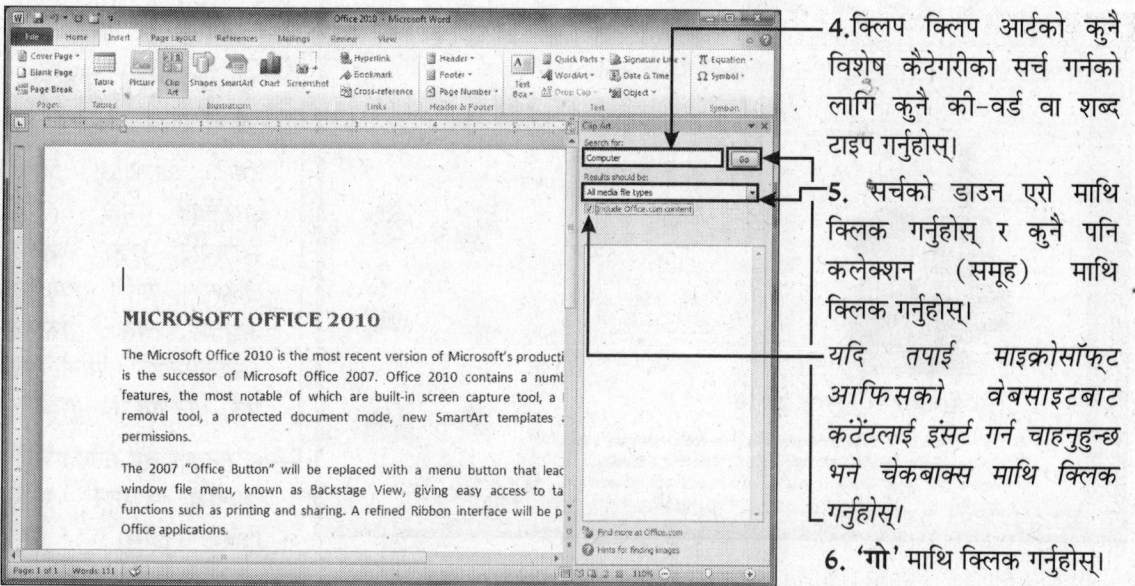

4. क्लिप क्लिप आर्टको कुनै विशेष कैटेगरीको सर्च गर्नको लागि कुनै की-वर्ड वा शब्द टाइप गर्नुहोस्।
5. सर्चको डाउन एरो माथि क्लिक गर्नुहोस् र कुनै पनि कलेक्शन (समूह) माथि क्लिक गर्नुहोस्।

यदि तपाई माइक्रोसॉफ्ट आफिसको वेबसाइटबाट कटेंटलाई इंसर्ट गर्न चाहनुहुन्छ भने चेकबाक्स माथि क्लिक गर्नुहोस्।

6. **'गो'** माथि क्लिक गर्नुहोस्।

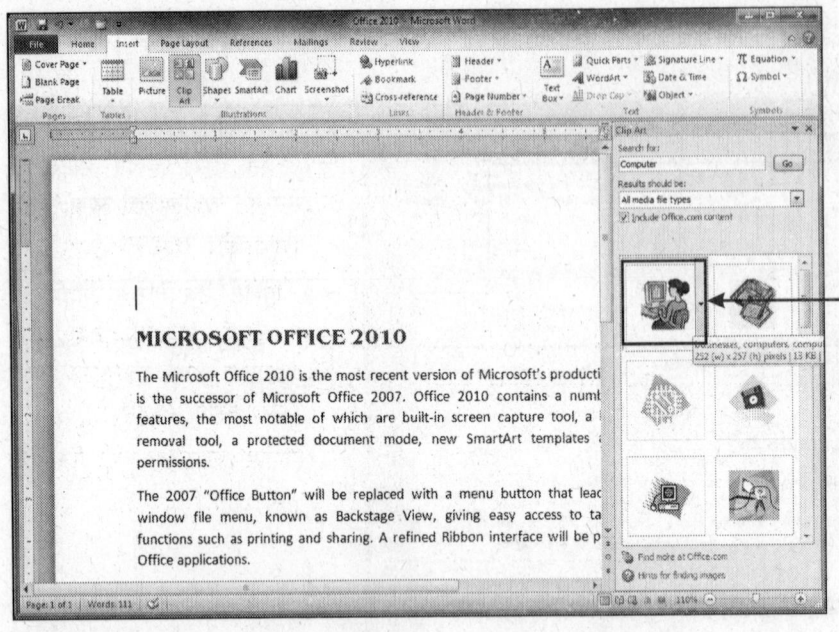

क्लिप क्लिप आर्ट टास्क पैन तपाईद्वारा टाइप गरिएको की-बर्ड वा शब्दसगं मिल्दो – जुल्दो क्लिप आर्ट डिस्प्ले गर्नेछ।

यस लिस्टमा कतै पनि जानको लागि र यसमा भएका कंटेंटलाई हेर्नको लागि तपाई स्क्रॉल बारको प्रयोग गर्न सक्नुहुन्छ।

माउस प्वाइंटरलाई त्यस इमेज माथि राखेर तपाई त्यस क्लिप आर्टको बारेमा अरु इंफोर्मेशन जान्न सक्नुहुन्छ।

7. क्लिप आर्ट इमेजलाई एड (जोड्न) गर्नको लागि इमेज माथि क्लिक गर्नुहोस्।

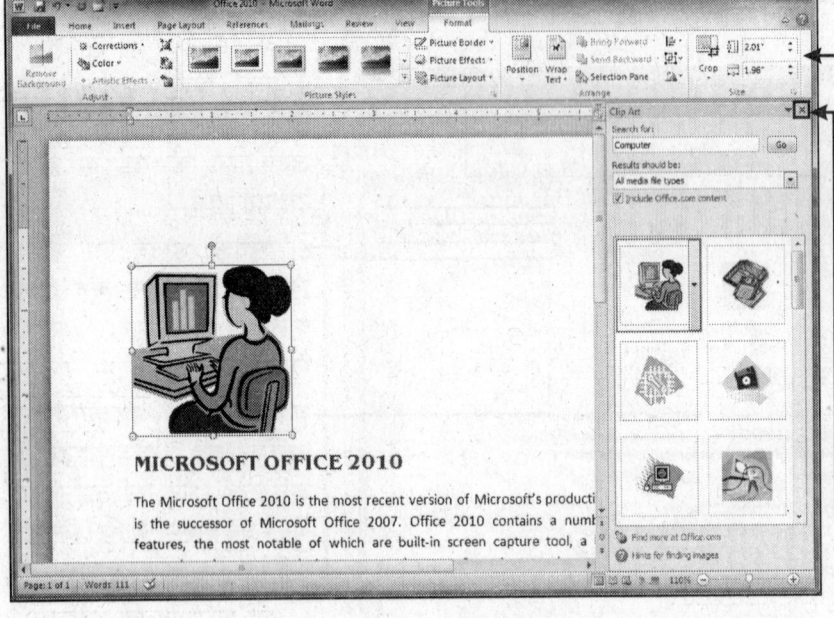

क्लिप आर्ट तपाईको डाक्यूमेंटमा इंसर्ट (शामिल) हुन जान्छ।

'फार्मेट' टैबमा **'पिक्चर'** टूल देखिन थाल्छ।

तपाई यहाबाट क्लिप आर्टलाइ मूव (एक स्थानबाट अर्को स्थानमा लैजान) गर्न सक्नुहुन्छ अथवा त्यस रीसाइज (आकारलाई सानो-ठुलो गर्नु) पनि गर्न सक्नुहुन्छ।

8. पैनलाई बंद गर्नको लागि **'क्लोज'** बटन माथि क्लिक गर्नुहोस्।

ऑटोशेपलाई एड (जोड्न) गर्न

आफ्नो डाक्यूमेंटमा आफ्नो शेप (आकृति) र ग्राफिक्सलाई तैयार गर्नको लागि तपाई ऑटोशेप जस्तै (लाइन, एरो, स्टार र बैनर) आदिको प्रयोग गर्न सक्नुहुन्छ।

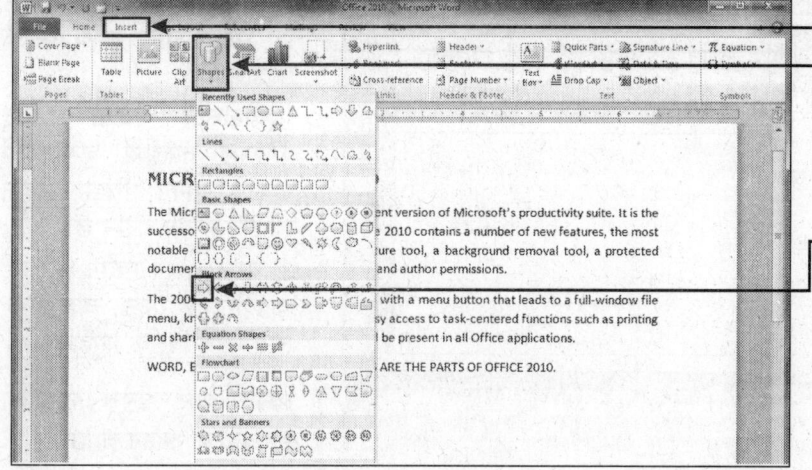

1. रिबनमा 'इंसर्ट' टेब माथि क्लिक गर्नुहोस्।

2. 'शेप' माथि क्लिक गर्नुहोस्। 'फुल शेप पैलेट' डिसप्ले हुन जान्छ।

3. जुन शेपलाई तपाई ड्रॉ (बनाउन) गर्न चाहनुहुन्छ, त्यस माथि क्लिक गर्नुहोस्।

माउस प्वाइंटर यस स्थितिमा (+) बदलिन जान्छ।

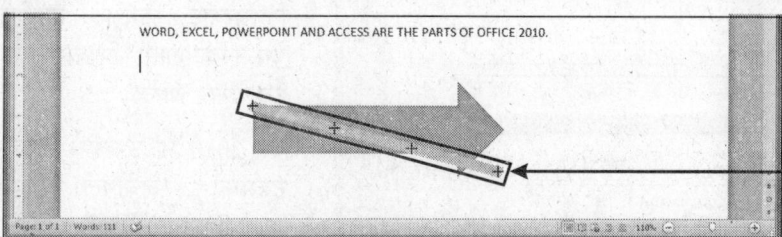

4. छनौट गरेको शेप (आकृति) लाई बनाउनको लागि यस एरियामा क्लिक र माउस प्वाइंटरलाई ड्रैगगर्दै तपाइले (अगाडि-पछाडि) गर्नुहोस्।

शेपलाई पूरा गर्नको लागि माउसको प्वाइंटरलाई रिलीज गरि दिन्छ अर्थात छोड्नुहोस्।
शेपको चारैतिर एउटा 'हैंडल' देखिन थाल्छ।

रिबनमा 'ड्रॉइंग टूल्स' देखिन थाल्छ।

आफ्नो डाक्यूमेंटमा लगातार काम जारी राख्नको लागि तपाई की-बोर्डबाट 'ईएससी' बटनलाई दबाएर वा कतै पनि क्लिक गर्न सक्नुहुन्छ।

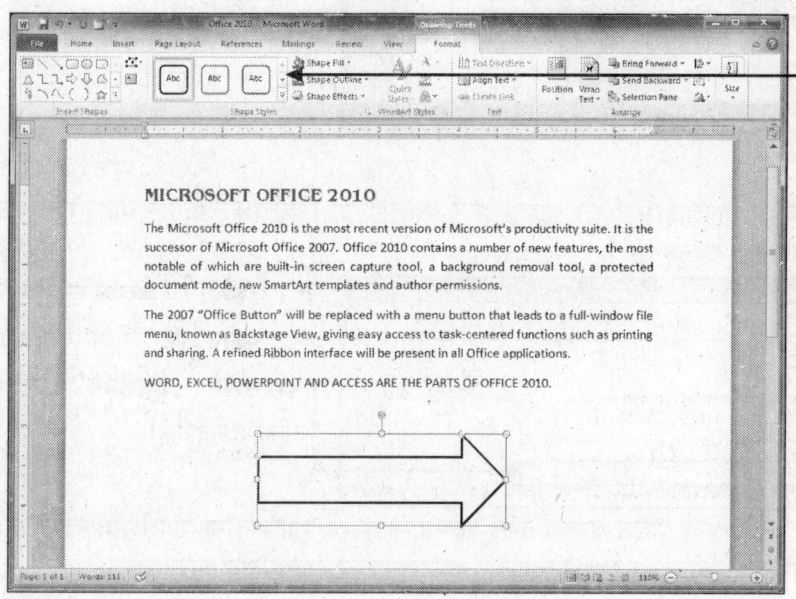

5. आटोशेपलाई गरेपछि तपाई 'कलर्ड फिल' को प्रयोग गरेर तपाई ऑटोशपलाई रंगीन पनि गर्न सक्नुहुन्छ अर्थात त्यसमा रंग पनि भर्न सकिन्छ।

स्क्रीन शॉटलाई इंसर्ट (शामिल) गर्न

वर्ड 2010 मा विंडोबाट कुनै पनि स्क्रीन शॉट लैजान सक्नुहुन्छ र त्यसलाई सीधा आफ्नो वर्ड डाक्यूमेंटमा राख्न सक्नुहुन्छ।

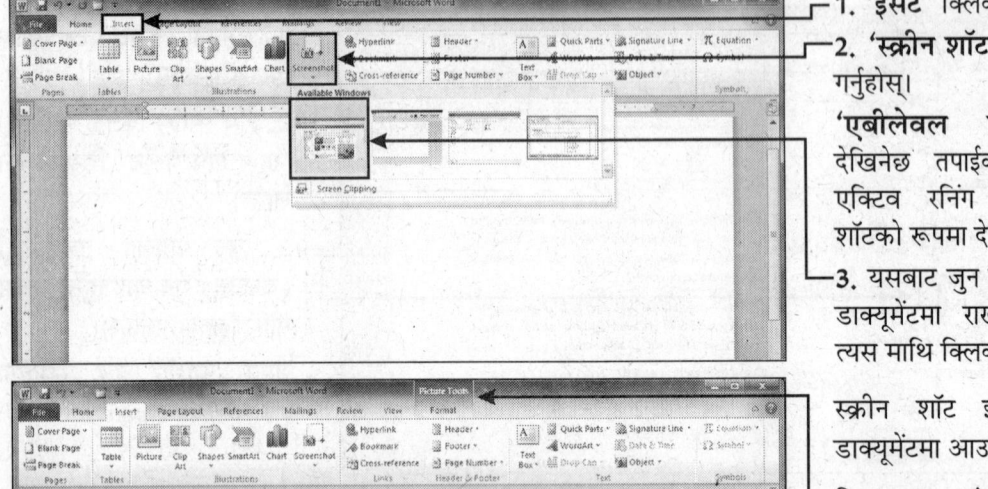

1. **'इंसर्ट'** क्लिक गर्नुहोस्।
2. **'स्क्रीन शॉट'** माथि क्लिक गर्नुहोस्।

'एबीलेवल विंडो' मीनू देखिनेछ तपाईको कंप्यूटरको एक्टिव रनिंग विंडो स्क्रीन शॉटको रूपमा देखिने छ।

3. यसबाट जुन स्क्रीन शॉटलाई डाक्यूमेंटमा राख्न चाहनुहुन्छ, त्यस माथि क्लिक गर्नुहोस्।

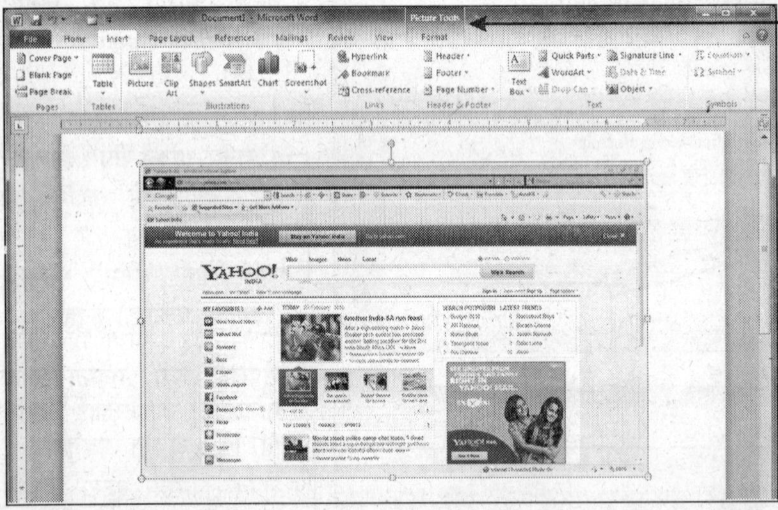

स्क्रीन शॉट इमेज तपाईको डाक्यूमेंटमा आउन जान्छ।

पिक्चरबाट संबंधित कार्यहरु पूरा गर्नको लागि 'पिक्चर टूल्स' टैब देखिन थाल्छ।

वर्ड 2010 मा उपलब्ध पिक्चर टूल्सको सहयोगले तपाई फोटोमा केहि बेसिक एडिटिंग गर्न सक्नुहुन्छ।

स्क्रीन क्लिपिंग लिन

यदि तपाई स्क्रीन शॉटलाई केवल केहि भागलाई इंसर्ट गर्न चाहनुहुन्छ र यसलाई पूरा विंडो स्क्रीनमा गर्न चाहनु हुन्न भने तपाई स्क्रीन क्लिपिंग फीचरको प्रयोग गर्न सक्नुहुन्छ।

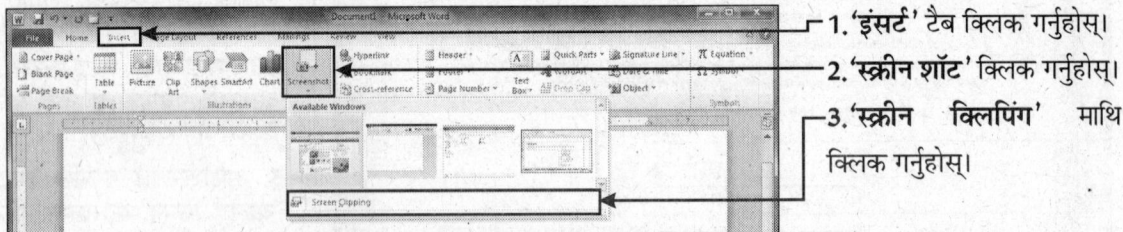

1. **'इंसर्ट'** टैब क्लिक गर्नुहोस्।
2. **'स्क्रीन शॉट'** क्लिक गर्नुहोस्।
3. **'स्क्रीन क्लिपिंग'** माथि क्लिक गर्नुहोस्।

अन्तिम चोटि देखिने स्क्रीन धुंधलो रूपमा फेरि देखिन थाल्छ। तपाई आफ्नो माउसको प्वांटरको सहयोगले स्क्रीनलाई ड्रैग गर्न सक्नुहुन्छ। तपाईद्वारा सलेक्ट गरिएको स्क्रीनको त्यो भाग त्यहाबाट कटेर तपाईको डाक्यूमेंटमा आउन जान्छ।

इमेजमा आर्टिस्टिक इफेक्ट अप्लाई गर्न

वर्ड 2010 को लेटेस्ट (नवीनतम) फीचरको प्रयोग गरेर तपाई आफ्नो इमेजमा आर्टिस्टिक इफेक्ट लागू गर्न सक्नुहुन्छ।

1. आफ्नो डाक्यूमेंटमा कुनै पिक्चरलाई इंसर्ट गर्नुहोस् र त्यसलाई सलेक्ट गर्नुहोस्। पिक्चरको चारैतिर 'हैंडल्स' देखिनेछ।
2. 'फार्मेट' टैब क्लिक गर्नुहोस्।
3. 'आर्टिस्टिक इफेक्ट' माथि क्लिक गर्नुहोस्। आर्टिस्टिक इफेक्टको गैलरी देखिनेछ।
4. माउसको प्वाइंटरमा यसबाट कुनै पनि इफेक्टमा राख्नुहोस्। 'लाइव प्रीव्यू' मा संभावित इफेक्ट देखिन थाल्छ र हैंडल्स गायब हुन जान्छ।
5. त्यस आर्टिस्टिक इफेक्ट माथि क्लिक गर्नुहोस्।

त्यो छनौट गरेको पिक्चरमा वर्ड आर्टिस्टिक इफेक्टलाई अप्लाई (लागू) गर्नेछ।

पिक्चरबाट आर्टिस्टिक इफेक्टलाई रिमूव (हटाउन)को लागि स्टेप '1' देखि '3' सम्म दोहराउनुहोस्। र गैलरीमा सबै भन्दा पहिलो इमेजलाई सलेक्ट गर्नुहोस्।

मेल मर्जमा लेटर (पत्र) तैयार गर्न

आफ्नो मेलिंग लिस्ट (डाक सूची) को प्रत्येक सदस्यलाई निजी रूपबाट लेटर लेखनको लागि तपाई मेल मर्ज फीचरको प्रयोग गर्न सक्नुहुन्छ। मेल मर्जको प्रयोग गर्न त्यो समय धेरै उपयोगी हुन्छ जब तपाई धेरै मानिसहरुलाई एकै किसिमको डाक्यूमेंट पठाउन चाहनु हुन्छ। जस्तै घोषणा पत्र वा ग्रीटिंग कार्ड आदि।

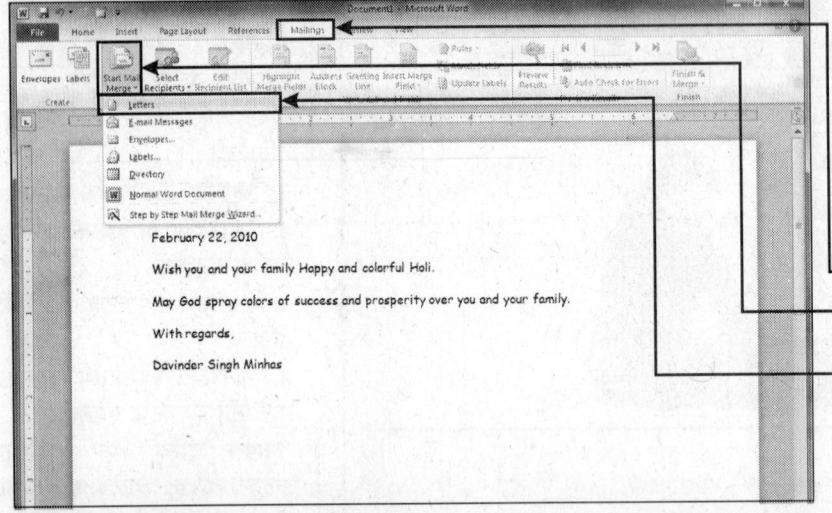

1. वर्डमा त्यो डाक्यूमेंट ओपन गर्नुहोस् जसलाई लेटर (पत्र) को रूपमा पठाउन चाहनुहुन्छ।

प्रत्येक व्यक्तिलाई पठाउनको लागि यो लेटरको इंफोर्मेशनमा बदलाव हुदैन्। अर्थात सबै मानिसहरुको लागि यसमा एउटा नै इंफोर्मेशन हुनुपर्छ।

2. **'मेलिंग'** टैब क्लिक गर्नुहोस्।
3. **'स्टार्ट मेल मर्ज'** माथि क्लिक गर्नुहोस्।
4. **'लेटर्स'** क्लिक गर्नुहोस्।

स्क्रीनमा कुनै पनि परिवर्तन हुदैन् तर वर्डले यसलाई मेल मर्जको लागि तैयार गर्नेछ।

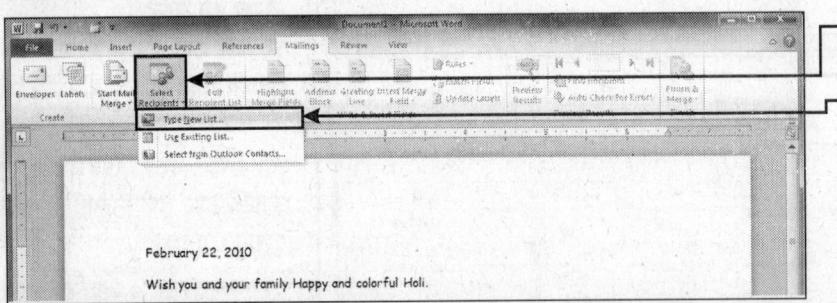

5. **'सलेक्ट रिसीपटेंट'** (प्राप्तकर्ता) मा क्लिक गर।
6. जुन प्रकारको रिसीपटेंट लिस्टलाई तपाई प्रयोग गर्न चाहनुहुन्छ, त्यस टाइप माथि क्लिक गर्नुहोस्।

यस उदाहरणमा नयाँ लिस्टको प्रयोग गरेको छ।

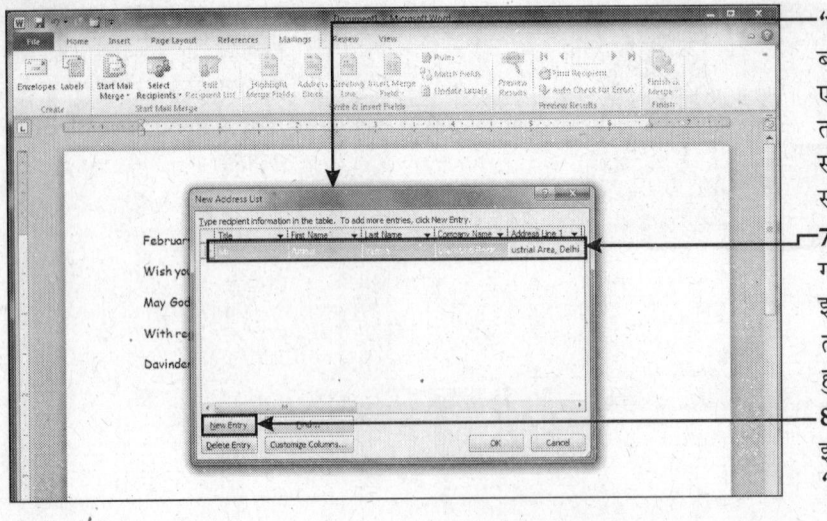

'न्यू एड्रेस लिस्ट' डायलॉग बाक्स देखिन थाल्छ। यसमा त्यो एरिया पनि डिस्प्ले हुन्छ, जहा तपाई इंफार्मेशन एंटर गर्न सक्नुहुन्छ अथवा सूचनाहरु राख्न सक्नुहुन्छ।

7. प्रत्येक एरिया माथि क्लिक गर्नुहोस् र प्रत्येक व्यक्तिको लागि इंफोर्मेशन टाइप गर्नुहोस्।

तपाईको यसमा सबै एंट्रीलाई भर्नी हुदैन्।

8. अर्को व्यक्तिको लागि इंफोर्मेशनलाई एंटर गर्नको लागि **'न्यू एंट्री'** माथि क्लिक गर्नुहोस्।

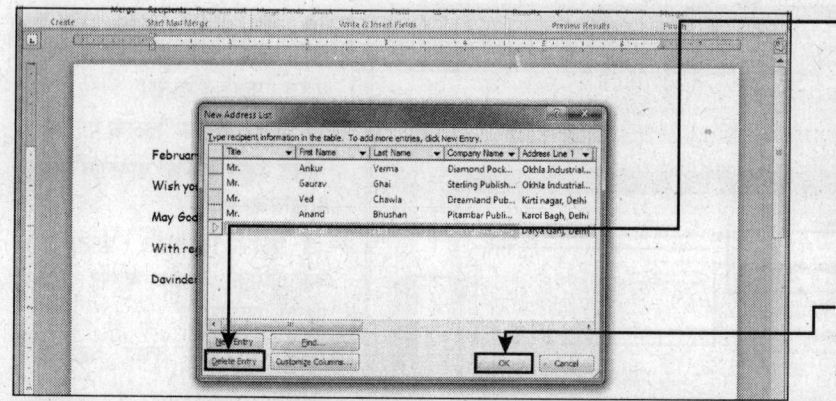

9. अआफ्नो लिस्टलाई प्रत्येक व्यक्तिको लागि स्टेप **'7'** र **'8'** मा दोहराउनुहोस्।

कुनै एंट्री (प्रविष्टि) डिलीट गर्नको लागि त्यस एंट्रीमा क्लिक गर्नुहोस् र 'डिलीट एंट्री' माथि क्लिक गर्नुहोस्।

10. जब तपाईको मेलिंग लिस्ट तैयार हुन जान्छ भने **'ओके'** माथि क्लिक गर्नुहोस्।

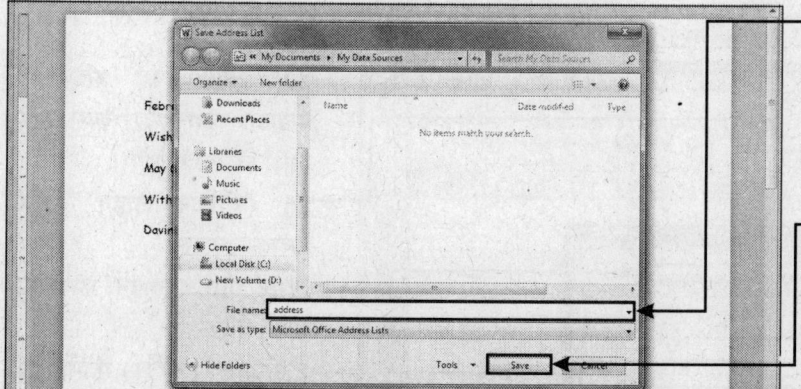

'सेव एड्रेस लिस्ट' डायलॉग बॉक्स देखिनेछ।

11. जुन नामबाट यस मेलिंग लिस्टलाई स्टोर गर्न चाहनुहुन्छ, त्यो नाम टाइप गर्नुहोस्।

12. फाइललाई सेव गर्नको लागि **'सेव'** बटन माथि क्लिक गर्नुहोस्।

अब तपाई मेलिंगको लागि यस लिस्टको प्रयोग गर्न सक्नुहुन्छ।

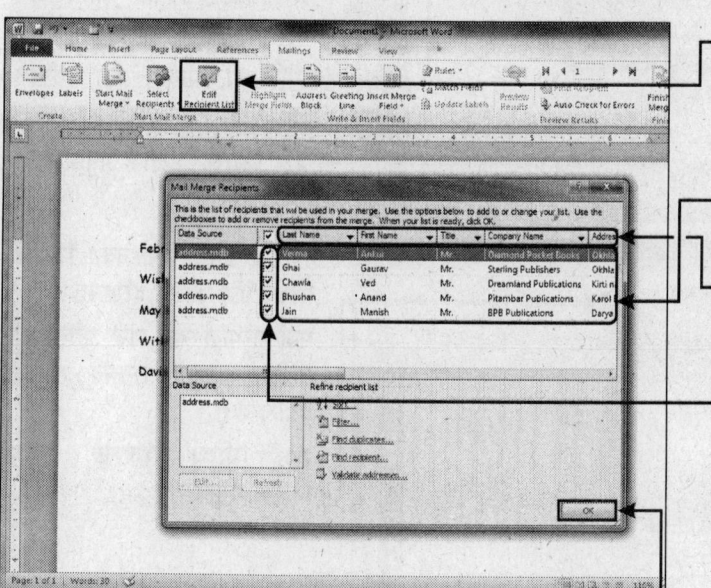

13. **'एडिट रिसीपटेंट लिस्ट'** माथि क्लिक गर्नुहोस्।

'मेल मर्ज रिसीपटेंट' विंडो देखिन थाल्नेछ।

यस एरियामा तपाईको पूरा मेल लिस्ट (डाक सूची) देखिनेछ।

लिस्टलाई छनोट गर्नको लागि त्यस कॉलमको हेडिंग माथि क्लिक गर्नुहोस्, जसलाई तपाई छनौट गर्न चाहनुहुन्छ।

14. व्यक्तिको नामको साथै एउटा चेकमाक्र पनि देखिनेछ, जसले यो बताउछ कि वर्डले त्यस व्यक्तिको लागि एक निजी लेटर लेख्छ। चेकमाक्रलाई जोड्न अथवा हटाउनको लागि व्यक्तिको नाम भएको बाक्स माथि क्लिक गर्नुहोस्।

15. **'ओके'** माथि क्लिक गर्नुहोस्।

16. त्यस ठाँउमा क्लिक गर्नुहोस्, जहा तपाई चाहनुहुन्छ कि लेटरमा एड्रेस (पता) देखिन्छ।

17. **'एड्रेस ब्लॉक'** क्लिक गर्नुहोस्।

'इंसर्ट एड्रेस ब्लॉक' डायलॉग बॉक्स देखिन थाल्छ।

18. प्रत्येक रिसीपटेंट (प्राप्तकर्ता) को नामको लागि फार्मेट माथि क्लिक गर्नुहोस्।

फार्मेटको प्रीव्यू तपाई यहा हेर्न सक्नुहुन्छ

19. **'ओके'** माथि क्लिक गर्नुहोस्।

20. जहा तपाई संदेशलाई देखाउन चाहनुहुन्छ, त्यस ठाँउ माथि क्लिक गर्नुहोस्।

21. **'ग्रीटिंग लाइन'** माथि क्लिक गर्नुहोस्।

'इंसर्ट ग्रीटिंग लाइन' डायलॉग बॉक्स देखिनेछ।

22. ग्रीटिंग (संदेश) फार्मेटलाई स्पेसीफाई गर्नको लागि इन एरियामा क्लिक गर्नुहोस्।

ग्रीटिंगको प्रीव्यू यहा देखिन थाल्नेछ।

23. **'ओके'** क्लिक गर्नुहोस्।

लेटरमा ग्रीटिंग लाइनको रिप्रजेंट गरेको मर्ज फील्ड देखिनेछ।

मर्ज गरेपछि वर्ड मर्ज फील्डको ग्रीटिंग इंफोर्मेशनको ठाँउ बदलिन्छ।

24. **'प्रीव्यू रिजल्ट'** माथि क्लिक गर्नुहोस्।

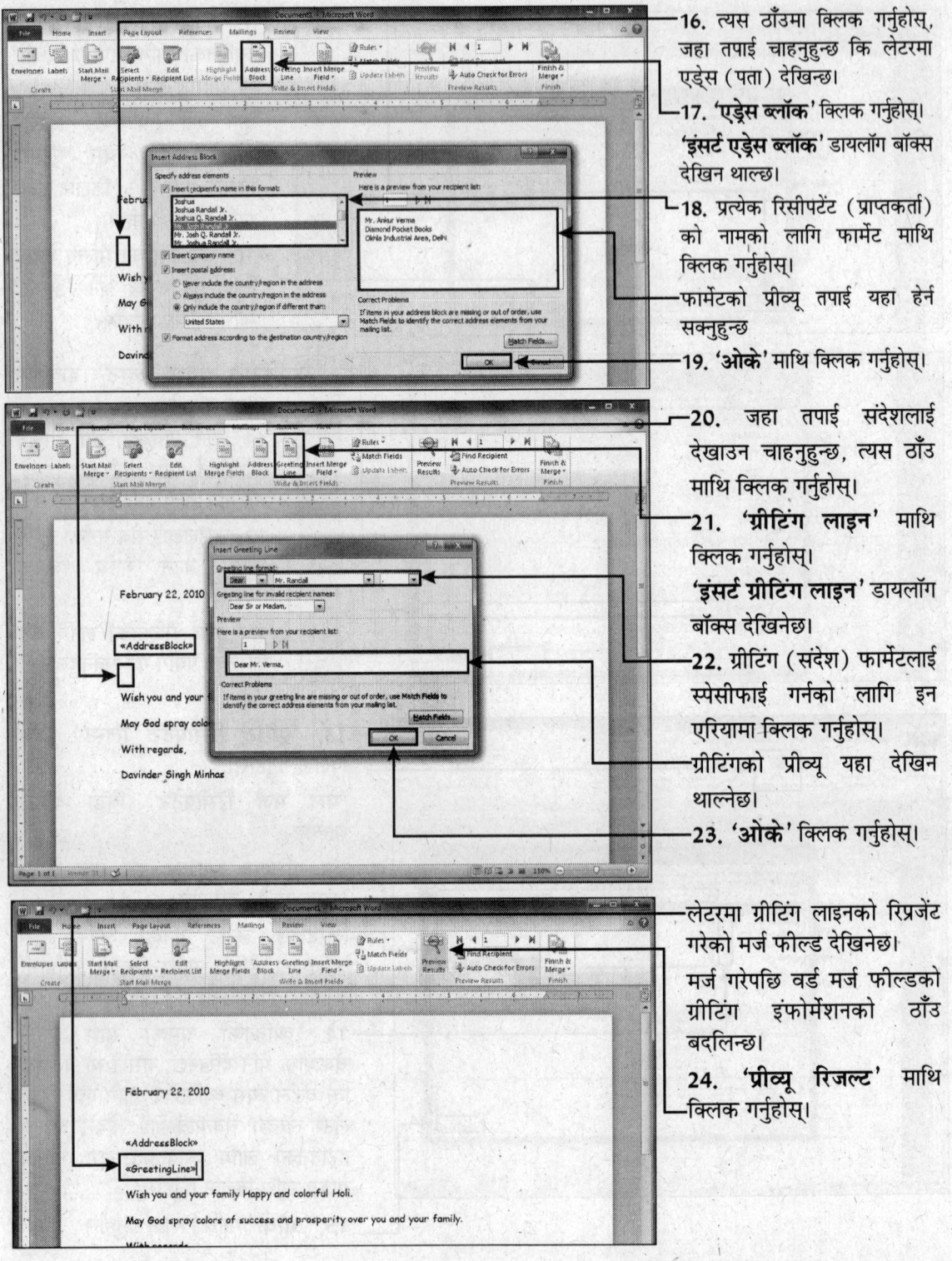

वर्ड एड्रेस फाइलबाट इंफोर्मेशन र लेटरको मैटरमा बदलाव गरेको बनाउन मर्ज गरिएको लेटरको प्रीव्यू डिस्प्ले गर्नेछ।

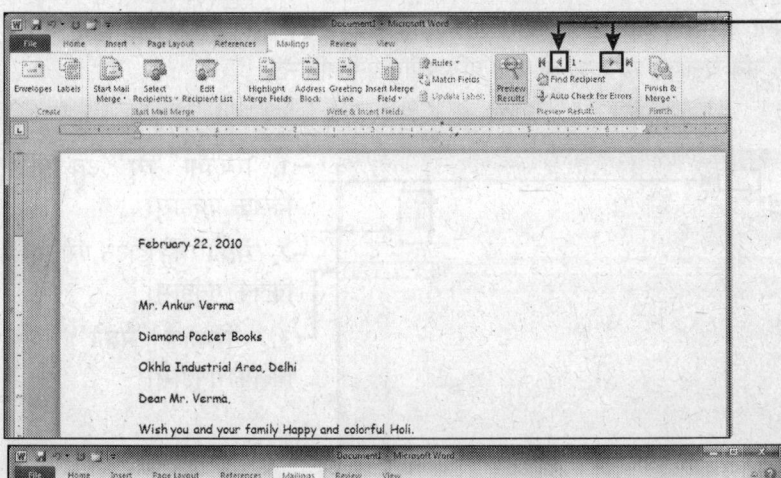

25. अअर्को लेटरको प्रीव्यू हेर्नको लागि **'नेक्स्ट रिकार्ड आइकॉन'** माथि क्लिक गर्नुहोस् र फेरि फिर्ता वा पहिला भएको लेटरको प्रीव्यू हेर्नको लागि **'प्रीवियस रिकार्ड आइकॉन'** माथि क्लिक गर्नुहोस्।

म्मर्ज गरिएको फील्डलाई फेरी डिस्प्ले गर्नको लागि तपाई **'प्रीव्यू रिजल्ट्स'** माथि क्लिक गर्न सक्नुहुन्छ।

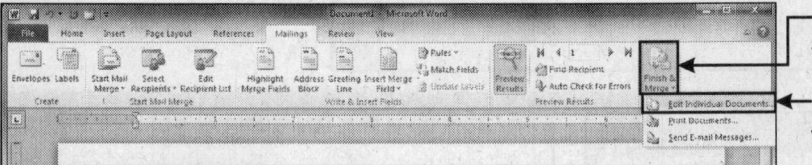

26. 'फिनिश एंड मर्ज' माथि क्लिक गर्नुहोस्।

27. 'एडिट इंडिविजुअल डाक्यूमेंट' मा क्लिक गर्नुहोस्।

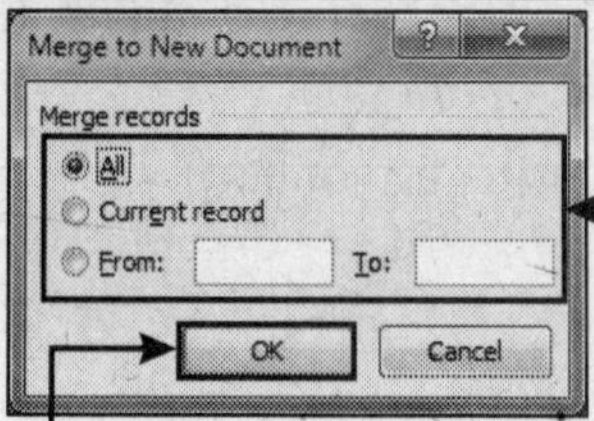

'मर्ज टू न्यू डाक्यूमेंट' डायलॉग बाक्स देखिन थाल्छ।

28. कुनै पनि रेडियो बटन माथि क्लिक गरेर आफ्नो मेलिंग लिस्टबाट त्यस व्यक्तिको चुनाव गर्नुहोस् जसलाई तपाई लेटर लेख्न चाहनुहुन्छ।

'ऑल' : तपाईको लिस्टको सबै व्यक्ति यसमा समावेस हुनेछ।

'करेंट रिकार्ड' : त्यस समय डिस्प्ले भईरहेको व्यक्ति देखिनेछ।

'फ्रॉम' : आफ्नो मेलिंग लिस्टबाट जसलाई तपाई छनौट गर्नुहोस्।

यदि तपाई स्टेप '28' मा 'फ्रॉम' लाई चुनाव गर्नुहुन्छ भने पहिला टेक्स्ट बाक्स माथि क्लिक गर्नुहोस् र तपाई जुन व्यक्तिलाई लेटर लेख्न चाहनुहुन्छ भने त्यो पहिलो व्यक्तिको नंबर टाइप गर्नुहोस्। त्यसपछि 'टैब' बटन दबाएर र अर्को टेक्स्ट बाक्समा अन्तिम व्यक्तिको नंबर टाइप गर्नुहोस्।

29. लेटरलाई तैयार गर्नको लागि **'ओके'** बटन माथि क्लिक गर्नुहोस्।

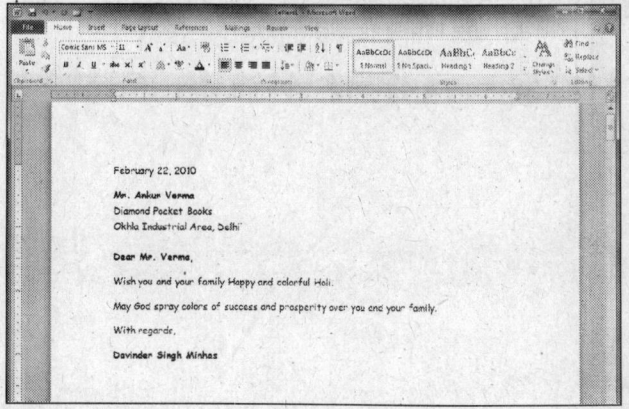

वर्डले एउटा नयाँ डाक्यूमेंट ओपन गरिदिन्छ र त्यस डाक्यूमेंटमा त्यो लेटर तैयार गर्नेछ।

30. तपाई आफ्नो यस लेटरलाई एडिट (संपादित) गर्न सक्नुहुन्छ र त्यसको प्रिंट पनि दिन सक्नुहुन्छ । एडिटिंगको प्रयोग गरेर तपाई आफ्नो लेटरमा अतिरिक्त इंफोर्मेशन पनि जोड्न सक्नुहुन्छ।

31. आफ्नो मेल मर्जको सबै पेजहरुलाई हेर्नको लागि तपाई त्यसलाई स्क्रॉल पनि गर्न सक्नुहुन्छ।

मैक्रोलाई रन गर्न र त्यसलाई रिकार्ड गर्न

एएकै किसिमको एक्शन (कार्यहरु) लाई सीरिजको मात्र एउटा कमांडबाट पूरा गरेर **'मैक्रो'** तपाईको समयलाई धेरै बचत गर्दछ। मैक्राको सहयोगले तपाई आफ्नो टास्क (काम) लाई सजिलैसंग गर्न सक्नुहुन्छ। मैक्रो चूंकि कमांडको एउटा रिकार्डेड सीरिज हुन्छ त्यसैले यस फेरि पनि चलाउन सकिन्छ वा पछि पनि प्रयोग गर्न सकिन्छ।

मैक्रोलाई रिकार्ड गर्न

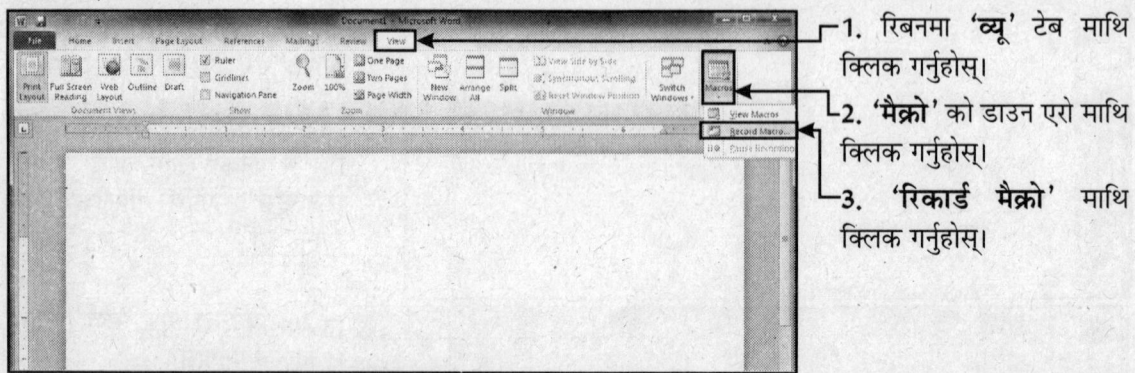

1. रिबनमा **'व्यू'** टेब माथि क्लिक गर्नुहोस्।
2. **'मैक्रो'** को डाउन एरो माथि क्लिक गर्नुहोस्।
3. **'रिकार्ड मैक्रो'** माथि क्लिक गर्नुहोस्।

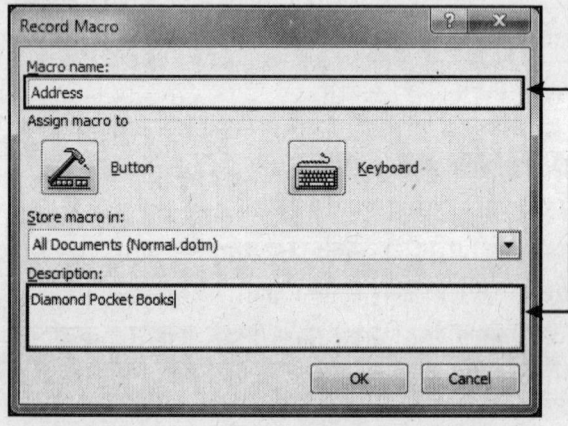

4. मैक्रोलाई जे नाम दिन चाहनुहुन्छ, त्यो टाइप गर्नुहोस्। *मैक्रोको नाम कुनै लेटर (अक्षर) ले शुरू हुनुपर्छ र बीचमा स्पेस (खाली स्थान) हुदैन्।*

5. यस एरियाको संक्षिप्त विवरण टाइप गर्नुहोस्।

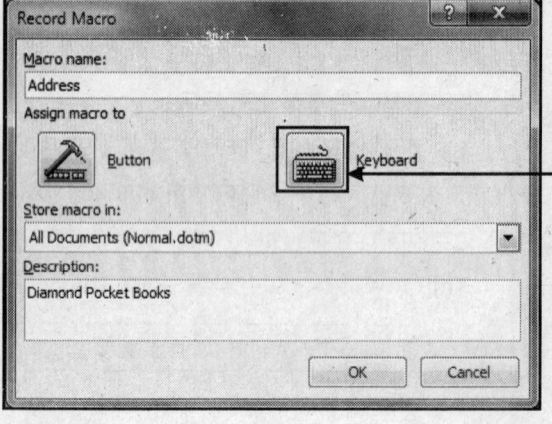

6. मैक्रोलाई की-बोर्डले शॉर्टकट दिनको लागि 'की-बोर्ड' माथि क्लिक गर्नुहोस्।

'कस्टमाइज की-बोर्ड' डायलॉग बॉक्स देखिन्छ।

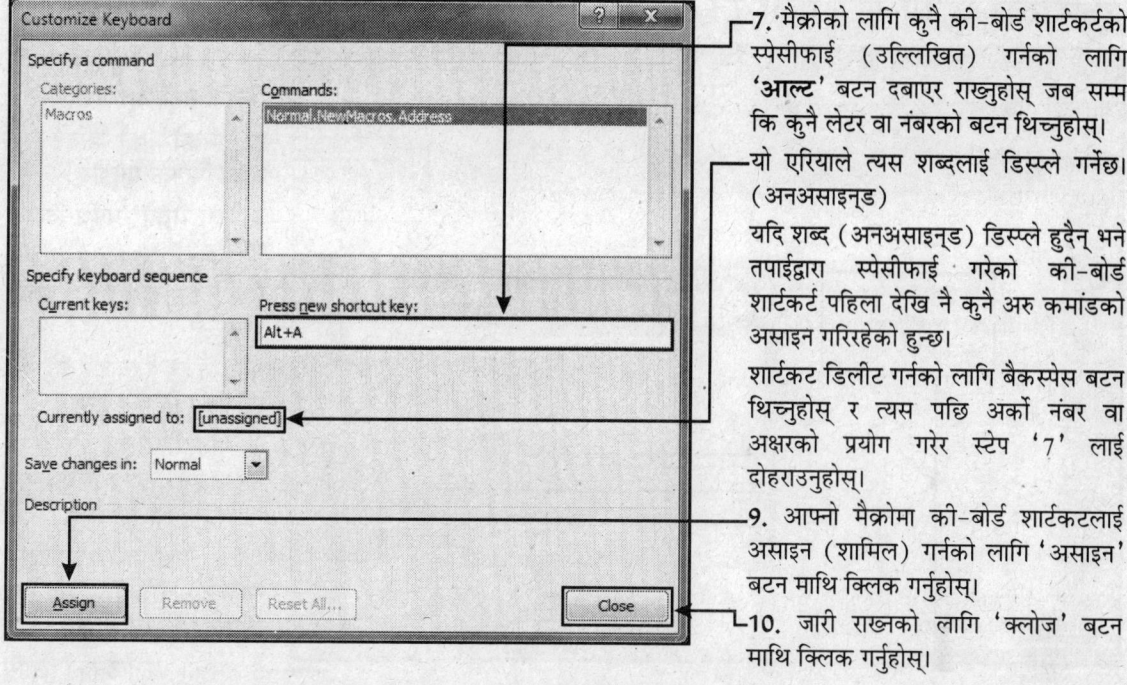

7. मैक्रोको लागि कुनै की-बोर्ड शार्टकर्टको स्पेसीफाई (उल्लिखित) गर्नको लागि **'आल्ट'** बटन दबाएर राख्नुहोस् जब सम्म कि कुनै लेटर वा नंबरको बटन थिच्नुहोस्।

यो एरियाले त्यस शब्दलाई डिस्प्ले गर्नेछ। (अनअसाइन्ड)

यदि शब्द (अनअसाइन्ड) डिस्प्ले हुदैन् भने तपाईद्वारा स्पेसीफाई गरेको की-बोर्ड शार्टकर्ट पहिला देखि नै कुनै अरु कमांडको असाइन गरिरहेको हुन्छ।

शार्टकट डिलीट गर्नको लागि बैकस्पेस बटन थिच्नुहोस् र त्यस पछि अर्को नंबर वा अक्षरको प्रयोग गरेर स्टेप '7' लाई दोहराउनुहोस्।

9. आफ्नो मैक्रोमा की-बोर्ड शार्टकटलाई असाइन (शामिल) गर्नको लागि 'असाइन' बटन माथि क्लिक गर्नुहोस्।

10. जारी राख्नको लागि 'क्लोज' बटन माथि क्लिक गर्नुहोस्।

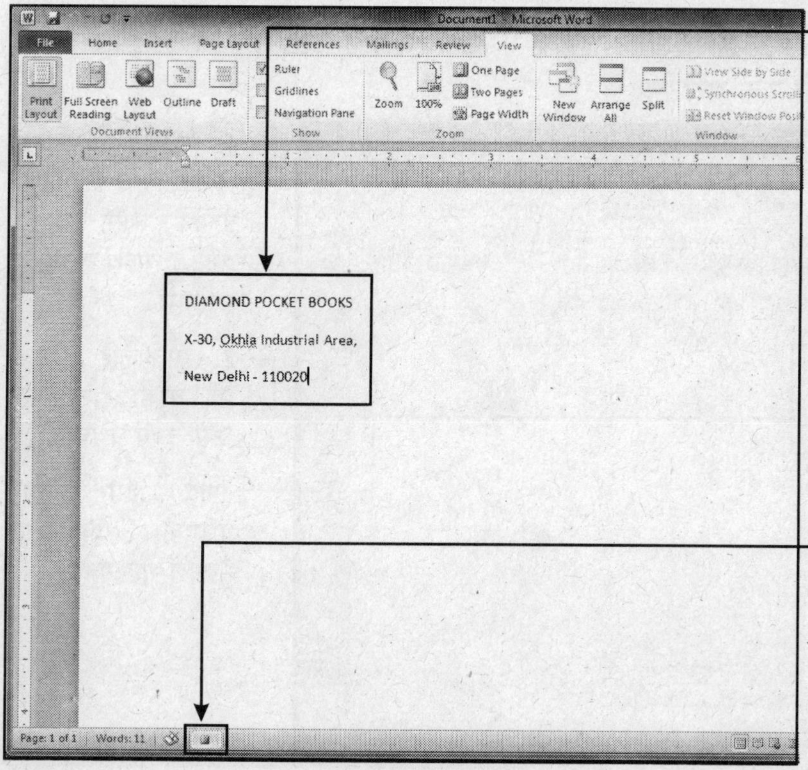

11. अब तपाई त्यो एक्शन गर्न सक्नुहुन्छ जुन मैक्रोमा समावेस गर्नु भएको छ।

यस उदाहरणमा तपाई डाक्यूमेंटमा कंपनीको नाम र ठेगाना इंसर्ट (शामिल) गरिएको छ।

12. मैक्रोमा तपाई जे पनि समावेस गर्न चाहनुहुन्छ, त्यो पूरा भएपछि **'स्टॉप रिकार्डिंग'** माथि क्लिक गर्नुहोस्।

अब तपाई मैक्रो रन (चलाउन) गर्न सक्नुहुन्छ।

टूलबारको प्रयोग गरेर मैक्रो रन गराउन

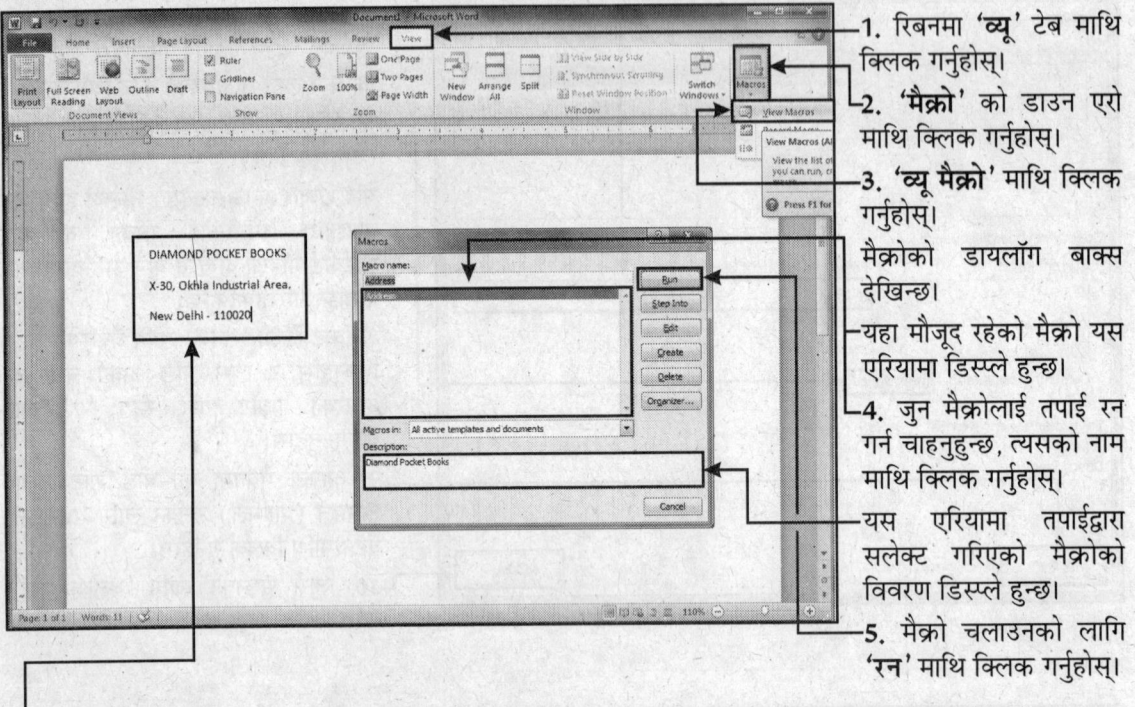

1. रिबनमा 'व्यू' टेब माथि क्लिक गर्नुहोस्।
2. 'मैक्रो' को डाउन एरो माथि क्लिक गर्नुहोस्।
3. 'व्यू मैक्रो' माथि क्लिक गर्नुहोस्।

मैक्रोको डायलॉग बाक्स देखिन्छ।

यहा मौजूद रहेको मैक्रो यस एरियामा डिस्प्ले हुन्छ।

4. जुन मैक्रोलाई तपाई रन गर्न चाहनुहुन्छ, त्यसको नाम माथि क्लिक गर्नुहोस्।

यस एरियामा तपाईंद्वारा सलेक्ट गरिएको मैक्रोको विवरण डिस्प्ले हुन्छ।

5. मैक्रो चलाउनको लागि 'रन' माथि क्लिक गर्नुहोस्।

जब तपाई मैक्रो रन गराउनुहुन्छ तब वर्डले तपाईद्वारा रिकार्ड गरिएको एक्शन (कार्य) लाई स्यंम नै शुरू गर्नेछ।

की-बोर्ड शॉर्टकटले मैक्रो रन गराउन

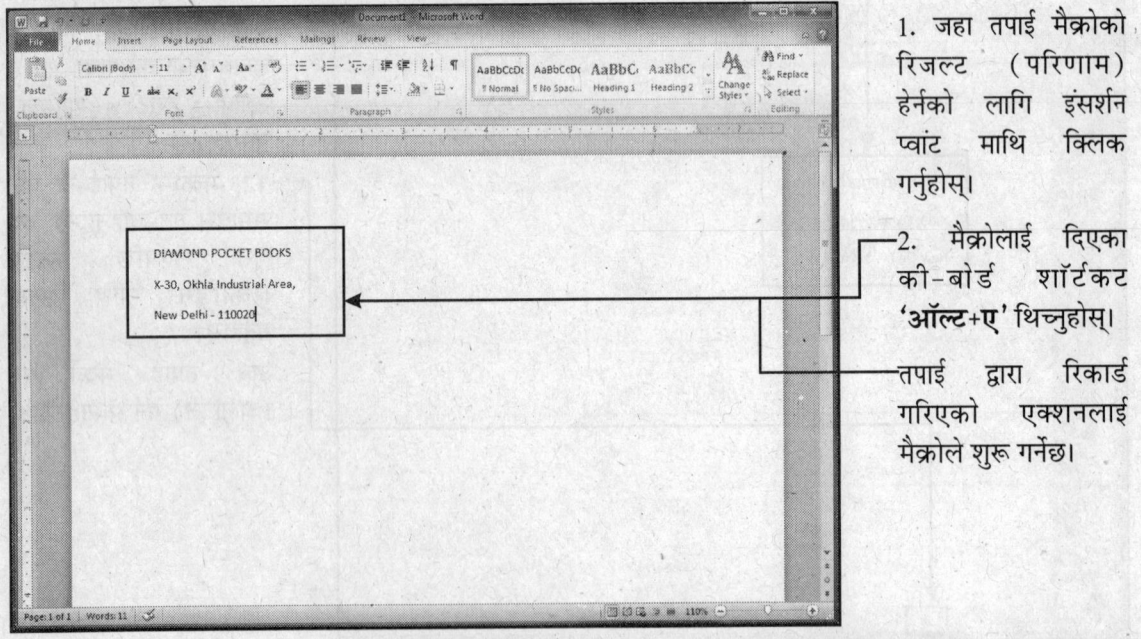

1. जहा तपाई मैक्रोको रिजल्ट (परिणाम) हेर्नको लागि इंसर्शन प्वांट माथि क्लिक गर्नुहोस्।

2. मैक्रोलाई दिएका की-बोर्ड शॉर्टकट 'ऑल्ट+ए' थिच्नुहोस्।

तपाई द्वारा रिकार्ड गरिएको एक्शनलाई मैक्रोले शुरू गर्नेछ।

डाक्यूमेंटलाई ई-मेल गर्न

जब तपाई वर्डमा काम गर्नुहुन्छ तब तपाई आफ्नो डाक्यूमेंटलाई ई-मेल पनि गर्न सक्नुहुन्छ। वर्डले त्यस डाक्यूमेंटलाई अटैचमेंट (संलग्नक) को रूपमा पठाउछ।

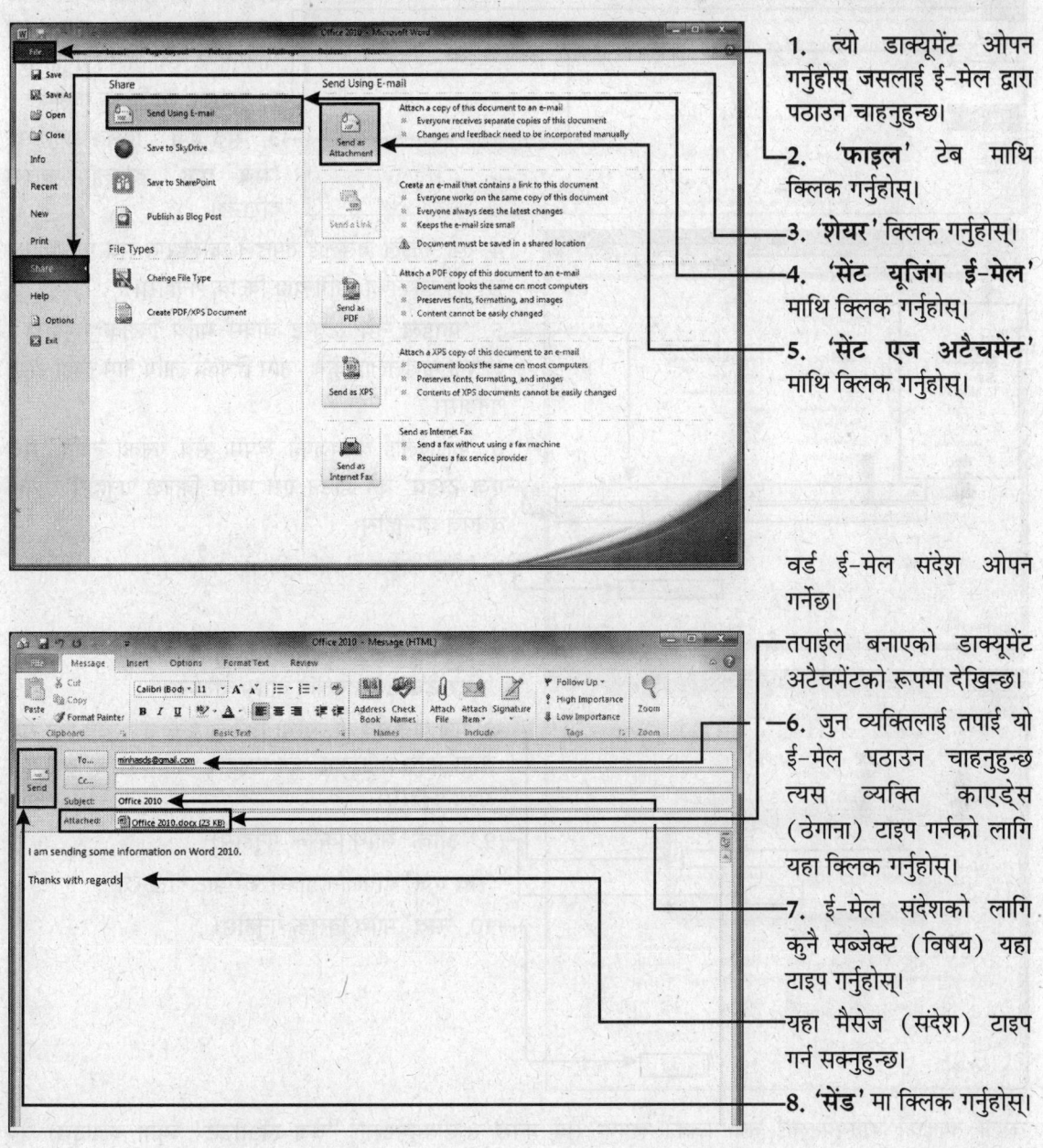

1. त्यो डाक्यूमेंट ओपन गर्नुहोस्, जसलाई ई-मेल द्वारा पठाउन चाहनुहुन्छ।
2. 'फाइल' टेब माथि क्लिक गर्नुहोस्।
3. 'शेयर' क्लिक गर्नुहोस्।
4. 'सेंट यूजिंग ई-मेल' माथि क्लिक गर्नुहोस्।
5. 'सेंट एज अटैचमेंट' माथि क्लिक गर्नुहोस्।

वर्ड ई-मेल संदेश ओपन गर्नेछ।

तपाईले बनाएको डाक्यूमेंट अटैचमेंटको रूपमा देखिन्छ।

6. जुन व्यक्तिलाई तपाई यो ई-मेल पठाउन चाहनुहुन्छ त्यस व्यक्ति काएड्रेस (ठेगाना) टाइप गर्नको लागि यहा क्लिक गर्नुहोस्।
7. ई-मेल संदेशको लागि कुनै सब्जेक्ट (विषय) यहा टाइप गर्नुहोस्।

यहा मैसेज (संदेश) टाइप गर्न सक्नुहुन्छ।

8. 'सेंड' मा क्लिक गर्नुहोस्।

डाक्यूमेंट वेबपेजको रूपमा सेव गर्न

आफ्नो डाक्यूमेंटलाई वेबपेजको रूपमा पनि सेव गर्न सक्नुहुन्छ। यसलाई यसबाट इंटरनेटमा पनि अपलोड गर्न सकिन्छ।

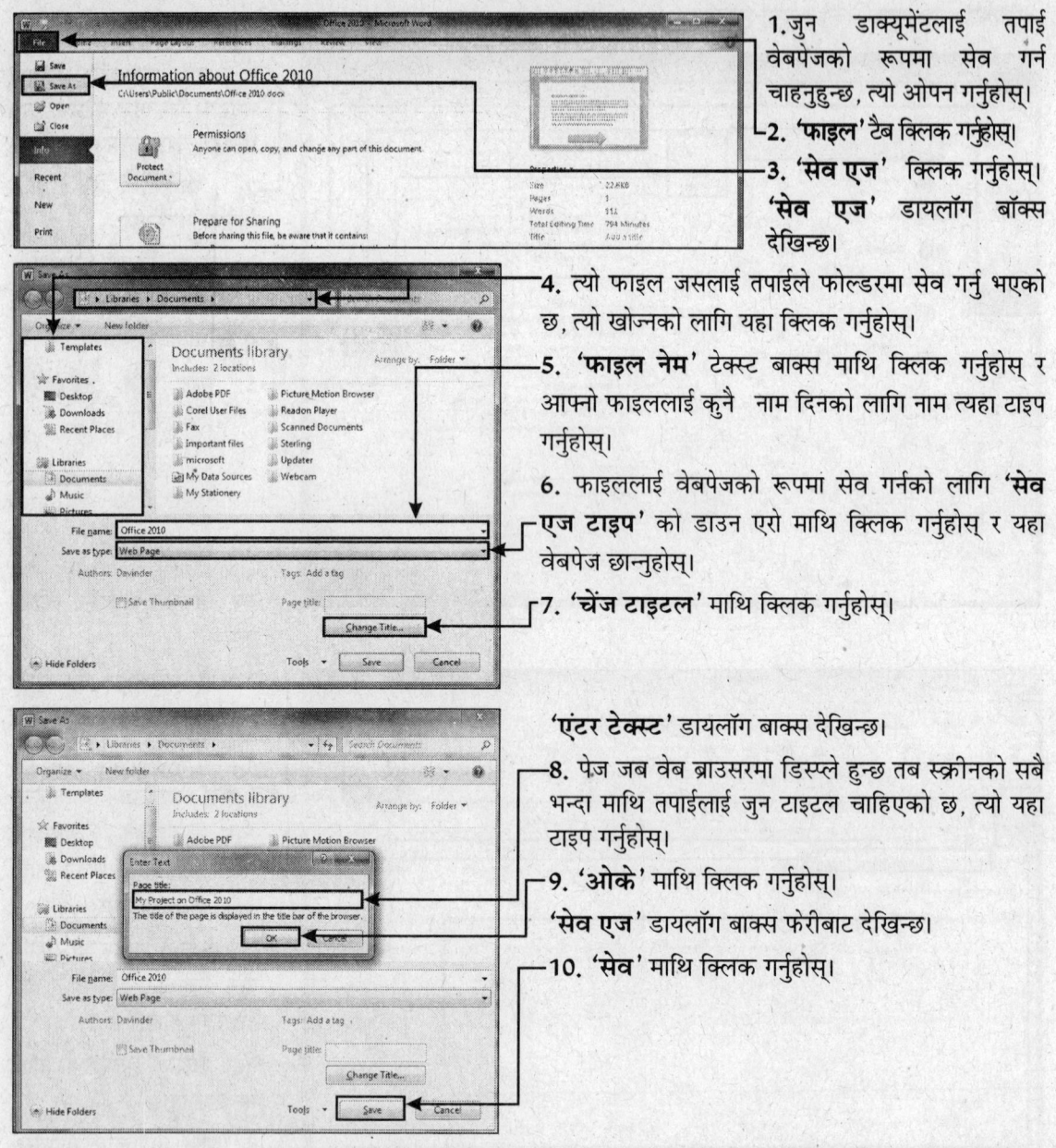

1. जुन डाक्यूमेंटलाई तपाई वेबपेजको रूपमा सेव गर्न चाहनुहुन्छ, त्यो ओपन गर्नुहोस्।
2. **'फाइल'** टैब क्लिक गर्नुहोस्।
3. **'सेव एज'** क्लिक गर्नुहोस्। **'सेव एज'** डायलॉग बॉक्स देखिन्छ।

4. त्यो फाइल जसलाई तपाईले फोल्डरमा सेव गर्नु भएको छ, त्यो खोज्नको लागि यहा क्लिक गर्नुहोस्।
5. **'फाइल नेम'** टेक्स्ट बाक्स माथि क्लिक गर्नुहोस् र आफ्नो फाइललाई कुनै नाम दिनको लागि नाम त्यहा टाइप गर्नुहोस्।
6. फाइललाई वेबपेजको रूपमा सेव गर्नको लागि **'सेव एज टाइप'** को डाउन एरो माथि क्लिक गर्नुहोस् र यहा वेबपेज छान्नुहोस्।
7. **'चेंज टाइटल'** माथि क्लिक गर्नुहोस्।

'एंटर टेक्स्ट' डायलॉग बाक्स देखिन्छ।

8. पेज जब वेब ब्राउसरमा डिस्प्ले हुन्छ तब स्क्रीनको सबै भन्दा माथि तपाईलाई जुन टाइटल चाहिएको छ, त्यो यहा टाइप गर्नुहोस्।
9. **'ओके'** माथि क्लिक गर्नुहोस्।

'सेव एज' डायलॉग बाक्स फेरीबाट देखिन्छ।

10. **'सेव'** माथि क्लिक गर्नुहोस्।

वर्डले तपाईको डाक्यूमेंटलाई वेब पेजको रूपमा सेव गर्नेछ र डाक्यूमेंटलाई **'वेब लेआउट'** व्यूमा देखाउछ। वेब लेआउटमा आफ्नो डाक्यूमेंट वेब ब्राउसरमा पाउनु हुनेछ।

डाक्यूमेंटको प्रिंट दिन

आफ्नो स्क्रीनमा डिस्प्ले भई रहेको डाक्यूमेंट पेपरमा प्रिंट पनि गर्न सक्नुहुन्छ। डाक्यूमेंटको प्रिंट लिनु भन्दा पूर्व यो सुनिश्चित गर्नुहोस् कि प्रिंटर चालू (ऑन) छ।

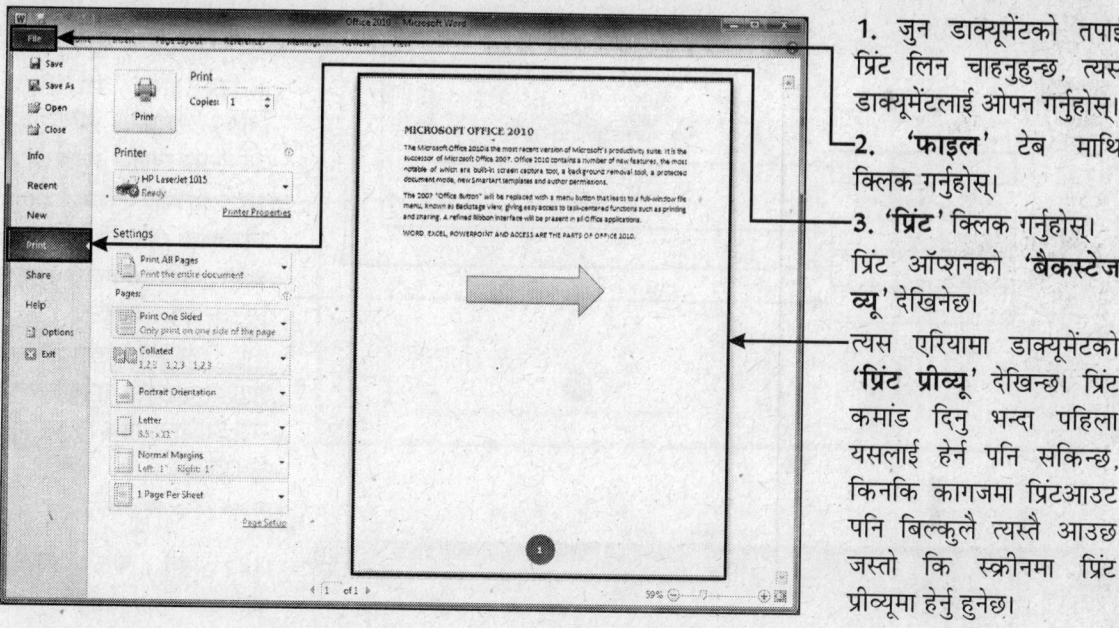

1. जुन डाक्यूमेंटको तपाई प्रिंट लिन चाहनुहुन्छ, त्यस डाक्यूमेंटलाई ओपन गर्नुहोस्।
2. 'फाइल' टेब माथि क्लिक गर्नुहोस्।
3. 'प्रिंट' क्लिक गर्नुहोस्। प्रिंट ऑप्शनको 'बैकस्टेज व्यू' देखिनेछ।

त्यस एरियामा डाक्यूमेंटको 'प्रिंट प्रीव्यू' देखिन्छ। प्रिंट कमांड दिनु भन्दा पहिला यसलाई हेर्न पनि सकिन्छ, किनकि कागजमा प्रिंटआउट पनि बिल्कुलै त्यस्तै आउछ जस्तो कि स्क्रीनमा प्रिंट प्रीव्यूमा हेर्नु हुनेछ।

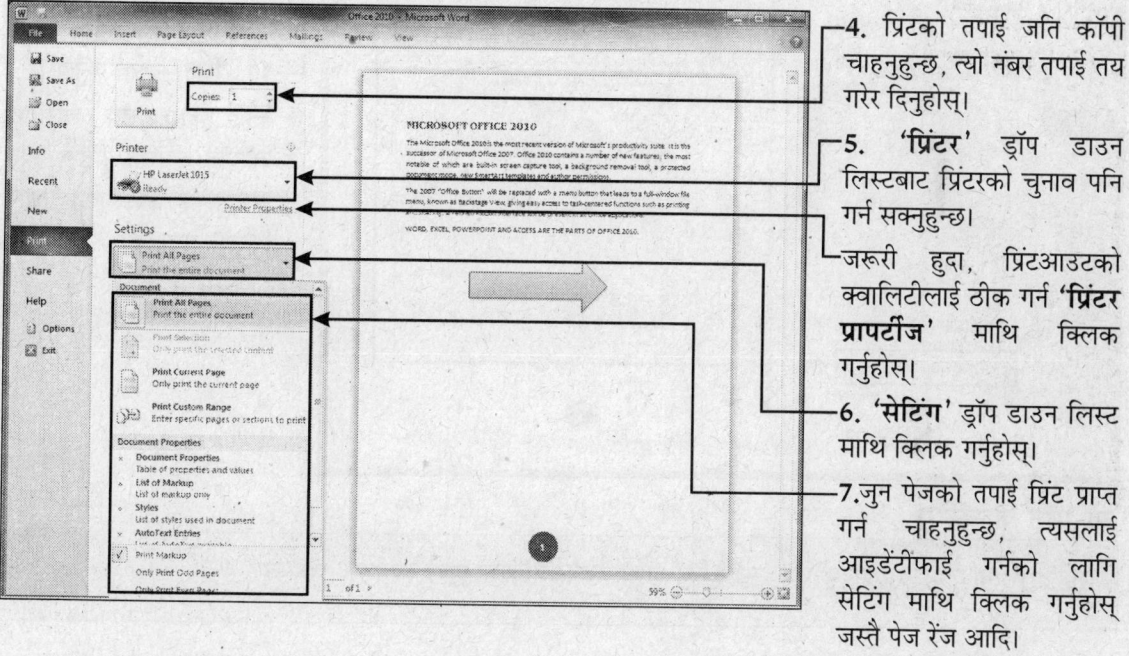

4. प्रिंटको तपाई जति कॉपी चाहनुहुन्छ, त्यो नंबर तपाई तय गरेर दिनुहोस्।
5. 'प्रिंटर' ड्रॉप डाउन लिस्टबाट प्रिंटरको चुनाव पनि गर्न सक्नुहुन्छ।

जरूरी हुदा, प्रिंटआउटको क्वालिटीलाई ठीक गर्न 'प्रिंटर प्रापर्टीज' माथि क्लिक गर्नुहोस्।

6. 'सेटिंग' ड्रॉप डाउन लिस्ट माथि क्लिक गर्नुहोस्।
7. जुन पेजको तपाई प्रिंट प्राप्त गर्न चाहनुहुन्छ, त्यसलाई आइडेंटीफाई गर्नको लागि सेटिंग माथि क्लिक गर्नुहोस् जस्तै पेज रेंज आदि।

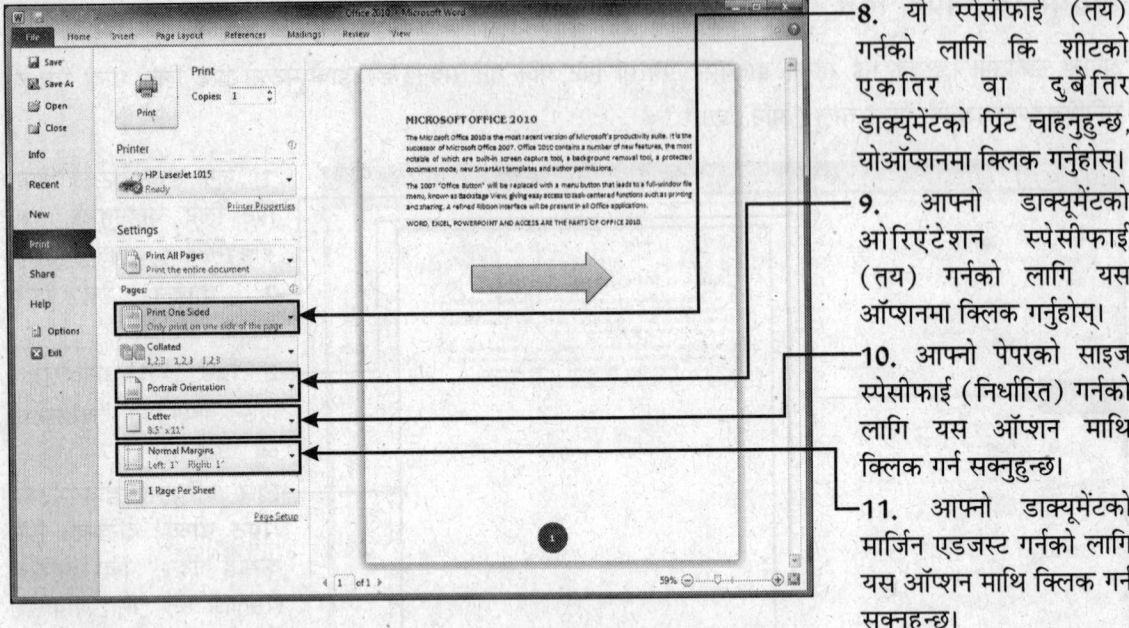

8. यो स्पेसीफाई (तय) गर्नको लागि कि शीटको एकतिर वा दुबैतिर डाक्यूमेंटको प्रिंट चाहनुहुन्छ, योऑप्शनमा क्लिक गर्नुहोस्।

9. आफ्नो डाक्यूमेंटको ओरिएंटेशन स्पेसीफाई (तय) गर्नको लागि यस ऑप्शनमा क्लिक गर्नुहोस्।

10. आफ्नो पेपरको साइज स्पेसीफाई (निर्धारित) गर्नको लागि यस ऑप्शन माथि क्लिक गर्न सक्नुहुन्छ।

11. आफ्नो डाक्यूमेंटको मार्जिन एडजस्ट गर्नको लागि यस ऑप्शन माथि क्लिक गर्न सक्नुहुन्छ।

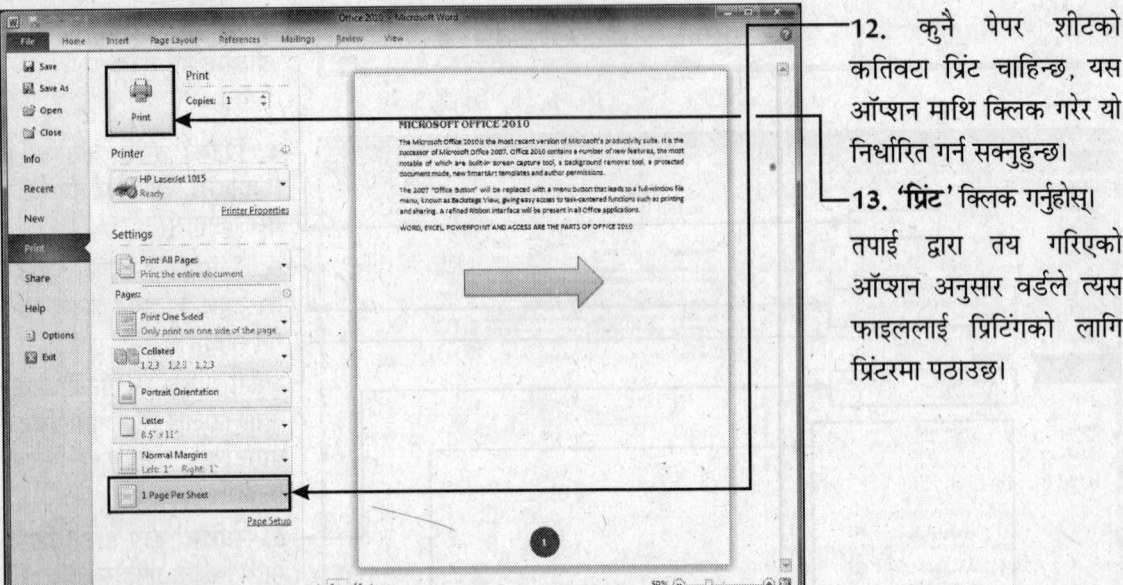

12. कुनै पेपर शीटको कतिवटा प्रिंट चाहिन्छ, यस ऑप्शन माथि क्लिक गरेर यो निर्धारित गर्न सक्नुहुन्छ।

13. 'प्रिंट' क्लिक गर्नुहोस्।

तपाई द्वारा तय गरिएको ऑप्शन अनुसार वर्डले त्यस फाइललाई प्रिटिंगको लागि प्रिंटरमा पठाउछ।

यो पनि जान्नुहोस्

वर्ड 2010 मा तपाईलाई प्रीव्यू, एडजस्ट र प्रिंट ऑल बैकस्टेज व्यूमा एउटै स्क्रीनमा देखिन्छ।

एनवलप (लिफाफे) प्रिंट गर्ने तरीका

वर्डमा तपाईको कुनै एनवलप (खाम) मा पाउने र पठाउने व्यक्तिको ठेगाना पनि प्रिंट गर्न सक्नुहुन्छ।

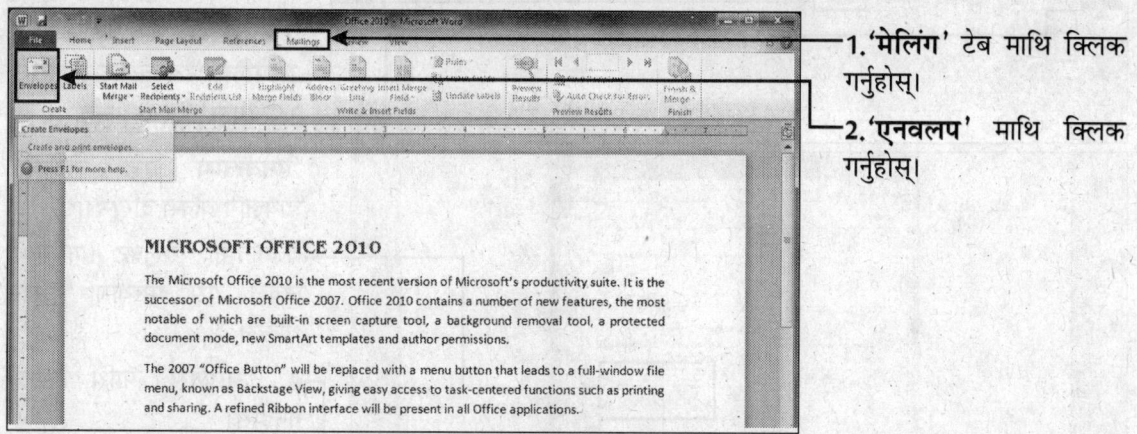

1. **'मेलिंग'** टेब माथि क्लिक गर्नुहोस्।
2. **'एनवलप'** माथि क्लिक गर्नुहोस्।

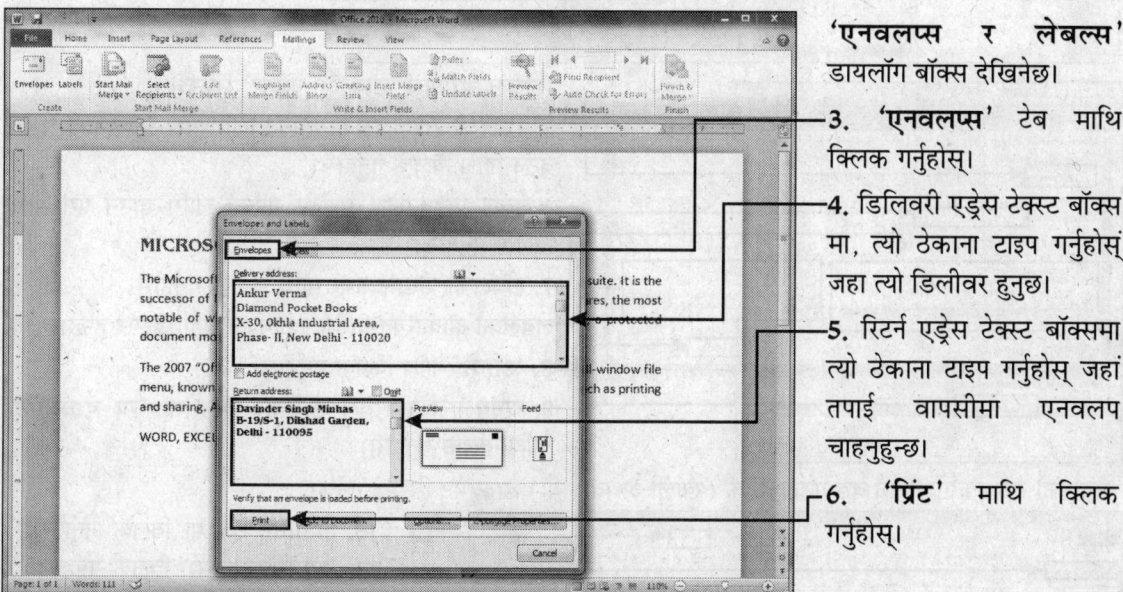

'एनवलप्स र लेबल्स' डायलॉग बॉक्स देखिनेछ।

3. **'एनवलप्स'** टेब माथि क्लिक गर्नुहोस्।
4. डिलिवरी एड्रेस टेक्स्ट बॉक्स मा, त्यो ठेकाना टाइप गर्नुहोस् जहा त्यो डिलीवर हुनुछ।
5. रिटर्न एड्रेस टेक्स्ट बॉक्समा त्यो ठेकाना टाइप गर्नुहोस् जहां तपाई वापसीमा एनवलप चाहनुहुन्छ।
6. **'प्रिंट'** माथि क्लिक गर्नुहोस्।

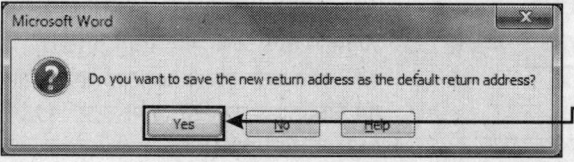

यदि तपाई रिटर्न ठेगाना लेख्नुहुन्छ तब एउटा डायलॉग बाक्स देखिन्छ।

7. यदि तपाई रिटर्न एड्रेसलाई डिफाल्ट रिटर्न एड्रेसको रूपमा सेव गर्नुछ भने **'यस'** मा क्लिक गर्नुहोस्।

वर्ड रिटर्न एड्रेसलाई सेव गर्नेछ र एनवलपमा प्रिंट पनि गर्नेछ।

लेबल प्रिंट गर्न

वर्ड डाक्यूमेंटमा तपाई लेबल तैयार गर्न सक्नुहुन्छ र त्यसलाई प्रिंट पनि गर्न सक्नुहुन्छ।

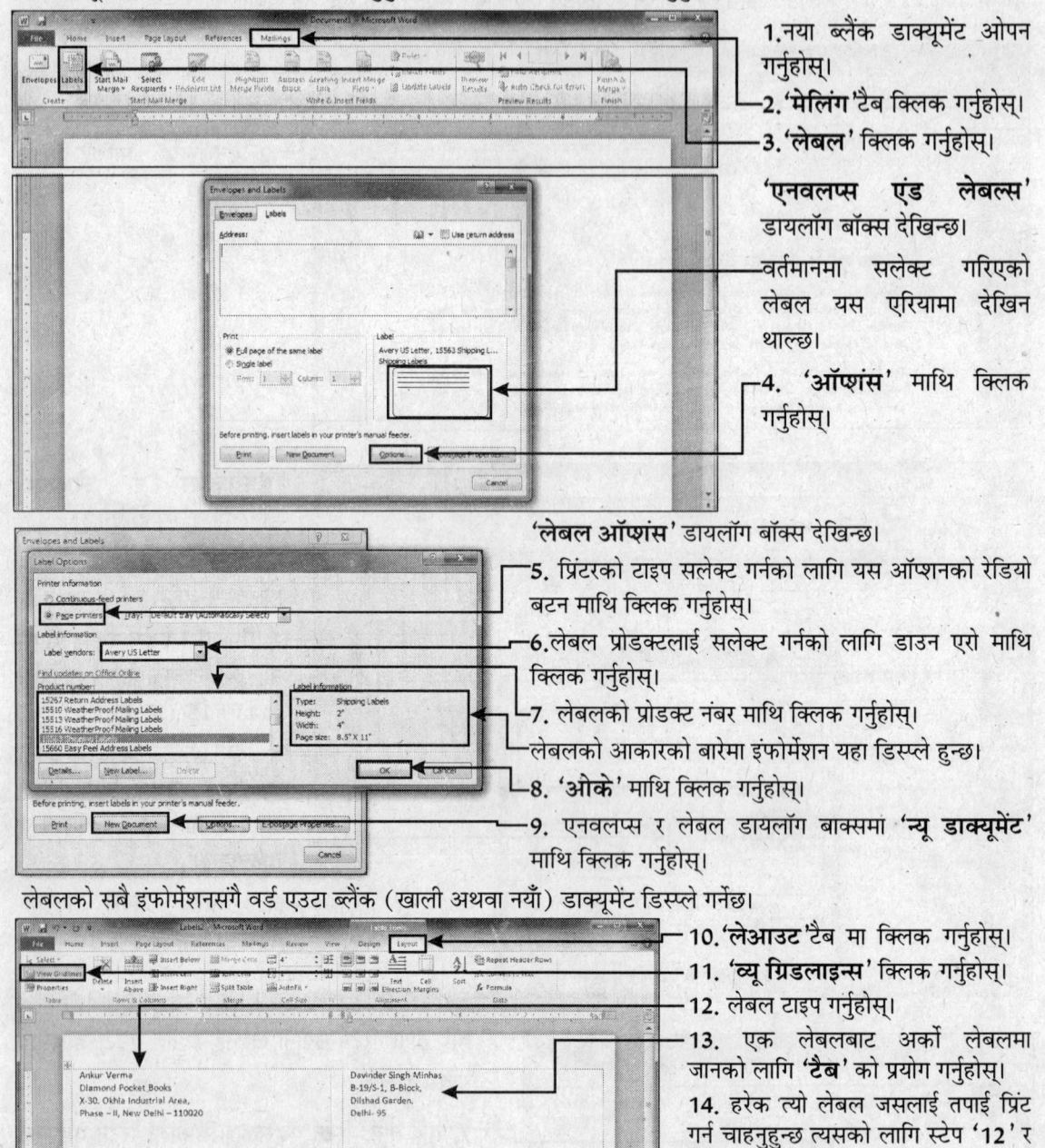

1.नया ब्लैंक डाक्यूमेंट ओपन गर्नुहोस्।

2.**'मेलिंग'**टैब क्लिक गर्नुहोस्।

3.**'लेबल'** क्लिक गर्नुहोस्।

'एनवलप्स एंड लेबल्स' डायलॉग बॉक्स देखिन्छ।

वर्तमानमा सलेक्ट गरिएको लेबल यस एरियामा देखिन थाल्छ।

4. **'ऑप्शंस'** माथि क्लिक गर्नुहोस्।

'लेबल ऑप्शंस' डायलॉग बॉक्स देखिन्छ।

5. प्रिंटरको टाइप सलेक्ट गर्नको लागि यस ऑप्शनको रेडियो बटन माथि क्लिक गर्नुहोस्।

6.लेबल प्रोडक्टलाई सलेक्ट गर्नको लागि डाउन एरो माथि क्लिक गर्नुहोस्।

7. लेबलको प्रोडक्ट नंबर माथि क्लिक गर्नुहोस्।

लेबलको आकारको बारेमा इंफोर्मेशन यहा डिस्प्ले हुन्छ।

8. **'ओके'** माथि क्लिक गर्नुहोस्।

9. एनवलप्स र लेबल डायलॉग बाक्समा **'न्यू डाक्यूमेंट'** माथि क्लिक गर्नुहोस्।

लेबलको सबै इंफोर्मेशनसंगै वर्ड एउटा ब्लैंक (खाली अथवा नयाँ) डाक्यूमेंट डिस्प्ले गर्नेछ।

10.**'लेआउट'**टैब मा क्लिक गर्नुहोस्।

11. **'व्यू ग्रिडलाइन्स'** क्लिक गर्नुहोस्।

12. लेबल टाइप गर्नुहोस्।

13. एक लेबलबाट अर्को लेबलमा जानको लागि **'टैब'** को प्रयोग गर्नुहोस्।

14. हरेक त्यो लेबल जसलाई तपाई प्रिंट गर्न चाहनुहुन्छ त्यसको लागि स्टेप **'12'** र **'13'** दोहराउनुहोस्।

15. **'फाइल'** टेब माथि क्लिक गर्नुहोस्।

16. **'प्रिंट'** माथि क्लिक गर्नुहोस्।

17. प्रिंट बैकस्टेजमा फेरी 'प्रिंट' माथि क्लिक गर्नुहोस्। बर्डले लेबललाई प्रिंट गर्नेछ।

8 एमएस एक्सेल

परिचय

माइक्रोसॉफ्ट एक्सेल 2010 एक प्रकारको **'स्प्रेडशीट प्रोग्राम'** (विस्तारित प्रोग्राम) हो जसले तपाईलाई डाटा आर्गनाइज (संगठित अथवा व्यवस्थित) गर्न, गणनालाई पूरा गर्न, निर्णय लिन, डाटाको ग्राफ तैयार गर्न, व्यावसायिक रिपोर्ट्र्स तैयार गर्न, वेबमा डाटा पब्लिश (प्रकाशित) गर्न र वेबसाइटमा डाटाको साथमा काम गर्ने सुविधा प्रदान गर्दछ।

एक्सेलले कुनै पनि डाटालाई **'रो'** अर्थात पंक्ति र **'कॉलम'** मा व्यवस्थित गर्दछ। यहि रो र कॉलमको व्यवस्थित रूपलाई **'वक्रशीट'** भनिन्छ।

पुरानो समयमा तथ्यांकलाई मैनुअली व्यवस्थित गरिन्थ्यो। त्यस समय डाटालाई व्यवस्थित गर्नको लागि कागज र पेंसिलको सहायताबाट रो र कॉलम तैयार गरिन्थ्यो। इलेक्ट्रोनिक वक्रशीटमा पनि डाटालाई रो र कॉलममा त्यसरी व्यवस्थित गरिन्छ, जसरी कि पहिला मैनुअली (बिना कंप्यूटरको) गर्ने गरिन्थ्यो।

एमएस वर्ड साफ्टवेयरको सरह स्प्रेडशीटमा पनि बेसिक (सामान्य) फीचर्स हुन्छ जसले तपाईलाई वक्रशीट क्रिएट (तैयार) गर्न, एडिट (संपादित) गर्न र फार्मेट गर्नमा सहायता प्रदान गर्दछ

एक्सेललाई शुरू गर्न

एक्सेलमा कार्य शुरू गर्नु भन्दा पहिला तपाईले प्रोग्राम विंडोलाई ओपन गर्नु पर्दछ।

एक्सेल 2010 ओपन (शुरू) गर्नको लागि निम्नलिखित कार्य गर्नुहोस्।

1. **'स्टार्ट'** बटन माथि क्लिक गर्नुहोस्। स्टार्ट मीनू देखिनेछ।
2. **'ऑल प्रोग्राम'** माथि क्लिक गर्नुहोस्।
3. **'माइक्रोसॉफ्ट आफिस'** माथि क्लिक गर्नुहोस्।
4. **'माइक्रोसॉफ्ट एक्सेल 2010'** माथि क्लिक गर्नुहोस्। एक्सेल वक्रवुक देखिनेछ।

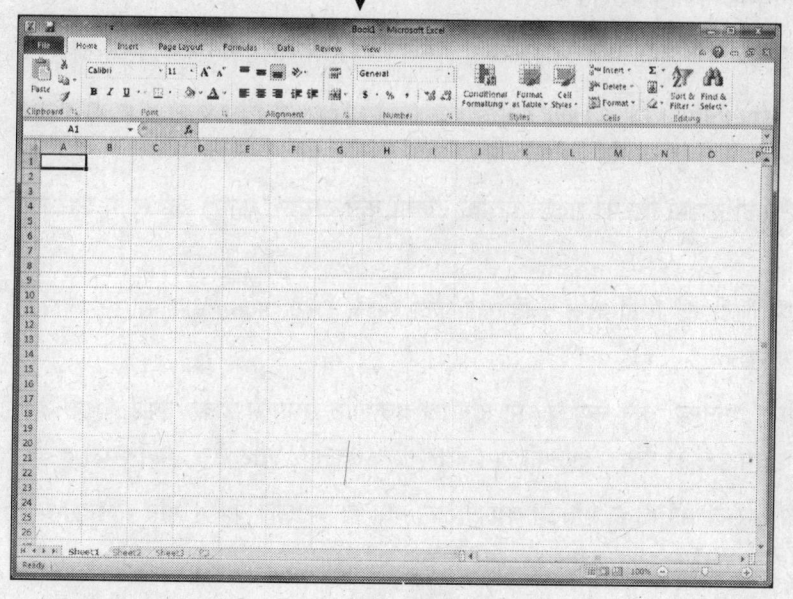

एक्सेल विंडोमा **'बुक 1'** टाइटल (शीर्षक) बाट कुनै खाली वक्रबुक डिस्प्ले हुनेछ।

विंडो टास्क बारमा एक्सेलको प्रोग्राम बटन डिस्प्ले हुन्छ, जसले यो बताउछ कि एक्सेलले काम गरि रहेको छ।

एक्सेल विंडो

एक्सेल विंडोमा धेरै आइटम देखिन्छ, जसको तपाईले कुनै वक्रबुक क्रिएट (तैयार) गर्नमा र त्यसमा कार्य गर्नको लागि प्रयोग गर्न सक्नुहुन्छ।

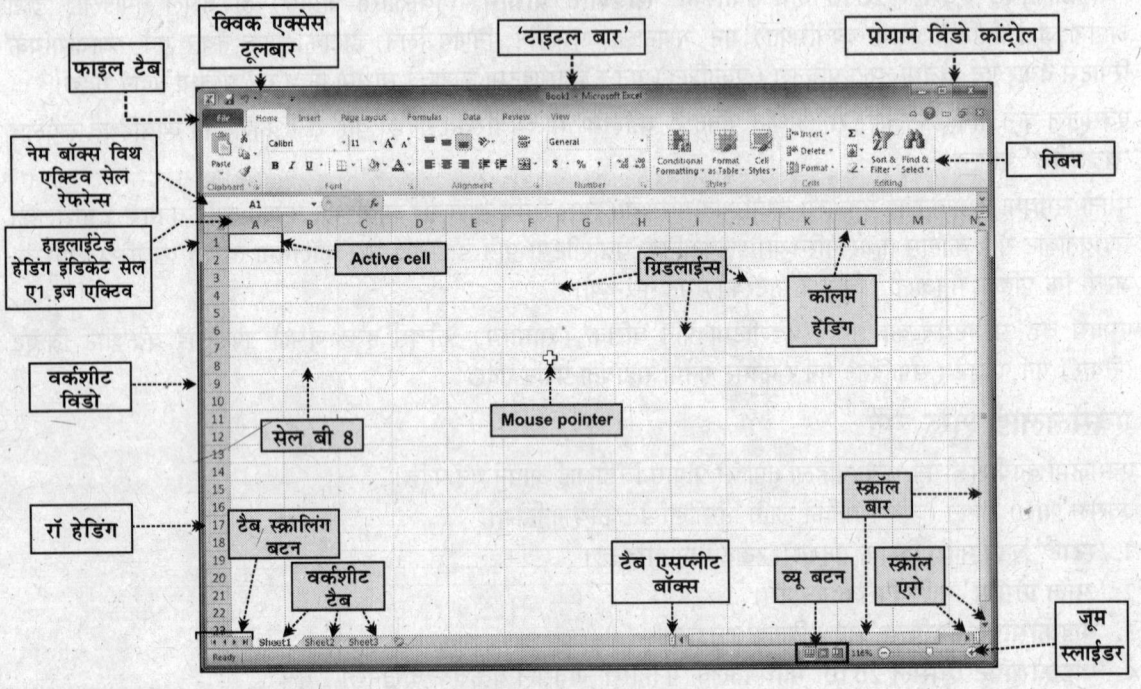

'टाइटल बार' : डिस्प्ले भई रहेको डाक्यूमेंटको नाम प्रदर्शित गर्दछ।

'फाइल टैब' : बैकस्टेज (नेपथ्य) व्यू देखाउछ जहा तपाई फाइलको इंफोर्मेशनलाई व्यवस्थित गर्न सक्नुहुन्छ, सेव गर्न सक्नुहुन्छ, शेयर गर्न सक्नुहुन्छ र प्रिंट दिन सक्नुहुन्छ आदि।

'क्विक एक्सेस टूलबार' : यो सेव, अनडू र री-डू कमांड दिनको लागि क्विक एक्सेस बटन डिस्प्ले गर्दछ।

'रिबन' :संबंधित कमांडको ग्रुपलाई टैबको रूपमा डिस्प्ले गर्दछ। प्रत्येक टैबको कुनै टास्क (काम) को लागि शार्टकट बटन हुन्छ।

'प्रोग्राम विंडो कंट्रोल' : बटन प्रोग्राम विंडोलाई मिनीमाइज, विंडोलाई फुल साइज (पूरा आकार) मा री-स्टोर गर्न र विंडोलाई क्लोज (बंद) गर्नमा प्रयोग गरिन्छ।

वक्रबुकमा समावेस शीटलाई **'वक्रशीट'** भनिन्छ। कुनै नयाँ बुकमा तीनवटा वक्रशीट समावेस हुन्छ। तपाई यसमा अरु पनि वक्रशीट जोड्न सक्नुहुन्छ (अधिकतम 255)। प्रत्येक शीटको नाम वक्र बुकको तल **''शीट टैब'** मा डिस्प्ले हुन्छ।

उदाहरणको लागि : शीट 1 वक्रबुकमा डिस्प्ले भई रहेको एक्टिव वक्रशीटको नाम हो जसलाई बुक 1 पनि भनिन्छ। यदि तपाई शीट 2 को टैब माथि क्लिक गर्नुहुन्छ, एक्सेल शीट 2 वक्रशीटलाई डिस्प्ले गर्नेछ।

कुनै पनि वक्रशीट आयताकार ग्रिडको रूपमा व्यवस्थित हुन्छ जसमा कॉलम (लंबवत) र रो (क्षैतिज) समावेस हुन्छ।

ग्रिडको माथि कॉलमको लेटरलाई **'कॉलम हेडिंग'** पनि भनिन्छ, प्रत्येक कॉलमलाई आईडेंटीफाई गर्दछ। ग्रिडको बायाँतिर रहेको रोको नंबर, लाई **रो हेडिंग** भनिन्छ, प्रत्येक रो लाई आईडेंटीफाई गर्दछ।

वक्रशीटमा जहा कॉलम र रो एक अर्कालाई विभाजित गर्दछ, त्यो भाग **'सेल'** हो। वक्रशीटमा सेल एउटा बेसिक यूनिट (सामान्य इकाई) हो, जसमा तपाई डाटा एंटर (प्रविष्ट) गर्नुहुन्छ।

वक्र बुकको प्रत्येक वक्रशीटमा 16384 **कॉलम** हुन्छ र 1048576 **रो (पंक्ति)** हुन्छ। यसमा प्रत्येक शीटमा 17179885568 **सेल** हुन्छ।

कॉलमको हेडिंग **'ए'** बाट शुरू हुन्छ र **'एक्सएफडी'** मा समाप्त हुन्छ। रोको हेडिंग **'1'** बाट शुरू हुन्छ र **1048577** मा समाप्त हुन्छ। एक पटकमा स्क्रीनमा एक्टिव वक्रशीटको केहि भाग देखिन्छ।

कुनै पनि सेल यसको एड्रेस र 'सेल रिफरेंस' को बारेमा बताउछ। जसले अर्को कॉलम र रो बाट को-आर्डिनेट गर्दछ। सेललाई आईडेंटीफाई गर्नको लागि पहिला कॉलम लेटर र त्यस पछि रोको नंबरलाई स्पेसीफाई गर्दछ।

उदाहरणको लागि : बी8 सेलको मतलब हुन्छ कि यो कॉलम बीमा 8 औं रो हो।

आफ्नो वक्रशीटमा डाटा एंटर गर्नको लागि कुनै सेललाई एक्टिव वा सलेक्ट गर्नुगर्दछ। अर्थात पहिला तपाईले यो तय गर्नुपर्छ कि डाटालाई कुन सेलमा एंटर गर्नुछ।

पिक्चरमा एक्टिव सेल 'ए1' छ। एक्टिव सेललाई तीन तरीकाबाट आईडेंटीफाई गरिन्छ।

◉ सेलको चारैतिर एउटा **मोटो बार्डर** देखिन्छ।

◉ एक्टिव सेल **'नेम बाक्स'** मा तुरंत **'कॉलम ए'** मा डिस्प्ले हुन जान्छ।

◉ कॉलम **'हेडिंग ए'** र रो **'हेडिंग 1'** हाईलाइट हुन जान्छ। यसले कुनै पनि एक्टिव सेललाई सजिलैसंग आईडेंटीफाई गर्न सकिन्छ अर्थात सजिलैसंग पहिचान गर्न सकिन्छ कि वक्रशीटमा कुन एक्टिव सेल छ, जसमा तपाई डाटा एंटर गर्न सक्नुहुन्छ।

वर्शशीटमा कॉलम र रोलाई प्रस्तुत गरि रहेको सीधा र बांगो लाइनहरुलाई **'ग्रिड लाइन'** भनिन्छ। ग्रिड लाइनबाट वक्रशीटमा कुनै सेललाई आईडेंटीफाई गर्न सजिल हुन्छ र ग्रिड लाइनलाई बंद पनि गर्न सकिन्छ जसबाट यो वक्रशीटमा देखिने छैन् तर काममा सजिलको लागि यसलाई बंद गर्नु ठीक मानिदैन्।

पहिलो पिक्चरमा माउसको प्वाइंटर **'ब्लाक प्लस साइन'** को रूपमा देखिन्छ। वक्रशीटमा जब माउसको प्वाइंटर कुनै सेलको माथि हुन्छ तब यो ब्लाक प्लस साइनको रूपमा देखिन्छ। माउस प्वाइंटरको दोस्रो आकृति ब्लाक एरो हो। माउसको प्वाइंटर ब्लाक एरोमा बदलिन जान्छ जब तपाई त्यसलाई वक्रशीटको बाहिर क्लिक गर्नुहुन्छ वा वक्रशीटमा रो र कॉलमको बीचमा कुनै सेलको कंटेंटलाई ड्रैग (अगाडि-पछाडि) गर्नुहुन्छ।

वक्रशीट विंडो तपाईलाई स्क्रीनमा डिस्प्ले भई रहेको वक्रशीटको भागलाई हेर्ने सुविधा दिन्छ। एक्टिव वक्रशीटको विभिन्न भागहरुलाई हेर्नको लागि तपाई **'स्क्रॉल बार'** र **'स्क्रॉल एरो'** को प्रयोग गर्न सक्नुहुन्छ।

स्क्रीनको बॉटममा शीट टैबको दायाँतिर **'टैब स्पिलिट बाक्स'** हुन्छ। शीट टैबलाई सानो-ठूलो गरेर हेर्नको लागि टैब स्पिलिट बाक्सलाई ड्रैग (अगाडि-पछाडि) गर्न सक्नुहुन्छ। जब तपाई शीट टैबको व्यूलाई कम गर्नुहुन्छ तब क्षैतिज स्क्रॉल बारको लंबाई बढ्छ र त्यसरी नै जब तपाई शीट टैबको व्यूलाई ज्यादा गर्नुहुन्छ तब वर्टिकल (लंबवत) स्क्रॉल बारको लंबाई बढ्छ।

नयाँ वर्कबुक फाइललाई स्टार्ट (शुरू) गर्न

वर्कबुक त्यो फाइल हो जसलाई तपाई एक्सेलमा क्रिएट (तैयार) गर्नुहुन्छ। जहिले तपाई आफ्नो एक्सेल डाटाको लागि नयाँ फाइल तैयार गर्न चाहनुहुन्छ, तपाईले कुनै पनि समयमा नयाँ वर्कबुक स्टार्ट गर्न सक्नुहुन्छ।

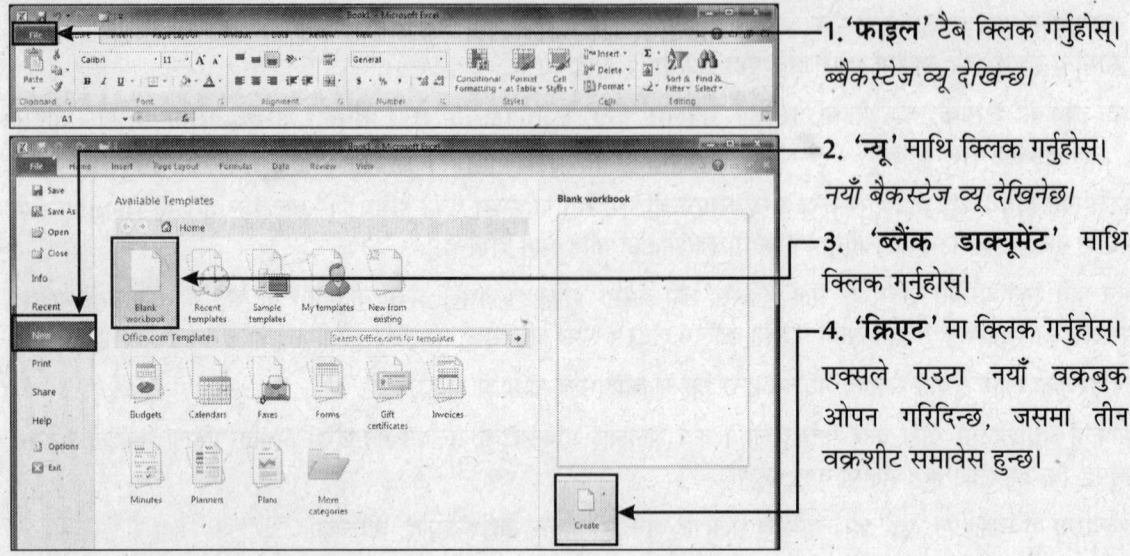

1. **'फाइल'** टैब क्लिक गर्नुहोस्। *ब्यैकस्टेज व्यू देखिन्छ।*

2. **'न्यू'** माथि क्लिक गर्नुहोस्। *नयाँ बैकस्टेज व्यू देखिनेछ।*
3. **'ब्लैंक डाक्यूमेंट'** माथि क्लिक गर्नुहोस्।
4. **'क्रिएट'** मा क्लिक गर्नुहोस्। एक्सले एउटा नयाँ वर्कबुक ओपन गरिदिन्छ, जसमा तीन वर्कशीट समावेस हुन्छ।

एक्टिव सेलको बदलाव गर्न

तपाईले स्यांम वर्कशीटमा कुनै पनि सेललाई एक्टिव सेल बनाउन सक्नुहुन्छ। एक्टिव सेलको चारैतिर एउटा ठूलो बार्डर जस्तो हुन्छ। तपाईले एक्टिव सेलमा नै डाटा एंटर गर्नुहुन्छ।

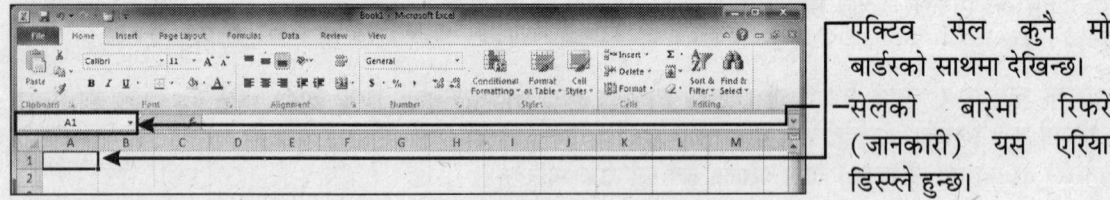

एक्टिव सेल कुनै मोटो बार्डरको साथमा देखिन्छ।

–सेलको बारेमा रिफरेंस (जानकारी) यस एरियामा डिस्प्ले हुन्छ।

सेल रिफरेंस कुनै वर्कशीटमा सेलको स्थितिको बारेमा बताउछ र कॉलम लेटर र रो नंबर समावेस हुन्छ जस्तै (ए1)।

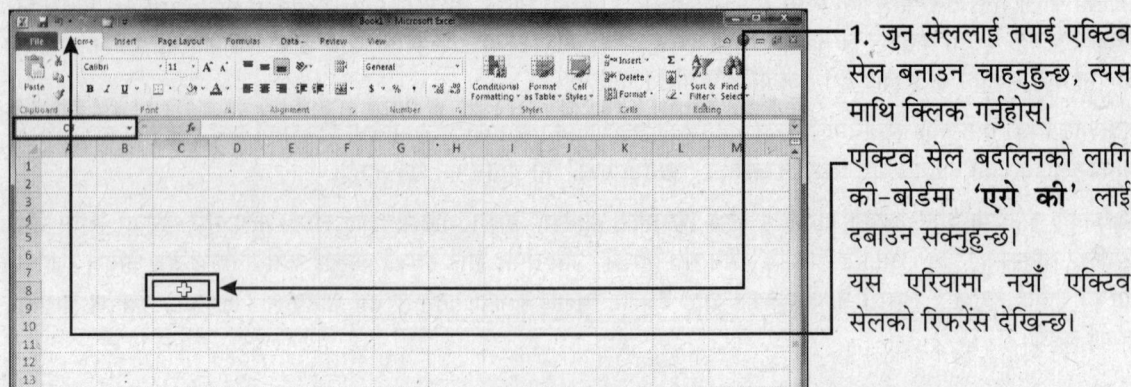

1. जुन सेललाई तपाई एक्टिव सेल बनाउन चाहनुहुन्छ, त्यस माथि क्लिक गर्नुहोस्।

एक्टिव सेल बदलिनको लागि की-बोर्डमा **'एरो की'** लाई दबाउन सक्नुहुन्छ।

यस एरियामा नयाँ एक्टिव सेलको रिफरेंस देखिन्छ।

डाटा एंटर गर्न

तपाईले आफ्नो वर्कशीटमा नंबर र टेक्स्टको रूपमा डाटालाई तेजीबाट र सजिलैसंग एंटर गर्न सक्नुहुन्छ। सबै भन्दा सजिलो तरीका यो छ कि कुनै पनि सेल माथि क्लिक गरेर टाइप गर्न शुरू गर्नुहोस्। जसरी नै तपाईले की-बोर्डमा एंटर थिच्नुहुन्छ वा कुनै दोस्रो सेल माथि क्लिक गर्नुहुन्छ, पहिलो सेलमा डाटा एंटर हुनेछ।

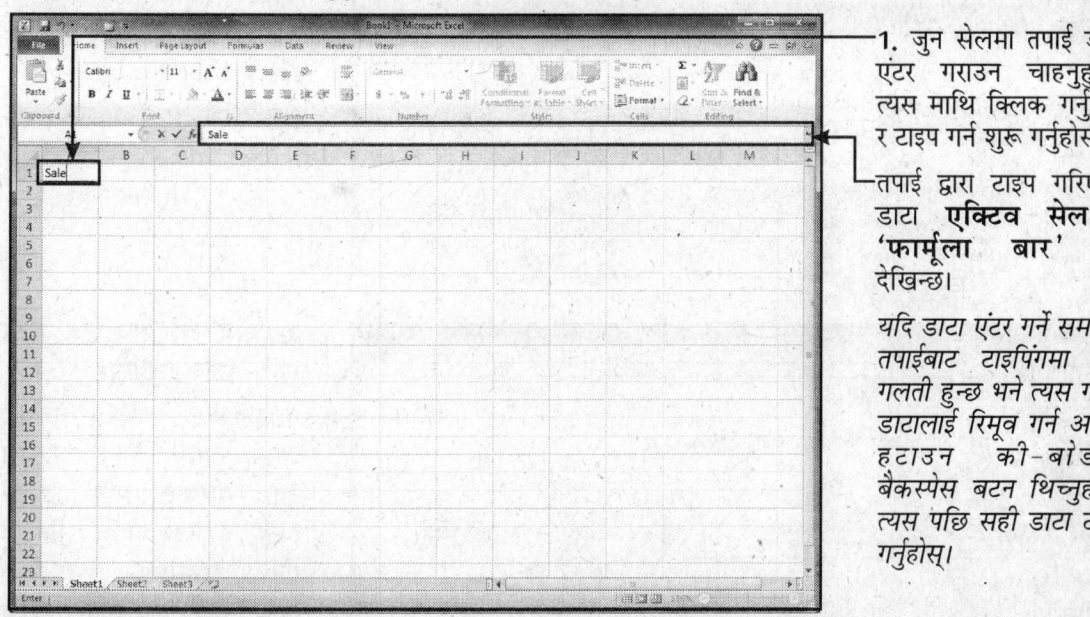

1. जुन सेलमा तपाई डाटा एंटर गराउन चाहनुहुन्छ, त्यस माथि क्लिक गर्नुहोस् र टाइप गर्न शुरू गर्नुहोस्।

तपाई द्वारा टाइप गरिएको डाटा **एक्टिव सेल** र **'फार्मूला बार'** मा देखिन्छ।

यदि डाटा एंटर गर्ने समयमा तपाईबाट टाइपिंगमा कुनै गलती हुन्छ भने त्यस गलत डाटालाई रिमूव गर्न अर्थात हटाउन की-बोर्डमा बैकस्पेस बटन थिच्नुहोस्। त्यस पछि सही डाटा टाइप गर्नुहोस्।

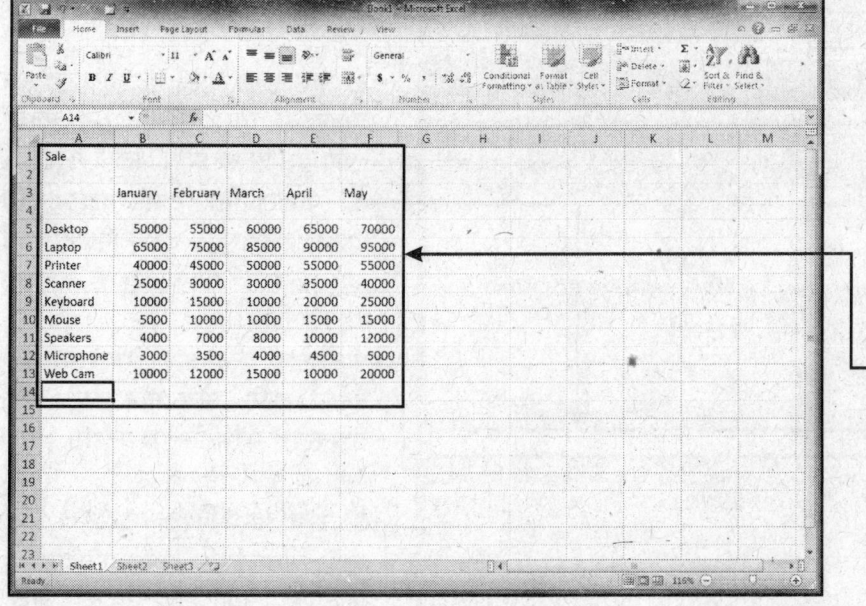

2. डाटा एंटर गराउनको लागि **'एंटर'** दबाउनुहोस् र दोस्रो सेलमा जानुहोस्।

डाटा एंटर गरेपछि कुनै पनि सेलमा जानको लागि की-बोर्डमा एरो बटनको प्रयोग गर्नुहोस्।

3. जब सम्म तपाईको सबै डाटा एंटर हुदैन्, तब सम्म **'स्टेप 1'** र **'स्टेप 2'** दोहराउनुहोस्।

वक्रबुक सेव गर्न

आफ्नो वक्रबुकको फेरि प्रयोग गर्नको लागि अथवा अरु मानिसहरुसगं शेयर गर्नको लागि तपाई यसलाई सेव पनि गर्न सक्नुहुन्छ। सेव गरिएको फाइललाई अरु कंप्यूटरहरुमा पनि ओपन गर्न सकिन्छ। डिफाल्टको रूपमा एक्सेलको वक्रशीट, एक्सेल फाइल फार्मेटमा सेव हुन्छ। यसको फाइल एक्सटेंशन **'.एक्स एल एस एक्स'** हुन्छ।

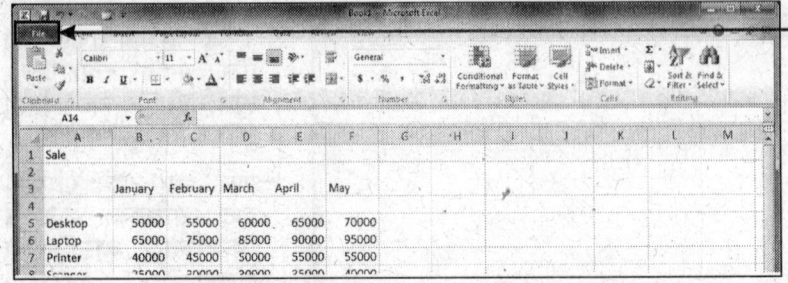

1. 'फाइल' टैब क्लिक गर्नुपर्छ।

ब्यैकस्टेज व्यू देखिन्छ।

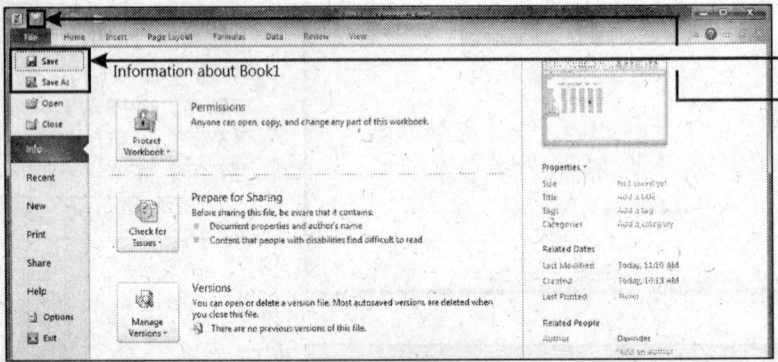

2. 'सेव' वा 'सेव एज' बटन माथि क्लिक गर्नुहोस्।

फाइललाई सेव गर्नको लागि तपाई क्विक एक्सेस टूल बारबाट पनि **'सेव'** ( ) बटन माथि क्लिक गर्न सक्नुहुन्छ।

'सेव एज' डायलॉग बाक्स देखिन्छ।

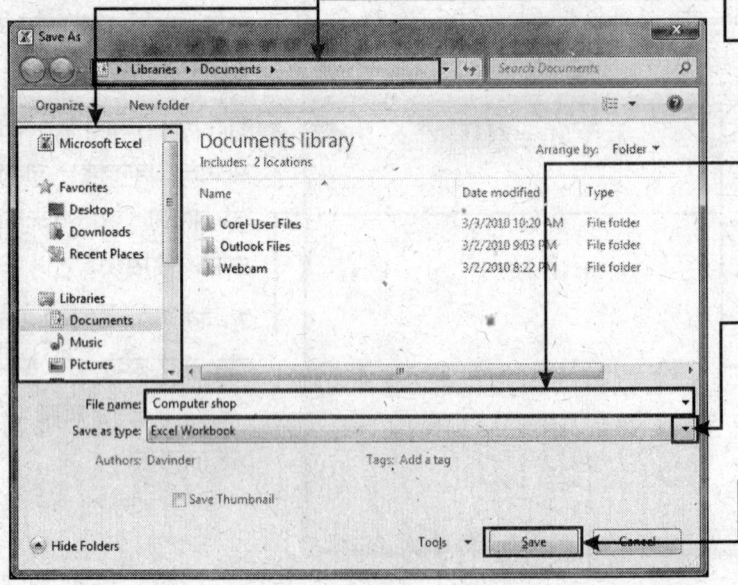

3. फाइललाई तपाई जतातिर सेव गर्न चाहनुहुन्छ, त्यसलाई फोल्डरमा लग्नको लागि यस एरिया माथि क्लिक गर्नुहोस्।

4. 'फाइल नेम' टेक्स्ट बाक्स माथि क्लिक गर्नुहोस् र जुन नामबाट तपाई फाइललाई सेव गर्न चाहनुहुन्छ, त्यो नाम टाइप गर्नुहोस्।

फाइललाई कुनै अर्को फार्मेटमा सेव गर्नको लागि **'सेव एज टाइप'** को डाउन एरो माथि क्लिक गर्नुहोस् र यहां बाट त्यो फार्मेट छान्नुहोस्।

5. 'सेव' माथि क्लिक गर्नुहोस्।

वर्ड फाइललाई सेव गरिदिन्छ र फाइलको नयाँ नाम टाइटल बारमा देखिन थाल्छ।

व्यू बदलिन

एक्सेलमा तपाई आफ्नो वक्रशीटको धेरै व्यू (रूप) हेर्न सक्नुहुन्छ । जस्तै नार्मल व्यू, पेज लेआउट र पेज ब्रेक प्रीव्यू।

'नॉर्मल व्यू' रो र कॉलमको एउटा पेज देखिन्छ।

'पेज लेआउट डिसप्ले' तपाईको वक्रशीटले प्रत्येक त्यो पेजलाई डिस्प्ले गर्दछ जसको प्रिंट दिईन्छ अर्थात जुन प्रिंटमा आउछ त्यो भाग नै डिस्प्ले हुन्छ।

'पेज ब्रेक प्रीव्यू' लाइनहरुको साथै पेज ब्रेक पनि देखाउछ। तपाई यी लाइनहरुलाई क्लिक गरेर अरु ड्रैग (अगाडि-पछाडि) गरेर त्यस ठाउंमा एडजस्ट गर्न सक्नुहुन्छ, जहां तपाईले पेजलाई ब्रेक गर्न चाहनुहुन्छ।

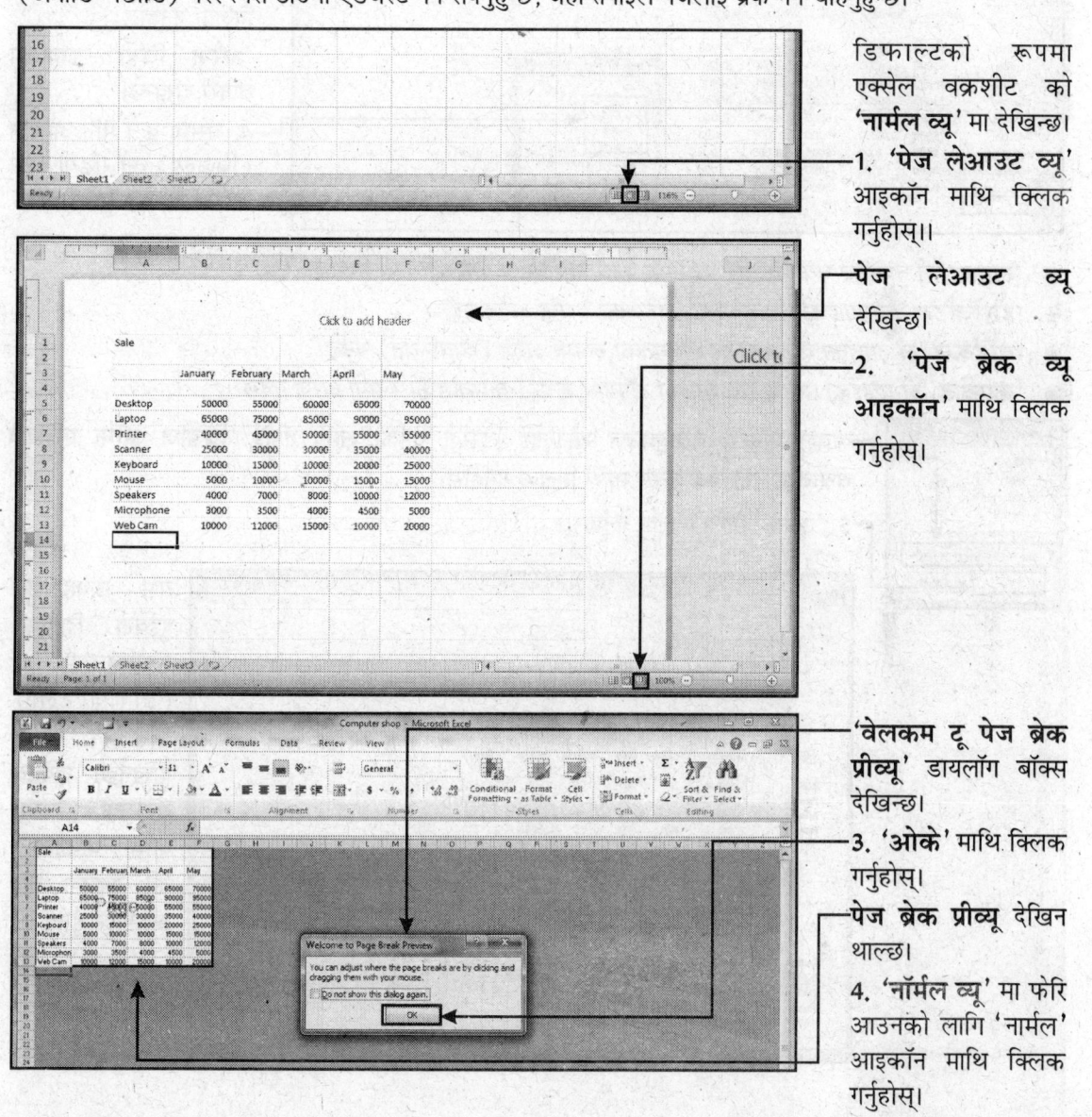

डिफाल्टको रूपमा एक्सेल वक्रशीट को **'नार्मल व्यू'** मा देखिन्छ।

1. **'पेज लेआउट व्यू'** आइकॉन माथि क्लिक गर्नुहोस्।।

पेज लेआउट व्यू देखिन्छ।

2. **'पेज ब्रेक व्यू आइकॉन'** माथि क्लिक गर्नुहोस्।

'वेलकम टू पेज ब्रेक प्रीव्यू' डायलॉग बॉक्स देखिन्छ।

3. **'ओके'** माथि क्लिक गर्नुहोस्।

पेज ब्रेक प्रीव्यू देखिन थाल्छ।

4. **'नॉर्मल व्यू'** मा फेरि आउनको लागि 'नार्मल' आइकॉन माथि क्लिक गर्नुहोस्।

बक्रवुक विंडो को अरैंज (व्यवस्थित) गर्न

एक्सेलमा तपाई दुई वा दुई भन्दा अधिक बक्रवुकलाई ओपन गर्न सक्नुहुन्छ र त्यसलाई स्क्रीनमा पनि हेर्न सक्नुहुन्छ उदाहरणको लागि यदि तपाईले दुईवटा वक्रशीटको बीचको डाटालाई कंपेयर (तुलनात्मक अध्ययन) गर्न सक्नुहुन्छ।

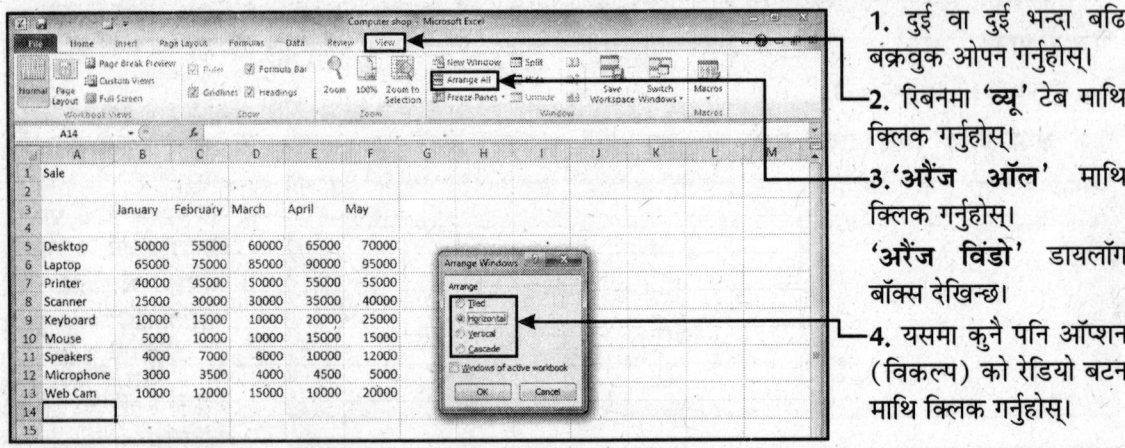

1. दुई वा दुई भन्दा बढि बक्रवुक ओपन गर्नुहोस्।
2. रिबनमा **'व्यू'** टेब माथि क्लिक गर्नुहोस्।
3. **'अरैंज ऑल'** माथि क्लिक गर्नुहोस्।

'अरैंज विंडो' डायलॉग बॉक्स देखिन्छ।

4. यसमा कुनै पनि ऑप्शन (विकल्प) को रेडियो बटन माथि क्लिक गर्नुहोस्।

- ***'टाइल्ड'*** *ले तपाईको वक्रबुकलाई स्क्रीनमा पच्चीकारीको रूपमा व्यवस्थित गर्नेछ।*
- ***'हौरीजोंटल'*** *ले तपाईको वक्रबुकलाई क्षैतिजको रूपमा अरैंज गर्दछ।*
- ***'वर्टिकल'*** *ले तपाईको वक्रबुकलाई लंबवतको रूपमा अरैंज (व्यवस्थित) गर्नेछ।*
- ***'कास्केड'*** *ले तपाईको प्रत्येक वक्रबुकको टॉपमा (ऊपर) कास्केडको रूपमा अरैंज गर्नेछ।*

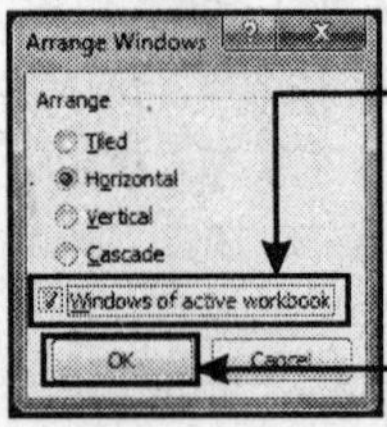

केवल एक्टिव वक्रबुकको शीटलाई डिस्प्ले गर्नको लागि तपाई **'विंडोज ऑफ एक्टिव वक्रबुक'** को चेकबाक्स माथि क्लिक गर्नुहोस्।

5. **'ओके'** माथि क्लिक गर्नुहोस्।

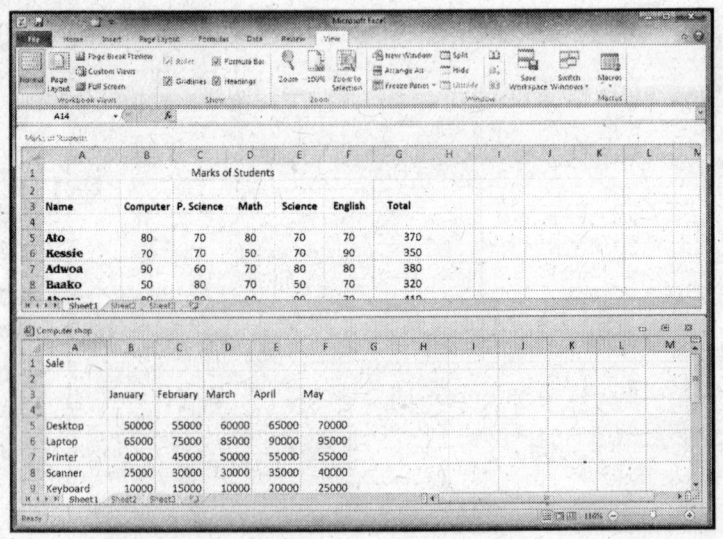

यस उदाहरणमा दुईवटा दिईएको वक्रबुकलाई त (हौरींजोंटली) क्षैतिजको रूपमा देखिनेछ। एक्टिव वक्रबुक (जसमा काम भईरहेको) को टाइटल बार हाईलाइट हुनेछ।

वक्रबुकलाई प्रोटेक्ट (सुरिक्षत) गर्न

वक्रबुकमा पासवर्ड राखेर तपाई यसलाई सुरक्षित पनि गर्न सक्नुहुन्छ। यस्तो गरेमा कुनै पनि व्यक्ति तपाईको वक्रबुकसगं छेड़छाड़ गर्न सक्दैन्।

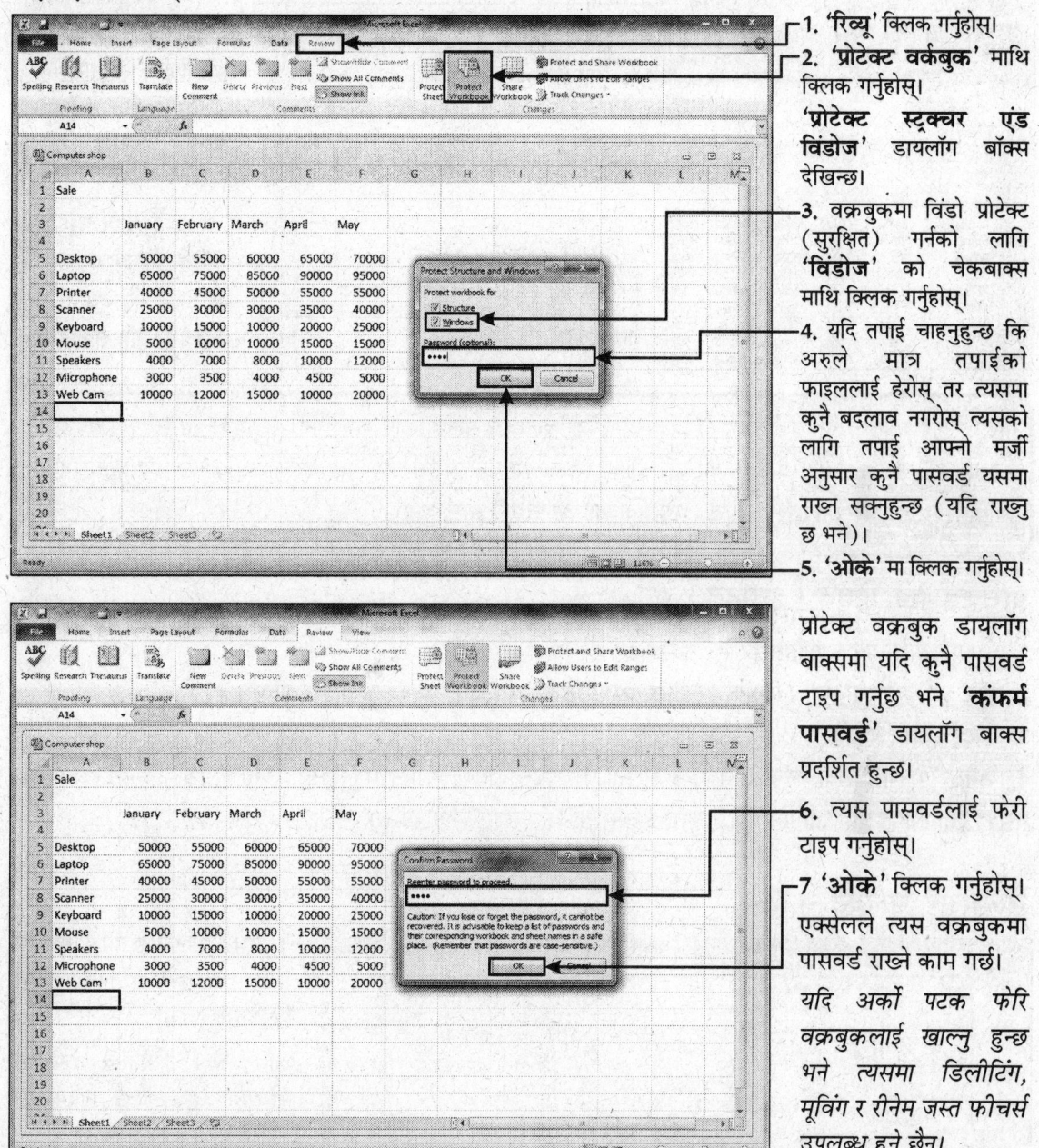

1. **'रिव्यू'** क्लिक गर्नुहोस्।
2. **'प्रोटेक्ट वर्कबुक'** माथि क्लिक गर्नुहोस्।

'प्रोटेक्ट स्ट्रक्चर एंड विंडोज' डायलॉग बॉक्स देखिन्छ।

3. वक्रबुकमा विंडो प्रोटेक्ट (सुरक्षित) गर्नको लागि **'विंडोज'** को चेकबाक्स माथि क्लिक गर्नुहोस्।
4. यदि तपाई चाहनुहुन्छ कि अरुले मात्र तपाईको फाइललाई हेरोस् तर त्यसमा कुनै बदलाव नगरोस् त्यसको लागि तपाई आफ्नो मर्जी अनुसार कुनै पासवर्ड यसमा राख्न सक्नुहुन्छ (यदि राख्नु छ भने)।
5. **'ओके'** मा क्लिक गर्नुहोस्।

प्रोटेक्ट वक्रबुक डायलॉग बाक्समा यदि कुनै पासवर्ड टाइप गर्नुछ भने **'कंफर्म पासवर्ड'** डायलॉग बाक्स प्रदर्शित हुन्छ।

6. त्यस पासवर्डलाई फेरी टाइप गर्नुहोस्।
7. **'ओके'** क्लिक गर्नुहोस्।

एक्सेलले त्यस वक्रबुकमा पासवर्ड राख्ने काम गर्छ।

यदि अर्को पटक फेरि वक्रबुकलाई खाल्नु हुन्छ भने त्यसमा डिलीटिंग, मूविंग र रीनेम जस्त फीचर्स उपलब्ध हुने छैन्।

वर्कबुकलाई अनप्रोटेक्ट (पासवर्ड हटाउन) गर्न

पासवर्ड भएको वर्डबुकबाट तपाई पासवर्ड हटाउन पनि सक्नुहुन्छ।

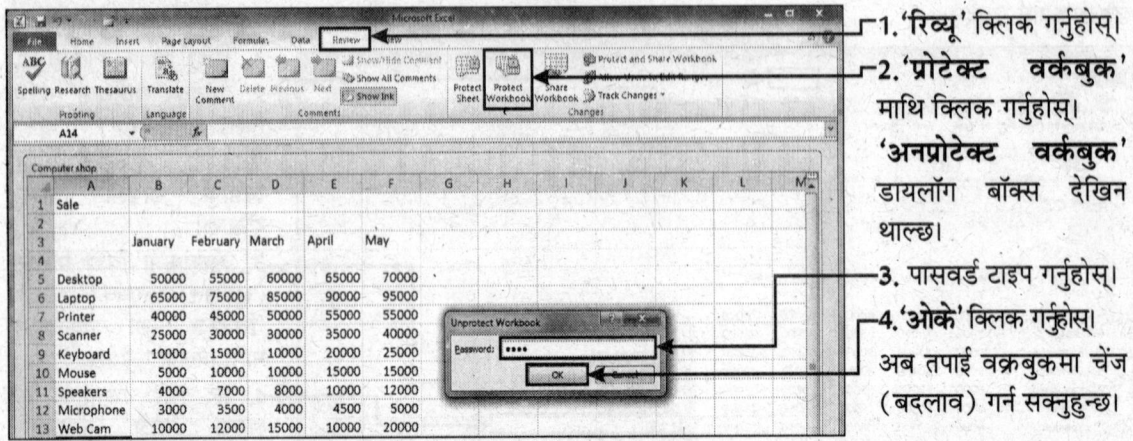

1. **'रिव्यू'** क्लिक गर्नुहोस्।
2. **'प्रोटेक्ट वर्कबुक'** माथि क्लिक गर्नुहोस्। **'अनप्रोटेक्ट वर्कबुक'** डायलॉग बॉक्स देखिन थाल्छ।
3. पासवर्ड टाइप गर्नुहोस्।
4. **'ओके'** क्लिक गर्नुहोस्। अब तपाई वर्कबुकमा चेंज (बदलाव) गर्न सक्नुहुन्छ।

> **नोट :** यदि तपाईले पासवर्ड हराएको अवस्थामा वा भूलेमा यसलाई फेरि प्राप्त गर्न सकिदैन्। त्यसैले तपाईलाई यो सल्लाह दिईन्छ कि प्रत्येक वर्कबुकको पासवर्डको लिस्टलाई कुनै सुरक्षित स्थानमा राख्नु होस् जसले गर्दा कुनै समस्या आउदैन्। यस्तो नगरेमा तपाईले आफ्नो वर्कबुकलाई ओपन गर्न सक्नु हुन्न्।

पासवर्ड को रिमूव (हटाउन) गर्न

1. **'रिव्यू'** माथि क्लिक गर्नुहोस्।
2. **'प्रोटेक्ट वर्कबुक'** माथि क्लिक गर्नुहोस्। **'अनप्रोटेक्ट वर्कबुक'** डायलॉग बॉक्स देखिन्छ।
3. पासवर्ड टाइप गर्नुहोस्।
4. **'ओके'** माथि क्लिक गर्नुहोस्। तपाईले आफ्नो पासवर्डलाई बदलन पनि सक्नुहुन्छ अर्थात रीसेट पनि गर्न सक्नुहुन्छ। यसको लागि तपाईलाई नयाँ पासवर्ड दिनुपर्छ र त्यसलाई कंफर्म पनि गर्नु पर्ने छ।

सेल्सलाई सलेक्ट गर्न

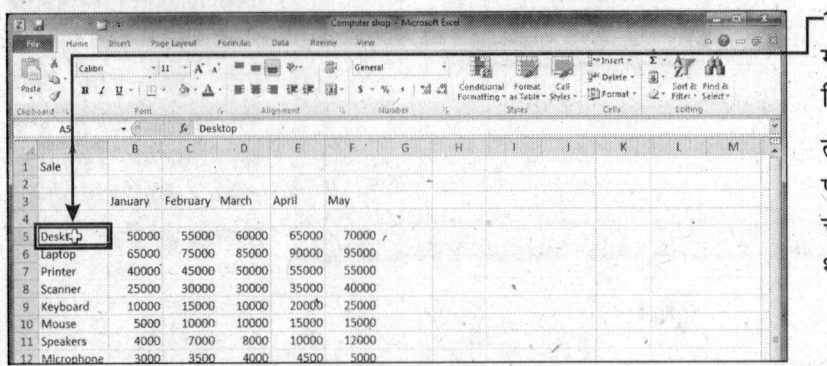

1. जिुन सेललाई तपाई सलेक्ट गर्न चाहनुहुन्छ, त्यस माथि क्लिक गर्नुहोस्।

त्यो सेल एक्टिव सेलमा परिवर्तित हुन जान्छ र त्यसको चारैतिर एउटा मोटो बार्डर देखिन थाल्छ।

रो (पंक्ति) को सलेक्ट गर्न

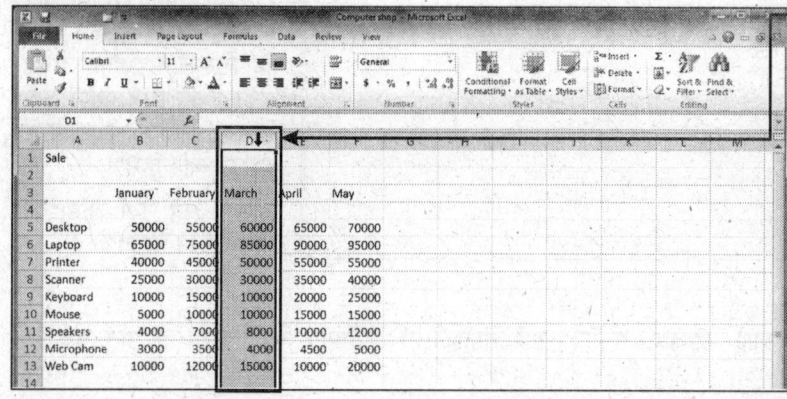

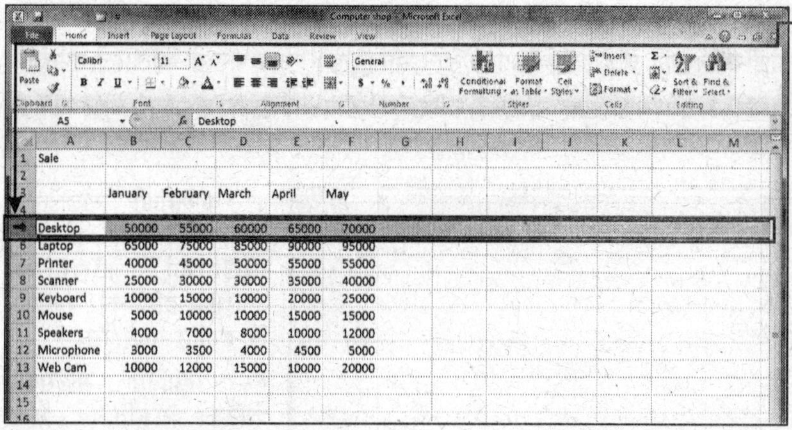

1. *त्यस रो (पंक्ति) मा क्लिक गर्नुहोस् जसलाई सलेक्ट गर्न चाहनुहुन्छ। माउस प्वाइंटरको आकृति (➡) बदलिन्छ।*

बढि रो सलेक्ट गर्नको लागि माउसको प्वाइंटरलाई (➡) त्यस पहिलो रो माथि क्लिक गर्नुहोस् जहांबाट तपाईले अन्य रोलाई सलेक्ट गर्न चाहनुहुन्छ। त्यस पछि माउसको प्वाइंटरले(➡) ड्रैग गर्दै त्यस रोसम्म लग्नुहोस् जहा सम्म तपाईले रोलाई सलेक्ट गर्न चाहनुहुन्छ।

कॉलम सलेक्ट गर्न

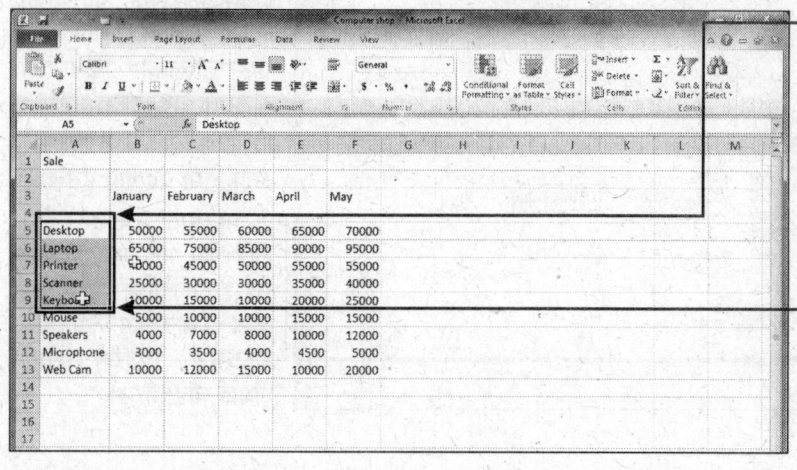

1. कॉलमको त्यस लेटरमा क्लिक गर्नुहोस् जसलाई तपाई सलेक्ट गर्न चाहनुहुन्छ। यो माउस प्वाइंटरले आकृति (⬇) बदलिनेछ।

धैरै कॉलम को सलेक्ट गर्नको लागि त्यस कॉलमको लेटरमा क्लिक गर्नुहोस् (⬇) जहांबाट तपाईले कॉलमलाई सलेक्ट गर्न चाहनुहुन्छ त्यस पछि माउसलाइ ड्रैग (⬇) गर्दै त्यस कॉलम सम्म लग्नुहोस् जहां सम्म तपाईले कॉलमलाई सलेक्ट गर्न चाहनुहुन्छ।

सेलको समूह सलेक्ट गर्न

1. माउसको प्वाइंटर (✛) ले त्यस सेलमा क्लिक गर्नुहोस् जसलाई सलेक्ट गर्न चाहनुहुन्छ।
2. माउसको प्वाइंटर (✛) ले त्यस सेल सम्म क्लिक गर्नुहोस् जहां सम्म तपाई सेल्सलाई सलेक्ट गर्न चाहनुहुन्छ।

सेलको धैरै समूहलाई सलेक्ट गर्नको लागि कंट्रोल बटनलाई दबाउनुहोस् र प्रत्येक सेललाई सलेक्ट गर्नको लागि स्टेप '1' र स्टेप '2' लाई दोहराउनुहोस्।

कॉलमको चौड़ाईलाई बदलिन

डाटाको वर्कशीटलाई राम्ररी डिस्प्ले गर्नको लागि तपाईले कॉलमको चौडाईलाई व्यवस्थित गर्नुपर्छ। यदि कुनै कॉलममा मात एउटा वा दुईवटा डाटा छ भने तपाई कॉलमको चौड़ाइलाई घटाउन पनि सक्नुहुन्छ। एउटा पातलो कॉलमले तपाईको वर्कशीटको प्रस्तुतिलाई बढाउनेछ। त्यसैले अनावश्यक सेतो ठाँउलाई ढाक्छ र प्रयोग भईरहेको डाटालाई अझ नजिक ल्याउछ।

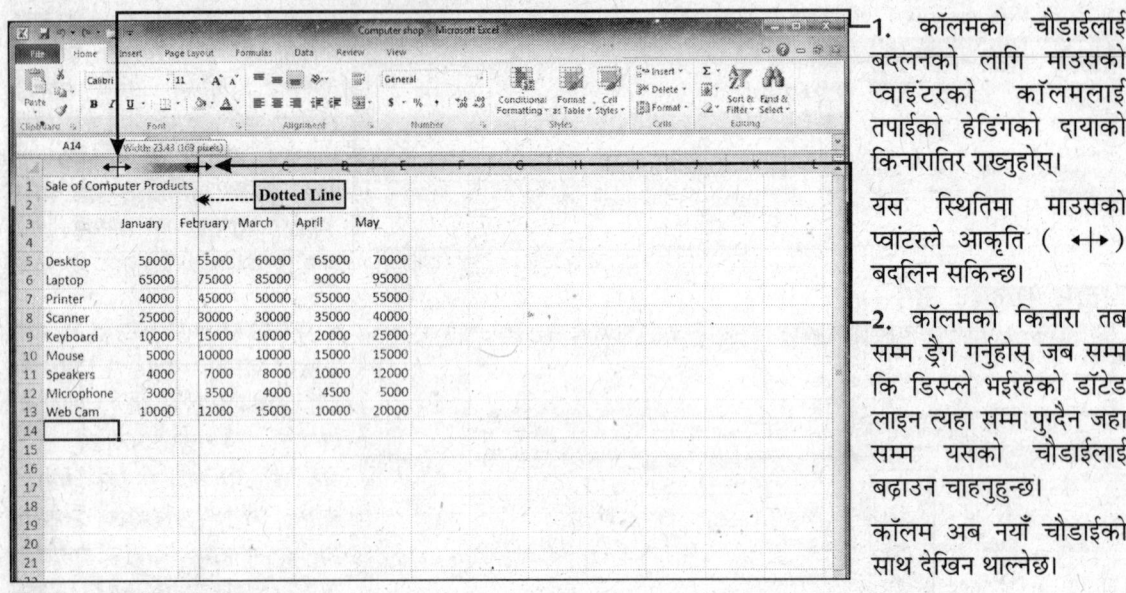

1. कॉलमको चौड़ाईलाई बदलनको लागि माउसको प्वाइंटरको कॉलमलाई तपाईको हेडिंगको दायाको किनारातिर राख्नुहोस्।

यस स्थितिमा माउसको प्वांटरले आकृति (↔) बदलिन सकिन्छ।

2. कॉलमको किनारा तब सम्म ड्रैग गर्नुहोस् जब सम्म कि डिस्प्ले भईरहेको डॉटेड लाइन त्यहा सम्म पुग्दैन जहा सम्म यसको चौडाईलाई बढ़ाउन चाहनुहुन्छ।

कॉलम अब नयाँ चौडाईको साथ देखिन थाल्नेछ।

रोको लंबाई बदलिन

आफ्नो वर्कशीटमा कॉलमको चौड़ाइलाई एडजस्ट गर्नुको साथै तपाईले रो (पंक्ति) को लंबाईलाई पनि बदलिन सक्नुहुन्छ।

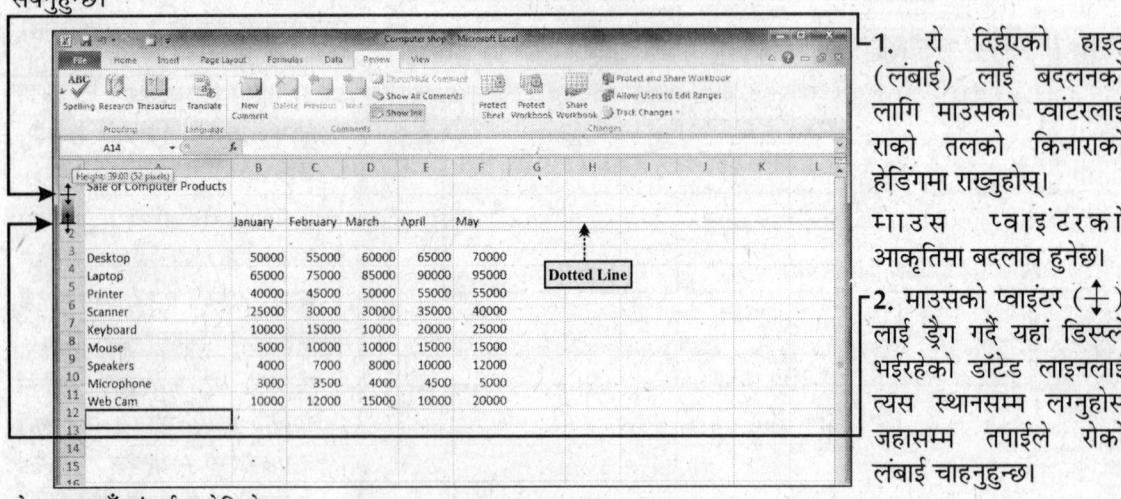

1. रो दिईएको हाइट (लंबाई) लाई बदलनको लागि माउसको प्वांटरलाई राको तलको किनाराको हेडिंगमा राख्नुहोस्।

माउस प्वाइंटरको आकृतिमा बदलाव हुनेछ।

2. माउसको प्वाइंटर (↕) लाई ड्रैग गर्दै यहां डिस्प्ले भईरहेको डॉटेड लाइनलाई त्यस स्थानसम्म लग्नुहोस जहासम्म तपाईले रोको लंबाई चाहनुहुन्छ।

रो अब नयाँ लंबाईमा देखिनेछ।

वक्रशीटमा डाटालाई एडिट (संपादित) र डिलीट (मेटाउन) गर्न

डाटालाई अपडेट गर्नको लागि र गल्तिहरुलाई ठीक गर्नको लागि तपाई आफ्नो वक्रशीटमा डाटालाई एडिट (संपादित) पनि गर्न सक्नुहुन्छ।

डाटालाई एडिट गर्न

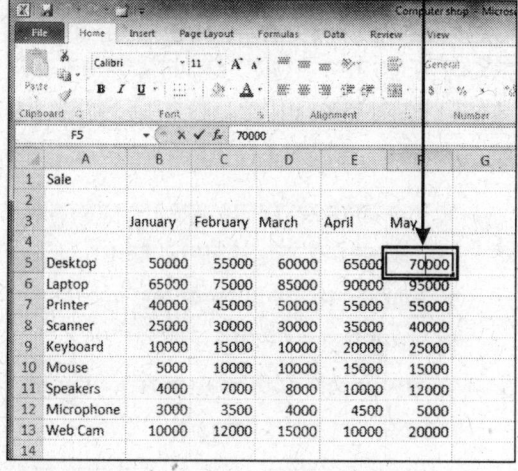

1. जुन डाटालाई तपाई एडिट गर्न चाहनुहुन्छ, त्यो जुन सेलमा छ त्यहा डबल क्लिक गर्नुहोस्।

सेलमा एउटा चम्किलो इंसर्शन प्वाइंट देखिन्छ।

2. इंसर्शन प्वाइंटलाई त्यस स्थानसम्म लग्नको लागि जहां तपाईले कैरेक्टर (अक्षरहरु वर शब्दहरु) लाई हटाउन वा जोड्नुछ, लाई-बोर्डले **'एरो'** बटनलाई दबाउदै लैजानुहोस्।

3. इंसर्शन प्वाइंटको बायाँतिरको कैरेक्टरलाई रिमूव गर्न अर्थात हटाउनको लागि की-बोर्ड बाट **'बैकस्पेस'** बटन थिच्नुहोस्।

इंसर्शन प्वाइंटको दायातिर र के कैरेक्टलाई हटाउनको लागि की-बोर्डमा **डिलीट** बटन थिच्नुहोस्।

4. इंसर्शन प्वाइंट जहां डिस्प्ले भईरहेको छ, त्यहा डाटालाई जोड्नको लागि डाटा टाइप गर्नुहोस्।

5. वक्रशीटको डाटामा बदलाव गरेपछि की-बोर्ड बाट **'एंटर'** थिच्नुहोस्।

डाटा डिलीट गर्न

आफ्नो वक्रशीटमा तपाईलाई जुन डाटाको आवश्यक्ता छैन त्यसलाई तपाईर्ले डिलीट गर्न सक्नुहुन्छ अर्थात हटाउन पनि सक्नुहुन्छ। एक पल्टमा एउटा सेल अथवा धेरै सेलबाट डाटालाई डिलीट गर्न सक्नुहुन्छ।

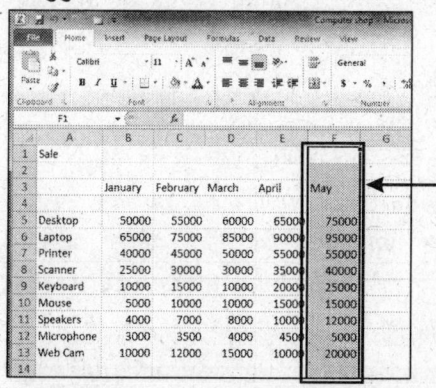

1. त्यो सेल वा सेल्सलाई सलेक्ट गर्नुहोस् र तपाईले जसबाट/जुनकि डाटालाई डिलीट गर्न चाहनुहुन्छ।

2. की-बोर्डबाट **'डिलीट'** बटन थिच्नुहोस्।

तपाई द्वारा सलेक्ट गरिएको डाटा डिलीट हुन जान्छ र देखिन बंद हुनेछ।

सेललाई डिसलेक्ट (हटाउनको) लागि कुनै दोस्रो सेल माथि क्लिक गर्नुहोस्।

गरिसकेको बदलावहरुलाई फेर प्राप्त गर्न

यदिगल्तिले तपाईले कुनै महत्वपूर्ण डाटालाई डिलीट गर्नुहुन्छ भने अनडू फीचरले त्यस डाटालाई फेरि प्राप्त गर्नमा तपाईको मद्दत गर्दछ किनकि तपाईद्वारा वक्रशीटमा गरिएको बदलावा एक्सेलमा स्टोर हुन जान्छ। यदि तपाईले बदलावहरुलाई भुल्नुहुन्छ भने तपाईले अनडू फीचरको प्रयोग गरि त्यसलाई कैंसल (निरस्त) पनि गर्न सक्नुहुन्छ।

1. आफ्नो वक्रशीटमा गरिएको अन्तिम बदलावलाई पुन: प्राप्त गर्नको लागि क्विक एक्सेस टूल बारमा **'अनडू'** ( ) बटन माथि क्लिक गर्नुहोस्।

एक्सेल एक्सेलले तपाईले वक्रशीटमा गरिएको अन्तिम बदलावलाई कैंसल गर्ने छ। अनडू फीचरको बदलावलाई फेरि बदलनको लागि क्विक एक्सेस टूलबारमा **'रीडू'** ( ) बटन माथि क्लिक गर्नुहोस्।

सीरीजलाई पूरा गर्न

वक्रशीटमा डाटाको मैनुअली एंटर गर्नु पनि धेरे सजिलो र सुविधाजनक छ। तर यसमा समय धैरै लग्छ। यो वक्रशीटमा डाटालाई एंटर गर्नुको उचित तरीका छैन।

एक्सेल डाटा एंट्री प्रक्रियालाई राम्रोसगं गर्नको लागि एउटा टूल पनि उपलब्ध गराउछ। जसमा एउटा उपयोगी फीचर डाटा फिल हो जसले तपाईलाई सेलमा डाटालाई एंटर गर्ने सुविधा दिन्छ।

उदाहरणको लागि : मानौ कि वक्रशीटको एंट्री डेली इनपुटमा आधारित छ। प्रत्येक रोमा मैनुअली डाटाको टाइप गर्ने ठाउं तपाईले ऑटोमैटिक (स्वत:) प्रक्रियाको लागि डाटा फिल फीचरको प्रयोग गर्न सक्नुहुन्छ।

टेक्स्ट सीरीज

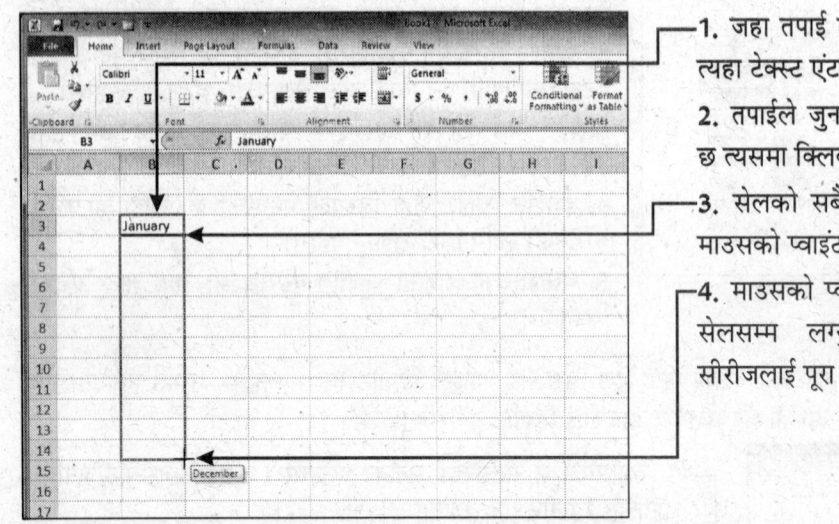

1. जहा तपाई सीरीजलाई शुरू गर्न चाहनुहुन्छ, त्यहा टेक्स्ट एंटर गर्नुहोस् जस्तै- जनवरी।
2. तपाईले जुन सेलमा टेक्स्ट एंटर गर्नु भएको छ त्यसमा क्लिक गर्नुहोस्।
3. सेलको सबै भन्दा तल दायातिर किनारामा माउसको प्वाइंटरलाई राख्नुहोस्।
4. माउसको प्वाइंटर (+) लाई ड्रैग त्यस सेलसम्म लग्नुहोस् जहासम्म तपाई यस सीरीजलाई पूरा गर्न चाहनुहुन्छ।

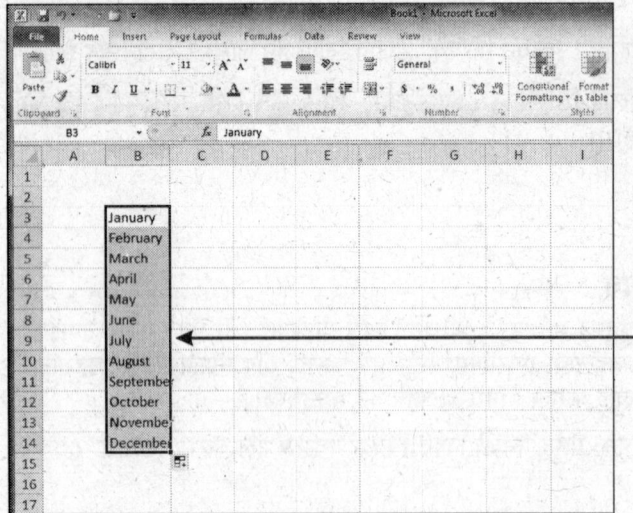

सेल टेक्स्टले सीरीजलाई डिस्प्ले गर्ने छ।

यदि एक्सेलले त्यस सीरीजले तय गर्दैन् जुन कि तपाई चाहनुहुन्छ भने यो पहिलो सेलको टेक्स्टलाई तपाईद्वारा तय गरिएको सबै सेल्समा कॉपी गर्ने छ।

सेललाई डिसलेक्ट (हटाउनको लागि) कुनै दोस्रो सेल माथि क्लिक गर्नुहोस्।

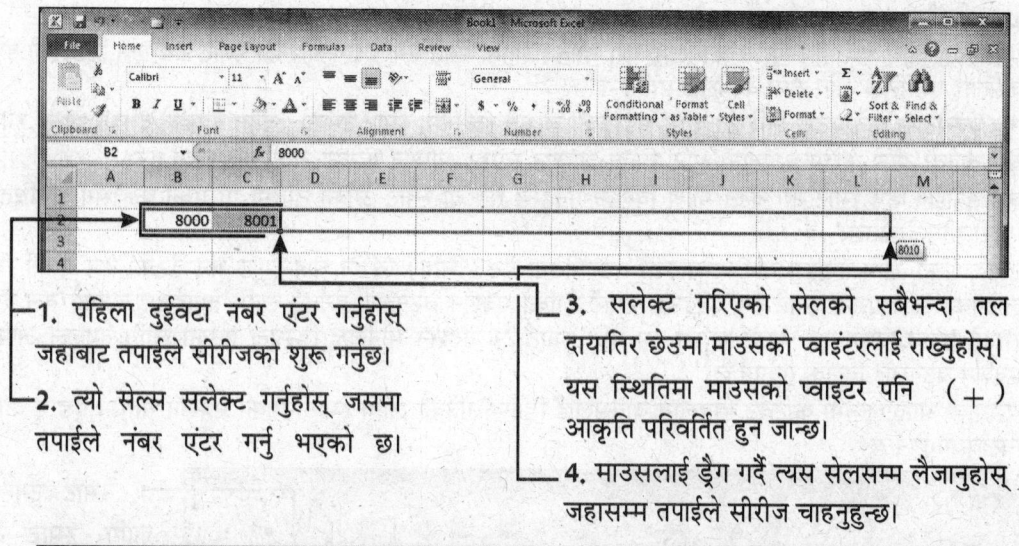

1. पहिला दुईवटा नंबर एंटर गर्नुहोस् जहाबाट तपाईले सीरीजको शुरू गर्नुछ।

2. त्यो सेल्स सलेक्ट गर्नुहोस् जसमा तपाईले नंबर एंटर गर्नु भएको छ।

3. सलेक्ट गरिएको सेलको सबैभन्दा तल दायातिर छेउमा माउसको प्वाइंटरलाई राख्नुहोस्। यस स्थितिमा माउसको प्वाइंटर पनि (+) आकृति परिवर्तित हुन जान्छ।

4. माउसलाई ड्रैग गर्दै त्यस सेलसम्म लैजानुहोस् जहासम्म तपाईले सीरीज चाहनुहुन्छ।

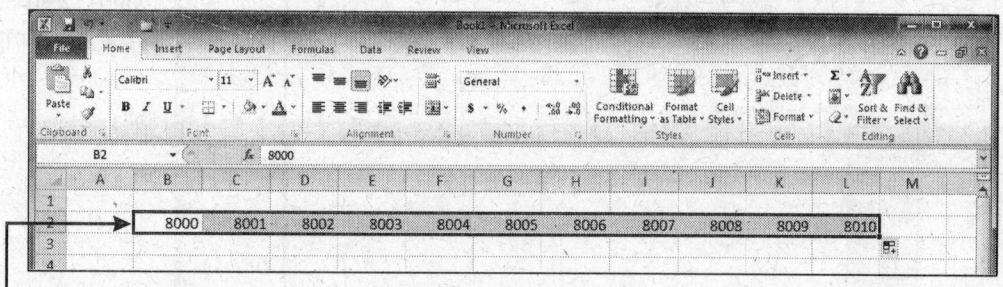

सेल नंबरलाई सीरीजले डिस्पले गर्ने छ। त्यस सेलबाट हटाउनको लागि कुनै अर्को सेल माथि क्लिक गर्नुहोस्।

डाटा सीरीज

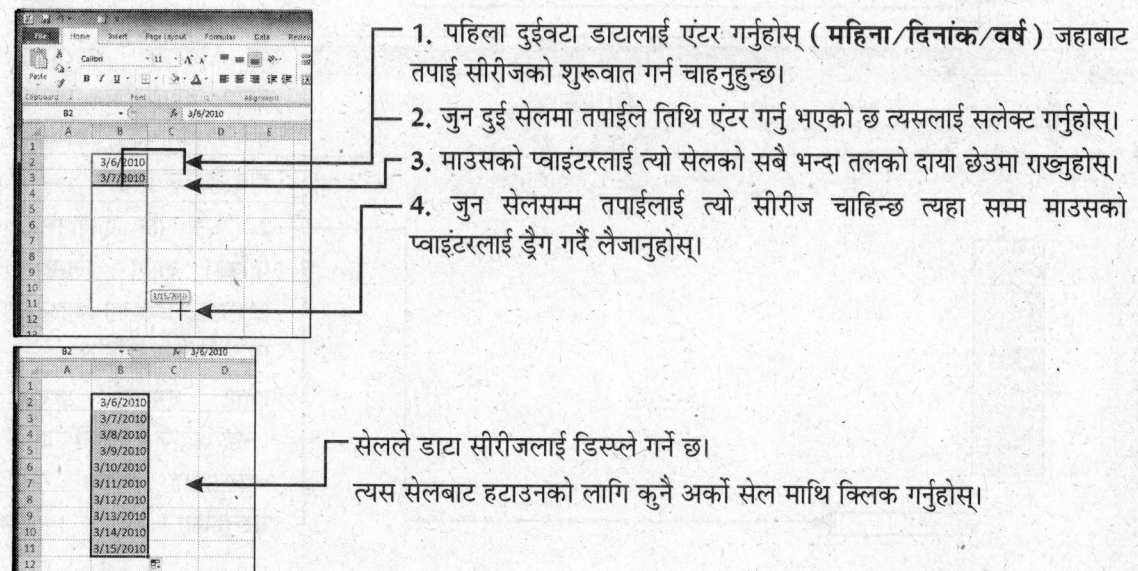

1. पहिला दुईवटा डाटालाई एंटर गर्नुहोस् (**महिना/दिनांक/वर्ष**) जहाबाट तपाई सीरीजको शुरूवात गर्न चाहनुहुन्छ।

2. जुन दुई सेलमा तपाईले तिथि एंटर गर्नु भएको छ त्यसलाई सलेक्ट गर्नुहोस्।

3. माउसको प्वाइंटरलाई त्यो सेलको सबै भन्दा तलको दाया छेउमा राख्नुहोस्।

4. जुन सेलसम्म तपाईलाई त्यो सीरीज चाहिन्छ त्यहा सम्म माउसको प्वाइंटरलाई ड्रैग गर्दै लैजानुहोस्।

सेलले डाटा सीरीजलाई डिस्प्ले गर्ने छ।

त्यस सेलबाट हटाउनको लागि कुनै अर्को सेल माथि क्लिक गर्नुहोस्।

स्मार्ट टैग

एक्सेलमा काम गर्दा समयमा नै कार्यलाई पूरा गर्नको लागि स्मार्ट टैग प्रयोग गरिन्छ। स्मार्ट टैग एक प्रकारको इंफार्मेशन हो जसलाई एक्सेलले बुझेर त्यस कार्यलाई प्रयोग गर्दछ।

जब एक्सेलमा कुनै एउटा निश्चित काम भईरहेको छ भने स्क्रीनमा स्मार्ट टैगको बटन तपाईले देखिन थाल्नु हुनेछ।

यस बाहेक ऑटो करेक्ट ऑप्शन, ऑटो फिल ऑप्शन र पेस्ट ऑप्शन यसको अर्को स्मार्ट टैग हुन्।

जब तपाईले कुनै स्मार्ट टैग बटन माथि क्लिक गर्नुहुन्छ तब यो स्मार्ट टैगको ठाउंमा गरिएको कार्यसगं संबंधित कमांडको एउटा मीनू देखाउछ।

उदाहरणको लागि तपाईले यदि एक्सेलको वक्रशीटमा डेट (मिति) जोडन चाहनुहुन्छ भने डेटको तल बैगनी रंगको डॉटेड लाइनको साथै एउटा स्मार्ट टैग देखिन्छ। स्मार्ट टैगको एक्शन बटनलाई हेर्नको लागि तपाईलाई डेटको तल देखिने बैगरी रंगको डाटेड लाइनलाई प्वाइंट गर्नुपर्ने छ। फेरि स्मार्ट टैग एक्शन मीनूलाई डिस्पले गर्नको लागि तपाईले आप स्मार्ट टैग एक्शन बटनलाई क्लिक गर्नुपर्ने छ।

यसपछि आउटलुकमा कांटेक्ट डायलॉग बाक्सलाई डिस्प्ले गर्नको लागि स्मार्ट टैगेको एक्शन मीनूमा एड टू कांटेक्ट माथि क्लिक गर्नुपर्ने छ।

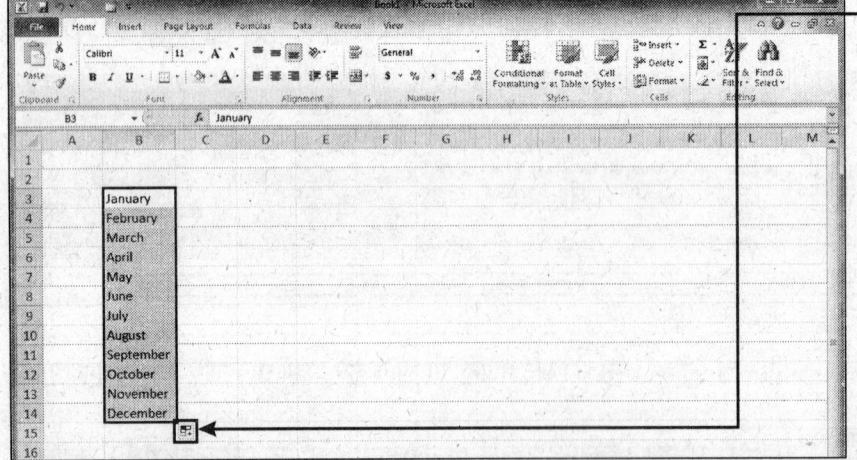

1. स्मार्ट टैगलाई हेर्नको लागि **'स्मार्ट टैग'** बटन माथि क्लिक गर्नुहोस्।

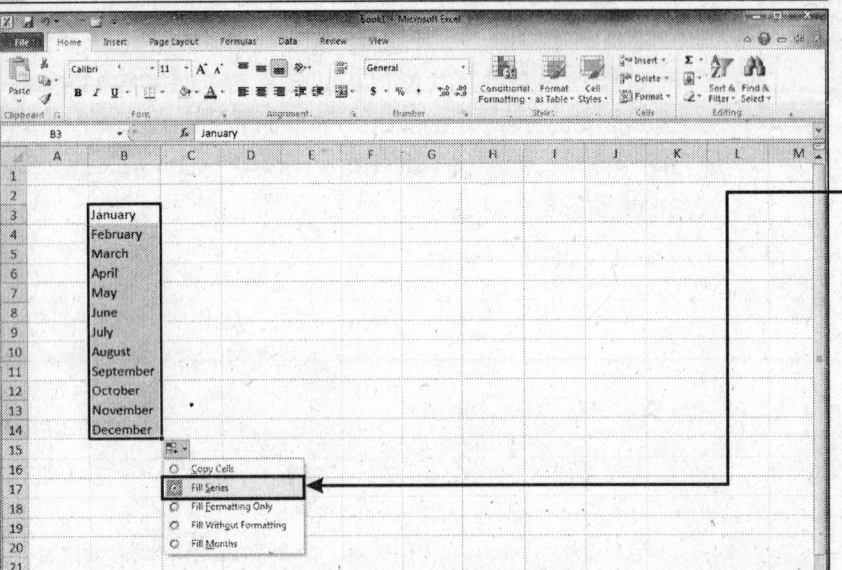

यो डिस्प्ले भईरहेको डाटामा तपाईले जुन एक्शन गर्न सक्नुहुन्छ, त्यसको मीनू डिस्प्ले हुन्छ।

2. कुनै पनि एक्शनलाई गर्नको लागि लिस्टमा डिस्पले भईरहेको आइटम माथि क्लिक गर्नुहोस्।

स्मार्ट टैगलाई इग्नोर (नजरअंदाज) गर्नको लागि वक्रशीटमा कार्य गरि राख्नुहोस्।

वर्कशीट

वर्कबुकमा समावेस भएको शीटलाई **वर्कशीट** भनिन्छ डिफाल्टको रूपमा वक्रबुकमा तीन वर्कशीट हुन्छ। तपाईले यसमा अरु वर्कशीट पनि जोड्न सक्नुहुन्छ। प्रत्येक शीटको नाम वर्कबुकको तल **'सीट टैब'** मा डिस्प्ले हुन्छ।

वर्कशीटको नाम बदलिन

कंटेंटको पहिचानको लागि तपाई वर्कशीटको नाम पनि बदलिन सक्नुहुन्छ।

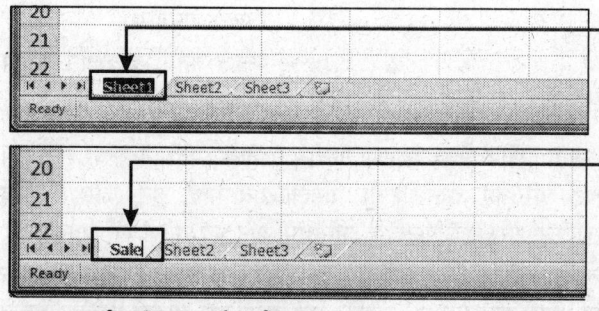

1. जुन वर्कशीटको नाम बदलिन चाहनुहुन्छ त्यसको सीट टैबमा डबल क्लिक (दुई पल्ट क्लिक) गर्नुहोस्। वर्कशीटको नाम हाईलाइट हुनेछ।

2. वर्कशीटको लागि कुनै अर्को नाम टाइप गर्नुहोस् र त्यसपछि **'एंटर'** थिच्नुहोस्।

एउटा वर्कशीटको नाम स्पेसको साथै कुल 31 वटा अक्षरहरु सम्मको हुनसक्छ।

अरु वर्कशीटलाई जोड्न

डाटालाई एंटर गर्नको लागि तपाई आफ्नो वर्कबुक र अतिरिक्त वक्रशीट पनि समावेस गर्न सक्नुहुन्छ। अन्तिम वक्रशीट पूरा हुने बितिकै एक्सेल त्यसको दायाँतिर त्यसमा नयाँ वर्कशीट समावेस गर्नेछ।

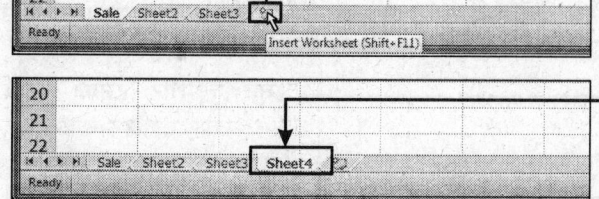

1. **'इंसर्ट वर्कशीट'** आइकॉन माथि क्लिक गर्नुहोस्। एक नयाँ वर्कशीट देखिन्छ।

एक्सेल एउटा नयाँ वर्कशीट समावेस गरिदिन्छ र त्यसलाई डिफाल्ट रूपमा नाम दिन्छ।

आखिरी वर्कशीट पूरा हुने बितिकै एक्सेल त्यसमा दायातिर एउटा नयाँ वर्कशीट समावेस गर्नेछ।

वक्रशीट डिलीट गर्न

यदि तपाईलाई आफ्नो वक्रबुकमा कुनै वर्कशीटको आवश्यकता छैन् भने तपाई त्यसलाई डिलीट गर्न सक्नुहुन्छ। कुनै वर्कशीट डिलीट गर्नु भन्दा पहिला त्यसमा समावेस कंटेंट चेक गर्नुहोस्। किनकि एक पटक डिलीट भएपछि त्यस वर्कशीटलाई फेरीबाट प्राप्त गर्न सकिदैन्।

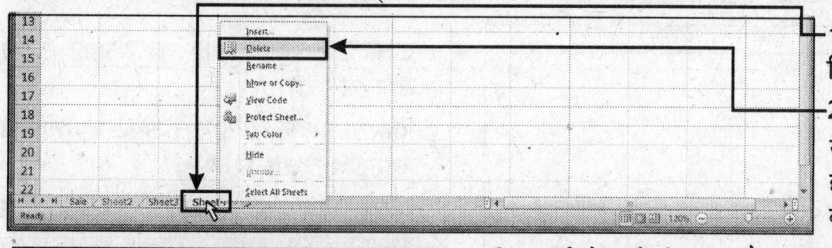

1.वर्कशीट टेब माथि राइट क्लिक गर्नुहोस्।

2. **'डिलीट'** क्लिक गर्नुहोस्।

यदि त्यस वर्कशीटमा कुनै डाटा छैन् भने एक्सेलले त्यस वर्कशीटलाई तुरंत डिलीट गर्नेछ।

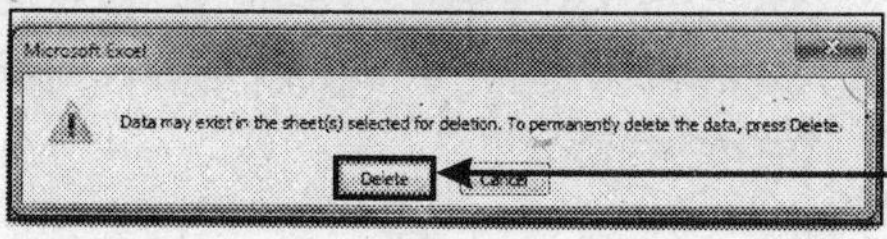

यदि तपाईको वर्कशीटमा कुनै डाटा छ भने डिलीट गर्नु भन्दा पहिला एक्सेलले तपाईसंग त्यसको पुष्टि गर्नेछ।

3. **'डिलीट'** क्लिक गर्नुहोस्। एक्सेलले त्यो वर्कशीटलाई डिलीट गर्नेछ।

वर्कशीटलाई एक स्थानबाट दोस्रो स्थानमा लैजान र कॉपी गर्न

वर्कबुकमा वक्रशीटको क्रमलाई व्यवस्थित गर्नको लागि तपाई वर्कशीटलाई मूव गर्न सक्नुहुन्छ अर्थात एक स्थानबाट अर्को स्थानमा लैजान सक्नुहुन्छ। यस बाहेक वर्कबुकमा कुनै वर्कशीटलाई कॉपी पनि गर्न सक्नुहुन्छ।

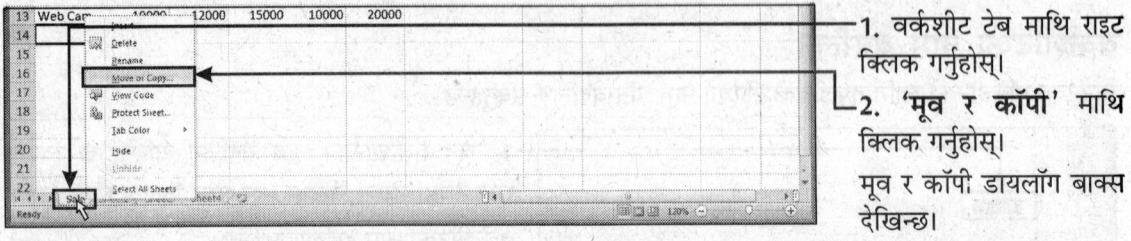

1. वर्कशीट टेब माथि राइट क्लिक गर्नुहोस्।
2. **'मूव र कॉपी'** माथि क्लिक गर्नुहोस्।

मूव र कॉपी डायलॉग बाक्स देखिन्छ।

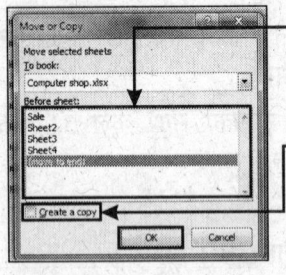

वर्कशीट **'मूव'** गराउनको लागि **'शीट नेम'** सलेक्ट गर्नुहोस् **'ओके'** माथि क्लिक गर्नुहोस्। वक्रशीट तपाईद्वारा सलेक्ट गरिएको वक्रशीटको पहिला मूव/कॉपी हुन जान्छ। तपाई वक्रशीटमा (मूव टू एंड) सलेक्ट गरेर वक्रशीटलाई अन्तिममा पनि मूव/कॉपी गर्न सक्नुहुन्छ।

वर्कशीट कॉपी गर्नको लागि, **'क्रिएट ए कॉपी'** ऑप्शनको चेकबाक्स माथि क्लिक गर्नुहोस्। त्यसपछि त्यो स्टेप दोहराउनुहोस् जुन वर्कशीट मूव गर्नमा गर्नु भएको थियो। एक्सेल वर्कबुकमा त्यो वर्कशीटलाई डिफाल्ट नामको साथमा कॉपी गर्नेछ।

एक्सेलले कॉपी गरिएको वर्कशीट मूल कॉपीको नामको अगाडि दुई लगाएर डिस्प्ले गर्दछ।

वर्कशीट टैब रंगीन गर्न

ववर्कशीटमा अंतर देखाउनको लागि वर्कशीट टैबको रंग पनि बदलिन सक्नुहुन्छ। टैबमा समावेस गरिएको कलर त्यसको बैकग्राउंडमा देखिन्छ। डिफाल्ट रूपमा वर्कशीटको सबै टैब सेतो हुन्छ तर तपाई त्यसलाई तपाईले चाहेको रंगमा बदलिन सक्नुहुन्छ।

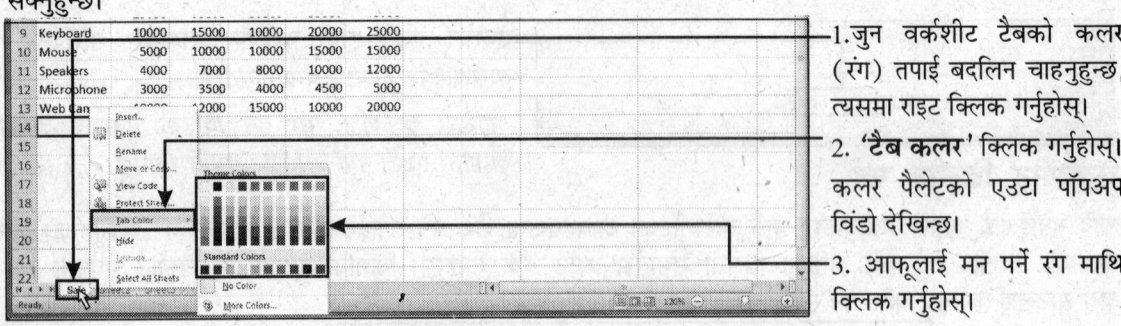

1. जुन वर्कशीट टैबको कलर (रंग) तपाई बदलिन चाहनुहुन्छ, त्यसमा राइट क्लिक गर्नुहोस्।
2. **'टैब कलर'** क्लिक गर्नुहोस्। कलर पैलेटको एउटा पॉपअप विंडो देखिन्छ।
3. आफूलाई मन पर्ने रंग माथि क्लिक गर्नुहोस्।

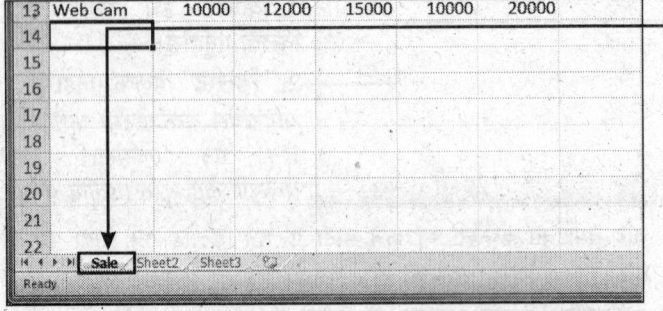

एक्सेलले त्यस रंगलाई वर्कशीटको टैबमा समावेस गर्नेछ।

नयाँ रंग हेर्नको लागि कुनै अर्को वर्कशीटको टैब माथि क्लिक गर्नुहोस्।

यसरी स्टेप **'1'** देखि स्टेप **'3'** सम्म दोहराउनुहोस्। वर्कशीट टैबबाट कलर रिमूव गर्नको लागि स्टेप **'3'** मा **'नो कलर'** माथि क्लिक गर्नुहोस्।

वर्कशीटको डाटा सुरक्षित राख्न

वर्कबुकमा कुनै वर्कशीटलाई पासवर्ड पनि दिन सकिन्छ ताकि यसमा कसैले छेडछोड नगरोस्। पासवर्ड हालेर तपाई आफ्नो वर्कशीटलाई लॉक गर्न सक्नुहुन्छ ताकि अरुले तपाईको अनुमति बिना यसमा बदलाव गर्न नगर्न सकोस्।

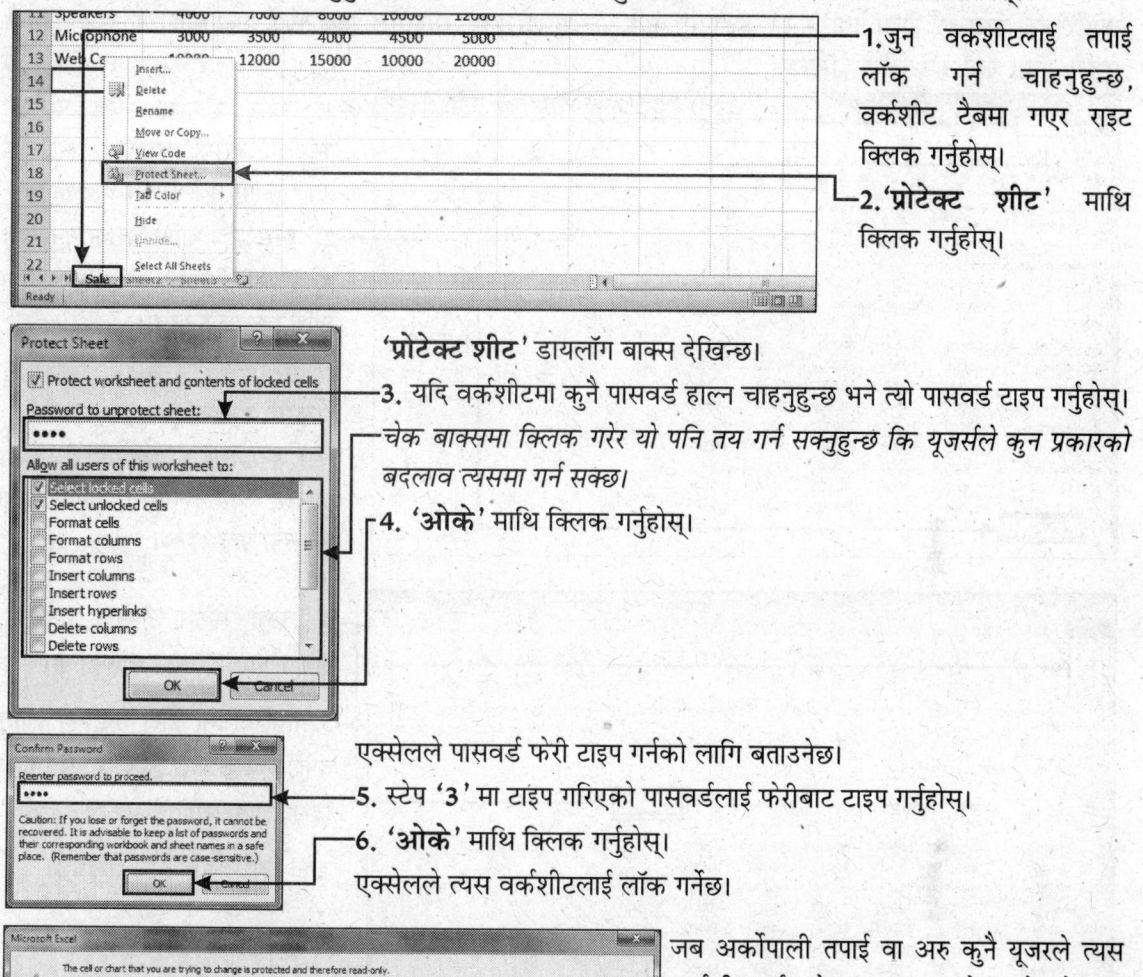

1. जुन वर्कशीटलाई तपाई लॉक गर्न चाहनुहुन्छ, वर्कशीट टैबमा गएर राइट क्लिक गर्नुहोस्।

2. 'प्रोटेक्ट शीट' माथि क्लिक गर्नुहोस्।

'प्रोटेक्ट शीट' डायलॉग बाक्स देखिन्छ।

3. यदि वर्कशीटमा कुनै पासवर्ड हाल्न चाहनुहुन्छ भने त्यो पासवर्ड टाइप गर्नुहोस्।

चेक बाक्समा क्लिक गरेर यो पनि तय गर्न सक्नुहुन्छ कि यूजर्सले कुन प्रकारको बदलाव त्यसमा गर्न सक्छ।

4. 'ओके' माथि क्लिक गर्नुहोस्।

एक्सेलले पासवर्ड फेरी टाइप गर्नको लागि बताउनेछ।

5. स्टेप **'3'** मा टाइप गरिएको पासवर्डलाई फेरीबाट टाइप गर्नुहोस्।

6. 'ओके' माथि क्लिक गर्नुहोस्।

एक्सेलले त्यस वर्कशीटलाई लॉक गर्नेछ।

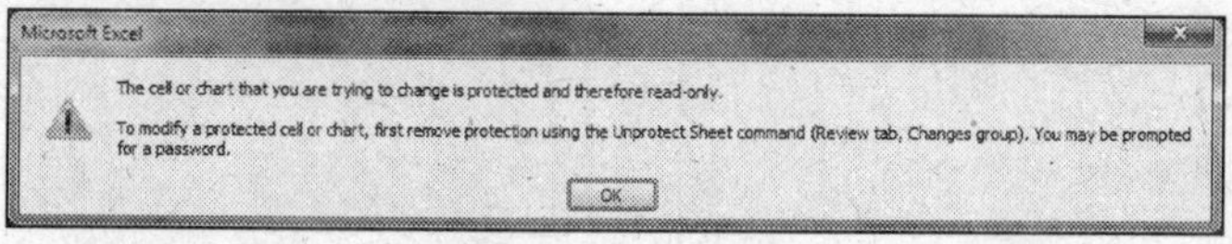

जब अर्कोपाली तपाई वा अरु कुनै यूजरले त्यस वर्कशीटलाई खोल्न चाहन्छ भने एक्सेलले एक चेतावनी डिस्प्ले गर्नेछ।

वर्कशीटलाई अनलॉक (लॉक हटाउन) गर्न

तपाईले पासवर्डलाई ऑफ गरेर वर्कशीटलाई अनलॉक पनि गर्न सक्नुहुन्छ अर्थात त्यसको लॉक हटाउन सक्नुहुन्छ।

1. शीट टैब माथि राइट क्लिक गर्नुहोस्।

2. 'अनप्रोटेक्ट शीट' माथि क्लिक गर्नुहोस्। **'अनप्रोटेक्ट शीट'** डायलॉग बाक्स ओपन हुनेछ।

3. पासवर्ड टाइप गर्नुहोस्।

4. 'ओके' माथि क्लिक गर्नुहोस्।

वर्कशीट अनलॉक हुन जान्छ र जसले पनि त्यसमा समावेस रहेको डाटामा बदलाव गर्न सक्छ।

डाटा मूव/कॉपी गर्न

वर्कशीटमा डाटालाई व्यवस्थित क्रममा राख्नको लागि त्यसलाई कुनै नयाँ ठाउँमा मूव गराउन सकिन्छ। जब तपाई कुनै डाटालाई मूव गराउनुहुन्छ तब त्यो आफ्नो पुरानो ठाउँबाट गायब हुन्छ। तल जब तपाई डाटालाई कॉपी गर्नुहुन्छ तब त्यो तपाईले त्यो डाटालाई टाइप नगरिकन वर्कशीटमा कहि पनि समावेस गर्न सकिनेछ। जब तपाई डाटा कॉपी गर्नुहुन्छ तब त्यो पुरानो ठाउँ र नयाँ ठाउँ दुबैमा देखिन्छ।

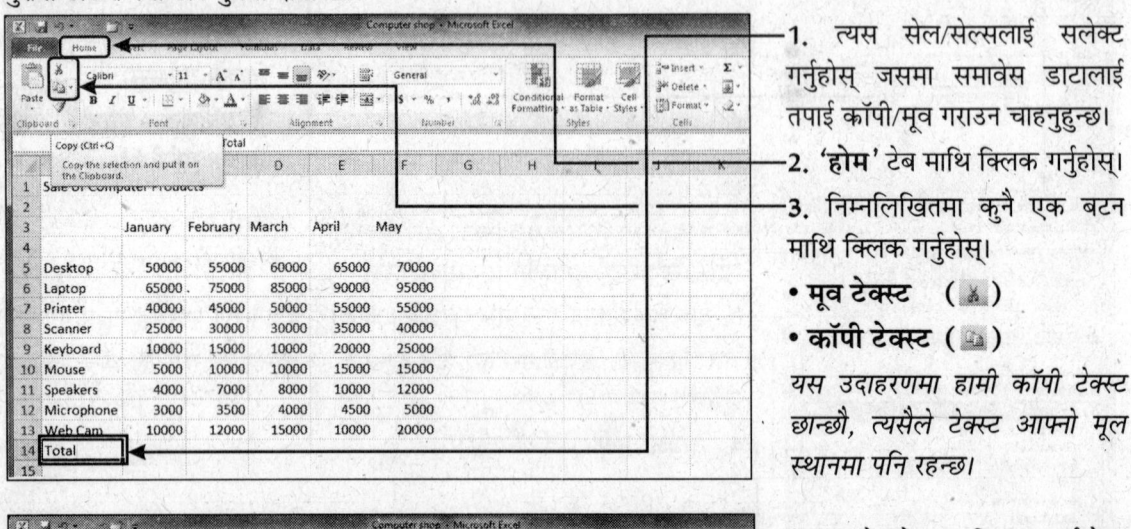

1. त्यस सेल/सेल्सलाई सलेक्ट गर्नुहोस् जसमा समावेस डाटालाई तपाई कॉपी/मूव गराउन चाहनुहुन्छ।
2. 'होम' टेब माथि क्लिक गर्नुहोस्।
3. निम्नलिखितमा कुनै एक बटन माथि क्लिक गर्नुहोस्।
   • मूव टेक्स्ट ( )
   • कॉपी टेक्स्ट ( )

यस उदाहरणमा हामी कॉपी टेक्स्ट छान्छौं, त्यसैले टेक्स्ट आफ्नो मूल स्थानमा पनि रहन्छ।

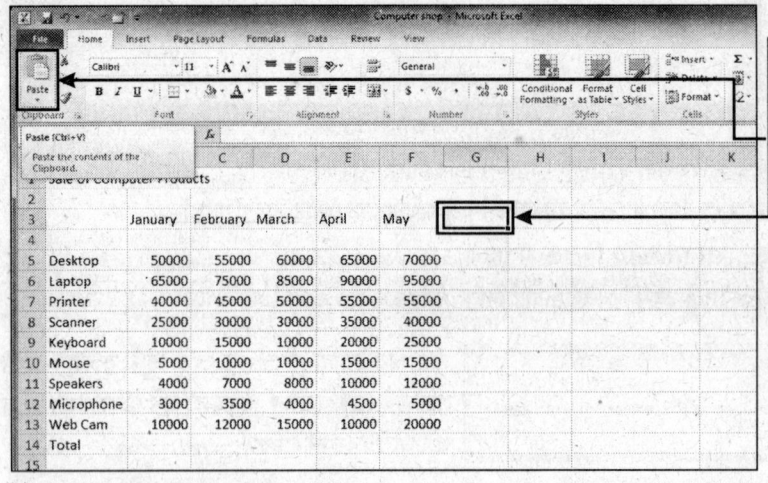

4. उत्यो सेलमा क्लिक गर्नुहोस्, जहा त्यो डाटा राख्न चाहनुहुन्छ।
5. नयाँ ठाउँमा डाटा राख्नको लागि तपाई 'पेस्ट' ( ) बटन माथि क्लिक गर्नुहोस्।

डाटा नयाँ ठाउँमा पनि देखिनेछ।

ड्रैग र ड्रॉपको प्रयोग गरेर

1. त्यस सेल/सेल्सलाई सलेक्ट गर्नुहोस्, जसको डाटा तपाई मूव गराउन चाहनुहुन्छ।
2. माउसको प्वाइंटरले सलेक्ट गरेको सेलको बार्डरमा राख्नुहोस्। यस स्थितिमा माउसको प्वांटरको आकृति ( ) परिवर्तित हुन जान्छ।
3. डाटालाई मूव गराउनको लागि माउसको प्वाइंटरलाई ड्रैग गर्दै नयाँ सेलमा लैजानुहोस्।

डाटा कुनै भूरा रंगको बाक्समा देखिनेछ।
डाटा नयाँ लोकेशनमा जान्छ। डाटा कॉपी गराउनको लागि स्टेप '1' देखि '3' सम्म दोहराउनुहोस्। कंट्रोल की लाई थिचि राख्नुहोस्।

रो (पंक्ति) लाई समावेस गर्न

वर्कशीटमा रो पनि इंसर्ट (शामिल) गर्न सक्नुहुन्छ। यदि कुनै रो लाई फार्मूलाको तल शिफ्ट गरिएको छ भने एक्सेल सेलमा समावेस रिफ्रेंसलाई नयाँ ठाँउमा एडजस्ट (समायोजित) गर्नेछ। त्यसरी नै, यदि कुनै रो इंसर्ट गर्नु भन्दा पहिला फार्मूला 'रो 5' को सेलसंग संबंधित छ भने रो लाई इंसर्ट गर्दा त्यस सेलसंग संबंधित फार्मूला 'रो 6' लाई पनि एडजस्ट (समायोजित) गर्दछ।

नोट : एक्सेलले तपाईद्वारा सलेक्ट गरिएको पंक्ति माथि पंक्तिलाई इंसर्ट गर्दछ।

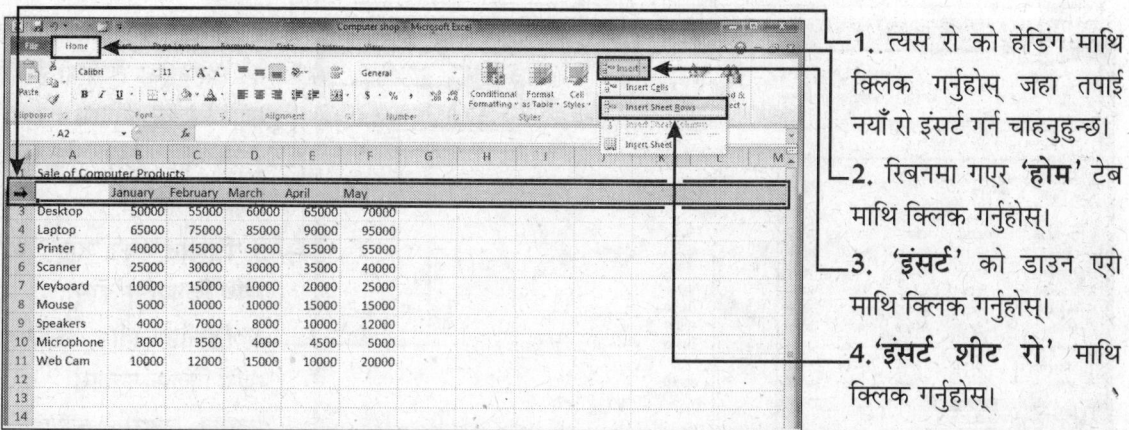

1. त्यस रो को हेडिंग माथि क्लिक गर्नुहोस् जहा तपाई नयाँ रो इंसर्ट गर्न चाहनुहुन्छ।
2. रिबनमा गएर **'होम'** टेब माथि क्लिक गर्नुहोस्।
3. **'इंसर्ट'** को डाउन एरो माथि क्लिक गर्नुहोस्।
4. **'इंसर्ट शीट रो'** माथि क्लिक गर्नुहोस्।

एउटा नयाँ रो इंसर्ट हुनेछ र त्यसको तलको सबै रो अझ तल सर्न जान्छ अर्थात एक रो तल हुन जान्छ। सलेक्ट गरिएको रो बाट बाहिर आउनको लागि कुनै अर्को सेल माथि क्लिक गर्नुहोस्।

कॉलम इंसर्ट (शामिल) गर्न

अतिरिक्त डाटा समावेस गर्नको लागि तपाईले वर्कशीटमा कॉलम पनि जोड्न सक्नुहुन्छ।

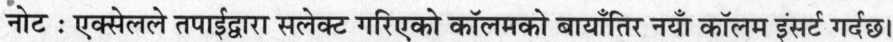

नोट : एक्सेलले तपाईद्वारा सलेक्ट गरिएको कॉलमको बायाँतिर नयाँ कॉलम इंसर्ट गर्दछ।

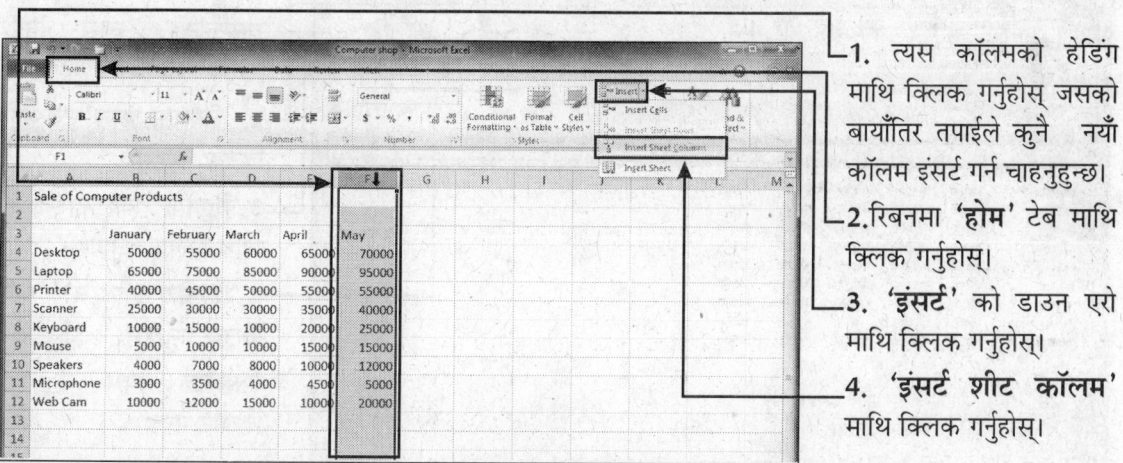

1. त्यस कॉलमको हेडिंग माथि क्लिक गर्नुहोस् जसको बायाँतिर तपाईले कुनै नयाँ कॉलम इंसर्ट गर्न चाहनुहुन्छ।
2. रिबनमा **'होम'** टेब माथि क्लिक गर्नुहोस्।
3. **'इंसर्ट'** को डाउन एरो माथि क्लिक गर्नुहोस्।
4. **'इंसर्ट शीट कॉलम'** माथि क्लिक गर्नुहोस्।

नया नयाँ कॉलम देखिन थाल्छ र पहिलाको सबै कॉलम दायातिर सर्न जान्छ।

सलेक्ट गरिएको कॉलमबाट बाहिर आउनको लागि कुनै पनि सेल माथि क्लिक गर्नुहोस्।

कॉलम र रो डिलीट गर्न

यदि तपाईलाई वर्कशीटमा कुनै कॉलम वा रो को आवश्यकता छैन् भने तपाई त्यसलाई रिमूव वा डिलीट पनि गर्न सक्नुहुन्छ अर्थात हटाउन सक्नुहुन्छ। यदि तपाईले पूरा कॉलम वा रो डिलीट गर्नुहुन्छ भने एक्सेलले त्यस सेलको डाटालाई पनि डिलीट गर्नेछ। डिलीट गरेर खाली भएको ठाँउलाई एक्सेलले अर्को कॉलम अथवा रोले भर्दछ अर्थात त्यहा खाली स्थान देखिदैन्।

कॉलम डिलीट गर्न

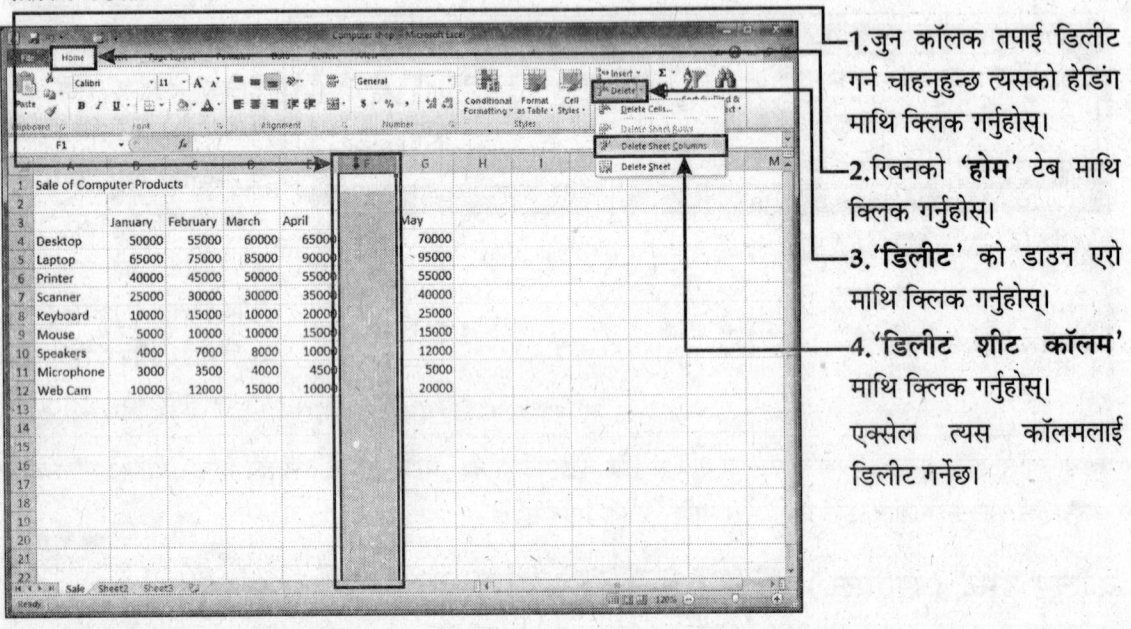

1. जुन कॉलक तपाई डिलीट गर्न चाहनुहुन्छ त्यसको हेडिंग माथि क्लिक गर्नुहोस्।
2. रिबनको 'होम' टेब माथि क्लिक गर्नुहोस्।
3. 'डिलीट' को डाउन एरो माथि क्लिक गर्नुहोस्।
4. 'डिलीट शीट कॉलम' माथि क्लिक गर्नुहोस्।

एक्सेल त्यस कॉलमलाई डिलीट गर्नेछ।

रो (पंक्ति) लाई डिलीट गर्न

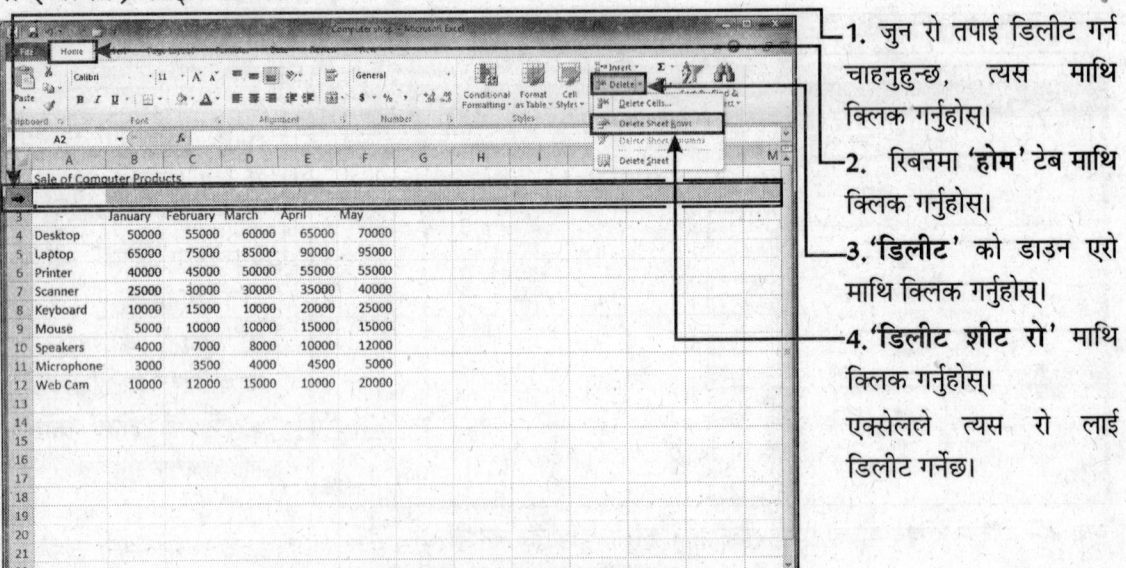

1. जुन रो तपाई डिलीट गर्न चाहनुहुन्छ, त्यस माथि क्लिक गर्नुहोस्।
2. रिबनमा 'होम' टेब माथि क्लिक गर्नुहोस्।
3. 'डिलीट' को डाउन एरो माथि क्लिक गर्नुहोस्।
4. 'डिलीट शीट रो' माथि क्लिक गर्नुहोस्।

एक्सेलले त्यस रो लाई डिलीट गर्नेछ।

सेल इंसर्ट गर्न

यदि तपाई आफ्नो वर्कशीटमा समावेस डाटाको बीचमा कुनै नयाँ डाटा समावेस गर्न चाहनुहुन्छ भने तपाईले त्यसमा सेल्स इंसर्ट (शामिल) गर्न सक्नुहुन्छ।

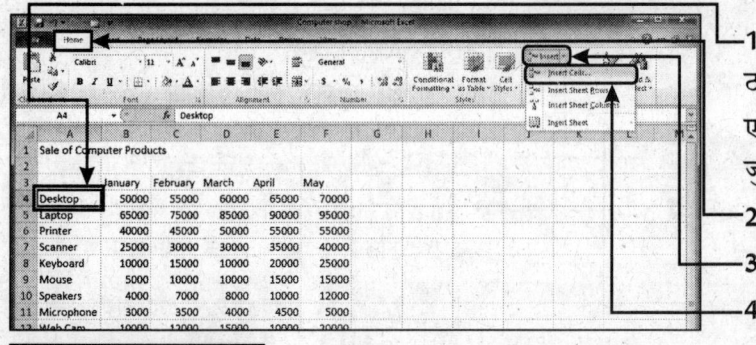

1. त्यो सेलले अर्को नयाँ सेलको लागि ठाँउ बनाउछ र स्यंम अर्को ठाउँमा जान्छ। एक्सेलले त्यसै नंबरको सेल इंसर्ट गर्नेछ जुन तपाईले सलेक्ट गर्नु भएको छ।

2. 'होम' टेब माथि क्लिक गर्नुहोस्।

3. 'इंसर्ट' को डाउन एरो क्लिक गर्नुहोस्।

4. 'इंसर्ट सेल' माथि क्लिक गर्नुहोस्।

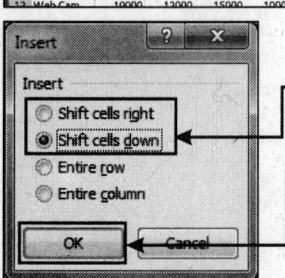

'इंसर्ट' डायलॉग बाक्स देखिन्छ।

5. यहा कुनै पनि ऑप्शनको रेडियो बटन माथि क्लिक गर्नुहोस् ताकि तपाई सेलको बायाँतिर वा तल नयाँ सेलको लागि ठाँउ बनाउन चाहनुहुन्छ।

6. सेल इंसर्ट गर्नको लागि **'ओके'** माथि क्लिक गर्नुहोस्।

एक्सेलले नयाँ सेल इंसर्ट गर्दछ र तपाईद्वारा सलेक्ट गरिएको सेल त्यहा शिफ्ट हुन जान्छ, जहा तपाईले ऑप्शन छान्नु भएको थियो।

सेल डिलीट गर्न

यदि तपाईलाई वर्कशीटमा कुनै सेलको आवश्यकता छैन् भने एक्सेलले त्यसलाई रिमूव गर्दछ अर्थात हटाउछ र त्यसको नजिक खाली ठाँउलाई भर्दछ।

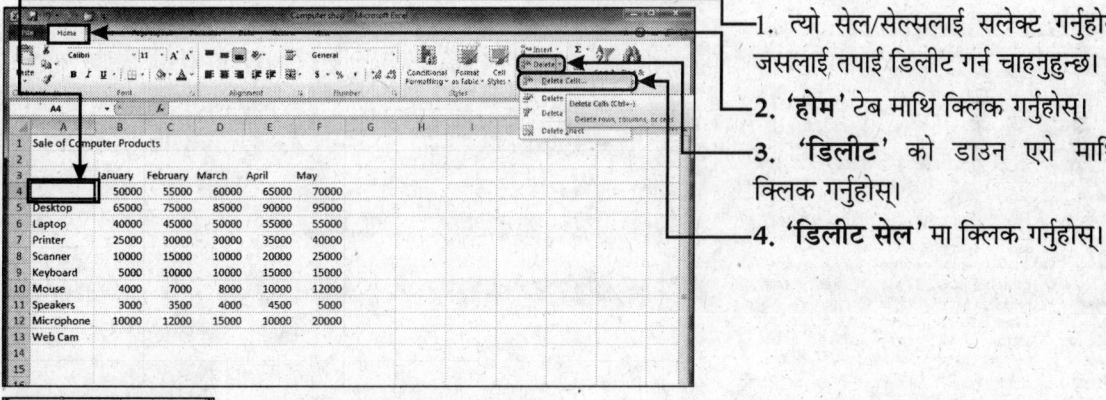

1. त्यो सेल/सेल्सलाई सलेक्ट गर्नुहोस् जसलाई तपाई डिलीट गर्न चाहनुहुन्छ।

2. 'होम' टेब माथि क्लिक गर्नुहोस्।

3. 'डिलीट' को डाउन एरो माथि क्लिक गर्नुहोस्।

4. 'डिलीट सेल' मा क्लिक गर्नुहोस्।

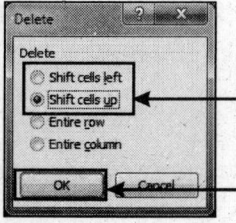

'इंसर्ट' डायलॉग बॉक्स देखिन्छ।

5. नजिकको सेलको माथि वा दायातिर सार्नको लागि त्यसंसग संबंधित रेडियो बटन माथि क्लिक गर्नुहोस्।

6. सेल इंसर्ट गर्नको लागि **'ओके'** माथि क्लिक गर्नुहोस्।

एक्सेलले सेल डिलीट गर्दछ र नजिकको सेललाई त्यस स्थानमा शिफ्ट गर्दछ अर्थात सार्दछ जहा तपाईले तय गर्नु भएको थियो।

डाटालाई कॉलमको सेंटर (बीच) मा गर्न

आफ्नो वर्कशीटमा विभिन्न कॉलमको डाटा सेंटर (बीच) मा ल्याउनको लागि तपाईले मर्ज र सेंटर कमांडको प्रयोग गर्न सक्नुहुन्छ। यसले तपाईको डाटाको टाइटललाई सेंटरमा गर्नमा धेरै उपयोगी हुन्छ।

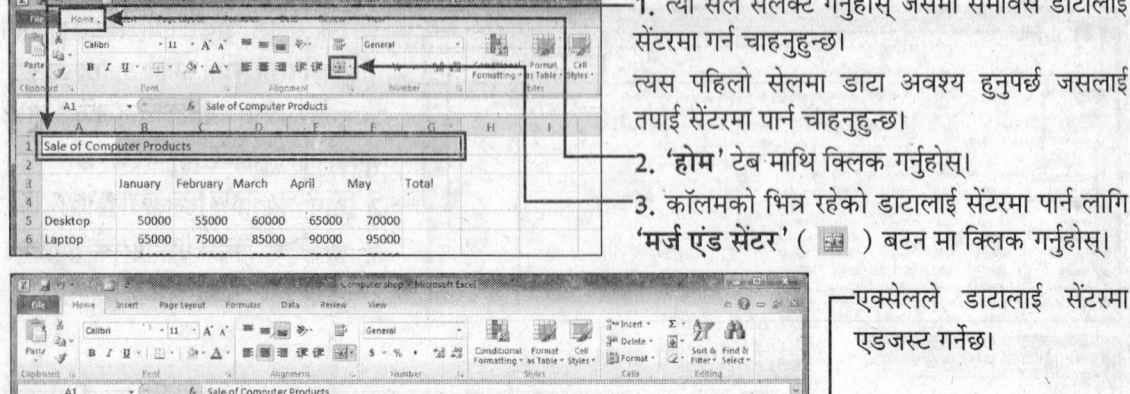

1. त्यो सेल सलेक्ट गर्नुहोस् जसमा समावेस डाटालाई सेंटरमा गर्न चाहनुहुन्छ।

त्यस पहिलो सेलमा डाटा अवश्य हुनुपर्छ जसलाई तपाई सेंटरमा पार्न चाहनुहुन्छ।

2. **'होम'** टेब माथि क्लिक गर्नुहोस्।

3. कॉलमको भित्र रहेको डाटालाई सेंटरमा पार्न लागि **'मर्ज एंड सेंटर'** ( ) बटन मा क्लिक गर्नुहोस्।

एक्सेलले डाटालाई सेंटरमा एडजस्ट गर्नेछ।

कॉलम र रो हाइड गर्न अर्थात लुकाउन

यदि तपाईको महत्वपूर्ण सूचनाहरु अरु कसैलाई हेराउन चाहनुहुन्छ भने तपाईले वर्कशीटमा कॉलम र रो हाइड गर्न सक्नुहुन्छ अर्थात लुकाउन सक्नुहुन्छ। यदि तपाई कॉलम र रो हाइड गर्नुहुन्छ भने यो प्रिंट आउटमा देखिनेछैन्।

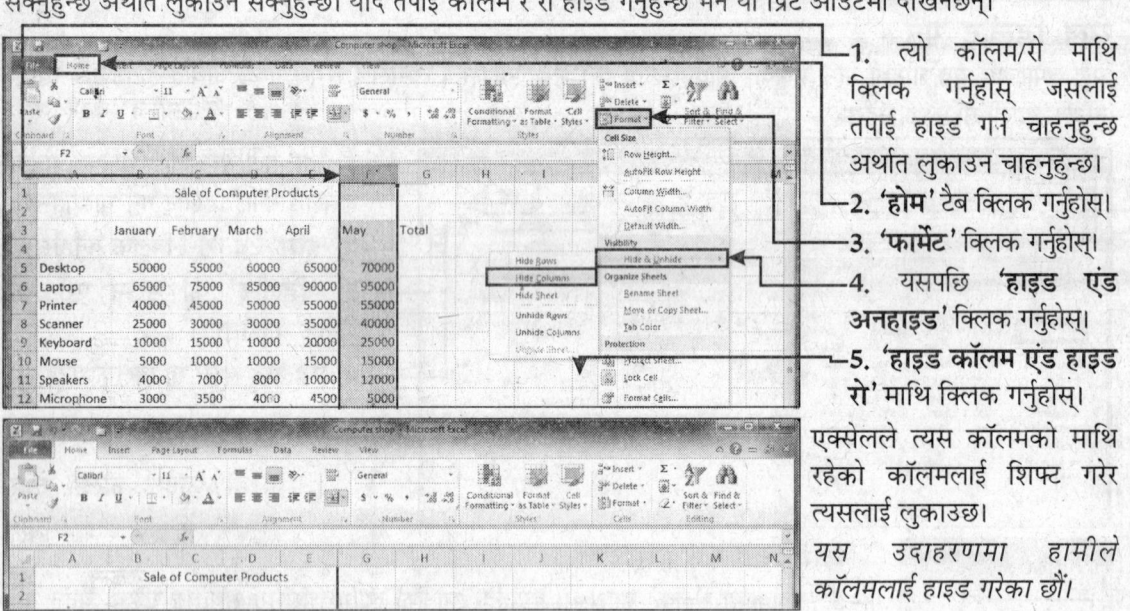

1. त्यो कॉलम/रो माथि क्लिक गर्नुहोस् जसलाई तपाई हाइड गर्न चाहनुहुन्छ अर्थात लुकाउन चाहनुहुन्छ।
2. **'होम'** टैब क्लिक गर्नुहोस्।
3. **'फार्मेट'** क्लिक गर्नुहोस्।
4. यसपछि **'हाइड एंड अनहाइड'** क्लिक गर्नुहोस्।
5. **'हाइड कॉलम एंड हाइड रो'** माथि क्लिक गर्नुहोस्।

एक्सेलले त्यस कॉलमको माथि रहेको कॉलमलाई शिफ्ट गरेर त्यसलाई लुकाउछ।

यस उदाहरणमा हामीले कॉलमलाई हाइड गरेका छौं।

कॉलम र रो अनहाइड (देखाउन) गर्न

1. हाइड गरिएको कॉलम अथाव रो को नजिकको कॉलम वा रोमा क्लिक गर्नुहोस्।

2. **'होम'** टैब माथि क्लिक गर्नुहोस् **'फार्मेट'** र फेरी **'हाइड एंड अनहाइड'** र त्यस पछि **'अनहाइड रो/अनहाइड कॉलम'** माथि क्लिक गर्नुहोस्। एक्सेलले त्यस कॉलम/रो लाई फेरीबाट डिस्पले गर्नेछ।

कॉलम र रो ट्रांसपोज (बदलिन) गर्न

ट्रांसपोज कमांडको प्रयोगबाट तपाईले कॉलमको लेबललाई रोमा र रोको लेबललाई कॉलममा सजिलैसंग तेजीबाट ट्रांसपोज गर्न सक्नुहुन्छ अर्थात बदलिन सक्नुहुन्छ।

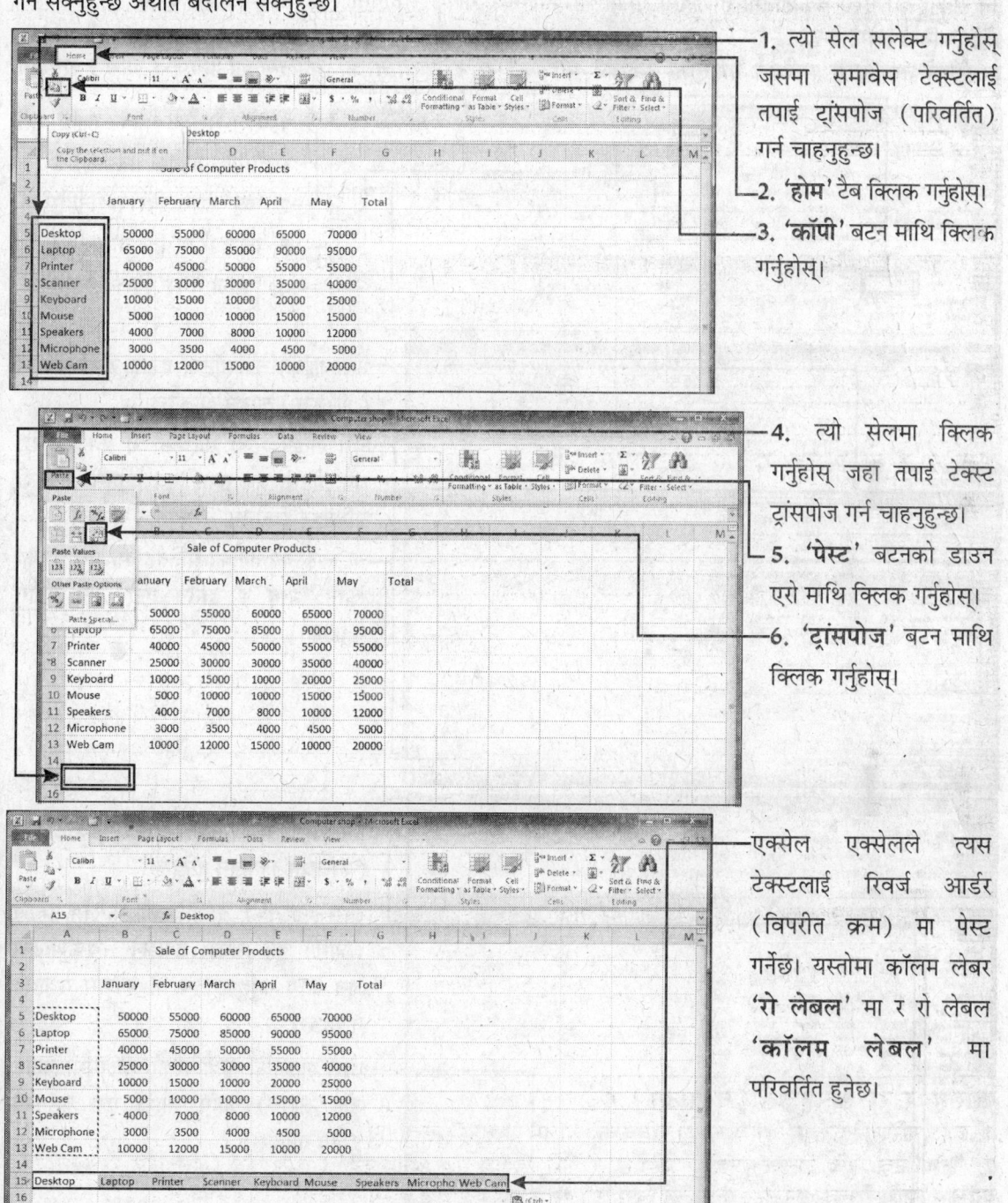

1. त्यो सेल सलेक्ट गर्नुहोस् जसमा समावेस टेक्स्टलाई तपाई ट्रांसपोज (परिवर्तित) गर्न चाहनुहुन्छ।
2. **'होम'** टैब क्लिक गर्नुहोस्।
3. **'कॉपी'** बटन माथि क्लिक गर्नुहोस्।

4. त्यो सेलमा क्लिक गर्नुहोस् जहा तपाई टेक्स्ट ट्रांसपोज गर्न चाहनुहुन्छ।
5. **'पेस्ट'** बटनको डाउन एरो माथि क्लिक गर्नुहोस्।
6. **'ट्रांसपोज'** बटन माथि क्लिक गर्नुहोस्।

एक्सेल एक्सेलले त्यस टेक्स्टलाई रिवर्ज आर्डर (विपरीत क्रम) मा पेस्ट गर्नेछ। यस्तोमा कॉलम लेबर **'रो लेबल'** मा र रो लेबल **'कॉलम लेबल'** मा परिवर्तित हुनेछ।

कॉलम र रो फ्रीज (जाम) गर्न

यदि तपाई कॉलम र रो मूव गराउन चाहनुहुन्न अर्थात यताबाट उता नहुनदिनको लागि तपाईले त्यसलाई फ्रीज (जाम) पनि गर्न सक्नुहुन्छ। ठूलो वर्कशीटमा तपाईद्वारा राखिएको कॉलम र रोलाई स्क्रीनमा त्यस सरहबाट देखाउनमा यो कमांडको प्रयोग बढि उपयोगी हुन्छ।

एक्सेलले तपाईद्वारा सलेक्ट गरिएको सेलको माथिको रो र बायाँतिरको कॉलमलाई फ्रीज (जाम) गर्नेछ॥

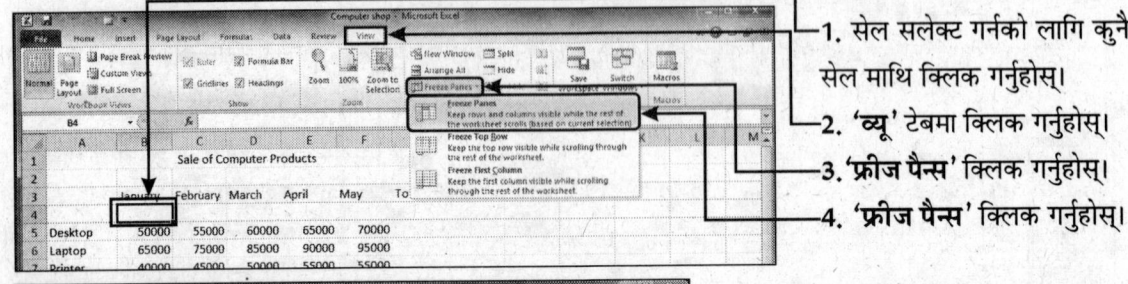

1. सेल सलेक्ट गर्नको लागि कुनै सेल माथि क्लिक गर्नुहोस्।
2. **'व्यू'** टेबमा क्लिक गर्नुहोस्।
3. **'फ्रीज पैन्स'** क्लिक गर्नुहोस्।
4. **'फ्रीज पैन्स'** क्लिक गर्नुहोस्।

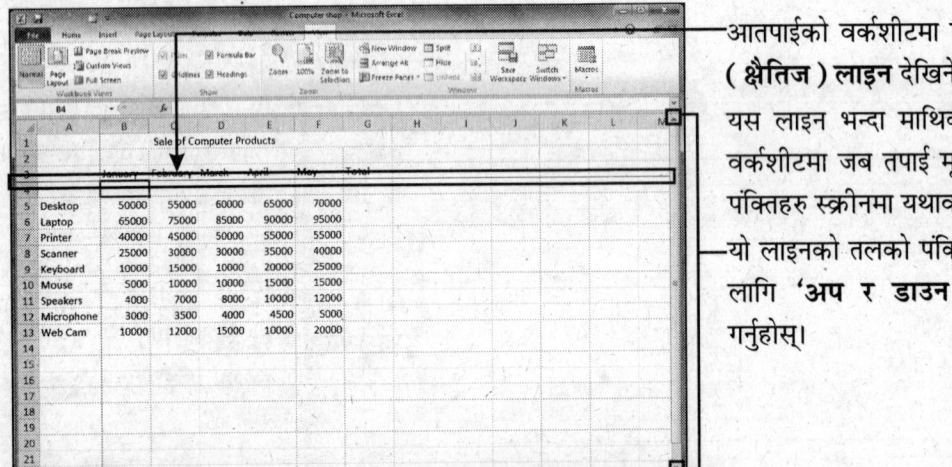

आतपाईको वर्कशीटमा एउटा **हौरीजॉन्टल (क्षैतिज) लाइन** देखिनेछ।

यस लाइन भन्दा माथिको रो फ्रीज हुन्छ। वर्कशीटमा जब तपाई मूव गर्नुहुन्छ तब यी पंक्तिहरु स्क्रीनमा यथावत नै रहनेछ।

यो लाइनको तलको पंक्तिहरुमा मूव गर्नको लागि **'अप र डाउन एरो'** को प्रयोग गर्नुहोस्।

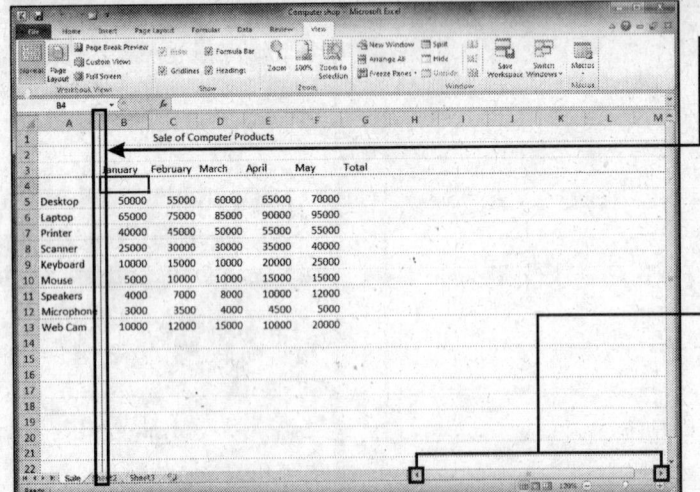

तपाईको वर्कशीटमा एउटा **वर्टिकल (लंबवत) लाइन** देखिन्छ।

त्यस लाइनको बायाँतिरको कॉलम फ्रीज (जाम) हुन जान्छ। तपाईले वर्कशीटमा जब काम गर्नुहुन्छ तब यो कॉलम यथावत नै रहन्छ।

त्यस लाइनको दायातिरको कॉलममा यता–उता जानको लागि साइड एरो बटनको प्रयोग गर्नुहोस्।

फार्मेटिंग

वर्ड प्रोसेसर जस्तै वर्डको प्रयोग गरेपछि तपाईलाई टेक्स्ट फार्मेटिंग राम्ररी थाहा भयो होला। टेक्स्टको फार्मेटिंगमा बदलाव गरेर वर्डमा तपाई आफ्नो डाक्यूमेंटको प्रस्तुतिमा बदलाव गर्न सक्नुहुन्छ। यो बदलाव अरु फॉन्ट सेट समान ठूलो फान्ट साइज, लार्ज प्रिंट साइज, बोल्ड र इटेलिक कैरेक्टर आदिको रूपमा समावेस हुन्छ।

जसरी तपाईले वर्डमा डाक्यूमेंटको फार्मेटिंगको बारमा सिक्नु भएको थियो, त्यसरी नै तपाईले एक्सेलमा नंबर र टेक्स्टको फार्मेटिंगको बारेमा पनि अवश्य जान्नुपर्छ।

एक्सेलमा फार्मेटिंगबाट तपाईको वर्कशीटको प्रस्तुति बदलिन जान्छ र तपाईले एक्सेलमा डाटालाई फार्मेट गरेर आफ्नो वर्कशीटलाई नयाँ आकर्षक र व्यावसायिक लुक (रूप) दिन सक्नुहुन्छ, जसलाई सजिलैसंग बुझ्न सकिन्छ।

डाटाको फॉन्ट बदलिन

आफ्नो वर्कशीटको एपिरिएंस (प्रस्तुति) बढाउनको लागि डाटाको फॉन्ट पनि बदलिन सक्नुहुन्छ।

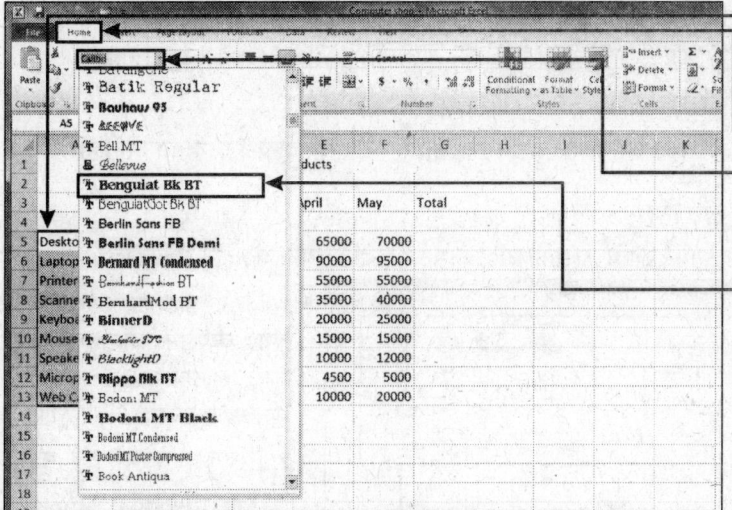

1. त्यो सेल सलेक्ट गर्नुहोस् जसमा समावेस डाटाको तपाई फॉन्ट बदलिन चाहनुहुन्छ।
2. रिबनमार **'होम'** टैब क्लिक गर्नुहोस्।
3. ययहा उपलब्ध फॉन्टको लिस्ट (सूची) हेर्नको लागि **'फॉन्ट'** को डाउन एरो माथि क्लिक गर्नुहोस्।
4. जुन फॉन्ट तपाई प्रयोग गर्न चाहनुहुन्छ, त्यस माथि क्लिक गर्नुहोस्।

वर्डले त्यस फॉन्टलाई तुरंत अप्लाई (लागू) गर्नेछ।

सलेक्ट गरिएको सेलबाट हट्नको लागि कुनै अर्को सेल माथि क्लिक गर्नुहोस्।

डाटाको साइज (आकार) बदलिन

आफ्नो वर्कशीटमा डाटाको आकार घटाउन-बढाउन पनि सक्नुहुन्छ।

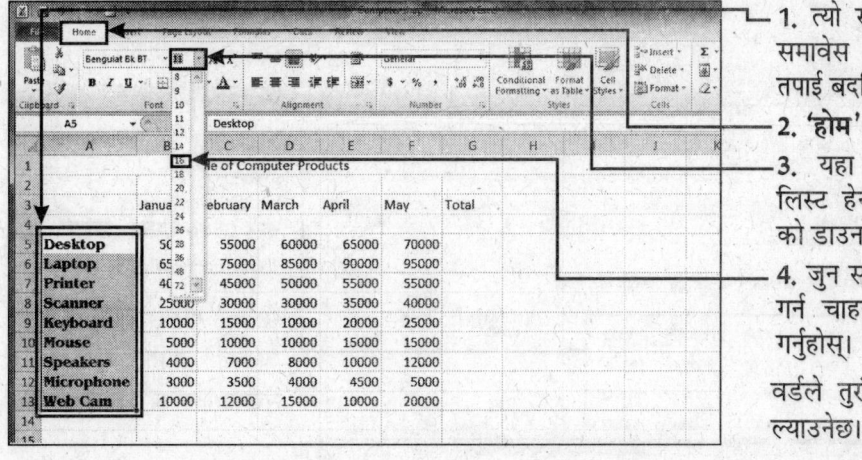

1. त्यो सेल सलेक्ट गर्नुहोस् जसमा समावेस डाटाको फॉन्ट साइजलाई तपाई बदलिन चाहनुहुन्छ।
2. **'होम'** टेब माथि क्लिक गर्नुहोस्।
3. यहा उपलब्ध फॉन्ट साइजको लिस्ट हेर्नको लागि **'फॉन्ट साइज'** को डाउन एरो माथि क्लिक गर्नुहोस्।
4. जुन साइज (आकार) तपाई प्रयोग गर्न चाहनुहुन्छ, त्यस माथि क्लिक गर्नुहोस्।

वर्डले तुरंत त्यसलाई नयाँ आकारमा ल्याउनेछ।

बोल्ड/इटैलिक र अंडरलाइन डाटा

आफ्नो वर्कशीटमा कुनै महत्वपूर्ण डाटालाई तपाई बोल्ड, इटैलिक र अंडरलाइन पनि गर्न सक्नुहुन्छ।

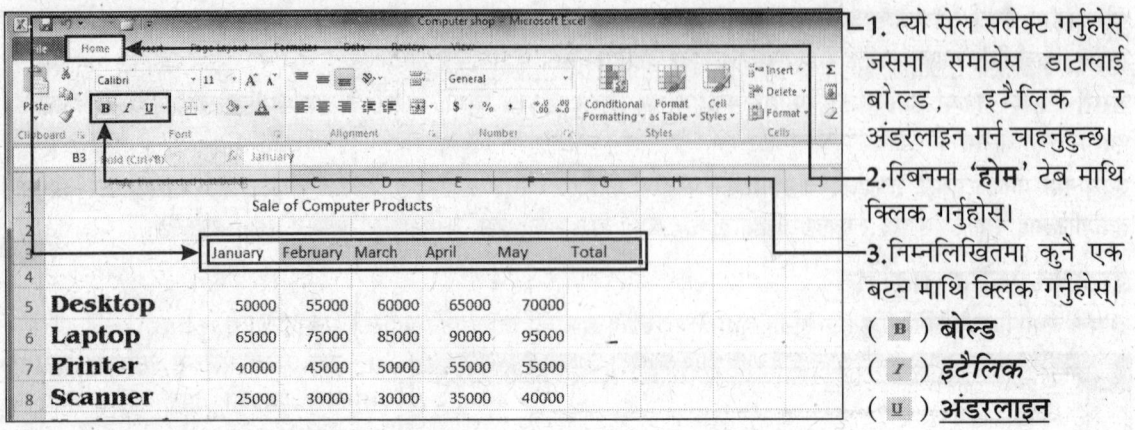

1. त्यो सेल सलेक्ट गर्नुहोस् जसमा समावेस डाटालाई बोल्ड, इटैलिक र अंडरलाइन गर्न चाहनुहुन्छ।
2. रिबनमा **'होम'** टेब माथि क्लिक गर्नुहोस्।
3. निम्नलिखितमा कुनै एक बटन माथि क्लिक गर्नुहोस्।

(B) **बोल्ड**
(I) ***इटैलिक***
(U) **<u>अंडरलाइन</u>**

डाटा तपाईद्वारा सलेक्ट गरिएको स्टाइलमा देखिनेछ।

बोल्ड, इटैलिक इटैलिक र अंडरलाइन स्टाइल रिमूव गर्न अर्थात हटाउनको लागि स्टेप **'1'** देखि **'3'** दोहराउनुहोस्।

डाटाको अलाइन्मेंट (स्थिति) बदलिन

आफ्नो वर्कशीटलाई अझ बढि आकर्षक बनाउनको लागि डाटाको अलाइन्मेंट (स्थिति) पनि बदलिन सक्नुहुन्छ।

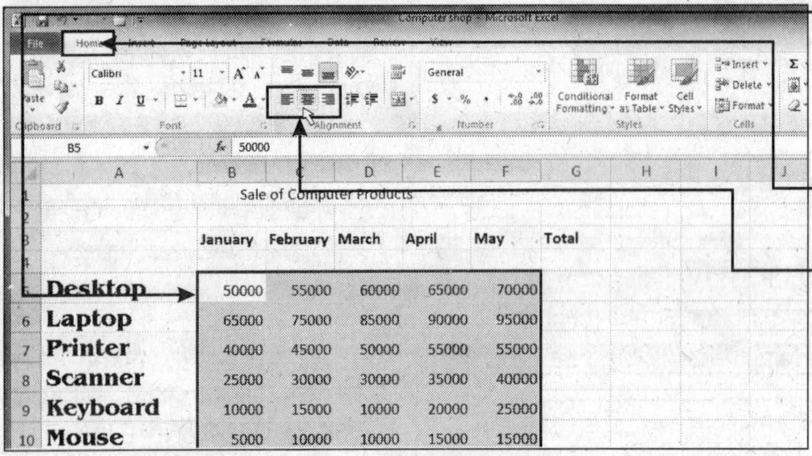

1. जुन डाटाको अलाइन्मेंट तपाई बदलिन चाहनुहुन्छ, त्यो जुन सेलमा छ, त्यसलाई सलेक्ट गर्नुहोस्।
2. रिबनमा **'होम'** टेब माथि क्लिक गर्नुहोस्।
3. निम्नलिखितमा कुनै एक बटनमा क्लिक गर्नुहोस्।

(≣) लेफ्ट अलाइन्
(≣) सेंटर अलाइन्
(≣) राइट अलाइन्

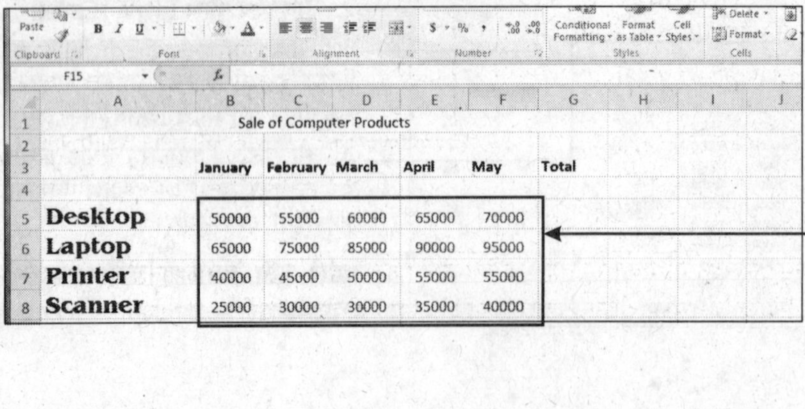

डाटा अब नयाँ अलाइन्मेंटमा देखिन्छ।

यस उदाहरणमा डाटा नयाँ अलाइन्मेंटमा देखिन्छ।

सलेक्ट गरिएको सेल बाहिर जानको लागि कुनै अर्को सेलमा क्लिक गर्नुहोस्।

डाटाको कलर (रंग) बदलिन

वर्कशीटमा महत्वपूर्ण सूचनाहरुलाई अलगबाट देखाउन अर्थात ती मानिसहरुको ध्यान आकर्षित गर्नको लागि तपाईले डाटाको रंग पनि परिवर्तित गर्न सक्नुहुन्छ।

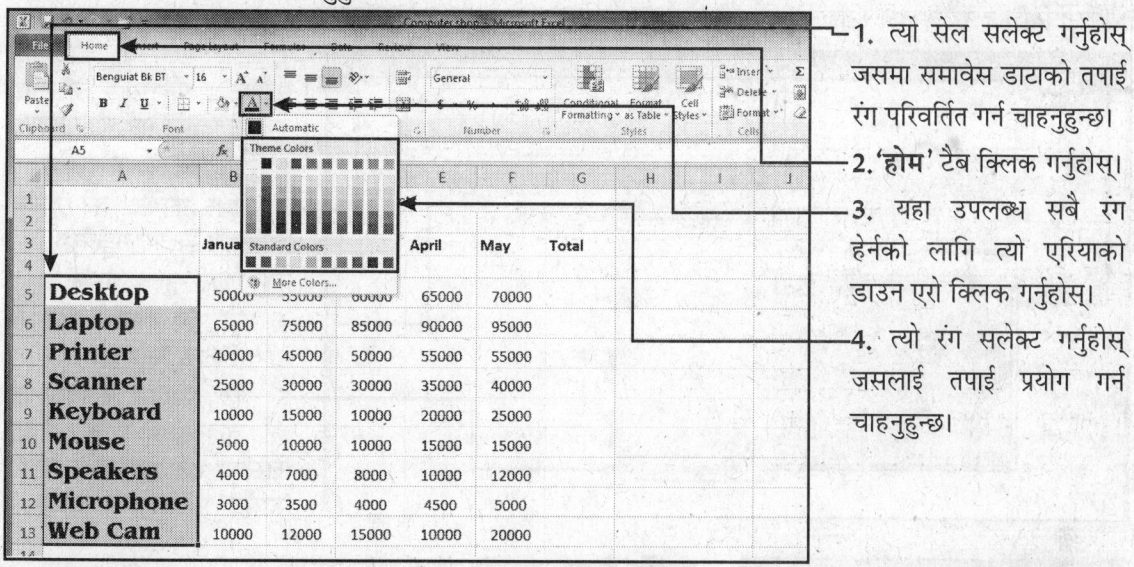

1. त्यो सेल सलेक्ट गर्नुहोस् जसमा समावेस डाटाको तपाई रंग परिवर्तित गर्न चाहनुहुन्छ।
2. **'होम'** टैब क्लिक गर्नुहोस्।
3. यहा उपलब्ध सबै रंग हेर्नको लागि त्यो एरियाको डाउन एरो क्लिक गर्नुहोस्।
4. त्यो रंग सलेक्ट गर्नुहोस् जसलाई तपाई प्रयोग गर्न चाहनुहुन्छ।

डाटा तुरंत त्यो रंगमा परिवर्तित हुन्छ। सलेक्ट गरिएको सेलबाट बाहिर जानको लागि कुनै अर्को सेलमा क्लिक गर्नुहोस्। डाटालाई पूर्वको रंगमा ल्याउनको लागि स्टेप **'1'** देखि **'4'** दोहराउनुहोस् र स्टेप **'4'** मा **'ऑटोमैटिक'** क्लिक गर्नुहोस्।

सेलको रंग परिवर्तित गर्न

आफ्नो वर्कशीटमा कुनै सेललाई राम्रो देखाउनको लागि त्यस सेलमा कलर पनि गर्न सक्नुहुन्छ।

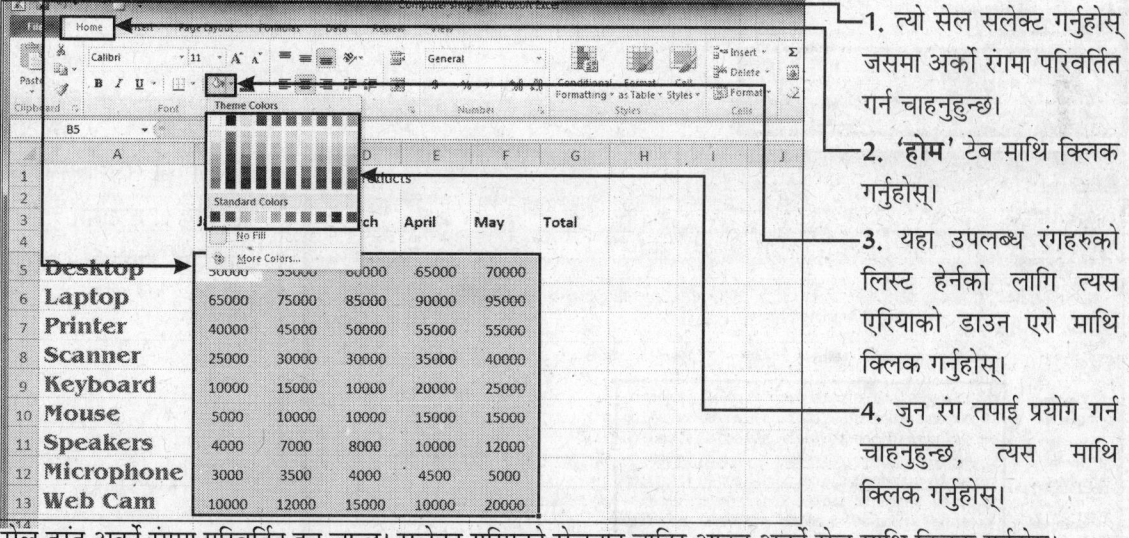

1. त्यो सेल सलेक्ट गर्नुहोस् जसमा अर्को रंगमा परिवर्तित गर्न चाहनुहुन्छ।
2. **'होम'** टेब माथि क्लिक गर्नुहोस्।
3. यहा उपलब्ध रंगहरुको लिस्ट हेर्नको लागि त्यस एरियाको डाउन एरो माथि क्लिक गर्नुहोस्।
4. जुन रंग तपाई प्रयोग गर्न चाहनुहुन्छ, त्यस माथि क्लिक गर्नुहोस्।

सेल तुरंत अर्को रंगमा परिवर्तित हुन जान्छ। सलेक्ट गरिएको सेलबाट बाहिर आउन अर्को सेल माथि क्लिक गर्नुहोस्। सेलबाट रंग रिमूव गर्नको लागि स्टेप '1' देखि '4' सम्म दोहराउनुहोस् र स्टेप '4' मा 'नो फिल' सलेक्ट गर्नुहोस्।

नंबर फार्मेटलाई बदलिन

गणितीय डाटाको प्रस्तुतिलाई नियंत्रित गर्नको लागि तपाईले नंबर फार्मेटिंगको प्रयोग गर्न सक्नुहुन्छ। उदाहरणको लागि : यदि तपाईको पास प्राइस (मुल्य) को कुनै कॉलम छ भने तपाई डाटामा करेंसी फार्मेटिंग अप्लाई गर्न सक्नुहुन्छ। एक्सेलमा 12 वटा विभिन्न नंबरहरुको स्टाइल हुन्छ, जसमध्ये तपाईले कुनै पनि छनौट गर्न सक्नुहुन्छ।

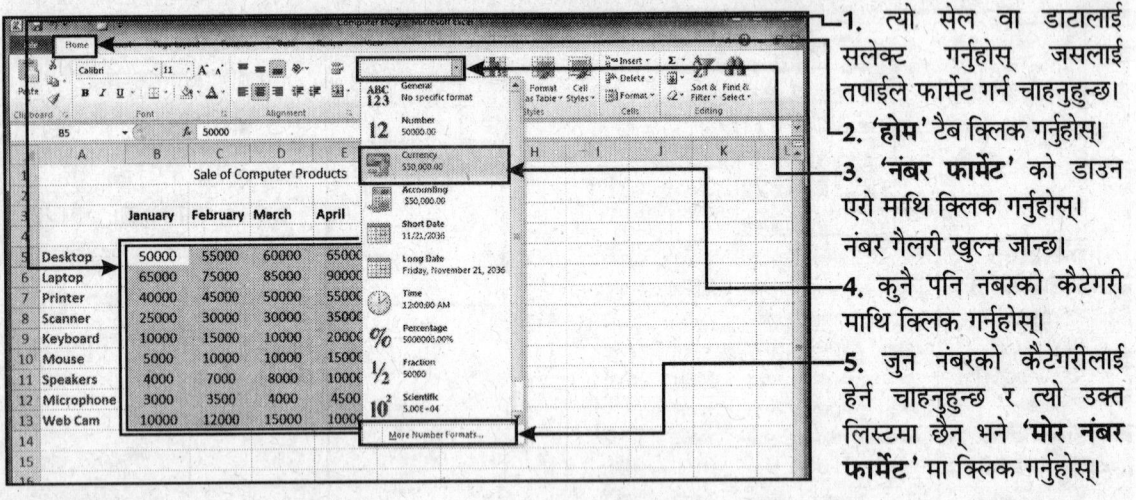

1. त्यो सेल वा डाटालाई सलेक्ट गर्नुहोस् जसलाई तपाईले फार्मेट गर्न चाहनुहुन्छ।
2. **'होम'** टैब क्लिक गर्नुहोस्।
3. **'नंबर फार्मेट'** को डाउन एरो माथि क्लिक गर्नुहोस्। नंबर गैलरी खुल्न जान्छ।
4. कुनै पनि नंबरको कैटेगरी माथि क्लिक गर्नुहोस्।
5. जुन नंबरको कैटेगरीलाई हेर्न चाहनुहुन्छ र त्यो उक्त लिस्टमा छैन् भने **'मोर नंबर फार्मेट'** मा क्लिक गर्नुहोस्।

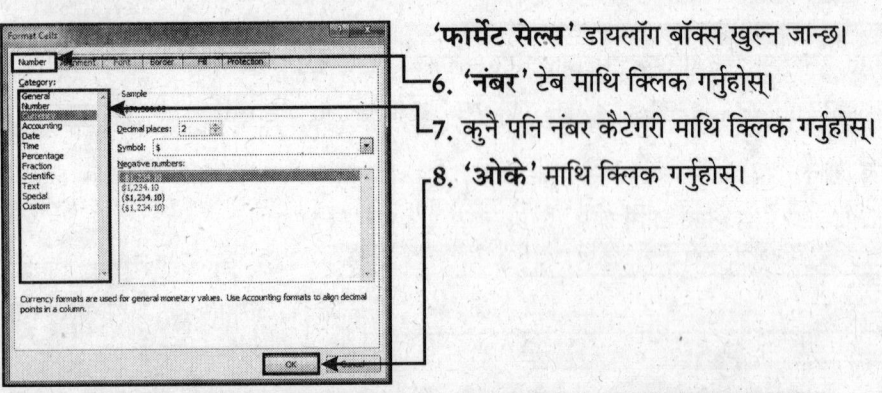

'फार्मेट सेल्स' डायलॉग बॉक्स खुल्न जान्छ।

6. **'नंबर'** टेब माथि क्लिक गर्नुहोस्।
7. कुनै पनि नंबर कैटेगरी माथि क्लिक गर्नुहोस्।
8. **'ओके'** माथि क्लिक गर्नुहोस्।

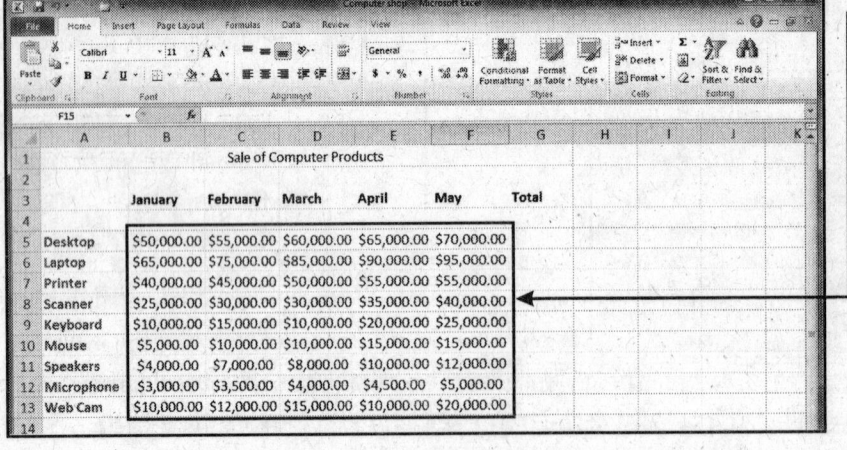

एक्सेल त्यो सेलमा समावेस गणितीय डाटामा नंबर फार्मेटिंग अप्लाई (लागू) गर्नेछ।

डेसीमल (दशमलव) लाई घटाउनु-बढाउन

इनक्रीज डेसीमल र डिक्रीज डेसीमल कमांडको प्रयोग गरेर तपाई (न्यूमैरिकल डाटा) गणितीय तथ्यांकसगैं देखिने डेसीमल (दशमलव) को संख्यालाई घटाउन-बढाउन पनि सक्नुहुन्छ।

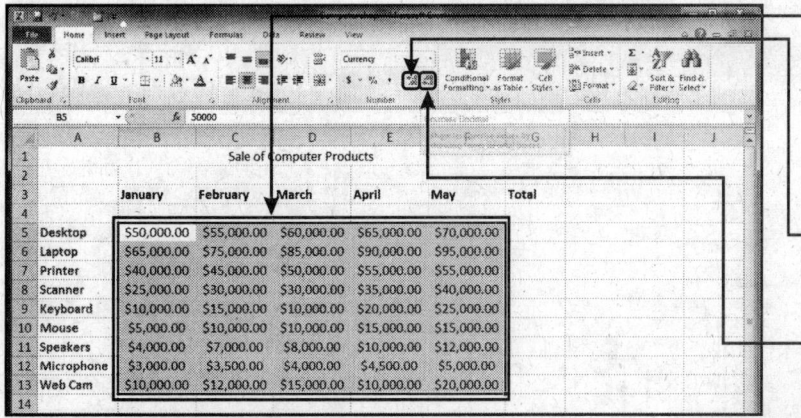

1.त्यस सेललाई सलेक्ट गर्नुहोस् जसलाई तपाईले फार्मेट गर्न चाहनुहुन्छ अर्थात जुनमा तपाई काम गर्न चाहनुहुन्छ।

2.निम्नलिखित मध्ये कुनै डेसीमल बटन माथि क्लिक गर्नुहोस्।

डउेसीमलको संख्या बढाउनको लागि **'इनक्रीज डेसीमल'** आइकॉन माथि क्लिक गर्नुहोस्।

डेसीमलको संख्या घटाउनको लागि **'डिक्रीज डेसीमल'** आइकॉन माथि क्लिक गर्नुहोस्।

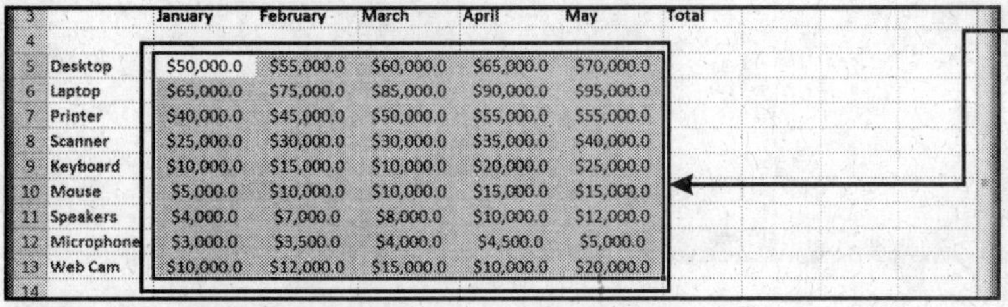

एक्सेल त्यस सेल/सेल्समा देखिने दशमलवको संख्यालाई एडजस्ट (समायोजित) गर्नेछ।

यस उदाहरणमा मात्र एउटा दशमलव कम हुन्छ।

एउटा दशमलव संख्यालाई जोडनको लागि **'इनक्रीज डेसीमल'** आइकॉनमा फेरी क्लिक गर्नुहोस्।

वर्कबुक थीमलाई अप्लाई (लागू) गर्न

आफ्नो स्प्रेडशीटलाई प्रोफेशनल (व्यावसायिक) रूप दिनको लागि फार्मेटिंग सेटिंगको कांबिनेशन (कलर, फॉन्ट, इफेक्ट्स)लाई अप्लाई गर्नको लागि तपाईले थीम गैलरीको प्रयोग गर्न सक्नुहुन्छ।

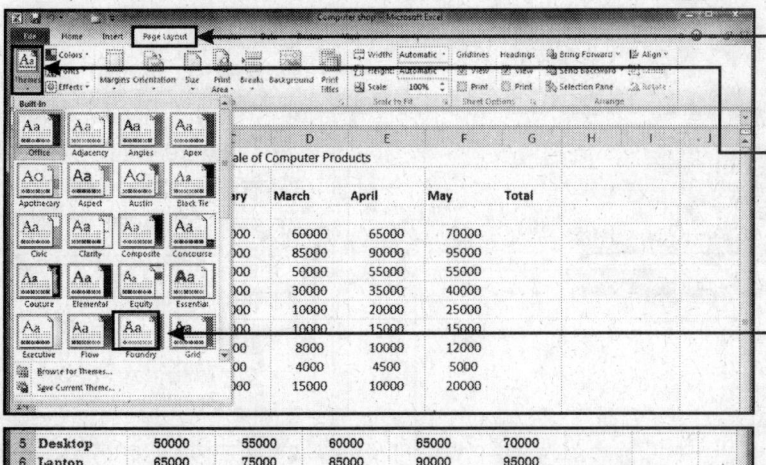

1. जुन वर्कबुकलाई फार्मेट गर्न चाहनुहुन्छ, त्यसमा क्लिक गर्नुहोस्।

2. **'पेज लेआउट'** टैब क्लिक गर्नुहोस्।

3. **'थीम्स'** माथि क्लिक गर्नुहोस्।

थीम्स गैलरी ओपन हुन जान्छ।

4. माउसको प्वाइंटर यहा डिस्प्ले भईरहेको कुनै पनि थीमको प्रीव्यू हेर्नको लागि त्यसमा लैजानुहोस्।

5. जुन थीमलाई अप्लाई गर्न चाहनुहुन्छ, त्यसमा क्लिक गर्नुहोस्।

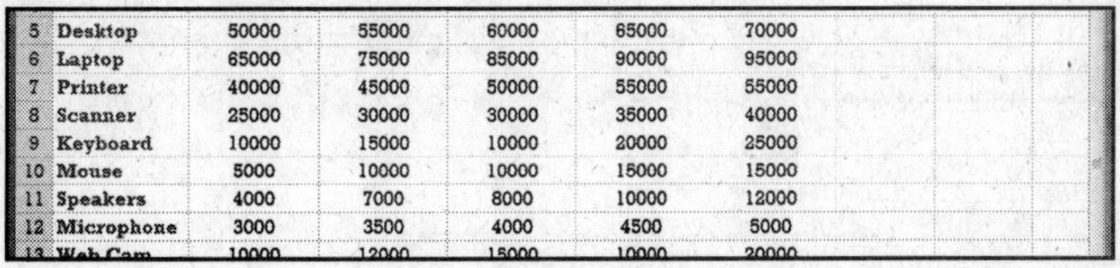

एक्सेलले त्यो वर्कशीटमा फार्मेटिंग लाई अप्लाई (लागू) गर्नेछ।

यहा तपाईले बदलिएको फॉन्ट आदि हेर्न सक्नुहुन्छ

कंडीशनल (विशेष) फार्मेटिंगलाई समावेस गर्न

जब कुनै सेलको वैल्यू कुनै स्पेसिफिक (विशेष) कंडीशनमा आउछ भने त्यसमा निश्चित फार्मेटिंगलाई लागू गर्नको लागि तपाईले एक्सेलको कंडीशनल फार्मेटिंग फीचरको प्रयोग पनि गर्न सक्नुहुन्छ।

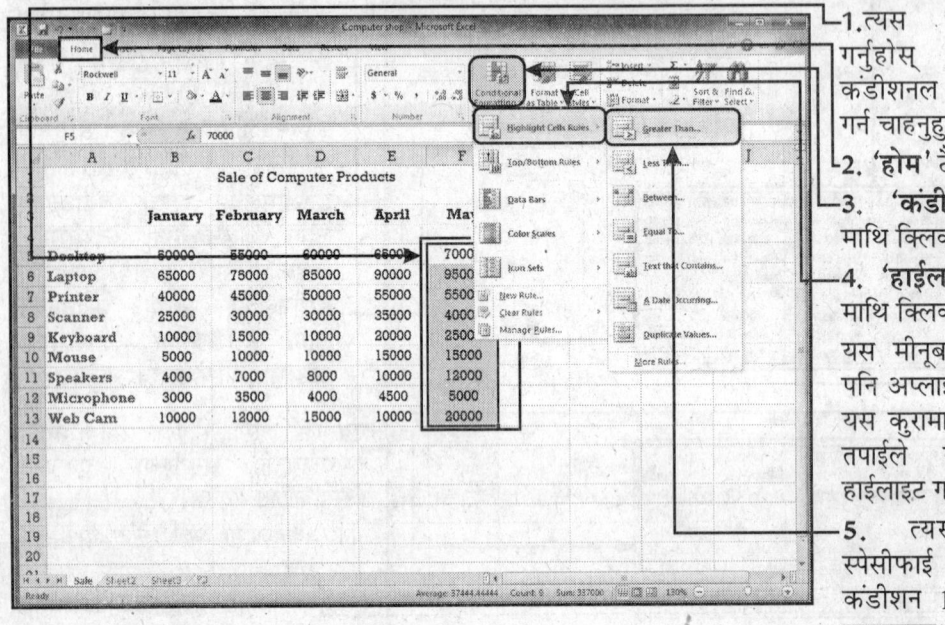

1. त्यस सेललाई क्लिक गर्नुहोस् जुनमा तपाईले कंडीशनल फार्मेटिंग अप्लाई गर्न चाहनुहुन्छ।
2. **'होम'** टैब क्लिक गर्नुहोस्।
3. **'कंडीशनल फार्मेटिंग'** माथि क्लिक गर्नुहोस्।
4. **'हाईलाइट सेल्स रूल्स'** माथि क्लिक गर्नुहोस्।

यस मीनूबाट अर्को रूल्सको पनि अप्लाई गर्न सक्नुहुन्छ। यो यस कुरामा निर्भर गर्दछ कि तपाईले कुन कंडीशनलाई हाईलाइट गर्न चाहनुहुन्छ।

5. त्यस आपरेटरलाई स्पेसीफाई गर्नुहोस् जसलाई कंडीशन 1 मा समावेस गर्न चाहनुहुन्छ।

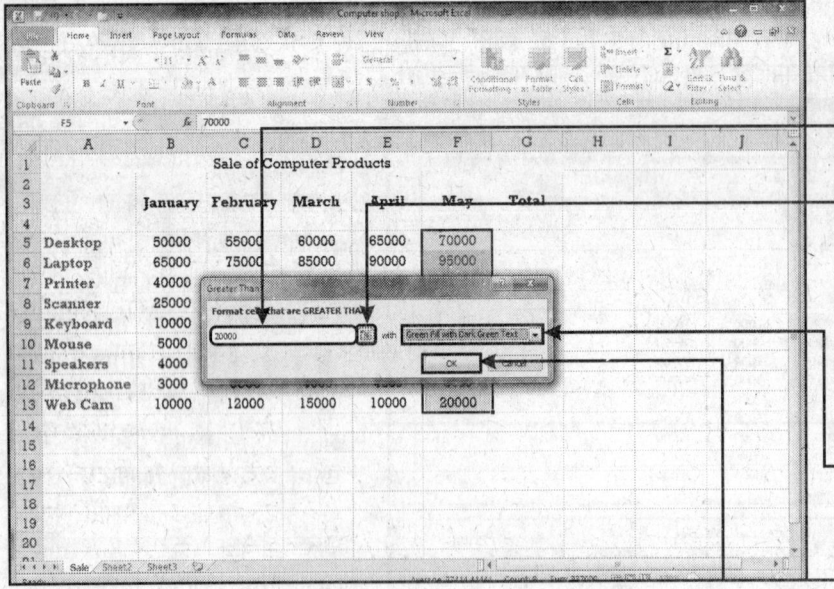

त्यसमा संबंधित डायलॉग बाक्स ओपन हुन जान्छ, **'ग्रेटर दैन'**।

6. कंडीशनको लागि कुनै वैल्यू वा टेक्स्ट एंटर गर्नुहोस्।

यदि यदि कुनै सेललाई सलेक्ट गर्ने आवश्यक्ताको महसूस गर्नुहुन्छ भने डायलॉग बाक्सलाई मिनीमाइज् गर्न लागि यसमा क्लिक गर्नुहोस् र यसबाट अन्य वर्कशीट हेर्न सक्नुहुन्छ।

7. डाउन एरो माथि क्लिक गर्नुहोस् र फार्मेटिंगलाई अप्लाई गर्नको लागि छनौट गर्नुहोस।
8. **'ओके'** क्लिक गर्नुहोस्।

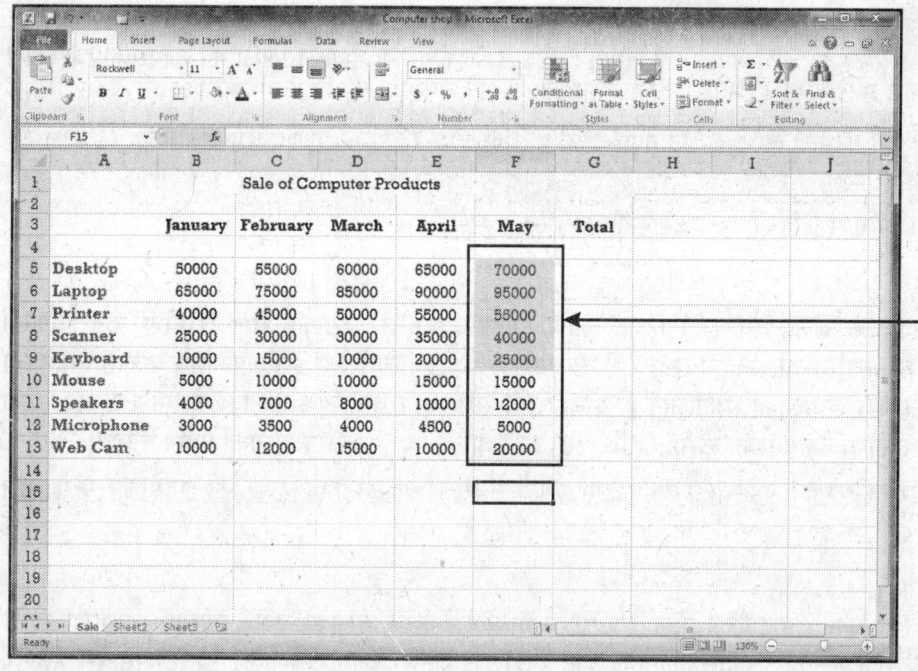

यदि सेलको वैल्यू त्यस कंडीशनसगं मैच गर्दछ अर्थात मिल्छ भने एक्सेल कंडीशनल फार्मेटिंगलाई अप्लाई गर्नेछ।

कंडीशनल फार्मेटिंगलाई रिमूव (हटाउनु) गर्नुहोस्

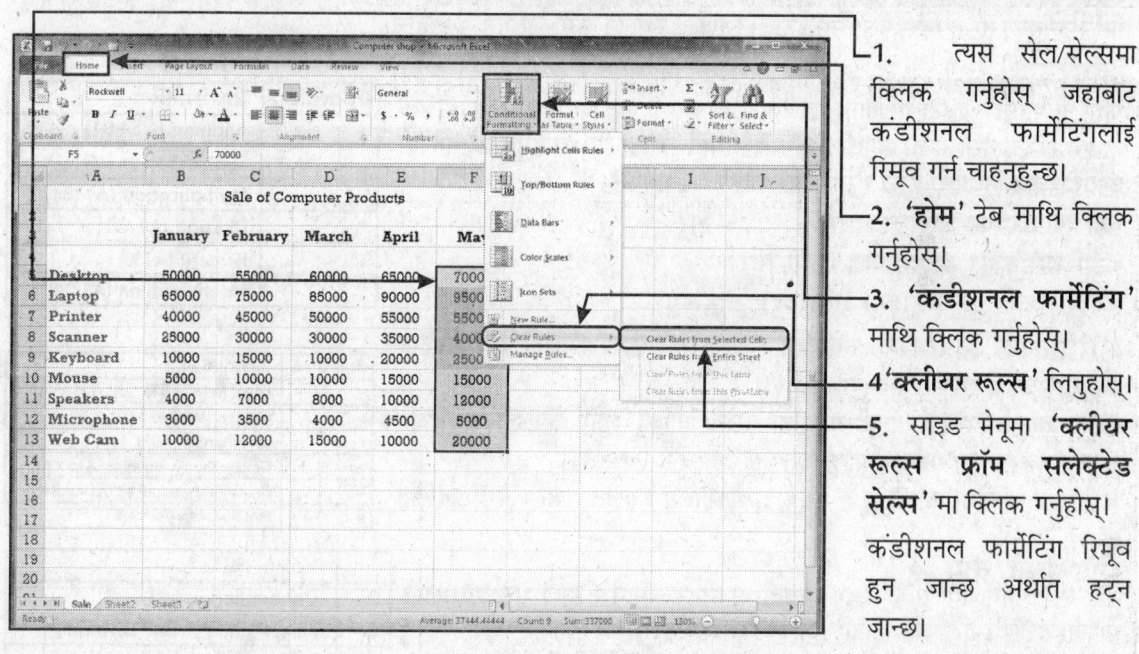

1. त्यस सेल/सेल्समा क्लिक गर्नुहोस् जहाबाट कंडीशनल फार्मेटिंगलाई रिमूव गर्न चाहनुहुन्छ।
2. **'होम'** टेब माथि क्लिक गर्नुहोस्।
3. **'कंडीशनल फार्मेटिंग'** माथि क्लिक गर्नुहोस्।

4 **'क्लीयर रूल्स'** लिनुहोस्।

5. साइड मेनूमा **'क्लीयर रूल्स फ्रॉम सलेक्टेड सेल्स'** मा क्लिक गर्नुहोस्।

कंडीशनल फार्मेटिंग रिमूव हुन जान्छ अर्थात हट्न जान्छ।

फार्मूला र फंक्शन

फार्मूला त्यो एक्सप्रेशंस (समझ वा अभिव्यक्ति) हो जसले तपाईलाई वर्कशीटमा डाटाको गणना गर्ने र त्यसको विश्लेषण गर्नमा सहयोग गर्दछ।

गणितमा जब तपाईलाई कुनै फार्मूला लेख्नु छ भने तपाईले वैल्यू लेख्नु हुन्छ र त्यसको गणना बराबरको चिह्न (इक्वल टू) पछि हेर्नु हुनेछ।- 2+2

तर एक्सेलमा फार्मूलालाई बराबर चिह्न (=) बाट शुरू हुन्छ। जस्तै- =2+2

सेल रिफरेंसिंग

ववर्कशीटमा समावेस प्रत्येक सेलको एउटा निश्चित एड्रेस (पहचान) हुन्छ, जसलाई **सेल रिफरेंस** पनि भनिन्छ। डिफाल्टको रूपमा सेलको स्पेसिफिक कॉलम लेटर र रो नंबरबाट थाहा हुन्छ। त्यसैले **ए 5** सेलको अर्थ कॉलम एमा पांचौं हो। यसकारण जब कुनै पनि फार्मूलाको प्रयोग गर्नु हुन्छ जहासम्म संभव भए वास्तविक डाटाको बारेमा लेख्नुको सट्टा सेल रिफरेंसको प्रयोग गर्नुहोस्। उदाहरणको लागि, (=10+20) के बजाय (=A1+A2) फार्मूलाको प्रयोग गर्नुहोस्।

जब तपाईले सेल रिफरेंसको प्रयोग गर्नुहुन्छ र फार्मूलामा प्रयोग नंबरलाई बदल्न चाहनुहुन्छ भने एक्सेलले फेरी त्यस गणनालाई गर्नेछ।

सेल रेंज

ववर्कशीटमा कुनै सेलको ग्रुप (समूह)लाई **सेल रेंज** भनिन्छ। सेल रेंजलाई त्यसको एंकर प्वाइंट (सबभन्दा माथि बायाँतिरका भाग र सबभन्दा तलको दायातिरको भाग) बाट थाहा हुन जान्छ। रेंजमा दुबै एंकर प्वाइंट समावेस हुन्छ र यसलाई कॉलन (:) बाट विभाजित अर्थात अलग गरिन्छ। उदाहरणको लागि रेंज नेम (A1:B2) में A1, A2,A3 र B1, B2, B3 सेल समावेस हुन्छ। रेंज नेमको अक्षरबाट शुरू गरिन्छ र तपाई यसमा स्मॉल वा कैपिटल गरि दुबै अक्षर समावेस गर्न सक्नुहुन्छ तर तपाईले रेंज नेममा स्पेस (खाली स्थान) समावेस गर्न सक्नुहुन्न्।

ऑपरेटर्स

फार्मूला फार्मूला एउटा गणितीय संरचना हुन्छ जसमा एक वा एक भन्दा अधिक आपरेटर समावेस हुन्छ। तपाईले कुनै प्रकारको गणना गर्न चाहनुहुन्छ भने यो आपरेटरबाट निर्धारित हुन्छ र त्यसलाई स्पेसीफाई गर्नुपर्छ।

यहां दुई प्रकारको आपरेटर छ।

- **अरिथमैटिक (अंकगणित) ऑपरेटर।**
- **कंपैरिजन (तुलनात्मक) ऑपरेटर।**

Operator	Description
+	Addition (A1+B1)
-	Subtraction (A1-B1)
*	Multiplication (A1*B1)
/	Division (A1/B1)
%	Percent (A1%)
^	Exponentiation (A1 ^ B1)

अरिथमैटिक ऑपरेटर्स : गणितीय गणनाहरुको लागि तपाईले अरिथमैटिक आपरेटर्सको प्रयोग गर्न सक्नुहुन्छ।

कंपैरिजन ऑपरेटर्स : दुई वैल्युको तुलना गर्नको लागि तपाईले कंपैरिजन आपरेटर्सको प्रयोग गर्न सक्नुहुन्छ।

कंपैरिजन आपरेटर्सको वैल्यू टू (सही) वा फाल्स (गलत) को रूपमा प्रदर्शित हुन्छ।

Operator	Description
=	Equal to (A1=B1)
>	Greater than (A1>B1)
<	Less than (A1<B1)
>=	Greater than or equal to (A1>=B1)
%	Less than or equal to (A1<=B1)
<>	Not equal to (A1<>B1)

गणनाको क्रम

यदि कुनै फार्मूलामा एक भन्दा अधिक आपरेटर समावेस हुन्छ भने एक्सेलले गणनाहरुलाई स्पेसिफिक (निश्चित क्रम)मा गर्दछ।

एक्सेल जुन क्रममा गणना गर्दछ त्यस क्रमलाई बदलनको लागि तपाईले कोष्ठक ( ) का प्रयोग गर्न सक्नुहुन्छ। यस्तोमा एक्सेल कोष्ठकको भित्रको गणनाहरुलाई पहिला पूरा गर्दछ।

1	Percent (%)
2	Exponentiation (^)
3	Multiplication (*) and Division (/)
4	Addition (+) and Subtraction (-)
5	Comparison operators

फार्मूला एंटर गर्नु अर्थात फार्मूलाको प्रयोग

तपाई आफ्नो वर्कशीटमा कुनै पनि सेलको फार्मूला एंटर गर्न सक्नुहुन्छ। एउटा फार्मूलाले तपाईको वर्कशीटमा भएको डाटाको गणना गर्ने र त्यसको विश्लेषण गर्नमा सहयोग गर्दछ।

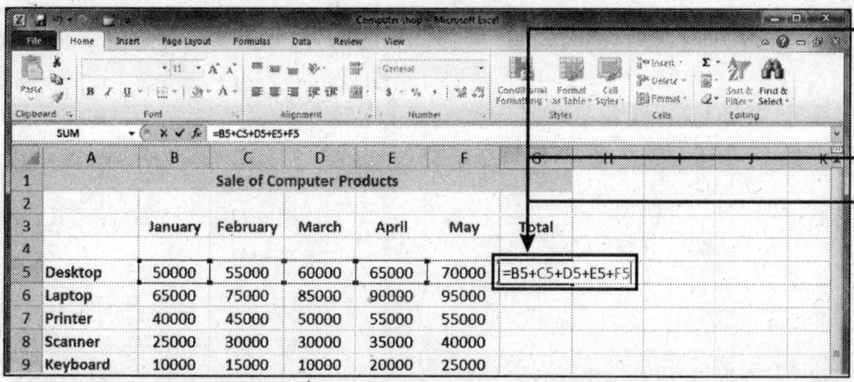

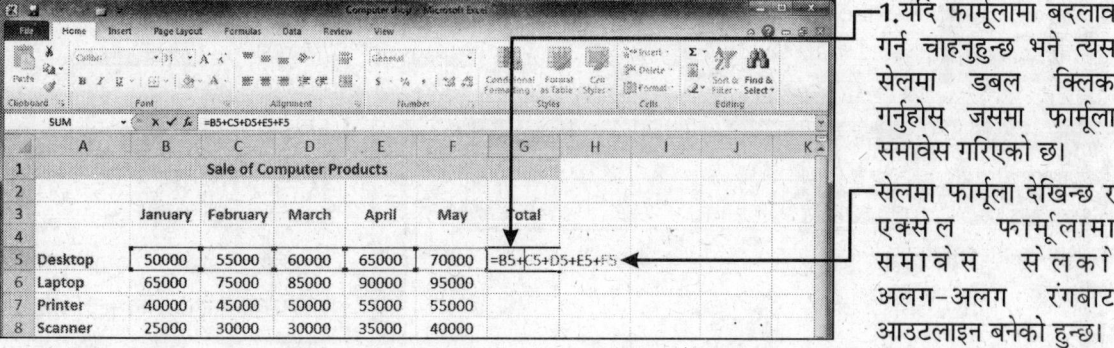

1. त्यस सेलमा क्लिक गर्नुहोस् जहा फार्मूला लगाउन चाहनुहुन्छ।
2. फार्मूला शुरू गर्नु भन्दा पहिला 'बराबर का चिह्न' (=) टाइप गर्नुहोस्।
3. फार्मूला टाइप गर्नुहोस् र 'एंटर' थिच्नुहोस्। गणनाको परिणाम त्यस सेलमा प्रदर्शित हुन्छ। 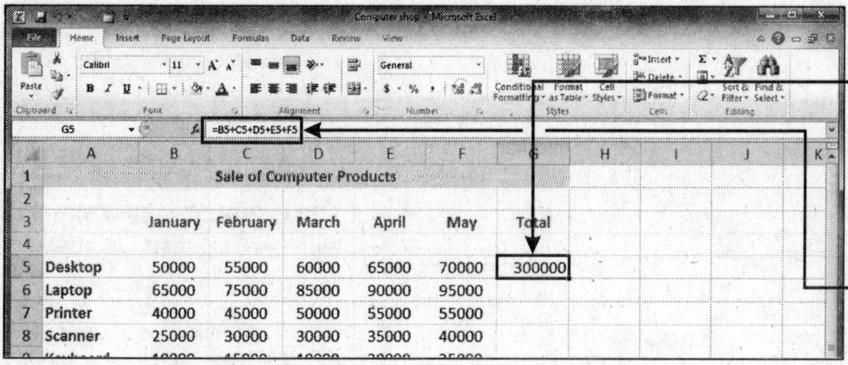
4. एंटर गरिएको फार्मूलालाई हेर्नको लागि त्यस सेल माथि क्लिक गर्नुहोस् जसमा फार्मूला समावेस गरिएको छ। फार्मूलाको बारेमा सेलमा समावेस फार्मूला डिस्प्ले हुनेछ।

फार्मूला को एडिट करना

1. यदि फार्मूलामा बदलाव गर्न चाहनुहुन्छ भने त्यस सेलमा डबल क्लिक गर्नुहोस् जसमा फार्मूला समावेस गरिएको छ। सेलमा फार्मूला देखिन्छ र एक्सेल फार्मूलामा समावेस सेलको अलग-अलग रंगबाट आउटलाइन बनेको हुन्छ।

2. जहा तपाई कैरेक्टर (अक्षर) लाई हटाउन चाहनुहुन्छ वा बदलिन चाहनुहुन्छ भने इंसर्शन प्वाइंलाई त्यहाबाट लग्नेको लागि 'एरो' बटनको प्रयोग गर्नुहोस्।

3. इंसर्शन प्वाइंट जहा देखिन्छ त्यहा डाटा जोडनको लागि डाटालाई टाइप गर्नुहोस्।

4. फार्मूलामा जब तपाईले बदलनु हुन्छ भने 'एंटर' थिच्नुहोस्।

फार्मूलालाई कॉपी गर्नु

यदि तपाईले कुनै फार्मूलालाई वर्कशीटमा धेरै पल्ट प्रयोग गर्न चाहनुहुन्छ भने तपाईले फार्मूलालाई कापी गर्न सक्नुहुन्छ। यसबाट तपाईको समयको बचत हुनेछ र काम पनि छिटो हुनेछ।

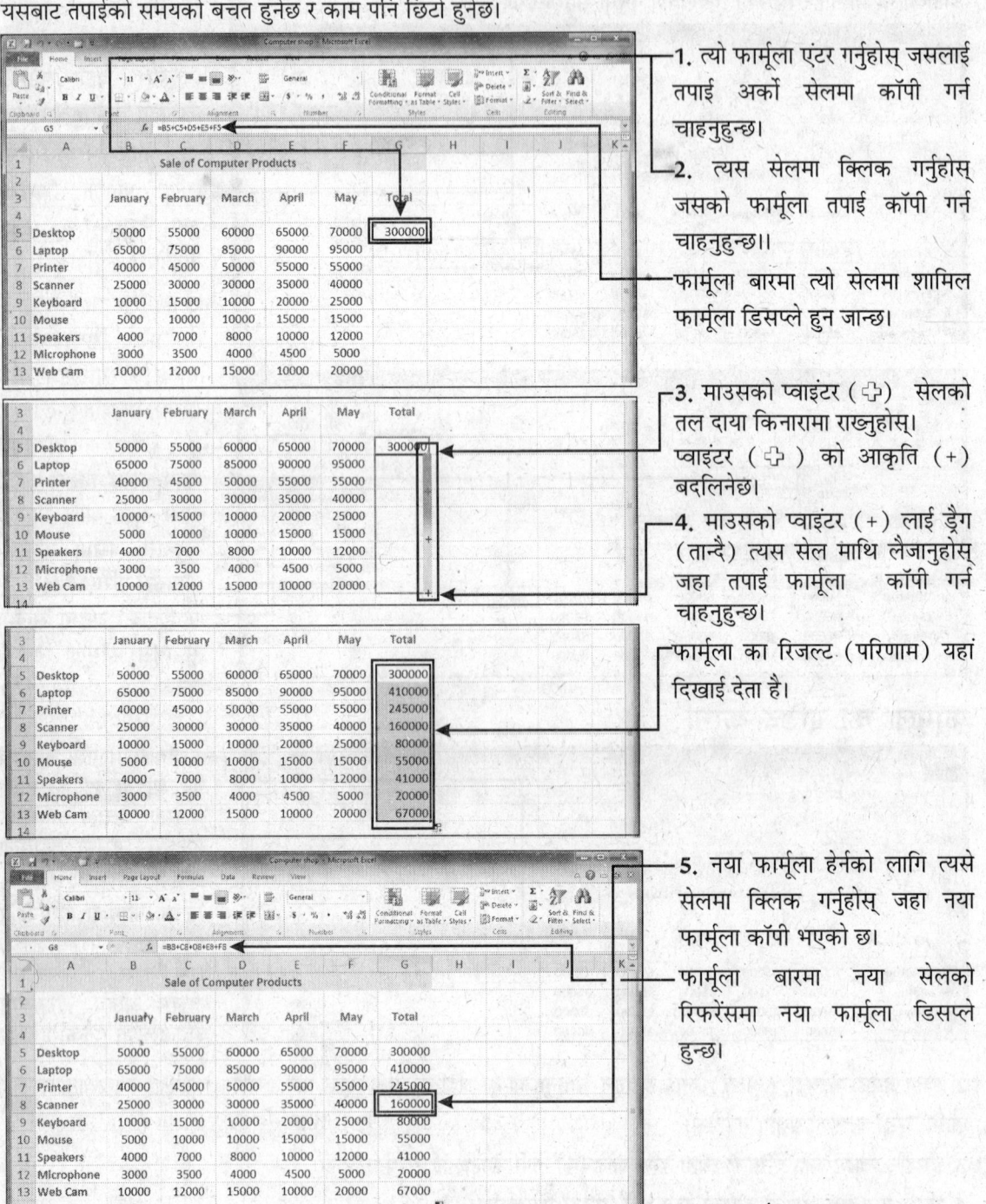

G5 =B5+C5+D5+E5+F5

	A	B	C	D	E	F	G
1	Sale of Computer Products						
2							
3		January	February	March	April	May	Total
4							
5	Desktop	50000	55000	60000	65000	70000	300000
6	Laptop	65000	75000	85000	90000	95000	
7	Printer	40000	45000	50000	55000	55000	
8	Scanner	25000	30000	30000	35000	40000	
9	Keyboard	10000	15000	10000	20000	25000	
10	Mouse	5000	10000	10000	15000	15000	
11	Speakers	4000	7000	8000	10000	12000	
12	Microphone	3000	3500	4000	4500	5000	
13	Web Cam	10000	12000	15000	10000	20000	

1. त्यो फार्मूला एंटर गर्नुहोस् जसलाई तपाई अर्को सेलमा कॉपी गर्न चाहनुहुन्छ।

2. त्यस सेलमा क्लिक गर्नुहोस् जसको फार्मूला तपाई कॉपी गर्न चाहनुहुन्छ।।

फार्मूला बारमा त्यो सेलमा शामिल फार्मूला डिसप्ले हुन जान्छ।

3		January	February	March	April	May	Total
4							
5	Desktop	50000	55000	60000	65000	70000	300000
6	Laptop	65000	75000	85000	90000	95000	
7	Printer	40000	45000	50000	55000	55000	
8	Scanner	25000	30000	30000	35000	40000	
9	Keyboard	10000	15000	10000	20000	25000	
10	Mouse	5000	10000	10000	15000	15000	
11	Speakers	4000	7000	8000	10000	12000	
12	Microphone	3000	3500	4000	4500	5000	
13	Web Cam	10000	12000	15000	10000	20000	

3. माउसको प्वाइंटर (✥) सेलको तल दाया किनारामा राख्नुहोस्। प्वाइंटर (✥) को आकृति (+) बदलिनेछ।

4. माउसको प्वाइंटर (+) लाई ड्रैग (तान्दै) त्यस सेल माथि लैजानुहोस् जहा तपाई फार्मूला कॉपी गर्न चाहनुहुन्छ।

3		January	February	March	April	May	Total
4							
5	Desktop	50000	55000	60000	65000	70000	300000
6	Laptop	65000	75000	85000	90000	95000	410000
7	Printer	40000	45000	50000	55000	55000	245000
8	Scanner	25000	30000	30000	35000	40000	160000
9	Keyboard	10000	15000	10000	20000	25000	80000
10	Mouse	5000	10000	10000	15000	15000	55000
11	Speakers	4000	7000	8000	10000	12000	41000
12	Microphone	3000	3500	4000	4500	5000	20000
13	Web Cam	10000	12000	15000	10000	20000	67000

फार्मूला का रिजल्ट (परिणाम) यहां दिखाई देता है।

G8 =B8+C8+D8+E8+F8

	A	B	C	D	E	F	G
1	Sale of Computer Products						
2							
3		January	February	March	April	May	Total
4							
5	Desktop	50000	55000	60000	65000	70000	300000
6	Laptop	65000	75000	85000	90000	95000	410000
7	Printer	40000	45000	50000	55000	55000	245000
8	Scanner	25000	30000	30000	35000	40000	160000
9	Keyboard	10000	15000	10000	20000	25000	80000
10	Mouse	5000	10000	10000	15000	15000	55000
11	Speakers	4000	7000	8000	10000	12000	41000
12	Microphone	3000	3500	4000	4500	5000	20000
13	Web Cam	10000	12000	15000	10000	20000	67000

5. नया फार्मूला हेर्नको लागि त्यसे सेलमा क्लिक गर्नुहोस् जहा नया फार्मूला कॉपी भएको छ।

फार्मूला बारमा नया सेलको रिफरेंसमा नया फार्मूला डिसप्ले हुन्छ।

फार्मूललाई डिस्प्ले गर्नु

गणितीय परिणामको स्थानमा तपाईले आफ्नो वर्कशीटमा फार्मूलालाई डिस्प्ले गर्न सक्नुहुन्छ।

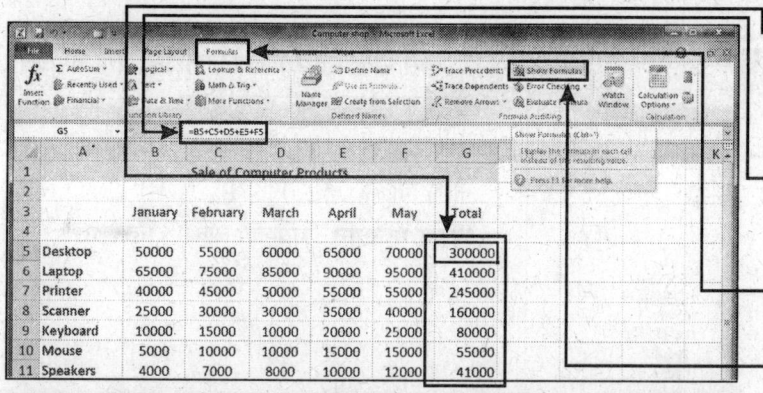

यी सेलमा फार्मूला समावेस र डिफाल्टको रूपमा एक्सेलले वर्कशीटको फार्मूलाले रिजल्ट (परिणाम) डिस्प्ले गर्दछ।

फार्मूला बार एक्टिव सेल (जसमा काम भईरहेको छ)ले फार्मूला प्रदर्शित गर्दछ।

1. रिबन मा **'फार्मूला'** टैब माथि क्लिक गर्नुहोस्।
2. **'शो फार्मूला'** मा क्लिक गर्नुहोस्।

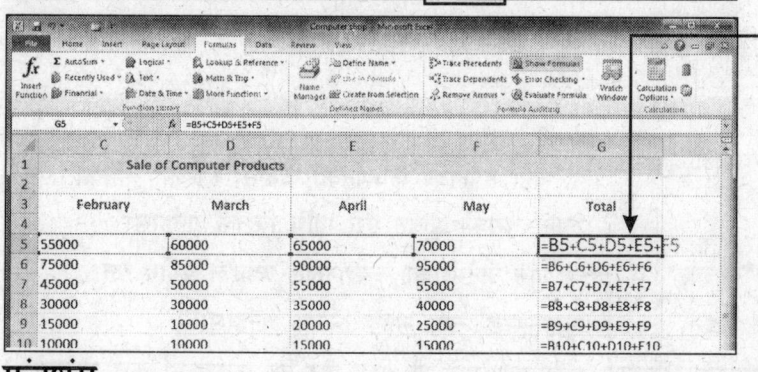

त्पाईको वर्कशीटमा फार्मूला देखिन थाल्छ।

फार्मूलालाई स्पष्ट रूपले डिस्प्ले गर्नको लागि एक्सेल कॉलमको चौडाइलाई तपाईले एडजस्ट गर्न सक्नुहुन्छ।

आफ्नो वर्कशीटमा फेरी फार्मूलाको रिजल्ट हेर्नको लागि स्टेप '1' र '2' लाई दोहराउनुहोस्।

फंक्शंस

फंक्शंस एउटा बनि-बनाउ फार्मूला हो जसलाई तपाईले आफ्नो वर्कशीटमा समावेस कुनै डाटाको गणनामा प्रयोग गर्न सक्नुहुन्छ। फंक्शंस रेडीमेट (पहिलादेखि तयार गरिएको) फार्मूला हुन्छ जसले कुनै वैल्यूको विशेष रेंजमा धेरै कार्य गर्दछ।

एक्सेलमा 300 भन्दा बढि फंक्शन हुन्छ जसलाई तपाईले आफ्नो वर्कशीटमा भएको डाटाको गणितीय गणनाहरुलाई पूरा गर्नमा प्रयोग गर्न सक्नुहुन्छ।

उदाहरणको लागि : समान्यतय प्रयोग हुने खालको सामान्य **फंक्शन एवरेज, काउंट, मैक्स र सम छन्।**

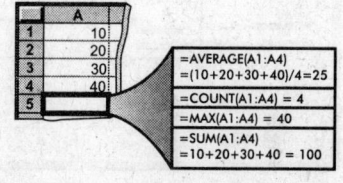

एक्सेलमा प्रत्येक फंक्शनको एउटा नाम हुन्छ। उदाहरणको लागि : त्यो फंक्शन जसले डाटालाई जोड्न काम गर्दछ भने त्यसलाई सम फंक्शन भनिन्छ र औसत वैल्यू देखाउने फंक्शनलाई एवरेज भनिन्छ। तपाईले आफ्नो वर्कशीटको सेलमा सीधै फंक्शलाई टाइप गर्न सक्नुहुन्छ अथवा रिबनमा फार्मूला टैबको प्रयोग गर्न सक्नुहुन्छ।

स्पेसीफाई इंडिविजुअल सेल (अलग सेललाई परिभाषित गर्नु)

यदि फंक्शनले सेलको रिफरेंसको कोमा (,)लाई अलग गर्दछ भने एक्सेलले प्रत्येक सेलको गणनालाई प्रयोग गरिन्छ।

उदाहरणको लागिए: **= SUM (A1,A2, A3)** वास्तविक त्यही फार्मूला हो जस्तै **=(A1+A2+A3)**।

स्पेसीफाई ग्रुप ऑफ सेल्स (कैयौ सेललाई परिभाषित गर्नु)

यदि फंक्शनमा कॉलन (:) कुनै सेल रिफरेंसलाई अलग गर्दछ भने एक्सेल स्पेसीफाइड सेल अथवा त्यस बीचको सबै सेलको गणनाहरुमा प्रयोग हुन्छ अर्थात सबैलाई गणना गरिन्छ।

उदाहरणको लागि : **= SUM(A1:A3)** को मतलब त्यही छ जुन **=A1+A2+A3** को छ।

एक्सेलले तपाईलाई आफ्नो वर्कशीटमा फंक्शन एंटर गर्नमा सहायोग गर्दछ। यस प्रकारको फंक्शनको प्रयोग गरेर तपाईले लामो र कठिन फार्मूलालाई टाइप नगरेरै पनि गणनाहरु गर्न सक्नुहुन्छ।

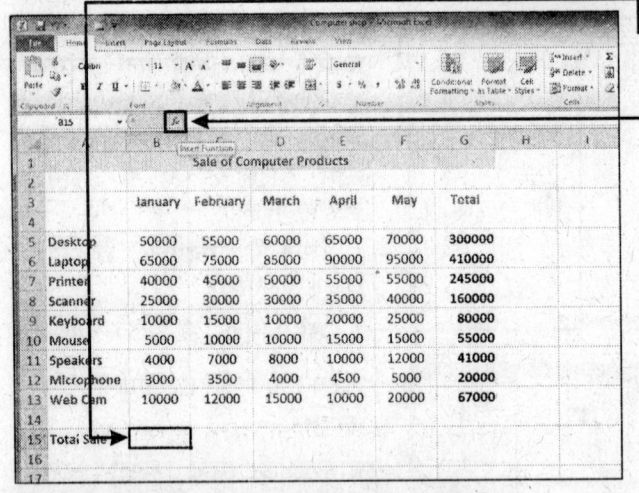

1. त्यस सेल माथि क्लिक गर्नुहोस् जहा तपाईले फंक्शनलाई एंटर गर्न चाहनुहुन्छ।
2. फंक्शनलाई एंटर गर्नको लागि **'फंक्शन'** बटन माथि क्लिक *fx* गर्नुहोस्।

'इंसर्ट फंक्शन' डायलॉग बाक्स देखिनेछ।

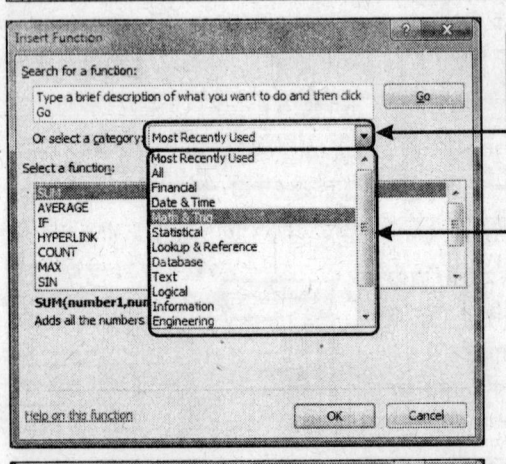

3. यहा उपलब्ध फंक्शनको कैटेगरी (श्रेणी) हेर्नको लागि यसको डाउन एरो माथि क्लिक गर्नुहोस्।
4. जुन कैटेगरीको फंक्शनलाई तपाईले प्रयोग गर्न चाहनुहुन्छ, त्यस माथि क्लिक गर्नुहोस्।

यदि तपाईलाई यो थाहा छैन कि फंक्शनमा कुन कैटेगरी छ भने सबै फंक्शनको लिस्टलाई डिस्प्ले गर्नको लागि **'ऑल'** सलेक्ट गर्नुहोस्।

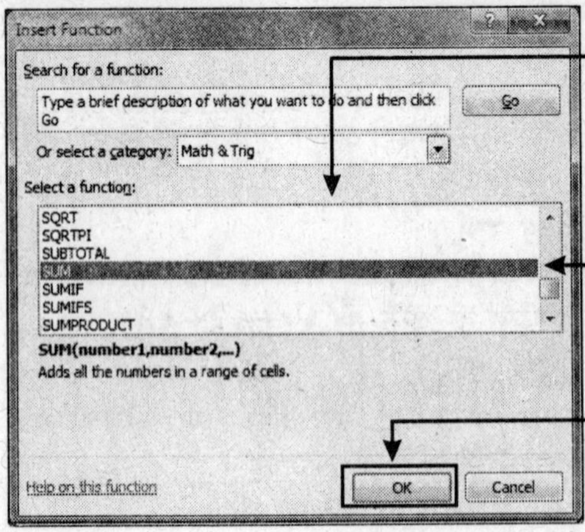

यस एरियामा तपाईद्वारा सलेक्ट गरिएको श्रेणीहरुको फंक्शन देखिन्छ।

5. जुन फंक्शनलाई तपाईले प्रयोग गर्न चाहनुहुन्छ, त्यस माथि क्लिक गर्नुहोस्।

यस एरियामा तपाईद्वारा सलेक्ट गरिएको फंक्शनको बारेमा जानकारी हुनेछ।

6. जारी राख्नको लागि **'ओके'** माथि क्लिक गर्नुहोस्।

299 ◆ एमएस एक्सेल

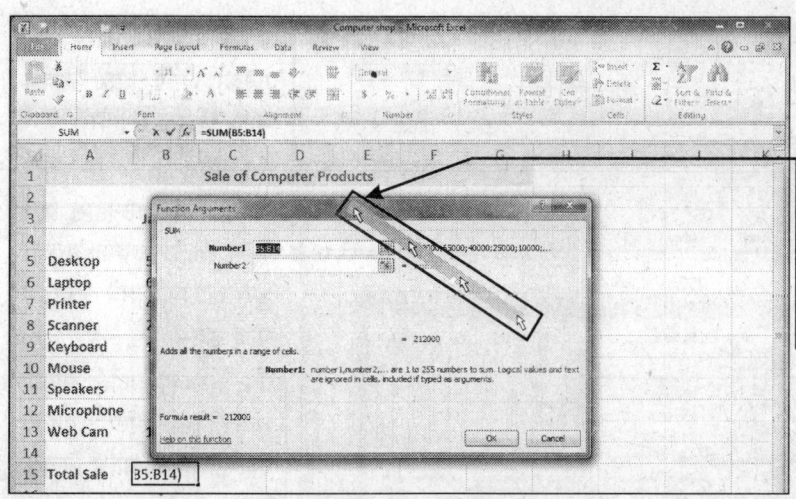

'फंक्शन आर्गूमेंट' डायलॉग बाक्स देखिन्छ। यदि यो डायलॉग बाक्सले त्यस डाटालाई कवर गर्दछ जसलाई तपाईले कैलकुलेशन (गणना)मा प्रयोग गर्न चाहनुहुन्छ भने तपाई डायलॉग बाक्सको अर्को ठाँउमा पनि मूव गर्न सक्नुहुन्छ अर्थात लैजान सक्नुहुन्छ।

7. डायलॉग बाक्सलाई मूव गराउनको लागि माउसको प्वाइंटरले यसको टाइटल बार माथि राख्नुहोस् र ड्रैग गर्दै अर्को ठाँउमा लैजानुहोस्।

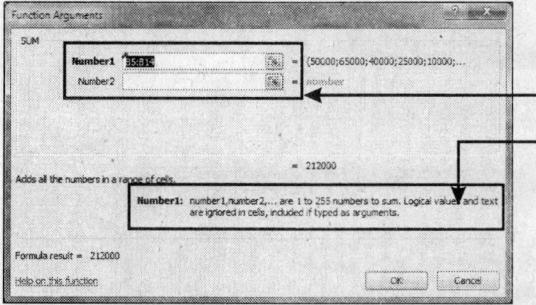

यस एरियामा त्यो बाक्स देखिन थाल्ने छ जसलाई तपाईले गणनाको लागि प्रयोग हुने खालको नंबरहरुलाई एंटर गर्न सक्नुहुन्छ।

यस एरियामा त्यो नंबर देखिन्छ जसलाई तपाईले एंटर गर्नु आवश्यक हुन्छ।

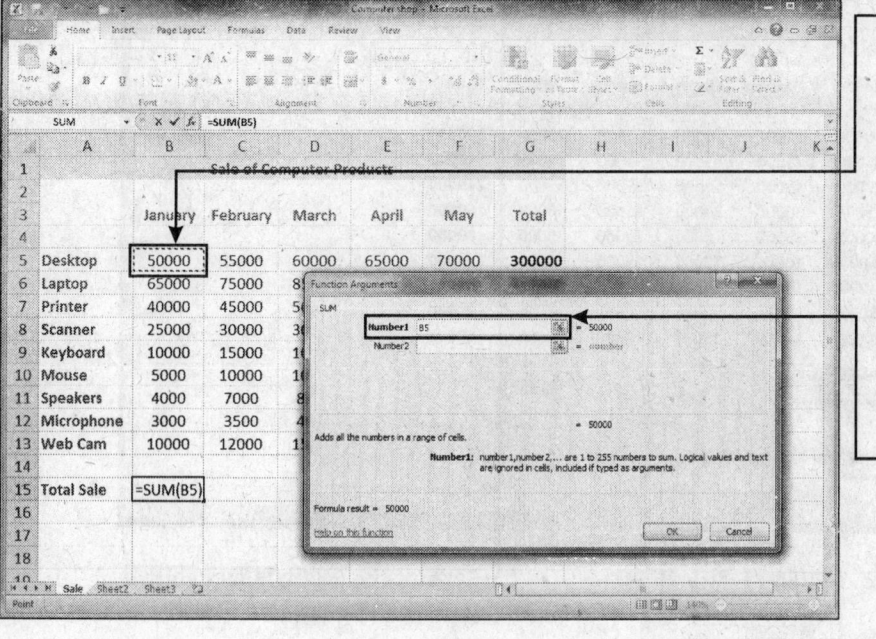

8. फंक्शनमा पहिला नंबर एंटर गर्नको लागि त्यस सेल माथि क्लिक गर्नुहोस् जसमा त्यो नंबर समावेस छ।

यदि तपाईको वर्कशीटमा त्यो नंबर डिस्प्ले हुदैन् जसलाई तपाईले प्रयोग गर्न चाहनुहुन्छ भने त्यस नंबरलाई टाइप गर्नुहोस्।

यस एरियामा त्यस नंबरको लागि सेलमा रिफरेंस देखिन्छ।

डायनैमिक मेमोरी कंप्यूटर कोर्स ◆ 300

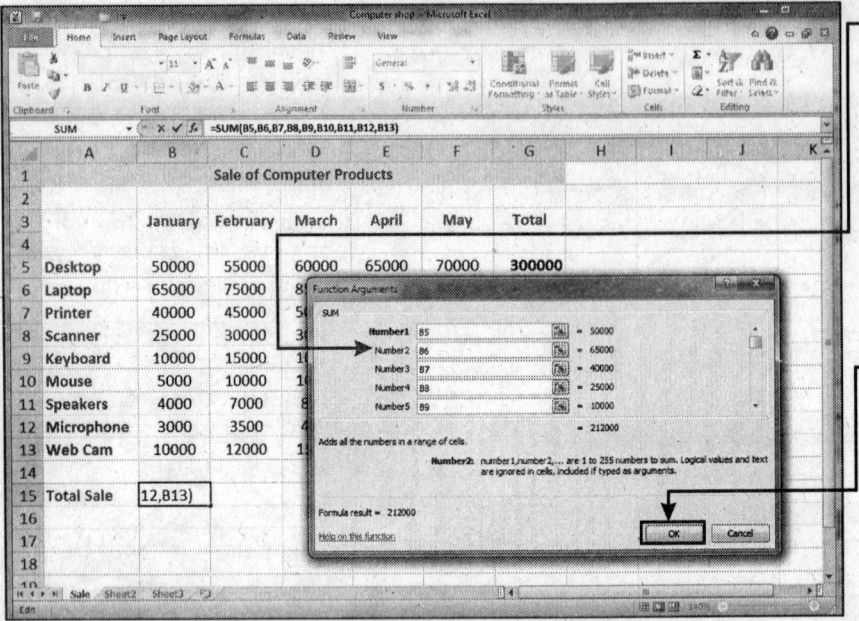

9. अर्को नंबरलाई एंटर गर्नको लागि दोस्रो बाक्स माथि क्लिक गर्नुहोस्।

10. स्टेप '8' र '9' लाई तबसम्म दोहराउनुहोस् जब सम्म कि गणनामा प्रयुक्त हुने खालको सबै नंबरहरु एंटर नहोस्।

11. फंक्शनको आफ्नो वर्कशीटमा एंटर गर्नको लागि 'ओके' माथि क्लिक गर्नुहोस्।

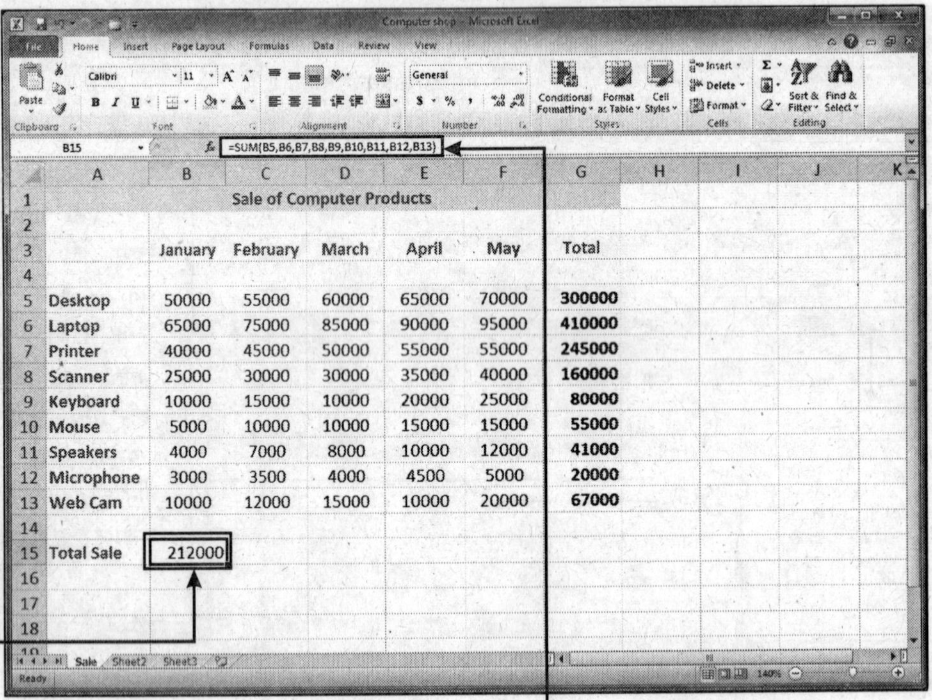

—फंक्शनको रिजल्ट (परिणाम) यस सेलमा देखिन्छ।

—सेलको लागि प्रयुक्त फंक्शन फार्मूला बारमा डिस्प्ले हुनेछ।

कॉमन (साधारण) गणनाहरु गर्नु

वक्रशीटमा तपाईले नंबरहरुमा केहि सामान्य (साधारण) गणनाहरु तेजीले गर्न सक्नुहुन्छ। उदाहरणको लागि तपाईले नंबरहरुको लिस्टको टोटल (जोड़) तेजीको साथ गर्न सक्नुहुन्छ।

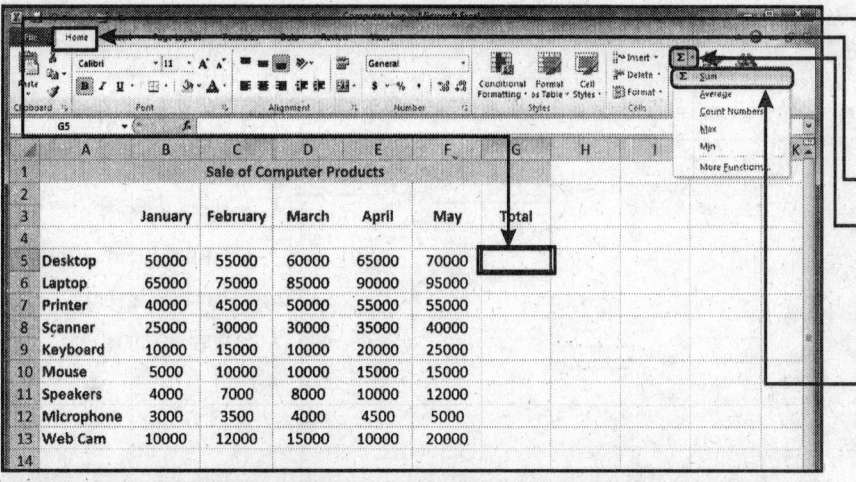

1.जुन सेलको नंबरहरुलाई तपाईले गणनामा प्रयोग गर्नहुन्छ त्यसको दायातिरको सेलमा तल क्लिक गर्नुहोस्।

2.**'होम'** क्लिक गर्नुहोस्।

3.साधारण गणनाहरुको लिस्टलाई हेर्नको लागि यस एरियामा डाउन एरो बटन माथि क्लिक गर्नुहोस्।

4.त्यो कैलकुलेशन(गणना) मा क्लिक गर्नुहोस् जसलाई तपाई गर्न चाहनुहुन्छ।

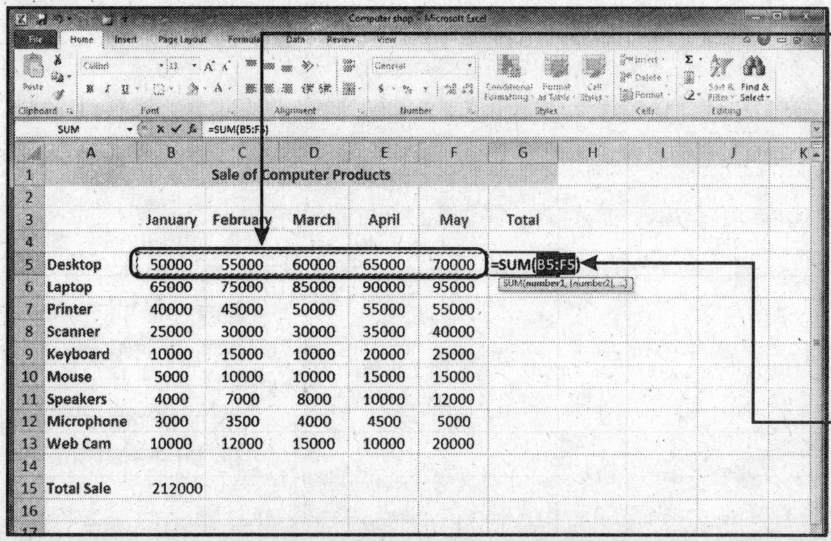

एक्सेल जुन सेलको गणनामा प्रयोग गरिन्छ भने त्यसको चारैतिर एउटा चलायमान आउटलाइन (मूविंग आउटलाइन) बन्न जान्छ।

यदि एक्सेलले गलत सेलको बाहर आउटलाइन बनाउन दिन्छ भने तपाई त्यस सेललाई सलेक्ट गर्न सक्नुहुन्छ जसमा समावेस नंबरहरुलाई तपाईले गणनामा प्रयोग गर्न चाहनुहुन्छ।

स्अेप '1'मा तपाईले जुन सेललाई सलेक्ट गर्नु भएको छ त्यो एक्सेलद्वारा गरिएको फंक्शनलाई डिस्प्ले गर्नेछ।

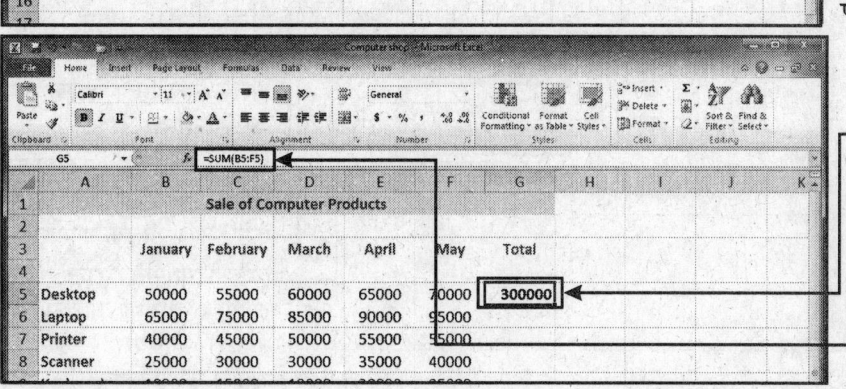

5. कार्यको शुरू गर्नको लागि 'एंटर' थिच्नुहोस्।

गणनाको रिजल्ट (परिणाम) त्यो सेलमा देखिनेछ जसमा स्टेप '1' सलेक्ट गर्नु भएको थियो।

त्यस गणनामा प्रयोग हुने फार्मूलालाई तपाईले फार्मूला बारमा देखिनु हुनेछ।

वर्कशीटमा भएको गल्तिहरुलाइ थाहा लगाउन

एक्सेलमा जब ठु-ठुलो वर्कशीटमा काम गर्नुहुन्छ तब फार्मूला एरर (गलती) लाई खोज्न धेरै अप्ठयारो हुन्छ किनकि त्यसमा धेरै सेलहरु हुन्छ र त्यसमा स्क्रॉल गरेर तपाईले फार्मूलामा भएको गल्तिलाई सजिलैसंग थाहा पाउन सक्नुहुन्।

यस प्रकारको स्थितिमा फार्मूलाको गल्तिहरुलाई खोजेर र त्यसलाई ठीक गर्नको लागि तपाईले एक्सेलको 'फार्मूला ऑडिटिंग टूल्स' को मद्दत लिन सक्नुहुन्छ। एरर चेकिंग फीचरले तपाईलाई वर्कशीटमा भयको एरर (गल्तिहरु) लाई खोज्नमा मद्दत गर्नुको साथै यसले त्यस गल्तिहरुलाई हटाउनमा पनि सहयोग गर्दछ।

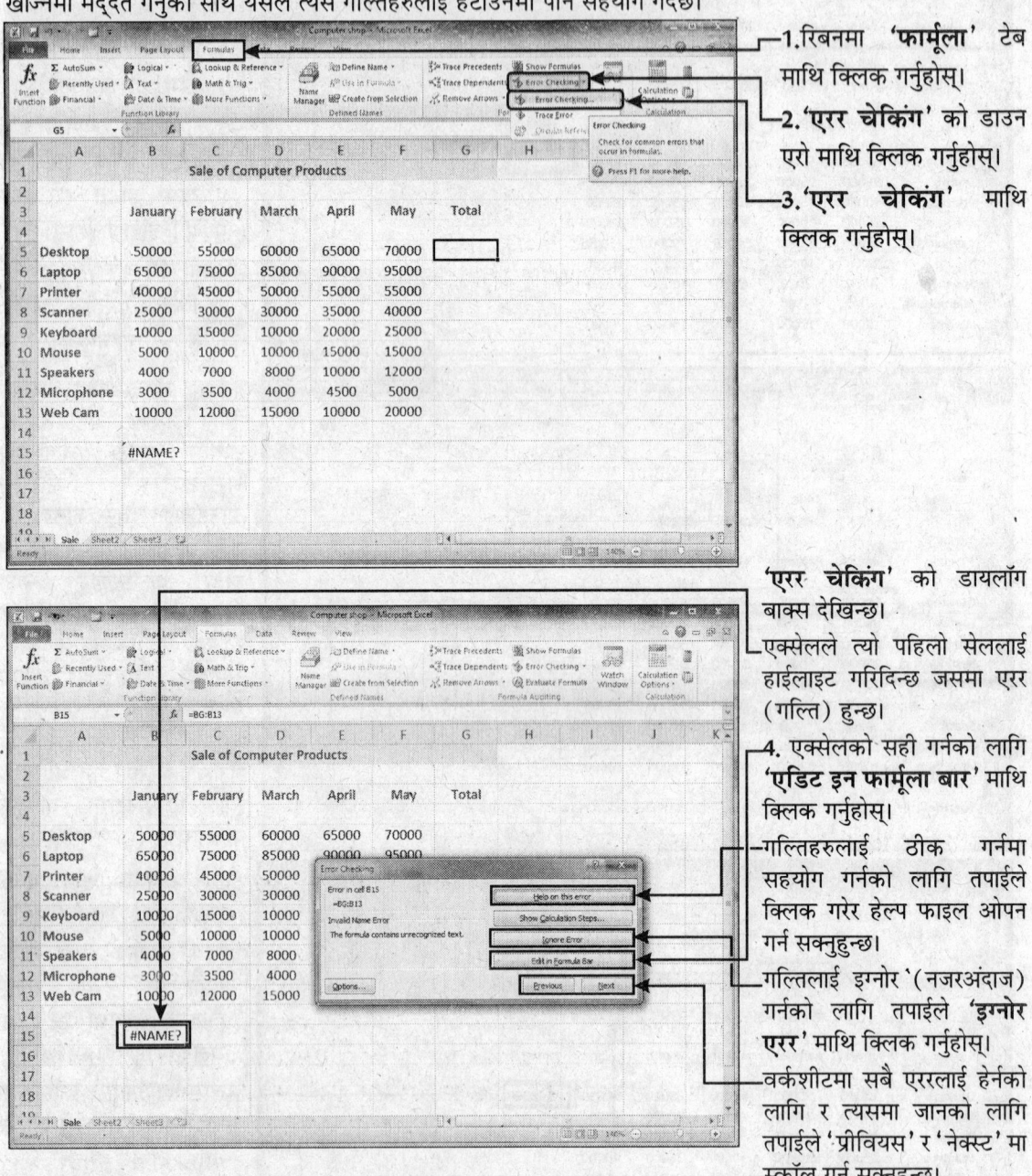

1. रिबनमा **'फार्मूला'** टेब माथि क्लिक गर्नुहोस्।

2. 'एरर चेकिंग' को डाउन एरो माथि क्लिक गर्नुहोस्।

3. 'एरर चेकिंग' माथि क्लिक गर्नुहोस्।

'एरर चेकिंग' को डायलॉग बाक्स देखिन्छ।

एक्सेलले त्यो पहिलो सेललाई हाईलाइट गरिदिन्छ जसमा एरर (गल्ति) हुन्छ।

4. एक्सेलको सही गर्नको लागि **'एडिट इन फार्मूला बार'** माथि क्लिक गर्नुहोस्।

गल्तिहरुलाई ठीक गर्नमा सहयोग गर्नको लागि तपाईले क्लिक गरेर हेल्प फाइल ओपन गर्न सक्नुहुन्छ।

गल्तिलाई इग्नोर (नजरअंदाज) गर्नको लागि तपाईले **'इग्नोर एरर'** माथि क्लिक गर्नुहोस्।

वर्कशीटमा सबै एररलाई हेर्नको लागि र त्यसमा जानको लागि तपाईले 'प्रीवियस' र 'नेक्स्ट' मा स्क्रॉल गर्न सक्नुहुन्छ।

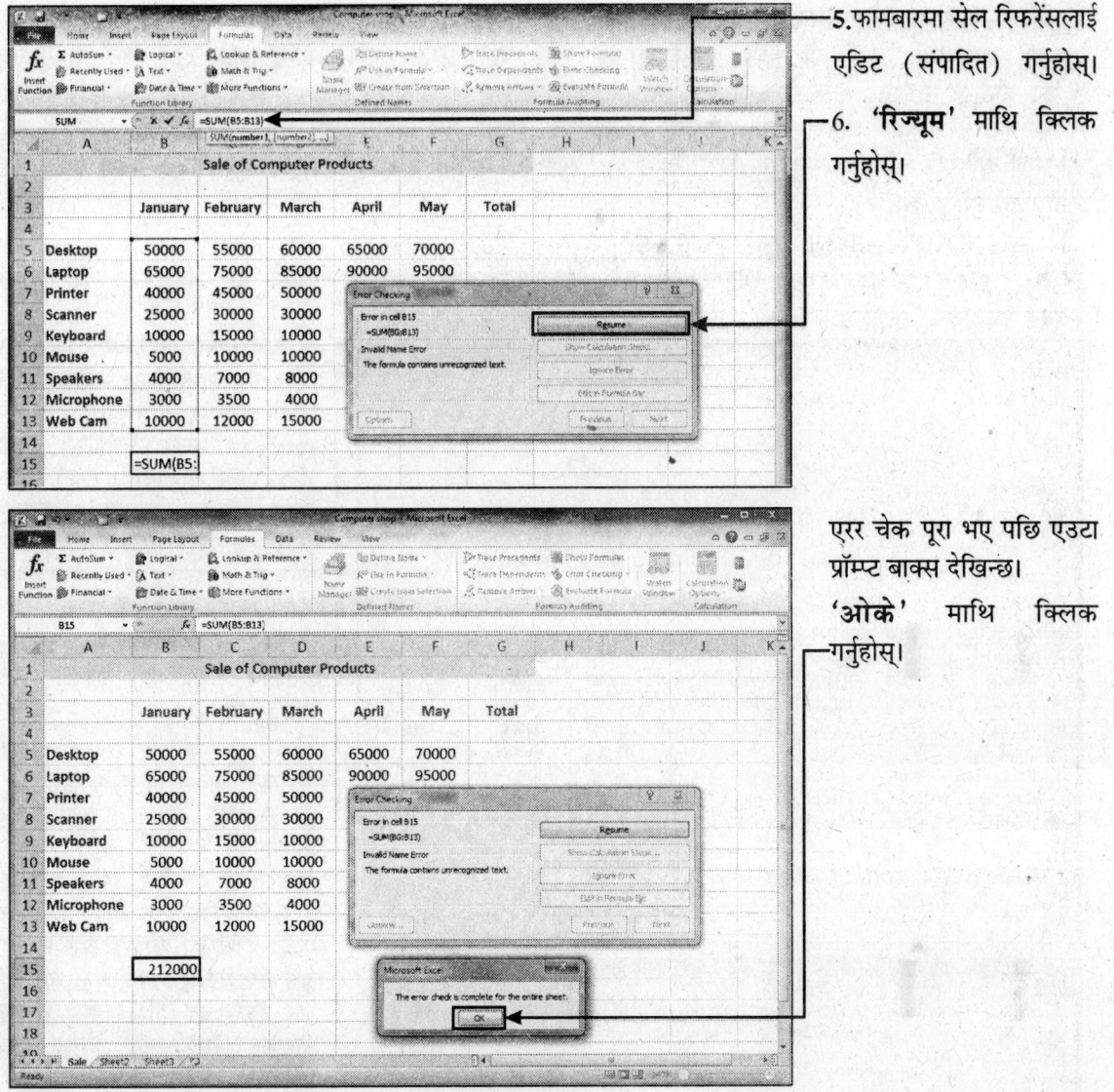

5.फामबारमा सेल रिफरेंसलाई एडिट (संपादित) गर्नुहोस्।

6. **'रिज्यूम'** माथि क्लिक गर्नुहोस्।

एरर चेक पूरा भए पछि एउटा प्रॉम्प्ट बाक्स देखिन्छ।

'ओके' माथि क्लिक गर्नुहोस्।

एवरेज, मैक्सीमम् र मिनीमम्को प्रयोग गर्न

यदि तपाईले केहि व्यक्तिहरुको रेंज (G5:G14) को बीचमा जनवरी, फरवरी, मार्च, अप्रैल र मई महिनाको सबैभन्दा धेरै औसत र सबै भन्दा कम सेलको बारेमा जान्न चाहनुहुन्छ भने तपाईले फंक्शनको प्रयोग गर्न सक्नुहुन्छ। जस्तै- एवरेज, मैक्सीमम् र मिनीमम्। यस प्रकारको गणनाहरुको लागि तपाईले प्रत्येक व्यक्तिको यी महिनामा गरिएको कुल सेलको टोटल (योग) गर्नु पर्नेछ र त्यसलाई अर्को पेजको स्क्रीनमा देखिने कॉलम (G) मा एंटर गर्नु पर्नेछ।

डिफाल्टको रूपमा एक्सेल, डाटाको गणना गर्नको लागि फार्मूलालाई समावेस गरिन्छ जसलाई फंक्शन भनिन्छ। एउटा फंक्शनले कुनै वैल्यू प्राप्त गर्दछ र त्यसमा काम गरेपछि रिजल्ट (परिणाम) लाई सेलमा फिर्ता गरिन्छ। फंक्शनमा तपाईद्वारा प्रयोग गरिएको वैल्यलाई आर्गूमेंट भनिन्छ। सबै फंक्शन (=) चिह्न बाट शुरू हुन्छ र फंक्शन नेमपछि आर्गूमेंट कोष्ठकको भित्र हुन्छ। उदाहरणको लागिए- फंक्शन =AVERAGE(G5: G14) मा फंक्शन को नाम AVERAGE छ र आर्गूमेंट (G5: G14) बीचको रेंजमा छ।

एक्सेलले तपाईलाई निम्नलिखित पांच तरीकहरुबाट कुनै पनि एउटा तरीकाले फंक्शनलाई एंटर गर्ने अनमुति दिन्छ। अर्थात् एक्सलेमा तपाई यी पांच तरीकहरुमध्ये कुनै पनि प्रयोग गरेर फंक्शनलाई एंटर गर्न सक्नुहुन्छ। • की-बोर्ड वा माउस। • फार्मूला बारबाट इंसर्ट फंक्शन बाक्स। • ऑटोसम मीनू • इंसर्ट मीनूबाट फंक्शन कमांड। • सेलमा बराबरको चिह्न टाइप गर्नुहोस् र फार्मूला बारमा नेम बाक्स एरियाबाट फंक्शनलाई सलेक्ट गर्नु। यी मध्ये कुनै पनि तरीका यस कुरामा निर्भर गर्दछ कि तपाईको टाइपिंग स्पीड कस्तो छ र फंक्शनको नामलाई तपाई कति याद राख्न सक्नुहुन्छ।

धेरै नंबरहरुको औसत पता लगाउन

एवरेज (औसत) फंक्शनले कुनै सेल रेंजको सबै नंबरहरुलाई जोडेर अर्थात त्यसको कुल योग गरेर त्यसमा सेल रेंजको नंबरहरुको संख्याले भाग गरेर प्राप्त हुने संख्या देखाउछ।

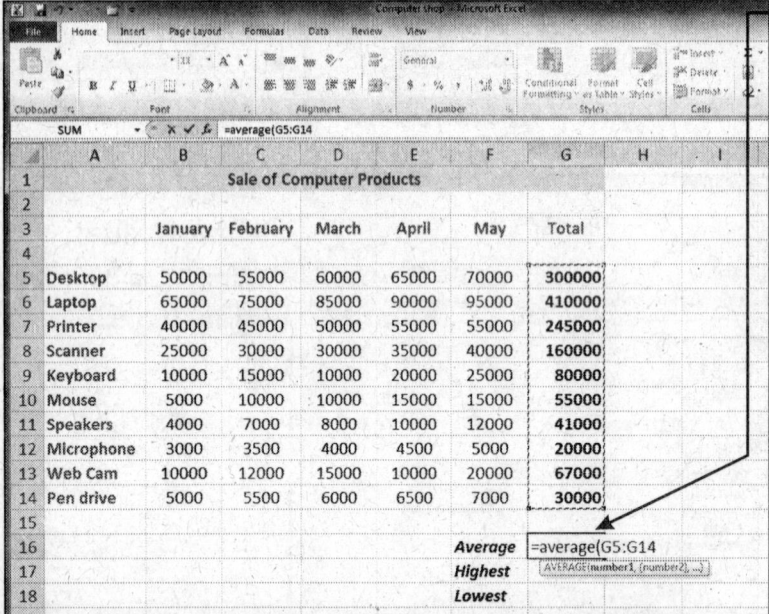

	A	B	C	D	E	F	G
1	Sale of Computer Products						
2							
3		January	February	March	April	May	Total
4							
5	Desktop	50000	55000	60000	65000	70000	300000
6	Laptop	65000	75000	85000	90000	95000	410000
7	Printer	40000	45000	50000	55000	55000	245000
8	Scanner	25000	30000	30000	35000	40000	160000
9	Keyboard	10000	15000	10000	20000	25000	80000
10	Mouse	5000	10000	10000	15000	15000	55000
11	Speakers	4000	7000	8000	10000	12000	41000
12	Microphone	3000	3500	4000	4500	5000	20000
13	Web Cam	10000	12000	15000	10000	20000	67000
14	Pen drive	5000	5500	6000	6500	7000	30000
15							
16						Average	=average(G5:G14
17						Highest	
18						Lowest	

1. जहा तपाईले एवरेज (G16) प्राप्त गर्न चाहनुहुन्छ त्यसरी सेल माथि क्लिक गर्नुहोस् र = **average** टाइप गर्नुहोस्। त्यस पछि त्यस पहिलो (G5) सेल माथि क्लिक गर्नुहोस् जहाबाट तपाई एवरेज लिन चाहनुहुन्छ। यहाबाट तपाईले माउसको प्वाइंटरलाई ड्रैग गर्दै त्यस सेल (G14) सम्म लग्नुहोस जहासम्म तपाईले एवरेज प्राप्त गर्न चाहनुहुन्छ।

यस रेंजको चारैतिर र एउटा मार्क गरिएको बाक्स जस्तो बन्छ। जब E5 सेलमा क्लिक गर्नुहुन्छ तब एक्सेलको G5 को बाया कोष्ठकमा फार्मूला बारमा देखिन्छ र G5 सेलको चारैतिर र एउटा मार्क्र गरिएको बाक्स बन जान्छ। जब तपाईले ड्रैग गर्न शुरू गर्नुहुन्छ भने एक्सेलले (:) त्यस सेलमा सेलको रिफरेंसलाई हेर्नेछ जहा माउसको प्वाइंटर हुन्छ।

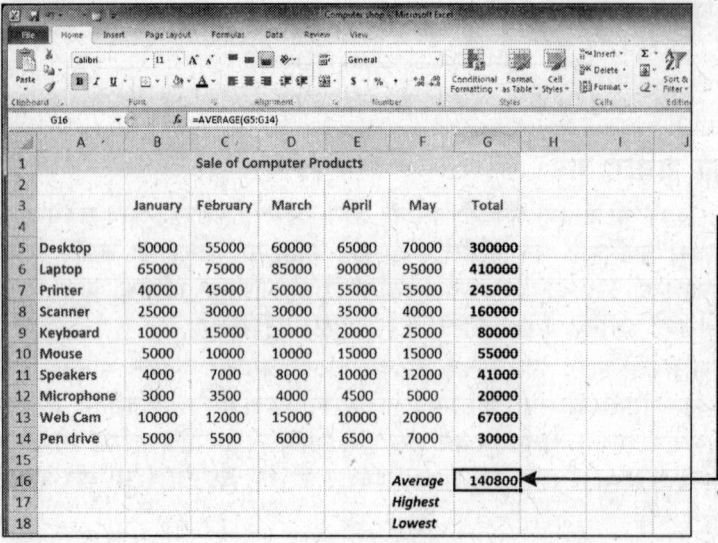

	A	B	C	D	E	F	G
1	Sale of Computer Products						
2							
3		January	February	March	April	May	Total
4							
5	Desktop	50000	55000	60000	65000	70000	300000
6	Laptop	65000	75000	85000	90000	95000	410000
7	Printer	40000	45000	50000	55000	55000	245000
8	Scanner	25000	30000	30000	35000	40000	160000
9	Keyboard	10000	15000	10000	20000	25000	80000
10	Mouse	5000	10000	10000	15000	15000	55000
11	Speakers	4000	7000	8000	10000	12000	41000
12	Microphone	3000	3500	4000	4500	5000	20000
13	Web Cam	10000	12000	15000	10000	20000	67000
14	Pen drive	5000	5500	6000	6500	7000	30000
15							
16						Average	140800
17						Highest	
18						Lowest	

2. 'एंटर' बटन माथि क्लिक गर्नुहोस्।

एक्सेल रेंज (G5:G14) सम्म दस नंबरहरुलाई औसत गर्छ र (G16) सेलमा त्यसको परिणाम 140800 डिस्प्ले गर्नेछ।

फार्मूला बारमा फार्मूला देखिन्छ।

धिरै निश्चित नंबरहरुको एवरेज (औसत) लाई गणना गर्दा रेंज (आर्गूमेंट) को फंक्शनलाई नामपछि कोष्ठकमा समावेस गर्नुपर्छ। जब तपाईले 'एंटर' लाई दबाउनु हुन्छ भने एक्सेलले एवरेज फंक्शनलाई पूरा गर्नको लागि आफ्नो सही कोष्ठकलाई तय गर्दछ। तर जब तपाईले प्वाइंट मोडको प्रयोग गर्नुहुन्छ भने तपाईले एंट्रीलाई पूरा गर्नको लागि एरो बटनको प्रयोग गर्न सक्नुहुन्न। प्वाइंट मोडमा एरो बटन त्यस रेंजमा सलेक्ट गरिएको सेल रिफरेंसमा परिवर्तित हुन जान्छ, जसलाई तपाईले गणनामा समावेस गर्न चाहनुहुन्छ।

इंसर्ट इंसर्ट फंक्शन बाक्सको प्रयोग गरेर उच्चतम अंक जान्न

पूर्वको पेजमा गरिएको चर्चाको अनुसार कुनै व्यक्ति द्वारा प्राप्त गरिएको हाईयेस्ट सेल (उच्चतम सेल वा सबै भन्दा बढि सेल) को गणना पनि गर्न सकिन्छ। सेल G17 सलेक्ट गरेर रेंज (G5: G14) को बीचमा उच्चतम (मैक्सीमम्) नंबरको ज्ञात हुनेछ। एक्सेलमा (MAX FUNCTION) को नामले एउटा फंक्शन हुन्छ जुन सेल रेंजको बीचमा मैक्सीमम् (सबै भन्दा बढि) नंबर ज्ञात गर्नमा मद्दत गर्दछ। बोर्डलाई प्रयोग गरेर (MAXIMUM FUNCTION) एंटर गर्न सक्नुहुन्छ। यस बाहेक प्वाइंट मोडमा जस्तै कि पछिल्लो पेजमा बताएको थियो कि फार्मूला बारमा इंसर्ट फंक्शन बाक्सको प्रयोग गरेर तपाईले फंक्शनलाई एंटर गर्ने वैकल्पिक तरीका पनि अपनाउन सक्नुहुन्छ। यसलाई निम्नलिखित स्टेपले देखाएको छ।

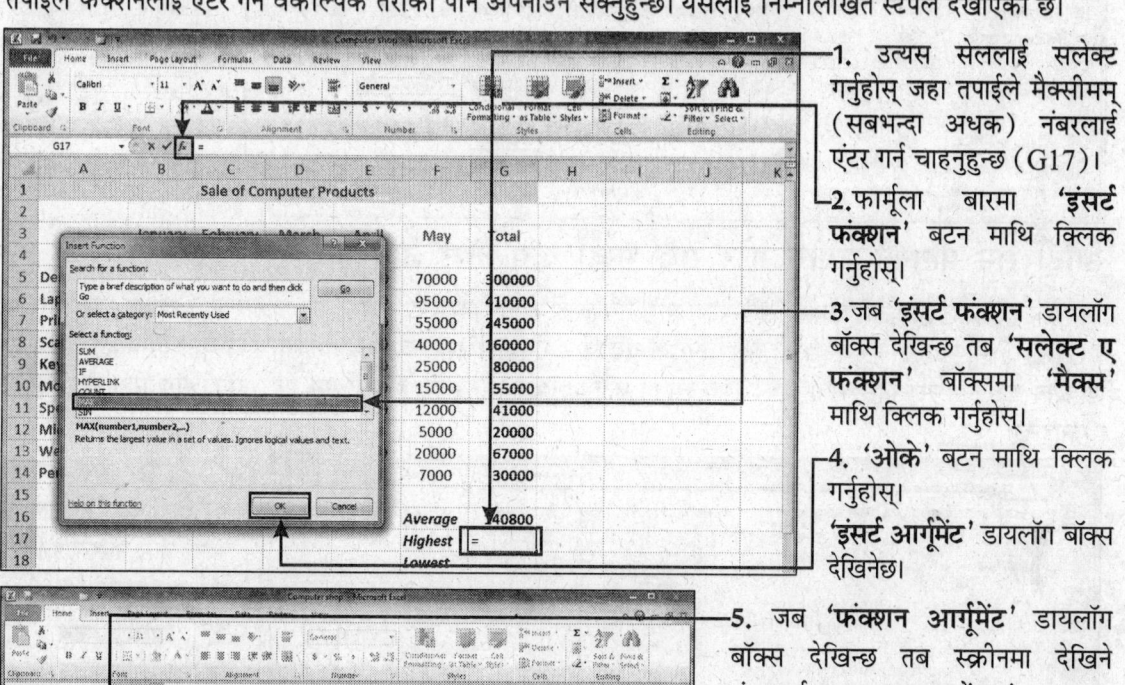

1. उत्यस सेललाई सलेक्ट गर्नुहोस् जहा तपाईले मैक्सीमम् (सबभन्दा अधक) नंबरलाई एंटर गर्न चाहनुहुन्छ (G17)।

2. फार्मूला बारमा **'इंसर्ट फंक्शन'** बटन माथि क्लिक गर्नुहोस्।

3. जब **'इंसर्ट फंक्शन'** डायलॉग बॉक्स देखिन्छ तब **'सलेक्ट ए फंक्शन'** बॉक्समा **'मैक्स'** माथि क्लिक गर्नुहोस्।

4. **'ओके'** बटन माथि क्लिक गर्नुहोस्।

'इंसर्ट आर्गूमेंट' डायलॉग बॉक्स देखिनेछ।

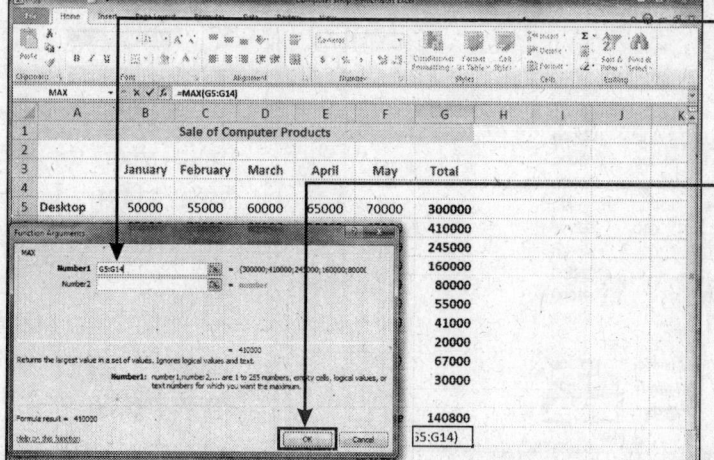

5. जब **'फंक्शन आर्गूमेंट'** डायलॉग बॉक्स देखिन्छ तब स्क्रीनमा देखिने नंबरलाई एउटा बाक्समा रेंज नंबर (G5 : G14) टाइप गर्नुहोस्।

6. **'ओके'** बटन माथि क्लिक गर्नुहोस्।

फंक्शन आर्गूमेंट डायलॉग बाक्स, नंबर 1 बाक्समा एंटर गरिएको रेंज (G5: G14) लाई डिस्प्ले गर्नेछ।

पूरा मैक्सीमम् फंक्शन फार्मूला बारमा देखिन्छ र रिजल्ट (परिणाम) सेल (G17) मा डिस्प्ले हुन्छ।

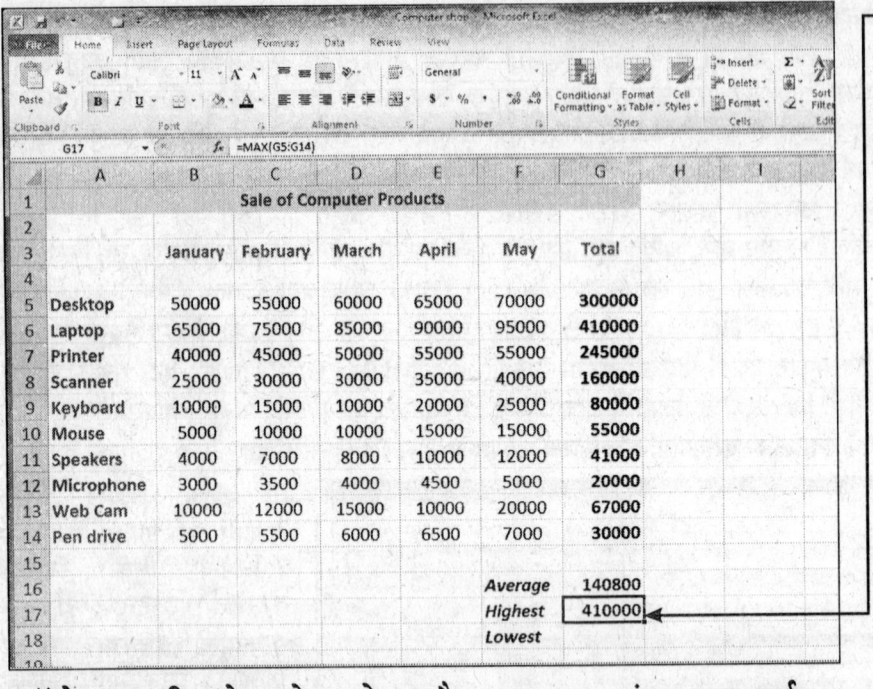

एक्सेल रेंज (G5: G14) को बीचको सबैभन्दा धेरै वैल्यूलाई गणना गर्छ जुन 410000 मा छ र यो सेल सेल (G6) मा छ र सेल (G17) मा डिस्प्ले हुन्छ।

अॉटो सम मीनूको प्रयोग गरेर सबै भन्दा कम नंबर ज्ञात गर्न

अब रेंज (G5: G14) को बीचमा सबै भन्दा कम नंबरलाई जान्न सक्नुहुन्छ र मिनीमन् फंक्शनलाई गणना गरेर त्यस सेल (G18)) मा स्टोर गर्न सक्नुहुन्छ। वा तपाईले एवरेज र मैक्स फंक्शन जस्तै प्रयोग गरिएको कुनै तरिकाहरू मध्ये मिन फंक्शन एंटर गर्न सक्नुहुन्छ। वा अर्को विकल्पको रूपमा तपाईले रिबनमा होम टैबमा गएर अॉटो सम मीनूको प्रयोग गर्न सक्नुहुन्छ।

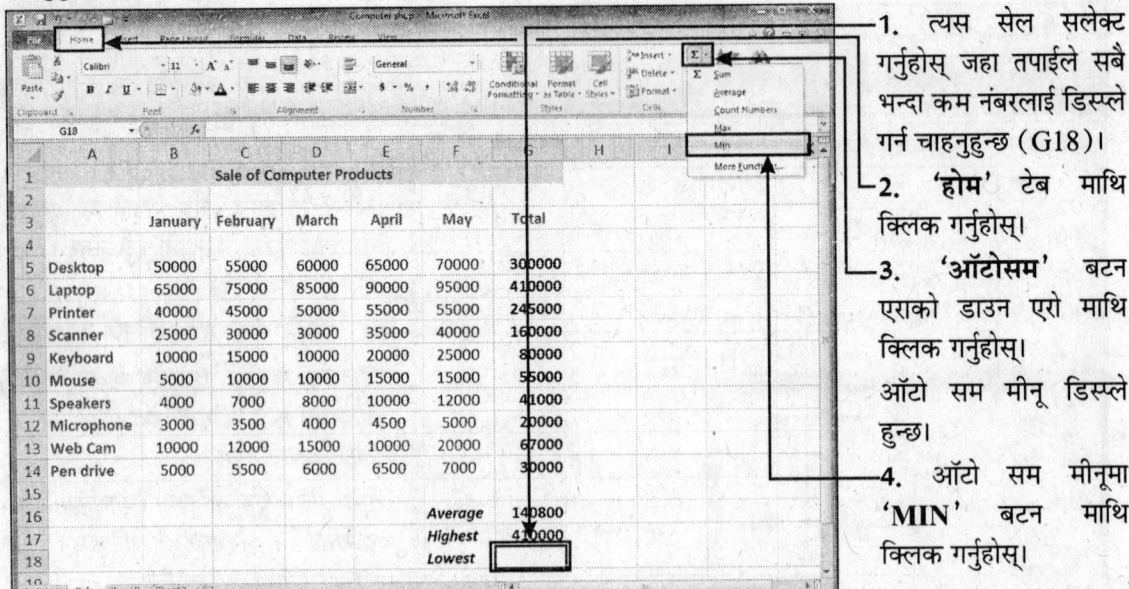

1. त्यस सेल सलेक्ट गर्नुहोस्, जहाँ तपाईले सबै भन्दा कम नंबरलाई डिस्प्ले गर्न चाहनुहुन्छ (G18)।
2. 'होम' टेब माथि क्लिक गर्नुहोस्।
3. 'अॉटोसम' बटन एराको डाउन एरो माथि क्लिक गर्नुहोस्। अॉटो सम मीनू डिस्प्ले हुन्छ।
4. अॉटो सम मीनूमा 'MIN' बटन माथि क्लिक गर्नुहोस्।

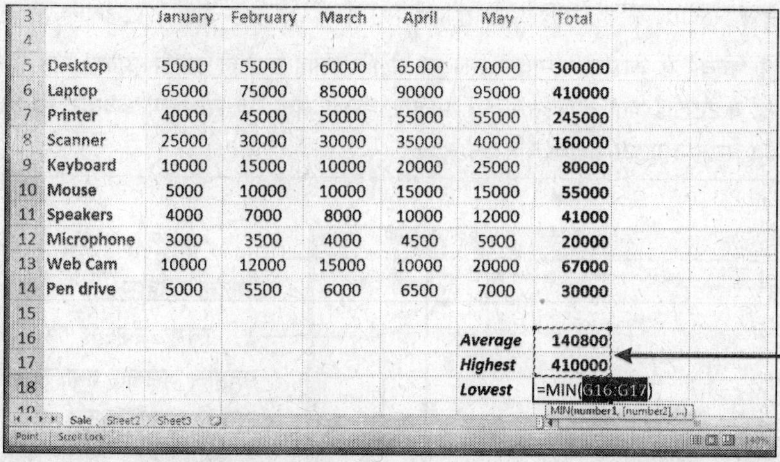

◆ एमएस एक्सेल

		January	February	March	April	May	Total
3							
4							
5	Desktop	50000	55000	60000	65000	70000	300000
6	Laptop	65000	75000	85000	90000	95000	410000
7	Printer	40000	45000	50000	55000	55000	245000
8	Scanner	25000	30000	30000	35000	40000	160000
9	Keyboard	10000	15000	10000	20000	25000	80000
10	Mouse	5000	10000	10000	15000	15000	55000
11	Speakers	4000	7000	8000	10000	12000	41000
12	Microphone	3000	3500	4000	4500	5000	20000
13	Web Cam	10000	12000	15000	10000	20000	67000
14	Pen drive	5000	5500	6000	6500	7000	30000
15							
16						Average	140800
17						Highest	410000
18						Lowest	=MIN(G16:G17)

फंक्शन =MIN (G16:G17) फार्मूला बार र (G18) सेलमां डिस्प्ले हुन्छ। रेंज (G16:G17) एउटा बॉक्सको रूपमा हाईलाइट हुन जान्छ। एक्सेल द्वारा स्वयं नै सलेक्ट गरिएको रेंज (G16:G17) सही होईन्।

एक्सेल रेंज (G16:G17) लाई सलेक्ट गर्दछ किनकि यसमां नंबर शामिल छ र यो सेल (G18) को साथीमा छ।

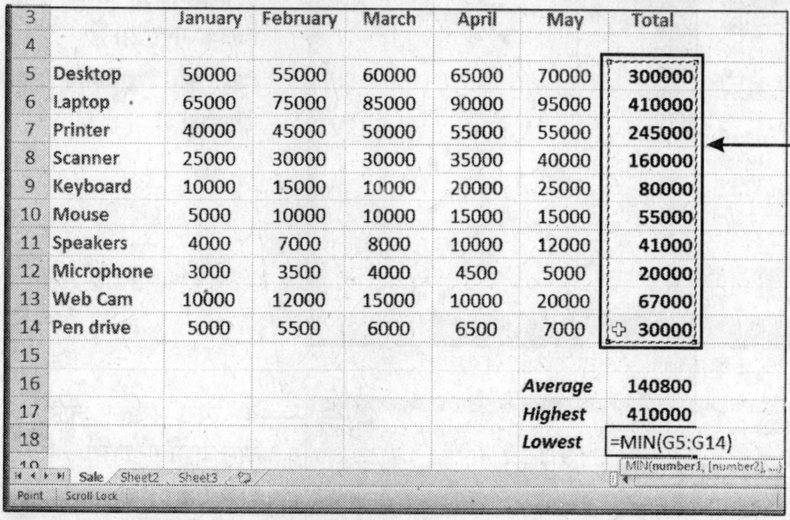

		January	February	March	April	May	Total
3							
4							
5	Desktop	50000	55000	60000	65000	70000	300000
6	Laptop	65000	75000	85000	90000	95000	410000
7	Printer	40000	45000	50000	55000	55000	245000
8	Scanner	25000	30000	30000	35000	40000	160000
9	Keyboard	10000	15000	10000	20000	25000	80000
10	Mouse	5000	10000	10000	15000	15000	55000
11	Speakers	4000	7000	8000	10000	12000	41000
12	Microphone	3000	3500	4000	4500	5000	20000
13	Web Cam	10000	12000	15000	10000	20000	67000
14	Pen drive	5000	5500	6000	6500	7000	30000
15							
16						Average	140800
17						Highest	410000
18						Lowest	=MIN(G5:G14)

4. सेल (E5) लाई सलेक्ट गर्नुहोस् र ड्रैग गर्दै (E14) सम्म लैजानुहोस्।

फार्मूला बारमा र सेल (E18) मा भएको फंक्शनले नयाँ रेंज (E5:E14) डिस्प्ले गर्दछ।

		January	February	March	April	May	Total
3							
4							
5	Desktop	50000	55000	60000	65000	70000	300000
6	Laptop	65000	75000	85000	90000	95000	410000
7	Printer	40000	45000	50000	55000	55000	245000
8	Scanner	25000	30000	30000	35000	40000	160000
9	Keyboard	10000	15000	10000	20000	25000	80000
10	Mouse	5000	10000	10000	15000	15000	55000
11	Speakers	4000	7000	8000	10000	12000	41000
12	Microphone	3000	3500	4000	4500	5000	20000
13	Web Cam	10000	12000	15000	10000	20000	67000
14	Pen drive	5000	5500	6000	6500	7000	30000
15							
16						Average	140800
17						Highest	410000
18						Lowest	20000
19							

5. 'एंटर' बटन माथि क्लिक गर्नुहोस्।

एक्सेल रेंज (G5:G14) को सबैभन्दा कम वैल्यूलाई ज्ञात गर्छ जुन 20000 छ र यसलाई सेल (G12) मा स्टोर गर्नेछ।

सेल रेंज र सेलको नाम दिन

तपाईले जुन वर्कशीटमा काम गरिरहनु भएको छ त्यसमा समावेस सेल वा सेल रेंजलाई तपाईले अलग-अलग नाम दिन सक्नुहुन्छ । यसबाट तपाईलाई सेलको कंटेंटलाई पता लगाउनमा धरै सजिलो हुन्छ। सेल रेंज साधारण रूपबाट त्यसमा संबंधित सेलको समूह हुन्छ र एउटा रेंज सिर्फमा एउटा सेलमा पनि हुन सक्छ।

रेंजलाई कुनै नाम दिन

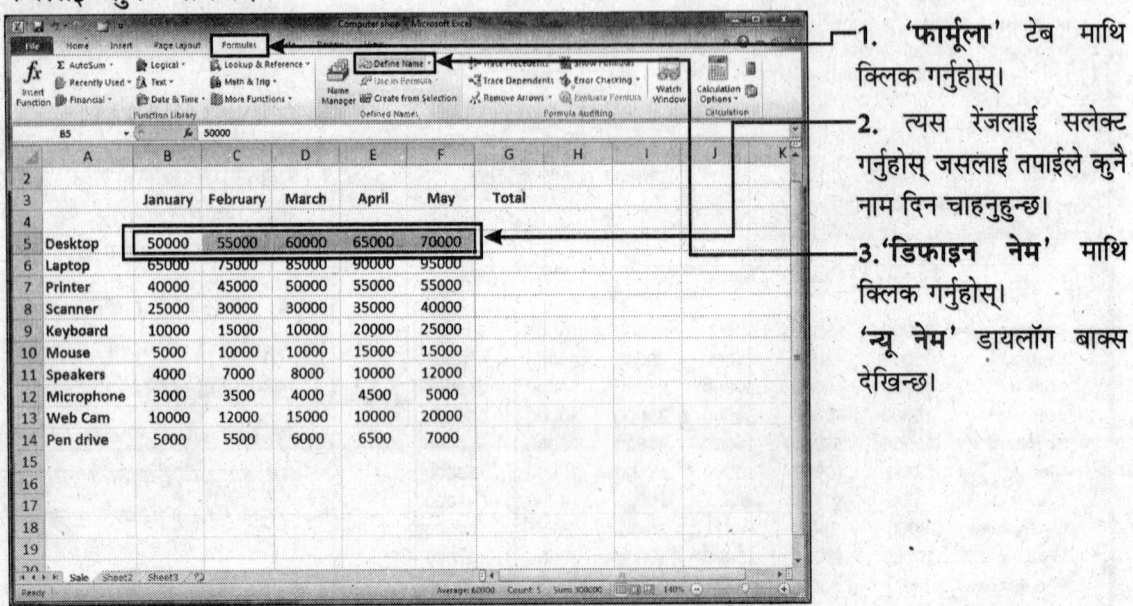

1. **'फार्मूला'** टेब माथि क्लिक गर्नुहोस्।
2. त्यस रेंजलाई सलेक्ट गर्नुहोस् जसलाई तपाईले कुनै नाम दिन चाहनुहुन्छ।
3. **'डिफाइन नेम'** माथि क्लिक गर्नुहोस्।

'न्यू नेम' डायलॉग बाक्स देखिन्छ।

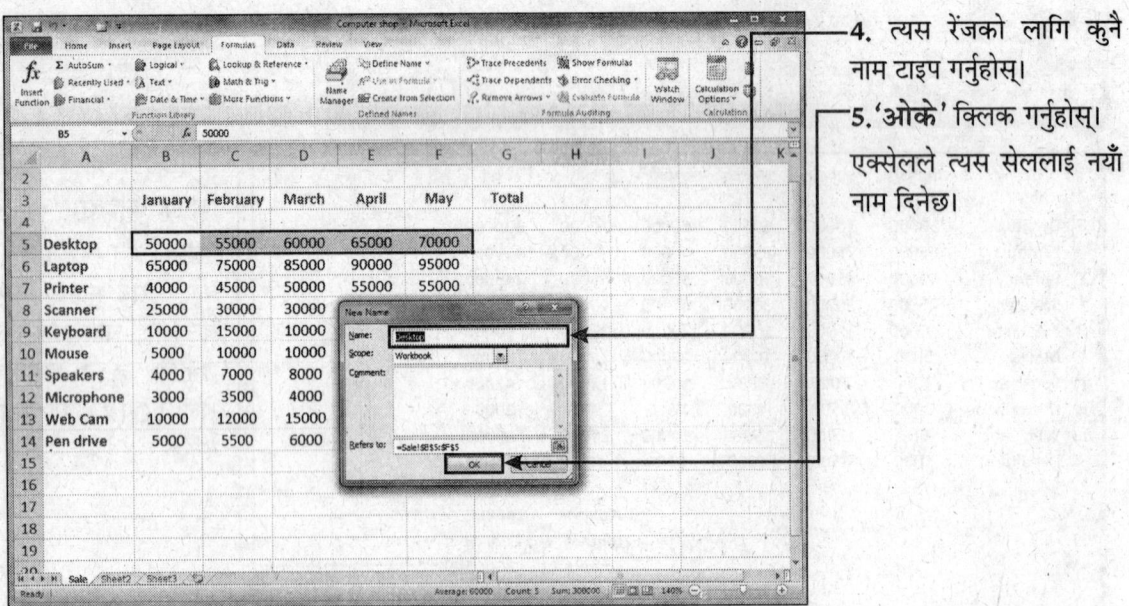

4. त्यस रेंजको लागि कुनै नाम टाइप गर्नुहोस्।
5. **'ओके'** क्लिक गर्नुहोस्।

एक्सेलले त्यस सेललाई नयाँ नाम दिनेछ।

फार्मूलामा नेम रेंजलाई प्रयोग गर्न

फार्मूलामा रेंज नेमलाई रिफरेंस गरेर तपाईले पूरा सेलको ग्रुपलाई रिफरेंस गर्न सक्नुहुन्छ।

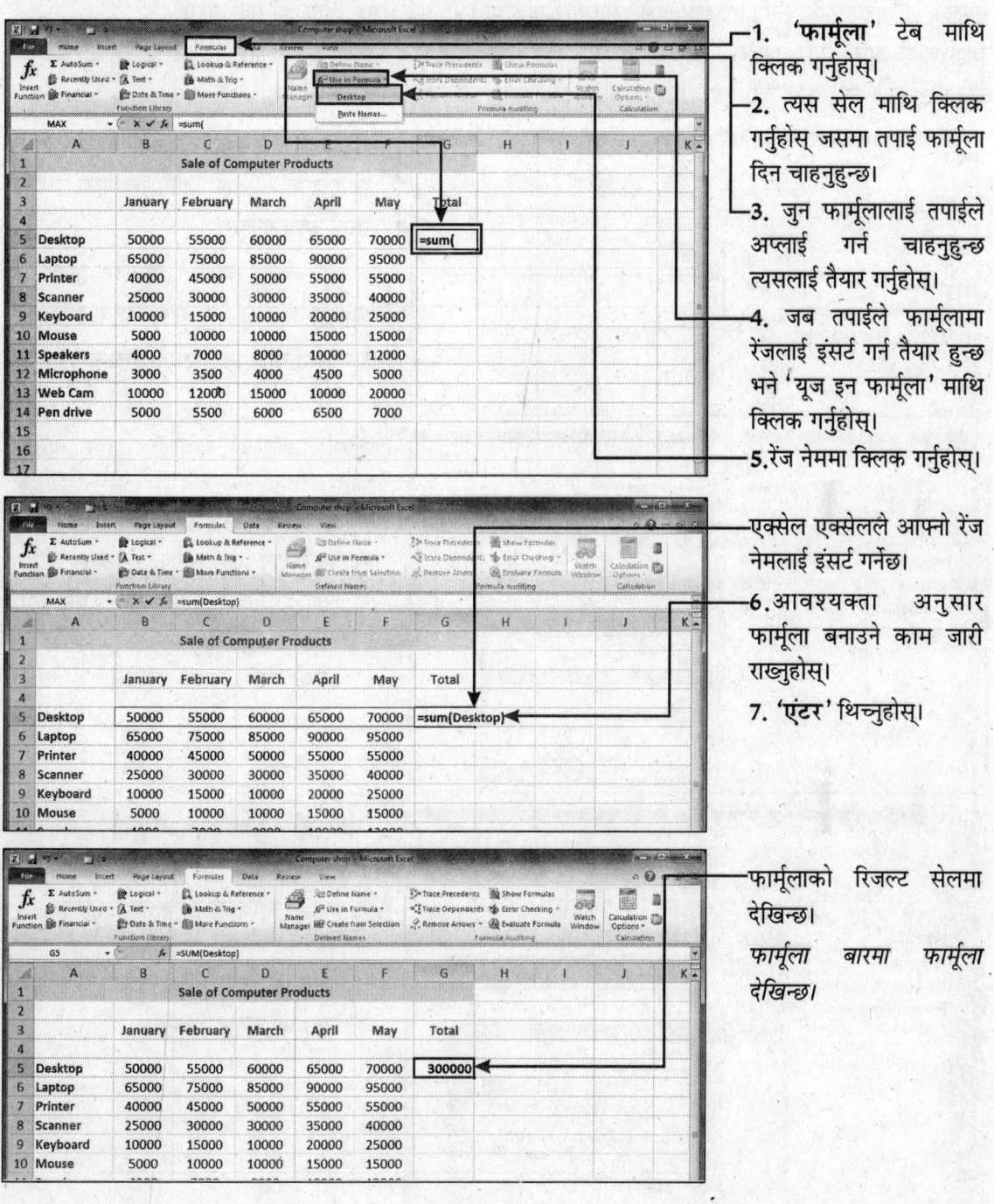

1. **'फार्मूला'** टेब माथि क्लिक गर्नुहोस्।
2. त्यस सेल माथि क्लिक गर्नुहोस् जसमा तपाई फार्मूला दिन चाहनुहुन्छ।
3. जुन फार्मूलालाई तपाईले अप्लाई गर्न चाहनुहुन्छ त्यसलाई तैयार गर्नुहोस्।
4. जब तपाईले फार्मूलामा रेंजलाई इंसर्ट गर्न तैयार हुन्छ भने 'यूज इन फार्मूला' माथि क्लिक गर्नुहोस्।
5. रेंज नेममा क्लिक गर्नुहोस्।

एक्सेल एक्सेलले आफ्नो रेंज नेमलाई इंसर्ट गर्नेछ।

6. आवश्यक्ता अनुसार फार्मूला बनाउने काम जारी राख्नुहोस्।
7. **'एंटर'** थिच्नुहोस्।

फार्मूलाको रिजल्ट सेलमा देखिन्छ।

फार्मूला बारमा फार्मूला देखिन्छ।

लोनलाई गणना गर्न

जब जब तपाई घर वा कार किन्नको लागि लोन लिनु हुन्छ भने लोनको बारेमा अन्य जानकारी गर्नको लागि र प्रतिमाह हुने भुक्तानीको जानकारीको लागि तपाईले एक्सेलको पेमेंट फंक्शन (पीएमटी)लाई प्रयोग गर्न सक्नुहुन्छ।

उदाहरणको लागि- यदि तपाईले 5 प्रतिशत वार्षिक दरको ब्याजबाट पांच वर्षको लागि (60 महिना) दुई लाख रुपैयाको लोन लिनु हुन्छ भने यसमा प्रतिमाह तपाईलाई कति भुक्तानी गर्नुपर्छ त्यसको गणना गर्नुहोस्।

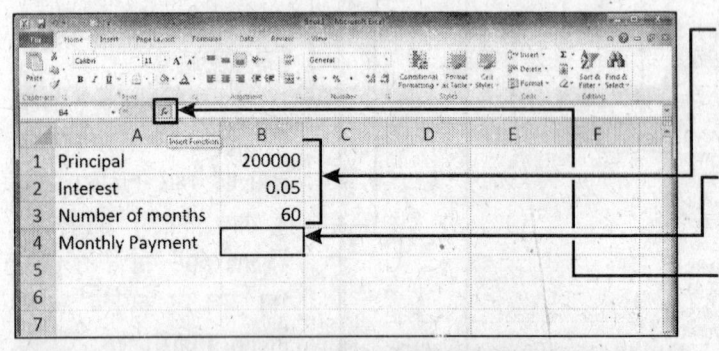

1. प्रिंसिपल अमाउंट (लिएको लोन), ब्याज दर र कति समयको लागि लिईएको हो त्यो समय टाइप गर्नुहोस्।
2. जुन सेलमा तपाईले परिणाम प्राप्त गर्न चाहनुहुन्छ, त्यस सेल माथि क्लिक गर्नुहोस्।
3. 'इंसर्ट फंक्शन' बटनमा क्लिक गर्नुहोस्।

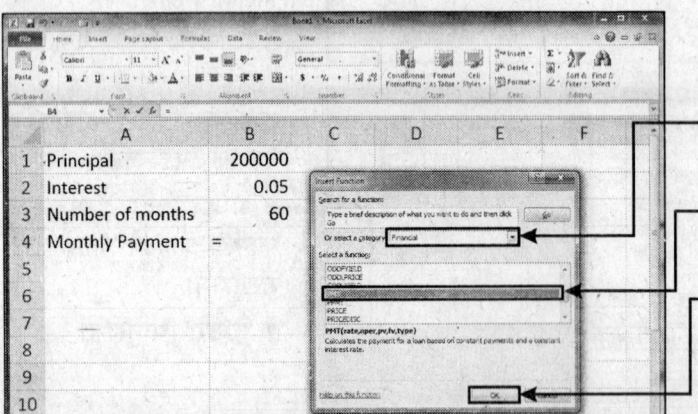

'इंसर्ट फंक्शन' डायलॉग बाक्स देखिन थाल्छ।

4. डाउन एरो माथि क्लिक गर्नुहोस् र 'फाइनेंसियल' लाई सलेक्ट गर्नुहोस्।
5. स्क्रॉल बारको प्रयोग गरेर 'पीएमटी' माथि क्लिक गर्नुहोस्।
6. 'ओके' माथि क्लिक गर्नुहोस्।

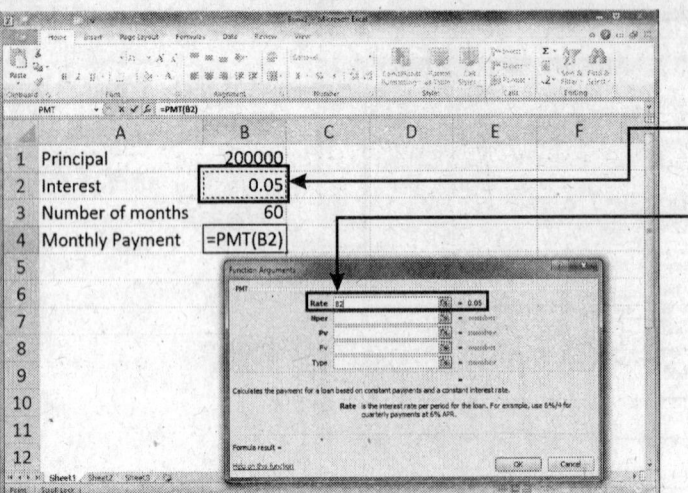

'पीएमटी फंक्शन आर्गूमेंट' डायलॉग बाक्स देखिन्छ।

7. सेलको ब्याज दरमा क्लिक गर्नुहोस्।

इंटरेस्ट रेट (ब्याज दर)को लागि सेल रिफरेंसले यस एरियामा 'रेट' (रेट ऑफ इंटरेस्ट) को नामले देखिनेछ।

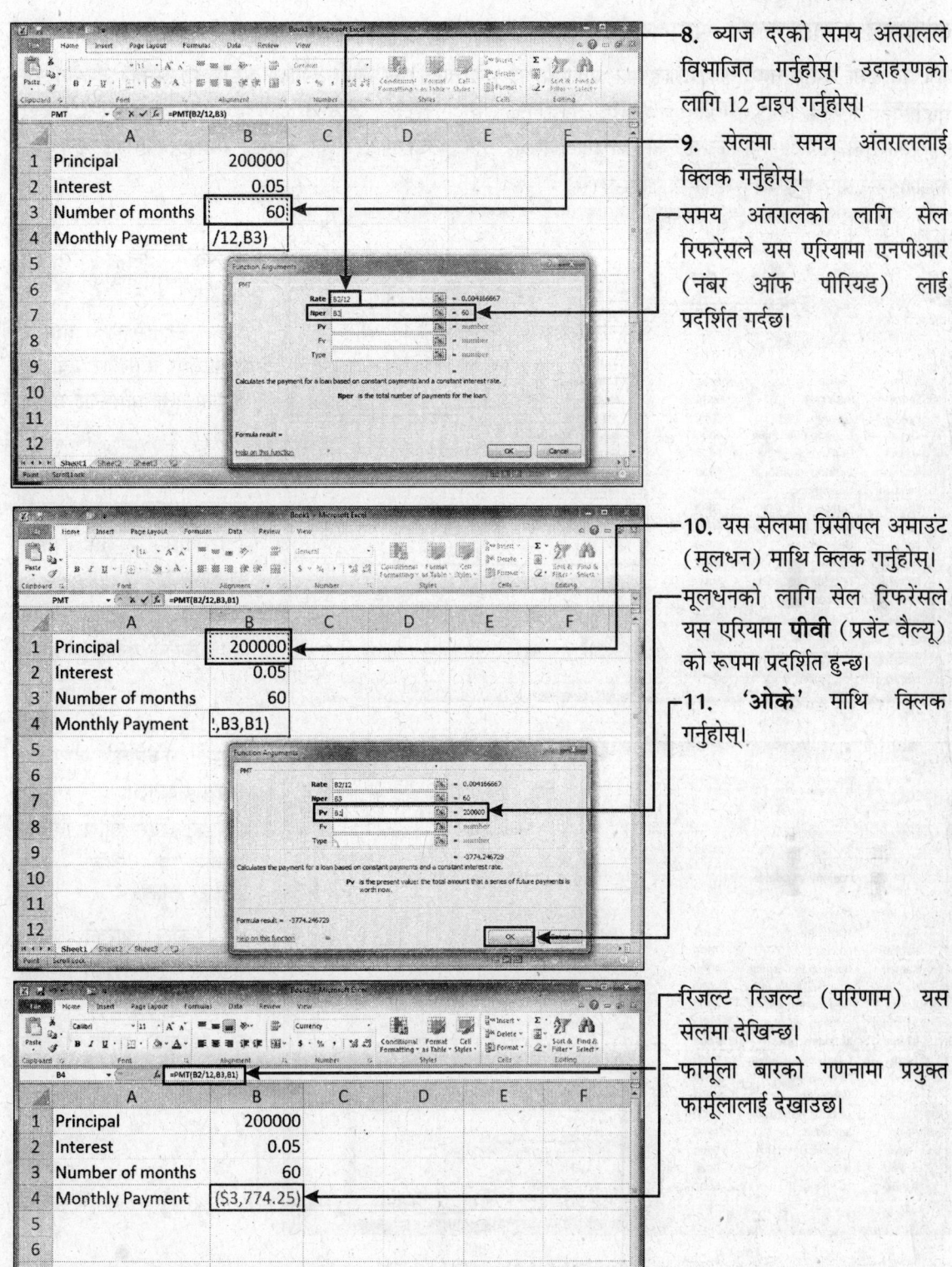

8. ब्याज दरको समय अंतरालले विभाजित गर्नुहोस्। उदाहरणको लागि 12 टाइप गर्नुहोस्।

9. सेलमा समय अंतराललाई क्लिक गर्नुहोस्।

समय अंतरालको लागि सेल रिफरेंसले यस एरियामा एनपीआर (नंबर ऑफ पीरियड) लाई प्रदर्शित गर्दछ।

10. यस सेलमा प्रिंसीपल अमाउंट (मूलधन) माथि क्लिक गर्नुहोस्।

मूलधनको लागि सेल रिफरेंसले यस एरियामा **पीवी** (प्रजेंट वैल्यू) को रूपमा प्रदर्शित हुन्छ।

11. **'ओके'** माथि क्लिक गर्नुहोस्।

रिजल्ट रिजल्ट (परिणाम) यस सेलमा देखिन्छ।

फार्मूला बारको गणनामा प्रयुक्त फार्मूलालाई देखाउछ।

कंडीशनल जोड्नलाई समावेस गर्न

कुनै फील्डमा विशेष नंबरहरुलाई जोड्नको आइडेंटीफाई (पहचानने)को लागि तपाईले कंडीशनल समको उपयोग गर्न सक्नुहुन्छ। यसको लागि हामीले SUMIF फंक्शनको प्रयोग गर्दछौं। SUMIF तीन आर्गूमेंटलाई प्रयोग गर्दछ। • नंबरहरुको रेंज • यी नंबरहरुको बीचमा अप्लाई हुने कंडीशन • जुन रेंजमा कंडीशन एप्लाई हुनु छ। कंडीशनबाट प्राप्त हुने वैल्यू आपसमा जोडिन्छ।

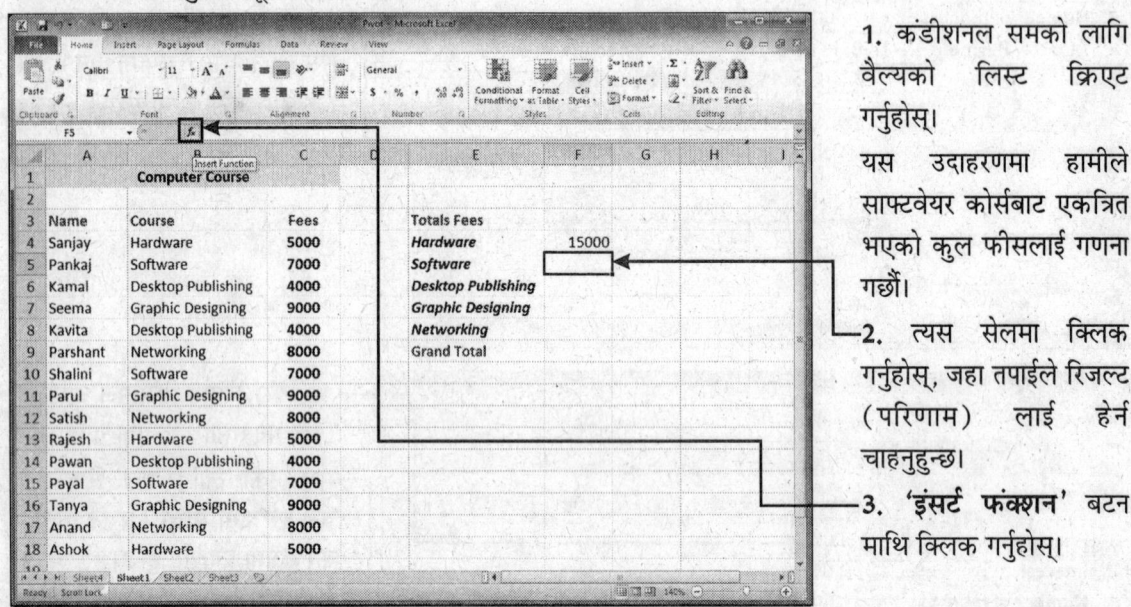

1. कंडीशनल समको लागि वैल्यको लिस्ट क्रिएट गर्नुहोस्।

यस उदाहरणमा हामीले साफ्टवेयर कोर्सबाट एकत्रित भएको कुल फीसलाई गणना गर्छौं।

2. त्यस सेलमा क्लिक गर्नुहोस्, जहा तपाईले रिजल्ट (परिणाम) लाई हेर्न चाहनुहुन्छ।

3. **'इंसर्ट फंक्शन'** बटन माथि क्लिक गर्नुहोस्।

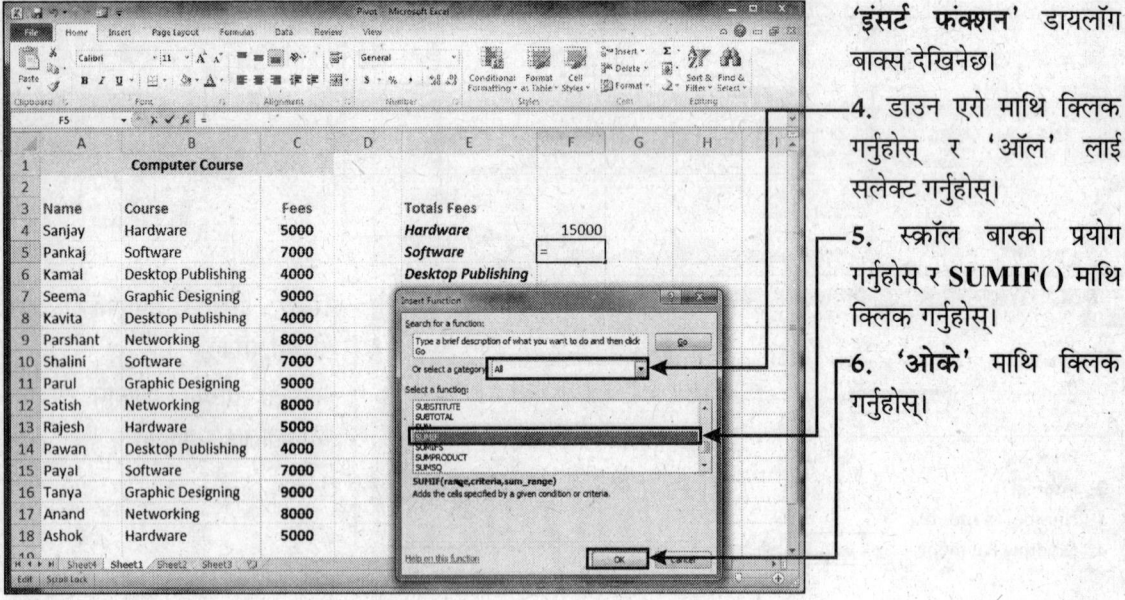

'इंसर्ट फंक्शन' डायलॉग बाक्स देखिनेछ।

4. डाउन एरो माथि क्लिक गर्नुहोस् र 'ऑल' लाई सलेक्ट गर्नुहोस्।

5. स्क्रॉल बारको प्रयोग गर्नुहोस् र **SUMIF()** माथि क्लिक गर्नुहोस्।

6. **'ओके'** माथि क्लिक गर्नुहोस्।

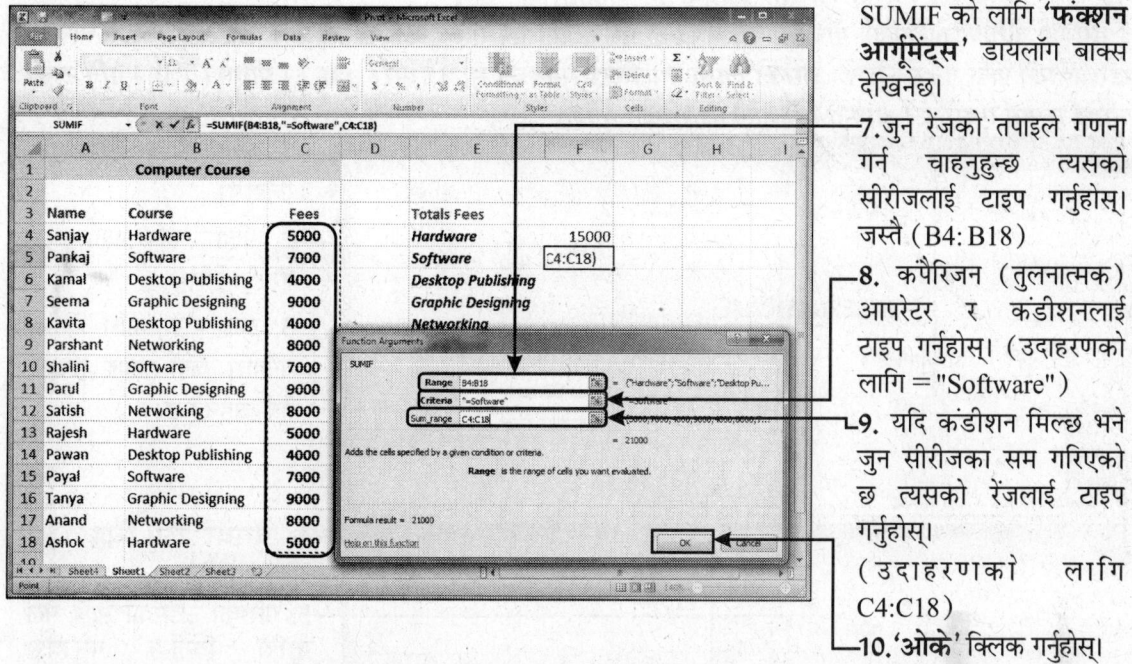

SUMIF को लागि **'फंक्शन आर्गुमेंट्स'** डायलॉग बाक्स देखिनेछ।

7. जुन रेंजको तपाइले गणना गर्न चाहनुहुन्छ त्यसको सीरीजलाई टाइप गर्नुहोस्। जस्तै (B4: B18)

8. कंपैरिजन (तुलनात्मक) आपरेटर र कंडीशनलाई टाइप गर्नुहोस्। (उदाहरणको लागि = "Software")

9. यदि कंडीशन मिल्छ भने जुन सीरीजका सम गरिएको छ त्यसको रेंजलाई टाइप गर्नुहोस्। (उदाहरणको लागि C4:C18)

10. 'ओके' क्लिक गर्नुहोस्।

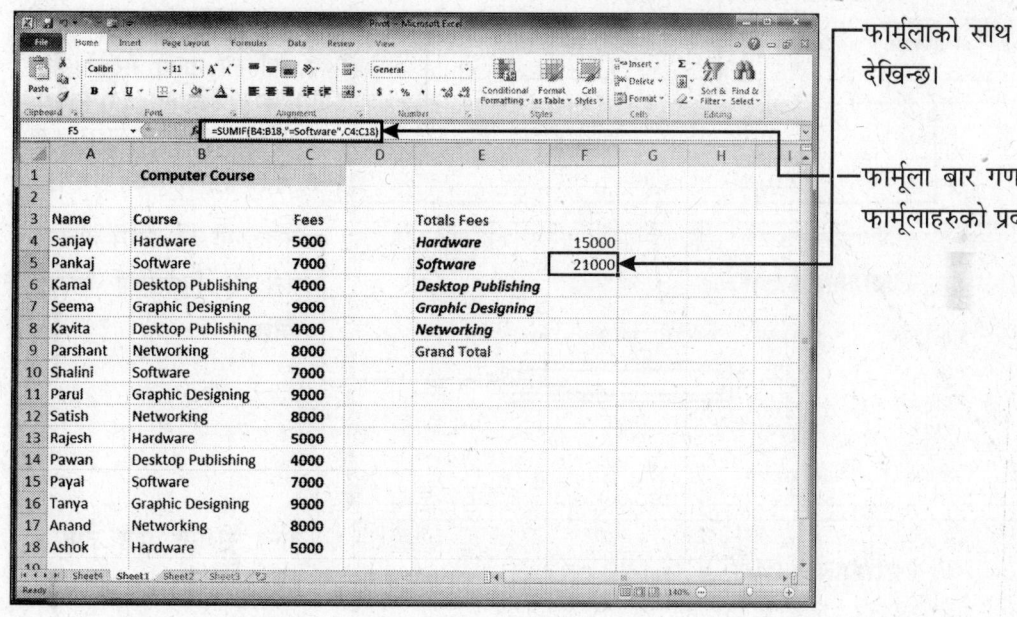

फार्मूलाको साथ रिजल्ट सेल देखिन्छ।

फार्मूला बार गणनामा प्रयुक्त फार्मूलाहरुको प्रदर्शित हुन्छ।

टाइम कैलकुलेशन (समयको गणना)

दुई समयमा गरिएको घंटहरुको बीच तपाईले समयको गणना पनि गर्न सक्नुहुन्छ। यसको साथै तपाईले दुई समय बीचको अंतरलाई पनि प्राप्त गर्न सक्नुहुन्छ। ***यसको लागि तपाईलाई समयको साथै एएम (AM) र पीएम (PM) पनि टाइप गर्नुपर्छ जसमा एक्सेलले आफ्नो तरीकाले व्यवस्थित गर्नेछ।***

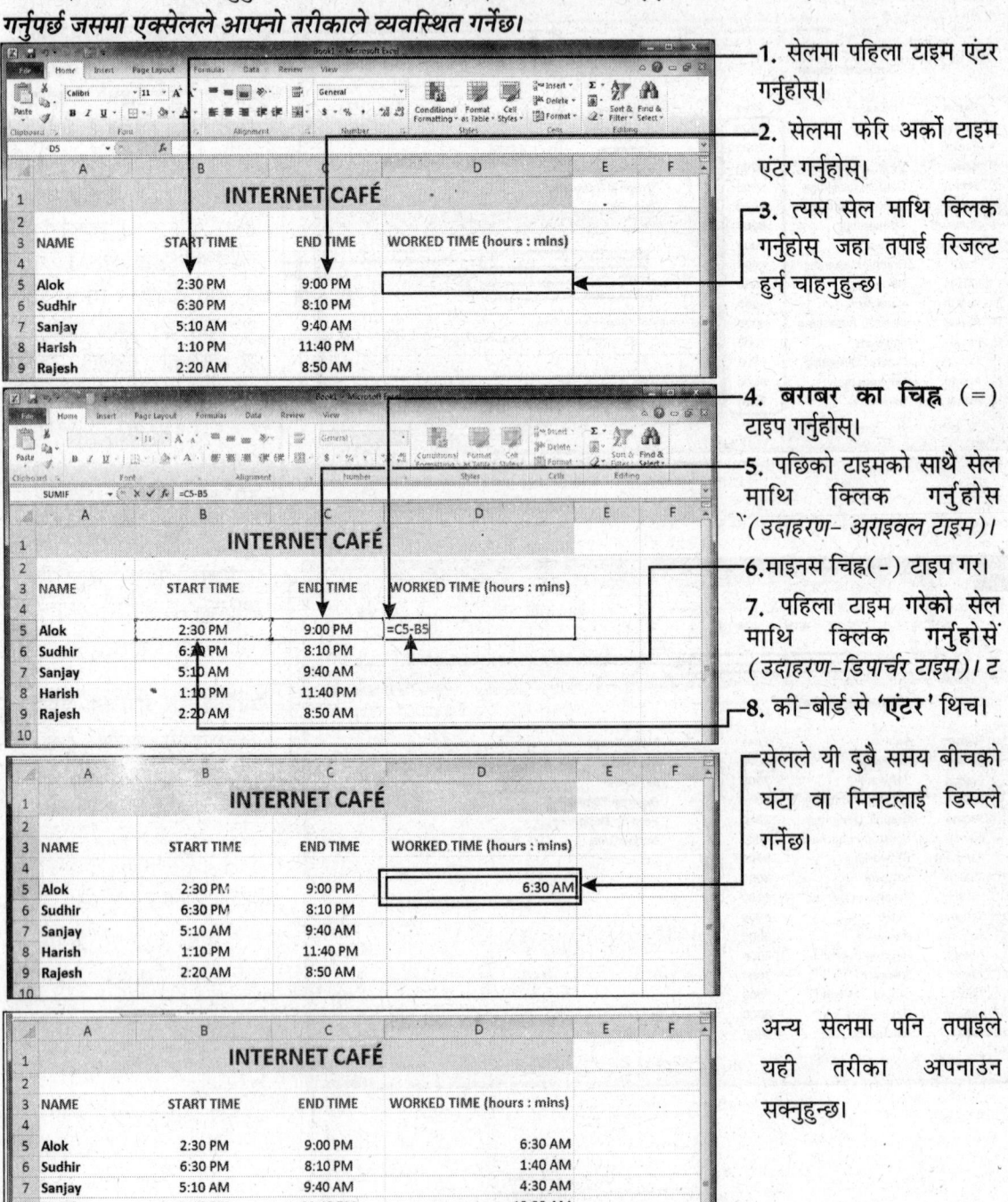

1. सेलमा पहिला टाइम एंटर गर्नुहोस्।

2. सेलमा फेरि अर्को टाइम एंटर गर्नुहोस्।

3. त्यस सेल माथि क्लिक गर्नुहोस् जहा तपाई रिजल्ट हुर्न चाहनुहुन्छ।

4. बराबर का चिह्न (=) टाइप गर्नुहोस्।

5. पछिको टाइमको साथै सेल माथि क्लिक गर्नुहोस *(उदाहरण- अराइवल टाइम)।*

6.माइनस चिह्न(-) टाइप गर।

7. पहिला टाइम गरेको सेल माथि क्लिक गर्नुहोसें *(उदाहरण-डिपार्चर टाइम)।* ट

8. की-बोर्ड से **'एंटर'** थिच।

सेलले यी दुबै समय बीचको घंटा वा मिनटलाई डिस्प्ले गर्नेछ।

अन्य सेलमा पनि तपाईले यही तरीका अपनाउन सक्नुहुन्छ।

डेट कैलकुलेशन (तिथिको गणना)

अतपाई दुई तिथिहरु (डेट) को बीच गरिएको कामको दुबै संख्याको पनि ज्ञात गर्न सक्नुहुन्छ। यसको लागि तपाईले डाटा फंक्शनको प्रयोग गर्न सक्नुहुन्छ। फंक्शन आर्गूमेंटमा स्टार्ट डेट र एंड डेट समावेस हुन्छ र कहिले-काहि यस बीचमा हुने छुट्टिहरु पनि समावेस हुन्छ। जुन दुई तिथिहरु बीच पर्ने कामलाई दिनको संख्यालाई कम गर्नेछ।

एक्सेलले हप्ताको छुट्टिहरुलाई आफ्नो तरीकाले घटाउछ जस्तै- शनिवार र आईतवार।

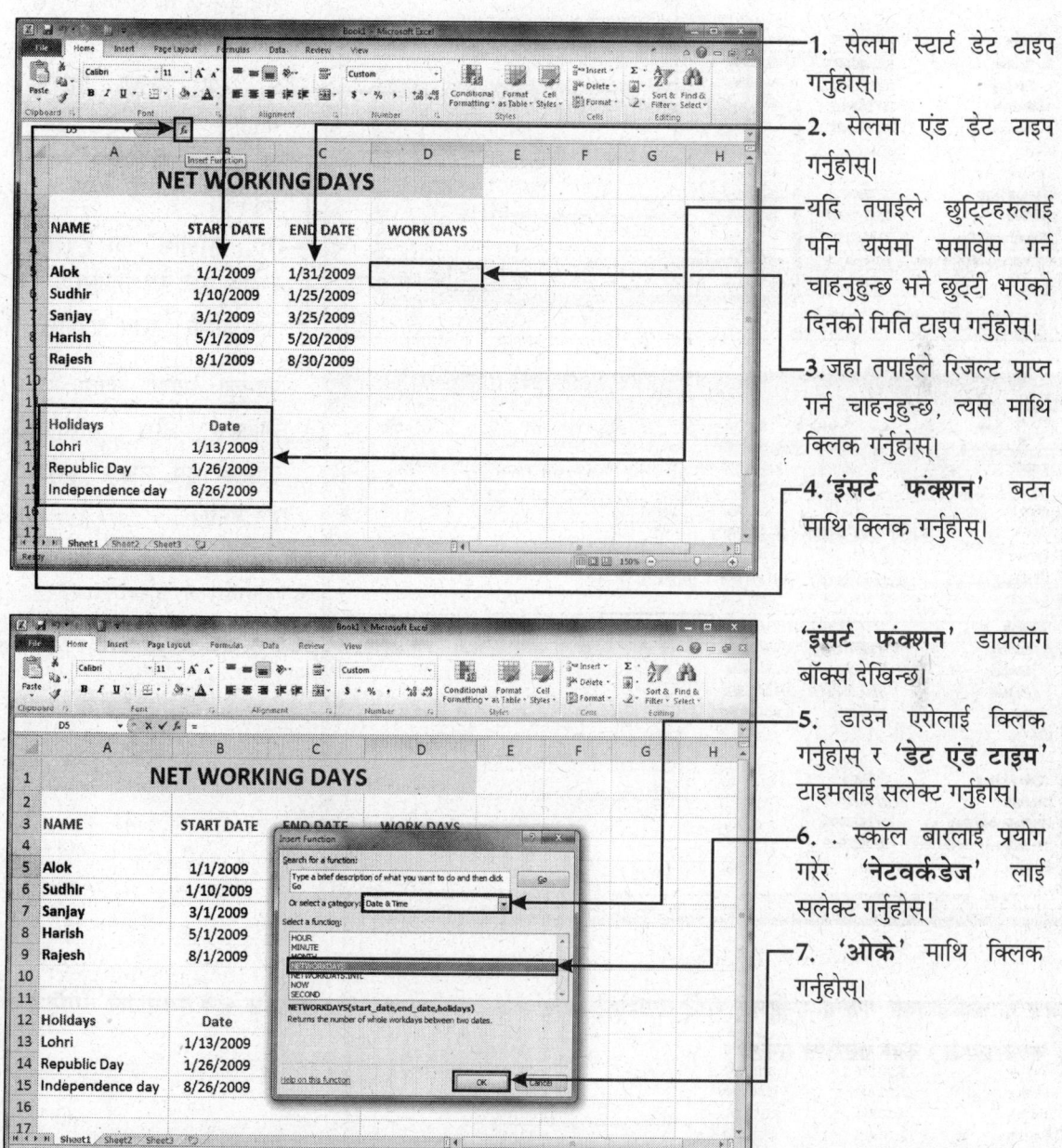

1. सेलमा स्टार्ट डेट टाइप गर्नुहोस्।
2. सेलमा एंड डेट टाइप गर्नुहोस्।

यदि तपाईले छुट्टिहरुलाई पनि यसमा समावेस गर्न चाहनुहुन्छ भने छुट्टी भएको दिनको मिति टाइप गर्नुहोस्।

3. जहा तपाईले रिजल्ट प्राप्त गर्न चाहनुहुन्छ, त्यस माथि क्लिक गर्नुहोस्।
4. **'इंसर्ट फंक्शन'** बटन माथि क्लिक गर्नुहोस्।

'इंसर्ट फंक्शन' डायलॉग बॉक्स देखिन्छ।

5. डाउन एरोलाई क्लिक गर्नुहोस् र **'डेट एंड टाइम'** टाइमलाई सलेक्ट गर्नुहोस्।
6. . स्कॉल बारलाई प्रयोग गरेर **'नेटवर्कडेज'** लाई सलेक्ट गर्नुहोस्।
7. **'ओके'** माथि क्लिक गर्नुहोस्।

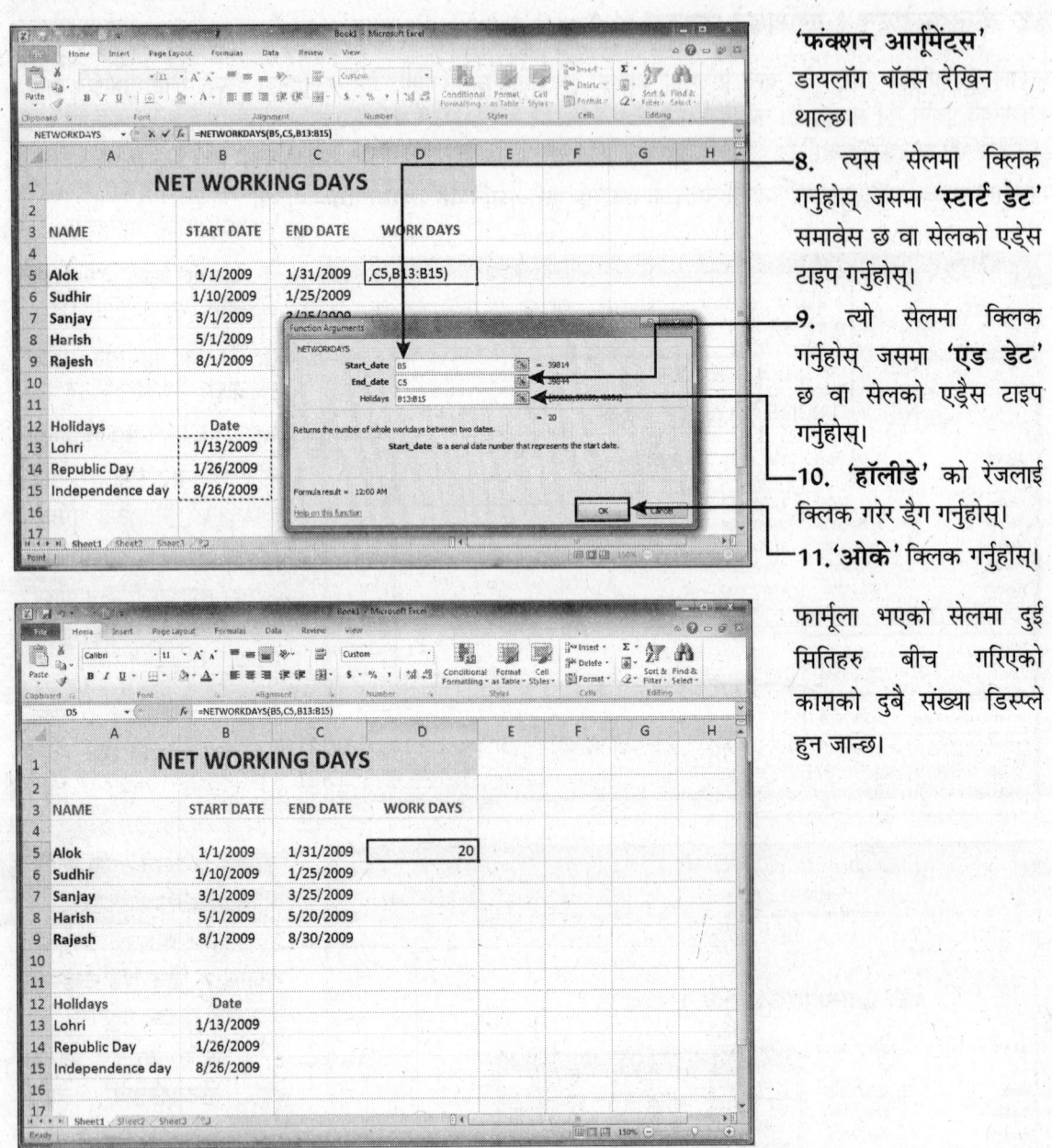

'फंक्शन आर्ग्यूमेंट्स' डायलॉग बॉक्स देखिन थाल्छ।

8. त्यस सेलमा क्लिक गर्नुहोस् जसमा **'स्टार्ट डेट'** समावेस छ वा सेलको एड्रेस टाइप गर्नुहोस्।

9. त्यो सेलमा क्लिक गर्नुहोस् जसमा **'एंड डेट'** छ वा सेलको एड्रैस टाइप गर्नुहोस्।

10. 'हॉलीडे' को रेंजलाई क्लिक गरेर ड्रैग गर्नुहोस्।

11.'ओके' क्लिक गर्नुहोस्।

फार्मूला भएको सेलमा दुई मितिहरु बीच गरिएको कामको दुबै संख्या डिस्प्ले हुन जान्छ।

जब नेटवर्कडेजको गणना गर्नुहुन्छ, यदि तपाईको स्टार्ट डेट तपाईको एंड डेट पछि छ भने एक्सेलले नेगेटिव (नकारात्मक) नंबर प्रदर्शित गर्नेछ।

चार्ट तैयार गर्न

पैटर्न र ट्रेंडलाई सजिलैसंग हेर्नको लागि र डाटाको तुलना गर्नको लागि तपाईले चार्ट क्रिएट (तैयार) गर्न सक्नुहुन्छ। चार्टलाई तैयारी गरेपछि डाटालाई राम्रोसगं डिस्प्ले गर्न र त्यसको बारेमा एक्सप्लेन (व्याख्या) गर्न अर्थात विस्तारले बताउनको लागि रिबनमा भएको चार्ट टूल्सलाई प्रयोग गर्न सक्नुहुन्छ।

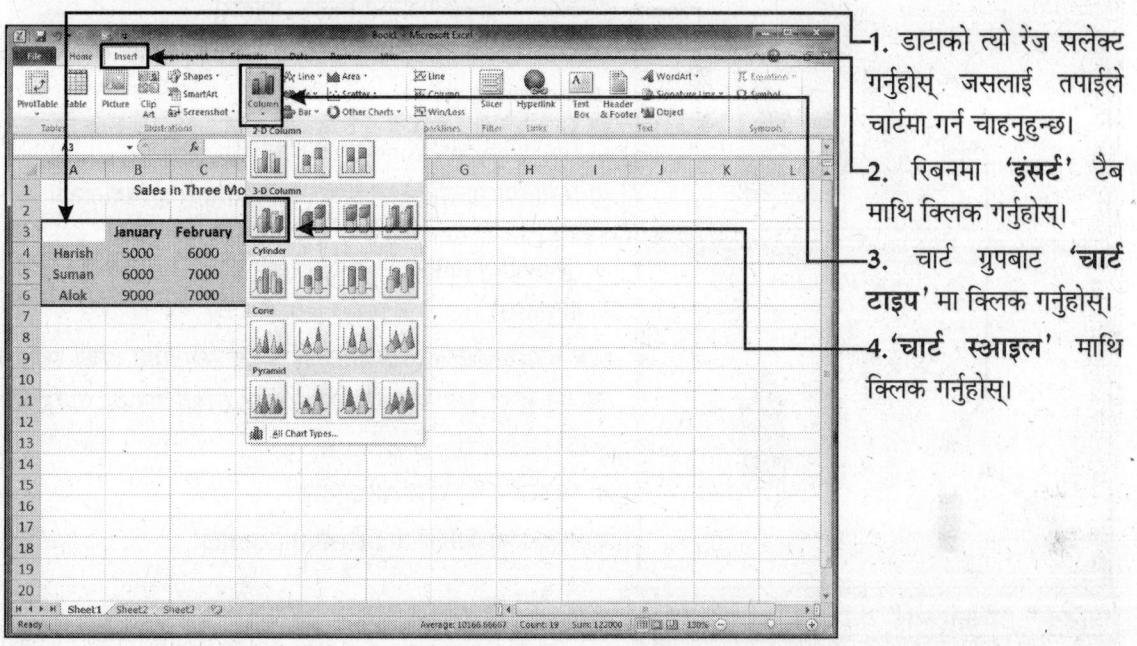

1. डाटाको त्यो रेंज सलेक्ट गर्नुहोस् जसलाई तपाईले चार्टमा गर्न चाहनुहुन्छ।
2. रिबनमा **'इंसर्ट'** टैब माथि क्लिक गर्नुहोस्।
3. चार्ट ग्रुपबाट **'चार्ट टाइप'** मा क्लिक गर्नुहोस्।
4. **'चार्ट स्आइल'** माथि क्लिक गर्नुहोस्।

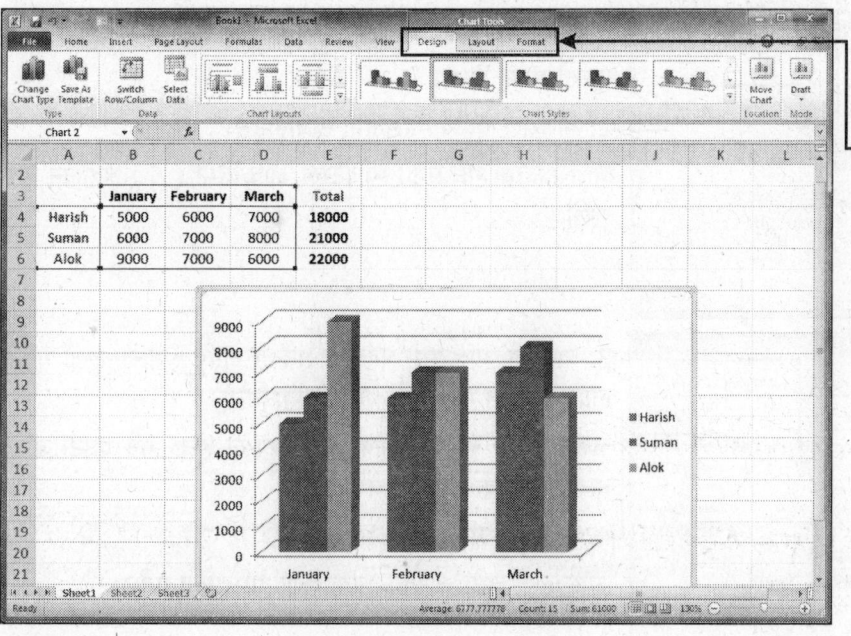

एक्सेल एउटा चार्ट बनाउछ जसलाई तपाई आफ्नो वर्कशीटमा राख्नुहोस्।

चार्टसगैं काम गर्नको लागि एक्सेलले तीन चार्ट टैब (डिजायन, लेआउट, फार्मेट) डिस्प्ले गर्दछ।

चार्टलाई एउटा स्थानबाट अर्को स्थानमा लग्न अथवा त्यसको आकार बदलिन

तपाई आफ्नो वर्कशीटको चार्टलाई एउटा स्थानबाट अर्को स्थानमा लैजान सक्नुहुन्छ र यसलाई रीसाइज (आकार सानो-ठुलो) गर्न सक्नुहुन्छ।

चाटलाई मूव गर्न

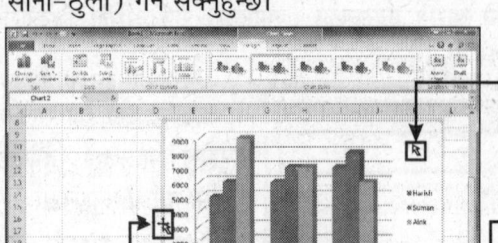

1. चार्टको खाली स्थानमा क्लिक गर्नुहोस्।

एक्सेलले चार्टलाई सलेक्ट गर्नेछ र यसको चारैतिर एउटा हैंडल जस्तो बनाई दिन्छ।

2. माउसलाई चार्टको छेउमा लैजानुहोस्।

यो स्थितिमा माउसको प्वाइंटरले आकृतिमा (✥)बदलिन्छ।

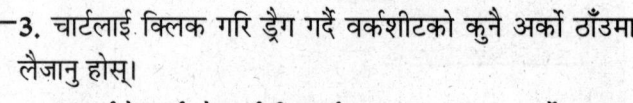

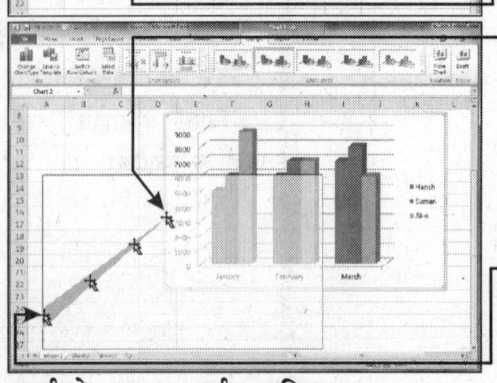

3. चार्टलाई क्लिक गरि ड्रैग गर्दै वर्कशीटको कुनै अर्को ठाँउमा लैज़ानु होस्।

जब तपाईले चार्टको वर्कशीटलाई एउटा स्थानबाट अर्को स्थानमा लैजानु हुन्छ भने यसको चारैतिर भूरे रंगको हल्का बार्डर बन्न जान्छ।

4. माउसको बटनलाई छोड्नुहोस्।

एक्सेलले माउसलाई अर्को स्थानमा राख्नेछ।

चार्टको आकारलाई बदलिन

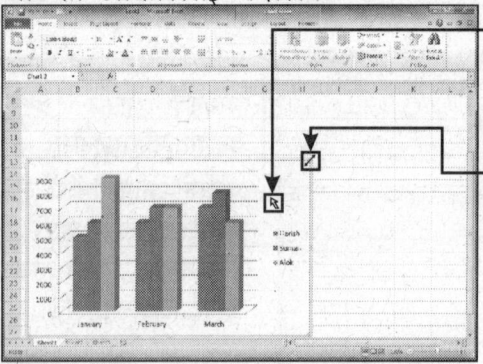

1. चार्टको कुनै खाली स्थान माथि क्लिक गर्नुहोस्।

एक्सेलले चार्टलाई सलेक्ट गर्छ र यसको चारैतिर एउटा हैंडल जस्तो बनाई दिन्छ।

2. माउसले चार्टको हैंडलमा लैजानुहोस्।

यो स्थितिमा माउसको प्वाइंटरले आकृतिमा (⤢) बदलिने काम गर्छ।

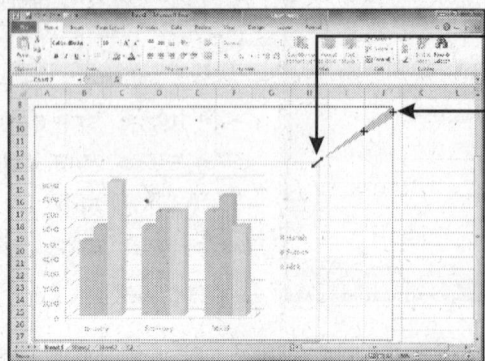

3. चार्टको आकारमा बदलाव गर्नको लागि (सानो-ठुलो गर्नको लागि) हैंडल मा क्लिक गरि ड्रैग गर्नुहोस्।

जब तपाईले चार्टको आकारलाई बदल्नु हुन्छ भने एउटा डॉटेड बार्डरले यसको चारैतिर बन्न जान्छ।

4. माउसको बटनलाई छोडौं।

एक्सेलले त्यस चार्टको आकारलाई परिवर्तित गर्नेछ।

चार्टको टाइपलाई बदलिन

चार्ट तैयार गरेपछि यसको डाटालाई अझ बढि प्रभावी रूपले प्रजेंट (प्रस्तुत) गर्नको लागि तपाईले चार्ट टाइप अर्थात चार्टको प्रकारलाई पनि बदल्न सक्नुहुन्छ।

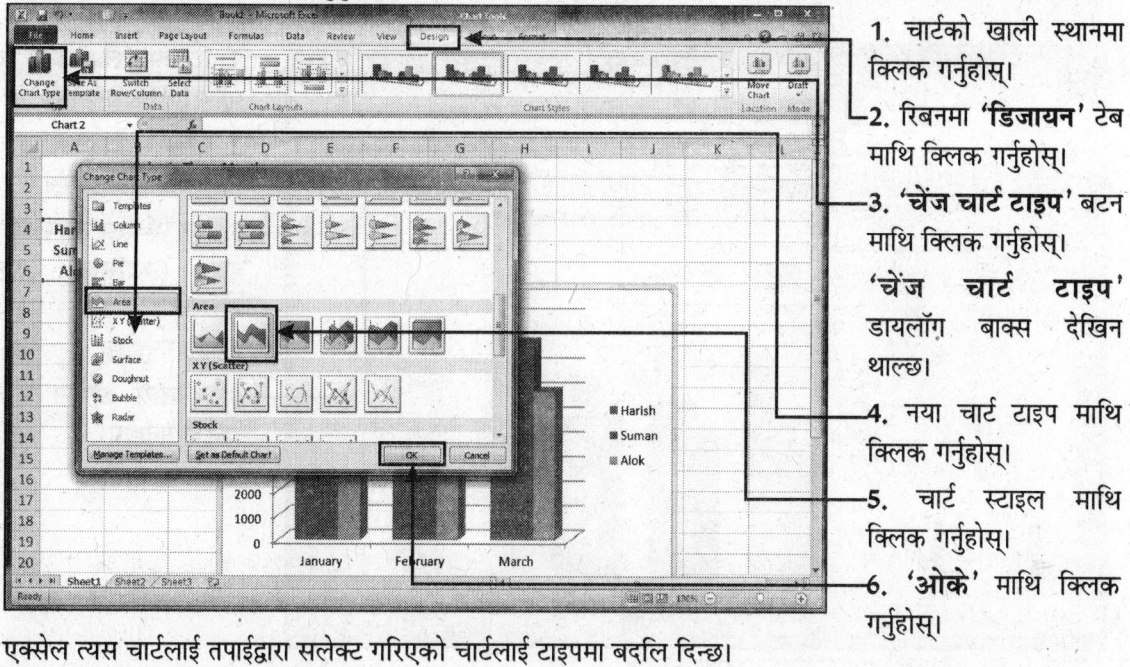

1. चार्टको खाली स्थानमा क्लिक गर्नुहोस्।
2. रिबनमा **'डिजायन'** टेब माथि क्लिक गर्नुहोस्।
3. **'चेंज चार्ट टाइप'** बटन माथि क्लिक गर्नुहोस्।

'चेंज चार्ट टाइप' डायलॉग बाक्स देखिन थाल्छ।

4. नया चार्ट टाइप माथि क्लिक गर्नुहोस्।
5. चार्ट स्टाइल माथि क्लिक गर्नुहोस्।
6. **'ओके'** माथि क्लिक गर्नुहोस्।

एक्सेल त्यस चार्टलाई तपाईद्वारा सलेक्ट गरिएको चार्टलाई टाइपमा बदलि दिन्छ।

चार्टको लेआउट बदलिन

चार्टको एलीमेंट्स (तत्व) कसरी राखिनेछ, यसको लागि तपाईले चार्टको लेआउट पनि बदलिन सक्नुहुन्छ।

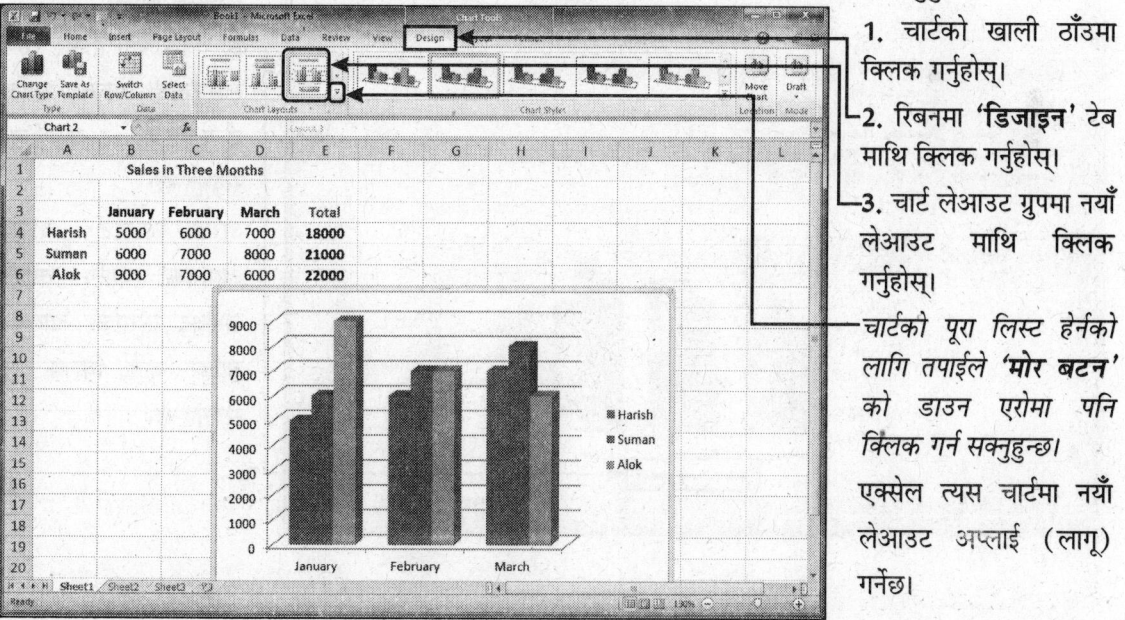

1. चार्टको खाली ठाँउमा क्लिक गर्नुहोस्।
2. रिबनमा **'डिजाइन'** टेब माथि क्लिक गर्नुहोस्।
3. चार्ट लेआउट ग्रुपमा नयाँ लेआउट माथि क्लिक गर्नुहोस्।

*चार्टको पूरा लिस्ट हेर्नको लागि तपाईले **'मोर बटन'** को डाउन एरोमा पनि क्लिक गर्न सक्नुहुन्छ।*

एक्सेल त्यस चार्टमा नयाँ लेआउट अप्लाई (लागू) गर्नेछ।

टाइटल समावेस गर्न

तपाई चार्टको डाटालाई आइडेंटीफाई गर्नको लागि चार्टमा X र Y-एक्सिस टाइटल समावेस गर्न सक्नुहुन्छ।
X-एक्सिस चार्टमा क्षैतिज वैल्यू डिस्प्ले गर्दछ र Y एक्सिसले लंबवत वैल्यू डिस्प्ले गर्दछ।

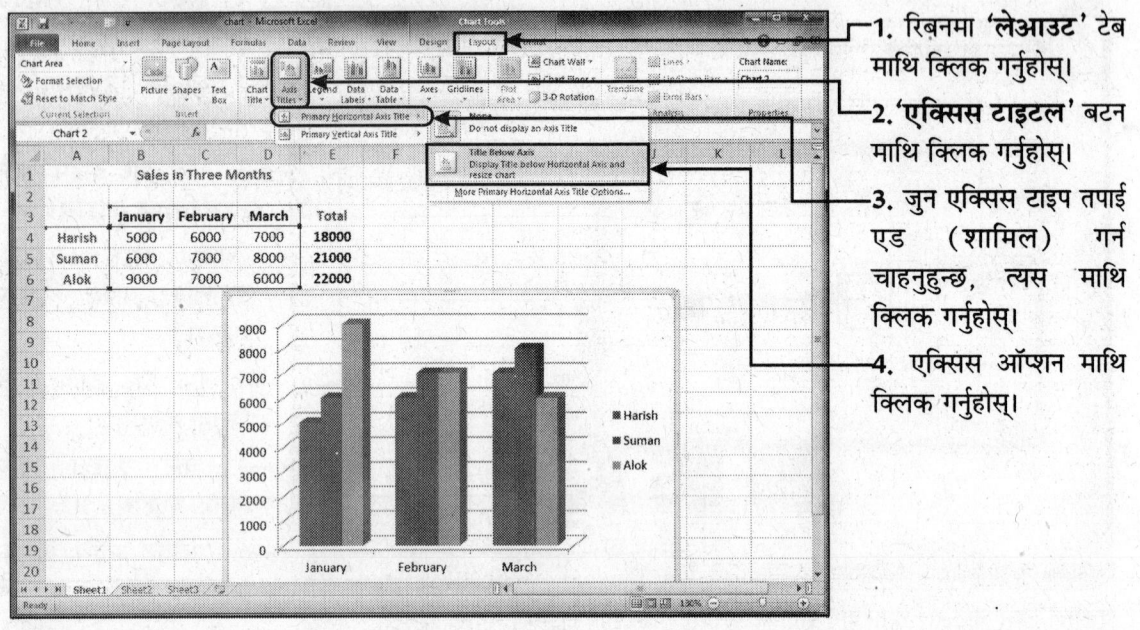

1. रिबनमा 'लेआउट' टेब माथि क्लिक गर्नुहोस्।
2. 'एक्सिस टाइटल' बटन माथि क्लिक गर्नुहोस्।
3. जुन एक्सिस टाइप तपाई एड (शामिल) गर्न चाहनुहुन्छ, त्यस माथि क्लिक गर्नुहोस्।
4. एक्सिस ऑप्शन माथि क्लिक गर्नुहोस्।

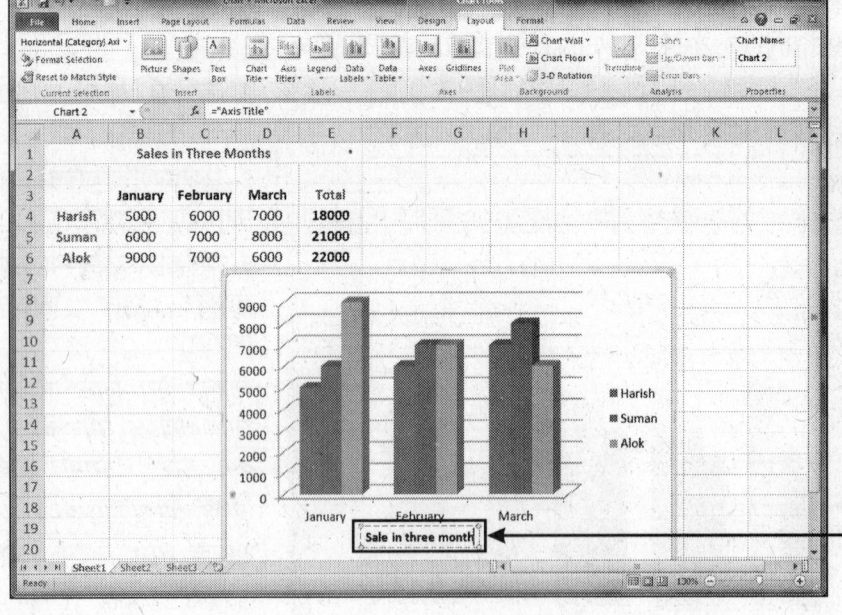

एक्सेल चार्टमा नयाँ टाइटल समावेस गर्नेछ।

5. तपाई यहा देखाई रहेको टेक्स्टलाई आफ्नो टाइटल टेक्स्टमा बदलिन सक्नुहुन्छ।

आब्जेक्टबाट बाहिर आउनको लागि तपाईले सलेक्ट गरिएको आब्जेक्ट बाहिर कतै क्लिक गर्न सक्नुहुन्छ।

स्पार्कलाइन (चम्किलो लाइन) इंसर्ट गर्न

एक्सेल 2010 2010 मा स्पार्कलाइन एउटा धेरै सानो र अक्षरको आकारको चार्ट हुन्छ जुन सेलमा देखिन्छ। स्पार्कलाइन क्रिएट गर्न धेरै सजिलो हुन्छ। स्पार्कलाइनको ऑप्शनमा जानको लागि, इंसर्ट टैबमा जानुहोस् र त्यसमा चार्ट ग्रुपलाई छान्नुहोस्। तपाईले यहा स्पार्कलाइन ग्रुप हेर्नुहुनेछ।

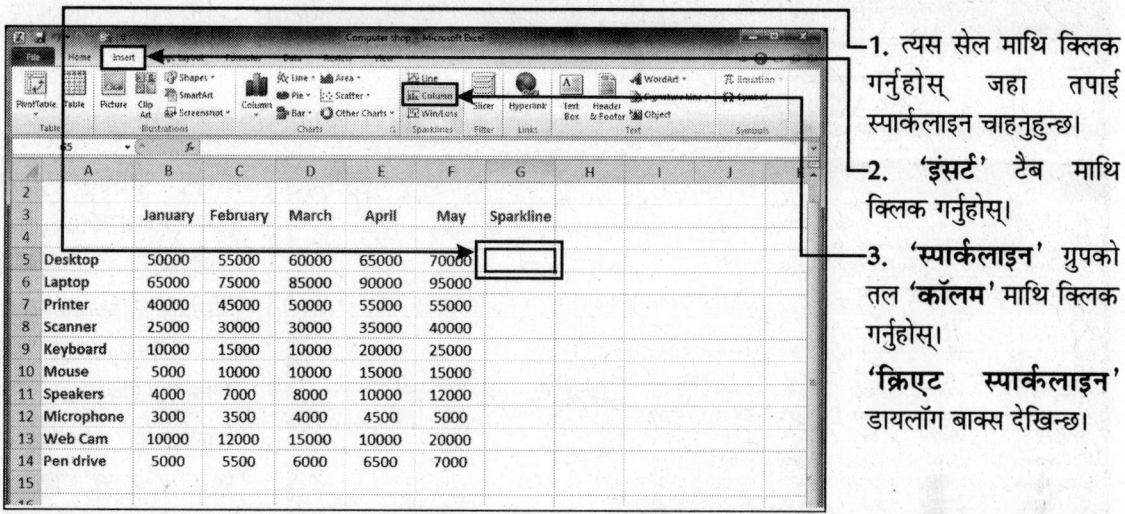

1. त्यस सेल माथि क्लिक गर्नुहोस् जहा तपाई स्पार्कलाइन चाहनुहुन्छ।

2. 'इंसर्ट' टैब माथि क्लिक गर्नुहोस्।

3. 'स्पार्कलाइन' ग्रुपको तल 'कॉलम' माथि क्लिक गर्नुहोस्।

'क्रिएट स्पार्कलाइन' डायलॉग बाक्स देखिन्छ।

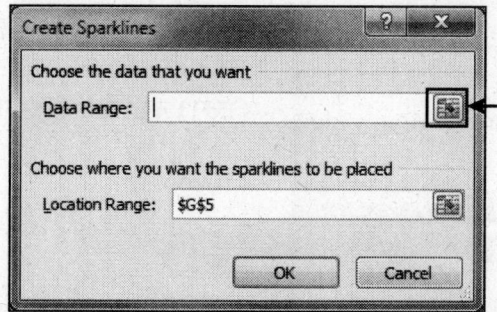

4. सेलको त्यस रेंजलाई सलेक्ट गर्नको लागि जहा सम्मको डाटा चार्टमा समावेस हुन्छ, यस आइकॉन माथि क्लिक गर्नुहोस्।

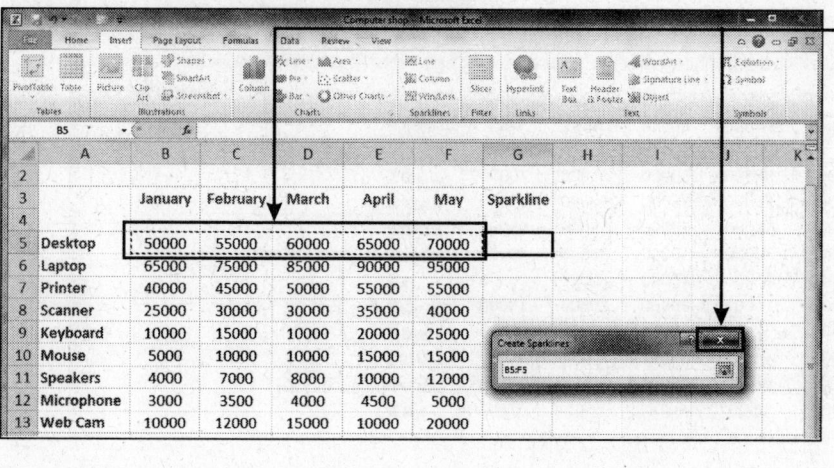

5. त्यस रेंजलाई सलेक्ट गर्नुहोस् र 'ओके' माथि क्लिक गर्नुहोस्।

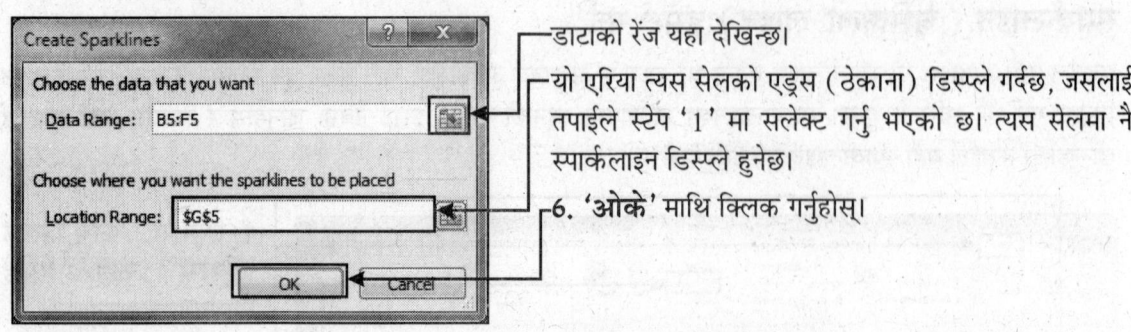

डाटाको रेंज यहा देखिन्छ।

यो एरिया त्यस सेलको एड्रेस (ठेकाना) डिस्प्ले गर्दछ, जसलाई तपाईले स्टेप '1' मा सलेक्ट गर्नु भएको छ। त्यस सेलमा नै स्पार्कलाइन डिस्प्ले हुनेछ।

6. 'ओके' माथि क्लिक गर्नुहोस्।

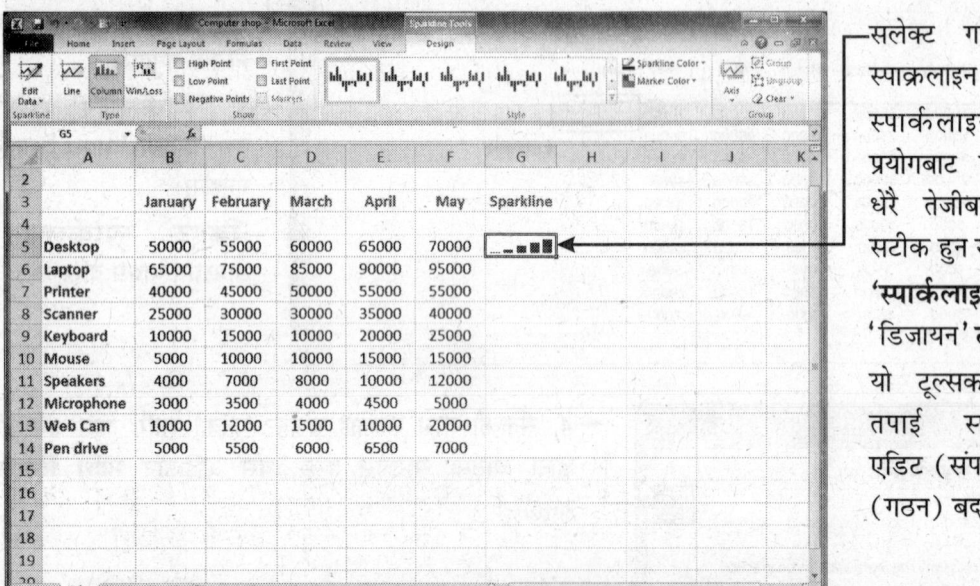

	A	B	C	D	E	F	G
3		January	February	March	April	May	Sparkline
5	Desktop	50000	55000	60000	65000	70000	
6	Laptop	65000	75000	85000	90000	95000	
7	Printer	40000	45000	50000	55000	55000	
8	Scanner	25000	30000	30000	35000	40000	
9	Keyboard	10000	15000	10000	20000	25000	
10	Mouse	5000	10000	10000	15000	15000	
11	Speakers	4000	7000	8000	10000	12000	
12	Microphone	3000	3500	4000	4500	5000	
13	Web Cam	10000	12000	15000	10000	20000	
14	Pen drive	5000	5500	6000	6500	7000	

सलेक्ट गरिएको सेलमा स्पाक्रलाइन देखिन्छ।

स्पार्कलाइनको उचित प्रयोगबाट डाटाको तुलना धैरै तेजीबाट अझ बढि सटीक हुन सक्छ।

'स्पार्कलाइन टूल्स' टैबमा 'डिजायन' **टूल्स'** देखिन्छ।

यो टूल्सको प्रयोग गरेर तपाई स्पाक्रलाइनलाई एडिट (संपादित) र फार्मेट (गठन) बदलिन सक्नुहुन्छ।

	A	B	C	D	E	F	G
3		January	February	March	April	May	Sparkline
5	Desktop	50000	55000	60000	65000	70000	
6	Laptop	65000	75000	85000	90000	95000	
7	Printer	40000	45000	50000	55000	55000	
8	Scanner	25000	30000	30000	35000	40000	
9	Keyboard	10000	15000	10000	20000	25000	
10	Mouse	5000	10000	10000	15000	15000	
11	Speakers	4000	7000	8000	10000	12000	
12	Microphone	3000	3500	4000	4500	5000	
13	Web Cam	10000	12000	15000	10000	20000	
14	Pen drive	5000	5500	6000	6500	7000	

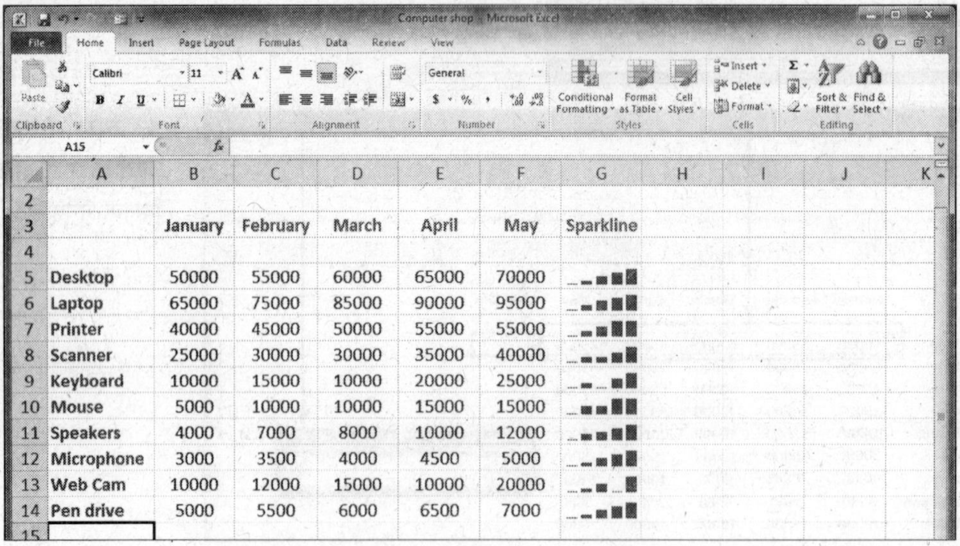

प्रिंट एरिया डिफाइन (सीमांकित) गर्न

वर्कशीटको कुनै निश्चित भागलाई प्रिंट गर्नको लागि तपाईले प्रिंट एरिया परिभाषित अथवा सीमांकित गर्न सक्नुहुन्छ।

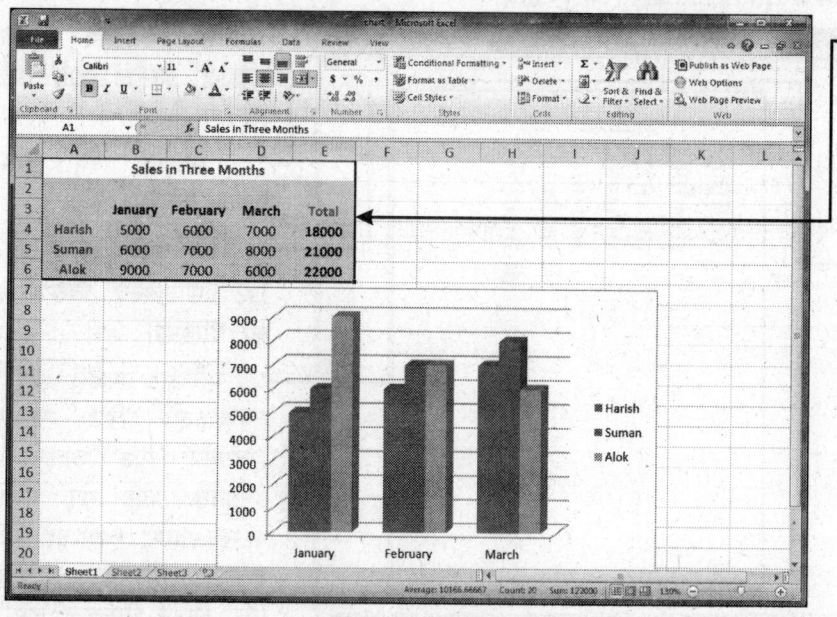

1. त्यो सेल सलेक्ट गर्नुहोस् जुन तपाई प्रिंट एरियामा समावेस गर्न चाहनुहुन्छ।

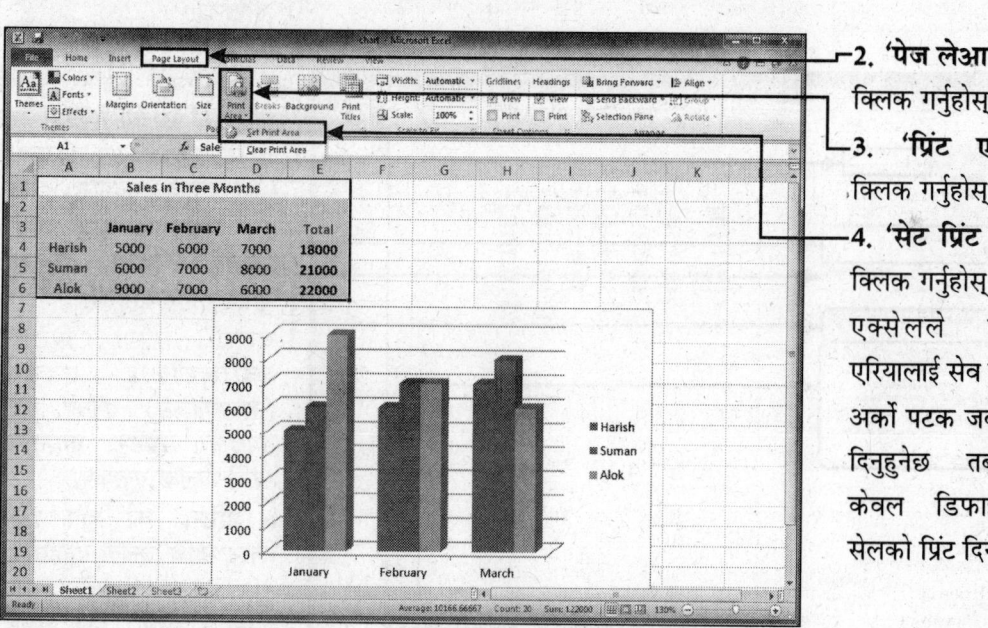

2. 'पेज लेआउट' टेब माथि क्लिक गर्नुहोस्।

3. 'प्रिंट एरिया' माथि क्लिक गर्नुहोस्।

4. 'सेट प्रिंट एरिया' माथि क्लिक गर्नुहोस्।

एक्सेलले त्यस प्रिंट एरियालाई सेव गर्नेछ।

अर्को पटक जब तपाईले प्रिंट दिनुहुनेछ तब एक्सेलले केवल डिफाइन गरिएको सेलको प्रिंट दिनेछ।

वर्कबुकको प्रिंट दिन

तपाईको स्क्रीनमा डिस्प्ले भई रहेको वर्कबुकको तपाई प्रिंट पनि लिन सक्नुहुन्छ। आफ्नो डाक्यूमेंटको प्रिंट लिनु भन्दा पहिला यो सुनिश्चित गर्नुहोस् कि तपाईको प्रिंटर ऑन (चालू) होस्।

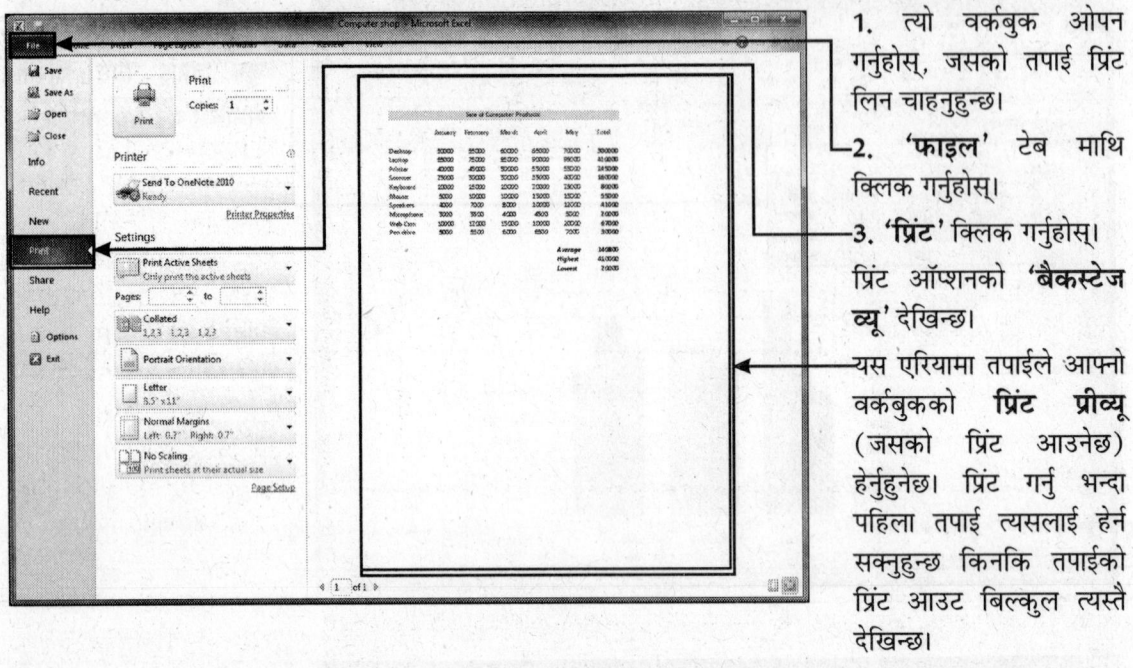

1. त्यो वर्कबुक ओपन गर्नुहोस्, जसको तपाई प्रिंट लिन चाहनुहुन्छ।
2. '**फाइल**' टेब माथि क्लिक गर्नुहोस्।
3. '**प्रिंट**' क्लिक गर्नुहोस्। प्रिंट ऑप्शनको '**बैकस्टेज व्यू**' देखिन्छ।

यस एरियामा तपाईले आफ्नो वर्कबुकको **प्रिंट प्रीव्यू** (जसको प्रिंट आउनेछ) हेर्नुहुनेछ। प्रिंट गर्नु भन्दा पहिला तपाई त्यसलाई हेर्न सक्नुहुन्छ किनकि तपाईको प्रिंट आउट बिल्कुल त्यस्तै देखिन्छ।

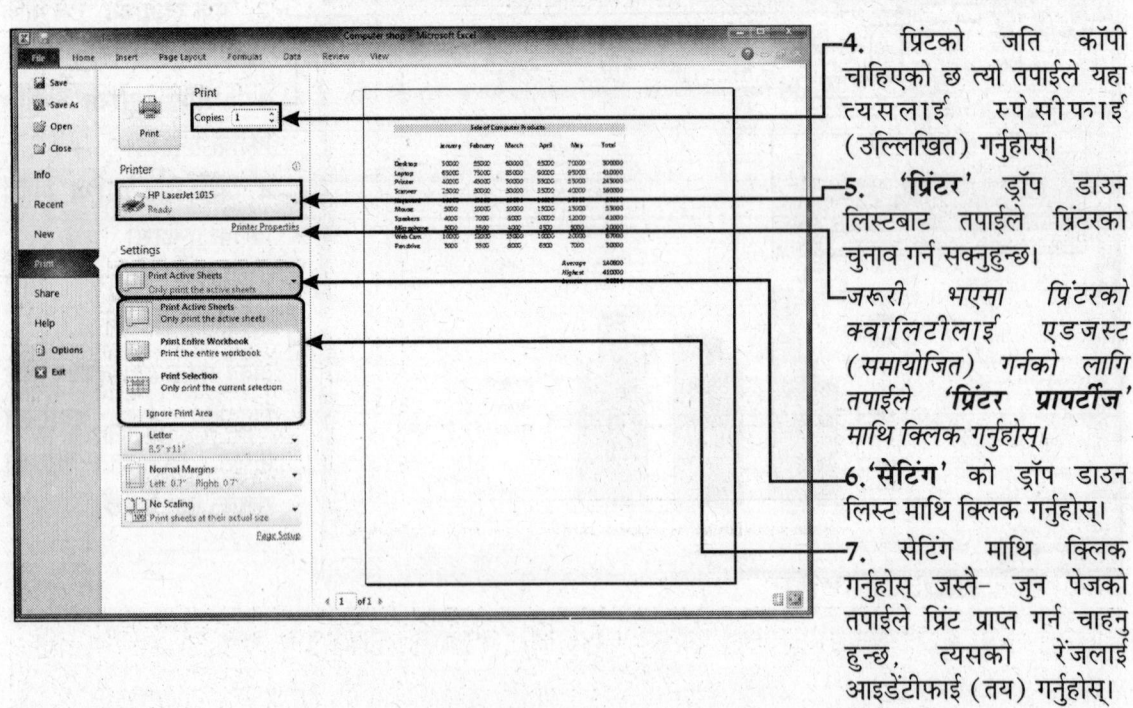

4. प्रिंटको जति कॉपी चाहिएको छ त्यो तपाईले यहा त्यसलाई स्पेसीफाई (उल्लिखित) गर्नुहोस्।
5. '**प्रिंटर**' ड्रॉप डाउन लिस्टबाट तपाईले प्रिंटरको चुनाव गर्न सक्नुहुन्छ। जरूरी भएमा प्रिंटरको क्वालिटीलाई एडजस्ट (समायोजित) गर्नको लागि तपाईले '**प्रिंटर प्रापर्टीज**' माथि क्लिक गर्नुहोस्।
6. '**सेटिंग**' को ड्रॉप डाउन लिस्ट माथि क्लिक गर्नुहोस्।
7. सेटिंग माथि क्लिक गर्नुहोस् जस्तै- जुन पेजको तपाईले प्रिंट प्राप्त गर्न चाहनु हुन्छ, त्यसको रेंजलाई आइडेंटीफाई (तय) गर्नुहोस्।

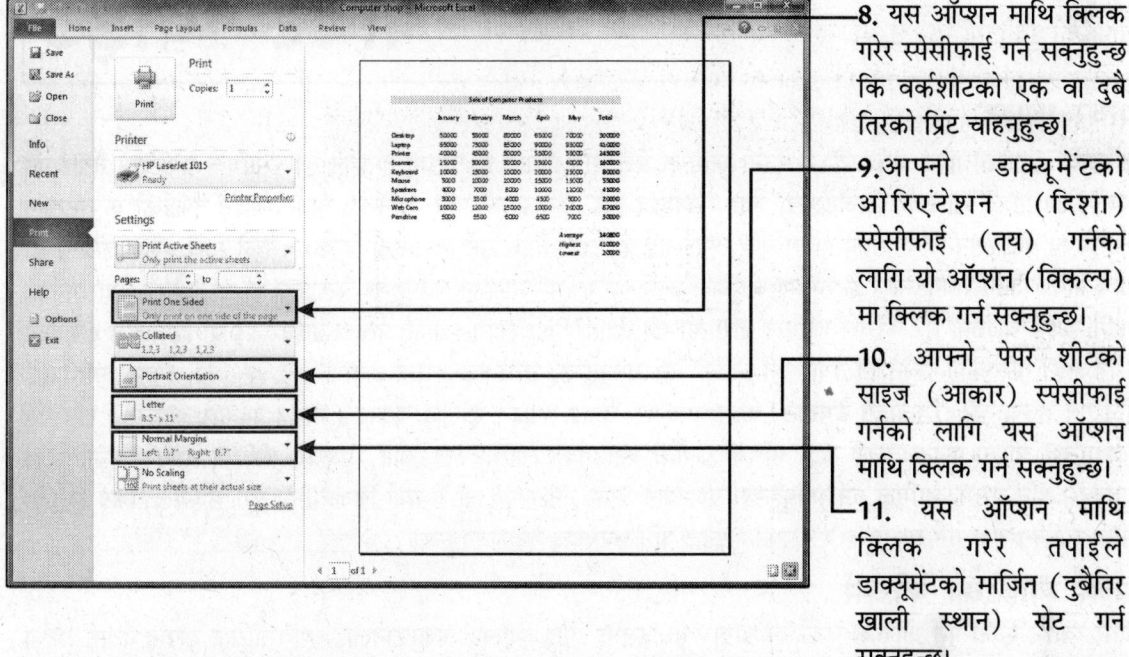

8. यस ऑप्शन माथि क्लिक गरेर स्पेसीफाई गर्न सक्नुहुन्छ कि वर्कशीटको एक वा दुबै तिरको प्रिंट चाहनुहुन्छ।

9. आफ्नो डाक्यूमेंटको ओरिएंटेशन (दिशा) स्पेसीफाई (तय) गर्नको लागि यो ऑप्शन (विकल्प) मा क्लिक गर्न सक्नुहुन्छ।

10. आफ्नो पेपर शीटको साइज (आकार) स्पेसीफाई गर्नको लागि यस ऑप्शन माथि क्लिक गर्न सक्नुहुन्छ।

11. यस ऑप्शन माथि क्लिक गरेर तपाईले डाक्यूमेंटको मार्जिन (दुबैतिर खाली स्थान) सेट गर्न सक्नुहुन्छ।

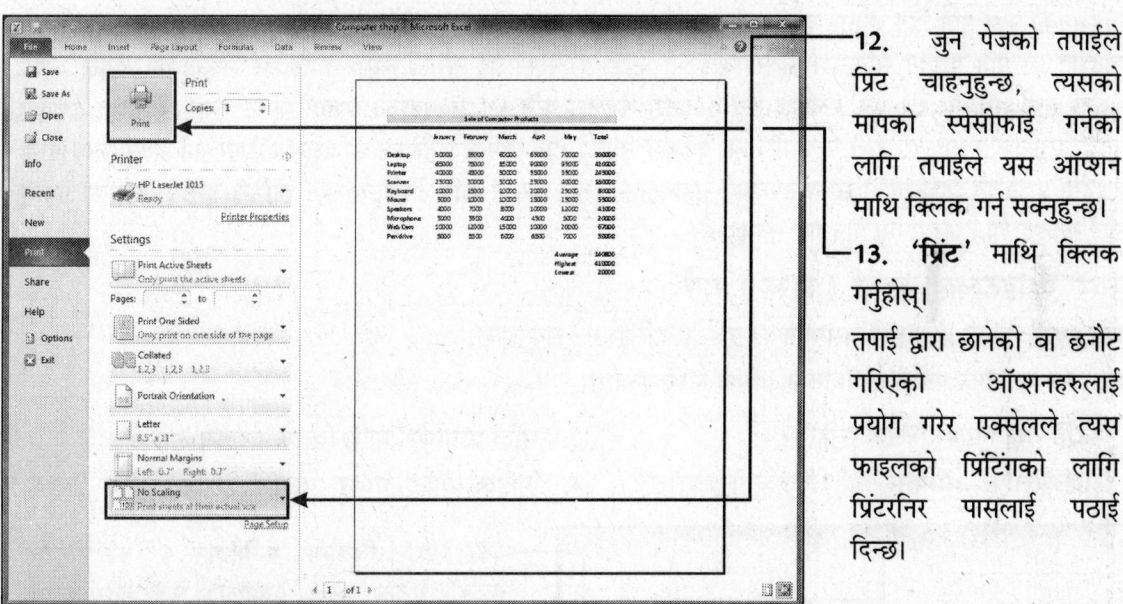

12. जुन पेजको तपाईले प्रिंट चाहनुहुन्छ, त्यसको मापको स्पेसीफाई गर्नको लागि तपाईले यस ऑप्शन माथि क्लिक गर्न सक्नुहुन्छ।

13. 'प्रिंट' माथि क्लिक गर्नुहोस्।

तपाई द्वारा छानेको वा छनौट गरिएको ऑप्शनहरुलाई प्रयोग गरेर एक्सेलले त्यस फाइलको प्रिंटिंगको लागि प्रिंटरनिर पासलाई पठाई दिन्छ।

यसको पनि जानकारी राख्नुहोस्

एक्सेल 2010 को प्रिंट फीचर्समा प्रीव्यू, एडजस्ट र प्रिंट ऑल त्यसैरी नै समावेस हुन्छ जस्तो कि बैकस्टेज व्यूमा देखिन्छ।

9 पावर प्वाइंट

पावर प्वाइंट

परिचय : माइक्रोसाफ्ट पावर प्वाइंट एउटा ग्राफिक प्रजेंटेशन प्रोग्राम हो जसमा तपाईले व्यावसायिक प्रजेंटेशन तैयार गर्न सक्नुहुन्छ। पावर प्वाइटको **'प्रजेंटेशन'** लाई **'स्लाइड शो'** को नामले पनि जानिन्छ। पावर प्वाइंट तपाईको कंप्यूटरसंग जोडिएको प्रोजेक्शन डिवाइसको प्रयोग गरेर तपाईलाई प्रजेंटेशन तैयार गर्ने स्वतन्त्रता दिन्छ। यसको साथै यसमा इंटरनेटको लाभ पनि पाउन सक्नुहुन्छ र इंटरनेटमा वर्चुअल प्रजेंटेशन रन पनि गराउन सक्नुहुन्छ। स्लाइडलाई सजिलैसंग तैयार गर्नको लागि पावर प्वाइंटमा धेरै फीचर्स शामिल गरिएको छ। उदाहरणको लागि– तपाई पावर प्वाइंटरलाई प्री डिजाइन्ड (पहिला नै डिजाइन गरिएको) प्रजेंटेशन तैयार गर्ने निर्देश दिन सक्नुहुन्छ। त्यसपछि यसमा आफ्नो आवश्यक्ता अनुसार मॉडीफाई पनि गर्न सक्नुहुन्छ। **'डिजाइन टेंपलेट'** को प्रयोग गरेर तपाई स्लाइड शोलाई फार्मेट (रूप र आकार बदलिन) पनि गर्न सक्नुहुन्छ। आफ्नो प्रजेंटेशनलाई अझ अधिक प्रभावी बनाउनको लागि टेबल, चार्ट, पिक्चर, वीडियो, साउंड र एनीमेशन इफेक्ट्स पनि यसमा शामिल गर्न सक्नुहुन्छ। प्रजेंटेशन तैयार गर्ने समय वा यसको डिजायनिंग पूरा भएपछि तपाई स्लाइड शोमा स्पेलिंग चेक गर्न सक्नुहुन्छ र यसको स्टाइल पनि फेरबदल गर्न सक्नुहुन्छ।

पावर प्वाइंटको फीचर्स

पावर प्वाइंट एउटा पूरा ग्राफिक प्रजेंटेशन प्रोग्राम हो जसमा तपाई आफ्नो प्रजेंटेशनलाई व्यावसायिक रूपमा तैयारी गर्नमा यसको प्रयोग गर्न सक्नुहुन्छ। पावर प्वाइंटमा कंप्यूटरसंग जोडिएको प्रोजेक्शन डिवाइसको प्रयोग गरेर त्यसलाई इलेक्ट्रोनिक प्रजेंटशनको रूप पनि दिन सक्नुहुन्छ। यसमा तपाई 35 एमएमको स्लाइड शो तैयार गर्न सक्नुहुन्छ र इंटरनेटमा वर्चुअल प्रजेंटशन रन पनि गराउन सकिन्छ। पावर प्वाइंटमा तपाई प्रजेंटेशनलाई नार्मल व्यूमा तैयार गर्न सक्नुहुन्छ। नार्मल व्यूमा तपाईले एकै समयमा टैब पेन, स्लाइड पेन र नोट्स पेनलाई पनि हेर्न सक्नुहुन्छ। माइक्रोसाफ्ट पावर प्वाइंटमा तपाईले साउंड, म्यूजिक र पिक्चर जस्तै मल्टीमीडिया फीचर्स भएको डायनामिक प्रजेंटेशन सजिलैसंग तैयार गर्न सक्नुहुन्छ। पावर प्वाइंटमा प्रजेंटेशन डिजाइनको समय तपाईको सहायताको लागि यसमा केहि टेंपलेट्स पनि शामिल हुन्छन्। त्यसको प्रयोग तपाई स्लाइड शो तैयार गर्नमा पनि गर्न सक्नुहुन्छ।

पावर प्वाइंटलाई स्टार्ट (शुरू) गर्न

पावर प्प्वाइंट एउटा प्रोग्राम हो जसमा तपाई प्रजेंटेशन तैयार गर्न सक्नुहुन्छ।

पावर प्प्वाइंट ओपन गर्नको लागि निम्नलिखित काम गर्नुहोस्।

1. **'स्टार्ट'** बटन माथि क्लिक गर्नुहोस्।
2. **'ऑल प्रोग्राम्स'** माथि क्लिक गर्नुहोस्।
3. **'माइक्रोसॉफ्ट ऑफिस'** माथि क्लिक गर्नुहोस्।
4. **'माइक्रोसॉफ्ट पावर प्वाइंट 2010'** माथि क्लिक

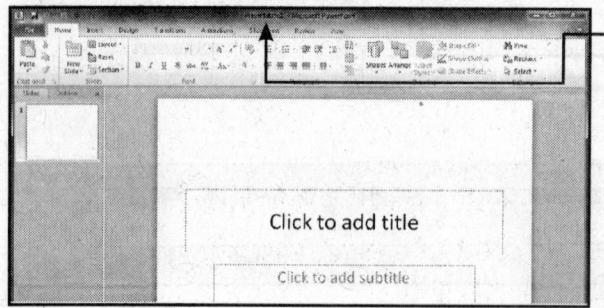

पावर प्वाइंट विंडोमा **'प्रजेंटेशन 1'** को टाइटल नामसंगै एउटा ब्लैंक (खाली) प्रजेंटेशन डिस्प्ले हुनेछ।

पावर प्वाइंट विंडो

पावर प्वाइंट विंडोमा देखिने विभिन्न आइटमहरुको मद्दतबाट तपाई आफ्नो कार्यलाई सजिलैसंग र प्रभावी रूपमा पूरा गर्न सक्नुहुन्छ।

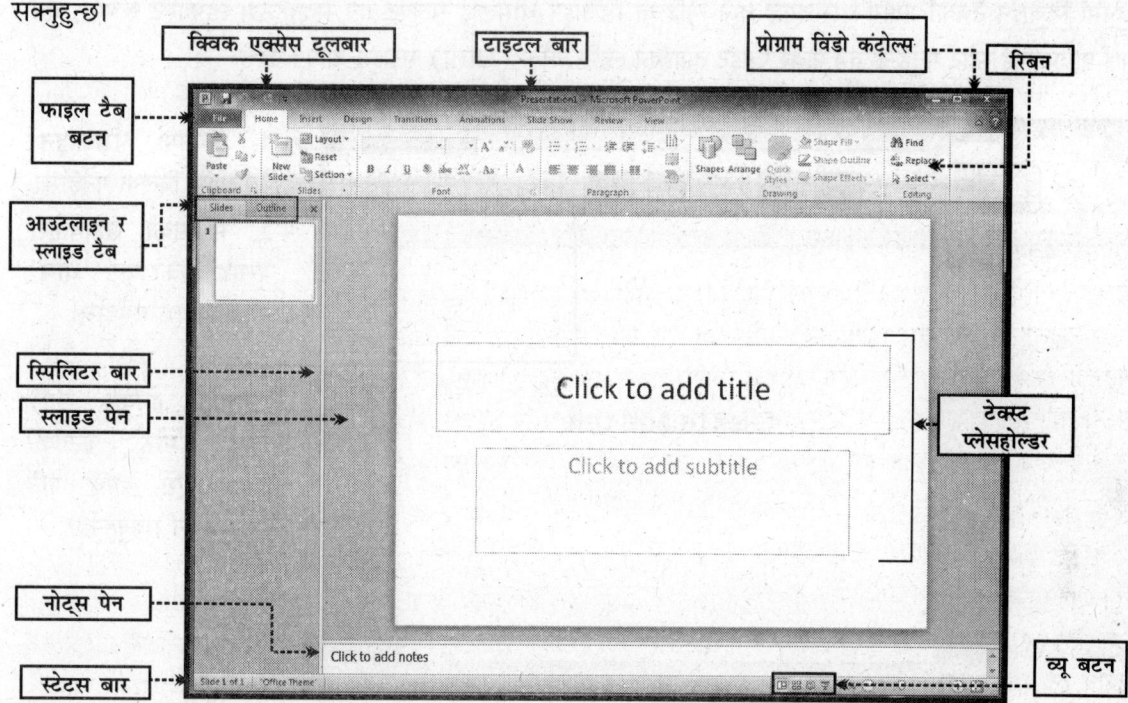

टाइटल बार : यो विंडोको सबै भन्दा माथिको भाग हो जसले डाक्यूमेंटको नाम शो (प्रदर्शित) गर्दछ।

ऑफिस बटन मीनू : यो एउटा मीनू बटन हो जसमा 'ओपन' र 'सेव' जस्ता कमांडहरु शामिल छन्।

क्विक एक्सेस टूलबार : यसमा क्विक एक्सेस बटन डिस्प्ले हुन्छ जस्तै- सेव, अनडू र रीडू कमांड।

रिबन : यसले कमांडसंग संबंधित टैब डिस्प्ले गर्दछ। प्रत्येक टैब कॉमन टास्कको शार्टकट हुन्छ।

प्रोग्राम विंडो कंट्रोल्स : यो बटन प्रोग्राम विंडोलाई मिनीमाइज् गर्न, विंडो फुल साइजमा रीस्टोर गर्न र विंडो क्लोज (बंद) गर्नमा प्रयोग हुन्छ।

आउटलाइन र स्लाइड टैब : यसले प्रजेंटशनको स्लाइडलाई दुईवटा व्यू दिन्छ। स्लाइड टेक्स्टको आउटलाइन र स्लाइडको थंबनेल व्यू।

स्लाइड पेन : करेंट (वर्तमान) स्लाइडलाई ठूलो रूपमा विंडोको दायाँ तिर डिस्प्ले गर्दछ। तपाई स्लाइन पेनमा टेक्स्ट, ग्राफिक्स र एनीमेशन सीधा एंटर गर्न सक्नुहुन्छ।

स्पिलिटर बार : माउस ड्रैग गरेर तपाई यसबाट स्लाइड पेनको चौड़ाईलाई एडजस्ट (समायोजित) गर्न सक्नुहुन्छ।

टेक्स्ट प्लेसहोल्डर : टेक्स्ट प्लेसहोल्डरमा तपाई टाइटल, बॉडी टेक्स्ट र बुलेट लिस्ट टाइप गर्न सक्नुहुन्छ।

स्टेटस बार : स्टेटस बार एउटा मैसेज एरिया हो, जसमा करेंट स्लाइडको नंबर र स्लाइड शोमा शामिल जम्मा स्लाइडको संख्या पनि डिस्प्ले हुन्छ।

व्यू बटन : तपाईको स्क्रीनमा डिस्प्ले भई रहेको व्यूलाई तेजीबाट बदलिने स्वतन्त्रता दिन्छ।

नार्मल व्यू, स्लाइड शॉर्टर व्यू र स्लाइड शो व्यू , पावर प्वाइंटको तीन मुख्य व्यू हुन्।

नोट्स पेन : नोट्स पेनमा तपाईले करेंट स्लाइडको लागि टेक्स्ट नोट्स डिस्प्ले गर्न सक्नुहुन्छ। यसमा पावर प्वाइंटको लागि नोट्स शामिल हुन्छ र आफ्नो दर्शकसंग शेयर गर्नको लागि रिमार्क (टिप्पणी) हुन्छ।

डिजाइन थीमसंगै ब्लैंक (खाली) प्रजेंटेशन तैयार पार्दा

रिबनमा डिजाइन टैबको प्रयोग गरेर तपाई कुनै निश्चित डिजाइन थीमलाई सलेक्ट गर्न सक्नुहुन्छ। डिफाल्ट रूपमा, जब तपाई प्रोग्रामलाई स्टार्ट गर्नुहुन्छ तब पावर प्वाइंट तपाईको लागि ब्लैंक (खाली) स्लाइड ओपन गर्दछ।

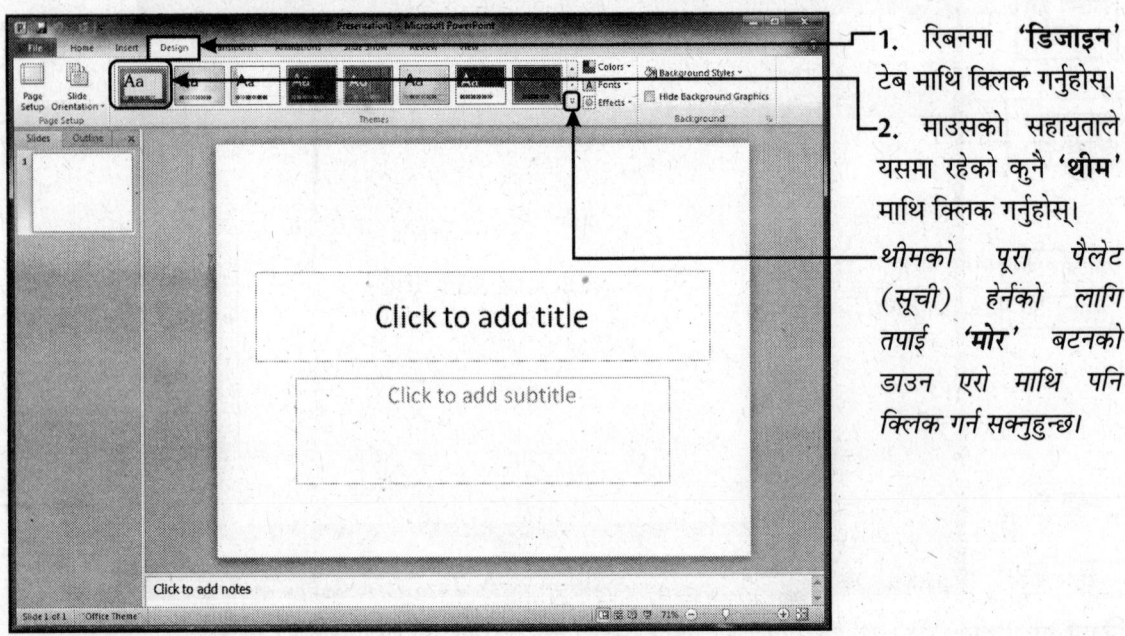

1. रिबनमा **'डिजाइन'** टेब माथि क्लिक गर्नुहोस्।
2. माउसको सहायताले यसमा रहेको कुनै **'थीम'** माथि क्लिक गर्नुहोस्।

*थीमको पूरा पैलेट (सूची) हेर्नको लागि तपाई **'मोर'** बटनको डाउन एरो माथि पनि क्लिक गर्न सक्नुहुन्छ।*

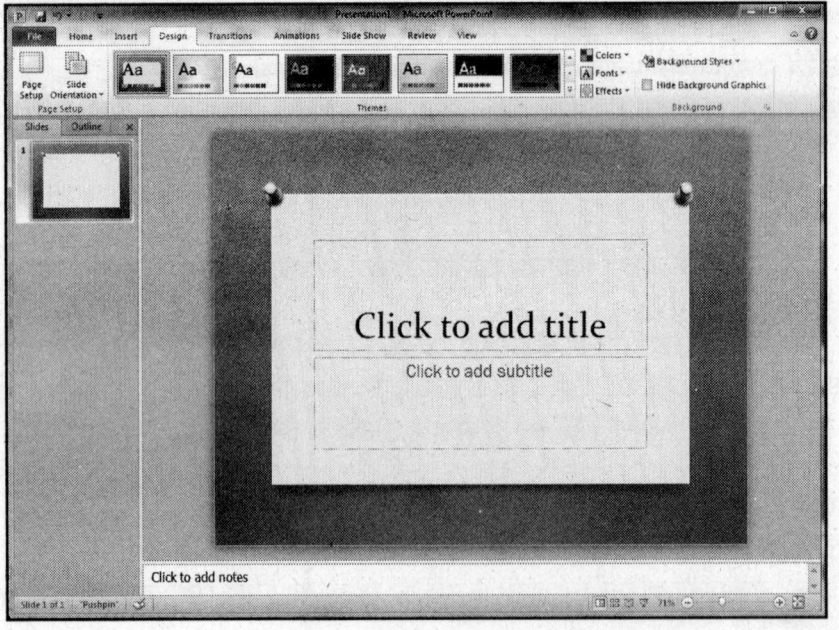

त्यो थीम स्लाइड 1 मा अप्लाई हुनेछ।

जब स्लाइडमा थीम अप्लाई हुन्छ तब तपाई टेक्स्ट एंटर गर्न शुरू गर्नुहोस्।

टाइटल स्लाइड क्रिएट गर्न

पावर प्वाइंटको यो मान्यता छ कि प्रत्येक नयाँ स्लाइडको कुनै नकुनै नाम हुन्छ। नयाँ स्लाइडमा टाइटल टेक्स्ट होल्डरमा टाइप गरिएको कुनै पनि टेक्स्ट टाइटल टेक्स्ट बन्दछ। आफ्नो स्लाइडमा टेक्स्ट एंटर गर्नको लागि की-बोर्डको प्रयोग गर्नुहोस्। यस प्रजेंटेशनको लागि टाइटल स्लाइड तैयार पार्न निम्नलिखित स्टेप (कार्य) गर्नुहोस्।

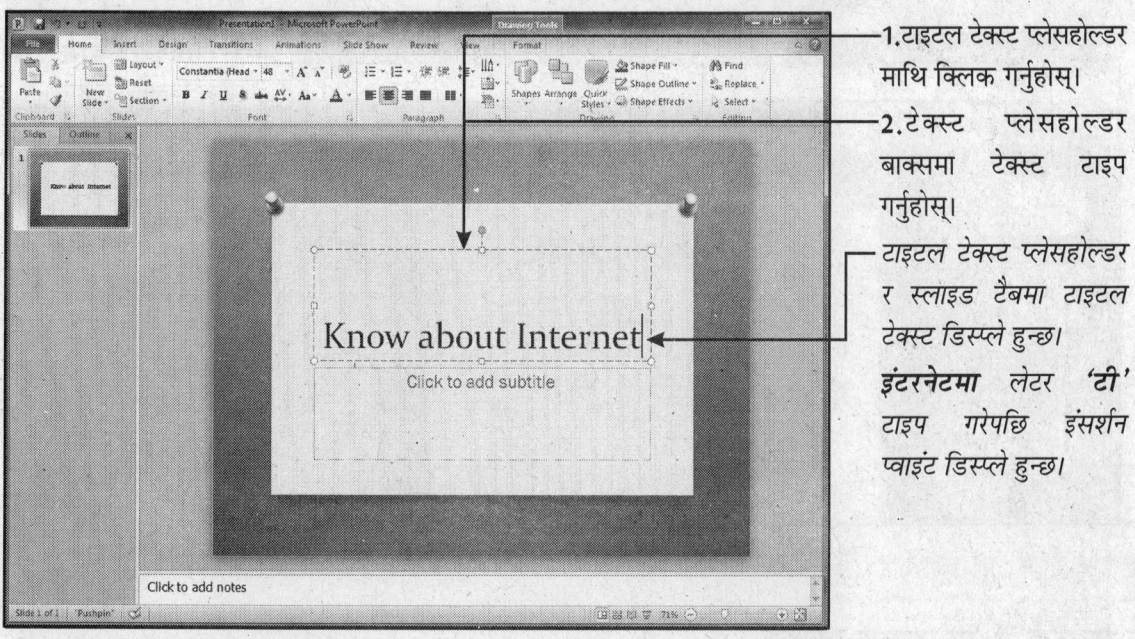

1. टाइटल टेक्स्ट प्लेसहोल्डर माथि क्लिक गर्नुहोस्।

2. टेक्स्ट प्लेसहोल्डर बाक्समा टेक्स्ट टाइप गर्नुहोस्।

टाइटल टेक्स्ट प्लेसहोल्डर र स्लाइड टैबमा टाइटल टेक्स्ट डिस्प्ले हुन्छ।

इंटरनेटमा *लेटर* ***'टी'*** *टाइप गरेपछि इंसर्शन प्वाइंट डिस्प्ले हुन्छ।*

सबटाइटलमा टेक्स्ट एंटर गर्न

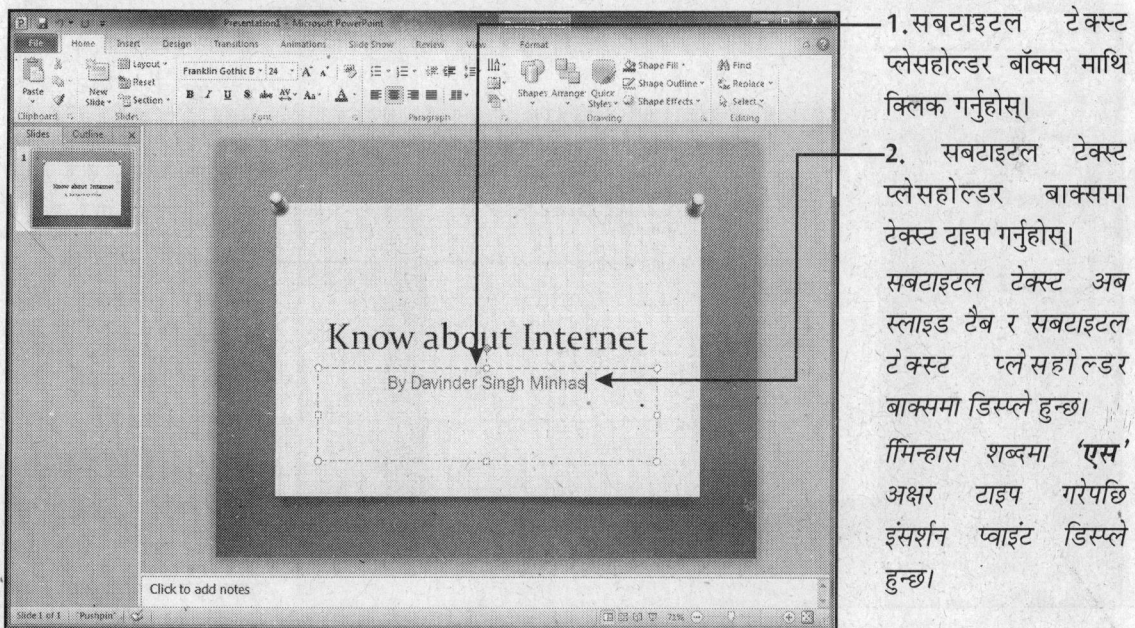

1. सबटाइटल टेक्स्ट प्लेसहोल्डर बॉक्स माथि क्लिक गर्नुहोस्।

2. सबटाइटल टेक्स्ट प्लेसहोल्डर बाक्समा टेक्स्ट टाइप गर्नुहोस्।

सबटाइटल टेक्स्ट अब स्लाइड टैब र सबटाइटल टेक्स्ट प्लेसहोल्डर बाक्समा डिस्प्ले हुन्छ।

मिन्हास शब्दमा ***'एस'*** *अक्षर टाइप गरेपछि इंसर्शन प्वाइंट डिस्प्ले हुन्छ।*

प्रजेंटेशनमा नयाँ स्लाइड जोड्न

तपाई टेक्स्टलाई त्यसरी टाइप गर्न सक्नुहुन्छ जसरी स्लाइड 1 मा टाइप गर्नु भएको थियो। टाइटल स्लाइड तैयार गरेपछि तपाईले अब नयाँ स्लाइड तैयार गर्नुछ। सामान्यत: जब कुनै प्रजेंटेशन तैयार गरिन्छ, स्लाइड जोड्दा तपाई टेक्स्ट, चार्ट र ग्राफिक्स शामिल गर्न सक्नुहुन्छ। जब कुनै नयाँ स्लाइड जोडिन्छ।

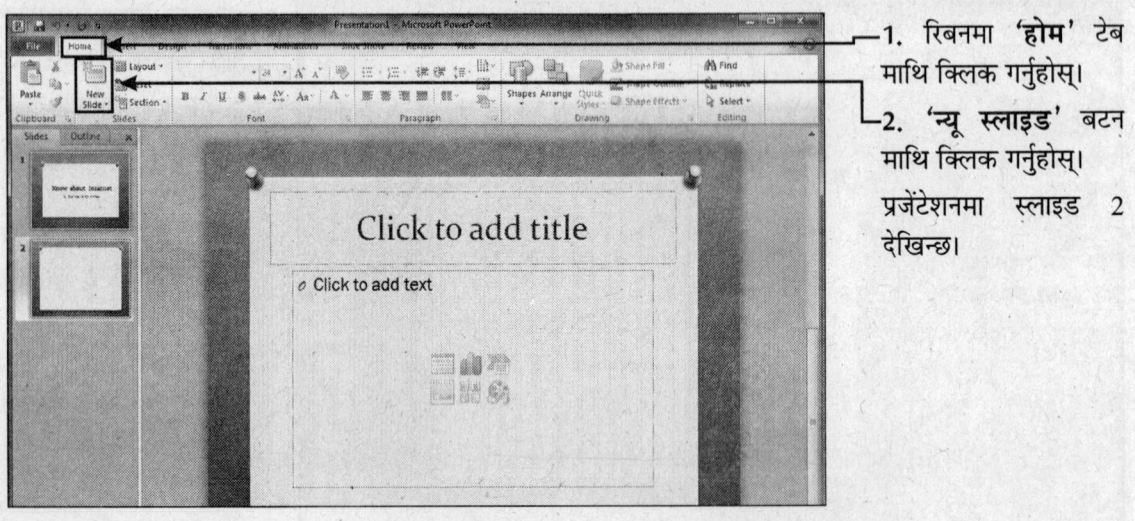

1. रिबनमा '**होम**' टेब माथि क्लिक गर्नुहोस्।
2. '**न्यू स्लाइड**' बटन माथि क्लिक गर्नुहोस्।

प्रजेंटेशनमा स्लाइड 2 देखिन्छ।

स्लाइड 2 मा टेक्स्ट जोड्न

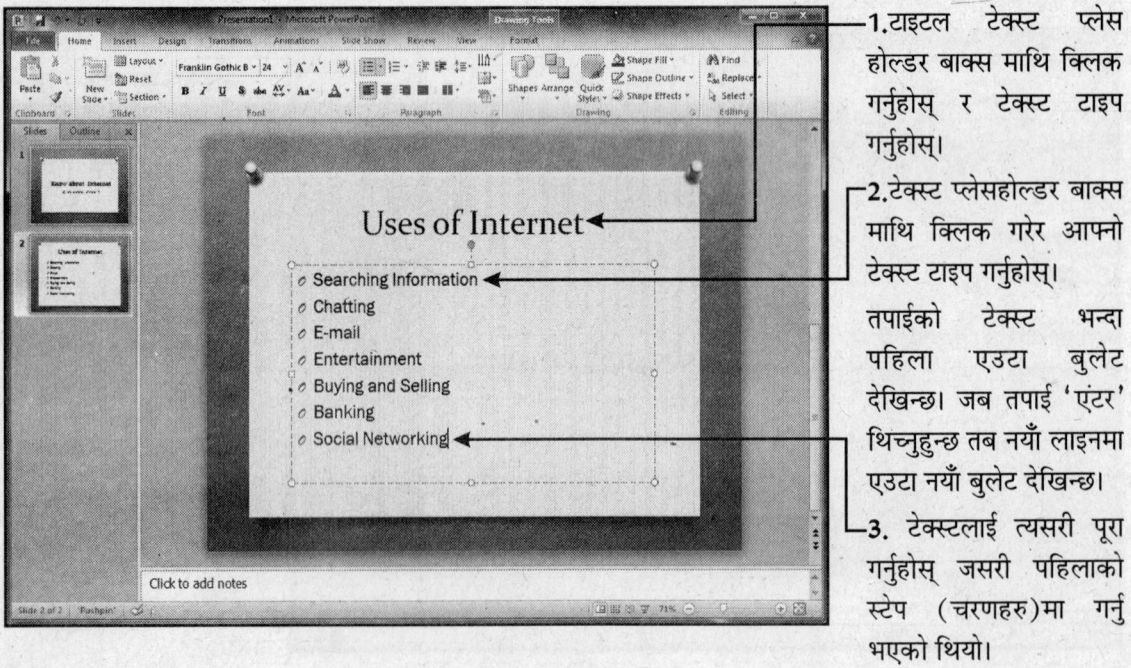

1. टाइटल टेक्स्ट प्लेस होल्डर बाक्स माथि क्लिक गर्नुहोस् र टेक्स्ट टाइप गर्नुहोस्।
2. टेक्स्ट प्लेसहोल्डर बाक्स माथि क्लिक गरेर आफ्नो टेक्स्ट टाइप गर्नुहोस्।

तपाईको टेक्स्ट भन्दा पहिला एउटा बुलेट देखिन्छ। जब तपाई 'एंटर' थिच्नुहुन्छ तब नयाँ लाइनमा एउटा नयाँ बुलेट देखिन्छ।

3. टेक्स्टलाई त्यसरी पूरा गर्नुहोस् जसरी पहिलाको स्टेप (चरणहरु)मा गर्नु भएको थियो।

टेक्स्टलाई सलेक्ट गर्न

आफ्नो प्रजेंटेशनको टेक्स्टमा बदलाव गर्नु भन्दा पहिला जुन टेक्स्टमा तपाई काम गर्न चाहनुहुन्छ, अक्सर त्यसलाई सलेक्ट गर्नुपर्ने हुन्छ। सलेक्ट गरिएको टेक्स्ट तपाईको स्क्रीनमा हाईलाइट हुनेछ।

वर्ड (शब्द) लाई सलेक्ट गर्न

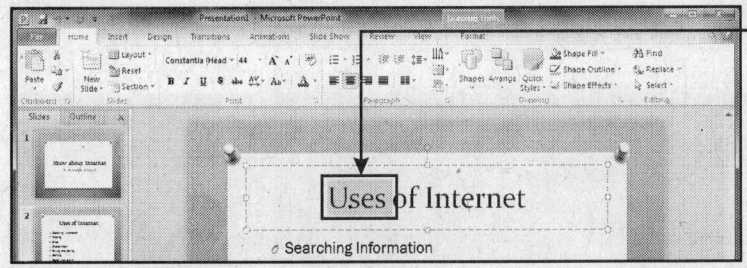

जुन शब्दलाई तपाई सलेक्ट गर्न चाहनुहुन्छ, त्यस माथि **'डबल क्लिक'** गर्नुहोस्।

सलेक्ट गरिएको शब्द हटाउनको लागि त्यस एरिया बाहिर कतै क्लिक गर्नुहोस्।

सेंटेंस (वाक्य) लाई सलेक्ट गर्न

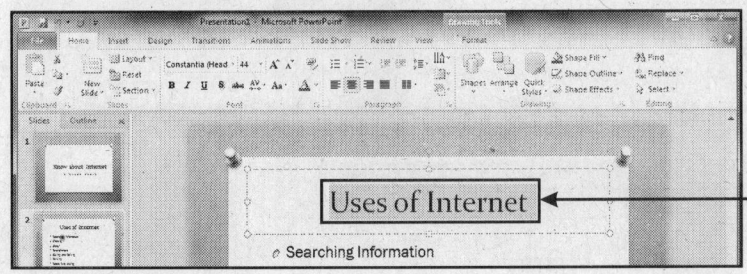

जुन वाक्यलाई तपाई सलेक्ट गर्न चाहनुहुन्छ, त्यस माथि ट्रिपल क्लिक (तीन पटक क्लिक) गर्नुहोस्।

प्वाइंट सलेक्ट गर्न

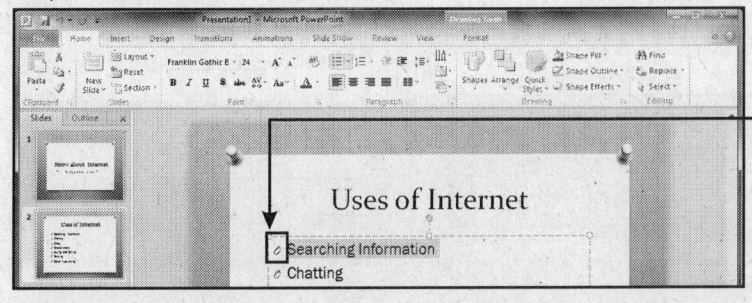

जुन प्वाइंटलाई सलेक्ट गर्न चाहनुहुन्छ, त्यसको पूर्वमा रहेको बुलेट **बुलेट** (⊘) माथि क्लिक गर्नुहोस्।

टेक्स्टको समूहलाई सलेक्ट गर्न

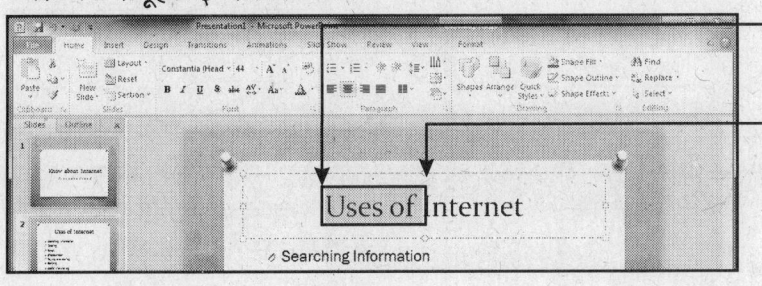

1. माउसको प्वाइंटर (I) त्यस पहिलो शब्दको माथि राख्नुहोस् जहाबाट तपाई टेक्स्टलाई सलेक्ट गर्न चाहनुहुन्छ।

2. माउसको प्वाइंटर (I) लाई ड्रैग गर्दै त्यस टेक्स्ट सम्म लैजानुहोस्, जहा सम्म तपाई त्यसलाई सलेक्ट गर्न चाहनुहुन्छ।

टेक्स्टलाई डिलीट गर्न

यदि तपाईलाई आफ्नो प्रजेंटेशनमा शामिल इंफोर्मेशन लामो समय सम्मको लागि आवश्यक छैन् भने तपाई द्वारा स्लाइडमा टेक्स्ट डिलीट पनि गर्न सकिन्छ।

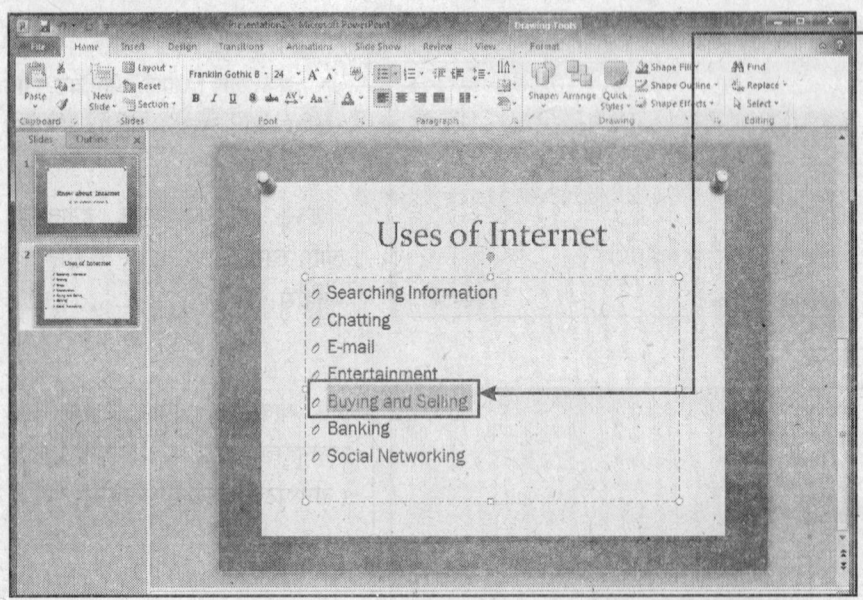

1. जुन टेक्स्ट डिलीट गर्न चाहनुहुन्छ, त्यस लाई पहिला सलेक्ट गर्नुहोस्।

2. आफ्नो प्रजेंटेशनबाट त्यो टेक्स्ट हटाउनको लागि **'की-बोर्ड'** मा **'डिलीट'** बटन थिच्नुहोस्।

त्यो टेक्स्ट स्लाइडमा देखिन बंद हुनेछ।

गरिएको बदलावहरुलाई पुनः प्राप्त गर्ने तरीका

प्रजेंटेशनमा तपाईद्वारा आखिरमा गरिएको बदलावहरुलाई पावर प्वाइंटले याद राख्दछ। यदि तपाई त्यसमा गरिएको बदलावहरुलाई पुनः प्राप्त गर्न चाहनुहुन्छ भने तपाई **'अनडू'** फीचरको प्रयोग गर्न सक्नुहुन्छ।

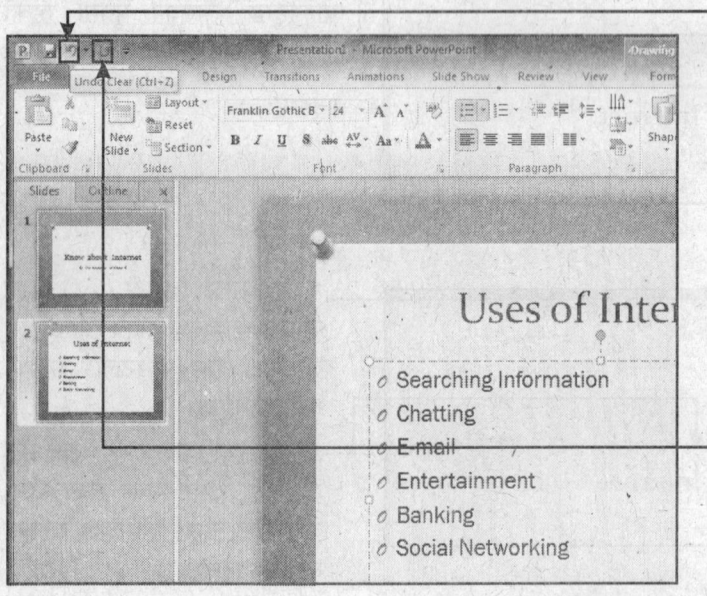

1. आफ्नो प्रजेंटेशनमा आखिरमा गरिएको बदलावलाई कैंसल गर्नको लागि र पुनः पहिलाको स्थितिमा आउनको लागि **'क्विक एक्सेस टूलबार'** मा **'अनडू क्लीयर'** ( ) बटन क्लिक गर्नुहोस्।

प्रजेंटेशनमा तपाईद्वारा आखिरमा गरिएको चेंज (बदलाव) लाई पावर प्वाइंटले कैंसल (निरस्त) गरिदिन्छ।

पहिला गरिएको बदलाव फेरि कैंसल गर्नको लागि 'स्टेप 1' रिपिट गर्नुहोस्।

अनडअनडू फीचरको परिणाम फेर्न (बदलिन)को लागि तपाई **क्विक एक्सेस** टूलबार मा **'रिपीट क्लीयर'** (माथि क्लिक गर्नुहोस्।

टेक्स्टको फॉन्ट बदलिने तरीका

स्लाइडको प्रस्तुति बढाउन अथवा अझ राम्रो बनाउनको लागि तपाई टेक्स्टको फॉन्ट पनि बदलिन सक्नुहुन्छ।

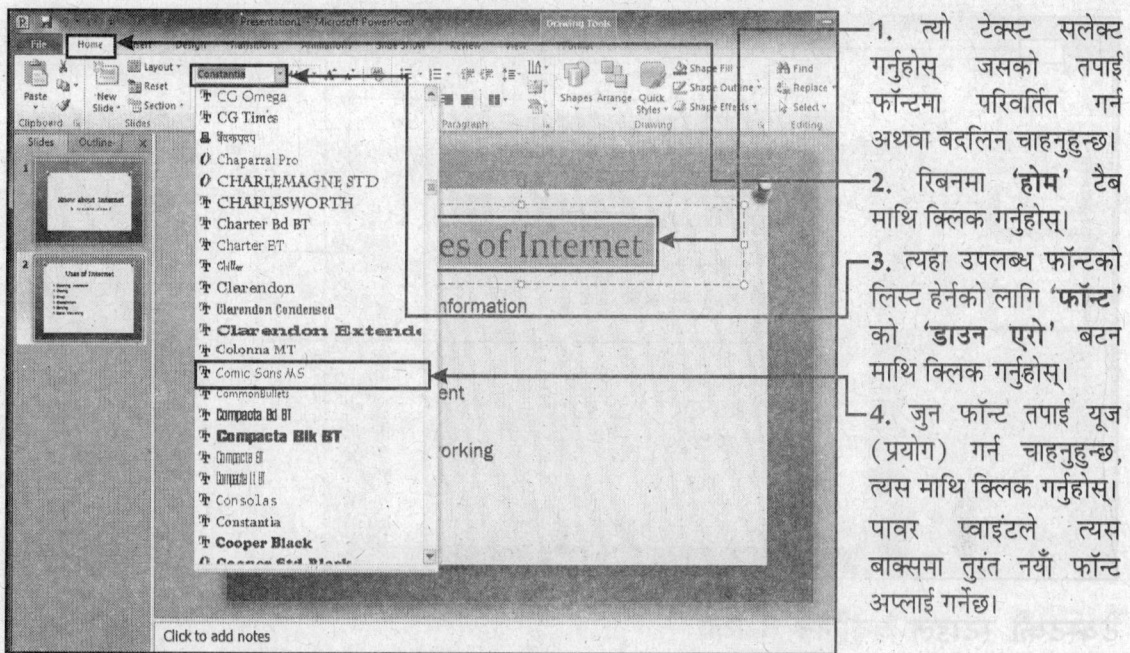

1. त्यो टेक्स्ट सलेक्ट गर्नुहोस् जसको तपाई फॉन्टमा परिवर्तित गर्न अथवा बदलिन चाहनुहुन्छ।
2. रिबनमा 'होम' टैब माथि क्लिक गर्नुहोस्।
3. त्यहा उपलब्ध फॉन्टको लिस्ट हेर्नको लागि 'फॉन्ट' को 'डाउन एरो' बटन माथि क्लिक गर्नुहोस्।
4. जुन फॉन्ट तपाई यूज (प्रयोग) गर्न चाहनुहुन्छ, त्यस माथि क्लिक गर्नुहोस्। पावर प्वाइंटले त्यस बाक्समा तुरंत नयाँ फॉन्ट अप्लाई गर्नेछ।

टेक्स्टको साइज (आकार) बदलिने तरीका

पावर पावर प्वाइंटमा स्लाइड टेक्स्टको आकार घटाउन-बढाउन पनि सक्नुहुन्छ।

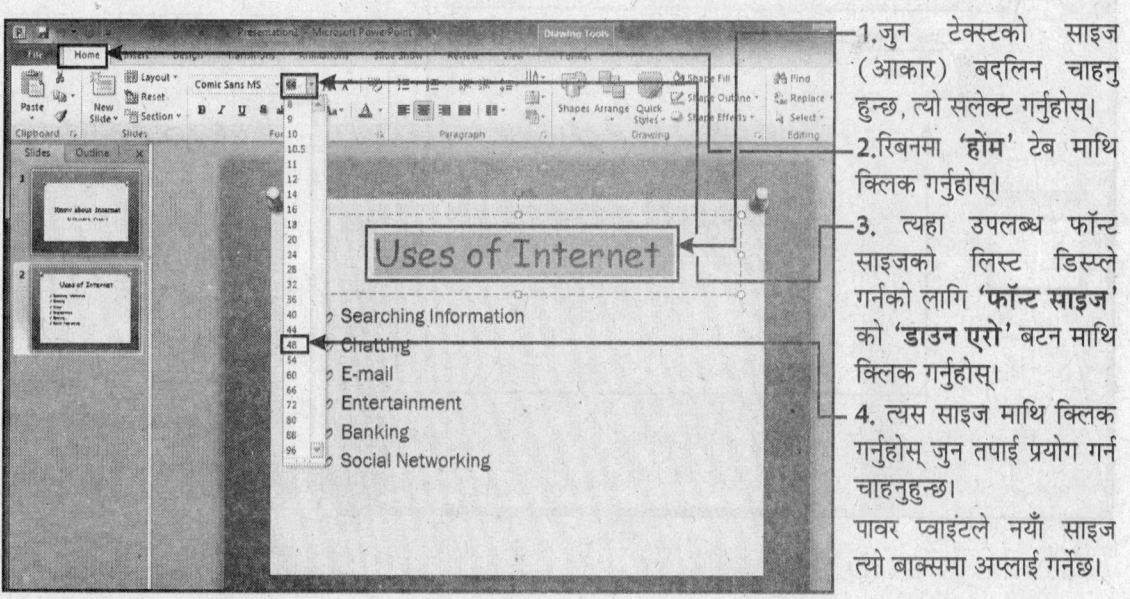

1. जुन टेक्स्टको साइज (आकार) बदलिन चाहनु हुन्छ, त्यो सलेक्ट गर्नुहोस्।
2. रिबनमा 'होम' टेब माथि क्लिक गर्नुहोस्।
3. त्यहा उपलब्ध फॉन्ट साइजको लिस्ट डिस्प्ले गर्नको लागि 'फॉन्ट साइज' को 'डाउन एरो' बटन माथि क्लिक गर्नुहोस्।
4. त्यस साइज माथि क्लिक गर्नुहोस्, जुन तपाई प्रयोग गर्न चाहनुहुन्छ। पावर प्वाइंटले नयाँ साइज त्यो बाक्समा अप्लाई गर्नेछ।

टेक्स्टको रंग बदलिन

महत्त्वपूर्ण सूचनाहरु तिर ध्यान आकर्षकण गराउनको लागि अथवा आफ्नो स्लाइडको प्रस्तुतिलाई अधिक राम्रो बनाउनको लागि तपाई टेक्स्टको कलर (रंग) पनि बदलिन सक्नुहुन्छ।

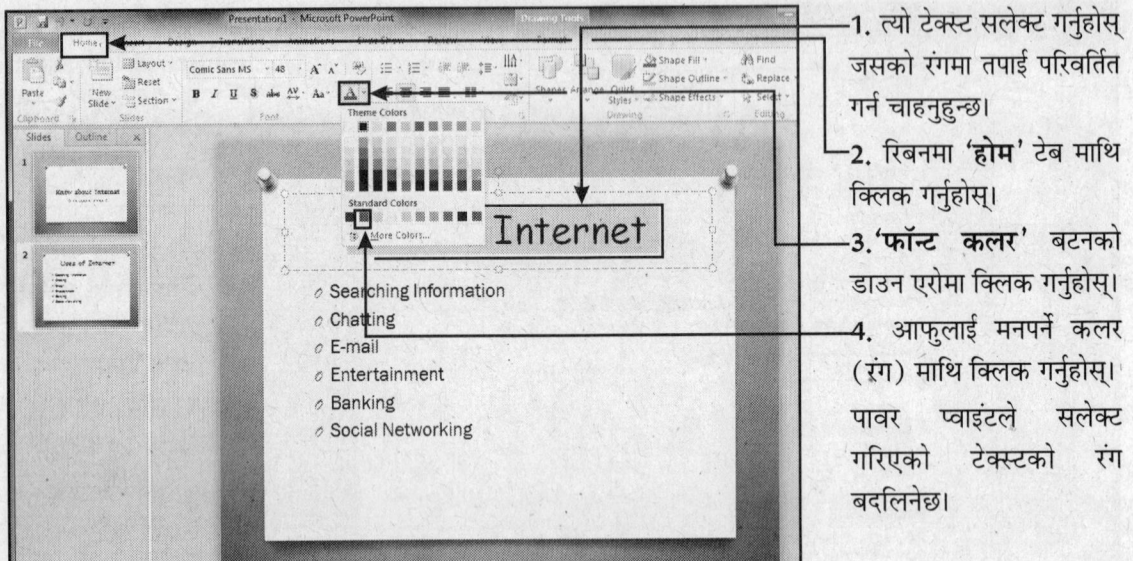

1. त्यो टेक्स्ट सलेक्ट गर्नुहोस् जसको रंगमा तपाई परिवर्तित गर्न चाहनुहुन्छ।
2. रिबनमा '**होम**' टेब माथि क्लिक गर्नुहोस्।
3. '**फॉन्ट कलर**' बटनको डाउन एरोमा क्लिक गर्नुहोस्।
4. आफुलाई मनपर्ने कलर (रंग) माथि क्लिक गर्नुहोस्।

पावर प्वाइंटले सलेक्ट गरिएको टेक्स्टको रंग बदलिनेछ।

टेक्स्टको स्टाइल बदलिने तरीका

तपाई चार तरीकाको विभिन्न स्टाइल प्रयोग गरेर कुनै पनि टेक्स्टको स्टाइल बदलिन सक्नुहुन्छ।

• बोल्ड • इटैलिक • अंडरलाइन • शैडो

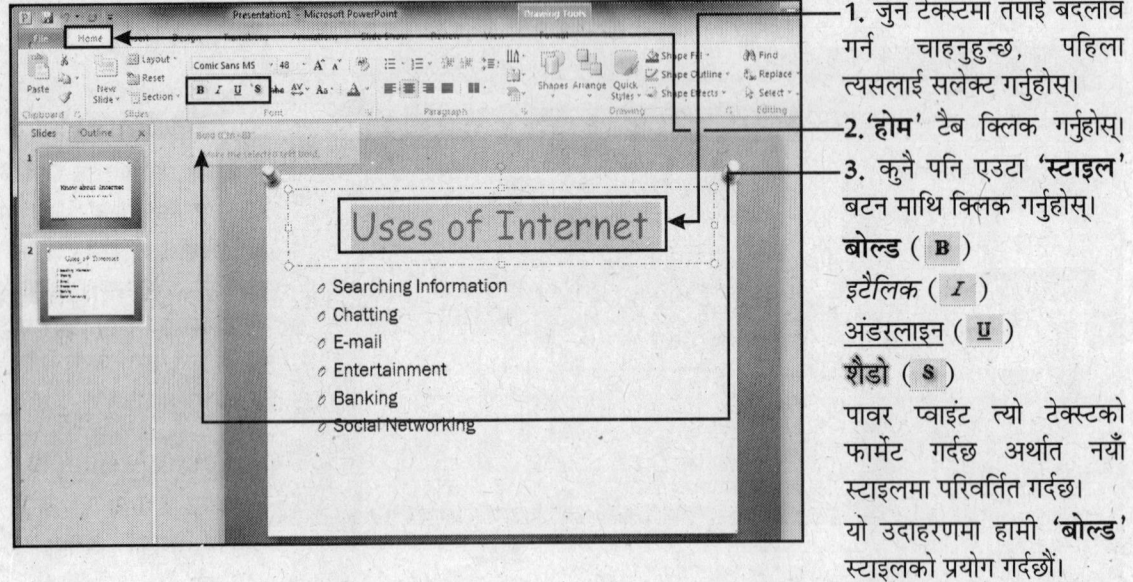

1. जुन टेक्स्टमा तपाई बदलाव गर्न चाहनुहुन्छ, पहिला त्यसलाई सलेक्ट गर्नुहोस्।
2. '**होम**' टैब क्लिक गर्नुहोस्।
3. कुनै पनि एउटा '**स्टाइल**' बटन माथि क्लिक गर्नुहोस्।

बोल्ड (**B**)
इटैलिक (*I*)
अंडरलाइन (U)
शैडो (S)

पावर प्वाइंट त्यो टेक्स्टको फार्मेट गर्दछ अर्थात नयाँ स्टाइलमा परिवर्तित गर्दछ।

यो उदाहरणमा हामी '**बोल्ड**' स्टाइलको प्रयोग गर्दछौं।

टेक्स्टको अलाइनमेंट बदलिन

विभिन्न अलाइनमेंट कमांडको प्रयोग गरेर तपाई टेक्स्ट बाक्समा टेक्स्टको स्थिति पनि बदलिन सक्नुहुन्छ।

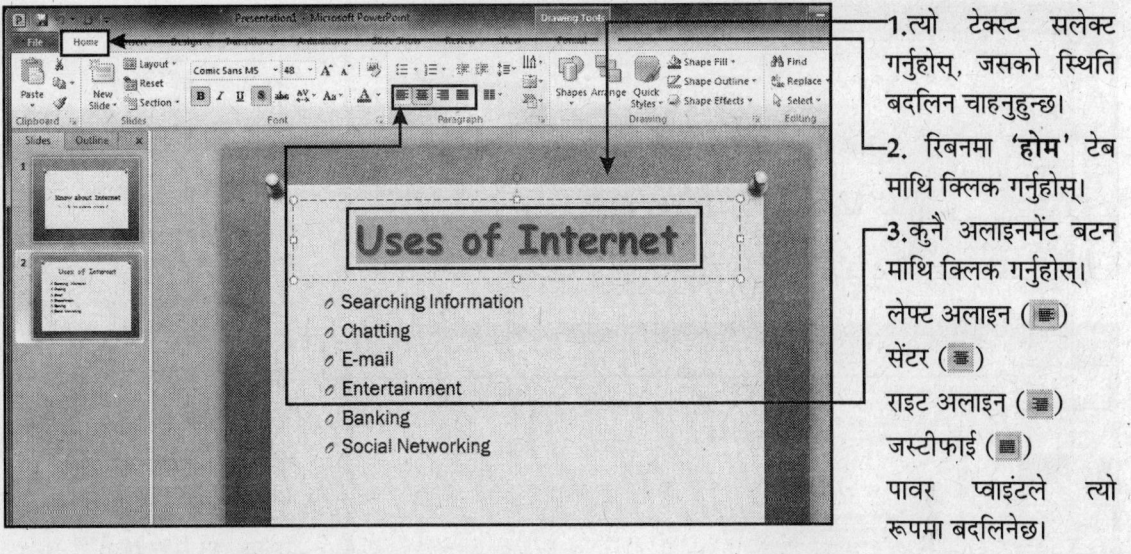

1. त्यो टेक्स्ट सलेक्ट गर्नुहोस्, जसको स्थिति बदलिन चाहनुहुन्छ।
2. रिबनमा **'होम'** टेब माथि क्लिक गर्नुहोस्।
3. कुनै अलाइनमेंट बटन माथि क्लिक गर्नुहोस्।
लेफ्ट अलाइन (▤)
सेंटर (▤)
राइट अलाइन (▤)
जस्टीफाई (▤)
पावर प्वाइंटले त्यो रूपमा बदलिनेछ।

लाइनहरुको बीचको स्थिति सेट गर्ने तरीका

टेक्स्टको लाइनहरुको बीचमा रहेको स्थानलाई घटाउन-बढाउनको लागि तपाई लाइन स्पेसिंग पनि बदलिन सक्नुहुन्छ।

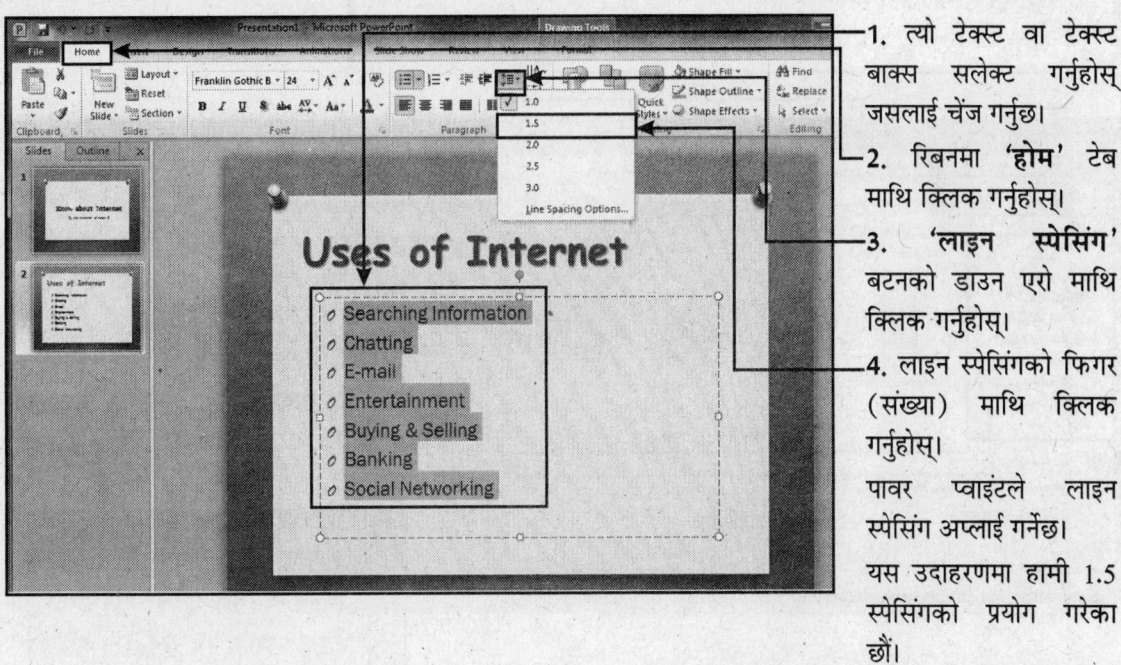

1. त्यो टेक्स्ट वा टेक्स्ट बाक्स सलेक्ट गर्नुहोस् जसलाई चेंज गर्नुछ।
2. रिबनमा **'होम'** टेब माथि क्लिक गर्नुहोस्।
3. **'लाइन स्पेसिंग'** बटनको डाउन एरो माथि क्लिक गर्नुहोस्।
4. लाइन स्पेसिंगको फिगर (संख्या) माथि क्लिक गर्नुहोस्।
पावर प्वाइंटले लाइन स्पेसिंग अप्लाई गर्नेछ। यस उदाहरणमा हामी 1.5 स्पेसिंगको प्रयोग गरेका छौं।

प्रजेंटेशनलाई सेव गर्ने तरीका

भविष्यमा प्रयोग गर्नको लागि तपाई आफ्नो प्रजेंटेशनलाई आफ्नो कंप्यूटरमा सेव (सुरक्षित) गर्न सक्नुहुन्छ। एक पटक प्रजेंटेशन सेव गरेपछि तपाई त्यसलाई जुन सुकै समयमा हेर्न सक्नुहुन्छ र यसमा बदलाव गर्न सक्नुहुन्छ।

1. **'फाइल'** टैब क्लिक गर्नुहोस्।
'बैकस्टेज व्यू' देखिनेछ।

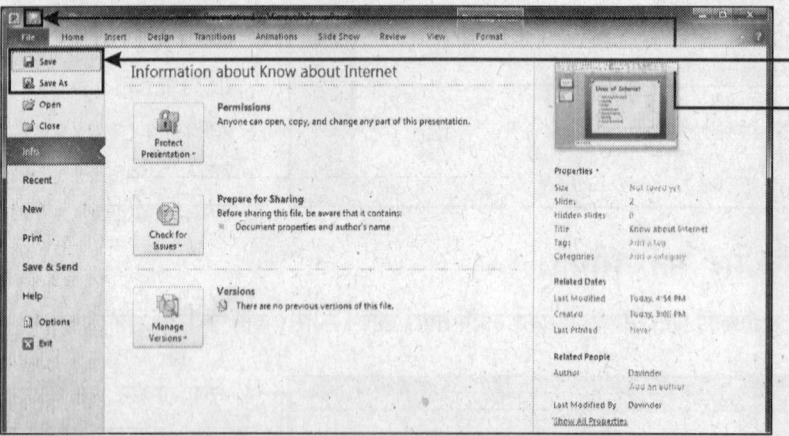

2. **'सेव'** वा **'सेव एज'** बटन माथि क्लिक गर्नुहोस्।
फाइल सेव गर्नको लागि तपाई **'क्विक एक्सेस टूलबार'** बाट **'सेव बटन'** ( ) माथि पनि क्लिक गर्न सक्नुहुन्छ।
'सेव एज' डायलॉग बाक्स देखिन्छ।

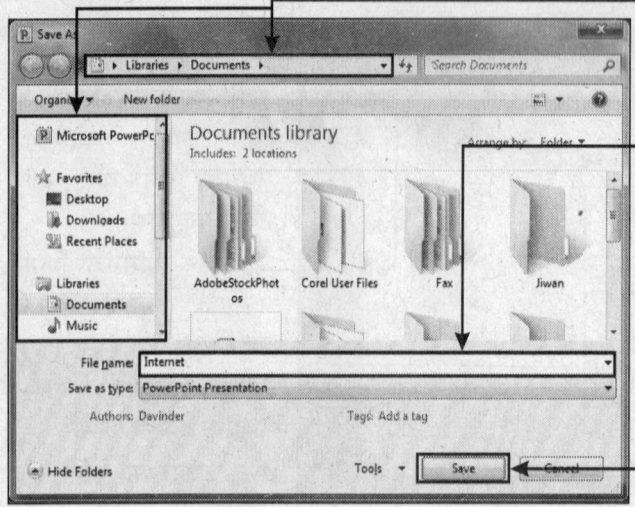

3. जिुन फोल्डरमा तपाई फाइल सेव गर्न चाहनुहुन्छ, त्यसको खोजी अथवा प्राप्त गर्नको लागि यस एरियामा क्लिक गर्नुहोस्।
4. **'फाइल नेम'** टेक्स्ट बाक्समा क्लिक गर्नुहोस् र त्यस फाइललाई कुनै पनि नाम दिन नाम टाइप गर्नुहोस्।
5. **'सेव'** माथि क्लिक गर्नुहोस्।
पावर प्वाइंटले प्रजेंटेशन सेव गर्नेछ र फाइलको नयाँ नाम टाइटल बारमा देखिनेछ।

के तपाईलाई थाहा छ ?

डाक्यूमेंट सेव गर्नको लागि शॉर्टकट कमांड (**Ctrl+S**) हो।

प्रजेंटेशन क्लोज (बंद) गर्ने तरीका

आफ्नो काम पूरा गरेपछि प्रजेंटेशन क्लोज गर्नु पर्दछ। प्रजेंटेशन क्लोज गर्दा तपाईको पावर प्वाइंट विंडो बंद हुनेछैन्। पावर प्वाइंट प्रजेंटेशन बंद गर्नको लागि निम्नलिखित काम गर्नुहोस्।

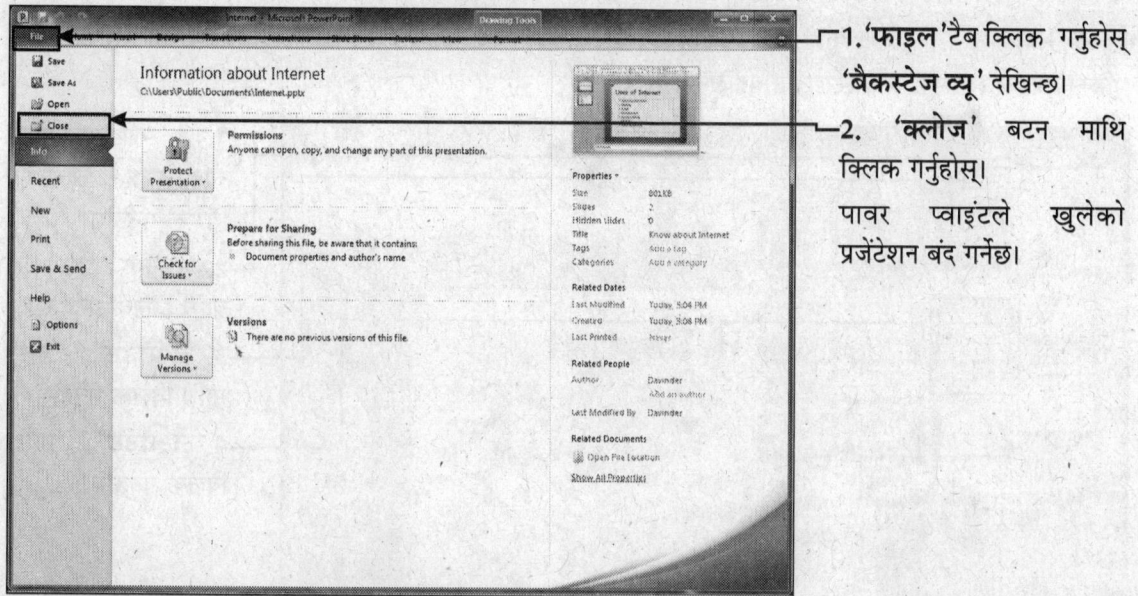

1. **'फाइल'** टैब क्लिक गर्नुहोस् **'बैकस्टेज व्यू'** देखिन्छ।
2. **'क्लोज'** बटन माथि क्लिक गर्नुहोस्।

पावर प्वाइंटले खुलेको प्रजेंटेशन बंद गर्नेछ।

पावर प्वाइंटबाट बाहिर आउने तरीका

पावर प्वाइंट विंडोबाट बाहिर आउनको लागि निम्नलिखित काम गर्नुहोस्।

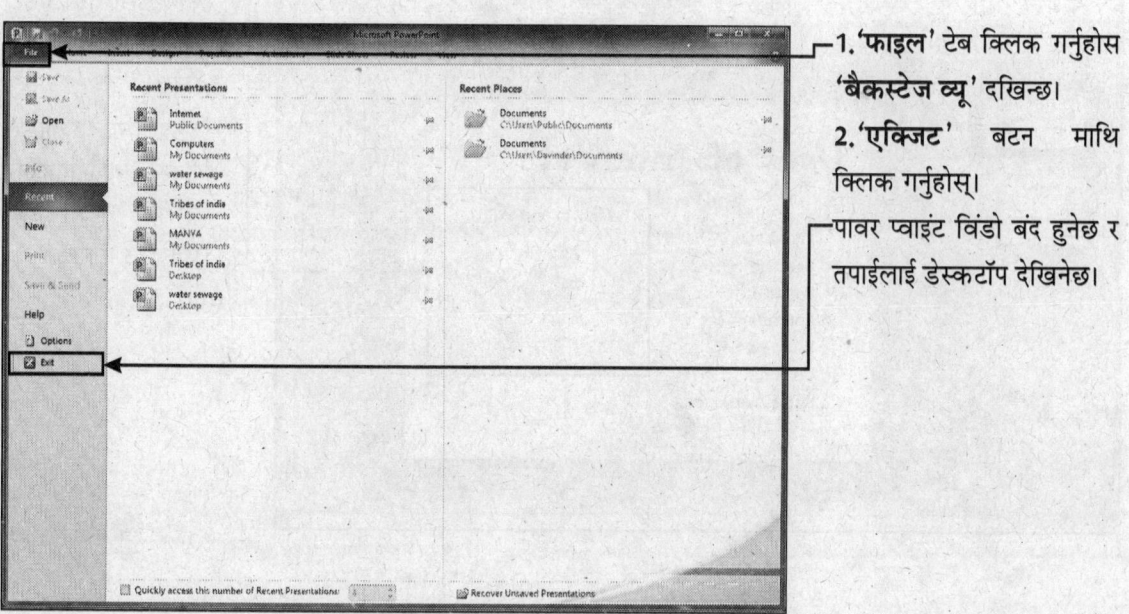

1. **'फाइल'** टेब क्लिक गर्नुहोस **'बैकस्टेज व्यू'** दखिन्छ।
2. **'एक्जिट'** बटन माथि क्लिक गर्नुहोस्।

पावर प्वाइंट विंडो बंद हुनेछ र तपाईलाई डेस्कटॉप देखिनेछ।

स्लाइडको लेआउट बदलिने तरीका

प्रजेंटेशनलाई अझ बढि मज्जाको र रोचक बनाउनको लागि तपाई स्लाइडमा क्लिप आर्ट पनि शामिल गर्न सक्नुहुन्छ।

यदि तपाई कुनै स्लाइड टेक्स्टको साथमा नयाँ लेआउट बदलिन चाहनुहुन्छ भने तपाईले नयाँ लेआउटमा फिट गर्नको लागि टेक्स्टको आकार र स्थितिमा केहि बदलाव गर्नु पर्ने हुन्छ। राम्रो परिणामको लागि, स्लाइडमा कंटेंट शामिल गर्नु भन्दा पहिला तपाईले त्यसलाई नयाँ स्टाइलमा बदलिनुहोस्।

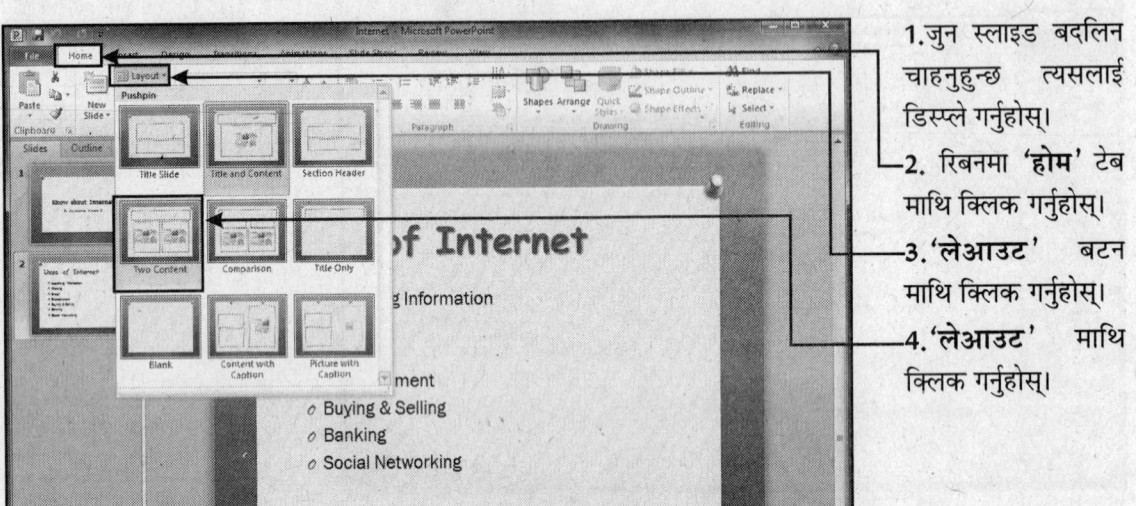

1. जुन स्लाइड बदलिन चाहनुहुन्छ त्यसलाई डिस्प्ले गर्नुहोस्।
2. रिबनमा '**होम**' टेब माथि क्लिक गर्नुहोस्।
3. '**लेआउट**' बटन माथि क्लिक गर्नुहोस्।
4. '**लेआउट**' माथि क्लिक गर्नुहोस्।

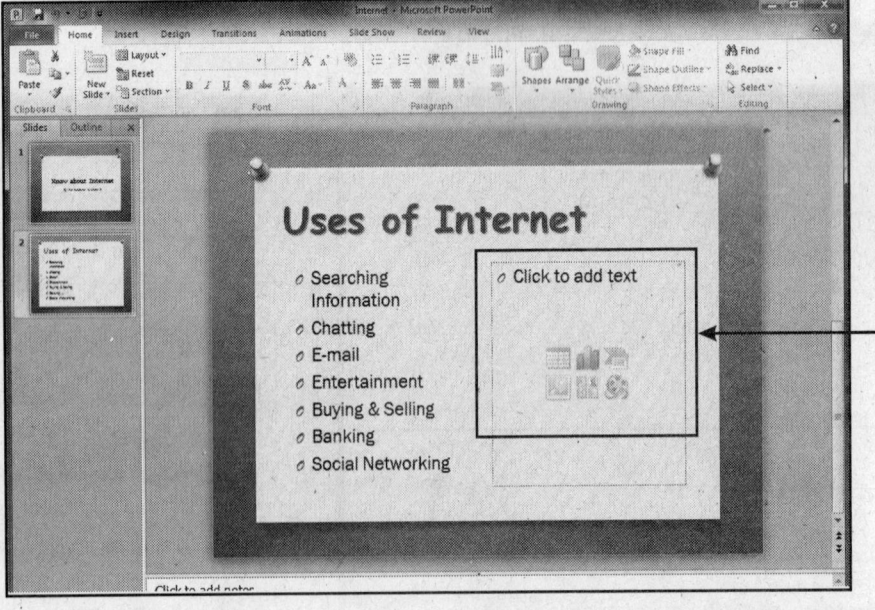

पावर प्वाइंटले त्यस स्लाइडमा तुरंत एउटा नयाँ लेआउट शामिल गर्नेछ।

स्लाइडमा शामिल टेक्स्ट आफै तपाईको नयाँ लेआउटमा एडजस्ट गर्नेछ।

क्लिप आर्ट इमेज शामिल गर्ने तरीका

प्रजेंटेशन अझ बढि रोचक र मज्जाको बनाउन स्लाइडमा क्लिप आर्ट इमेज पनि शामिल गर्न सकिन्छ।

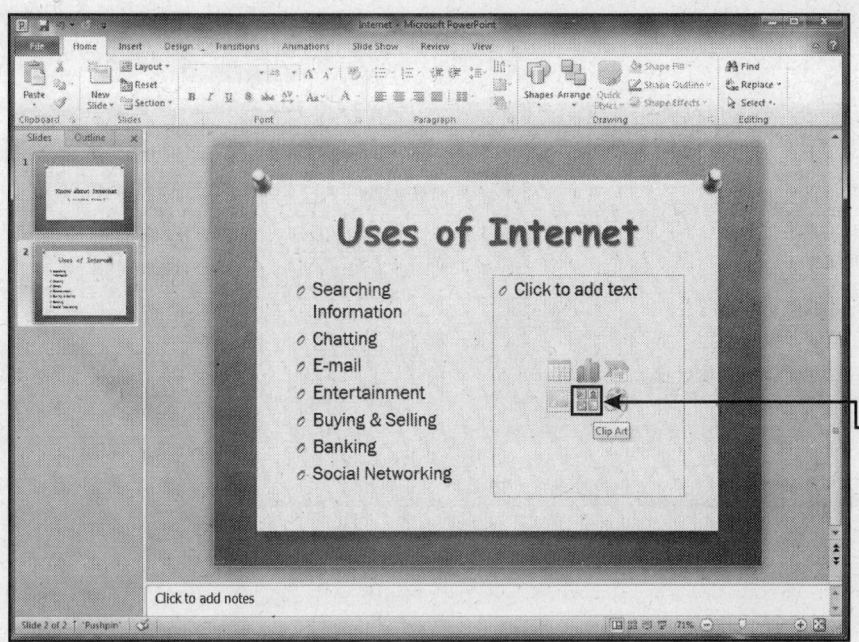

1.त्यो स्लाइड डिस्प्ले गर्नुहोस् जसमा तपाई क्लिप आर्ट इमेज शामिल गर्न चाहनुहुन्छ।

2. स्लाइडको लेआउट लाई त्यस नयाँ लेआउटमा बदलिनुहोस् जसमा क्लिप आर्ट इमेजको लागि प्लेसहोल्डर (ठाँउ) छ।

3. क्लिप आर्ट एमेज एड (जोड्न) को लागि **'क्लिप आर्ट'** ( ) आइकॉन माथि क्लिक गर्नुहोस्।

'क्लिप आर्ट' टास्क पेन ओपन हुनेछ।

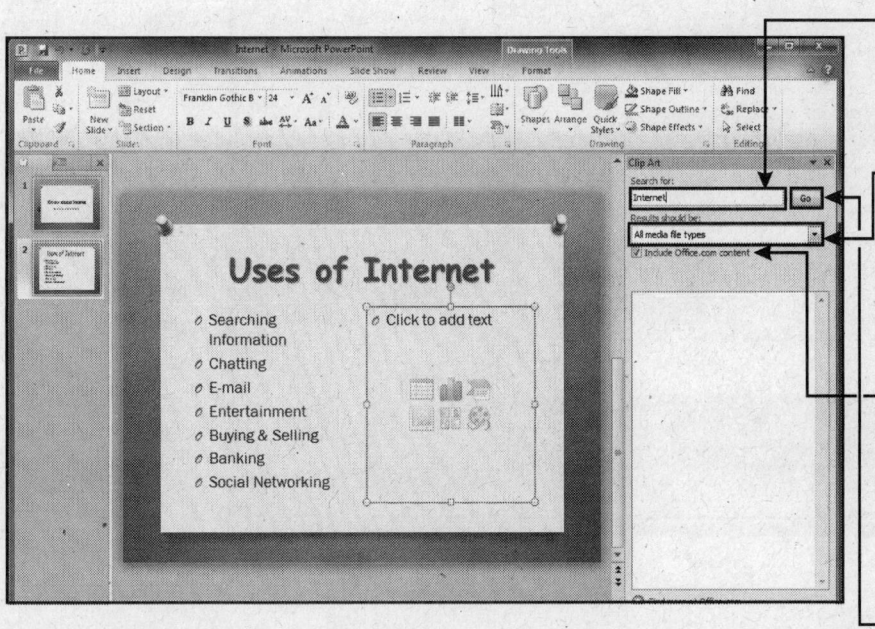

4. क्लिप आर्ट टाइपको लागि की-वर्ड वा वाक्य टाइप गर्नुहोस् जुन तपाई इंसर्ट गर्न चाहनुहुन्छ।

5. 'रिजल्ट शुड वी' को डाउन एरो माथि क्लिक गर्नुहोस् र कुनै निश्चित कलेक्शन (संग्रह) मा सर्च गर्न लागि कलेक्शन माथि क्लिक गर्नुहोस्।

यदि तपाई माइक्रोसॉफ्ट आफिसको वेबसाइटमा कुनै कंटेंट (तथ्य) इंसर्ट (शामिल) गर्नुछ भने चेकबाक्स क्लिक गर्नुहोस्

6. 'गो' क्लिक गर्नुहोस्।

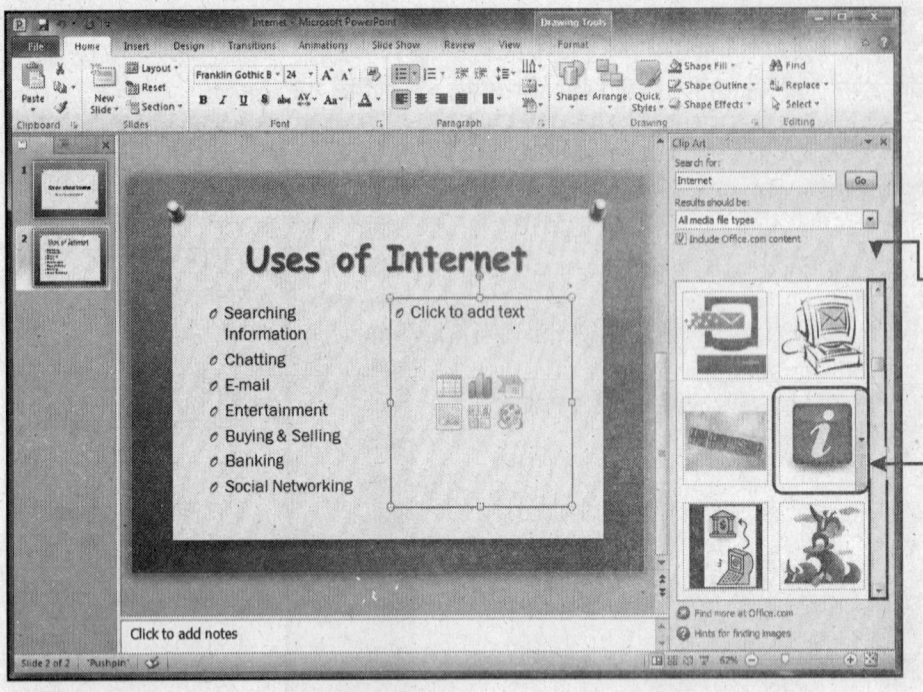

क्लिप आर्ट टास्क पेन तपाईद्वारा टाइप गरिएको की-वर्ड वा वाक्यसंग मैच गर्ने खालको क्लिप आर्ट डिस्प्ले गर्नेछ।

सबै मैच (एकरूप) मा हेर्नको लागि तपाई **'स्क्रॉल बार'** को प्रयोग पनि गर्न सक्नुहुन्छ।

7. क्लिप आर्ट इमेज शामिल गर्नको लागि **'इमेज'** माथि क्लिक गर्नुहोस्।

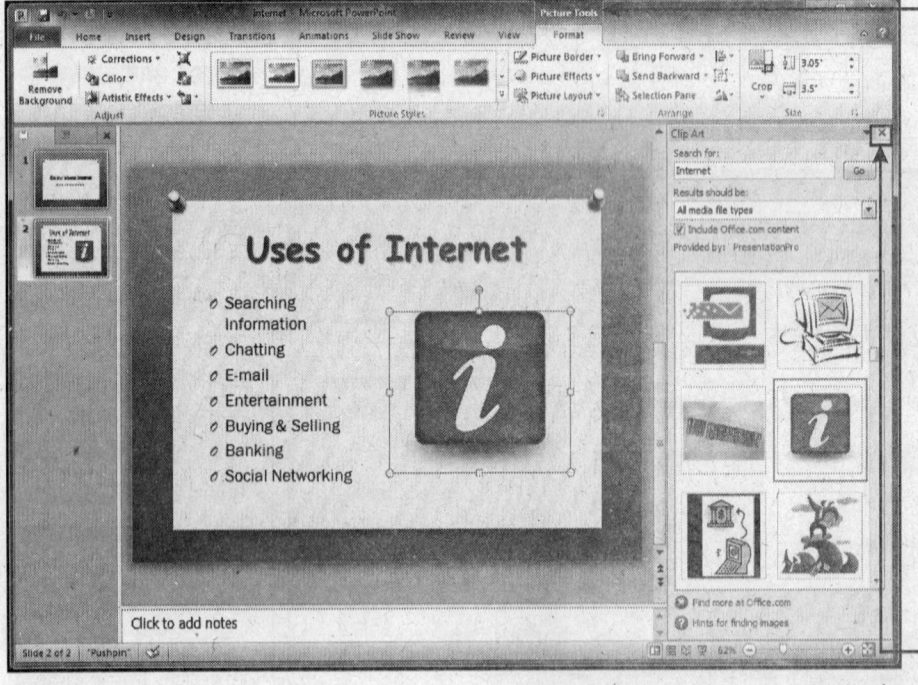

क्लिप आर्ट इंसर्ट (शामिल) हुनेछ र **'फार्मेट'** टैबमा पिक्चर टूल देखिन थाल्छ।

यहा तपाई क्लिप आर्टको साइज (आकार) बदलिन सक्नुहुन्छ र त्यसलाई एक ठाँउबाट अर्को ठाँउमा मूव (लैजान) सक्नुहुन्छ।

सलेक्ट गरिएको क्लिप आर्ट हटाउनको लागि वर्क एरिया (कार्यक्षेत्र) मा क्लिक गर्नुहोस्।

8. पेन ब्रंद गर्नको लागि 'क्लोज' बटन मा क्लिक गर्नुहोस्।

पिक्चर शामिल गर्ने तरीका

तपाईको कंप्यूटरमा स्टोर गरिएको पिक्चर इमेज पनि तपाईको प्रजेंटेशनको स्लाइडमा एड (शामिल) गर्न सकिन्छ।

1. त्यो स्लाइड डिस्प्ले गर्नुहोस् जसमा तपाई कुनै किसिमको पिक्चर शामिल गर्न चाहनुहुन्छ।
2. स्लाइडलाई त्यस ले आउटमा परिवर्तित गर्नुहोस् जसमा पिक्चरको लागि प्लेसहोल्डर बॉक्स शामिल छ।
3. स्लाइडमा पिक्चर शामिल गर्नको लागि **'पिक्चर'** आइकॉन (🖼)माथि क्लिक गर्नुहोस्।

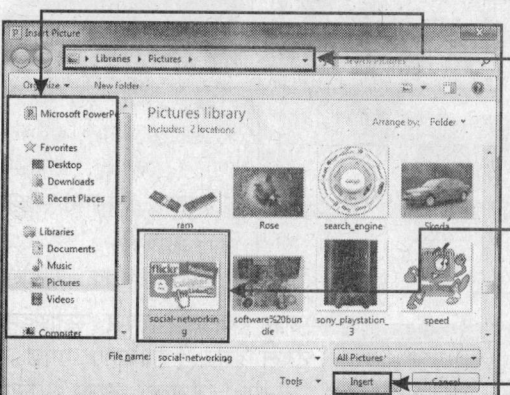

'इंसर्ट पिक्चर' डायलॉग बॉक्स देखिन थाल्छ।

यहा देखिएको पिक्चरहरुको लोकेशन (ठाँउ) यस एरियामा देखिन्छ। तपाई त्यस एरियामा क्लिक गरेर अर्को लोकेशनमा पनि जान सक्नुहुन्छ।

4. जुन पिक्चर तपाई स्लाइडमा शामिल गर्न चाहनुहुन्छ, त्यस पिक्चर माथि क्लिक गर्नुहोस्।
5. पिक्चरलाई स्लाइडमा शामिल गर्नको लागि 'इंसर्ट' माथि क्लिक गर्नुहोस्।

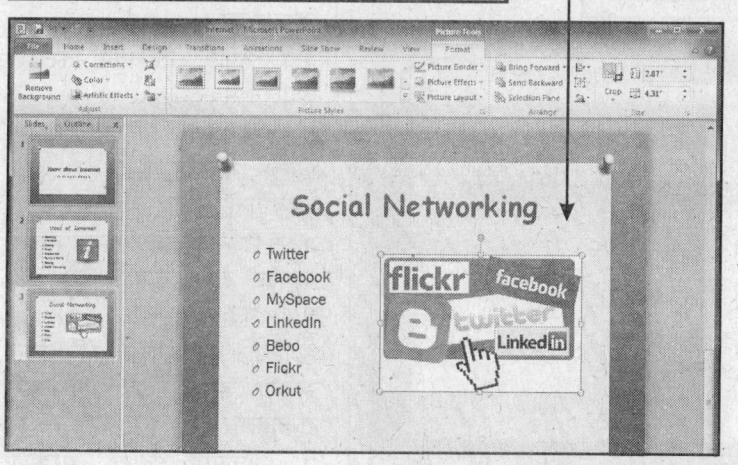

पिक्चर त्यसमा इंसर्ट हुनेछ र **'फार्मेट टैब'** मा पिक्चर टूल देखिन थाल्छ।

तपाई पिक्चरलाई मूव (यता-उता) गर्न सक्नुहुन्छ र यसको साइज (आकार) पनि बदलिन सक्नुहुन्छ।

सलेक्ट गरिएको पिक्चर हटाउनको लागि वक्र एरिया (कार्य क्षेत्र) मा कतै क्लिक गर्नुहोस्।

स्लाइडमा टेबल (सारिणी) जोड्ने तरीका

निश्चित क्रममा डाटा व्यवस्थित गर्नको लागि तपाई स्लाइडमा टेबल पनि शामिल गर्न सक्नुहुन्छ।

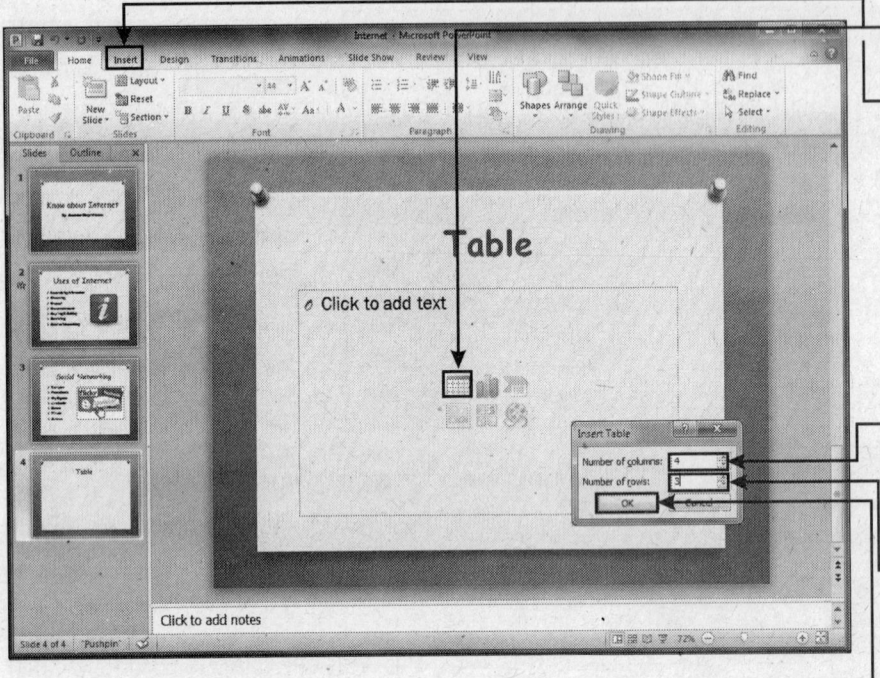

1. 'टेबल' आइकॉन (▦) माथि क्लिक गर्नुहोस्।

यदि तपाई नयाँ टेबल शामिल गरि रहनु भएको छ भने पहिला 'इंसर्ट' टैब माथि क्लिक गर्नुहोस् र त्यसपछि 'टेबल' बटन माथि क्लिक गर्नुहोस्।

'इंसर्ट टेबल' डायलॉग बाक्स त्यहा देखिन थाल्नेछ।

2. टेबलमा तपाई जतिवटा कॉलम शामिल गर्न चाहनुहुन्छ, त्यसको संख्या टाइप गर्नुहोस्।

3. टेबलमा तपाई जतिवटा रो (पंक्ति) देखाउन चाहनुहुन्छ, त्यसको संख्या टाइप गर्नुहोस्।

4. 'ओके' क्लक गर्नुहोस्।

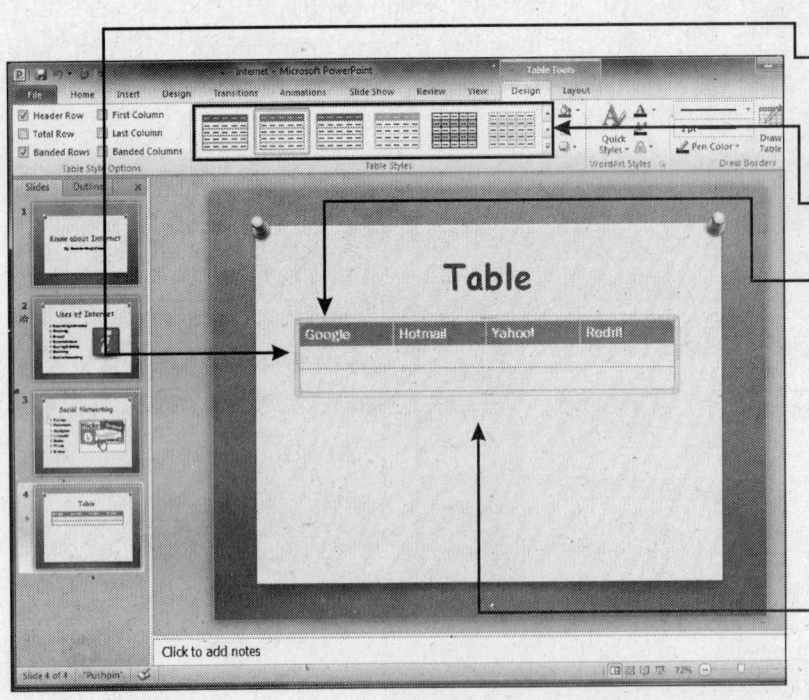

पावर प्वाइंटले त्यस स्लाइडमा टेबल इंसर्ट (शामिल) गर्नेछ र रिबनमा 'टेबल टूल्स' लाई डिस्प्ले गर्दछ।

यहा तपाई टेबलको स्टाइल बदलिन सक्नुहुन्छ।

5. टेबलको पहिलो सेलमा क्लिक गर्नुहोस् र आफ्नो डाटा टाइप गर्नुहोस्।

एउटा टेबल सेलबाट अर्को सेलमा जानको लागि तपाई 'टैब' को प्रयोग गर्न सक्नुहुन्छ।

6. टेबल पूरा भर्नको लागि टेबल सेलमा डाटा टाइप गर्न जारी राख्नुहोस्।

7. टेबलमा डाटा भरेपछि, त्यसबाट बाहिर आउनको लागि टेबलको बाहिर क्लिक गर्नुहोस्।

बैकग्राउंड कलर (रंग) बदलिने तरीका

कलर, पिक्चर, संरचना आदि शामिल गरेर तपाई आफ्नो स्लाइडको बैकग्राउंड प्रस्तुतिलाई पनि बदलिन सक्नुहुन्छ।

सॉलिड बैकग्राउंड कलर

1. **'डिजाइन'** टेब माथि क्लिक गर्नुहोस्।
2. **'बैकग्राउंड स्आइल'** माथि क्लिक गर्नुहोस्।
3. **'फार्मेट बैकग्राउंड'** माथि क्लिक गर्नुहोस्।

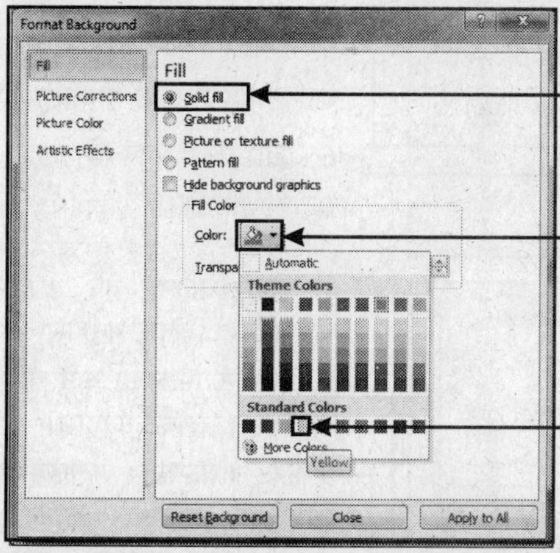

'फार्मेट बैकग्राउंड' डायलॉग बाक्स यहा देखिन थाल्नेछ।

4. **'सॉलिड फिल'** ऑप्शनको रेडियो बटन (⊙) माथि क्लिक गर्नुहोस्।
5. कलर पैलेट ओपन गर्नको लागि कलर बटन माथि क्लिक गर्नुहोस्।
6. जुन कलरलाई तपाई बैकग्राउंडको रूपमा प्रयोग गर्न चाहनुहुन्छ, त्यस माथि क्लिक गर्नुहोस्।

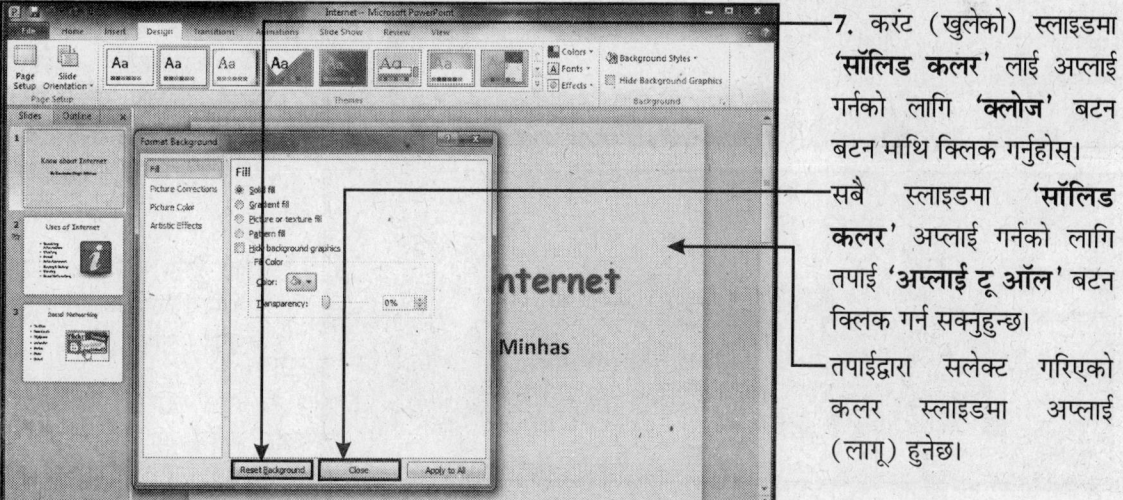

7. करंट (खुलेको) स्लाइडमा **'सॉलिड कलर'** लाई अप्लाई गर्नको लागि **'क्लोज'** बटन बटन माथि क्लिक गर्नुहोस्।

सबै स्लाइडमा **'सॉलिड कलर'** अप्लाई गर्नको लागि तपाई **'अप्लाई टू ऑल'** बटन क्लिक गर्न सक्नुहुन्छ।

तपाईद्वारा सलेक्ट गरिएको कलर स्लाइडमा अप्लाई (लागू) हुनेछ।

कलर संयोजन

1. **'फार्मेट बैकग्राउंड'** डायलॉग बाक्स ल्याउनको लागि पूर्वमा गरिएको स्टेप '1' देखि '3' फेरीबाट गर्नुहोस्।

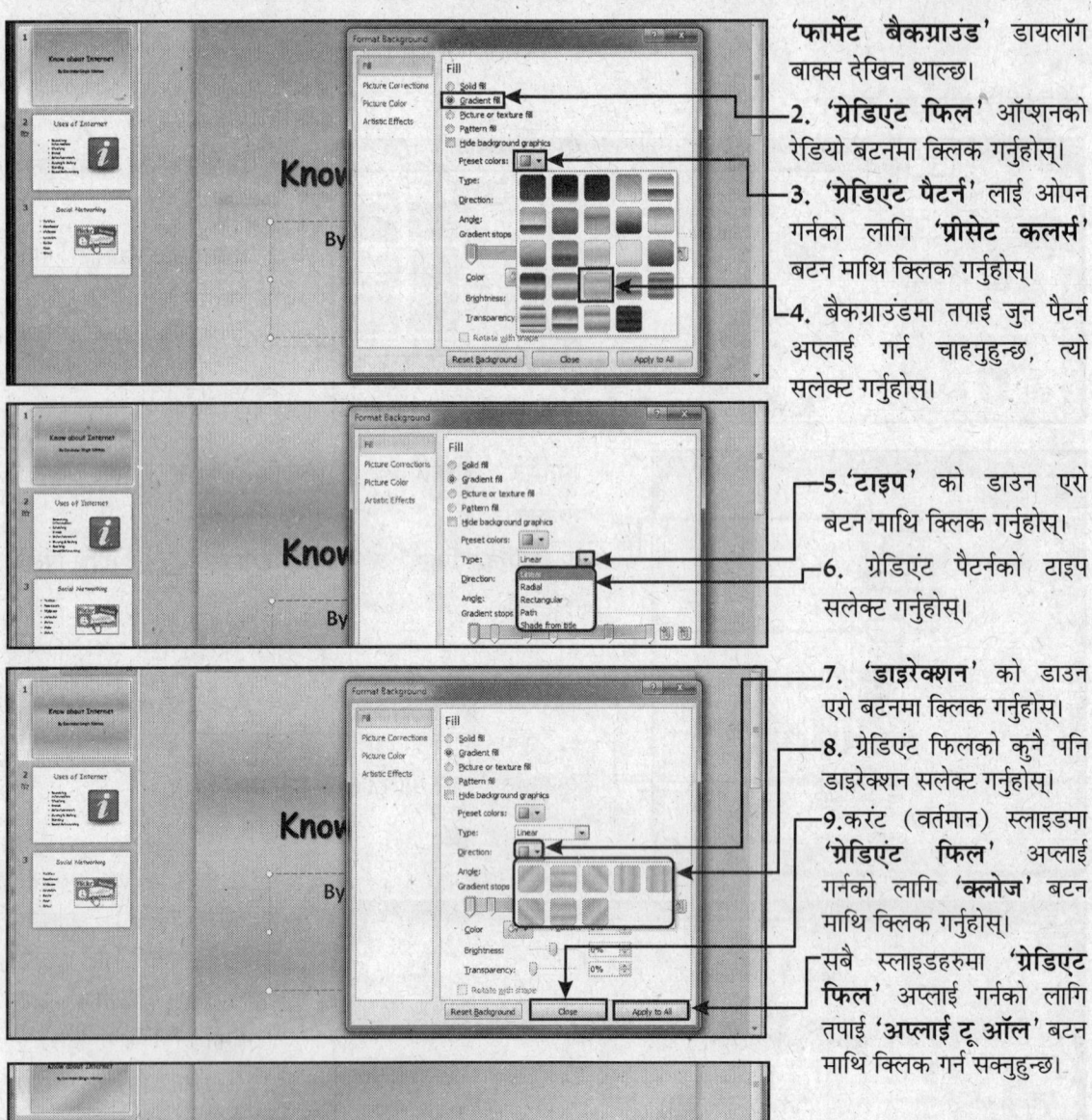

'फार्मेट बैकग्राउंड' डायलॉग बाक्स देखिन थाल्छ।

2. **'ग्रेडिएंट फिल'** ऑप्शनको रेडियो बटनमा क्लिक गर्नुहोस्।

3. **'ग्रेडिएंट पैटर्न'** लाई ओपन गर्नको लागि **'प्रीसेट कलर्स'** बटन माथि क्लिक गर्नुहोस्।

4. बैकग्राउंडमा तपाई जुन पैटर्न अप्लाई गर्न चाहनुहुन्छ, त्यो सलेक्ट गर्नुहोस्।

5. **'टाइप'** को डाउन एरो बटन माथि क्लिक गर्नुहोस्।

6. ग्रेडिएंट पैटर्नको टाइप सलेक्ट गर्नुहोस्।

7. **'डाइरेक्शन'** को डाउन एरो बटनमा क्लिक गर्नुहोस्।

8. ग्रेडिएंट फिलको कुनै पनि डाइरेक्शन सलेक्ट गर्नुहोस्।

9. करंट (वर्तमान) स्लाइडमा **'ग्रेडिएंट फिल'** अप्लाई गर्नको लागि **'क्लोज'** बटन माथि क्लिक गर्नुहोस्।

सबै स्लाइडहरुमा **'ग्रेडिएंट फिल'** अप्लाई गर्नको लागि तपाई **'अप्लाई टू ऑल'** बटन माथि क्लिक गर्न सक्नुहुन्छ।

तपाई द्वारा सलेक्ट गरिएको ग्रेडिएंट फिल त्यस स्लाइडमा अप्लाई (लागू) हुनेछ।

संरचनात्मक कलर भर्न

1. **'फार्मेट बैकग्राउंड'** डायलॉग बाक्स ल्याउनको लागि पूर्वमा गरिएको स्टेप **'1'** देखि **'3'** फेरीबाट गर्नुहोस्।

'फार्मेट बैकग्राउंड' डायलॉग बाक्स देखिन थाल्छ।

2. **'पिक्चर ऑर टेक्सचर फिल'** को ऑप्शनको रेडियो बटन माथि क्लिक गर्नुहोस्।

3. टेक्स्चरको लिस्ट ओपन गर्नको लागि **'टेक्सचर'** बटन माथि क्लिक गर्नुहोस्।

4. त्यस टेक्सचर सलेक्ट गर्नुहोस् जुन तपाई अप्लाई गर्न चाहनुहुन्छ।

5. वर्तमान स्लाइडमा **'टेक्सचर फिल'** अप्लाई गर्नको लागि **'क्लोज'** बटन माथि क्लिक गर्नुहोस्।

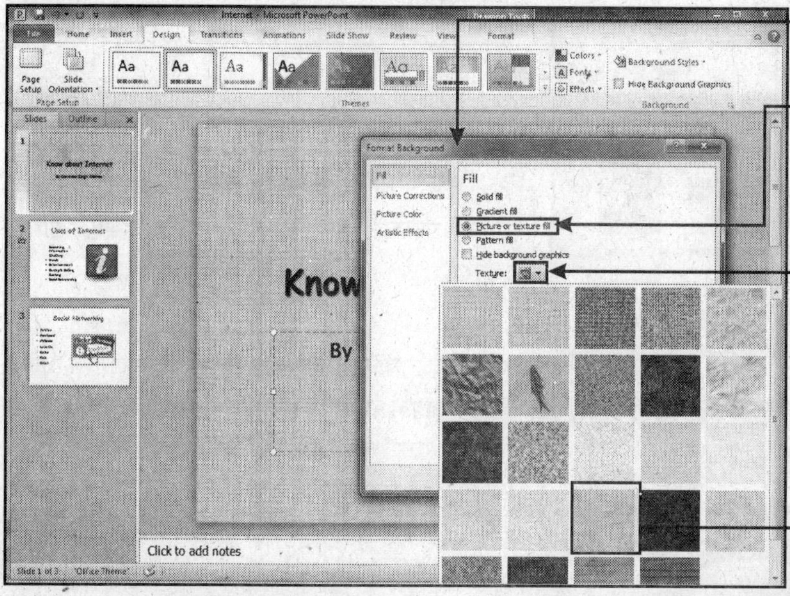

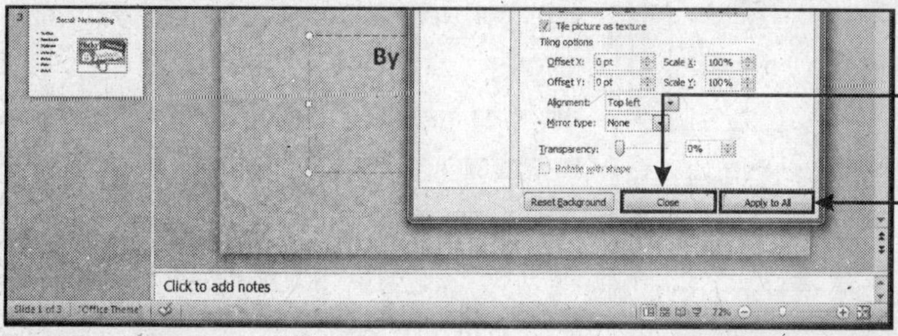

सबै स्लाइडहरुमा **'टेक्स्चर फिल'** अप्लाई गर्नको लागि तपाई **'अप्लाई टू ऑल'** बटन माथि पनि क्लिक गर्न सक्नुहुन्छ। तपाई द्वारा सलेक्ट गरिएको टेक्सचर फिल तयस स्लाइडमा अप्लाई (लागू) हुनेछ।

कस्टम इमेज फिल

1. **'फार्मेट बैकग्राउंड'** डायलॉग बाक्स ल्याउनको लागि पूर्वमा गरिएको स्टेप **'1'** देखि **'3'** फेरीबाट गर्नुहोस्।

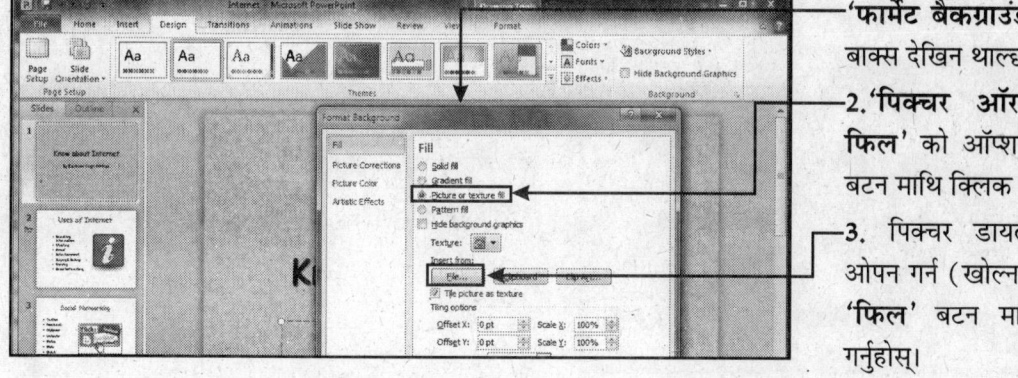

'फार्मेट बैकग्राउंड' डायलॉग बाक्स देखिन थाल्छ।

2. **'पिक्चर ऑर टेक्सचर फिल'** को ऑप्शनको रेडियो बटन माथि क्लिक गर्नुहोस्।

3. पिक्चर डायलॉग बाक्स ओपन गर्न (खोल्न) को लागि **'फिल'** बटन माथि क्लिक गर्नुहोस्।

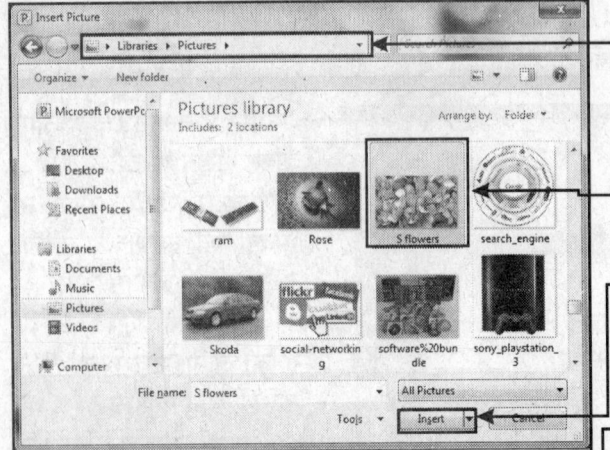

'इंसर्ट पिक्चर' डायलॉग बाक्स देखिन थाल्छ।

4. त्यो फोल्डरको खोजी गर्नको लागि जसमा रहेको पिक्चरहरु तपाई बैकग्राउंड इमेजको रूपमा प्रयोग गर्न चाहनुहुन्छ, त्यस एरियामा क्लिक गर्नुहोस्।

5. जुन फाइल तपाई प्रयोग गर्न चाहनुहुन्छ, त्यस माथि क्लिक गर्नुहोस्।

6. **'इंसर्ट'** माथि क्लिक गर्नुहोस्।

पावर प्वाइंटले स्लाइडमा बैकग्राउंड इमेज शामिल गर्नेछ।

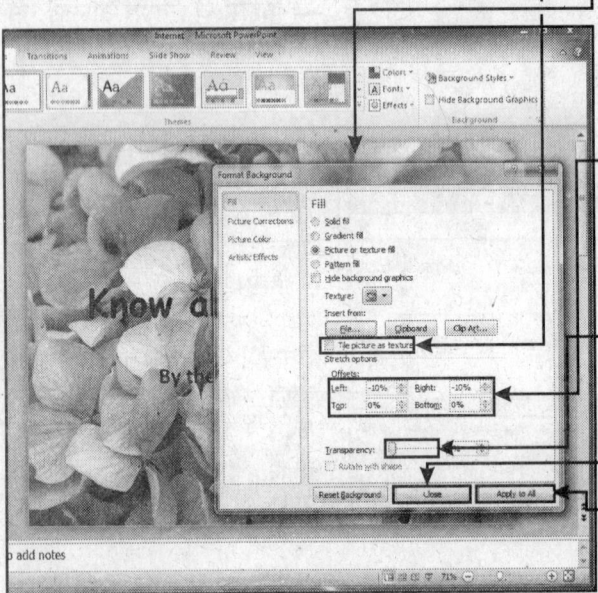

यदि इमेज सानो छ भने त्यसलाई दोहराउनको लागि तपाई **'टाइल पिक्चर एज टेक्स्चर'** को चेकबाक्समा क्लिक गरेर त्यसलाई पूरा स्लाइडको बैकग्रांउडमा अप्लाई गर्न सक्नुहुन्छ।

यदि इमेज पूरा बैकग्राउंडलाई कवर गरि रहेको छैन् भने फुल बैकग्राउंड साइजमा प्राप्त गर्नको लागि इमेजको माथि, तल, दायाँ र बायाँ किनारालाई राम्ररी समातेर तान्नुहोस्।

यदि इमेज गाढा छ भने ट्रांसपेरेंसी वैल्यूलाई बढाएर त्यसलाई सजिलैसंग हेर्न लायक बनाउन सक्नुहुन्छ।

7. स्लाइडमा कस्टम इमेज अप्लाई गर्नको लागि **'क्लोज'** बटन माथि क्लिक गर्नुहोस्।

कस्टम इमेज सबै स्लाइडमा अप्लाई गर्नको लागि **'अप्लाई टू ऑल'** माथि क्लिक गर्नुहोस्।

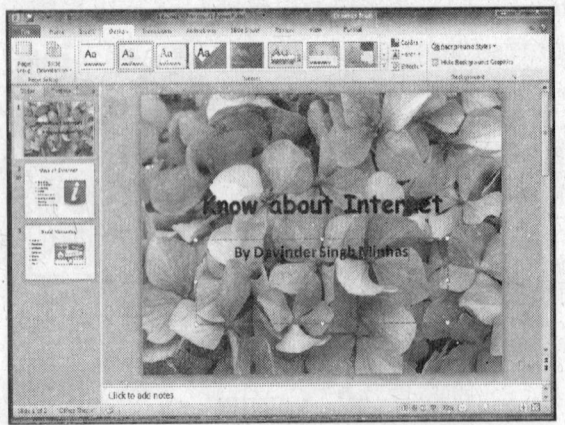

सबै सेटिंग पूरा भएपछि त्यस स्लाइडमा कस्टम इमेज अप्लाई हुनेछ।

स्लाइडको आब्जेक्ट मूव गराउने तरीका

स्लाइडमा एलीमेंटको स्थिति बदलिनको लागि तपाई त्यसलाई मूव (यता-उता) गर्न सक्नुहुन्छ।

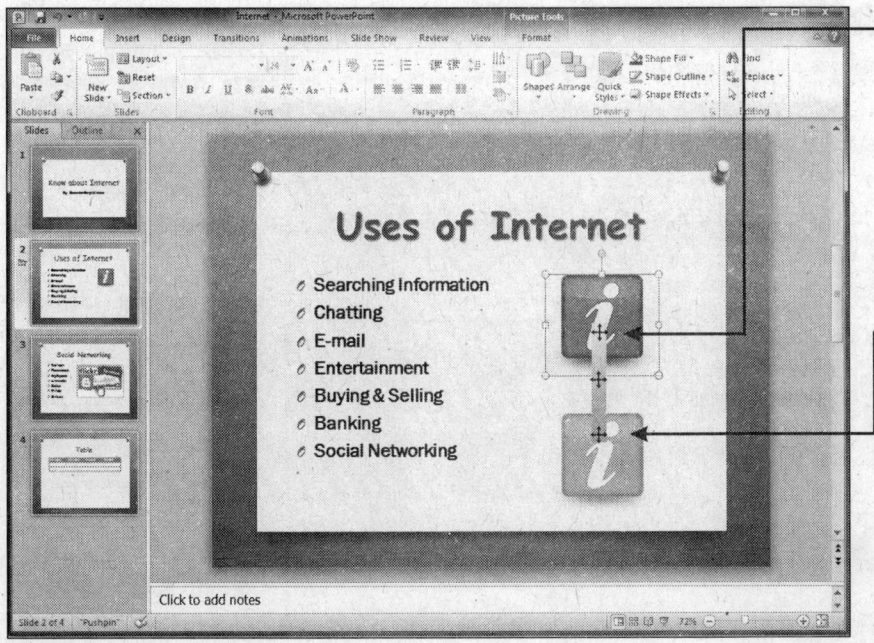

1. त्यस **'ऑब्जेक्ट'** (सामग्री) माथि क्लिक गर्नुहोस् जसलाई तपाई मूव गराउन चाहनुहुन्छ। त्यस स्थितिमा माउसको प्वाइंटरको आकृति(✣) बदलिनेछ।

2. आब्जेक्ट लाई स्लाइडको नयाँ लोकेशन (स्थिति) मा ड्रैग गदै लैजानुहोस् र त्याहा छाड्नुहोस्।

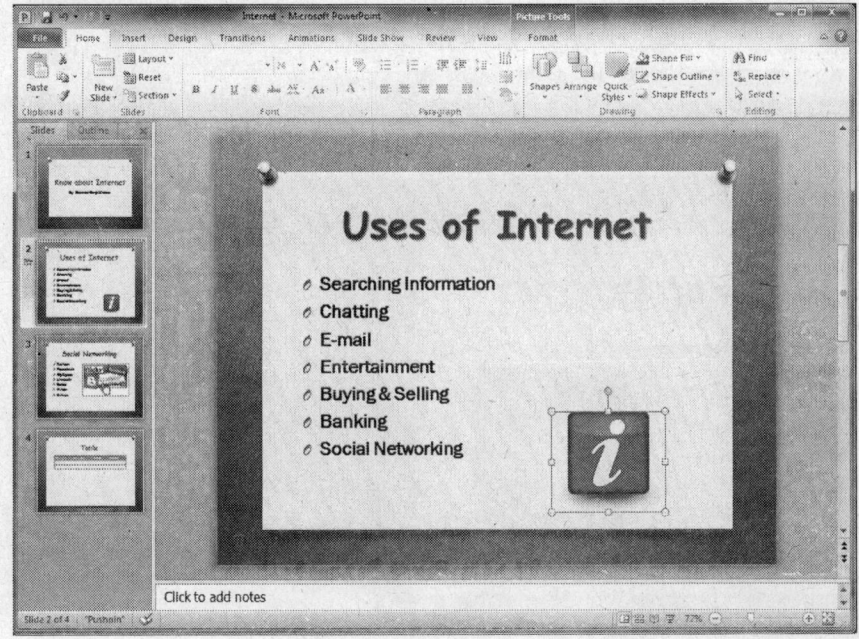

पावर प्वाइंटले तुरंत त्यस प्रभाव बाट आब्जेक्टको लोकेशन (स्थिति) बदलिदिन्छ।

स्लाइडको आब्जेक्टको आकार बदलिने तरीका

स्लाइडमा तपाई आब्जेक्टको साइज बदलिन सक्नुहुन्छ अर्थात त्यसलाई सानो वा ठूलो पार्न सक्नुहुन्छ।

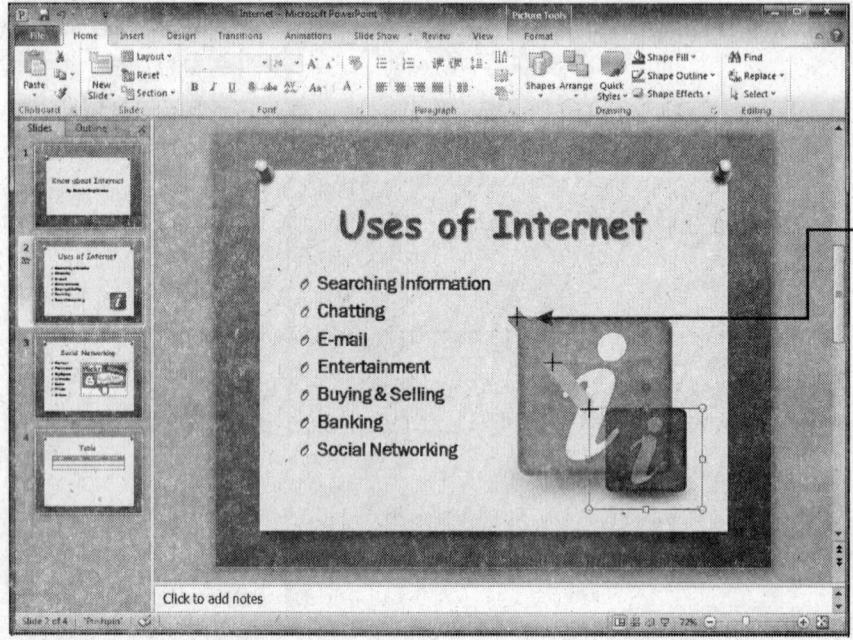

1. त्यस **'ऑब्जेक्ट'** माथि क्लिक गर्नुहोस् जसलाई तपाई रीसाइज (आकारमा परिवर्तन) गर्न चाहनुहुन्छ।
आब्जेक्ट बाक्सको चारैतिर हैंडल देखिन थाल्छ।
2. हैंडल क्लिक गरेर ड्रैग गर्नुहोस्।
त्यस स्थितिमा माउसको प्वाइंटरबाट आकृति (+) परिवर्तित हुन जान्छ।
आब्जेक्टको लंबाई र चौड़ाईमा परिवर्तन गर्नको लागि हैंडलका **'कार्नर'** छेउ समातेर ड्रैग गर्नुहोस्।
आब्जेक्टको एउटा साइड (केवल लंबाई वा केवल चौड़ाई) मा परिवर्तन गर्नको लागि साइड (किनारा) को हैंडल समातेर ड्रैग गर्नुहोस्।

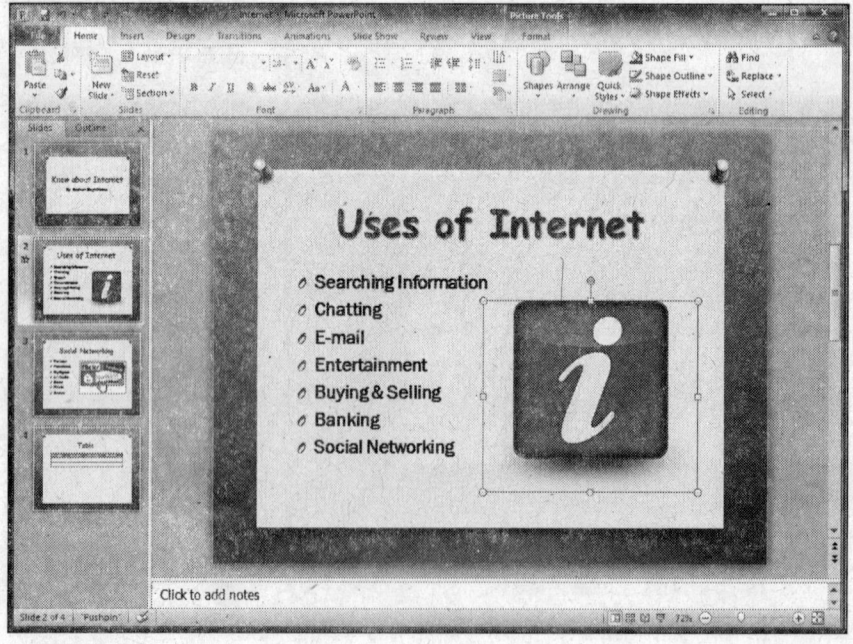

पावर प्वाइंटले तुरंत आब्जेक्टको साइज (आकार) परिवर्तित गर्नेछ।

पावर प्वाइंटको व्यू बदलिने तरीका

तपाईको प्रजेंटेशन स्क्रीनमा कस्तो देखिनेछ, त्यसको लागि तपाई पावर प्वाइंटको व्यू बदलिन सक्नुहुन्छ। डिफाल्ट रूपमा, पावर प्वाइंटले तपाईको प्रजेंटेशनलाई नार्मल व्यूमा डिस्प्ले गर्दछ, जसमा केवल एउटा स्लाइड डिस्प्ले हुन्छ। आफ्नो प्रजेंटेशन आउटलाइन व्यूमा हेर्नको लागि तपाई आउटलाइन व्यूमा पनि जान सक्नुहुन्छ। यस बाहेक एक पटकमै सबै स्लाइडहरु हेर्नको लागि स्लाइड शार्टर व्यूमा पनि जान सक्नुहुन्छ।

नार्मल व्यूको प्रयोग

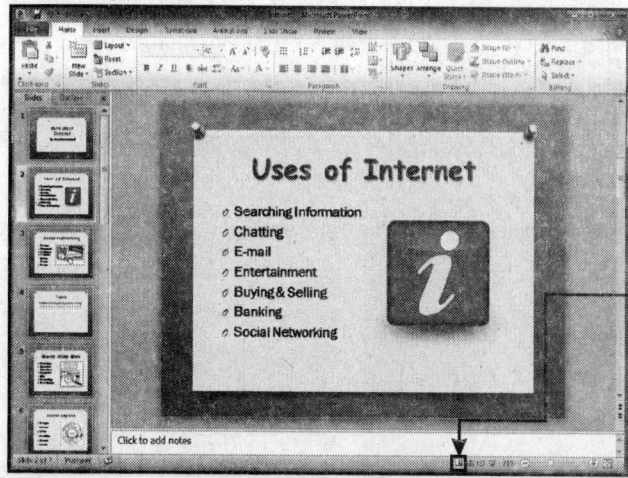

'**नॉर्मल व्यू**' नार्मल व्यूमा तीन पैन शामिल छन्,
- आउटलाइन पैन
- स्लाइड पैन
- नोट्स पैन

पैन बार्डर ड्रैग गरेर यी पैनको साइज एडजस्ट (कम-बढि) गर्न सकिन्छ।

1. '**नॉर्मल व्यू**' ( ) बटन माथि क्लिक गर्नुहोस्। पावर प्वाइंटले त्यो प्रजेंटेशनमा डिस्प्ले भई रहेको स्लाइडलाई डिफाल्ट रूपमा प्रदर्शित गर्दछ।

आउटलाइन व्यूको प्रयोग

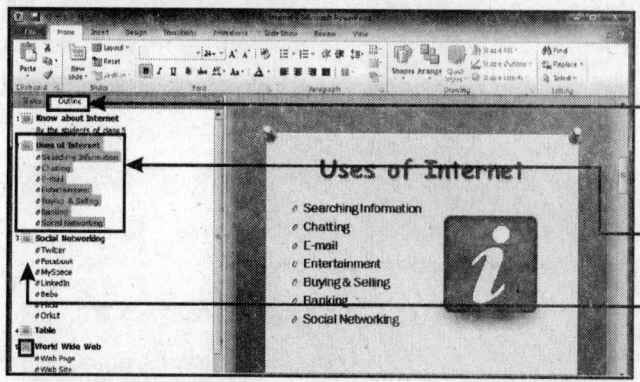

यो व्यूले तपाईको प्रजेंटेशनको हरेक स्लाइड, टाइटल र मेन टेक्स्ट आउटलाइनमा डिस्प्ले गर्दछ।

1. '**आउटलाइन**' माथि क्लिक गर्नुहोस्।

पावर प्वाइंटले त्यो प्रजेंटेशनलाई आउटलाइन फार्मेटमा डिस्प्ले गर्नेछ।

आउटलाइन माथि क्लिक गरेर त्यसमा शामिल टेक्स्टको एडिट (संपादित) पनि गर्न सक्नुहुन्छ।

स्लाइड हेर्नको लागि तपाई '**स्लाइड आइकॉन**' माथि पनि क्लिक गर्न सक्नुहुन्छ।

स्लाइड व्यूको प्रयोग

यो एक पटकमा एउटा लाइन डिस्प्ले गर्दछ। स्लाइड क्रिएट गर्नमा र त्यसलाई मॉडीफाई गर्नमा यो व्यूको प्रयोग गर्न सकिन्छ।

1. '**स्लाइड**' टेब माथि क्लिक गर्नुहोस्।

पावर प्वाइंटले प्रजेंटेशनमा एउटा करंट स्लाइड डिस्प्ले गर्दछ।

कुनै विशेष स्लाइड हेर्नको लागि तपाई '**स्लाइड**' टैबमा त्यस स्लाइड माथि क्लिक गर्न सक्नुहुन्छ।

स्लाइड शार्टर व्यूको प्रयोग

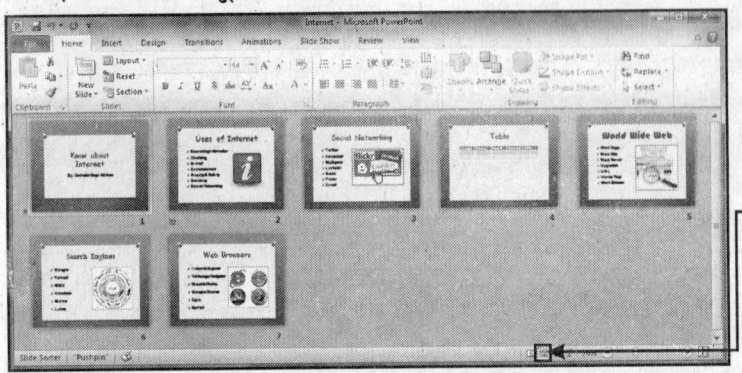

इस व्यूमा, प्रेजेंटेशनको स्लाइडलाई सानो रूपमा हेर्न सकिन्छ। यसबाट तपाई स्लाइडलाई सजिलैसंग शामिल गर्न पनि सक्नुहुन्छ, हटाउन सक ?नुहुन्छ र त्यसलाई मूव गराउन सक्नुहुन्छ।

1. **'स्लाइड शॉर्टर व्यू'** बटन ( ) मा क्लिक गर्नुहोस्।

पावर प्वाइंट प्रजेंटेशनमा सबै स्लाइडहरुलाई डिस्प्ले गर्नेछ।

रीडिंग व्यूको प्रयोग

जब प्रजेंटेशन फुल स्क्रीन स्लाइड व्यूमा चाहनु हुन्न र त्यो प्रजेंटेशनलाई सजिलै हेर्नको लागि कुनै कंट्रोल विंडो चाहनुहुन्छ तब तपाईले कंप्यूटरमा त्यहा 'रीडिंग व्यू' को प्रयोग गर्न सक्नुहुन्छ आफूले चाहेको जस्तो गर्न सक्नुहुन्छ।

1. **'रीडिंग व्यू'** बटन ( )मा क्लिक गर्नुहोस्।

पावर प्वाइंटले प्रजेंटेशनलाई **'सिंपल कंट्रोल्स'** को साथमा 'टाइटल बार' र **'स्टेटस बार'** संगै फुल स्क्रीनमा देखाउनेछ।

स्लाइड शो व्यूको प्रयोग

स्लाइड शो शुरू हुने बितिकै तपाई प्रजेंटेशन हेर्न सक्नुहुन्छ।

1. **'स्लाइड शो व्यू'** बटन ( ) मा क्लिक गर्नुहोस्।

पावर प्वाइंटले तपाईको प्रजेंटेशनलाई स्लाइड शोको रूपमा देखाउनेछ।

नार्मल व्यूमा फिर्ता आउनको लागि **'Esc'** बटन थिच्नुहोस्।

स्लाइड परिवर्तन शमावेस गर्न

आफ्नो प्रजेंटेशनको स्लाइडमा ट्रांजिक्शन (परिवर्तन) पनि शमावेस गर्न सक्नुहुन्छ। ट्रांजिक्शन एउटा विजुअल इफेक्ट हो जुन तब देखिन्छ, जब तपाई कुनै स्लाइडबाट अर्को स्लाइडमा मूव गर्नुहुन्छ अर्थात जानुहुन्छ। ट्रांजिक्शन शमोवश गर्नको लागि तपाई नार्मल व्यूको प्रयोग पनि गर्न सक्नुहुन्छ। यसबाट तपाईले स्लाइड शार्टर व्यूको तुलनामा पूरा प्रजेंटेशनमा सजिलैसंग इफेक्ट शामिल गर्न सक्नुहुन्छ।

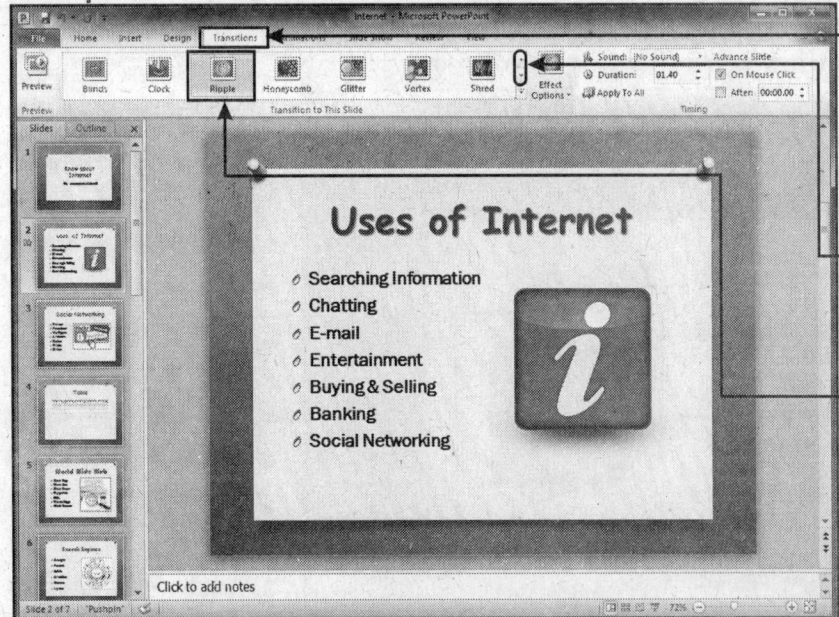

1. त्यो स्लाइड ओपन गर्नुहोस् जसमा ट्रांजिक्शन शामिल गर्न चाहनुहुन्छ।
2. रिबनमा '**ट्रांजिक्शन**' टेब माथि क्लिक गर्नुहोस्।

यहा उपलब्ध ट्रांजिक्शन इफेक्ट्स हेर्नको लागि स्क्रॉल गर्न सक्नुहुन्छ।

3. ट्रांजिक्शन माथि क्लिक गर्नुहोस्।

पावर प्वाइंटले तुरंत ट्रांजिक्शन इफेक्टको प्रीव्यू डिस्प्ले गर्नेछ।

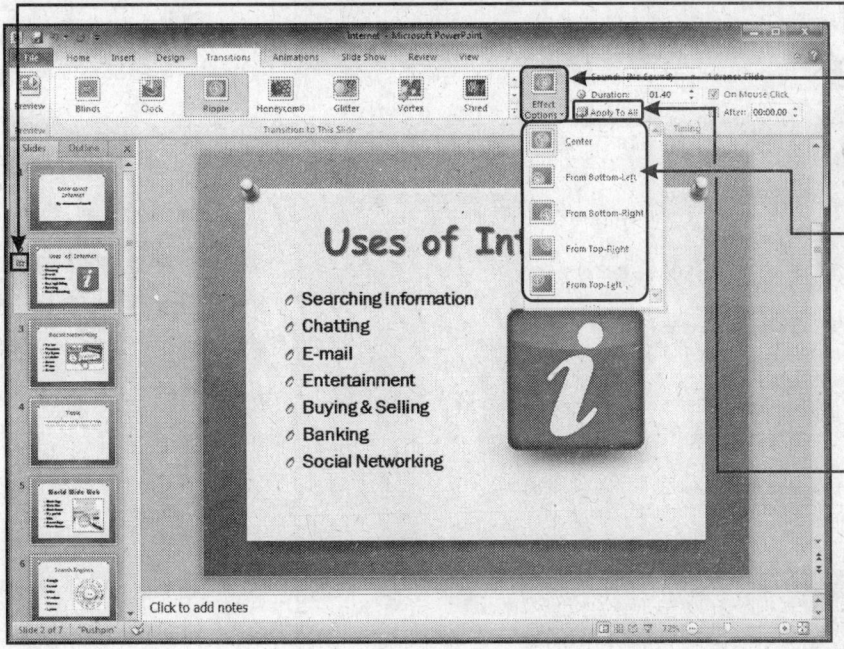

पावर प्वाइंटले स्लाइडको तल एनीमेशन आइकॉन एड (जोडिनु) गरिदिन्छ।

4. '**इफेक्ट ऑप्शंस**' को डाउन एरो क्लिक गर्नुहोस्।
5. ट्रांजिक्शनको लागि इफेक्ट सेटिंग माथि क्लिक गर्नुहोस्।

पावर प्वाइंटले ट्रांजिक्शन इफेक्टको प्रीव्यू डिस्प्ले गर्नेछ।

यदि तपाई पूरा स्लाइड शोमा एउटै (त्यही) ट्रांजिक्शन इफेक्ट शामिल गर्न चाहनुहुन्छ भने तपाई '**अप्लाई टू ऑल**' माथि क्लिक गर्न सक्नुहुन्छ।

एनीमेशन इफेक्ट्सको प्रयोग गर्ने तरीका

एनीमेशन इफेक्ट पावर प्वाइंटले स्लाइड शोलाई रोचक बनाउछ र तयसलाई व्यावसायिक रूप प्रदान गर्दछ। एनीमेशनमा शामिल टेक्स्ट र कंटेंटमा स्पेशल विजुअल र साउंड इफेक्ट हुन्छ। उदाहरणको लागि- स्क्रीनमा डिस्प्ले भई रहेको स्लाइडको रहेक लाइन चलायमान हुन सक्छ। पावर प्वाइंटको स्लाइडमा आफ्नो एनीमेशन टाइप, स्पीड र साउंड इफेक्टलाई डिफाइन (परिभाषित) गरेर तपाई आफ्नो कस्टम एनीमेशन इफेक्ट सेट गर्न सक्नुहुन्छ।

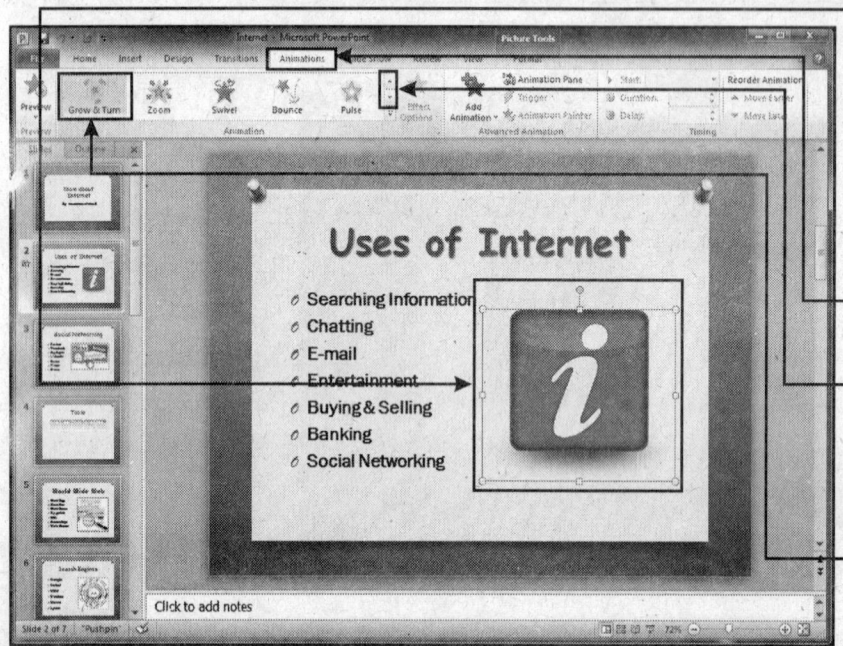

1. कुनै पनि स्लाइडको एलीमेंट (जस्तै टेक्स्ट बाक्स, शेप र पिक्चर) माथि क्लिक गर्नुहोस् जसलाई तपाई नार्मल व्यूमा एनीमेशनमा शामिल गर्न चाहनुहुन्छ।
2. रिबनमा **'एनीमेशन'** टेब माथि क्लिक गर्नुहोस्।

स्क्रॉल गरेर तपाई त्यहा उपलब्ध कुनै पनि ट्रांजिक्शन इफेक्ट्समा जान पनि सक्नुहुन्छ।

3. कुनै पनि एनीमेशन इफेक्टमा क्लिक गर्नुहोस्।

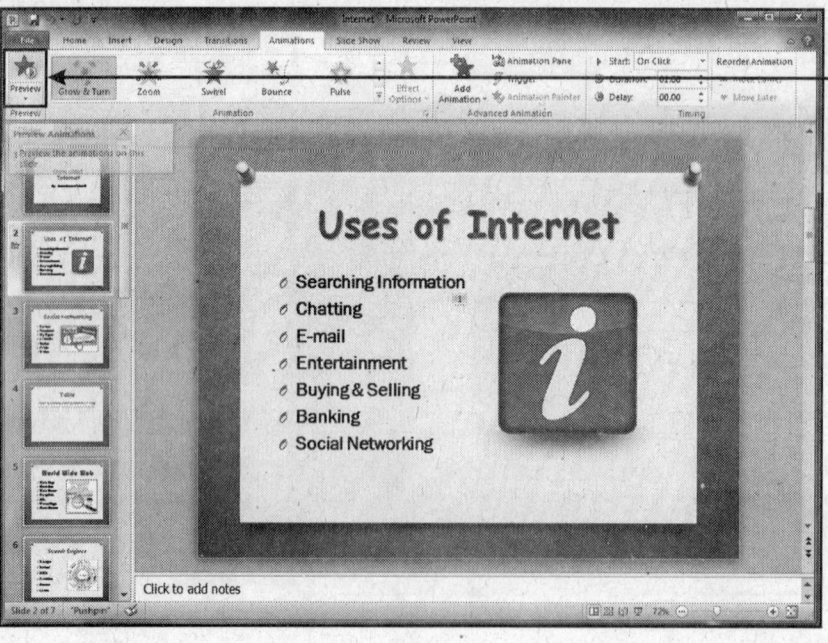

पावर प्वाइंटले त्यस इफेक्टलाई तुरंत अप्लाई गर्नेछ र त्यसलाई प्रीव्यू स्लाइडमा देखाउनेछ।

'प्रीव्यू' बटन माथि क्लिक गरेर तपाई इफेक्टको प्रीव्यूलाई फेरी हेर्न सक्नुहुन्छ।

मल्टीपल एनीमेशन इफेक्ट्स

पावर प्वाइंटमा तपाई कुनै स्लाइडको एलीमेंट्स माथि पनि एनीमेशन इफेक्ट्स सेट गर्न सक्नुहुन्छ।

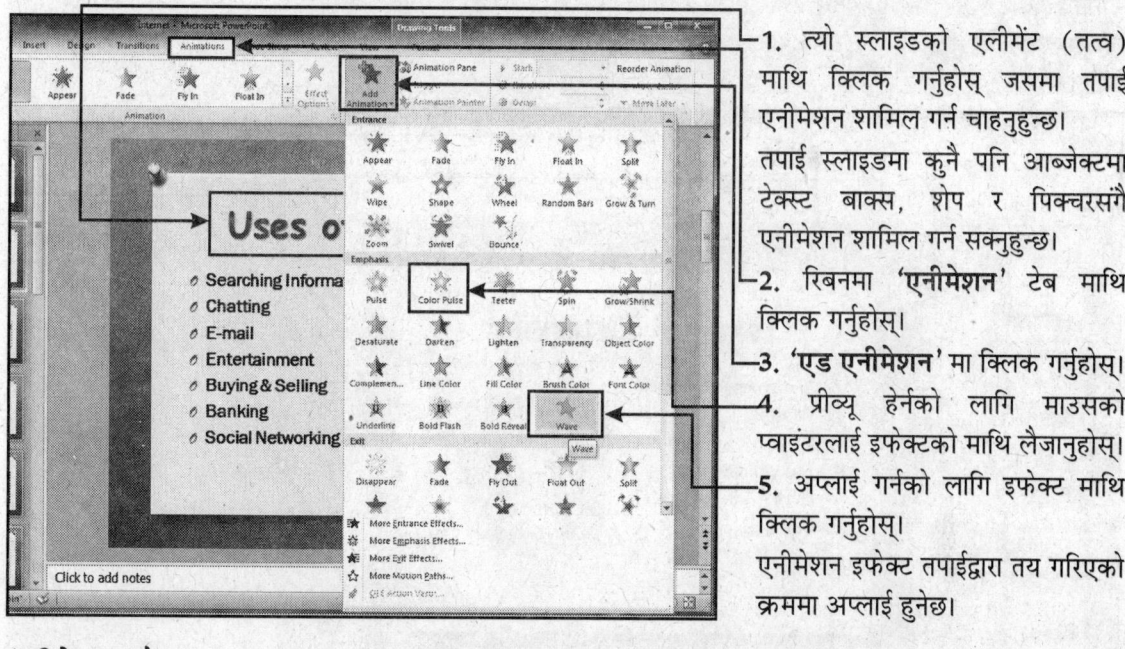

1. त्यो स्लाइडको एलीमेंट (तत्व) माथि क्लिक गर्नुहोस् जसमा तपाई एनीमेशन शामिल गर्न चाहनुहुन्छ।

तपाई स्लाइडमा कुनै पनि आब्जेक्टमा टेक्स्ट बाक्स, शेप र पिक्चरसँगै एनीमेशन शामिल गर्न सक्नुहुन्छ।

2. रिबनमा **'एनीमेशन'** टेब माथि क्लिक गर्नुहोस्।
3. **'एड एनीमेशन'** मा क्लिक गर्नुहोस्।
4. प्रीव्यू हेर्नको लागि माउसको प्वाइंटरलाई इफेक्टको माथि लैजानुहोस्।
5. अप्लाई गर्नको लागि इफेक्ट माथि क्लिक गर्नुहोस्।

एनीमेशन इफेक्ट तपाईद्वारा तय गरिएको क्रममा अप्लाई हुनेछ।

एनीमेशन पैन

एनीमेशन पैन ओपन गरेर तपाई स्लाइडमा अप्लाई गरिएको एनीमेशनको लिस्ट हेर्न सक्नुहुन्छ।

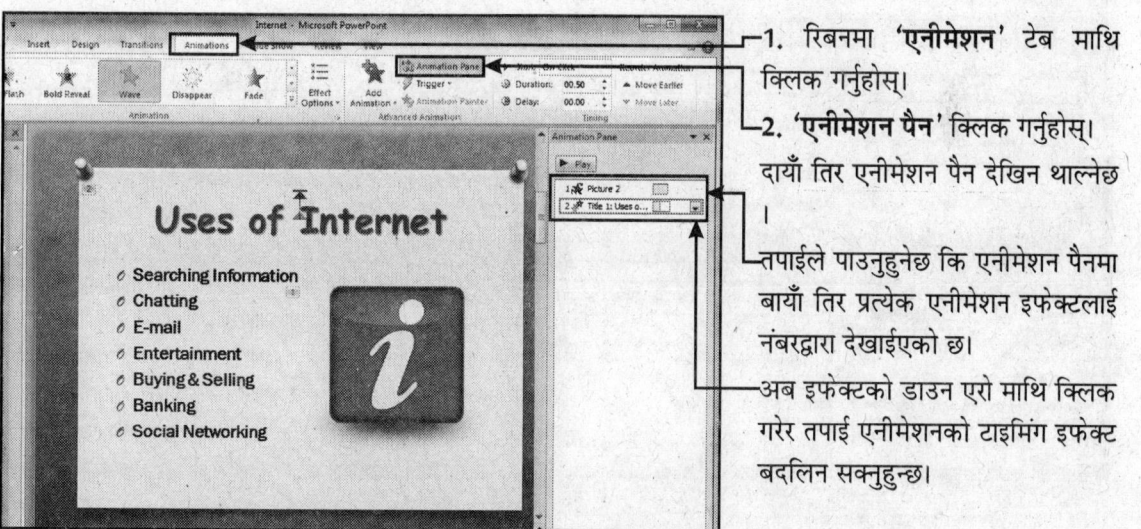

1. रिबनमा **'एनीमेशन'** टेब माथि क्लिक गर्नुहोस्।
2. **'एनीमेशन पैन'** क्लिक गर्नुहोस्।

दायाँ तिर एनीमेशन पैन देखिन थाल्नेछ ।

तपाईले पाउनुहुनेछ कि एनीमेशन पैनमा बायाँ तिर प्रत्येक एनीमेशन इफेक्टलाई नंबरद्वारा देखाईएको छ।

अब इफेक्टको डाउन एरो माथि क्लिक गरेर तपाई एनीमेशनको टाइमिंग इफेक्ट बदलिन सक्नुहुन्छ।

स्लाइड शो रन गर्ने अर्थात चलाउने तरीका

स्लाइड स्लाइड शो बनाए पछि त्यसलाई रन गराउने (चलाउने) पालो आउछ। स्लाइड शो रन गराउने समयमा तपाईसंग तीनवटा आप्शन (विकल्प) हुन्छ। • तपाई सबै कंट्रोल्स (नियंत्रण) त्यो स्पीकरलाई दिन सक्नुहुन्छ जसले स्लाइडलाई अगाडि बढाउछ, स्लाइडमा नोट्स तैयार गर्दछ र वर्णनको रिकार्ड गर्दछ। • तपाई सबै कंट्रोल दर्शकहरुलाई दिन सक्नुहुन्छ जसले कंपनीको नेटवक्र वा इंटरनेटमा प्रजेंटेशनलाई हेर्दछन्। • प्रजेंटेशन बिना कुनै सहायताको नै एउटा लूप (चक्र) मा चलिरहन्छ।

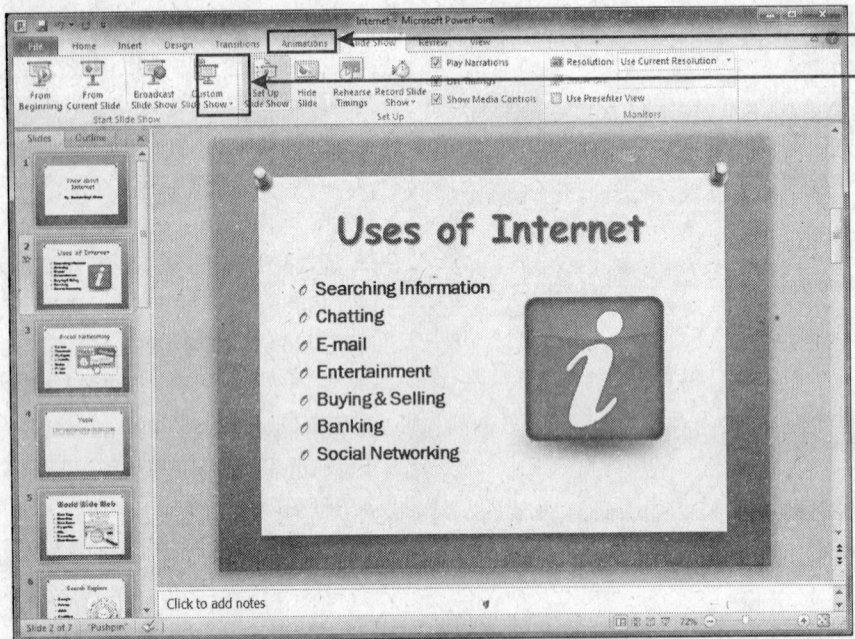

1. रिबनमा **'स्लाइड शो'** टेब माथि क्लिक गर्नुहोस्।
2. **'सेटअप स्लाइड शो'** माथि क्लिक गर्नुहोस्।

स्पीकर द्वारा स्लाइड शोको प्रजेंटेशन

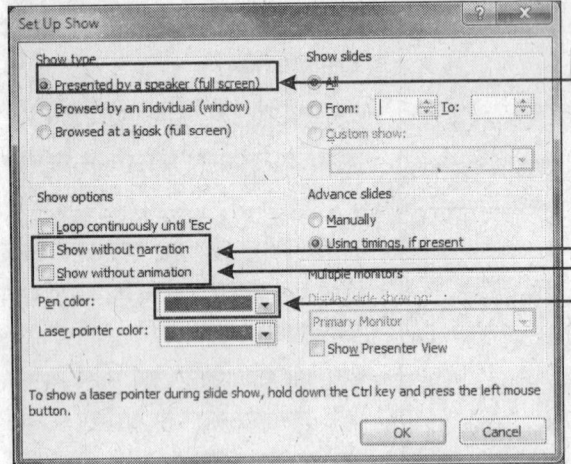

'सेटअप शो' डायलॉग बॉक्स ओपन हुनेछ।

3. एक पटक **'प्रजेंटेड वाई ए स्पीकर (फुल स्क्रीन)'** ऑप्शन माथि क्लिक गर्ने बितिकै ऑप्शन सलेक्ट हुनेछ।
4. यदि तपाईले प्रजेंटेशनमा कुनै नरेशन (वर्णन) शामिल गर्नु भएको छ तर त्यसको प्रयोग गर्न चाहनुहुन्न भने **'शो विदआउट नरेशन'** चेकबाक्स माथि क्लिक गर्नुहोस्। बाक्समा एउटा चेकबाक्स देखिनेछ।
5. यदि तपाईले स्लाइड ट्रांजिक्शन र एनीमेशन शामिल गर्नु भएको छ तर प्रजेंटेशनमा त्यो डिस्प्ले गर्न चाहनुहुन्न भने **'शो विदआउट एनीमेशन'** चेकबाक्स माथि क्लिक गर्नुहोस्। बाक्समा एउटा चेकमाक्र देखिनेछ।
6. यदि तपाई स्लाइडमा ड्रॉ गर्नको लागि कलर पेन (रंगीन पेन) चाहनुहुन्छ भने 'पेन कलर' बाक्सको डाउन एरो माथि क्लिक गर्नुहोस्। त्यस पछि त्यो कलर माथि क्लिक गर्नुहोस् जसलाई तपाई प्रयोग गर्न चाहनुहुन्छ।

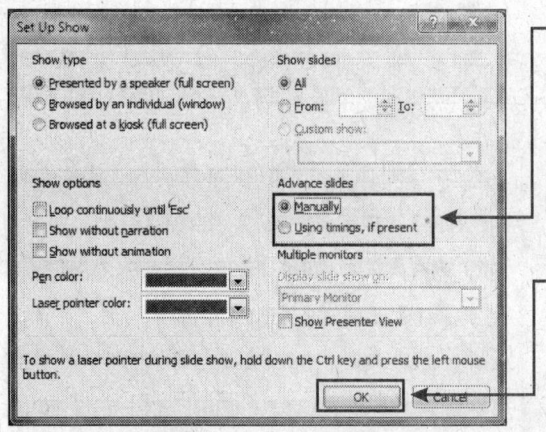

7. यदि तपाई चाहनुहुन्छ कि स्पीकर एक स्लाइड पछि अर्को स्लाइडमा क्लिक गरेर अगाडि जादै गरोस् भने तपाई **'मैनुअल'** को रेडियो बटन माथि क्लिक गर्न सक्नुहुन्छ।

यदि तपाई चाहनुहुन्छ कि तपाईको स्लाइड पहिला तय गरिएको समय अनुसार स्यंम बदलिदै रहोस् भने **'यूजिंग टाइमिंग्स'** को रेडियो बटन माथि क्लिक गर्नुहोस्।

8. **'ओके'** बटन माथि क्लिक गर्नुहोस्।

एक पटक **'ओके'** बटन क्लिक गरेपछि तपाई स्लाइड शो बटन माथि क्लिक गरेर स्लाइड शो हेर्न सक्नुहुन्छ।

आडिएंस (दर्शकहरु) द्वारा स्लाइड शोको प्रजेंटेशन

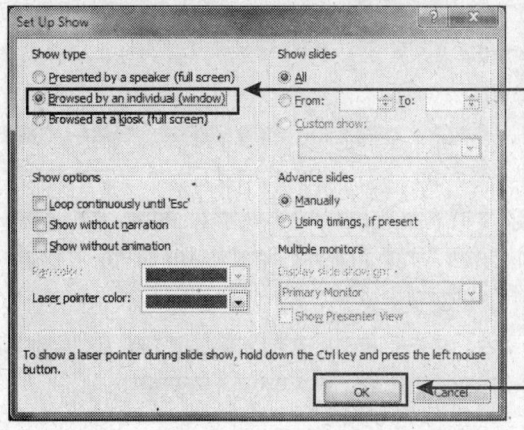

1. **'ब्राउस्ड वाई एन इंडिविजुअल (विंडो)'** ऑप्शनको रेडियो बटन माथि क्लिक गर्नुहोस्।

यी डायलॉग बाक्समा तपाई कुनै पनि ऑप्शन (विकल्प) सलेक्ट गर्न सक्नुहुन्छ।

2. **'ओके'** बटन माथि क्लिक गर्नुहोस्।

*जब **'स्लाइड शो'** बटन माथि क्लिक गरेर स्लाइड शो रन गराउछ तब प्रजेंटेशन पावर प्वाइंटमा देखिनेछ।*

प्रजेंटेशनको सबै कंट्रोल्स (नियंत्रण) जस्तै- अगाडि बढाउने, पछाडि गर्ने, स्लाइड कॉपी गर्ने आदि आडिएंस (दर्शकहरु) को हातमा हुन्छ।

स्क्रॉल बारको प्रयोग गरेर तपाई प्रीवियस (पूर्वको) र नेक्स्ट (पछि) को स्लाइडमा जान सक्नुहुन्छ।

स्लाइड शो स्यंम रन गराउने तरीका

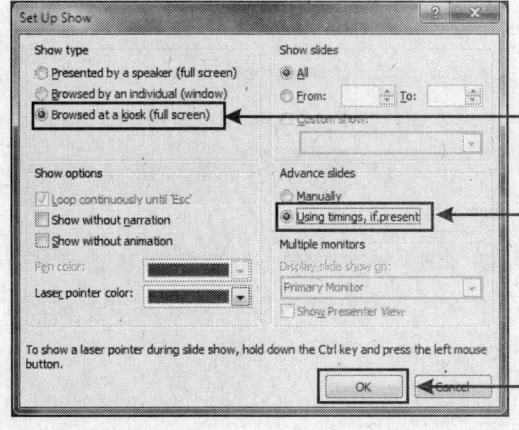

1. **'ब्राउस्ड एट कियोस्क (फुल स्क्रीन)'** ऑप्शनको रेडियो बटन माथि क्लिक गर्नुहोस्। त्यो ऑप्शन सलेक्ट हुनेछ।

2. यदि तपाईले स्लाइडमा टाइमिंग (समय) पहिला देखि नै सेट गर्नु भएको छ र चाहनुहुन्छ कि त्यो निश्चित समयमा बदलिदै रहोस् भने **'यूजिंग टाइमिंग, इफ प्रजेंट'** ऑप्शनको रेडियो बटन माथि क्लिक गर्नुहोस्।

तपाई कुनै पनि ऑप्शन सलेक्ट गर्न सक्नुहुन्छ।

3. **'ओके'** बटन माथि क्लिक गर्नुहोस्।

'ओके' बटन क्लिक गर्ने बितिकै तपाईको प्रजेंटेशन बिना कुनै सहायताको स्यंम नै रन हुनको लागि तैयार हुन जानेछ।

स्पीकर नोट्स क्रिएट (तैयार) गर्ने तरीका

आफ्नो प्रजेंटेशनमा प्रत्येक स्लाइडमा नोट्स पनि तैयार गर्न सक्नुहुन्छ जसमा त्यो विचार शामिल हुनेछ जसको बारेमा तपाई अरुसंग चर्चा गर्न चाहनुहुन्छ। प्रजेंटेशनको प्रस्तुत गर्ने समयमा तपाई आफ्नो नोट्सलाई गाइड (मार्गदर्शिका) को रुपमा प्रयोग गर्न सक्नुहुन्छ।

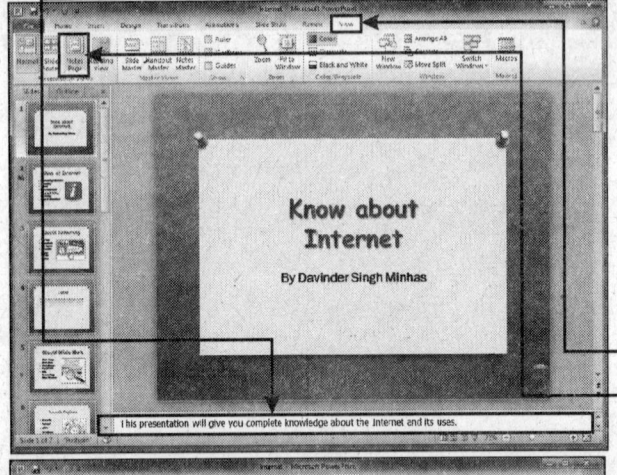

1. जुन स्लाइडको लागि नोट्स तैयार गर्न चाहनुहुन्छ, त्यसलाई 'नार्मल व्यू' मा डिस्प्ले गर्नुहोस्।
2. त्यस एरिया माथि क्लिक गर्नुहोस् र त्यसपछि स्लाइडको लागि नोट्स टाइप गर्नुहोस्।

यदि तपाई एक लाइन भन्दा अधिक टेक्स्ट टाइप गर्नुहुन्छ भने टेक्स्ट ब्राउस गर्नको लागि तपाई स्क्रॉल बारको प्रयोग गर्न सक्नुहुन्छ।

3. रिबनमा **'व्यू'** टैब माथि क्लिक गर्नुहोस्।
4. **'नोट्स पेज'** माथि क्लिक गर्नुहोस्।

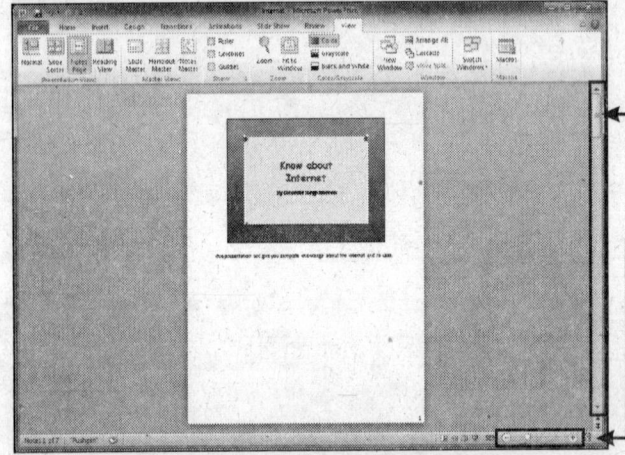

वर्तमान स्लाइडको लागि नोट्स पेजमा देखिन थाल्नेछ।

प्रजेंटेशनको अरु स्लाइडहरुको नोट्स पेज हेर्नको लागि तपाई **'स्क्रॉल बार'** को प्रयोग गर्न पनि सक्नुहुन्छ।

5. आफ्नो नोट्स ठूलो रूपमा हेर्नको लागि तपाई **'जूम स्लाइडर'** को प्रयोग गर्न सक्नुहुन्छ।

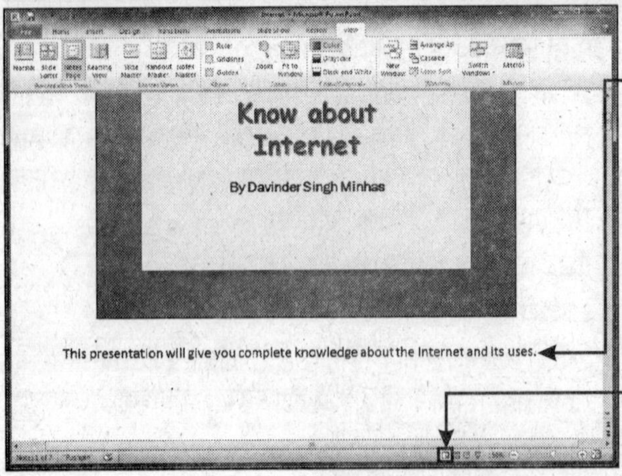

तपाईले नोट्स नयाँ रूपमा पाउनुहुनेछ।

आफ्नो प्रजेंटेशनमा नोट्सको टेक्स्ट एडिट (संपादित) र फार्मेट (रूप्पहरु लागि बदलिनको) पनि गर्न सक्नुहुन्छ।

6. आफ्नो नोट्स पेजको समीक्षा गरेपछि तपाई रिटर्न बटन(▣) को प्रयोग गरेर वापस 'नार्मल व्यू' मा आउनुहोस्।

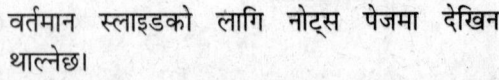

स्लाइड शोलाई रन गर्ने अर्थात चलाउने तरीका

तपाई कंप्यूटर स्क्रीनमा प्रजेंटेशनको स्लाइड शो रन गर्न सक्नुहुन्छ अर्थात चलाउन सक्नुहुन्छ। स्लाइड शो एक पटकमा पूरा स्क्रीनको प्रयोग गरेर अर्थात पूरा स्क्रीनमा केवल एउटा स्लाइड शो (प्रदर्शित) गर्दछ।

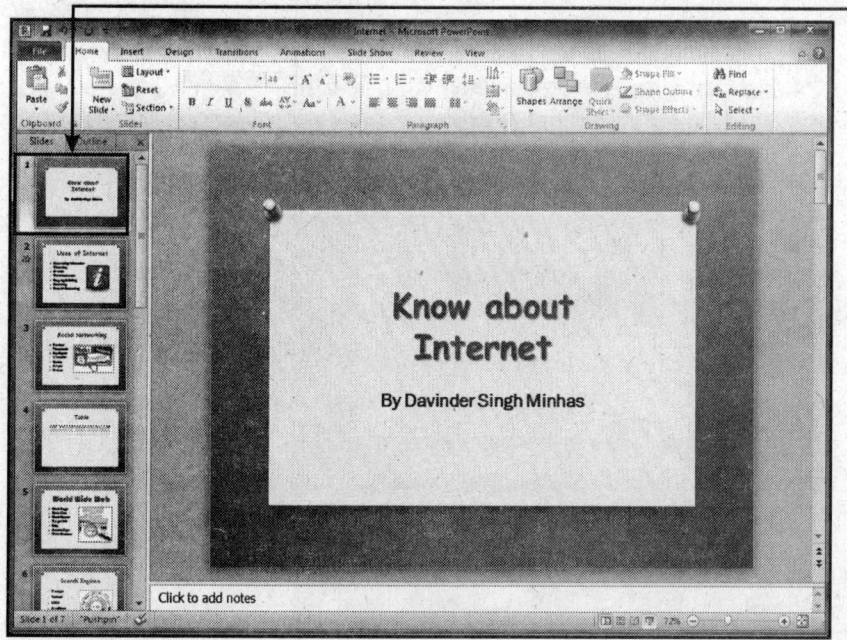

1. स्लाइड शोमा तपाई जुन स्लाइड पहिला हेर्न चाहनुहुन्छ, त्यस माथि क्लिक गर्नुहोस्।

2. स्लाइड शो स्टार्ट (शुरू) गर्नको लागि **'स्लाइड शो'** ( ) मा क्लिक गर्नुहोस्।

तपाई द्वारा सलेक्ट गरिएको स्लाइड पूरा स्क्रीनमा देखिनेछ।

कुनै पनि समय स्लाइड शो बंद गर्नको लागि तपाई **'Esc'** बटन माथि क्लिक गर्नुहोस्।

3. अर्को स्लाइड डिस्प्ले गराउनको लागि यस बटन माथि क्लिक गर्नुहोस् वा करंट स्लाइड (वर्तमान स्लाइड)मा कतै क्लिक गर्नुहोस्।

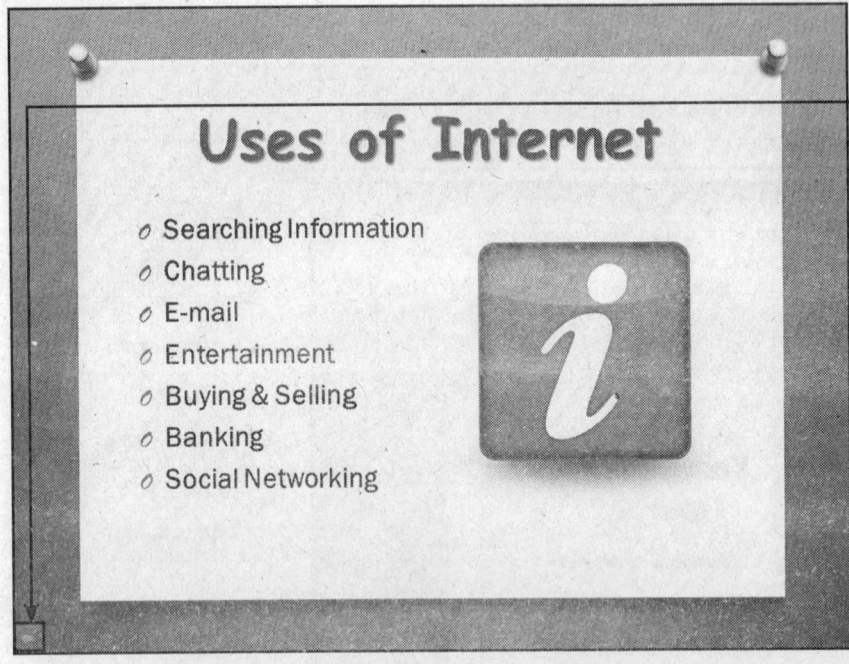

आउने वा अर्को स्लाइड देखिनेछ।
(प्रीवियस) पहिलाको स्लाइडमा वापसी आउनको लागि, यस बटन माथि क्लिक गर्नुहोस् वा **'बैक स्पेस'** बटन थिच्नुहोस्।

4. स्टेप **'3'** तब सम्म दोहराउनुहोस् जब सम्म यसले स्क्रीन डिस्प्ले गर्दैन्, जसले यो बताउछ कि तपाई स्लाइड शो अंतमा पुगि सकेको छ।

5. स्लाइड शोबाट बाहिर आउनको लागि स्क्रीनमा क्लिक गर्नुहोस्।

10 एक्सेस

माइक्रोसॉफ्ट एक्सेस एक्सेस एउटा शक्तिशाली डाटाबेस मैनेजमेंट सिस्टम (डीबीएमस) हो। विंडोमा काम गर्ने खालको यो फंक्शनबाट तपाई डाटाबेसमा डाटा तैयार गरेर त्यसमा काम गर्न सक्नुहुन्छ। केहि महत्वूपर्ण फीचर्स यस प्रकारका छन्।

डाटा एंट्री र अपडेट : एक्सेसमा तपाई डाटालाई सजिलैसंग जोड्न सक्नुहुन्छ, बदलिन सक्नुहुन्छ र डिलीट पनि गर्न सक्नुहुन्छ। यसमा केवल एउटा कमांड द्वारा पनि ठूलो स्तरमा बदलाव गर्न सक्नुहुन्छ जुन यसको विशेषता हो।

क्वेरीज (क्विश्चन) : डाटाबेसमा तपाई डाटा संबंधी कठिन प्रश्नहरु पनि सजिलैसंग सोध्न सक्नुहुन्छ र त्यसको उत्तर पनि तुरंत पाउन सक्नुहुन्छ।

फॉर्मस् : डाटा हेर्न र त्यसलाई अपडेट गर्नको लागि एक्सेसले तपाईलाई आकर्षक र उपयोगी फार्म्स उपलब्ध गराउनमा सहायता प्रदान गर्दछ।

रिपोर्ट्स : एक्सेसमा समावेस फीचर द्वारा तपाई आफ्नो डाटालाई प्रजेंट (प्रस्तुत) गर्नको लागि राम्रो र सजिलोसंग रिपोर्ट तैयार गर्न सक्नुहुन्छ।

वेब सपोर्ट : एक्सेसमा तपाई आब्जेक्ट, रिपोर्ट्स र टेबललाई एचटीएमल फार्मेटमा सेव गर्न सक्नुहुन्छ। यस्तो गर्नाले यसलाई ब्राउसरको प्रयोग गरेर पनि हेर्न सकिन्छ।

डाटाको कुनै निश्चित क्रम अथवा व्यवस्थित रूपमा संग्रहलाई डाटाबेस भनिन्छ। यसमा तपाईले डाटा तैयार गर्न सक्नुहुन्छ, त्यस पर काम गर्न सक्नुहुन्छ र त्यसलाई डिलीट पनि गर्न सक्नुहुन्छ। डाटाबेस मैनेजमेंट सिस्टम जस्तै एक्सेसमा कंप्यूटरको प्रयोग गरेर तपाई डाटाबेस तैयार गर्न सक्नुहुन्छ। यस बाहेक डाटाबेसमा तपाई डाटा जोड्न पनि सक्नुहुन्छ। यस बाहेक डाटाबेसमा तपाई डाटाको प्रयोग गरेर फार्म्स र रिपोर्ट्स पनि तैयार गर्न सक्नुहुन्छ। एक्सेसमा डाटाबेस टेबलको रूपमा शमावेस हुन्छ। यस टेबलको रो लाई (पंक्ति) रिकार्ड्स भनिन्छ। रिकार्डमा कुनै व्यक्तिको बारेमा, प्रोडक्टको बारेमा र कुनै इवेंट (घटना) को बारेमा इंफोरमेशन (सूचना) हुन्छ। उदाहरणको लागि एउटा कस्टमरको टेबलको पंक्तिमा, कुनै स्पेसीफिक (विशिष्ट) कस्टमरको बारेमा सूचना समावेस हुन्छ। टेबलमा समावेस कॉलमलाई फील्ड्स भनिन्छ। फील्डमा रिकार्डको बारेमा विशिष्ट सूचना समावेस हुन्छ।

एक्सेस शुरू गर्ने तरीका

निम्नलिखित साधारण पाईलाहरु चालेर तपाई माइक्रोसॉफ्ट् एक्सेस स्टार्ट (शुरू) गर्न सक्नुहुन्छ।

1. **'स्टार्ट'** बटन माथि क्लिक गर्नुहोस्। स्टार्ट मीनू डिस्प्ले हुनेछ।
2. **'ऑल प्रोग्राम'** माथि क्लिक गर्नुहोस्।
3. **'माइक्रोसॉफ्ट ऑफिस'** माथि क्लिक गर्नुहोस्।
4. **'माइक्रोसॉफ्ट ऑफिस 2010'** माथि क्लिक गर्नुहोस्।

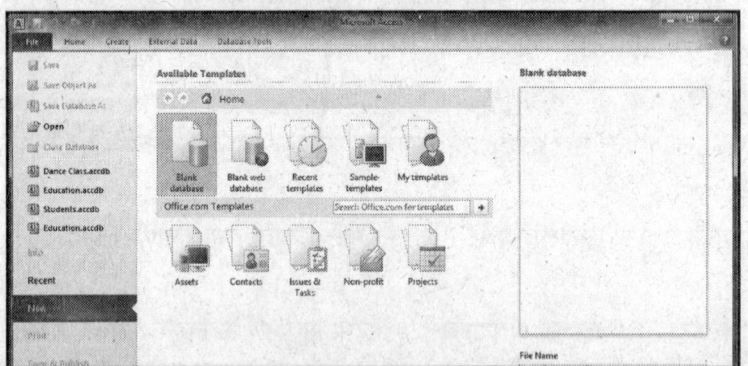

'माइक्रोसॉफ्ट एक्सेस' स्क्रीन देखिन थाल्छ।

अब तपाई कुनै खाली डाटाबेस क्रिएट (तैयार) गर्न सक्नुहुन्छ वा त्यसमा समावेस रहेको कुनै फाइललाई ओपन गर्न सक्नुहुन्छ।

ब्लैंक (खाली) डाटाबेस तैयार गर्ने तरीका

तपाई कुनै नयाँ डाटाबेस तैयार गरेर त्यसमा डाटालाई फिल (भर्न) सक्नुहुन्छ। जब तपाई कुनै नयाँ डाटाबेस फाइल तैयार गर्नुहुन्छ तब एक्सेसले उसको लागि कुनै नाम सोध्दछ।

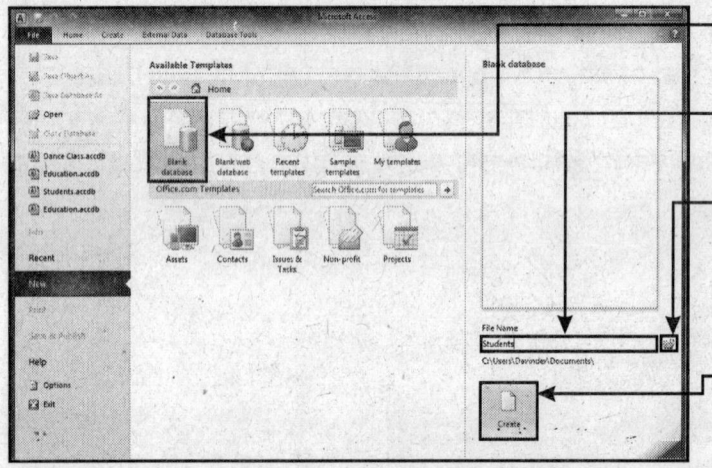

1. **'ब्लैंक डाटाबेस'** ऑप्शन (विकल्प) माथि क्लिक गर्नुहोस्।
2. डाटाबेसको लागि नाम टाइप गर्नुहोस् जुन नाम फाइललाई दिन चाहनुहुन्छ।

तपाई त्यस फाइललाई जुन ड्राइव वा फोल्डरमा स्टोर गर्न चाहनुहुन्छ त्यस माथि जानको लागि तपाई **'ब्राउस'** बटनको प्रयोग पनि गर्न सक्नुहुन्छ।

3. **'क्रिएट'** माथि क्लिक गर्नुहोस्।

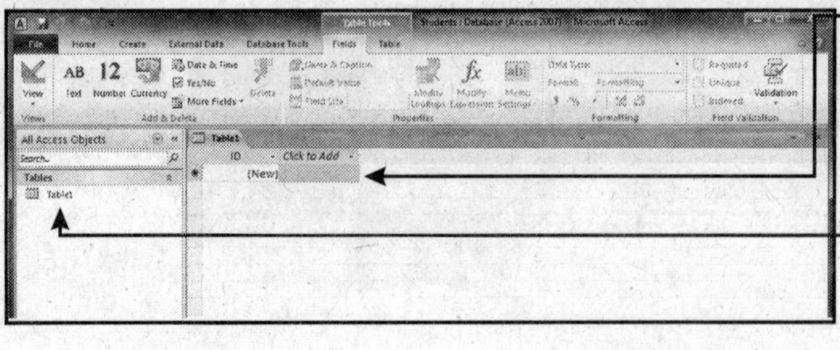

एक्सेस एउटा नयाँ र खाली डाटाबेस फाइल तैयार गर्नेछ र एउटा नयाँ टेबल ओपन गर्नेछ।

अब तपाई यसमा रिकाड्र्सको एंट्री गरेर आफ्नो टेबल तैयार गर्न सक्नुहुन्छ।

नेवीगेशन पैनलले तपाईको द्वारा क्रिएट गरिएको डाटाबेस आब्जेक्टलाई डिस्प्ले गर्दछ जस्तै- टेबल र फार्म्स।

एक्सेस विंडोको बारेमा जानकारी आवश्यक

ऑफिस 2010 को एप्लीकेशन जस्तै वर्ड र एक्सेलको साथमा एक्सेसमा यूजर इंटरफेस पनि समावेस हुन्छ। यसमा टैब, मल्टीपल टैब्ड रिबन र एउटा स्टेटस बार पनि समावेस हुन्छ। एक्सेसमा काम गर्नको लागि तपाईसंग यसको इंटरफेसको बारेमा पनि जानकारी हुनुपर्छ।

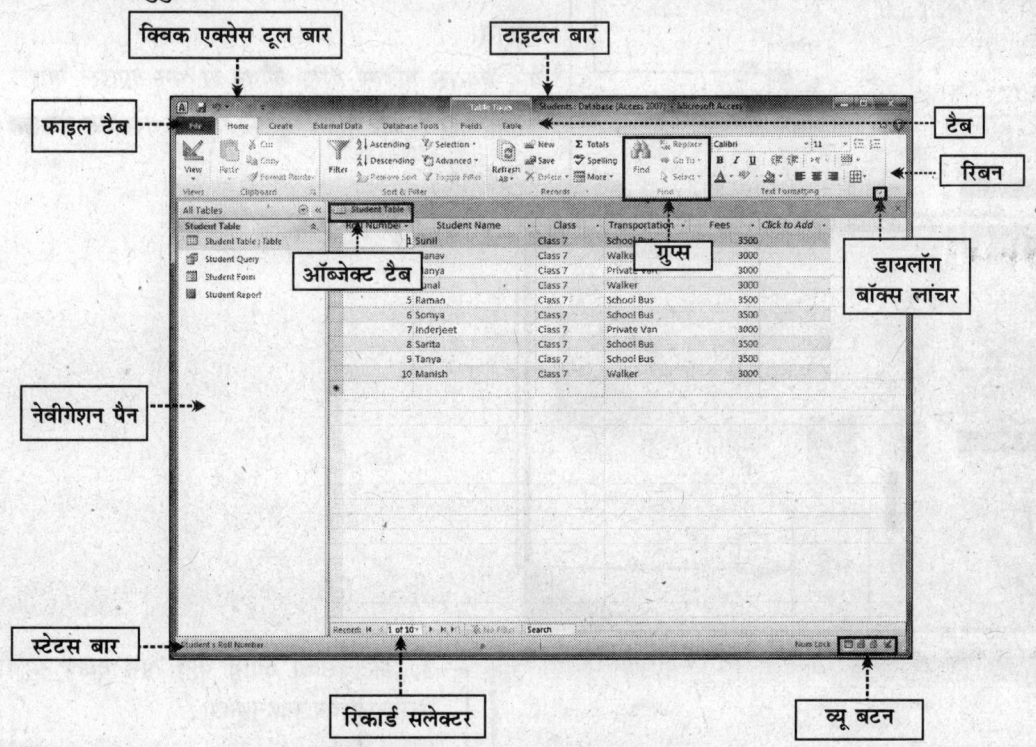

टाइटल बार : यसले डिस्प्ले भई रहेको डाटाबेसको नाम बताउछ।

फाइल टैब : यो फाइल कमांडको बैकस्टेज व्यूलाई डिस्प्ले गर्दछ। जस्तै- न्यू र ओपन।

क्विक एक्सेस टूल बार : यो सेव, अनडू र रीडू कमांडको लागि क्विक एक्सेस बटनलाई डिस्प्ले गर्दछ।

रिबन : यो टैबमा कमांडको समूहलाई डिस्प्ले गर्दछ। प्रत्येक टैब कॉमन टास्क (साधारण कार्य) को लागि एउटा शार्टकट बटन हुन्छ।

टैब्स : डाटामा काम गर्नको लागि बटन र अर्को कंट्रोल (नियंत्रण) समावेस हुन्छ।

ग्रुप्स : टैबमा कंट्रोललाई व्यवस्थित गर्दछ।

डायलॉग बॉक्स लांचर : ग्रुपसंग संबंधित डायलॉग बाक्सलाई ओपन गर्दछ।

ऑब्जेक्ट टैब : एक्सेसमा खुलेका सबै डाटाबेस आब्जेक्ट उपलब्ध गराउछ जस्तै- टेबल, रिपोर्ट्स र फॉमर्स।

नेवीगेशन पैन : यहा उपलब्ध सबै डाटाबेस आब्जेक्टको लिस्ट हुन्छ।

व्यू बटन : सलेक्ट गरिएको आब्जेक्टको विभिन्न व्यूमा आउन-जाउनको लागि।

रिकार्ड सलेक्टर : करेंट (वर्तमान) रिकार्ड नंबर डिस्प्ले गर्दछ र अरु रिकार्डको नेवीगेट (खोजी) गर्दछ।

स्टेटस बार : वर्तमान आब्जेक्ट वा व्यूको बारेमा इंफोरमेशन (सूचनाहरु) लाई डिस्प्ले गर्दछ।

टेंपलेटको प्रयोग गरेर डाटाबेसलाई तैयार गर्नु

टेंपलेटको प्रयोग गरेर तपाई एउटा नयाँ डाटाबेस तैयार गर्न सक्नुहुन्छ। टेंपलेटमा पहिला देखि तय गरिएको टेबल र फार्म्स समावेस हुन्छ जसको प्रयोग गरेर तपाई धेरै सजिलैसंग आफ्नो डाटा भर्न सक्नुहुन्छ।

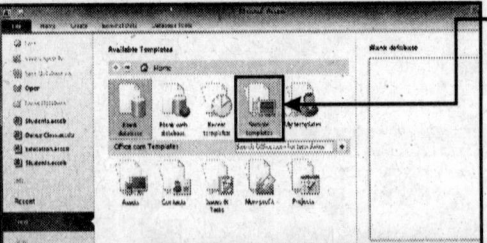

1. **'एक्सेस'** लाई स्टार्ट गर्नुहोस् र **'सैंपल टेंपलेट'** माथि क्लिक गर्नुहोस्।

यदि एक्सेस पहिला देखि ओपन छ भने तपाईले फाइल बटनमा क्लिक गरेर र त्यस पछि 'न्यू' मा क्लिक गरेर यस पेजलाई ल्याउन सक्नुहुन्छ।

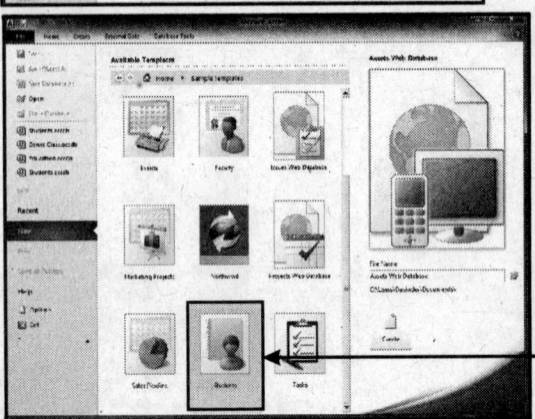

2. **'टेंपलेट'** माथि क्लिक गर्नुहोस्।

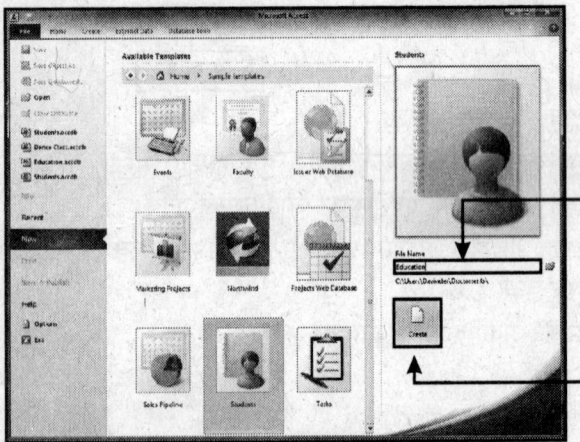

3. डाटाबेसको लागि कुनै नाम टाइप गर्नुहोस् जुन त्यसलाई दिन चाहनुहुन्छ।

यदि सबै डाटाबेस फाइललाई आफै **'.एसीसीडीबी'** एक्सटेंशन दिन्छ।

4. **'क्रिएट'** माथि क्लिक गर्नुहोस्।

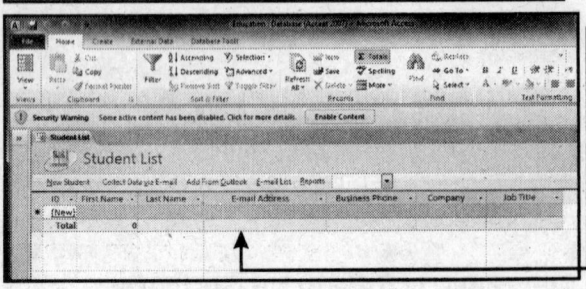

एक्सेस एक्सेसले नयाँ डाटाबेस फाइल तैयार पार्दछ र डाटाको लागि नयाँ टेबल तैयार हुन्छ।

इयसमा अब तपाई रिकाड्र्सको एंट्री गरेर आफ्नो टेबल भर्न सक्नुहुन्छ। अर्थात अब तपाईले यस टेबलमा रिकार्ड समावेस गर्न सक्नुहुन्छ।

डाटाबेस फाइललाई ओपन गर्न

यदि तपाईले पहिला कुनै डाटाबेस तैयार गर्नु भएको छ त्यसमा अरु डाटा राख्नको लागि वा त्यसको डाटाको विश्लेषणको लागि त्यसलाई ओपन (खोल्न) गर्न सक्नुहुन्छ।

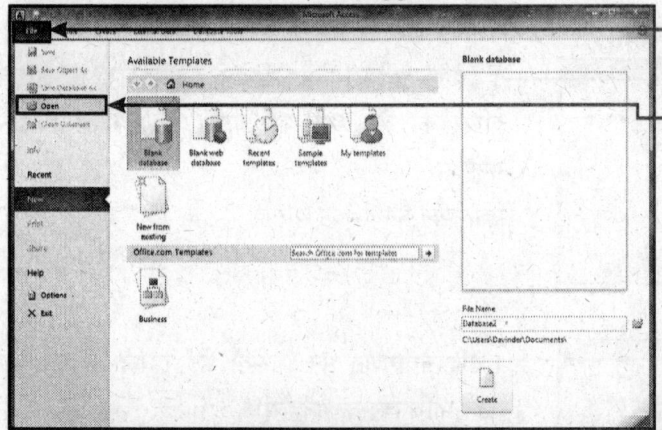

1. **'फाइल'** टैब माथि क्लिक गर्नुहोस्।
   बैकस्टेज व्यू देखिन थाल्छ।
2. **'माथि क्लिक गर्नुहोस्।**

यसमा तपाईले स्टेप ***'1'*** *र* ***'2'*** *को सट्टा* ***'कंट्रोलसंग ओ'*** *बटन को पनि दबाकर फाइल को ओपन गर्न सक्नुहुन्छ।*
'ओपन' *डायलॉग बाक्स देखिनेछ।*

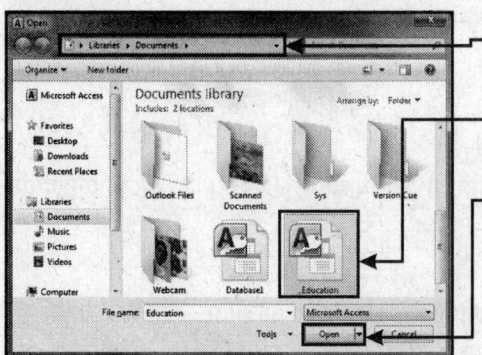

3. तपाई यस माथि क्लिक गर्न सक्नुहुन्छ र कुनै अर्को स्थानमा जानको लागि त्यहाबाट नेवीगेट गर्न सक्नुहुन्छ।
4. जुन फाइल तपाई ओपन गर्न चाहनुहुन्छ, त्यस नामको फाइल माथि क्लिक गर्नुहोस्।
5. **'ओपन'** माथि क्लिक गर्नुहोस्।

यदि **'सिक्योरिटी वार्निंग'** बाक्स (चेतावनी) को बाक्स देखाउछ भने,

6. **'इनेबल कंटेंट'** मा क्लिक गर्नुहोस्।
   डाटाबेस फाइल ओपन हुनेछ।

यदि तपाई कुनै त्यस्तो ठाँउ डाटाबेस फाइल ओपन गरि रहनु भएको छ जुन विश्वसनीय छैन् भने त्यहा एउटा चेतावनी बाक्स देखिनेछ। जस्तै यदि तपाई कुनै फाइल इंटरनेटबाट ई-मेल द्वारा प्राप्त गर्नुहुन्छ वा त्यो फाइल ओपन गर्नुहुन्छ जसमा मैक्रोजले (पहिला देखि रिकार्ड गरिएको एक्शनको समूह) समावेस हुन्छ।

संदेश दिन्छ कि फाइलमा शमावेस कंटेंट खतरनाक वा हानिकारक हुन सक्छ तर यस्तो संदेश हुन्छ नै भन्न सकिदैन्। हालांकि एउटा ब्लैंक (खाली) डाटाबेसले पनि यस्तो संदेश देखाउन सक्छ।

नेवीगेशन पैन व्यूलाई बदलिन

तपाईले नेवीगेशन पैनलाई डिस्प्ले (देखाउन) र हाइड (लुकाउन) पनि सक्नुहुन्छ। नेवीगेशन पैनको प्रयोग गरेर तपाईले डाटाबेस आब्जेक्ट जस्तै- टेबल, क्वेरीज, रिपोर्ट्स र फार्म्स हेर्न सक्नुहुन्छ र त्यसलाई मैनेज (व्यवस्थित) गर्न सक्नुहुन्छ।

नेवीगेशन पैन डिस्प्ले (प्रदर्शित) गर्ने तरीका

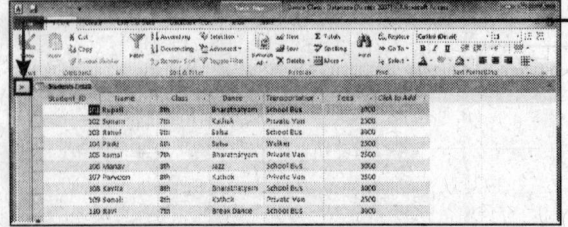

1. यदि नेवीगेशन पैन हिडन (लुकेको) छ अर्थात देखिरहेको छैन् भने यस बटन(») माथि क्लिक गर्नुहोस्।

नेवीगेशन पैन देखिन थाल्छ।

नेवीगेशन पैन हाइड (लुकाउने) तरीका

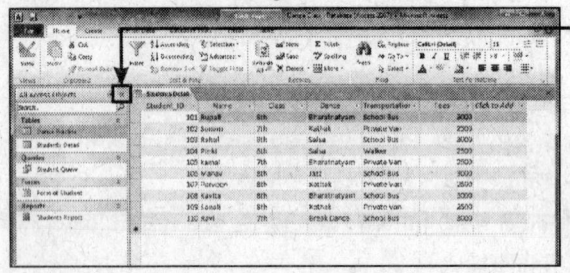

1.यदि नेवीगेशन पैन डिस्प्ले भई रहेको छ भने यस बटन माथि क्लिक गर्नुहोस्।

नेवीगेशन पैन देखिन बंद हुनेछ।

नेवीगेशन पैन डिस्प्ले र हाइड गर्नको लागि तपाईले आफ्नो कंप्यूटरको की-बोर्ड मा (एफ 11) बटन पनि दबाउन सक्नुहुन्छ।

आब्जेक्ट ओपन (खोल्ने) र क्लोज (बंद) गर्न

नेवीगेशन पैनमा तपाईले त्यहा उपलब्ध कुनै पनि डाटाबेस आब्जेक्ट ओपन गर्न सक्नुहुन्छ। आब्जेक्ट नेवीगेशन पैनको दायाँ तिर मुख्य विंडोमा देखिन्छ। यहाबाट तपाई यसको कंटेंट माथि काम गर्न सक्नुहुन्छ।

आब्जेक्ट ओपन गर्न

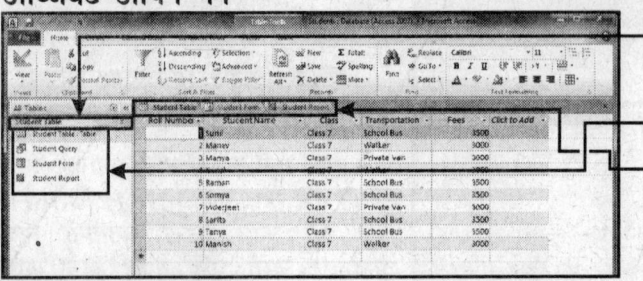

1. आवश्यक्ता हुदा यसको कैटेगरी हेर्नको लागि यहा क्लिक गर्नुहोस्।
2. आब्जेक्ट माथि डबल क्लिक गर्नुहोस्।

सबै खुलेको आब्जेक्टमा एक-अर्को माथि जानको लागि आब्जेक्टको टैब माथि क्लिक गर्नुहोस्।

आब्जेक्ट बंद गर्न

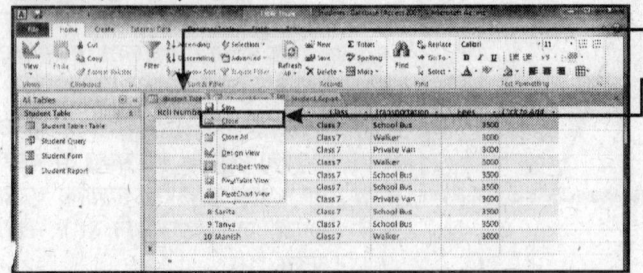

1. आब्जेक्टको टैब माथि राइट क्लिक गर्नुहोस्।
2. **'क्लोज'** माथि क्लिक गर्नुहोस्।

नयाँ टेबल क्रिएट (तैयार) गर्न

टेबलमा डाटालाई एंटर (प्रविष्ट) गरेर तपाई डाटाबेसलाई स्टार्ट (शुरू) गर्न सक्नुहुन्छ। टेबलमा कॉलम र रो (पंक्ति) समावेस हुन्छ जुन सेलको रूपमा डाटालाई समावेस गर्दछ। प्रत्येक पंक्तिले टेबलमा रिकार्ड समावेस गर्दछ। टेबलमा फील्ड राख्नको लागि तपाई कॉलमको प्रयोग गर्न सक्नुहुन्छ।

1. रिबन माथि **'क्रिएट'** टैब माथि क्लिक गर्नुहोस्।
2. **'टेबल'** बटन माथि क्लिक गर्नुहोस्।

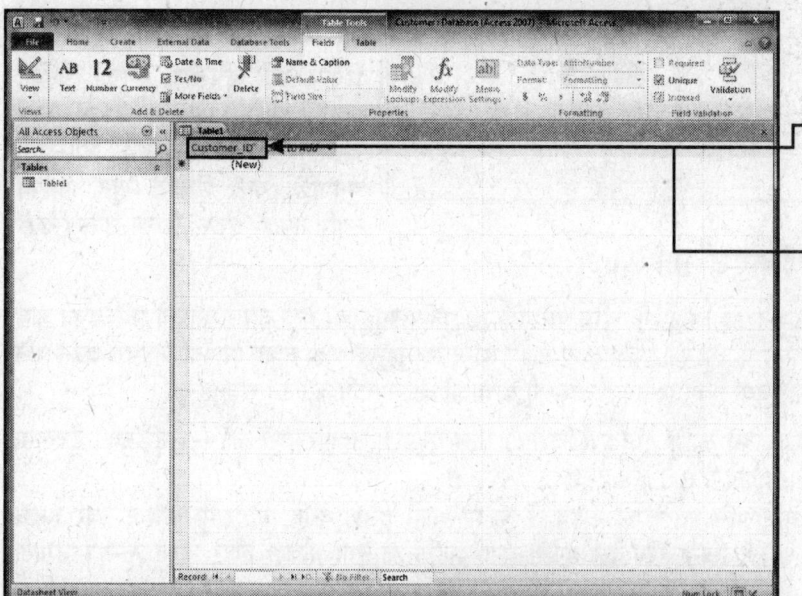

डेटशीट व्यूमा एक्सेसले एउटा नयाँ टेबल ओपन गर्नेछ।

3. फील्डको नामको लागि कॉलमको हेडर (सबै भन्दा माथि) डबल क्लिक गर्नुहोस्।
4. फील्डको लागि कुनै नाम टाइप गर्नुहोस्।
5. की-बोर्डमा 'एंटर' थिच्नुहोस्।

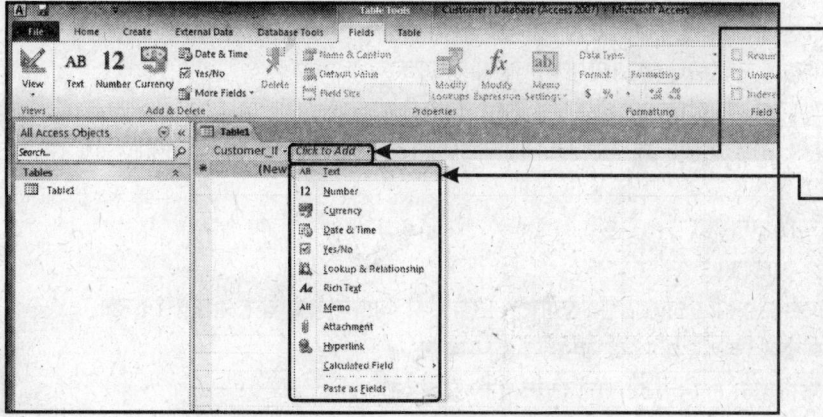

6. अर्को कॉलम माथि क्लिक गर्नुहोस्।

'डाटा टाइप' मीनू देखिन थाल्छ।

7. फील्डको लागि कुनै पनि डाटा टाइप सलेक्ट गर्नुहोस्। उदाहरणको लागि यदि तपाई नेम फील्डमा एड (शामिल) गर्न चाहनुहुन्छ भने टेक्स्टलाई सलेक्ट गर्नुहोस्।

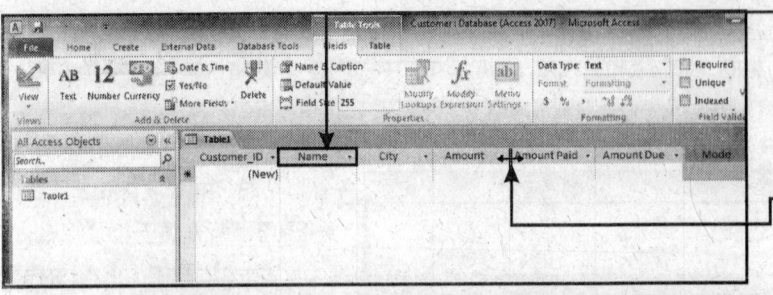

8. फील्डको लागि कुनै नाम टाइप गर्नुहोस्।

9. टेबलमा अरु फील्ड क्रिएट गर्नको लागि स्टेप **'6'** देखि **'8'** सम्म दोहराउनुहोस्।

कॉलमको बार्डरलाई बायाँ तिर वा दायाँ तिर ड्रैग गरेर तपाई कॉलमको साइज पनि बदलिन सक्नुहुन्छ।

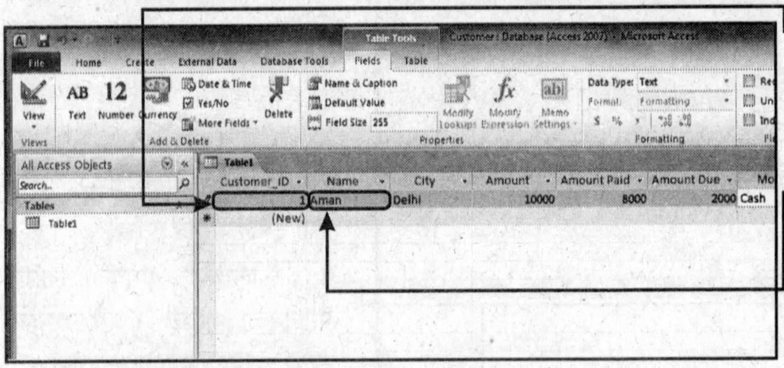

10. पहिलो पंक्तिको पहिला फील्डमा क्लिक गर्नुहोस् र पहिला रिकार्ड एंटर गर्न डाटा टाइप गर्नुहोस्।

11. 'टैब' बटन थिच्नुहोस्।

12. फील्डको डाटा टाइप गर्नुहोस्।

रिकार्डलाई कंपलीट (पूरा) गर्नको लागि स्टेप **'11'** र **'12'** लाई दोहरानुहोस्। अन्तिम रहेको फील्डमा पुगेपछि, नयाँ रिकार्ड शुरू गर्नको लागि तपाई **'एंटर'** थिच्न सक्नुहुन्छ।

डिजाइन व्यूमा नयाँ टेबल क्रिएट गर्न

राम्रो कंट्रोलको लागि तपाई आफ्नो टेबललाई डिजाइन व्यूमा पनि क्रिएट गर्न सक्नुहुन्छ। यहा तपाई आफ्नो फील्डको नाम र संक्षिप्त विवरण एंटर गर्नुहुन्छ र प्रत्येक फील्डको लागि डाटा टाइप छान्न सक्नुहुन्छ। यहा तपाई आफ्नो प्राइमरी बटन पनि सेट गर्न सक्नुहुन्छ। टेबलमा फील्डको विवरण दिएर तपाई त्यसको ढांचाको बारेमा पनि बताउन सक्नुहुंन्छ।

1. फील्ड नेम : टेबलमा प्रत्येक फील्डको लागि यूनिक (विशेष) नाम हुनुपर्छ। उदाहरणको लागि- स्टूडेंटको टेबलमा रोल नंबर, नाम, क्लास, सेक्शन, फीस आदि फील्ड नेम हुनुछ।

2. डाटा टाइप : डाटा टाइपबाट कुनै पनि फील्डको टाइपको बारेमा थाहा हुन्छ। केहि फील्डमा केबल नंबर हुन्छ। दास्रोमा, भुक्तानी गरिएको राशि र डॉलर चिन्ह समावेस हुन्छ। यस बाहेक केहिमा केवल लेटर जस्तै नाम र ठेगाना समावेस हुन्छन्।

3. डिस्क्रिप्शन (विवरण) : एक्सेसमा तपाई फील्डको बारेमा संक्षिप्त विवरण पनि दिन सक्नुहुन्छ।

टेक्स्ट फील्डको लागि तपाई फील्डको चौड़ाई तय गर्न सक्नुहुन्छ। (त्यो फील्ड जसको डाटा टाइप टेक्स्ट छ)। **यो** फील्डमा स्टोर गरिने खालको कैरेक्टर (अक्षरहरु) को संख्याको बारेमा बताउछ।

यदि तपाई कुनै फील्डको चौड़ाई तय गर्न सक्नुहुन्न भने एक्सेसले स्यंम नै 50 तय गर्नेछ।

जुन फील्ड/फील्ड्सले प्राइमरी बटन तैयार गरेको छ, तपाईले त्यसलाई बताउनुपर्छ। किनकि यो टेबलको लागि विशेष पहिचानको लागि हुन्छ।

फील्ड नेमको लागि केहि नियम निम्न प्रकारको छ।

1. नामलाई लंबाईमा अधिकतम 64 अक्षरको राख्न सकिन्छ।
2. नाममा शब्द, अंक र स्पेस (खाली स्थान) र आम रुपमा प्रयोग हुने खालको व्याकरणीय चिन्ह समावेस हुन्छ।
3. नाममा समय अंतराल, विस्मयबोधक चिन्ह र कोष्ठक समावेस हुन सक्दैन्।
4. एउटै टेबलमा दुईवटा विभिन्न फील्डको लागि एउटै नाम प्रयोग गर्न सकिदैन्।

प्रत्येक फील्डको डाटा टाइप हुन्छ। यो डाटाको त्यो टाइपको बारेमा बताउछ जसलाई फील्डमा स्टोर गर्न सकिन्छ।

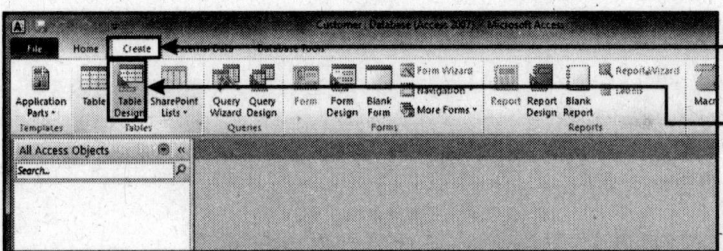

1. डाटाबेस ओपन गर्नुहोस् र रिबनमा **'क्रिएट'** टैबमा क्लिक गर्नुहोस्।
2. **'टेबल डिजाइन'** बटन माथि क्लिक गर्नुहोस्।

'टेबल 1' विंडो देखिन थाल्छ।

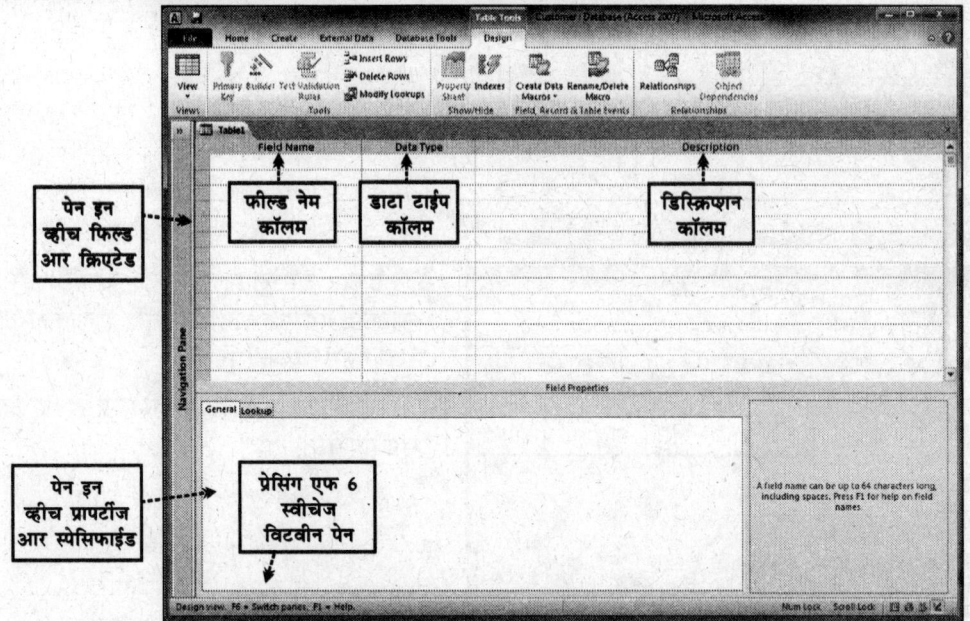

टेबल तैयार गर्ने समय अर्को स्टेपमा जानको लागि टेबल विंडोमा तपाईले आवश्यक डिटेल भरेर फील्डको व्याख्या गर्नु पर्नेहुन्छ। तपाईको फील्ड नेम, डाटा टाइप र डिस्क्रिप्शन कॉलम र त्यसपछि टेबल विंडोको तलको भागमा रहेको **'फील्ड प्रापर्टीज'** बाक्समा अतिरिक्त सूचनाहरुलाई एंटर गर्नु पर्ने हुन्छ। माथिल्लो पैन (स्क्रीनमा) जहा तपाई फील्डको बारेमा बताउनुहुन्छ, भन्दा तल्लो पैन, जहा तपाई फील्डको प्रापर्टीजको बारेमा बताउनुहुन्छ, मा जानको लागि (एफ 6) बटन थिच्नुहोस्। यहा तपाईले अनुमानित फील्ड साइज तय गर्नु पर्ने हुन्छ र त्यस पछि माथिल्लो पैनमा आउनको लागि फेरि (एफ 6) बटन थिच्नुहोस्।

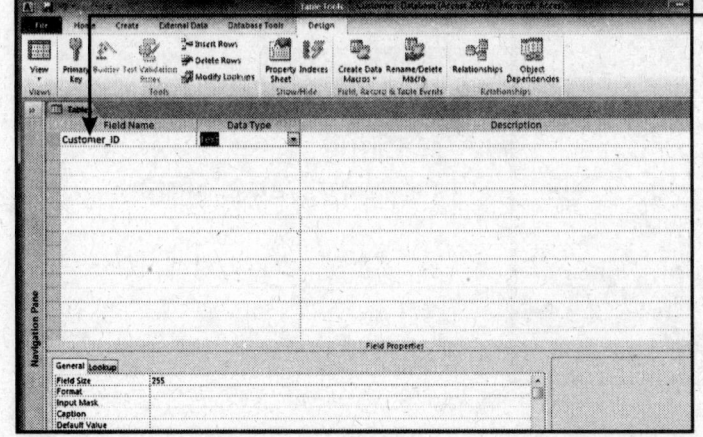

3. फील्ड नेम कॉलममा कस्टमर आईडी (पहिला फील्डको नाम) टाइप गर्नुहोस्।
4. इंसर्शन प्वाइंटलाई डाटा टाइपमा ल्याउनको लागि 'टैब' बटन थिच्नुहोस्।

कस्टमर आईडी शब्द फील्ड नेम कॉलममा डिस्प्ले हुन्छ। त्यस पछि इंसर्शन प्वाइंट डाटा टाइप कॉलममा आउछ। यहा तपाई डाटा टाइपलाई एंटर गर्न सक्नुहुन्छ।

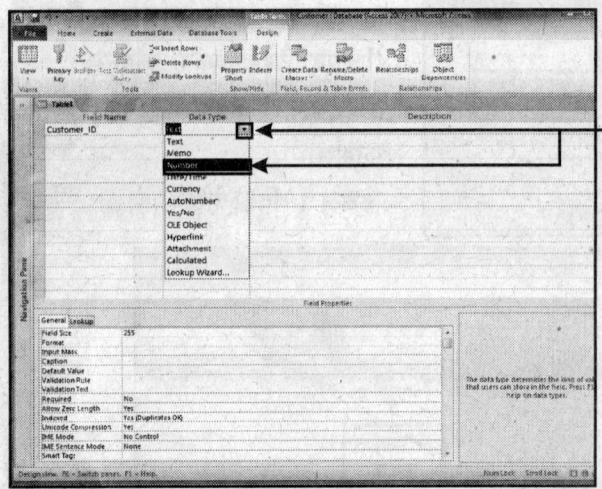

5. यदि तपाई डाटा टाइपलाई बदलना चाहनुहुन्छ भने एरो बटन माथि क्लिक गर्नुहोस् र आफ्नो आवश्यक्ता अनुसार डाटा टाइपलाई बदलिनुहोस्।

डाटा टाइपलाई सलेक्ट गरेपछि, तल्लो पैनमा यसको प्रापर्टी डिस्प्ले हुनेछ।

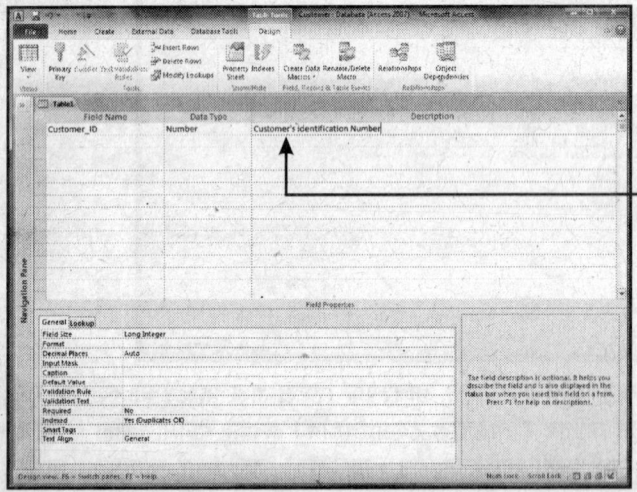

6. डाटा टाइपलाई सलेक्ट गरेपछि इंसर्शन प्वाइंटलाई डिस्क्रिप्शन कॉलममा लैजानको लागि **'टैब'** बटन थिच्नुहोस्।

7. डिस्क्रिप्शन कॉलममा विवरणको रूपमा टेक्स्ट टाइप गर्नुहोस्।

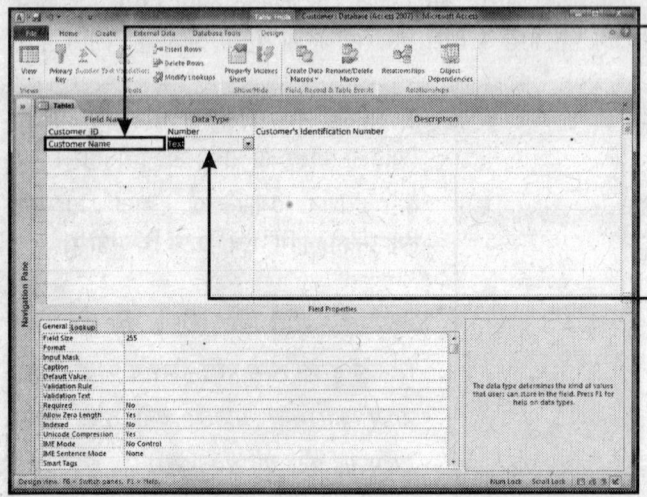

8. दास्रो पंक्तिमा 'फील्ड नेम' कॉलममा जानको लागि **'टैब'** बटन फेरीबाट थिच्नुहोस्।

9. फील्ड नेम कॉलममा कस्टमर नेमको लागि टेक्स्ट टाइप गर्नुहोस्।

10. डाटा टाइप कॉलममा जानको लागि **'टैब'** बटन थिच्नुहोस्।

त्यस फील्डमा वर्ड **'टेक्स्ट'** देखिन्छ।

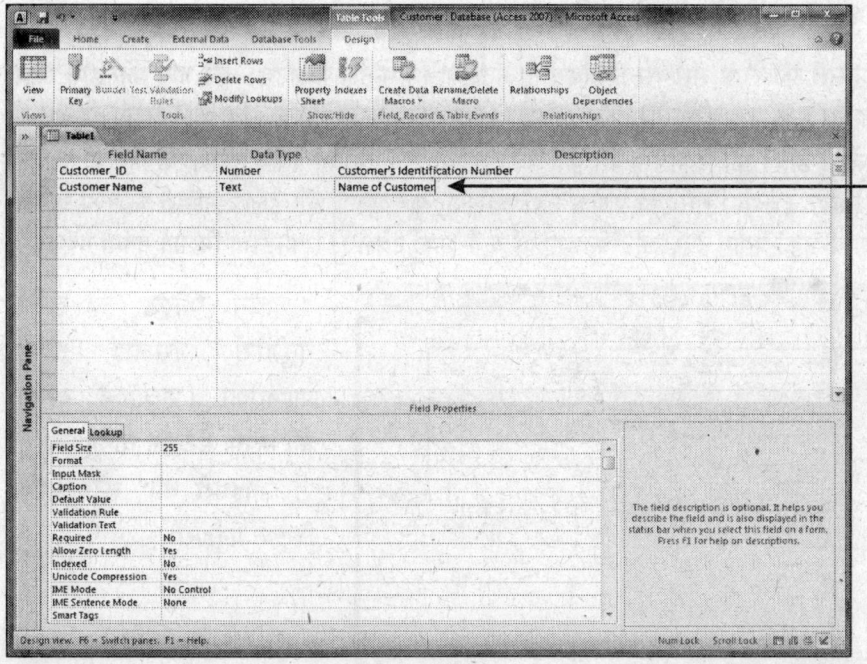

11. यदि डाटा टाइप लाई टेक्स्ट राख्नु चाहनु हुन्छ भने इंसर्शन प्वाइंट लाई डिस्क्रिप्शन कॉलममा ल्याउन लागि **'टैब'** बटन थिच्नुहोस्।

12. डिस्क्रिप्शन कॉलम मा यसको लागि टेक्स्ट टाइप गर्नुहोस्।

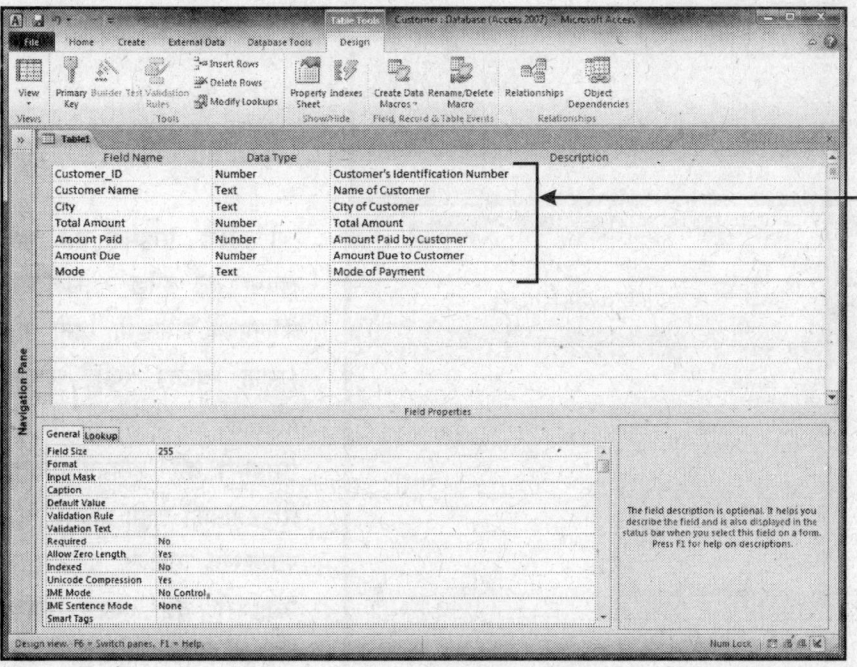

13. टेबल पूरा गर्नको लागि बचेको र एंट्री भर्नको लागि स्टेप **'3'** देखि **'12'** सम्म दोहराउनुहोस्।

प्राइमरी (प्राथमिक) बटनलाई सेट गर्ने तरीका

प्राथमिक बटन त्यो बटन हो जसले फाइलमा समावेस रिकाड्र्समा अंतर वा विभिन्नता देखाउछ। कुनै पनि फील्डमा स्टोर गरिएको डाटामा त्यो डाटा समावेस हुन्छ जुन कुनै स्पेसिफिक (विशेष) रिकार्डको लागि यूनिक (बिल्कुलै अलग) हुन्छ। उदाहरणको लागि- एउटा स्टूडेंट (छात्र) को रिकार्डमा की फील्डको रूपमा रोल नंबरको प्रयोग हुनेछ, किनकि यो प्रत्येक स्टूडेंटको लागि फरक हुनेछ। क्रिएट (तैयार) गरिएको प्रत्येक नयाँ टेबलमा, कुनै एउटा फील्डलाई प्राइमरी बटनको रूपमा सेट गर्नुपर्ने हुन्छ। एक्सेसले त्यो बटनको प्रयोग टेबलको रिकाड्र्सलाई कुनै अर्को टेबलको रिकार्डसंग मिलान गर्नमा गर्दछ।

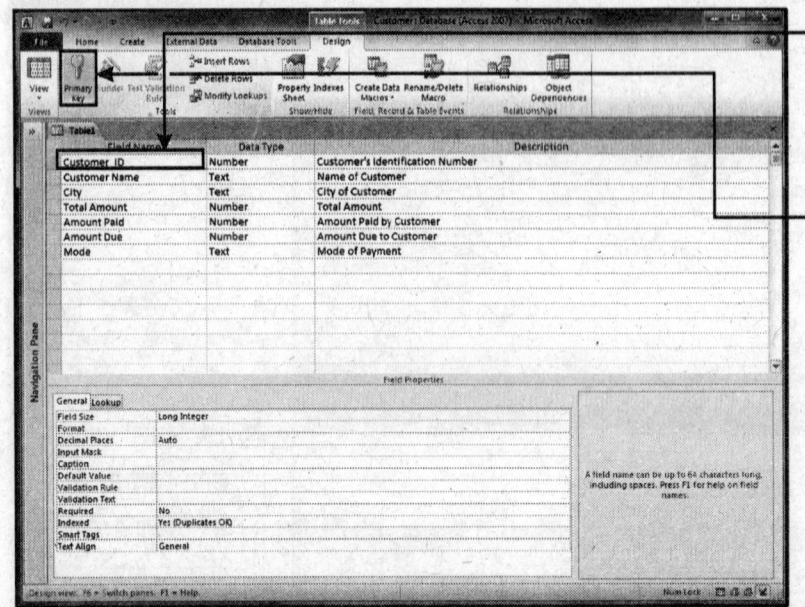

1. त्यस **'फील्ड'** को छनौट गर्नुहोस् जसलाई तपाई प्राइमरीको (प्राथमिक बटन) को रूपमा सेट गर्न चाहनुहुन्छ।
2. **'प्राइमरी की'** बटन माथि क्लिक गर्नुहोस्।

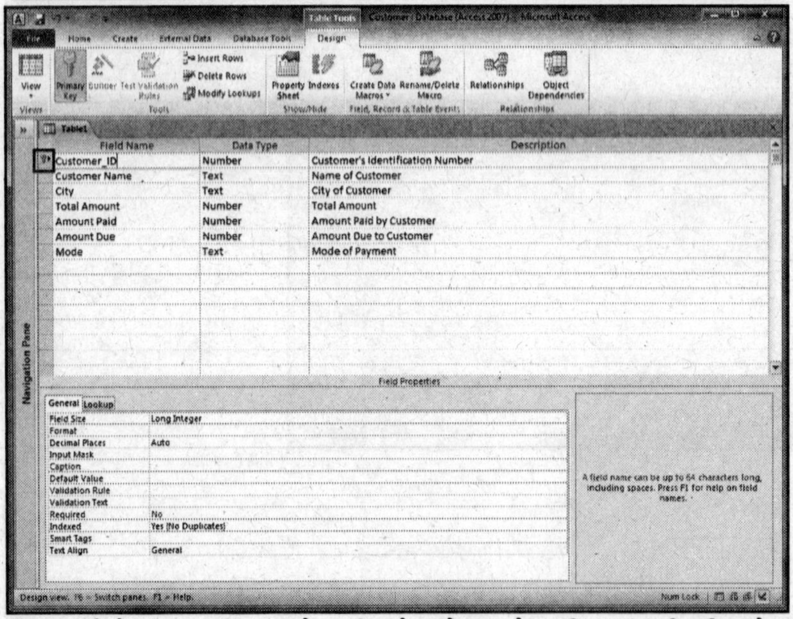

त्यो फील्ड **'प्राइमरी की'** को रूपमा सेट हुनेछ र सलेक्टर कॉलमको फील्डमा सानो की (सानो बटन) को रूपमा देखिनेछ।

'प्राइमरी की' हटाउन अर्थात रिमूव गर्नको लागि प्राइमरी की फील्डलाई सलेक्ट गर्नुहोस् र **'प्राइमरी की'** बटन माथि फेरीबाट क्लिक गर्नुहोस्।

रिकाड्र्सको फरक पहिचानको लागि हरेक टेबलको लागि 'प्राइमरी की' को आवश्यकता हुन्छ।

टेबललाई सेव गर्दा

नयाँ टेबल क्रिएट (तैयार गर्नु अथवा बनाउन) गरेपछि त्यसलाई डाटाबेसको स्थायी भाग बनाउनको लागि तपाईले त्यसलाई सेव (सुरक्षित) गर्नुपर्दछ। सेव गर्नको लागि तपाईले टेबलको कुनै नाम दिनुपर्छ।

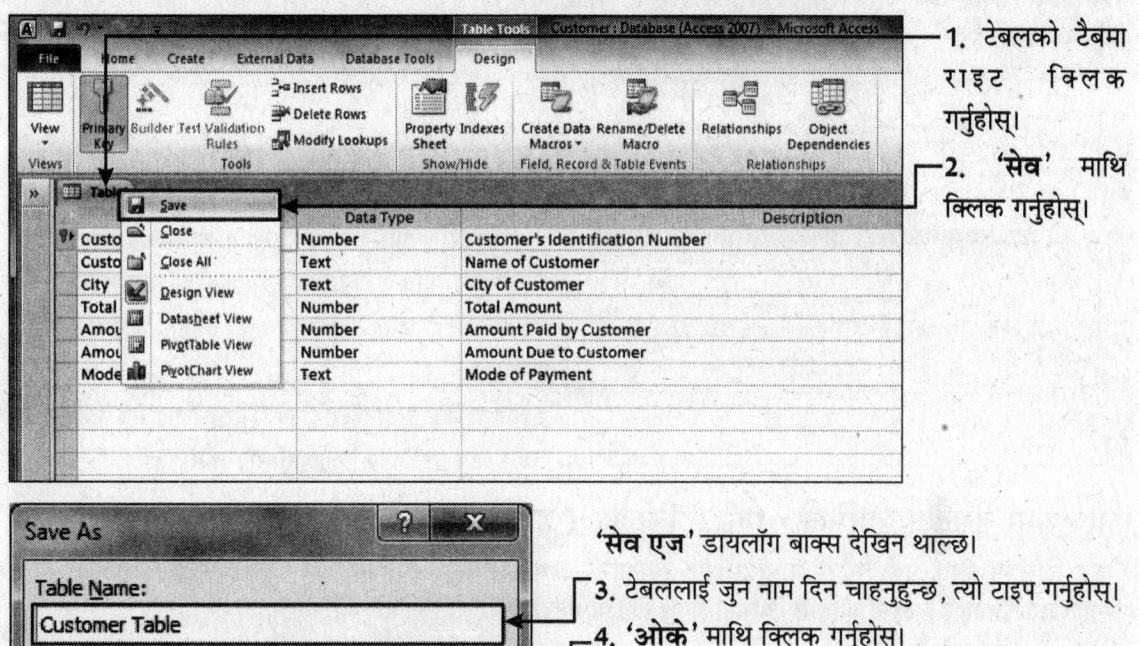

1. टेबलको टैबमा राइट क्लिक गर्नुहोस्।

2. 'सेव' माथि क्लिक गर्नुहोस्।

'सेव एज' डायलॉग बाक्स देखिन थाल्छ।

3. टेबललाई जुन नाम दिन चाहनुहुन्छ, त्यो टाइप गर्नुहोस्।

4. 'ओके' माथि क्लिक गर्नुहोस्।

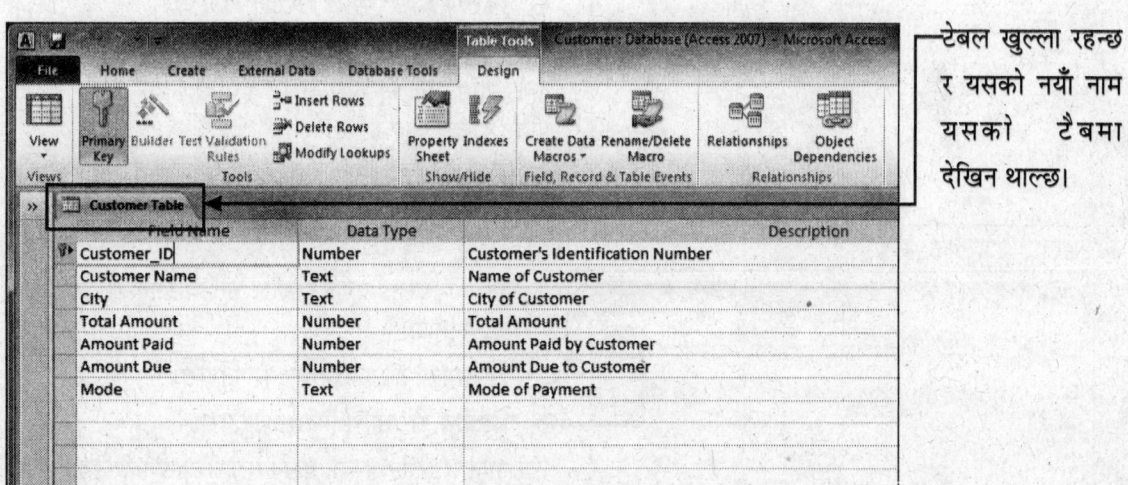

टेबल खुल्ला रहन्छ र यसको नयाँ नाम यसको टैबमा देखिन थाल्छ।

फील्डलाई फेरीबाट अरैंज (व्यवस्थित) गर्न

टेबलमा फील्ड्सलाई फेरीबाट पनि व्यवस्थित गर्न सकिन्छ। डिजाइन व्यूमा माथि बाट तल फील्डको क्रम डेटशीटमा बायाँ बाट दायाँ क्रममा करेसपोंडेंट (व्यवहार वा काम) गर्दछ।

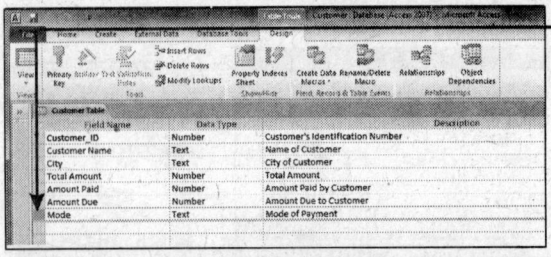

1. फील्ड नेमको सलेक्टरको बायाँतिर क्लिक गर्नुहोस्।

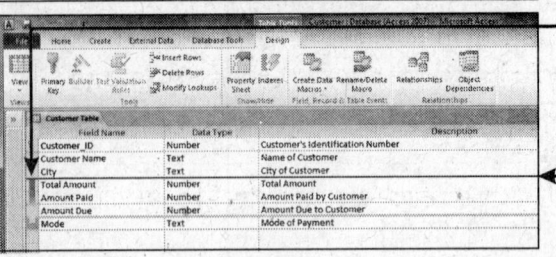

2. फील्डलाई मूव गराउनको लागि माउसको प्वाइंटरलाई सलेक्टरमा माथि र तल (अप एंड डाउन) ड्रैग गर्नुहोस्।

फील्ड जता-जता जान्छ त्यहा एउटा क्षैतिज लाइन देखिन्छ।

3. आवश्यकता अनुसार दोस्रो फील्ड्सलाई मूव गराउनको लागि स्टेप '1' र '2' लाई दोहराउनुहोस्।

फील्ड्समा इंसर्ट (शामिल) गर्नु र डिलीट (हटाउनु) गर्न

फील्ड लिस्टमा तपाई नयाँ फील्ड समावेस गर्न सक्नुहुन्छ अथवा त्यसमा समावेस कुनै पनि फील्डलाई हटाउन पनि सक्नुहुन्छ। जहा तपाई सलेक्ट गर्नुहुन्छ त्यसको माथि ग्रिडमा एउटा नयाँ एरो (पंक्ति) देखिनेछ।

फील्ड इंसर्ट (शामिल) गर्नु

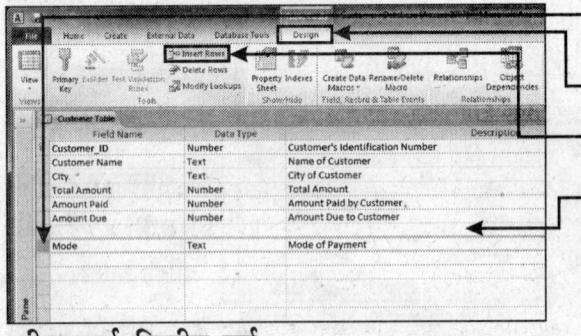

1. त्यस फील्डलाई सलेक्ट गर्नुहोस्, जसको माथि तपाई नयाँ फील्ड इंसर्ट गर्न चाहनुहुन्छ।
2. **'डिजाइन'** टैब माथि क्लिक गर्नुहोस्।
3. **'इंसर्ट रो'** माथि क्लिक गर्नुहोस्।

तपाई द्वारा सलेक्ट गरिएको रो (पंक्ति) को माथि एउटा पंक्ति देखिन थाल्छ।

4. फील्डको नाम टाइप गर्नुहोस् र फील्डको टाइप चुनाव गर्नुहोस्।

फील्डलाई डिलीट गर्न

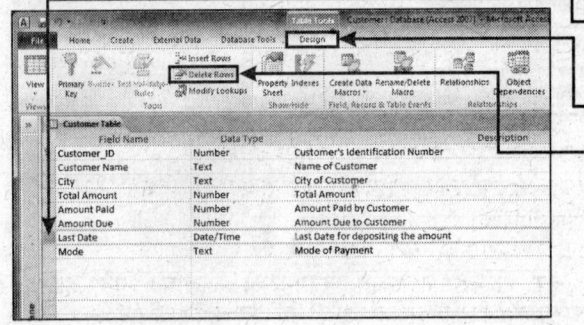

1. जुन फील्डलाई तपाई डिलीट गर्न चाहनुहुन्छ, त्यसलाई सलेक्ट गर्नुहोस्।
2. **'डिजाइन'** टैब माथि क्लिक गर्नुहोस्।
3. **'डिलीट रो'** माथि क्लिक गर्नुहोस्।

त्यो पंक्ति डिलीट हुनेछ, यसको साथै त्यस फील्डको डाटा पनि डिलीट हुनेछ।

डाटा टाइप

प्रत्येक फील्डको एउटा डाटा टाइप हुन्छ जसले यो बताउछ कि तपाई त्यसमा के स्टोर गर्न सक्नुहुन्छ। तपाईद्वारा छानिएको टाइप अनुसार नै त्यसमा डाटाको एंट्री हुन सक्छ। जसबाट तपाईलाई डाटा एंट्रीको समयमा हुने गल्तिहरुमा बच्नमा सहायता प्राप्त हुनेछ। उदाहरणको लागि– तपाईले नंबर सलेक्ट गरिएको फील्डमा लेटर समावेश गर्न सक्नुहुन्न। यस बाहेक तपाईले डेट/टाइम फील्डमा उचित डेट र टाइम नै एंटर गर्नु पर्दछ।

टेक्स्ट : यो कुनै पनि डाटाको लागि सामान्य फील्ड हो। यसमा 255 कैरेक्टर नै एंटर गर्न सकिन्छं र यसलाई अंकीय गणनाको लागि प्रयोग सकिदैन्।

मेमो : फील्डको बारेमा वर्णन वा ब्योराको लागि यसमा 63999 कैरेक्टरको सीमा हुन्छ। अर्थात तपाईले यस भन्दा बढि कैरेक्टर एंटर गर्न सक्नुहुन्न।

नंबर : यस प्रकारको टाइपमा अंकीय डाटा स्टोर गरिन्छ जसको प्रयोग गणनाहरुमा हुन्छ। यसमां केहि चिन्हहरु जस्तै दशमलव (.) र कॉमा (,) पनि समावेस हुनसक्छ।

डेट/टाइम : यस प्रकारको टाइपमा त्यहि नंबर स्टोर हुन सक्छ जसमा उचित डेट/टाइमको बारेमा बताउछ।

करेंसी : करेंसीले डाटालाई स्टोर गर्दछ, जसलाई तपाई कैलकुलेशन (गणना)मा प्रयोग गर्न सक्नुहुन्छ।

ऑटो नंबर : प्रत्येक रिकार्डको लागि एउटा नंबर स्टोर गर्दछ।

यस/ नो : वैल्यू 1 ले यस बताउछ र वैल्यू 0 नो बताउछ। तर वैल्यूलाई ट्रू/फाल्स वा यस/नोमां परिवर्तित गर्नको लागि फील्डलाई परिवर्तित गर्न सकिन्छ।

ओएलई ऑब्जेक्ट : कुनै अर्को एप्लीकेशन जस्तै– वर्ड वा एक्सेलमा तैयार गरिएको आब्जेक्टलाई स्टोर गर्दछ। यसलाई तपाई एक्सेस टेबलसंगै लिंक गर्न सक्नुहुन्छ वा त्यसमा समावेस गर्न सक्नुहुन्छ।

हाइपरलिंक : तपाई वेबसाइट, ईमेल, आफ्नो कंप्यूटरको फाइल र कुनै अर्को ठाँउबाट फाइललाई लिंक गर्न सक्नुहुन्छ।

लुकअप विजार्ड : यो प्रयोग माथि निर्भर गर्दछ। यो तपाई द्वारा स्पेसीफाई गरिएको डाटाको लुकअपलिस्ट वा कुनै अर्को टेबलको वैल्यूको लुकअपलिस्टबाट तैयार गरिन्छ। यसको प्रयोग मल्टीपल लिस्टलाई सेट गर्नमा पनि गर्न सकिन्छ।

अटैचमेंट : यस प्रकारको टाइप केवल एक्सेस 2007 र एक्सेस 2010 डाटाबेसमा काम गर्दछ। तपाईले डाटा फाइलहरुलाई वर्ड प्रोसेसिंग प्रोग्राम, स्प्रेडशीट, ग्राफिक एडिटिंग प्रोग्राम आदिसंग अटैच (जोड्न) गर्न सक्नुहुन्छ।

कैलकुलेटेड : एक्सेस 2010 मा यो नयाँ फील्ड टाइप हो। टेबलमा कुनै कैलकुलेटेड फील्ड तैयार गर्नमां तपाईले यसको प्रयोग गर्न सक्नुहुन्छ। पहिलाको वर्जन (संस्करण) मा तपाई कैलकुलेटेड फील्ड्सलाई केवल क्वेरीजमा क्रिएट गर्न सक्नुहुन्थ्यो।

डाटा टाइपलाई बदलिनु

आफ्नो डाटालाई अझ बढि राम्रो तरीकाहरुबाट प्रस्तुत गर्नको लागि तपाईले कुनै पनि बेला फील्डको डाटा टाइपलाई बदलिन सक्नुहुन्छ। टेबलमा रहेको डाटालाई एंटर गर्नु भन्दा पहिला तपाईले त्यसको टाइप अवश्य तय गर्नुपर्ने हुन्छ। तर आवश्यक्ता पर्दा तपाई कुनै पनि बेला फील्डको टाइप बदलिन सक्नुहुन्छ।

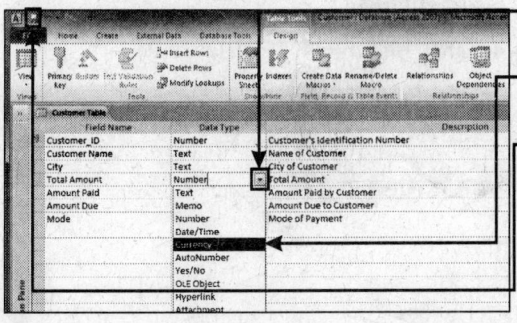

1. फील्डको डाटा टाइप लिस्टलाई ओपन गर्नको लागि डाउन एरो माथि क्लिक गर्नुहोस्।
2. नयाँ टाइप माथि क्लिक गर्नुहोस्।
टाइप तब डाटा टाइप कॉलममा बदलिन जान्छ।
3. टेबलमा गरिएको बदलावहरुलाई सेव गर्नको लागि 'सेव' माथि क्लिक गर्नुहोस्।
एउटा चेतावनी संदेश यहा देखिन सक्छ।
4. नयाँ फील्ड टापइको नियमहरुको उल्लंघन गर्ने खालको रिकार्ड्सलाई डिलीट गर्नको लागि 'यस' माथि क्लिक गर्नुहोस्।
बदलावलाई अगाडि बढाउनको लागि **'नो'** क्लक गर्न सक्नुहुन्छ।

टेबलको नाम बदलिनु

तपाईले कुनै पनि समय टेबलको नाम पनि बदलिन सक्नुहुन्छ। डाटाबेसको माध्यमबाट एक्सेस आफै टेबलको सबै रिफरेंसलाई अपडेट गर्नेछ। यस्तोमा त्यस टेबलमा आधारित फार्म्स, रिपोर्ट्स र क्वेरीजमा तपाईले काम जारी राख्न सक्नुहुन्छ। नयाँ नाम बदलिन क्रममा टेबल बंद हुनुपर्छ।

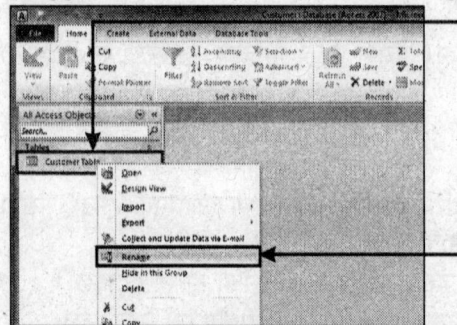

1. नेवीगेशन पैनमा टेबलको नाम माथि राइट क्लिक गर्नुहोस्।
एक शार्टकट मीनू देखिन थाल्छ।
2. शार्टकट मीनूबाट 'रीनेम' को चुनाव गर्नुहोस्।
टेबलको नाम एडिट मोडमा देखिन थाल्छ।

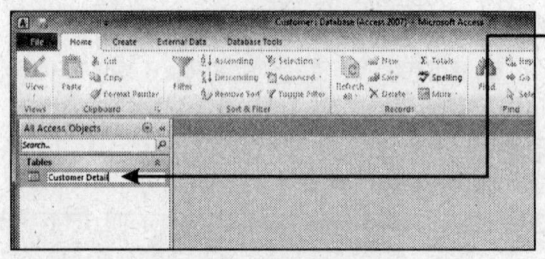

3. टेबलको लागि कुनै नयाँ नाम टाइप गर्नुहोस् र कंप्यूटरको की-बोर्डमा एंटर थिच्नुहोस्।
टेबलमा नयाँ नाम देखिन थाल्छ।

टेबललाई डिलीट गर्ने तरीका

तपाईले डाटाबेसबाट कुनै पनि टेबल डिलीट (हटाउन) गर्न सक्नुहुन्छ। टेबल डिलीट गर्नु भन्दा पहिला तपाईले राम्ररी विचार गर्नुहोस् किनकि एक पटक डिलीट भएपछि 'अनडू' विकल्प द्वारा इयसलाई फेरी प्राप्त गर्न सकिदैन्।

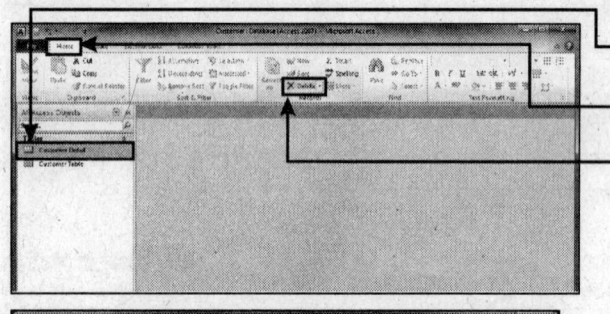

1. नेवीगेशन पैनमा टेबलको नाम माथि क्लिक गर्नुहोस्।
2. **'होम'** टैब माथि क्लिक गर्नुहोस्।
3. रिकाड्र्स ग्रुपबाट **'डिलीट'** बटन क्लिक गर्नुहोस्।

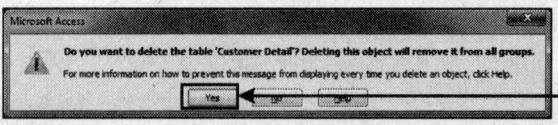

पुष्टिको लागि एउटा डायलॉग बाक्स ओपन हुनेछ अर्थात खोलिन्छ।

4. **'यस'** माथि क्लिक गर्नुहोस्।

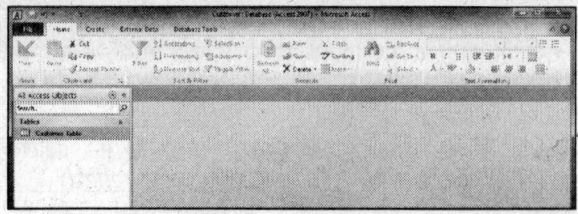

टेबल डिलीट हुनेछ।

फील्डको प्रापर्टीज (विशेषता) जान्ने तरीका

प्रत्येक फील्डमा प्रापर्टीजको सेट हुन्छ जसले यसलाई कंट्रोल (नियंत्रित) र डिफाइन (व्याख्या) गर्दछ अर्थात यसको बारेमा बताउछ। यी प्रापर्टीजमा सामान्य कुराहरु पनि समावेस हुन्छ जस्तै यसको आकार र रूप र यसको साथै यसमा एंट्री गर्ने नियमहरु आदि।

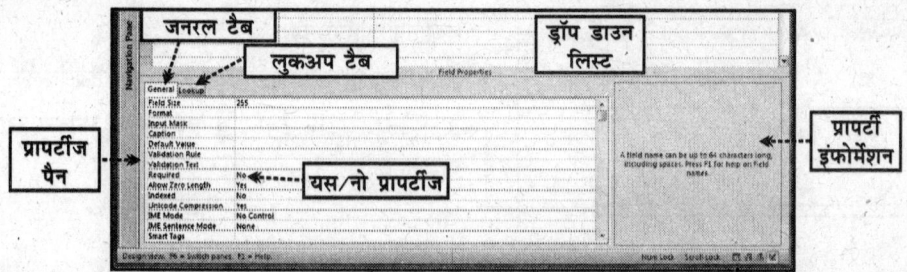

प्रापर्टीज पैन : जब कुनै फील्डलाई डिजाइन व्यूमा सलेक्ट गरिन्छ तब यसको प्रापर्टीज लोअर पैन (तल्लो भागमा)मा देखिन्छ।

जनरल टैब : जनरल टैबमा प्राय: त्यो प्रापर्टी समावेस हुन्छ, जसको साथमा तपाई काम गर्नुहुन्छ।

लुकअप टैब : यो लुकअप लिस्टलाई सेट गर्नमा सबै भन्दा पहिला प्रयोग हुन्छ।

ड्रॉप डाउन लिस्ट : केहि प्रापर्टीजमा ड्रॉप डाउन लिस्ट हुन्छ, जसलाई तपाई सलेक्ट गर्न सक्नुहुन्छ। लिस्टलाई ओपन गर्नको लागि एरो माथि क्लिक गर्नुहोस्।

प्रापर्टी इंफोर्मेशन : इंसर्शन प्वाइंट जब प्रापर्टीको बाक्समा हुन्छ, त्यस प्रापर्टीको इंफोरमेशन यहा देखिन्छ।

यस/नो प्रापर्टीज : केहि प्रापर्टी **'यस'** र **'नो'** प्रश्नहरुलाई देखाउछ। डिफाल्ट वैल्यूको रूपमा तपाईको लागि यो पहिला देखि नै त्यसमा समावेस हुन्छ।

फील्डको आकारको बारेमा जान्न

टेबलमा प्रत्येक फील्डको साइज (आकार) निर्धारित हुन्छ, जसमा तपाई उति नै डाटा स्टोर गर्न सक्नुहुन्छ। किनकि यहा फील्ड धेरै प्रकारको हुन्छ त्यसैले सबै प्रकारको फील्डको हिसाबबाट यसको आकार पनि फरक-फरक हुन्छ।

फील्ड टाइप	फील्ड साइज	फील्डको मतलब
टेक्स्ट	255	यहा तपाई शून्य देखि लिएर 255 कैरेक्टर (अक्षर) स्पेसीफाई (तय) गर्न सक्नुहुन्छ।
नंबर	लंबी पूर्ण संख्या	बाइट, पूर्णाक, लंबी संख्या, रेप्लीकेशन आईडी, दशमलव नंबरको सरह नै, बाहेक यसको कि त्यहा केवल दुई पसंद हुन्छ
ऑटो नंबर	लंबी पूर्ण संख्या	लंबी पूर्णाक वा रेप्लीकेशन आईडी।

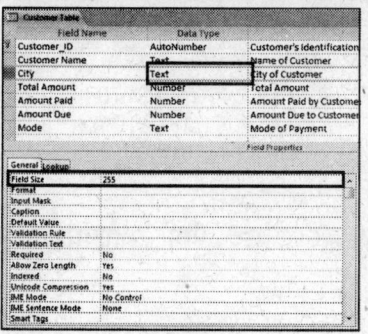

टेक्स्ट

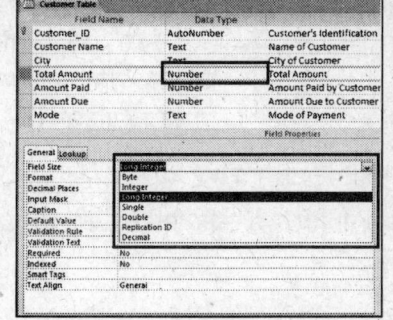

नंबर

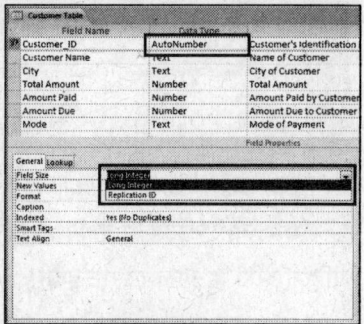

ऑटो नंबर

फील्डको साइज (आकार) बदलिन

तपाई डाटाबेसको आवश्यक्ता अनुसार तपाई आफ्नो फील्डको साइज पनि परिवर्तित गर्न सक्नुहुन्छ।

टेक्स्ट डाटा टाइपको लागि

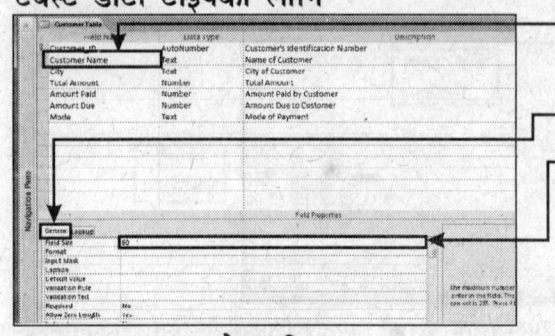

1. त्यस **'फील्ड'** माथि क्लिक गर्नुहोस् जसको तपाई साइज बदलिन चाहनुहुन्छ।
2. फील्ड प्रापर्टीज एरियामा **'जनरल'** टैब क्लिक गर्नुहोस्।
3. फील्ड साइज टेक्स्ट बाक्समा **'न्यू फील्ड साइज'** माथि एंटर गर्नुहोस्।

नंबर डाटा टाइपको लागि

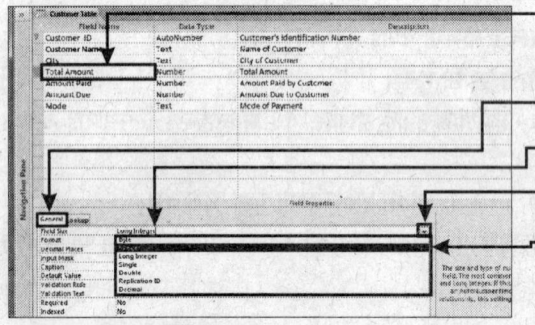

1. तपाई जुन फील्डको साइज बदलिन चाहनुहुन्छ, त्यस माथि क्लिक गर्नुहोस्।
2. फील्ड प्रापर्टीज एरियामा **'जनरल'** टैबमा क्लिक गर्नुहोस्।
3. अब फील्ड साइज माथि क्लिक गर्नुहोस्।

पंक्तिमा ड्रॉप डाउन मीनू एरो देखिन थाल्छ।

4. जुन साइजको फील्ड तपाई चाहनुहुन्छ, त्यसको लागि ड्रॉप डाउन मीनूको एरो माथि क्लिक गर्नुहोस्।

फील्डको फार्मेट (रूप) सेट गर्न

डेटशीट, फार्म्स, रिपोर्ट्समा फील्डको प्रस्तुतिलाई अपडेट गर्नको लागि फील्डको फार्मेट (रूप) पनि बदलिन सक्नुहुन्छ।

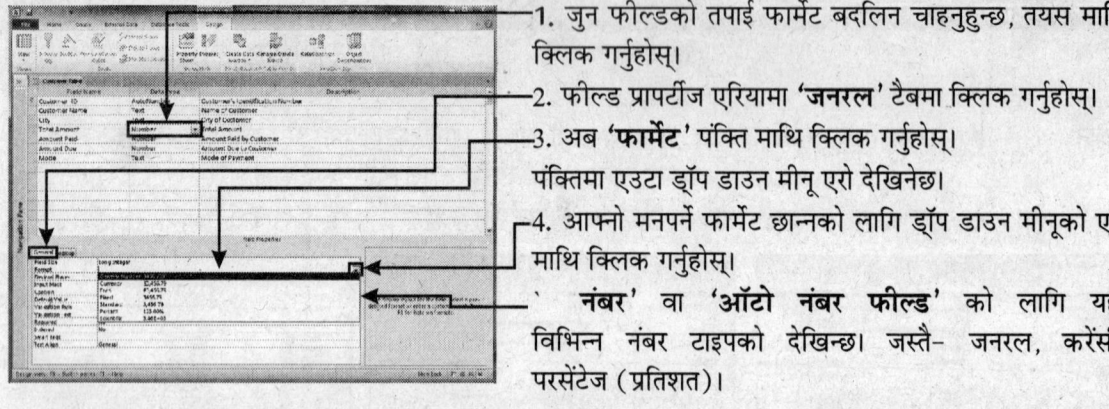

1. जुन फील्डको तपाई फार्मेट बदलिन चाहनुहुन्छ, तयस माथि क्लिक गर्नुहोस्।
2. फील्ड प्रापर्टीज एरियामा **'जनरल'** टैबमा क्लिक गर्नुहोस्।
3. अब **'फार्मेट'** पंक्ति माथि क्लिक गर्नुहोस्।

पंक्तिमा एउटा ड्रॉप डाउन मीनू एरो देखिनेछ।

4. आफ्नो मनपर्ने फार्मेट छान्नको लागि ड्रॉप डाउन मीनूको एरो माथि क्लिक गर्नुहोस्।

` **'नंबर'** वा **'ऑटो नंबर फील्ड'** को लागि यहां विभिन्न नंबर टाइपको देखिन्छ। जस्तै- जनरल, करेंसी, परसेंटेज (प्रतिशत)।

^ **'डेट/टाइम'** डाटा टाइपको लागि, यहा डेट/टाइम फार्मेट देखिन्छ।

^ **'यस/नो'** फील्डको लागि, यहा यस/नो देखिन्छ। केहि निश्चित फील्ड टाइप जस्तै **टेक्स्ट, मीमो र हाइपरलिंक**मा पहिला देखि कुनै फार्मेट सेट हुदैन्।

डिफल्ट वैल्यू सेट गर्ने तरीका

यदि तपाईको फील्डमा प्राय: एउटै वैल्यू रहन्छ भने तपाई त्यसलाई डिफल्ट वैल्यूको रूपमा पनि सेट गर्न सक्नुहुन्छ। उदाहरणको लागि- यदि तपाईको ग्राहक कैश (नगद) मा भुक्तानी गर्दछ भने तपाई पेमेंट मोड फील्डमा कैशलाई डिफल्ट वैल्यूको रूपमा सेट गर्न सक्नुहुन्छ।

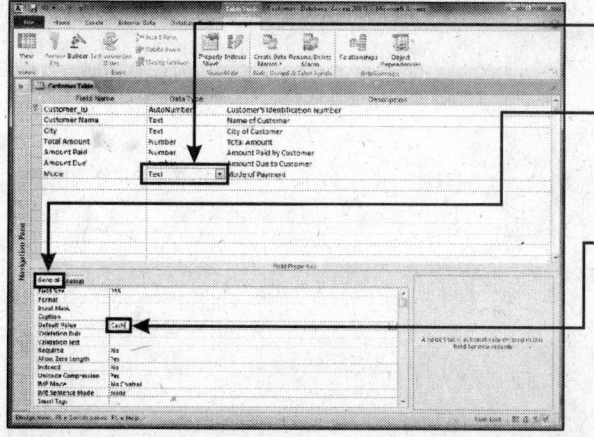

1. त्यस फील्ड माथि क्लिक गर्नुहोस् जसको वैल्यूलाई तपाई डिफाल्टको रूपमा सेट गर्न चाहनुहुन्छ।

2. फील्ड प्रापर्टीज एरियामा **'जनरल'** टैब माथि क्लिक गर्नुहोस्।

3. 'डिफाल्ट वैल्यू' पंक्तिमा क्लिक गर्नुहोस्।

4. डिफाल्ट वैल्यूलाई टाइप गर्नुहोस्।

यदि फील्ड टाइप टेक्स्ट छ भने एक्सेस स्यंम तयसको वरपर टिप्पणीको चिन्ह समावेस गर्नेछ।

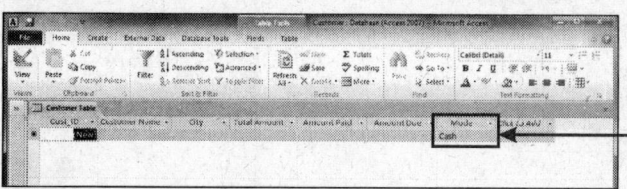

जब तपाई टेबलको डेटशीटलाई डिस्प्ले गर्नुहुन्छ तब डिफाल्ट वैल्यू नयाँ रिकाड्र्समा देखिनेछ।

वैलीडेशन नियम तैयार गर्नु

वैलीडेशन नियम द्वारा तपाई यो सुनिश्चित गर्न सक्नुहुन्छ कि फील्डमा सही वैल्यू नै एंटर गरियोस्। यस नियमलाई क्रिएट गरेपछि यदि त्यसमा गलत वैल्यू एड (समावेस) भएको छ भने एउटा चेतावनी संदेश देखिन सक्छ वा संदेशले तपाईलाई रोक्दछ।

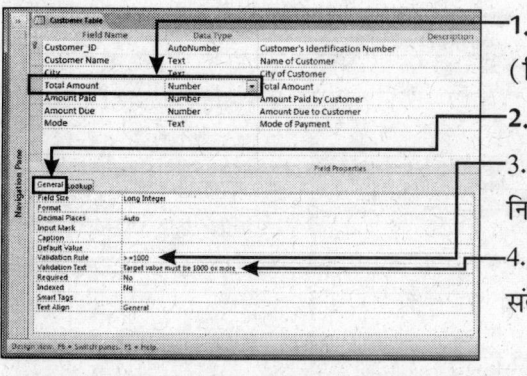

1. फील्डमा त्यहा क्लिक गर्नुहोस् जहा तपाई वैलीडेशन रूल (नियम) तैयार गर्न चाहनुहुन्छ।

2. फील्ड प्रापर्टीज एरियामा **'जनरल'** टैब माथि क्लिक गर्नुहोस्।

3. **'वैलीडेशन रूल'** पंक्तिमा क्लिक गर्नुहोस् र त्यहा वैलीडेशन नियम टाइप गर्नुहोस्।

4. **'वैलीडेशन टेक्स्ट'** पंक्तिमा क्लिक गर्नुहोस् र चेतावनी संदेशको लागि जुन टेक्स्ट चाहनुहुन्छ, त्यो टाइप गर्नुहोस्।

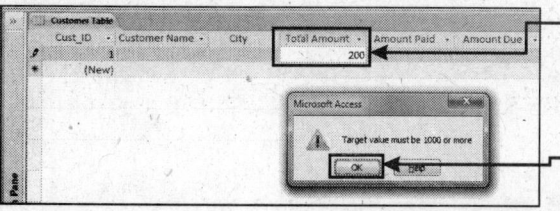

यदि तपाई कुनै गलत एंट्री गर्नुहुन्छ वा नियमको उल्लंघन गर्नुहुन्छ भने त्यहि चेतावनी संदेश देखिन्छ जुन तपाईले वैलीडेशन टेक्स्ट पंक्तिमा टाइप गर्नु भएको थियो।

5. 'ओके' माथि क्लिक गर्नुहोस् र फील्ड एंट्रीलाई फेरीबाट टाइप गर्नुहोस्।

टेबलमा रिकाड्र्स समावेस गर्न

टेबल तैयार गरेर सबै भन्दा पहिला त्यस टेबललाई सेव गर्नुहोस्। त्यस पछि त्यसमा रिकाड्र्स समावेस गरिन्छ। टेबललाई सबै भन्दा पहिला ओपन गर्नुपर्छ जसबाट कि त्यसमा रिकाड्र्स समावेस गर्न सकियोस्। टेबल डेटशीट व्यूमा डिस्प्ले हुन्छ। डेटशीट व्यूमा टेबल रो (पंक्ति) र कॉलमको समूहको रूपमा देखिन्छ जसलाई 'डेटशीट' भनिन्छ।

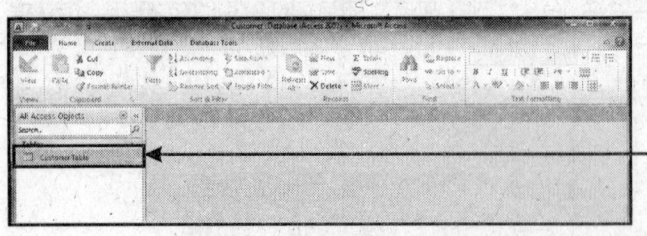

1. कस्टमर डाटाबेस विंडोमा टेबल (कस्टमर टेबल) मा डबल क्लिक गर्नुहोस्।

ज्यादा स्पेस (ठाँउ) प्राप्त गर्नको लागि तपाईले नेवीगेशन पैन बंद गर्न सक्नुहुन्छ।

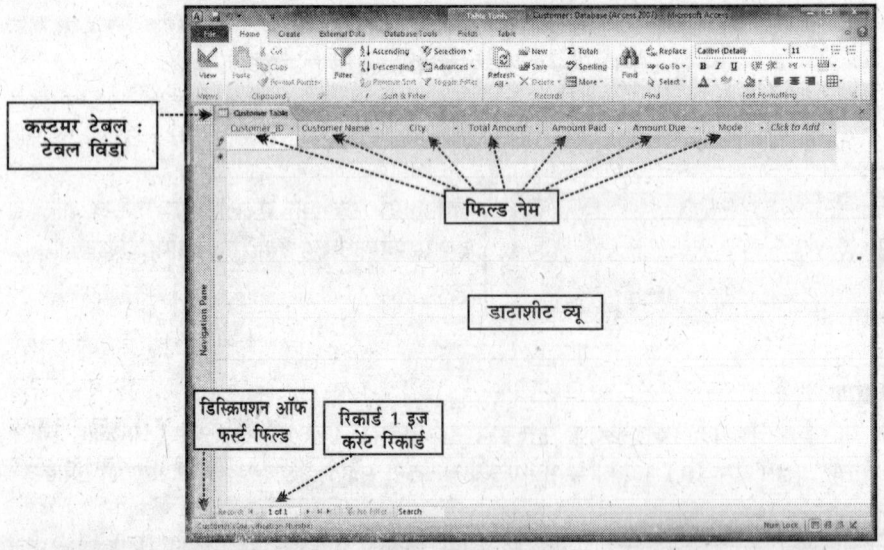

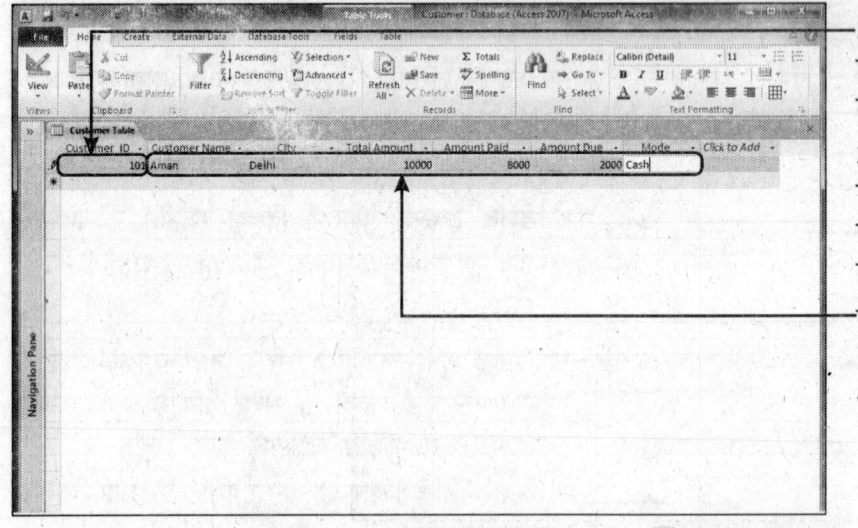

2. पहिला कस्टमर आईडी फील्डमा कस्टमर आईडी टाइप गर्नुहोस्।

3. कस्टमर आईडी फील्डको एंट्रीलाई पूरा गर्नको लागि तपाई **'टैब'** बटनको प्रयोग गर्नुहोस्।

सबै रिकार्ड पूरा गरेपछि **'टैब'** बटनको प्रयोग गरेर अन्य एंट्री टाइप गर्नुहोस्।

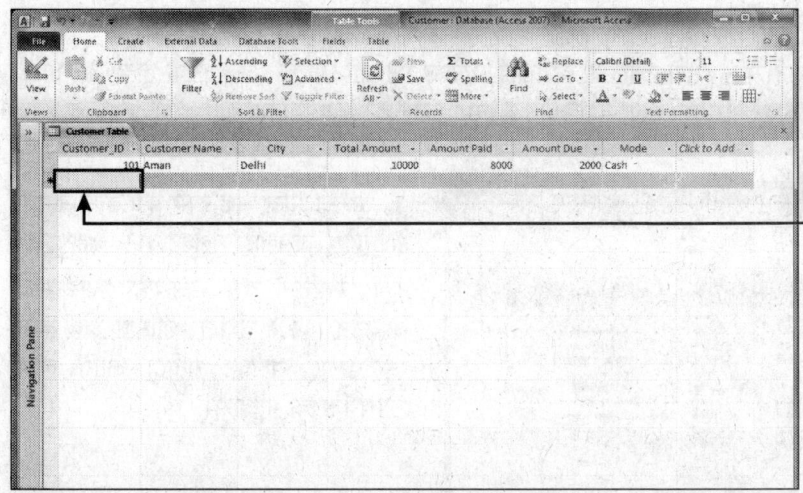

4. अन्तिम एंट्री टाइप गरेपछि जस्तै- मोड, **'टैब'** बटन थिच्नुहोस्।

इंसर्शन फील्ड दोस्रो पंक्तिको कस्टमर आईडी फील्डमा आउछ।

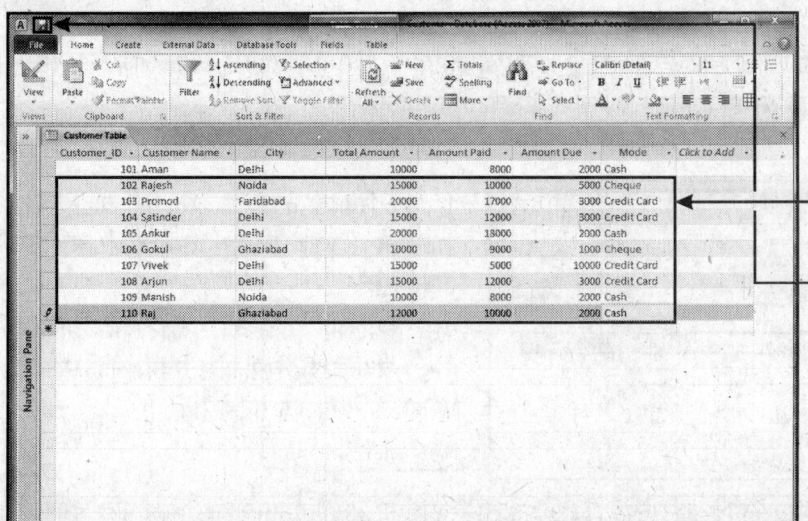

5. अन्य रिकाड्र्सलाई समावेस गर्नको लागि त्यहि स्टेप **'2 देखि 4'** सम्म दोहराउनुहोस् जुन तपाईले पहिला रिकाड्र्सलाई समावेस गर्नको लागि प्रयोग गर्नु भएको थियो।

6. एक पटक सबै डाटाको एंट्री गरे पछि, वा जब तपाई सबै डाटाको एंट्री पूरा गर्नुहुन्छ भने गरिएको बदलाहरुलाई सुरक्षित गर्नको लागि **'सेव'** बटन माथि क्लिक गर्नुहोस्।

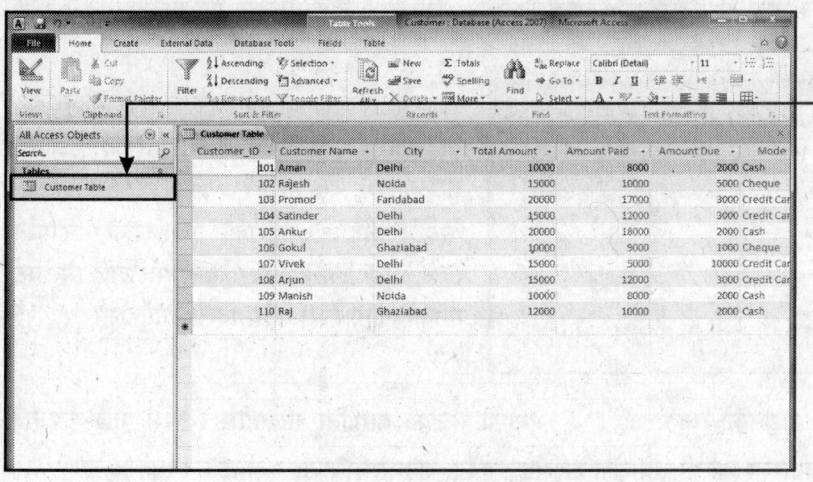

एक्सेसले. त्यस टेबललाई सेव गर्दछ र तपाईले त्यस टेबलको नामलाई नेवीगेशन पैनमा हेर्न सक्नुहुन्छ।

टेबलमा डाटालाई सलेक्ट गर्न

तपाईले कुनै टेबलमा डाटा सलेक्ट गर्न सक्नुहुन्छ। टेबलमा डाटालाई सलेक्ट गर्ने प्रक्रिया तब आवश्यक हुन्छ जब तपाई त्यसमा कुनै काम गर्न चाहनुहुन्छ। सलेक्ट गरिएको डाटा तपाईको स्क्रीनमा हाईलाइट रूपमा देखिन्छ।

फील्डलाई सलेक्ट गर्न

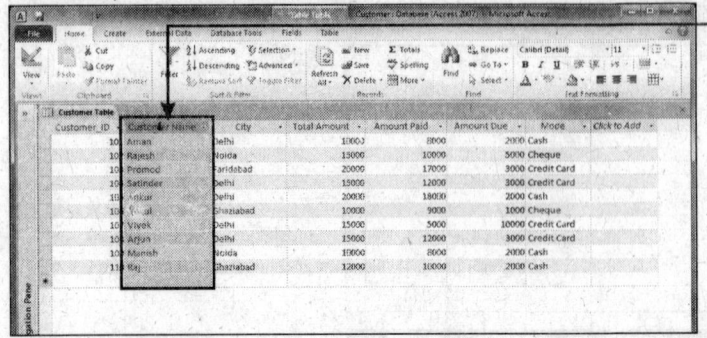

1. आफ्नो माउसलाई त्यस फील्डको नाममा राख्नुहोस् जसलाई सलेक्ट गर्न चाहनुहुन्छ। यस स्थितिमा यस माउसको प्वाइंटरको आकृति (⬇) बदलिन जान्छ। अब त्यस फील्डलाई सलेक्ट गर्नको लागि त्यस माथि क्लिक गर्नुहोस्।

धैरै फील्ड्स सलेक्ट गर्नको लागि माउसको प्वांइटरलाई (⬇) पहिला फील्डको नाममा लग्नुहोस् र त्यसलाई त्यहा सम्म ड्रैग गर्दै हाईलाइट गर्दै लैजानुहोस् जहा सम्मको फील्डलाई तपाई सलेक्ट गर्न चाहनुहुन्छ।

रिकार्डलाई सलेक्ट गर्न

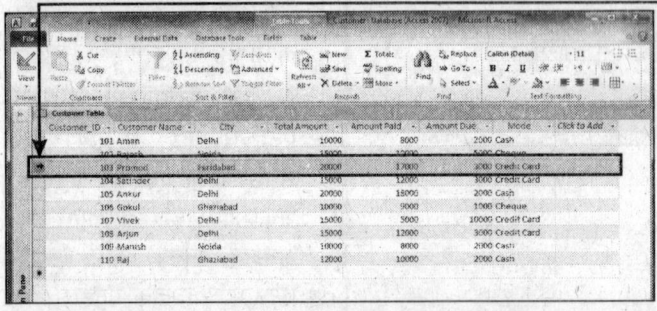

1. जुन रिकार्ड तपाई सलेक्ट गर्न चाहनुहुन्छ, माउसको प्वाइंटरलाई त्यसको बायाँतिर राख्नुहोस्। यस स्थितिमा माउसको प्वाइंटरको आकृति (➡) बदलिन्छ। त्यस पछि रिकार्डलाई सलेक्ट गर्नको लागि क्लिक गर्नुहोस्।

धैरै रिकार्ड्स सलेक्ट गर्नको लागि माउसको प्वाइंटरलाई (➡) पहिला रिकार्डको बायाँतिर राख्नुहोस् त्यस पछि ड्रैग गर्दै त्यसलाई त्यहा सम्म लैजानुहोस्, जब सम्म ती सबै रिकाड् हाईलाइट हुदैन्, जहा सम्म तपाई सलेक्ट गर्न चाहनुहुन्छ।

सेललाई सलेक्ट गर्न

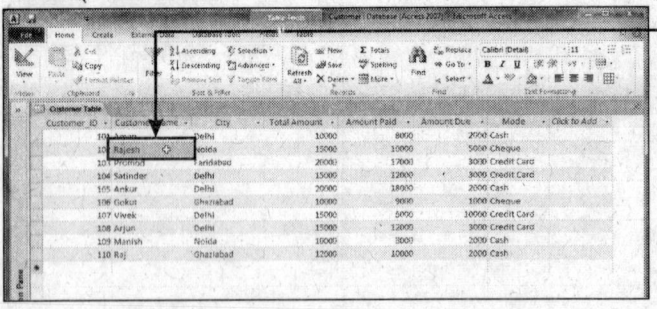

1. जुन सेललाई तपाई सलेक्ट गर्न चाहनुहुन्छ, माउसको प्वांटरलाई बायाँतिरको छेउमा राख्नुहोस्। यस स्थितिमा माउसको प्वाइंटरको आकृति (✣) बदलिनेछ। त्यस पछि सेललाई सलेक्ट गर्नको लागि त्यस माथि क्लिक गर्नुहोस्।

धैरै सेललाई सलेक्ट गर्नको लागि माउसको प्वांटरलाई (✣) पहली सेलको बायाँतिर राख्नुहोस् र त्यस पछि ड्रैग गर्दै त्यसलाई त्यहा सम्म लैजानुहोस्, जब सम्म कि ती सबै सेल हाईलाइट हुदैन्, जहा सम्म तपाई सलेक्ट गर्न चाहनुहुन्छ।

फाइंड र रिप्लेस फीचर

तपाईले ठूलो डाटाबेसमा स्पेसिफिक (विशिष्ट वा कुनै खास) रिकार्डलाई फाइंड (प्राप्त गर्न) र रिप्लेस (बदलिन) गर्न सक्नुहुन्छ। फाइंडको प्रयोगबाट तपाईले कुनै पनि टास्कमा सजिलैसंग सर्च गर्न सक्नुहुन्छ। केवल करेंट फील्डको सबै रिकाड्र्समा फील्डलाई सलेक्ट गर्न सक्नुहुन्छ, यो तब विशेष रूपमा चाढो हुन्छ जब फील्ड क्रममा हुन्छ। सबै फील्डमा सबै रिकाड्र्सलाई सर्च गर्नको लागि डेटशीट वा फार्म्सलाई सलेक्ट गर्नुहोस्।

फाइंड विकल्प

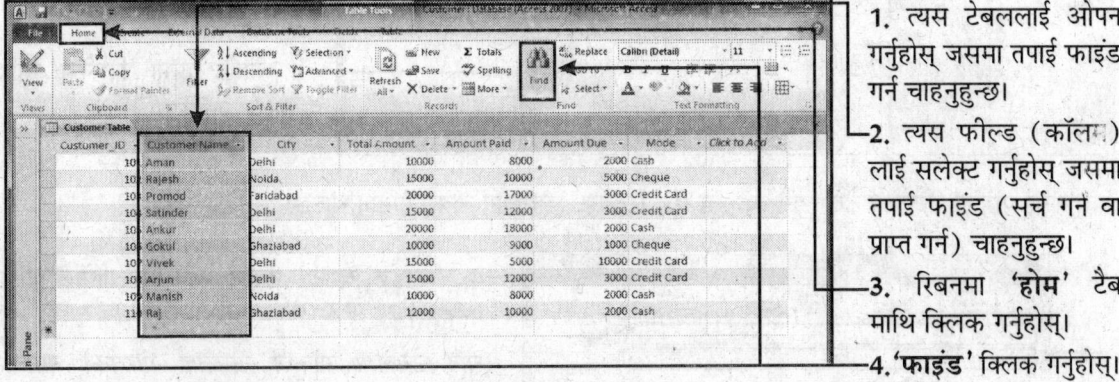

1. त्यस टेबललाई ओपन गर्नुहोस् जसमा तपाई फाइंड गर्न चाहनुहुन्छ।
2. त्यस फील्ड (कॉलम) लाई सलेक्ट गर्नुहोस् जसमा तपाई फाइंड (सर्च गर्न वा प्राप्त गर्न) चाहनुहुन्छ।
3. रिबनमा **'होम'** टैब माथि क्लिक गर्नुहोस्।
4. **'फाइंड'** क्लिक गर्नुहोस्।

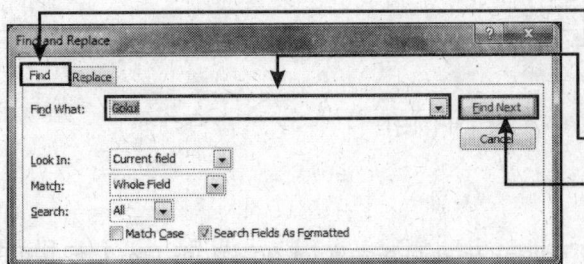

फाइंड टैबको साथै तपाईले **'फाइंड एंड रिप्लेसमेंट'** डायलॉग बाक्स पाउनुहुनेछ।

5. **'फाइंड व्हाट'** टेक्स्ट बॉक्समा गोकुल टाइप गर्नुहोस्।
6. **'फाइंड नेक्स्ट'** बटन माथि क्लिक गर्नुहोस्।

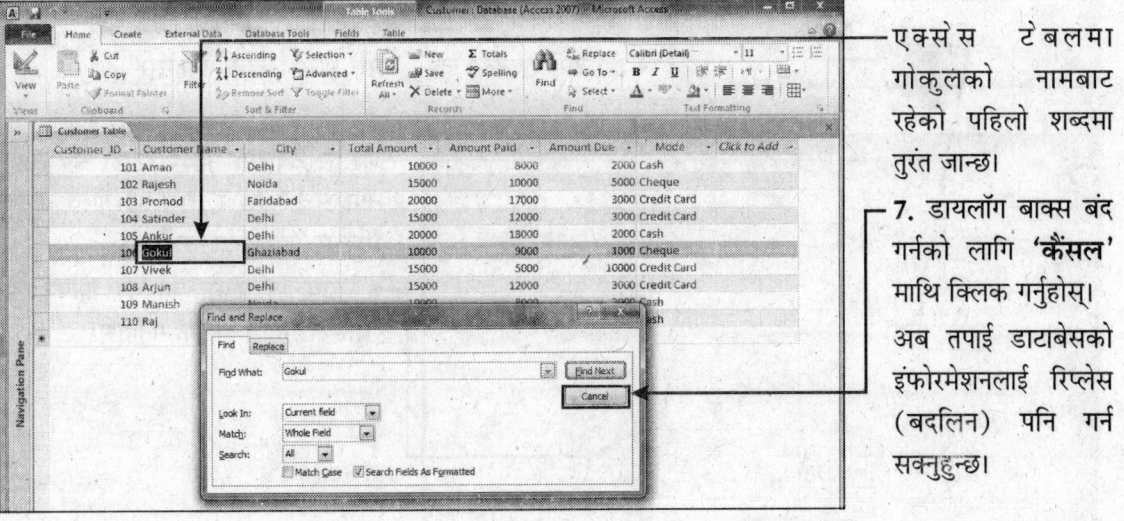

एक्सेस टेबलमा गोकुलको नामबाट रहेको पहिलो शब्दमा तुरंत जान्छ।

7. डायलॉग बाक्स बंद गर्नको लागि **'कैंसल'** माथि क्लिक गर्नुहोस्।

अब तपाई डाटाबेसको इंफोरमेशनलाई रिप्लेस (बदलिन) पनि गर्न सक्नुहुन्छ।

रिप्लेस विकल्प

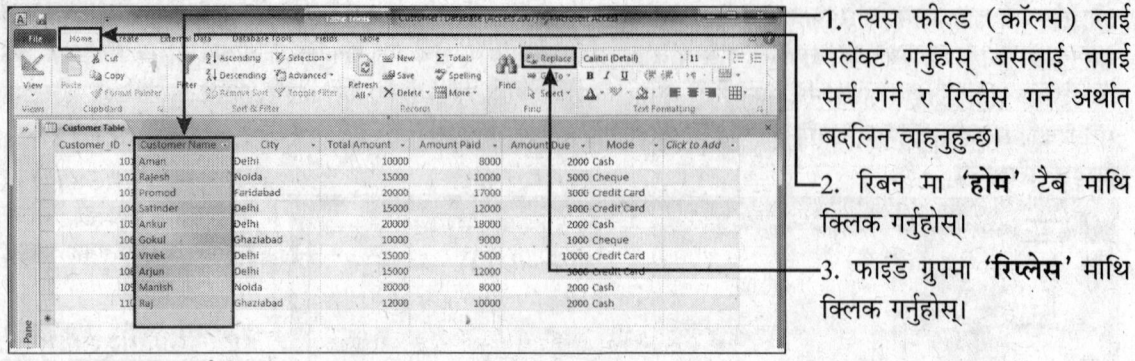

1. त्यस फील्ड (कॉलम) लाई सलेक्ट गर्नुहोस् जसलाई तपाई सर्च गर्न र रिप्लेस गर्न अर्थात बदलिन चाहनुहुन्छ।
2. रिबन मा **'होम'** टैब माथि क्लिक गर्नुहोस्।
3. फाइंड ग्रुपमा **'रिप्लेस'** माथि क्लिक गर्नुहोस्।

सबै भन्दा पहिला **'रिप्लेस टैब'** सगै **'फाइंड एंड रिप्लेस'** डायलॉग बाक्स देखिन थाल्छ।

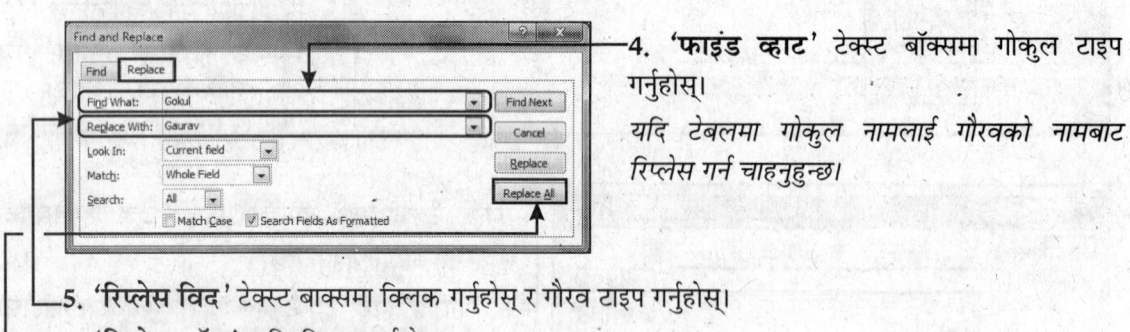

4. **'फाइंड व्हाट'** टेक्स्ट बॉक्समा गोकुल टाइप गर्नुहोस्।

यदि टेबलमा गोकुल नामलाई गौरवको नामबाट रिप्लेस गर्न चाहनुहुन्छ।

5. **'रिप्लेस विद'** टेक्स्ट बाक्समा क्लिक गर्नुहोस् र गौरव टाइप गर्नुहोस्।
6. **'रिप्लेस ऑल'** माथि क्लिक गर्नुहोस्।

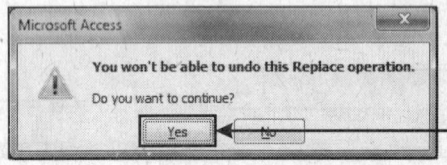

एउटा चेतावनी संदेश देखिन्छ जसले बताउछ कि एक पटक रिप्लेस ऑप्शन गरेपछि तपाईले 'अनडू' द्वारा त्यसलाई फेरी त्यहि अवस्थामा पाउन सक्नुहुन्न।

7. जारी राख्नको लागि **'यस'** माथि क्लिक गर्नुहोस्।

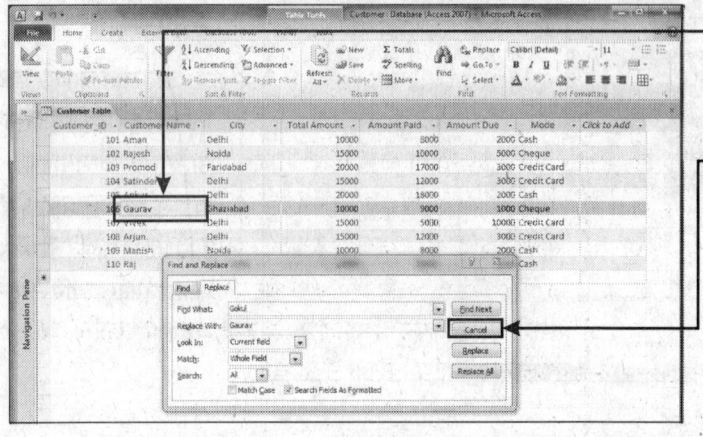

एक्सेस टेबलमा मौजूद रहको सबै गोकुल नाम सर्च गर्दछ र त्यसलाई गौरव नामबाट रिप्लेस (परिवर्तित) गर्नेछ।

8. डायलॉग बाक्स को बंद गर्नको लागि **'कैंसल'** माथि क्लिक गर्नुहोस्।

डाटालाई शार्ट गर्नु अर्थात छनौट गर्न

शार्टिंगको मतलब हुन्छ कि रिकाड्र्सलाई माथि देखि तल वा तल देखि माथिको क्रममा व्यवस्थित गर्नु। रिकाड्र्सलाई शार्ट गर्नको लागि, फील्डलाई त्यस क्रममा सलेक्ट गर्नुहोस् जसमा रिकाड्र्स व्यवस्थित छ। टेबलमा तपाई रिकाड्र्सको क्रम पनि बदलिन सक्नुहुन्छ। यसले तपाईलाई डाटा प्राप्त गर्न, व्यवस्थित गर्न र यसको विश्लेषण गर्नमा सहायता हुन्छ।

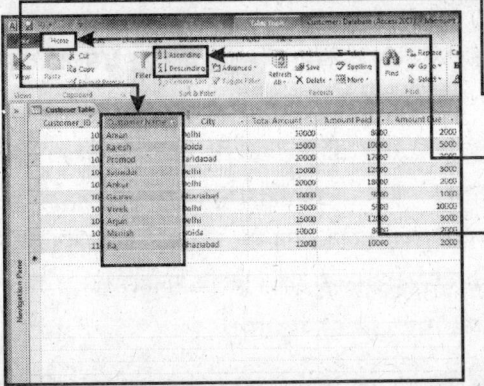

1. त्यस टेबललाई ओपन गर्नुहोस् जसलाई शार्ट गर्न चाहनुहुन्छ।
2. त्यस फील्डको कॉलम हेडर माथि क्लिक गर्नुहोस् जसलाई तपाई शार्ट गर्न चाहनुहुन्छ।
3. रिबनको **'होम'** टैब माथि क्लिक गर्नुहोस्।
4. **'शार्ट'** बटन माथि क्लिक गर्नुहोस्।

• एसेंडिंग (तल देखि माथिको क्रम) मा रिकाड्र्सलाई शार्ट गर्नको लागि **'एसेंडिंग'** ( ) माथि क्लिक गर्नुहोस्।

• डिसेंडिंग (माथि देखि तलको क्रम) मा रिकाड्र्सलाई शार्ट गर्नको लागि **'डिसेंडिंग'** ( ) माथि क्लिक गर्नुहोस्।

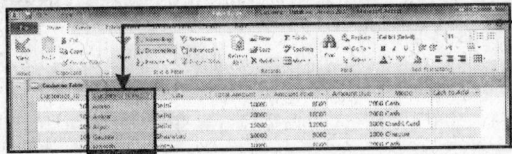

रिकाड्र्स अब तपाईले नयाँ क्रममा पाउनेछ।

यस उदाहरणमा, रिकाड्र्स एसेंडिंग (तल देखि माथि) को क्रममा शार्ट गरिएको छ।

सलेक्शन द्वारा डाटालाई फिल्टर गर्न

केवल आफुलाई मनपर्ने डाटा भएको रिकाड्र्सलाई डिस्प्ले गर्नको लागि तपाईले डाटालाई फिल्टर पनि गर्न सक्नुहुन्छ। डाटालाई फिल्टर गर्न तपाईलाई डाटाबेसमा इंफोरमेशनको समीक्षा गर्न वा यसको विश्लेषण गर्नमा सहायता गर्न सक्छ।

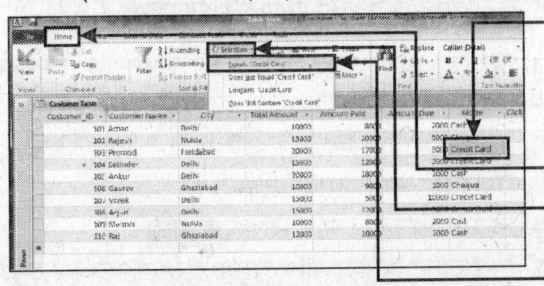

1. त्यस डाटा माथि क्लिक गर्नुहोस् जसलाई तपाई रिकाड्र्समा फिल्टर गर्न चाहनुहुन्छ।

एक्सेस केवल त्यस रिकाड्र्सलाई डिस्प्ले गर्नेछ, जसमा त्यहि डाटा समावेस हुन्छ।

2. **'होम'** टैब माथि क्लिक गर्नुहोस्।
3. रिकाड्र्सलाई फिल्टर गर्नको लागि **'सलेक्शन'** ( ) माथि क्लिक गर्नुहोस्।
4. क्राइटेरियन माथि क्लिक गर्नुहोस्।

एक्सेस केवल त्यहि रिकाड्र्स डिस्प्ले गर्नेछ, जसमा त्यो डाटा समावेस हुनेछ। अन्य सबै रिकाड्र्स हाइड हुनेछ अर्थात तपाईलाई देखिने छैन्।

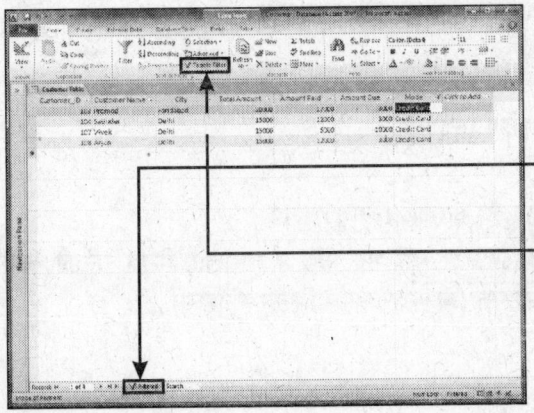

यस एरियामा तपाईले **'फिल्टर्ड'** शब्द हेर्नु हुनेछ जसबाट थाहा हुन्छ कि तपाईले फिल्टर गरेको रिकाड्र्स हेरिरहनु भएको छ।

5. फिल्टर गरिएको रिकाड्र्स हेर्न र त्यसको समीक्षा गरे पछि र फेरी देखि सबै रिकाड्र्स डिस्प्ले गर्नको लागि **'टोगल फिल्टर'** माथि क्लिक गर्नुहोस्।

मल्टीपल वैल्यूलाई फिल्टर गर्न

एक भन्दा अधिक वैल्यूको फिल्टरको लागि तपाईले मल्टीपल वैल्यूको प्रयोग गर्न सक्नुहुन्छ। मल्टीपल वैल्यू एक पैनलाई ओपन गर्दछ जसमा त्यस फील्डको प्रत्येक वैल्यूको लागि चेकबाक्स समावेस हुन्छ। यी चेक बाक्स माथि क्लिक गरेर तपाईले मल्टीपल वैल्यूलाई सलेक्ट गरेर त्यसलाई फिल्टर गर्न सक्नुहुन्छ।

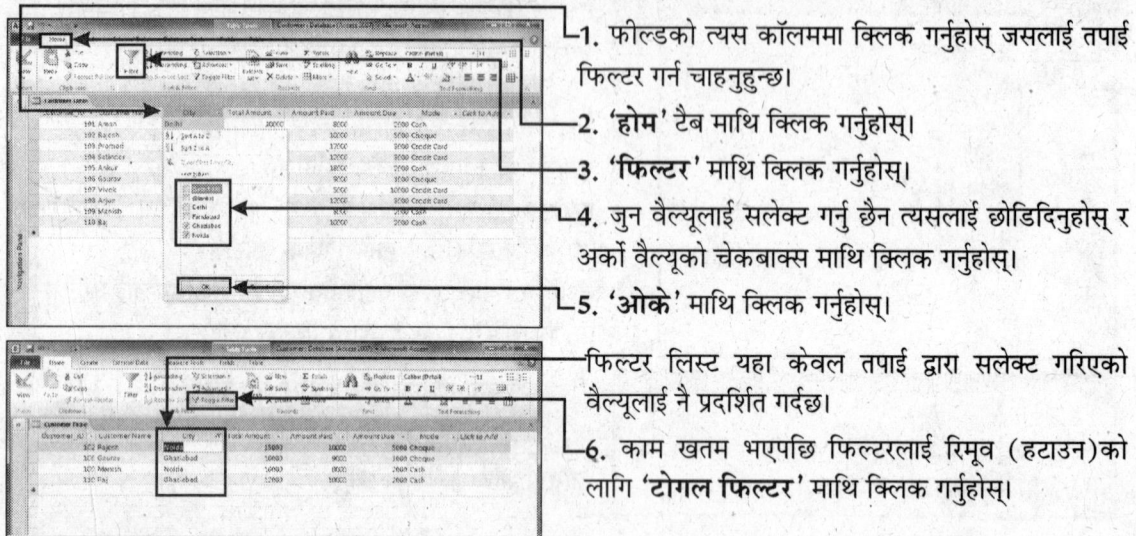

1. फील्डको त्यस कॉलममा क्लिक गर्नुहोस् जसलाई तपाई फिल्टर गर्न चाहनुहुन्छ।
2. **'होम'** टैब माथि क्लिक गर्नुहोस्।
3. **'फिल्टर'** माथि क्लिक गर्नुहोस्।
4. जुन वैल्यूलाई सलेक्ट गर्नु छैन त्यसलाई छोडिदिनुहोस् र अर्को वैल्यूको चेकबाक्स माथि क्लिक गर्नुहोस्।
5. **'ओके'** माथि क्लिक गर्नुहोस्।

फिल्टर लिस्ट यहा केवल तपाई द्वारा सलेक्ट गरिएको वैल्यूलाई नै प्रदर्शित गर्दछ।

6. काम खतम भएपछि फिल्टरलाई रिमूव (हटाउन)को लागि **'टोगल फिल्टर'** माथि क्लिक गर्नुहोस्।

टेक्स्ट वैल्यूलाई फिल्टर गर्न

टेक्स्ट वैल्यू फिल्टर, टेक्स्ट स्ट्रिंगलाई फिल्टर गर्नमा प्रयोग हुन्छ। यदि धेरै मानिसहरुले एउटै नामले रिकार्ड्स एंटर गर्दछ भने त्यस नामको सबै फार्म्सलाई फाइंड (प्राप्त) गर्नको लागि तपाईले टेक्स्ट फिल्टरको प्रयोग गर्न सक्नुहुन्छ।

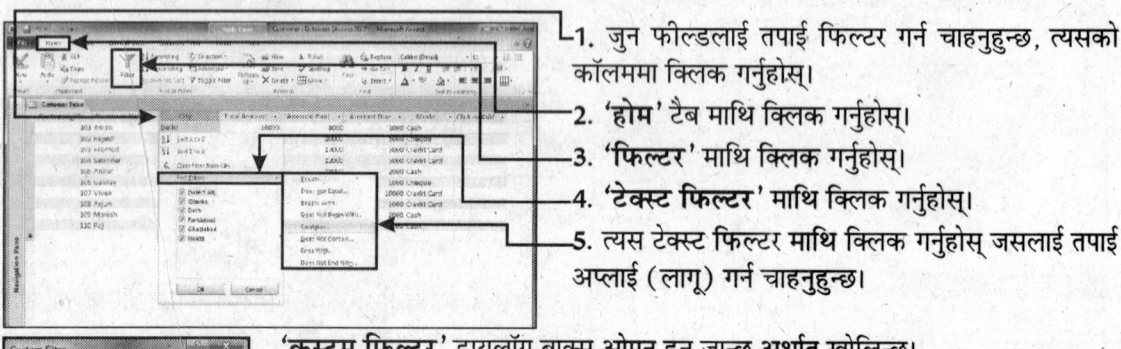

1. जुन फील्डलाई तपाई फिल्टर गर्न चाहनुहुन्छ, त्यसको कॉलममा क्लिक गर्नुहोस्।
2. **'होम'** टैब माथि क्लिक गर्नुहोस्।
3. **'फिल्टर'** माथि क्लिक गर्नुहोस्।
4. **'टेक्स्ट फिल्टर'** माथि क्लिक गर्नुहोस्।
5. त्यस टेक्स्ट फिल्टर माथि क्लिक गर्नुहोस् जसलाई तपाई अप्लाई (लागू) गर्न चाहनुहुन्छ।

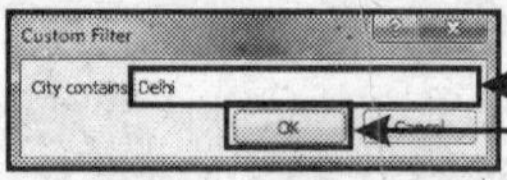

'कस्टम फिल्टर' डायलॉग बाक्स ओपन हुन जान्छ अर्थात खोलिन्छ।

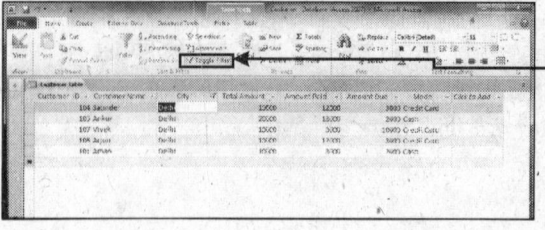

6. फिल्टरको लागि टेक्स्ट स्ट्रिंग टाइप गर्नुहोस्।
7. **'ओके'** माथि क्लिक गर्नुहोस्।

फिल्टर अप्लाई (लागू) हुनेछ।

8. फिल्टर पूरा भए पछि र त्यसलाई रिमूव गर्नको लागि **'टोगल फिल्टर'** माथि क्लिक गर्नुहोस्।

टेबलको बीचमा समन्वय स्थापित गर्न

रिलेशनल डाटाबेस धैरै शक्तिशाली (पावरफुल) हुन्छ, किनकी यसमा मल्टीपल रिलेटेड टेबल समावेस गर्न सक्छ। रिलेशनशिप विंडोमा तपाईले टेबलको बीचमा सीधा रिलेशन (संबंध वा समन्वय) स्थापित गर्न सक्नुहुन्छ। दुई टेबलको बीचमा रिलेशनशिपको लागि त्यसमा कॉमन (एउटै) फील्डको हुनु आवश्यक हो। उदाहरणको लागि– कस्टमर टेबलमा कस्टमर आईडी फील्ड हुनुपर्छ र दोस्रो टेबलमा पनि कस्टमर आईडी फील्ड नै हुनुपर्छ। यस फील्ड द्वारा दुबै टेबललाई आपसमा जोड्न सक्छ वा यसको बीचमा संबंध स्थापित गर्न सकिन्छ। रिलेशनशिपको लागि दुबै टेबलमा एउटै फील्ड टाइप हुनुपर्छ।

ज्यादातर रिलेशनशिपमा पहिलो टेबलको प्राइमरी की फील्ड, दोस्रो टेबलको जुन फील्डसंग रिलेटेड हुन्छ, त्यो त्यसको प्राइमरी की हुदैन्। एक टेबलको फील्डमा जहा यूनिक वैल्यू (बिल्कुल अलग वैल्यू) समावेस हुन्छ, त्यहि दोस्रोमा यो हुदैन्। दोस्रो टेबलको रिलेशनशिप फील्डलाई **'फॉरेन की'** भनिन्छ। रिलेशनशिप एउटा स्पेशल डाटाबेस व्यूमा बनेको र व्यवस्थित हुन्छ, जसलाई **रिलेशनशिप विंडो** भनिन्छ।

एउटा टेबलको फील्डबाट दोस्रो टेबलको फील्डमा ड्रैग गरेर तपाई टेबलको बीचमा रिलेशन (संबंध वा समन्वय) स्थापित गर्न सक्नुहुन्छ।

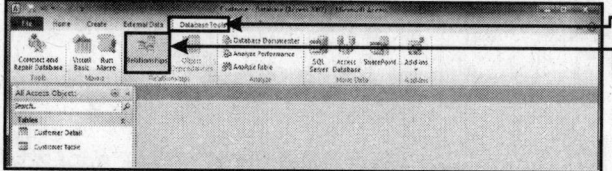

1. **'डाटाबेस टूल्स'** टैब माथि क्लिक गर्नुहोस्।
2. रिलेशनशिप विंडो डिस्प्ले गर्नको लागि रिबनमा **'रिलेशनशिन'** बटन माथि क्लिक गर्नुहोस्।

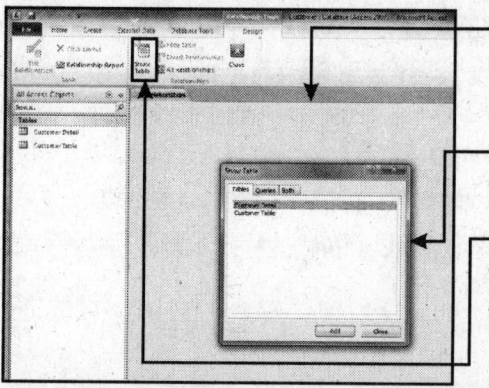

रिलेशनशिप विंडो देखिन थाल्छ। यदि तपाईको डाटाबेसमा टेबलको बीचमा पहिला देखि नै कुनै रिलेशन समावेस छ भने विंडोमा प्रत्येक टेबलको लागि एउटा बाक्स देखिनेछ।

डाटाबेसमा समावेस सबै टेबलको लिस्टको लागि **'शो टेबल'** डायलॉग बाक्स पनि देखिन सक्छ।

3. यदि **'शो टेबल'** डायलॉग बाक्स देखिदैन् भने डायलॉग बाक्सलाई डिस्प्ले गराउनको लागि रिबनमा शो टेबल बटन माथि क्लिक गर्नुहोस्।

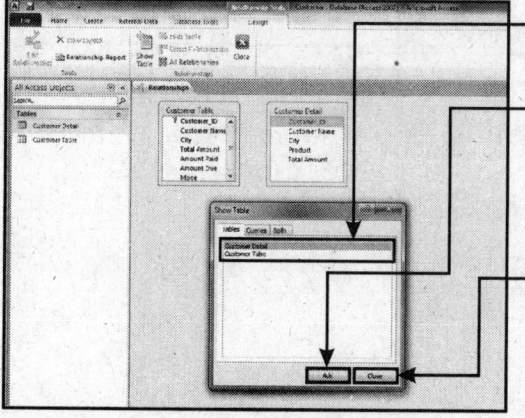

4. त्यस टेबल माथि क्लिक गर्नुहोस् जसलाई तपाई रिलेशनशिप विंडोमा एड (शामिल) गर्न चाहनुहुन्छ।
5. विंडोमा टेबललाई समावेस गर्नको लागि **'एड'** बटन माथि क्लिक गर्नुहोस्।
6. जतिवटा टेबल तपाई एड (शामिल) गर्न चाहनुहुन्छ, ती प्रत्येक टेबलको लागि स्टेप **'3'** र **'4'** दोहराउनुहोस्।
7. रिलेशनशिप विंडोमा टेबल समावेस गर्न खतम गरेपछि शो टेबल डायलॉग बाक्सलाई रिमूव (हटाउन) गर्नको लागि 'क्लोज' बटन माथि क्लिक गर्नुहोस्।

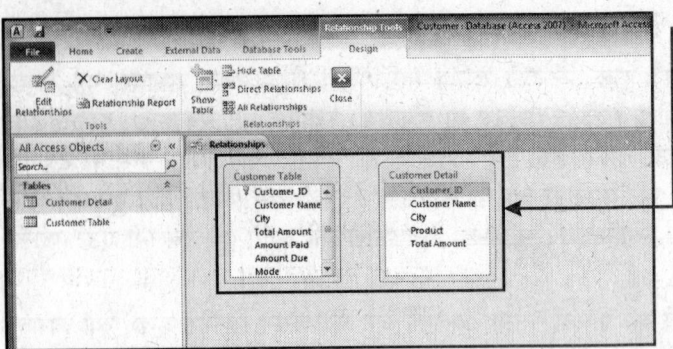

रिलेशनशिप विंडो प्रत्येक टेबलको लागि एउटा बाक्स डिस्प्ले गर्दछ।

प्रत्येक टेबलको प्राइमरी की (प्राथमिक बटन) हाईलाइट हुन जान्छ। प्राइमरी की टेबलको प्रत्येक रिकार्डलाई आईडेंटीफाई (पहिचान) गर्दछ।

टेबलमा मैचिंग फील्ड्सलाई आईडेंटीफाई गरेर तपाई टेबलको बीचमा रिलेशन तैयार गर्न सक्नुहुन्छ।

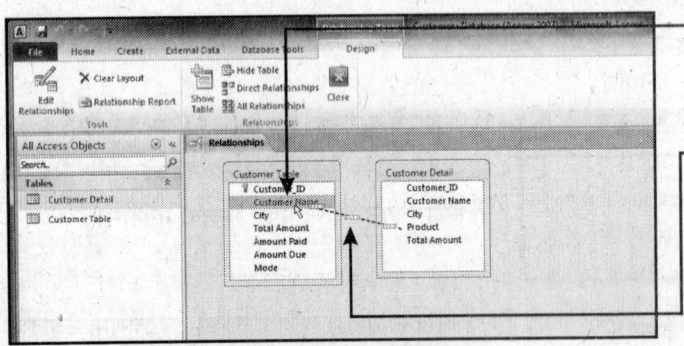

8. माउसको प्वाइंटरलाई त्यस फील्डमा राख्नुहोस् जसलाई अर्को टेबलको साथमा रिलेशन तय गर्नमा प्रयोग गर्न चाहनुहुन्छ।

9. माउसले त्यस फील्डलाई दोस्रो टेबलमा तब सम्म ड्रैग गर्नुहोस् जब सम्म कि मैचिंग फील्डमा एउटा सानो बाक्स देखिदैन्।

'एडिट रिलेशनशिप' डायलॉग बाक्स देखिन थाल्छ।

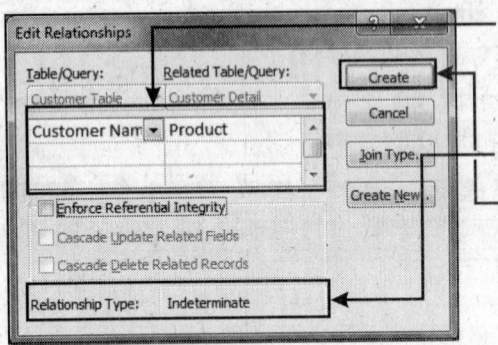

'टेबल क्वेरीज' र **'रिलेटेड टेबल क्वेरीज'** ती टेबल र मैंचिग फील्ड्सको नाम डिस्प्ले गर्दछ जुन तपाईले रिलेशनशिपको लागि क्रिएट गर्नु भएको छ।

'रिलेशनशिप टाइप' रिलेशनशिपको टाइप डिस्प्ले गर्दछ।

10. रिलेशनशिप क्रिएट (तैयार) गर्नको लागि **'क्रिएट'** बटन माथि क्लिक गर्नुहोस्।

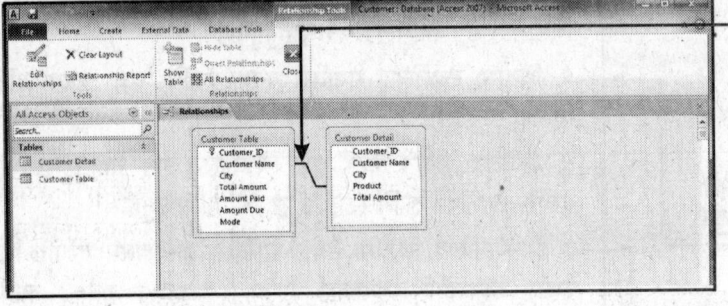

दुईवटा टेबलको बीचमा एउटा लाइन फील्डलाई कनेक्ट (जोड्न्) दिन्छ, जसले यो बताउछ कि रिलेशनशिप तैयार भई सकेको छ।

रिलेशनशिपलाई एडिट (संपादित) गर्न

रिलेशनशिप क्रिएट गरेपछि तपाई यसलाई एडिट (संपादित) गरेर रिलेशनशिपको नेचर (प्रकृति) पनि बदलिन सक्नुहुन्छ।

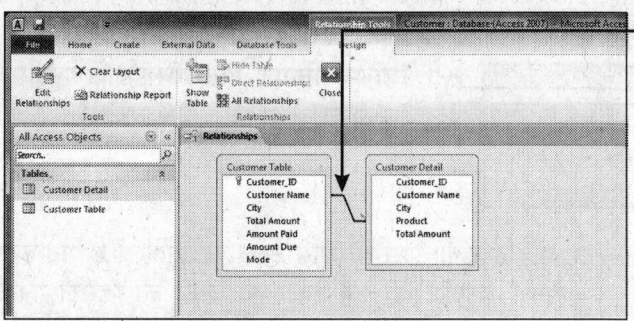

1.रिलेशनशिप विंडोमा दुई टेबललाई कनेक्ट (जोड्ने खालको) गर्ने खालको लाइनमा डबल क्लिक गर्नुहोस्।

'एडिट रिलेशनशिन' डायलॉग बाक्स देखिन थाल्छ।

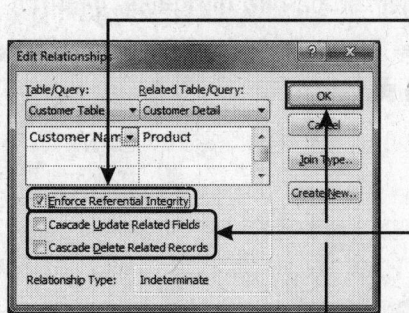

2. इनफोर्स रिफ्रेंशियल इंटीग्रिटीको चेक बॉक्सलाई सलेक्ट र डीसलेक्ट गर्नुहोस्।

3. यदि तपाई इनफोर्स रिफ्रेंशियल इंटीग्रिटीको चेक बॉक्सलाई सलेक्ट गर्नुहुन्छ तब तपाई निम्नलिखित माथि क्लिक गर्न सक्नुहुन्छ।

- **'कास्केड अपडेट रिलेटेड फील्ड'** चेक बॉक्सलाई सलेक्ट र डीसलेक्ट गर्नुहोस्।
- **'कास्केड डिलीट रिलेटेड रिकार्ड्स'** सलेक्ट र डीसलेक्ट गर्नुहोस्।

4. **'ओके'** माथि क्लिक गर्नुहोस्।

रिलेशनशिपलाई रिमूव गर्न अर्थात हटाउन

यदि दुईवटा टेबलको बीचमा रिलेशनशिपलाई ज्यादा समय सम्म राख्न चाहनुहुन्न भने त्यसलाई डिलीट गर्न सक्नुहुन्छ।

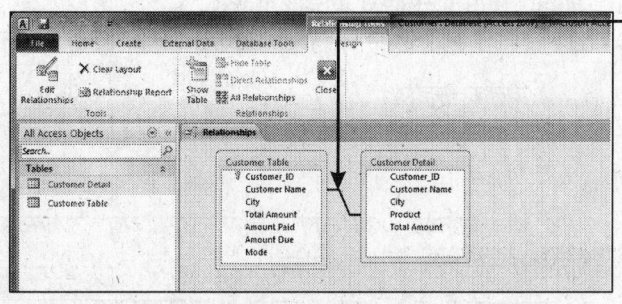

1. जुन रिलेशनशिपलाई तपाई खतम गर्न चाहनुहुन्छ, त्यस टेबलको बीचको लाइनमा डबल क्लिक गर्नुहोस्।
2. **'डिलीट'** बटन माथि क्लिक गर्नुहोस्।

*तपाई दुबै टेबलको बीचको लाइनमा **'राइट क्लिक'** गरेर र त्यसपछि यहा देखिएको मीनूबाट **'डिलीट'** मा पनि क्लिक गरेर त्यसलाई डिलीट गर्न सक्नुहुन्छ।*

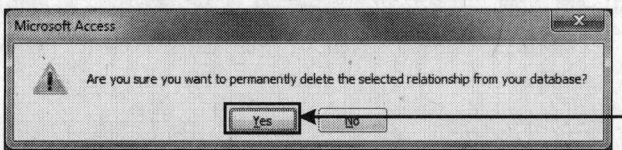

डिलीट गर्ने पुष्टिको लागि एउटा चेतावनी बाक्स देखिनेछ।

3. रिलेशनशिपलाई परमानेंट (स्थायी) रूपबाट डिलीट गर्नको लागि **'यस'** माथि क्लिक गर्नुहोस्।

रिलेशनशिपलाई डिलीट गर्नु भन्दा पहिला राम्ररी सोच-विचार गर्नुहोस्, किनकी रिलेशनशिपलाई डिलीट गरेपछि यसलाई 'अनडू' अर्थात वापस ल्याउन सकिदैन्। यदि तपाई यसलाई वापस ल्याउन चाहनुहुन्छ भने फेरीबाट तपाईले यसलाई क्रिएट गर्नु पर्नेछ।

विजार्डको प्रयोग गरेर फार्मलाई तैयार गर्न

'फार्म विजार्ड' को प्रयोग गरेर तपाईले फार्म क्रिएट (तैयार) गर्न सक्नुहुन्छ। यो विजार्ड तपाईसंग धेरै प्रश्न गर्नेछ र तपाईद्वारा दिईएको जवाफको अनुसार नै फार्म तैयार गर्दछ। यदि तपाईले टेबलको डाटा को नै फार्ममा प्रयोग गर्न चाहनुहुन्छ तो फार्म विजार्ड की सहायता से तपाई ऐसा गर्न सक्नुहुन्छ।

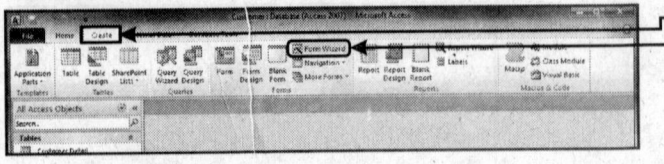

1. रिबनमा **'क्रिएट'** टैब माथि क्लिक गर्नुहोस्।

2. **'फार्म विजार्ड'** माथि क्लिक गर्नुहोस्।

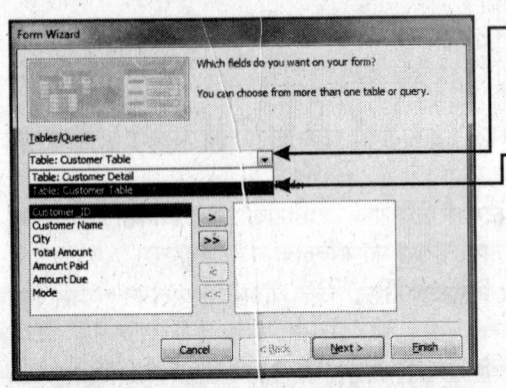

3. यदि तपाईको पास धेरै सारी टेबल का विकल्प छ भने तपाई आफ्नो डेटशीट की सबै टेबल की लिस्ट को डिस्प्ले गर्नको लागि **'टेबल/क्वेरीज'** के डाउन एरो माथि क्लिक गर्नुहोस्।

4. फील्ड वाली त्यस टेबल माथि क्लिक गर्नुहोस् जसलाई तपाई फार्ममा समावेस गर्न चाहनुहुन्छ।

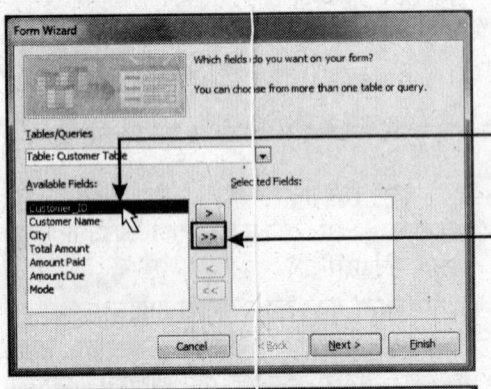

तपाई द्वारा सलेक्ट गरिएको टेबलको फील्ड्स अब 'एवीलेबल **फील्ड्स'** एरियामा डिस्प्ले होने लगते हैं।

5. उन सबै फील्ड्स पर डबल क्लिक गर्नुहोस्, जिन्हें तपाई आफ्नो फार्ममा समावेस गर्न चाहनुहुन्छ।

सबै फील्ड्स को एउटा नै बारमा समावेस गर्नको लागि यसमां (>>) क्लिक गर्नुहोस्।

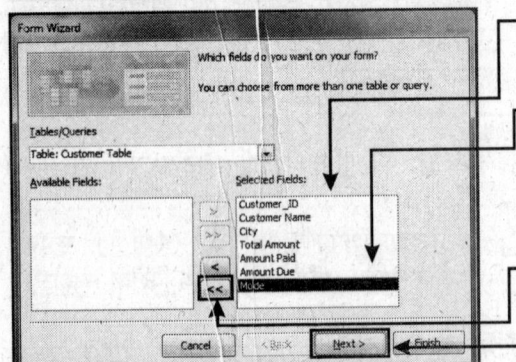

तपाई द्वारा सलेक्ट गरिएको सबै फील्ड्स अब 'सलेक्टेड फील्ड्स' एरियामा देखिन थाल्नेछ।

6. यदि तपाईले कुनै फील्ड गलती से समावेस कर लिया छ भने तपाई उसे हटा पनि सक्नुहुन्छ। फील्ड को हटानेको लागि **'सलेक्टेड फील्ड्स एरिया'** मा त्यस फील्ड पर डबल क्लिक गर्नुहोस्।

सबै फील्ड्सलाई एउटै बारमा रिमूव गर्न अर्थात हटाउनको लागि यस माथि (<<) क्लिक गर्नुहोस्।

7. जारी राख्नको लागि **'नेक्स्ट'** बटन माथि क्लिक गर्नुहोस्।

तपाईले फार्म तैयार गर्दा धेरै प्रकारको लेआउटको छनौट गर्न सक्नुहुन्छ। फार्मको लेआउटबाट त्यस फार्ममा समावेस इंफोरमेशनको अरैंजमेंट (व्यवस्था अथवा क्रम) को थाहा हुन्छ।

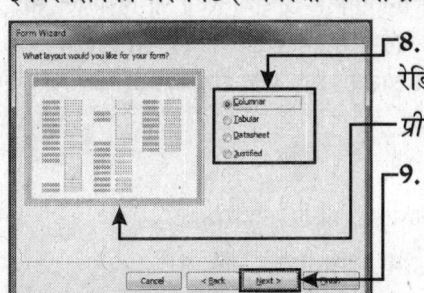

8. आफ्नो फार्मको लागि तपाई जुन ले-आउट प्रयोग गर्न चाहनुहुन्छ, त्यसको रेडियो बटन माथि क्लिक गर्नुहोस्।

प्रीव्यू एरियामा तपाईद्वारा सलेक्ट गरिएको ले-आउटको सैंपल देखिनेछ।

9. जारी राख्नको लागि **'नेक्स्ट'** बटन माथि क्लिक गर्नुहोस्।

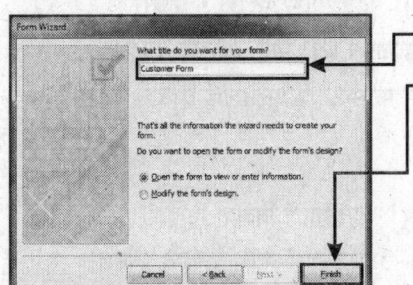

10. आफ्नो फार्मको लागि कुनै नाम टाइप गर्नुहोस्।

11. फार्म क्रिएट गर्नको लागि **'फिनिश'** बटन माथि क्लिक गर्नुहोस्।

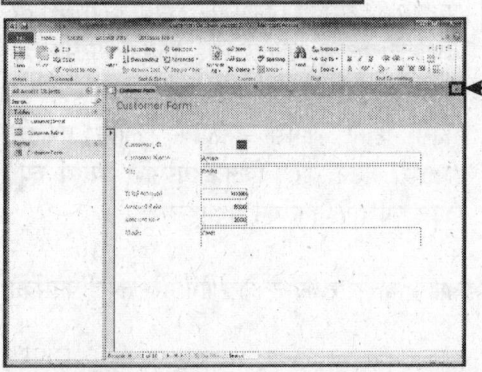

तपाई द्वारा सलेक्ट गरिएको फील्डको नामले फार्म देखिन थाल्छ।

12. फार्मलाई हेरेपछि त्यस फार्मलाई बंद गर्नको लागि **'क्लोज'** बटन (X) बटन माथि क्लिक गर्नुहोस्। फार्म क्लोज हुन जान्छ र तपाई डाटाबेस विंडोमा वापस आउनुहुन्छ।

फार्ममा इंनफोरमेशनलाई रीव्यू र एडिट गर्नको लागि तपाई यसको रिकाड्र्स मूव गर्न सक्नुहुन्छ।

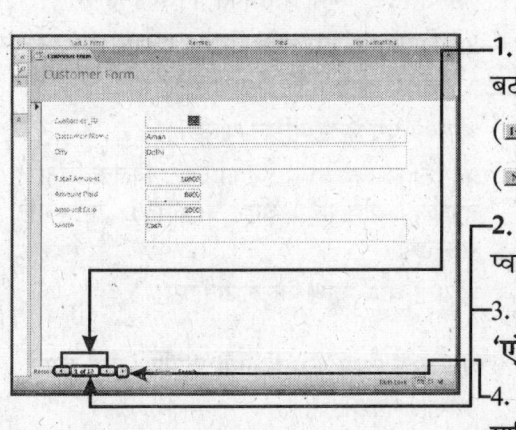

1. कुनै अर्को रिकार्डमा मूव गर्नको लागि, निम्नलिखितमा कुनै एक बटन माथि क्लिक गर्नुहोस्।

(⏮) फर्स्ट रिकार्ड (◀) प्रीवियस

(▶) नेक्स्ट रिकार्ड (⏭) लास्ट रिकार्ड

2. कुनै स्पेसीफिक (विशेष) रिकार्डमा जानको लागि माउसको प्वाइंटरलाई करंट रिकार्डको नंबरमा ड्रैग गर्नुहोस्।

3. जुन रिकार्डमा तपाई जान चाहनुहुन्छ, त्यसको नंबर टाइप गर्नुहोस् र **'एंटर'** थिच्नुहोस्।

4. नयाँ खाली रिकार्ड स्टार्ट (शुरू) गर्नको लागि **'न्यू रिकार्ड'** बटन माथि क्लिक गर्नुहोस्।

फार्मको व्यू बदलिन

डिजाइन र ले-आउट व्यूको प्रयोग गरेर तपाईले आफ्नो फार्मलाई कस्टमाइज् गर्न सक्नुहुन्छ अर्थात आफ्नो हिसाबले सेट गर्न सक्नुहुन्छ। **'डिजाइन व्यू'** मा, प्रत्येक आब्जेक्ट फार्ममा अलग र एडिट गर्नमा सक्षम देखिन्छ। **'ले-आउट व्यू'** मा तपाईले फार्ममा सीधा फार्मको कंट्रोललाई फेरीबाट व्यवस्थित गर्न सक्नुहुन्छ र त्यसको साइजलाई एडजस्ट (समायोजित) गर्न सक्नुहुन्छ।

डिजाइन व्यू

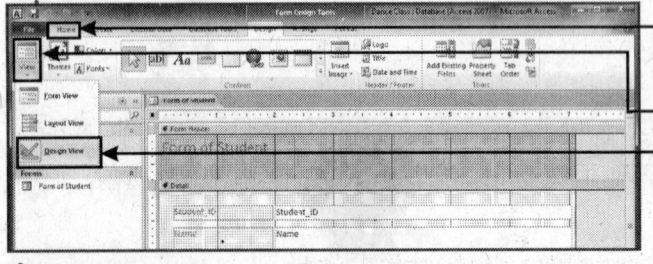

1. फार्मलाई ओपन गर्नुहोस्।
2. **'होम'** माथि क्लिक गर्नुहोस्।
3. **'व्यू'** बटन माथि क्लिक गर्नुहोस्।
4. **'डिजाइन व्यू'** माथि क्लिक गर्नुहोस्।

एक्सेस फार्मको डिजाइनलाई डिस्प्ले गर्नेछ।

लेआउट व्यू

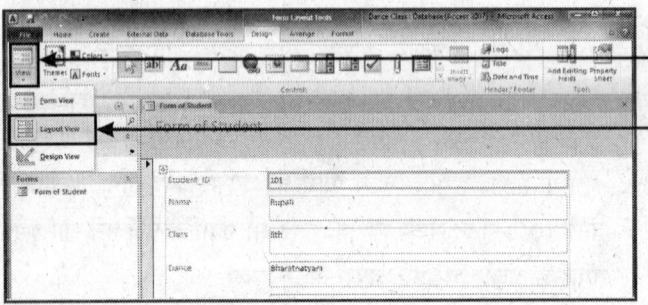

1. **'व्यू'** बटन माथि क्लिक गर्नुहोस्।
2. **'ले-आउट व्यू'** माथि क्लिक गर्नुहोस्।

एक्सेसले फार्मको वास्तविक रूपमा देखाउछ। तर तपाईले प्रत्येक एलीमेंटलाई एडिट (संपादित) गर्न सक्नुहुन्छ।

फार्म व्यूमा वापस आउनको लागि तपाईले **'फार्म'** बटन माथि क्लिक गरेपछि **'फार्म व्यू'** बटन माथि क्लिक गर्न सक्नुहुन्छ।

थीमलाई अप्लाई गर्न

फार्मलाई डिफरेंट लुक (अर्को रूप) दिनको लागि, पहिला देखि सेट डिजाइन, कलर र फॉन्टको प्रयोग गरेर तपाई फार्मको थीम पनि बदलिन सक्नुहुन्छ।

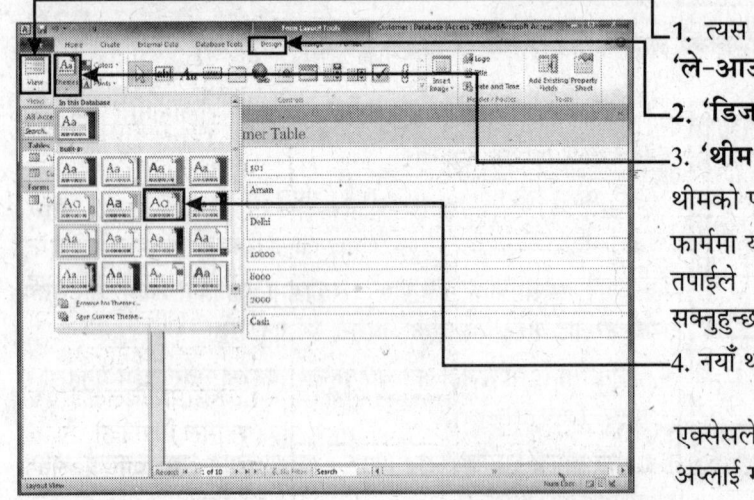

1. त्यस फार्मलाई ओपन गर्नुहोस् जसलाई तपाई **'ले-आउट'** व्यूमा परिवर्तित गर्न चाहनुहुन्छ।
2. **'डिजाइन'** टैब माथि क्लिक गर्नुहोस्।
3. **'थीम'** बटन माथि क्लिक गर्नुहोस्।

थीमको पूरा पैलेट देखिन थाल्छ।

फार्ममा यसको प्रीव्यू हेर्नको लागि क्लिक बिना नै तपाईले थीमलाई प्वाइंट (इंगित) गर्न पनि सक्नुहुन्छ।

4. नयाँ थीम माथि क्लिक गर्नुहोस्।

एक्सेसले त्यस फार्ममा नयाँ फार्मेट (नयाँ रूप) अप्लाई गर्नेछ।

क्वेरी

एक्सेस एउटा डाटाबेस मैनेजमेंट सिस्टम हो, जसमा धेरै उपयोगी फीचरहरु समावेस रहेको छ जस्तै- प्रश्नहरुको जबाफ दिने क्षमता आदि। यदि तपाई एक्सेस वा कुनै अरु डाटाबेस मैनेजमेंट सिस्टममा कुनै प्रश्न सोध्नुहुन्छ भने त्यस प्रश्नलाई क्वेरी भनिन्छ। क्वेरी एउटा सामान्य प्रश्नको त्यो रूप हो, जसलाई एक्सेस सजिलैसंग बुझ्न सक्छ। यदि तपाई कुनै प्रश्नको उत्तर चाहनुहुन्छ भने तपाईले सबै भन्दा पहिला करेंसपोंडिंग क्वेरी (व्यावहारिक प्रश्न) तैयार गर्नुपर्छ। एक पटक तपाईको क्वेरी तैयार भए पछि तपाईले क्वेरीलाई रन गराउन अर्थात पूरा गर्नको लागि एक्सेसलाई त्यो दिशा-निर्देश दिन सक्नुहुन्छ र आफ्नो उत्तर प्राप्त गर्न सक्नुहुन्छ। जबाफ डाटाशीट व्यूमा डिस्प्ले हुनुपर्छ।

क्वेरीलाई क्रिएट (तैयार) गर्न

डिजाइन व्यूको प्रयोग गरेर तपाई कुनै क्वेरीलाई मैनुअली (आफ्नो हिसाबबाट) तैयार गर्न सक्नुहुन्छ। जब तपाई डिजाइन व्यूको प्रयोग गर्नुहुन्छ तब क्वेरीको डिजाइनको लागि तपाईसंग धेरै कंट्रोल हुन्छ। क्वेरीलाई क्रिएट गर्नको लागि निम्नलिखित कार्यहरु गर्नुहोस्:

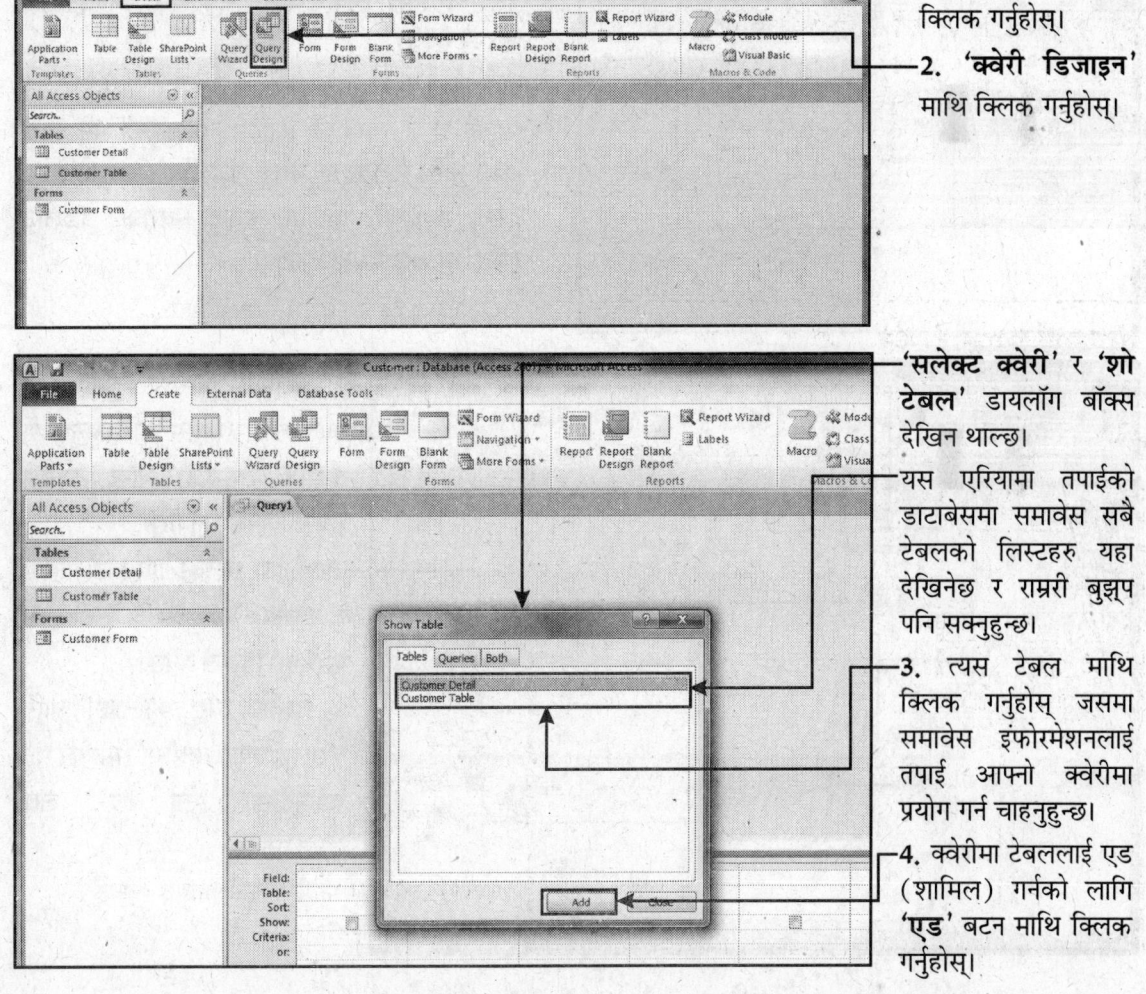

1. क्रिएट टैब माथि क्लिक गर्नुहोस्।

2. **'क्वेरी डिजाइन'** माथि क्लिक गर्नुहोस्।

'सलेक्ट क्वेरी' र **'शो टेबल'** डायलॉग बॉक्स देखिन थाल्छ।

यस एरियामा तपाईको डाटाबेसमा समावेस सबै टेबलको लिस्टहरु यहा देखिनेछ र राम्ररी बुझ्प पनि सक्नुहुन्छ।

3. त्यस टेबल माथि क्लिक गर्नुहोस् जसमा समावेस इंफोरमेशनलाई तपाई आफ्नो क्वेरीमा प्रयोग गर्न चाहनुहुन्छ।

4. क्वेरीमा टेबललाई एड (शामिल) गर्नको लागि **'एड'** बटन माथि क्लिक गर्नुहोस्।

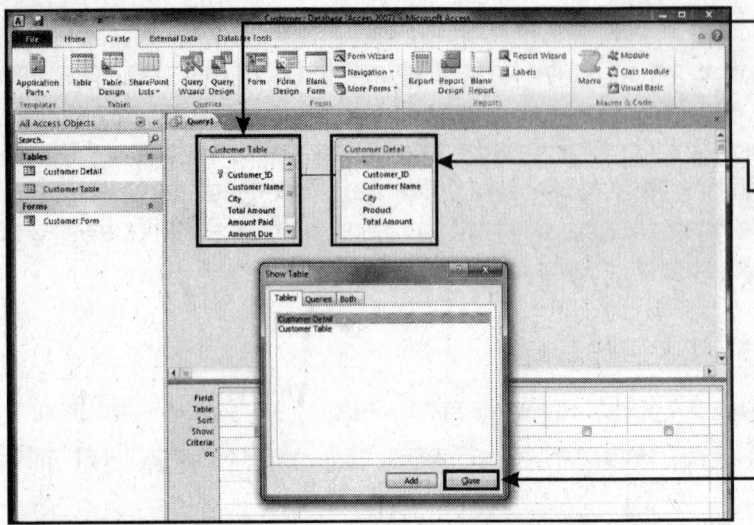

'सलेक्ट क्वेरी विंडो' मा एउटा बाक्स देखिनेछ। जसमा तपाईद्वारा सलेक्ट गरिएको टेबलको फील्ड्स डिस्प्ले हुन्छ।

5. प्रत्येक त्यस टेबलको लागि जसलाई तपाईले क्वेरीमा समावेस गर्न चाहनुहुन्छ, स्टेप **'3'** र **'4'** दोहराउनुहोस्।

6. **'शो टेबल'** डायलॉग बाक्सलाई हाइड (लुकाउन) गर्नको लागि **'क्लोज'** बटन माथि क्लिक गर्नुहोस्।

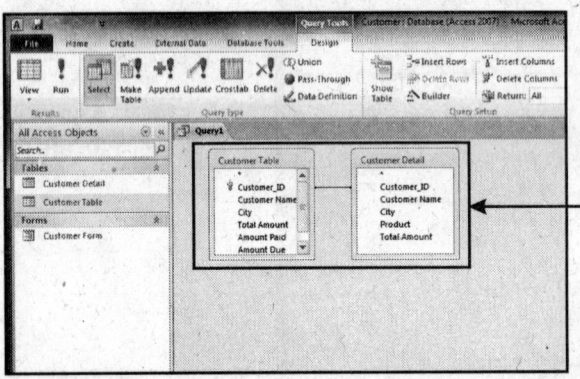

यस एरियामा हरेक बाक्स टेबलको फील्ड्सलाई डिस्प्ले गर्दछ।

यदि तपाई कुनै टेबल गलतीले क्वेरीमा समावेस गर्नु भएको छ र त्यसलाई हटाउन चाहनुहुन्छ भने त्यस टेबल माथि क्लिक गर्नुहोस् र **'डिलीट'** थिच्नुहोस्। यसले तपाईको टेबलमा केवल क्वेरीबाट डिलीट गर्दछ, तर डाटाबेसबाट होईन्।

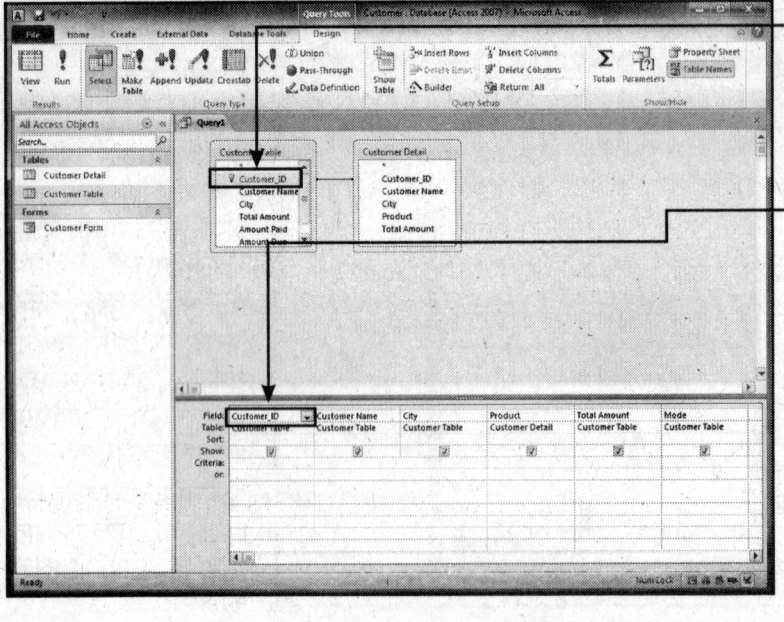

7. आफ्नो क्वेरीमा तपाई जुन फील्डलाई समावेस गर्न चाहनुहुन्छ, त्यसमा माउसको बाया बटनले डबल क्लिक गर्नुहोस्।

तपाई द्वारा सलेक्ट गरिएको फील्ड र टेबलमा समावेस फील्ड त्यस एरियामा डिस्प्ले हुनेछ।

8. प्रत्येक त्यस फील्डको लागि जसलाई तपाई क्वेरीमा समावेस गर्न चाहनुहुन्छ, स्टेप **'7'** लाई दोहराउनुहोस्।

क्वेरी रन गर्न अर्थात त्यसमा काम गर्न

तपाई द्वारा क्वेरी तैयार गरेपछि यसको परिणाम जान्नको लागि तपाईले त्यसलाई रन गराउन अर्थात यसमा काम गर्न आवश्यक हुन्छ। यसको लागि तपाईले डाटाबेस टूल बारमा 'रन' बटन माथि क्लिक गर्नु पर्दछ। एक्सेस त्यस कार्यलाई पूरा गर्नको लागि आवश्यक स्टेप गरेर परिणामलाई डिस्प्ले गर्नेछ। उत्तरलाई तैयार गर्ने खालको रिकाड्र्सको समूह तपाईको डाटाशीट व्यूमा डिस्प्ले हुनेछ। हालांकि यो तपाईको डिस्कमा स्टोर टेबलको समान देखिनेछ, तर वास्तवमा त्यस्तो हुदैन्। यस टेबलमा स्टोर गरिएको डाटा रिकाड्र्सलाई तैयार गर्नमा प्रयोग हुन्छ। यपि तपाई कस्टमर टेबलमा डाटालाई चेंज (परिवर्तित) गरेर फेरीबाट त्यहि क्वेरीलाई रन गराउन चाहनुहुन्छ भने परिणाम अलग देखिनेछ। क्वेरी रन गराउनको लागि निम्नलिखित चरणहरुको पालना गर्नुहोस्।

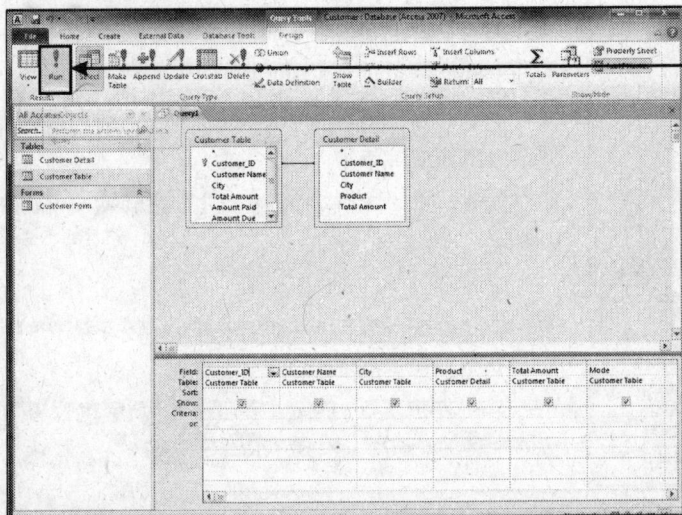

1. क्वेरी रन गराउनको लागि डिजाइन रिबनमा मौजूद रहेको रिजल्ट ग्रुपमा **'रन'** बटन (!) माथि क्लिक गर्नुहोस्।

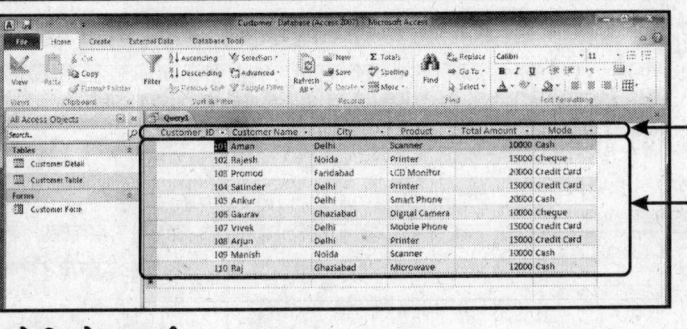

क्वेरीको रिजल्ट (परिणाम) डाटाशीट व्यूमा देखिन थाल्छ।

यस क्षेत्रमा त्यस फील्डको नाम डिस्प्ले हुन्छ, जसलाई तपाईले क्वेरीमा समावेस गर्नु भएको छ।

तपाई द्वारा दिईएको विशिष्ट कंडीशनसंग मेल खाने रिकाड्र्स यस एरिया (क्षेत्र)मा देखिनेछ।

क्वेरी सेव गर्न

क्वेरी क्रिएट गर्न र रन गराउनाले डाटाबेस टेबलमा स्टोर गरिएको डाटामा कुनै बदलाव बिना नै डाटाबेसबाट इंफोरमेशन प्राप्त गर्न सक्नुहुन्छ। सलेक्ट गरिएको क्वेरी डाटालाई स्टोर गर्दैन बल्कि यसले टेबलमा स्टोर डाटालाई प्राप्त गर्दछ। कहिले-काहि टेबल अरुसंग शेयर गर्नको लागि तपाईले क्वेरीको परिणामलाई टेबलको रूपमा सेव गर्नु पर्ने हुन्छ।

1. की-बोर्डमा **'कंट्रोल र एस'** थिच्नुहोस्।
2. आफ्नो क्वेरीको लागि कुनै नाम टाइप गर्नुहोस्।
3. क्वेरी सेव गर्नको लागि **'ओके'** माथि क्लिक गर्नुहोस्।

आफ्नो क्वेरीको परिणाम हेरेपछि क्वेरी बंद गरेर डाटाबेस विंडोमा वापस आउनको लागि 'क्लोज' (**X**) माथि क्लिक गर्नुहोस्।

क्वेरीमा क्राइटेरिया (मानक) को प्रयोग

क्राइटेरियाको प्रयोग गरेर तपाईको डाटाबेसमा स्पेसिफिक (विशिष्ट) रिकाड्‌र्स पनि प्राप्त गर्न सकिन्छ। क्राइटेरिया त्यो कंडीशन (नियम अथवा दशा) हो जुन तपाईको द्वारा खोजिने खालको रिकाड्‌र्सलाई आइडेंटीफाई गर्दछ अर्थात त्यसको पहिचान गर्दछ।

टेक्स्ट डाटाको प्रयोग

क्वेरीको प्रयोगको दौरान सामान्तः तपाई ती रिकाड्‌र्सलाई हेर्नुहुन्छ जुन केहि क्राइटेरिया (नियम) लाई पूरा गर्दछ। यदि तपाईले क्रेडिट कार्ड द्वारा भुक्तानी गर्ने कस्टमरको लिस्ट हेर्नुछ भने,

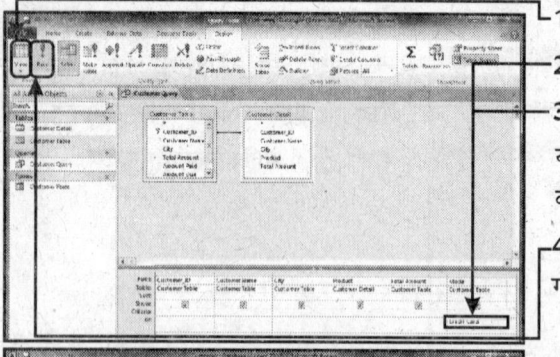

1. क्वेरीलाई **'डिजाइन व्यू'** मा ओपन गर्नुहोस्।
2. **'क्राइटेरिया'** फील्डमा क्लिक गर्नुहोस्।
3. जुन डाटालाई तपाई हेर्न चाहनुहुन्छ, त्यो टाइप गर्नुहोस्।

यस उदाहरणमा हामी क्राइटेरियाको लागि मोड (क्रेडिट कार्ड) को लिस्ट हेर्दछौं।

4. परिणाम प्राप्त गर्नको लागि **'रन'** बटन माथि क्लिक गर्नुहोस्।

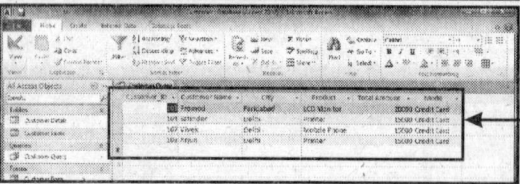

अब टेबल केवल त्यहि रिकाड्‌र्सलाई हेर्नेछ जुन क्वेरीसंग मैच गर्नेछ अर्थात मेल खानेछ।

*यस उदाहरणमा केवल त्यहि रिकाड्‌र्स हेर्नुहुनेछ जुन **'मोड'** नाममा **'क्रेडिट कार्ड'** को नामले लिस्टेड छ।*

क्वेरीमा वाइल्डकार्डको प्रयोग

वाइल्ड कार्ड्‌स त्यो सिंबल (चिन्ह) हो जसले कुनै कैरेक्टर (अक्षर) अथवा कैरेक्टरको समूह प्रदर्शित गर्दछ। एक्सेसमा तपाईले दुई वाइल्ड कार्ड प्राप्त हुन्छ। यो दुईवटा वाइल्ड कार्ड्‌सको पहिला **आस्टरिस्क (*)** हुन्छ जसले कैरेक्टरहरुको समूहलाई रिप्रजेंट (प्रदर्शित) गर्दछ। जस्तै ***A** लेटर **'ए'** लाई रिप्रजेंट गर्दछ जसमा अक्षरहरुको समूह हुन्छ।

दोस्रो वाइल्डकार्ड चिन्छ **प्रश्नवाचक चिह्‌न (?)** हुन्छ। जसले केवल एक कैरेक्टरलाई रिप्रजेंट गर्दछ। जस्तै (A?an) यस लेटरलाई पूरा गर्ने एउटा अक्षर एमलाई रिप्रजेंट गर्दछ। त्यो हो (Aman)।

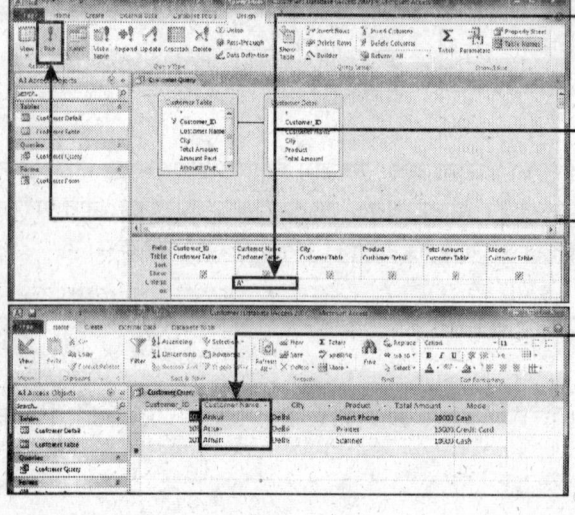

1. कुनै स्पेसिफिक रिकाड्‌र्सलाई प्राप्त गर्न तपाई जुन फील्ड प्रयोग गर्न चाहनुहुन्छ, त्यसको **'क्राइटेरिया'** एरिया माथि क्लिक गर्नुहोस्।
2. क्राइटेरिया A* टाइप गर्नुहोस् र **'एंटर'** बटनलाई थिच्नुहोस्। एक्सेस यसमा तपाईद्वारा टाइप गरिएको उद्‌घोष चिन्ह (" ") र नंबर चिह्‌न (#) समावेस गर्न सकिन्छ।
3. **'रन'** बटन माथि क्लिक गर्नुहोस्।

परिणाम डिस्प्ले हुनेछ।

केवल त्यहि छात्र डिस्प्ले हुन्छ जसको नाम **'ए'** बाट शुरू हुन्छ।

तुलनात्मक आपरेटरको प्रयोग

यदि तपाईले स्पेसीफाई गर्नुहुन्न भने एक्सेसले यो मान्दछ कि तपाईद्वारा एंटर गरिएको क्राइटेरियामा समानता (बिल्कुल त्यहि) हो। अर्थात बिल्कुल त्यहि रिकाड्र्स मैच हुदा रिजल्ट डिस्प्ले हुन्छ। यदि तपाई त्यो भन्दा केहि अलग चाहनुहुन्छ भने तपाईले केहि तुलनात्मक आपरेटरको प्रयोग गर्नु पर्दछ। तुलनात्मक आपरेटर यो हो। (त्यो भन्दा अधिक वा ग्रेटर छैन) < (त्यो भन्दा कम वा लेस छैन), >= (त्यो भन्दा अधिक वा बराबर अर्थात ग्रेटर छैन एंड इक्वल टू), <= (त्यो भन्दा कम या बरामर अर्थात त्यो भन्दा कम या बराबर), NOT (बराबर छैन्)।

ती कस्टमरहरुको खोजी गर्न चाहनुहुन्छ जसको भुक्तानी 15000 वा त्यो भन्दा अधिक छ।

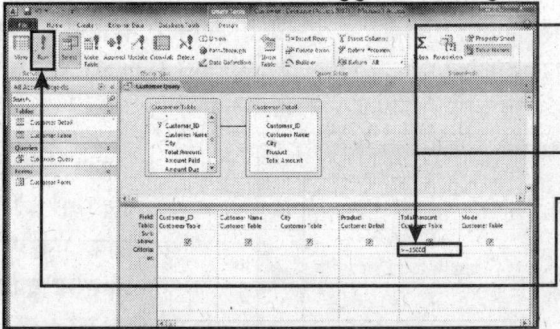

1. स्पेसिफिक रिकाड्र्स प्राप्त गर्नको लागि तपाई जुन फील्डको प्रयोग गर्न चाहनुहुन्छ, त्यसको 'क्राइटेरिया एरिया' माथि क्लिक गर्नुहोस्।
2. क्राइटेरिया टाइप गर्नुहोस् (>=15000)
3. **'रन'** बटन माथि क्लिक गर्नुहोस्।

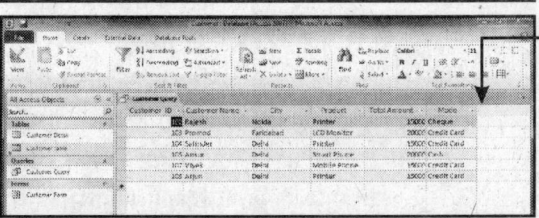

क्वेरीको परिणाम देखिन थाल्छ।

यस उदाहरणमा एक्सेसले ती कस्टमरहरुको खोजी गरेर डिस्प्ले गर्दछ जसको पेमेंट (भुक्तान) 15000 वा यो भन्दा अधिक छ।

क्वेरीमा डाटालाई शार्ट (छनौट) गर्न

क्वेरीमा शार्टिंग धैरै महत्वपूर्ण हुन सक्छ। तपाई कस्टमर द्वारा खरीद गरिएको प्रॉडक्ट (उत्पादन) को लिस्ट हेर्न चाहनुहुन्छ र त्यसलाई अल्फावेट आर्डर (शब्द क्रम) को अनुसार व्यवस्थित गर्न चाहनुहुन्छ।

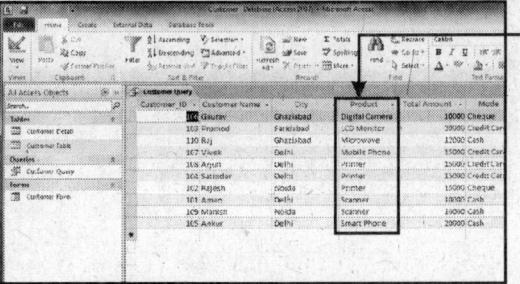

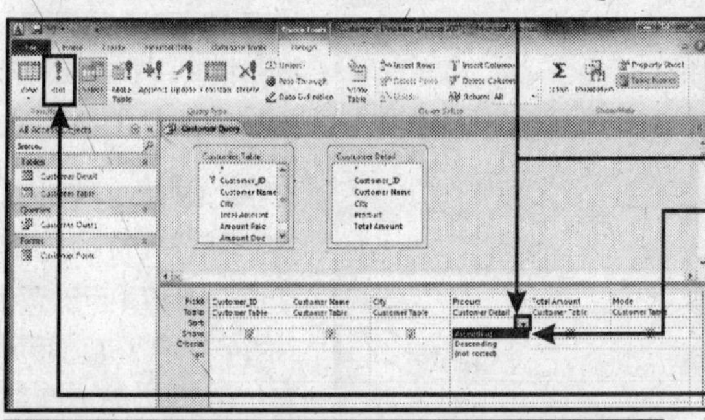

1. क्वेरीको परिणाम शार्ट गर्नको लागि जुन फील्डको प्रयोग गर्न चाहनुहुन्छ, त्यसको **'शार्ट'** एरिया माथि क्लिक गर्नुहोस्।

   एउटा डाउन एरो देखिन थाल्छ।
2. डाउन एरो बटन माथि क्लिक गर्नुहोस्।
3. त्यस हिसाबले क्लिक गर्नुहोस् जुन प्रकारले तपाई शार्ट गर्न चाहनुहुन्छ। जस्तै- एसेंडिंग (तल क्रम देखि माथि क्रम), डिसेंडिंग (माथि क्रम देखि तल क्रममा) वा कुनै पनि क्रम (नोट स्टोर्ड)।
4. **'रन'** बटन माथि क्लिक गर्नुहोस्।

रिकाड्र्स तपाईको द्वारा तय गरिएको क्रमको अनुसार डिस्प्ले हुन्छ। यस उदाहरणमा, प्रॉडक्ट एसेडिंग (तल देखि माथि क्रम) मा स्टोर छ।

*स्एप '1' देखि '3' सम्म दोहराउनुहोस्। यदि तपाई कुनै क्वेरीको परिणामलाई शार्ट गर्नमा कुनै फील्ड ज्यादा समय सम्म प्रयोग गर्न चाहनुहुन्न भने स्टेप '3' मा **(नोट स्टोर्ड)** सलेक्ट गर्नुहोस्।*

रिपोर्ट क्रिएट गर्न

रिपोर्ट क्वेरी र टेबलबाट डाटालाई डिस्प्ले गर्ले माध्यम हो। तपाई द्वारा तैयार गरिएको रिपोर्ट डाटालाई एउटा व्यवस्थित क्रममा प्रस्तुत गर्दछ। यसको फार्मेट (रूप) काफी बलियो हुन्छ। डिस्प्ले गर्नको लागि फील्ड्सलाई सलेक्ट गर्न सक्नुहुन्न। उदाहरणको लागि: रिपोर्टले स्यंम नै सबै फील्डलाई समावेस गर्दछ र त्यसलाई टेबलको क्रममा डिस्प्ले गर्दछ।

रिपोर्ट टूलको प्रयोग गरेर साधारण रिपोर्ट तैयार गर्न

रिपोर्ट टूलको प्रयोग गरेर तपाईले एउटा साधारण रिपोर्ट तैयार गर्नुपर्दछ, किनकी यो सूचनाको जानकारी नमागिकन तुरंत एउटा रिपोर्ट तैयार गर्नेछ। रिपोर्ट सबै फील्ड्सलाई अंडरलाइन टेबलको माध्येम डिस्प्ले गर्दछ। तपाई रिपोर्टलाई सेव गर्न सक्नुहुन्छ र राम्रो प्रस्तुतिको लागि यसलाई ले-आउट व्यू र डिजाइन व्यूमा मॉडीफाई पनि गर्न सक्नुहुन्छ।

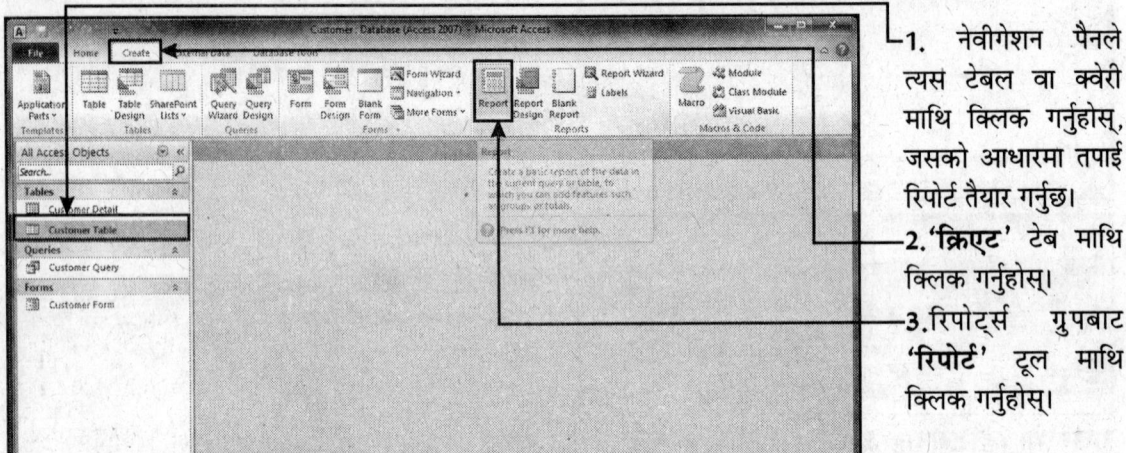

1. नेवीगेशन पैनले त्यस टेबल वा क्वेरी माथि क्लिक गर्नुहोस्, जसको आधारमा तपाई रिपोर्ट तैयार गर्नुछ।

2. **'क्रिएट'** टेब माथि क्लिक गर्नुहोस्।

3. रिपोर्ट्स ग्रुपबाट **'रिपोर्ट'** टूल माथि क्लिक गर्नुहोस्।

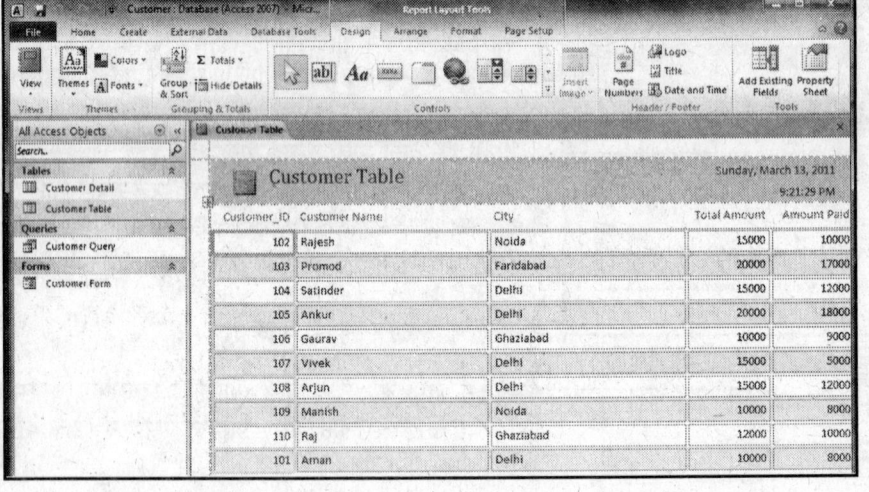

एक्सेसले एउटा रिपोर्ट तैयार गर्दछ र त्यसलाई ले-आउट व्यूमा डिस्प्ले गर्दछ।

रिपोर्ट हेरेपछि त्यसलाई सेव गर्न सक्नुहुन्छ। यस बाहेक रिकार्डको लागि सोर्सको रूपमा प्रयोग हुने खालको अंडरलाइन टेबल र यस रिपोर्ट दुबैलाई क्लोज गर्न सक्नुहुन्छ।

रिपोर्ट विजार्डको प्रयोग गरेर रिपोर्ट क्रिएट गर्न

व्यावसायिक डिजाइन भएको रिपोर्ट तैयार गर्नको लागि तपाई 'रिपोर्ट विजार्ड' को प्रयोग गर्न सक्नुहुन्छ। तपाई यो पनि स्पेसीफाई गर्न सक्नुहुन्छ कि डाटा कस्तो ग्रुपमा स्टोर होस्। तपाई एक भन्दा अधिक टेबलमा फील्ड्सको प्रयोग गर्न सक्नुहुन्छ।

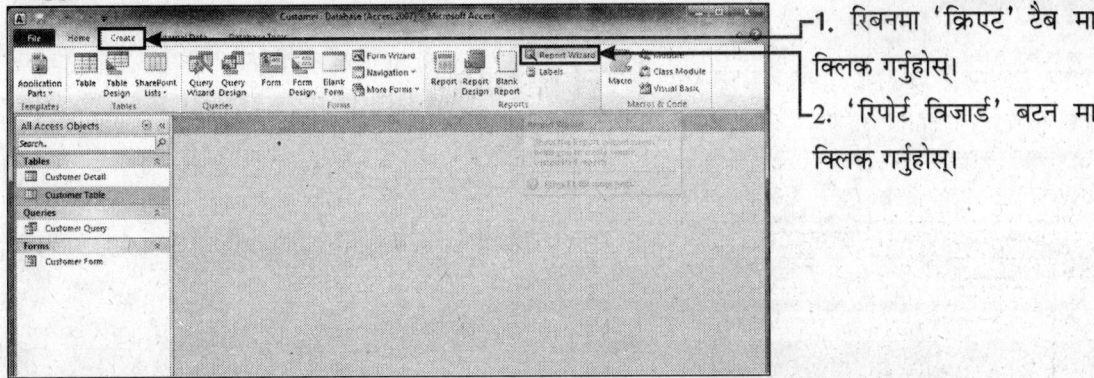

1. रिबनमा 'क्रिएट' टैब माथि क्लिक गर्नुहोस्।
2. 'रिपोर्ट विजार्ड' बटन माथि क्लिक गर्नुहोस्।

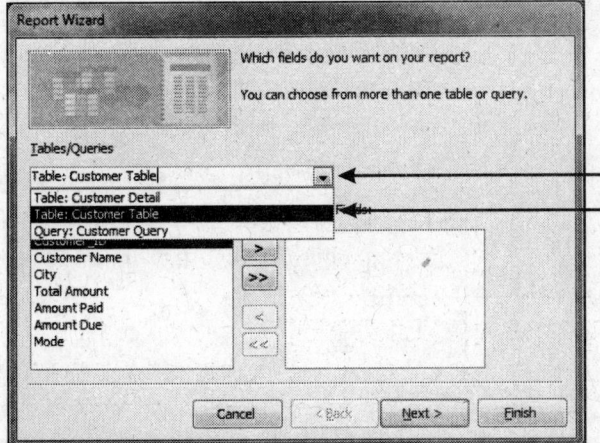

'रिपोर्ट विजार्ड' ओपन हुनेछ।

3. **'टेबल/क्वेरीज'** को डाउन एरो क्लिक गर्नुहोस्।
4. त्यस टेबल माथि क्लिक गर्नुहोस् जसमा समावेस फील्डलाई तपाई आफ्नो रिपोर्टको आधार बनाउन चाहनुहुन्छ अर्थात जुन फील्डको आधारमा तपाई रिपोर्ट तैयार गर्न चाहनुहुन्छ।

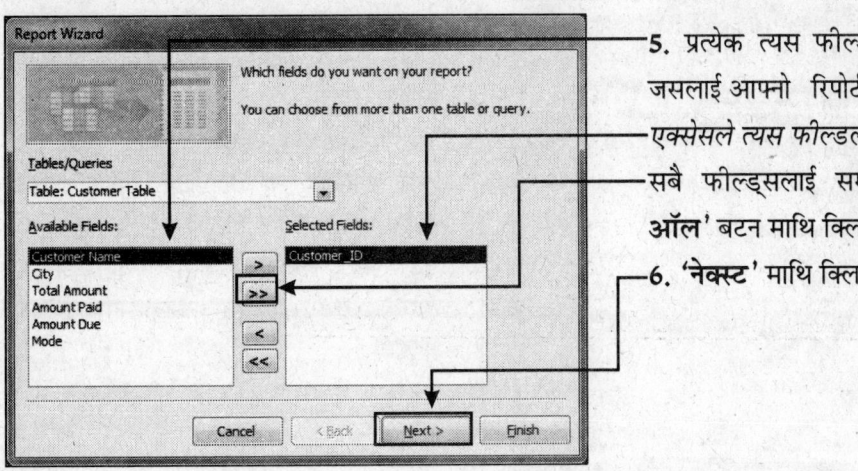

5. प्रत्येक त्यस फील्डमा डबल क्लिक गर्नुहोस्, जसलाई आफ्नो रिपोर्टमा समावेस गर्न चाहनुहुन्छ।

एक्सेसले त्यस फील्डलाई लिस्टमा शामिल गर्नेछ।

सबै फील्ड्सलाई समावेस गर्नको लागि, **'एड ऑल'** बटन माथि क्लिक गर्नुहोस्।

6. **'नेक्स्ट'** माथि क्लिक गर्नुहोस्।

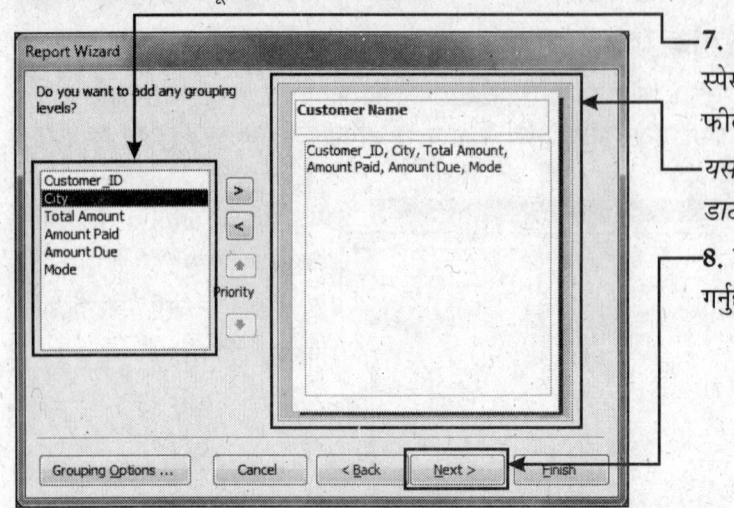

7. आफ्नो रिपोर्टमा ग्रुप डाटाको लागि कुनै स्पेसीफिक फील्ड प्रयोग गर्नको लागि, त्यस फील्डमा डबल क्लिक गर्नुहोस्।

यस एरियाले बताउछ कि एक्सेसले कसरी डाटालाई ग्रुप गर्नेछ।

8. जारी राख्नको लागि 'नेक्स्ट' माथि क्लिक गर्नुहोस्।

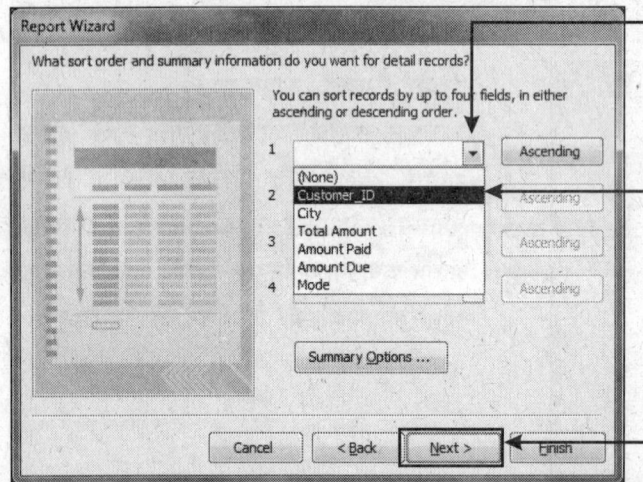

9. आफ्नो रिपोर्टमा टेबलको रिकाड्र्स शार्ट गर्नको लागि, यस एरियामा डाउन एरो बटन माथि क्लिक गर्नुहोस्।

10. रिकाड्र्सलाई शार्ट गर्नको लागि तपाईले जुन फील्डको प्रयोग गर्न चाहनुहुन्छ, त्यस माथि क्लिक गर्नुहोस्।

11. जारी राख्नको लागि अर्थात अगाडि बढ्नको लागि 'नेक्स्ट' बटन माथि क्लिक गर्नुहोस्।

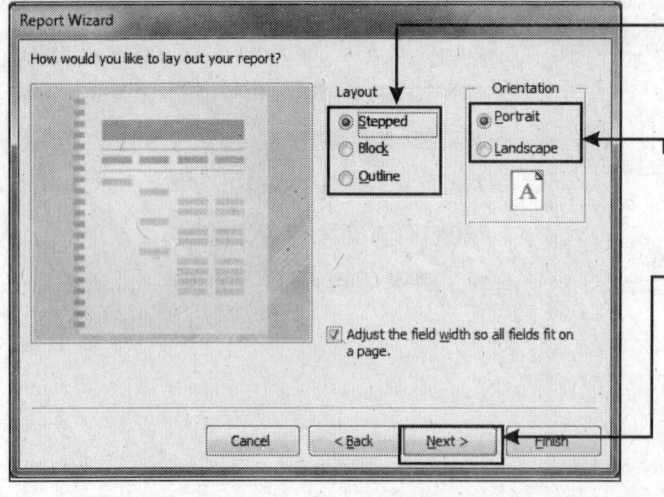

12. रिपोर्टको लागि ले-आउट सलेक्ट गर्नको लागि ले-आउट आप्शनको रेडियो बटन माथि क्लिक गर्नुहोस्।

13. इन ऑप्शन (विकल्प) को प्रयोग गरेर तपाई रिपोर्टको पेज ओरिएंटेशन (दिशा अथवा रूप) को सेट गर्न सक्नुहुन्छ।

14. जारी राख्नको लागि अर्थात अगाडि बढ्नको लागि 'नेक्स्ट' बटन माथि क्लिक गर्नुहोस्।

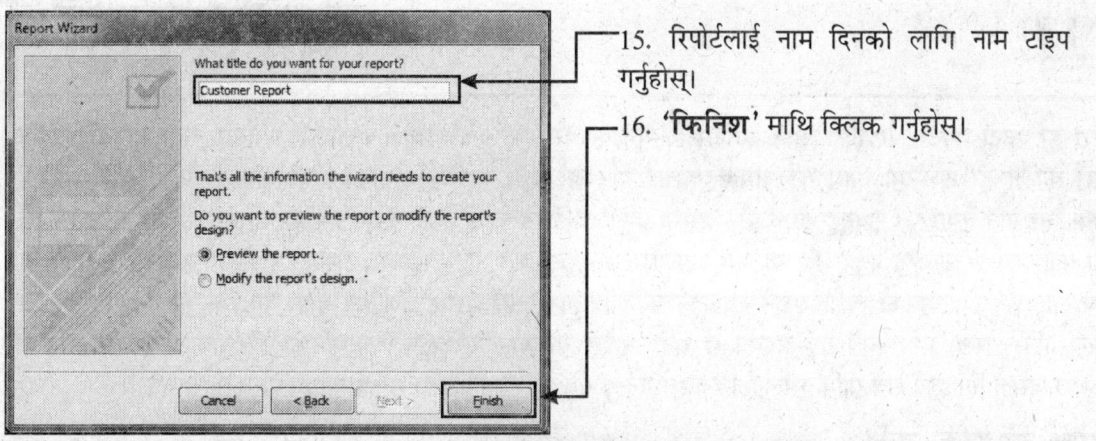

15. रिपोर्टलाई नाम दिनको लागि नाम टाइप गर्नुहोस्।
16. **'फिनिश'** माथि क्लिक गर्नुहोस्।

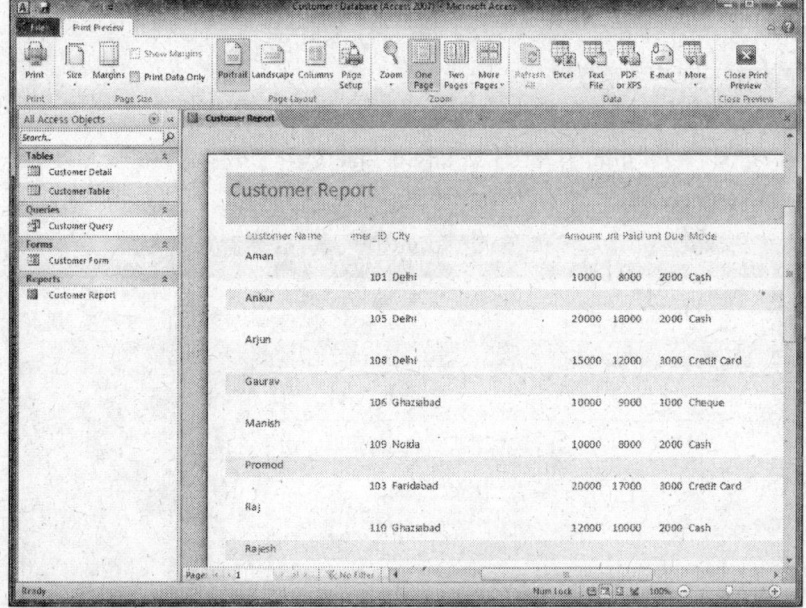

एक्सेसले रिपोर्ट क्रिएट (तैयार) गर्दछ र त्यसलाई **'प्रिंट प्रीव्यू'** मोड (रूप)मा डिस्प्ले गर्दछ।

11 कोरल ड्रॉ

कोरल ड्रा एउटा वेक्टर आधारित ड्राइंग प्रोग्राम हो जुन व्यावसयिक आर्ट वर्क (कलाकृति) तैयार गर्नमा सहयोग प्रदान गर्दछ। कोरल ड्रा टेक्स्टमा कार्य गर्ने क्षमताहरूलाई पनि बढाउछ। राइटिंग टूल्सको सहायताबाट तपाई टेक्स्ट इंटेंसिव प्रोजेक्टलाई पनि तैयार गर्न सक्नुहुन्छ। जस्तै- यसमा ब्रोशर र रिपोर्ट्सलाई तैयार गर्नमा धैरै सहयोग हुन्छ। यदि तपाई कोरल ड्रामा कार्य गर्नमा अभ्यस्त हुनुहुन्छ र यो संग अपरिचित हुनुहुन्छ भने पनि तपाईलाई यसको टूल्ससंग परिचित हुनमा बढि समय लाग्नेछैन् र प्रोग्रामको लगातार हुने खालको फीडबैकबाट तपाई यसमा तेजीबाट काम गर्न सक्नुहुनेछ। यदि तपाईले पहिला पनि कोरल ड्रामा कार्य गर्नु भएको छ भने तपाईले यसको नया टूल्स र आधुनिक फीचर्सबाट परिचित चाडै नै हुनुहुनेछ जसले तपाईको सबै ग्राफिक्सलाई डिजाइन गर्न र पब्लिश (प्रकाशित) गर्ने क्षमताहरुमा बढ़ोतरी गर्नेछ।

कोरल ड्रॉ शुरू गर्न

विंडोको अन्य प्रोग्रामहरुको सरह नै कोरल ड्रालाई पनि तपाई स्टार्ट मीनूबाट शुरू गर्न सक्नुहुन्छ।

1. **'स्टार्ट'** बटन बट्न माथि क्लिक गर्नुहोस्। स्टार्ट मीनू देखिनेछ।
2. **'ऑल प्रोग्राम'** माथि क्लिक गर्नुहोस्।
3. **'कोरल ड्रा ग्राफिक सुइट एक्स 5'** माथि क्लिक गर्नुहोस्। कोरल ड्रा ग्राफिक सुइट एक्स 5 को सबै फोल्डर देखिन्छ।
4. **'कोरल ड्रा एक्स 5'** माथि क्लिक गर्नुहोस्।

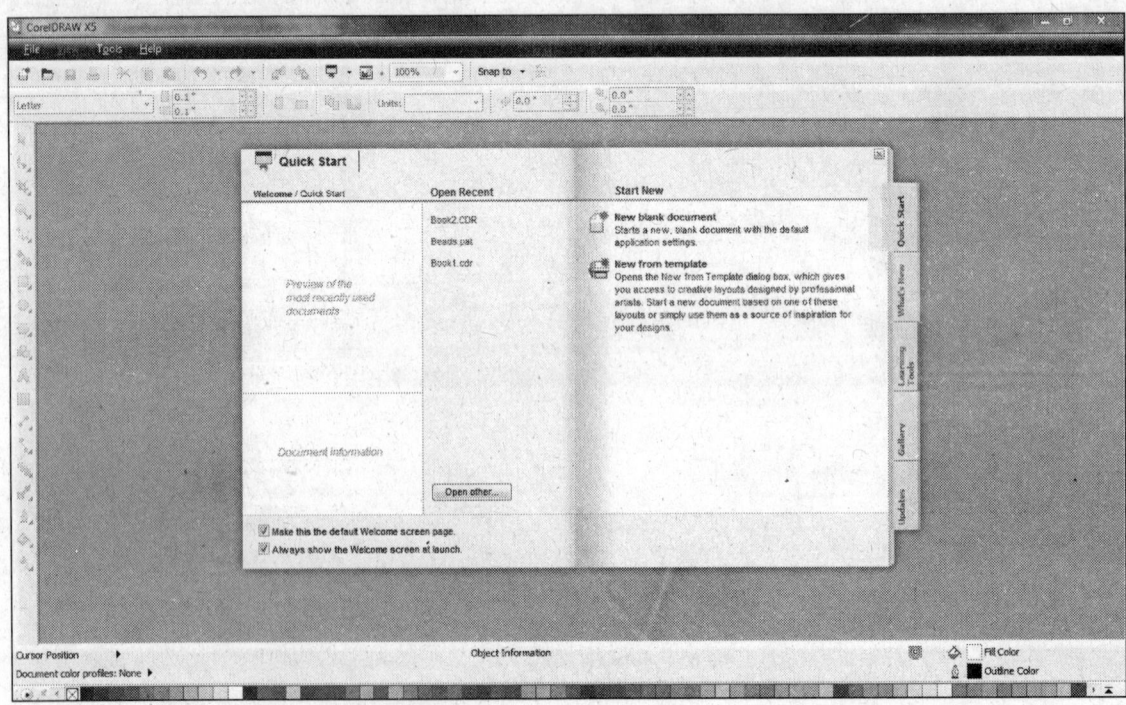

'क्विक स्टार्ट' विंडो देखिन्छ जसले तपाईलाई केहि कॉमन आप्शन देखाउछ। यो शुरुआतमा प्रयोग हुन्छ।

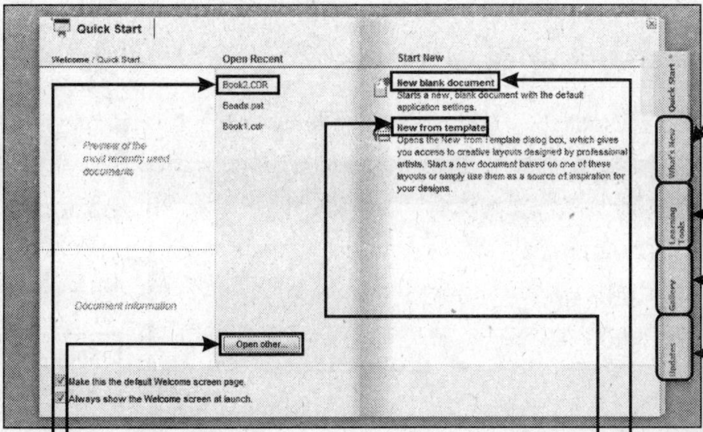

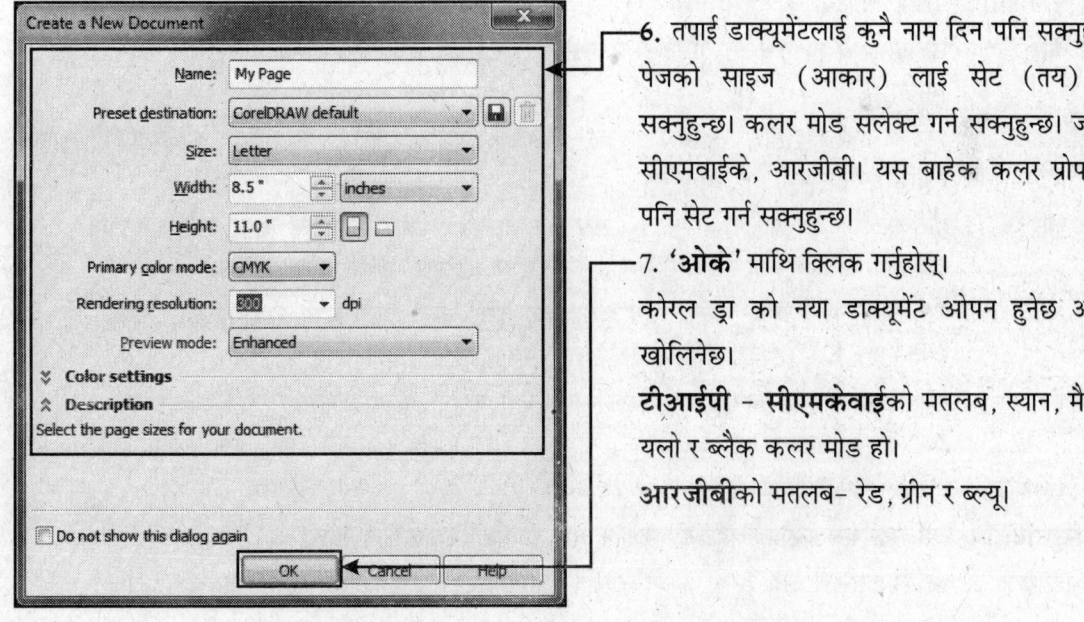

नए फीचर्स : कोरल ड्रा एक्स 4 मा 'लिंक्स' र 'एक्सप्लेन' जस्तै नया फीचर्स शामिल छन्।

लर्निंग टूल्स : ऑनलाइन हेल्प र निर्देशहरुको विभिन्न श्रेणिहरु सलेक्ट गर्नमा सक्षम बनाउछ। जस्तै- कोरल ट्यूटर।

गैलरी : कोरल ड्रामा मौजूद विभिन्न पिक्चरहरुलाई शो (प्रदर्शित) गर्दछ।

अपडेट्स : कोरल ड्रा एक्स 5 को नवीनतम फीचर्सलाई अपडेट गर्नमा सक्षम बनाउछ।

ओपन अदर : ओपन ड्राइंग डायलॉग बाक्सलाई खोल्दछ जहा तपाई सेव (स्टोर वा सुरक्षित) गरिएको कुनै पनि ग्राफिक फाइलहरुलाई पनि तपाई सलेक्ट गर्न सक्नुहुन्छ।

ओपन रीसेंट (हालैमा खोलिएको): यसले त्यस आखिरी ग्राफिक इमेज फाइललाई ओपन गर्दछ जसमा तपाईले काम गर्नु भएको थियो।

न्यू ब्लैंक डाक्यूमेंट : नया खाली डाक्यूमेंटलाई तैयार गर्दछ जहा तपाई कुनै ग्राफिकलाई डिजाइन गर्न सक्नुहुन्छ।

न्यू फ्रॉम टेंपलेट : पहिला देखि डिजाइन गरिएको पेज टेंपलेटहरुबाट छनौट गर्न सक्षम बनाउछ जसको आधारमा तपाई कुनै पनि डिजाइनलाई शुरू गर्न सक्नुहुन्छ।

5. **'न्यू ब्लैंक डाक्यूमेंट'** माथि क्लिक गर्न

'न्यू डाक्यूमेंट' डायलॉग बाक्स क्रिएट (तैयार) गर्दछ जसमा तपाई डाक्यूमेंट प्रापर्टीजको विस्तृत रेंजलाई स्पेसीफाइक गर्न सक्नुहुन्छ।

6. तपाई डाक्यूमेंटलाई कुनै नाम दिन पनि सक्नुहुन्छ। पेजको साइज (आकार) लाई सेट (तय) गर्न सक्नुहुन्छ। कलर मोड सलेक्ट गर्न सक्नुहुन्छ। जस्तै- सीएमवाईके, आरजीबी। यस बाहेक कलर प्रोफाइल पनि सेट गर्न सक्नुहुन्छ।

7. **'ओके'** माथि क्लिक गर्नुहोस्।

कोरल ड्रा को नया डाक्यूमेंट ओपन हुनेछ अर्थात खोलिनेछ।

टीआईपी - सीएमकेवाईको मतलब, स्यान, मैजेंटा, यलो र ब्लैक कलर मोड हो।

आरजीबीको मतलब- रेड, ग्रीन र ब्ल्यू।

कोरल ड्रॉ विंडो

ओपन गरेपछि तपाईलाई कार्य गर्नको लागि कोरल ड्रा विंडोमा धेरै आइटमहरु देखिन्छ।

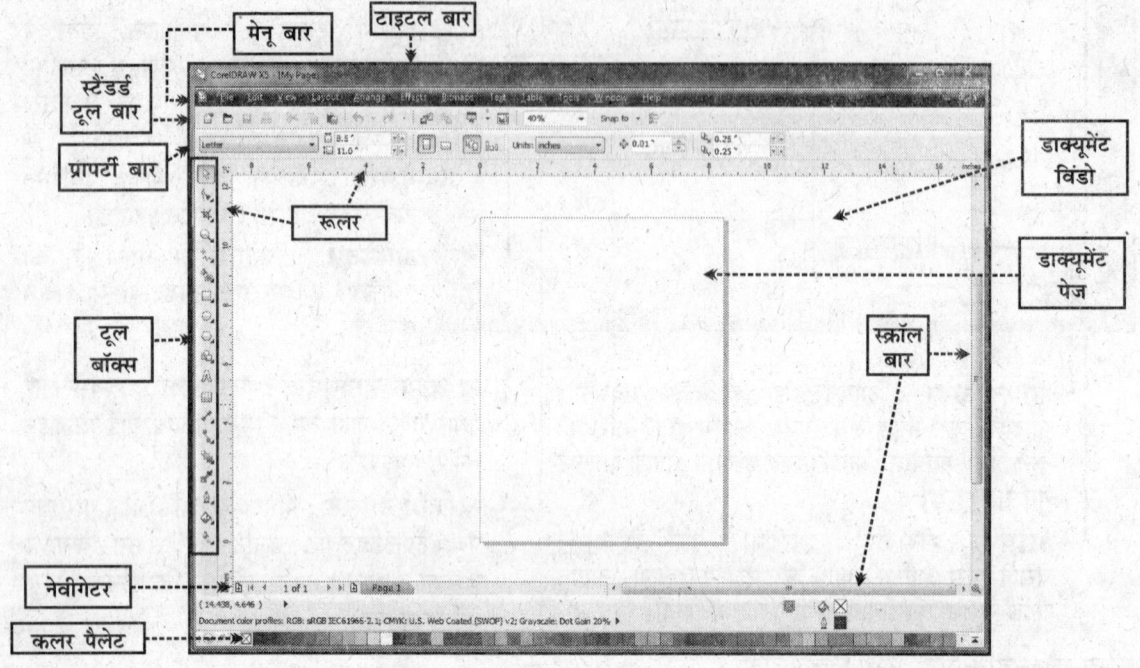

टाइटल बार : यो स्क्रीनको सबै भन्दा माथि हुन्छ र डाक्यूमेंटको नाम डिस्प्ले (प्रदर्शित) हुन्छ।

मेनू बार : यसमा संबंधित कमांडको ड्राप डाउन मीनू शामिल हुन्छ।

स्टैंडर्ड टूल बार : यसमा कस्टमाइज् टूल्स जस्तै- ओपन, न्यू, सेव, प्रिंट आदि शामिल हुन्छ।

प्रापर्टी बार : स्क्रीनमा मौजूद यस एरियामा टूल्स डिस्प्ले हुन्छ जुन एक्टिव टूल्सको अनुसार परिवर्तित हुन जान्छ।

टूल बॉक्स : टूल बाक्समा धेरै टूल्सहरु हुन्छ जसको प्रयोग तपाई स्पेसिफिक (विशिष्ट) ड्राइंग र एडिटिंग टॉस्कमा गर्न सक्नुहुन्छ।

स्क्रॉल बार : हौरीजोंटल (क्षैतिज) र वर्टिकल (लंबवत) बारको प्रयोग स्क्रीनलाई बाया देखि दाया तिर र दायाबाट बाया गर्नुको साथै माथिबाट तलतिर र तलबाट माथि गर्नमा गरिन्छ।

रूलर : हौरीजोंटल र वर्टिकल रूलरको सहायताबाट तपाई कुनै डाक्यूमेंटमा आब्जेक्टको साइज (आकार) र पोजीशन (स्थिति) तय गर्न सक्नुहुन्छ।

नेवीगेटर : नेवीगेटरबाट तपाई कुनै डाक्यूमेंटमा पेज एज (जोड्न अथवा शामिल) गर्न सक्नुहुन्छ। यस बाहेक डाक्यूमेंटमा कुनै पेजमा टाढाबाट पेजमा मूव (आउने-जाने) गर्न सक्नुहुन्छ।

कलर पैलेट : कलर पैलेट बारमा धेरै कलर हुन्छ।

डाक्यूमेंट विंडो : त्यो कार्यक्षेत्र जसको चारैतिर स्क्रॉल बार र अर्कोतिर कंट्रोल हुन्छ।

डाक्यूमेंट पेज : यो आयताकार क्षेत्र हुन्छ जसले तपाईको डाक्यूमेंट विंडोको प्रिंट गरेको भागलाई रिप्रजेंट गर्छ।

टूल बॉक्स

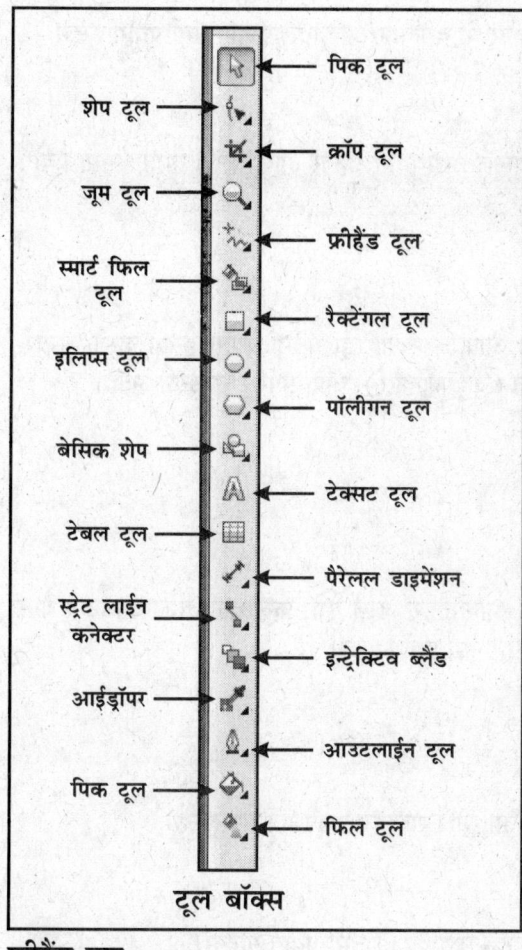

पिक टूल

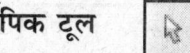

यो टूलको सहायताले तपाई आब्जेक्ट सलेक्ट गर्न सक्नुहुन्छ र त्यसको साइज तय गर्न सक्नुहुन्छ र आब्जेक्टलाई तेर्सो गर्न सक्नुहुन्छ वा घुमाउन सक्नुहुन्छ।

शेप टूल

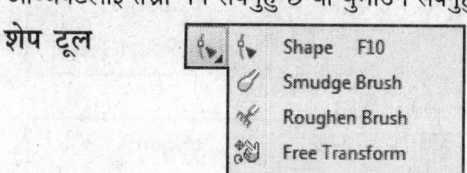

यस टूलको सहायताले तपाई कुनै आब्जेक्टको शेप (आकृति) सेट गर्न सक्नुहुन्छ अर्थात त्यसमा बदलाव गर्न सक्नुहुन्छ।

क्रॉप टूल

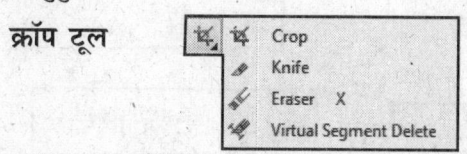

क्रॉपिंग र इरेजिंग टूल्सको सहायताले तपाई कुनै डाक्यूमेंटको कुनै पनि पार्टलाई रिमूव गर्न सक्नुहुन्छ अर्थात हटाउन सक्नुहुन्छ।

जूम टूल :

यस टूलको सहायताबाट तपाईको डाक्यूमेंट विंडोमा देखिने लेवललाई बदलिन सक्नुहुन्छ। पैनको सहायताले तपाई तय गर्न सक्नुहुन्छ कि ड्राइंग विंडोमा ड्राइंगको कुन भागमा देखिन्छ।

फ्रीहैंड टूल

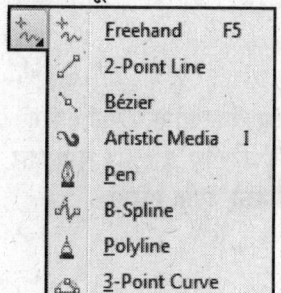

फ्रीहैंड टूलको सहायताले तपाई लाइन र कर्व (घुमाव) लाई ड्रॉ पनि गर्न सक्नुहुन्छ । जस्तै फ्रीहैंड लाइन र सीधा लाइन बनाउन पनि सक्नुहुन्छ। इमेज स्प्रे, कैलीग्राफिक लाइन ड्रा गर्न र ब्रशस्ट्रोक एड (शामिल) गर्नको लागि तपाईले आर्टिस्टिक मीडिया टूलको प्रयोग पनि गर्न सक्नुहुन्छ।

स्मार्ट फिल टूल

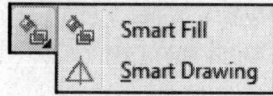

अर्को फिल टूल्स सरह नै यो पनि कुनै एरियालाई फिल गर्नमा प्रयोग हुन्छ। जो केवल आब्जेक्टलाई फिल गर्दछ। स्मार्ट फिल टूल कुनै एरियाको किनाराहरुलाई खोजेर त्यसैको चारैतिर एउटा बार्डर तैयार गर्दछ। जसले त्यस एरियालाई सजिलैसंग फिल (भर्न) गर्न सकिन्छ।

रैक्टेंगल टूल

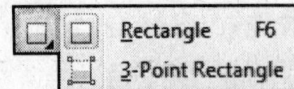

आयताकार वा वर्गाकार आकृतिलाई ड्रॉ गर्नमा प्रयोग हुन्छ।

इलिप्स टूल

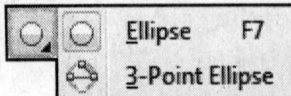

यो अंडाकार अथवा गोलाकार आकृतिलाई तैयार गर्नमा प्रयोग हुन्छ।

पॉलीगन टूल

विभिन्न आकृतिहरुलाई ड्रा गर्नमा प्रयोग हुन्छ। जस्तै- स्टार, पॉलीगन (बहुभुजाकार), ग्राफ पेपर र स्पाइरल आदि।

बेसिक शेप टूल

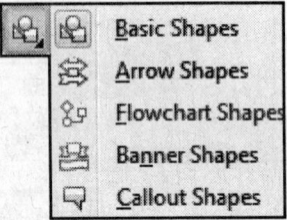

सामान्य आकृतिहरु जस्तै ऐरो, फ्लोचार्ट, कलरआउट र बैनर आदि ड्रा गर्नमा प्रयोग हुन्छ।

टेक्स्ट टूल

यस टूलको सहायताले तपाई स्क्रीनमा सीधै शब्दहरु टाइप गर्न सक्नुहुन्छ।

टेबल टूल

टेबल (सारिणी) को ड्रा गर्न र एडिट (संपादित) गर्नमा प्रयोग गरिन्छ।

पैरेलल डाइमेंशन

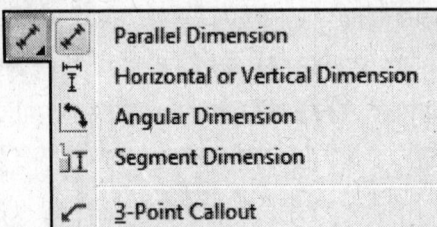

कुनै डाक्यूमेटंमा आब्जेक्टको कुनै पार्ट (भाग) को मापनको लागि कोणीय, सरल र घुमाउदार लाइन ड्रा गर्नमा यसको प्रयोग गरिन्छ।

स्ट्रेट लाइन कनेक्टर

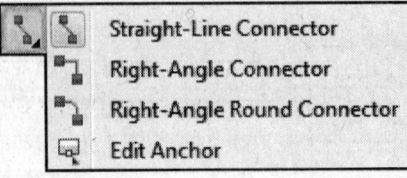

यसको सहायताले तपाई कुनै डाइग्राम वा फ्लोचार्टमा आब्जेक्टलाई कनेक्ट (जोड्न) गर्नको लागि लाइनहरु ड्रा गर्न सक्नुहुन्छ।

ब्लैंड टूल

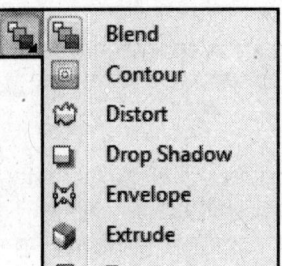

आब्जेक्टमा स्पेशल इफेक्ट (विशेष प्रभाव) अप्लाई गर्ने सुविधा प्रदान गर्दछ। जस्तै ड्रॉप शैडो र ट्रांसपेरेंसी (पारदर्शिता) आदि।

आईड्रॉप टूल

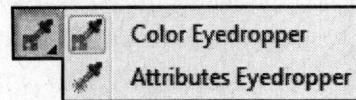

माउसको प्रयोग गरेर ड्राइंग विंडोमा कुनै आब्जेक्टलाई फिल गर्नमा यसको प्रयोग हुन्छ।

आउटलाइन टूल

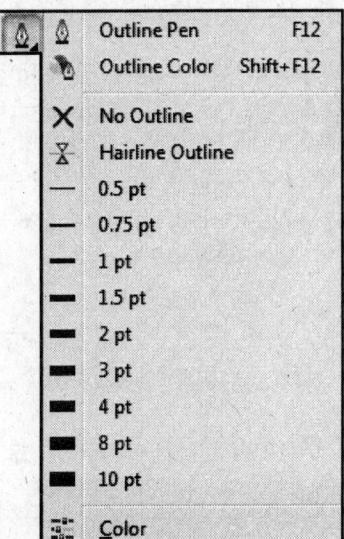

लाइनहरुको साइज (आकार) र शेप (आकृति) लाई डिफाइन (परिभाषित) गर्दछ।

फिल टूल

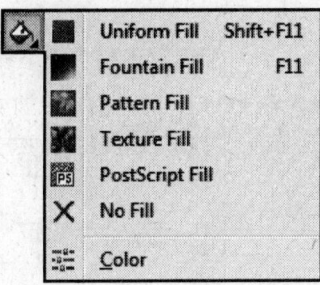

आब्जेक्टमा टेक्स्टमा फिल गर्ने तरीकालाई परिभाषित गर्दछ।

इंटरेक्टिव फिल टूल

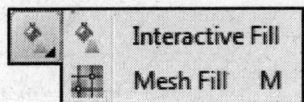

यो टूलले तपाईलाई माउसको सहायताले विभिन्न फिल्सलाई अप्लाई (लागू) गर्नमा सक्षम बनाउछ।

ड्रॉइंग शेप

कोरल ड्रामा विभिन्न शेप (आकृति)को टूल्स हुन्छ जसलाई तपाई अंडाकार आकृति (वृत्त), आयताकार (वर्गाकार), स्टार र विभिन्न बेसिक शेप तैयार गर्नमा प्रयोग गर्नुहुन्छ।

आयताकार र वर्गाकार क्रिएट गर्न

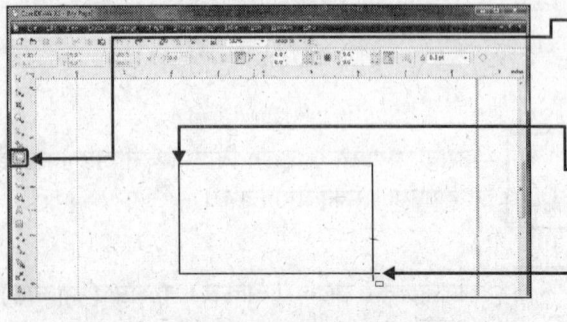

1. आयताकार आकृतिलाई तैयार गर्नको लागि टूलबाक्सबाट **'रेक्टेंगल टूल'** लाई सलेक्ट गर्नुहोस्। माउस प्वाइंटर एउटा क्रॉसहेयरको रूपमा बदलिन्छ जसको तल एउटा सानो आयताकार आकृति हुन्छ।
2. ड्राइंग एरियामा कतै पनि क्लिक गर्नुहोस् र माउसको प्वाइंटरलाई ड्रैग गर्नुहोस्।
3. जहा तपाई आयतलाई हटाउन चाहनुहुन्छ, माउसको प्वाइंटरलाई रिलीज गर्नुहोस् अर्थात छोड्नुहोस्।

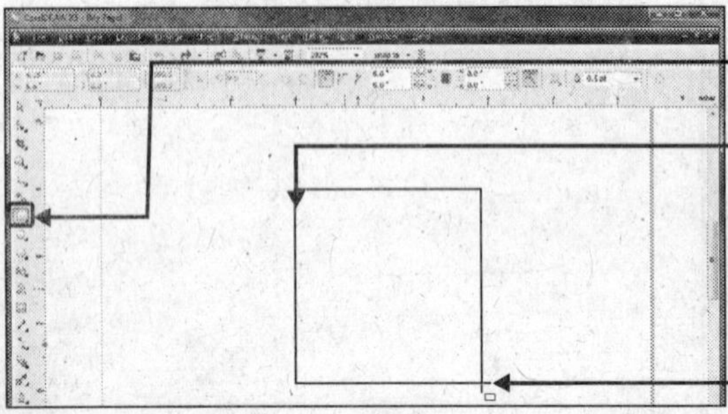

1. वर्ग तैयार गर्नको लागि टूल बाक्समा **'रेक्टेंगल टूल'** मा क्लिक गर्नुहोस्। माउस प्वाइंटरले एउटा क्रॉसहेयरको रूपमा बदलिन्छ जसको तल एउटा सानो आयताकार आकृति हुन्छ।
2. ड्राइंग एरियामा कतै पनि क्लिक गर्नुहोस् र माउसको प्वाइंटरलाई जब सम्म ड्रैग गर्नुहुन्छ, कंट्रोल बटनलाई दबाई राख्नुहोस्।
3. जहा तपाई वर्गलाई हटाउन चाहनुहुन्छ, त्यहा माउसको प्वाइंटरलाई छोड्नुहोस्।

गोलाकार रेक्टेंगल (आयत) को तैयार गर्न

रेक्टेंगल क्रिएट गरेपछि कहिले-काहि तपाईलाई यसको किनारामा राउंड (गोलाकार) गर्न आवश्यक हुन्छ। तपाई एउटा बारमा सबै किनाराहरुलाई गोलाकार गर्न सक्नुहुन्छ वा जसलाई तपाई त्यसको किनारामा गोल गर्न सक्नुहुन्छ। किनारामा हल्का गोल गर्नले हेर्नमा राम्रो लाग्छ र राम्रो प्रभाव छोड्छ जबकि किनारामा ज्यादा गोल गर्नाले त्यो सर्क्रिल.(वृत्त)मा बदलिन जान्छ।

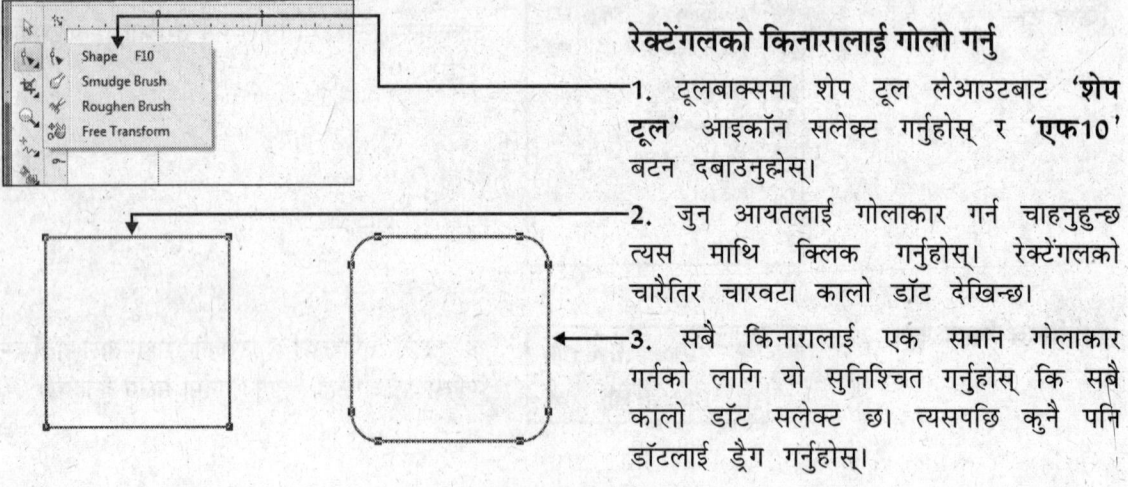

रेक्टेंगलको किनारालाई गोलो गर्नु

1. टूलबाक्समा शेप टूल लेआउटबाट **'शेप टूल'** आइकॉन सलेक्ट गर्नुहोस् र **'एफ10'** बटन दबाउनुहोस्।

2. जुन आयतलाई गोलाकार गर्न चाहनुहुन्छ त्यस माथि क्लिक गर्नुहोस्। रेक्टेंगलको चारैतिर चारवटा कालो डॉट देखिन्छ।
3. सबै किनारालाई एक समान गोलाकार गर्नको लागि यो सुनिश्चित गर्नुहोस् कि सबै कालो डॉट सलेक्ट छ। त्यसपछि कुनै पनि डॉटलाई ड्रैग गर्नुहोस्।

अंडाकार र गोलाकार आकृति तैयार गर्न

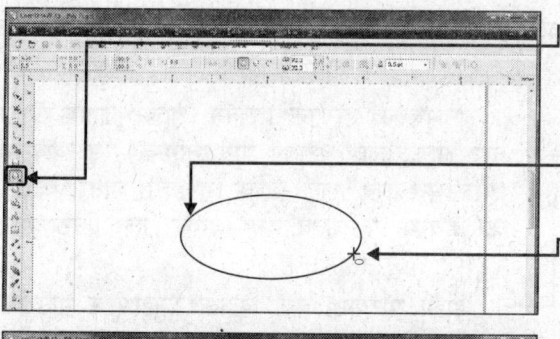

1. अंडाकार आकृतिलाई तैयार गर्नको लागि जसलाई **'ओवल'** पनि भनिन्छ, टूलबाक्समा **'इलिप्स टूल'** लाई सलेक्ट गर्नुहोस्। माउस प्वाइंटर एउटा सानो क्रॉसहेयरमा परिवर्तित हुन जान्छ जसको तल एउटा सानो अंडाकृति हुन्छ।
2. ड्राइंग एरियामा कतै क्लिक गर्नुहोस् र माउसको प्वाइंटरलाई ड्रैग गर्नुहोस्।
3. जहा तपाई यस आकृतिलाई खतम गर्न चाहनुहुन्छ अर्थात जहा सम्म यस आकृतिलाई बनाउन चाहनुहुन्छ, माउसको प्वाइंटरलाई छोड्नुहोस्।

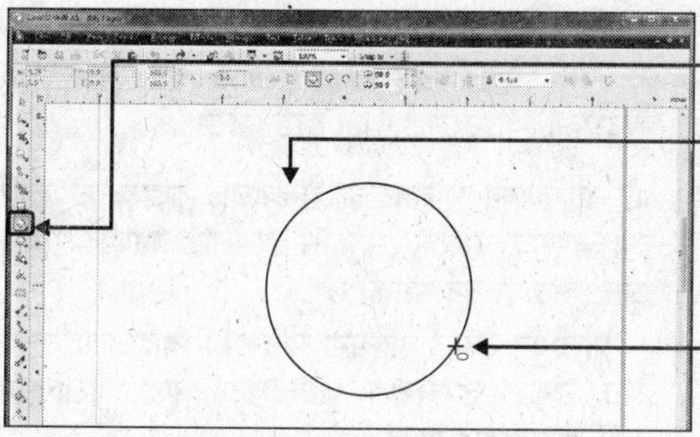

1. **सर्किल** (वृत्त) ड्रा गर्नको लागि टूलबाक्समा **'इलिप्स टूल'** को सलेक्ट गर्नुहोस्। माउस प्वाइंटर एउटा छोटे से क्रॉसहेयरमा परिवर्तित हुन जान्छ जसको तल एउटा सानो अंडाकृति हुन्छ।
2. ड्राइंग एरियामा कतै पनि क्लिक गर्नुहोस् र माउसको प्वाइंटरलाई ड्रैग गर्ने समय **'कंट्रोल बटन'** लाई थिचेर राख्नुहोस्।
3. जहा तपाई सक्रिल समाप्त गर्न चाहनुहुन्छ, माउसको प्वाइंटरलाई छोड्नुहोस्।

अंडाकृति र वर्ग सलेक्ट गर्दा यसको माथि एउटा डॉट र आठ वटा हैंडल डिस्प्ले हुन्छ।

आर्क र पाई शेप तैयार गर्न

अंडाकृतिलाई आर्क र पाई शेपमा पनि बदलिन सकिन्छ।

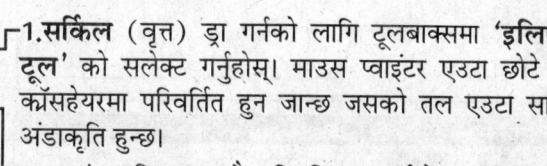

अंडाकृति (इलिप्स) लाई आर्क वा पाई शेपमा बदलिन

1. टूलबाक्समा **'शेप टूल'** र **'पिक टूल'** सलेक्ट गर्नुहोस्।

2 **'इलिप्स'** लाई सलेक्ट गर्नको लागि यस माथि क्लिक गर्नुहोस्। (यदि यो पहिला सलेक्ट गरिएको छैन्)।

3. इलिप्सलाई पाई आकृतिमा परिवर्तित गर्नको लागि, प्रापर्टी बारमा **'पाई'** आइकॉन माथि क्लिक गर्नुहोस्। इलिप्स पाईमा बदलिन्छ। इलिप्सलाई कुनै आर्कमा बदलिनको लागि, प्रापर्टी बारमा गएर **'आर्क'** आइकॉन माथि क्लिक गर्नुहोस्।

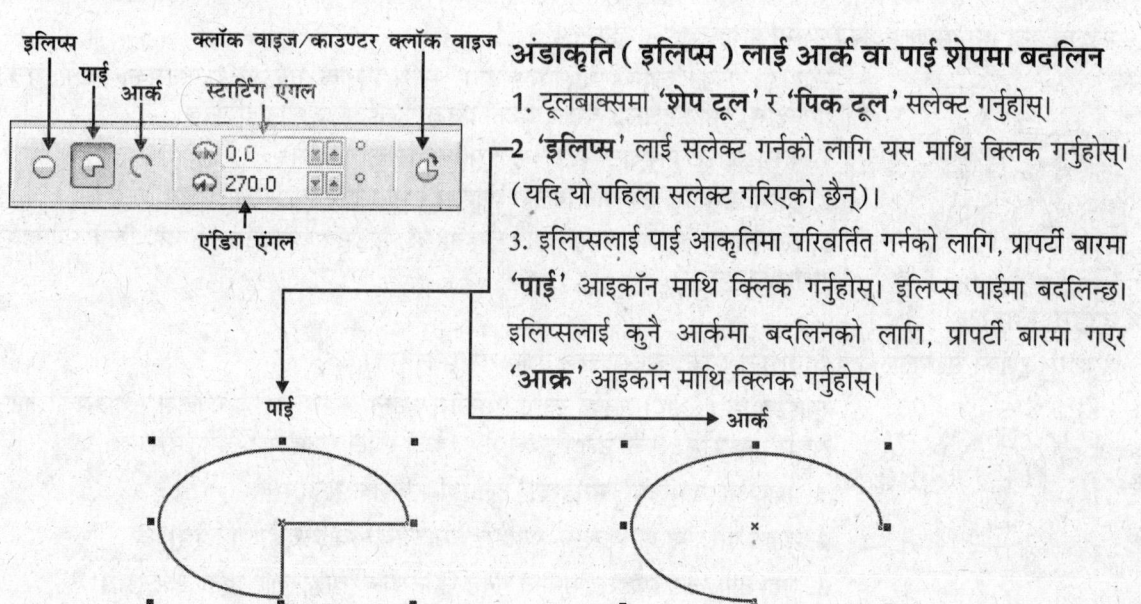

पॉलीगन (बहुभुज) तैयार गर्न

पॉलीगन टूलमा एउटा ब्लैक एरो हुन्छ। ब्लैक एरो माथि क्लिक गरेर फ्लाइट मीनू खोलिन्छ। यसमा दुईवटा अर्को टूल शामिल छ जसको प्रयोग सिमेट्रिक, स्पाइरल र ग्रिडमा गरिन्छ।

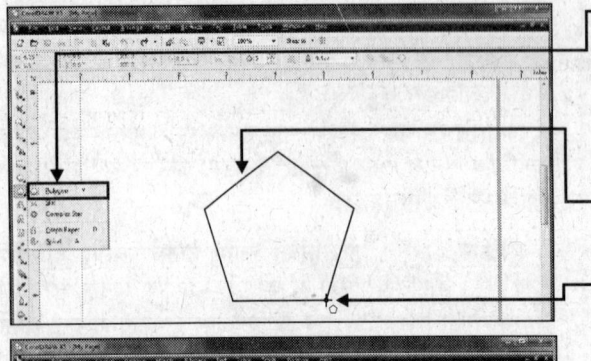

1. बहुभुजलाई ड्रा गर्नको लागि (पांच भुजाहरु भएको यस आकृतिलाई पेंटागन पनि भनिन्छ), टूलबाक्समा **'पॉलीगन टूल'** लाई सलेक्ट गर्नुहोस्। माउस प्वाइंटर क्रॉसहेयरमा परिवर्तित हुन्छ जसको तल एउटा सानो बहुभुज आकृति हुन्छ।
2. ड्राइंग एरियामा कतै क्लिक गर्नुहोस् र माउसको प्वाइंटरलाई ड्रैग गर्नुहोस्।
3. यस आकृतिलाई जहा समाप्त गर्न चाहनुहुन्छ, माउसको प्वाइंटरलाई त्यहा छोड्नुहोस्।

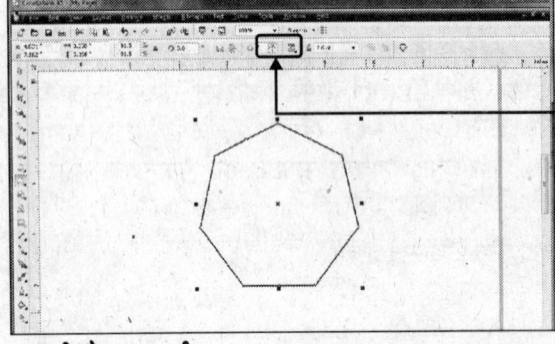

4. बहुभुजको भुजाहरुको संख्यालाई बढाउनको लागि त्यो बहुभुज सलेक्ट गर्नुहोस् जसलाई तपाईले **'पिक टूल'** बाट ड्रा गर्नु भएको छ।
5. पॉलीगन टेक्स्ट बाक्समा माउसको प्वाइंटरलाई लगेर उति संख्या लेख्नुहोस् जति वटा भुजा पॉलीगनमा शामिल गर्न चाहनुहुन्छ।

तपाई पॉलीगन (बहुभुज) को किनाराको संख्या पनि निर्धारित गर्न सक्नुहुन्छ र त्यसपछि त्यो तपाई ड्रा (तान्न) गर्न सक्नुहुन्छ।

स्टार्स तैयार गर्न

पॉलीगन टूलमा सबै भन्दा तल दायातिर एउटा छोटा एरो हुन्छ। यो एरोले देखाउछ कि यो टूल फ्लाईआउट हो। यसको मतलब हुन्छ कि यसलाई अर्को टूलमा परिवर्तित गर्न सकिन्छ।

स्टार ड्रा गर्नको लागि, **'पॉलीगन टूल'** माथि क्लिक गर्नुहोस् र माउसको बटन थिचेर राख्नुहोस्। अर्को टूललाई देखाई रहेको एउटा फ्लाईआउट मीनू देखिनेछ।

1. फ्लाईआउट मीनूबाट **'स्टार'** टूल माथि क्लिक गर्नुहोस्।
2. ड्राइंग एरियामा कतै पनि क्लिक गर्नुहोस् र माउसको प्वाइंटरलाई **'ड्रैग'** गर्नुहोस्।
3. स्टारलाई तपाई जहा समाप्त गर्न चाहनुहुन्छ, माउसको प्वाइंटरलाई त्यहा रिलीज गर्नुहोस् अर्थात छोड्नुहोस्।

ड्रॉइंग स्पाइरल

स्पाइरल टूलको सहायताले तपाई विभिन्न आकारको स्पाइरल तैयार गर्न सक्नुहुन्छ।

स्पाइरल ड्रा (तैयार) गर्नको लागि **'पॉलीगन टूल'** माथि क्लिक गर्नुहोस् र माउसको बटन थिचेर राख्नुहोस्। अर्को टूल डिस्प्ले गरि रहेको एउटा फ्लाईआउट मीनू देखिन्छ।

1. फ्लाईआउट मीनूमा **'स्पाइरल'** टूल माथि क्लिक गर्नुहोस्।
2. ड्राइंग एरियामा कतै क्लिक गर्नुहोस् र माउसको प्वाइंटर ड्रैग गर्नुहोस्।
3. जहा तपाईलाई स्पाइरल समाप्त गर्नुछ, माउसको प्वाइंटरलाई त्यहा छोड्नुहोस्।

ग्राफ पेपर ग्रिड ड्रॉ (तैयार) गर्न

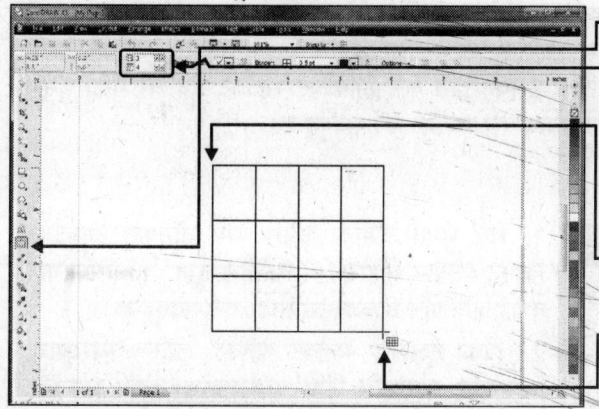

1. 'ग्राफ पेपर' टूल सलेक्ट गर्नुहोस्।
2. माउसको प्वाइंटरलाई ग्राफ पेपरको कॉलम एंड रो टेक्स्ट बाक्समा राख्नुहोस्। त्यसपछि त्यसमा तपाई कॉलम र रो (पंक्ति) को संख्या टाइप गर्नुहोस्, जति तपाई ग्रिडमा शामिल गर्न चाहनुहुन्छ।

उदाहरण- हामीले चार कॉलम र तीन पंक्ति लिएको छौं।

3. ड्राइंग एरियामा कतै क्लिक गर्नुहोस् र माउसको प्वाइंटर ड्रैग गर्नुहोस्।
4. ग्रिडलाई तपाई जहा समाप्त गर्न चाहनुहुन्छ, माउसको प्वाइंटरलाई त्यहा लगेर छोड्नुहोस्। तपाईको चारवटा कॉलम र तीनवटा पंक्तिहरुको ग्रिड तैयार हुनेछ।

लाइन ड्रा गर्न अर्थात तैयार गर्न

लाइनलाई ड्रा गर्नको लागि फ्रीहैंड टूल धेरै बेसिक टूल हो।

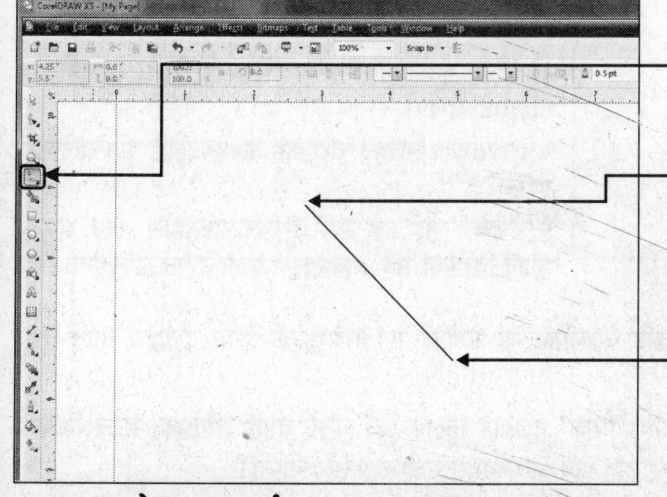

सीधा लाइन तैयार गर्न

1. टूलबाक्समा 'फ्रीहैंड' टूल सलेक्ट गर्नुहोस्। माउसको प्वाइंटरले क्रॉसहेयर शेपमा त्यसलाई बदलिन्छ।
2. लाइन ड्रा गर्नको लागि ड्राइंग पेजमा कतै पनि क्लिक गर्नुहोस्।
3. माउसको प्वाइंटर ड्रैग गर्दै त्यहा सम्म लैजानुहोस्, जहा सम्म तपाई लाइनलाई तैयार गर्न चाहनुहुन्छ।

सीधा क्षैतिज (होरीजोंटल) र लंबवत (वर्टिकल) लाइन तैयार गर्नको लागि लाइन ड्रा गर्ने समय की-बोर्डमा 'कंट्रोल बटन' लाई थिचेर राख्नुहोस्।

लाइन आब्जेक्ट ड्रा गर्न

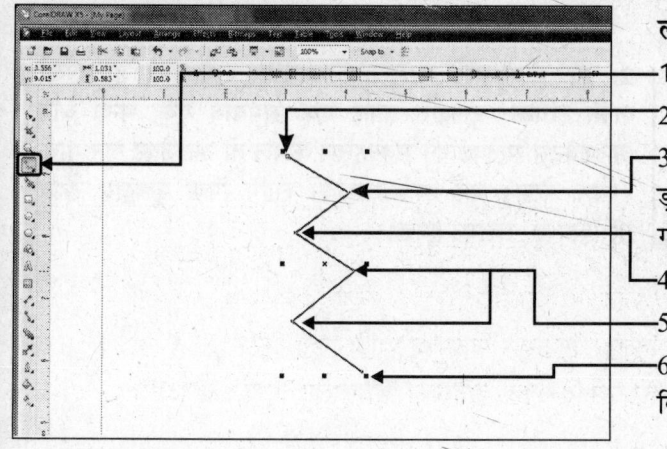

लाइनबाट कुनै ड्राइंग तैयार गर्नको लागि

1. टूलबाक्समा 'फ्रीहैंड' टूल सलेक्ट गर्नुहोस्।
2. ड्राइंग एरियामा क्लिक गर्नुहोस्।
3. आब्जेक्टको पहिला नोड क्रिएट गर्नको लागि ड्राइंग एरियामा कुनै अर्को स्थानमा डबल क्लिक गर्नुहोस्।
4. आब्जेक्टमा अर्को नोडमा डबल क्लिक गर्नुहोस्।
5. आवश्यक्ता अनुसार नोड तैयारी जारी राख्नुहोस्।
6. अन्तिम नोड तैयार गर्नको लागि दुई पटक क्लिक गर्नुको सट्टा केवल एउटा क्लिक गर्नुहोस्।

आब्जेक्ट्स सलेक्ट गर्न

फ्रीहैंड टूलको साथमा तपाईको द्वारा बनाईएको ड्राइंग 'आब्जेक्ट्स' हो। यो विभिन्न आब्जेक्ट्सबाट बनेको हुन्छ। कुनै आब्जेक्टलाई सलेक्ट गर्नको लागि माउसको प्वाइंटरलाई त्यस आब्जेक्ट माथि लैजानुहोस् र क्लिक गर्नुहोस्। कहिले-काहि तपाईको ड्राइंग विंडोमा आब्जेक्ट्सको भीड़ जस्तो हुनाले पिक टूलको द्वारा कुनै आब्जेक्ट सलेक्ट गर्न धेरै गाह्रो हुन्छ। यस्तोमा तपाई त्यस आब्जेक्टलाई की-बोर्डको **'टैब'** बटनको प्रयोग गरेर सलेक्ट गर्न सक्नुहुन्छ।

टेब बटनबाट आब्जेक्ट सलेक्ट गर्न

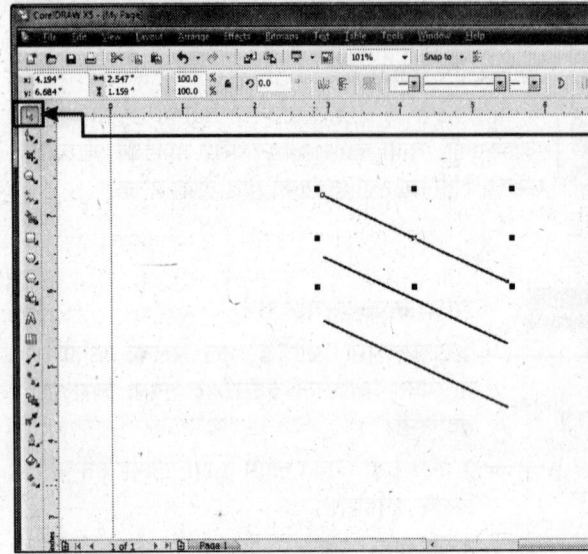

1. सबै भन्दा पहिला कमसे कम तीनवटा आब्जेक्ट क्रिएट (तैयार गर्नुहोस्)। (**'फ्रीहैंड टूल'** को प्रयोग गरेर तपाई जति पनि आब्जेक्ट्स तैयार गर्न सक्नुहुन्छ)।
2. पिक टूललाई सलेक्ट गर्नको लागि **'स्पेसबार'** थिच्नुहोस्। त्यसपछि **'टैब'** दबाउनुहोस्। एउटा आब्जेक्ट सलेक्ट हुन जान्छ। त्यस आब्जेक्टको चारैतिर छ वटा कालो हैंडल देखिन थाल्छ।
3. **'टैब'** बटनलाई दोबारा थिच्नुहोस्। दोस्रो आब्जेक्ट सलेक्ट हुनजान्छ।
4. **'टैब'** बटन थिच्ने समय **'शिफ्ट'** थिचेर राख्नुहोस्। (**शिफ्ट+टैब**)।

यसले पहिला सलेक्ट गरिएको आब्जेक्टलाई पनि सलेक्ट गर्दछ।

5. **'टैब'** लाई तब सम्म थिचेर राख्नुहोस्, जब सम्म ड्राइंग विंडोको सबै आब्जेक्ट्स सलेक्ट गर्न सक्नुहुन्न।

धेरै आब्जेक्ट्स सलेक्ट गर्न

पिक टूलको द्वारा तपाई एकै समयमा एक भन्दा बढि आब्जेक्टलाई सलेक्ट गर्न सक्नुहुन्छ। पिक टूलद्वारा तपाई दुई तरीकाबाट धेरै आब्जेक्ट्स सलेक्ट गर्न सक्नुहुन्छ।

1. एक भन्दा बढि आब्जेक्टलाई सलेक्ट गर्नको लागि **'पिक'** टूलबाट क्लिक गर्ने समय तपाई **'शिफ्ट'** बटन थिचेर राख्नुहोस्। यस तरीकाबाट आफ्नो ड्राइंग विंडोमा मौजूद जति पनि आब्जेक्ट्स सलेक्ट गर्न सक्नुहुन्छ।

शिफ्ट बटनको थिचेर राख्ने समय सलेक्ट भएको आब्जेक्टलाई डीसलेक्ट (हटाउन) पनि गर्न सक्नुहुन्छ।

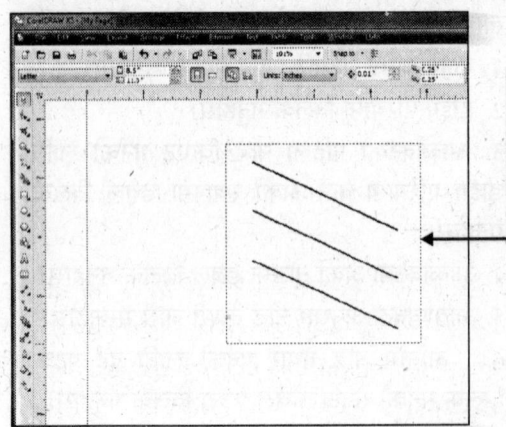

2. एक भन्दा बढि आब्जेक्टको चारैतिर कुनै मार्क ड्रा गर्नको लागि **'पिक'** टूलद्वारा तपाई एकै समयमा एक भन्दा बढि आब्जेक्ट्स सलेक्ट गर्न सक्नुहुन्छ। केवल ती आब्जेक्ट जुन मार्क (सीमा रेखा) को भित्र राख्नको लागि पिक टूलद्वारा तैयार गरिएको छ, सलेक्ट हुनेछ।

आब्जेक्ट्सको शेप (आकृति) मा बदलाव

रिसाइजिंग शेपको मतलब आब्जेक्टको आरिजनल (असली) शेप (आकृति) को साइज (आकार) लाई घटाउनु र बढाउनु अर्थात त्यसमा परिवर्तन गर्नु हो। हैंडललाई ड्रैग गरेर तपाई कुनै पनि आब्जेक्टको शेपलाई बदलिन सक्नुहुन्छ। जब तपाई यो हैंडल आब्जेक्टको सेंटर तिर ड्रैग गर्नुहुन्छ तब यो सानो हुन जान्छ र यदि तपाई हैंडललाई आब्जेक्टको सेंटरबाट टाढा लगेर ड्रैग गर्नुहुन्छ तब यो ठूलो हुन जान्छ।

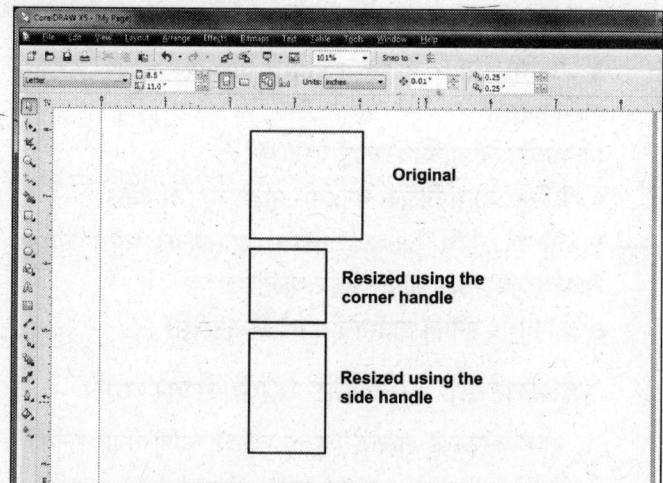

1. त्यो आब्जेक्ट सलेक्ट गर्नुहोस्, तपाई जसको साइजमा परिवर्तन गर्न चाहनुहुन्छ। आब्जेक्टको चारैतिर हैंडल देखिन थाल्नेछ। माउसको प्वाइंटर हैंडलको माथि राख्नुहोस्।

2. आब्जेक्टको शेप बदलिनको लागि हैंडल माथि क्लिक गर्नुहोस् र त्यसलाई ड्रैग गर्नुहोस्।

'यदि तपाई किनाराको हैंडललाई ड्रैग गर्नुहुन्छ भने ऊंचाई र चौड़ाईमा एक समान परिवर्तन गर्न सक्नुहुन्छ। तर यदि तपाईले माथिबाट वा कुनै साइडबाट हैंडल ड्रैग गर्नुहुन्छ भने न केवल आब्जेक्टको साइज बदलिन सक्नुहुन्छ बल्कि त्यसको शेप (आकृति) मा पनि बदलाव गर्न सक्नुहुन्छ।'

आब्जेक्ट्सलाई मूव गराउन

कोरल ड्रामा तपाई आब्जेक्टको पोजीशन (स्थिति) लाई धेरै सजिलैसंग बदलिन सक्नुहुन्छ।

ड्रैगिंगबाट कुनै आब्जेक्टलाई मूव गराउन

1. **'पिक'** टूलले आब्जेक्टमा कतै क्लिक गर्नुहोस् र त्यसलाई ड्रैग गर्दै कुनै नयाँ लोकेशन (ठाँउ) मा लैजानुहोस्। (जब तपाई कुनै पिक टूलको प्रयोग गर्नुहुन्छ तब तपाईले ड्रैगिंग शुरू गर्नु भन्दा पहिला नै आब्जेक्ट सलेक्ट गर्न जरूरी हुदैन्।)

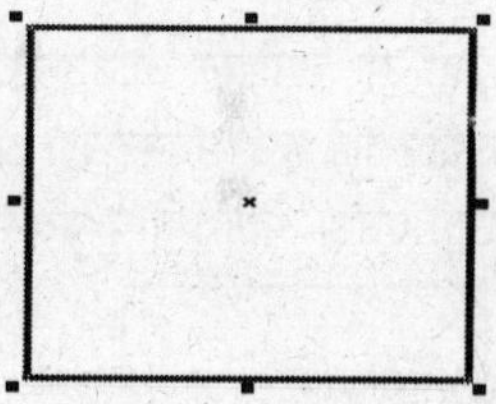

2. अर्को टूलले सलेक्ट गर्दा (जस्तै रेक्टेंगल टूल आदि), आब्जेक्ट सलेक्ट गर्नुहोस् र प्वाइंटरलाई आब्जेक्टको सेंटरको एक्समा राख्नुहोस्। त्यसपछि त्यो क्लिक गर्नुहोस् र अर्को लोकेशनमा लैजानुहोस्।

आब्जेक्ट कॉपी गर्न

कुनै पनि आब्जेक्ट कॉपी गर्ने दुईवटा तरीका हुन्छ। विंडो क्लिप बोर्ड वा डुप्लीकेटबाट कॉपी गर्नुहोस् र त्यसलाई डाक्यूमेंटमा पेस्ट गर्नुहोस्। परिणाम बिल्कुल एक समान नै हुन्छ। तर यी दुबै तरीकाहरुमा प्रयोग गरिएको कंप्यूटरको पावरमा धेरै अंतर हुन्छ।

यदि तपाई आब्जेक्टलाई क्लिप बोर्डबाट कॉपी गर्नुहुन्छ तब तपाई त्यसलाई कोरल ड्राको करेंट (वर्तमान) पेज वा अर्को पेजमा पेस्ट गर्न सक्नुहुन्छ। यसलाई विंडोको कुनै अर्को प्रोग्राममा पनि पेस्ट गर्न सकिन्छ। उदाहरणको लागि : तपाई कोरल ड्राबाट स्टार वा रेक्टेंगललाई कॉपी गरेर त्यसलाई माइक्रोसॉफ्टको वर्ड डाक्यूमेंटमा पनि पेस्ट गर्न सक्नुहुन्छ। यसरी नै आब्जेक्टलाई कॉपी र पेस्ट गर्न कंप्यूटरमा एक अर्कासंग जोडिएको हुन्छ।

कोरल ड्राको डुप्लीकेट कमांड क्लिप बोर्डलाई बाईपास गरेर त्यसलाई तेजिलो आपरेशन बनाउछ। यस बाहेक, यो स्पेसीफाई गर्न सक्नुहुन्छ कि डुप्लीकेट अर्को ठाउँमा कहा देखिओस्। यसमा ऑरिजनल माथि एउटा कॉपी सधै देखिनेछ।

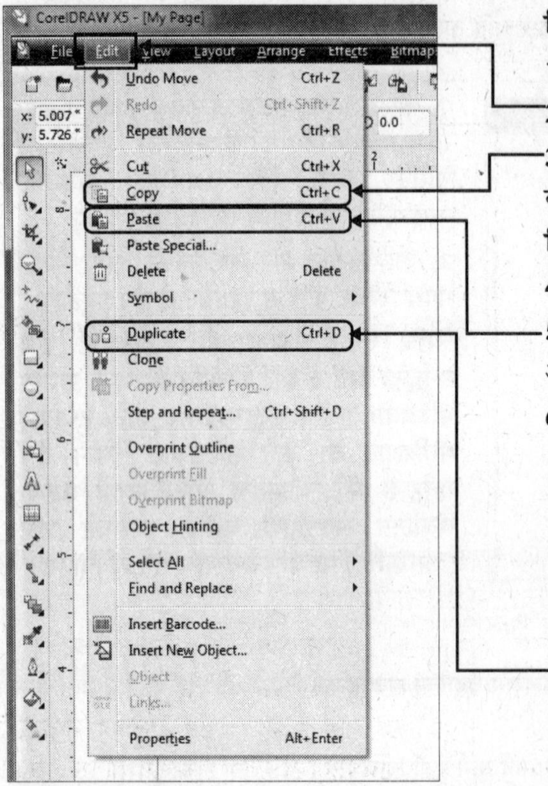

क्लिप बोर्डको प्रयोग गरेर आब्जेक्ट कॉपी गर्न

1. त्यो आब्जेक्ट सलेक्ट गर्नुहोस् जसलाई कॉपी गर्नुछ।
2. **'एडिट'** माथि क्लिक गर्नुहोस्। एडिट मीनू देखिनेछ।
3. **'कॉपी'** माथि क्लिक गर्नुहोस्। आब्जेक्ट क्लिप बोर्डमा कॉपी हुनेछ।

क्लिपबोर्डले आब्जेक्टलाई पेस्ट गर्न

4. **'एडिट'** माथि क्लिक गर्नुहोस्। एडिट मीनू देखिनेछ।
5. **'पेस्ट'** माथि क्लिक गर्नुहोस्। ऑरिजनल माथि सीधा आब्जेक्टको एउटा कॉपी देखिन थाल्नेछ।
6. कॉपीलाई मनपर्ने ठाउँमा ड्रैग गर्दै लैजानुहोस्।

आब्जेक्टको डुप्लीकेट कॉपी तैयार गर्न

1. आब्जेक्टको डुप्लीकेट (हूबहू त्यहि) कॉपी तैयार गर्नको लागि **'पिक'** टूलले आब्जेक्ट सलेक्ट गर्नुहोस्।
2. **'एडिट'** माथि क्लिक गर्नुहोस्। एडिट मीनू देखिन्छ।
3. **'डुप्लीकेट'** माथि क्लिक गर्नुहोस्।

तपाई द्वारा सलेक्ट गरिएको आब्जेक्टको डुप्लीकेट कॉपी तैयार हुनेछ।

आउटलाइन डिफाइन (परिभाषित) गर्न

कोरल ड्रॉ मा तपाईले आउटलाइनको वैरायटी पाउनुहुन्छ, जस्तै- मोटो र पतलो तथा डैश र डॉटेड। तपाई विभिन्न आउटलाइनलाई हेर्न सक्नुहुन्छ। प्रत्येक आउटलाइनले ऑब्जेक्टलाई अलग लुक दिन्छ। यस बाहेक आउटलाइन गरिएको पिक्चरको एउटा अलग नै प्रभाव पर्छ।

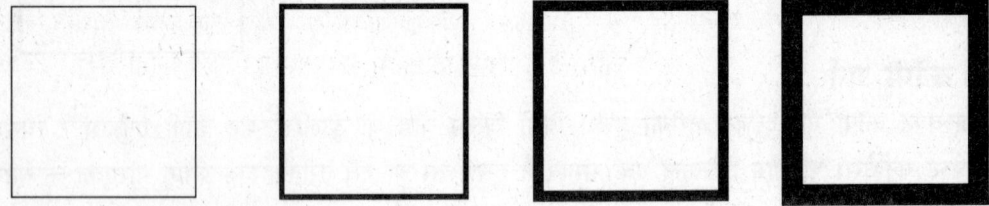

आउटलाइनलाई क्रिएट (तैयार) गर्नु

कोरल ड्रामा तपाई विभिन्न तरीकाहरुको आउटलाइन तैयार गर्न सक्नुहुन्छ। फ्लाईआउट मोडमा तपाई तेजीले आउटलाइनको डिफाइन गर्न सक्नुहुन्छ वा प्रापर्टी बारमा गएर यसको बारेमा अरु धेरै जानकारी प्राप्त गर्न सक्नुहुन्छ। आउटलाइनको मोटाई र स्टाइलको बारेमा अधिकतर कंट्रोल (नियंत्रण) आउटलाइन टूल फ्लाईआउटमा हुन्छ।

आउटलाइन फ्लाईआउटबाट आउटलाइनको चौड़ाई तय गर्न

सलेक्ट गरिएको आब्जेक्टको आउटलाइनलाई तैयार गर्ने सबभन्दा छिटो तरीका यो हो कि टूलबाक्समा आउटलाइन टूललाई क्लिक गर्नुहोस् र यहां प्रीसेट (पहिला भएको) आउटलाइनलाई छनौट गर्नुहोस्।

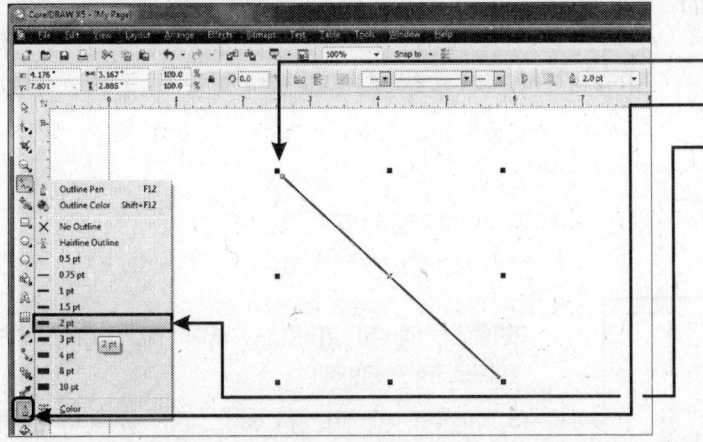

1. लाइनको ड्रा गर्नुहोस्।
2. **'पिक'** टूलबाट लाइन सलेक्ट गर्नुहोस्।
3. **'आउटलाइन'** टूल क्लिक गर्नुहोस्।
4. आउटलाइनको कुनै पनि विथ (चौड़ाई) माथि क्लिक गर्नुहोस्।

उदाहरण: **'2 प्वाइंट'** लाइन क्लिक गर्नुहोस्।

सलेक्ट भएको लाइनको आउटलाइन चेंज हुनेछ अर्थात बदलिने छ।

आउटलाइन पेन डायलॉग बाक्सबाट आउटलाइन ऑप्शंस तय गर्नु

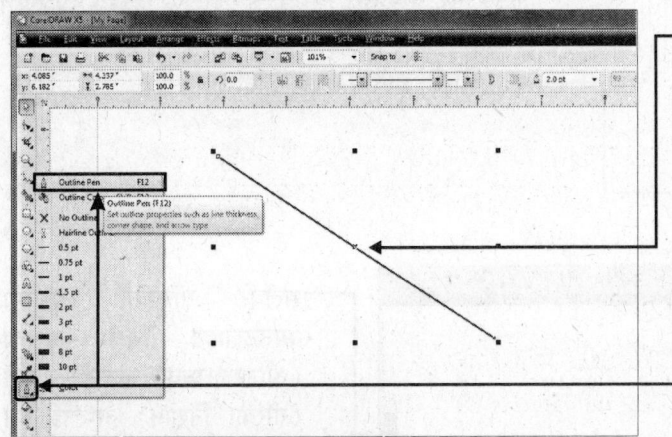

1. **'पिक'** टूलबाट आब्जेक्ट सलेक्ट गर्नुहोस्।
2. **'आउटलाइन टूल'** बाट फ्लाईआउट ओपन गर्नुहोस् र **'आउटलाइन पेन'** डायलॉग माथि तपाई क्लिक गर्नुहोस्। **'आउटलान पेन'** डायलॉग बाक्स देखिने छ।

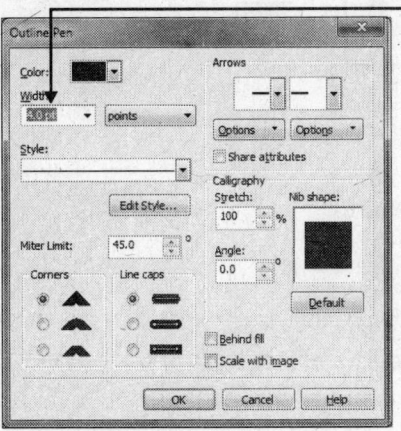

3. विथ बॉक्स (चौड़ाई बाक्स)मा **'न्यू लाइन विथ'** अर्थात लाइन जति चौडो लिन चाहनुहोस् भने त्यसलाई टाइप गर्नुहोस्।

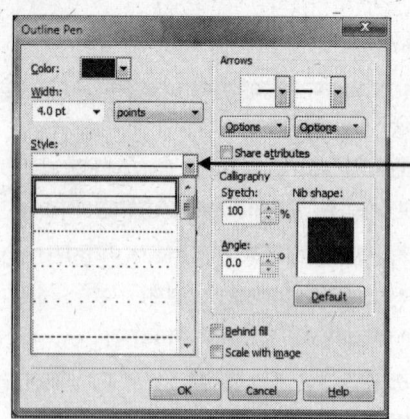

4. 'स्आइल' लिस्ट बाक्सको डाउन एरो माथि क्लिक गरेर तपाईले सलेक्ट गरेको आब्जेक्ट र लाइनको स्टाइललाई पनि परिवर्तित गर्न सक्नुहुन्छ।

लाइन स्टाइलको ठूलो रेंज तपाईले हेर्नु हुनेछ। लिस्टलाई स्क्रॉल गर्नुहोस् र त्यसबाट आफूलाई मनपर्ने लाइन स्टाइलको चुनाव गर्नुहोस्।

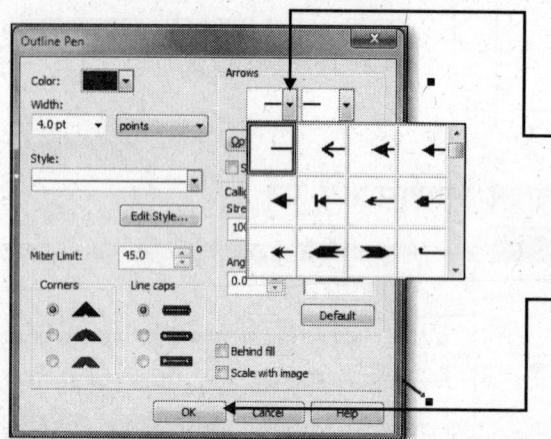

तपाईले लाइनको शुरुमा र अंतमा एरो (तीर) पनि शामिल गर्न सक्नुहुन्छ।

5. लाइनमा एरो जोड्नको लागि **'एरो'** बाक्सको डाउन एरो माथि क्लिक गर्नुहोस्। एरो आकृतिको वैरायटी तपाईलाई देखिनेछ। जस मध्ये आफूलाई मनपर्ने एरो माथि क्लिक गरेर तपाई त्यसको चुनाव गर्न सक्नुहुन्छ।

6. 'ओके' माथि क्लिक गर्नुहोस्।

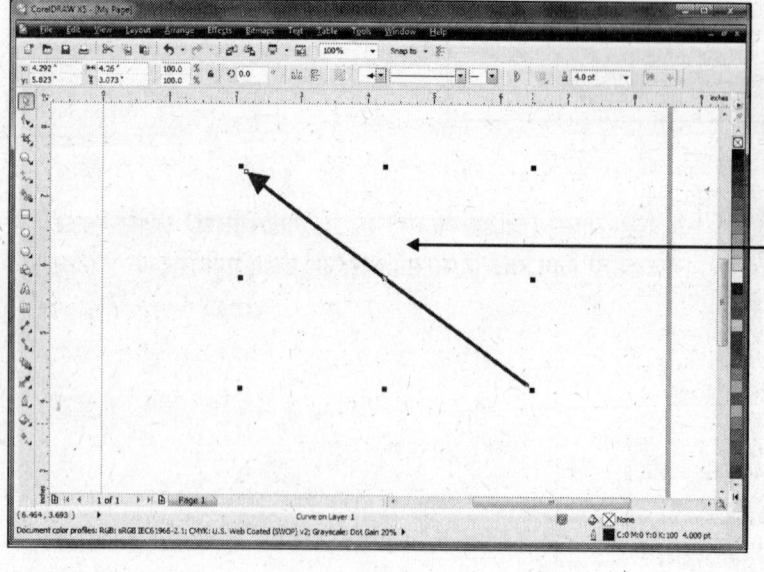

सलेक्ट गरिएको लाइनमा आउटलाइन विथ अथवा (आउटलाइनको चौड़ाई) र एरो (तीरका निशान) अप्लाई हुन जान्छ।

तपाई लाइन र कर्वको कुनाको आकृतिहरुमा पनि बदलाव गर्न सक्नुहुन्छ। आब्जेक्टको कार्नरको शेप अर्थात आब्जेक्टको किनाराको आकारलाई सेट गर्नको लागि:

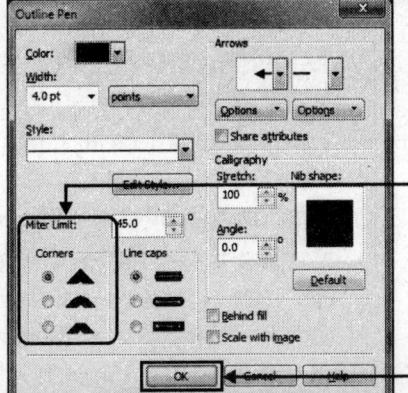

1. **'पिक'** टूलले आब्जेक्ट सलेक्ट गर्नुहोस्।
2. **'आउटलाइन'** टूल फ्लाईआउट ओपन गर्नुहोस्, र **'आउटलाइन पेन'** डायलॉग माथि क्लिक गर्नुहोस्। आउटलाइन पेन डायलॉग बाक्स देखिन्छ।
3. निम्नलिखितमा कुनै पनि स्टाइल कॉर्नरको चुनाव गर्नुहोस्।

– मिटर्ड कॉर्नर (सानो कार्नर)

– बीवेल्ड कॉर्नर (ढलाऊ कॉर्नर)

– राउंडेड कॉर्नर (गोलाकार कॉर्नर)

4. आउटलाइन पेन डायलॉग बाक्समा **'ओके'** माथि क्लिक गर्नुहोस्।

छानिएको स्टाइल आब्जेक्टमा अप्लाई (लागू अथवा प्रभावी) हुनेछ।

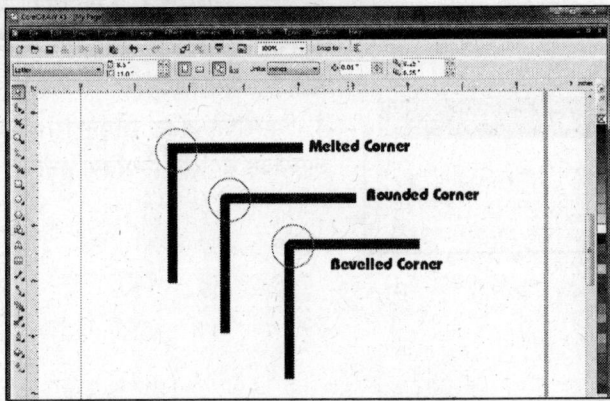

आउटलाइनको कलर (रंग) बदलिन

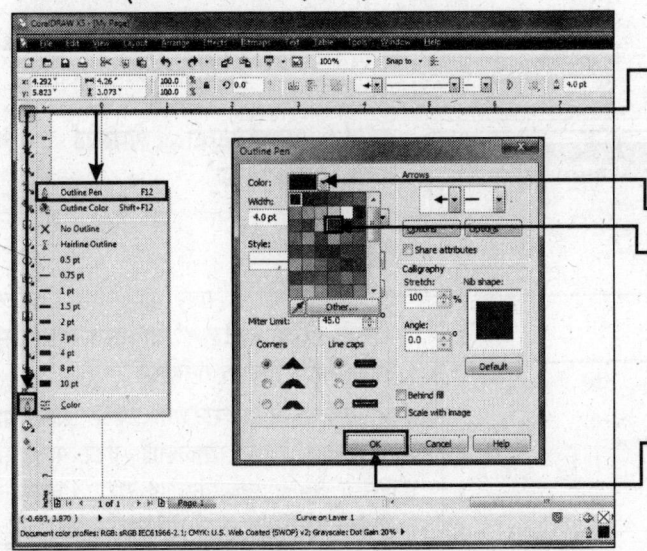

1. **'पिक'** टूलले आब्जेक्ट सलेक्ट गर्नुहोस्।
2. **'आउटलाइन'** टूल फ्लाईआउट ओपन गर्नुहोस्, र **'आउटलाइन पेन'** डायलॉग क्लिक गर्नुहोस्। **'आउटलाइन पेन'** डायलॉग बाक्स देखिन्छ।
3. **'कलर'** बाक्समा **'डाउन एरो'** क्लिक गर्नुहोस्। यहा उपलब्ध रहेको रंगहरुको लिस्ट देखिनेछ। आब्जेक्टको आउटलाइनको लागि तपाई जुन कलर अप्लाई गर्न चाहनुहुन्छ, यस लिस्टबाट त्यो कलर माथि क्लिक गर्नुहोस्।
4. **'ओके'** माथि क्लिक गर्नुहोस्।

सलेक्ट गरिएको आब्जेक्टको आउटलाइनको रंग बदलिनेछ।

आब्जेक्टको शेप (आकृति) बदलिन

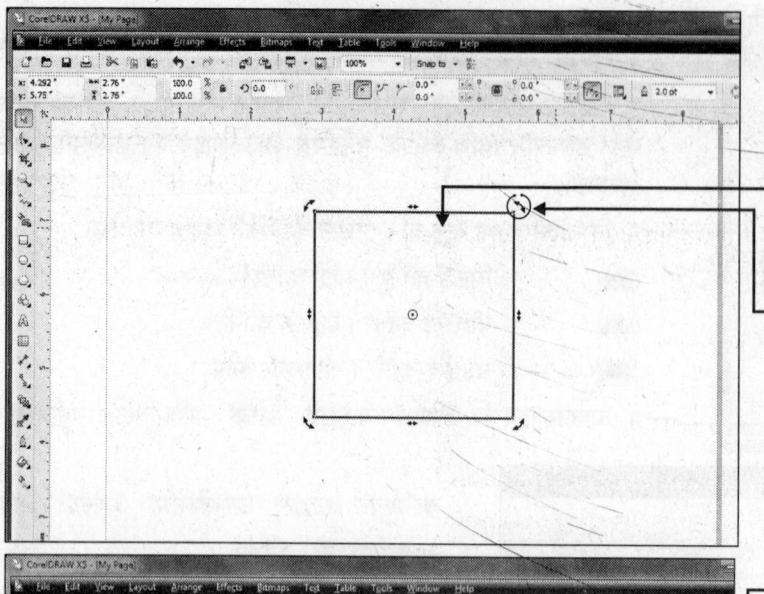

आब्जेक्टको शेपलाई रोटेट (बदलिन) गर्नको लागि

1. **'पिक'** टूलको प्रयोग गरेर अब्जेक्ट सलेक्ट गर्नुहोस्।
2. आब्जेक्टमा फेरी क्लिक गर्नुहोस्। त्यहा सानो कालो वर्गाकार हैंडल घुमाऊदार ऐरोमा परिवर्तित हुनेछ।
3. तपाईले सलेक्ट गरिएको आब्जेक्ट लाई रोटेट (घुमाउन) को लागि हैंडललाई क्लॉकवाइज (दक्षिणावर्त वा घड़ीको सियोको घूमाउने दिशा) वा एंटीक्लॉकवाइज (वामावर्त वा घड़ीको सियोको विपरीत घूम्ने दिशामा) घुमाउनुहोस्।
4. माउसको बटन छोड्नुहोस्। अब आब्जेक्ट बदलिने स्थितिमा हुनेछ।

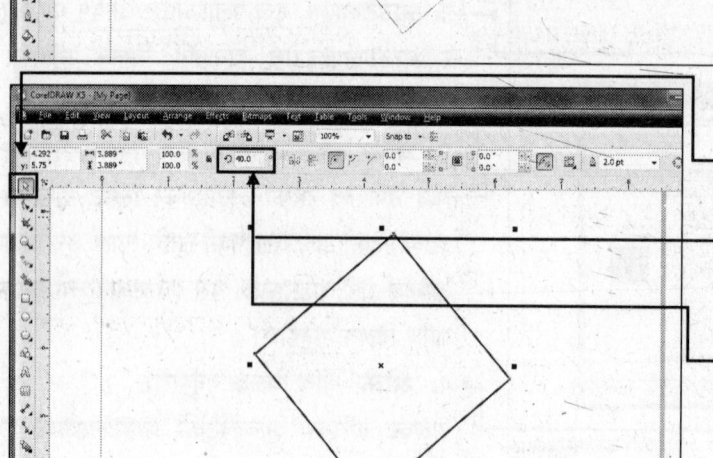

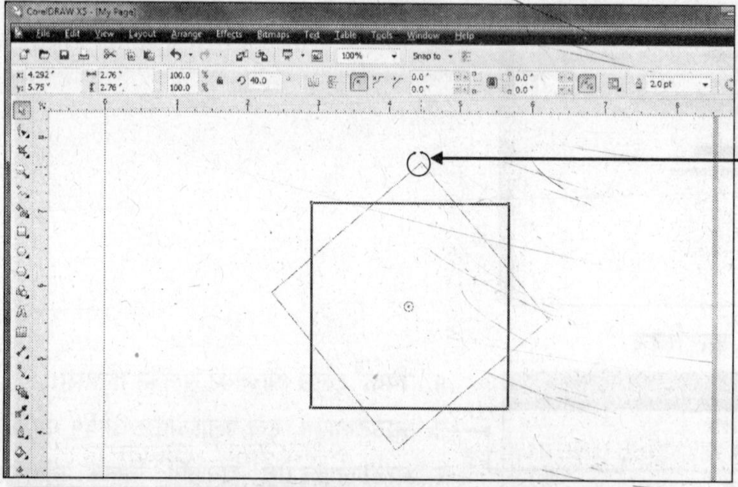

तपाई आब्जेक्टको शेपलाई पनि बदलिन सक्नुहुन्छ,

1. **'पिक'** टूलले आब्जेक्ट सलेक्ट गर्नुहोस्।
2. प्रापर्टी बारमा गएर माउसको प्वाइंटर **'एंगल ऑफ रोटेशन'** बाक्समा राख्नुहोस् र यस माथि क्लिक गर्नुहोस्।
3. एंगल ऑफ रोटेशन टेक्स्ट बाक्समा रोटेशनको त्यस एंगललाई एंटर गर्नुहोस् जसमा तपाई आब्जेक्टलाई रोटेट (घुमाउन अथवा परिवर्तित गर्न) गर्न चाहनुहुन्छ।

आउटलाइन कलर र फिल सलेक्ट गर्न

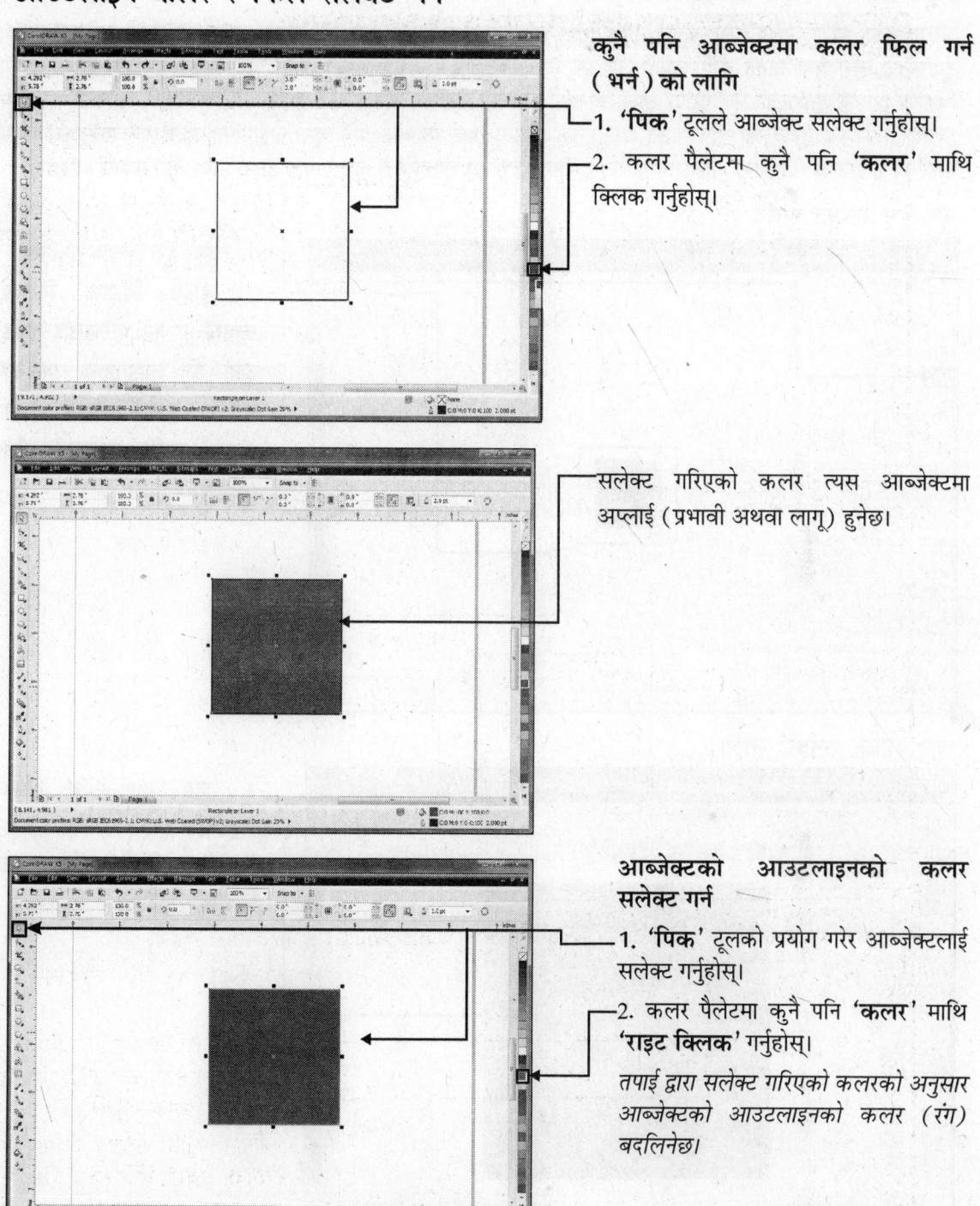

कुनै पनि आब्जेक्टमा कलर फिल गर्न (भर्न) को लागि

1. 'पिक' टूलले आब्जेक्ट सलेक्ट गर्नुहोस्।
2. कलर पैलेटमा कुनै पनि 'कलर' माथि क्लिक गर्नुहोस्।

सलेक्ट गरिएको कलर त्यस आब्जेक्टमा अप्लाई (प्रभावी अथवा लागू) हुनेछ।

आब्जेक्टको आउटलाइनको कलर सलेक्ट गर्न

1. 'पिक' टूलको प्रयोग गरेर आब्जेक्टलाई सलेक्ट गर्नुहोस्।
2. कलर पैलेटमा कुनै पनि 'कलर' माथि 'राइट क्लिक' गर्नुहोस्।

तपाई द्वारा सलेक्ट गरिएको कलरको अनुसार आब्जेक्टको आउटलाइनको कलर (रंग) बदलिनेछ।

'जूम इन' र 'जूम आउट' गर्न

कोरल ड्रामा मौजूद टूलको सहायताले तपाई ड्राइंगको व्यूलाई तेजीबाट अझ सजिलैसंग सानो-ठूलो पनि गर्न सक्नुहुन्छ। ड्राइंगलाई ठूलो बनााउनको लागि तपाई जूम इन गर्न सक्नुहुन्छ र बार्डर व्यूको लागि जूम आउट गर्न सक्नुहुन्छ। ड्राइंग विंडोमा आफ्नो ड्राइंगलाई मूव गराएर तपाई त्यसको व्यू पनि बदलिन सक्नुहुन्छ। जूमको कंट्रोल तपाईले प्रापर्टी बार, जूम टूलबार र स्टैंडर्ड टूलबारमा पनि पाउन सक्नुहुन्छ अर्थात तपाई यहाबाट पनि जूम लाई सानो-ठूलो गर्न सक्नुहुन्छ। जूम गरिएको ड्राइंगलाई पहिलाको पोजीशनमा पनि तेजीबाट ल्याउन सक्नुहुन्छ। जूम गर्नाले ड्राइंग माथि कुनै प्रभाव आउदैन्।

जूम इन गर्नको लागि

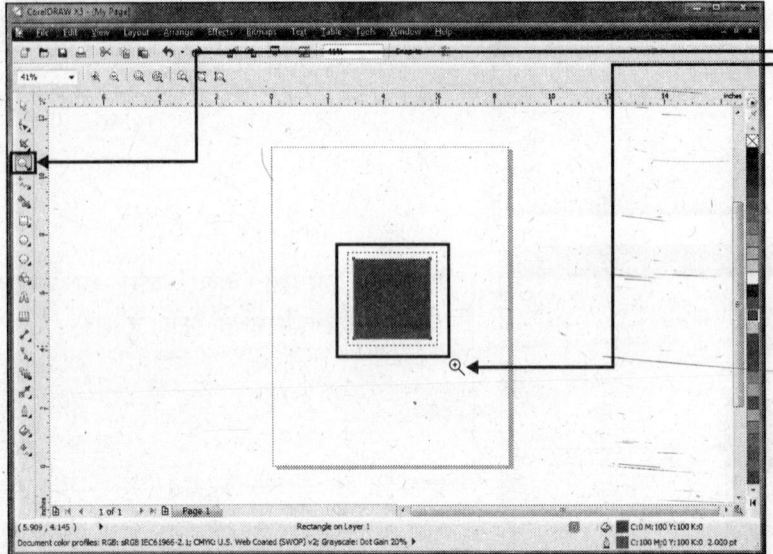

1. **'जूम'** टूल क्लिक गर्नुहोस्।
2. ड्राइंग विंडोमा क्लिक गर्नुहोस् र जुन एरियालाई तपाई ठूलो हेर्न चाहनुहुन्छ त्यसको चारैतिर **'मार्क'** बाक्स तैयार गर्नको लागि त्यसलाई ड्रैग गर्नुहोस्।

जूम आउट गर्नको लागि

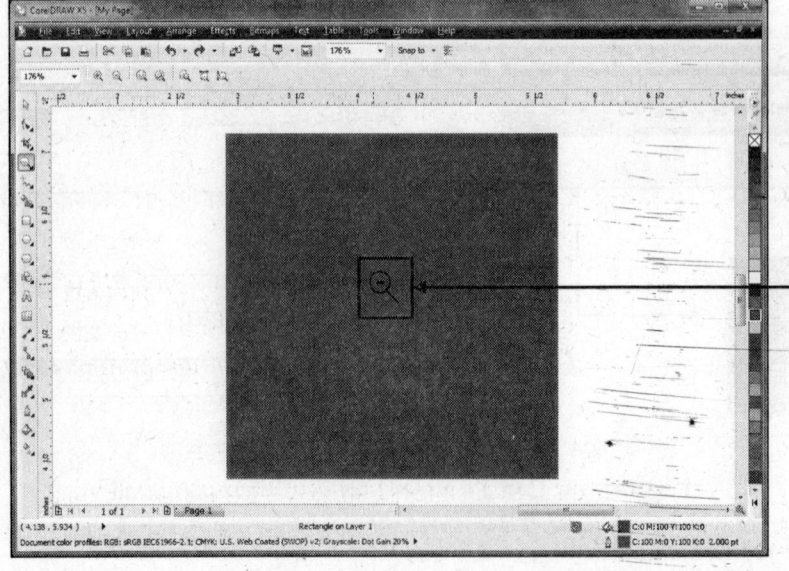

1. **'जूम'** टूल माथि क्लिक गर्नुहोस्।
2. ड्राइंग विंडो माथि **'राइट क्लिक'** गर्नुहोस्।

कर्व्सको सहायताले काम गर्न

कोरल ड्राको सहयोगले आफ्नो स्क्रीनमा डिजाइनलाई ड्रा गर्नको लागि फ्रीहैंड कर्व्सको प्रयोग गर्न सक्नुहुन्छ। माउसले कुनै विशेष डिजाइन तैयार गर्ने समय कहिले-काहि समस्या हुन सक्छ। तर फ्रीहैंड कर्व्सको प्रयोगबाट तपाई सजिलैसंग इलस्ट्रेशन आदि तैयार गर्न सक्नुहुन्छ।

फ्रीहैंड कर्व्सले ड्राइंग बनाउन

फ्रीहैंड कर्व्सद्वारा कुनै डिजाइन तैयार गर्न धेरै सजिलो हुन्छ। तपाईले केवल फ्रीहैंड टूल माथि क्लिक गर्न हुन्छ र त्यसपछि ड्राइंग एरियामा क्लिक गरेर ड्रा गर्न हुन्छ।

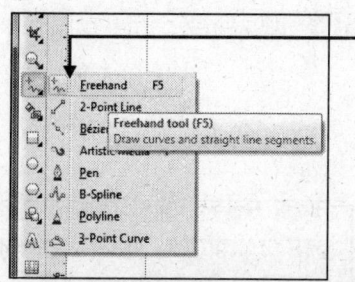

1. **'कर्व'** फ्लाईआउट ओपन गर्नुहोस्। र त्यसपछि 'फ्रीहैंड टूल' माथि क्लिक गर्नुहोस्।

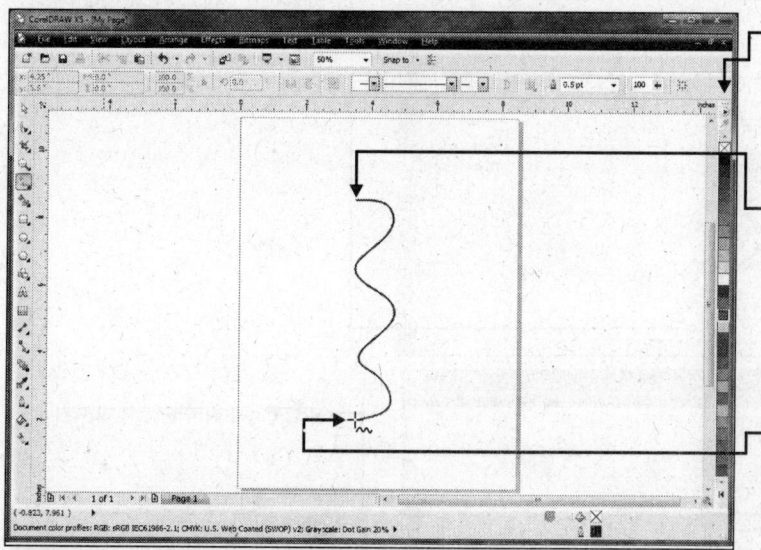

2. **'फ्रीहैंड स्मूथिंग बॉक्स'** माथि क्लिक गर्नुहोस् र स्मूथिंग सेटिंग सलेक्ट गर्नको लागि पॉप-अप स्लाइडर मूव गराउनुहोस्।
3. कर्व जहाबाट स्टार्ट (शुरू) गर्न चाहनुहुन्छ, माउसको प्वाइंटरलाई त्यहा राख्नुहोस् र त्यसपछि क्लिक गर्नुहोस्।
4. कर्व ड्रा गर्नको लागि माउसलाई ड्रैग गर्नुहोस्।
5. कर्वलाई तपाई जहा समाप्त गर्न चाहनुहुन्छ, माउसको प्वाइंटरलाई त्यहा छोड्नुहोस्। कर्व ड्रा हुनेछ।

फ्रीहैंड कर्वमा एडिट नोड्स

नोड : लाइन, कर्व र आब्जेक्टको आउटलाइनमा मौजूद सानो वर्ग नोड हो, जसलाई तपाई एडिट (संपादित) गर्नमा प्रयोग गर्नुहुन्छ। जब तपाई शेप टूलले कुनै कर्व आब्जेक्ट सलेक्ट गर्नुहुन्छ तब कोरल ड्राले आब्जेक्टको सबै नोड्स डिस्प्ले गर्दछ। यी नोड्सलाई घुमाएर वा नोड्ससंग जाडिएको कंट्रोलिंग प्वाइंटलाई मूव गरेर तपाई कर्व आब्जेक्टको शेपलाई परिवर्तित गर्न सक्नुहुन्छ।

सेगमेंट : दुईवटा नोड्सको बीचमा कर्वको भागलाई सेगमेंट भनिन्छ। सेगमेंट दुई प्रकारको हुन्छ। **कर्व्ड** र **स्ट्रेट**।

शेप टूलद्वारा ड्रैग गरेर वा नोड्सको कंट्रोल प्वाइंटलाई ड्रैग गरेर तपाई कर्व्ड सेगमेंटलाई परिवर्तित गर्न सक्नुहुन्छ। यदि तपाई कुनै स्ट्रेट (सीधा) सेगमेंटलाई घुमाउदार बनाउन चाहनुहुन्छ भने तपाईले त्यसलाई कर्व्ड सेगमेंटमा परिवर्तित गर्नुपर्ने हुन्छ।

कर्व्ड आब्जेक्टमा नोड्स सलेक्ट गर्न

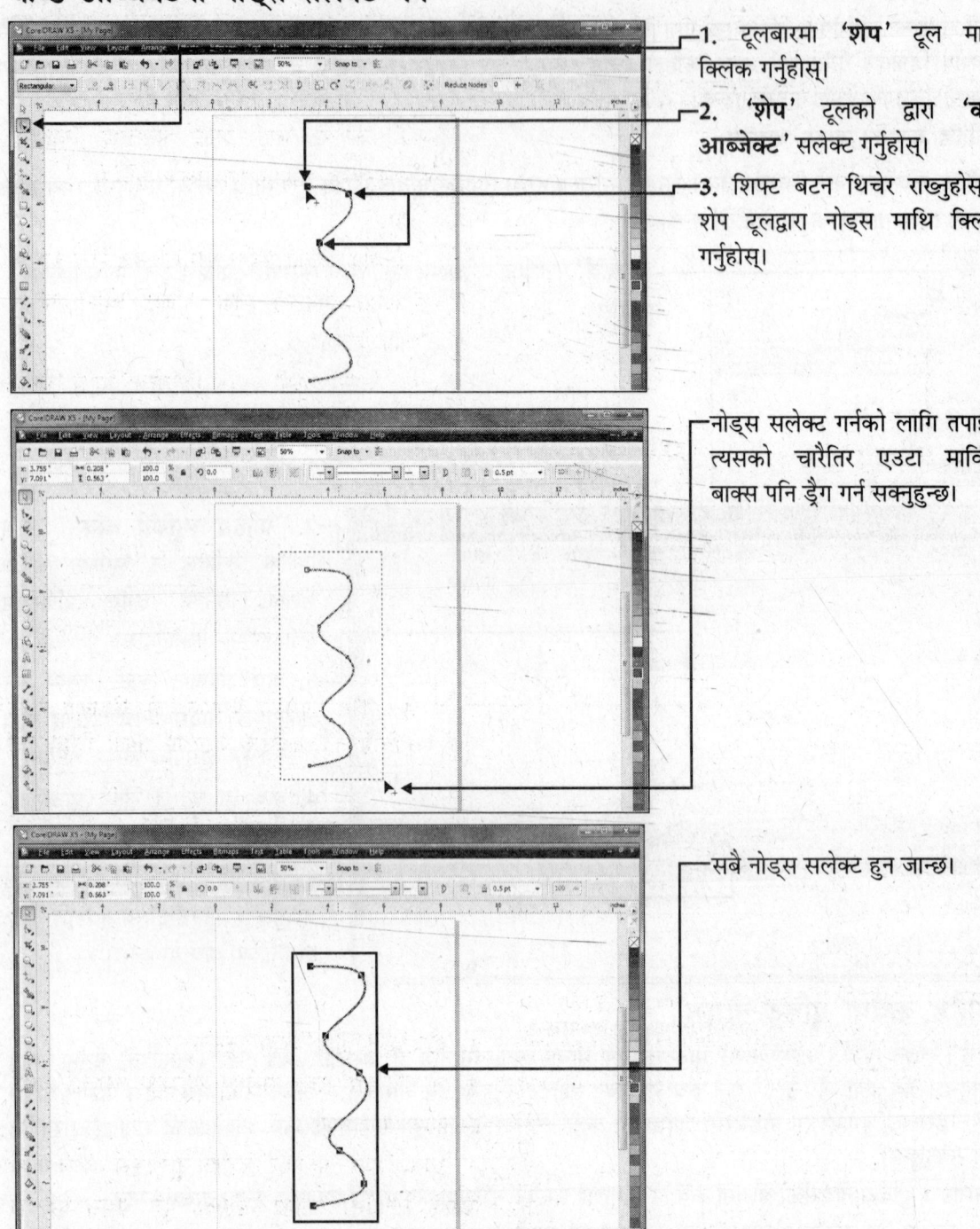

1. टूलबारमा **'शेप'** टूल माथि क्लिक गर्नुहोस्।
2. **'शेप'** टूलको द्वारा **'कर्व आब्जेक्ट'** सलेक्ट गर्नुहोस्।
3. शिफ्ट बटन थिचेर राख्नुहोस् र शेप टूलद्वारा नोड्स माथि क्लिक गर्नुहोस्।

नोड्स सलेक्ट गर्नको लागि तपाईले त्यसको चारैतिर एउटा मार्किंग बाक्स पनि ड्रैग गर्न सक्नुहुन्छ।

सबै नोड्स सलेक्ट हुन जान्छ।

नोड्स एड गर्न अर्थात शामिल गर्न

कर्व क्रिएट गर्नको लागि यदि तपाईलाई बढि नोड्सको आवश्यक्ता हुन्छ भने तपाई कर्व्ड आब्जेक्टमा अझ नोड पनि एड (शामिल) गर्न सक्नुहुन्छ।

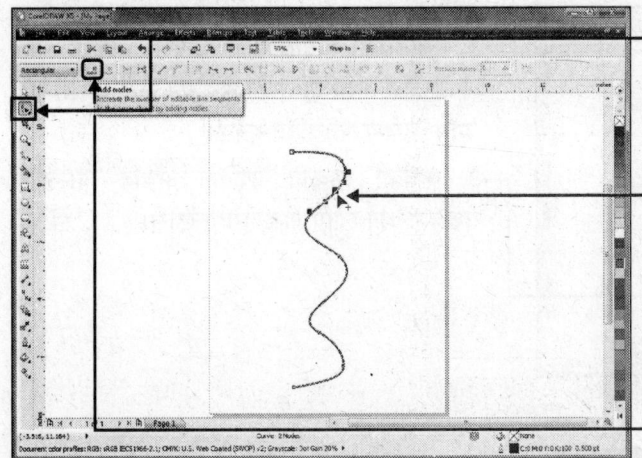

1. **'शेप'** टूल माथि क्लिक गर्नुहोस्।
2. कर्वमा जहा तपाई नोडलाई **'जोड्न'** चाहनुहुन्छ, त्यहा डबल क्लिक गर्नुहोस्।

वा

1. शेप टूलको प्रयोग गरेर ती नोड्सको बीचमा सलेक्ट गर्नुहोस् जहा तपाई **'नोड'** जोड्न चाहनुहुन्छ।
2. प्रापर्टी बारमा गएर **'एड नोड'** माथि क्लिक गर्नुहोस्।

नोड्स रिमूव गर्न अर्थात हटाउन

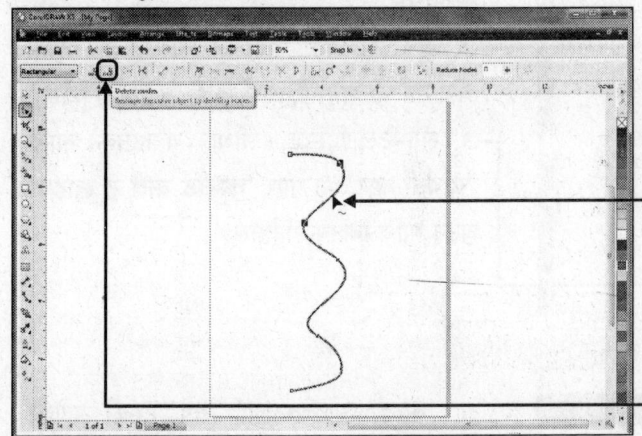

1. **'शेप'** टूल माथि क्लिक गर्नुहोस्।
2. त्यो **'नोड'** मा डबल क्लिक गर्नुहोस् जसलाई रिमूव गर्न चाहनुहुन्छ अर्थात हटाउन चाहनुहुन्छ।

वा

1. **'शेप'** टूलको प्रयोगले ती नोडलाई मार्क (चिहिन्त) गर्नुहोस् जसलाई तपाई रिमूव गर्न चाहनुहुन्छ।
2. प्रापर्टी बारमा गएर **'डिलीट नोड्स'** बटन माथि क्लिक गर्नुहोस्।

नोड्स मिलाउन

नोड्सको दुई किनारालाई तपाई जोड्न पनि सक्नुहुन्छ।

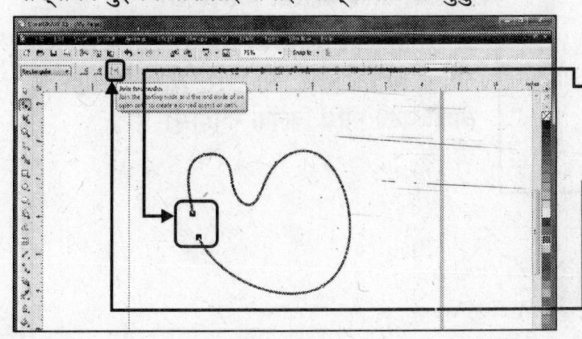

1. **'शेप'** टूल माथि क्लिक गर्नुहोस्।
2. ती **'नोड्स'** लाई सलेक्ट गर्नुहोस् जसलाई तपाई मिलाउन चाहनुहुन्छ।
3. **'प्रापर्टी बार'** मा गएर **'ज्वाइन टू नोड्स'** बटन माथि क्लिक गर्नुहोस्। सलेक्ट गरिएको दुबै नोड्स मिल्दछ अर्थात आपसमा जोडिन्छ।

कर्व्ड आब्जेक्टको नोड्सलाई मूव गर्न

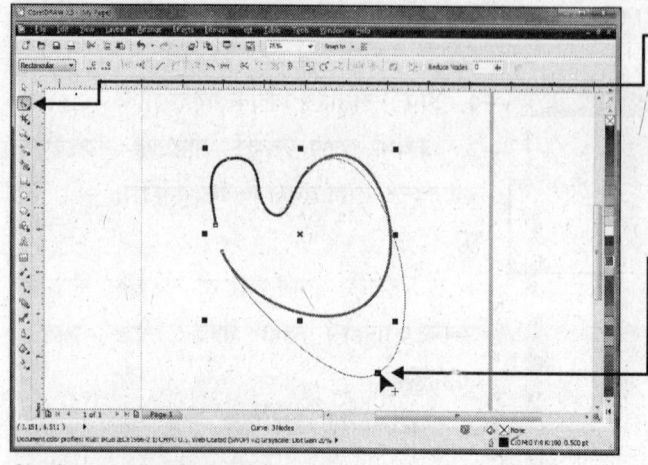

1. शेप टूलद्वारा '**कर्व्ड आब्जेक्ट**' सलेक्ट गर्नुहोस्।
2. माउसको प्वाइंटरलाई त्यस '**नोड**' मा लैजानुहोस् जसलाई तपाई मूव गर्न चाहनुहुन्छ। यो '**शेप**' टूलमा परिवर्तित हुनेछ।
3. कर्वको आकृति बदलिन अर्थात त्यसलाई रीशेप गर्नको लागि नोड ड्रैग गर्नुहोस्।

सेगमेंटलाई स्ट्रेट बनाउन

1. शेप '**टूल**' द्वारा '**कर्व्ड**' आब्जेक्ट सलेक्ट गर्नुहोस्।
2. जुन '**सेगमेंट**' बदलिन चाहनुहुन्छ अर्थात चेंज गर्न चाहनुहुन्छ, त्यस माथि क्लिक गर्नुहोस्।
3. सेगमेंटलाई स्ट्रेट (सीधा) बनाउनको लागि '**प्रापर्टी बार**' मा गएर '**कन्वर्ट कर्व टू लाइन**' बटन माथि क्लिक गर्नुहोस्।

सेगमेंटलाई कर्व्ड (घुमाउदार) बनाउन

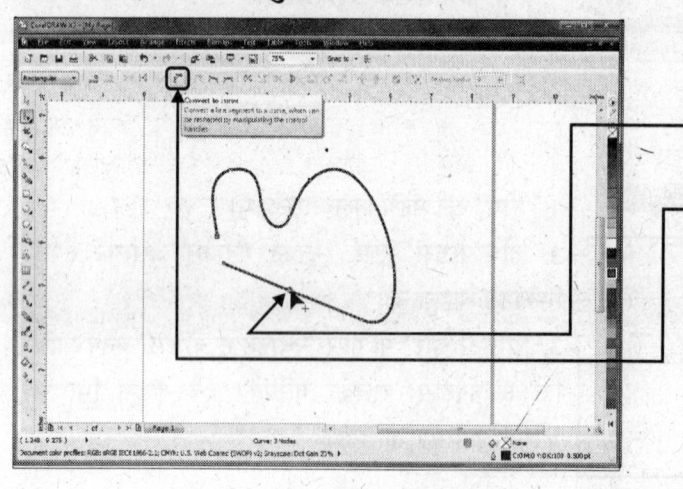

1. '**कर्व्ड**' आब्जेक्टलाई '**शेप**' टूलले सलेक्ट गर्नुहोस्।
2. त्यस '**सेगमेंट**' माथि क्लिक गर्नुहोस्, जसलाई तपाई बदलिन चाहनुहुन्छ।
3. सेगमेंटलाई कर्व्ड (घुमाउदार) बनाउनको लागि '**प्रापर्टी बार**' मा गएर '**कन्वर्ट लाइन टू कर्व**' बटन माथि क्लिक गर्नुहोस्।

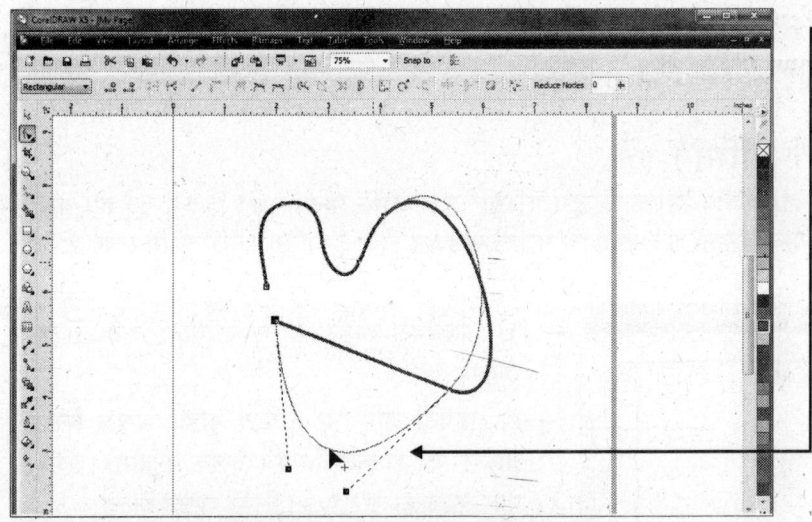

कर्व्ड सेगमेंटलाई ड्रैग गरेर तपाई आब्जेक्टको शेप (आकृति अथवा डिजाइन) पनि बदलिन सक्नुहुन्छ।

पार्थ (बाटो) लाई ब्रेक गर्न अर्थात तोड्न

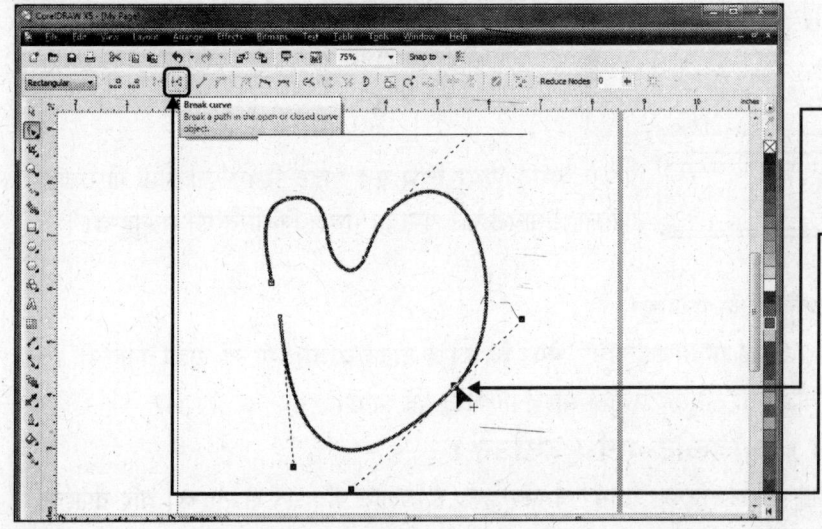

1. 'शेप' टूलद्वारा 'कर्व्ड आब्जेक्ट' सलेक्ट गर्नुहोस्।
2. जहा तपाई पार्थलाई ब्रेक गर्न चाहनुहुन्छ, त्यहा क्लिक गर्नुहोस्।
3. 'प्रापर्टी बार' मा गएर 'ब्रेक कर्व' बटन माथि क्लिक गर्नुहोस्।

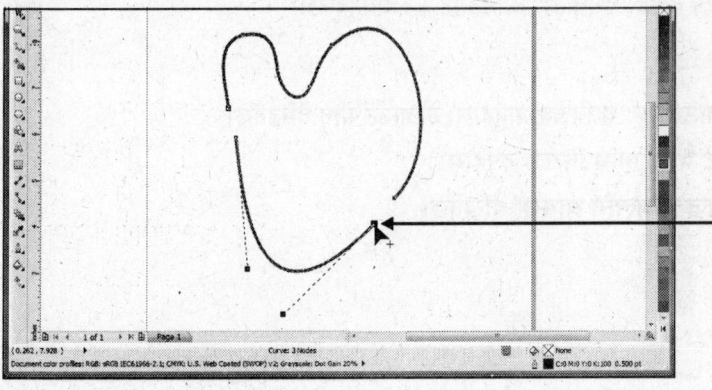

एउटा नोडलाई ड्रैग गरेर पनि तपाई दुई नोडलाई अलग गर्न सक्नुहुन्छ अर्थात पाथलाई ब्रेक गर्न सक्नुहुन्छ।

पेज सेटअप

कोरल ड्रामा धेरै लोकप्रिय पेपर साइज पहिला देखि नै दिएको छ। जस मध्ये कुनै पनि आफ्नो प्रोजेक्टमा असाइन् (शामिल) गर्न सक्नुहुन्छ।

पेज साइजलाई डिफाइन (निर्धारित) गर्न

पेज साइजलाई निर्धारित गर्ने सबै भन्दा सजिलो तरीका **'ड्राइंग एरिया'** को **'ब्लैंक पार्ट'** माथि क्लिक गर्नु हो। यस्तो गर्नाले **'पेज लेआउट प्रापर्टी बार'** एक्टिव हुन जान्छ। आफ्नो पेजको साइज र दिशा निर्धारित गर्नको लागि तपाई प्रापर्टी बारको प्रयोग गर्न सक्नुहुन्छ।

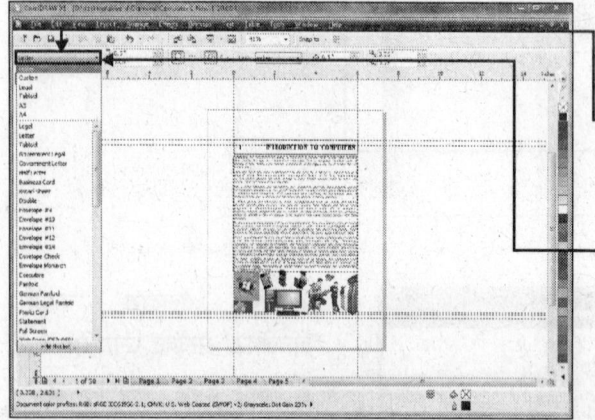

1. आब्जेक्ट छोडेर ड्राइंग एरियामा कतै क्लिक गर्नुहोस्।

2. **'प्रापर्टी बार'** मा **'पेपर टाइप/साइज लिस्ट बाक्स'** को डाउन एरो माथि क्लिक गर्नुहोस्। विभिन्न पेपर साइजको ड्रॉप डाउन लिस्ट देखिन थाल्छ।

3. आफ्नो डाक्यूमेंटको लागि जुन पेपर साइजलाई अप्लाई गर्न चाहनुहुन्छ, त्यस माथि क्लिक गर्नुहोस्। तपाईद्वारा छानिएको पेपर साइज तपाईको डाक्यूमेंटमा अप्लाई हुन जान्छ।

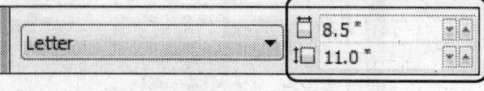

प्रापर्टी बारमा **'पेपर विथ एंड हाइट स्पिन'** बाक्समा गएर तपाई आफ्नो हिसाबले पनि पेपरको साइज निर्धारित गर्न सक्नुहुन्छ।

1. आब्जेक्ट बाहेक ड्राइंग एरियामा कतै क्लिक गर्नुहोस्।

2. तपाई आफ्नो पेपरको जति चौड़ाई र लंबाई राख्न चाहनुहुन्छ **'पेपर विथ एंड हाइट बाक्स'** मा त्यो टाइप गर्नुहोस्।

3. तपाई द्वारा सेट गरिएको लंबाई र चौड़ाईको अनुसार पेजको साइज निर्धारित हुन जान्छ।

पेजलाई इंसर्ट गर्न (जोड्न) र डिलीट गर्न (हटाउन)

आफ्नो डाक्यूमेंटमा तपाई पेज शामिल गर्न सक्नुहुन्छ, रीनेम गर्न सक्नुहुन्छ र डिलीट पनि गर्न सक्नुहुन्छ। यदि तपाईको डाक्यूमेंटमा तीन वा त्यो भन्दा अधिक पेज छ भने तपाई त्यसबाट पेज डिलीट गर्न सक्नुहुन्छ।

पेज को इंसर्ट (शामिल) गर्न

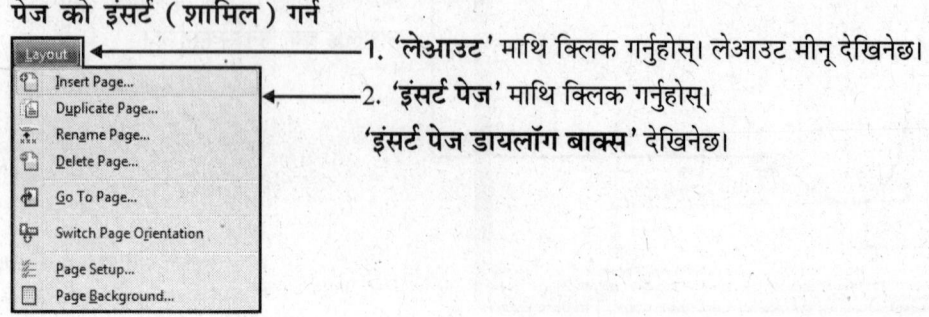

1. **'लेआउट'** माथि क्लिक गर्नुहोस्। लेआउट मीनू देखिनेछ।

2. **'इंसर्ट पेज'** माथि क्लिक गर्नुहोस्।

'इंसर्ट पेज डायलॉग बाक्स' देखिनेछ।

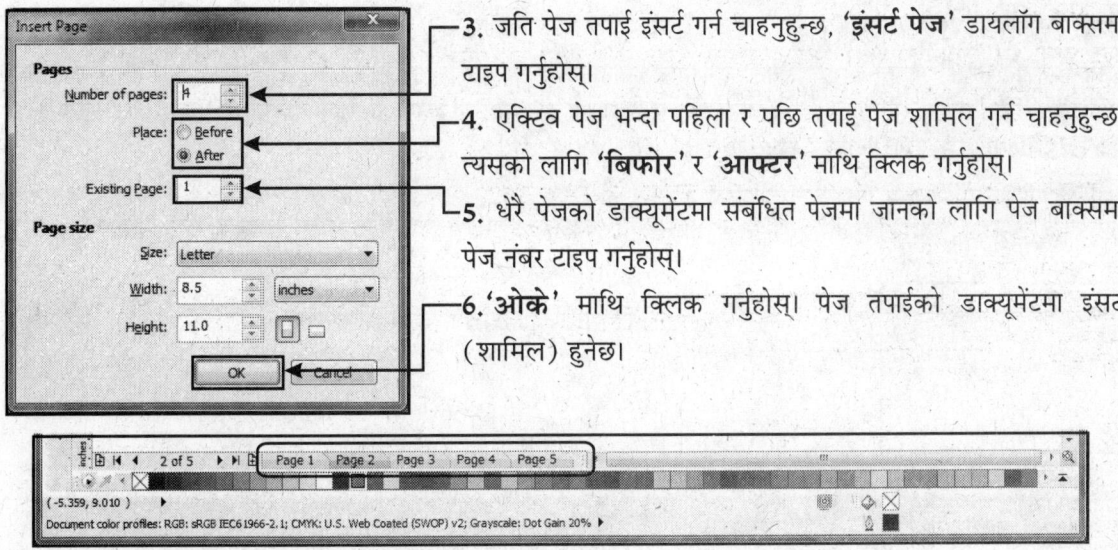

3. जति पेज तपाई इंसर्ट गर्न चाहनुहुन्छ, **'इंसर्ट पेज'** डायलॉग बाक्समा टाइप गर्नुहोस्।

4. एक्टिव पेज भन्दा पहिला र पछि तपाई पेज शामिल गर्न चाहनुहुन्छ, त्यसको लागि **'बिफोर'** र **'आफ्टर'** माथि क्लिक गर्नुहोस्।

5. धेरै पेजको डाक्यूमेंटमा संबंधित पेजमा जानको लागि पेज बाक्समा पेज नंबर टाइप गर्नुहोस्।

6. **'ओके'** माथि क्लिक गर्नुहोस्। पेज तपाईको डाक्यूमेंटमा इंसर्ट (शामिल) हुनेछ।

यहा तपाईको डाक्यूमेंटमा चारवटा नया पेज इंसर्ट गरिएको छ।

पेजलाई रीनेम गर्न अर्थात नाम बदलिन

डिफाल्ट रूपमा प्रत्येक पेजको एउटा नाम हुन्छ जस्तै पेज 1, पेज 2, पेज 3 र पेज चार आदि। होरीजोंटल स्क्रॉल बारमा गएर तपाई पेजको नाम हेर्न सक्नुहुन्छ। त्यस पेजसंग यसको कुनै मतलब हुदैन् र तपाई आफ्नो फाइल वा डाक्यूमेंटलाई कुनै पनि नामबाट सेव गर्न सक्नुहुन्छ। अधिक प्रभावीपनको लागि तपाई यो पेजको नामलाई बदलिन सक्नुहुन्छ।

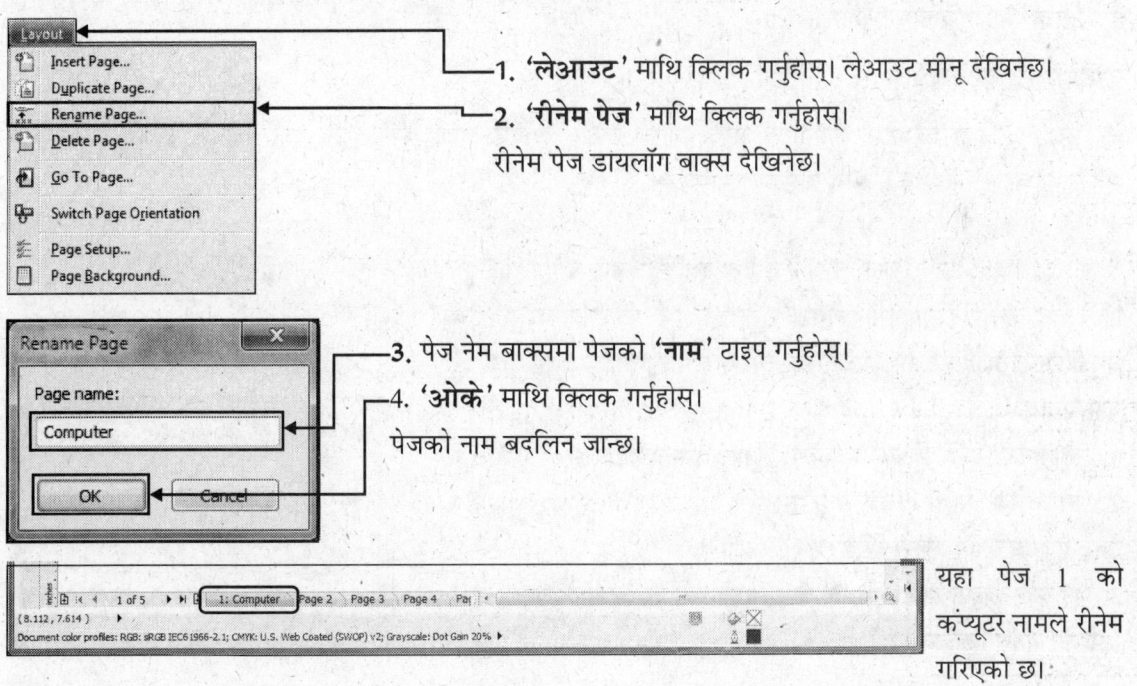

1. **'लेआउट'** माथि क्लिक गर्नुहोस्। लेआउट मीनू देखिनेछ।

2. **'रीनेम पेज'** माथि क्लिक गर्नुहोस्।

रीनेम पेज डायलॉग बाक्स देखिनेछ।

3. पेज नेम बाक्समा पेजको **'नाम'** टाइप गर्नुहोस्।

4. **'ओके'** माथि क्लिक गर्नुहोस्।

पेजको नाम बदलिन जान्छ।

यहा पेज 1 को कंप्यूटर नामले रीनेम गरिएको छ।

पेज डिलीट गर्न

कहिले–काहि तपाई आफ्नो डाक्यूमेंटबाट कुनै पेज हटाउन चाहनुहुन्छ अर्थात डिलीट गर्न चाहनुहुन्छ भने तपाई त्यसलाई सजिलैसंग डिलीट गर्न सक्नुहुन्छ। यदि तपाई धेरै पेज भएको डाक्यूमेंटमा काम गरिरहनु भएको छ जसमा तीन भन्दा बढि पेज छ भने तपाई धेरै पेज डिलीट गर्न सक्नुहुन्छ।

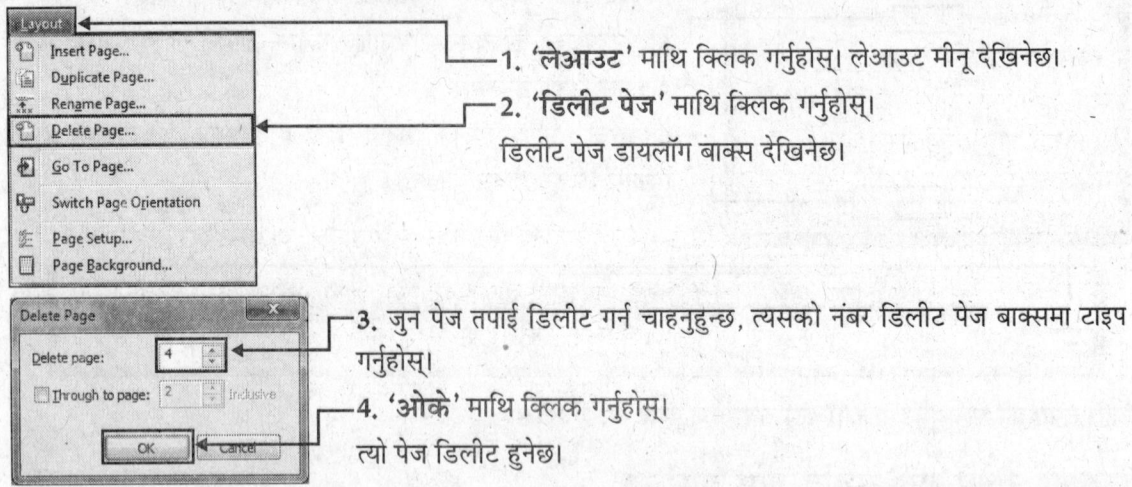

1. **'लेआउट'** माथि क्लिक गर्नुहोस्। लेआउट मीनू देखिनेछ।
2. **'डिलीट पेज'** माथि क्लिक गर्नुहोस्।

डिलीट पेज डायलॉग बाक्स देखिनेछ।

3. जुन पेज तपाई डिलीट गर्न चाहनुहुन्छ, त्यसको नंबर डिलीट पेज बाक्समा टाइप गर्नुहोस्।
4. **'ओके'** माथि क्लिक गर्नुहोस्।

त्यो पेज डिलीट हुनेछ।

5. यदि धेरै पेज एकै साथमा डिलीट गर्न चाहनुहुन्छ भने त्यो रेंजको पहिलो पेज नंबर डिलीट पेज बाक्समा टाइप गर्नुहोस्।
6. **'थ्रो टू पेज' : 'चेकबॉक्स'** चेकबाक्स' माथि क्लिक गरेर त्यसलाई ऑन गर्नुहोस्।
7. थ्रो टू पेज चेकबाक्स पछाडि त्यो पेज नंबर टाइप गर्नुहोस्, जहा सम्म तपाई पेजलाई डिलीट गर्न चाहनुहुन्छ।
8. **'ओके'** माथि क्लिक गर्नुहोस्।

डाक्यूमेंट नेवीगेशन

धेरै पेज भएको डाक्यूमेंटमा कार्य गर्ने समय, जस्तै–ब्रोशर आदिमा तपाई सजिलैसंग एक पेजबाट अर्को पेजमा जान सक्नुहुन्छ वा कुनै विशेष पेज मा जान सक्नुहुन्छ।

1. कोरल ड्राको बॉटम (तल) मा **'पेज टैब'** माथि क्लिक गर्नुहोस्।
2. पेजको कुनै पनि साइडमा **'लेफ्ट'** र **'राइट'** एरो माथि क्लिक गर्नुहोस्।

जुन दिशामा तपाई एरोलाई थिच्नुहुन्छ, त्यो एक पेज अगाडि बढ्छ।

यस बाहेक

1. **'लेआउट'** माथि क्लिक गर्नुहोस्। लेआउट मीनू देखिनेछ।
2. **'गो टू पेज'** माथि क्लिक गर्नुहोस्।

गो टू पेज डायलॉग बाक्स देखिन्छ।

3. जुन पेज नंबरमा तपाई मूव गर्न चाहनुहुन्छ, त्यो नंबर टाइप गर्नुहोस् र **'ओके'** माथि क्लिक गर्नुहोस्।

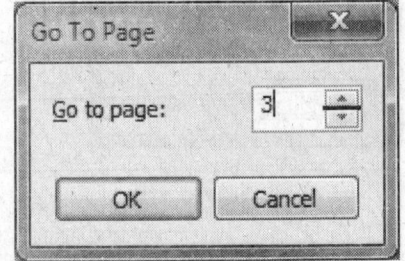

गाइडलाइंस र ग्रिड्स

गाइडलांस र ग्रिड्सले क्षैतिज वा लंबवत अथवा दुबै लोकेशनमा कुनै पनि डाक्यूमेंटलाई सजिलैसंग लोकेट (तलाश) गर्नमा सक्षम बनाउछ। जब तपाई मीनू बारमा ग्रिडले व्यू सलेक्ट गर्नुहुन्छ, स्क्रीनमा तपाईलाई डॉट्स देखिनेछ। यो डॉट्स प्रिंटआउटमा देखिदैन् बल्कि केवल आब्जेक्टको लोकेशनलाई बताउछ। ग्रिडलाई एडजस्ट (समायोजित अथवा आफ्नो ईच्छा अनुसार तय गर्न) गर्न सकिन्छ।

गाइडलाइंस जोड्न

1. **'व्यू'** माथि क्लिक गर्नुहोस्। व्यू मीनू देखिनेछ।
2. **'सेटअप'** माथि क्लिक गर्नुहोस्।
3. **'गाइडलाइन सेटअप'** माथि क्लिक गर्नुहोस्। ऑप्शन डायलॉग बाक्स देखिनेछ।

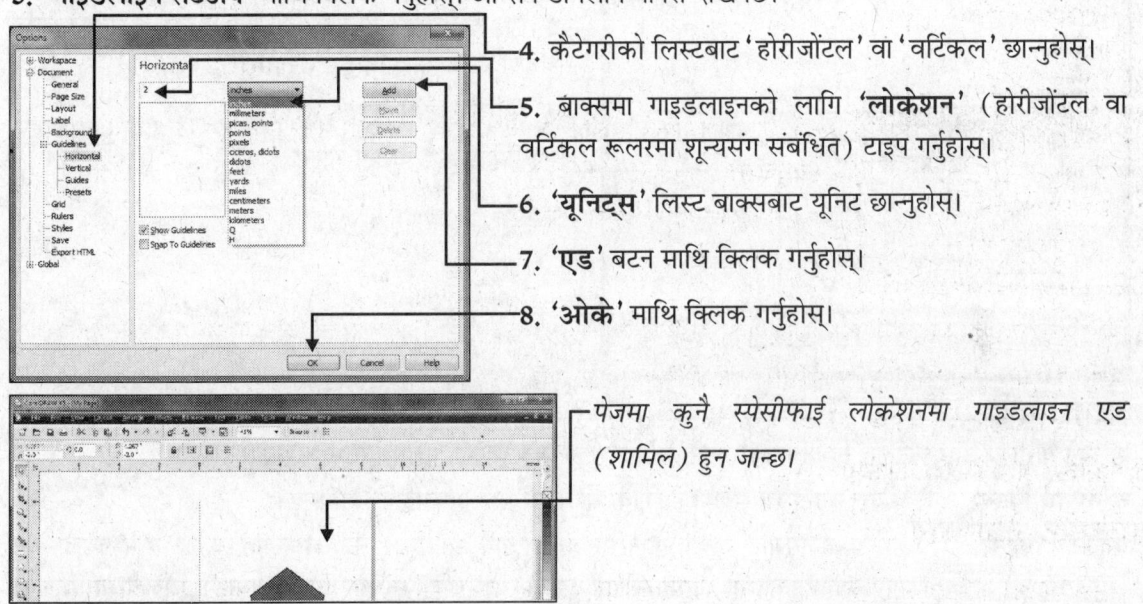

4. कैटेगरीको लिस्टबाट 'होरीजोंटल' वा 'वर्टिकल' छान्नुहोस्।
5. बाक्समा गाइडलाइनको लागि **'लोकेशन'** (होरीजोंटल वा वर्टिकल रूलरमा शून्यसंग संबंधित) टाइप गर्नुहोस्।
6. **'यूनिट्स'** लिस्ट बाक्सबाट यूनिट छान्नुहोस्।
7. **'एड'** बटन माथि क्लिक गर्नुहोस्।
8. **'ओके'** माथि क्लिक गर्नुहोस्।

पेजमा कुनै स्पेसीफाई लोकेशनमा गाइडलाइन एड (शामिल) हुन जान्छ।

माउसबाट गाइडलाइनलाई शामिल गर्न

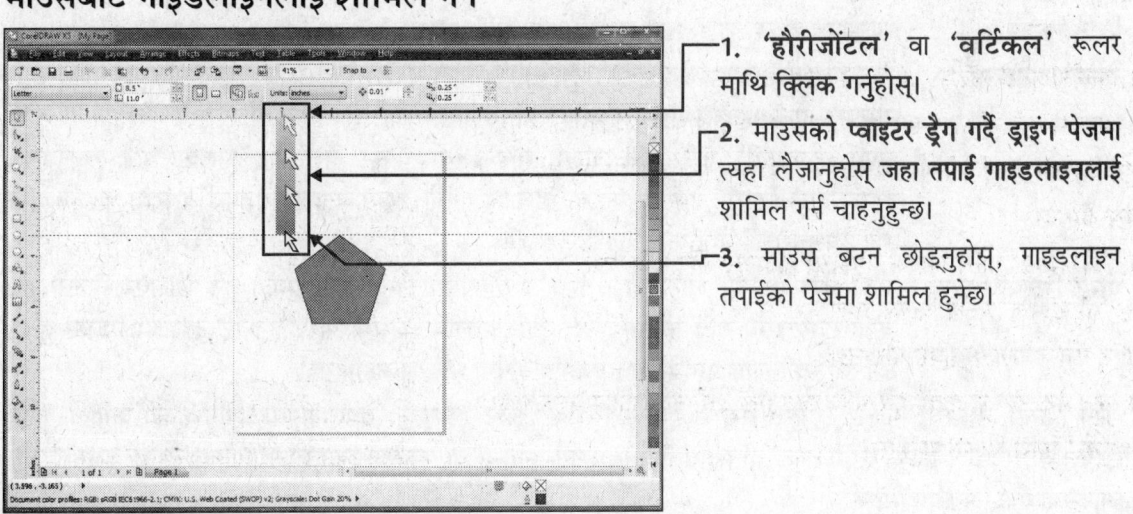

1. **'हौरीजोंटल'** वा **'वर्टिकल'** रूलर माथि क्लिक गर्नुहोस्।
2. माउसको **प्वाइंटर ड्रैग गर्दै ड्राइंग पेजमा** त्यहा लैजानुहोस् **जहा तपाई गाइडलाइनलाई** शामिल गर्न चाहनुहुन्छ।
3. माउस बटन छोड्नुहोस्, गाइडलाइन तपाईको पेजमा शामिल हुनेछ।

ग्रिडको प्रयोग

राम्रो ड्राइंग बनाउनको लागि ग्रिड धेरै उपयोगी हुन्छ। जस्तै- फ्लोचार्ट, ऑफिस लेआउट, यूनिफार्म शेप आदि। ग्रिडको डॉट्स र लाइन प्रिंटआउटमा आउदैन्।

1. **'व्यू'** माथि क्लिक गर्नुहोस्। व्यू मीनू देखिनेछ।
2. **'सेटअप'** माथि क्लिक गर्नुहोस्।
3. **'ग्रिड एंड रूलर सेटअप'** माथि क्लिक गर्नुहोस्। ऑप्शन डायलॉग बाक्स देखिनेछ।

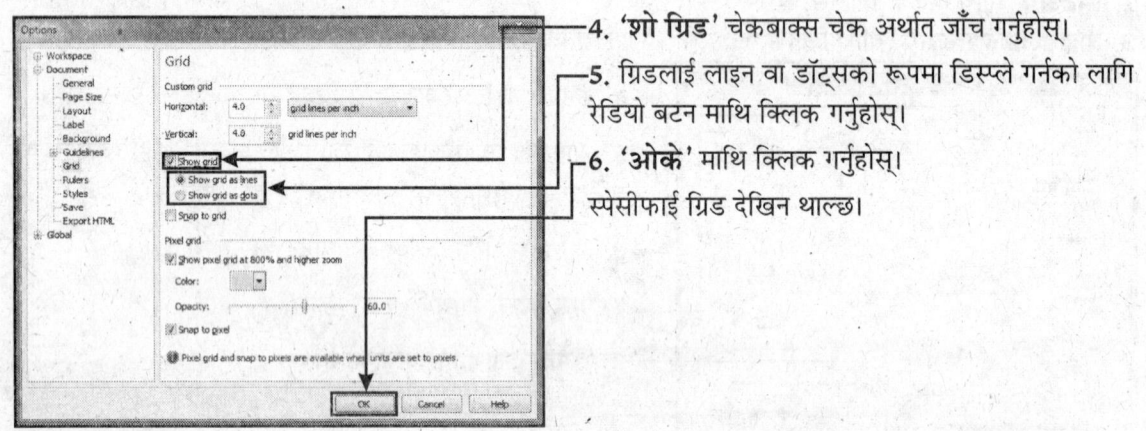

4. **'शो ग्रिड'** चेकबाक्स चेक अर्थात जाँच गर्नुहोस्।
5. ग्रिडलाई लाइन वा डॉट्सको रूपमा डिस्प्ले गर्नको लागि रेडियो बटन माथि क्लिक गर्नुहोस्।
6. **'ओके'** माथि क्लिक गर्नुहोस्।

स्पेसीफाई ग्रिड देखिन थाल्छ।

कलर भर्न

सलेक्ट गरिएको आब्जेक्टलाई फिल गर्नको लागि कोरल ड्रामा पांच बेसिक टाइप (सामान्य प्रकार) हुन्छ।

यूनिफार्म फिल्स : केवल एउटा रंग भर्दछ। हालांकि यो कलर पनि अप्लाई गर्न सकिन्छ।

फाउंटेन फिल्स : एउटा कलरबाट अर्को कलरमा हल्का गर्न सकिन्छ। कहिले-काहि कलर कम-ज्यादा गने पर्ने आवश्यक्ता पर्दछ। फाउंटेनमा दुई वा त्यस भन्दा अधिक कलर आपसमा सजिलैसंग मिलाएर अप्लाई गर्न सक्नुहुन्छ।

पैटर्न फिल्स : बिटमैप र वेक्टर फाइलबाट बनेको कलर फिल गर्दछ।

टेक्सचर फिल्स : बिटमैप इमेज फाइलबाट बनेको टेक्चरलाई फिल गर्दछ। (त्यसलाई एडिट पनि गर्न सकिन्छ)। यसबाट आब्जेक्टलाई एउटा नेचुरल एपीरिएंस पनि दिन सक्नुहुन्छ। टेक्स्चर फिल गर्नको लागि तपाई कलरलाई कुनै पनि कलर मॉडल वा कलर पैलेटबाट सलेक्ट गर्न सक्नुहुन्छ। कोरल ड्राले बिटमैट टेक्स्चर फाइल डिजाइन गर्नमा सक्षम बनाउछ र तपाई यसद्वारा पहिला देखि सेट टेक्सचरलाई मॉडीफाई गर्न सक्नुहुन्छ।

पोस्ट स्क्रिप्ट फिल्स : पैटन तैयार गर्नको लागि पोस्ट स्क्रिप्ट प्रोग्रामिंग लैग्वुऐजमा प्रयोग हुने खालको फिल्स हो। केहि टेक्सचरमा बढि कठिन हुन्छ। ठूलो आब्जेक्ट जसमा पोस्ट स्क्रिप्ट टेक्सचर फिल्स हुन्छ, त्यो त्यो स्क्रीनलाई अपडेट गर्नमा र प्रिंट गर्नमा बढि समय लिन्छ।

पैटर्न फिल्स, टेक्सचर फिल्स र पोस्ट स्क्रिप्ट फिल्स विशेष इफेक्ट (प्रभाव) तैयार गर्नमा प्रयोग हुन्छ। कहिले-काहि सिंगल कलर फिल गर्नको लागि तपाई यूनिफार्म फिल्स प्रयोग गर्नुहुन्छ वा फाउंटेन फिल्सको प्रयोग गर्नुहुन्छ जसमा कलर आपसमा एक-अर्कामा मिसिन्छ।

यूनिफार्म फिललाई अप्लाई गर्न

यूनिफार्म फिल डायलॉग बाक्स, **'इंटरेक्टिव फिल'** टूल वा ऑन स्क्रीन कलर पैलेटको प्रयोग गरेर तपाई **'यूनिफार्म फिल्स'** अप्लाई गर्न सक्नुहुन्छ।

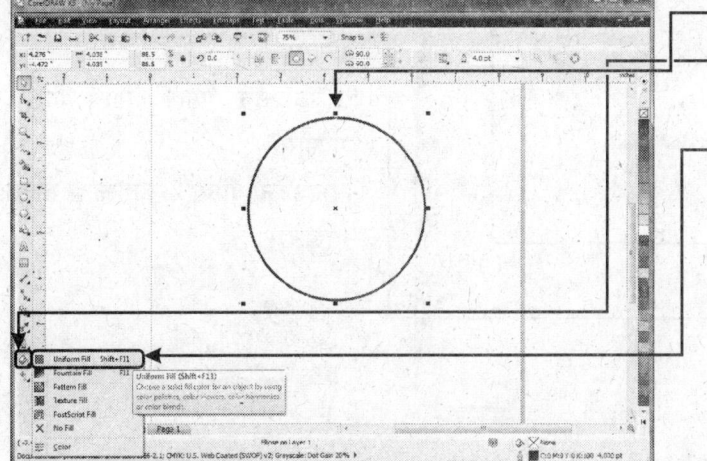

1. **'पिक'** टूलले आब्जेक्ट सलेक्ट गर्नुहोस्।
2. **'फिल टूल'** माथि क्लिक गर्नुहोस्। फिल टूल फ्लाईआउट ओपन हुनेछ।
3. **'फिल कलर'** माथि क्लिक गर्नुहोस्। फिल कलर डायलॉग बाक्स ओपन हुनेछ।

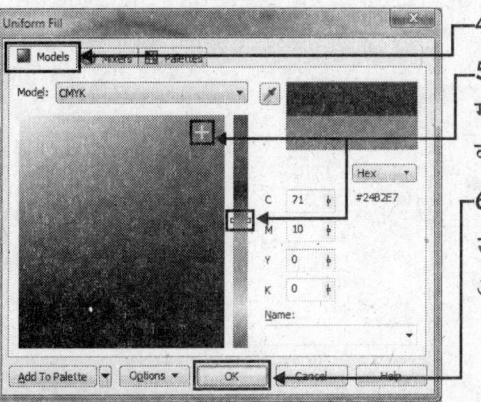

4. **'मॉडल'** टैब माथि क्लिक गर्नुहोस्।
5. मॉडल लिस्ट बाक्समा तपाई कलर मॉडल छान्न सक्नुहुन्छ र सेट गर्न सक्नुहुन्छ। तपाई **'सीएमवाईके'** कलरमा मिक्स गरेर पनि कलरलाई एडजस्ट गर्न सक्नुहुन्छ।
6. **'ओके'** माथि क्लिक गर्नुहोस्।

सलेक्ट गरिएको कलर सलेक्ट गरिएको आब्जेक्टमा फिल हुन जान्छ अर्थात अप्लाई हुन जान्छ।

फाउंटेन फिललाई अप्लाई गर्न

फाउंटेन कलरमा तपाई धेरै कलरहरुलाई आपसमा मिक्स गरेर आब्जेक्टमा फ्लो गर्न सक्नुहुन्छ। यस फिललाई आब्जेक्टको चारैतिर एउटा सीधा लाइनको रूपमा अप्लाई गर्न सकिन्छ। आब्जेक्टको सेंटरमा सर्क्रिलको रूपमा फिल गर्न सकिन्छ, आब्जेक्टको सेंटरमा रेज (किरणहरु) को रूपमा फिल गर्न सकिन्छ र आब्जेक्टको सेंटरमा स्क्वायर (वर्ग) को रूपमा प्रयोग गर्न सकिन्छ।

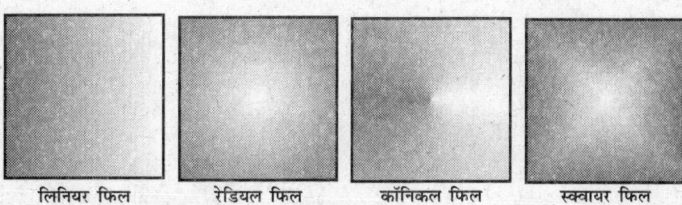

लिनियर फिल

रेडियल फिल

कॉनिकल फिल

स्क्वायर फिल

फाउंटेन फिल्सको दुईवटा टाइप (प्रकार) हुन्छ : टू कलर र कस्टम।

टू कलर फाउंटेन फिल अप्लाई गर्न

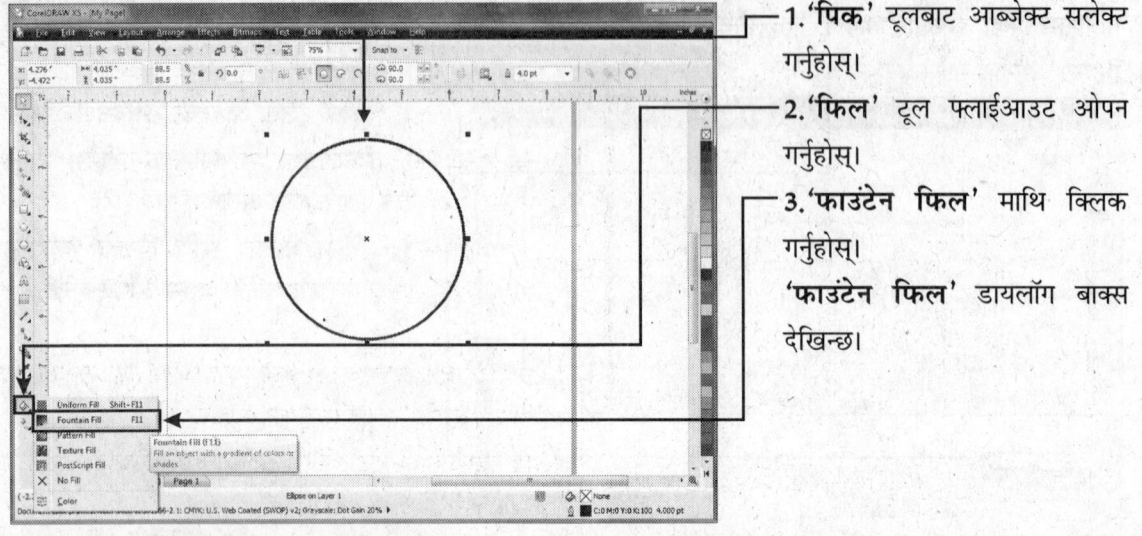

1. **'पिक'** टूलबाट आब्जेक्ट सलेक्ट गर्नुहोस्।
2. **'फिल'** टूल फ्लाईआउट ओपन गर्नुहोस्।
3. **'फाउंटेन फिल'** माथि क्लिक गर्नुहोस्।

'फाउंटेन फिल' डायलॉग बाक्स देखिन्छ।

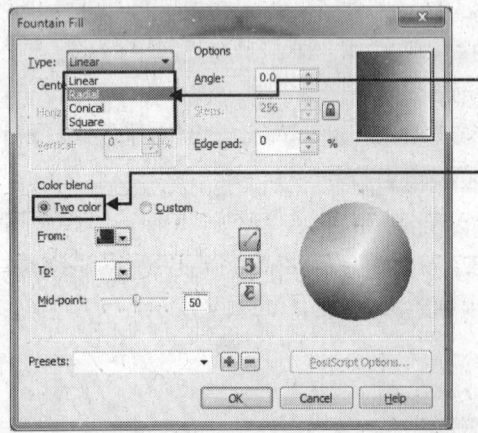

4. कलर ब्लैंड सेक्शनमा, **'टू कलर'** बटन इनेबल गर्नुहोस्।
5. **'टाइप'** लिस्ट बाक्सबाट निम्नलिखित मध्ये कुनै फाउंटेन फिल टाइप छान्नुहोस्।

- **लिनियर**
- **रेडियल**
- **कॉनिकल**
- **स्क्वायर**

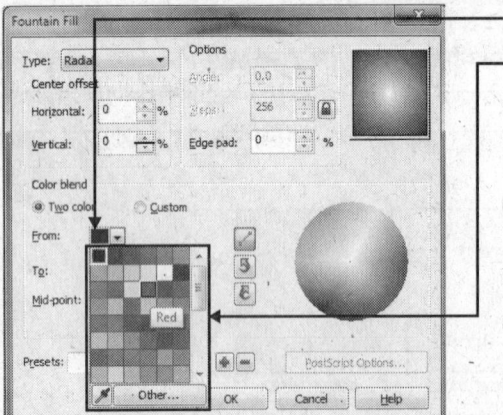

6. **'फ्रॉम'** कलर पिकर माथि क्लिक गर्नुहोस्।
7. कलर प्रोग्रेशनमा तपाई जुन कलरबाट शुरू गर्न चाहनुहुन्छ, त्यस कलर माथि क्लिक गर्नुहोस्।

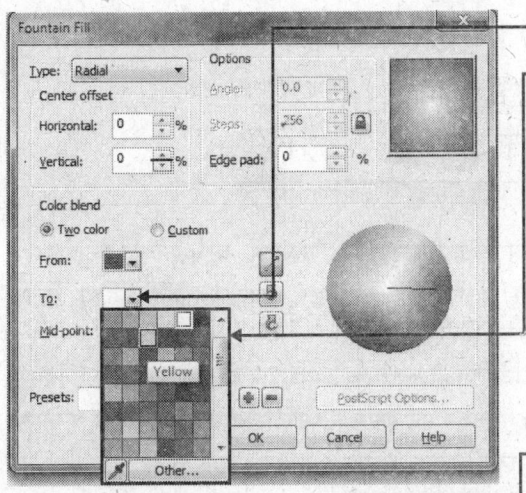

8. **'टू'** कलर पिकर माथि क्लिक गर्नुहोस्।

9. त्यस कलर माथि क्लिक गर्नुहोस् जसबाट तपाई कलर प्रोग्रेशन समाप्त गर्न चाहनुहुन्छ।

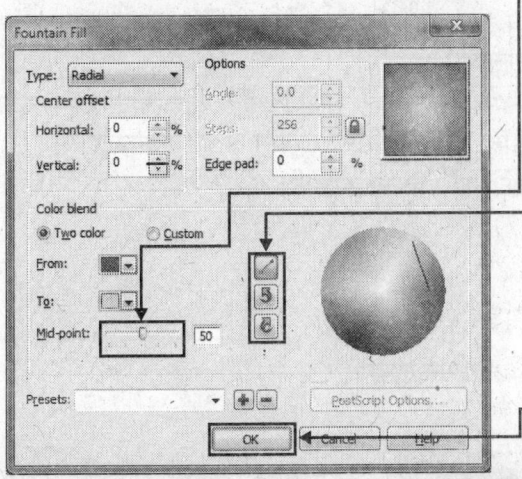

10. दुई वटा कलरको बीचमा मिड प्वाइंट सेट गर्नको लागि **'मिड प्वाइंट'** स्लाइडर मूव गरानुहोस्।

11. डाइरेक्शन सेट गर्नको लागि निम्नलिखितबाट कुनै एक बटन माथि क्लिक गर्नुहोस्।

- **डाइरेक्ट :** स्ट्रेट लाइनबाट कलरलाई डिटरमाइन गर्दछ र फ्रॉम कलरबाट शुरू भएर व्हीलको साथमा टू कलरमा समाप्त हुन्छ।
- **क्लॉकवाइज कलर पाथ :** कलर व्हीलको चारैतिर कलरलाई क्लॉकवाइज रूपमा ब्लैंड गरिदिन्छ।
- **काउंटर क्लॉकवाइज कलर पाथ :** कलरव्हीलको चारैतिर कलरलाई एंटीक्लॉकवाइल रूपमा ब्लैंड गरिदिन्छ।

12. **'ओके'** माथि क्लिक गर्नुहोस्।

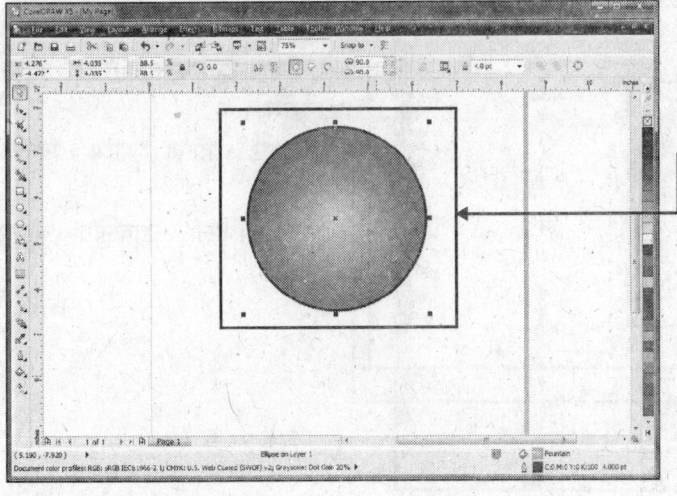

सलेक्ट गरिएको आब्जेक्टमा फाउंटेन फिल अप्लाई हुन जान्छ।

कस्टम फाउंटेल फिललाई अप्लाई गर्न

1. **'पिक'** टूलले आब्जेक्टलाई सलेक्ट गर्नुहोस्।
2. **'फिल'** टूल माथि क्लिक गर्नुहोस्। फिल टूल फ्लाईआउट ओपन हुनेछ।
3. **'फिल कलर डायलॉग बाक्स'** माथि क्लिक गर्नुहोस्। फिल कलर डायलॉग बाक्स देखिनेछ।

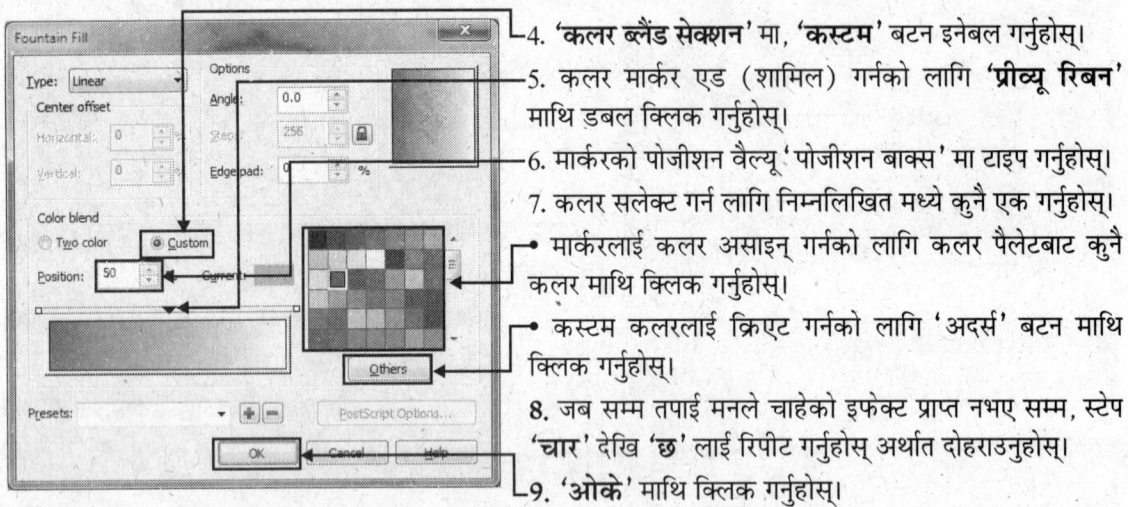

4. **'कलर ब्लैंड सेक्शन'** मा, **'कस्टम'** बटन इनेबल गर्नुहोस्।
5. कलर मार्कर एड (शामिल) गर्नको लागि **'प्रीव्यू रिबन'** माथि डबल क्लिक गर्नुहोस्।
6. मार्करको पोजीशन वैल्यू 'पोजीशन बाक्स' मा टाइप गर्नुहोस्।
7. कलर सलेक्ट गर्न लागि निम्नलिखित मध्ये कुनै एक गर्नुहोस्।
   - मार्करलाई कलर असाइन् गर्नको लागि कलर पैलेटबाट कुनै कलर माथि क्लिक गर्नुहोस्।
   - कस्टम कलरलाई क्रिएट गर्नको लागि 'अदर्स' बटन माथि क्लिक गर्नुहोस्।
8. जब सम्म तपाई मनले चाहेको इफेक्ट प्राप्त नभए सम्म, स्टेप **'चार'** देखि **'छ'** लाई रिपीट गर्नुहोस् अर्थात दोहराउनुहोस्।
9. **'ओके'** माथि क्लिक गर्नुहोस्।

सलेक्ट गरिएको आब्जेक्टमा त्यो कलर अप्लाई (लागू) हुनेछ।

पैटर्न फिल्सको साथमा काम गर्न

कोरल ड्रामा तपाई टू कलर, फुल कलर र बिटमैप पैटर्न फिललाई छान्न सक्नुहुन्छ।

टू कलर पैटन फिललाई अप्लाई गर्न

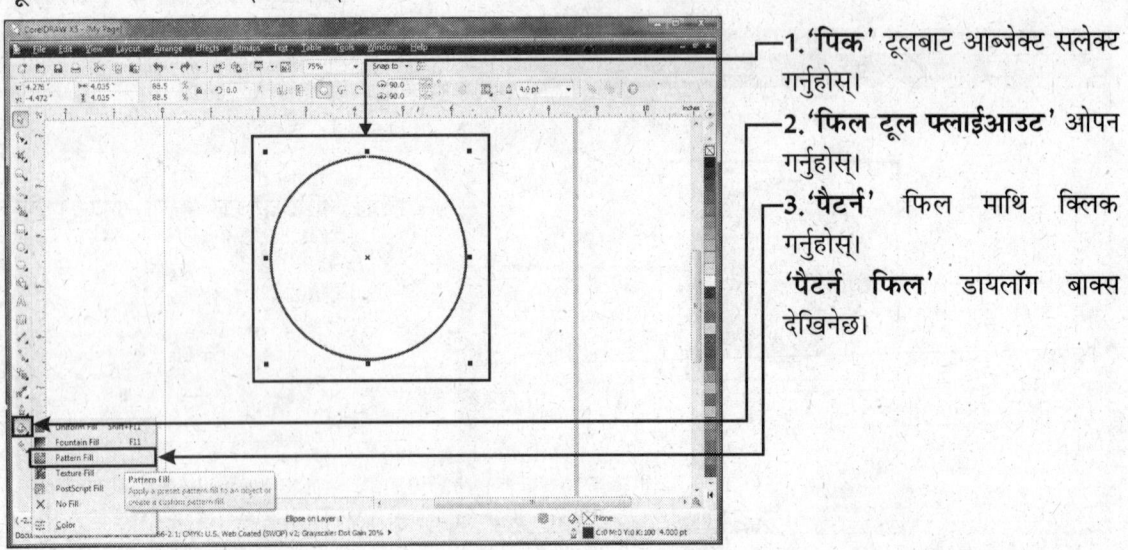

1. **'पिक'** टूलबाट आब्जेक्ट सलेक्ट गर्नुहोस्।
2. **'फिल टूल फ्लाईआउट'** ओपन गर्नुहोस्।
3. **'पैटर्न'** फिल माथि क्लिक गर्नुहोस्।

'पैटर्न फिल' डायलॉग बाक्स देखिनेछ।

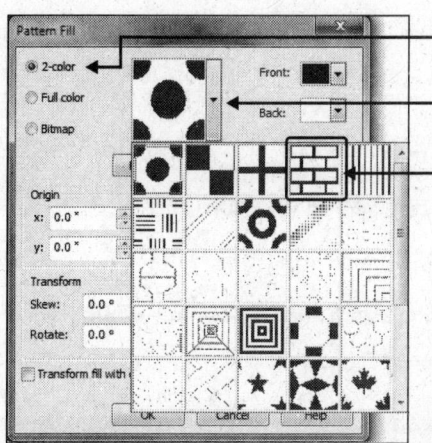

4. **'टू कलर'** बटनलाई इनेबल गर्नुहोस्।

5. **'पैटर्न पिकर'** मा क्लिक गर्नुहोस्। पैटर्न पिकर ओपन हुनेछ।

6. यस लिस्टबाट कुनै पनि **'पैटर्न'** माथि क्लिक गर्नुहोस्। त्यो पैटर्न सेट हुनेछ।

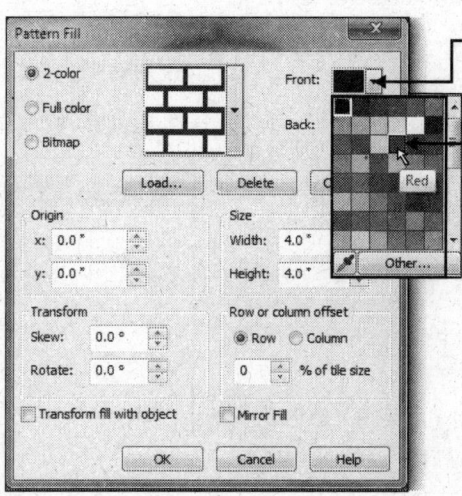

7. **'फ्रंट कलर पिकर'** ओपन गर्नुहोस्। कलर पिकर ओपन हुनेछ।

8. बिटमैप पैटर्न्स फोरग्राउंडको लागि **'कलर'** माथि क्लिक गर्नुहोस्।

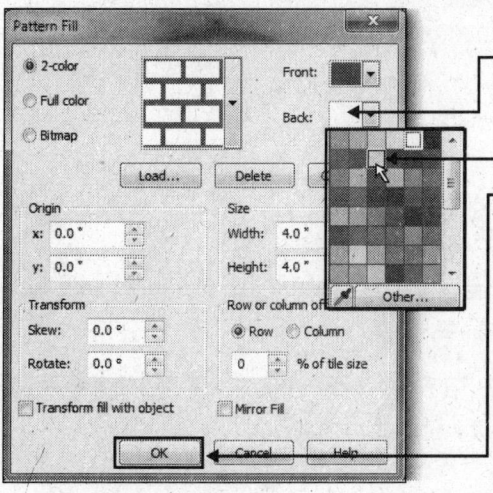

9. **'बैक कलर पिकर'** लाई ओपन गर्नुहोस्। कलर पिकर बॉक्स ओपन हुनेछ।

10. बिटमैप पैटर्न्स बैकग्राउंडको लागि, **'कलर'** क्लिक गर्नुहोस्।

11. **'ओके'** माथि क्लिक गर्नुहोस्।

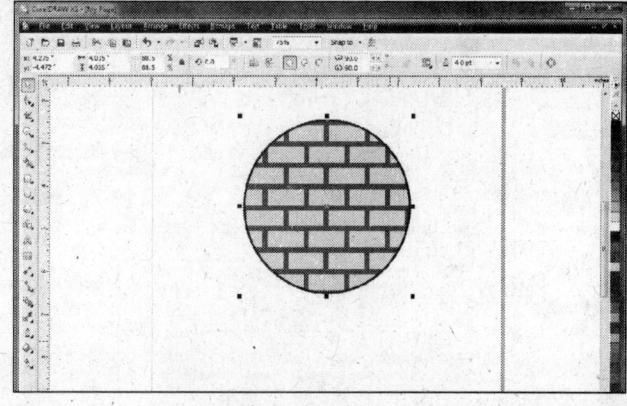

टू कलर पैटर्न फिल तपाईद्वारा सलेक्ट गरिएको आब्जेक्टमा फिल हुनेछ।

फुल कलर पैटर्न फिललाई अप्लाई गर्न

1. 'पिक' टूलबाट आब्जेक्ट सलेक्ट गर्नुहोस्।
2. 'फिल टूल' फ्लाईआउटलाई ओपन गर्नुहोस्।
3. 'पैटर्न फिल' माथि क्लिक गर्नुहोस्। पैटर्न फिल डायलॉग बाक्स ओपन हुनेछ।

4. 'फुल कलर' कलर' बटन इनेबल गर्नुहोस्।
5. 'पैटर्न पिकर' माथि क्लिक गर्नुहोस्, पैटर्न पिकर ओपन हुनेछ।
6. लिस्टमा 'पैटर्न' मा क्लिक गर्नुहोस्। त्यो पैटर्न सलेक्ट हुनेछ।
7. 'ओके' माथि क्लिक गर्नुहोस्।

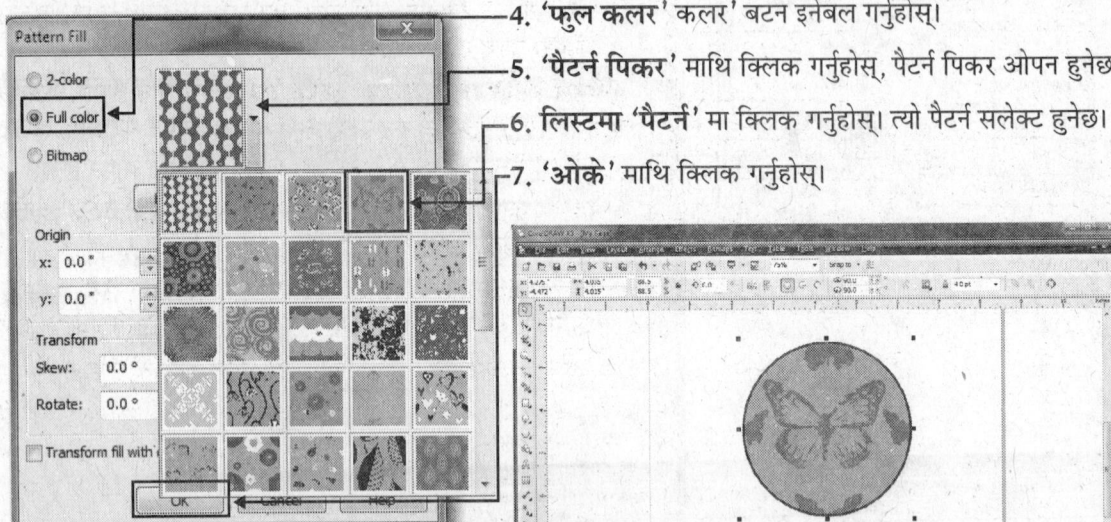

तपाई द्वारा छानिएको फुल कलर पैटर्न, सलेक्ट गरिएको आब्जेक्टमा अप्लाई (लागू) हुनेछ।

बिटमैप पैटर्न फिल अप्लाई गर्न

1. 'ऑब्जेक्ट' लाई 'पिक' टूलबाट सलेक्ट गर्नुहोस्।
2. 'फिल टूल' फ्लाईआउट ओपन गर्नुहोस्।
3. 'पैटर्न फिल' माथि क्लिक गर्नुहोस्। पैटर्न फिल डायलॉग बाक्स देखिनेछ।

4. 'बिटमैप' बटनलाई इनेबल गर्नुहोस्।
5. 'पैटर्न पिकर' माथि क्लिक गर्नुहोस्। बिटमैप इमेजको साथमा पैटर्न पिकर ओपन हुनेछ।
6. लिस्टमा 'पैटर्न' मा क्लिक गर्नुहोस्। त्यो पैटर्न सलेक्ट हुनेछ।
7. 'ओके' माथि क्लिक गर्नुहोस्।

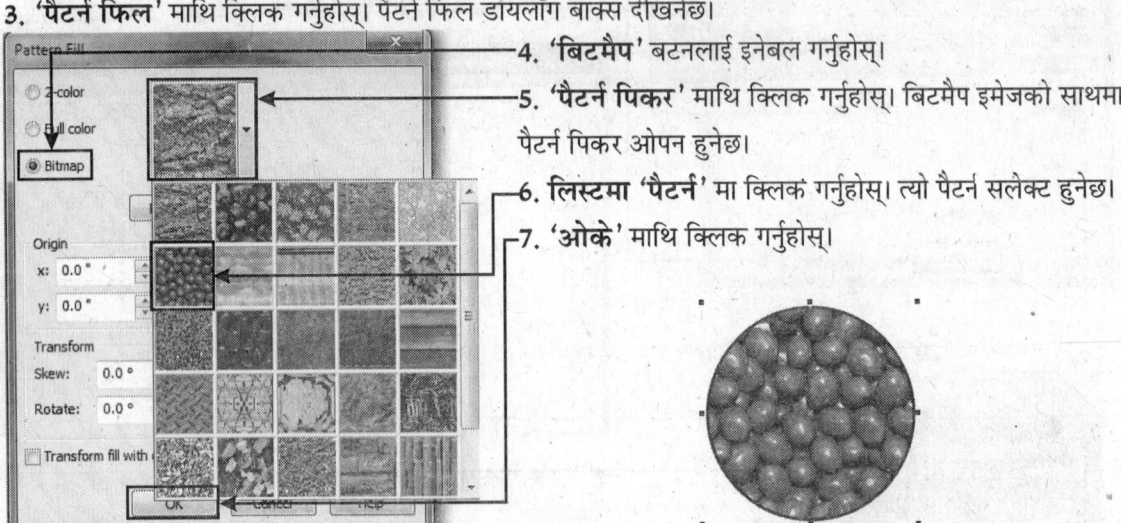

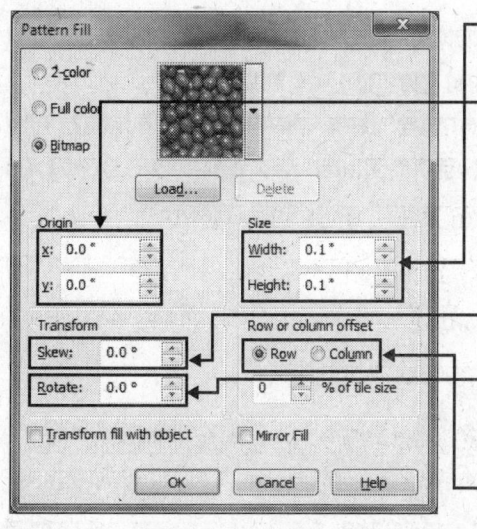

पैटर्न टाइल्सको साइज बदलिन : साइज सेक्टशनमा गएर विथ (चौड़ाई) र हाईट (ऊंचाई) को माप टाइप गर्नुहोस्।

पैटर्नको टाइल ऑरिजिन सेट गर्न : ऑरिजिन सेक्शनमा गएर हौरीजेंटल ऑफसेटको अमाउंट (संख्या) सेट गर्नको लागि त्यसको वैल्यू **'एक्स'** बाक्समा टाइप गर्नुहोस्। यस बाहेक वर्टिकल ऑफसेक्टको अमाउंट (संख्या) सेट गर्नको लागि **'वाई'** बाक्समा त्यसको वैल्यू टाइप गर्नुहोस्।

पैटर्न फिल स्कू (एंगल अथवा कोण बदलिन) गर्नः ट्रांसफॉर्म सेक्शनमा, 'स्कू' बाक्समा एंगल (कोण) को वैल्यू तपाइले टाइप गर्नुहोस्।

पैटर्न फिल रोटेट गर्न : ट्रांसफॉर्म सेक्शनमा, 'रोटेट' बाक्समा एंगलको वैल्यू टाइप गर्नुहोस्।

पैटर्न फिल्सको रो (पंक्ति) र कॉलम सेट गर्न : 'रो' र **'कॉलम'** ऑफसेट सेक्शनमा, निम्नलिखित मध्ये कुनै एक गर्नुहोस्।

- रो लाई ऑफसेट गर्नको लागि, **'रो'** बटन इनेबल गर्नुहोस्।
- कॉलम ऑफसेट गर्नको लागि **'कॉलम'** बटनलाई इनेबल (ओके) गर्नुहोस्।

टेक्स्चर फिल अप्लाई गर्न

टेक्स्चर फिल्स त्यो फिल्स हो जुन बादल, पानी जस्तै अन्य प्राकृतिक चीजहरुको समान देखिन्छ। कोरल ड्रामा पहिला देखि सेट गरिएको केहि टेक्स्चर हुन्छ। प्रत्येक टेक्स्चरमा धेरै ऑप्शंस (विकल्प) हुन्छ, जसमा तपाई बदलाव गर्न सक्नुहुन्छ।

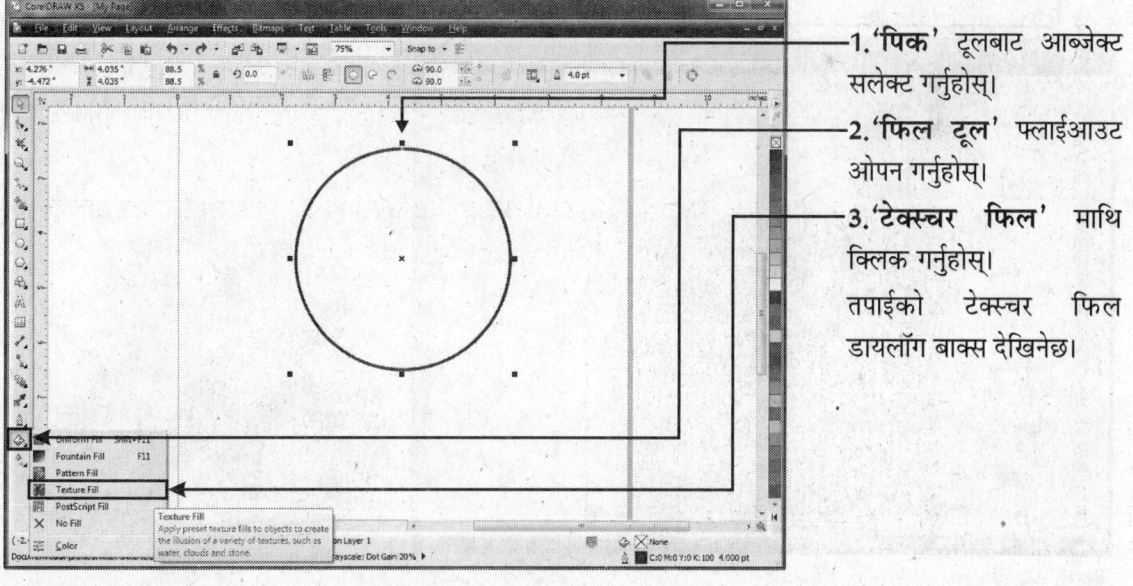

1. **'पिक'** टूलबाट आब्जेक्ट सलेक्ट गर्नुहोस्।
2. **'फिल टूल'** फ्लाईआउट ओपन गर्नुहोस्।
3. **'टेक्स्चर फिल'** माथि क्लिक गर्नुहोस्।

तपाईको टेक्स्चर फिल डायलॉग बाक्स देखिनेछ।

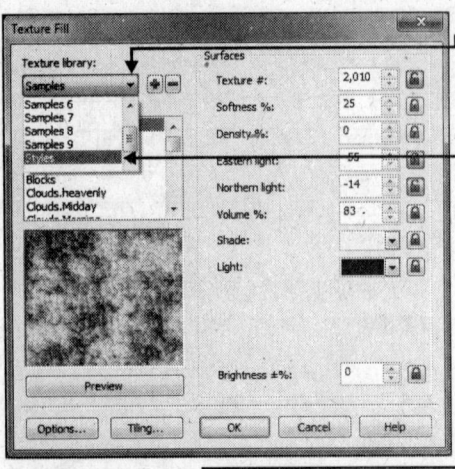

4.'टेक्सचर लाइब्रेरी' को ड्राप डाउन मीनू लिस्ट क्लिक गर्नुहोस्। टेक्स्चर लाइब्रेरीको ड्राप डाउन मीनू ओपन हुनेछ।

5. 'टेक्सचर लाइब्रेरी' लिस्ट बॉक्सबाट त्यस **'लाइब्रेरी'** माथि क्लिक गर्नुहोस् जसमा शामिल टेक्स्चरलाई तपाई अप्लाई गर्न चाहनुहुन्छ।

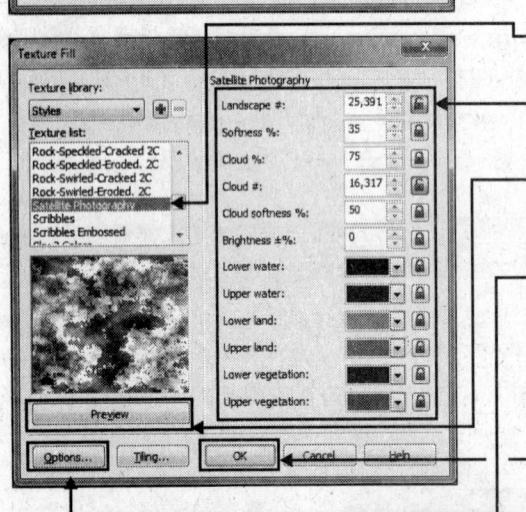

6. टेक्स्चर लिस्ट बॉक्सबाट **'टेक्स्चर'** माथि क्लिक गर्नुहोस्।

7. आफ्नो आवश्यक्ता अनुसार टेक्स्चरलाई कस्टमाइज् (एडजस्ट) गर्नको लागि **'स्टाइल ऑप्शन'** क्लिक गर्नुहोस्।

डायलॉग बाक्सको **'प्रीव्यू विंडो'** मा त्यो सबै प्रभाव देखिन थाल्छ जुन आब्जेक्टलाई असाइन (शामिल) गरिएको छ।

8. बिटमैप रिजॉल्यूशन र टेक्स्चरको साइजलाई एडजस्ट (समायोजित) गर्नको लागि **'ऑप्शंस'** बटन क्लिक गर्नुहोस्।

9. 'ओके' माथि क्लिक गर्नुहोस्।

तपाई द्वारा सलेक्ट गरिएको आब्जेक्टमा टेक्स्चर अप्लाई हुनेछ।

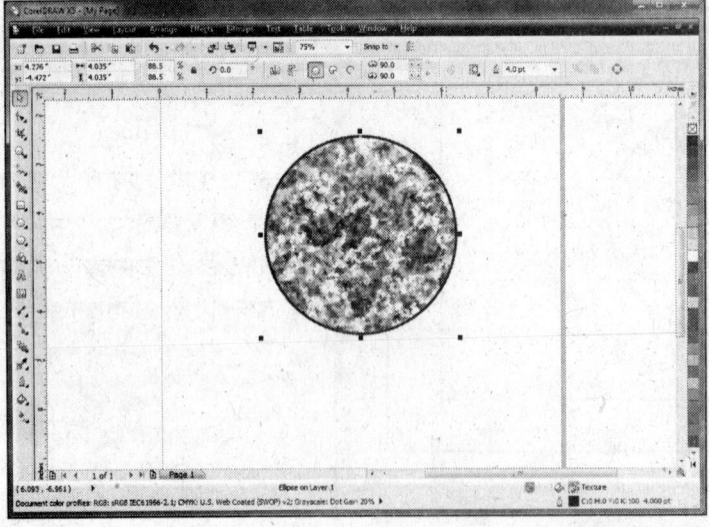

पोस्टस्क्रिप्ट टेक्स्चर अप्लाई गर्न

पोस्टस्क्रिप्ट टेक्स्चर फिल त्यो टेक्स्चर फिल हो, जसलाई पोस्टस्क्रिप्ट लैंग्वेज (भाषा) को प्रयोग गरेर डिजाइन गरिन्छ। केहि टेक्स्चर धेरै कठिन र लार्ज (ठूलो) हुन्छ। ती आब्जेक्ट जसमा पोस्टस्क्रिप्ट टेक्स्चर फिल शामिल हुन्छ, प्रिंट गर्नमा र स्क्रीनमा अपडेट हुनमा धेरै समय लिन्छ।

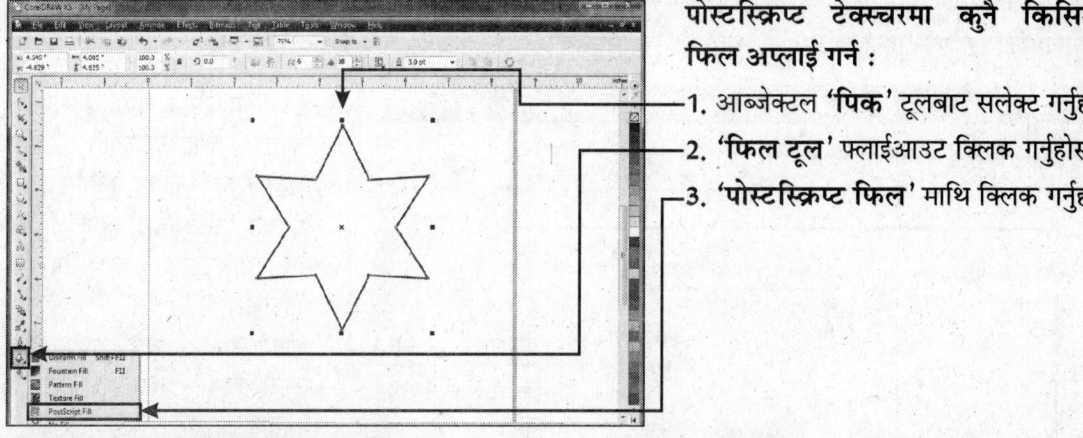

पोस्टस्क्रिप्ट टेक्स्चरमा कुनै किसिमको फिल अप्लाई गर्न :

1. आब्जेक्टल **'पिक'** टूलबाट सलेक्ट गर्नुहोस्।
2. **'फिल टूल'** फ्लाईआउट क्लिक गर्नुहोस्।
3. **'पोस्टस्क्रिप्ट फिल'** माथि क्लिक गर्नुहोस्।

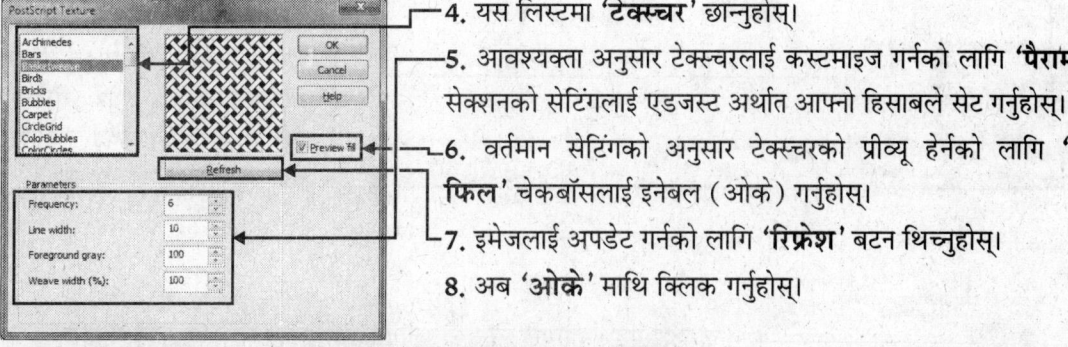

4. यस लिस्टमा **'टेक्स्चर'** छान्नुहोस्।
5. आवश्यक्ता अनुसार टेक्स्चरलाई कस्टमाइज गर्नको लागि **'पैरामीटर'** सेक्शनको सेटिंगलाई एडजस्ट अर्थात आफ्नो हिसाबले सेट गर्नुहोस्।
6. वर्तमान सेटिंगको अनुसार टेक्स्चरको प्रीव्यू हेर्नको लागि **'प्रीव्यू फिल'** चेकबॉसलाई इनेबल (ओके) गर्नुहोस्।
7. इमेजलाई अपडेट गर्नको लागि **'रिफ्रेश'** बटन थिच्नुहोस्।
8. अब **'ओके'** माथि क्लिक गर्नुहोस्।

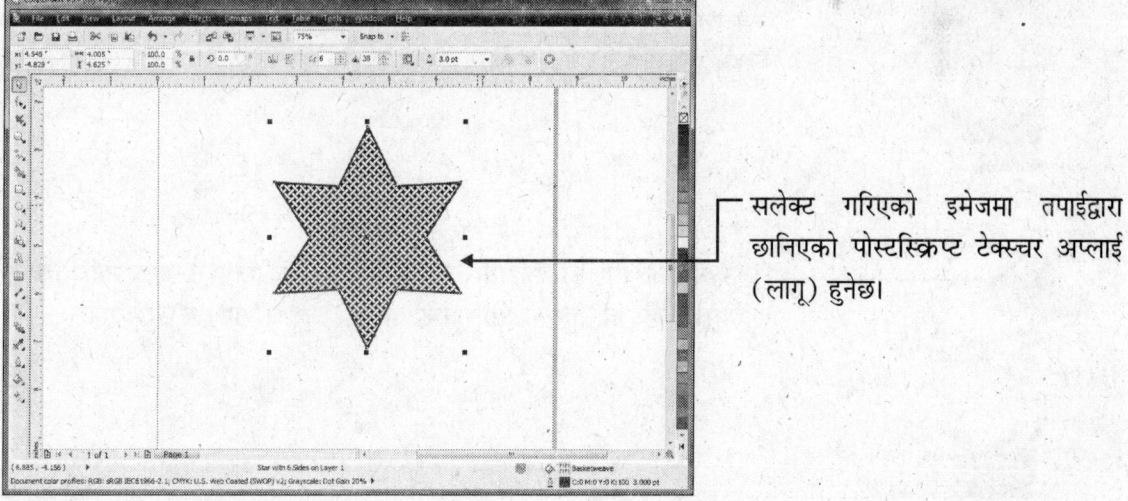

सलेक्ट गरिएको इमेजमा तपाईद्वारा छानिएको पोस्टस्क्रिप्ट टेक्स्चर अप्लाई (लागू) हुनेछ।

फिल टूल मिलाउन

आब्जेक्टमा एक पछि अर्को कलर जोड्न अथवा त्यसमा शेड (छाया) हाल्नको लागि तपाई इंटरेक्टि मेस फिल टूलको प्रयोग गर्न सक्नुहुन्छ। इंटरेक्टि मेस फिल टूल सलेक्ट गरिएको आब्जेक्टमा ग्रिडको सुपरइंपोजिंगद्वारा काम गर्दछ। यसमा ग्रिडको इंसर्शन प्वाइंट नोड्ससंग जोडिएर रहन्छ जसलाई शेप टूलको सहायताले एडजस्ट गर्न सकिन्छ। तपाई ग्रिडमा कुनै पनि कलर शामिल गर्न सक्नुहुन्छ जुन नोड्सले वा पैच (ग्रिडको विभिन्न भाग) बाट चारैतिर फैलिन्छ।

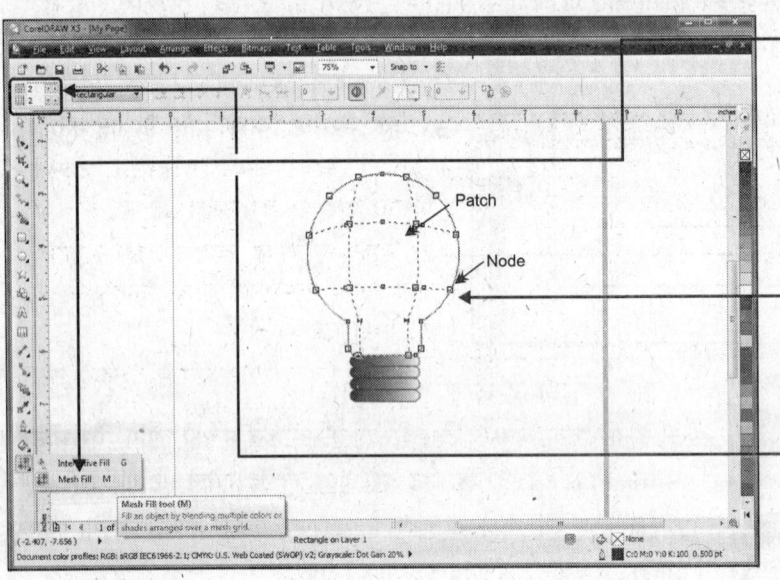

1. टूलबॉक्समा गएर इंटरेक्टिव फिल फ्लाईआउटबाट **'मेस फिल टूल'** सलेक्ट गर्नुहोस्।

2. जुन **'आब्जेक्ट'** तपाई फिल गर्न चाहनुहुन्छ, त्यो क्लिक गर्नुहोस्।
आब्जेक्टको चारैतिर एउटा सुपरइंपोज्ड मेस (जाली) बदन्छ।

3. ऑप्शनल (वैकल्पिक) : प्रापर्टी बारमा ग्रिड साइज टेक्स्ट बाक्समा गएर तपाई ग्रिडको कॉलम वा पंक्तिहरुको संख्यामा बदलाव पनि गर्न सक्नुहुन्छ।

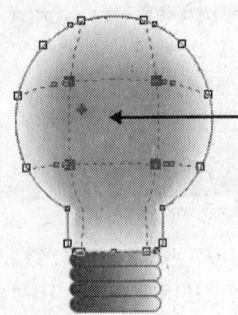

4. कलरलाई एड (शामिल) गर्नको लागि निम्नलिखित मध्ये यो कार्य गर्नुहोस्:

` पैचलाई सलेक्ट गर्नुहोस् र त्यसपछि कलर पैलेटमा गएर कलर माथि क्लिक गर्नुहोस्। पैच फिल हुनेछ र कलर मेसको चारैतिर फैलिन्छ।

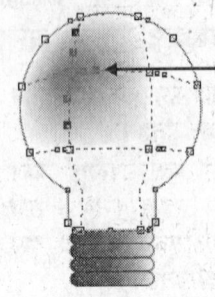

` कुनै नोडलाई सलेक्ट गर्नुहोस् र त्यसपछि कलर पैलेटमा कुनै कलर माथि क्लिक गर्नुहोस्। पैचको चारैतिर नोड्स भित्रको एरिया (क्षेत्र वा भाग) कलरले भर्दछ।

आर्टिस्टिक र पैराग्राफ टेक्स्ट तैयार गर्न

कुनै पनि वर्ड प्रोसेसिंग प्रोग्रामको सरह कोरल ड्रामा पनि तपाई टेक्स्टको लुक र शेपमा नियंत्रण राख्न सक्नुहुन्छ अर्थात तपाई टेक्स्टको साथमा धेरै प्रयोग गर्न सक्नुहुन्छ। तपाई कोरल ड्रामा टेक्स्टलाई एडिट गर्न सक्नुहुन्छ, त्यसलाई फार्मेट (रूप बदलिन) गर्न सक्नुहुन्छ वा आवश्यक्ता पर्दा टेक्स्टको साइज पनि बदलिन सक्नुहुन्छ।

कोरल ड्रा टेक्स्टलाई दुई प्रकारबाट डिफाइन (परिभाषित) गर्दछ : **'पैराग्राफ टेक्स्ट'** र **'आर्टिस्टिक टेक्स्ट'** तपाई पैराग्राफ टेक्स्टमा लामो र ठूलो टेक्स्टलाई सजिलैसंग एडिट गर्न सक्नुहुन्छ जबकि आर्टिस्टिक टेक्स्टमा लेटरबाट तपाई लेटरमा राम्रो आर्टिस्टिक (कलाकारी) इफेक्ट हाल्न सक्नुहुन्छ।

आर्टिस्टिक टेक्स्ट तैयार गर्न

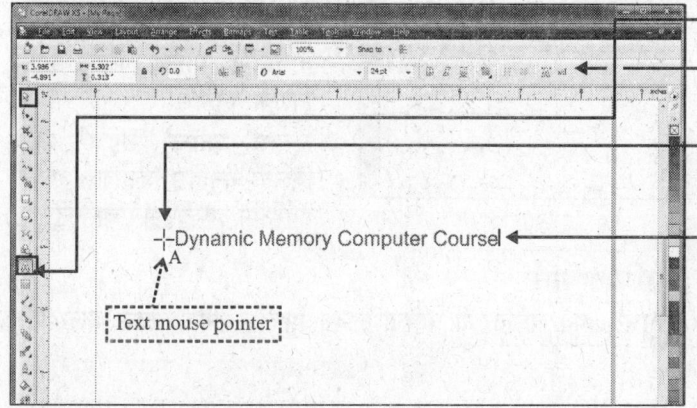

1. टूल बाक्समा **'टेक्स्ट'** क्लिक गर्नुहोस्।

'प्रापर्टी बार' अब **'एडिटिंग टेक्स्ट प्रापर्टी बार'** मा बदलिन्छ।

2. ड्राइंग एरियामा त्यस क्लिक गर्नुहोस् जहा तपाई टेक्स्टलाई लेख्न चाहनुहुन्छ र टाइप गर्न शुरू गर्नुहोस्।

3. आफ्नो टेक्स्ट टाइप गरेपछि, **'पिक'** टूल माथि क्लिक गर्नुहोस्। जब तपाई पिक टूल माथि क्लिक गर्नुहुन्छ तब तपाईद्वारा टाइप गरिएको टेक्स्टको चारैतिर छ वटा वर्गाकार सानो हैंडल बन्न जान्छ।

आर्टिस्टिक टेक्स्टको फॉन्ट बदलिन

सलेक्ट गरिएको पूरा टेक्स्ट बॉक्सको फॉन्ट बदलिन सक्नुहुन्छ वा तपाई आर्टिस्टिक टेक्स्ट आब्जेक्टको कुनै पनि निश्चित कैरेक्टर (अक्षर) को रूप (रंग र आकार) पनि बदलिन सक्नुहुन्छ।

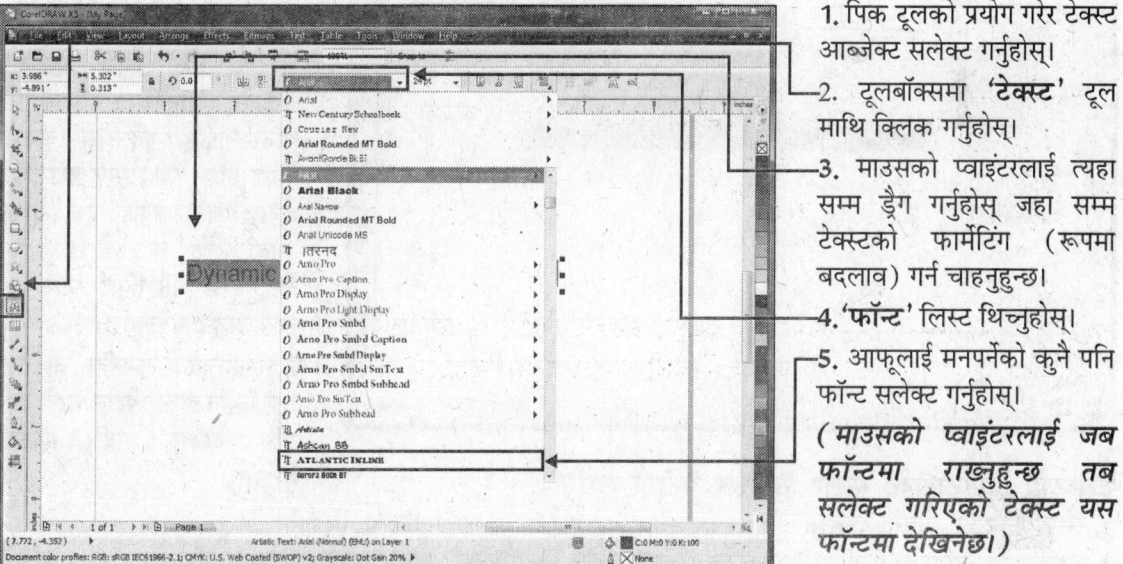

1. पिक टूलको प्रयोग गरेर टेक्स्ट आब्जेक्ट सलेक्ट गर्नुहोस्।

2. टूलबॉक्समा **'टेक्स्ट'** टूल माथि क्लिक गर्नुहोस्।

3. माउसको प्वाइंटरलाई त्यहा सम्म ड्रैग गर्नुहोस् जहा सम्म टेक्स्टको फार्मेटिंग (रूपमा बदलाव) गर्न चाहनुहुन्छ।

4. 'फॉन्ट' लिस्ट थिच्नुहोस्।

5. आफूलाई मनपर्नेको कुनै पनि फॉन्ट सलेक्ट गर्नुहोस्।

(माउसको प्वाइंटरलाई जब फॉन्टमा राख्नुहुन्छ तब सलेक्ट गरिएको टेक्स्ट यस फॉन्टमा देखिनेछ।)

फॉन्टको साइज (आकार) बदलिन

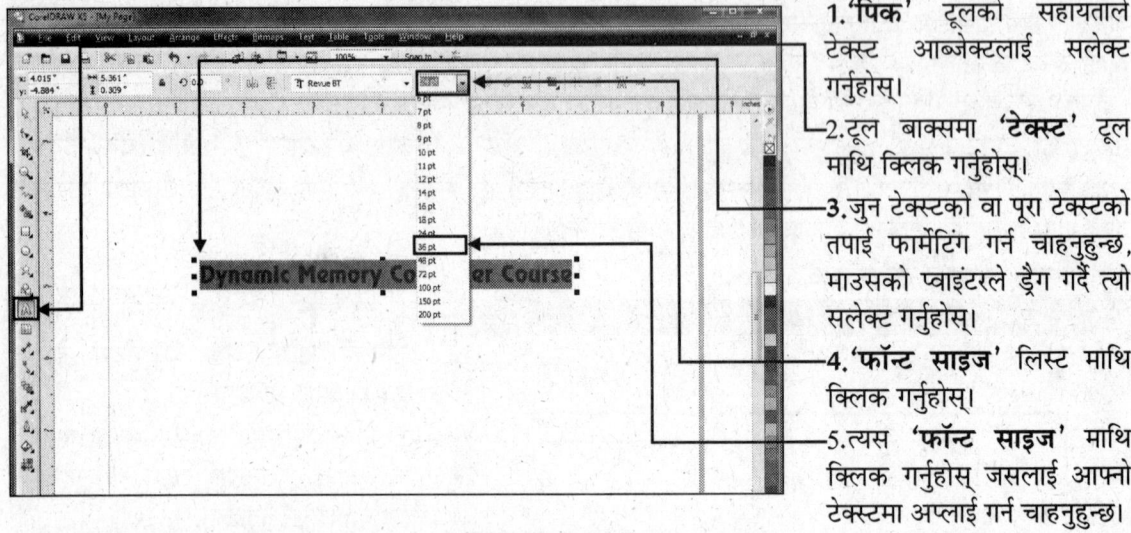

1.**'पिक'** टूलको सहायताले टेक्स्ट आब्जेक्टलाई सलेक्ट गर्नुहोस्।

2.टूल बाक्समा **'टेक्स्ट'** टूल माथि क्लिक गर्नुहोस्।

3.जुन टेक्स्टको वा पूरा टेक्स्टको तपाई फार्मेटिंग गर्न चाहनुहुन्छ, माउसको प्वाइंटरले ड्रैग गर्दै त्यो सलेक्ट गर्नुहोस्।

4.'फॉन्ट साइज' लिस्ट माथि क्लिक गर्नुहोस्।

5.त्यस **'फॉन्ट साइज'** माथि क्लिक गर्नुहोस् जसलाई आफ्नो टेक्स्टमा अप्लाई गर्न चाहनुहुन्छ।

टेक्स्ट फिल र आउटलाइन कलर शामिल गर्न

सम्पूर्ण आर्टिस्टिक टेक्स्ट वा कुनै विशेष लेटर (अक्षर) को चारैतिरको फ्रेममा टेस्क्ट फिल र आउटलाइन कलर पनि असाइन (लागू अथवा प्रयोग) गर्न सकिन्छ।

टेक्स्टमा फिल कलर शामिल गर्न

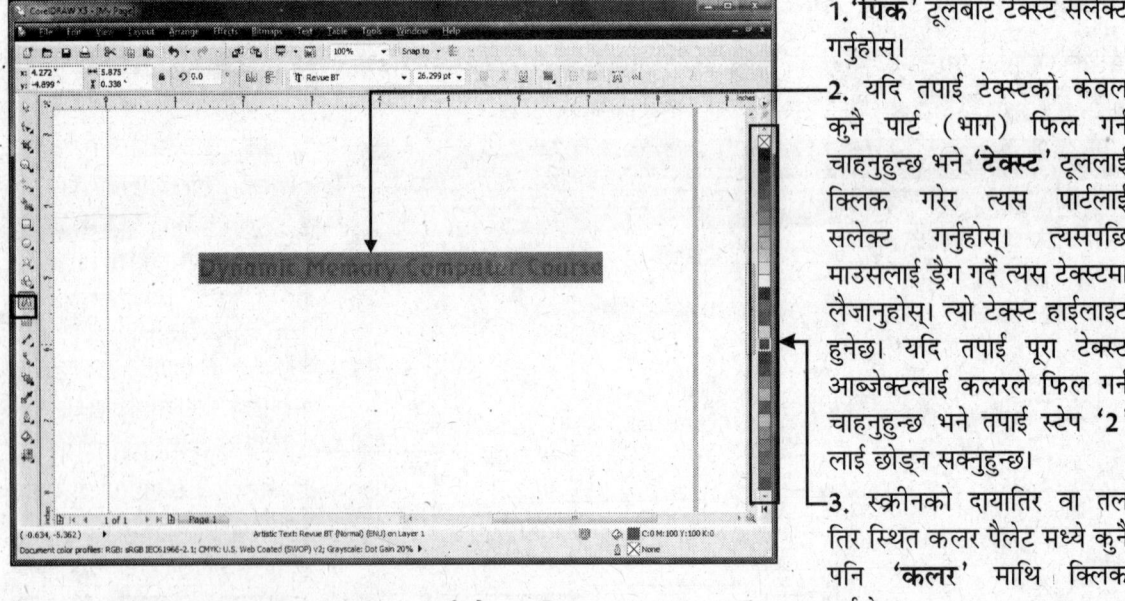

1. **'पिक'** टूलबाट टेक्स्ट सलेक्ट गर्नुहोस्।

2. यदि तपाई टेक्स्टको केवल कुनै पार्ट (भाग) फिल गर्न चाहनुहुन्छ भने **'टेक्स्ट'** टूललाई क्लिक गरेर त्यस पार्टलाई सलेक्ट गर्नुहोस्। त्यसपछि माउसलाई ड्रैग गर्दै त्यस टेक्स्टमा लैजानुहोस्। त्यो टेक्स्ट हाईलाइट हुनेछ। यदि तपाई पूरा टेक्स्ट आब्जेक्टलाई कलरले फिल गर्न चाहनुहुन्छ भने तपाई स्टेप **'2'** लाई छोड्न सक्नुहुन्छ।

3. स्क्रीनको दायातिर वा तल तिर स्थित कलर पैलेट मध्ये कुनै पनि **'कलर'** माथि क्लिक गर्नुहोस्।

टेक्स्टमा आउटलाइन कलर शामिल गर्नको लागि

1. स्टेप **'1'** र **'2'** दोहराउनुहोस्।

2. स्क्रीनको दायातिर वा तलतिर स्थित कलर पैलेटबाट कुनै पनि **'कलर'** माथि **'राइट क्लिक'** गर्नुहोस्।

पैराग्राफ टेक्स्ट

कोरल ड्राको पैराग्राफ टेक्स्ट फीचरले माडर्न वर्ड प्रोसेसरको सबै खूबिहरु वा शक्तिहरु उपलब्ध गराउछ। स्पेल चेक फीचरमा गलत शब्दको तल स्यंम नै अंडरलाइन हुन जान्छ जब तपाई कुनै टेक्स्ट टाइप गर्नुहुन्छ। स्पेल चेकले धेरै शब्दलाई स्यंम नै ठीक गर्दछ। यरनीहरु भन्दा फरक हामीले आफ्नो इच्छाको अनुसार टेक्स्टलाई कुनै पनि शेप (आकार) दिन सक्नुहुन्छ।

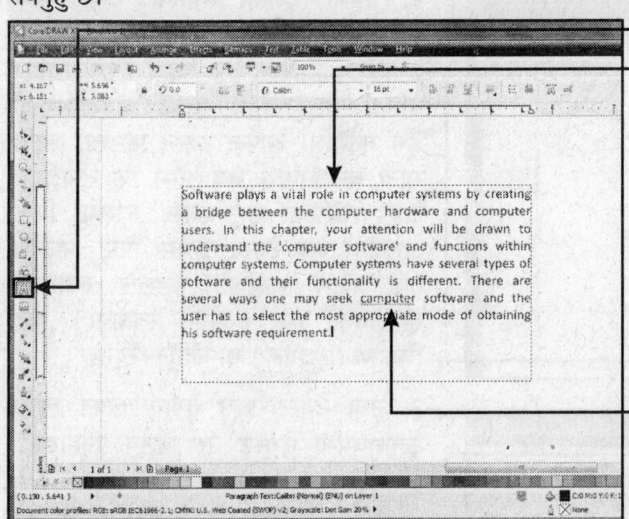

1. **'टेक्स्ट'** टूल माथि क्लिक गर्नुहोस्।
2. ड्राइंग विंडोमा रेक्टेंगल (आयत) बनाउनको लागि माउसलाई **'ड्रैग'** गर्नुहोस्।
3. यस आयतमा कुनै पनि टेक्स्ट टाइप गर्नुहोस्।

टाइप गर्ने दौरान जब तपाई लाइनको अंतमा पुग्नुहुन्छ तब टेक्स्ट आफै नै अर्को लाइनमा पुग्छ वा स्यंम नै आउछ।

यदि तपाई कुनै नया पैराग्राफ शुरू गर्न चाहनुहुन्छ, तपाईले तब केवल **'एंटर'** बटन थिच्नुपर्ने हुन्छ वा थिच्नुपर्छ ।

4. टाइपिंगको दौरान गलत टाइप भएको शब्दको तल एउटा रातो रंगको लाइन आउछ।
5. टाइपिंग समाप्त गरेपछि टेक्स्ट फ्रेम सलेक्ट गर्नको लागि **'पिक'** टूल माथि क्लिक गर्नुहोस्।

फार्मेट टेक्स्ट डायलॉग बाक्सको प्रयोगबाट तपाई लाइन, शब्द, अक्षर वा पैराग्राफको बीचको स्पेस पनि एडजस्ट गर्न सक्नुहुन्छ।

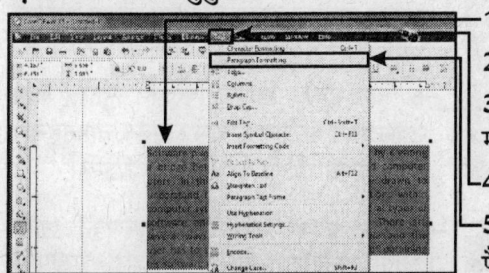

1. **'पिक'** टूलबाट पैराग्राफ टेक्स्ट फ्रेमलाई सलेक्ट गर्नुहोस्।
2. टूलबाक्समा **'टेक्स्ट'** टूल माथि क्लिक गर्नुहोस्।
3. टेक्स्ट सलेक्ट गर्नको लागि माउसको प्वाइंटरलाई ड्रैग गरेर यसलाई माथि लिएर आउनुहोस्। टेक्स्ट स्यंम नै हाईलाइट हुनेछ।
4. **'टेक्स्ट'** मीनू माथि क्लिक गर्नुहोस्। टेक्स्ट मीनू देखिन थाल्छ।
5. **'पैराग्राफ फार्मेटिंग'** माथि क्लिक गर्नुहोस्।

पैराग्राफ फार्मेटिंग डॉकर देखिनेछ।

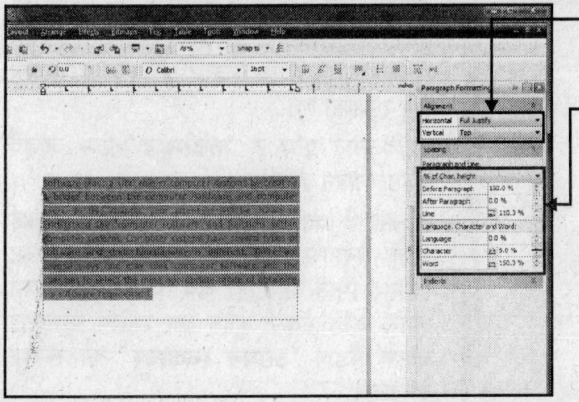

6. यस एरिया माथि क्लिक गर्नुहोस् र हौरीजोंटल (क्षैतिज) र वर्टिकल (लंबवत) अलाइन्मेंट सेट गर्नुहोस्।
7. अक्षर, लाइन र शब्दको लागि **'कैरेक्टर'**, **'लाइन'**, र 'वर्ड' को लागि उपयुक्त चौड़ाई टाइप गर्नुहोस्।

उदाहरण : यहा हामीले कैरेक्टर स्पेसिंग 5, वर्ड 150, बिफोर पैराग्राफ 150 र लाइन स्पेसिंग 110 बदलेका छौं।

यो सेटिंग गरेपछि तपाई जसरी नै टाइप गर्नुहुन्छ, कोरल ड्राले त्यस समय त्यस सेटिंगलाई अप्लाई गर्दछ।

8. **'क्लोज' (X)** बटन क्लिक गरेर डॉकरलाई बंद गर्नुहोस्।

फ्रेमको बीचमा टेक्स्ट हाल्न

पेजमा स्पेसको कमीको कारण धैरै पटक पूरा टेक्स्ट एउटै फ्रेममा फिट हुदैन्। यस्तो स्थितिमा तपाई त्यसलाई एउटा फ्रेमबाट अर्को फ्रेममा लैजान सक्नुहुन्छ। लेयिंग आउट प्रजेंटेशन र धैरै फ्रेममा बनेको टेक्स्ट डाक्यूमेंटको लागि यो तकनीक धैरै आवश्यक हुन्छ।

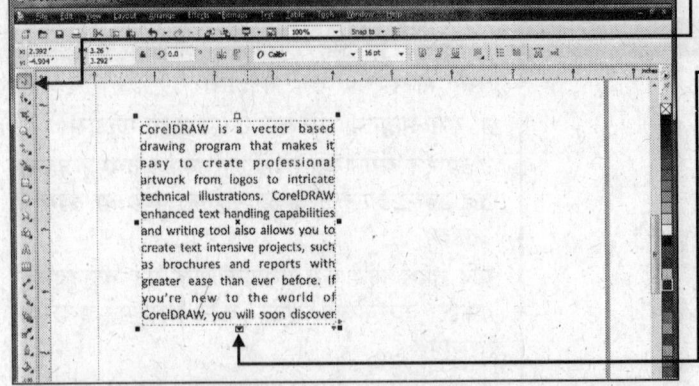

1. **'पिक'** टूलको प्रयोगबाट टेक्स्ट फ्रेम सलेक्ट गर्नुहोस्।

2. बॉटम हैंडल (शेप साइज हैंडल नभएर बल्कि रेगुलर बॉटम साइजिंग हैंडल) लाई ड्रैग गर्नुहोस्। आफ्नो टेक्स्ट फ्रेमलाई त्यति सानो बनाउनुहोस् जब सम्म कि तपाईद्वारा टाइप गरिएको पूरा टेक्स्ट त्यसमा फिट आउदैन्। जब टेक्स्ट फ्रेममा फिट आउदैन् तब बॉटम साइजिंग हैंडलले त्यसलाई खोलिएको वर्ग (ओपन स्क्वायर) बाट त्रिकोण (ट्राइंगल) मा बदलिन दिन्छ।

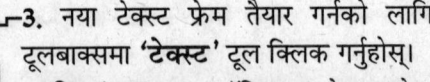

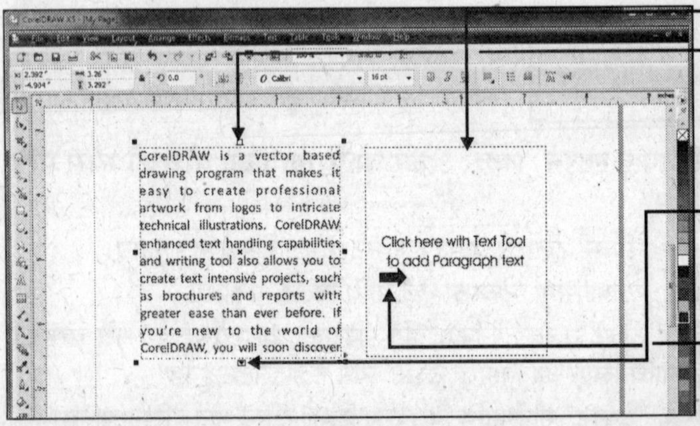

3. नया टेक्स्ट फ्रेम तैयार गर्नको लागि टूलबाक्समा **'टेक्स्ट'** टूल क्लिक गर्नुहोस्।

4. **'पिक'** टूलबाट ऑरिजनल टेक्स्ट फ्रेम (ओवरलोड टेक्स्टको साथमा) सलेक्ट गर्नुहोस्। र,

5. फ्रेममा जुन टेक्स्ट फिट आउदैन् त्यो **लोड** गर्नको लागि फ्रेमको बॉटममा मौजूद ट्राइंगल माथि क्लिक गर्नुहोस्।

6. नया टेक्स्ट फ्रेममा क्लिक गर्नुहोस् जहा टेक्स्टलाई कंटीन्यू (जारी) राख्न चाहनुहुन्छ। एउटा ठूलो कालो एरो (तीर) देखिन्छ।

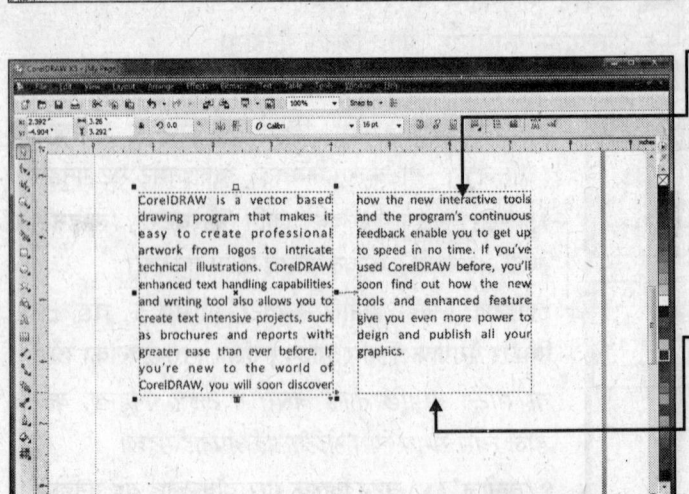

7. नया फ्रेममा टेक्स्टलाई हाल्नको लागि क्लिक गर्नुहोस्। टेक्स्टलाई जारी राखेपछि पहिला टेक्स्ट फ्रेमको बॉटम हैंडल लाइनसंगै एउटा बॉक्सलाई डिस्प्ले गर्दछ। यसको मतबल यो हुन्छ कि टेक्स्ट अहिले पूरा भएको छैन् र बाकी छ।

*ऑरिजनल फ्रेम र **'कंटीन्यूड'** फ्रेम जोड्दै एउटा लाइन देखिन्छ।*

8. आवश्यक्ता अनुसार अर्को टेक्स्ट फ्रेमलाई ठूलो गर्नुहोस्। जब सम्म कि पूरा टेक्स्ट त्यसमा फिट आउदैन्। जब त्यसमा डिस्प्लेको लागि केहि टेक्स्ट हुदैन् तब अंतिम फ्रेमलाई बॉटम हैंडल **'ओपन स्क्वायर'** को रूपमा देखिन्छ।

पाथमा टेक्स्ट फिट गर्न

तपाईले आर्टिस्टिक टेक्स्टलाई ओपन आब्जेक्ट (जस्तै लाइन) वा क्लोज आब्जेक्ट (जस्तै वर्ग) को चारैतिरको पाथ (बाटो) मा पनि राख्न सक्नुहुन्छ।

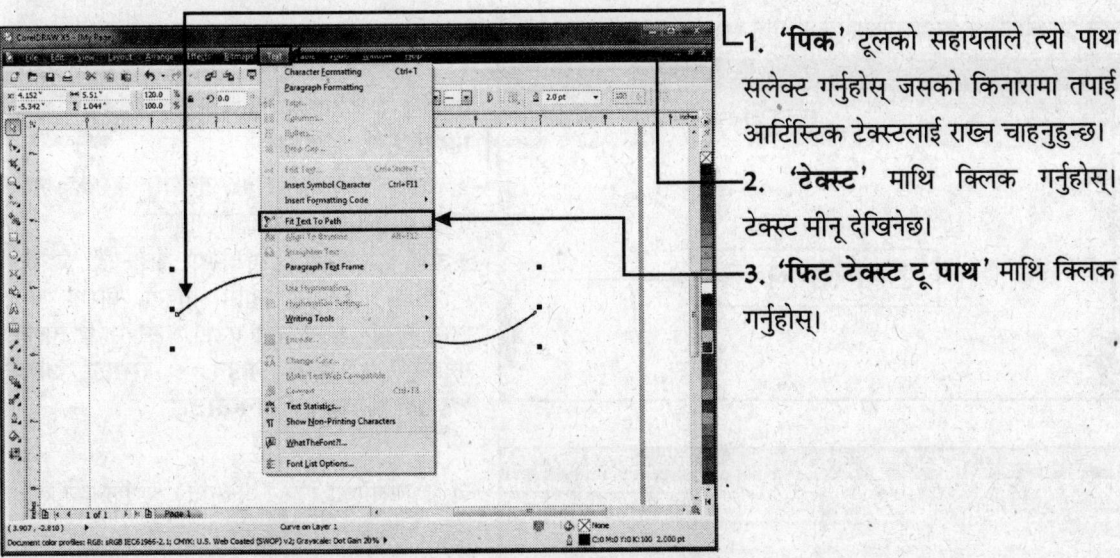

1. **'पिक'** टूलको सहायताले त्यो पाथ सलेक्ट गर्नुहोस् जसको किनारामा तपाई आर्टिस्टिक टेक्स्टलाई राख्न चाहनुहुन्छ।
2. **'टेक्स्ट'** माथि क्लिक गर्नुहोस्। टेक्स्ट मीनू देखिनेछ।
3. **'फिट टेक्स्ट टू पाथ'** माथि क्लिक गर्नुहोस्।

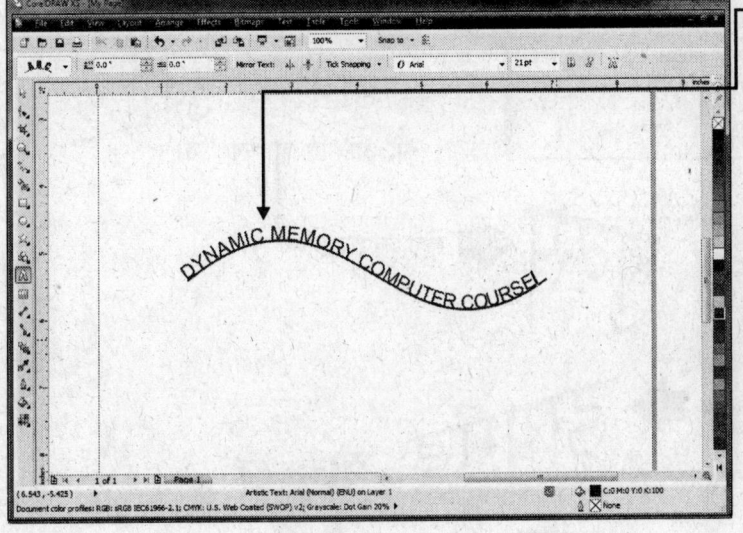

4. अब तपाई आफ्नो आब्जेक्टको किनारोमा टाइप गर्न शुरू गर्नुहोस्।

इनवलप (खाम वा कवर पेज) क्रिएट गर्न

तपाईले इनवलप अप्लाई गरेर आब्जेक्टलाई इनवलपको रूपमा परिवर्तित गर्न सक्नुहुन्छ र त्यसलाई इनवलपको शेप (आकृति) दिन सक्नुहुन्छ। तपाईले पहिला देखि सेट वा बेसिक इनवलपलाई अप्लाई गर्न सक्नुहुन्छ। आफ्नो ड्राइंगमा तपाई कुनै आब्जेक्टबाट इनवलपलाई कॉपी गर्न सक्नुहुन्छ र त्यसलाई अर्को आब्जेक्टमा पनि अप्लाई गर्न सक्नुहुन्छ।

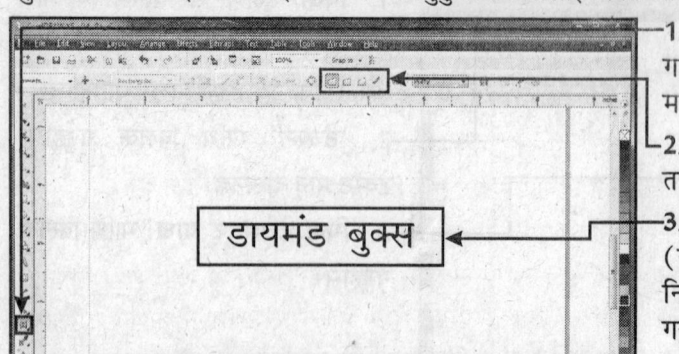

डायमंड बुक्स

1. **'इंटरेक्टिव टूल'** फ्लाईआउटलाई ओपन गर्नुहोस् र त्यसंपछि **'इंटरेक्टिव इनवलप टूल'** माथि क्लिक गर्नुहोस्।
2. त्यो आब्जेक्ट सलेक्ट गर्नुहोस् जसको लागि तपाई इनवलप तैयार गर्न चाहनुहुन्छ।
3. तपाईको अनुसार एडिटिंग मोडलाई इंडीकेट (देखाउन) गर्नको लागि प्रापर्टी बारमा गएर निम्नलिखित मध्ये कुनै एउटा बटन माथि क्लिक गर्नुहोस्। • **स्ट्रेट लाइन** • **सिंगल आर्क** • **डबल आर्क** • **अनकंस्ट्रेंड**

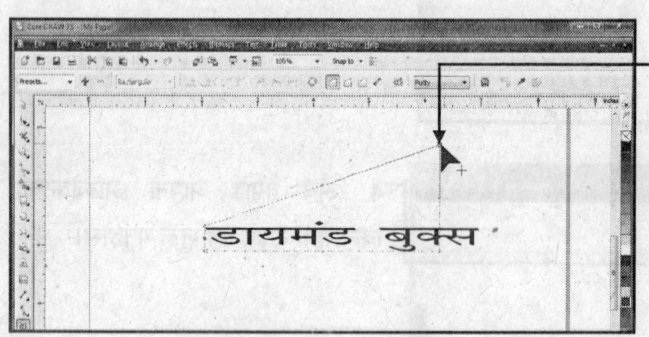

डायमंड बुक्स

4. इनवलपको शेप (आकृति) बदलिनको लागि नोड क्लिक गर्नुहोस् र ड्रैग गर्नुहोस्।
5. स्टेप '3' र '4' लाई तब सम्म दोहराउनुहोस् जब सम्म कि इनवलप तपाईको शेपमा आउदैन्।

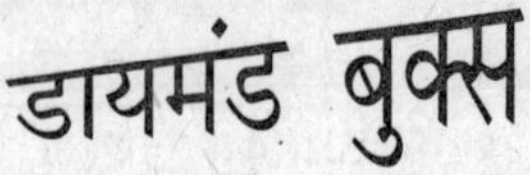

डायमंड बुक्स

यो आकृति इनवलप छ।

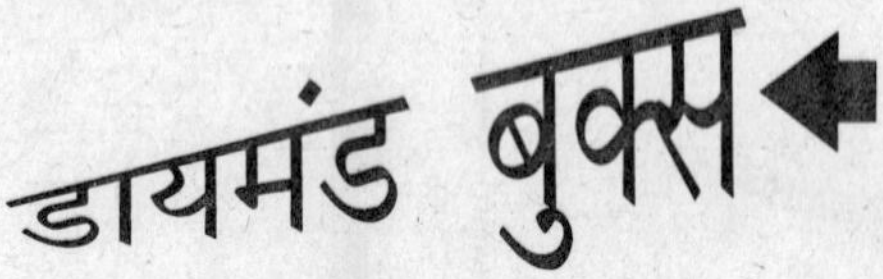

डायमंड बुक्स

स्ट्रेट लाइन इनवलप

सिंगल आर्क इनवलप

डायमंड बुक्स

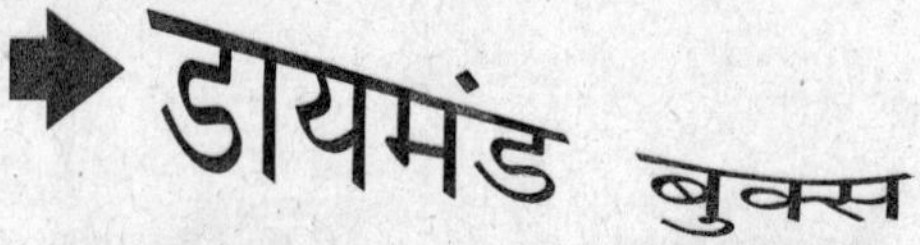

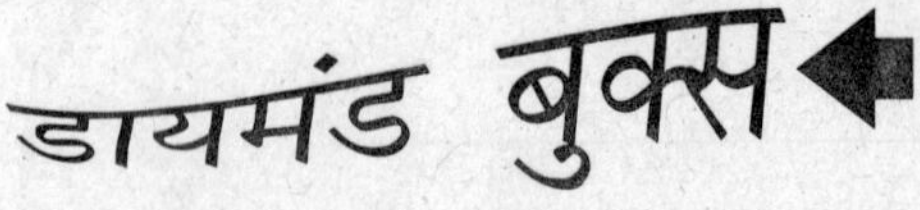

डायमंड बुक्स

डबल आर्क इनवलप

अनकंस्ट्रेंड इनवलप

डायमंड बुक्स

12 फोटोशॉप

फोटोशॉप : एडोब फोटोशॉप र सिंपल फोटोशॉप **'एडोब सिस्टम्स'** द्वारा विकसित र पब्लिश गरिएको ग्राफिक एडिटर हो, जसमा तपाई डिजिटल इमेज तैयार गर्न सक्नुहुन्छ, आपसमा मिलाउन सक्नुहुन्छ र मॉडीफाई गर्न सक्नुहुन्छ। यसमा ठूलो संख्यामा इमेज एडिटिंग फीचर्स शामिल हुन्छ। यस मध्ये एउटा धेरै नै राम्रो फीचर र शक्तिशाली फीचर्स **'फिल्टर'** हो। फोटोशॉपमा प्रिंट र इंटरनेट दुबैको लागि राम्रो इमेज (पिक्चर वा फोटो) तैयार गर्न सकिन्छ। फोटोशॉपको पेंटब्रश, एयरब्रश र पेंसिल टूलद्वारा तपाई आफ्नो इमेजको **'पिक्सल्स'** लाई सलेक्ट गरेर त्यसमा कलर र पैटर्न अप्लाई गर्न सक्नुहुन्छ। सॉलिड र सेमीट्रांसपेरेंट (पारदर्शी) कलर्सद्वारा तपाई आफ्नो सेक्शपमा एरो पनि फिल गर्न सक्नुहुन्छ।

फोटोशॉपको डोज, बर्न आदि टूल्स द्वारा तपाई आफ्नो इमेजको कुनै पनि पार्टको कलरलाई चम्किलो गर्न सक्नुहुन्छ, गहिरो रंगको गर्न सक्नुहुन्छ अथवा त्यसको शेड बदलिन सक्नुहुन्छ। फोटोशॉपमा तपाई आफ्नो इमेजमा 3डी शेड, शैडो ड्रॉपिंग र अन्य स्टाइल पनि सजिलैसंग अप्लाई गर्न सक्नुहुन्छ। आफ्नो कामलाई एडिट (संपादित) गरेपछि तपाई आफ्नो इमेजलाई धेरै प्रकारबाट प्रयोग गर्न सक्नुहुन्छ। फोटोशॉपमा तपाई आफ्नो इमेजको प्रिंट पनि निकाल्न सक्नुहुन्छ, त्यसलाई इंटरनेटमा कुनै पनि फार्मेटमा सेव (सुरक्षित) गर्न सक्नुहुन्छ। यस बाहेक पेज लेआउट प्रोग्रामको लागि त्यसलाई तपाई तैयार गर्न सक्नुहुन्छ।

फोटोशॉप शुरू गर्न

तपाई आफ्नो कंप्यूटरमा फोटोशॉप स्टार्ट गर्न सक्नुहुन्छ र डिजिटल इमेज तैयार अथवा एडिट गर्न सक्नुहुन्छ।

1. **'स्टार्ट'** बटन माथि क्लिक गर्नुहोस्।
2. **'ऑल प्रोग्राम'** माथि क्लिक गर्नुहोस्।
3. **'एडोब डिजाइन प्रीमियम सीएस5'** माथि क्लिक गर्नुहोस्।
4. **'एडोब फ़ोटोशॉप सीएस 5'** माथि क्लिक गर्नुहोस्।

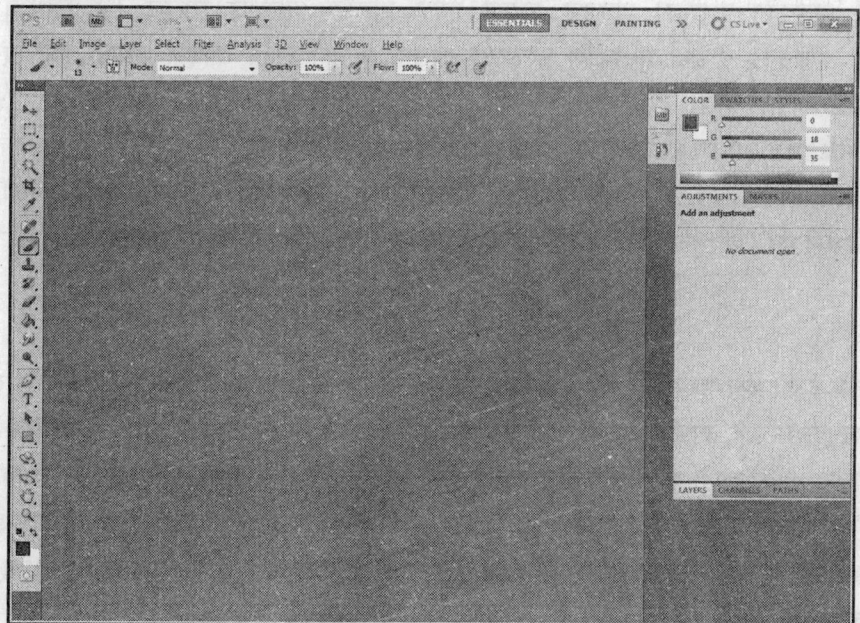

'एडोब फ़ोटोशॉप सीएस5 विंडो' देखिन्छ।

फोटोशॉप वर्कस्पेस (कार्यक्षेत्र)

फोटोशॉपमा आफ्नो डिजिटल इमेज ओपन गर्नको लागि र त्यसलाई एडिट गर्न अर्थात त्यसमा काम गर्नको लागि तपाईले विभिन्न टूल्स, मीनू कमांड्स र पैलेट माथि आधारित फीचर्सको प्रयोग गर्न सक्नुहुन्छ।

मेनू बार : यस मीनूमा फोटोशॉपको अधिकांश कमांड शामिल हुन्छ।

ऑप्शन बार : यसमा शामिल कंट्रोलको सहायताले तपाई टूलबाक्समा सलेक्ट गरिएको टूल्सलाई कस्टमाइज सक्नुहुन्छ।

टूलबॉक्स : यसमा धेरै आइकॉन देखिन्छ। जसबाट प्रत्येक इमेज एडिटिंग टूललाई रिप्रजेंट (प्रतिनिधित्व गर्न अथवा दर्शाउन) गर्दछ। अधिकांश टूल्सलाई अप्लाई गर्नको लागि तपाईले आफ्नो इमेजमां क्लिक गरेर ड्रैग गर्नुपर्ने हुन्छ।

इमेज विंडो : यसमा त्यो सबै इमेज शामिल हुन्छ जसलाई तपाई फोटोशॉपमा ओपन गर्नुहुन्छ।

पैनल्स : सानो विंडो हो जसले तपाईलाई कॉमन कमांडको सुविधा दिन्छ। पैनल्सलाई हाइड गर्न (लुकाउनको लागि) र डिस्प्ले गर्न (प्रदिर्शत गर्न) को लागि तपाई टैब र आइकॉन माथि क्लिक गर्न सक्नुहुन्छ।

फोटोशॉप टूलबॉक्स

फोटोशॉपको टूल्समा धेरै टूल्स हुन्छ। जस मध्ये कुनै पनि टूल माथि क्लिक गरेर तपाई त्यसलाई सलेक्ट गर्न सक्नुहुन्छ र आफ्नो इमेजमा काम गर्न सक्नुहुन्छ। यदि तपाई माउसको कर्सरलाई टूल माथि राखेर छोड्नुहुन्छ भने एडोब फोटोशॉपले त्यस टूलको नाम र टूल्सले काम गर्नको लागि की-बोर्डको शार्टकट डिस्प्ले गर्दछ। केहि टूल्स यसमा टूल समूहको रूपमा हुन्छ। टूलको तल दायाँ तिर कालो एरो आउदा थाहा हुन्छ कि यसको पछाडि धेरै टूल्सहरु छ। जस मध्ये कुनै पनि टूल्सलाई सलेक्ट गर्न तपाई माउसलाई त्यस माथि क्लिक गरेर केहि सेकेंडको लागि होल्ड राख्नुहोस् र त्यस टूलमा लैजानुहोस्, जसलाई तपाई प्रयोग गर्न चाहनुहुन्छ।

की-बोर्ड शार्टकटको साथमा एडोब फोटोशॉपको टूल्स

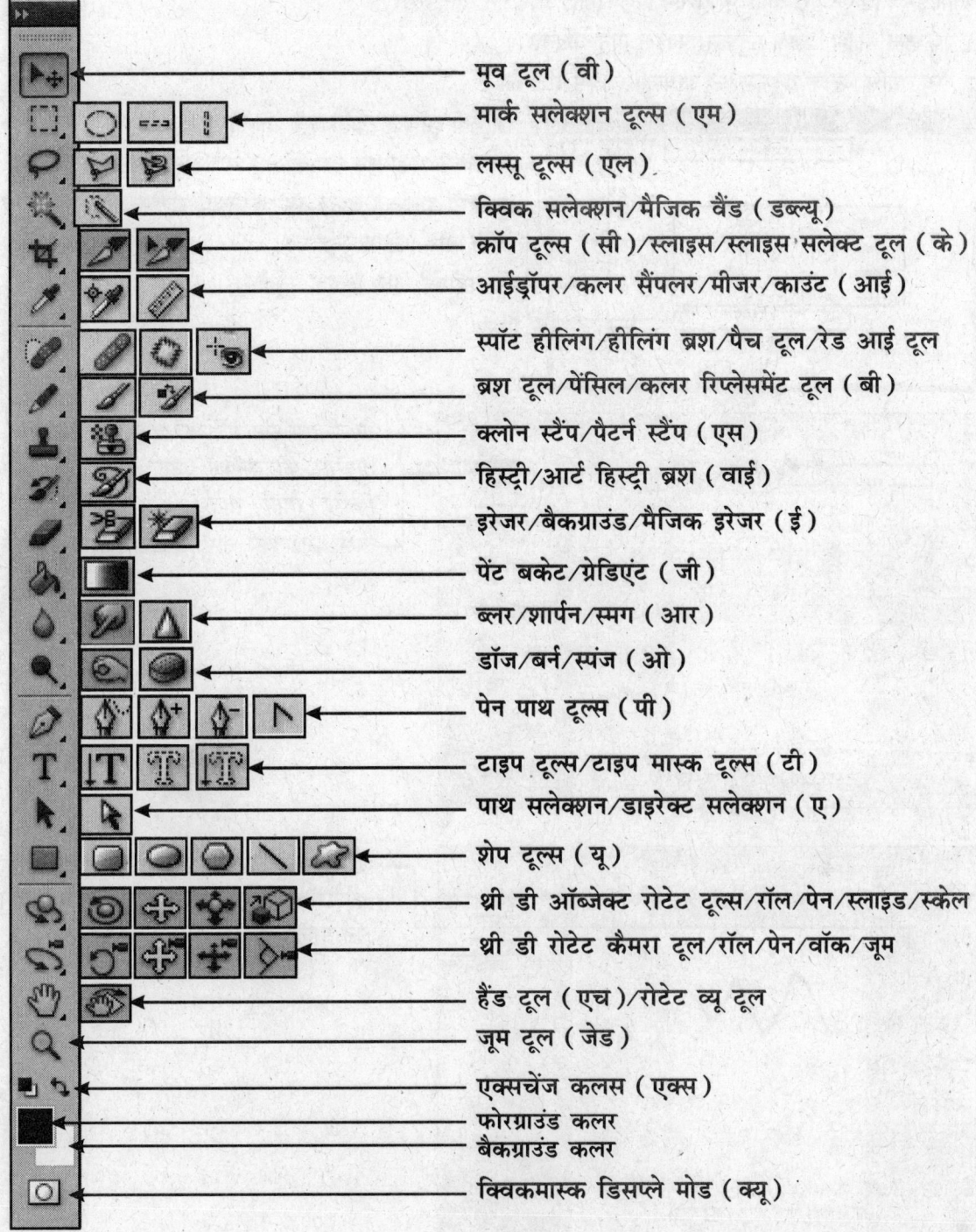

नया इमेज विंडोलाई क्रिएट (तैयार) गर्न

ब्लैंक इमेज क्रिएट गरेर तपाई फोटोशॉप प्रोजेक्टलाई स्टार्ट गर्न सक्नुहुन्छ।

1. **'फाइल'** माथि क्लिक गर्नुहोस्। फाइल मीनू देखिनेछ।
2. **'न्यू'** माथि क्लिक गर्नुहोस्। न्यू डायलॉग बाक्स देखिन्छ।

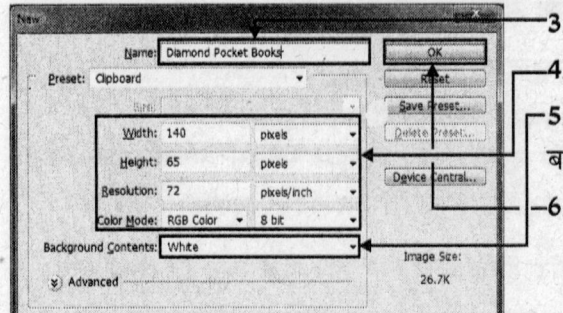

3. नयाँ इमेजको लागि कुनै पनि नाम टाइप गर्नुहोस्।
4. जरूरी डाइमेंशन (आकार) र रिजॉल्यूशन टाइप गर्नुहोस्।
5. नयाँ इमेजको बैकग्राउंड कंटेटलाई सलेक्ट गर्न डाउन एरो बटन माथि क्लिक गर्नुहोस्।
6. **'ओके'** माथि क्लिक गर्नुहोस्।

तपाई द्वारा सेट गरिएको डाइमेंशन (आकार) अनुसार फोटोशॉपले एउटा नयाँ इमेज विंडो क्रिएट (तैयार) गर्दछ।

त्यस फाइलको नाम टाइटल बारमा डिस्प्ले हुन्छ।

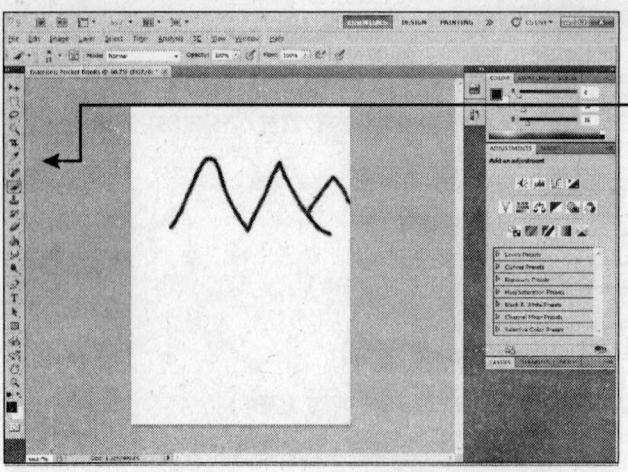

7. आफ्नो इमेज क्रिएट (तैयार) गर्नको लागि फोटोशॉपको टूल र कमांड अब तपाई प्रयोग गर्न सक्नुहुन्छ।

कुनै इमेज ओपन गर्न अर्थात खोल्न

फोटोशॉपमा तपाई कंप्यूटरमा मौजद कुनै पनि इमेज ओपन गर्न सक्नुहुन्छ।

1. **'फाइल'** माथि क्लिक गर्नुहोस्। फाइल मीनू ओपन हुनेछ।
2. **'ओपन'** माथि क्लिक गर्नुहोस्। ओपन डायलॉग बाक्स देखिन्छ।

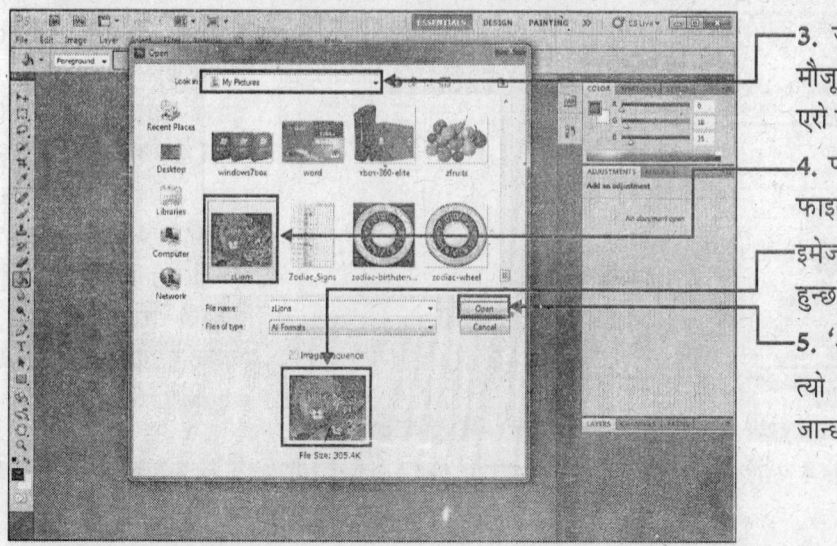

3. जुन फोल्डरमा तपाईको फाइल मौजूद छ, त्यो हेर्नको लागि डाउन एरो माथि क्लिक गर्नुहोस्।
4. फाइल ओपन गर्नको लागि त्यस फाइल नेम माथि क्लिक गर्नुहोस्।

इमेजको एउआ **'प्रीव्यू'** डिस्प्ले हुन्छ अर्थात देखिन्छ।

5. **'ओपन'** माथि क्लिक गर्नुहोस्।

त्यो इमेज फोटोशॉपमा ओपन हुन जान्छ अर्थात खोलिन्छ।

फोटोशॉपले इमेजलाई नयाँ विंडोमा ओपन गर्दछ।

फाइलको नाम टाइटल बारमा देखिनेछ।

स्क्रीनमा इमेजको साइज (आकार) बदलिन

कंप्यूटरको स्क्रीनमा इमेजको साइजमा पनि बदलाव गर्न सक्नुहुन्छ।

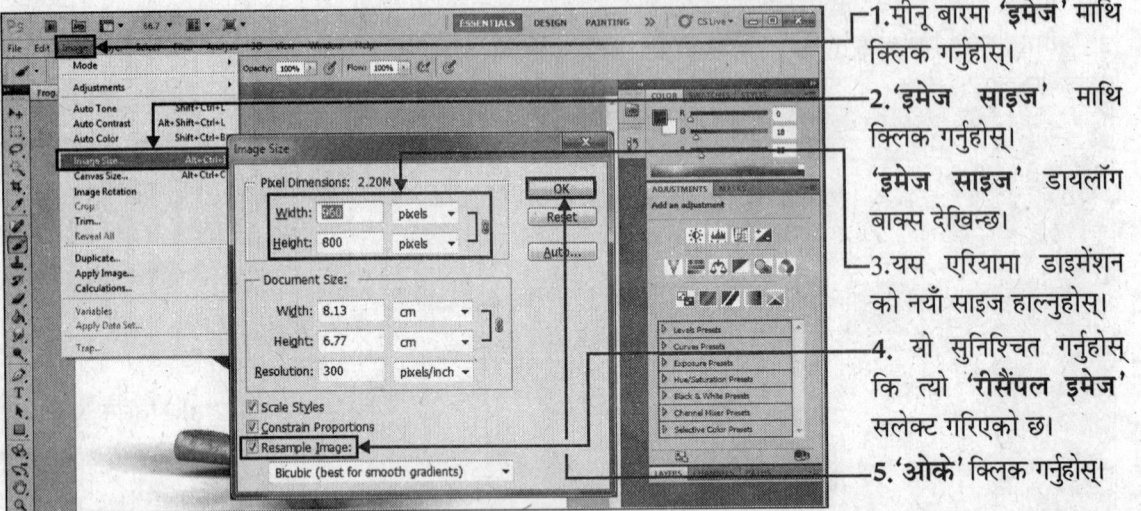

1. मीनू बारमा **'इमेज'** माथि क्लिक गर्नुहोस्।
2. **'इमेज साइज'** माथि क्लिक गर्नुहोस्। **'इमेज साइज'** डायलॉग बाक्स देखिन्छ।
3. यस एरियामा डाइमेंशन को नयाँ साइज हाल्नुहोस्।
4. यो सुनिश्चित गर्नुहोस् कि त्यो **'रीसैंपल इमेज'** सलेक्ट गरिएको छ।
5. **'ओके'** क्लिक गर्नुहोस्।

फ्फोटोशॉपले त्यस इमेजको साइज बदलिदिन्छ। तपाईले यो तब गर्नुपर्छ जब इमेजको साइज धेरै ठूलो हुन्छ वा धेरै सानो हुन्छ।

इमेजको प्रिंट साइज बदलिन

निम्नलिखित कमांड दिएर तपाई प्रिंटको साइज पनि बदलिन सक्नुहुन्छ।

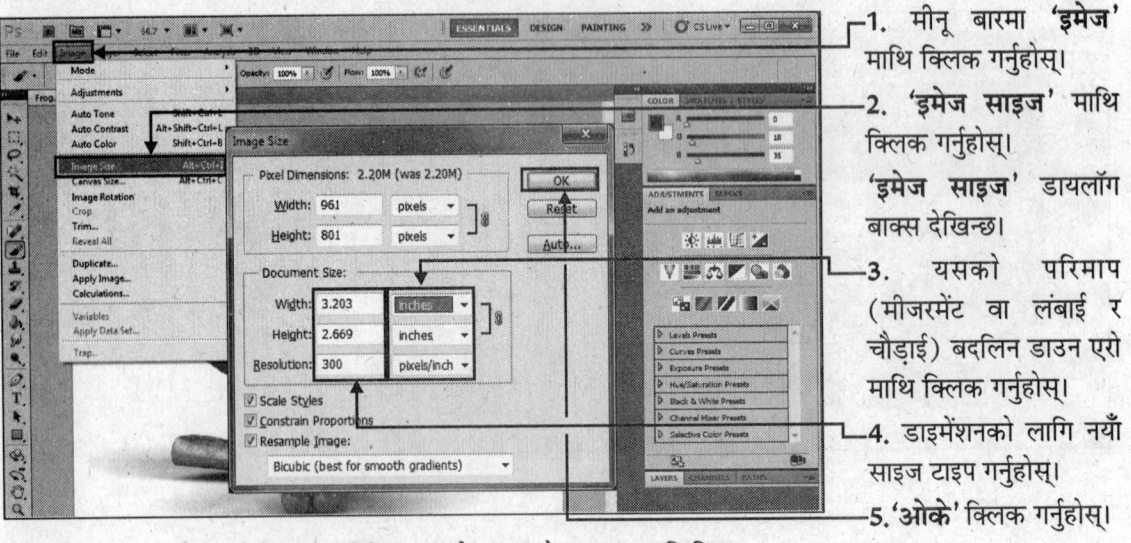

1. मीनू बारमा **'इमेज'** माथि क्लिक गर्नुहोस्।
2. **'इमेज साइज'** माथि क्लिक गर्नुहोस्। **'इमेज साइज'** डायलॉग बाक्स देखिन्छ।
3. यसको परिमाप (मीजरमेंट वा लंबाई र चौड़ाई) बदलिन डाउन एरो माथि क्लिक गर्नुहोस्।
4. डाइमेंशनको लागि नयाँ साइज टाइप गर्नुहोस्।
5. **'ओके'** क्लिक गर्नुहोस्।

फोटोशॉपले त्यस इमेजलाई रीसाइज गरिदिन्छ अर्थात त्यसको आकार बदलिदिन्छ।

इमेजको कैनवॉस साइजलाई बदलिन

इमेजको साइड (किनारहरु) मा खाली स्पेसलाई शामिल गर्नको लागि इमेजको कैनवास साइज पनि बदलिन सक्नुहुन्छ।

1. मीनू बारमा **'इमेज'** माथि क्लिक गर्नुहोस्।
2. **'कैनवास साइज'** माथि क्लिक गर्नुहोस्।

'कैनवास' साइज डायलॉग बाक्स देखिनेछ।

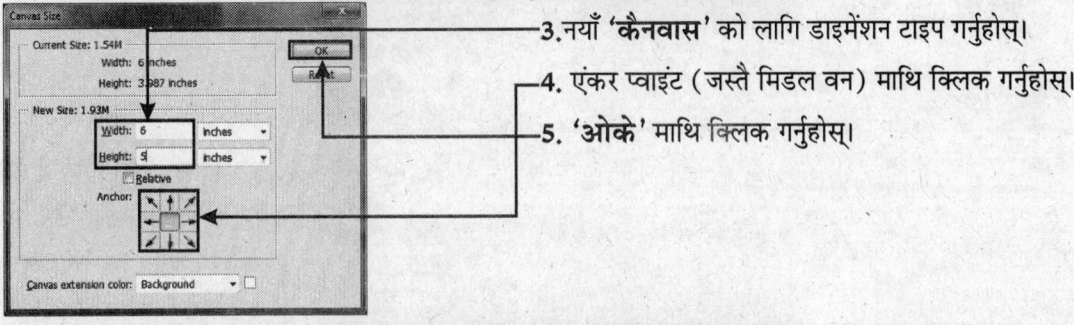

3. नयाँ **'कैनवास'** को लागि डाइमेंशन टाइप गर्नुहोस्।
4. एंकर प्वाइंट (जस्तै मिडल वन) माथि क्लिक गर्नुहोस्।
5. **'ओके'** माथि क्लिक गर्नुहोस्।

फोटोशॉपले इमेजको कैनवास साइजमा बदलिनेछ।

किनकि तपाईले मिडल एंकर प्वाइंट सलेक्ट गर्नु भएको छ त्यसैले कैनवासको साइज दुबै विपरीत दिशाहरुमा समान रूपबाट बदलाव गर्दछ।

इमेजको क्रॉप गर्नु अर्थात सानो-ठुलो गर्नु

क्रॉप टूलको सहायताले तपाई इमेजको साइज बदल्न सक्नुहुन्छ अर्थात त्यसलाई सानो-ठुलो गर्न सक्नुहुन्छ।

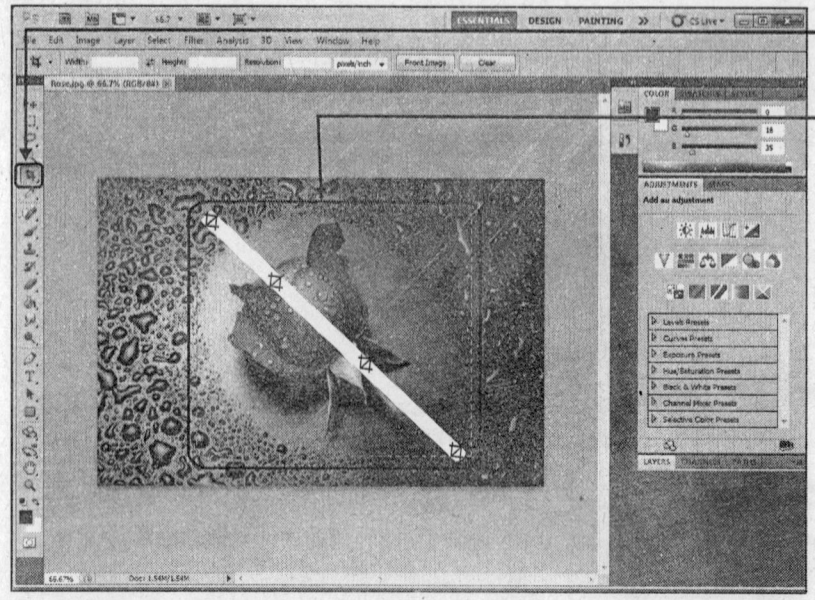

1. 'क्रॉप टूल' (ध्‍) माथि क्लिक गर्नुहोस्।
2. इमेजको जुन एरियालाई तपाई राख्न चाहनु हुन्छ, त्यहा सम्म माउसको प्वाइंटरलाई ड्रैग गर्दै लैजानुहोस्।

3. तपाई किनाराको हैंडल माथि क्लिक गरेर ड्रैग गर्दै क्रॉपिंग बाउंड्रीको साइजलाई एडजस्ट (समायोजित अथवा सेट) गर्न सक्नुहुन्छ।
4. 'राइट बटन' मा क्लिक गर्नुहोस् वा की-बोर्डबाट 'एंटर' बटन दबाउनुहोस्। क्रॉपिंग प्रोसेस (प्रक्रिया) बाट हटाउनको लागि वा बाहिर निस्कनको लागि की-बोर्ड बाट एस्केप (ईएससी) बटन थिच्नुहोस्।

फोटोशॉप इमेजलाई क्रॉप गरिदिन्छ र क्रॉपिंग बाउंड्रीको बाहरको पिक्सल्स डिलीट हुन जान्छ।

जूम टूल

जूम टूलको सहायताले तपाई आफ्नो इमेजलाई ठूलो गरेर हेर्न सक्नुहुन्छ।

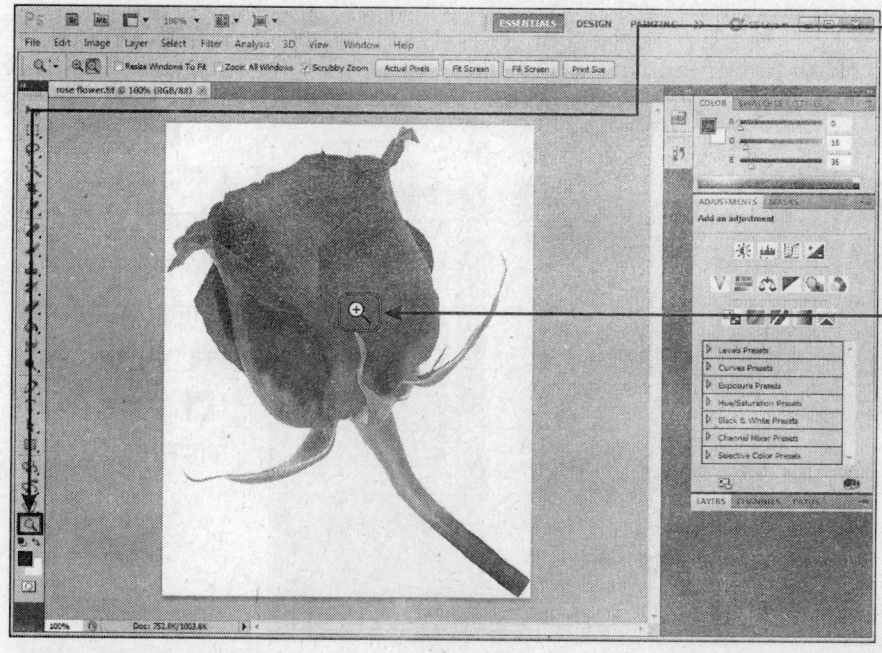

1. **'जूम टूल'** ( ) मा क्लिक गर्नुहोस्।

2. त्यस इमेज माथि क्लिक गर्नुहोस्, जसलाई तपाई ठूलो गरेर हेर्न चाहनुहुन्छ।

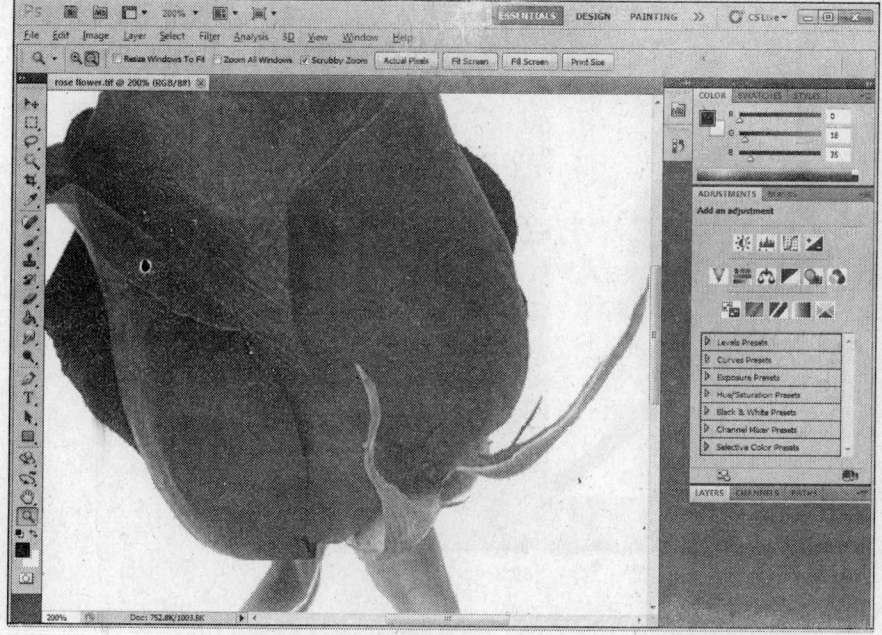

फोटोशॉपले त्यस इमेजलाई ठूलो गरेर देखिन थाल्छ।

*इमेजलाई सानो गरेर हेर्नको लागि जूम टूल ( ) लाई क्लिक गरेपछि की-बोर्डबाट **'अल्ट'** बटनलाई दबाएर होल्ड राख्नुहोस् अर्थात थिचेर राख्नुहोस् र इमेजमा क्लिक गर्नुहोस्।*

स्क्रीनको मोडलाई बदल्नु

स्क्रीनमा आफ्नो वक्रस्पेस (कार्यक्षेत्र)को लुकलाई बदल्नको लागि तपाई स्क्रीन मोडलाई पनि बदल्न सक्नुहुन्छ।

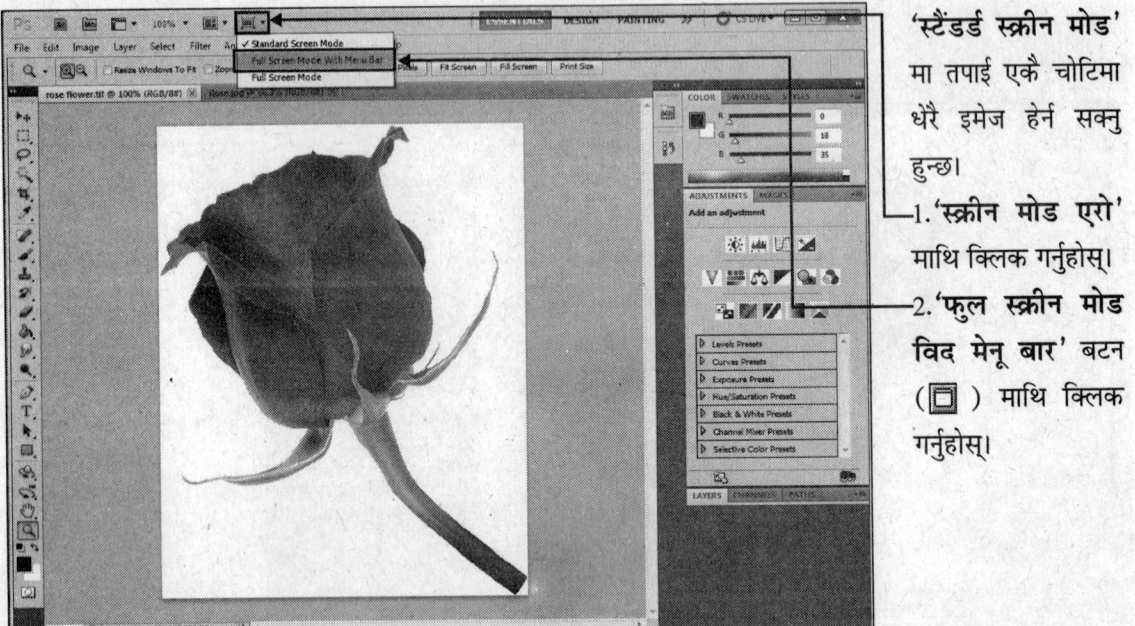

'स्टैंडर्ड स्क्रीन मोड' मा तपाई एकै चोटिमा धेरै इमेज हेर्न सक्नु हुन्छ।

1. **'स्क्रीन मोड एरो'** माथि क्लिक गर्नुहोस्।
2. **'फुल स्क्रीन मोड विद मेनू बार'** बटन ( ) माथि क्लिक गर्नुहोस्।

फोटोशॉप तपाईको करेंट (वर्तमान) इमेज विंडोलाई ब्लैंक र फुलस्क्रीन कैनवासको सेंटर (मध्य वा बीचमा) राखी दिन्छ। यसमा मीनू ऑप्शन स्क्रीनको टॉप (ऊपर) मा देखिने छ।

फुल स्क्रीनमा बदल्नु अर्थात स्विच गर्नु

1.'स्क्रीन मोड एरो' माथि क्लिक गर्नुहोस्।

2.'फुल स्क्रीन मोड' बटन (▣) मा क्लिक गर्नुहोस्।

इमेज अब बिना मीनू ऑप्शनको फुल स्क्रीनमा देखिन्छ।

टूलबॉक्स र पैलेटलाई क्लोज (बंद) गर्नु

1.की-बोर्डबाट **'टेब'** बटनलाई दबाउनुहोस। *फोटोशॉप सबै **'टूलबॉक्स र पैलेट्स'** लाई बंद गरिदिन्छ।*

2. टूलबॉक्स र पैलेट्स देखाउनको लागि की-बोर्डबाट 'टैब' बटनलाई फेरी थिच्नुहोस्।

मार्क टूल्सबाट सलेक्ट गर्नु

मार्क टूलको प्रयोगले तपाईको इमेज आयताकार र अंडाकार एरियालाई सलेक्ट गर्नमा गरिन्छ। अब फोटोशॉपको दोस्रो कमांडको प्रयोग गरेर तपाई सलेक्ट गरेको एरियालाई मूव गर्न सक्नुहुन्छ, डिलीट गर्न सक्नुहुन्छ र त्यसलाई नयाँ स्टाइल दिन सक्नुहुन्छ।

रेक्टेंगुलर (आयताकार) माक्र टूल

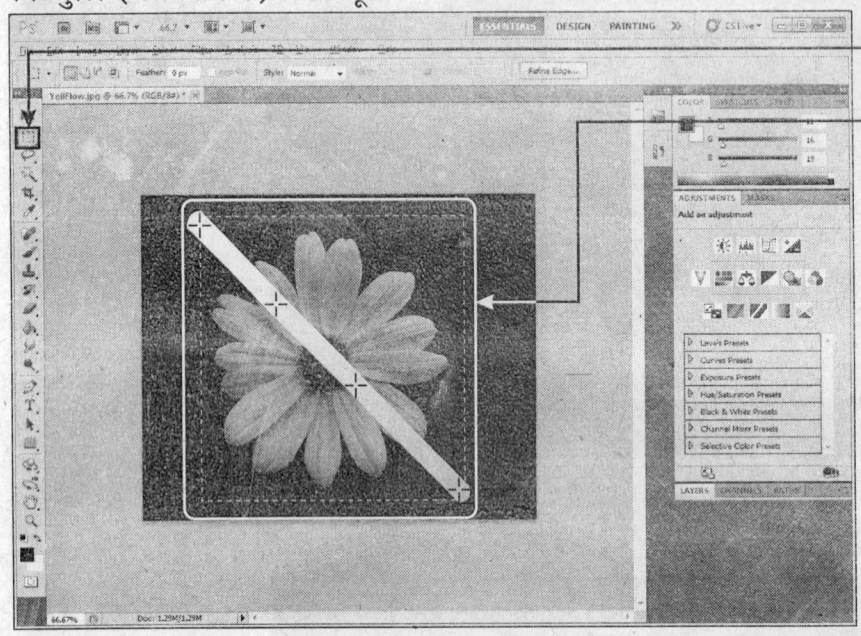

1. 'रेक्टेंगुलर मार्क टूल' (▢) मा क्लिक गर्नुहोस्।

2. इमेज विंडोमा क्लिक गरेर ड्रैग गर्नुहोस्।

इलिप्टिकल (अंडाकार) मार्क टूल

1. 'रेक्टेंगुलर मार्क टूल' माथि क्लिक गरेर होल्डमा राख्नुहोस्। एक बाक्स देखिनेछ।

2. यस बाक्समा **'इलिप्टिकल मार्क टूल'** सलेक्ट गनुहोस्।

3. इमेज विंडोमा क्लिक गरेर ड्रैग गर्नुहोस्।

मीनू बारमा गएर **'सलेक्ट'** र **'डीसलेक्ट'** मा गएर तपाई यसलाई सलेक्ट र डीसलेक्ट (हटाउन) गर्न सक्नुहुन्छ।

लस्सू टूललाई सलेक्ट गर्न

लस्सू टूलको सहायताले तपाई कुनै पनि शेप (आकार)मा इमेज तैयार गर्न सक्नुहुन्छ। त्यसपछि फोटोशॉपको अन्य कमांडको सहायताले तपाई सलेक्ट गरेको एरिया (क्षेत्र) लाई मूव गर्न सक्नुहुन्छ, डिलीट गर्न सक्नुहुन्छ र आफ्नो हिसाबले त्यसको स्टाइल बदल्न सक्नुहुन्छ।

रेगुलर लस्सू टूल

1. **'लस्सू'** टूल माथि क्लिक गर्नुहोस्।
2. कुनै पनि आकृतिलाई बनाउनको लागि आफ्नो कर्सर लाई क्लिक गरेर ड्रैग गर्नुहोस्।
3. प्रारंभिक केंद्र (शुरूमा) ड्रैग गर्नुहोस् र आकृतिलाई पूरा गर्नको लागि माउसको बटनलाई छोडिदिनुहोस

पॉलीगोनल लस्सू टूल

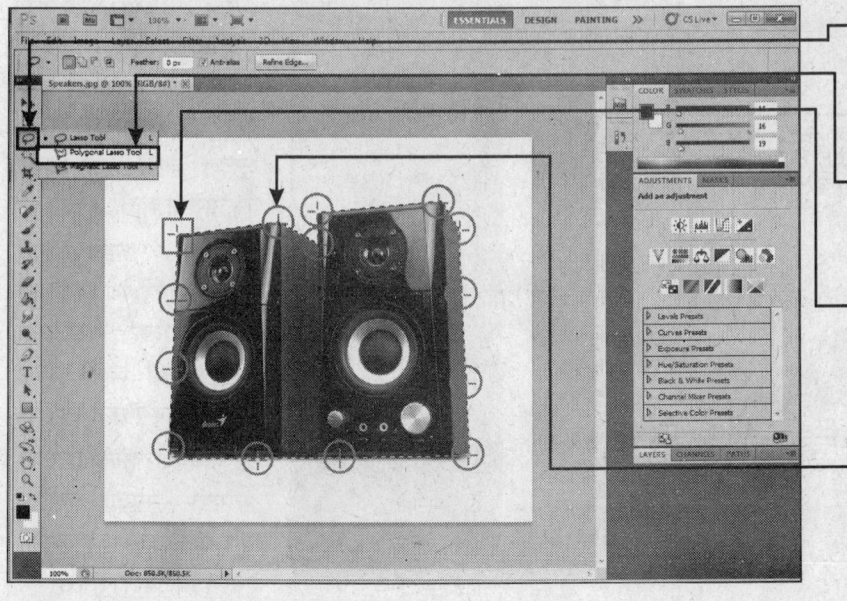

1. **'लस्सू'** टूलमा क्लिक गर्नुहोस् र केहि समय सम्म होल्डमा राख्नुहोस्। एउटा बाक्स देखिनेछ।
2. यस बाकसबाट **'पॉलीगोनल लस्सू'** टूललाई सलेक्ट गर्नुहोस्।
3. जुन एरियालाई तपाई सलेक्ट गर्न चाहनुहुन्छ त्यसको बार्डर (किनारा) मा धेरै पटक क्लिक गर्नुहोस्।
4. सलेक्शनलाई पूरा गर्नको लागि, स्टार्टिंग प्वाइंट (शुरुआती केंद्र) माथि क्लिक गर्नुहोस्।

मैग्नेटिक लस्सू टूल

मैगनेटिक लस्सू टूलको प्रयोग त्यस इमेज (आकृति)को एलीमेंट्सलाई सलेक्ट गर्नको लागि गरिन्छ जसको किनारा धेरै स्पष्ट हुन्छ।

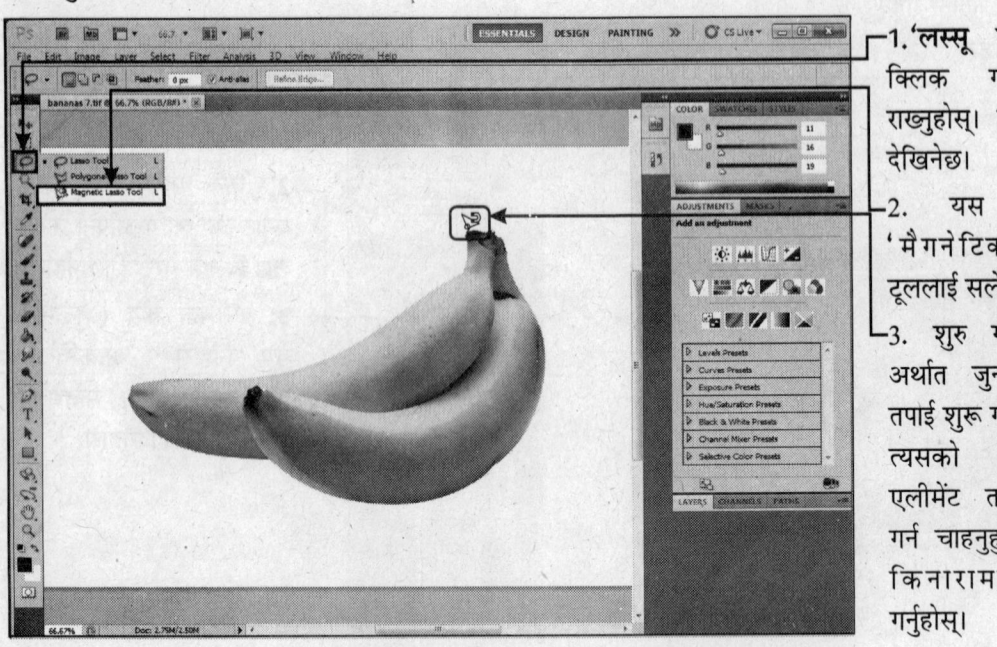

1. **'लस्सू टूल'** माथि क्लिक गरेर होल्ड राख्नुहोस्। एउटा बाक्स देखिनेछ।
2. यस बाक्सबाट 'मैगनेटिक लस्सू' टूललाई सलेक्ट गर्नुहोस्।
3. शुरु गर्नको लागि अर्थात जुन प्वाइंटबाट तपाई शुरू गर्न चाहनुहुन्छ त्यसको लागि जुन एलीमेंट तपाई सलेक्ट गर्न चाहनुहुन्छ, त्यसको किनारामा क्लिक गर्नुहोस्।

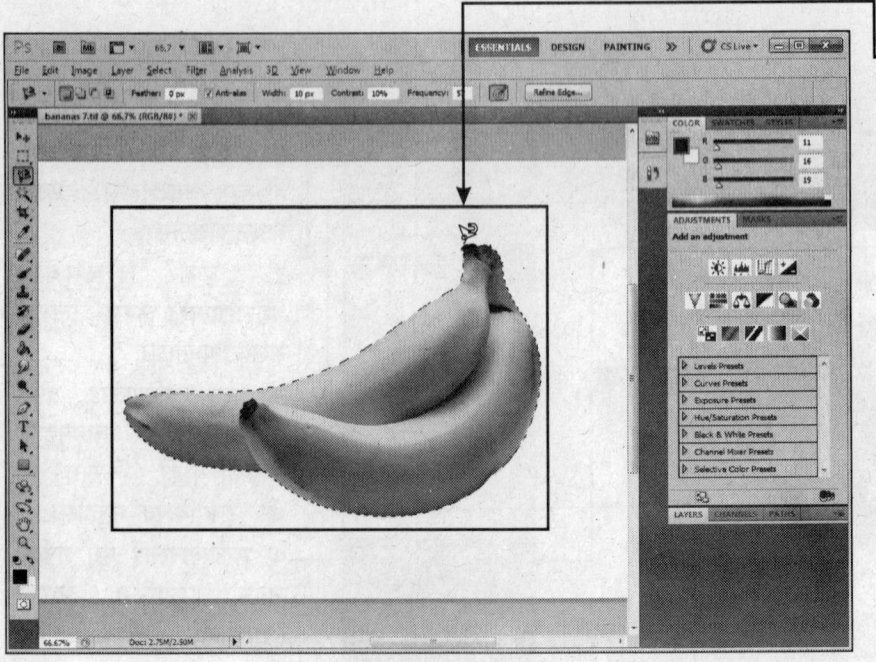

4. आफ्नो कर्सरलाई त्यस एलीमेंटको किनारामा ड्रैग गर्नुहोस्। जसरी-जसरी तपाई ड्रैग गर्नुहुन्छ, मैगनेटिक लस्सू टूलले त्यस एलीमेंटको किनारामा मार्क हुनेछ।

लस्सूको गाइड गर्न (दिशा-निर्देश दिन)को लागि, एंकर प्वाइंटलाई एड गर्नको लागि तपाई क्लिक गर्न सक्नुहुन्छ।

5. आफ्नो सलेक्शनलाई समाप्त गर्नको लागि, शुरुआती एंकर प्वाइंट माथि क्लिक गर्नुहोस्।

मैजिक वैंड टूलले सलेक्ट गर्न

मैजिक वैंड टूलको सहायताबाट ग्रुप ऑफ सिमिलर कलर पिक्सल (एउटै कलरको पिक्सल्सको समूह) लाई सलेक्ट गर्न सकिन्छ।

1. **'मैजिक वैंड'** टूल ( ) क्लिक गर्नुछ।
2. इमेजमा तपाई जुन एरियालाई सलेक्ट गर्न चाहनुहुन्छ, त्यस माथि क्लिक गर्नुहोस्।

फोटोशॉपले तपाईद्वारा क्लिक गरिएको पिक्सल वा त्यससंग मिल्दो-जुल्दो कलर पिक्सल्सलाई सलेक्ट गरिदिन्छ।

सलेक्ट गरिएको पिक्सललाई डिलीट गर्न

*सलेक्ट गरिएको पिक्सल्सलाई डिलीट गर्नको लागि कंप्यूटरको की-बोर्डमा **'डिलीट'** बटन थिच्नुहोस्।*

पिक्सल बैकग्रांउड कलरबाट रिप्लेस (परिवर्तित) हुन जान्छ। (यस मामलामा सेतो)।

सलेक्शनलाई मूव गराउन

मूव टूलको सहायताले तपाई सलेक्शनलाई मूव (यता-उता लैजान) पनि गर्न सक्नुहुन्छ।

1. कुनै पनि सलेक्शन टूलको सहायताले सलेक्शन तैयार गर्नुहोस्।

2. 'मूव टूल' ( ) मा क्लिक गर्नुहोस्।

3. सलेक्शनको भित्र क्लिक गर्नुहोस् र त्यसलाई ड्रैग गर्नुहोस्।

जुन एरियामा यस सलेक्शनलाई फिट गरिएको थियो, त्यो बैकग्राउंड कलरमा देखिन्छ।

सेतो रंग डिफाल्ट बैकग्राउंड कलर हो।

ऑल इमेज अर्थात पूरा इमेजलाई सलेक्ट गर्न

केवल एउटै कमांड द्वारा तपाई कुनै इमेजको सबै पिक्सललाई सलेक्ट गर्न सक्नुहुन्छ। यो पूरा इमेजमा एक समान प्रभाव बनाउछ जस्तै- इमेजलाई कुनै दास्रो इमेज विंडोमा कॉपी गर्न।

1. माउसको प्वाइंटरलाई सलेक्ट मीनूमा लैजानुहोस् र क्लिक गर्नुहोस्। सलेक्ट मीनू देखिनेछ।
2. 'ऑल' माथि क्लिक गर्नुहोस्।

पूरा इमेज विंडोलाई सलेक्ट गरेपछि तपाई कंप्यूटरको की-बोर्डमा 'डिलीट' बटनलाई थिचेर त्यसलाई डिलीट गर्न सक्नुहुन्छ। वा त्यसलाई कुनै अर्को इमेज विंडोमा 'कॉपी' र 'पेस्ट' गर्न सक्नुहुन्छ।

सलेक्शन बार्डरलाई मूव गराउन

1. सलेक्शन टूलले कुनै सलेक्शन तैयार गर्नुहोस्।
2. सलेक्शन टूल (, ,)मा क्लिक गर्नुहोस्।
3. सलेक्शनमा क्लिक गरेपछि ड्रैग गर्नुहोस्।

सलेक्शन बार्डर मूव हुन जान्छ।

'व्यू', 'शो' माथि क्लिक गरेर तपाई कुनै सलेक्शनलाई हाइड गर्न सक्नुहुन्छ अर्थात त्यसलाई लुकाउन सक्नुहुन्छ। त्यसपछि मीनूको आप्शनबाट 'सलेक्शन एज' मा क्लिक गर्न सक्नुहुन्छ।

सलेक्शनलाई इंवर्ट गर्न अर्थात पल्टिनु

वर्तमानमा सलेक्ट गरिएको कुनै पनि चीज डीसलेक्ट गर्नको लागि तपाई **'इंवर्ट ए सलेक्शन'** को प्रयोग गर्न सक्नुहुन्छ। यो तब धेरै उपयोगी हुन्छ जब तपाई कुनै आब्जेक्टको चारैतिर कुनै बैकग्राउंड सलेक्ट गर्न चाहनुहुन्छ।

1. फोटोशॉपको कुनै पनि सलेक्शन टूलको सहायताले सलेक्शंन तैयार गर्नुहोस्।
2. **'सलेक्ट'** मा क्लिक गर्नुहोस्।
3. **'इंवर्स'** माथि क्लिक गर्नुहोस्।

फोटोशॉपले त्यस सलेक्शनलाई इंवर्ट गरिदिन्छ अर्थात पल्टिदिन्छ।

सलेक्शनलाई कॉपी र पेस्ट गर्न

1.तपाई कुनै पनि सलेक्शन को कॉपी गर्न सक्नुहुन्छ र इमेजमा यसको डुप्लीकेट कॉपी तैयार पनि गर्न सक्नुहुन्छ।

माउस र की-बोर्डको प्रयोगबाट

1. सलेक्शन टूलले कुनै पनि सलेक्शन छान्नुहोस्।
2. मूव टूल (▸+) माथि क्लिक गर्नुहोस्।
3. सलेक्शनलाई क्लिक गरेर जब सम्म तपाई ड्रैग गर्नुहुन्छ, की-बोर्डमा **'अल्ट'** बटनलाई थिचेर राख्नुहोस्।
4. सलेक्शन छाड्नको लागि माउसको बटनलाई रिलीज गर्नुहोस् अर्थात छाडिदनिुहोस्।

सलेक्शनको डुप्लीकेट कॉपी तैयार हुन जान्छ र नयाँ लोकेशन (ठाँउ) मा देखिन्छ।

कॉपी र पेस्ट कमांडको प्रयोगबाट

1. सलेक्शन टूलले कुनै पनि सलेक्शनलाई छान्नुहोस्।
2. **'एडिट'** मीनू माथि क्लिक गर्नुहोस्, एडिट मीनू देखिनेछ।
3. **'कॉपी'** माथि क्लिक गर्नुहोस्।
4. सलेक्शन टूलको सहायताले त्यस एरियामा क्लिक गर्नुहोस् जहा तपाई यस एलीमेंटको कॉपी पेस्ट गर्न चाहनुहुन्छ। यदि तपाई एरियालाई सलेक्ट गर्नुहुन्न भने फोटोशॉप यस कॉपीलाई ऑरिजनलमा नै पेस्ट गर्नेछ।
5. **'एडिट'** मीनूमा क्लिक गर्नुहोस्। एडिट मीनू देखिनेछ।
6. **'पेस्ट'** माथि क्लिक गर्नुहोस्।

फोटोशॉप नयाँ लेयरमा यसको कॉपीलाई पेस्ट गरिदिन्छ। अब तपाई यसलाई ऑरिजनल इमेजमा मूव गराउन सक्नुहुन्छ।

रबर स्टांप टूल

रबर स्टांप टूलको सहायताले तपाई आफ्नो इमेजमा सातो-तिनो कमिहरुलाई वा यसको एलीमेंट्सलाई इरेज (हटाउन) गर्न सक्नुहुन्छ अर्थात मेटाउन सक्नुहुन्छ। टूलले कुनै इमेजको एक एरियाबाट अर्को ठाँउमा इंफोर्मेशन कॉपी गर्दछ।

1.टूल बाक्समा **'रबर स्आंप'** थिच्नुहोस्।

2. **'ब्रश'** को डाउन एरो क्लिक गर्नुहोस्।

3. **'ब्रश साइज एंड टाइप'** लाई सलेक्ट गर्नुहोस्।

4.की-बोर्डमा रहेको **'अल्ट'** बटन माथि थिच्नुहोस् र इमेजको त्यस एरियामा क्लिक गर्नुहोस् जहा तपाई कॉपी गर्न चाहनुहुन्छ।

5. रबर स्टांप अप्लाई गर्नको लागि क्लिक गरेर ड्रैग गर्नुहोस्।

जहा तपाई क्लिक र ड्रैग गर्नुहुन्छ त्यहा एरिया कॉपी हुन जान्छ।

6.यस एरियामा तब सम्म क्लिक र ड्रैग गर्नुहोस्, जब सम्म तपाईले चाहेको इफेक्ट आउदैन्।

कलर मोड्स

तपाई पिक्चरमा कलर मोड पनि बदलिन सक्नुहुन्छ।

आरजीबी मोड

कलर इमेजमा कार्य गर्नको लागि फोटोशॉपमा आरजीबी सबै भन्दा बढि कॉमन मोड हो।

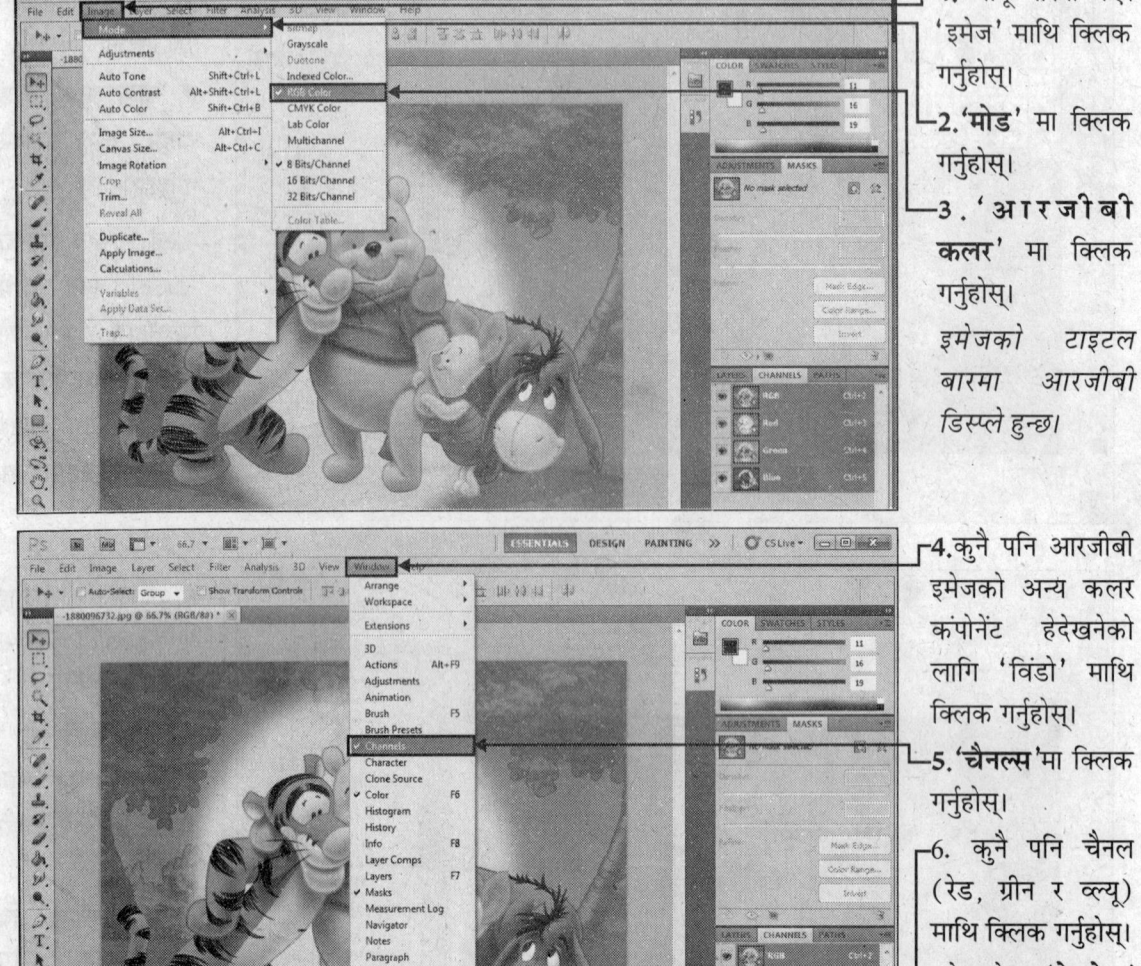

1. मीनू बारमा गएर 'इमेज' माथि क्लिक गर्नुहोस्।

2. **'मोड'** मा क्लिक गर्नुहोस्।

3. **'आरजीबी कलर'** मा क्लिक गर्नुहोस्।

इमेजको टाइटल बारमा आरजीबी डिस्प्ले हुन्छ।

4. कुनै पनि आरजीबी इमेजको अन्य कलर कंपोनेंट हेदेखनेको लागि 'विंडो' माथि क्लिक गर्नुहोस्।

5. **'चैनल्स'** मा क्लिक गर्नुहोस्।

6. कुनै पनि चैनल (रेड, ग्रीन र व्ल्यू) माथि क्लिक गर्नुहोस्।

इमेजको **'ग्रेस्केल'** वर्जन त्यसमा शामिल चैनलको संख्या डिस्प्ले गर्दछ।

(उदाहरणको लागि : जब तपाई रेड चैनलको प्रयोग गर्नुहुन्छ तब हल्का एरिया बढि रातो देखिन्छ र गहिरो एरिया कम रातो देखिन्छ।)

कलर इमेजलाई ग्रेस्केल (रंगहीन) मा बदलिन

इमेजबाट कलर रिमूव गर्नको लागि अर्थात त्यसलाई रंगहीन पार्नको लागि त्यसलाई ग्रेस्केल मोडमा पनि बदलिन सक्नुहुन्छ।

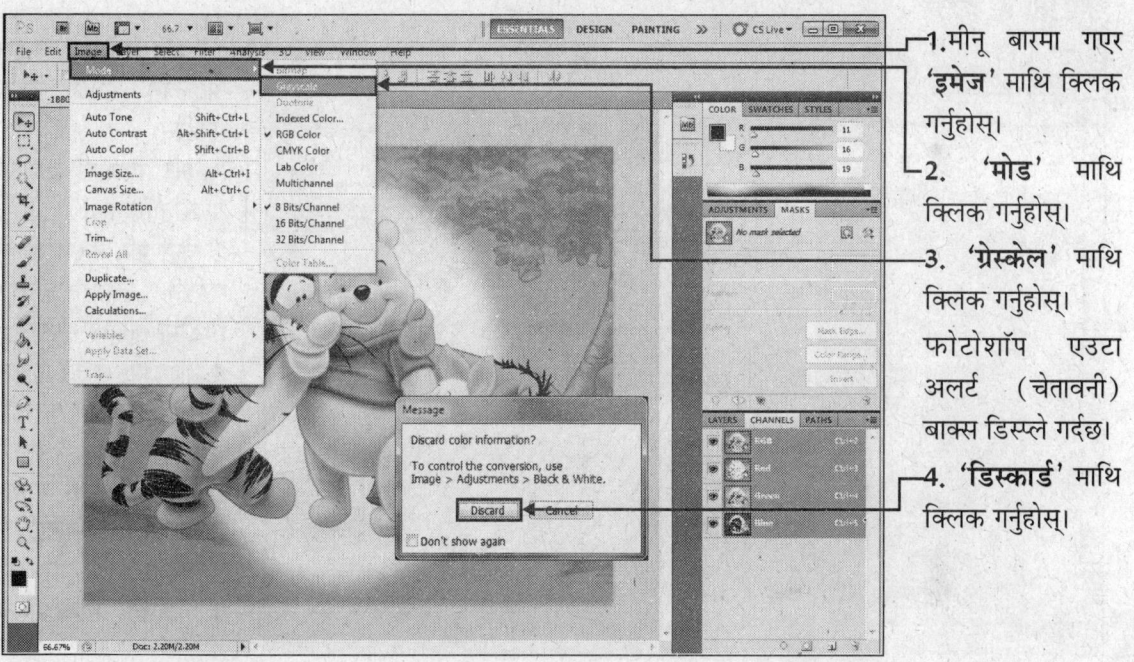

1. मीनू बारमा गएर 'इमेज' माथि क्लिक गर्नुहोस्।
2. 'मोड' माथि क्लिक गर्नुहोस्।
3. 'ग्रेस्केल' माथि क्लिक गर्नुहोस्। फोटोशॉप एउटा अलर्ट (चेतावनी) बाक्स डिस्प्ले गर्दछ।
4. 'डिस्कार्ड' माथि क्लिक गर्नुहोस्।

इमेज टाइटल बारमा ग्रे डिस्प्ले हुन्छ।

ग्रेस्केल इमेजमा केवल एक वा सिंगल चैनल हुन्छ। त्यसैले ग्रेस्केल इमेज फाइल हाम्रो, आरजीबी इमेजको तुलनामा कम स्पेस लिने गर्दछ।

फोरग्राउंड (अगिल्लो) र बैकग्राउंड (पछिल्लो) कलर

फोटोशॉपमा कार्य गर्नको लागि तपाई फोरग्राउंड (अगिल्लो) र बैकग्राउंड (पछिल्लो) कलर पनि सलेक्ट गर्न सक्नुहुन्छ।

फोरग्राउंड कलर

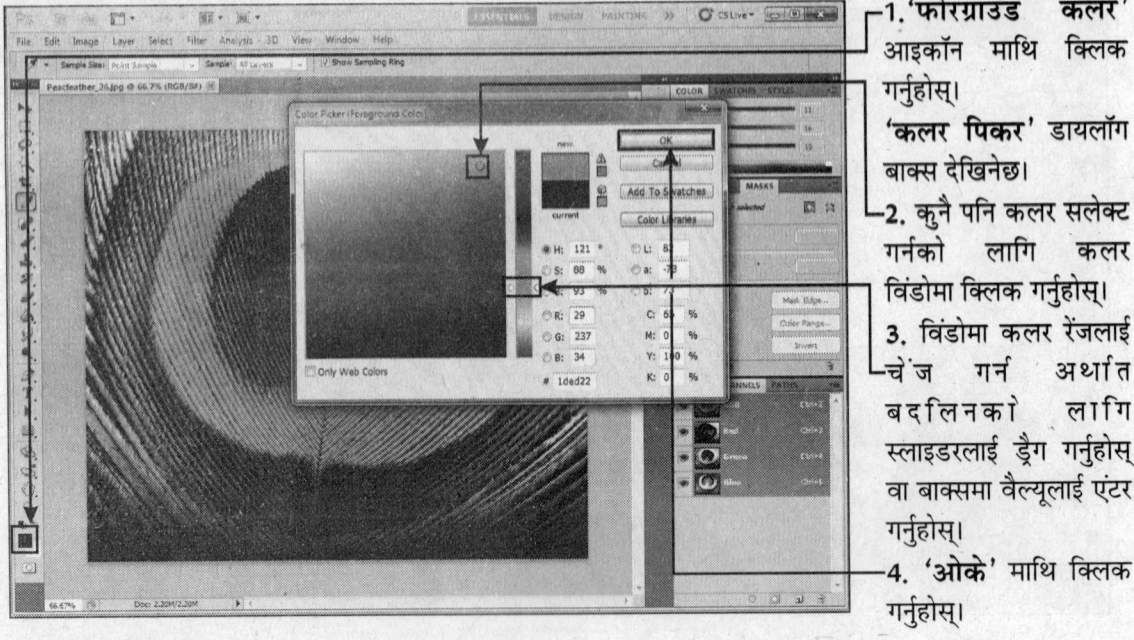

1. 'फोरग्राउंड कलर' आइकॉन माथि क्लिक गर्नुहोस्।
'कलर पिकर' डायलॉग बाक्स देखिनेछ।
2. कुनै पनि कलर सलेक्ट गर्नको लागि कलर विंडोमा क्लिक गर्नुहोस्।
3. विंडोमा कलर रेंजलाई चेंज गर्न अर्थात बदलिनको लागि स्लाइडरलाई ड्रैग गर्नुहोस् वा बाक्समा वैल्यूलाई एंटर गर्नुहोस्।
4. 'ओके' माथि क्लिक गर्नुहोस्।

बैकग्राउंड कलर

1. 'बैकग्राउंड कलर' आइकॉन क्लिक गर्नुहोस्।
'कलर पिकर' डायलॉग बाक्स ओपन हुनेछ।
2. कलर सलेक्ट गर्नको लागि कलर विंडोमा क्लिक गर्नुहोस्।
3. विंडोमा कलरको रेंज (प्रभाव) लाई चेंज (बदलिन) को लागि स्लाइडर लाई ड्रैग गर्नुहोस्।
4. 'ओके' माथि क्लिक गर्नुहोस्।

आईड्रॉपर टूलले कलर सलेक्ट गर्न

कुनै पनि खुलेको इमेजबाट आईड्रॉपर टूल द्वारा तपाईले कलर सलेक्ट गर्न सक्नुहुन्छ। यस कलरको सहायताले तपाई आफ्नो इमेजको कलरबाट पेंट गर्न सक्नुहुन्छ।

1. 'आईड्रॉपर टूल' ( ) माथि क्लिक गर्नुहोस्।

2. आईड्रॉपर टूल ओपन (खुलेको) इमेजको माथि लगेर राख्नुहोस् र कुनै कलर सलेक्ट गर्नको लागि आईड्रॉपर टूलको टिपलाई कलरको माथि राखेर क्लिक गर्नुहोस्।

कलर नयाँ 'फोरग्राउंड' कलरमा बदलिन्छ।

तपाईले **'स्टेप 2'** पूरा गरेपछि **'बैकग्राउंड'** कलरलाई सलेक्ट गर्नको लागि तपाई की-बोर्डमा **'अल्ट'** बटन थिच्न सक्नुहुन्छ।

पेंटब्रश टूलको प्रयोग

आफ्नो इमेजमा र कलर एड (शामिल) गर्नको लागि तपाई पेंटब्रश टूलको प्रयोग गर्न सक्नुहुन्छ।

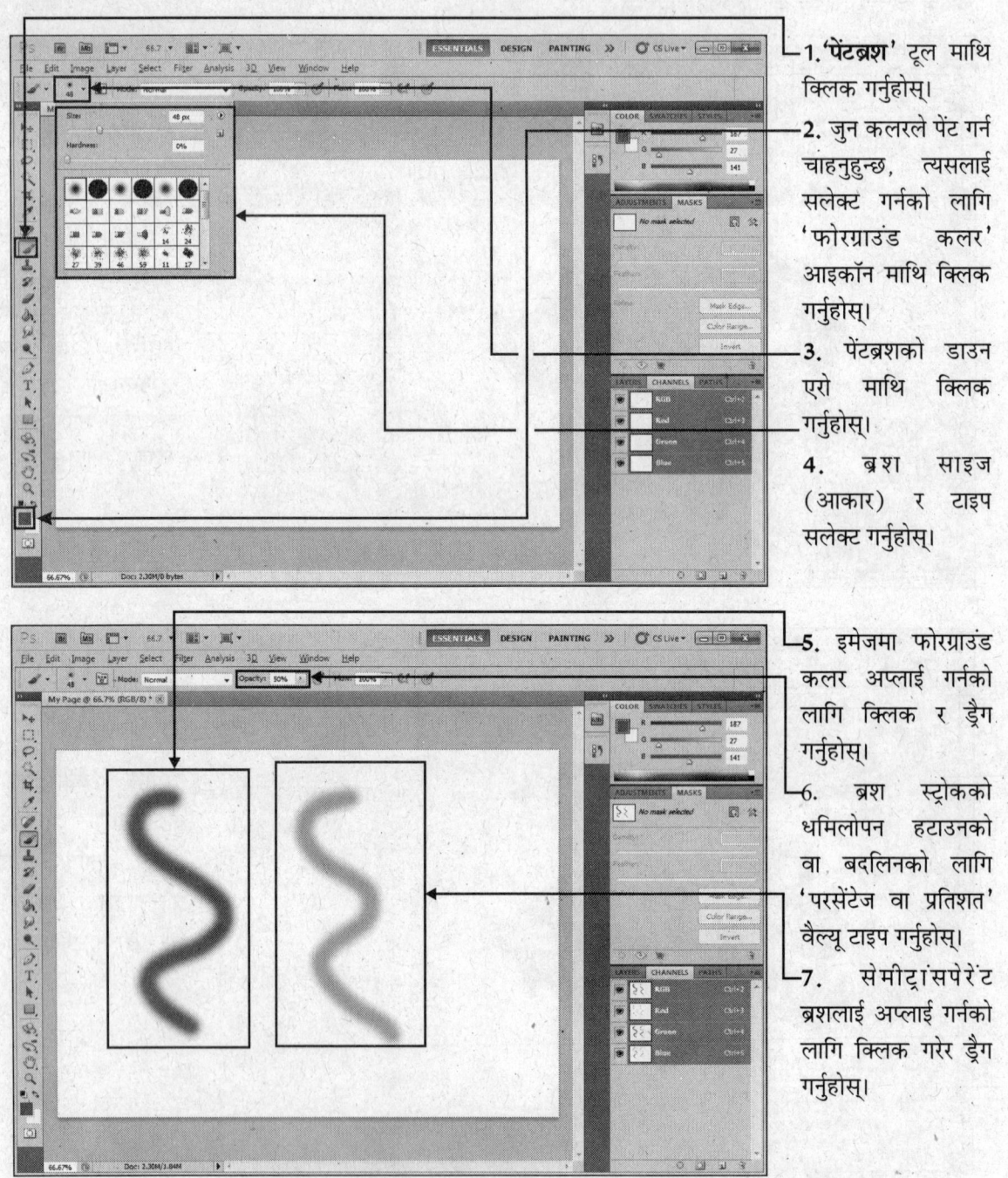

1. '**पेंटब्रश**' टूल माथि क्लिक गर्नुहोस्।

2. जुन कलरले पेंट गर्न चाहनुहुन्छ, त्यसलाई सलेक्ट गर्नको लागि 'फोरग्राउंड कलर' आइकॉन माथि क्लिक गर्नुहोस्।

3. पेंटब्रशको डाउन एरो माथि क्लिक गर्नुहोस्।

4. ब्रश साइज (आकार) र टाइप सलेक्ट गर्नुहोस्।

5. इमेजमा फोरग्राउंड कलर अप्लाई गर्नको लागि क्लिक र ड्रैग गर्नुहोस्।

6. ब्रश स्ट्रोकको धमिलोपन हटाउनको वा बदलिनको लागि 'परसेंटेज वा प्रतिशत' वैल्यू टाइप गर्नुहोस्।

7. सेमीट्रांसपेरेंट ब्रशलाई अप्लाई गर्नको लागि क्लिक गरेर ड्रैग गर्नुहोस्।

पेंसिल टूलको प्रयोग गर्न

पेंसिल टूलको प्रयोग कलरको सीधा लाइनलाई ड्रा गर्नमा अर्थात तान्नको लागि गरिन्छ।

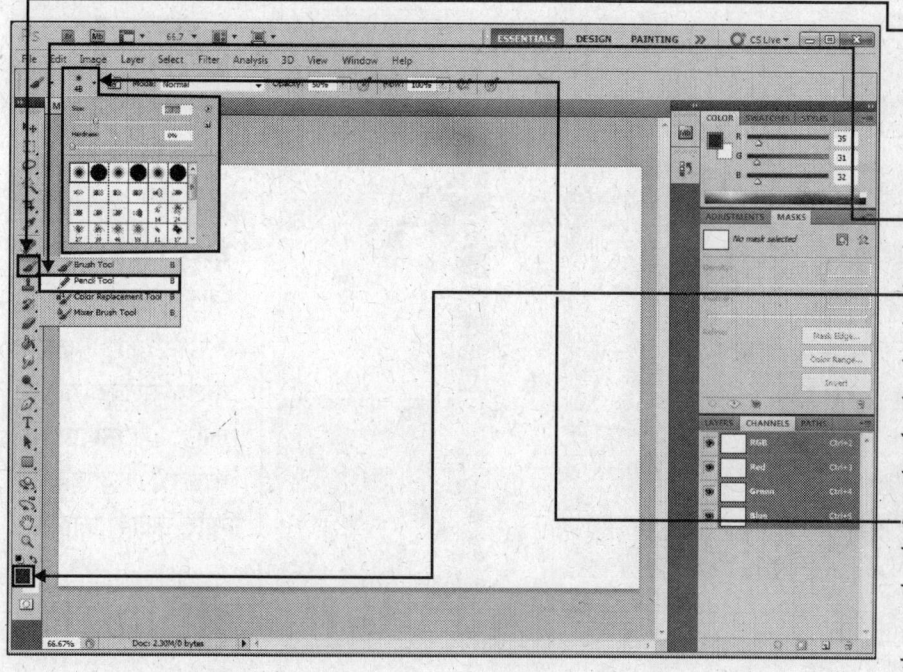

1. **'पेंटब्रश टूल'** माथि क्लिक गरेर केहि बेर सम्म त्यसलाई होल्डमा राख्नुहोस् । एउटा बाक्स देखिनेछ।

2. बाक्समा **'पेंसिल'** टूल सलेक्ट गर्नुहोस्।

जुन कलरले तपाई लाइन तान्न चाहनुहुन्छ, त्यसलाई सलेक्ट गर्नको लागि **'फोरग्राउंड कलर'** आइकॉन माथि क्लिक गर्नुहोस्।

4. पेंटब्रशको डाउन एरो माथि क्लिक गर्नुहोस् र त्यहा ब्रशको साइज (आकार) र टाइप सलेक्ट गर्नुहोस्।

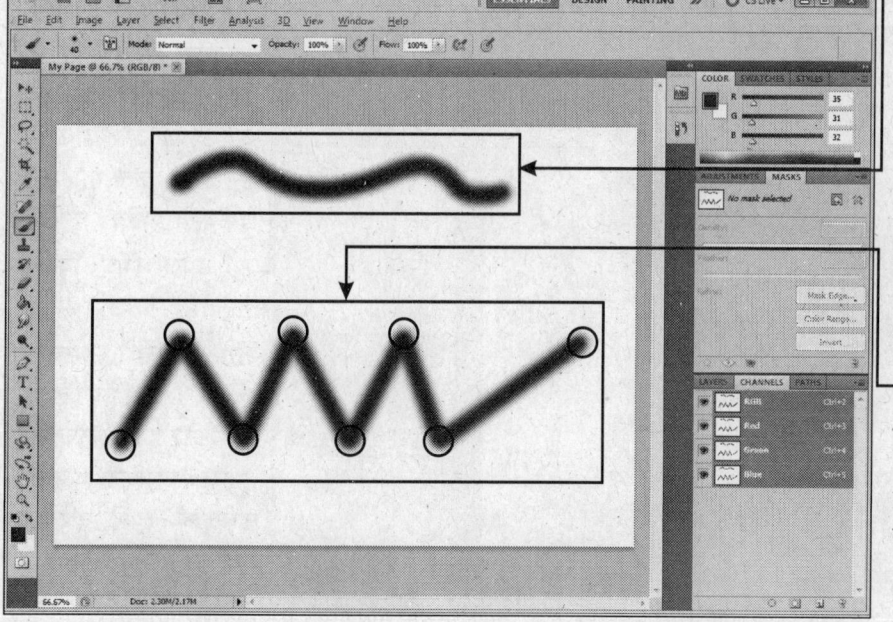

5. फोरग्राउंड कलरलाई इमेजमा अप्लाई गर्नको लागि क्लिक गरेर ड्रैग गर्नुहोस्।

सीधा रेखा (लाइन) तान्न

6. **'शिफ्ट'** बटन दबाएर होल्ड राख्नुहोस् अर्थात केहि देर सम्म थिचि राख्नुहोस्।

7. बिना ड्रैग गरेको इमेजको चारैतिर कुनै स्थानमा क्लिक गर्नुहोस्। फोटोशॉपले सीधा रेखा बनाउनेछ अर्थात तान्नेछ।

पेंट बकेटको प्रयोग गर्न

पेंट बकेट टूलको सहायताबाट तपाई इमेजको कुनै पनि एरियामा कलर फिल गर्न सक्नुहुन्छ अर्थात भर्न सक्नुहुन्छ।

1. 'ग्रेडिएंट टूल' मा क्लिक गरेर केहि बेर सम्म थिचि राख्नुहोस्।
2. यहा देखिने विंडोमा खालको 'पेंट बकेट टूल' ( ) माथि क्लिक गर्नुहोस्।
3. पेंटिंगको लागि कलर सलेक्ट गर्नको लागि, 'फोरग्राउंड कलर' आइकॉन माथि क्लिक गर्नुहोस्।

4. 'टोलरेंस वैल्यू' (0-255) टाइप गर्नुहोस्। टोलरेंस वैल्यू त्यो हो जसले बताउछ कि पेंट बकेटलाई अप्लाई गर्नमा इमेजको कलरमा कति इफेक्ट (प्रभाव) पर्नेछ।
5. इमेज भित्र क्लिक गर्नुहोस्। फोटोशॉपले इमेजको त्यस एरियालाई फोरग्राउंड कलरबाट फिल गरिदिन्छ अर्थात इमेजको त्यस एरियामा त्यो कलर भर्न जान्छ।

पेंट बकेट टूल इमेजमा निकटवर्ती पिक्सल्सलाई पनि प्रभावित गर्दछ अर्थात त्यस माथि पनि प्रभाव पार्छ।

सलेक्शनलाई फिल गर्न

सलेक्शनलाई फिल गर्नको लागि फिल कमांडको प्रयोग गरिन्छ। यो पेंट बकेट टूलको अल्टरनेट (विकल्प) हो।

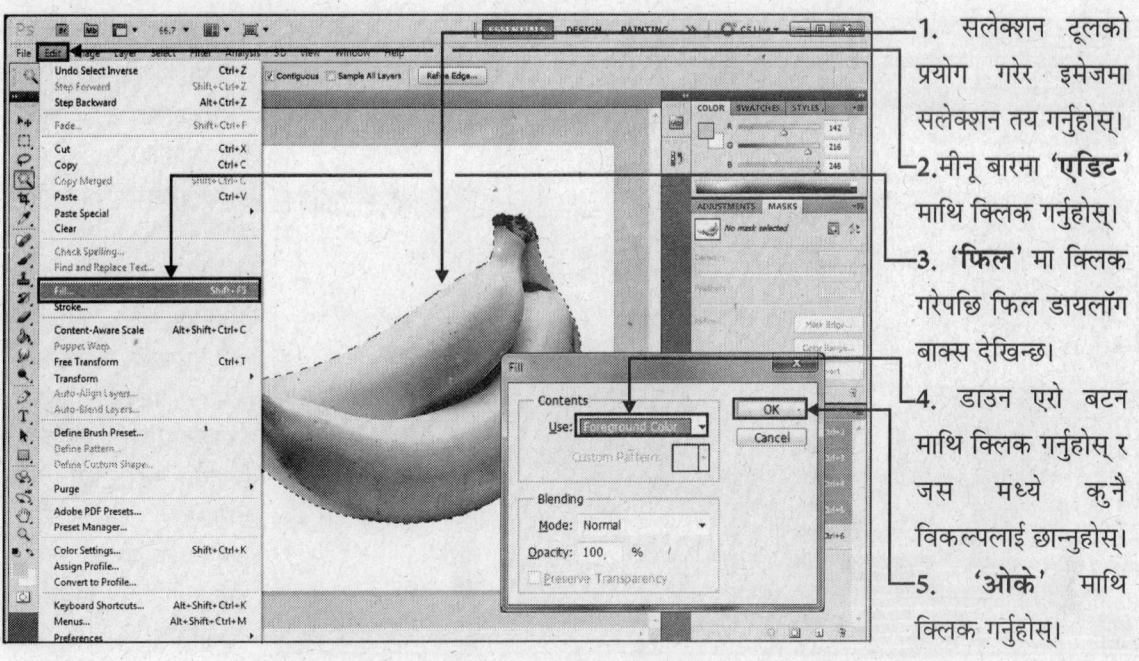

1. सलेक्शन टूलको प्रयोग गरेर इमेजमा सलेक्शन तय गर्नुहोस्।
2. मीनू बारमा **'एडिट'** माथि क्लिक गर्नुहोस्।
3. **'फिल'** मा क्लिक गरेपछि फिल डायलॉग बाक्स देखिन्छ।
4. डाउन एरो बटन माथि क्लिक गर्नुहोस् र जस मध्ये कुनै विकल्पलाई छान्नुहोस्।
5. **'ओके'** माथि क्लिक गर्नुहोस्।

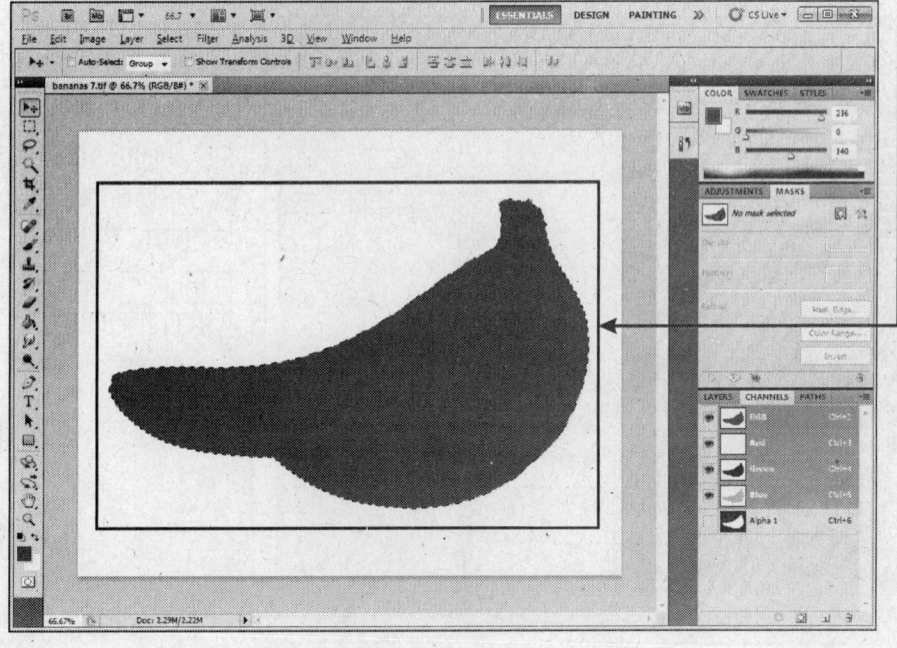

शॉपले त्यस एरिया (क्षेत्र) को फोरग्राउंड कलरले फिल गरिदिन्छ।

पेंट बकेट टूल र फिलमा मुख्य फरक यो छ कि फिल कमांड सलेक्ट गरिएको पूरा एरियालाई फोरग्राउंड कलरले त्यसलाई फिल गरिदिन्छ। यसले त्यसको वर-परको पिक्सल माथि प्रभाव हाल्दैन्।

ब्राइटनेस र कंट्रास्ट

आफ्नो इमेजको ब्राइटनेस (चमक) र कांटास्ट (दृश्यता)लाई पनि एडजस्ट (सेट अथवा समायोजित) गर्न सक्नुहुन्छ।

1. 'मीनू' बारमा गएर इमेजमा क्लिक गर्नुहोस्।
2. 'एडजस्टमेंट' माथि क्लिक गर्नुहोस्।
3. 'ब्राइटनेस/कांट्रास्ट' माथि क्लिक गर्नुहोस्। एउटा डायलॉग बाक्स देखिनेछ।
4. इमेजको चमकलाई कम गर्नको लागि **'ब्राइटनेस'** स्लाइडर क्लिक गरेर ड्रैग गर्दै दायातिर लैजानुहोस्। चमक बढाउनको लागि ड्रैग गर्दै बायातिर लैजानुहोस्।

5. कांट्रास्ट (दृश्यता) बढाउनको लागि **'कांटास्ट'** स्लाइडर माथि क्लिक गरेर ड्रैग गर्दै त्यसलाई दायातिर लैजानुहोस्, त्यहि कम गर्नको लागि ड्रैग गर्दै बायातिर लैजानुहोस्।
6. **'ओके'** माथि क्लिक गर्नुहोस्।

कलर बैलेंस (रंगहरुको संयोजन)

आफ्नो इमेजमा कुनै कलर कम वा बढि गर्नको लागि कलर बैलेंस कमांडको प्रयोग गर्न सकिन्छ वा कलर बैलेंस कमांडको सहायताले आफ्नो इमेजको कुनै पनि कलरको मात्रालाई बदलिन सकिन्छ।

1. मीनू बारमा गएर '**इमेज**' माथि क्लिक गर्नुहोस्।
2. '**एडजस्टमेंट**' माथि क्लिक गर्नुहोस्।
3. '**कलर बैलेंस**' माथि क्लिक गर्नुहोस्। एउटा डायलॉग बाक्स देखिनेछ।

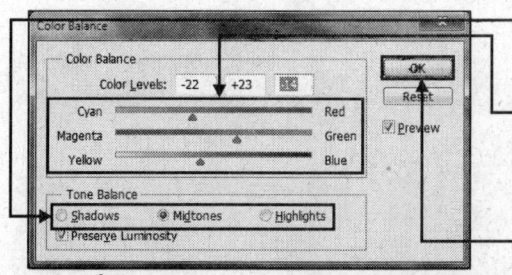

4. इमेजको जुन कलरलाई तपाई परिवर्तित गर्न चाहनुहुन्छ, त्यस '**टोन**' को रेडियो बटन माथि क्लिक गर्नुहोस्।
5. कलरलाई सेट गर्नको लागि '**कलर स्लाइडर**' माथि क्लिक गरेर त्यसलाई ड्रैग गर्नुहोस् वा कलर लेवल फील्डमा (–100 देखि 100) सम्म नंबर एंटर गर्नुहोस्।
6. '**ओके**' माथि क्लिक गर्नुहोस्।

कलर वैरीएशंस (रंगहरुमा विविधता)

आफ्नो इमेजमा कलर एडजस्टमेंटको लागि, वैरीएशंस कमांड द्वारा तपाई यूजर फ्रेंडली इंटरफेस प्राप्त गर्न सक्नुहुन्छ।

1. मीनू बारमा '**इमेज**' माथि क्लिक गर्नुहोस्।
2. '**एडजस्टमेंट**' माथि क्लिक गर्नुहोस्।
3. '**वैरीएशंस**' माथि क्लिक गर्नुहोस्।

वैरीएशंस विंडो देखिन थाल्छ।

4. इमेजमा विभिन्न टोन सलेक्ट गर्नको लागि यसको रेडियो बटन माथि क्लिक गर्नुहोस्।
5. सानो एडजस्टमेंटको लागि स्लाइडलाई बायातिर मूव गर्नुहोस् र ठूलो एडजस्टमेंटको लागि स्लाइडरलाई दायातिर लैजानुहोस्।
6. आफ्नो इमेजमा कुनै कलर शामिल गर्नको लागि '**मोर**' कलर थंबनेलबाट कुनै एक माथि क्लिक गर्नुहोस्।

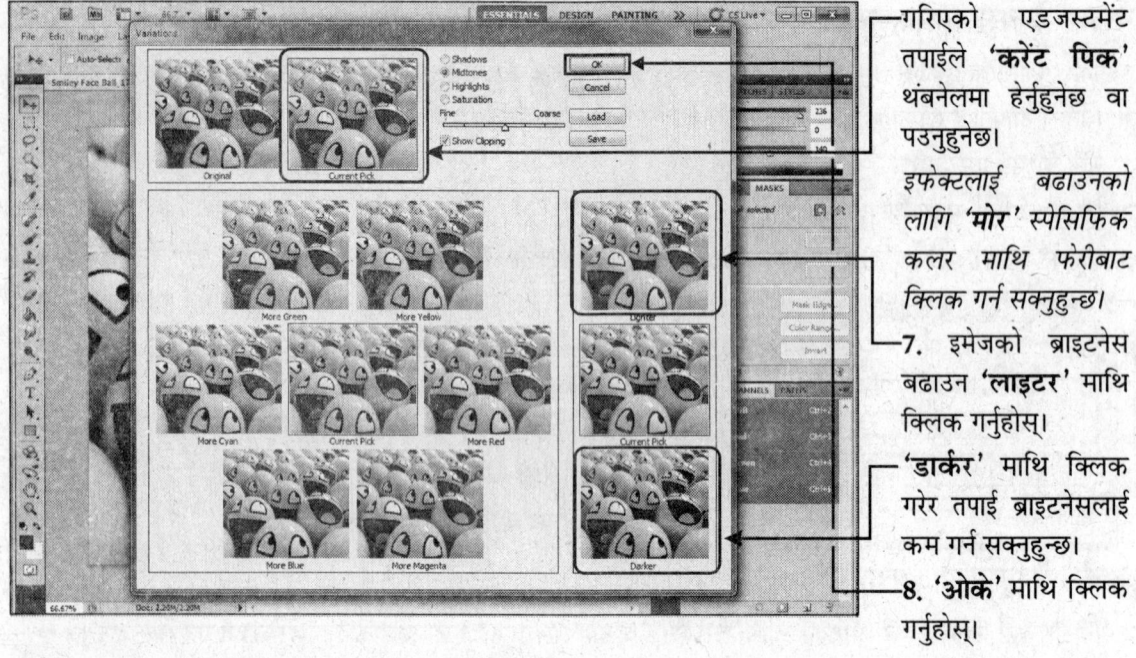

गरिएको एडजस्टमेंट तपाईले **'करेंट पिक'** थंबनेलमा हेर्नुहुनेछ वा पउनुहुनेछ।

*इफेक्टलाई बढाउनको लागि **'मोर'** स्पेसिफिक कलर माथि फेरीबाट क्लिक गर्न सक्नुहुन्छ।*

7. इमेजको ब्राइटनेस बढाउन **'लाइटर'** माथि क्लिक गर्नुहोस्।

'डार्कर' माथि क्लिक गरेर तपाई ब्राइटनेसलाई कम गर्न सक्नुहुन्छ।

8. 'ओके' माथि क्लिक गर्नुहोस्।

डोग इफेक्टको प्रयोग

इमेजको कुनै स्पेसिफिक (विशेष) एरियालाई लाइट (हल्का) गर्नको लागि तपाईले डोग टूलको प्रयोग गर्न सक्नुहुन्छ। **'डोग'** एउटा फोटोग्राफिक शब्द हो जसको प्रयोग फिल्मको नेगेटिवलाई डवलप (विकसित) गर्नको लागि लाइट बंद गरेको दौरान गरिन्छ।

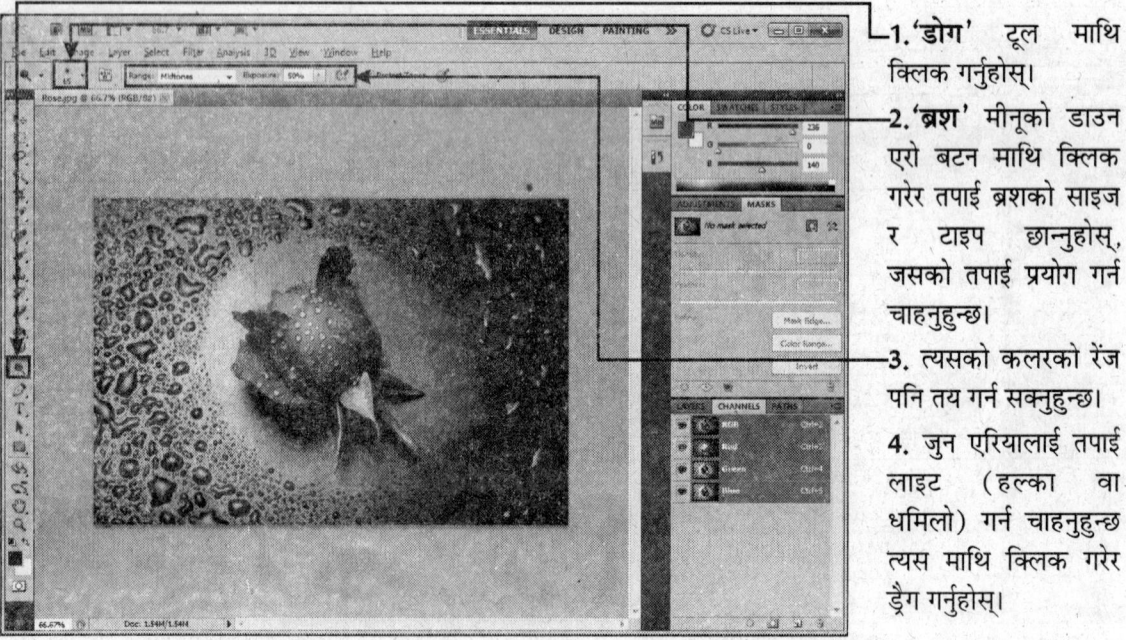

1. 'डोग' टूल माथि क्लिक गर्नुहोस्।

2. 'ब्रश' मीनूको डाउन एरो बटन माथि क्लिक गरेर तपाई ब्रशको साइज र टाइप छान्नुहोस्, जसको तपाई प्रयोग गर्न चाहनुहुन्छ।

3. त्यसको कलरको रेंज पनि तय गर्न सक्नुहुन्छ।

4. जुन एरियालाई तपाई लाइट (हल्का वा धमिलो) गर्न चाहनुहुन्छ त्यस माथि क्लिक गरेर ड्रैग गर्नुहोस्।

बर्न इफेक्टको प्रयोग

बर्न टूलको प्रयोग गरेर तपाई इमेजको कुनै खास एरियालाई डार्क (गहिरो) गर्न सक्नुहुन्छ। बर्न एउटा फोटोग्राफिक प्रक्रियामा प्रयोग हुने शब्द हो, जसको प्रयोग फिल्मको नेगेटिवलाई डवलप गर्ने समय फोकस दिन अर्थात लाइट दिनमा प्रयोग गरिन्छ।

1. **'डोग'** टूल क्लिक गरेर केहि बेर सम्म थिचेर राख्नुहोस्। एउटा बाक्स देखिन्छ।
2. यस बाक्समा **'बर्न'** टूल माथि क्लिक गर्नुहोस्।
3. **'ब्रश'** मीनूको डाउन एरो माथि क्लिक गरेर त्यहाबाट ब्रशको साइज र टाइप सलेक्ट गर्नुहोस्।
4. तपाई त्यहाबाट कलरको रेंज पनि सलेक्ट गर्न सक्नुहुन्छ।
5. जुन एरियालाई तपाई डार्क (गहिरो) गर्न चाहनुहुन्छ, त्यस माथि क्लिक गर्नुहोस् र ड्रैग गर्नुहोस्।

फोटोशॉपको इमेज सेव गर्न

कुनै पनि इमेजलाई तपाई फोटोशॉपको मूल इमेजको फार्मेटमा सेव (सुरक्षित अथवा स्टोर) गर्न सक्नुहुन्छ। यस फार्मेटमा तपाईको इमेजको धेरै लेयर शामिल हुन्छ (यदि इमेजमा छ भने)।

1. **'फाइल'** माथि क्लिक गर्नुहोस्। फाइल मीनू देखिन थाल्छ।
2. **'सेव'** माथि क्लिक गर्नुहोस्। यदि फाइललाई अहिले नाम दिन बाकी छ भने सेव एज डायलॉग बाक्स देखिन्छ।

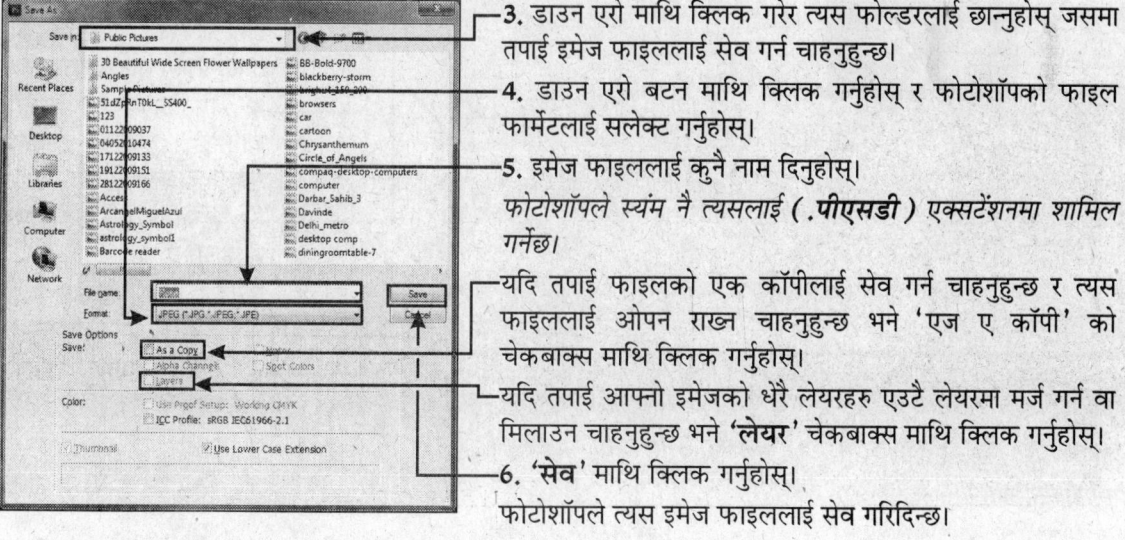

3. डाउन एरो माथि क्लिक गरेर त्यस फोल्डरलाई छान्नुहोस् जसमा तपाई इमेज फाइललाई सेव गर्न चाहनुहुन्छ।
4. डाउन एरो बटन माथि क्लिक गर्नुहोस् र फोटोशॉपको फाइल फार्मेटलाई सलेक्ट गर्नुहोस्।
5. इमेज फाइललाई कुनै नाम दिनुहोस्।

*फोटोशॉपले स्यंम नै त्यसलाई (**.पीएसडी**) एक्सटेंशनमा शामिल गर्नेछ।*

यदि तपाई फाइलको एक कॉपीलाई सेव गर्न चाहनुहुन्छ र त्यस फाइललाई ओपन राख्न चाहनुहुन्छ भने 'एज ए कॉपी' को चेकबाक्स माथि क्लिक गर्नुहोस्।

यदि तपाई आफ्नो इमेजको धेरै लेयरहरु एउटै लेयरमा मर्ज गर्न वा मिलाउन चाहनुहुन्छ भने **'लेयर'** चेकबाक्स माथि क्लिक गर्नुहोस्।

6. **'सेव'** माथि क्लिक गर्नुहोस्।

फोटोशॉपले त्यस इमेज फाइललाई सेव गरिदिन्छ।

अर्को एप्लीकेशन (कार्य) को लागि इमेज सेव गर्न

तपाई आफ्नो इमेजलाई त्यस फार्मेटमा पनि सेव गर्न सक्नुहुन्छ जुन अरु इमेजिंग (इमेजको) र पेज लेआउट एप्लीकेशनमा ओपन अथवा प्रयोग हुन सक्छ। टिफ (टैग्ड इमेज फाइल फार्मेट), ईपीएस (एनकैप्सूलेटेड पोस्ट स्क्रिप्ट) दुबै स्टैंडर्ड प्रिटिंग फार्मेट हो जसले विंडो र मैकिंटतोश प्लेटफार्म दुबैको विभिन्न एप्लीकेशनलाई सपोर्ट गर्दछ। **'बीएमपी'** (बिटमैप) एउटा लोकप्रिय विंडो इमेज फार्मेट हो र **'पिक्ट'** लोकप्रिय मैकिंटोश इमेज फार्मेट हो।

वेबको लागि जेपीईजी सेव गर्न

तपाईले फाइललाई जेपीईजी (ज्वाइंट फोटोग्राफिक एक्सपर्ट ग्रुप) मा सेव गर्न सक्नुहुन्छ र त्यसलाई वेब (इंटरनेट) मा पब्लिश (प्रकाशित) गर्न सक्नुहुन्छ। फोटोग्राफिक इमेज सेव गर्नको लागि ज्यादातर जेपीईजी फाइल फार्मेटको प्रयोग गरिन्छ।

वेबको लागि जीआईएफ सेव गर्न

तपाई फाइललाई जीआईएफ (ग्राफिक इंटरचेंज फार्मेट) मा सेव गरेर वेबमा पनि पब्लिश गर्न सक्नुहुन्छ। जीआईएफ फार्मेट इलस्ट्रेशनको लागि धेरै राम्रो रहन्छ जसमा धेरै सॉलिड कलर हुन्छ।

इमेजलाई प्रिंट गर्न

कंप्यूटर द्वारा इंकजेट, लेजर र अरु प्रकारको प्रिंटरको सहायताले तपाई फोटोशॉपमा तैयार गरिएको आफ्नो इमेजको कलर (रंगीन) र ब्लैक/व्हाइट (कालो-सेतो) प्रिंट प्राप्त गर्न सक्नुहुन्छ।

1. **'फाइल'** माथि क्लिक गर्नुहोस्।
2. **'प्रिंट'** माथि क्लिक गर्नुहोस्। प्रिंट डायलॉग बाक्स देखिन्छ।

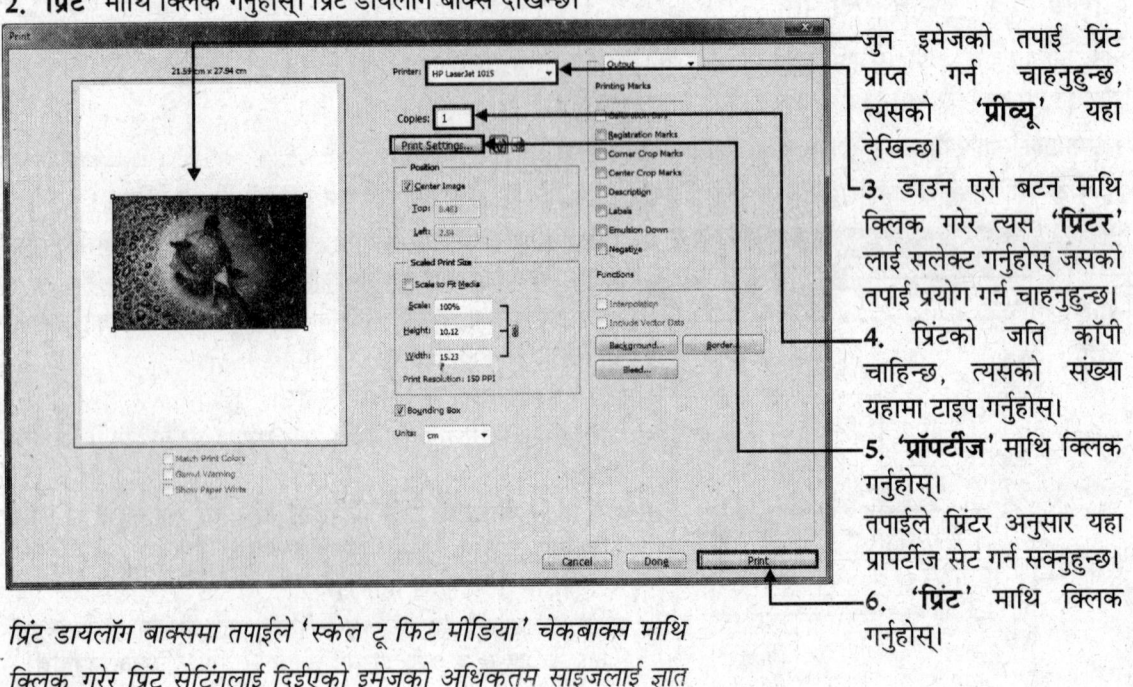

जुन इमेजको तपाई प्रिंट प्राप्त गर्न चाहनुहुन्छ, त्यसको **'प्रीव्यू'** यहा देखिन्छ।

3. डाउन एरो बटन माथि क्लिक गरेर त्यस **'प्रिंटर'** लाई सलेक्ट गर्नुहोस् जसको तपाई प्रयोग गर्न चाहनुहुन्छ।
4. प्रिंटको जति कॉपी चाहिन्छ, त्यसको संख्या यहामा टाइप गर्नुहोस्।
5. **'प्रॉपर्टीज'** माथि क्लिक गर्नुहोस्।
   तपाईले प्रिंटर अनुसार यहा प्रापर्टीज सेट गर्न सक्नुहुन्छ।
6. **'प्रिंट'** माथि क्लिक गर्नुहोस्।

प्रिंट डायलॉग बाक्समा तपाईले 'स्केल टू फिट मीडिया' चेकबाक्स माथि क्लिक गरेर प्रिंट सेटिंगलाई दिईएको इमेजको अधिकतम साइजलाई ज्ञात गर्न सक्नुहुन्छ।

13 इनडिजाइन

इनडिजाइन एउटा डेस्कटॉप पब्लिशिंग प्रोग्राम हो जसमा तपाई ड्राइंग र डाक्यूमेंट क्रिएट (तैयार) गर्न सक्नुहुन्छ, मॉडीफाई गर्न सक्नुहुन्छ, कंबाइन (मिलाउन) गर्न सक्नुहुन्छ र पब्लिश (प्रकाशित) गर्न सक्नुहुन्छ। इनडिजाइन ती डिजाइनरहरुको लागि डेस्कटॉप पब्लिशिंग कैपेवलिटी (क्षमता) को विस्तृत रेंज (ठूलो श्रंखला) उपलब्ध गर्दछ जसले मैगजीन, बुक, ब्रोशर वा विज्ञापनको काम गर्दछन्। इनडिजाइनमा तपाई माडर्न डेस्कटॉप पब्लिशिंगको फुल रेंज (पूरा श्रृंखला) को पनि पूरा लाभ उठाउन सक्नुहुन्छ। यसमा तपाई केवल मैगजीन, बुक्स, ब्रोशर र विज्ञापन आदिलाई मात्र नभएर डेवलप पनि गर्न सक्नुहुन्छ साथै यसमा रिच र कलरफुल डाक्यूमेंट्स पनि तैयार गर्न सक्नुहुन्छ जसलाई तपाईले वेब (इंटरनेट) मा पनि हेर्न सकिन्छ।

हालांकि इनडिजाइन एउटा नया प्रोग्राम हो तर यो लगभग पेज मेकरको सरह नै काम गर्दछ। त्यसैले यदि तपाईले पहिला पेजमेकरमा काम गर्नु भएको छ भने तपाईले इनडिजाइनमा धेरै कॉमन चीजहरु पाउनुहुन्छ तर इनडिजाइनमा धेरै नया फीचर्स पनि शामिल गरिएको छ जसले तपाईको कामलाई सजिलो बनाउछ। यदि तपाई एडोबको अन्य एप्लीकेशन जस्तै-पेजमेकर, इलस्ट्रेटर वा फोटोशॉपबाट परिचित हुनुहुन्छ अर्थात त्यसको बारेमा जानकारी छ भने इनडिजाइनको इंटरफेस पनि तपाईको लागि धेरै फैमिलियर (परिचित अथवा जानेको) हुनेछ। तर तपाईलाई थाहा छ कि प्रत्येक प्रोग्रामको एउटा अलग पहिचान अथवा त्यसको महत्व हुन्छ त्यसैले यसमा केहि न केहि खूबी अवश्य छ।

डाक्यूमेंट क्रिएट (तैयार) गर्न र एडिट (संपादित) गरे पछि इनडिजाइनले तपाईलाई व्यवस्थित राख्नमा धेरै मद्दत गर्दछ। यसलाई तपाई विभिन्न तरीकाबाट व्यवस्थित गर्न सक्नुहुन्छ। इनडिजानइमा तपाई आफ्नो डाक्यूमेंटको प्रिंट दिन सक्नुहुन्छ र त्यसलाई वेबको लागि उपयुक्त फार्मेटमा सेव पनि गर्न सक्नुहुन्छ।

इनडिजानमा तपाई निम्नलिखित कार्य गर्न सक्नुहुन्छ :

- आप्टिकल मार्जिन अलाइन्मेंटको प्रयोग गरेर पैराग्राफलाई कंपोज (लेख्न वा तैयार गर्न)।
- मीनूको प्रयोगबाट स्पेशल कैरेक्टर (विशेष अक्षर) लाई इंसर्ट (हाल्न) गर्न।
- कैरेक्टरको लागि कस्टम स्ट्राइकको प्रयोग गर्न।
- ईपीएस फाइलको स्पष्ट डिस्प्ले दिन।
- फोटोशॉप र इलस्ट्रेटरबाट फाइल इंपोर्ट (लिन वा प्राप्त गर्न) गर्न।
- आफ्नो डाक्यूमेंटलाई विभिन्न तरीकाबाट हेर्न।
- कस्टम ड्रॉप शैडो र धेरै चीजहरु क्रिएट (तैयार) गर्न।

इनडिजाइन सीएसलाई स्टार्ट (शुरू) गर्न

अरु प्रोग्रामको सरह नै तपाई इनडिजानइ सीएसलाई स्टार्ट मीनूबाट शुरू गर्न सक्नुहुन्छ।

1. **'स्टार्ट'** बटन माथि क्लिक गर्नुहोस्। स्टार्ट मीनू देखिन थाल्छ।
2. **'ऑल प्रोग्राम्स'** माथि क्लिक गर्नुहोस्।
3. **'एडोब डिजाइन प्रीमियम सीएस 5'** माथि क्लिक गर्नुहोस्।
4. **'एडोब इनडिजाइन सीएस5'** माथि क्लिक गर्नुहोस्।

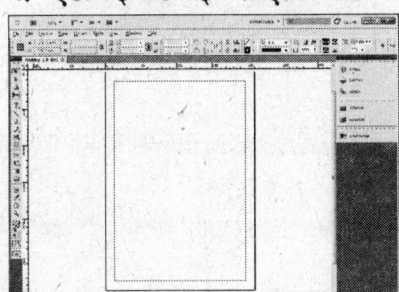

इनडिजाइन ओपन हुनेछ अर्थात खोलिनेछ।

इनडिजाइन विंडो

इमेज र टेक्स्टमा काम गर्नको लागि इनडिजाइनमा धेरै कंपोनेंटहरु हुन्छ।

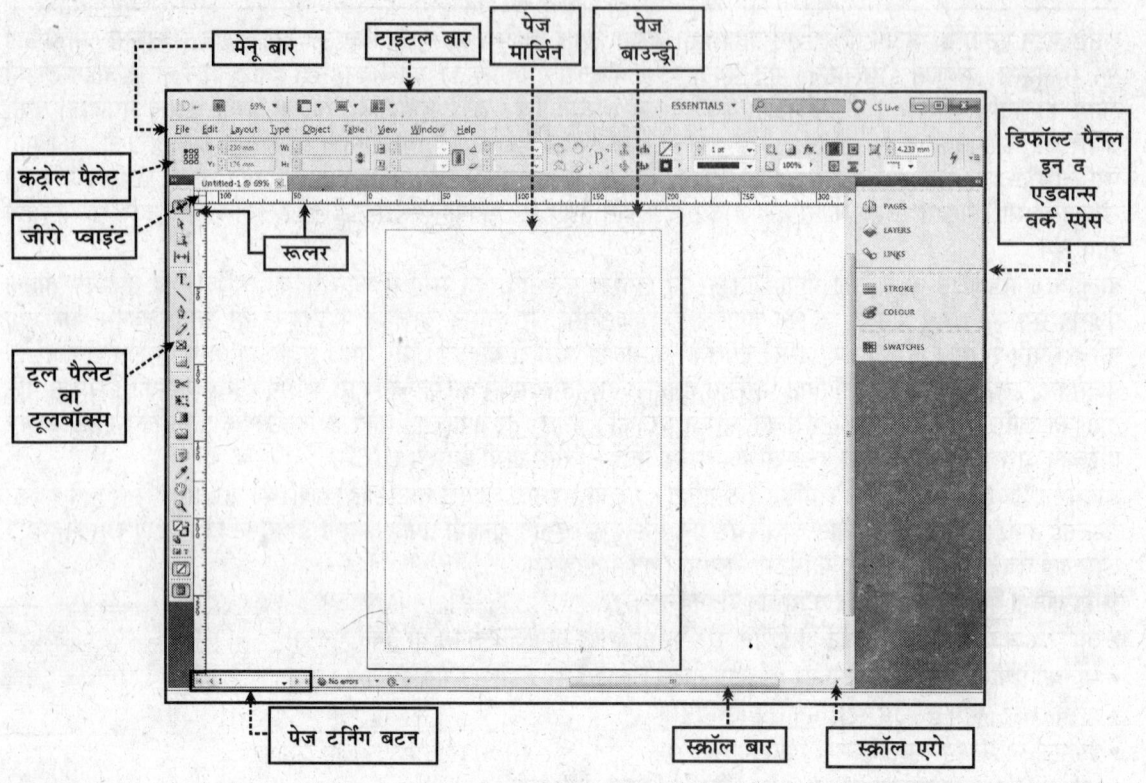

टाइटल बार	:	टाइटल बारमा डिस्प्ले भई रहेको डाक्यूमेंटको नाम देखिन्छ।
मेनू बार	:	मीनू बार एउटा स्पेशल टूलबार हो जसले इनडिजाइनको मीनूको नामलाई डिस्प्ले गर्दछ।
टूलबॉक्स	:	कॉमन कमांडको लागि शार्टकट बटन यसमा शामिल हुन्छ। जस्तै-सलेक्शन टूल र टाइप टूल आदि।
कंट्रोल पैलेट	:	कंट्रोल पैलेटमा तपाई द्वारा सलेक्ट गरिएको करेंट पेजको लागि आप्शन, कमांड र पैलेट संबंधी कार्य गर्न सकिन्छ।
जीरो प्वाइंट	:	पेजको माथि बायातिर यो रूलरको इंटरसेक्शन प्वाइंट हुन्छ।
पेज मार्जिन	:	तपाईको कार्यक्षेत्रको वास्तविक प्रिंट एरिया हो।
पैनल्स	:	इनडिजाइनलाई कंट्रोल गर्ने खालको अधिकांश फीचर्स र कमांड ऑनस्क्रीन पैनलमा हुन्छ। प्रत्येक पैनलमा एउटा स्पेशल फीचर हुन्छ।
पेज टर्निंग बटन	:	यस बटनले तपाई एक पेजबाट अर्को पेज सम्म क्रमबाट अथवा डाक्यूमेंटमा शुरूमा र अंतमा जान सक्नुहुन्छ।
स्क्रॉल बार	:	पेजको अगाडि-पछाडि अथवा माथि-तल जानको लागि तपाई स्क्रॉल बारलाई क्लिक गरेर ड्रैग गर्न सक्नुहुन्छ वा स्क्रॉल एरो माथि क्लिक गर्न सक्नुहुन्छ।

टूल पैलेट्स

कॉमन कमांड र टूल्सको बटन यसमा हुन्छ। जस्तै–सलेक्शन टूल र टाइप टूल। टूल पैलेटमा, यदि कुनै टूलको दायातिर किनारामा कुनै सानो त्रिभुज देखिन्छ तब तपाई त्यहा क्लिक गरेर र होल्ड गरेर (केहि बेर थिचि राखेर) त्यसमा शामिल सबै टूल्सलाई डिस्प्ले गर्ने पॉपअप मीनूलाई हेर्न सक्नुहुन्छ।

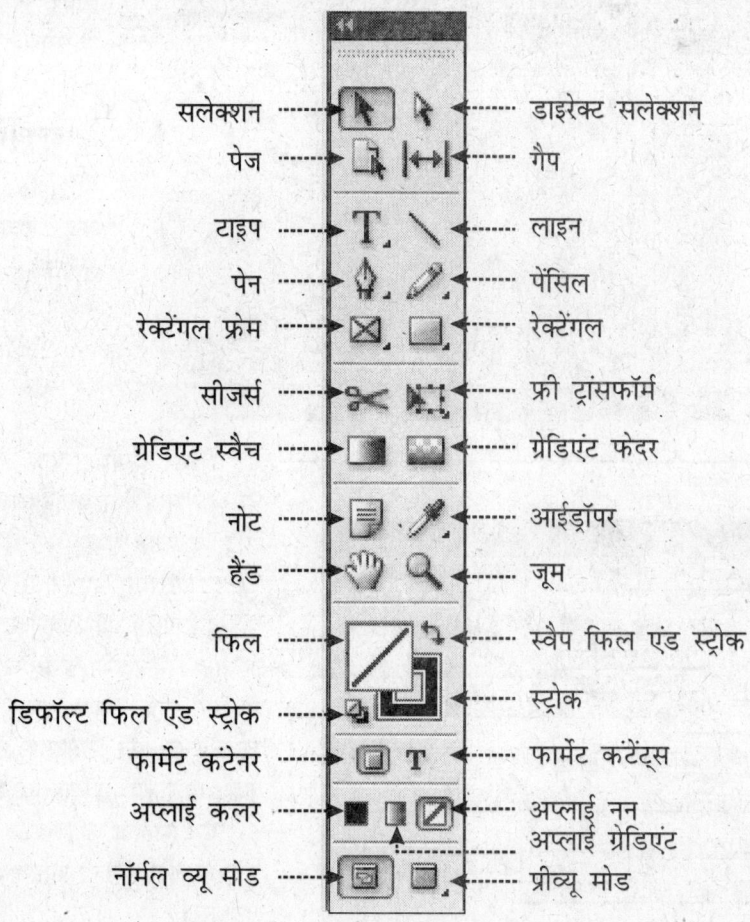

कंट्रोल पैलेट

कंट्रोल पैलेटमा तपाई द्वारा सलेक्ट गरिएको पेज र आब्जेक्टमा काम गर्नको लागि ऑप्शन, कमांड र पैलेट संबंधी अन्य कमांड हुन्छ। कंट्रोल पैनलमा डिस्प्ले भई रहेको आप्शंसले तपाइ द्वारा सलेक्ट गरिएको आब्जेक्ट माथि धेरै हद सम्म निर्भर गर्दछ। उदाहरणको लागि: यदि तपाई टेक्स्ट वा ग्राफिक्स फेमलाई सलेक्ट गर्नुहुन्छ भने कंट्रोल पैनलमा रीसाइजिंग, रीपोजीशनिंग, स्कीइंग र रोटेटिंग द फ्रेम जस्तो आप्शन डिस्प्ले हुन्छ। यदि तपाईले फ्रेम भित्रको टेक्स्टलाई सलेक्ट गर्नुहुन्छ भने कंट्रोल पैनलमा एडजस्टिंग टेक्स्ट एट्रीब्यूट्स जस्तै ऑप्शन डिस्प्ले हुन्छ। जस्तै– फॉन्ट, स्टाइल, साइज, लीडिंग र बेसलाइन शिफ्ट आदि।

नया डाक्यूमेंट क्रिएट (तैयार) गर्न

नया पब्लिकेशनलाई क्रिएट (तैयार) गरेर तपाई इनडिजाइनको नया डाक्यूमेंटलाई स्टार्ट (शुरू) गर्न सक्नुहुन्छ।

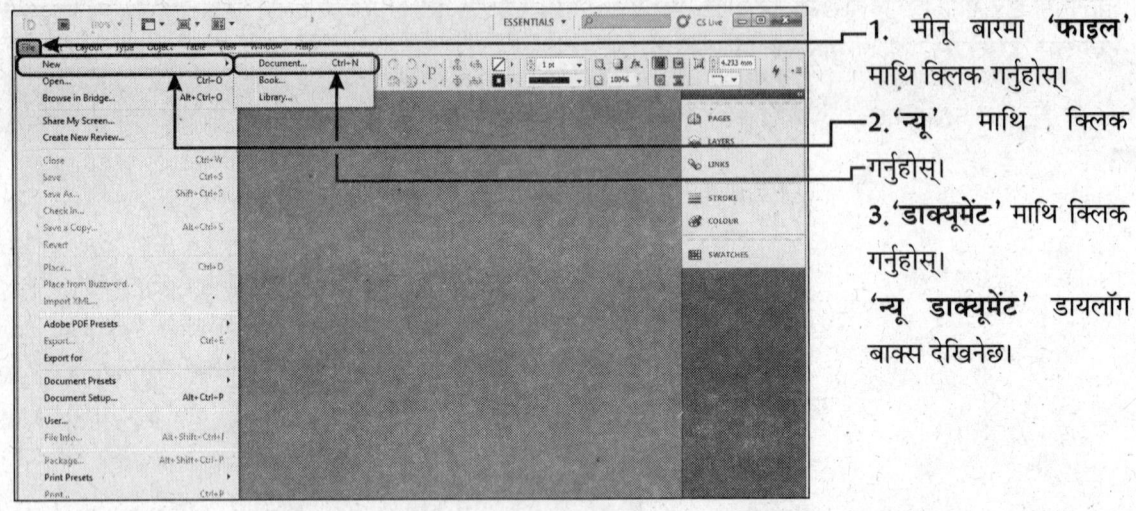

1. मीनू बारमा **'फाइल'** माथि क्लिक गर्नुहोस्।
2. **'न्यू'** माथि क्लिक गर्नुहोस्।
3. **'डाक्यूमेंट'** माथि क्लिक गर्नुहोस्।

'न्यू डाक्यूमेंट' डायलॉग बाक्स देखिनेछ।

4. **'नंबर ऑफ पेज'** फील्डमा पेजको नंबरको संख्या टाइप गर्नुहोस्।
यदि बुकको सरह धेरै पेजको पब्लिकेशन क्रिएट गरिरहनु भएको छ भने **'फेसिंग पेज'** को चेकबाक्स माथि क्लिक गर्नुहोस्।
5. यदि धेरै पेजको डाक्यूमेंटमा टेक्स्टलाई एक पेजबाट अर्को पेजमा फ्लो (लैजान) गराउन चाहनुहुन्छ भने **'मास्टर टेक्स्ट फ्रेम'** को चेकबाक्स माथि क्लिक गर्नुहोस्।
6. **'पेज साइज'** को डाउन एरो माथि क्लिक गरेर तपाईले पेजको साइज (आकार) सलेक्ट गर्नुहोस्।
7. आफ्नो पेजमा तपाई जतिवटा कॉलम शामिल गर्न चाहनुहुन्छ, **'कॉलम फील्ड'** मा गएर त्यसको संख्या टाइप गर्नुहोस्।
8. **'गटर फील्ड'** मा तपाई गटर डिस्टेंस (कॉलमको बीचको स्थान) लाई स्पेसीफाई गर्न सक्नुहुन्छ।
9. मार्जिन एरियामा गएर **'मार्जिन वैल्यू'** को स्पेसीफाई गर्नुहोस्।
10. **'ओके'** माथि क्लिक गर्नुहोस्।

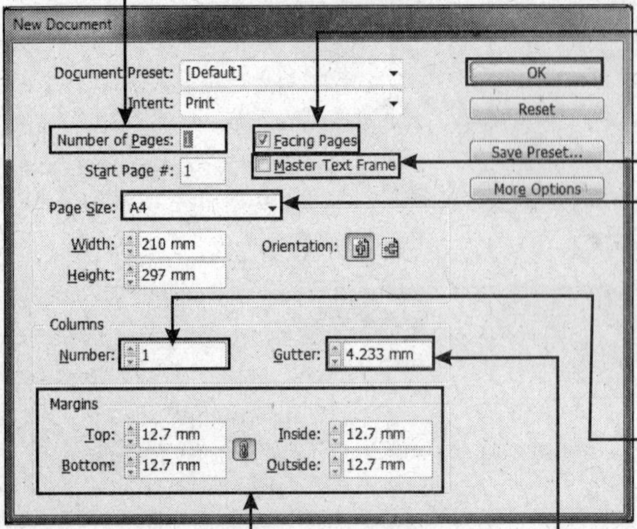

पब्लिकेशनमा पेज एड (शामिल गर्न अथवा जोड्न) गर्न

यदि तपाई न्यूजलेटर्स, बुक इत्यादि जस्तो धेरै पेज भएको पब्लिकेशन क्रिएट गरिरहनु भएको छ भने तपाईले आफ्नो डाक्यूमेंटमा अरु पेज एड (जोड्ने) गर्ने आवश्यक्ता पर्न सक्छ। यदि कुनै मल्टीपल पेज (धेरै पेज भएको) डाक्यूमेंट तैयार गरिरहनु भएको छ भने न्यू डाक्यूमेंट डायलॉग बाक्समा तपाईले न्यू फेसिंग आप्शनलाई सलेक्ट गर्नुपर्छ। तपाईले आफ्नो डाक्यूमेंटमा 9999 पेज सम्म एड गर्न सक्नुहुन्छ अर्थात जोड्न सक्नुहुन्छ।

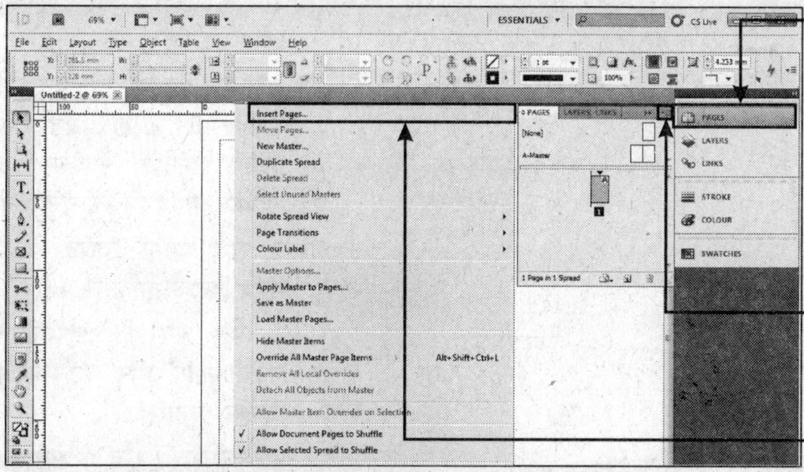

1. पेज पैनलाई ओपन गर्न 'पेजेज' क्लिक गर्नुहोस्।
   यदि पेज पैन डिस्प्ले हुदैन् भने पहिला मीनू बारमा 'विंडो' माथि क्लिक गर्नुहोस् र त्यसपछि 'पेजेज' माथि क्लिक गर्नुहोस्।

2. पॉप अप मीनूलाई ओपन गर्नको लागि 'मीनू' बटन माथि क्लिक गर्नुहोस्।

3. 'इंसर्ट पेज' क्लिक गर्नुहोस्।

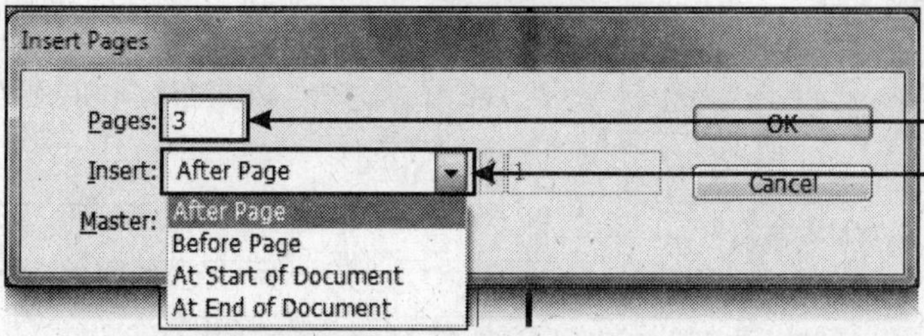

4. 'पेज फील्ड' मा उति संख्या टाइप गर्नुहोस् जति पेज जोड्न चाहनुहुन्छ।

5. 'इंसर्ट' को डाउन एरो बटन माथि क्लिक गर्नुहोस् र त्यस आप्शनलाई सलेक्ट गर्नुहोस् जहा तपाई पेज इंसर्ट (शामिल गर्न) गर्न चाहनुहुन्छ।

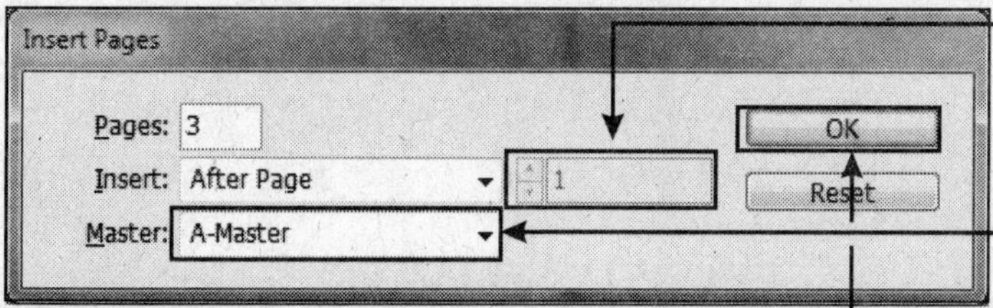

6. 'स्टेप 5' मा सलेक्ट गरिएको ऑप्शन अनुसार पेज नंबर टाइप गर्नुहोस्।

7. 'मास्टर' को डाउन एरो बटन माथि क्लिक गर्नुहोस् र नयाँ पेजहरुमा जसलाई तपाई मास्टर पेज बनाउन चाहनुहुन्छ, त्यस माथि क्लिक गर्नुहोस्।

8. 'ओके' माथि क्लिक गर्नुहोस्।

डाक्यूमेंटमा नया पेज शामिल हुन जान्छ र त्यो तपाईले पेज पैनमा पनि हेर्न सक्नुहुन्छ।

लेफ्ट पेजबाट डाक्यूमेंटलाई स्टार्ट (शुरू) गर्न

डिफाल्ट रूपमा, डाक्यूमेंटको पहिलो शीट सधै राइट हैंड (दायातिर) पेज हुन्छ। तर कहिले-काहि तपाई डाक्यूमेंटलाई लेफ्ट हैंड पेज (बायातिरको पेज) बाट शुरू गर्न चाहनुहुन्छ। यदि त्यो मैगजीन आर्टिकल छ भने त्यो सधै बायातिरबाट शुरू हुन्छ।

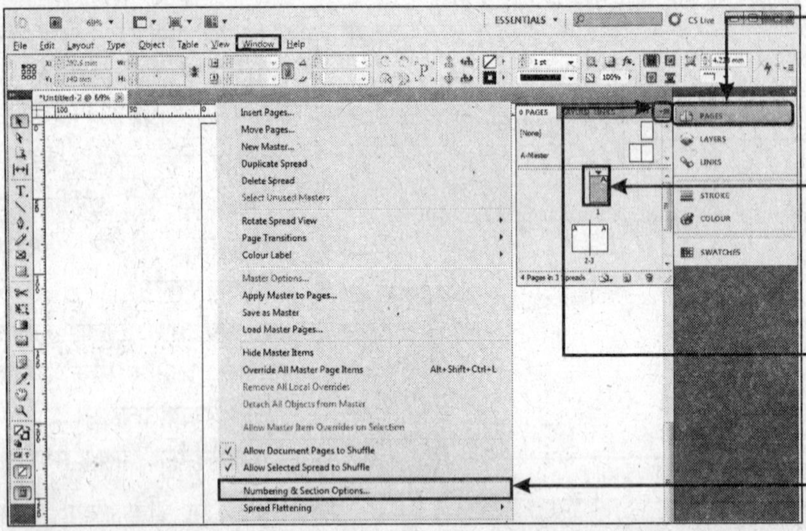

1. पेज पैनलाई ओपन गर्नको लागि 'पेजेज' क्लिक गर्नुहोस्। यदि पेज पैन डिस्प्ले हुदैन् भने पहिला मीनू बारमा 'विंडो' मा क्लिक गर्नुहोस् र त्यसपछि 'पेजेज' माथि क्लिक गर्नुहोस्।

2. पेज पैनमा 'फर्स्ट पेज' माथि क्लिक गर्नुहोस्।

3. पॉप अप मीनूलाई ओपन गर्नको लागि 'मीनू' बटन माथि क्लिक गर्नुहोस्।

4. 'नंबरिंग एंड सेक्शन ऑप्शंस' मा क्लिक गर्नुहोस्।

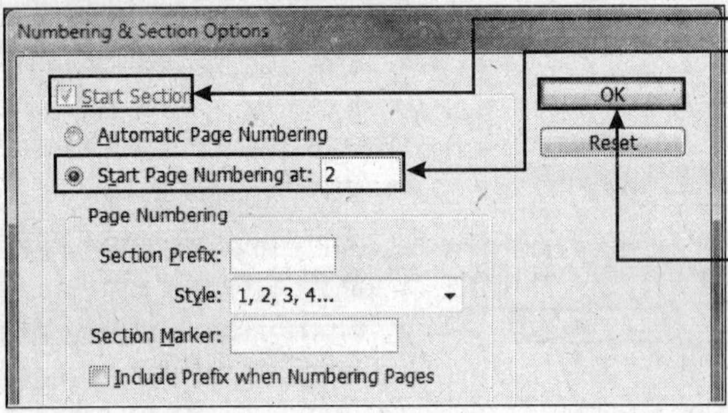

5. 'स्टार्ट सेक्शन' ऑप्शनको चेकमार्कमा क्लिक गर्नुहोस्।

6. यस ऑप्शनमा 'स्टार्ट पेज नंबरिंग' को रेडियो बटन माथि क्लिक गर्नुहोस् र सम संख्या जस्तै '2' टाइप गर्नुहोस्।

7. 'ओके' माथि क्लिक गर्नुहोस्।

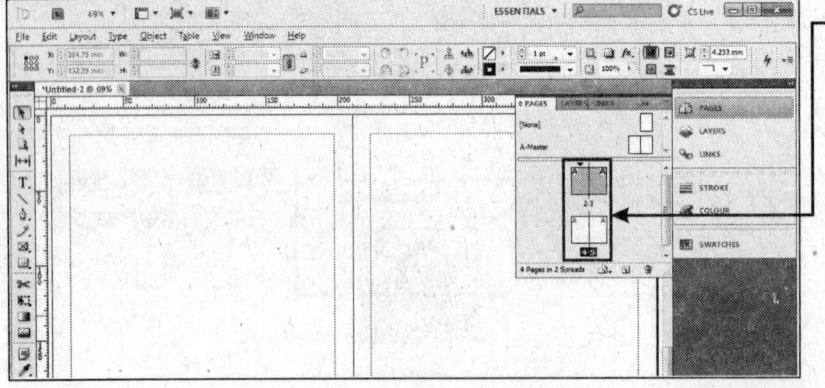

8. पेज पैन अपडेट हुनेछ र पहिलाको पेजलाई बायातिर प्रदर्शित गर्नेछ।

पेज नंबरको साथमा काम गर्न

डिफाल्ट रूपमा, पेज सधै '1' नंबरबाट शुरू हुन्छ। तर तपाई '1' को ठाँउमा कुनै अरु पेज पनि शुरु गर्न सक्नुहुन्छ। तपाईले लेटर्स (अक्षर) वा पेज नंबरको स्टाइललाई पनि अरेबिकबाट रोमनमा परिवर्तित गर्न सक्नुहुन्छ।

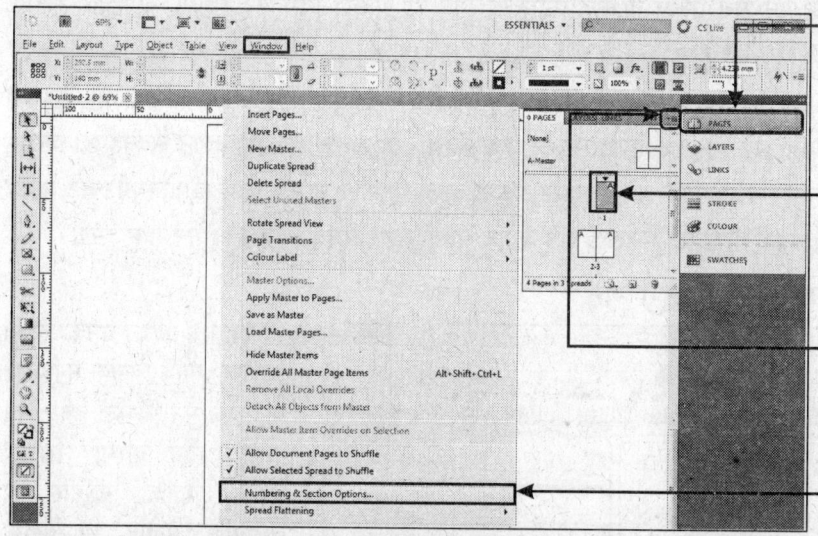

1. पेज पैनलाई ओपन गर्नको लागि **'पेजेज'** क्लिक गर्नुहोस्। *यदि पेज पैन डिस्प्ले हुदैन् भने पहिला मीनू बारमा **'विंडो'** मा क्लिक गर्नुहोस् र त्यसपछि **'पेजेज'** माथि क्लिक गर्नुहोस्।*

2. पेज पैनमा **'फर्स्ट पेज'** माथि क्लिक गर्नुहोस्।

3. पॉप अप मीनूलाई ओपन गर्नको लागि **'मीनू'** बटन माथि क्लिक गर्नुहोस्।

4. **'नंबरिंग एंड सेक्शन ऑप्शंस'** मा क्लिक गर्नुहोस्।

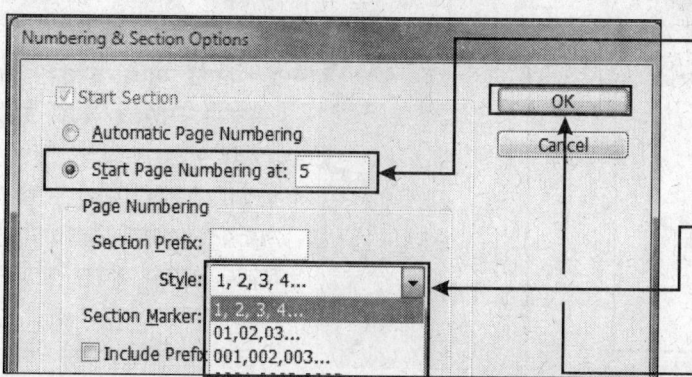

5. शुरुआती पेज नंबरलाई बदलिनको लागि यस ऑप्शनमा गएर **'स्टार्ट पेज नंबरिंग'** को रेडियो बटन माथि क्लिक गर्नुहोस्। त्यसपछि तपाई जुन पेजबाट स्टार्ट गर्न चाहनुहुन्छ, त्यसको नंबर टाइप गर्नुहोस्।

6. पेज नंबरिंगको स्टाइललाई बदलिनको लागि डाउन एरो बटन माथि क्लिक गर्नुहोस् र त्यहा दिईएको लिस्टमा **'स्टाइल'** सलेक्ट गर्नुहोस्।

7. **'ओके'** माथि क्लिक गर्नुहोस्।

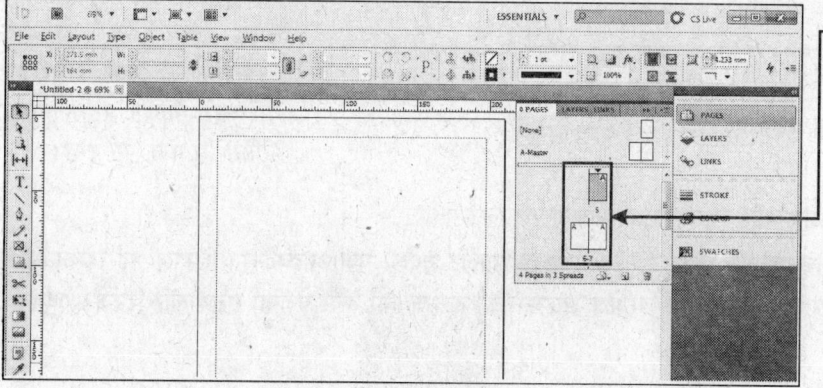

8. नया पेज नंबरलाई प्रदर्शित गर्दै पेज पैन अपडेट हुनेछ।

मास्टर पेज

मास्टर पेजमा शामिल आब्जेक्ट डाक्यूमेंटको हरेक पेजमा देखिन्छ। यसले गर्दा समयको बचत हुन्छ किनकि तपाई त्यस आब्जेक्टलाई सबै पेजको लागि पटक-पटक तैयार गर्न पर्ने हुदैन्। यदि तपाई मास्टर पेजमा कुनै नया एलीमेंट शामिल गर्नुहुन्छ भने मास्टर पेजलाई शेयर गर्ने सबै पेजले ती एलीमेंट्सलाई पनि शो गर्नेछ। डिफाल्ट रूपमा, तपाईद्वारा क्रिएट गरिएको प्रत्येक पेज मास्टर पेजसंग संबंधित हुन्छ।

यदि तपाई मल्टीपल (धेरै पेज भएको) डाक्यूमेंटमा काम गर्नुहुन्छ र तपाई पेज पैनलाई पनि डिस्प्ले गर्न चाहनुहुन्छ। पेज पैनमा शामिल कंट्रोल र यसको पॉप अप मीनूबाट तपाई मास्टर पेज संबंधी धेरै टास्क (काम) गर्न सक्नुहुन्छ। जस्तै- मास्टर पेजलाई क्रिएट र डिलीट गर्न, मास्टर पेजलाई डाक्यूमेंट पेजमा अप्लाई गर्न र मास्टर पेजलाई डाक्यूमेंटबाट बाहिर क्रिएट गर्न। पेज पैनको सहायताले तपाई डाक्यूमेंट पेजलाई पनि जोड्न सक्नुहुन्छ र रिमूव (हटाउन) गर्न सक्नुहुन्छ।

मास्टर पेज पैलेटलाई शो (प्रदर्शित) गर्न

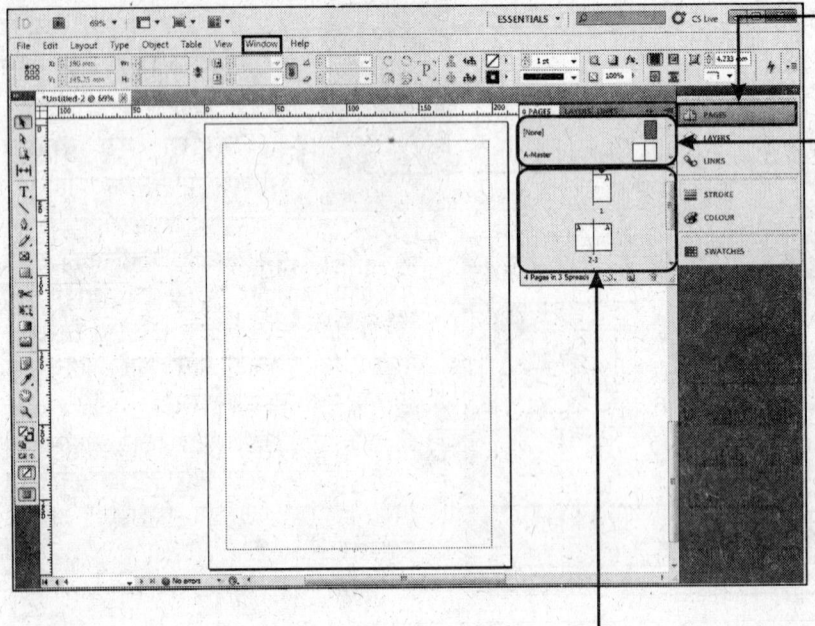

1. पेज पैन ओपन गर्नको लागि **'पेजेज'** माथि क्लिक गर्नुहोस्। यदि पेज पैन डिस्प्ले हुदैन् भने पहिला मीनू बारमा **'विंडो'** माथि क्लिक गर्नुहोस् र त्यसपछि **'पेजेज'** मा क्लिक गर्नुहोस्।

2. पैनको माथि बनेको पेज आइकॉन **'मास्टर पेज'** लाई रिप्रजेंट गर्दछ।

*प्रत्येक डाक्यूमेंटमा **'नन'** नामबाट मास्टर पेज शामिल हुन्छ। जसमा केवल मार्जिन गाइडलाइन शामिल हुन्छ।*

*जब तपाईले कुनै नया डाक्यूमेंट क्रिएट गर्नु हुन्छ तब तपाई द्वारा न्यू डाक्यूमेंट डायलॉग बाक्समा स्पेसीफाई गरिएको मार्जिन र कॉलमको सेटिंग **'ए पेज'** मा हुन्छ।*

3. पैनको तल बनेको पेज आइकॉन, डाक्यूमेंटको पेजलाई रिप्रजेंट गर्दछ।

फेसिंग पेज डाक्यूमेंटमा यो आइकॉन लेफ्ट र राइट पेजलाई रिप्रजेंट गर्दछ। पेज आइकॉनमा डिस्प्ले भई रहेको अक्षर बताउछ कि मास्टर पेज यस माथि आधारित छ। पेज आइकॉनको तल बनेको नंबर पेजको संख्यालाई रिप्रजेंट गर्दछ।

मास्टर पेज क्रिएट गर्न

डिफाल्ट रूपमा, इनडिजाइनको सबै डाक्यूमेंटमा मास्टर पेज पहिला देखि क्रिएट (तैयार) रहन्छ, जसलाई **'ए पेज'** भनिन्छ। तर कहिले-काहि तपाईलाई एक भन्दा बढि मास्टर पेजको आवश्यक्ता हुन्न सक्छ र जब तपाई कुनै बुक तैयार गर्नुहुन्छ र चाहनुहुन्छ कि केहि पेज दुई कॉलम फार्मेट (प्रारूप) मा होस् र केहि पेज तीन कॉलम फार्मेटमा होस्। जब तपाई कुनै नया मास्टर पेज क्रिएट गर्नुहुन्छ तब तपाईलाई नयाँ मास्टरको लागि नया नाम सोधिनेछ।

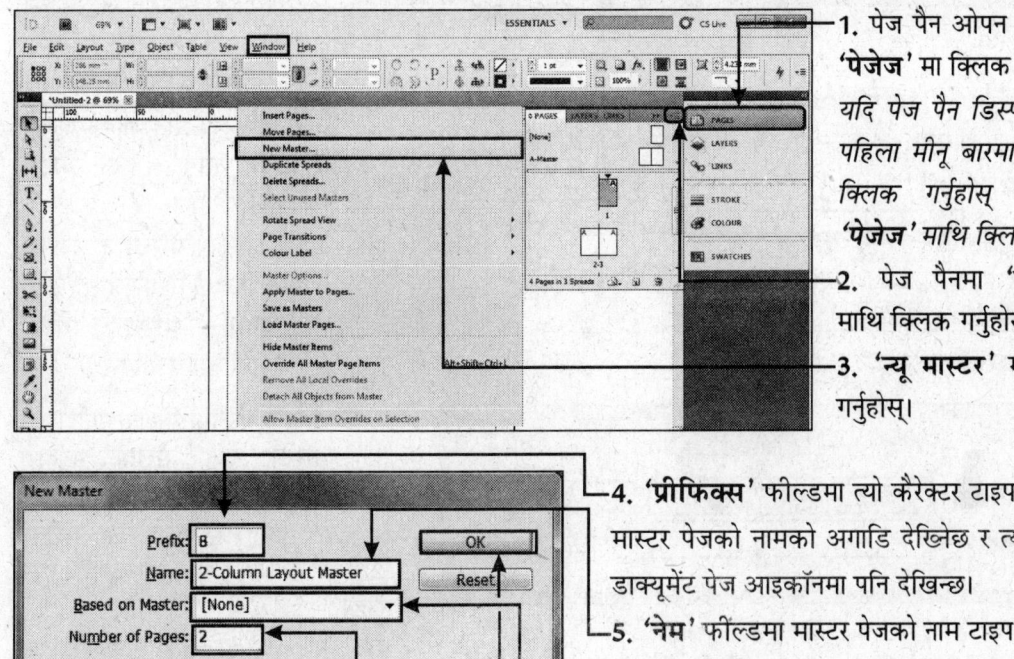

1. पेज पैन ओपन गर्नको लागि **'पेजेज'** मा क्लिक गर्नुहोस्।
*यदि पेज पैन डिस्प्ले हुदैन् भने पहिला मीनू बारमा **'विंडो'** मा क्लिक गर्नुहोस् र त्यसपछि **'पेजेज'** माथि क्लिक गर्नुहोस्।*

2. पेज पैनमा **'फर्स्ट पेज'** माथि क्लिक गर्नुहोस्।

3. **'न्यू मास्टर'** माथि क्लिक गर्नुहोस्।

4. **'प्रीफिक्स'** फील्डमा त्यो कैरेक्टर टाइप गर्नुहोस् जुन मास्टर पेजको नामको अगाडि देखिनेछ र त्यो पेज पैनमा डाक्यूमेंट पेज आइकॉनमा पनि देखिन्छ।

5. **'नेम'** फील्डमा मास्टर पेजको नाम टाइप गर्नुहोस्।

6. **'बेस्ड ऑन मास्टर'** बटनको डाउन एरो बटन माथि क्लिक गर्नुहोस् र **'पैरेंट मास्टर पेज'** सलेक्ट गर्नुहोस्।

7. मास्टर पेजको साथमा तपाई जति पेज शामिल गर्न चाहनुहुन्छ, त्यसको संख्या टाइप गर्नुहोस्।
सिंगल पेज डाक्यूमेंटको लागि '1' र डबल पेज डाक्यूमेंटको लागि '2' टाइप गर्नुहोस्।

8. **'ओके'** माथि क्लिक गर्नुहोस्।

मास्टर पेज पैलेटमा नया मास्टर पेज देखिनेछ।

9. मास्टर पेजमा जरूरी बदलाव गर्नुहोस्।

मास्टर पेजलाई डाक्यूमेंट पेजमा अप्लाई गर्न

मास्टर पेज तैयार गरेपिछ तपाई त्यसलाई डाक्यूमेंट पेजमा अप्लाई गर्न पनि सक्नुहुन्छ।

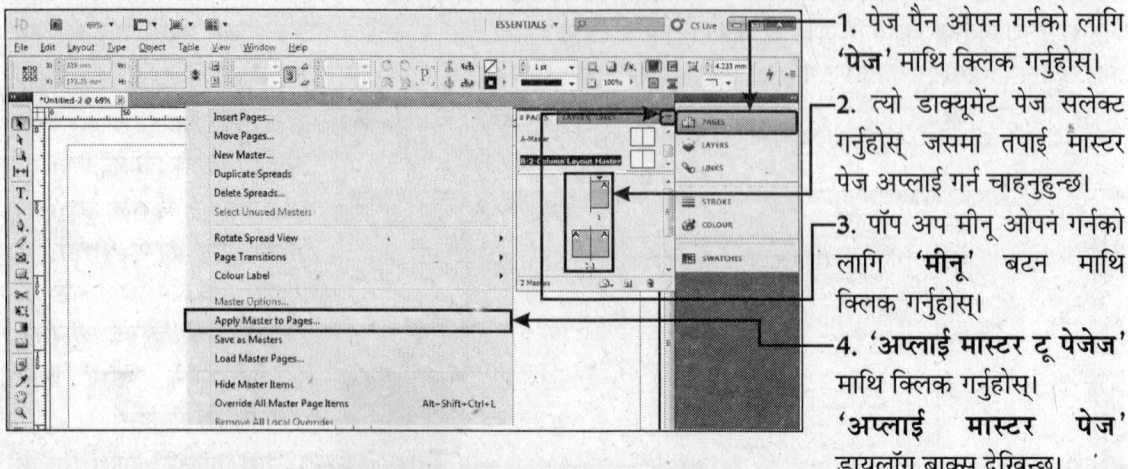

1. पेज पैन ओपन गर्नको लागि **'पेज'** माथि क्लिक गर्नुहोस्।
2. त्यो डाक्यूमेंट पेज सलेक्ट गर्नुहोस् जसमा तपाई मास्टर पेज अप्लाई गर्न चाहनुहुन्छ।
3. पॉप अप मीनू ओपन गर्नको लागि **'मीनू'** बटन माथि क्लिक गर्नुहोस्।
4. **'अप्लाई मास्टर टू पेजेज'** माथि क्लिक गर्नुहोस्।

'अप्लाई मास्टर पेज' डायलॉग बाक्स देखिन्छ।

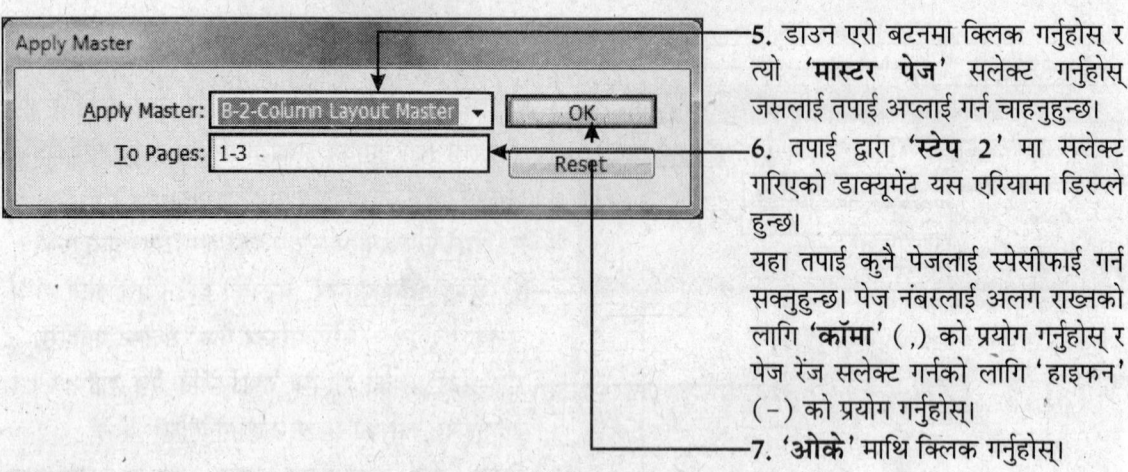

5. डाउन एरो बटनमा क्लिक गर्नुहोस् र त्यो **'मास्टर पेज'** सलेक्ट गर्नुहोस् जसलाई तपाई अप्लाई गर्न चाहनुहुन्छ।
6. तपाई द्वारा **'स्टेप 2'** मा सलेक्ट गरिएको डाक्यूमेंट यस एरियामा डिस्प्ले हुन्छ।

यहा तपाई कुनै पेजलाई स्पेसीफाई गर्न सक्नुहुन्छ। पेज नंबरलाई अलग राख्नको लागि **'कॉमा'** (,) को प्रयोग गर्नुहोस् र पेज रेंज सलेक्ट गर्नको लागि 'हाइफन' (–) को प्रयोग गर्नुहोस्।

7. **'ओके'** माथि क्लिक गर्नुहोस्।

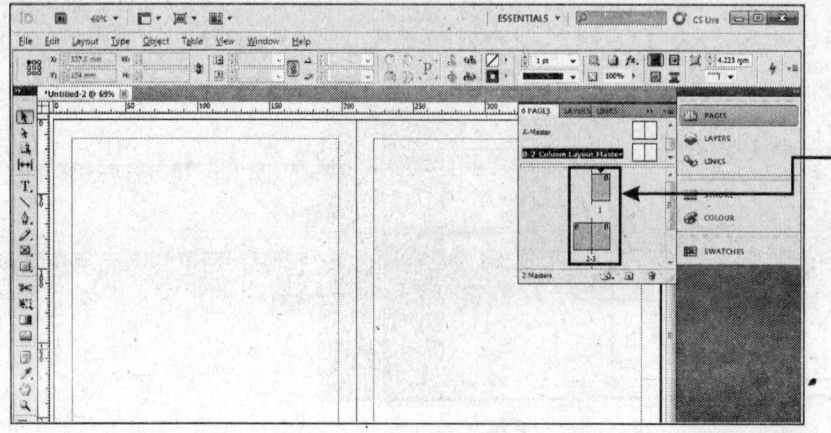

नया मास्टर पेज यो सलेक्ट गरिएको पेजमा अप्लाई हुनेछ।

डाक्यूमेंट आइकॉनमा प्रीफिक्स कैरेक्टर (बी) देखिन्छ।

टेक्स्ट फ्रेम क्रिएट (तैयार) गर्न

इनडिजाइनमा टेक्स्टलाई एंटर गर्नको लागि टेक्स्टलाई फ्रेम बनाउनु पर्नेहुन्छ। टेक्स्ट फ्रेम क्रिएट गरेपछि तपाईले टेक्स्टलाई टाइप गर्न सक्नुहुन्छ, त्यसलाई फार्मेट गर्न सक्नुहुन्छ। तपाई टेक्स्ट फ्रेमलाई मूव (एक स्थानबाट अर्को स्थान सम्म लैजान) गर्न सक्नुहुन्छ र रीसाइज (आकार परिवर्तित गर्न) गर्न सक्नुहुन्छ।

टेक्स्ट फ्रेमलाई तपाईले मास्टर पेजमा तैयार गर्नु पर्छ। यदि तपाई धेरै पेज भएको पब्लिकेशनको हरेक पेजमा एउटै निश्चित टेक्स्टलाई अप्लाई गर्न चाहनुहुन्छ जस्तै- (जस्तै बुकको टाइटल) भने,

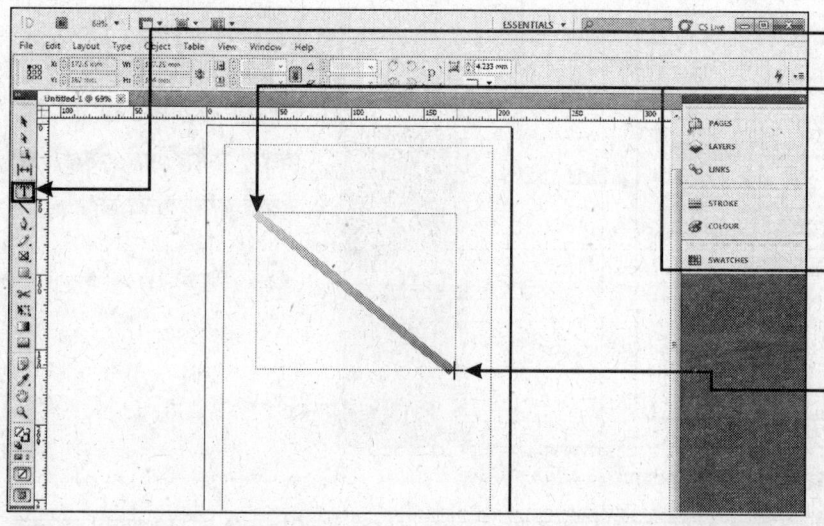

1. टूल पैलेटमा **'टाइप'** टूल माथि क्लिक गर्नुहोस्।
2. जहा तपाई **'टेक्स्ट एंटर'** गर्न चाहनुहुन्छ, माउसको प्वाइंटरलाई त्यस स्थानमा लैजानुहोस्।
3. माउसको बटनलाई क्लिक गरेर कुनै पनि दिशामा ड्रैग गर्नुहोस्।
4. जब तपाईले चाहेको साइज (आकार) र शेप (आकृति) को फ्रेम तैयार हुन्छ तब माउसको प्वाइंटरलाई रिलीज पार्नुहोस् अर्थात छोड्नुहोस्।

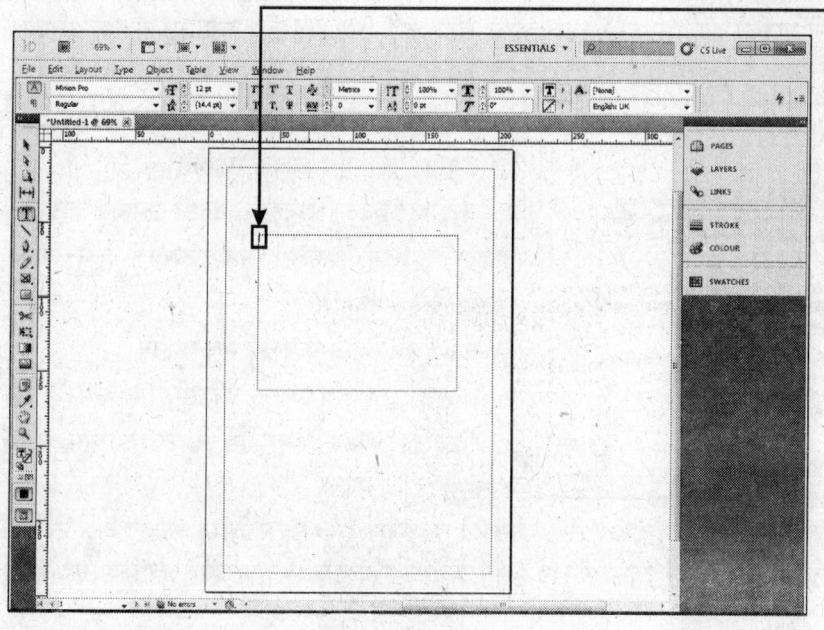

यस फ्रेममा तपाईले फ्लैश गरि रहेको अर्थात चम्कि रहेको कर्सर हेर्नु हुनेछ, यसको मतलब यो छ कि तपाई की-बोर्डको द्वारा अब यसमा टेक्स्ट टाइप गर्न सक्नुहुन्छ।

टेक्स्ट एंटर गर्न

टेक्स्ट फ्रेममा तपाई टेक्स्ट एंटर गर्न सक्नुहुन्छ। यदि तपाई बढि टेक्स्ट एंटर गर्न चाहनुहुन्छ, भने तपाईले यसलाई वर्ड प्रोसेसर प्रोग्राम जस्तै – 'एमएस वर्ड' बाट कॉपी गर्नु पर्ने हुन्छ।

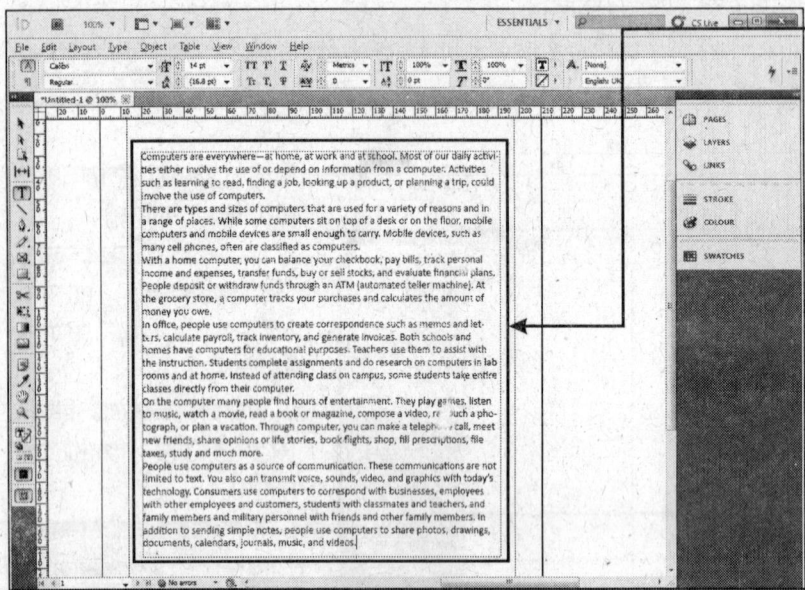

1. टेक्स्ट फ्रेममा तपाई जुन **टेक्स्ट**लाई इंसर्ट (शामिल) गर्न चाहनुहुन्छ, त्यो टाइप गर्नुहोस्।
फ्रेममा तपाईको टेक्स्ट त्यस स्थानमा देखिनेछ जहा इंसर्शन प्वाइंट फ्लैश गरि रहेको छ अर्थात चम्किरहेको छ।

टेक्स्ट फ्रेम मूव गर्न अथवा रीसाइज गर्न

सलेक्शन टूलले जब तपाई कुनै टेक्स्ट फ्रेमलाई सलेक्ट गर्नुहुन्छ तब फ्रेमको बाउंड्री (चारथित्ता) देखिन थाल्छ। टेक्स्ट फ्रेमको हैंडलले तपाई फ्रेमको शेप (आकृति) बदलिन सक्नुहुन्छ। टेक्स्ट फ्रेमलाई ठूलो पार्नको लागि हैंडललाई बाहिरीतिर ड्रैग गर्नुहोस् र टेक्स्ट फ्रेमलाई सानो पार्नको लागि माउसको प्वाइंटरले हैंडललाई भित्र तिर ड्रैग गर्नुहोस्। बढेको अथवा घटेको लूपबाट थाहा हुन्छ कि कति टेक्स्ट देखिनेछ।

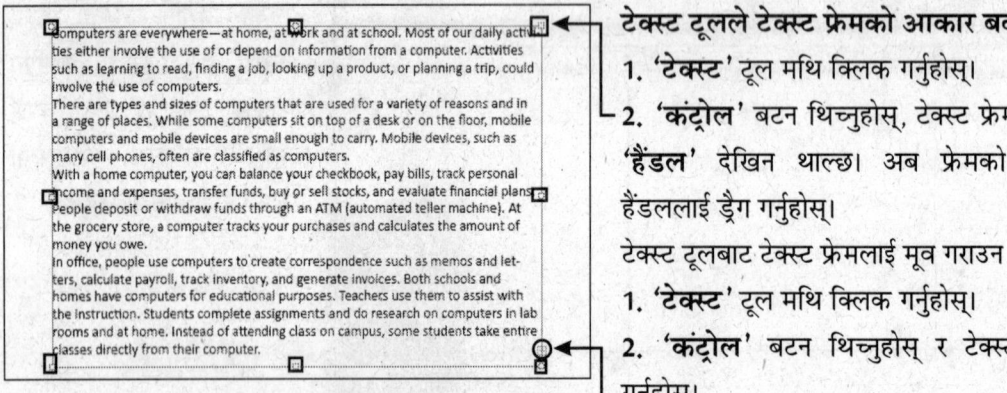

टेक्स्ट टूलले टेक्स्ट फ्रेमको आकार बदलिन

1. **'टेक्स्ट'** टूल मथि क्लिक गर्नुहोस्।
2. **'कंट्रोल'** बटन थिच्नुहोस्, टेक्स्ट फ्रेमको चारैतिर **'हैंडल'** देखिन थाल्छ। अब फ्रेमको कुनै पनि हैंडललाई ड्रैग गर्नुहोस्।

टेक्स्ट टूलबाट टेक्स्ट फ्रेमलाई मूव गराउन

1. **'टेक्स्ट'** टूल मथि क्लिक गर्नुहोस्।
2. **'कंट्रोल'** बटन थिच्नुहोस् र टेक्स्ट फ्रेम ड्रैग गर्नुहोस्।

*टेक्स्ट फ्रेमको बॉटममा यदि **रातो रंगको प्लसको निशान** (+) देखिन्छ भने थाहा हुन्छ कि स्टोरीमा अहिले अझ टेक्स्ट बाकी छ जुन पेजमा देखिरहेको छैन्। यस्तोमा बाकी टेक्स्ट हेर्नको लागि फ्रेमको हैंडललाई तलतिर ड्रैग गरेर फ्रेमलाई अझ ठूलो गर्नुहोस्।*

लिंक टेक्स्ट फ्रेमलाई मैनुअली तैयार गर्न

तपाईको टेक्स्ट केवल सिंगल कैरेक्टर पनि हुन सक्छ वा सय पेज लामो। पूरा स्टोरी डिस्प्ले गर्न वा धेरै स्टोरीहरुलाई डिस्प्ले गर्नको लागि तपाई एउटा टेक्स्ट फ्रेम वा धेरैको प्रयोग गर्न सक्नुहुन्छ। टेक्स्ट फ्रेम किनकि एक-अर्कासंग लिंक (जोड्न) गर्न सकिन्छ त्यसैले एउटा टेक्टट फ्रेम पूरा भएपछि बाकीको टेक्स्ट अर्को कॉलममा वा दोस्रो टेक्स्ट फ्रेममा जान्छ। यदि तपाई पहिला टेक्स्ट ब्लॉकमा कुनै चेंज (बदलाव) गर्नुहुन्छ भने त्यो टेक्स्ट लिंक गरिएको सबै ब्लॉकलाई प्रभावित गर्नेछ। मल्टीपल लिंक्ड टेक्स्ट ब्लॉकमा तपाई टेक्स्ट टूललाई एउटा टेक्स्ट ब्लाकसंग अर्को टेक्स्ट ब्लाकमा ड्रैग गरेर टेक्स्टलाई सलेक्ट गर्न सक्नुहुन्छ।

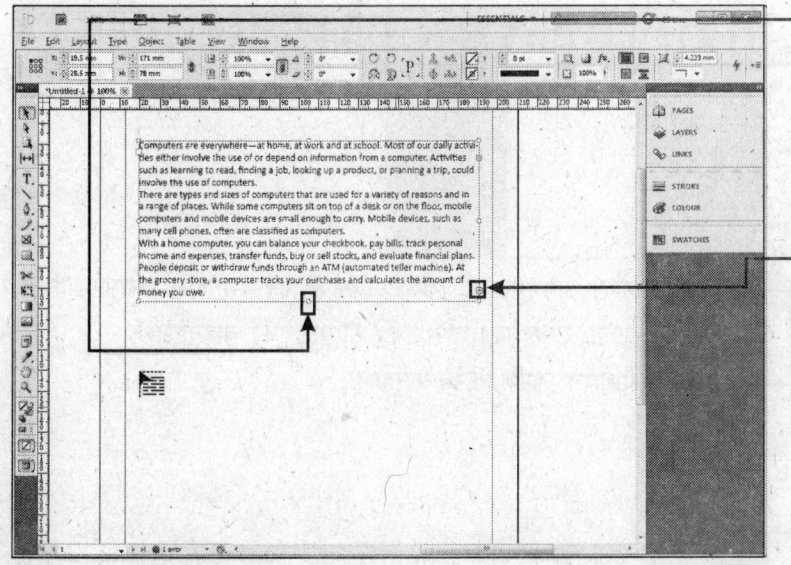

1. फ्रेमको **'बॉटम हैंडल'** लाई तब सम्म ड्रैग गर्नुहोस् जब सम्म कि **'रातो प्लस'** (+) को निशान देखिन्छ। रेड प्लस बटन हेर्नको लागि माउसको बटन छोड्नुहोस्।
2. टेक्स्ट लोड गर्नको लागि फ्रेममा **'रेड ट्राएंगल'** माथि क्लिक गर्नुहोस्।

तपाईको कर्सर लोडेड टेक्स्ट आइकॉनको रूपमा बदलिनेछ जुन डाक्यूमेंट पेजको माथि बायातिर देखिनेछ।।

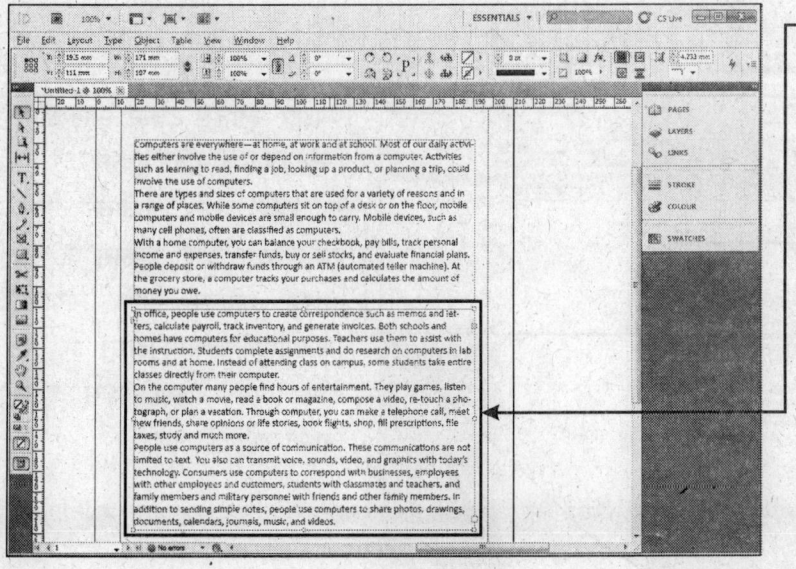

3. पहिला फ्रेमसंग लिंक (जोडिएको) गरिएको नया टेक्स्ट फ्रेमलाई क्रिएट गर्नको लागि तपाई डाक्यूमेंटमा कतै क्लिक गरेर ड्रैग गर्नुहोस्।

जब तपाई माउसको बटन रिलीज गर्नुहुनेछ अर्थात छोड्नुहुनेछ तब टेक्स्ट तपाईद्वारा ड्रैग गरिएको एरियामा वापसी आउनेछ।

आफ्नो चाहनाको हिसाबले नया लिंक्ड टेक्स्ट ब्लॉक तैयार गर्नको लागि **'स्टेप 1'** देखि **'स्टेप 3'** रिपिट गर्नुहोस्।

टेक्स्ट प्लेस (राख्न) गर्न

पेज मेकर डाक्यूमेंटमा तपाई कुनै अरु सॉफ्टेवयर प्रोग्राम जस्तै **'एमएस वर्ड'** बाट पनि टेक्स्ट इंसर्ट (शामिल) गर्न सक्नुहुन्छ।

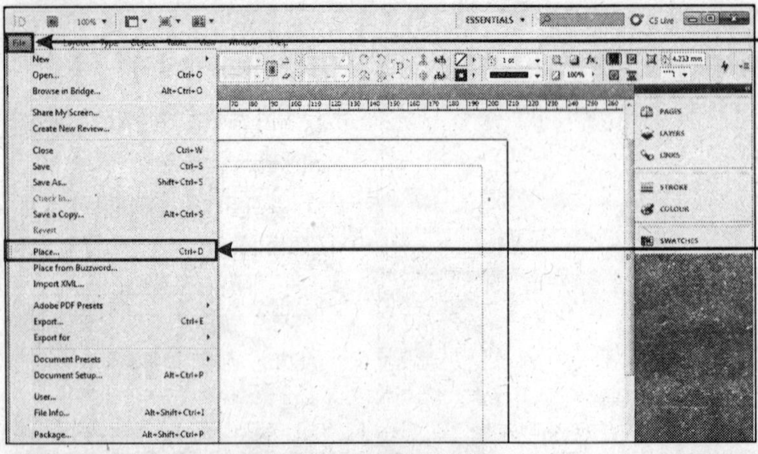

1. मीनू बारमा गएर **'फाइल'** माथि क्लिक गर्नुहोस्।
2. **'प्लेस'** माथि क्लिक गर्नुहोस्। **'प्लेस'** डायलॉग बाक्स देखिन थाल्नेछ।

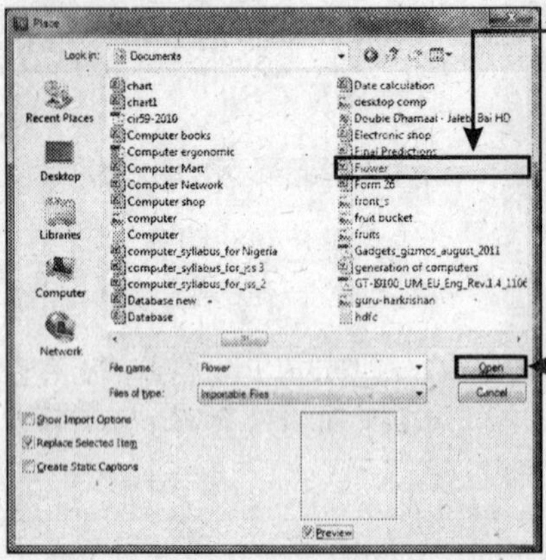

3. त्यस डाक्यूमेंटलाई लोकेट (खोजी गर्न) गर्नुहोस् जसमा शामिल टेक्स्टलाई तपाई यहा प्लेस गर्न (शामिल गर्न) चाहनुहुन्छ।
4. **'ओपन'** माथि क्लिक गर्नुहोस्।

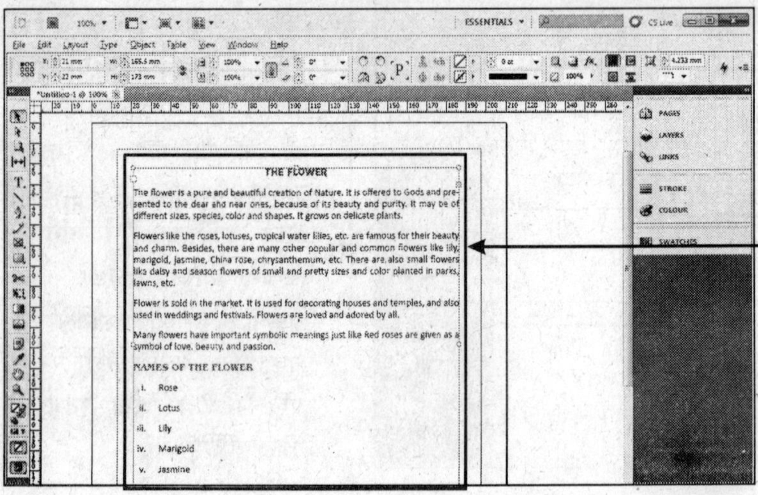

प्वाइंटर **'लोडेड टेक्स्ट आइकॉन'** ( ) मा परिवर्तित हुनेछ।

5. टेक्स्ट प्लेस गराउनको लागि टेक्स्ट फ्रेम तैयार गर्नुहोस् वा पेज अथवा कॉलम माथि बायातिर किनारामा क्लिक गर्नुहोस्।

टेक्स्ट यस पेजमा प्लेस हुनेछ अर्थात शामिल हुनेछ।

टेक्स्ट फ्रेम प्रापर्टी सेट गर्न

तपाई टेक्स्ट फ्रेमको सेटिंग पनि बदलिन सक्नुहुन्छ जस्तै– फ्रेममा कॉलमको संख्या, फ्रेममा टेक्स्टको वर्टिकल अलाइन्मेंट। यस बाहेक तपाई इनसेट स्पेसिंग (टेक्स्ट र फ्रेमको बीचको दूरी) मा पनि बदलाव गर्न सक्नुहुन्छ।

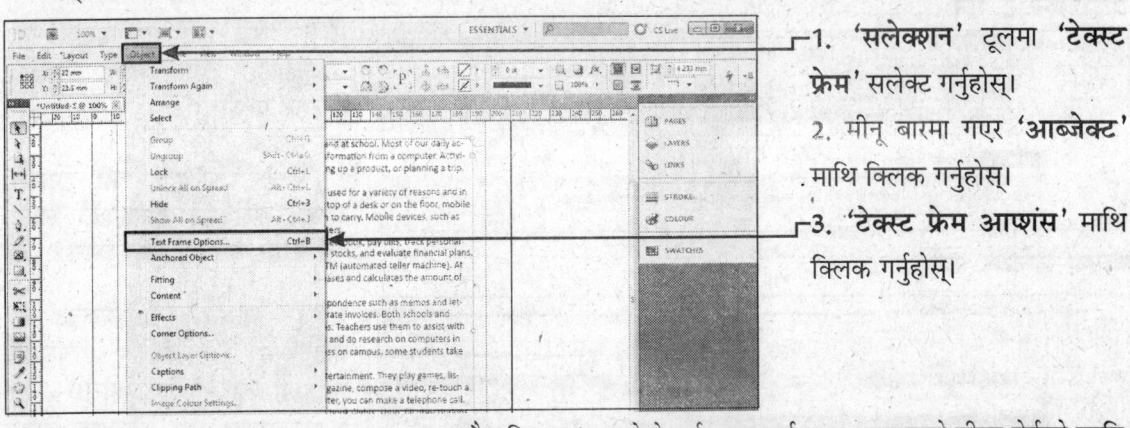

1. **'सलेक्शन'** टूलमा **'टेक्स्ट फ्रेम'** सलेक्ट गर्नुहोस्।
2. मीनू बारमा गएर **'आब्जेक्ट'** माथि क्लिक गर्नुहोस्।
3. **'टेक्स्ट फ्रेम आप्शंस'** माथि क्लिक गर्नुहोस्।

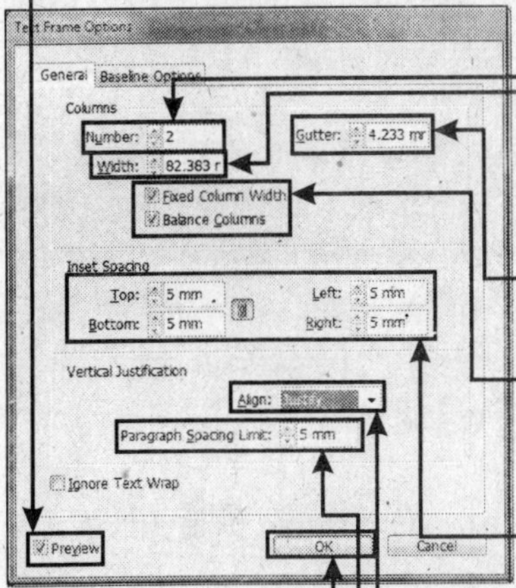

4. कुनै पनि बदलाव ओके गर्नु भन्दा पूर्व त्यस आप्शनको प्रीव्यू हेर्नको लागि 'प्रीव्यू' को चेकबाक्समा क्लिक गर्नुहोस्।
5. कॉलमको संख्याको लागि फ्रेममा **'नंबर ऑफ कॉलम्स'** लाई स्पेसीफाई गर्नुहोस् अर्थात एंटर गर्नुहोस्।
6. कॉलमको चौड़ाईको लागि फ्रेममा **'विथ ऑफ द कॉलम'** लाई स्पेसीफाई गर्नुहोस्।
7. कॉलमको बीचको **'डिस्टेंस'** (दूरी) लाई सेट गर्नको लागि 'गटर वैल्यू' लाई स्पेसीफाई गर्नुहोस्।

जब तपाई फ्रेमलाई रीसाइज गर्नुहुन्छ तब यसको कॉलम विथ (चौड़ाई) लाई जस्ताको त्यस्तै राख्नको लागि तपाई ***'फिक्स कॉलम विथ'*** *र* ***'बैलेंस कॉलम'*** *को चेकबाक्स मथि क्लिक गर्न सक्नुहुन्छ।*

8. **'टॉप'**, **'बॉटम'**, **'लेफ्ट'** र **'राइट'** को इनसेट स्पेसिंगलाई स्पेसीफाई गर्नुहोस्।
9. **'अलाइन'** को डाउन एरो माथि क्लिक गर्नुहोस् जसले तय गर्नेछ कि टेक्स्टको फ्रेमबाट कतिवटा अलाइन्मेंट हुनेछ, त्यसमाा क्लिक गर्नुहोस्।
10. **'पैराग्राफ स्पेसिंग'** स्पेसीफाई गर्नुहोस्।
11. **'ओके'** माथि क्लिक गर्नुहोस्।

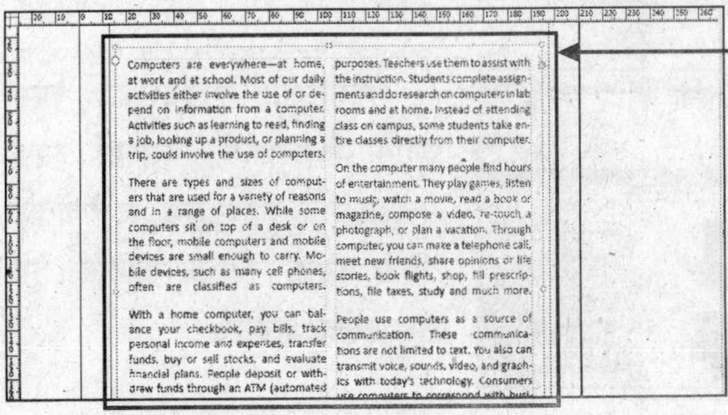

तपाईद्वारा गरिएको सेटिंग अनुसार अब तपाईको फ्रेम तपाईको अगाडि हुनेछ।

टेक्स्ट सलेक्ट गर्न

इनडिजाइनमा कुनै काम गर्नु भन्दा पहिला तपाईले त्यो टेक्स्ट सलेक्ट गर्नु पर्ने हुन्छ, जसमा तपाई काम गर्न चाहनुहुन्छ। सलेक्ट गरिएको टेक्स्ट तपाईको स्क्रीनमा हाईलाइट हुन्द। पहिला टेक्स्ट टूलमा क्लिक गर्नुहोस्।

वर्ड सलेक्ट गर्न

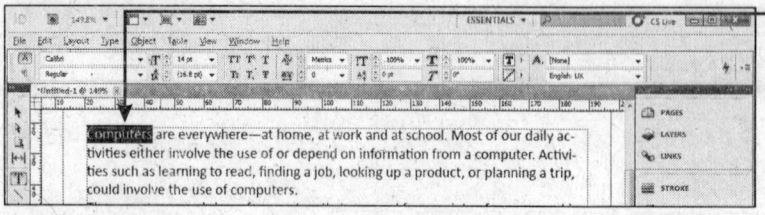

1. जुन **'वर्ड'** लाई तपाई सलेक्ट गर्न चाहनुहुन्छ, त्यस माथि 'डबल क्लिक' गर्नुहोस्।
वर्ड सलेक्ट हुनेछ।
2. सलेक्ट गरिएको वर्ड हटाउन अथवा सलेक्शन हटाउनको लागि वर्ड बाहिर कतै क्लिक गर्नुहोस्।

वाक्य सलेक्ट गर्न

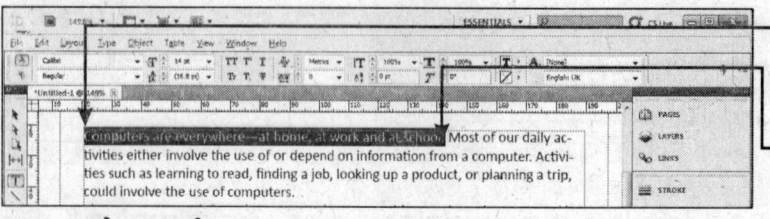

1. जुन **'वाक्य'** तपाई सलेक्ट गर्न चाहनुहुन्छ, माउसलाई त्यसको **'पहिलो वर्ड'** मा लैजानुहोस्।
2. माउसलाई ड्रैग गर्दै त्यहा सम्म लैजानुहोस्, जहा सम्म तपाई त्यसलाई सलेक्ट गर्न चाहनुहुन्छ।

लाइन सलेक्ट गर्न

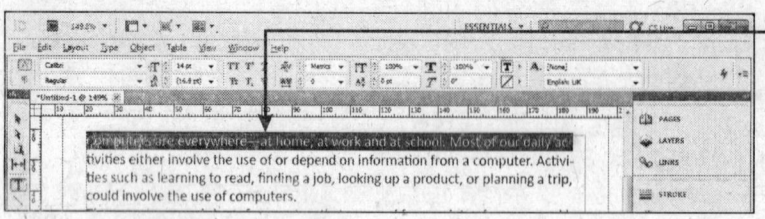

1.जुन लाइनलाई तपाई सलेक्ट गर्न चाहनुहुन्छ, माउसको प्वाइंटरलाई त्यसको माथि राख्नुहोस् र लाइनलाई सलेक्ट गर्नको लागि तेजीले **'तीन पटक'** थिच्नुहोस्। पूरा लाइन सलेक्ट हुनेछ।

पैराग्राफ सलेक्ट गर्न

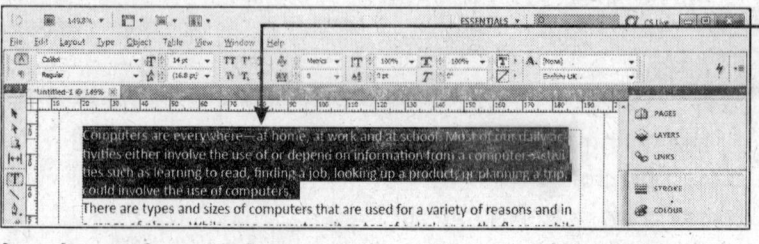

1. जुन पैराग्राफ तपाई सलेक्ट गर्न चाहनुहुन्छ, माउसको प्वाइंटरलाई त्यसको माथि लैजानुहोस् र फटाफट **'चार पटक'** त्यस माथि क्लिक गर्नुहोस्। पूरा पैराग्राफ सलेक्ट हुनेछ।

फ्रेमको पूरा टेक्स्ट सलेक्ट गर्न

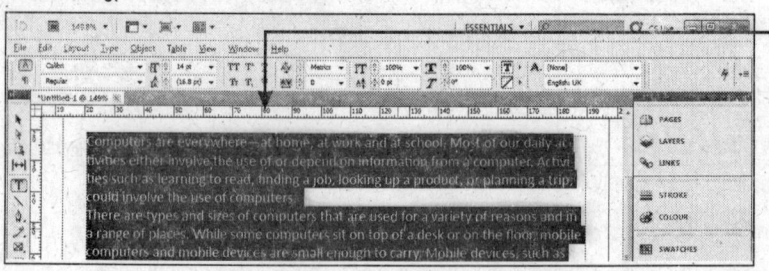

1. माउसको प्वाइंटरलाई त्यस फ्रेममा लैजानुहोस्, जसलाई तपाई सलेक्ट गर्न चाहनुहुन्छ र तेजीबाट **'पांच पटक'** क्लिक गर्नुहोस्। पूरा फ्रेम सलेक्ट हुनेछ।

स्पेलिंग चेक गर्न (गलतिहरुको जाँच गर्न)

आफ्नो डाक्यूमेंटमा तपाई ग्रामर (व्याकरण) को अशुद्धिलाई खोजेर त्यसलाई टाढा गर्न सक्नुहुन्छ। वर्डले तपाईको कंप्यूटरमा मौजूद डिक्शनरी (शब्दकोश) संग प्रत्येक वर्ड (अक्षर) लाई मिलाउछ। यदि त्यो शब्द डिक्शनरीमा मौजूद शब्दसंग मेल खादैन् भने त्यसलाई गलत शब्द मान्दछ।

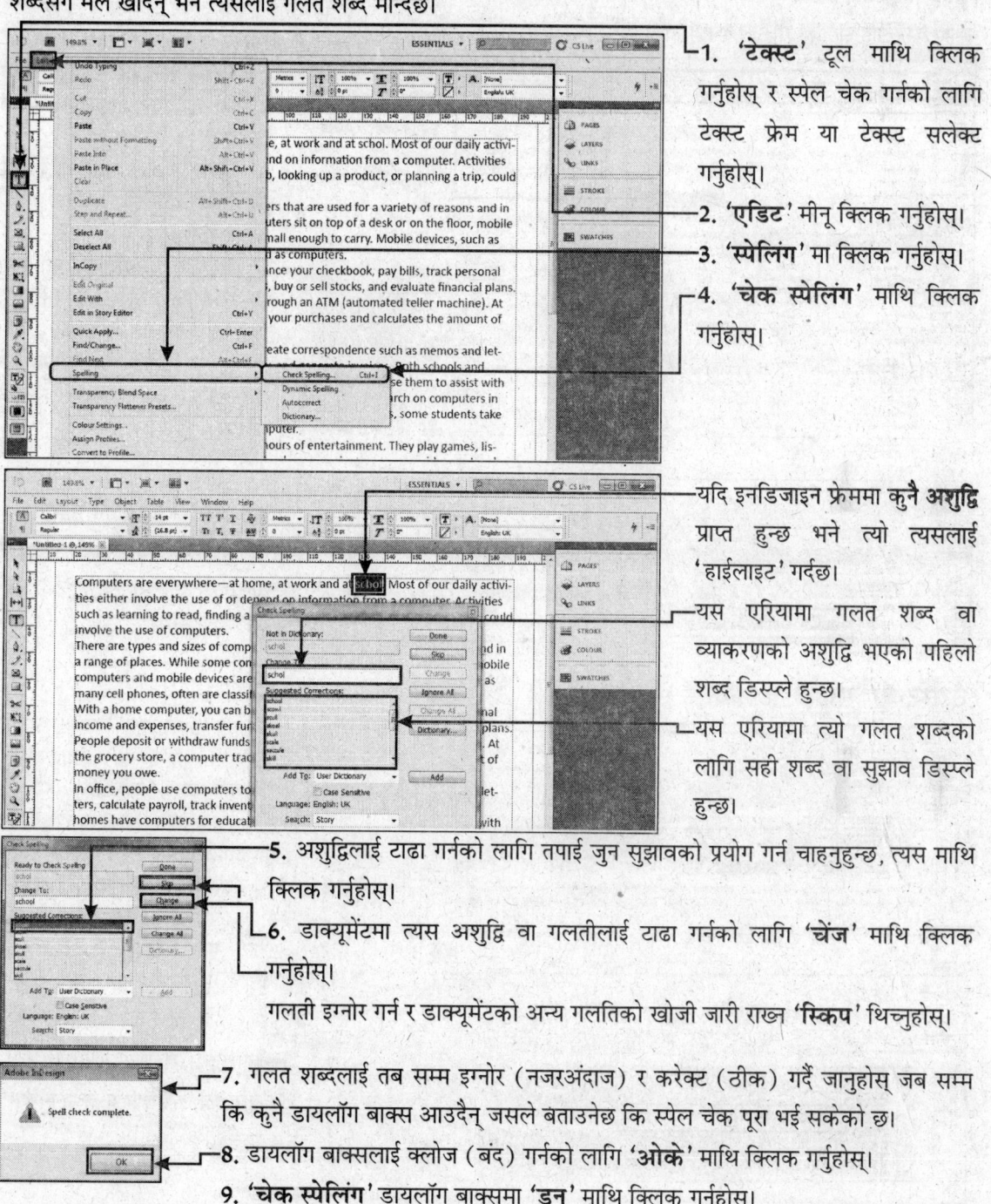

1. **'टेक्स्ट'** टूल माथि क्लिक गर्नुहोस् र स्पेल चेक गर्नको लागि टेक्स्ट फ्रेम या टेक्स्ट सलेक्ट गर्नुहोस्।
2. **'एडिट'** मीनू क्लिक गर्नुहोस्।
3. **'स्पेलिंग'** मा क्लिक गर्नुहोस्।
4. **'चेक स्पेलिंग'** माथि क्लिक गर्नुहोस्।

यदि इनडिजाइन फ्रेममा कुनै **अशुद्धि** प्राप्त हुन्छ भने त्यो त्यसलाई 'हाईलाइट' गर्दछ।

यस एरियामा गलत शब्द वा व्याकरणको अशुद्धि भएको पहिलो शब्द डिस्प्ले हुन्छ।

यस एरियामा त्यो गलत शब्दको लागि सही शब्द वा सुझाव डिस्प्ले हुन्छ।

5. अशुद्धिलाई टाढा गर्नको लागि तपाई जुन सुझावको प्रयोग गर्न चाहनुहुन्छ, त्यस माथि क्लिक गर्नुहोस्।
6. डाक्यूमेंटमा त्यस अशुद्धि वा गलतीलाई टाढा गर्नको लागि **'चेंज'** माथि क्लिक गर्नुहोस्।

गलती इग्नोर गर्न र डाक्यूमेंटको अन्य गलतिको खोजी जारी राख्न **'स्किप'** थिच्नुहोस्।

7. गलत शब्दलाई तब सम्म इग्नोर (नजरअंदाज) र करेक्ट (ठीक) गर्दै जानुहोस् जब सम्म कि कुनै डायलॉग बाक्स आउदैन् जसले बताउनेछ कि स्पेल चेक पूरा भई सकेको छ।
8. डायलॉग बाक्सलाई क्लोज (बंद) गर्नको लागि **'ओके'** माथि क्लिक गर्नुहोस्।
9. **'चेक स्पेलिंग'** डायलॉग बाक्समा **'डन'** माथि क्लिक गर्नुहोस्।

टेक्स्टको फॉन्ट र फॉन्ट साइज बदलिन

आफ्नो डाक्यूमेंटलाई अझ अधिक आकर्षक बनाउनको लागि तपाई कंट्रोल पैलेटको प्रयोग गरेर टेक्स्टको फॉन्ट र फॉन्ट साइज परिवर्तित गर्न सक्नुहुन्छ।

जब टेक्स्टलाई सलेक्ट गरिन्छ तब कंट्रोल पैलेट कैरेक्टर फार्मेटिंग कंट्रोलसलाई डिस्प्ले गर्दछ।

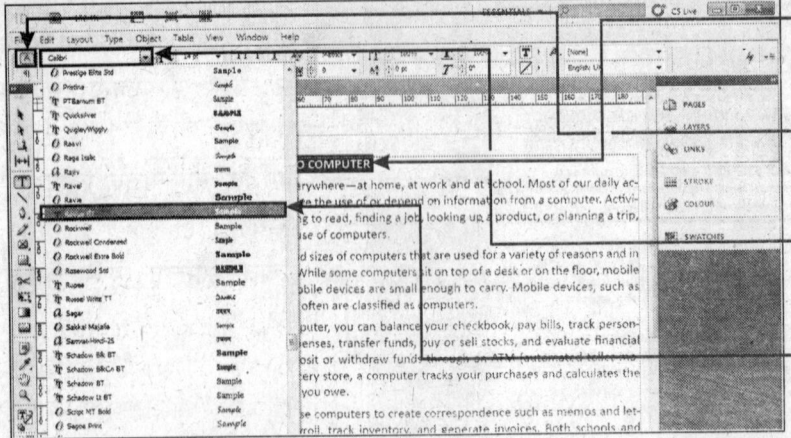

1. जुन टेक्स्टलाई तपाई अर्को फॉन्टमा बदलिन चाहनुहुन्छ, त्यो टेक्स्टलाई सलेक्ट गर्नुहोस्।
2. कंट्रोल पैलेटमा गएर **'कैरेक्टर फार्मेटिंग कंट्रोल्स'** बटन माथि क्लिक गर्नुहोस्।
3. आफूसंग उपलब्ध फॉन्टको लिस्ट हेर्नको लागि डाउन एरो बटन माथि क्लिक गर्नुहोस्।
4. जुन फॉन्टलाई तपाई प्रयोग गर्न चाहनुहुन्छ, त्यस माथि क्लिक गर्नुहोस्।

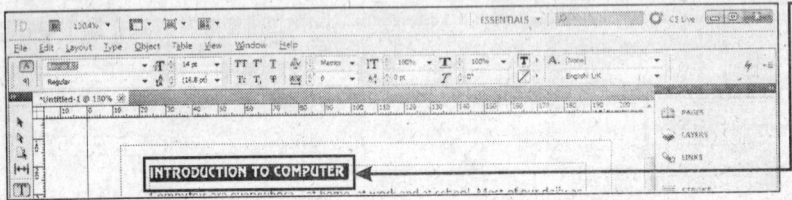

तपाई द्वारा सलेक्ट गरिएको टेक्स्ट नया फॉन्टमा परिवर्तित हुनेछ।

सलेक्ट हटाउनको लागि, सलेक्ट गरिएको एरियाबाट बाहिर कतै क्लिक गर्नुहोस्।

टेक्स्टको साइज (आकार) बदलिन

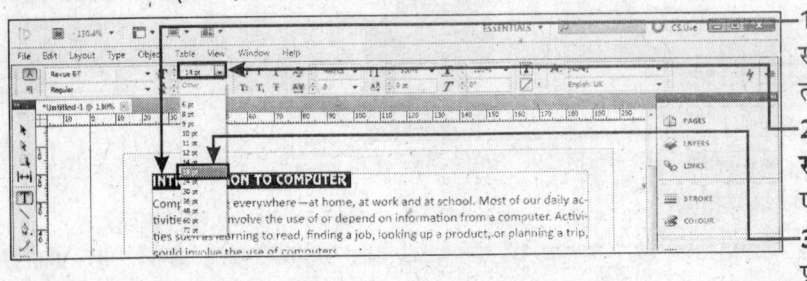

1. जुन टेक्स्टलाई तपाई नया साइजमा बदलिन चाहनुहुन्छ, त्यसलाई सलेक्ट गर्नुहोस्।
2. स्यंम नै उपलब्ध **फॉन्ट साइज**को लिस्ट हेर्नको लागि डाउन एरो बटन माथि क्लिक गर्नुहोस्।
3. जुन साइज (आकार) लाई तपाई प्रयोग गर्न चाहनुहुन्छ, त्यस माथि क्लिक गर्नुहोस्।

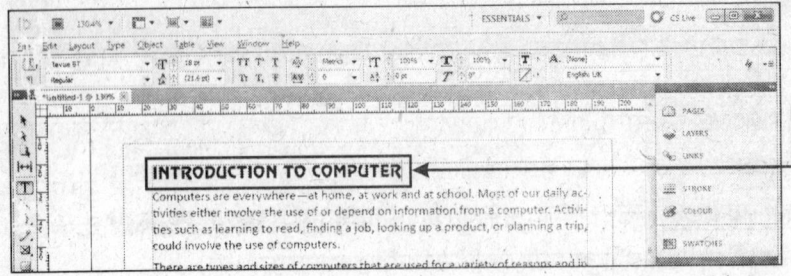

तपाईद्वारा सलेक्ट गरिएको टेक्स्ट नया फॉन्ट साइजमा बदलिनेछ।

टेक्स्टलाई बोल्ड, इटैलिक र बोल्ड इटैलिक स्टाइलमा बदलिन

आफ्नो डाक्यूमेंटमा इंफोर्मेशन हाईलाइट गर्नको लागि तपाई टेक्स्ट बोल्ड, बोल्ड इटैलिक र इटैलिकमा पनि बदलिन सक्नुहुन्छ। डिफाल्ट रूपमा, तपाई जहिले पिन टाइप गर्नुहुन्छ, त्यो रोमन स्टाइलमा टाइप हुन्छ।

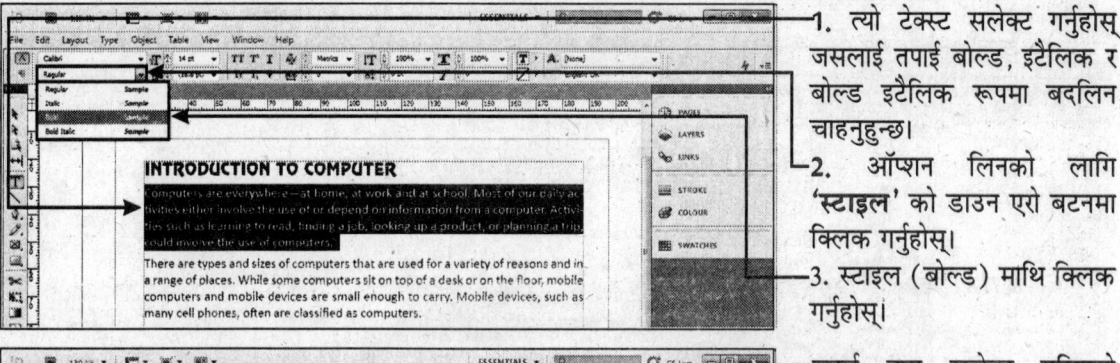

1. त्यो टेक्स्ट सलेक्ट गर्नुहोस् जसलाई तपाई बोल्ड, इटैलिक र बोल्ड इटैलिक रूपमा बदलिन चाहनुहुन्छ।
2. ऑप्शन लिनको लागि **'स्टाइल'** को डाउन एरो बटनमा क्लिक गर्नुहोस्।
3. स्टाइल (बोल्ड) माथि क्लिक गर्नुहोस्।

तपाई द्वारा सलेक्ट गरिएको टेक्स्ट नया स्टाइलमा देखिन्छ।

स्आइल रिमूव (हटाएर) टेक्स्टलाई पहिलाको स्टाइलमा हेर्नको लागि, **'स्टेप 1'** देखि **'स्टेप 3'** सम्म दोहराउनुहोस् र **'स्टेप 3'** मा **'रोमन'** सलेक्ट गर्नुहोस्।

टेक्स्टको कलर (रंग) बदलिन

आफ्नो डाक्यूमेंटमा तपाई टेक्स्टको कलर पनि बदलिन सक्नुहुन्छ। हेडिंग र अन्य महत्वपूर्ण सूचनामा टेक्स्टको कलर बदलेर तपाई मानिसहरुको ध्यान आकर्षित गर्न सक्नुहुन्छ।

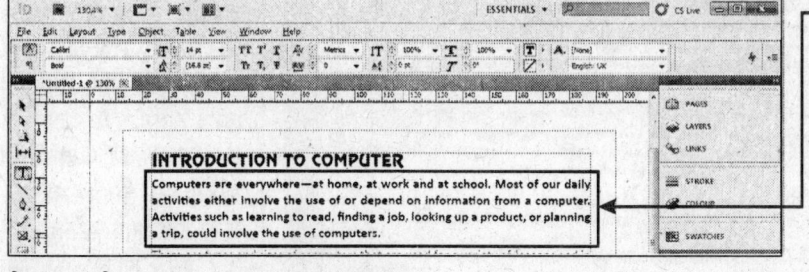

1. जुन टेक्स्ट तपाई अर्को रंगमा परिवर्तित गर्न चाहनुहुन्छ, त्यसलाई राम्ररी सलेक्ट गर्नुहोस्।
2. आफूसंग उपलब्ध रहेको कलर्स डिस्प्ले गराउन **'स्वैचेज पैन'** मा क्लिक गर्नुहोस्।

   यदि स्वैचेज पैन डिस्प्ले हुदैन्, मीनू बारमा **'विंडो'** मा क्लिक गर्नुहोस् र त्यसपछि 'स्वैचेज' मा क्लिक गर्नुहोस्।
3. जुन कलर तपाई अप्लाई गर्न चाहनुहुन्छ, त्यो **'कलर'** क्लिक गर्नुहोस्।

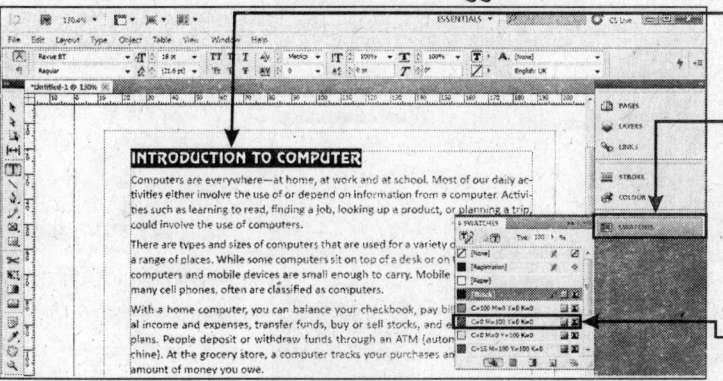

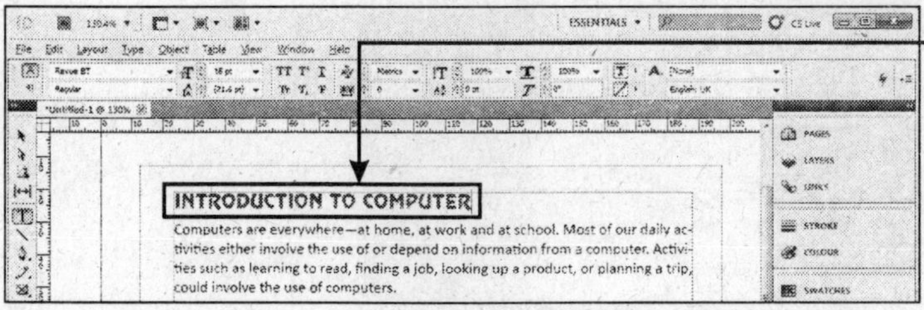

सलेक्ट गरिएको टेक्स्ट नया कलरमा डिस्प्ले हुन्छ।

टेक्स्टलाई पहिलाको कलरमा वापस ल्याउन स्टेप **'1 देखि 3'** सम्म रिपिट गर्नुहोस् र स्टेप 3 मा 'ब्लैक' थिच्नुहोस्।

लाइन स्पेसिंग (लाइनको बीचको स्थान) बदलिन

आफ्नो डाक्यूमेंटमा तपाई टेक्स्टको बीचको लाइनको बीचको स्पेस (खाली स्थान) लाई पनि परिवर्तित गर्न सक्नुहुन्छ। लाइन स्पेसिंग बढाएर तपाई आफ्नो डाक्यूमेंटलाई सजिलैसंग हेर्न सक्नुहुन्छ र त्यसलाई एडिट (संपादित) पनि सजिलैसंग गर्न सक्नुहुन्छ।

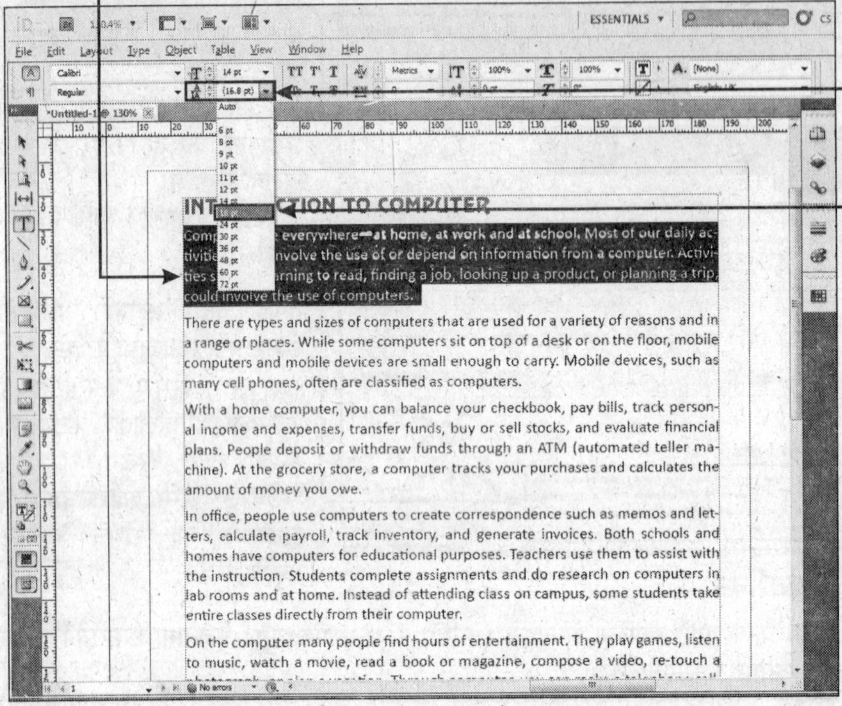

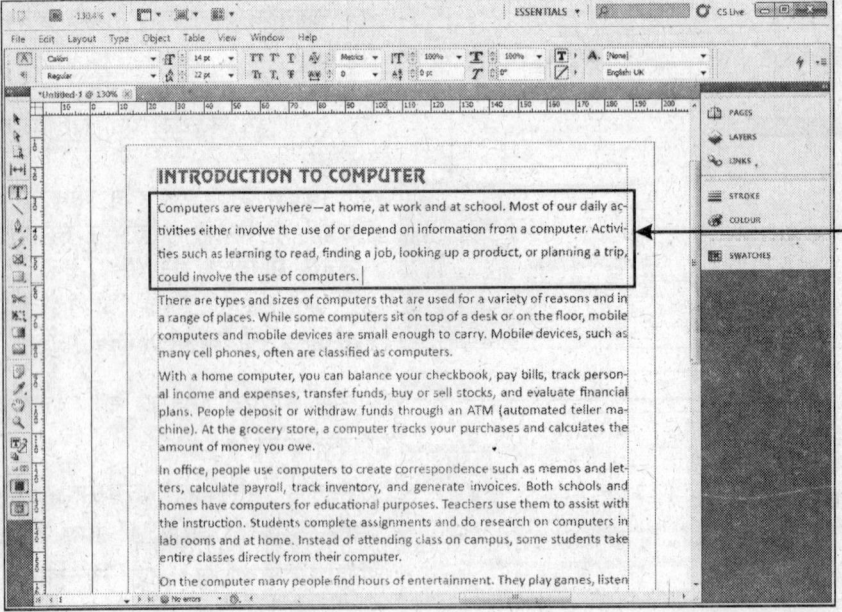

1. त्यस टेक्स्ट सलेक्ट गर्नुहोस् जसमा तपाई लाइनको स्पेस बदलिन चाहनुहुन्छ।

2. यहा उपलब्ध **'लाइन स्पेसिंग'** ऑप्शन डिस्प्ले गर्न डाउन एरो बटन माथि क्लिक गर्नुहोस्। वा त्यसमा शामिल स्पेस वैल्यूलाई सलेक्ट गरेर अर्को वैल्यू टाइप गर्नुहोस्। तपाई लीडिंग वैल्यूलाई 0. 001 प्वाइंटको बढ़ोतरीको साथै (0-500 प्वाइंट) सम्म टाइप गर्न सक्नुहुन्छ।

3 जुन लाइन स्पेसिंग ऑप्शनलाई तपाई प्रयोग गर्न चाहनुहुन्छ, त्यस माथि क्लिक गर्नुहोस्।

सलेक्ट गरिएको टेक्स्ट नया लाइन स्पेसिंगमा डिस्प्ले हुन्छ।

सलेक्ट गरिएको टेक्स्ट हटाउनको लागि सलेक्टेड एरियाबाट बाहिर कतै क्लिक गर्नुहोस्।

टेक्स्टको केस बदलिन

डाक्यूमेंटमा टेक्स्टलाई फेरीबाट टाइपिंग बिना नै तपाई टेक्स्टको केस बदलिन सक्नुहुन्छ। इनडिजाइनमा तपाईलाई चार केस डिजाइन उपलब्ध हुन्छं। (जस्तै- अपर केस, लोअर केस, टाइटल केस र सेंटेंस केस)।

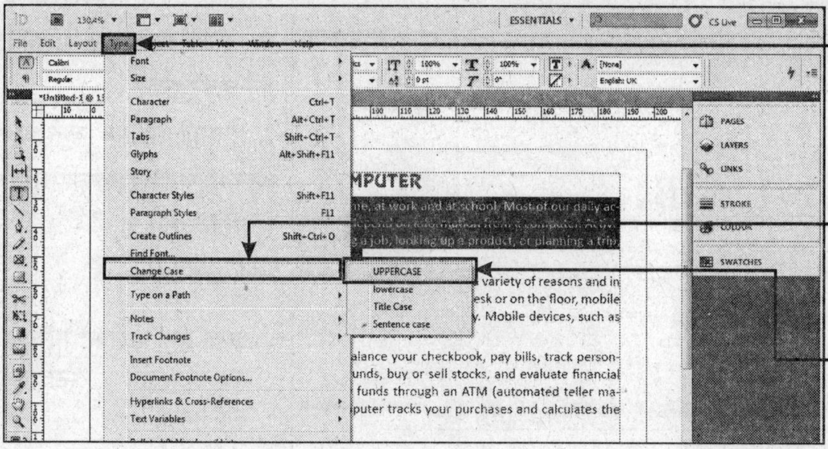

1. जुन टेक्स्टलाई तपाई नयाँ केस स्टाइलमा बदलिन चाहनुहुन्छ, पहिला त्यसलाई सलेक्ट गर्नुहोस्।
2. मीनू बारमा गएर **'टाइप'** माथि क्लिक गर्नुहोस्।
3. **'चेंज केस'** माथि क्लिक गर्नुहोस्।
4. जुन केसलाई तपाई अप्लाई गर्न चाहनुहुन्छ, त्यस मथि क्लिक गर्नुहोस्।

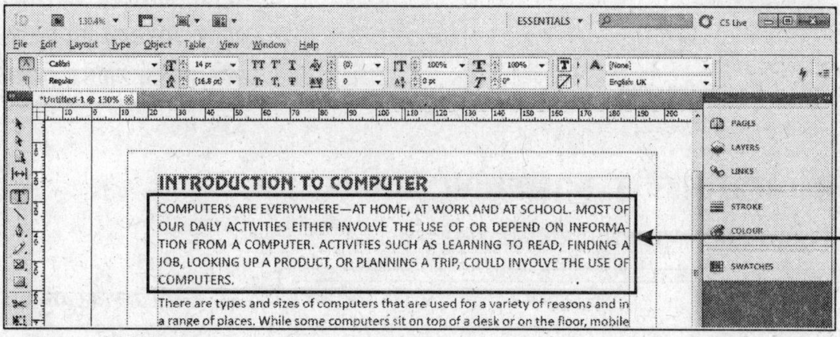

तपाईको द्वारा सलेक्ट गरिएको टेक्स्ट **'नया केस स्टाइल'** मा बदलिनेछ।

टेक्स्टबाट हट्नको लागि सलेक्ट गरिएको एरियाको बाहिर क्लिक गर्नुहोस्।

अक्षरलाई कैप्स र स्मॉल कैप्समा बदलिन

कंट्रोल पैलेटमा गएर टेक्स्टलाई ऑल कैप्स र स्मॉल कैप्समा बदलिन सक्नुहुन्छ। टेक्स्टमा ऑल कैप्स र स्मॉल कैप्स माथि अप्लाई गर्नाले टेक्स्टको केस बदलिदैन्, केवल प्रस्तुति (एपीरिएंस) बदलिनेछ।

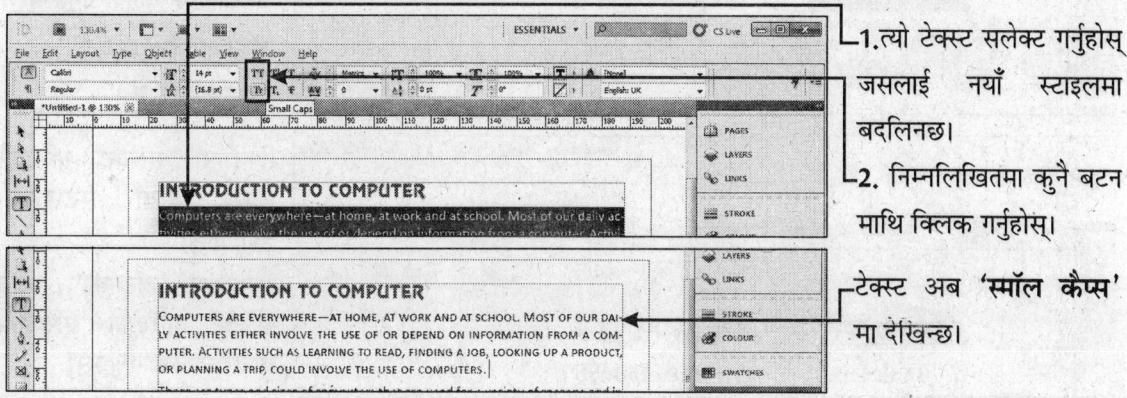

1. त्यो टेक्स्ट सलेक्ट गर्नुहोस् जसलाई नयाँ स्टाइलमा बदलिनछ।
2. निम्नलिखितमा कुनै बटन माथि क्लिक गर्नुहोस्।

टेक्स्ट अब **'स्मॉल कैप्स'** मा देखिन्छ।

अक्षरलाई सुपरस्क्रिप्ट र सबस्क्रिप्टमा बदलिन

तपाई कंट्रोल पैलेटबाट टेक्स्टलाई सुपरस्क्रिप्ट र सबस्क्रिप्टमा पनि बदलिन सक्नुहुन्छ।

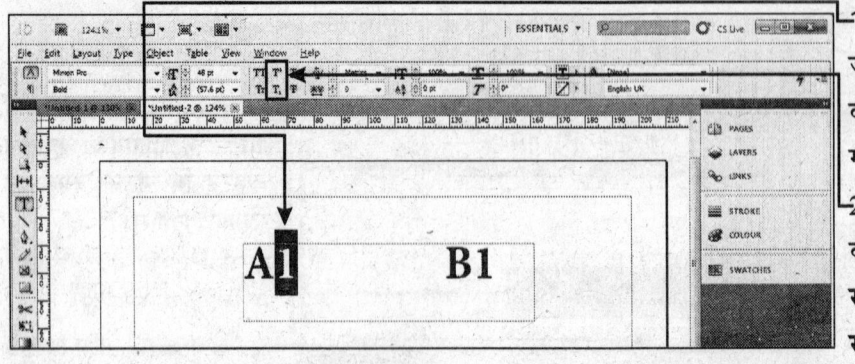

1. त्यो टेक्स्ट सलेक्ट गर्नुहोस् जसलाई तपाई **'सुपरस्क्रिप्ट'** वा **'सबस्क्रिप्ट'** मा परिवर्तित गर्न चाहनुहुन्छ।
2. निम्नलिखितमा कुनै एक बटन माथि क्लिक गर्नुहोस्।

सुपरस्क्रिप्ट (T)

सबस्क्रिप्ट (T)

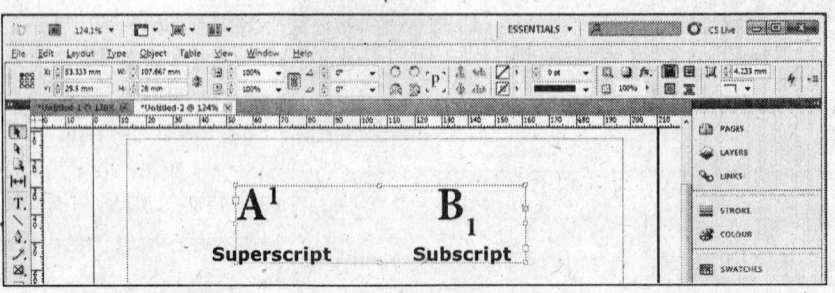

तपाई द्वारा सलेक्ट गरिएको टेक्स्ट नयाँ स्टाइलमा बदलिनेछ।

सलेक्ट गरिएको टेक्स्टबाट बाहिर आउनको लागि त्यस सलेक्शनको बाहिर क्लिक गर्नुहोस्।

कैरेक्टर (अक्षरहरु) लाई अंडरलाइन र स्ट्राइकथ्रोमा बदलिन

कंट्रोल पैलेटले तपाई कैरेक्टरलाई अंडरलाइन र स्ट्राइकथ्रोमा बदलिन सक्नुहुन्छ।

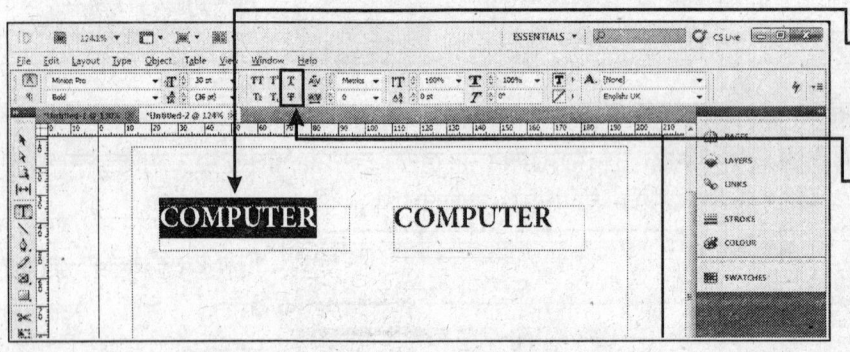

1. त्यो टेक्स्ट सलेक्ट गर्नुहोस्, जसलाई तपाई **अंडरलाइन** वा **स्ट्राइकथ्रो** गर्न चाहनुहुन्छ।
2. निम्नलिखितमा कुनै एक बटन माथि क्लिक गर्नुहोस्।

अंडरलाइन (T)

स्ट्राइकथ्रो (T)

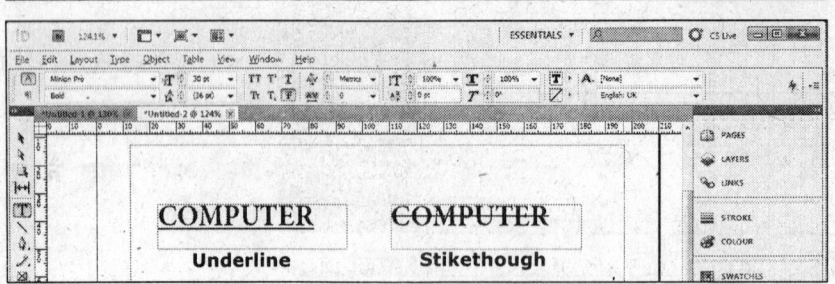

तपाईद्वारा सलेक्ट गरिएको टेक्स्ट नयाँ स्टाइलमा बदलिनेछ।

टेक्स्टबाट हट्नको लागि सलेक्ट गरिएको एरियाको बाहिर क्लिक गर्नुहोस्।

कंट्रोल पैलेटबाट एलाइमेंट बदलिन

आफ्नो डाक्यूमेंटको प्रस्तुतिकरणलाई अझ राम्रो बनाउनको लागि तपाई टेक्स्टलाई धेरै किसिमले अलाइन् (दिशा बदलिन) गर्न सक्नुहुन्छ।

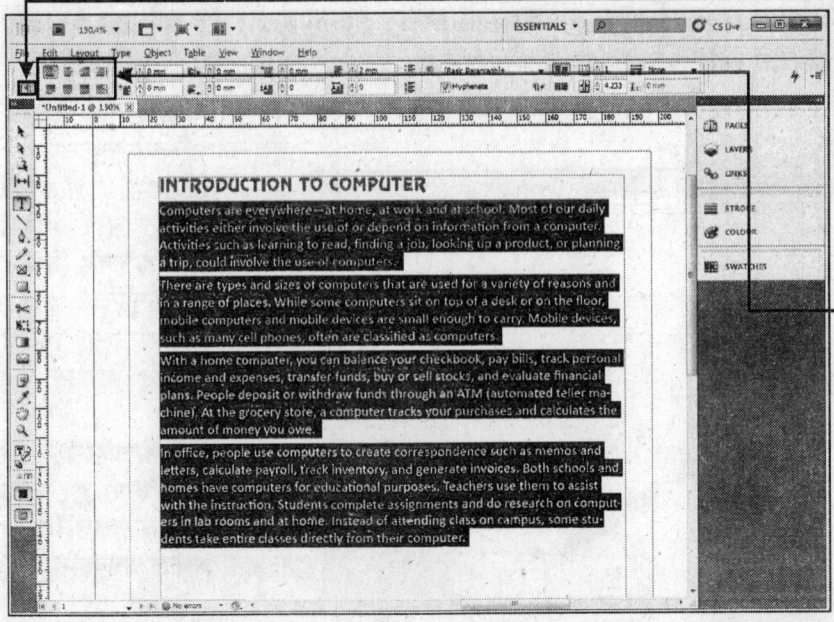

1. **तपाई जुन टेक्स्टको 'अलाइन्मेंट' स्यंम नै** बदलिन चाहनुहुन्छ, पहिला त्यसमा क्लिक गर्नुहोस्।
2. कंट्रोल पैलेटमा गएर **'पैराग्राफ फोर्मेटिंग कंट्रोल्स'** बटन माथि क्लिक गर्नुहोस्।
3. निम्नलिखित मध्ये कुनै बटन माथि क्लिक गर्नुहोस्।

( ) अलाइन् लेफ्ट
( ) सेंटर
( ) अलाइन् राइट
( ) जस्टीफाई विद लास्ट लाइन अलाइन् लेफ्ट
( ) जस्टीफाई विद लास्ट लाइन अलाइन् सेंटर
( ) जस्टीफाई विद लास्ट लाइन अलाइन् राइट

तपाईले जुन टेक्स्ट सलेक्ट गर्नु भएको छ, त्यो अब नयाँ अलाइन्मेंट स्टाइलमा डिस्प्ले हुनेछ।

टेक्स्टबाट दिसलेक्ट हुन सलेक्ट गरिएको एरियाको बाहिर कतै क्लिक गर्नुहोस्।

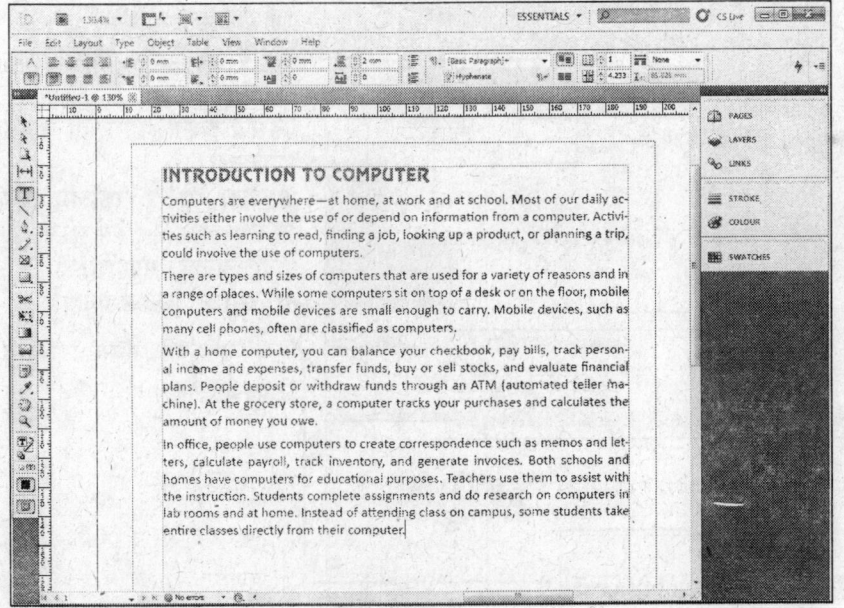

यस उदाहरणमा हामीले जस्टीफाई विद लांस्ट लाइन अलाइन लेफ्टको चयन गरेका छौं।

टेबल क्रिएट (तैयार) गर्न

डाक्यूमेंटको सबै सूचनालाई स्पष्ट र राम्ररी डिस्प्ले गर्नको लागि तपाई यसमा टेबल पनि क्रिएट (बनाउन) गर्न सक्नुहुन्छ। टेबल त्यो बाक्सको ग्रिड हो जुन कॉलम र रोबाट बनेको हुन्छ (स्प्रेडशीटको सरह)। यसमा बनेको सेल एउटा टेक्स्ट फ्रेमको सरह हुन्छ, जसमा तपाई टेक्स्ट टाइप गर्न सक्नुहुन्छ। तपाई रो (पंक्ति) को ऊंचाई र कॉलमको विथ (चौड़ाई) बदलिन पनि सक्नुहुन्छ। यस बाहेक रो र कॉलमको लागि विभिन्न रंगलाई पनि अप्लाई गर्न सक्नुहुन्छ।

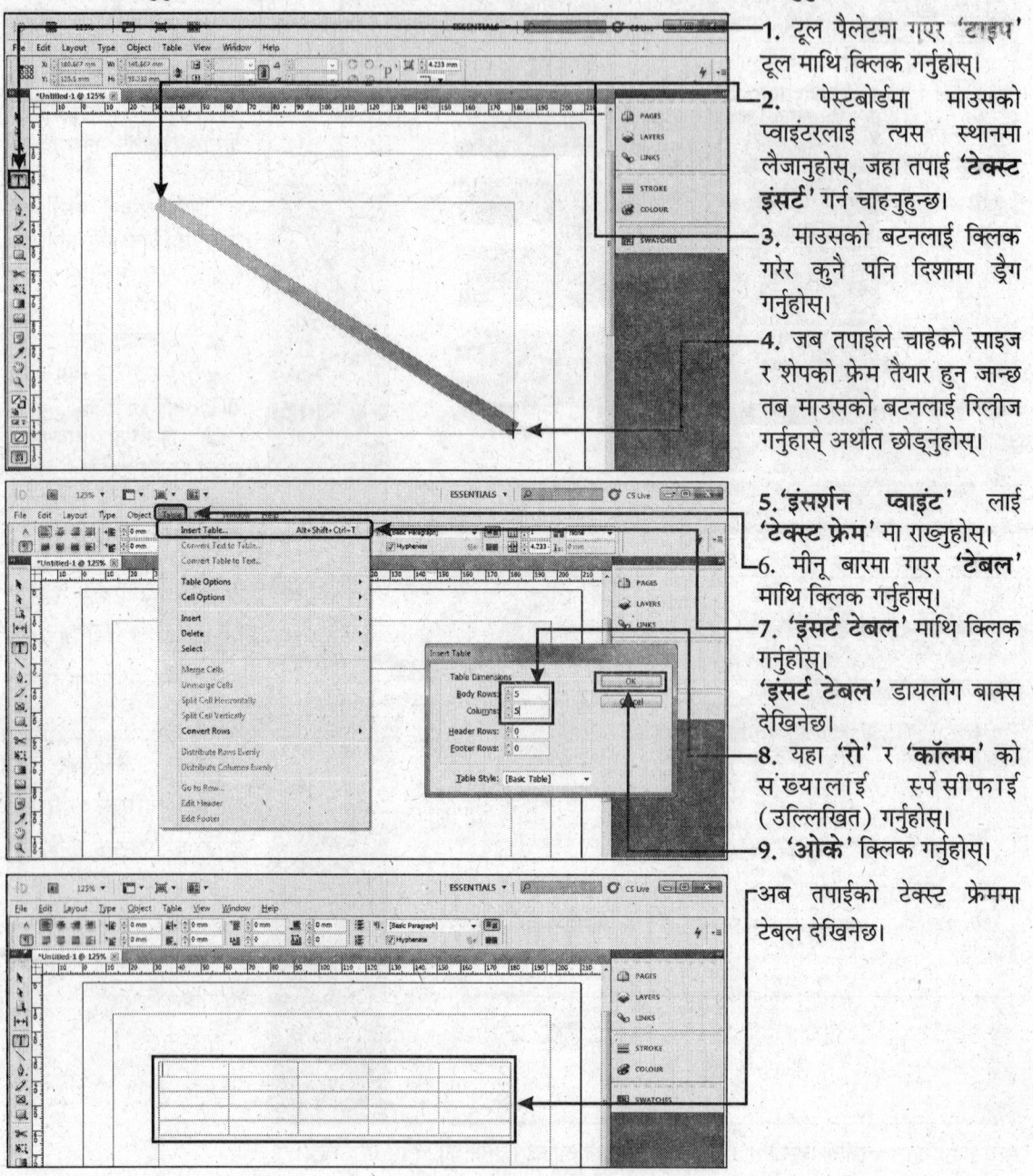

1. टूल पैलेटमा गएर **'टाइप'** टूल माथि क्लिक गर्नुहोस्।
2. पेस्टबोर्डमा माउसको प्वाइंटरलाई त्यस स्थानमा लैजानुहोस्, जहा तपाई **'टेक्स्ट इंसर्ट'** गर्न चाहनुहुन्छ।
3. माउसको बटनलाई क्लिक गरेर कुनै पनि दिशामा ड्रैग गर्नुहोस्।
4. जब तपाईले चाहेको साइज र शेपको फ्रेम तैयार हुन जान्छ तब माउसको बटनलाई रिलीज गर्नुहास् अर्थात छोड्नुहोस्।
5. **'इंसर्शन प्वाइंट'** लाई **'टेक्स्ट फ्रेम'** मा राख्नुहोस्।
6. मीनू बारमा गएर **'टेबल'** माथि क्लिक गर्नुहोस्।
7. **'इंसर्ट टेबल'** माथि क्लिक गर्नुहोस्।
'इंसर्ट टेबल' डायलॉग बाक्स देखिनेछ।
8. यहा **'रो'** र **'कॉलम'** को संख्यालाई स्पेसीफाई (उल्लिखित) गर्नुहोस्।
9. **'ओके'** क्लिक गर्नुहोस्।

अब तपाईको टेक्स्ट फ्रेममा टेबल देखिनेछ।

टेबलमा टेक्स्ट एड (शामिल) गर्न

तपाई टेबलको सेलमा टेक्स्ट शामिल गर्न सक्नुहुन्छ। टेक्स्ट शामिल गर्नको लागि टाइप गर्नुहोस्, पेस्ट गर्नुहोस् वा फेरी यसलाई कतै प्लेस गर्नुहोस् अर्थात उठाएर राख्नुहोस्।

टेक्स्टको अतिरिक्त लाइन हिसाबले नै पंक्तिको ऊंचाई पनि बढ्छ। तपाई यहा टेक्स्ट वा ग्राफिक्सलाई शामिल गर्न सक्नुहुन्छ वा कुनै अर्को सॉफ्टवेयर प्रोग्रामबाट पनि यहा टेक्स्ट पेस्ट गर्न सक्नुहुन्छ।

टेबलमा टेक्स्ट एड (शामिल गर्न अथवा जोड्न) गर्न

1. **'टाइप'** माथि क्लिक गर्नुहोस्।
2. इंसर्शन प्वाइंटलाई कुनै सेलमा राख्नुहोस् र टेक्स्ट टाइप गर्न शुरू गर्नुहोस्।
3. सेलमा नया पैराग्राफ बनाउनको लागि **'एंटर'** बटन थिच्नुहोस्।
4. इंसर्शन प्वाइंटको अगाडि वा पछाडि सेलमा जानको लागि **'टैब'** वा **'शिफ्ट+टैब'** बटन थिच्नुहोस्।

अर्को सॉफ्टवेयर प्रोग्रामको मद्दतले टेक्स्टलाई ल्याउने तरीका

1. इंसर्शन प्वाइंट सेलको त्यस स्थानमा राख्नुहोस् जहा तपाई टेक्स्ट एड गर्न चाहनुहुन्छ।
2. **'मीनू'** बारमा गएर फाइल माथि क्लिक गर्नुहोस्।
3. **'प्लेस'** माथि क्लिक गर्नुहोस्।
4. त्यस फाइलमा जानुहोस् जहा देखि तपाई टेक्स्ट इंसर्ट गर्न चाहनुहुन्छ।
5. त्यस टेक्स्ट फाइलमा डबल क्लिक गर्नुहोस्, त्यो टेक्स्ट फाइल सेलमा इंसर्ट हुनेछ।

टेबलमा पंक्ति र कॉलम इंसर्ट (जोड्न) गर्न

टेबलमा तपाई पंक्ति र कॉलमको संख्या बढाउन–घटाउन पनि सक्नुहुन्छ।

टेबलमा पंक्तिहरुलाई बढाउन :

1. जजहा तपाई नयाँ पंक्तिलाई देखाउन चाहनुहुन्छ, इंसर्शन प्वाइंटलाई त्यस रो (पंक्ति) को माथि वा तल लैजानुहोस्।
2. मीनू बारमा गएर **'टेबल'** माथि क्लिक गर्नुहोस्।
3. **'इंसर्ट'** माथि क्लिक गर्नुहोस्।
4. **'रो'** माथि क्लिक गर्नुहोस्।
5. **'नंबर ऑफ रो'** अर्थात जतिवटा पंक्तिहरु तपाई इंसर्ट गर्न चाहनुहुन्छ, त्यो स्पेसीफाई गर्नुहोस् अर्थात त्यसको उल्लेख गर्नुहोस्।
6. नयाँ रो तपाईको वर्तमान पंक्ति माथि वा तल राख्नुछ, त्यो पनि स्पेसीफाई (तय) गर्नुहोस्।
7. **'ओके'** माथि क्लिक गर्नुहोस्।

टेबलमा कॉलम शामिल गर्न :

1. जहा तपाई नया कॉलम देखाउन चाहनुहुन्छ अर्थात शामिल गर्न चाहनुहुन्छ, इंसशर्न प्वाइंटलाई त्यसको अगिल्लो कॉलममा लैजानुहोस्।
2. मीनू बारमा गएर **'टेबल'** माथि क्लिक गर्नुहोस्। र यसपछि **'इंसर्ट'** र त्यसपछि **'कॉलम'** माथि क्लिक गर्नुहोस्।
3. जतिवटा कॉलम तपाई शामिल गर्न चाहनुहुन्छ, त्यसलाई यहा स्पेसीफाई गर्नुहोस् अर्थात त्यो उल्लेख गर्नुहोस्।
4. यो पनि स्पेसीफाई गर्नुहोस् कि शामिल हुने नया कॉलम करेंट (वर्तमान) कॉलमको **'बायातिर'** वा **'दायातिर'** डिस्प्ले हुनेछ।
5. **'ओके'** माथि क्लिक गर्नुहोस्।

ग्राफिक फ्रेम तैयार गर्न

ग्राफिक फ्रेममा ग्राफिकको कंटेंट राख्न सकिन्छ। सामान्य ग्राफिक फ्रेम र टेक्स्ट फ्रेममा तपाई सजिलैसंग फरक पाउन सक्नुहुन्छ अर्थात त्यसलाई सजिलैसंग पहिचान गर्न सक्नुहुन्छ किनकि ग्राफिक फ्रेम आफ्नो सेंटरमा नॉन प्रिंटिंग (बिना प्रिंट) को डिस्प्ले हुन्छ।

ग्राफिक फ्रेमको प्रयोग अर्को सॉफ्टवेयर प्रोग्रामले पिक्चर इंपोर्ट (प्राप्त गर्न) मा गरिन्छ।

इनडिजाइनमा इंपोर्ट गरिएको सबै पिक्चर्स ग्राफिक फ्रेममा हुन्छ।

ग्राफिक फ्रेम तैयार गर्नको लागि टूल पैलेटमा तीन टूल शामिल हुन्छ।

◉ **इलिप्स फ्रेम :** यस टूलले तपाई गोलाकार वा अंडाकार फ्रेम तैयार गर्न सक्नुहुन्छ।

◉ **रेक्टेंगल फ्रेम :** यस टूलबाट तपाई आयताकार वा वर्गाकार फ्रेम तैयार गर्न सक्नुहुन्छ।

◉ **पॉलीगन फ्रेम :** यस टूलबाट तपाई समभुज वा बहुभुज (धेरै भुजाहरु भएको) फ्रेम तैयार गर्न सक्नुहुन्छ।

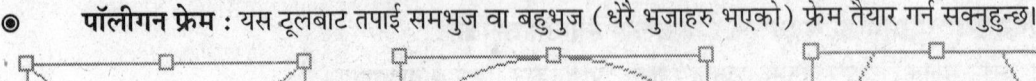

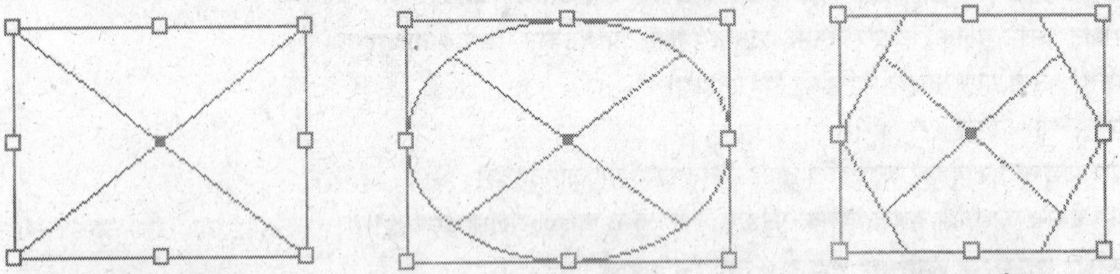

रेक्टेंगल फ्रेम **इलिप्स फ्रेम** **पॉलीगन फ्रेम**

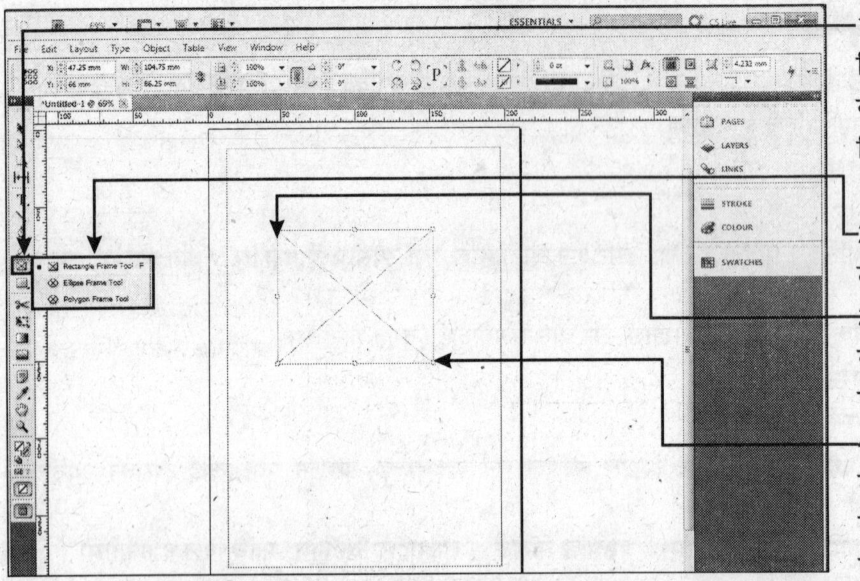

1. **'ग्राफिक फ्रेम टूल'** मा क्लिक गरेर त्यसलाई केहि बेर होल्ड राख्नुहोस् अर्थात थिचेर राख्नुहोस्।
   पॉप अप मीनू देखिनेछ।
2. कुनै पनि **'ग्राफिक फ्रेम'** टूललाई सलेक्ट गर्नुहोस्।
3. फ्रेम तैयार गर्न अर्थात बनाउनको लागि माउसको प्वाइंटरलाई ड्रैग गर्नुहोस्।
4. आफूले चाहेको साइज र शेपको फ्रेम तैयार भएपछि माउसको प्वाइंटरलाई छोड्नुहोस्।

ग्राफिक फ्रेम तैयार गरेपछि तपाईले जब माउसको बटन छोड्नु हुनेछ तब तपाईद्वारा क्रिएट गरिएको फ्रेम एक्टिव हुनेछ। यदि सलेक्शन टूल पहिला देखि नै सलेक्ट गरिएको छ भने फ्रेम योसंगै बाक्समा डिस्प्ले हुनेछ, जसमा आठ वटा हैंडल हुनेछन्। यसको सहायताले तपाई बाक्स वा फ्रेमको साइज (आकार) र शेप (आकृति) बदलिन सक्नुहुन्छ।

ग्राफिक फ्रेममा पिक्चर इंसर्ट गर्न

ग्राफिक फ्रेमको प्रयोग अरु सॉफ्टवेयर प्रोग्रामबाट पिक्चर्स इंपोर्ट (लिन अथवा प्राप्त गर्न) मा गरिन्छ। तपाई यस फ्रेममा पिक्चरलाई इंसर्ट (शामिल) गर्न सक्नुहुन्छ।

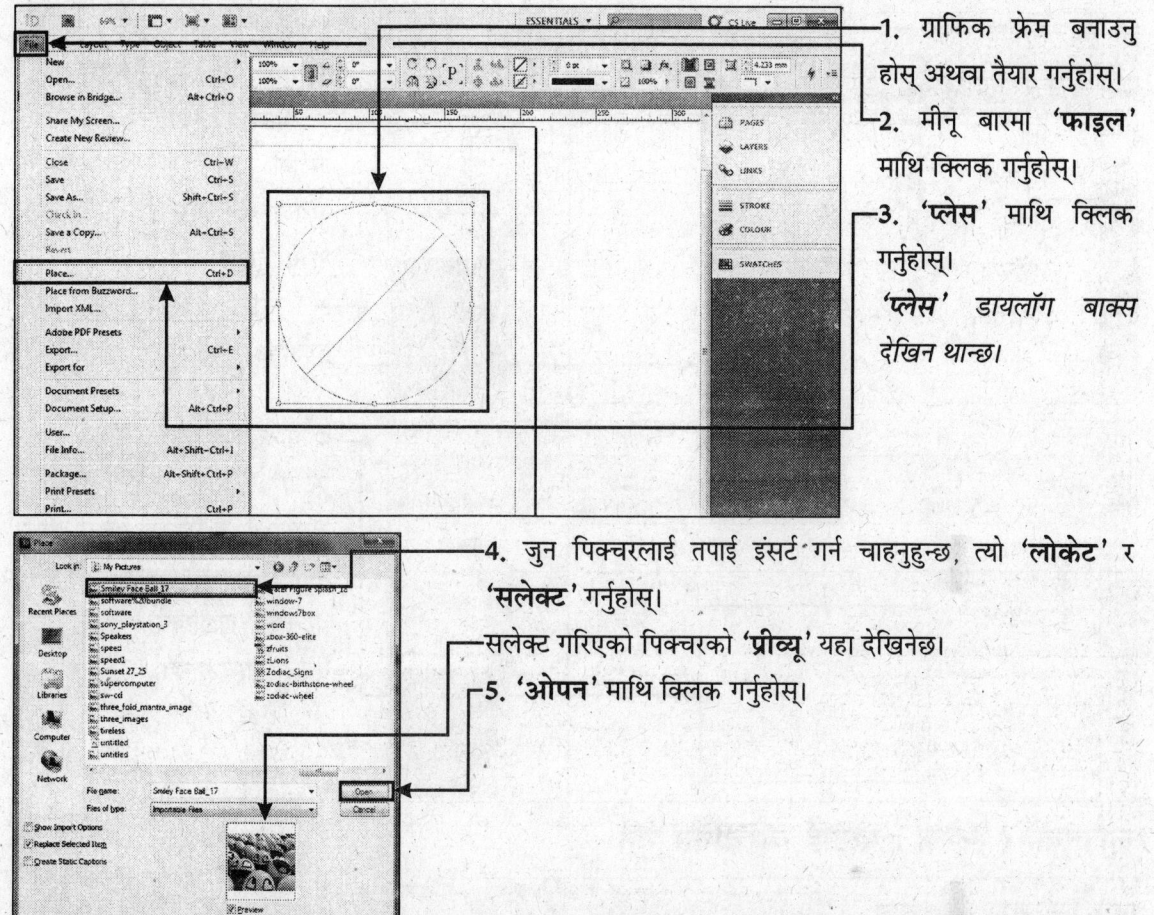

1. ग्राफिक फ्रेम बनाउनुहोस् अथवा तैयार गर्नुहोस्।
2. मीनू बारमा **'फाइल'** माथि क्लिक गर्नुहोस्।
3. **'प्लेस'** माथि क्लिक गर्नुहोस्।

'प्लेस' *डायलॉग बाक्स देखिन थान्छ।*

4. जुन पिक्चरलाई तपाई इंसर्ट गर्न चाहनुहुन्छ, त्यो **'लोकेट'** र **'सलेक्ट'** गर्नुहोस्।

सलेक्ट गरिएको पिक्चरको **'प्रीव्यू'** यहा देखिनेछ।

5. **'ओपन'** माथि क्लिक गर्नुहोस्।

अब त्यो पिक्चर तपाईको ग्राफिक फ्रेममा देखिनेछ।

लाइन टूलले स्ट्रेट (सीधा) लाइन बनाउन वा ड्रॉ गर्न

लाइन टूलको सहायताले तपाई आफ्नो डाक्यूमेंटमा बिल्कुल सीधा लाइन तान्न सक्नुहुन्छ।

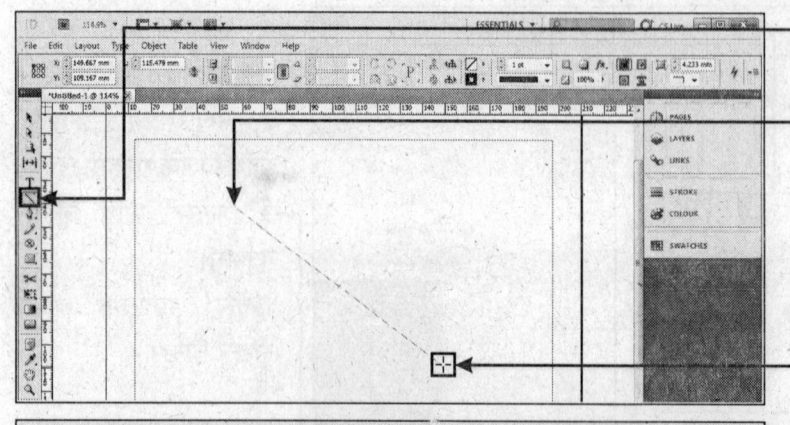

1. टूल बाक्समा गएर 'लाइन' टूल माथि क्लिक गर्नुहोस्।
2. **माउसको प्वाइंटर** (-|-)लाई आफ्नो आर्टवर्क (कलाकृति अथवा जहा काम गर्न चाहनुहुन्छ) मा राख्नुहोस्।
3. माउस क्लिक गरेर ड्रैग गर्नुहोस्।

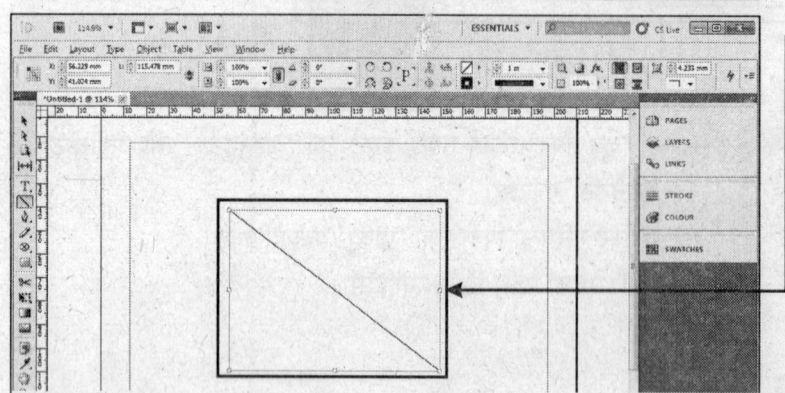

4. माउसलाई छोड्नुहोस्।

एउटा एक्टिव लाइन देखिनेछ जसमा या त चारैतिर एउटा बाक्स हुन्छ जसमा आठ वटा हैंडल हुन्छ वा त्यस लाइनको दुबै किनारमा एंकर प्वाइंट हुन्छ।

लाइनको (स्ट्रोक) मोटाई परिवर्तित गर्न

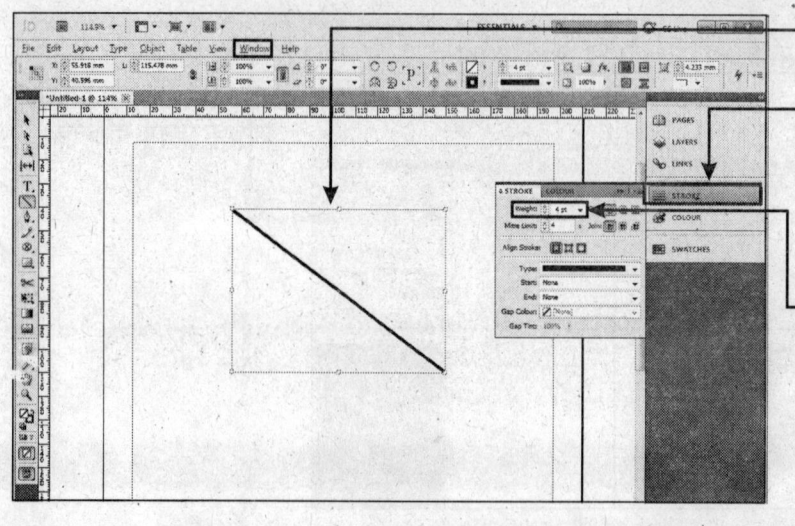

1. सलेक्शन टूल द्वारा 'लाइन' सलेक्ट गर्नुहोस्।
2. **'स्ट्रोक पैन'** क्लिक गर्नुहोस्।
   *यदि स्ट्रोक पैन डिस्प्ले भएको छैन् भने मीनू बारमा गएर **'विंडो'** माथि क्लिक गर्नुहोस् र त्यसपछि **'स्ट्रोक'** माथि क्लिक गर्नुहोस्।*
3. विथ (चौड़ाई) फील्डमा गएर लाइनको लागि **'न्यू विथ'** टाइप गर्नुहोस्।
4. **'एंटर'** बटन थिच्नुहोस्।

लाइन अब नयाँ चौड़ाईमा डिस्प्ले हुनेछ।

लाइनको टाइप (प्रकार) परिवर्तित गर्न

1. **'सलेक्शन'** टटूलको प्रयोग गरेर 'लाइन' सलेक्ट गर्नुहोस्।
2. **'स्ट्रोक पैन'** माथि क्लिक गर्नुहोस्।

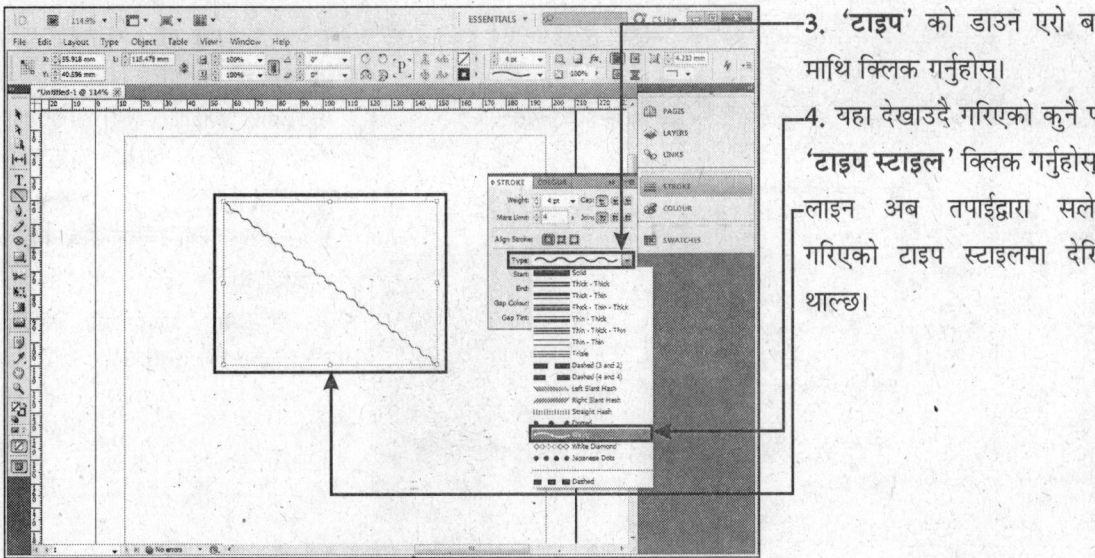

3. **'टाइप'** को डाउन एरो बटन माथि क्लिक गर्नुहोस्।
4. यहा देखाउदै गरिएको कुनै पनि **'टाइप स्टाइल'** क्लिक गर्नुहोस्।

लाइन अब तपाईद्वारा सलेक्ट गरिएको टाइप स्टाइलमा देखिन थाल्छ।

लाइनमा एरो (तीर) को प्रयोगः

1. **'सलेक्शन'** टूलको प्रयोगबाट **'लाइन'** सलेक्ट गर्नुहोस्।
2. **'स्ट्रोक पैन'** माथि क्लिक गर्नुहोस्।

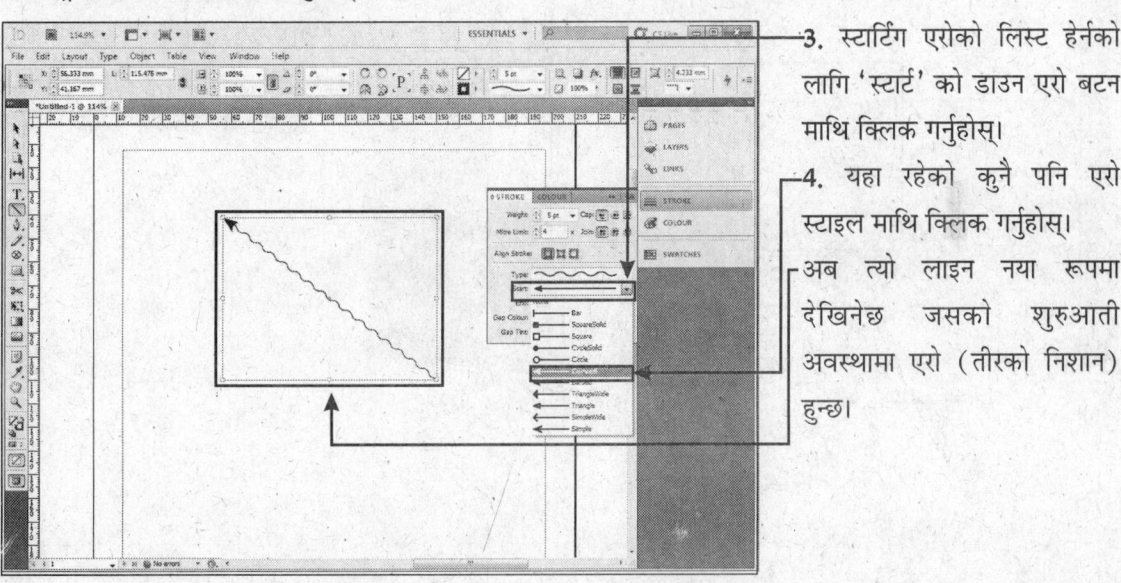

3. स्टार्टिंग एरोको लिस्ट हेर्नको लागि 'स्टार्ट' को डाउन एरो बटन माथि क्लिक गर्नुहोस्।
4. यहा रहेको कुनै पनि एरो स्टाइल माथि क्लिक गर्नुहोस्।

अब त्यो लाइन नया रूपमा देखिनेछ जसको शुरुआती अवस्थामा एरो (तीरको निशान) हुन्छ।

पेंसिल टूलले फ्रीहैंड लाइन बनाउन

पेंसिल टूलको सहायताले तपाई आफ्नो आर्टवर्कमा फ्रीहैंड लाइन पनि तान्न वा बनाउन सक्नुहुन्छ। तपाईले ड्रॉ गर्ने बितिकै लाइनको दुबैतिर एंकर प्वाइंट स्यंम नै बन्न जान्छ। ड्रॉइंग खतम गरेपछि तपाई यसलाई बदलिन पनि सक्नुहुन्छ।

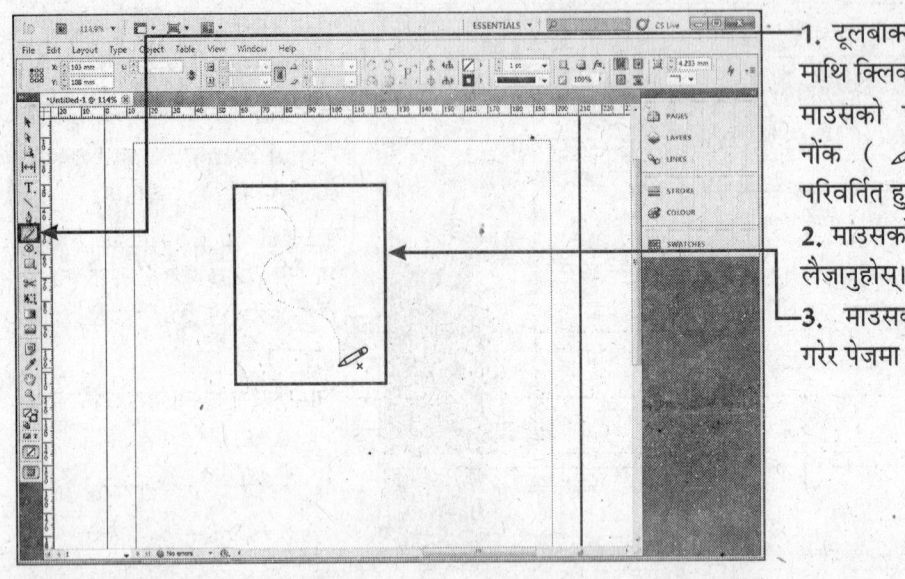

1. टूलबाक्समा गएर **'पेंसिल'** टूल माथि क्लिक गर्नुहोस्।

माउसको प्वाइंटर अब पेंसिलको नोंक (✏) जस्तो आकृतिमा परिवर्तित हुनेछ।

2. माउसको प्वाइंटरलाई अब पेजमा लैजानुहोस्।

3. माउसको प्वाइंटरलाई क्लिक गरेर पेजमा ड्रैग गर्नुहोस्।

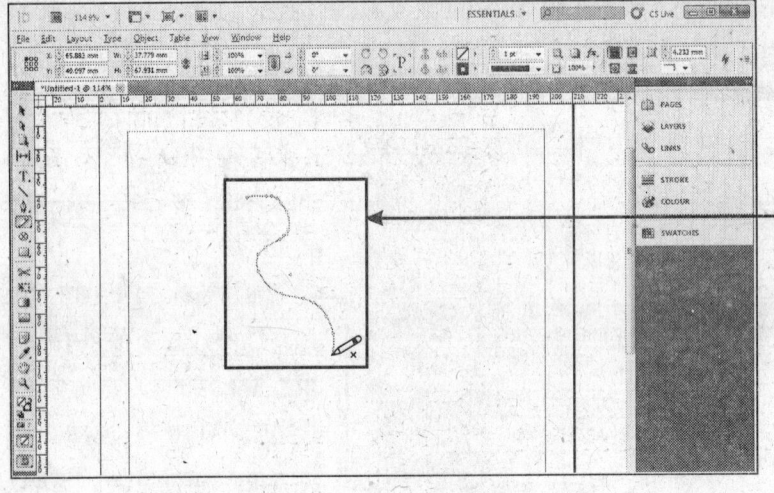

तपाईको डाक्यूमेंटमा एउटा फ्रीहैंड लाइन बन्न जान्छ।

4. माउसलाई रिलीज गर्नुहोस् अर्थात छोड्नुहोस्।

लाइन अब सॉलिड **कलर** र **एंकर प्वाइंट**को साथमा पेजमा बन्न जान्छ।

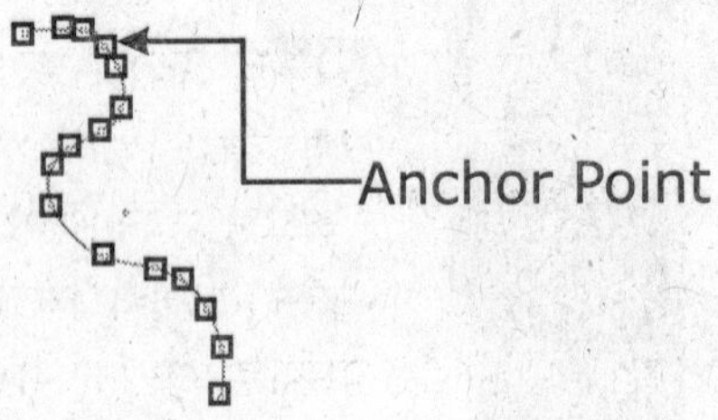

Anchor Point

पेन टूलको सहायताबाट स्ट्रेट (सीधीा लाइन बनाउन

टूलबाक्समा 'पेन टूल' धेरै महत्वपूर्ण टूल हो। यो धेरै प्रकारको पाथ (लाइन) तान्नमा प्रयोग गरिन्छ। यसको प्रयोगबाट तपाई आफ्नो ड्रॉइंगमा धेरै फलेक्सीविलटी (लचीलोपन) ल्याउन सक्नुहुन्छ। पेन टूल द्वारा सीधा लाइन तान्न धेरै सजिलो हुन्छ।

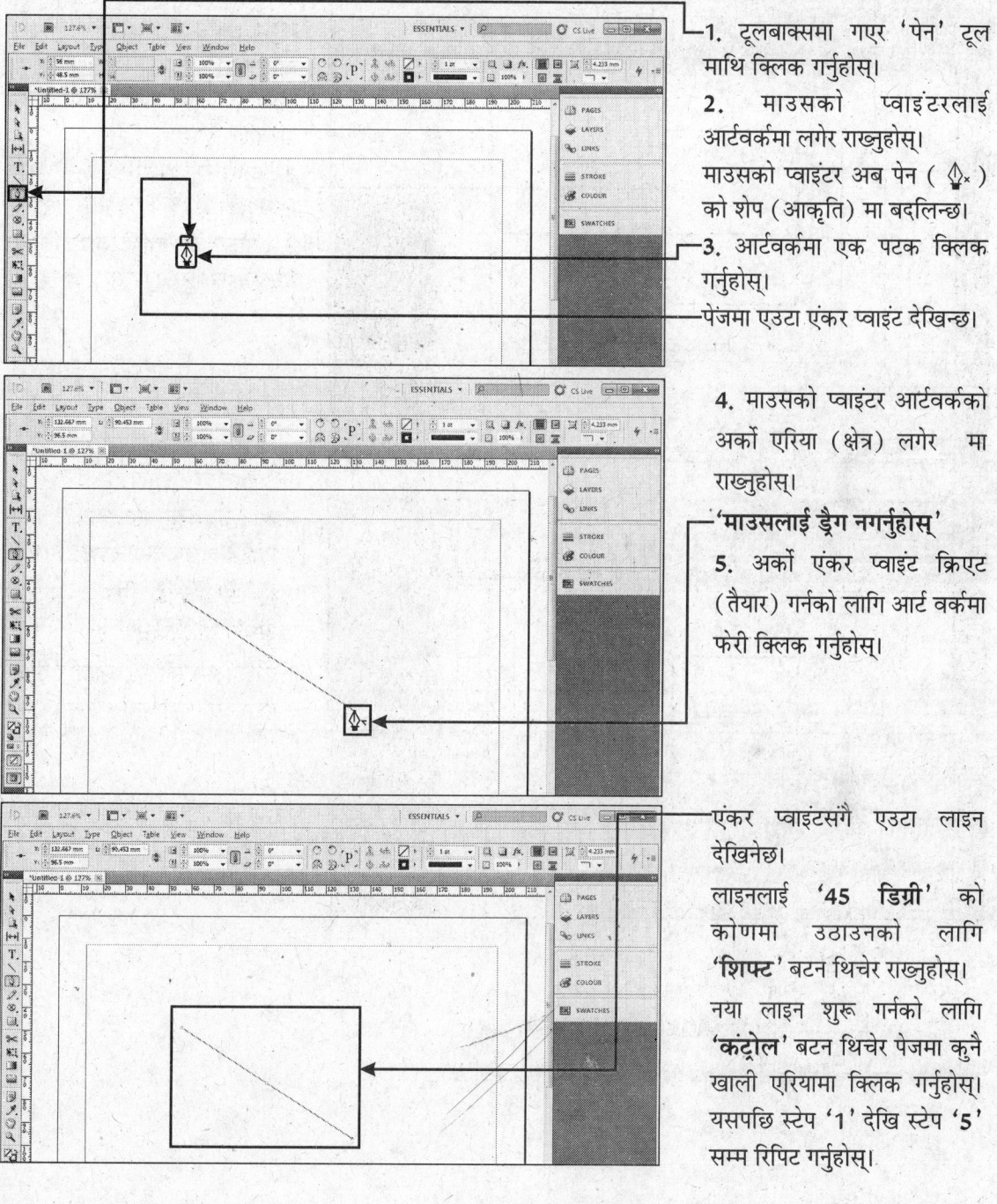

1. टूलबाक्समा गएर 'पेन' टूल माथि क्लिक गर्नुहोस्।

2. माउसको प्वाइंटरलाई आर्टवर्कमा लगेर राख्नुहोस्।

माउसको प्वाइंटर अब पेन (✎) को शेप (आकृति) मा बदलिन्छ।

3. आर्टवर्कमा एक पटक क्लिक गर्नुहोस्।

पेंजमा एउटा एंकर प्वाइंट देखिन्छ।

4. माउसको प्वाइंटर आर्टवर्कको अर्को एरिया (क्षेत्र) लगेर मा राख्नुहोस्।

'माउसलाई ड्रैग नगर्नुहोस्'

5. अर्को एंकर प्वाइंट क्रिएट (तैयार) गर्नको लागि आर्ट वर्कमा फेरी क्लिक गर्नुहोस्।

एंकर प्वाइटसँगै एउटा लाइन देखिनेछ।

लाइनलाई **'45 डिग्री'** को कोणमा उठाउनको लागि **'शिफ्ट'** बटन थिचेर राख्नुहोस्।

नया लाइन शुरू गर्नको लागि **'कंट्रोल'** बटन थिचेर पेजमा कुनै खाली एरियामा क्लिक गर्नुहोस्। यसपछि स्टेप **'1'** देखि स्टेप **'5'** सम्म रिपिट गर्नुहोस्।

पेन टूल द्वारा कर्व (वक्र वा घुमावदार लाइन) बनाउन

पेन टूलको सहायताबाट तपाई कर्व (घुमावदार लाइन अथवा डिजाइन) तैयार गर्न सक्नुहुन्छ। यसको सहायता बिना डिटेल (विवरण) को नै तपाई कुनै घुमावदार आकार अथवा आकृतिको नाप लिन सक्नुहुन्छ।

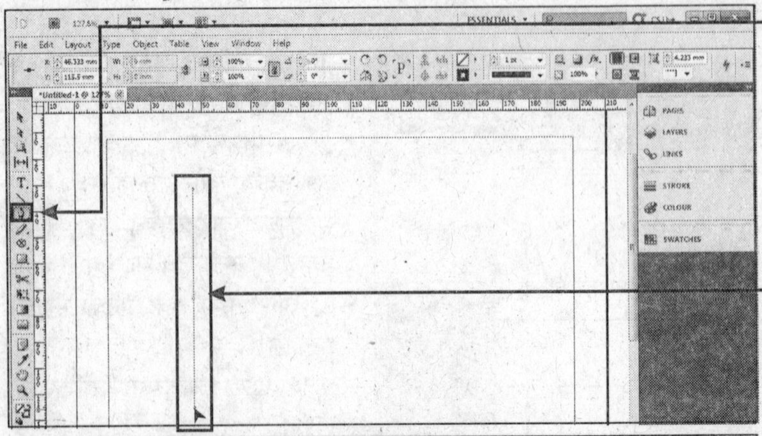

1. टूलबाक्समा गएर **'पेन'** टूल माथि क्लिक गर्नुहोस्।

2. माउसको प्वाइंटरलाई आफ्नो आर्टवर्कमा राख्नुहोस्।

3. माउसको प्वाइंटर ( ) मा क्लिक गरेर ड्रैग गर्नुहोस्।

कंट्रोल हैंडलसँगै एउटा एंकर प्वाइंट देखिनेछ।

4. माउसको बटन रिलीज गर्नुहोस् अर्थात छोड्नुहोस्।

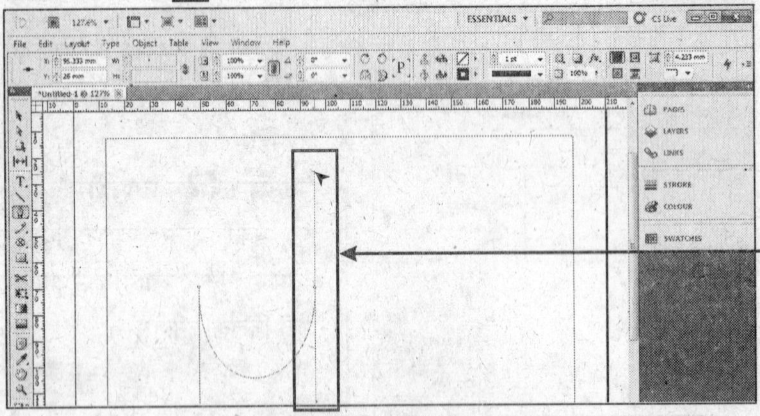

5. माउसको प्वाइंटरलाई केहि टाढा लगेर राख्नुहोस्।

6. माउसको प्वाइंटरलाई अब क्लिक गरेर स्टेप **'2'** को विपरीत दिशामा ड्रैग गर्नुहोस्।

दुबै एंकर प्वाइंटको बीचमा एउटा कर्व (घुमावदार आकृति) देखिनेछ।

7. माउसको बटन छोड्नुहोस्। अब तपाईको पेजमा घुमावदार आकृति देखिनेछ। नयाँ लाइन क्रिएट गर्न अथवा शुरू गर्नको लागि, **'कंट्रोल'** बटन थिच्नुहोस् र पेजको कुनै खाली स्थानमा क्लिक गर्नुहोस्।

लाइनबाट कर्व बनाउन

1. **'पेन'** टूलको सहायताले एउटा लाइन तान्नुहोस्।

2. माउसको प्वाइंटरलाई यसरी लाइनमा राख्नुहोस्।

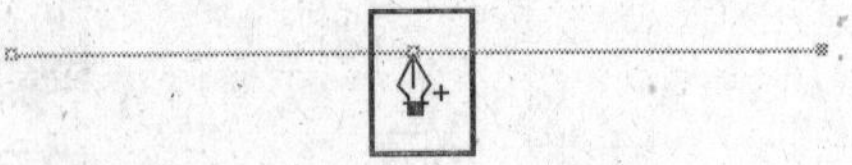

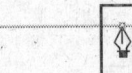

3. लाइनको **'मिडल एंकर'** माथि क्लिक गरेर माउस ड्रैग गर्नुहोस्।

तपाईको त्यस लाइनको **कर्व** (घुमावदार आकृति) मा आउनेछ।

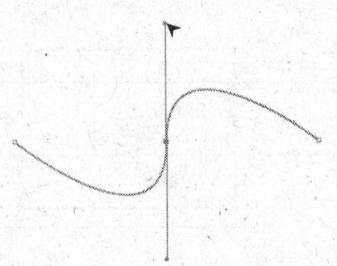

आयताकार, अंडाकार र बहुभुज आकृति बनाउन

टूलबाक्समा शामिल टूल्सको सहायताले तपाई आयताकार, अंडाकार र बहुभुजाकार आकृति बनाउन सक्नुहुन्छ अर्थात तैयार गर्न सक्नुहुन्छ।

आयताकार बनाउन

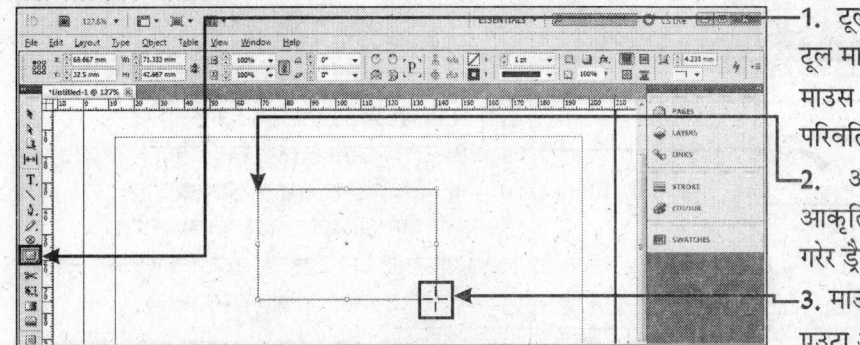

1. टूल बाक्समा गएर **'रेक्टेंगल'** टूल माथि क्लिक गर्नुहोस्।
माउस प्वाइंटरको आकृति (-¦-) परिवर्तित हुनेछ।

2. आफूले चाहेको आयताकार आकृति बनाउनको लागि क्लिक गरेर ड्रैग गर्नुहोस्।

3. माउसको बटन छोड्नुहोस्।
एउटा आयत देखिनेछ।

स्क्वायर (वर्ग) बनाउनको लागि माउसको प्वाइंटरलाई ड्रैग गर्ने समय **'शिफ्ट'** बटन थिचेर राख्नुहोस्।

अंडाकार आकृति बनाउन :

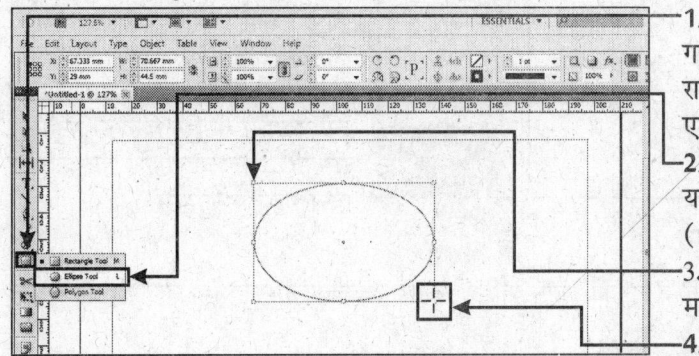

1. टूलबाक्समा 'रेक्टेंगल' टूल माथि क्लिक गर्नुहोस् र केहि बेर होल्ड (यसरी नै थिचेर राख्न) गर्नुहोस्।
एउटा **'पॉपअप'** मीनू देखिनेछ।

2. **'इलिप्स'** टूल सलेक्ट गर्नुहोस्।
यस स्थितिमा माउसको प्वाइंटरको आकृति (-¦-) बदलिन्छ।

3. चाहेको आकारको अंडाकृति बनाउनको लागि माउसको प्वाइंटरलाई क्लिक गरेर ड्रैग गर्नुहोस्।

4. माउसको बटन छोड्नुहोस्।
एउटा अंडाकृति (इलिप्स) देखिनेछ।

सर्किल (वृत्त) तैयार गर्नको लागि माउसलाई ड्रैग गर्दा **'शिफ्ट'** बटन थिचेर राख्नुहोस्।

पॉलीगोन (बहुभुजाकार) बनाउनको लागि

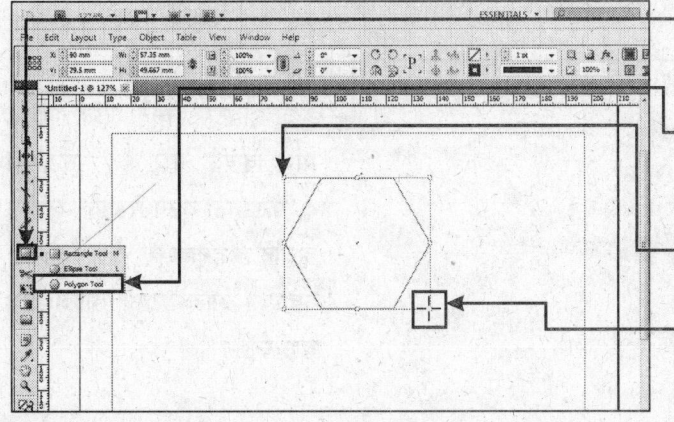

1. टूल बाक्समा गएर रेक्टेंगल टूल माथि क्लिक गर्नुहोस् र त्यसलाई केहि बेर थिचेर राख्नुहोस्।
एउटा पॉप अप मीनू देखिन्छ।

2. **'पॉलीगोन'** टूल सलेक्ट गर्नुहोस्।
अब माउसको प्वाइंटरको आकृति (-¦-) जस्तो बदलिन जान्छ।

3. चाहेको आकारको अंडाकृति बनाउनको लागि माउसको प्वाइंटरलाई क्लिक गरेर ड्रैग गर्नुहोस्।

4. माउसको प्वाइंटरलाई रिलीज गर्नुहोस् अर्थात छोड्नुहोस्।
एउटा अंडाकृति देखिन्छ।

आब्जेक्टलाई रोटेट (दिशा परिवर्तन गर्न अथवा घुमाउन)

आफ्नो आर्टवर्कमा अर्को एलीमेंट्सको सरह नै अलाइन् गर्नको लागि तपाई आफ्नो आब्जेक्टलाई रोटेट पनि गर्न सक्नुहुन्छ अर्थात त्यसको दिशालाई पनि परिवर्तित गर्न सक्नुहुन्छ।

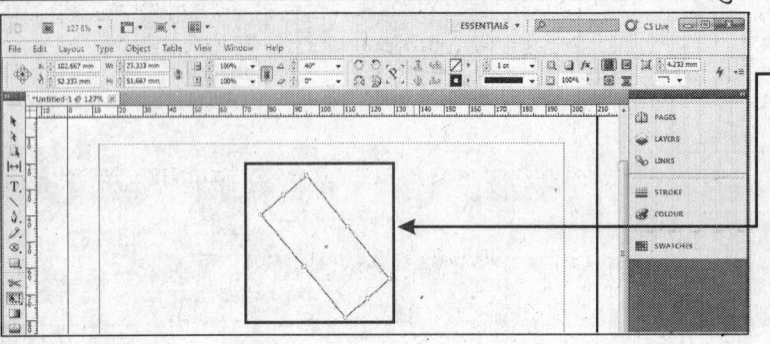

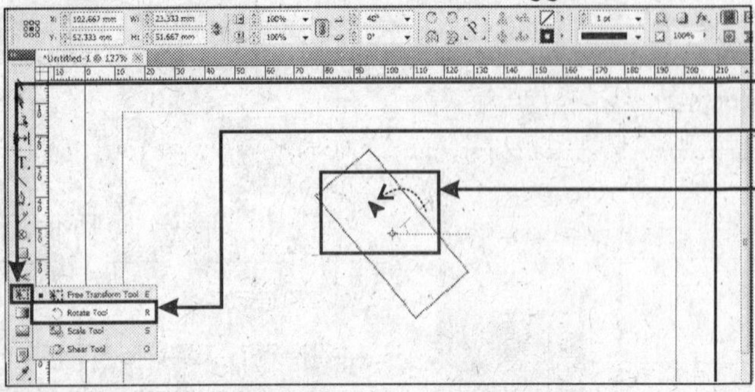

1. **'शेप'** टूलको सहायताले पहिला कुनै आब्जेक्ट तैयार गर्नुहोस्।
2. **'फ्री फार्म'** टूल माथि क्लिक गरेर त्यसलाई केहि बेर होल्ड (यतिकै) राख्नुहोस्।
3. टूलबाक्समा **'रोटेट टूल'** क्लिक गर्नुहोस्।
4. यहा क्लिक गरेर र त्यसपछि ड्रैग गरेर तपाई कुनै पनि आब्जेक्ट तैयार गर्न सक्नुहुन्छ।

आब्जेक्ट अब आफ्नो सेंटर (केंद्र) को चारैतिर रोटेट हुन थाल्छ अर्थात घूम्न थाल्छ।

माउसको प्वाइंटरलाई छोड्नुहोस्।

अब आब्जेक्ट नयाँ दिशामा परिवर्तित हुनेछ अर्थात घूम्नेछ।

आब्जेक्टको सेंटर (केंद्र) बाहेक आब्जेक्टलाई कुनै अर्को प्वाइंटबाट घुमाउनको लागि, आर्टबोर्डमा पहिला त्यो प्वाइंटर माथि क्लिक गर्नुहोस्। यसपछि आब्जेक्ट माथि क्लिक गरेर त्यसलाई ड्रैग गर्नुहोस्।

आब्जेक्टको नाप अथवा माप लिन

आबजेक्ट तैयार गरेपछि त्यस्लाई आर्ट वर्कमा फिट गर्नको लागि कहिले-काहि आब्जेक्टको साइजमा बदलाव आवश्यक हुन्छ।

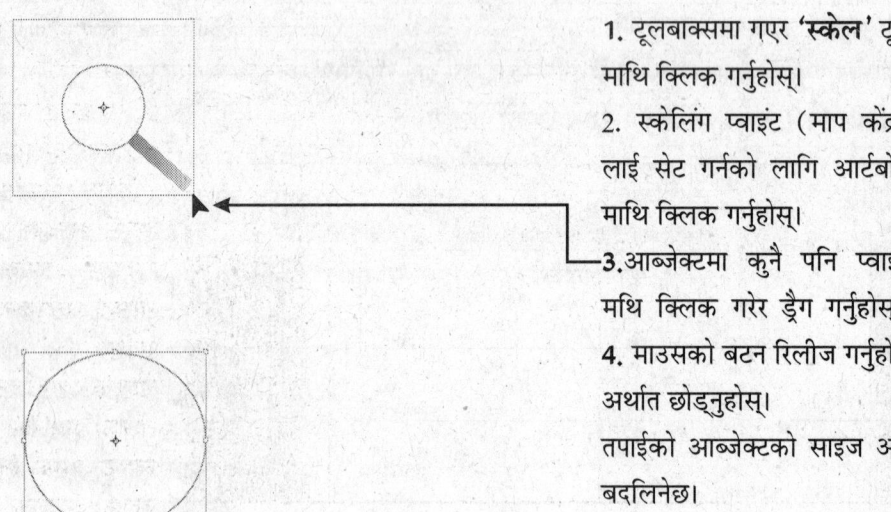

1. टूलबाक्समा गएर **'स्केल'** टूल माथि क्लिक गर्नुहोस्।
2. स्केलिंग प्वाइंट (माप केंद्र) लाई सेट गर्नको लागि आर्टबोर्ड माथि क्लिक गर्नुहोस्।
3. आब्जेक्टमा कुनै पनि प्वाइंट मथि क्लिक गरेर ड्रैग गर्नुहोस्।।
4. माउसको बटन रिलीज गर्नुहोस् अर्थात छोड्नुहोस्।

तपाईको आब्जेक्टको साइज अब बदलिनेछ।

मल्टीपल (धेरै) आब्जेक्ट सलेक्ट गर्न

आब्जेक्ट एडिट (संपादित) र फार्मेट (रूप बदलिन) गर्नु भन्दा पूर्व तपाईने त्यसलाई सलेक्ट गर्नु पर्ने हुन्छ। सिंगल (एक) आब्जेक्टलाई तपाई सजिलैसंग सलेक्ट गरेर वा सलेक्शन टूलले क्लिक गरेर सलेक्ट गर्न सक्नुहुन्छ। आब्जेक्टलाई सलेक्ट गरेपछि तपाई त्यसलाई मूव गराउन सक्नुहुन्छ र मॉडीफाई पनि गर्न सक्नुहुन्छ। तर जब धेरै आब्जेक्ट सलेक्ट गरिन्छ तब पनि तपाई सबै आब्जेक्टलाई एकै पटकमा मूव वा मॉडीफाई गर्न सक्नुहुन्छ। एकै समयमा सबै आब्जेक्टमा एकै प्रकारको क्रियाहरु (मॉडीफिकेशन वा मूविंग) गर्नाले तपाईको समयको धेरै बचत हुन्छ।

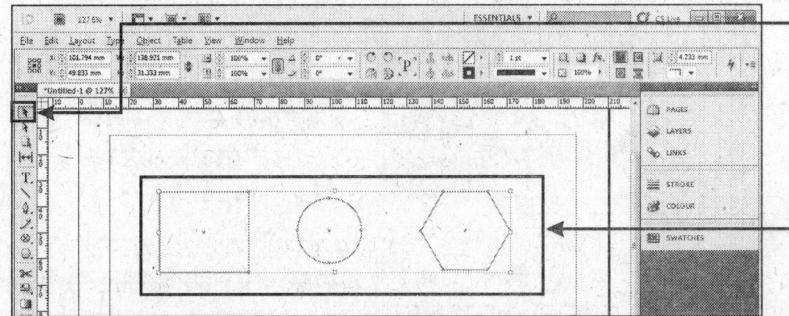

1. **'सलेक्शन'** टूल माथि क्लिक गर्नुहोस्।
2. **'शिफ्ट'** बटन थिचेर त्यसलाई दबाएर राख्नुहोस्।
3. जुन-जुन आब्जेक्टलाई तपाई सलेक्ट गर्न चाहनुहुन्छ, अब त्यस माथि क्लिक गर्नुहोस्।

1. **'सलेक्शन टूल'** वा **'डाइरेक्ट सलेक्शन टूल'** माथि क्लिक गर्नुहोस्।
2. पेजको खाली स्थानमा कतै क्लिक गर्नुहोस् र जुन आब्जेक्टलाई तपाई सलेक्ट गर्न चाहनुहुन्छ त्यसको चारैतिर एउटा रेक्टेंगल (आयताकार) रूपमा ड्रैग गर्नुहोस्।

जब तपाई ड्रैग गर्नुहुन्छ वा मूव गर्नुहुन्छ तब क्लिक नगर्नुहोस् अर्थात माउसको बटन नथिच्नुहोस्।

सबै आब्जेक्टको चारैतिर एउटा बाउंड्री जस्तो बन्न जान्छ र त्यो सलेक्ट हुन जान्छ।

ओपललैपिंग (एक माथि एक) गरिएको आब्जेक्टलाई सलेक्ट गर्न

कहिले-काहि तपाईसंग ओपलैपिंग (एक माथि एक राखिएको) आब्जेक्ट हुन्छ। केहि आब्जेक्ट यसमा पूरा सरह अस्पष्ट हुन्छ। सलेक्ट गरिएको आब्जेक्टसंग संबंधित कुनै आब्जेक्टलाई सलेक्ट गर्नको लागि चार तरीकाहरु छन्।

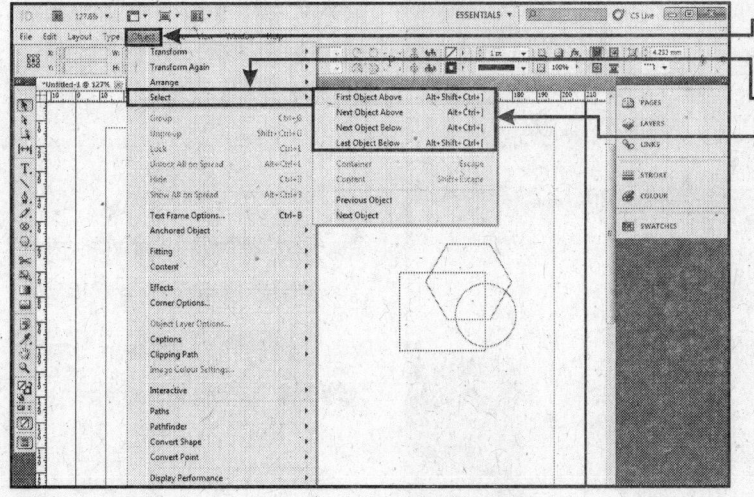

1. मीनू बारमा गएर **'आब्जेक्ट'** माथि क्लिक गर्नुहोस्।
2. **'सलेक्ट'** माथि क्लिक गर्नुहोस्।
3. निम्नलिखित मध्ये कुनै एक ऑप्शन (विकल्प) माथि क्लिक गर्नुहोस्।

फर्स्ट आब्जेक्ट एबोव : सबै भन्दा माथिको आब्जेक्ट सलेक्ट गर्नुहोस्।

नेक्स्ट आब्जेक्ट एबोव : आब्जेक्टको माथि भएको आब्जेक्ट क्लिक गर्नुहोस्।

नेक्सट आब्जेक्ट बिलो : आब्जेक्टको तलको आब्जेक्ट माथि क्लिक गर्नुहोस्।

लास्ट आब्जेक्ट बिलो : सबै भन्दा तलको आब्जेक्ट माथि क्लिक गर्नुहोस्।

तपाईद्वारा छानिएको ऑप्शनको अनुसार आब्जेक्ट सलेक्ट हुनेछ।

आब्जेक्टमा कलर फिल गर्न अर्थात रंग भर्न

स्वैचेज पैनको प्रयोग गरेर तपाई कुनै पनि आब्जेक्टमा कलर भर्न सक्नुहुन्छ।

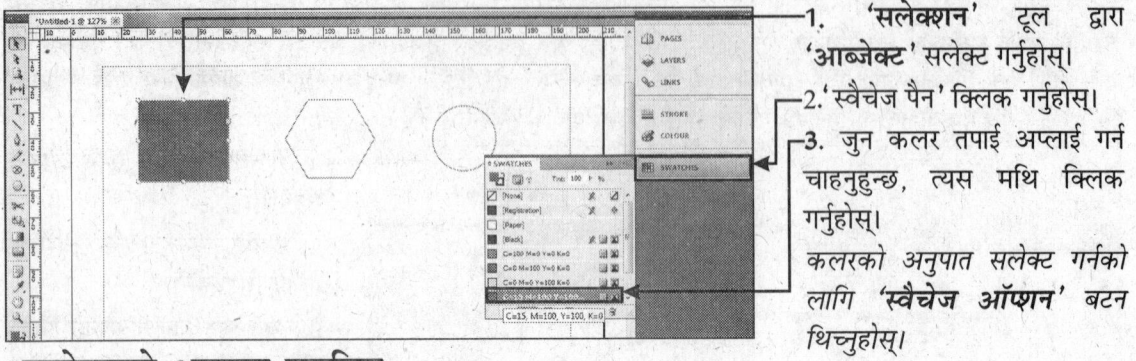

1. **'सलेक्शन'** टूल द्वारा **'आब्जेक्ट'** सलेक्ट गर्नुहोस्।
2. 'स्वैचेज पैन' क्लिक गर्नुहोस्।
3. जुन कलर तपाई अप्लाई गर्न चाहनुहुन्छ, त्यस मथि क्लिक गर्नुहोस्।

*कलरको अनुपात सलेक्ट गर्नको लागि **'स्वैचेज ऑप्शन'** बटन थिच्नुहोस्।*

आब्जेक्टको अलाइन् बदलिन

तपाई आब्जेक्ट अलाइन् गर्न सक्नुहुन्छ, जसले आब्जेक्ट सही लोकेशन (दिशा) मा मूव गराउनमा सहायता प्रदान गर्दछ।

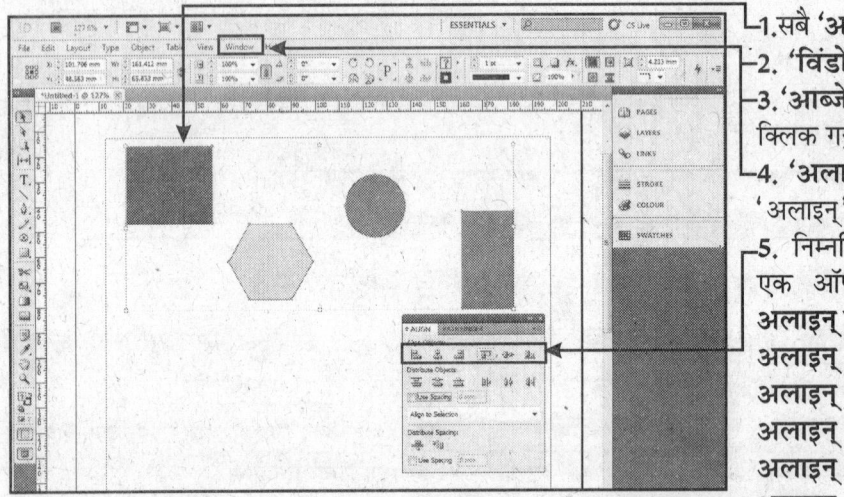

1. सबै **'आब्जेक्ट्स'** सलेक्ट गर्नुहोस्।
2. **'विंडो'** मीनू माथि क्लिक गर्नुहोस्।
3. **'आब्जेक्ट एंड लेआउट'** माथि क्लिक गर्नुहोस्।
4. **'अलाइन्'** माथि क्लिक गर्नुहोस्। 'अलाइन्' डायलॉग बाक्स देखिन्छ।
5. निम्नलिखित मध्ये अलाइन्को कुनै एक ऑप्शन माथि क्लिक गर्नुहोस्।

अलाइन् लेफ्ट एज ( )
अलाइन् होरीजोंटल सेंटर ( )
अलाइन् राइट एज ( )
अलाइन् टॉप एज ( )
अलाइन् वर्टिकल सेंटर ( )
अलाइन् बॉटम एज ( )

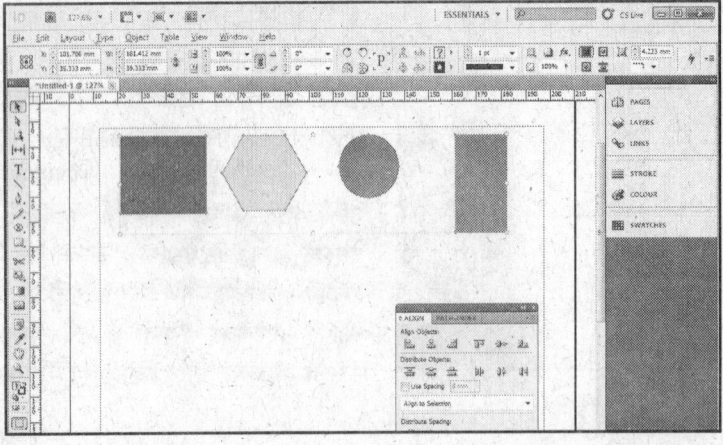

तपाईद्वारा छानिएको ऑप्शन अनुसार आब्जेक्टको अलाइन्मेंट बदलिनेछ।

यस उदाहरणमा हामीले **'अलाइन् टॉप एज'** ऑप्शन सलेक्ट गरेका छौं।

कॉर्नर इफेक्ट (किनारा) अप्लाई गर्न

आब्जेक्टको कॉर्नर (किनाराहरु) को स्टाइल बदलिनको लागि तपाई कॉर्नर इफेक्ट कमांडको प्रयोग गर्न सक्नुहुन्छ।

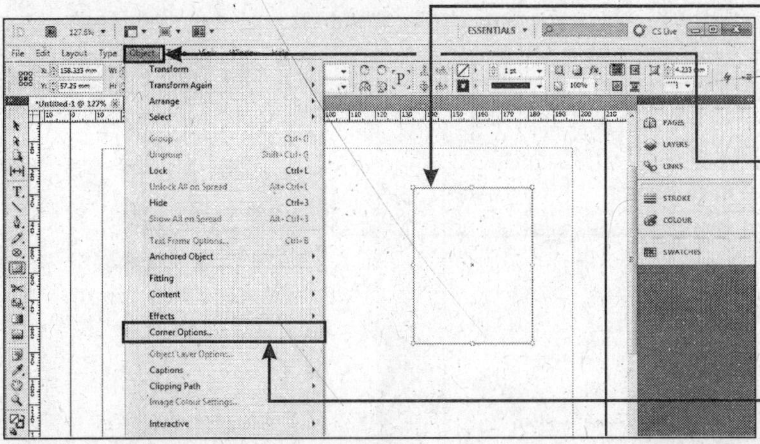

1. **'सलेक्शन'** टूल द्वारा सबै भन्दा पहिला **'आब्जेक्ट'** सलेक्ट गर्नुहोस्।
2. मीनू बारमा गएर **'आब्जेक्ट'** माथि क्लिक गर्नुहोस्।
3. **'कॉर्नर ऑप्शंस'** माथि क्लिक गर्नुहोस्।

एउटा **'डायलॉग'** बाक्स देखिनेछ।

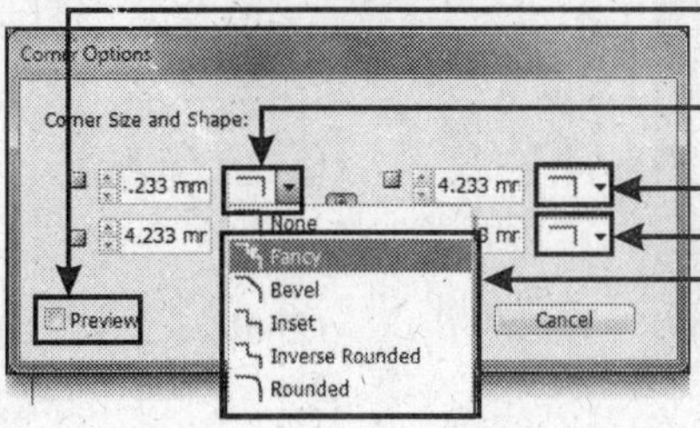

4. आब्जेक्टको प्रीव्यू हेर्नको लागि **'प्रीव्यू'** को चेकमार्क माथि क्लिक गर्नुहोस्।
5. **'इफेक्ट'** को डाउन एरो बटन माथि क्लिक गर्नुहोस्।
6. **'ऑप्शन'** माथि क्लिक गर्नुहोस्।
7. आब्जेक्टको हरेक कॉर्नरको लागि स्टेप **'5'** र **'6'** रिपीट गर्नुहोस्।
8. **'ओके'** माथि क्लिक गर्नुहोस्।

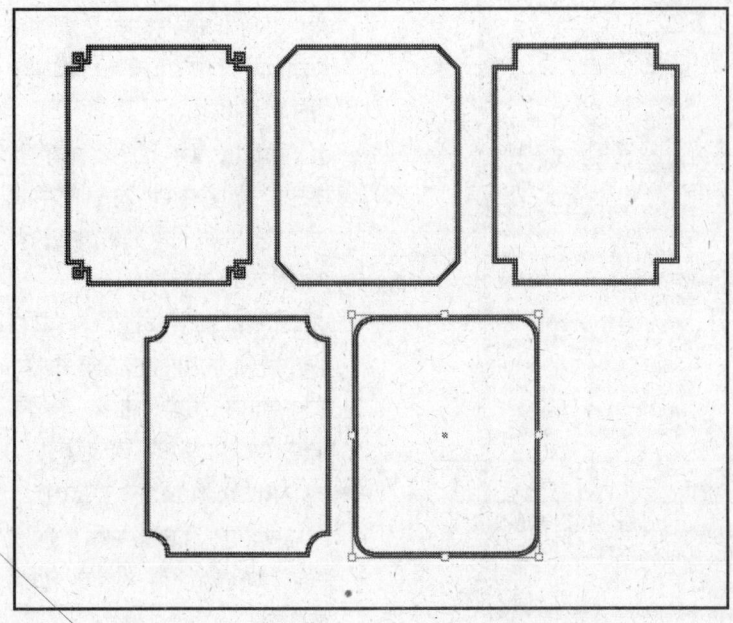

तपाईलाई यस प्रकारको कॉर्नर प्राप्त हुन्छ।

आब्जेक्टबाट कुनै कॉर्नर रिमूव गर्न अर्थात हटाउनको लागि स्टेप **'1'** देखि **'8'** सम्म रिपीट गर्नुहोस् र स्टेप **'6'** मा **'नन'** माथि क्लिक गर्नुहोस्।

डाक्यूमेंट सेव (स्टोर वा सुरक्षित) गर्न

भविष्यमा कुनै पनि बेला तपाई आफ्नो डाक्यूमेंट प्रयोग गर्नको लागि त्यसलाई सेव पनि गर्न सक्नुहुन्छ। सेव गरेर त्यसलाई पछि हेर्न सक्नुहुन्छ, त्यसलाई एडिट गर्न सक्नुहुन्छ र त्यसमा कुनै काम पनि गर्न सक्नुहुन्छ।

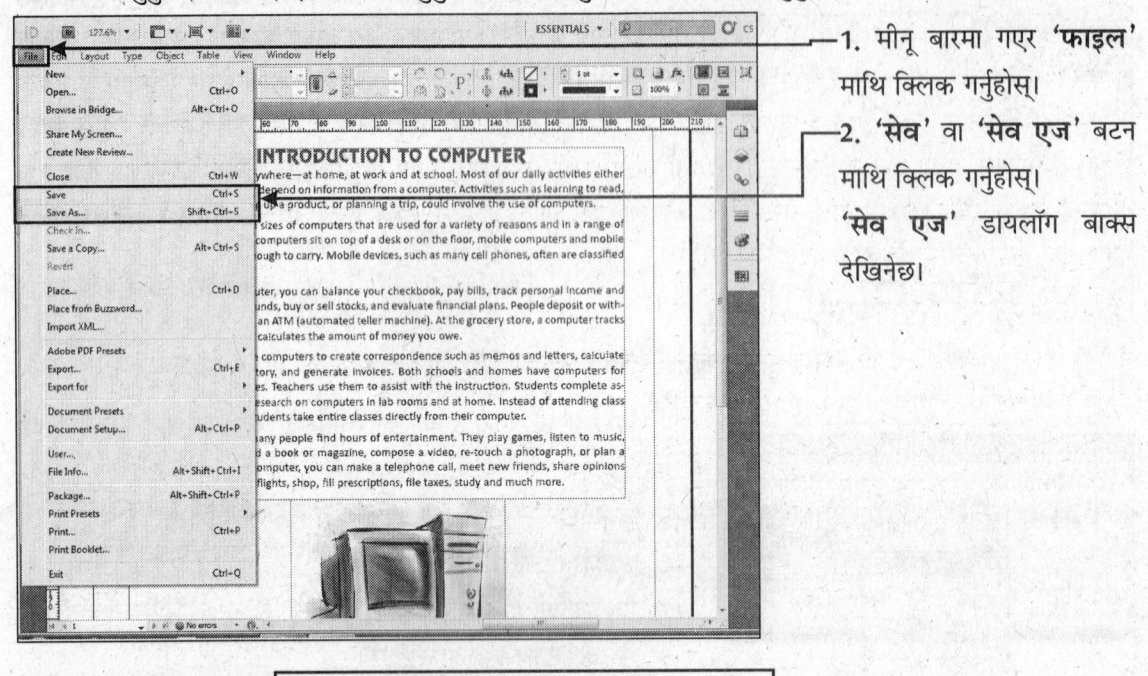

1. मीनू बारमा गएर **'फाइल'** माथि क्लिक गर्नुहोस्।
2. **'सेव'** वा **'सेव एज'** बटन माथि क्लिक गर्नुहोस्।
'सेव एज' डायलॉग बाक्स देखिनेछ।

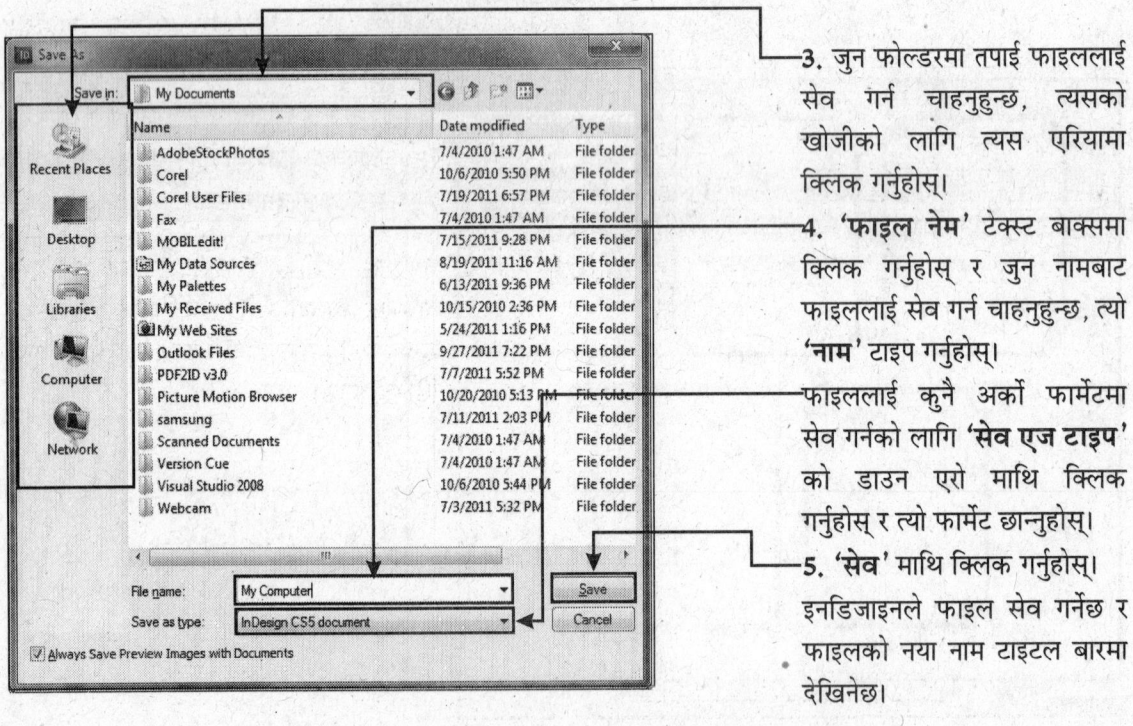

3. जुन फोल्डरमा तपाई फाइललाई सेव गर्न चाहनुहुन्छ, त्यसको खोजीको लागि त्यस एरियामा क्लिक गर्नुहोस्।
4. **'फाइल नेम'** टेक्स्ट बाक्समा क्लिक गर्नुहोस् र जुन नामबाट फाइललाई सेव गर्न चाहनुहुन्छ, त्यो **'नाम'** टाइप गर्नुहोस्।
फाइललाई कुनै अर्को फार्मेटमा सेव गर्नको लागि **'सेव एज टाइप'** को डाउन एरो माथि क्लिक गर्नुहोस् र त्यो फार्मेट छान्नुहोस्।
5. **'सेव'** माथि क्लिक गर्नुहोस्।
इनडिजाइनले फाइल सेव गर्नेछ र फाइलको नया नाम टाइटल बारमा देखिनेछ।

14 पेजमेकर

पेजमेकर पहिला डेस्कटॉप पब्लिशिंग प्रोग्राम थियो, जसलाई एल्डस कारपोरेशन द्वारा वर्ष 1985 मा शुरूमा एप्पलको मैकिंटोशको लागि र पछि पीसीको लागि पेश गरिएको थियो। यो वास्तवमा एडोब सिस्टमको पोस्टस्क्रिप्ट पेज डिस्क्रिप्शन लैंग्वेज थियो, 1994 मा एल्डस र पेजमेकरको एडोब सिस्टमले अधिग्रहण गर्‍यो। वर्तमानमा चलिरहेको पेजमेकरको नवीन संस्करण **'पेजमेकर 7.0'** लाई 9 जुलाई 2001 मा जारी गरिएको थियो। हालांकि पेजमेकरमा धेरै वर्ड प्रोसेसिंग र ग्राफिक्स फीचर्स हुन्छं। आर्ट र टेस्क्टलाई साथमा राखेर काममा आउनु यसको विशेषता हो, तर यो त्यसलाई तैयार गर्न सक्दैन्। पेजमेकरको फीचर्स यस सरहको पब्लिकेशनको लागि बढि उपयुक्त हुन्छ जस्तै- कारपोरेट न्यूजलेटर्स र पत्रकारको कार्यालयमा पत्रिका तैयार गर्नको लागि।

नया डाक्यूमेंट तैयार गर्न

नयाँ डाक्यूमेंट क्रिएट (तैयार) गर्नु भन्दा पहिला पेजमेकरमा तपाईलाई एउटा डायलॉग बाक्स देखिन्छ, जसमा तपाई डाक्यूमेंटको सेटिंग पहिला देखि नै सेट गर्न सक्नुहुन्छ।

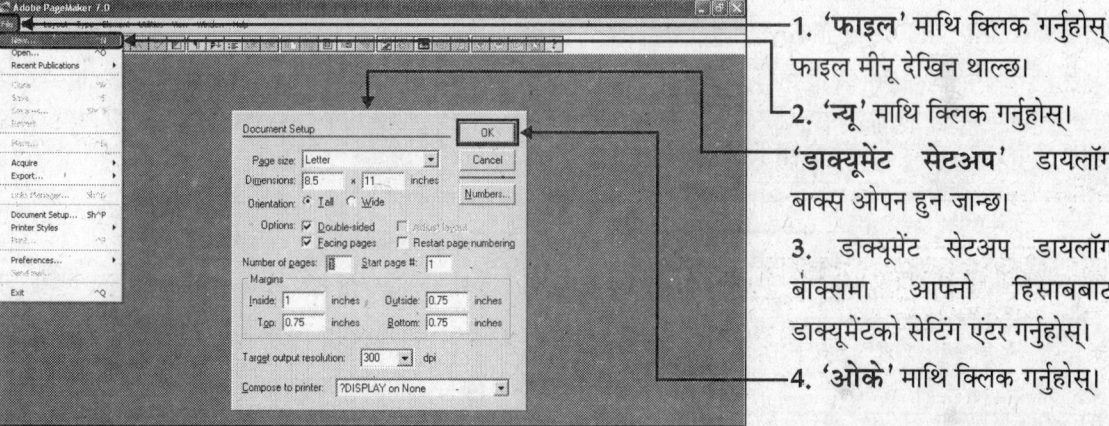

1. **'फाइल'** माथि क्लिक गर्नुहोस्। फाइल मीनू देखिन थाल्छ।
2. **'न्यू'** माथि क्लिक गर्नुहोस्। **'डाक्यूमेंट सेटअप'** डायलॉग बाक्स ओपन हुन जान्छ।
3. डाक्यूमेंट सेटअप डायलॉग बाक्समा आफ्नो हिसाबबाट डाक्यूमेंटको सेटिंग एंटर गर्नुहोस्।
4. **'ओके'** माथि क्लिक गर्नुहोस्।

तपाईको स्क्रीनमा **'अनटाइटल्ड 1'** को नामबाट एउटा नया डाक्यूमेंट देखिनेछ। डाक्यूमेंट विंडोमा डाक्यूमेंटको पहिला पूरा पेज डिस्प्ले हुनेछ।

डाक्यूमेंटको साइज (आकार) लाई सेट गर्न

सामान्यत: कुनै पनि पेजको लेआउटमा काम गर्नु भन्दा पहिला तपाईले त्यस डाक्यूमेंटको साइज सेट गर्नु पर्ने हुन्छ। तर पेज मेकरमा पेजमा काम गरेपछि पनि आफ्नो डाक्यूमेंटको साइज बदलिन सक्नुहुन्छ।

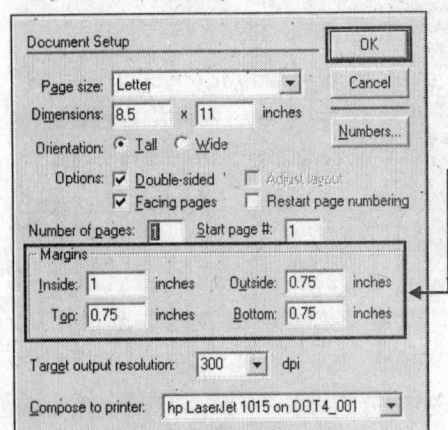

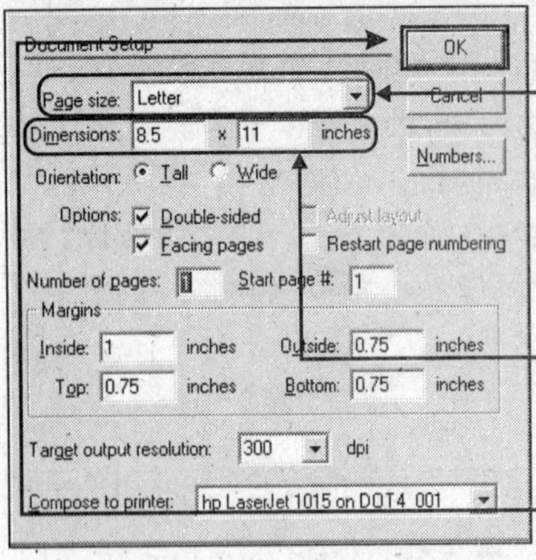

1. **'फाइल'** माथि क्लिक गर्नुहोस्। फाइल मीनू देखिनेछ।
2. **'न्यू'** माथि क्लिक गर्नुहोस्।

यहा **'डाक्यूमेंट सेटअप'** डायलॉग बाक्स ओपन हुन जान्छ।

यदि डाक्यूमेंट पहिला नै क्रिएट गर्नु भएको छ भने पहिला **'फाइल'** मा क्लिक गर्नुहोस् र पछि **'डाक्यूमेंट सेटअप'** मा क्लिक गर्नुहोस्।

3. आफ्नो पेजको साइज छान्नको लागि **'पेज साइज'** पॉप अप मीनूको प्रयोग गर्नुहोस्।

यदि तपाई कुनै अर्को साइजमा पेज चाहनुहुन्छ वा पेजको साइज बदलिन चाहनुहुन्छ भने **'डाइमेंशन'** टेक्स्ट फील्डमा गएर पेजको नया साइज एंटर गर्नुहोस्।

4. **'ओके'** माथि क्लिक गर्नुहोस्। तपाईद्वारा छानिएको सेटिंगको अनुसार तपाईको डाक्यूमेंट नयाँ साइजमा तैयार हुन जान्छ अथवा बदलिन्छ।

डाक्यूमेंटको मार्जिन (किनारा) लाई सेट गर्न

मार्जिन केवल गाइडलाइन (दिशा निर्देश) हो। तपाई सेट गरिएको पेज मार्जिनको बाहिर पनि टेक्स्ट र ग्राफिकलाई सेट गर्न सक्नुहुन्छ। यो मार्जिनले तपाईलाई धैरै टेक्स्ट एक साथमा फ्लो गर्न अर्थात राख्नमा गाइडको सरह तपाईको सहायता गर्नेछ। खासगरी तब जब तपाई ऑटोफ्लो सेटिंगको प्रयोग गर्नुहुन्छ।

1. **'फाइल'** माथि क्लिक गर्नुहोस्। फाइल मीनू देखिनेछ।
2. **'डाक्यूमेंट सेटअप'** माथि क्लिक गर्नुहोस्।

'डाक्यूमेंट सेटअप' डायलॉग बाक्स देखिनेछ।

3. **'मार्जिन'** सेक्शनमा चार मार्जिन सेटिंग एंटर गर्नुहोस्।

यो सेटिंग पेजको किनारा देखिको दूरी हो।

जस्तै- टॉप टेक्स्ट फील्डको मतलब हो कि डाक्यूमेंटको सबै भन्दा माथिको किनारा देखि तपाईको टॉप मर्जिन कति टाढा छ।

4. मार्जिनको सेटिंग हेर्नको लागि **'ओके'** माथि क्लिक गर्नुहोस्।

डाक्यूमेंटको पुरानो वर्जन (संस्करण) लाई रिवर्ट गर्न अर्थात त्यसमा वापसी आउन

कहिले-काहि डाक्यूमेंटलाई रिवर्ट गर्नाले समयको धेरै बचत हुन जान्छ। धेरै पटक तपाईले केहि यस्तो बदलाव गर्नुहुन्छ जुन गलत हुन्छ। यस्तोमा अनडू कमांडबाट त्यो समस्या टाढा हुदैन्। यस्तोमा आफ्नो डाक्यूमेंटको लास्ट वर्जन (अन्तिम पटक गरिएको सेव) मा जानको लागि तपाई रिवर्टको प्रयोग गर्न सक्नुहुन्छ।

1. **'फाइल'** माथि क्लिक गर्नुहोस्। फाइल मीनू देखिन्छ।
2. **'रिवर्ट'** माथि क्लिक गर्नुहोस्। एउटा डायलॉग बाक्स ओपन हुन जान्छ जसले यो पुष्टि गर्दछ कि के तपाई वाकईमा डाक्यूमेंटलाई रिवर्ट गर्न चाहनुहुन्छ।
3. **'ओके'** मा क्लिक गर्नुहोस्। अब डाक्यूमेंट त्यस स्थितिमा आउनेछ जसमा त्यो अन्तिम पटक सेव गरिएको थियो।

पेजमेकर स्क्रीन

पेजमेकरको टूलबाक्समा टूल्सको धेरै वैरायटी हुन्छ। अर्थात धेरै टूल्स हुन्छ। जसमा रूलर, गाइड र पैलेट पनि शामिल हुन्छ जुन इलेक्ट्रोनिक वर्क्स्पेस (कार्यक्षेत्र) लाई व्यवस्थित गर्नको काम आउछ।

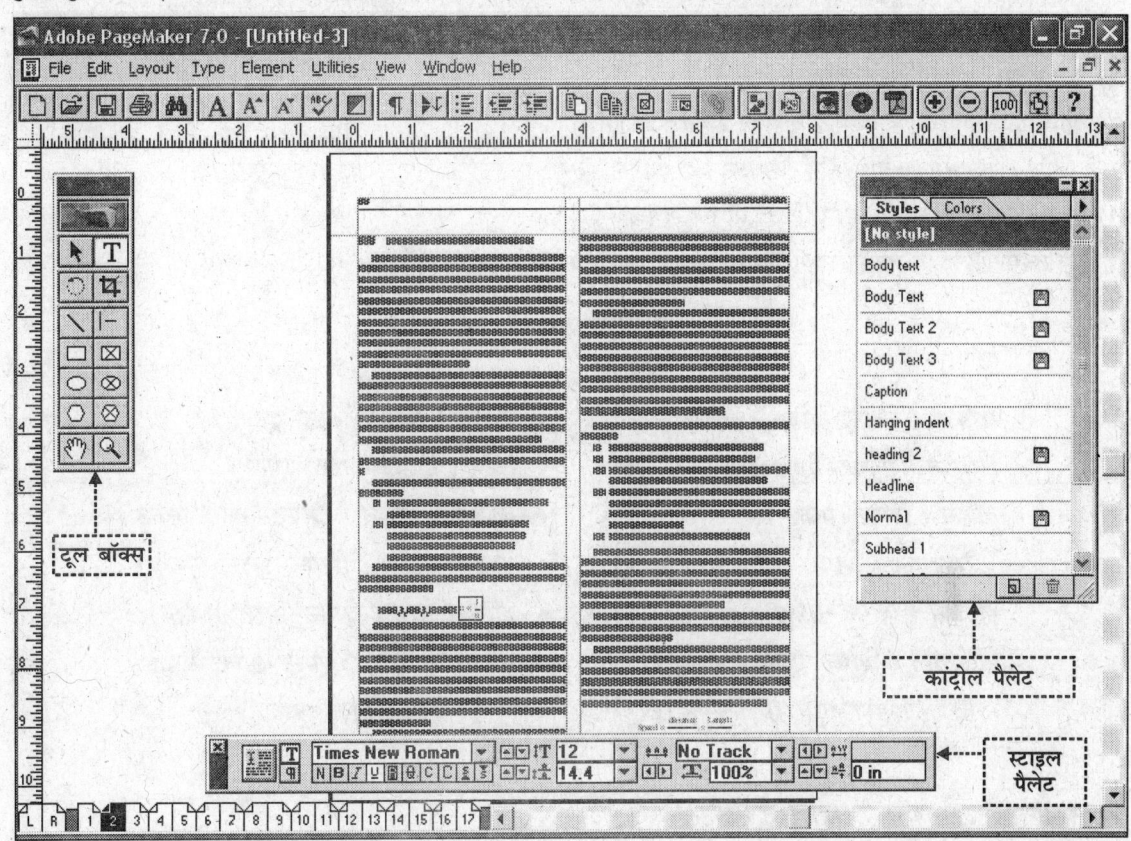

- **रूलर** : यो तपाईलाई स्क्रीनको माथि र बाया किनारामा देखिन्छ। पेजमा डिजाइन ग्रिडलाई तैयार गर्नको लागि त्यसलाई गाइडसंगा मिलाएर प्रयोग गरिन्छ।
- **गाइड** : यो रूलरको लागि 'पुल्ड आउट' को काम गर्दछ। तपाईले आफ्नो आवश्यक्ता मुताबिक होरीजोंटल (क्षैतिज) र वर्टिकल (लंबवत) धेरै गाइड सेट गर्न सक्नुहुन्छ।
- **स्टाइल पैलेट** : यसमा क्रिएट, एडिट र अप्लाई स्टाइल जस्तै कमांड शामिल हुन्छ।
- **कंट्रोल पैलेट** : यसमा सलेक्ट गरिएको आब्जेक्टको अनुसार फीचर्स बदलिने गरिन्छ। आब्जेक्ट माथि प्रभाव बनाउने सबै कमांड यस पैलेटमा हुन्छ।
- **कलर पैलेट** : यसमा त्यो पूरा कमांड शामिल हुन्छ जुन कलरलाई क्रिएट, एडिट र अप्लाई गर्दछ।
- **मास्टर पेज पैलेट** : यसमा त्यो पूरा कमांड शामिल हुन्छ जुन मास्टर पेज र यसको एलीमेंट्सलाई क्रिएट एडिट र अप्लाई गर्दछ।
- **लेयर्स पैलेट** : यसमा शामिल कमांड लेयरलाई क्रिएट, एडिट र अप्लाई गर्दछ।
- **हाइपरलिंक्स पैलेट** : यसमा शामिल कमांड हाइपरलिंकलाई क्रिएट, एडिट र इंसर्ट गर्दछ।

टूलबॉक्स

टूलबाक्समा त्यो सबै टूल्स शामिल हुन्छ, जसको पेजमेकरमा प्रयोग हुन्छ।

यदि टूलबाक्स स्क्रीनमा देखिदैन् भने टूलबाक्स हेर्नको लागि यो क्रम अपनाउनुहोस्।

1. **'विंडो'** माथि क्लिक गर्नुहोस्। विंडो मीनू देखिनेछ।
2. **'शो टूल्स'** माथि क्लिक गर्नुहोस्।

टूलबाक्स अब तपाईको डाक्यूमेंट विंडोको अगाडि देखिनेछ।

यदि तपाई टूलबाक्सलाई हाइड गर्न (लुकाउन अथवा नदेखिनु) चाहनुहुन्छ भने यो प्रक्रिया गर्नुहोस्।

1. **'विंडो'** माथि क्लिक गर्नुहोस्। विंडो मीनू देखिनेछ।
2. टूलबाक्सलाई हाइड गर्नको लागि **'हाइड टूल्स'** माथि क्लिक गर्नुहोस्।

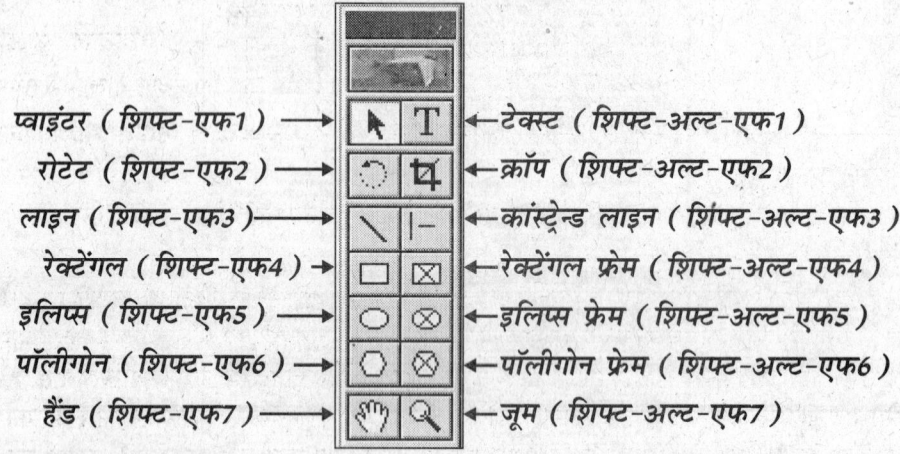

रूलर्सलाई शो गर्न अर्थात देखाउन

पेजमेकरमा रूलर्सको धेरै फंक्शन (कार्य) हुन्छ। यो डाक्यूमेंटमा कुनै आब्जेक्टको जनरल साइज (सामान्य आकार) र पोजीशन (स्थिति) दर्शाउछ। रूलर्सले सलेक्ट गरिएको मेजरमेंट (माप) सिस्टममा यूनिटलाई डिस्प्ले गर्दछ।

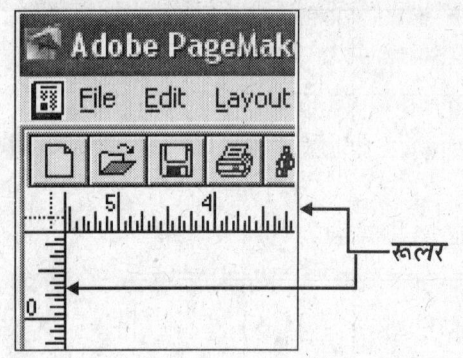

रूलरलाई शो गर्नको लागि

1. **'व्यू'** माथि क्लिक गर्नुहोस्। व्यू मीनू देखिनेछ।
2. **'शो रूलर्स'** माथि क्लिक गर्नुहोस्। रूलर्स तपाईले डाक्यूमेंटको बायातिर र सबै भन्दा माथि पाउनुहुनेछ।

रूलरलाई हाइड (लुकाउन) को लागि

1. **'व्यू'** माथि क्लिक गर्नुहोस्। व्यू मीनू देखिनेछ।
2. रूलर्सलाई लुकाउनको लागि **'हाइड रूलर्स'** माथि क्लिक गर्नुहोस्।

डिफाल्ट (मूल) मीजरमेंट सिस्टम बदलिन

डिफाल्ट रूपमा पेजमेकरमा मीजरमेंट सिस्टम इंचमा हुन्छ। तर पांच मीजरमेंट सिस्टमको प्रयोग गर्न सक्नुहुन्छ। इंच, डेसीमल इंच, पिकास, मिलीमीटर, साइक्रोस।

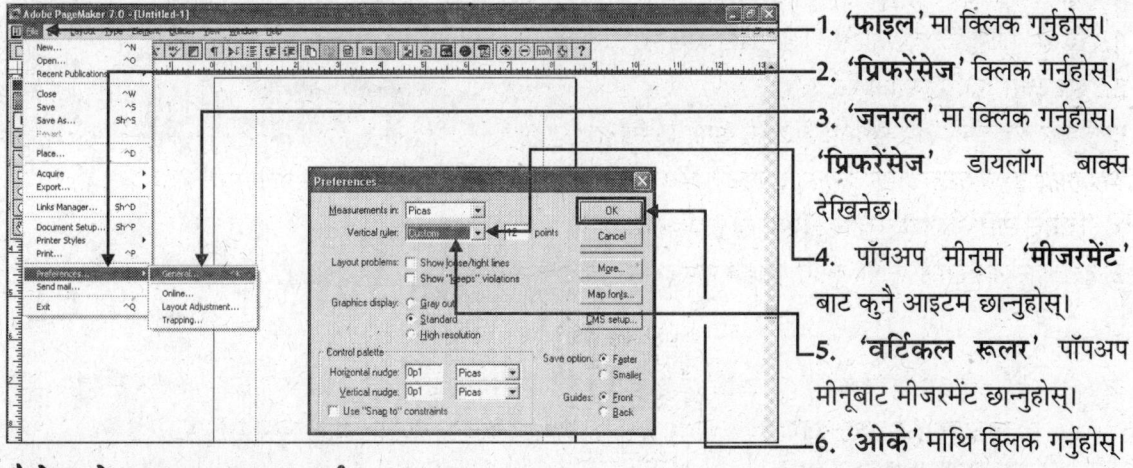

1. **'फाइल'** मा क्लिक गर्नुहोस्।
2. **'प्रिफरेंसेज'** क्लिक गर्नुहोस्।
3. **'जनरल'** मा क्लिक गर्नुहोस्। **'प्रिफरेंसेज'** डायलॉग बाक्स देखिनेछ।
4. पॉपअप मीनूमा **'मीजरमेंट'** बाट कुनै आइटम छान्नुहोस्।
5. **'वर्टिकल रूलर'** पॉपअप मीनूबाट मीजरमेंट छान्नुहोस्।
6. **'ओके'** माथि क्लिक गर्नुहोस्।

पैलेटको साथमा काम गर्न

तपाईको कार्यलाई बढि प्रभावी बनाउनको लागि पेजमेकरको धेरै कमांड पैलेटको सीरिजमा शामिल हुन्छ। मुख्य पैलेट निम्नलिखित छन्।

'स्आइल' पैलेटले तपाई टेक्स्टको पैराग्राफ स्टाइललाई बदलिन सक्नुहुन्छ र स्टाइल सीटलाई व्यवस्थित गर्न सक्नुहुन्छ। **'कलर पैलेट'** ले तपाई कुनै आब्जेक्टलाई कलर गर्न सक्नुहुन्छ, र कलरलाई तैयार र मैनेज (व्यवस्थित) पनि गर्न सक्नुहुन्छ। **'लेयर्स'** पैलेटको सहायताले लेयर तैयार गर्न सक्नुहुन्छ र आब्जेक्टलाई यस लेयरको चारैतिर मूव गराउन सक्नुहुन्छ। **'मास्टर पेज पैलेट'** ले तपाई मास्टर पेजलाई तैयार गर्न सक्नुहुन्छ र त्यसलाई अप्लाई गर्न सक्नुहुन्छ। **'हाइपरलिंक्स'** पैलेट द्वारा तपाई वेब पेजको लागि यूआरएललाई क्रिएट गर्न सक्नुहुन्छ र त्यसलाई अप्लाई गर्न सक्नुहुन्छ।

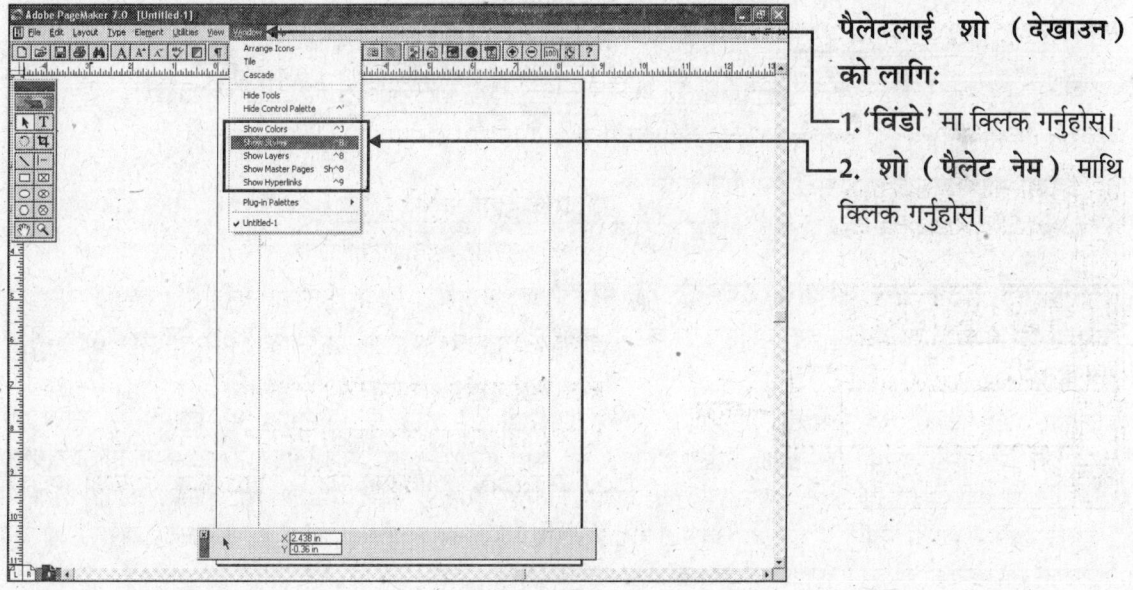

पैलेटलाई शो (देखाउन) को लागिः

1. **'विंडो'** मा क्लिक गर्नुहोस्।
2. **शो (पैलेट नेम)** माथि क्लिक गर्नुहोस्।

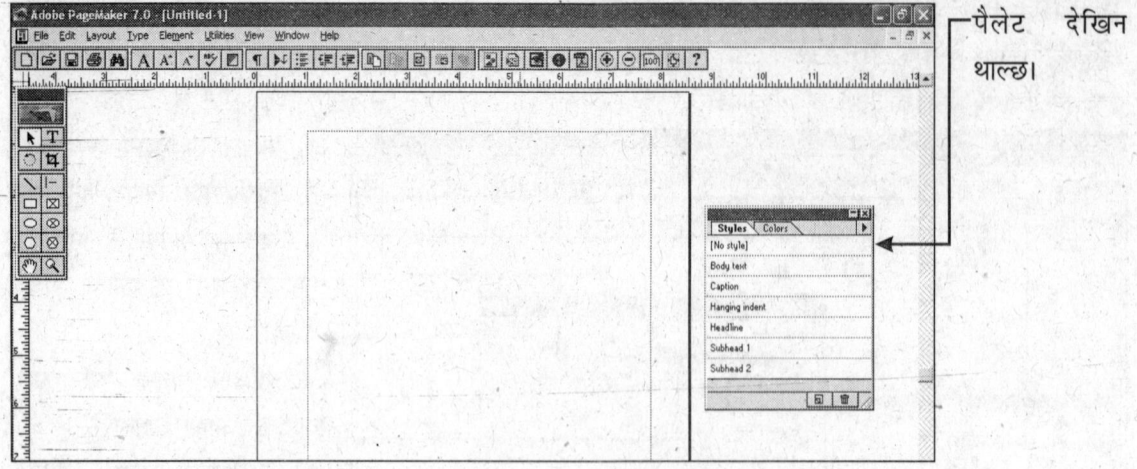

पैलेट देखिन थाल्छ।

*जब पैलेट देखिन्छ तब पैलेट कमांड **'हाइड'** मा बदलिन्छ। यी कमांडद्वारा कुनै पनि पैलेटलाई हाइड गर्न सक्नुहुन्छ।*

कंट्रोल पैलेटद्वारा काम गर्न

कंट्रोल पैलेट मुख्य पैलेट हो। यसको फीचर्स लेआउटमा तपाईद्वारा सलेक्ट गरिएको आब्जेक्टको अनुसार बदलिन्छ। यदि तपाई प्वाइंटरद्वारा टेक्स्ट आब्जेक्टलाई सलेक्ट गर्नुहुन्छ भने कंट्रोल पैलेटमा त्यो कंट्रोल्स देखिनेछ जसद्वारा तपाई टेक्स्ट आब्जेक्टलाई मूव गर्न सक्नुहुन्छ, रीसाइज गर्न सक्नुहुन्छ र एउटा यूनिटको सरह त्यसलाई रोटेट (दिशा बदलिन वा घुमाठन) पनि गर्न सक्नुहुन्छ।

कंट्रोल पैलेटलाई शो (दर्शाउन) गराउनको लागि :

1. **'विंडो'** माथि क्लिक गर्नुहोस्। विंडो मीनू देखिनेछ।
2. **'शो कंट्रोल पैलेट'** माथि क्लिक गर्नुहोस्। कंट्रोल पैलेट देखिनेछ।

कंट्रोल पैलेटलाई हाइड (लुकाउन) गर्नको लागि

1. **'विंडो'** माथि क्लिक गर्नुहोस्। विंडो मीनू देखिनेछ।
2. कंट्रोल पैलेटलाई हाइड गर्नको लागि **'हाइड कंट्रोल पैलेट'** माथि क्लिक गर्नुहोस्।

टेक्स्टलाई एंटर गर्न अर्थात टेक्स्टलाई हाल्न

पेजमेकरको मुख्य काम यसको त्यो विशेषता हो जसमा तपाई टेक्स्टलाई एडिट र यसको टाइपलाई मैनीपुलेट (बदलिन) सक्नुहुन्छ।

हालांकि तपाई स्टैंडर्ड वर्ड प्रोसेसिंग प्रोग्रामद्वारा आफ्नो टेक्स्टमा धेरै काम गर्न सक्नुहुन्छ तर पेजमेकरमा यस्तो धेरै पावरफुल टूल्स हुन्छ जसको द्वारा तपाई आफ्नो टेक्स्टमा धेरै कार्य गर्न सक्नुहुन्छ। पेजमेकरमा टेक्स्ट फार्मेटिंगको लगभग सबै सामान्य विशेषताहरु छ जस्तै- फॉन्ट, साइज, कलर, लीडिंग पैराग्राफ आदि। हेडलाइनमा तपाईले कॉलमको स्पेस (खाली स्थान) भर्नको लागि कैरेक्टरको विथ (चौड़ाई) पनि बदलिन सक्नुहुन्छ। तपाई दुई कैरेक्टर (अक्षर) वा पूरा टेक्स्टको लाइनहरुको बीचको चौड़ाईलाई पनि बदलिन सक्नुहुन्छ।

टेक्स्ट टूल एक्सेस गर्न

पेजमेकरको टेक्स्ट टूलको प्रयोग, नयाँ टेक्स्ट एरियालाई तैयार गर्न, टेक्स्टलाई सलेक्ट गर्न र इंसर्शन प्वाइंटलाई मूव गर्न प्रयोग गरिन्छ।

पेजमेकरमा टेक्स्टलाई सधै टेक्स्ट ब्लॉकमा वा टेक्स्ट ब्लॉकको लागि प्रयोग हुने खालको फेममा शामिल हुनुपर्छ। यस्तो टेक्स्ट ब्लॉकलाई तैयार गर्नको लागि टेक्स्ट टूलको प्रयोग गर्नुहुन्छ।

टेक्स्ट ब्लॉकलाई क्रिएट गर्न :

पेजमेकरमा यदि तपाई टेक्स्टलाई क्रिएट गर्न चाहनुहुन्छ भने पहिला टेक्स्ट ब्लॉक बनाउनुहोस्।

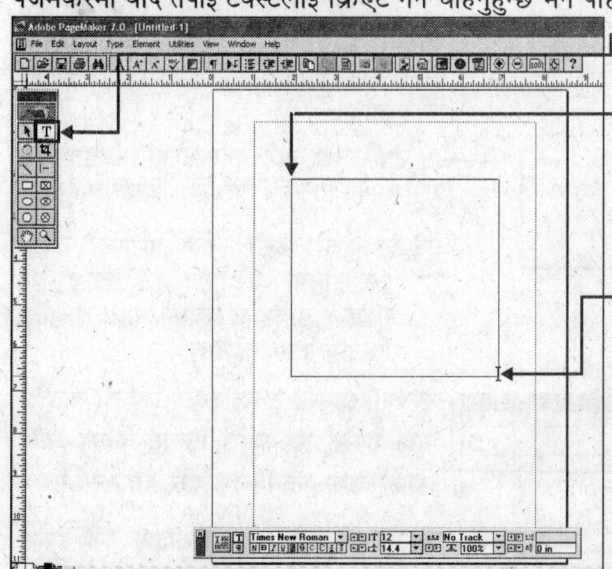

1. टूलबाक्समा **'टेक्स्ट'** टूल माथि क्लिक गर्नुहोस् वा शिफ्ट+अल्ट+एफ1 बटन थिच्नुहोस्।

2. टेक्स्ट ब्लॉकलाई तैयार गर्नको लागि माउसको प्वाइंटरलाई क्लिक गरेर ड्रैग गर्नुहोस्।

ड्रैग गर्ने समय तपाईलाई स्क्रीनमा एउटा आयताकार बाक्स देखिन्छ। यो तपाईको टेक्स्ट ब्लॉकको बाउंड्री (चारकुना) लाई रिप्रजेंट गर्दछ।

3. माउसको बटनलाई रिलीज गर्नुहोस् अर्थात छोड्नुहोस्। एउटा ब्लिंक (चम्किलो) कर्सर देखिन्छ।

4. अब टेक्स्ट टाइप गर्नुहोस्।

तपाईको यस प्वाइंटबाट टेक्स्टलाई टाइप गर्नुपर्छ। यदि तपाई कतै अरु क्लिक गर्नुहुन्छ वा टूल्स बदलिनुहुन्छ भने तपाईद्वारा बनाईएको टेक्स्ट ब्लॉक गायब हुन जान्छ।

खाली टेक्स्ट ब्लॉकलाई पेजमेकरले स्यंम नै डिलीट गर्नेछ।

टेक्स्ट ब्लॉकको शेप (आकृति) बदलिन

प्वाइंटर टूल द्वारा जब तपाई टेक्स्ट ब्लॉकलाई सलेक्ट गर्नुहुन्छ तब ब्लॉकको चारकुरा देखिन थाल्छ। यी हैंडललाई विंडो **शेड्स** भनिन्छ। टेक्स्ट ब्लॉकको यी हैंडलको सहायताले तपाई ब्लॉकको शेप (आकृति) पनि परिवर्तित गर्न सक्नुहुन्छ। टेक्स्ट ब्लॉकलाई ठूलो बनाउनको लागि हैंडललाई बाहिर तिर ड्रैग गर्नुहोस्। त्यहि टेक्स्ट ब्लॉकलाई सानो गर्नको लागि हैंडललाई भित्र तिर ड्रैग गर्नुहोस्। टेक्स्ट ब्लॉकलाई सानो-ठूलो गर्नुको मतलब तपाई त्यसमा कति टेक्स्ट डिस्प्ले गर्न चाहनुहुन्छ।

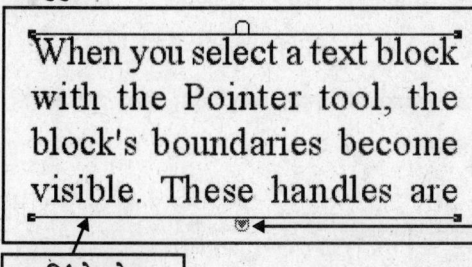

1. **'प्वाइंटर'** टूललाई सलेक्ट गर्नुहोस्।

2. टेक्स्ट ब्लॉकको बॉटम (तल) को हैंडलमा लेफ्ट (बाया) वा राइट (दाया) क्लिक गर्नुहोस् र ड्रैग गर्नुहोस्। माउसको बटनलाई छोड्ने बितिकै टेक्स्ट ब्लॉक नयाँ शेपमा परिवर्तित हुन जान्छ।

विंडो शेडको तल जब रातो रंगको तिनकुने निशान देखिदा थाहा हुन्छ कि पेजमा र टेक्स्ट शामिल छ। यो टेक्स्ट हेर्नको लागि टेक्स्ट ब्लॉकलाई र ठूलो गर्नुहोस् वा विंडो शेडको हैंडललाई समातेर तल तिर ड्रैग गर्नुहोस्।

लिंक्ड टेक्स्ट ब्लॉकलाई मैन्युअली तैयार गर्न

तपाईको टेक्स्ट एक अक्षरको पनि हुन सक्छ वा सय पेजको पनि हुन सक्छ। पूरा स्टोरीलाई डिस्प्ले गर्नको लागि तपाई एउटा टेक्स्ट ब्लॉक वा सयौं क्रिएट गर्न सक्नुहुन्छ। टेक्स्ट ब्लॉकलाई आपसमा लिंक (जोड्न) पनि गर्न सकिन्छ जसबाट स्टोरीलाई एक कॉलमबाट अर्को कॉलम सम्म वा एक पेजबाट दोस्रो पेज सम्म फ्लो गर्न सकिन्छ। यी टेक्स्टमा गरिएको बदलाव त्यससंग लिंक गरिएको सबै ब्लॉकमा देखिन्छ। टेक्स्ट टूललाई सलेक्ट गरेर एक ब्लॉकबाट अर्को ब्लॉकमा गएर आपसमा लिंक गरिएको धेरै टेक्स्ट ब्लॉकमा टेक्स्टलाई सलेक्ट गर्न सक्नुहुन्छ।

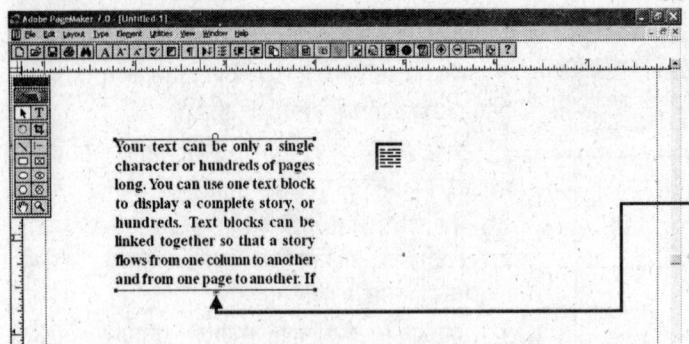

1. विंडोशेडको बॉटमलाई तब सम्म माथि तिर ड्रैग गर्नुहोस् जब सम्म कि रातो रंगको तिनकुने निशान देखिदैन्। यस रातो रंगको तिनकुने निशानलाई हेर्नको लागि माउसको बटनलाई छोड्नुहोस्।

2. टेक्स्टलाई लोड गर्नको लागि विंडोशेडमा रातो रंगको तिनकुने निशानमा क्लिक गर्नुहोस्।

तपाईको कर्सर लोड गरिएको टेक्स्ट आइकॉनमा परिवर्तित हुन जान्छ। यो तपाईले डाक्यूमेंट पेजको माथि बायातिर किनारामा पाउनुहुनेछ।

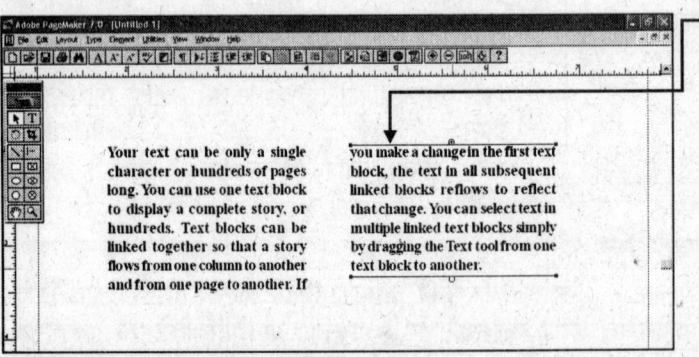

3. पपहिला टेक्स्ट ब्लॉकसंग लिंक (जोड्दै) नयाँ टेक्स्ट ब्लॉकलाई क्रिएट गर्नको लागि डाक्यूमेंटमा कतै क्लिक गरेर ड्रैग गर्नुहोस्।

माउसको बटन छोडने बितिकै त्यो टेक्स्ट तपाईद्वारा ड्रैग गरिएको एरियामा पुग्नेछ। आफ्नो आवश्यक्ताको हिसाबले नयाँ लिंक टेक्स्ट ब्लॉकलाई तैयार गर्नको लागि स्टेप '1' देखि '3' लाई लगातार दोहराउनुहोस्।

टेक्स्टलाई प्लेस गर्न अर्थात राख्न

अरु साफ्टवेयर प्रोग्राम जस्तै- एमएस वर्डबाट पनि तपाई पेजमेकरमा टेक्स्टलाई इंसर्ट (शामिल) गर्न सक्नुहुन्छ।

1. **'फाइल'** माथि क्लिक गर्नुहोस्। फाइल मीनू देखिनेछ।

2. **'प्लेस'** माथि क्लिक गर्नुहोस्। प्लेसिंग डायलॉग बाक्स देखिनेछ।

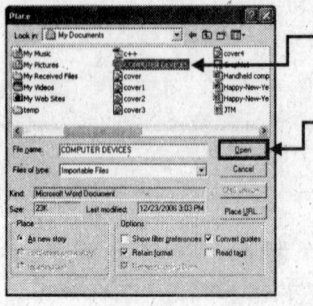

3. त्यस डाक्यूमेंटमा जानुहोस् जसमा शामिल टेक्स्टलाई तपाई यहा प्लेस गर्न अर्थात शामिल गर्न चाहनुहुन्छ र क्लिक गर्नुहोस्।

4. **'ओपन'** माथि क्लिक गर्नुहोस्।

प्वाइंटर लोड गरिएको टेक्स्ट आइकॉनमा बदलिन्छ।

5. टेक्स्टलाई प्लेस गर्नको लागि टेक्स्ट ब्लॉक बनाउनुहोस् वा पेज अथवा कॉलमको माथि बाया किनारामा क्लिक गर्नुहोस्।

त्यो टेक्स्ट पेजमा प्लेस हुनेछ अर्थात शामिल हुनेछ।

टेक्स्टलाई फ्रेममा प्लेस गर्न अथवा राख्न

स्टोरीलाई व्यवस्थित गर्न र त्यसलाई एक साथमा राख्नको लागि टेक्स्ट ब्लॉकको साथै तपाईले टेक्स्ट राख्नको लागि फ्रेमको प्रयोग पनि गर्न सक्नुहुन्छ। फ्रेम टूल बिल्कुल सामान्य ड्राइंग टूलको सरह देखिन्छ। फरक यो छ कि यसमा अक्ष (एक्स र वाई) बनेको हुन्छ।

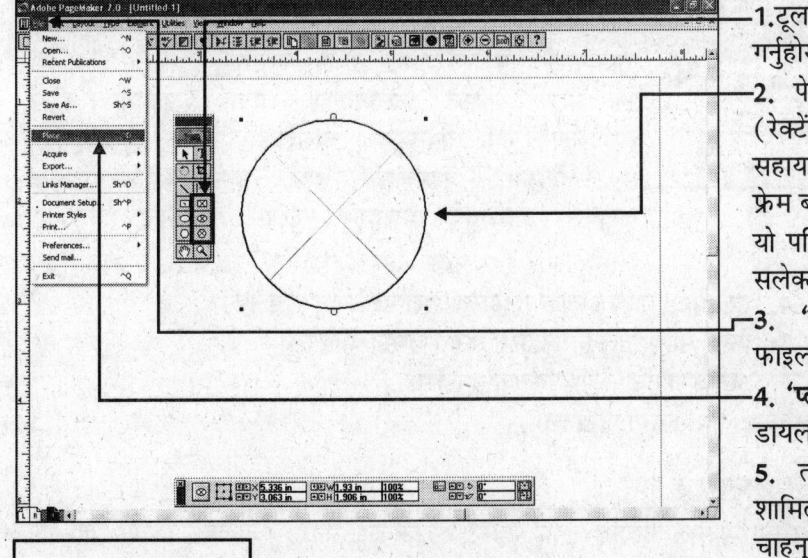

1. टूलबॉक्समा **'फ्रेम'** टूल माथि क्लिक गर्नुहोस्।
2. पेज मेकरको कुनै पनि फ्रेम टूल (रेक्टेंगल, ओवल वा हेक्सागोन) को सहायताले एउटा फ्रेम ड्रॉ गर्नुहोस् अर्थात फ्रेम बनाउनुहोस्।
   यो पनि सुनिश्चित गर्नुहोस् कि आब्जेक्ट सलेक्ट गरिएको छ।
3. **'फाइल'** माथि क्लिक गर्नुहोस्। फाइल मीनू देखिनेछ।
4. **'प्लेस'** माथि क्लिक गर्नुहोस्। **'प्लेस'** डायलॉग बाक्स देखिनेछ।
5. त्यस डाक्यूमेंट खोज्नुहोस् जसमा शामिल टेक्स्टलाई तपाई प्लेस गर्न चाहनुहुन्छ र त्यसलाई सलेक्ट गर्नुहोस्।

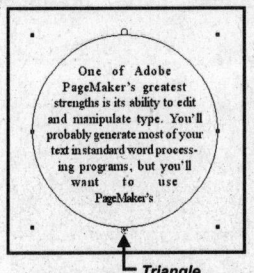

6. **'ओपन'** माथि क्लिक गर्नुहोस्।
   प्वाइंटर अब लोड गरिएको टेक्स्ट आइकॉनमा बदलिन्छ।
7. टेक्स्टलाई फ्रेममा हाल्नको लागि त्यसमा गएर क्लिक गर्नुहोस्। त्यो टेक्स्ट यस फ्रेममा आउनेछ।

टेक्स्ट भएको फ्रेमलाई लिंक गर्न वा आपसमा जोड्न

यदि तपाई ठूलो मात्रामा टेक्स्टको प्रयोग गरिरहनु भएको छ भने केवल एक टेक्स्ट फ्रेममा नै पूरा टेक्स्ट नलाउला। टेक्स्ट ब्लॉकको सरह तपाईले फ्रेमलाई पनि आपसमा लिंक (जोड्न) गर्न सक्नुहुन्छ जसले पूरा स्टोरीलाई हेर्न सकियोस्।

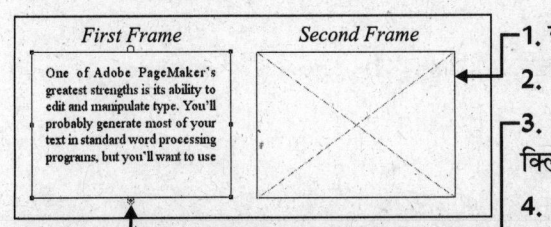

1. छानेको फ्रेम टूलको सहायताले 'दास्रो फ्रेम' तैयार गर्नुहोस्।
2. **'पहिलो फ्रेम'** सलेक्ट गर्नको लागि त्यसमाथि क्लिक गर्नुहोस्।
3. टेक्स्ट आइकॉनलाई लोड गर्नको लागि **'रेड ट्राइंगल'** माथि क्लिक गर्नुहोस्।
4. **'सेकंड फ्रेम'** अर्थात अर्को फ्रेममा क्लिक गर्नुहोस्।

पेजमेकर टेक्स्टलाई अर्को फ्रेममा हाल्नेछ।

पूरा स्टोरी जब सम्म देखिदैन्, स्टेप **'1'** देखि **'3'** सम्म लगातार दोहराउनुहोस्। जब पूरा टेक्स्ट यसमा आउछ तब लास्ट फ्रेम अर्थात अन्तिम फ्रेमको हैंडल एंपटी अर्थात खालिनेछ।

फ्रेमसंग टेक्स्टलाई अटैच गर्न अर्थात जोड्न

टेक्स्ट ब्लॉकमा टेक्स्टलाई क्रिएट (तैयार) गरेपिछ, यदि तपाई त्यसलाई फेममा कंवर्ट (बदलिन) चाहनुहुन्छ भने निम्नलिखित कमांड दिएर तपाई यो गर्न सक्नुहुन्छ।

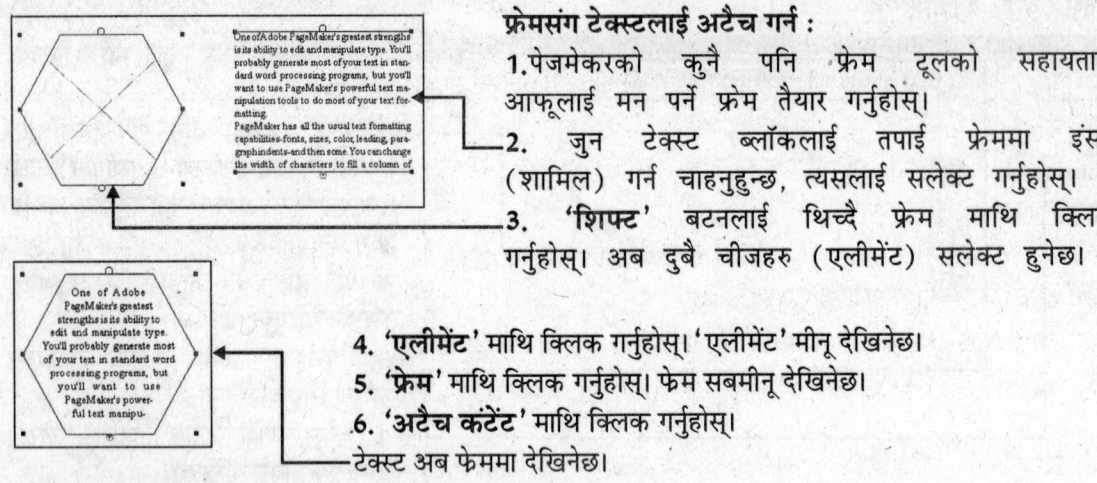

फ्रेमसंग टेक्स्टलाई अटैच गर्न :

1. पेजमेकरको कुनै पनि फ्रेम टूलको सहायताले आफूलाई मन पर्ने फ्रेम तैयार गर्नुहोस्।
2. जुन टेक्स्ट ब्लॉकलाई तपाई फ्रेममा इंसर्ट (शामिल) गर्न चाहनुहुन्छ, त्यसलाई सलेक्ट गर्नुहोस्।
3. **'शिफ्ट'** बटनलाई थिच्दै फ्रेम माथि क्लिक गर्नुहोस्। अब दुबै चीजहरु (एलीमेंट) सलेक्ट हुनेछ।

4. **'एलीमेंट'** माथि क्लिक गर्नुहोस्। **'**एलीमेंट**'** मीनू देखिनेछ।
5. **'फ्रेम'** माथि क्लिक गर्नुहोस्। फेम सबमीनू देखिनेछ।
6. **'अटैच कंटेंट'** माथि क्लिक गर्नुहोस्।

टेक्स्ट अब फेममा देखिनेछ।

फ्रेमबाट टेक्स्टलाई सेपरेट (अलग) गर्न :

टेक्स्टलाई फ्रेमसंग अटैच गर्न वा त्यसमा शामिल गरेपछि तपाई टेक्स्ट र फ्रेमलाई सेपरेट (अलग-अलग) पनि गर्न सक्नुहुन्छ।

टेक्स्टलाई फ्रेमबाट अलग गर्नको लागि

1. फ्रेमलाई **'प्वाइंटर'** टूलको सहायताले क्लिक गर्नुहोस्।
2. **'एलीमेंट'** माथि क्लिक गर्नुहोस्। **'एलीमेंट'** मीनू देखिनेछ।
3. **'फ्रेम'** माथि क्लिक गर्नुहोस्। फ्रेम सबमीनू देखिनेछ।
4. **'सेपरेट कंटेंट'** माथि क्लिक गर्नुहोस्।

स्पैलिंग चेक गर्न

पेजमेकरमा शामिल चेकिंग टूल बिल्कुल वर्ड प्रोसेसिंग प्रोग्रामको स्पैलिंग चेकर टूलसंग मिल्दो-जुल्दो छ। दुबैमा मुख्य अंतर केवल यति छ कि स्पैलिंग कमांड मीनूमा कसरी देखिन्छ।

स्पैलिंगलाई चेक गर्नको लागि

1. त्यस टेक्स्ट ब्लॉकलाई क्लिक गर्नुहोस्, जसमा तपाई स्पैलिंग चेक गर्न चाहनुहुन्छ।
2. **'एडिट'** माथि क्लिक गर्नुहोस्।
3. **'एडिट स्टोरी'** माथि क्लिक गर्नुहोस्।

टेक्स्ट ब्लॉकको लागि **'स्टोर एडिटर'** विंडो देखिन्छ।

4. **'यूटिलिटी'** माथि क्लिक गर्नुहोस्।
5. **'स्पैलिंग'** माथि क्लिक गर्नुहोस्।

'स्पैलिंग डायलॉग' बाक्स देखिन्छ।

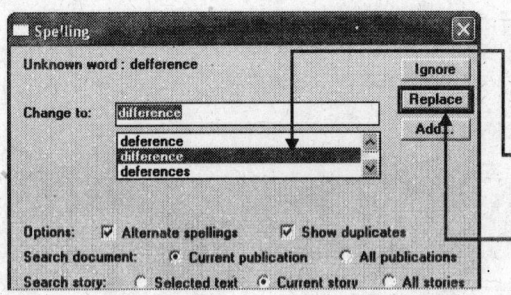

6. **'स्टार्ट'** माथि क्लिक गर्नुहोस्।

स्पैल चेकरले त्यो पहिला शब्द खोज्नेछ जसको स्पैलिंग गलत लेखिएको छ।

7. यहा सुझाव बाक्समा त्यस शब्दसंग संबंधित दिईएको सही शब्दहरुबाट कुनै एक माथि क्लिक गर्नुहोस्।

8. **'रिप्लेस'** माथि क्लिक गर्नुहोस्।

त्यो गलत शब्द तपाईद्वारा सही छानिएको शब्दमा बदलिन्छ। अब त्यसपछि अर्को गलत शब्द (इनकरेक्ट वर्ड) हाईलाइट हुन जान्छ।

9. तब सम्म यसरी नै हरेक गलत शब्दलाई सही गर्दै जानुहोस् जब सम्म कि स्पैलिंग डायलॉग बाक्समा मैसेज आउदैन् र तपाईको स्पैलिंग चेकिंग प्रक्रिया पूरा हुदैन्।

10. अब **'स्पैलिंग'** डायलॉग बाक्सलाई बंद गर्नुहोस्।

11. **'स्टोरी एडिटर विंडो'** लाई पनि बंद गर्नुहोस्।

कैरेक्टर स्पेसिफिकेश डायलॉग बाक्सबाट कैरेक्टरको रूप रंग बदलिन

अधिकांश कैरेक्टर फार्मेटिंग कमांड कैरेक्टर स्पेसिफिकेशन डायलॉग बाक्सबाट दिईन्छ। केवल कर्निंग कमांड, जुन कैरेक्टर पेयर्स (शब्द युग्म) मा लगाईन्छ, त्यो यस डायलॉग बाक्समा शामिल हुदैन्।

1. फार्मेट गरिने कैरेक्टरलाई सलेक्ट गर्नुहोस्।

2. **'टाइप'** माथि क्लिक गर्नुहोस्। टाइप मीनू देखिनेछ।

3. **'कैरेक्टर' वा 'कंट्रोल+टी'** माथि क्लिक गर्नुहोस्।

'कैरेक्टर स्पेसिफिकेशन' डायलॉग बाक्स देखिनेछ।

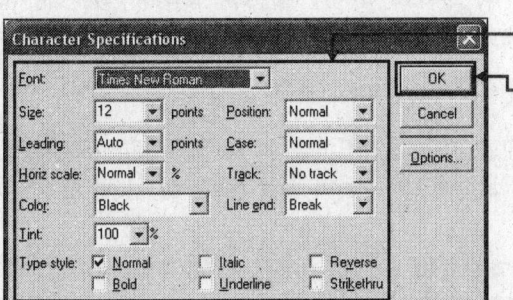

4. यस डायलॉग बाक्समा आफ्नो बदलाव गर्नुहोस्।

5. **'ओके'** माथि क्लिक गर्नुहोस्।

कंट्रोल पैलेटबाट कैरेक्टरको रंग-रूप बदलिन अर्थात त्यसको फार्मेटिंग गर्न

यदि तपाई ठूलो रुपमा फार्मेटिंग गरिरहनु भएको छ भने यस स्थितिमा कंट्रोल पैलेट धेरै उपयोगी हुन्छ। यो सधै तपाईको वर्क एरिया (कार्यक्षेत्र) मा टॉप (माथि) मा हुन्छ।

जब तपाई कंट्रोल पैलेटलाई हेर्नुहुन्छ तब डिफाल्टको रूपमा यो कैरेक्टर व्यूमा देखिन्छ। सलेक्ट गरिएको आइटमको अनुसार यसको टूल अन्य रूपहरुमा परिवर्तित भएर देखिन थाल्छ।

कंट्रोल पैलेक्टको प्रयोगबाट कैरेक्टर एट्रीब्यूटलाई मॉडीफाई गर्न

यदि कंट्रोल पैलेट देखिदैन भने निम्नलिखित कार्य गर्नुहोस्।

1. **'विंडो'** माथि क्लिक गर्नुहोस्। विंडो मीनू देखिनेछ।
2. **'शो कंट्रोल पैलेट'** माथि क्लिक गर्नुहोस्।

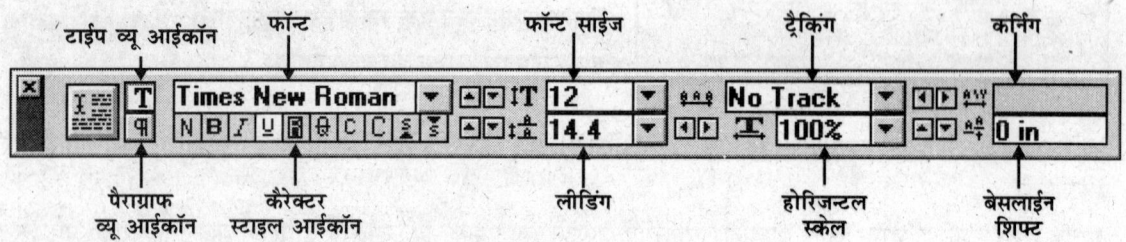

3. त्यस कैरेक्टरलाई सलेक्ट गर्नुहोस् जसलाई तपाई मॉडीफाई गर्न चाहनुहुन्छ।
4. कंट्रोल पैलेटमा अब आवश्यकतानुसार बदलाव गर्नुहोस्।

स्मॉल कैप्सको प्रयोग

स्मॉल कैप्स धेरै उपयोगी फार्मेट हो र यसले टेक्स्टलाई सानो रूपमा प्रदर्शित गर्दछ जस्तै- हेडलाइंस।

यदि कंट्रोल पैलेट देखिरहेको छैन् भने निम्नलिखित कार्य गर्नुहोस्।

1. **'विंडो'** माथि क्लिक गर्नुहोस्। विंडो मीनू देखिनेछ।
2. **'शो कंट्रोल पैलेट'** माथि क्लिक गर्नुहोस्।
3. जुन कैरेक्टरलाई तपाई स्मॉल कैप्समा बदलिन चाहनुहुन्छ त्यो सलेक्ट गर्नुहोस्।

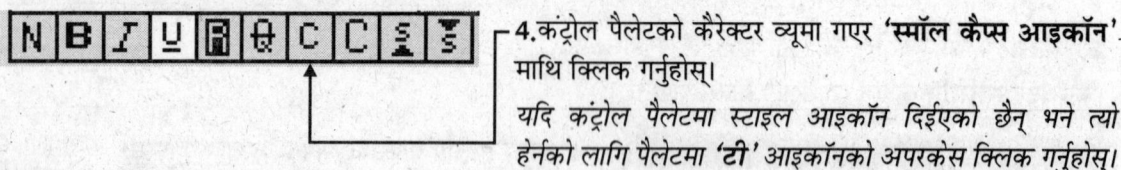

4. कंट्रोल पैलेटको कैरेक्टर व्यूमा गएर **'स्मॉल कैप्स आइकॉन'** माथि क्लिक गर्नुहोस्।

यदि कंट्रोल पैलेटमा स्टाइल आइकॉन दिईएको छैन् भने त्यो हेर्नको लागि पैलेटमा 'टी' आइकॉनको अपरकेस क्लिक गर्नुहोस्।

केस (अपर देखि लोअर वा लोअर देखि अपर) बदलिन

कहिले-काहि तपाई पूरा टेक्स्टलाई कैप्समा टाइप गर्नुहुन्छ, तर तपाई त्यसलाई फेरी टाइप नगरिकन त्यसको केस बदलिन चाहनुहुन्छ भने ऑटोमेटिक केस चेंजिंग बटनको प्रयोग गरेर कैरेक्टरको केस (अपर देखि लोअर वा नॉर्मल अपर) मा स्थायी रूपबाट बदलिन सक्नुहुन्छ।

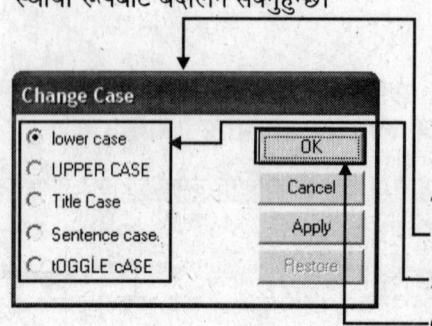

1. जुन कैरेक्टरको केस तपाई बदलिन चाहनुहुन्छ त्यो सलेक्ट गर्नको लागि **'टेक्स्ट'** टूलको प्रयोग गर्नुहोस्।
2. मीनू बारमा गएर **'यूटिलिटी'** माथि क्लिक गर्नुहोस्।
3. **'प्लग इंस'** माथि क्लिक गर्नुहोस्।
4. **'चेंज केस'** माथि क्लिक गर्नुहोस्।

'चेंज केस' डायलॉग बाक्स देखिनेछ।

5. आफ्नो टेक्स्टको अनुसार कुनै एक केस ऑप्शनको चुनाव गर्नुहोस्।
6. **'ओके'** माथि क्लिक गर्नुहोस्।

लीडिंगलाई एडजस्ट गर्न

टाइप गर्ने समय दुई लाइनको बीचको स्पेस वा गैप (खाली) स्थानलाई लीडिंग भनिन्छ। यदि लीडिंग बढि छ भने दुई लाइनको बीच बढि दूरी देखिनेछ।

डिफाल्ट रूपमा लीडिंग टाइप गरिएको टेक्स्टको प्वाइंट साइज 120 प्रतिशत हुन्छ।

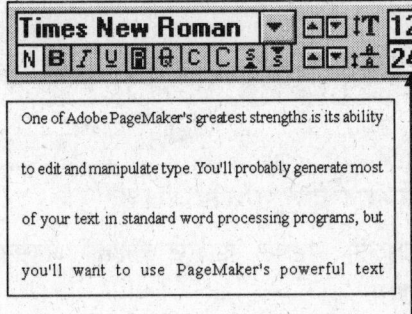

1. जुन कैरेक्टरलाई तपाई एडजस्ट गर्न चाहनुहुन्छ, त्यो सलेक्ट गर्नुहोस्।

   हालांकि तपाई टेक्स्टको कुनै पनि लाइनमा कैरेक्टरको लागि लीडिंगलाई एडजस्ट गर्न सक्नुहुन्छ तर तपाईलाई सल्लाह छ कि लीडिंगको लागि एक पटकमा पूरा पैराग्राफलाई सलेक्ट गर्नुपर्छ। होईन् भने अन्यथा यो हेर्नमा भता-भुंग बाटोको जस्तो पूरा लाइन अजिब किसिमको देखिनेछ।

2. कंट्रोल पैलेटमा गएर कैरेक्टर व्यूको **'लीडिंग'** फील्डमा क्लिक गर्नुहोस्।
3. जति लीडिंग तपाई राख्न चाहनुहुन्छ, त्यसलाई टाइप गर्नुहोस् र की-बोर्डमा **'एंटर'** थिच्नुहोस्।

टेक्स्टको कलर (रंग) बदलिन

तपाई आफ्नो टेक्स्टको कलर (रंग) पनि परिवर्तित गर्न सक्नुहुन्छ। यदि तपाई कालो रंग बाहेक अरु कुनै रंग छान्नुहुन्छ भने तपाईको डिजाइन धेरै सुन्दर देखिनेछ।

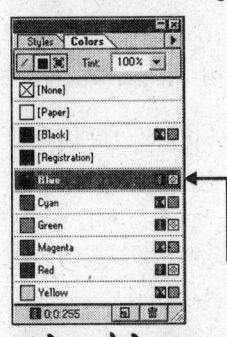

कैरेक्टरलाई कलर गर्नको लागि

1. जुन टेक्स्ट तपाई कलर गर्न चाहनुहुन्छ, पहिला त्यो सलेक्ट गर्नुहोस्।
2. कलर पैलेटलाई डिस्प्ले गर्नको लागि मीनू बारमा गएर **'विंडो'** माथि क्लिक गर्नुहोस्।
3. **'शो कलर्स'** माथि क्लिक गर्नुहोस्।

   'कलर पैलेट' देखिन थाल्छ।

4. सलेक्ट गरिएको टेक्स्टमा तपाई जुन कलर अप्लाई गर्न चाहनुहुन्छ, त्यो **'कलर'** माथि क्लिक गर्नुहोस्।

कंट्रोल पैलेटबाट पैराग्राफ फार्मेटलाई अप्लाई गर्न

पैराग्राफ कंट्रोल पैलेटमा सामान्य रुपमा प्रयोग हुने खालको सबै पैराग्राफ कंट्रोल शामिल हुन्छ। पैराग्राफ फार्मेट अप्लाई गर्नको लागि यो सबै भन्दा तेजिलो र सजिलो तरीका हो।

1. **'विंडो'** माथि क्लिक गर्नुहोस्। विंडो मीनू देखिनेछ।
2. **'शो कंट्रोल पैलेट'** माथि क्लिक गर्नुहोस्।
3. यदि कंट्रोल पैलेट यहा देखाईको पैलेटको अनुसार देखिरहेको छ भने **'पैराग्राफ एट्रीब्यूट्स'** बटन (¶) क्लिक गर्नुहोस्।

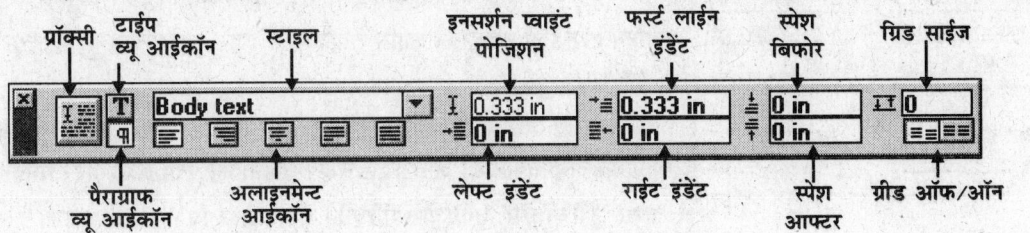

4. आवश्यकतानुसार बदलाव गर्नुहोस्।

5. 'एंटर' बटन थिच्नुहोस्। तपाई द्वारा गरिएको चेंज (बदलाव) अप्लाई हुनेछ।

डायलॉग बाक्सले पैराग्राफ फार्मेटलाई अप्लाई गर्न

पैराग्राफ स्पेसिफिकेशन डायलॉग बाक्समा लगभग ती सबै फार्मेटिंग कमांड शामिल हुन्छ, जुन तपाई टेक्स्ट फार्मेट गर्नमा अप्लाई गर्नुहुन्छ।

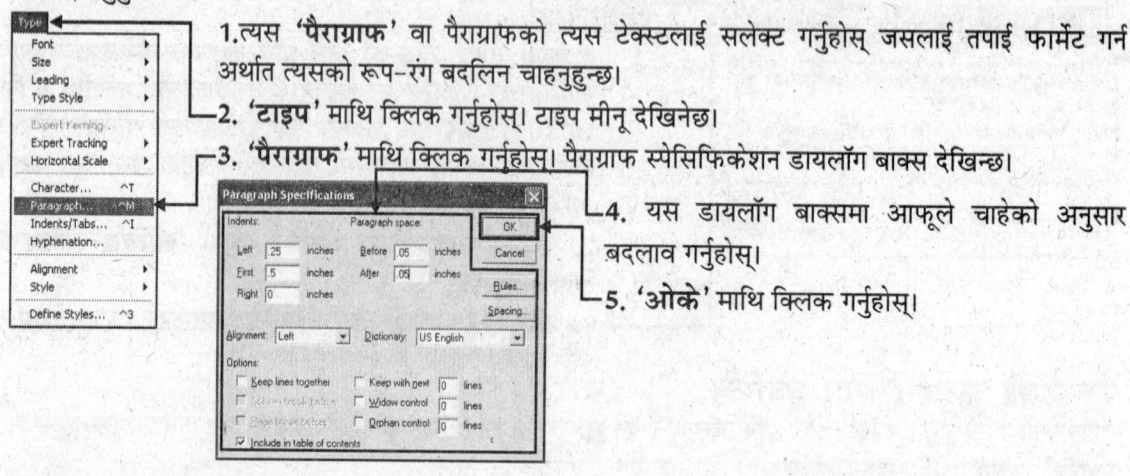

1.त्यस **'पैराग्राफ'** वा पैराग्राफको त्यस टेक्स्टलाई सलेक्ट गर्नुहोस् जसलाई तपाई फार्मेट गर्न अर्थात त्यसको रूप-रंग बदलिन चाहनुहुन्छ।

2. 'टाइप' माथि क्लिक गर्नुहोस्। टाइप मीनू देखिनेछ।

3. 'पैराग्राफ' माथि क्लिक गर्नुहोस्। पैराग्राफ स्पेसिफिकेशन डायलॉग बाक्स देखिन्छ।

4. यस डायलॉग बाक्समा आफूले चाहेको अनुसार बदलाव गर्नुहोस्।

5. 'ओके' माथि क्लिक गर्नुहोस्।

इंडेंटलाई अप्लाई गर्न

यो त्यो अमाउंट हो जुन अंश (कोण) मा कुनै पैराग्राफ डाक्यूमेंटको सामान्य मार्जिनबाट बदलिन्छ। यो तब धेरै उपयोगी हुन्छ जब तपाई कुनै पैराग्राफ वा टेक्स्टको सेटलाई पूरा डाक्यूमेंटमा हाईलाइट गर्न चाहनुहुन्छ।

पेजमेकरमा डिफाल्ट रूपमा सबै इंडेंट वैल्यू शून्य (0) मा सेट हुन्छ।

इंडेंटलाई अप्लाई गर्नको लागि :

1. 'विंडो' माथि क्लिक गर्नुहोस्। विंडो मीनू देखिनेछ।

2. 'शो कंट्रोल पैलेट' माथि क्लिक गर्नुहोस्। कंट्रोल पैलेट देखिनेछ।

3. यदि कंट्रोल पैलेट यहा देखाईएको पैलेटको अनुसार देखिरहेको छैन् भने **'पैराग्राफ एट्रीब्यूट्स'** बटन (¶) माथि क्लिक गर्नुहोस्।

3. आफ्नो कसर्रलाई पैराग्राफमा कतै राख्नुहोस्।

4. कंट्रोल पैलेटमा लेफ्ट इंडेंट माथि क्लिक गर्नुहोस्। पैराग्राफको बायाँ किनारामा तपाई जति इंडेंट राख्न चाहनुहुन्छ, त्यो अमाउंट वा वैल्यू एंटर गर्नुहोस्।

5. पहिला इंडेंट फील्डलाई हाईलाइट गर्नको लागि **'टैब'** बटन थिच्नुहोस्। पैराग्राफको पहिलो लाइनको लागि तपाई जति इंडेंट राख्न चाहनुहुन्छ, त्यो वैल्यू एंटर गर्नुहोस्।

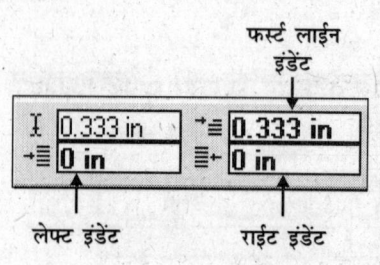

6. राइट इंडेंट वैल्यूलाई हाईलाइट गर्नको लागि **'टैब'** बटन थिच्नुहोस्। पैराग्राफको दायातिर तपाई जति इंडेंट राख्न चाहनुहुन्छ, त्यो वैल्यू एंटर गर्नुहोस्।

7. 'एंटर' थिच्नुहोस्। तपाईद्वारा गरिएको चेंज (बदलाव) प्रभावी हुनेछ।

पैराग्राफ स्पेसिंग अर्थात पैराग्राफको बीचको स्थान

तपाई पैराग्राफको बीचको स्पेस (खाली स्थान) लाई हटाउन सक्नुहुन्छ अथवा जोड्न सक्नुहुन्छ। तपाई टेक्स्टमा शब्द र अक्षरहरुको बीचको स्पेसलाई पनि एडजस्ट गर्न सक्नुहुन्छ।

कंट्रोल पैलेटले पैराग्राफको बीच स्पेसलाई जोड्नको लागि

1. **'विंडो'** माथि क्लिक गर्नुहोस्।
2. **'शो कंट्रोल पैलेट'** माथि क्लिक गर्नुहोस्। कंट्रोल पैलेट देखिनेछ।
3. यदि कंट्रोल पैलेट तल देखाईएको पैलेटको अनुसार देखिरहेको छैन् भने पैराग्राफ एट्रीब्यूट्स बटन (¶) माथि क्लिक गर्नुहोस्।

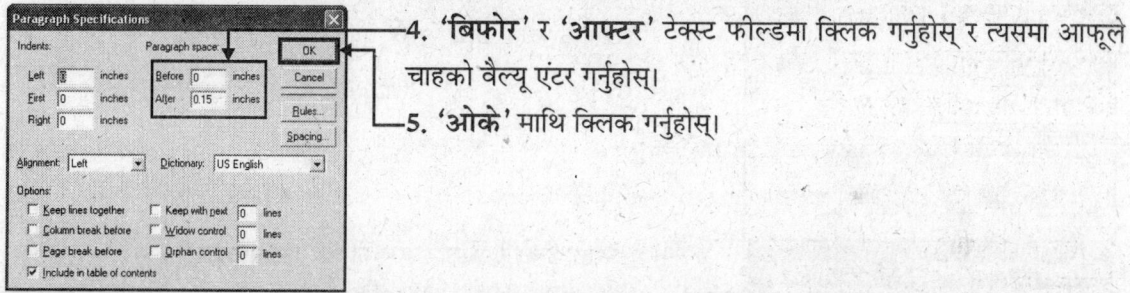

4. त्यस **'पैराग्राफ'** मा क्लिक गर्नुहोस्, जसमा तपाई बदलाव गर्न चाहनुहुन्छ।
5. कंट्रोल पैलेटमा गएर **'स्पेस बिफोर'** र **'स्पेस आफ्टर'** टेक्स्ट फील्डमा क्लिक गर्नुहोस् र त्यसमा त्यो स्पेस एंटर गर्नुहोस् जति तपाई अप्लाई गर्न चाहनुहुन्छ।

डायलॉग बाक्सबाट पैराग्राफमा स्पेस बढाउन

1. जुन **'पैराग्राफ'** मा तपाई बदलाव गर्न चाहनुहुन्छ, त्यसमा क्लिक गर्नुहोस्।
2. **'टाइप'** माथि क्लिक गर्नुहोस्। टाइप मीनू देखिनेछ।
3. **'पैराग्राफ'** माथि क्लिक गर्नुहोस्। 'पैराग्राफ स्पेसिफिकेशन' डायलॉग बाक्स देखिनेछ।

4. **'बिफोर'** र **'आफ्टर'** टेक्स्ट फील्डमा क्लिक गर्नुहोस् र त्यसमा आफूले चाहको वैल्यू एंटर गर्नुहोस्।
5. **'ओके'** माथि क्लिक गर्नुहोस्।

डायलॉग बाक्सबाट पैराग्राफमा लेटर (अक्षर) स्पेस वा वर्ड (शब्द) स्पेस जोंड्न

1. **'इंसर्शन प्वाइंट'** लाई पैराग्राफमा राख्नको लागि 'पैराग्राफ' माथि क्लिक गर्नुहोस्।
2. **'टाइप'** माथि क्लिक गर्नुहोस्। टाइप मीनू देखिनेछ।
3. **'पैराग्राफ'** क्लिक गर्नुहोस्। जस्तो माथि देखाईएको थियो त्यस्तै **'पैराग्राफ स्पेसिफिकेशन'** डायलॉग बाक्स देखिनेछ।
4. **'स्पेसिंग बटन'** माथि क्लिक गर्नुहोस्। स्पेस एट्रीब्यूट्स डायलॉग बाक्स देखिन्छ।

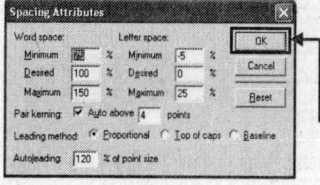

5. यस डायलॉग बाक्सको स्पेसमा गएर त्यो वैल्यू एंटर गर्नुहोस् जसलाई तपाई अप्लाई गर्न चाहनुहुन्छ।
6. **'स्पेस एट्रीब्यूट्स'** डायलॉग बाक्समा गएर **'ओके'** माथि क्लिक गर्नुहोस्।
7. **'पैराग्राफ स्पेसिफिकेशन'** डायलॉग बाक्समा गएर **'ओके'** मा क्लिक गर्नुहोस्।

पैराग्राफको रूल क्रिएट गर्न

तपाई प्रत्येक पैराग्राफको माथि (एबोव) र तल (बिलो) मा रूल्स (लाइनहरु) लाई शामिल गर्न सक्नुहुन्छ। टेबलको हेंडिंगलाई अंडरलाइन गर्न वा सेतो र हल्का टेक्स्टको पछाडि रंगीन बाक्समा इन रूल्स (लाइनहरु) को प्रयोग हुन्छ।

पैराग्राफ रूललाई क्रिएट (तैयार) गर्न

1. जुन पैराग्राफमा तपाई **'रूल'** लाई शामिल गर्न चाहनुहुन्छ; **'इंसर्शन प्वाइंट'** लाई त्यसमा लैजानको लागि पैराग्राफ माथि क्लिक गर्नुहोस्।
2. **'टाइप'** माथि क्लिक गर्नुहोस्। टाइप मीनू देखिनेछ।
3. **'पैराग्राफ'** वा **'कंट्रोल+एम'** माथि क्लिक गर्नुहोस्। **'पैराग्राफ स्पेसिफिकेशन'** डायलॉग बाक्स देखिन्छ।

4. पैराग्राफ स्पेसिफिकेशन डायलॉग बाक्समा **'रूल्स बटन'** माथि क्लिक गर्नुहोस्।
'पैराग्राफ रूल्स' डायलॉग बाक्स देखिन्छ।

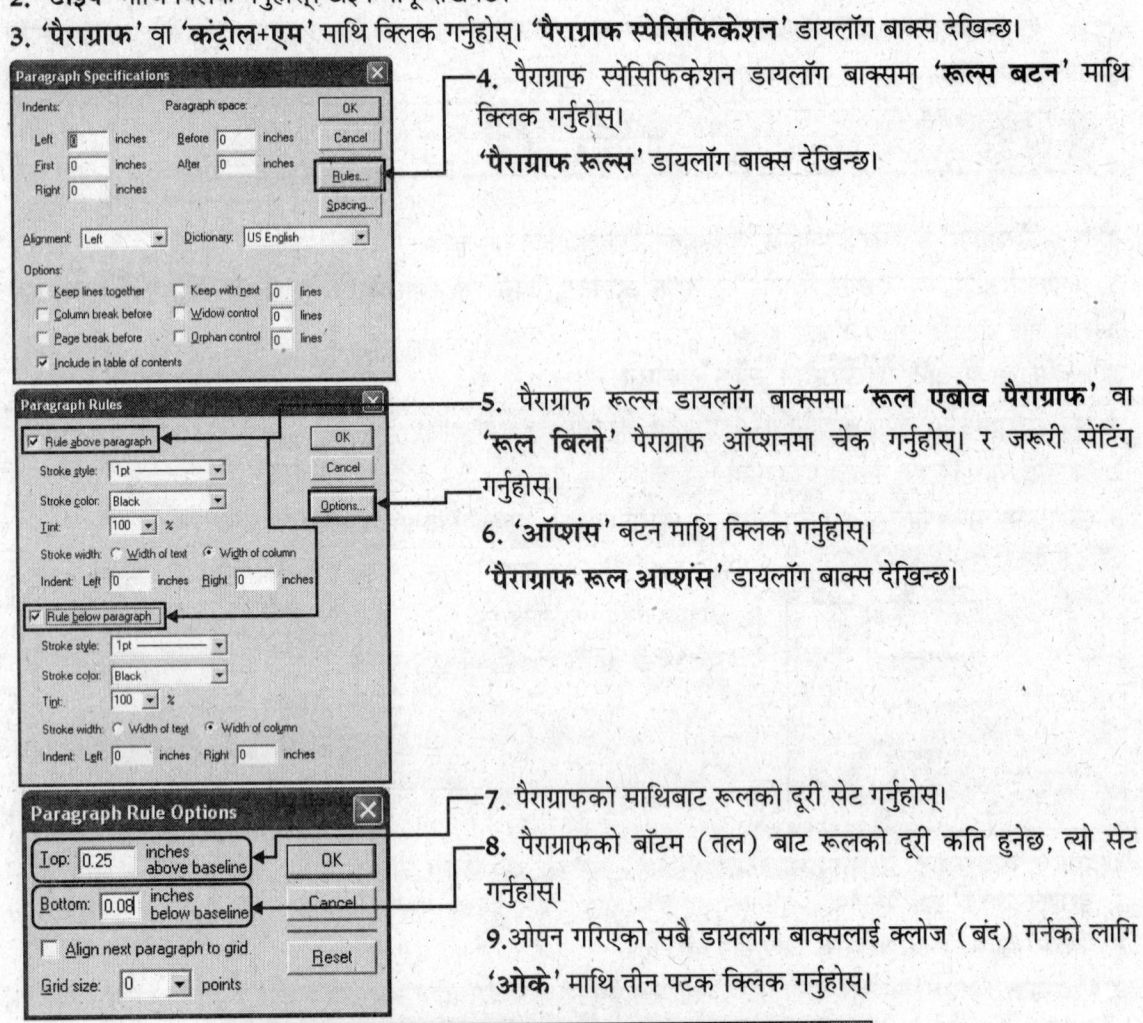

5. पैराग्राफ रूल्स डायलॉग बाक्समा **'रूल एबोव पैराग्राफ'** वा **'रूल बिलो'** पैराग्राफ ऑप्शनमा चेक गर्नुहोस्। र जरूरी सेंटिंग गर्नुहोस्।
6. **'ऑप्शंस'** बटन माथि क्लिक गर्नुहोस्।
'पैराग्राफ रूल आप्शंस' डायलॉग बाक्स देखिन्छ।

7. पैराग्राफको माथिबाट रूलको दूरी सेट गर्नुहोस्।
8. पैराग्राफको बॉटम (तल) बाट रूलको दूरी कति हुनेछ, त्यो सेट गर्नुहोस्।
9. ओपन गरिएको सबै डायलॉग बाक्सलाई क्लोज (बंद) गर्नको लागि **'ओके'** माथि तीन पटक क्लिक गर्नुहोस्।

Rules on Top or Bottom of Text.

टैबसलाई अप्लाई गर्न

धेरै लाइनहरु एउटै होरीजोंटल (क्षैतिज) प्वाइंटमा टाइपिंगलाई अलाइन् गर्नको लागि तपाईले टैब स्टॉपको प्रयोग गर्न सक्नुहुन्छ। जसबाट तपाई धेरै कॉलम भएको लिस्ट पनि तैयार गर्न सक्नुहुन्छ। पेजमेकरमा डिफाल्ट टैब स्टॉप बायाबाट आधा इंचको मार्जिन हुन्छ। जहिले तपाई **'टैब'** बटनलाई थिच्नुहोस् तब इंसर्शन प्वाइंट हरेक पटक आधा इंच अगाडि सर्नेछ। लेफ्ट टैब स्टॉप बढि प्रयोग हुने टैब स्टॉप हो। जब तपाई टैब बटन थिच्नुहुन्छ तब इंसर्शन प्वाइंट दायातिर खस्किन्छ। राइट टैबले अलाइन टैबलाई दायातिर सार्छ। सेंटर टैब स्टॉपबाट टाइप गरिएको टेक्स्ट स्यंम सेंटरमा आउन जान्छ। टैबले टेक्स्टलाई कुनै पनि दिशा (बाया अथवा दाया) मा गर्न सकिन्छ। डेसीमल (दशमलव) टैब स्टॉप बिल्कुलै राइट टैब स्टॉपको सरह काम गर्दछ जब सम्म कि तपाई समय (दशमलव प्वाइंट) आदि टाइप गर्नु हुन्न। यस्तोमा यसले ती सबै चीजलाई बायातिर गरिदिन्छ जुन दशमलव पछि आउछ। यो सेटिंग धेरै उपयोगी हुन्छ। उदाहरणको लागिः यस्तो नंबर जस्तै रुपैया, जसलाई तपाई कॉलममा राख्न चाहनुहुन्छ।

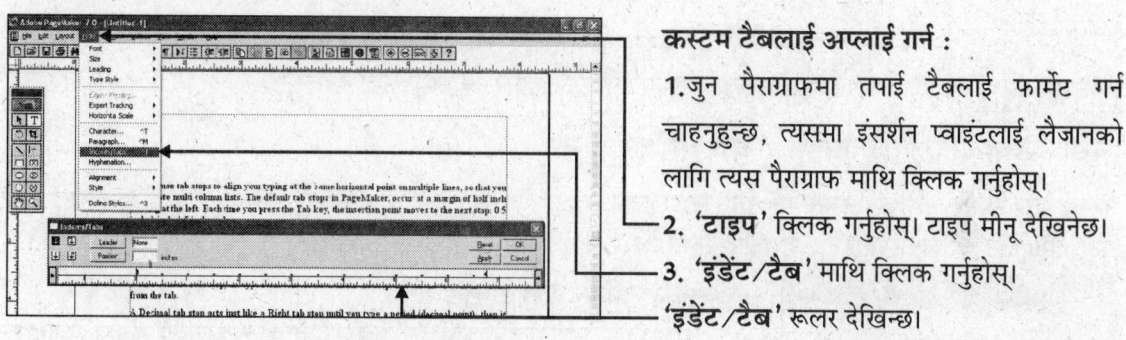

कस्टम टैबलाई अप्लाई गर्न :

1.जुन पैराग्राफमा तपाई टैबलाई फार्मेट गर्न चाहनुहुन्छ, त्यसमा इंसर्शन प्वाइंटलाई लैजानको लागि त्यस पैराग्राफ माथि क्लिक गर्नुहोस्।

2. **'टाइप'** क्लिक गर्नुहोस्। टाइप मीनू देखिनेछ।

3. **'इंडेंट/टैब'** माथि क्लिक गर्नुहोस्।

'इंडेंट/टैब' रूलर देखिन्छ।

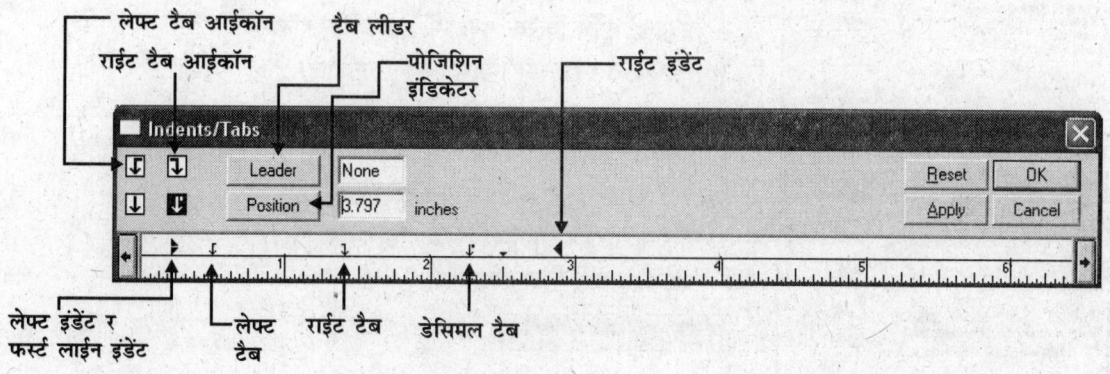

4. आफ्नो टेक्स्टको कॉलममा उचित ठाँउमा टैब सेट गर्नुहोस्।

5. यदि तपाई सुनिश्चित हुनुहुन्न कि तपाईको टैब सही ठाँउमा छ भने टेक्स्टको पहिलो लाइनमा **'अप्लाई'** माथि क्लिक गर्नुहोस्। टेक्स्ट बैकग्राउंडमा फार्मेट हुन जान्छ तर रूलर आफ्नो ठाँउ नै रहन्छ जसलाई तपाई चाहेको अनुसार बदलाव गर्न सक्नुहुन्छ।

6. टेक्स्ट सही रूपमा सेट भएपछि **'ओके'** माथि क्लिक गर्नुहोस्।

स्टाइललाई अप्लाई गर्न

तपाई पैराग्राफको टेक्स्टमा स्टाइललाई पनि अप्लाई गर्न सक्नुहुन्छ।

स्टाइल पैलेटलाई हेर्नको लागि :

1. 'विंडो' माथि क्लिक गर्नुहोस्। विंडो मीनू देखिन्छ।
2. 'शो स्टाइल' माथि क्लिक गर्नुहोस्।

'स्टाइल पैलेट' देखिन्छ।

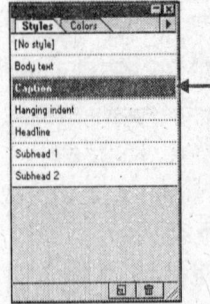

स्टाइललाई अप्लाई गर्नको लागि

1. जुन पैराग्राफमा तपाई स्टाइल अप्लाई गर्न चाहनुहुन्छ, त्यस पैराग्राफमा आफ्नो कर्सर राख्नुहोस्।

रहेक पैराग्राफमा टेक्स्टलाई सलेक्ट गर्ने ठाँउमा सबै पैराग्राफलाई एक पटकमा सलेक्ट गर्न सक्नुहुन्छ।

2. स्टाइल पैलेटमा 'स्टाइल' को नाम माथि क्लिक गर्नुहोस्।

तपाई द्वारा सलेक्ट गरिएको पैराग्राफ त्यस नयाँ स्टाइलमा बदलिन्छ।

नयाँ स्टाइललाई डिफाइन (परिभाषित) गर्न

तपाई द्वारा फार्मेट गरिएको टेक्स्टको नयाँ स्टाइललाई तपाईले जे पनि नाम दिन सक्नुहुन्छ। यी फार्मेट सेटिंगलाई तपाई स्टाइलमा पनि बदलिन सक्नुहुन्छ, जसलाई अर्को टेक्स्टमा तेजिबाट अप्लाई गर्न सकिन्छ।

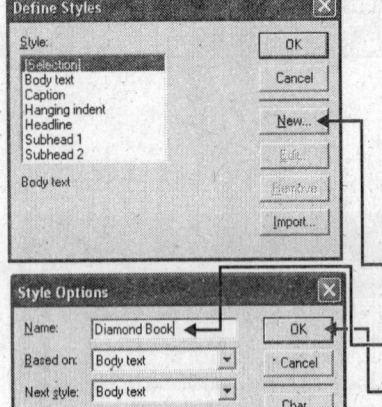

टेक्स्टमा नयाँ स्टाइल अप्लाई गर्न :

1. त्यस टेक्स्टलाई सलेक्ट गर्नुहोस् जसलाई तपाई स्टाइलको रूपमा प्रयोग गर्न चाहनुहुन्छ।
2. 'टाइप' माथि क्लिक गर्नुहोस्। टाइप मीनू देखिन्छ।
3. 'डिफाइन स्टाइल्स' माथि क्लिक गर्नुहोस्।

'डिफाइन स्टाइल्स' डायलॉग बाक्स देखिन्छ।

4. डिफाइल स्टाइल डायलॉग बाक्समा 'न्यू बटन' माथि क्लिक गर्नुहोस्।

'स्टाइल आप्शंस' डायलॉग बाक्स देखिन्छ।

5. नयाँ स्टाइलको लागि कुनै नाम (डायमंड बुक) टाइप गर्नुहोस्।
6. 'ओके' माथि क्लिक गर्नुहोस्।

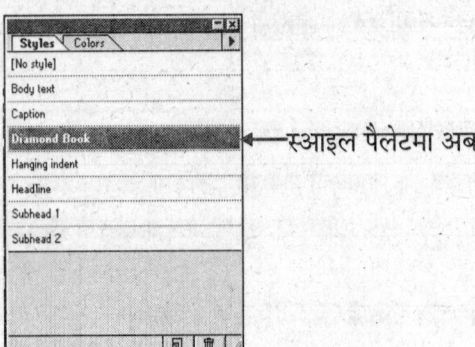

स्आइल पैलेटमा अब नयाँ स्टाइल देखिन थाल्छ।

स्टाइललाई मॉडीफाई गर्न

तपाई कुनै पनि स्टाइलको डेफीनेशन (परिभाषा अथवा लुक) पनि बदलिन सक्नुहुन्छ। यो तपाईको डाक्यूमेंटको प्रत्येक पैराग्राफलाई फेरीबाट फार्मेट गरिदिन्छ, जसलाई स्टाइलमा फार्मेट गरिएको छ।

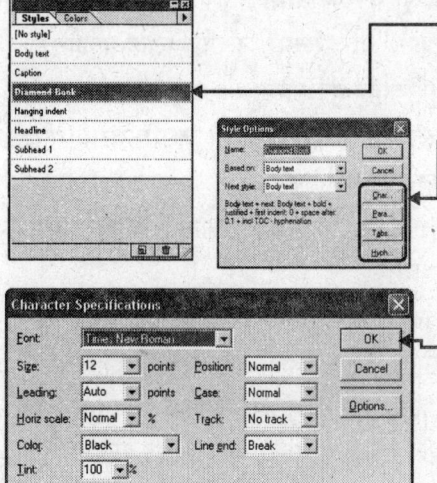

1. स्टाइल पैलेटमा ती स्टाइलको नाममा डबल क्लिक गर्नुहोस् जसलाई तपाई मॉडीफाई गर्न चाहनुहुन्छ।
   स्टाइल ऑप्शंस डायलॉग बाक्स देखिनेछ।
2. स्टाइल ऑप्शंस डायलॉग बाक्सको दायातिर स्थित एउटा बटन माथि क्लिक गर्नुहोस्। करेसपोंडिंग (जसमा काम भई रहेको छ) डायलॉग बाक्स देखिन थाल्छ।
   उदाहरण: कैरेक्टर स्पेसिफिकेशन डायलॉग बाक्समा खुलेको **'चार'** बटन माथि क्लिक गर्नुहोस्, जसलाई त्यस स्टाइलमा सेट गरिएको छ।
3. आफ्नो आवश्यक्ता अनुसार बदलाव गर्नुहोस् र **'ओके'** माथि क्लिक गर्नुहोस्। यस्तो गर्नाले तपाई 'स्टाइल ऑप्शंस' डायलॉग बाक्समा वापस आउनुहुन्छ।
4. **'स्टाइल ऑप्शंस'** डायलॉग बाक्समा **'ओके'** माथि क्लिक गर्नुहोस्। तपाई द्वारा हालैमा एडिट गरिएको स्टाइल पूरा डाक्यूमेंटको सबै पैराग्राफमा फार्मेट हुनेछ।

ड्रॉइंग

पेजमेकरमा तपाईले ड्राइंग टूल्सको प्रयोग गर्नुहुन्छ। लाइन टूल, रेक्टेंगल टूल, इलिप्स टूल र पॉलीगोन टूल चार मुख्य ड्राइंग टूल्सहरु हुन्।

ड्रॉइंग लाइन्स

पेजमेकरमा दुईवटा लाइन टूल्स हुन्छ। पहिलोबाट तपाई कुनै पनि दिशामा सीधा लाइन तान्न सक्नुहुन्छ। जबकि दोस्रो टूलले तपाई केवल 45 डिग्रीको कोणमा लाइन तान्न सक्नुहुन्छ। टूल्समा डबल क्लिक गरेर तपाई त्यसको प्रापर्टी (विशेषता) पनि बदलिन सक्नुहुन्छ।

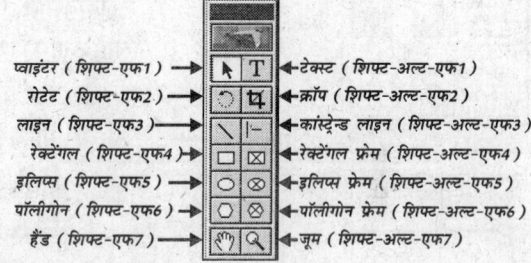

लाइन ड्रा गर्नको लागि

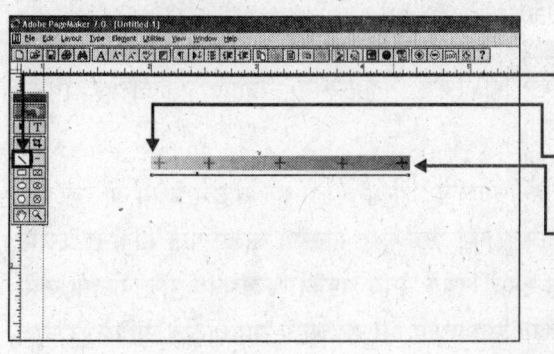

1. टूलबाक्सबाट 'लाइन' टूललाई सलेक्ट गर्नुहोस्। कर्सर क्रॉसहेयरमा बदलिन्छ।
2. लाइनलाई ड्रा (तानन) गर्नको लागि डाक्यूमेंटमा क्लिक गरेर ड्रैग गर्नुहोस्। जब-जब ड्रैग गर्नुहुन्छ, लाइन देखिनेछ।
3. माउसको बटन रिलीज (छोड्न) हुने बितिकै एउटा लाइन तानिन्छ जसको दुबै किनारामा हैंडल हुन्छ।
   आवश्यक हुदा यी हैंडल माथि क्लिक गरेर त्यसलाई ड्रैग गरेर लाइनलाई मूव (यता-उता) गराउन सक्नुहुन्छ अथवा त्यसको साइज (आकार) बदलिन सक्नुहुन्छ।

रेक्टेंगल (आयत) अथवा इलिप्स (अंडाकार) आकृति तैयार गर्न

लाइन तान्नमा अपनाई गरिएको तकनीकले नै तपाई आयत र अंडाकृति पनि तैयार गर्न सक्नुहुन्छ।

आयत अथवा अंडाकृति ड्रा गर्नको लागि :

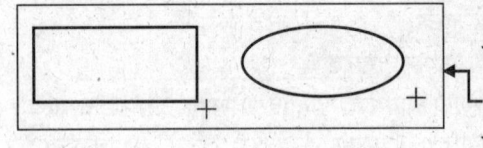

1.टूलबाक्समा गएर **'रेक्टेंगल'** वा **'इलिप्स'** टूलमा क्लिक गर्नुहोस्। कर्सर एउटा क्रॉसहेयरमा परिवर्तित हुन जान्छ।

2. स्क्रीनमा कतै पनि क्लिक गरेर ड्रैग गर्नुहोस्। जसरी-जसरी तपाई ड्रैग गर्नुहुन्छ, इलिप्स वा रेक्टेंगल बन्दै जान्छ।

3. आफूलाई मनपर्ने इलिप्स वा रेक्टेंगलको आकार बनेपछि तपाई माउसको बटनलाई छोड्नुहोस्।

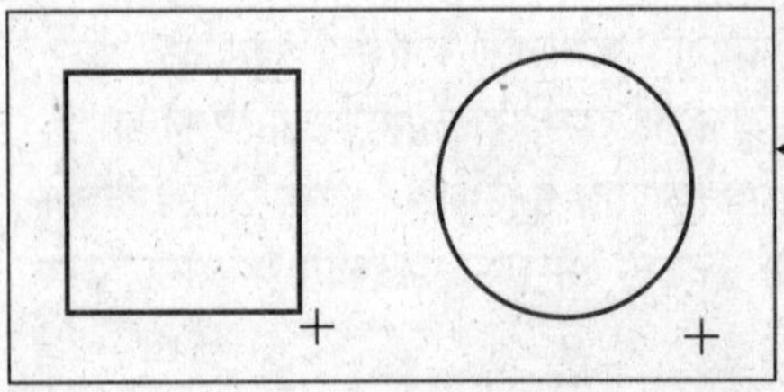

यदि तपाई **स्कवायर** (वृत्त) वा **सर्किल** (गोलाकृति) बनाई रहनु भएको छ भने ड्रैग गर्ने समय 'शिफ्ट' बटनलाई थिचेर राख्नुहोस्। यो पनि ध्यान राख्नुहोस् कि जब तपाई माउसको बटनलाई छोड्नुहुन्छ तब शिफ्ट बटन थिच्चिुपर्छ। यदि तपाई माउसको बटन छोड्नु भन्दा पहिला शिफ्ट बटनलाई छोड्नुहुन्छ तब स्कवायर एउटा रेक्टेंगल वा इलिप्समा परिवर्तित हुनेछ।

गोलाकार किनारा भएको आयत बनाउन

तपाई आफ्नो डाक्यूमेंटमा रेक्टेंगलको किनारालाई गोलाकार गरेर त्यसलाई राम्रो लुक दिन सक्नुहुन्छ।

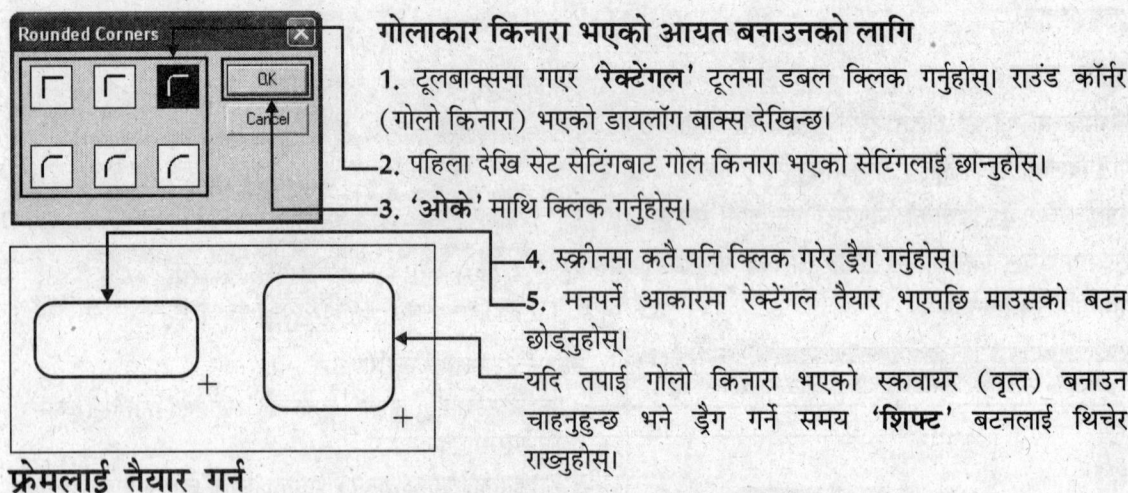

गोलाकार किनारा भएको आयत बनाउनको लागि

1. टूलबाक्समा गएर **'रेक्टेंगल'** टूलमा डबल क्लिक गर्नुहोस्। राउंड कॉर्नर (गोलो किनारा) भएको डायलॉग बाक्स देखिन्छ।

2. पहिला देखि सेट सेटिंगबाट गोल किनारा भएको सेटिंगलाई छान्नुहोस्।

3. **'ओके'** माथि क्लिक गर्नुहोस्।

4. स्क्रीनमा कतै पनि क्लिक गरेर ड्रैग गर्नुहोस्।

5. मनपर्ने आकारमा रेक्टेंगल तैयार भएपछि माउसको बटन छोड्नुहोस्।

यदि तपाई गोलो किनारा भएको स्कवायर (वृत्त) बनाउन चाहनुहुन्छ भने ड्रैग गर्ने समय **'शिफ्ट'** बटनलाई थिचेर राख्नुहोस्।

फ्रेमलाई तैयार गर्न

हालांकि फ्रेम ड्राइंग टूलबाट तैयार गरिन्छ तर यो दुई तरीकाले अरु आब्जेक्ट भन्दा अलग हुन सक्छ। प्रथम यो कि एक फ्रेममा तपाई टेक्स्ट वा ग्राफिक पनि राख्न सक्नुहुन्छ। दोस्रो यो कि टेक्स्ट फ्रेमलाई आपसमा जोड्न पनि सकिन्छ जसमा स्टोरीको पूरा टेक्स्ट डिस्प्ले हुन जाओस् र त्यसमा आओस्। जब तपाई नियत समय भएको डिजाइनिंग पब्लिकेशमा काम गर्नु हुन्छ तब फ्रेमलाई टेक्स्ट होल्डर (टेक्स्ट राख्ने ठाँउ) को रूपमा पनि प्रयोग गरिन्छ। जस्तै-समाचारपत्र, पत्रिका र न्यूज लेटर्स आदि।

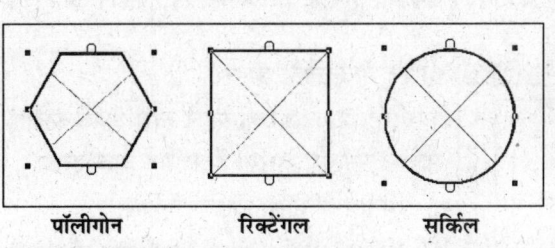

पॉलीगोन   रिक्टेंगल   सर्किल

फ्रेम ड्रा (बनाउन) को लागि :

1. टूलबाक्समा गएर मनपर्ने 'फ्रेम' टूल छान्नुहोस्। तपाईको कर्सर एउटा क्रॉसहेयरमा बदलिन्छ।
2. स्क्रीनमा कतै पनि क्लिक गरेर ड्रैग गर्नुहोस्। जसरी-जसरी तपाई ड्रैग गर्नुहुन्छ, फ्रेम बन्दछ।
3. मनपर्ने फ्रेम तैयार भएपछि माउसको बटन छोड्नुहोस्।

आब्जेक्टको साइज (आकार) परिवर्तित गर्न

आब्जेक्टको चारैतिर बनेको हैंडलको सहायताले पेजमेकरमा तपाई आब्जेक्टको साइज पनि बदलिन सक्नुहुन्छ।

आब्जेक्टको साइज बदलिनको लागि :

1. टूलबाक्सबाट 'प्वाइंटर' टूल छान्नुहोस्।
2. त्यस आब्जेक्टमा क्लिक गर्नुहोस् जसलाई तपाई 'रीसाइज' गर्न चाहनुहुन्छ। आब्जेक्टको चारैतिर 'साइज हैंडल्स' देखिन्छ।
3. जस मध्ये कुनै पनि हैंडल माथि क्लिक गरेर त्यसलाई ड्रैग गर्नुहोस्।

आब्जेक्टलाई फ्रेममा बदलिन

आब्जेक्टलाई तैयार गरेपिछ यदि तपाई त्यसमा टेक्स्ट वा ग्राफिक शामिल गर्न चाहनुहुन्छ भने तपाई आब्जेक्टलाई फ्रेममा बदलेर यस्तो गर्न सक्नुहुन्छ।

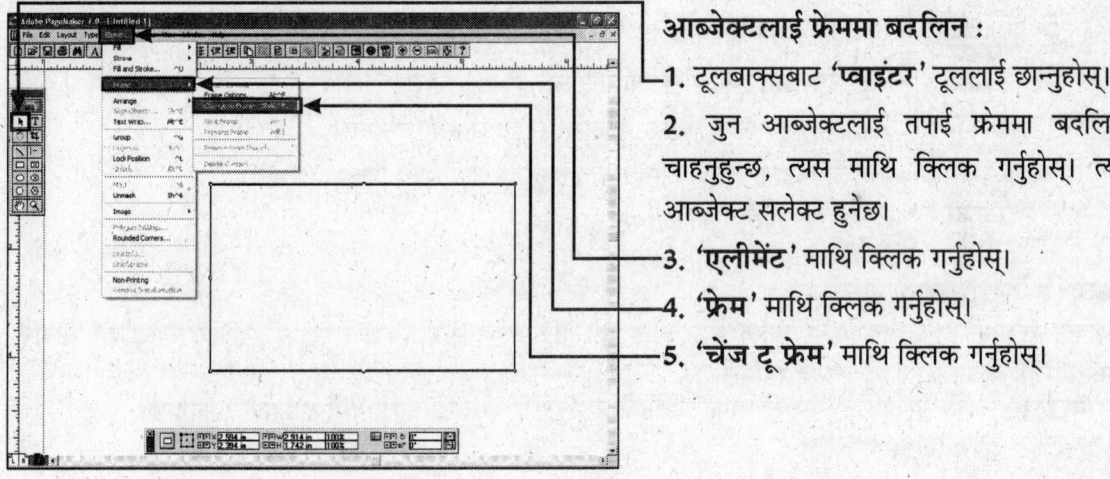

आब्जेक्टलाई फ्रेममा बदलिन :

1. टूलबाक्सबाट 'प्वाइंटर' टूललाई छान्नुहोस्।
2. जुन आब्जेक्टलाई तपाई फ्रेममा बदलिन चाहनुहुन्छ, त्यस माथि क्लिक गर्नुहोस्। त्यो आब्जेक्ट सलेक्ट हुनेछ।
3. 'एलीमेंट' माथि क्लिक गर्नुहोस्।
4. 'फ्रेम' माथि क्लिक गर्नुहोस्।
5. 'चेंज टू फ्रेम' माथि क्लिक गर्नुहोस्।

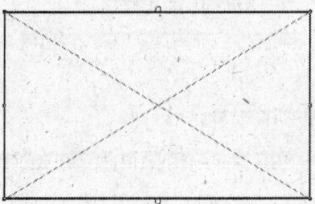

तपाईको आब्जेक्ट फ्रेमको रूपमा परिवर्तित हुन जान्छ।

फिल्सलाई बदलिन

फिल पैटर्नबाट तपाई कुनै आब्जेक्टलाई कवर गर्न सक्नुहुन्छ अर्थात फिल गर्न सक्नुहुन्छ। यी फिल्सलाई तपाईले आफूलाई मनपर्ने रंगको अनुसार रंगीन पनि गर्न सक्नुहुन्छ।

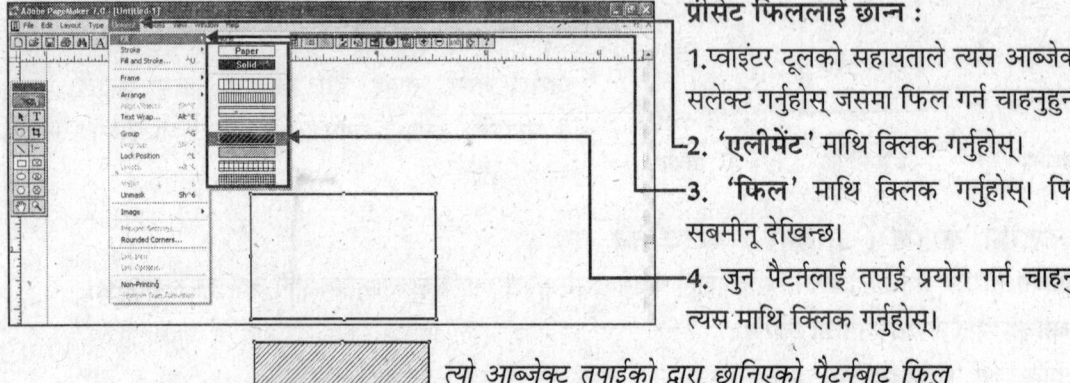

प्रीसेट फिललाई छान्न :

1. प्वाइंटर टूलको सहायताले त्यस आब्जेक्टलाई सलेक्ट गर्नुहोस् जसमा फिल गर्न चाहनुहुन्छ।
2. **'एलीमेंट'** माथि क्लिक गर्नुहोस्।
3. **'फिल'** माथि क्लिक गर्नुहोस्। फिलको सबमीनू देखिन्छ।
4. जुन पैटर्नलाई तपाई प्रयोग गर्न चाहनुहुन्छ, त्यस माथि क्लिक गर्नुहोस्।

त्यो आब्जेक्ट तपाईको द्वारा छानिएको पैटर्नबाट फिल हुनेछ अर्थात त्यसमा त्यो पैटर्न देखिनेछ।

स्ट्रोकलाई बदलिन

स्ओक कुनै पनि आब्जेक्टको आउटलाइन (बाहिरी लाइन) हो। स्ट्रोक कमांडको प्रयोग गरेर तपाई कुनै पनि आब्जेक्टको स्ट्रोक बदलिन सक्नुहुन्छ।

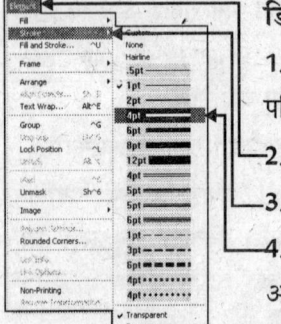

डिफॉल्ट स्ट्रोकको लागि

1. **'प्वाइंटर'** टटूलको सहायताले त्यो आब्जेक्टलाई सलेक्ट गर्नुहोस् जसको आब्जेक्ट तपाई परिवर्तित गर्न चाहनुहुन्छ।
2. **'एलीमेंट'** माथि क्लिक गर्नुहोस्।
3. **'स्ट्रोक'** माथि क्लिक गर्नुहोस्। स्ट्रोक सबमीनू देखिन्छ।
4. जुन स्ट्रोक तपाई प्रयोग गर्न चाहनुहुन्छ त्यस माथि क्लिक गर्नुहोस्।

आब्जेक्ट नयाँ स्टाइलको स्ट्रोक हुनेछ।

फिल र स्ट्रोकलाई बदलिन

डायलॉग बाक्समा गएर र त्यसपछि मीनूमा गएर तपाई कुनै पनि आब्जेक्टको फिल र स्ट्रोक बदलिन सक्नुहुन्छ। किनकि यस डायलॉग बाक्समा यी दुबै कमांड शामिल छ।

1. **'प्वाइंटर'** टूलको सहायताले त्यस आब्जेक्टलाई सलेक्ट गर्नुहोस् जसलाई तपाई मॉडीफाई गर्न चाहनुहुन्छ।
2. **'एलीमेंट'** माथि क्लिक गर्नुहोस्।
3. **'फिल एंड स्ट्रोक'** माथि क्लिक गर्नुहोस्। फिल र स्ट्रोकको डायलॉग बाक्स देखिन्छ।

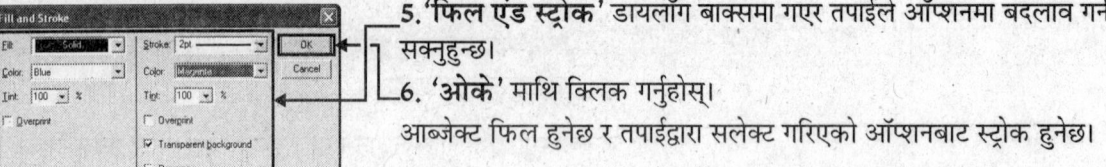

5. **'फिल एंड स्ट्रोक'** डायलॉग बाक्समा गएर तपाईले ऑप्शनमा बदलाव गर्न सक्नुहुन्छ।
6. **'ओके'** माथि क्लिक गर्नुहोस्।

आब्जेक्ट फिल हुनेछ र तपाईद्वारा सलेक्ट गरिएको ऑप्शनबाट स्ट्रोक हुनेछ।

कस्टम स्ट्रोक क्रिएट गर्न

डिफाल्ट स्ट्रोक सेटिंगको साथै तपाई आफ्नो सेटिंग पनि बनाउन सक्नुहुन्छ।

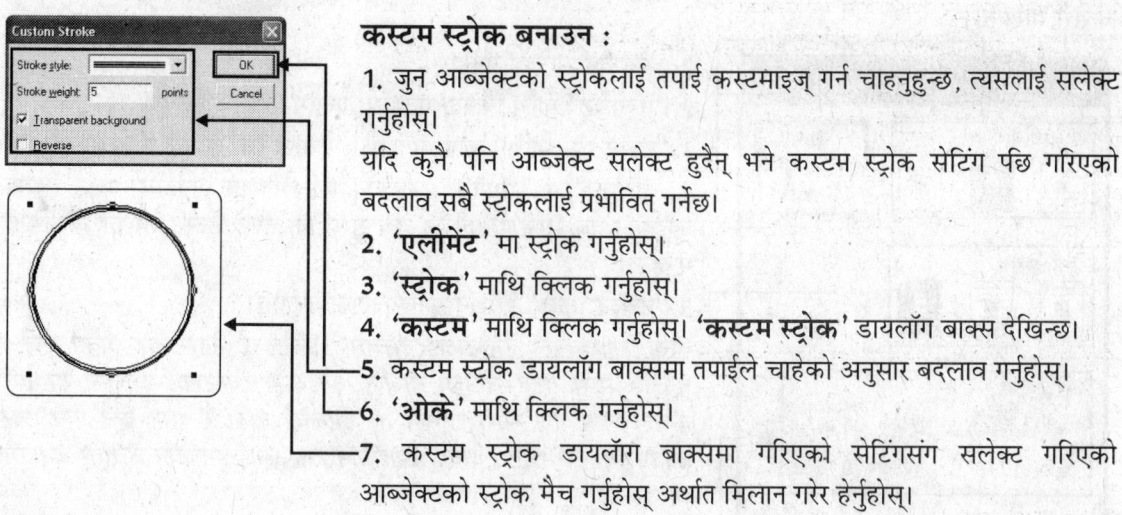

कस्टम स्ट्रोक बनाउन :

1. जुन आब्जेक्टको स्ट्रोकलाई तपाई कस्टमाइज् गर्न चाहनुहुन्छ, त्यसलाई सलेक्ट गर्नुहोस्।

यदि कुनै पनि आब्जेक्ट सलेक्ट हुदैन् भने कस्टम स्ट्रोक सेटिंग पछि गरिएको बदलाव सबै स्ट्रोकलाई प्रभावित गर्नेछ।

2. **'एलीमेंट'** मा स्ट्रोक गर्नुहोस्।
3. **'स्ट्रोक'** माथि क्लिक गर्नुहोस्।
4. **'कस्टम'** माथि क्लिक गर्नुहोस्। **'कस्टम स्ट्रोक'** डायलॉग बाक्स देखिन्छ।
5. कस्टम स्ट्रोक डायलॉग बाक्समा तपाईले चाहेको अनुसार बदलाव गर्नुहोस्।
6. **'ओके'** माथि क्लिक गर्नुहोस्।
7. कस्टम स्ट्रोक डायलॉग बाक्समा गरिएको सेटिंगसंग सलेक्ट गरिएको आब्जेक्टको स्ट्रोक मैच गर्नुहोस् अर्थात मिलान गरेर हेर्नुहोस्।

इमेजलाई प्लेस (राख्न) गर्न

पेजमेकरमा तपाई पिक्चर्स र ग्राफिक्सलाई इंसर्ट (शामिल) गर्न सक्नुहुन्छ। पिक्चर्स वा ग्राफिक्सलाई इंसर्ट गरेपिछ फोटोशॉपको पावरफुल (शक्तिशाली) फिल्टरद्वारा तपाई त्यसलाई क्रॉप गर्न सक्नुहुन्छ, कलर अथवा साइज बदलिन सक्नुहुन्छ।

यदि तपाई कुनै ग्राफिक राख्नुहुन्छ भने प्वाइंटरको शेपले बताउछ कि कुन टाइपको ग्राफिक फार्मेट प्लेस गरिएको छ।

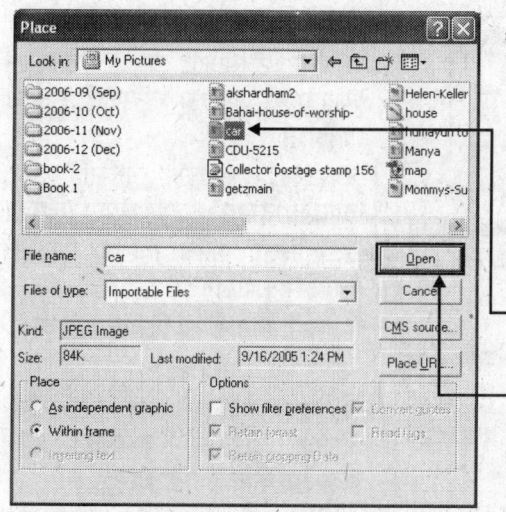

इमेजलाई प्लेस (राख्न) गर्न :

1. त्यस पेजलाई ओपन गर्नुहोस् जसमा तपाई पिक्चरलाई इंसर्ट गर्न चाहनुहुन्छ।
2. टूलबाक्सबाट **'प्वाइंटर'** टूललाई छान्नुहोस्।
3. **'फाइल'** माथि क्लिक गर्नुहोस्।
4. **'प्लेस'** माथि क्लिक गर्नुहोस्। **'प्लेस'** डायलॉग बाक्स देखिन थाल्नेछ।
5. जुन इमेज जहा प्लेस गर्न चाहनुहुन्छ अर्थात राख्न चाहनुहुन्छ त्यसलाई लोकेट गर्नुहोस् अर्थात खोज्नुहोस् कि त्यो कहा छ।
6. **'ओपन'** माथि क्लिक गर्नुहोस्।

कर्सर अब 'प्लेस' कर्सरमा परिवर्तित हुनेछ।

7. डाक्यूमेंटमा कतै क्लिक गर्नुहोस्।

जुन ठाँउमा तपाई क्लिक गर्नु हुनेछ, इमेज त्यहा प्लेस हुनेछ अर्थात राखिनेछ।

ग्राफिकको चारैतिर टेक्स्ट राख्न अथवा रैप गर्न अथवा बेर्न

जब तपाई आफ्नो डाक्यूमेंटमा कुनै ग्राफिक शामिल गर्नुहुन्छ तब तपाई यो तय गर्न सक्नुहुन्छ कि ग्राफिकको चारैतिर टेक्स्ट कसरी राखिनेछ।

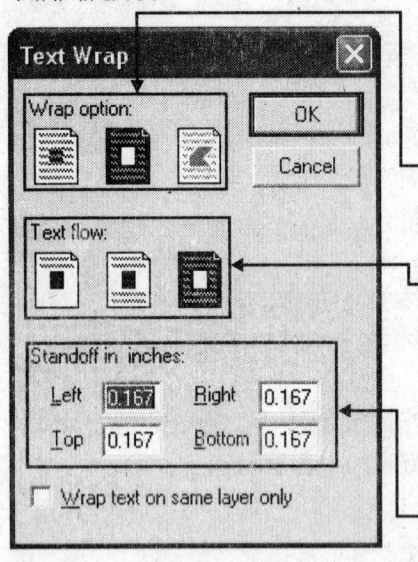

1. इमेजलाई सलेक्ट गर्नुहोस्।

2. 'एलीमेंट' माथि क्लिक गर्नुहोस्। एलीमेंट मीनू देखिनेछ।

3. 'टेक्स्ट रैप' माथि क्लिक गर्नुहोस्। **'टेक्स्ट रैप'** डायलॉग बाक्स देखिन्छ।

4. बीचमा **'रैप ऑप्शन'** आइकॉन माथि क्लिक गर्नुहोस्। राइट (दाया) आइकॉन तब सम्म देखिनेछैन् जब सम्म कि तपाई टेक्स्ट रैपलाई कस्टमाइज् गर्नुहुन्न।

5. 'टेक्स्ट फ्लो' ऑप्शन माथि क्लिक गर्नुहोस्।

बाया आइकॉनले टेक्स्टलाई इमेजमा राख्नेछ र टेक्स्टलाई अर्को पेज वा कॉलम सम्म राख्दै जानेछ। बीचको आइकॉन टेक्स्टलाई इमेजमा राख्नेछ र केवल त्यस पेज सम्म रहन्छ। तर इमेजको बाया र दाया कुनै पनि टेक्स्ट आउनेछैन्। तर राइट (दाया) आइकॉन टेक्स्टलाई इमेजको चारैतिर बनाउनेछ वा राख्नेछ।

6. इमेजको किनाराको लागि स्टैंड ऑफ वैल्यू एंटर गर्नुहोस्। स्टैंड ऑफ वैल्यू त्यो हो जसबाट थाहा हुन्छ कि इमेजबाट टेक्स्ट कति दूरीमा रहनेछ।

7. 'ओके' माथि क्लिक गर्नुहोस्।

जति स्टैंड ऑफ दूरीलाई तपाई स्पेसीफाई गर्नुहुन्छ, त्यहा इमेजको चारैतिर एउटा डॉटेड लाइन देखिनेछ।

टेक्स्टमा कलर अप्लाई गर्न अर्थात टेक्स्टलाई रंगीन गर्न

पेजमेकरमा कलर पैलेटको सहायताले तपाई आफ्नो टेक्स्टलाई रंगीन बनाउन सक्नुहुन्छ। कलर पैलेटको प्रयोग गरेर तपाई कलरलाई डिफाइन गर्न सक्नुहुन्छ, अप्लाई गर्न सक्नुहुन्छ र डिलीट पनि गर्न सक्नुहुन्छ। तपाई त्यसको कलरलाई मॉडीफाई पनि गर्न सक्नुहुन्छ। कलर संबंधी कार्य गर्ने यो धेरै तेजिलो तरीका हो।

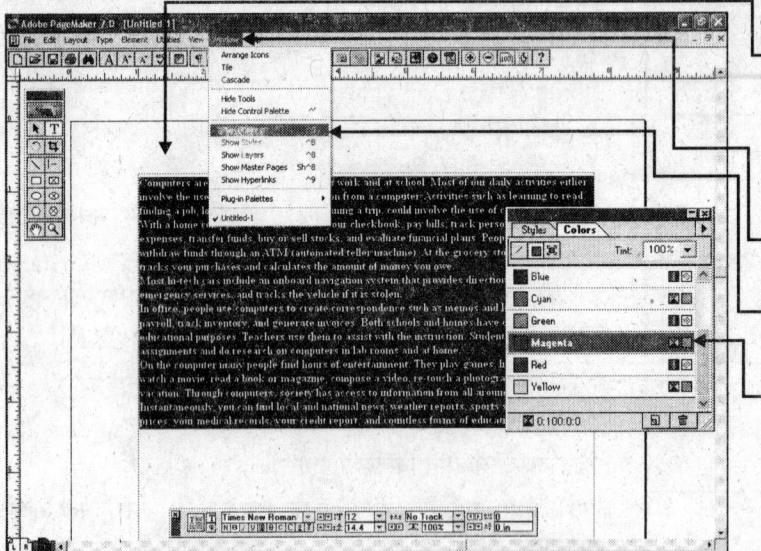

टेक्स्टलाई रंगीन गर्नको लागि :

1. जुन टेक्स्टलाई तपाई रंगीन गर्न चाहनुहुन्छ, पहिला त्यसलाई सलेक्ट गर्नुहोस्।

टेक्स्टलाई सलेक्ट गर्नको लागि तपाईले **'टाइप'** टूलको प्रयोग गर्नुपर्छ।

2. 'विंडो' माथि क्लिक गर्नुहोस्। विंडो मीनू देखिनेछ।

3. 'शो कलर्स' मा क्लिक गर्नुहोस्। कलर पैलेट देखिन्छ।

4. कलर पैलेटबाट त्यो कलर माथि क्लिक गर्नुहोस् जसलाई तपाई टेक्स्टमा अप्लाई गर्न चाहनुहुन्छ।

सलेक्ट गरिएको टेक्स्ट तपाई द्वारा छानिएको रंगको हुनेछ।

आब्जेक्टमा फिल कलरलाई अप्लाई गर्न

पेजमेकरमा ड्राइंग टूलको सहायताले बनाईएको कुनै पनि आब्जेक्टको चारैतिरको खाली स्थानमा पनि तपाई कलर भर्न सक्नुहुन्छ।

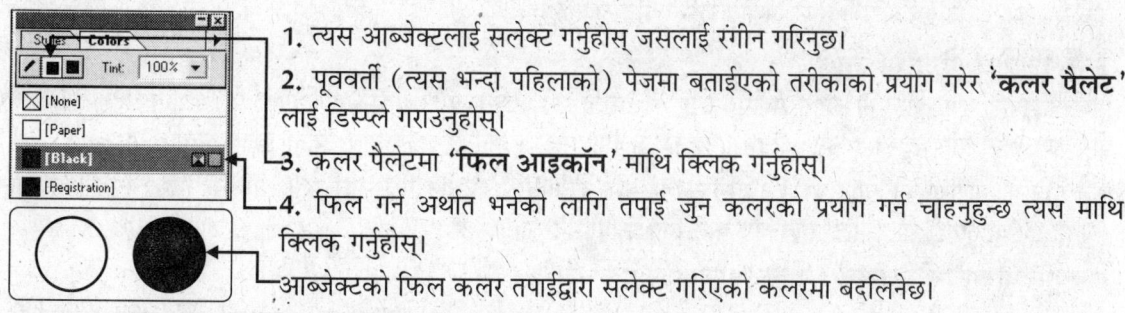

1. त्यस आब्जेक्टलाई सलेक्ट गर्नुहोस् जसलाई रंगीन गरिनुछ।

2. पूववर्ती (त्यस भन्दा पहिलाको) पेजमा बताईएको तरीकाको प्रयोग गरेर **'कलर पैलेट'** लाई डिस्प्ले गराउनुहोस्।

3. कलर पैलेटमा **'फिल आइकॉन'** माथि क्लिक गर्नुहोस्।

4. फिल गर्न अर्थात भर्नको लागि तपाई जुन कलरको प्रयोग गर्न चाहनुहुन्छ त्यस माथि क्लिक गर्नुहोस्।

आब्जेक्टको फिल कलर तपाईद्वारा सलेक्ट गरिएको कलरमा बदलिनेछ।

स्ट्रोक कलरलाई अप्लाई गर्न

पेजमेकरको ड्राइंग टूलको सहायताले आब्जेक्टको चारैतिर तानिएको लाइन (स्ट्रोक) लाई पनि तपाई रंगीन गर्न सक्नुहुन्छ।

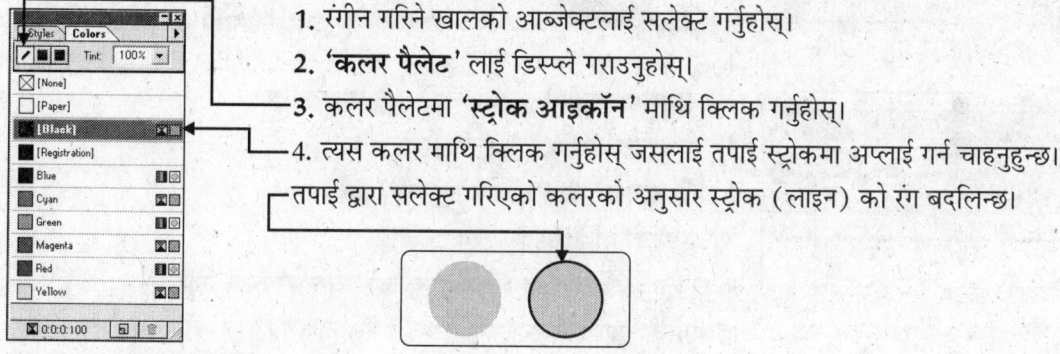

1. रंगीन गरिने खालको आब्जेक्टलाई सलेक्ट गर्नुहोस्।

2. **'कलर पैलेट'** लाई डिस्प्ले गराउनुहोस्।

3. कलर पैलेटमा **'स्ट्रोक आइकॉन'** माथि क्लिक गर्नुहोस्।

4. त्यस कलर माथि क्लिक गर्नुहोस् जसलाई तपाई स्ट्रोकमा अप्लाई गर्न चाहनुहुन्छ।

तपाई द्वारा सलेक्ट गरिएको कलरको अनुसार स्ट्रोक (लाइन) को रंग बदलिन्छ।

कॉलम गाइडलाई सेट गर्न

पेजमेकरमा पेजसाइज र मार्जिनको सेटिंग बिना नै तपाई आफ्नो डाक्यूमेंटमा कॉलमलाई सेट गर्न सक्नुहुन्छ।

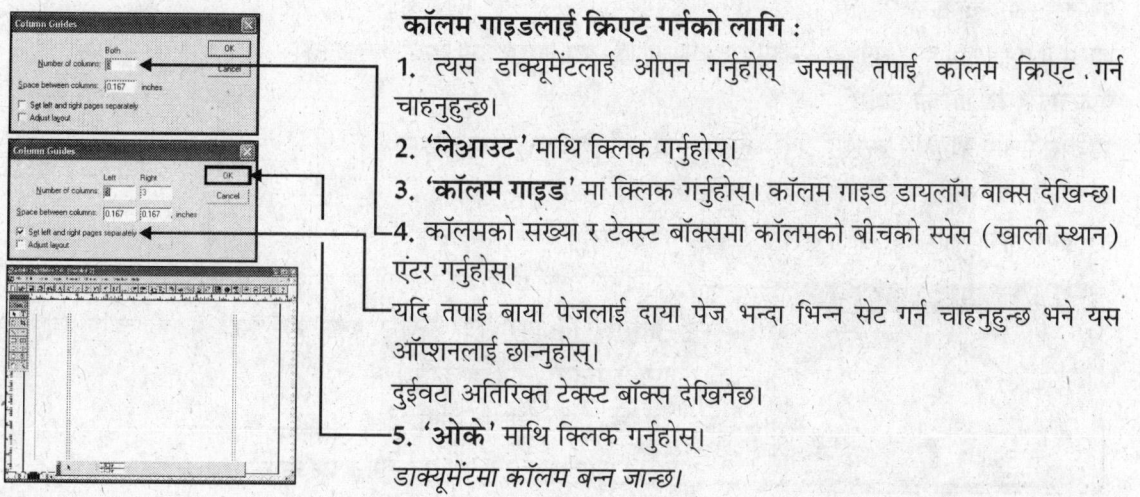

कॉलम गाइडलाई क्रिएट गर्नको लागि :

1. त्यस डाक्यूमेंटलाई ओपन गर्नुहोस् जसमा तपाई कॉलम क्रिएट गर्न चाहनुहुन्छ।

2. **'लेआउट'** माथि क्लिक गर्नुहोस्।

3. **'कॉलम गाइड'** मा क्लिक गर्नुहोस्। कॉलम गाइड डायलॉग बाक्स देखिन्छ।

4. कॉलमको संख्या र टेक्स्ट बॉक्समा कॉलमको बीचको स्पेस (खाली स्थान) एंटर गर्नुहोस्।

यदि तपाई बाया पेजलाई दाया पेज भन्दा भिन्न सेट गर्न चाहनुहुन्छ भने यस ऑप्शनलाई छान्नुहोस्।

दुईवटा अतिरिक्त टेक्स्ट बॉक्स देखिनेछ।

5. **'ओके'** माथि क्लिक गर्नुहोस्।

डाक्यूमेंटमा कॉलम बन्न जान्छ।

पेजको साथमा काम गर्न

पेजमेकरको मुख्य काम पेजलाई तैयार गर्नुहो। तपाईले डाक्यूमेंटमा नयाँ पेजलाई इंसर्ट (शामिल) गर्न सक्नुहुन्छ, पेजलाई डिलीट गर्न सक्नुहुन्छ, पेजको बीचमा आउन-जान सक्नुहुन्छ अर्थात कुनै पनि पेजमा जान सक्नुहुन्छ र ठूलो डाक्यूमेंटमा कुनै पेजलाई हटाउन पनि सक्नुहुन्छ अर्थात खोज्न पनि सक्नुहुन्छ।

कुनै विशेष पेजमा जान:

पब्लिकेशनमा पेज खोज्नको लागि पेजमेकरमा धेरै तरीक छ। आफ्नो की-बोर्डमा पेजअप र पेज डाउन बटनलाई थिचेर पनि तपाई कुनै पनि पेजमा आउन-जान सक्नुहुन्छ। पेजमा आउन-जानको लागि प्राय: यो तरीकाको प्रयोग गरिन्छ।

कुनै पनि पेजमा जानको लागि तपाई स्क्रीनको बॉटममा बायातिर कुनै पनि पेज नंबर माथि क्लिक गरेर त्यस पेजमा जान सक्नुहुन्छ। वा तपाई 'गो टू पेज' डायलॉग बाक्सको प्रयोग गर्न सक्नुहुन्छ।

डाक्यूमेंटमा कुनै स्पेसिफिक (खास) पेजमा जानको लागि :

1. डाक्यूमेंट विंडोमा सबै भन्दा तल बायातिर 'पेज नंबर आइकॉन' माथि क्लिक गरेर तपाई कुनै पनि पेजलाई हेर्न सक्नुहुन्छ। त्यो पेज देखिनेछ।

डायलॉग बाक्सबाट डाक्यूमेंटमा कुनै पेजमा जान :

1. **'लेआउट'** माथि क्लिक गर्नुहोस्।
2. **'गो टू पेज'** माथि क्लिक गर्नुहोस्।
   'गो टू पेज' डायलॉग बाक्स देखिन्छ।
3. जुन पेजलाई तपाई हेर्न चाहनुहुन्छ त्यो पेज नंबर टाइप गर्नुहोस्।
4. **'ओके'** माथि क्लिक गर्नुहोस्। त्यो पेज देखिनेछ।

पेजलाई इंसर्ट (शामिल) गर्न

तपाई आफ्नो डाक्यूमेंटमा धेरै पेज शामिल पनि गर्न सक्नुहुन्छ। तपाई वर्तमान पेज भन्दा पहिला, पछि र बीचमा पनि पेजलाई शामिल गर्न सक्नुहुन्छ।

जसरी नै तपाई पेज इंसर्ट गर्नुहुन्छ, पेजमेकरले त्यसलाई स्यंम नंबरक्रममा व्यवस्थित गर्नेछ।

पेजलाई इंसर्ट गर्नको लागि :

1. त्यस पेजमा जानुहोस् जसको ठीक पहिला तपाई पेज इंसर्ट गर्न चाहनुहुन्छ।
2. **'लेआउट'** माथि क्लिक गर्नुहोस्। लेआउट मीनू देखिन्छ।
3. **'इंसर्ट पेज'** माथि क्लिक गर्नुहोस्। 'इंसर्ट पेज' डायलॉग बाक्स देखिन्छ।

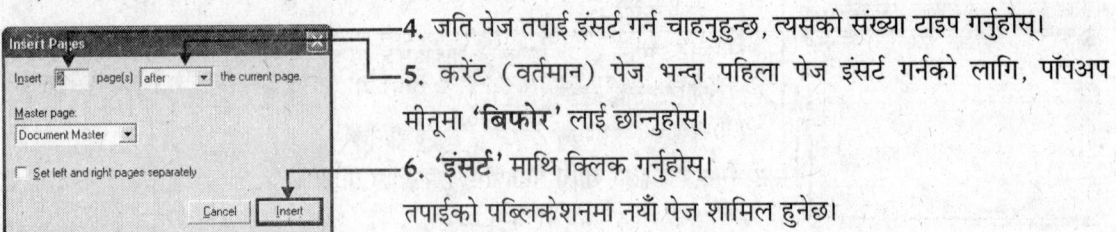

4. जति पेज तपाई इंसर्ट गर्न चाहनुहुन्छ, त्यसको संख्या टाइप गर्नुहोस्।
5. करेंट (वर्तमान) पेज भन्दा पहिला पेज इंसर्ट गर्नको लागि, पॉपअप मीनूमा **'बिफोर'** लाई छान्नुहोस्।
6. **'इंसर्ट'** माथि क्लिक गर्नुहोस्।
   तपाईको पब्लिकेशनमा नयाँ पेज शामिल हुनेछ।

पेजलाई रिमूव गर्न अथवा हटाउन

डाक्यूमेंटमा शामिल अनुपयोगी पेजहरुलाई डायलॉग बाक्सको सहायताबाट रिमूव गर्न सकिन्छ अथ्रत हटाउन सकिन्छ।

1. **'लेआउट'** माथि क्लिक गर्नुहोस्। 'लेआउट' मीनू देखिन्छ।

2. **'रिमूव'** माथि क्लिक गर्नुहोस्। 'रिमूव पेज' डायलॉग बाक्स देखिन्छ।

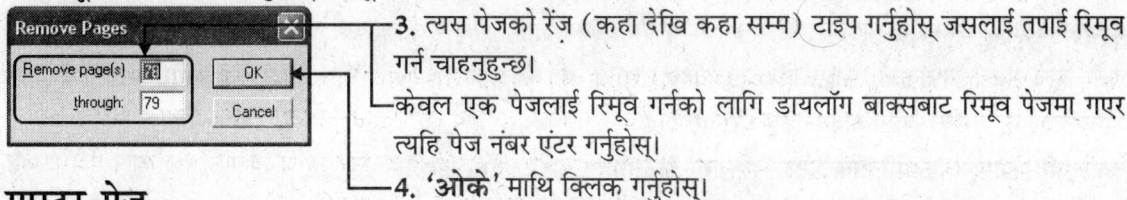

3. त्यस पेजको रेंज़ (कहा देखि कहा सम्म) टाइप गर्नुहोस् जसलाई तपाई रिमूव गर्न चाहनुहुन्छ।

केवल एक पेजलाई रिमूव गर्नको लागि डायलॉग बाक्सबाट रिमूव पेजमा गएर त्यहि पेज नंबर एंटर गर्नुहोस्।

4. **'ओके'** माथि क्लिक गर्नुहोस्।

मास्टर पेज

मास्टर पेजमा त्यो कंटेंट शामिल हुन्छ जुन डाक्यूमेंटको प्रत्येक पेजमा देखिन्छ। यसबाट समयको बचत हुन्छ किनकि प्रत्येक पेजमा अलग-अलग बिल्कुलै त्यस्तै आब्जेक्ट चाढो तैयार गर्न संभव हुदैन्। मास्टर पेजलाई शेयर गर्ने सबै पेजहरु त्यस एलीमेंटलाई डिस्प्ले गर्दछ। जब तपाई मास्टर पेजमा कुनै एलीमेंट राख्नुहुन्छ भने त्यो सबै पनि पेजमा डिस्पले हुनेछ जुन मास्टर पेज हुनेछ। डिफाल्ट रूपमा, तपाईद्वारा क्रिएट गरिएको प्रत्येक पेजमा मास्टर **'डाक्यूमेंट मास्टर'** अप्लाई हुन जान्छ।

मास्टर पेज पैलेटलाई हेर्न

मास्टर पेज पैलेटमा ती सबै कमांड शामिल छ जुन मास्टर पेजमा काम गर्ने समय आवश्यकता पर्दछ।

1. **'विंडो'** माथि क्लिक गर्नुहोस्। विंडो मीनू देखिन्छ।

2. **'शो मास्टर पेज'** माथि क्लिक गर्नुहोस्।

'मास्टर पेज पैलेट' देखिन्छ।

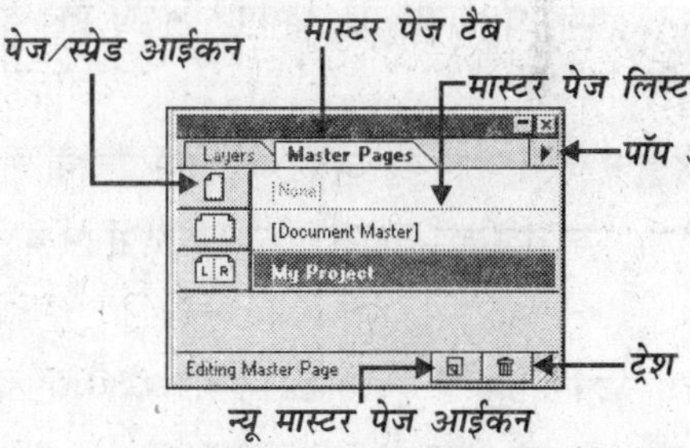

मास्टर पेज क्रिएट (तैयार) गर्न

डिफाल्ट रूपमा पेजमेकरको प्रत्येक डाक्यूमेंटमा **'डाक्यूमेंट मास्टर'** को नामबाट एउटा मास्टर पेज हुन्छ। तर कहिले-काहि तपाईलाई एक भन्दा बढि मास्टर पेज तैयार गर्नुपर्ने आवश्यकता हुन्छ।

जब तपाई कुनै नया मास्टर पेज क्रिएट गर्नुहुन्छ तब तपाईसंग यसको नाम र यसको मार्जिन र कॉलम गाइड सेट गर्ने कुराको बारेमा सोधिनेछ।

1. मास्टर पेज पैलेटमा **'न्यू मास्टर पेज'** बटन माथि क्लिक गर्नुहोस्।

'न्यू मास्टर पेज' डायलॉग बाक्स देखिन्छ।

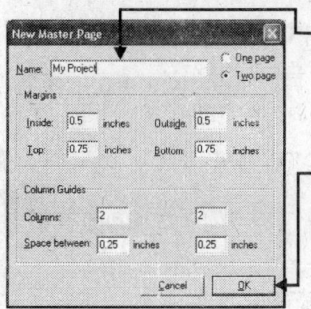

2. नेम फील्डमा गएर **'न्यू मास्टर पेज'** को नाम एंटर गर्नुहोस्।

3. **'मार्जिन'** र **'कॉलम गाइड'** फील्डमा गएर उपयुक्त बदलाव गर्नुहोस्।

4. **'ओके'** माथि क्लिक गर्नुहोस्।

मास्टर पेज पैलेटमा नया मास्टर पेज देखिनेछ। र तपाईद्वारा तैयार गरिएको मास्टर पेजको व्यू देखिन्छ।

5. मास्टर पेजको लागि यहा जरूरी बदलाव गर्नुहोस्।

15 टैली

हाम्रो जीवनमा अकाउंटको ठूलो महत्व छ। व्यवसायमा रिकार्डलाई तैयार गर्न र त्यसलाई मेंटेन राख्नको लागि, सरकारी कार्यालयहरुमा विभिन्न खाताहरु तैयार गर्न र व्यवसायीहरुको लागि यो धेरै आवश्यक छ। अकाउंटिंग ती सबै व्यक्तिको लागि जस्तै पेंशन प्राप्तकर्ता, छात्र, गृहिणी आदिको लागि उति नै जरूरी छ जति धन। अर्थात जीवनमा जसको धनसंग कामकाज हुन्छ उसको लागि अकाउंटिंग धेरै जरूरी छ।

किताबको यस भागमा हामी अकाउंटको साधारण किताबहरु राख्ने बारेमा कुरा गर्नेछौं।

पहिला त हामी तपाईलाई अकाउंटिंगको बारेमा संक्षिप्त जानकारी दिनेछौं। कंप्यूटरमा अकाउंट मेंटेन गर्नको लागि सिंपल अकाउंटिंग सॉफ्टवेयरको धेरै उपयोग हुन्छ। पछि हामी टैलीको प्रयोग गरेर साधारण अकाउंटिंगको बारेमा जान्छौं।

बेसिक अकाउंटिंग

शायद तपाई सबैलाई थाहा छ कि अकाउंटलाई कसरी मेंटेन गरिन्छ। सामान्यत: यसमा निम्नलिखित काम शामिल छ।

लेजर बुकमा लेजर अकाउंटलाई ओपन गरिन्छ। क्विक रिफरेंसको लागि लेजर फोलियो नंबरबाट लेजर बुकको इंडेक्स तैयार गरिन्छ।

लेजरमा डे बुक जस्तै कैश/बैंक बुक/ जर्नलमा प्रत्येक लेन-देनको पूरा विवरण लेखिन्छ।

दैनिकी कैश/ बैंक बुकलाई बैलेंस गरिन्छ र ओपनिंग बैलेंसलाई अर्को दिनको लागि कैरी गरिन्छ अर्थात अर्को दिनको लागि लगिन्छ।

प्रत्येक लेजर फोलियोमा डे बुकबाट लेन-देनको ब्योरालाई लेजर ट्रांजेक्शन राइटिंग डिटेलमा फरीबाट लेखिन्छ।

प्रत्येक लेजर अकाउंटमा डेबिट र क्रेडिट साइडको टोटल (कुल योग) गरिन्छ। जब तपाईलाई ट्रायल बैलेंस र कुनै पनि अकाउंटिंग रिपोर्टलाई तैयार गर्नुहुन्छ तब प्रत्येक लेजरको क्लोजिंग बैलेंस पता लगाएर लेख्नुहुन्छ।

यदि ट्रायल बैलेंस टैली हुदैन्। (सामान्यत: यो एक पटक कहिले टैली हुदैन् अर्थात मिल्दैन्) भने लेख्नमा, पोस्टिंग गर्नमा, टोटल गर्नमा र बैलेंसिंग गर्नमा हुने खालको त्रुटि अथवा गलतीलाई खोज्नको लागि यसलाई फेरी चेक गर्नुहोस्।

अब प्रॉफिट एंड लॉस अकाउंट, बैलेंस शीट र दोस्रो अकाउंटिंग स्टेटमेंट जस्तो धेरै रिपोर्ट तैयार गरिन्छ।

यो एउटा नियमित अभ्यास हो। अकाउंटिंग स्टेटमेंटलाई पूरा गर्नको लागि एउटै राशिलाई विभिन्न फार्मेटमा अलग-अलग बुकमा पोस्ट गर्नु पर्ने हुन्छ अर्थात एंट्री गर्नु पर्ने हुन्छ।

स्टेटमेंटलाई अपडेट राख्नको लागि समय-समयमा विभिन्न लेन-देन र मितीलाई अपडेट गर्नपर्छ। त्यसैले रिपोर्टलाई अपडेट गर्नमा धेरै समय लाग्न सक्छ।

कंप्यूटरीकृत अकाउंटिंग

पोस्टिंग, टोटलिंग (जोड्न गर्न) र हरेक पटक अपडेट फिगरको साथमा त्यहि रिपोर्ट तैयार गर्न जस्तै कामको सट्टा तपाई केवल लेजर अकाउंट ओपन गर्न सक्नुहुन्छ (लेजर फोलियोको सरह नै)। र वाउचर एंटर गर्नुहोस् (जसरी तपाई डे बुकमा लेन-देनको डिटेल लेख्नुहुन्छ)। माथि बताईएको दुबै काम पहिला नै डिस्कस गरि सकिएको छ। त्यसपछि तपाईले ट्रायल बैलेंसको लागि चिंता गर्नुपर्ने आवश्यक्ता छैन्। कैशबुकको टोटल गर्नको लागि तपाईले कैलकुलेटरमा हजारौं गणना गर्नुपर्ने आवश्यक्ता पनि छैन्। कंप्यूटरले तपाईलाई आफ्नो आवश्यक्ता अनुसार प्रत्येक अकाउंटिंग स्टेटमेंट तैयार गरेर दिनेछ। (जति पटक चानुहुन्छ त्यति पटक)। जो व्यक्ति कंप्यूटर अकाउंटिंगको प्रयोग गर्छ उसको लागि यी फाईदाहरु हुन सक्छ।

समय की बचत : यसमा केवल ट्रांजेक्शन (लेन-देन) डाटालाई एंटर गर्ने काम हुन्छ। बाकी सबै काम कंप्यूटरले गर्दछ। यसबाट तपाईको धेरै समयको बचत हुन्छ जसमा तपाई प्लान गरेर राम्रो गर्न सक्नुहुन्छ। तपाई आफ्नो सोच र कार्यको अनुसार व्यवसायमा प्रगति गर्न सक्नुहुन्छ।

बेकारको कामबाट छुटकारा : अकाउंटिंगमा तपाईको समय र टोटल (गणनाको योग), पोस्टिंग, कॉस्टिंग र बैलेंस गर्नमा पनि समय बेकार जान्छ। कंप्यूटरको प्रयोगबाट यी कुराहरु धेरै सजिलो हुनेछ।

तुरंत सूचनाहरु : केवल एक बटनलाई थिचेर तपाई कुनै पनि रिपोर्ट प्राप्त गर्न सक्नुहुन्छ। यसबाट तपाई समयमा डिसीजन (निर्णय) लिन सक्नुहुन्छ र त्यसमा काम गर्न सक्नुहुन्छ।

सही तथ्यांक वा आंकडा : तपाई यसमा निश्चिंत रहनु हुन्छ कि फिगर (आंकडा) सही हुन्छ। प्रत्येक स्टेटमेंट डाटाको सोर्सबाट एक-अर्कासगं मिलान गर्नुहुन्छ र कंप्यूटरीकृत गर्नुहुन्छ। (गणनाहरुमा कंप्यूटर यस्तो गल्ति गर्दैन जस्तो कि हामीबाट हुन जान्छ)।

यसले न केवल अकाउंटिंग बुक र रिपोर्ट्सको सफा प्रिंट दिन्छ, बल्कि यसले तपाईको जाच्ने तरिकालाई पनि बदलिन दिन्छ। अकाउंटिंगको कंसेप्ट (अवधारणा) लाई राम्ररी बुझ्नको लागि, हामीले यस अकाउंटिंगलाई त्यस डाक्टरको उदाहरणबाट बुझ्न सक्छौ। जुन निम्नलिखित वित्तीय कार्यहरुमा लिप्त रहन्छन्।

1. कैश/बैंकको बीच फंडलाई ट्रांसफर गर्दछ।
   बैंकमा नगदी जम्मा गर्नु।
   बैंकबाट नगदीको निकास गर्नु।
   एउटा बैंक खाताबाट अर्को खातामा फंड (कैश अथवा नगदी) को ट्रांसफर गर्नु।
2. प्राप्ति र भुक्तान
   सल्लाहको रसीद (चैंबर र सर्जरी फीस)
   व्यवसायसगं संबंधित भुक्तान (स्टाफको लागि सैलरी, बिजुलीको बिल र अन्य खर्चहरू)
   औषधीहरूको खरीद आदि
   लोन दिनु र दिएको लोनको फिर्ता पाउनु।
   लोन र लोनलाई वापस दिनु।
   बैंक आदिबाट प्राप्त गरिएको लोनमा ब्याज दिनु आदि।

बैंकमा सावधि जमा र लिएको लोनमा चुकाएको ब्याजको रसीद प्राप्त गर्नु।
म्यूचुअल फंड र शेयरमा इंवेस्ट गरिएको डिवीडेंटको रसीद प्राप्त गर्नु
अचल संपत्तिको क्रय/विक्रय

3. बुक एडजस्टमेंट (जर्नल वाउचर्स)
व्यावसायिक फीस
खर्चको जिम्मेदारी
ब्याज (प्राप्त गरेको अथवा भुक्तान गरेको)

4. लाभको मूल्यांकन
आयकरको प्रावधान
लाभांशको मूल्य

यी चैप्टरहरूमा हामी अकाउंटको मेंटेन गर्ने सामान्य नियमहरूलाई सम्झन्छौ र त्यसपछि उदाहरणबाट यसको व्याख्या गर्नेछौ। जस्तै कुनै डाक्टरले कसरी अकाउंटको मेंटेन गर्दछ।

टैली कंपनी क्रिएशन

टैलीमा अकाउंटलाई मेंटेन गर्न शुरू गर्नको लागि, तपाईलाई टैलीमा कुनै कंपनी बनाउनु पर्छ।

कंपनी इंफो मीनूमा (टैलीलाई इंस्टॉल गर्न पहिला तपाईलाई कंपनी इंफो मीनू प्राप्त हुन्छ। त्यसपछि कंपनीको इंफो मीनू प्राप्त गर्नको लागि एफ3 कंपनी इंफो बटन माथि क्लिक गर्नुहोस्। कंपनी क्रिएशन स्क्रीन को प्राप्त गर्नको लागि (चित्र 15.2) क्रिएट कंपनीलाई सलेक्ट गर्नुहोस् (चित्र 15.1)।

गेटवे ऑफ टैली > कंपनी इंफो > कंपनी क्रिएशन

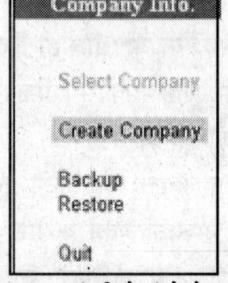

चित्र 15.1 : कंपनीको इंफोरमेशन मेनू

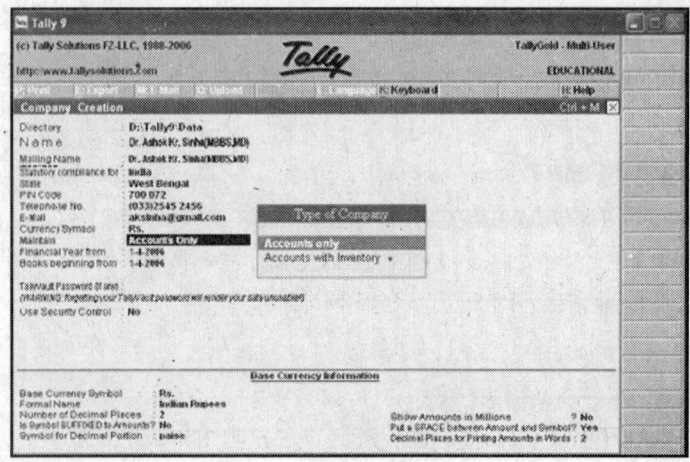

चित्र 15.2 : कम्पनीको क्रिएशन

कंपनी क्रिएशन स्क्रीन (चित्र 15.2) लाई मुख्य दुई सेक्शनमा विभाजित गरिएको छ।

कंपनी पार्टिकुलर्स : माथिको भाग कंपनीको इंफोर्मेशन यसको तहत एंटर गर्नुपर्छ।

◉ **डाइरेक्ट्री :** टैलीको डिफाल्ट डाटा ड्राइव र पाथ त्यहा देखिन्छ जहा टैलीलाई स्टोर गरेको हुन्छ। (अर्को डाइरेक्ट्रीमा डाटालाई स्टोर गर्नको लागि), एरोलाई दबाएर कंपनीको डाटा फाइलमा स्टोर गर्नको लागि फोल्डरको ड्राइव र पाथलाई एंटर गर्नुहोस्। टैलीले यस फील्डको स्किप (छोड्नु वा बाईपास गर्नु) गरिदिन्छ।

◉ **नाम :** कंपनीको लागि कुनै नाम एंटर गर्नुहोस्।

◉ **मेलिंग नाम :** सामान्यत: यो नाम जस्तै हुन्छ। तपाई यहा अर्को नाम एंटर गर्नुपर्छ जसलाई तपाई रिपोर्ट्सको बाहिर प्रिंट गर्न चाहनुहुन्छ।

◉ **एड्रेस :** कंपनीको पत्र व्यवहारका ठेगाना यहा एंटर गर्नुहोस्। ठेगानामा तपाई धेरै लाइनहरुमा लेख्न सक्नुहुन्छ। अर्को लाइनमा जानको लागि एंटर दबाउनुहोस्।

◉ **स्टेशनरी कंप्लिएंस फॉर :** लिस्टबाट कंट्री (देश) को नाम सलेक्ट गर्नुहोस्। उदाहरणको लागि इंडिया।

◉ **स्टेट :** लिस्टबाट स्टेट (राज्य) सलेक्ट गर्नुहोस् जस्तै : पश्चिम बंगाल।

◉ **पिन कोड :** आफ्नो एरियाको पिन कोड एंटर गर्नुहोस्।

◉ **टेलीफोन नंबर :** टेलीफोन नंबर एंटर गर्नुहोस्।

◉ **ईमेल एड्रेस :** कंपनीको लागि ईमेल- एड्रेस एंटर गर्नुहोस्।

◉ **करेंसी सिंबल :** यहा रुपैयाको चिन्ह देखिन्छ।

◉ **मेंटेन :** अकाउंट ओनली सलेक्ट गर्नुहोस्। (केवल अकाउंट मेंटेन गर्नको लागि)।

◉ **फाइनेंसियल ईयर फ्रॉम :** वित्तीय वर्षको शुरुआती मिती एंटर गर्नुहोस्।

◉ **बुक्स बिगनिंग फ्रॉम :** सामान्यत: यो वित्तीय वर्षको समान हुन्छ। जब सम्म कि तपाई अकाउंट मिडल फाइनेंसियल ईयरबाट शुरू गर्नुहुन्न।

◉ **बेस करेंसी इंफार्मेशन :** बॉटन (तल)मा बेस करेंसीको विभिन्न भाग जस्तै भारतको लागि रुपैया डिस्प्ले हुन्छ। तपाईलाई यसमा बदलाव गर्नुपर्ने आवश्यक्ता हुदैन्।

सेविंग द कंपनी प्रोफाइल : कंपनी प्रोफाइलको इंफोर्मेशन सेव गर्नको लागि 'यस' माथि क्लिक गर्नुहोस्। कुनै पनि डाटालाई मॉडीफाई गर्नको लागि यहा 'नो' माथि क्लिक गर्नुहोस्। कंपनी प्रोफाइललाई डाइरेक्टली (सीधा) सेव गर्नको लागि (कंट्रोल+ए) थिच्नुहोस्।

कंपनी प्रोफाइल को अल्टर करना : गेटवेमा एफ 3: कंपनी इंफो माथि क्लिक गर्नुहोस्। अल्टरलाई सलेक्ट गर्नुहोस्। कंपनी अल्टरेशन स्क्रीन प्राप्त गर्नको लागि (कंपनी क्रिएशन स्क्रीनको समान, चित्र 15.2) लिस्टबाट कंपनीको नाम सलेक्ट गर्नुहोस्। कंपनी डिटेललाई मॉडीफाई गर्नुहोस् (वाउचर एंट्री गरेपछि यसमा बदलावको आवश्यक्ता हुदैन्)।

कंपनी को डिलीट करना अर्थात् हटाना : कंपनी अल्टरेशन स्क्रीनमा, (अल्ट+डी) थिच्नुहोस्। र यसको पुष्टिको लागि (यस) माथि क्लिक गर्नुहोस्। कंपनी डाटा डिलीट हुनेछ।

कंपनीलाई क्रिएट गर्ने समयमा, तपाईले अकाउंट लेजर पनि तैयार गर्नुहुन्छ। टैली स्यंम नै दुईवटा लेजर अकाउंट 'कैश एंड प्रॉफिट' र 'लॉस अकाउंट' क्रिएट गर्दछ। अन्य अकाउंटलाई तपाईले क्रिएट गर्नुहुन्छ।

अकाउंट लेजर क्रिएट गर्न

टेलीको शुरुआतमा अकाउंट्स इंफो मीनू प्राप्त गर्नको लागि अकाउंट्स इंफो सलेक्ट गर्नुहोस् (चित्र 15.3)। अकाउंट्स इंफो मीनू (चित्र 15.3) मा, लेजर मीनू (चित्र 15.4) प्राप्त गर्नको लागि लेजर सलेक्ट गर्नुहोस्।

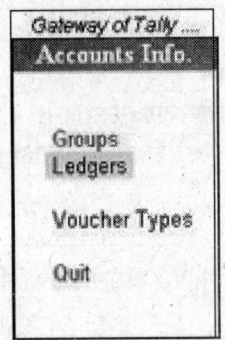

चित्र 15.3 : अकाउंट संबंधी मेनू

चित्र 15.4 : लेजर मेनू

लेजर मीनू मा (चित्र 15.4), लेजर क्रिएशन स्क्रीन (चित्र 15.5) प्राप्त गर्नको लागि क्रिएट (सिंगल लेजरको तहत) लाई सलेक्ट गर्नुहोस्।

- **लेजर नेम :** नेम फील्डमा लेजरको लागि कुनै नाम एंटर गर्नुहोस्।
- **पैरेंट ग्रुप :** ग्रुपको लिस्टबाट लेजरको पैरेंट ग्रुप सलेक्ट गर्नुहोस्।

अकाउंट लेजर ओपनिंग बैलेंस : ओपनिंग बैलेंस फील्डमा , बुक बिगनिंग फ्रॉम डेटको सरह लेजरको ओपनिंग बैलेंस एंटर गर्नुहोस्। आवश्यक्ता छ भने टैलीले यसलाई डेबिट/क्रेडिटमा परिवर्तित गरिदिन्छ। यस भन्दा पहिला फाइनेंसियल ईयरको अंतमा यो लेजर अकाउंटको क्लोजिंग बैलेंस हुन्छ।

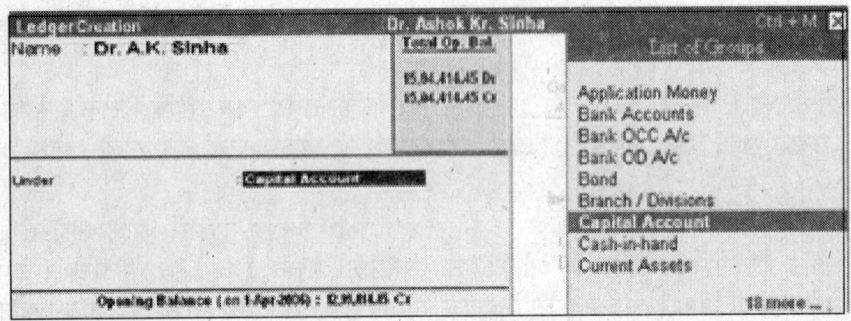

चित्र 15.4 : लेजर अकाउंट्स क्रिएशन

जसरी नै तपाई लेजर अकाउंट क्रिएट गर्नुहुन्छ, करेंट डेबिट र क्रेडिटले सबै लेजर अकाउंटको ओपनिंग बैलेंसको टोटल (योग अथवा जोड़) दायातिर डिस्प्ले हुन्छ। (चित्र 3.3)। यदि यो योग बराबर छैन् भने सबै लेजर अकाउंटको ओपनिंग बैलेंसको एंट्री अहिले पूरा भएको छैन् वा गलत छ। तपाईले पछि लेजर अल्टरेशन (पहिला बताईएको छ) ओपनिंग बैलेंसलाई एंटर अथवा मॉडीफाई गर्नु पर्नेहुन्छ। जब सबै लेजर अकाउंट्सको ओपनिंग बैलेंस सही तरीकाबाट एंटर गरिन्छ भने डेबिट र क्रेडिटको टोटल (कुल योग) बराबर हुन्छ।

लेजर अकाउंट्स क्रिएशनको उदाहरण

यो बिल्कुल अरु लेजरको सरह नै छ। जस्तै–

नाम	**अंडर**
कार एक्सपेंस	इनडाइरेक्ट एक्सपेंस
डा. सुरेश मित्रा	अनसिक्योर्ड लोन
बीएम हॉस्पीटल सप्लायर	संड्री क्रेडिटर्स

चित्र 15.6 बाट चित्र 15.8 को माथिको लेजरबाट लेजर अकाउंट क्रिएशन स्क्रीनलाई प्रदर्शित गर्नुहुन्छ। (बिना ओपनिंग बैलेंसलाई शो गरेर)

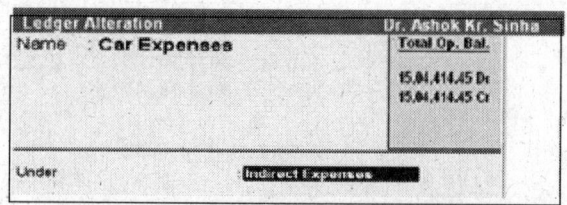

चित्र 15.6 : एक्सपेंस (खर्चे) लेजर अकाउंट क्रिएशन

चित्र 15.7 : लोन लेजर अकाउंट क्रिएशन

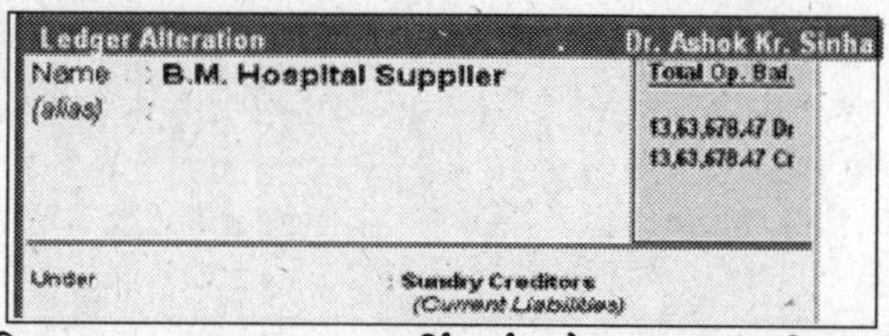

चित्र 15.8 : सप्लायर (आपूर्तिकर्ता) लेजर अकाउंट क्रिएशन

अकाउंट लेजरलाई डिस्प्ले गर्न : सेलेक्ट अकाउंट इंफो > लेजर्स > डिसप्ले

त्यस लेजरको लिस्ट प्राप्त गर्नको लागि जसबाट तपाईले एंटर गर्नु भएको डिटेल्स लेजरलाई डिस्प्ले गर्नु हुन्छ, लेजर मीनूमा सिंगल लेजरबाट डिस्प्लेलाई सलेक्ट गर्नुहोस्। (चित्र 15.4)। डिस्प्ले मोडमा तपाई केवल हेर्नसक्नुहुन्छ तर अल्टर गर्न सक्नुहुन्न।

लेजरलाई अल्टर अथवा डिलीट गर्न : कुनै पनि लेजर अकाउंटलाई मॉडीफाई वा डिलीट गर्नको लागि

सेलेक्ट अकाउंट इंफो > लेजर्स > अल्टर लेजर मीनूमा, सिंगल लेजरबाट अल्टर सलेक्ट गर्नुहोस्। (चित्र 15.4) त्यसपछि लिस्टबाट त्यो लेजर सलेक्ट गर्नुहोस् जसको डाटालाई तपाई डिलीट/अल्टर गर्न चाहनुहुन्छ।

◉ अल्टरेशन स्क्रीन बिल्कुल लेजर क्रिएशनको सरह हुन्छ। (चित्र 15.5)

◉ **काउंट लेजरलाई अल्टर गर्न :** मॉडीफाई फील्ड माथि क्लिक गर्नुहोस् र डाटालाई बदलिउिनुहोस्।

◉ **अकाउंट लेजरलाई डिलीट गर्न :** (अल्ट+डी) थिच्नुहोस् र पुष्टिको लागि सोधिएको खण्डमा **'यस'** मा क्लिक गर्नुहोस्। यदि तपाईले कुनै लेजर अकाउंटमा वाउचरबाट एंट्री गर्नु भएको छ भने तपाई लेजरलाई डिलीट गर्न सक्नुहुन्न। अब हामी डा. एके सिंहाको अकाउंटको तैयारीलाई हेर्नेछौं।

पहिलो लेजर क्रिएशन

शुरुआतमा तपाईले सबै भन्दा पहिला पूववर्ती वर्षको अंतमा बैलेंस शीटको अनुसार लेजर अकाउंट क्रिएट गर्नुपर्छ। त्यसैले वित्तीय वर्ष 2006-07 को अकाउंटलाई शुरू गर्नको लागि, तपाईले सबै भन्दा पहिला ती सबै लेजर अकाउंट क्रिएट गर्नुपर्छ जसको क्लोजिंग बैलेंस 31-03-2006 सम्म छ। त्यसपछि ओपनिंग बैलेंस एंटर गर्नुहोस्। (चित्र 15.9)।

चित्र 15.9 तपाईलाई लेजर अकाउंटको लिस्ट प्रदर्शित गर्दछ। र यो डा. एके सिंहाको लेजर तैयार गरेपछि सबै लेजर अकाउंटको ओपनिंग बैलेंसको साथै व्यवहार गर्दछ।

Opening Balance as on 1-Apr-2006

Particulars	Opening | Balance Debit	Credit
3I Info	7,000.00	
A.K. Basu		50,000.00
A.K. Sinha		10,98,678.47
Bikramjit Naskar	50,000.00	
Cash	2,50,000.00	
Flat	1,00,000.00	
Frankline India	5,000.00	
Furniture	40,000.00	
Gateway Distric Pack	6,480.00	
HDFC Bank Current A/c	50,000.00	
IDBI Fixed Deposit	70,000.00	
IDBI Flexi Bond	30,000.00	
IDBI Insfruscture Bond	50,000.00	
IPCL	6,000.00	
Kishor Roy	1,500.00	
Medical Equipments	50,000.00	
National Savings Certificate (6_7)	65,000.00	
Nocil	3,000.00	
P. Bhogilal		50,000.00
Public Providend Fund	1,14,698.47	
Rajesh Mitra	25,000.00	
SBI Blue Chip Fund	1,00,000.00	
SBI Savings Account	2,50,000.00	
S.B. Roy		1,00,000.00
S. Dutta	30,000.00	
Sri Krishna Medical		40,000.00
Suresh Mitra		25,000.00
Tania Mitra	60,000.00	
Grand Total	13,63,678.47	13,63,678:47

चित्र 15.9 : 31 मार्च 2006 को क्लोजिंग बैलेंस अनुसार एक अप्रैल 2006 को ओपनिंग बैलेंसको लिस्ट।

न्यू लेजर क्रिएशन

ओपनिंग बैलेंसको साथै सबै लेजर्स तैयार गरेपछि सबै रिवेन्यू अकाउंट्स (इनकम/एक्सपेंस) र करेंट ईयरको कुनै पनि लेन-देनको लेजर तैयार गर्नुहुन्छ।

यस्तो लेजरको ओपनिंग बैलेंस शून्य हुन्छ।

चित्र 15.9 तपाईलाई वित्तीय वर्ष 1 अप्रैल 2006-31 मार्च 2007 को बीच तैयार गरिएको सबै नया लेजरको लिस्टलाई प्रदर्शित गर्दछ।

Ledger Name	Parent Group (Under)
Amar Singh	Sundry Debtors
Arnab Roy	Sundry Debtors
Asit Dutta	Unsecured Loan
Bank Charges	Indirect Expenses
Bank of India (Furniture Loan)	Secured Loan
BRPL Equity Shares	Investment in Shares
Car Expenses	Indirect Expenses
Computer	Fixed Assets
Conveyance Expenses	Indirect Expenses
Depreciation Charges	Indirect Expenses
Dividend Received	Indirect Income
Drawings	Capital A/c
Electric Charges	Indirect Expenses
General Expenses	Indirect Expenses
Income Tax From Employee	Duties & Taxes
Interest on Fixed Deposit	Indirect Incomes
Interest on Flexi Bond	Indirect Incomes
Interest on Infrusture Bond	Indirect Incomes
Interest on NSC	Indirect Incomes
Interest on Providend Fund	Indirect Incomes
Interest Paid on Bank	Indirect Expenses
Interest Paid on Loan	Indirect Expenses
Interest Received on Loan	Indirect Incomes
Int. Received From Savings	Indirect Incomes
IDBI Bank(Car Loan)	Secured Loan
Lic Premium	Capital A/c
Machine Repairs	Indirect Expenses
Medicine Purchase	Indirect Expenses
Motor Car	Fixed Assets
Mrs. Namita Pal	Sundry Debtors
Municipal & Local Taxes	Indirect Expenses
Nityananda Roy	Sundry Debtors
Overtime	Indirect Expenses
Personal Expenses	Capital A/c
Petrol Charges	Indirect Expenses
Professional Fees(Chembar Fees)	Direct Incomes
Professional Fees(Surgary)	Direct Incomes
P. Tax From Employee	Duties & Taxes
Reliance Equity Mutual Fund	Mutual Fund
Rent	Indirect Expenses
Salary	Indirect Expenses
Salary Advance	Indirect Expenses
Short Term Capital Gain\Loss	Indirect Income
S. Mitra	Loan & Advance Assets
Stationery Expenses	Indirect Expenses
Syndicate Bank (Flat Loan)	Secured Loan
TDS(06 07)	Deposit(Assets)
Telephone Charges	Indirect Expenses

चित्र 15.10 : वर्षको दौरान तैयार गरिएको नया लेजर्स (बहीखाताहरु) को लिस्ट (सूची)

वाउचर क्रिएट (तैयार) गर्न

अकाउंट्स वाउचर

अकाउंट वाउचरमा फाइनेंसियल ट्रांजेक्शन (वित्तीय लेन-देन) को पूरा ब्योराको रिकार्ड राख्नु हुन्छ।

टैली अकाउंट्स वाउचर टाइप

निम्नलिखित प्रकारको बेसिक वाउचर टाइप हुन्छ।

- **कांट्रा :** मनी ट्रांसफर (बैंक अकाउंटबाट कैश निकाल्न वा त्यसमा जम्मा गर्न)
- **रिसीप्ट :** नगद र चेकबाट जम्मा गर्न
- **पेमेंट :** नगद र चेकबाट भुक्तान
- **जर्नल :** गैर नगद लेन-देन (जस्तै ब्याज आदि)।

सिंगल मोड एंट्रीको लागि सेटअप गर्न

डेबिट र क्रेडिटको स्पेसीफाई नगरिकनै (सिंगल मोड एंट्रीमा) पेमेंट, रिसीप्ट र कंट्रा वाउचरलाई एंटर गर्नको लागि, एफ 12 लाई दबाउनुहोस्: कांफिगुरेशन मीनूलाई प्राप्त गर्नको लागि शुरुमा कांफिगुरेशन गर्नुहोस्। कांफिगुरेशन मीनूमा वाउचर एंट्रीलाई सलेक्ट गर्नुहोस्। अकाउंटिंग वाउचरको तहत, पेमेंट/रिसीप्ट/कांट्राको लागि सिंगल एंट्री मोडको प्रयोगको लागि यसमा सेट गर्नुहोस्। (चित्र 15.12)।

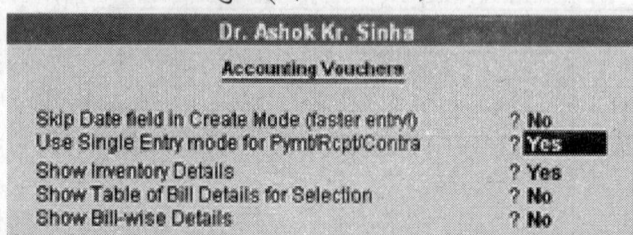

चित्र 15.11 : सिंगल मोड वाउचर एंट्रीको लागि ऑप्शन सेटअप (विकल्पको सेटअप)।

चित्र 15.12 : अकाउंट वाउचर एंट्री स्क्रीनमा वाउचरको टाइपको बटन।

अकाउंट्स वाउचर क्रिएशन

सिंगल मोड वाउचर एंट्रीमा लेजर अकाउंट्सको नियम :

हेडर अकाउंट : माथिको भागमा तपाई केवल कैश वा बैंक अकाउंटलाई सलेक्ट गर्न सक्नुहुन्छ। तपाई हेडर अकाउंटको लागि अमाउंट (राशि) को एंटर गर्नुहुदैन। यो सबै लाइन अकाउंट्समा एंटर गरिएको नेट फिगर (पूरै राशि) मा कंप्यटूर द्वारा काम गर्नुहुन्छ।

लाइन अकाउंट्स : तलको भागमा तपाईले एक वा एक भन्दा अधिक ट्रांजेक्शन अकाउंटलाई एंटर गर्न सक्नुहुन्छ। कटौतीको लागि, राशिलाई नकारात्मक रूप (माइनस)मा एंटर गर्नुहोस्। अर्थात पहिला घटाउने चिह्न र त्यसपछि राशि एंटर गर्नुहोस्। पहला लेजर अकाउंट सधै धनात्मक हुनुपर्छ। लाइन अकाउंटमा एंटर गरिएको सबै राशि पहिला जस्तै छडर अकाउंटमा पोस्ट गर्नुपर्ने हुन्छ।

सिंगल मोड वाउचर एंट्री स्टेप्स

सिंगल मोडमा तपाईलाई निम्नलिखित काम गर्नुपर्ने छ।

हेडर पार्ट

- वाउचर नंबर : यो टैली द्वारा डिस्प्ले हुन्छ।
- वाउचर डाटा : यसमा करेंट डेट हुन्छ।

लाइन एरिया

- लेजर अकाउंट : लेजर अकाउंटलाई सलेक्ट गर्नुहोस्।
- लेजर अमाउंट : लेजर अमाउंटलाई एंटर गर्नुहोस्।

नरेशन

- चेक नंबर : बैंकबाट लेन-देनको स्थितिमा चेक नंबर एंटर गर्नुहोस्।
- वाउचर नरेशन : वाउचर नरेशनलाई एंटर गर्नुहोस्।

वाउचर नंबर : वाउचर डेटको अनुसार सबै प्रकारको वाउचरको लागि टैली सामान्यत: वाउचर नंबरलाई डिस्प्ले गर्दछ।

वाउचर डेट : वाउचर डेटको रूपमा करेंट डेट (वर्तमान मिती) नै हुन्छ। मिती बदलिनको लागि कसर्रलाई डेट फील्डमा ल्याउनको लागि (शिफ्ट+टैब) दबाउनुहोस्। वा एफ 2 डेट बटनलाई दबाएर डेट एंटर गर्नुहोस्। यो डेट सबै प्रकारको वाउचरको लागि मान्य हुनेछ अर्थात सबै वाउचरमा लागू हुनेछ जब सम्म कि तपाईले यसमा बदलाव गर्नुहुन्न। वाउचर डेट एंट्री पछि, रिफरेंसको लागि दिन जस्तै (सोमवार) डिस्पले हुन्छ।

हेडर लेजर अकाउंट : कर्सर सबै भन्दा पहिला हेडर लेजर अकाउंटमा आउछ। तपाई हेडरमा कैश/बैंक अकाउंटबाट कुनै एउटालाई छान्न सक्नुहुन्छ।

लाइन लेजर डिटेल्स : हेडर लेजर अकाउंटको सलेक्ट पछि, कर्सर लाइन एरियामा आउछ। जहा एक पछि अर्को वा धेरै लेजर अकाउंट्स एंटर गर्न सक्नुहुन्छ।

- **लाइन लेजर अकाउंट :** हेडर लेजर अकाउंटको सरह, लेजरको सलेक्टबाट (कैश/बैंक लेजर अकाउंट) जरूरी लेजर अकाउंटलाई सलेक्ट गर्नुहोस्।
- **लाइन लेजर अमाउंट :** सलेक्ट गरिएको लाइन लेजर अकाउंटको लागि अमाउंट (राशि) लाई एंटर गर्नुहोस्। पहिला लेजर अकाउंटको लागि अमाउंट सधै पॉजीटिव (धनात्मक) हुनुपर्छ।

पेमेंट/रिसीप्ट वाउचरको स्थितिमा, घटौतीको लागि तपाईले अर्को लेजरबाट निगेटिव (-) राशि एंटर गर्नु पर्नेहुन्छ। सबै लाइन लेजर अमाउंटको लागि अमाउंट सधै पॉजीटिव (+) हुनुपर्छ। माथिको सरह नेट अमाउंटलाई हेडर लेजर अकाउंटमा पोस्ट गर्नुपर्छ।

वाउचर नरेशन : सबै लाइन लेजर अकाउंट्सको एंट्री पछि (एंटर) थिच्नुहोस्। कर्सर अब नरेशन फील्डमा जान्छ। यदि तपाईले बैंक अकाउंट सलेक्ट गर्नु भएको छ भने तपाईलाई चेक नंबर एंटर गर्नको लागि एउटा प्रॉम्प्ट पनि देखाउनेछ। चेक नंबर एंटर गरेपछि ट्रांजेक्शन (लेन-देन) लाई पूरै तरीकाले एक्सप्लेन (व्याख्या वा ब्योरा) गर्नको लागि वाउचर नरेशन लेख्न जारी राख्नुहोस्।

वाउचर एंट्रीको उदाहरण : अब हामी प्रत्येक टाइपको वाउचरको लागि एंट्री प्रोसेसको बारेमा जान्नेछौं।

कांट्रा वाउचर

एउटा कैश/बैंक अकाउंटबाट अर्कोमा फंड (मनी) ट्रांसफरको लागि कांट्रा वाउचरको प्रयोग हुन्छ। जस्तै नगद जम्मा वा नगद निकासी आदि।

- **हेडर अकाउंट :** जुन कैश/बैंक अकाउंटमा राशि ट्रांसफर गरिएको छ। त्यो अकाउंट डेबिट हुन्छ।
- **लाइन अकाउंट :** त्यो कैश/बैंक अकाउंट जसबाट राशि ट्रांसफर गर्नुहुन्छ। त्यो अकाउंट क्रेडिट हुन्छ।

उदाहरण : (चित्र 15.13) देखि (चित्र 15.15) सम्म कांट्रा वाउचरको केहि उदाहरणहरु छन्।

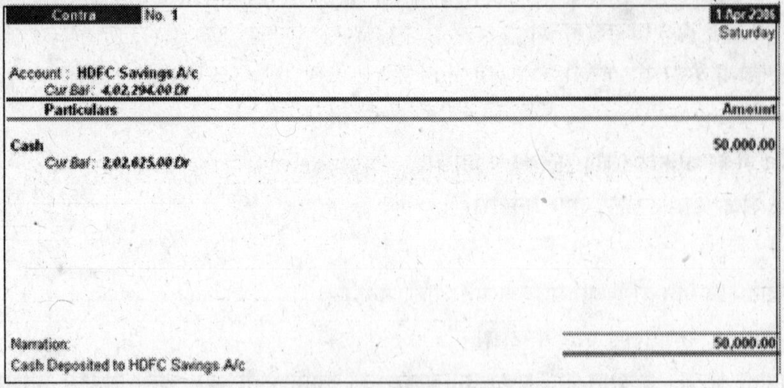

```
Contra    No. 1                                    1 Apr 2006
                                                   Saturday
Account : HDFC Savings A/c
          Cur Bal : 4,02,294.00 Dr
          Particulars                              Amount

Cash                                               50,000.00
     Cur Bal : 2,02,625.00 Dr




Narration:                                         50,000.00
Cash Deposited to HDFC Savings A/c
```

चित्र 15.13 : कांट्रा वाउचर एंट्री- बैंक खातामा जम्मा गरिएको नकदी।

(चित्र 15.13) एचडीएफसी बैंकको सेविंग अकाउंटमा 50 हजार रुपैया नगद जम्माको कंट्रा वाउचर प्रदर्शित गर्दछ।

(चित्र 15.14) एचडीएफसी बैंकको सेविंग अकाउंटबाट 5 हजार रुपैया निकासीको कंट्रा वाउचर प्रदर्शित गर्दछ।

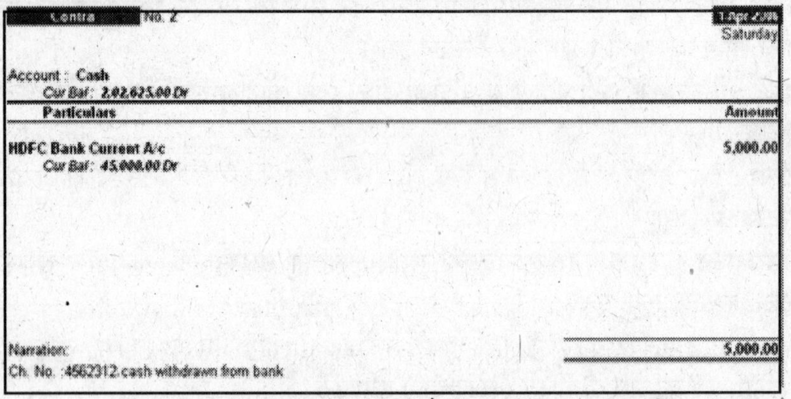

```
Contra    No. 2                                    1 Apr 2006
                                                   Saturday
Account : Cash
          Cur Bal : 2,02,625.00 Dr
          Particulars                              Amount

HDFC Bank Current A/c                              5,000.00
     Cur Bal : 45,000.00 Dr




Narration:                                         5,000.00
Ch. No. :4562312 cash withdrawn from bank
```

चित्र 15.14 : कांट्रा वाउचर एंट्री- बैंक खाताबाट नकद निकासी।

(चित्र 15.15) एसबीआई बैंकबाट एचडीएफसीको सेविंग अकाउंटमा 31 हजार रुपैया ट्रांसफरको कंट्रा वाउचर प्रदर्शित गर्दछ।

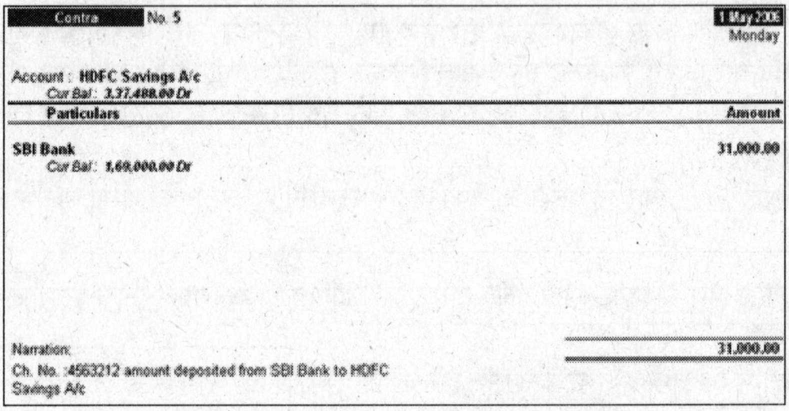

```
Contra    No. 5                                    1 May 2006
                                                   Monday
Account : HDFC Savings A/c
          Cur Bal : 3,37,488.00 Dr
          Particulars                              Amount

SBI Bank                                           31,000.00
     Cur Bal : 1,69,000.00 Dr




Narration:                                         31,000.00
Ch. No. :4563212 amount deposited from SBI Bank to HDFC
Savings A/c
```

चित्र 15.15 : कांट्रा वाउचर एंट्री - बैंक खाताको स्थानांतरण।

(चित्र 15.16) को कंट्रा वाउचरले बताउछ कि एचडीएफसी बैंकको करेंट अकाउंटमा 15000 रुपैया जम्मा गरिएको छ र एउटा वाउचरबाट एसबीआईको सेविंग अकाउंटमा 7 हजार रुपैया जम्मा गरिएको छ। यस उदाहरणबाट थाहा हुन्छ कि तपाई कसरी एउटा वाउचरबाट विभिन्न बैंक खाताहरुमा नगद राशि जम्मा गर्न सकिन्छ। तर सामान्यत: तपाईले प्रत्येक बैंकमा डिपॉजिट (जम्मा) गर्नको लागि अलग-अलग वाउचरको प्रयोग गर्नुपर्छ।

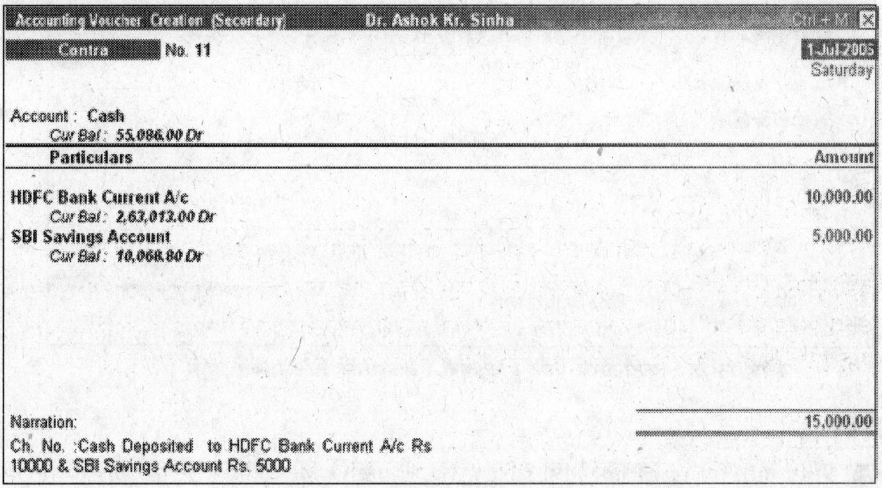

Accounting Voucher Creation (Secondary)
Dr. Ashok Kr. Sinha
Ctrl + M
Contra
No. 11
1-Jul-2005
Saturday
Account : Cash
Cur Bal : 55,086.00 Dr
Particulars
Amount
HDFC Bank Current A/c
Cur Bal : 2,63,013.00 Dr
10,000.00
SBI Savings Account
Cur Bal : 10,068.80 Dr
5,000.00
Narration:
15,000.00
Ch. No. :Cash Deposited to HDFC Bank Current A/c Rs
10000 & SBI Savings Account Rs. 5000

चित्र 15.16 : दुई बैंक खातामा जम्मा गरिएको नकदी।

पेमेंट वाउचर

पेमेंट वाउचरको प्रयोग मनीको पेमेंटको रिकार्ड राख्नमा प्रयोग हुन्छ। (कैश वा चेक द्वारा)।

- **हेडर अकाउंट :** कैश/बैंक अकाउंट जहाबाट राशिको भुक्तानी गरिएको छ। त्यो अकाउंट क्रेडिट हुन्छ।
- **लाइन अकाउंट :** दूसरअकाउंट (कैश/बैंक अकाउंट होईन्) जसलाई भुक्तान गरिएको छ। त्यो अकाउंट्स डेबिट हुन्छ। निगेटिव (-) राशि भएको अकाउंट जस्तै-कटौतीको लागि, त्यो क्रेडट हुनेछ।

यहा (चित्र 15.17) मा तपाईले कुनै सप्लायरलाई गरेको पेमेंट (कैश द्वारा) बाट पेमेंट वाउचर प्रदर्शित गर्दछ।

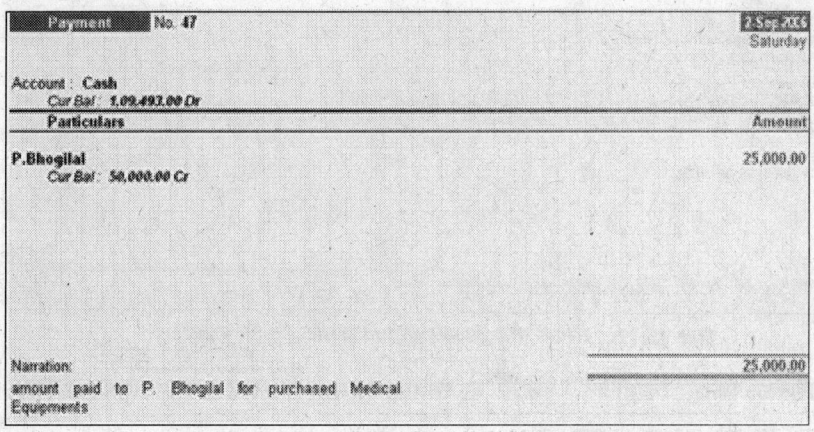

Saturday
Account : Cash
Cur Bal : 1,09,493.00 Dr
Particulars
Amount
Cur Bal : 50,000.00 Cr
25,000.00
Narration:
25,000.00

चित्र 15.17 : नकद भुगतान की सिंगल मोड वाउचर एंट्री।

चित्र (15.18) तपाईको प्रोफेशनल कटौती पछि सैलरीको भुक्तान (चेक) द्वारा प्रदर्शित गर्दछ। डिडक्शन अमाउंट (कटौती राशि) लाई नेगेटिव अमाउंटको रूपमा लाइन एरियामा एंटर गरिएको छ।

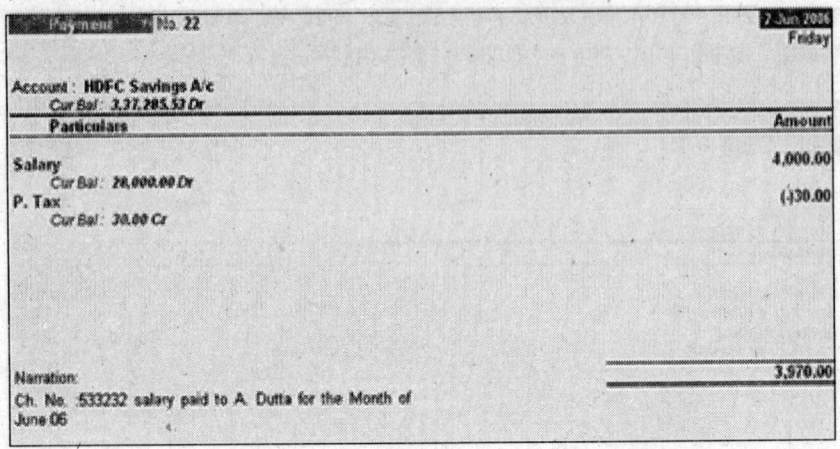

चित्र 15.18 : कटौतीसंगै पेमेंट (भुक्तानी) वाउचरको सिंगल मोड एंट्री।

रिसीप्टट वाउचर

रिसीट वाउचरको प्रयोग कुनै पनि किसिमको प्राप्त राशि (चेक वा नकद) को शार्टिंग (छंटाई) रिकार्ड गर्नमा गरिन्छ।

- **हेडर अकाउंट :** त्यो कैश/बैंक अकाउंट जसमा राशिलाई जम्मा गरिन्छ। यो अकाउंट डेबिट हुन्छ।
- **लाइन अकाउंट :** दोस्रो लेजर अकाउंट (नॉन कैश/बैंक अकाउंट) जसको लागि भुक्तान गरिएको छ। यो अकाउंट क्रेडिट हुन्छ। नेगेटिव (–) राशिको लागि (जुन डिडक्ट अर्थात कटौती) अकाउंट डेबिट हुन्छ।

चित्र (15.19) चैंबरमा कंसल्टेशन फीसको रूपमा प्राप्त गरिएको राशिको लागि रिसीट वाउचर प्रदर्शित गर्दछ।

चित्र 15.19 : सिंगल मोड वाउचर एंट्रीको रिसीट (प्राप्ति रसीद)।

चित्र (15.20) तपाईको फिक्स डिपॉजिट (एफडी वा सावधि जम्मा) को समय पूरा भएपछि टैक्सको रूपमा कटौती पछिको राशि (ब्याज सहित) रिसीट प्रदर्शित गर्दछ।

```
        Receipt       No. 48                                    31-Mar-2007
                                                                Saturday

Account : HDFC Savings A/c
    Cur Bal : 1,53,040.53 Dr
        Particulars                                               Amount

IDBI Fixed Deposit                                              90,000.00
    Cur Bal : 0.00 Cr
Interest on Fixed Deposit                                        4,500.00
    Cur Bal : 7,605.00 Cr
TDS(06_07)                                                       (-)225.00
    Cur Bal : 225.00 Dr



Narration:                                                      94,275.00
Ch. No. :FD Matured with Interest where primary valu
90000@5 upto 31.3.07
```

चित्र 15.20 : सिंगल मोड वाउचर एंट्रीको प्राप्ति रसीद (कटौतीको साथमा)।

जर्नल वाउचर

राशिको प्राप्ति वा भुक्तानको अलावा अर्को लेन-देनलाई जर्नल वाउचरमा एंटर गरिन्छ।

जर्नल वाउचर केवल डबल एंट्री सिस्टम (दोहरो लेखा प्रणाली) मा एंटर गरिन्छ। (अमाउंट डेबिट/क्रेडिट कॉलममा हुन्छ, हेडर अकाउंट हुदैन्।)

जर्नल वाउचर एंट्रीमा लेजर अकाउंटको नियमहरू :

- डेबिटको लागि डी टाइप गर्नुहोस्, क्रेडिटको लागि सी टाइप गर्नुहोस्, टू (कसैको) को लागि टी टाइप गर्नुहोस्, बाई (कसको द्वारा) को लागि बी टाइप गर्नुहोस्। पहिलो लेजर अमाउंट डेबिट नै हुनुपर्छ।
- लेजर अकाउंट सलेक्ट गर्नुहोस्। (कैश/बैंक अकाउंट भन्दा अर्को)
- डेबिट/क्रेडिट कॉलममा अमाउंट (राशि) एंटर गर्नुहोस्। तपाई यहा नेगेटिव (माइनस -) अमाउंट एंटर गर्न सक्नुहुन्न।

सबै डेबिट अकाउंट्सको टोटल (कुल योग) सबै क्रेडिट अकाउंट्सको कुल योगको बराबर हुनुपर्छ।

```
        Journal        No. 11                                   31-Mar-2007
                                                                Saturday

        Particulars                              Debit          Credit

Dr  Depreciation Charges                        15,000.00
    Cur Bal : 86,000.00 Dr
Cr  Flat                                                        15,000.00
    Cur Bal : 5,85,000.00 Dr




Narration:                                      15,000.00       15,000.00
Dep. Charged on Flat at 2.5%
```

चित्र 15.21 : मूल्य कटौतीको लागि जर्नल वाउचर वा प्रोवीजन।

लेजर अकाउंट्सको एंट्री पछि (जब डेबिट र क्रेडिट अकाउंटको कुल योग बराबर हुन्छ), कर्सर नरेशन (वर्णन वा टिप्पणी) फील्डमा आउछ। यहा तपाई यसरी नै कुनै पनि प्रकारको टिप्पणीलाई एंटर गर्न सक्नुहुन्छ।

चित्र (15.20) मा तपाईले जर्नल वाउचर फिक्स डिपॉजिटमा प्राप्त गरिएको ब्याजको प्रावधानलाई प्रदर्शित गर्दछ। जुन एफडी अहिले मैच्योर (पूरा) भएको छैन्।

Journal No. 25 — 31-Mar-2007, Saturday

Particulars	Debit	Credit
Dr IDBI Fixed Deposit *Cur Bal: 4,500.00 Dr*	4,500.00	
Cr. Interest on Fixed Deposit *Cur Bal: 12,105.00 Cr*		4,500.00
	4,500.00	4,500.00

Narration:
FD with Interest Accrued on 01.04.06 to 31.03.07

चित्र 15.22 : फिक्स्ड डिपोजिट (सावधि जम्मा) माथि प्राप्त ब्याजको लागि जर्नल वाउचरको प्रोवीजन।

विभिन्न प्रकारको वाउचरको उदाहरणहरु

यहा वाउचरको केहि उदाहरणहरु देखाईएको छ।

सिंगल मोड एंट्रीमा, हालांकि तपाई डेबिट र क्रेडिटलाई स्पेसीफाई (स्पष्ट वा उल्लेख गर्न) गर्नुहुन्न, टैली वाउचर टाइपको हिसाबबाट स्यंम नै डेबिट/क्रेडिट, लेजर अकाउंटको पोजीशन (हेडर वा डिटेल एरिया) लाई र राशिको चिह्न (पॉजीटिव वा नेगेटिव) लाई सजिलैसंग थाहा पाउछ।

पहिलो लेजर अकाउंट (बिना राशिको), हेडर अकाउंटलाई शो (प्रदर्शित) गर्दछ।

बाकी लेजर अकाउंटमा (राशिको साथमा) लाइन अकाउंट्स हुन्छ। वाउचरको नरेशन (टिप्पणी) अंतमा देखिन्छ।

कांट्रा वाउचर्स

पहिलो लेजर अकाउंट हेडर अकाउंट हुन्छ, त्यसैले यो डेबिट अकाउंट हुन्छ। बाकीको सबै अकाउंट लाइन एरियामा एंटर गरिन्छ र त्यो क्रेडिट अकाउंट्स हुन्छ।

कांट्रा वाउचर एंट्रीका केहि महत्वपूर्ण उदाहरणहरु निम्नलिखित छन्।

1. बैंकबाट नकद निकासी।

2. बैंकमा नकद जम्मा।

3. एउटा बैंक अकाउंटबाट अर्को बैंक अकाउंटमा फंड ट्रांसफर (राशि स्थानांतरण) गर्न।

4. विभिन्न बैंक खातहरुमा नकद जम्मा गर्न।

1. बैंकबाट नकद निकासीको कंट्रा वाउचर

दिनांक	*लेजर अकाउंट*	*अमाउंट*
1 मई 2011	कैश	
	एचडीएफसी बैंक	2000
टिप्पणी	एचडीएफसी बैंकबाट चेक नंबर 234678 द्वारा पीआर चौबेको करेंट अकाउंटबाट 2000 रुपैयाको भुक्तानी गरियो।	

2. बैंकमा नकद जम्माको कंट्रा वाउचर

दिनांक	लेजर अकाउंट	अमाउंट
1 जून 2011	एचडीएफसी बैंक	
	कैश	12000
टिप्पणी	एचडीएफसी बैंकको सेविंग अकाउंटमा एसआर ललित द्वारा 12000 रुपैया जम्मा गरियो।	

3. एउटा बैंक खाताबाट अर्को खातामा फंड ट्रांसफरको कंट्रा वाउचर

दिनांक	लेजर अकाउंट	अमाउंट
2 जुलाई 11	एचडीएफसी बैंक	
	स्टेट बैंक ऑफ इंडिया	25000
टिप्पणी	स्टेट बैंक ऑफ इंडियाको चेक नंबर 342123 बाट एचडीएफसी बैंकको करेंट अकाउंटमा 25000 रुपैया जम्मा गरियो।	

4. दुईवटा बैंक खातहरुमा नकद जम्माको कंट्रा वाउचर

सिंगल मोडमा कंट्रा वाउचरमा, तपाई धेरै कैश/बैंक अकाउंट एंटर गर्न सक्नुहुन्छ जसबाट नकद निकासी गरिन्छ। तर केवल एउटा कैश/बैंक अकाउंट एंटर गर्न सकिन्छ जसमा राशि जम्मा हुन्छ।

त्यसैले, विभिन्न बैंक खाताबाट नकद निकासीको लागि सिंगल मोडमा तपाई एउटा कंट्रा वाउचर क्रिएट गर्न सक्नुहुन्छ। तर एक भन्दा बढि बैंक खाताबाट नकद निकासीको लागि एउटा कंट्रा वाउचर क्रिएट (तैयार) गर्न सक्नुहुन्न। तपाईले प्रत्येक बैंकबाट नकद निकासीको लागि अलग-अलग वाउचर तैयार गर्नु पर्नेहुन्छ।

प्रत्येक कैश/बैंक अकाउंटबाट लेन-देनको लागि तपाईलाई अलग-अलग कंट्रा वाउचर क्रिएट गर्ने सल्लाह दिएको छ।

दिनांक	लेजर अकाउंट	अमाउंट
2 जुलाई 2011	कैश	
	एचडीएफसी बैंक	15000
	एसबीआई बैंक	7000
टिप्पणी	जयराम साहू द्वारा एचडीएफसी बैंकमा 15000 रुपैया र एसबीआई बैंकमा 7000 रुपैया जम्मा गरियो।	

पेमेंट वाउचर

पेमेंट वाउचर एंट्रीका केहि उदाहरणहरु यहा दिईएको छ।

1. मशीनको मरम्मतको खर्च
2. एडवांसमा सैलरीको भुक्तानी
3. एडवांस र अन्य कटौती पछि सैलरीको भुक्तानी
4. आवश्यक कटौती पछि सैलरीको भुक्तान
5. म्यूचुअल फंडमा निवेश
6. बैंकको एफडी (फिक्स डिपॉजिट) मा निवेश
7. राष्ट्रीय बचत पत्र (एनएससी) मा इन्वेस्टमेंट (निवेश)।

8. इक्विटी शेयरमा निवेश
9. दिईएको पर्सनल लोन
10. अचल संपत्तिको खरीद
11. बैंक लोनमा दिईएको ब्याज
12. पर्सनल लोनमा दिईएको ब्याज

पहिलो लेजर अकाउंट कैश/बैंक हेडर अकाउंट हो, जुन क्रेडिट हुन्छ। अन्य सबै लेजर अकाउंट डेबिट हुन्छ। (नेगेटिव अकाउंट सधै क्रेडिट हुन्छ)।

1. मशीनको मरम्मतको खर्च

दिनांक	लेजर अकाउंट	अमाउंट
1मई 2011	एचडीएफसी बैंक	
	मशीन की मरम्मत राशि	600
टिप्पणी	ब्लड प्रेशर माप मशीनको मरम्मतको लागि टीके एंटरप्राइजेजलाई चेक नंबर 456213 बाट भुक्तान गरियो।	

2. एडवांस सैलरी

दिनांक	लेजर अकाउंट	अमाउंट
1अप्रैल 2011	कैश	
	सैलरी एडवांस	1000
टिप्पणी	टी गोस्वामीलाई एडवांसमा सैलरीको भुक्तानी गरियो।	

3. एडवांस र अन्य कटौती पछि सैलरीको भुक्तानी

दिनांक	लेजर अकाउंट	अमाउंट
1मई 2011	एचडीएफसी बैंक	
	सैलरी	6000
	पी टैक्स	-30
	सैलरी एडवांस	-1000
टिप्पणी	सैलरी एडवांस र टैक्स कटौती पछि टीके गोस्वामीलाई चेक नंबर 456213 बाट अप्रैल महिनाको सैलरीको भुक्तान गरियो।	

4. कटौती पछि सैलरीको भुक्तान

दिनांक	लेजर अकाउंट	अमाउंट
1जून 2011	एचडीएफसी बैंक	
	सैलरी	6000
	ओवरटाइम	1500
	पी टैक्स (कर्मचारीबाट)	-30
	कर्मचारीबाट आयकरको कटौती	-120
टिप्पणी	मई 2011 को सैलरी र ओवरटाइमको लागि टी गोस्वामीलाई आयकर र अन्य करको कटौती पछि चेक नंबर 426815 बाट भुक्तानी गरियो।	

5. म्यूचुअल फंडमा निवेश

दिनांक	*लेजर अकाउंट*	*अमाउंट*
1मई 2011	एचडीएफसी बैंक	
	रिलायंस इक्विटी म्यूचुअल फंड	5000
टिप्पणी	दस रुपैयाको दरले रिलायंस इक्विटी म्यूचुअल फंडको 500 यूनिट चेक नंबर 495673 बाट खरीद गरियो, जसको परिपक्वता अवधि1 मई 2009 हो।	

6. बैंकको एफडीमा निवेश

दिनांक	*लेजर अकाउंट*	*अमाउंट*
1अगस्त 2011	एचडीएफसी बैंक	
	आईडीबीआई फिक्स डिपॉजिट	40000
टिप्पणी	चेक नंबर 485474 बाट 40000 रुपैया एफडीमा निवेश गरियो। जसको परिपक्वता (मैच्योरिटी) राशि 44437.71 छ।	

7. राष्ट्रीय बचत पत्रमा निवेश

दिनांक	*लेजर अकाउंट*	*अमाउंट*
2अगस्त 2011	एचडीएफसी बैंक	
	एनएससी - 2011 - 2011	10000
टिप्पणी	चेक नंबर 987562 बाट वर्ष 2006-07 मा एनएससी खरीद गरियो। यसको परिपक्वता राशि 16110 रुपैयाको छ र परिपक्वता अवधि 02/08/2012 छ।	

8. इक्विटी शेयरमा निवेश

दिनांक	*लेजर अकाउंट*	*अमाउंट*
1 सितंबर 2011	एचडीएफसी बैंक	
	बीआरपीएल इक्विटी शेयर	20000
टिप्पणी	चेक नंबर 258963 बाट बीआरपीएलको 200 शेयर 10 रुपैया प्रति यूनिटको दरले खरीद गरियो।	

9. दिईएको पर्सनल लोन

दिनांक	*लेजर अकाउंट*	*अमाउंट*
2 अगस्त 2011	एचडीएफसी बैंक	
	एस मित्रा	30000
टिप्पणी	एस मित्रालाई चेक नंबर 789456 बाट लोन दिईयो जुन 9 प्रतिशत वार्षिक ब्याज दरले 31/12/2006 सम्म देय हुनेछ।	

10. अचल संपत्तिको खरीद

दिनांक	*लेजर अकाउंट*	*अमाउंट*
2 मई 2011	एचडीएफसी बैंक	
	कंप्यूटर	40000
टिप्पणी	चेक नंबर 736526 बाट सनट्रोक्स इंडियाबाट 40000 रुपैयाको पर्सनल कंप्यूटर बिल नंबर 2345 दिनांक 15.5.06 मा खरीद गरियो।	

11. बैंक लोन माथि दिईएको ब्याज

दिनांक	लेजर अकाउंट	अमाउंट
01 अक्टूबर 2011	एचडीएफसी बैंक	
	बैंकलाई ब्याजको भुक्तानी	3000
टिप्पणी	एक अप्रैल 2006 देखि 30 सितंबर 2006 को अवधिको लागि एचडीएफसी बैंकबाट 12 प्रतिशत वार्षिक ब्याज दरको दरले लिईएको 5000 रुपैयाको लोन माथि ब्याजको भुक्तानी गर्नु।	

12. पर्सनल लोन माथि चुकाईएको ब्याज

दिनांक	लेजर अकाउंट	अमाउंट
01 अक्टूबर 2011	एस. बी. रॉय	
	लोन माथि ब्याजको भुक्तान	4500
टिप्पणी	एसबी रायले 9 प्रतिशत बार्षिक ब्याजको दरले छ महिनाको लागि 100000 रुपैयाको लोन माथि ब्याजको भुक्तानी।	

रिसीप्ट वाउचर्स

विभिन्न प्रकारको लेन-देनको लागि रिसीट वाउचर एंट्रीका केहि उदाहरणहरु यहा दिईएको छ। पहिलो लेजर अकाउंट कैश/बैंक हेडर अकाउंट हुन्छ, जुन डेबिट हुन्छ। केवल नेगेटिव राशि बाहेक अन्य सबै लेजर अकाउंट्स क्रेडिट हुन्छ।

नकदमा व्यावसायिक फीसको भुक्तानी

दिनांक	लेजर अकाउंट	अमाउंट
31 अक्टूबर 2011	कैश	
	प्रोफेशनल फीस (चैंबर फीस)	500
टिप्पणी	चैंबरमा रोगीलाई सल्लाह दिएको वापत प्रोफेशनल फीस प्राप्त गरियो।	

चेकबाट प्रोफेशनल फीसको प्राप्ति

दिनांक	लेजर अकाउंट	अमाउंट
31 अक्टूबर 2011	एचडीएफसी बैंक	
	प्रोफेशनल फीस (सर्जरी)	5000
टिप्पणी	सर्जरीको लागि एके भरबाट चेक नंबर 542632 बाट फीस प्राप्त गरियो।	

आउटस्टैंडिंग बकायाको प्राप्ति

दिनांक	लेजर अकाउंट	अमाउंट
2 अगस्त 2011	एचडीएफसी बैंक	
	किशोर रॉय	1500
टिप्पणी	पहिला वित्तीय वर्षमा किशोर रॉयबाट चेक नंबर 542632 बाट आउटस्टैंडिंग फीस प्राप्त गरियो।	

पर्सनल लोन माथि ब्याज

दिनांक	लेजर अकाउंट	अमाउंट
1 जुलाई 2011	एचडीएफसी बैंक	
	एस दत्ता	30000
	लोन माथि ब्याजको भुक्तानी	750
टिप्पणी	एस दत्ता द्वारा लिईएको लोनको लागि 01.04.06 देखि 30.06.06 को अवधिको बीचमा चेक नंबर 523632 बाट लोन प्राप्त गरियो।	

लाभमा इक्विटी म्यूचुअल फंडको बिक्री

दिनांक	*लेजर अकाउंट*	*अमाउंट*
31 मार्च 2011	एचडीएफसी बैंक	
	रिलायंस इक्विटी म्यूचुअल फंड	5000
	केहि समयमा प्राप्त गरिएको राशि	1000
टिप्पणी	12 रुपैया प्रति यूनिटको दरले 500 यूनिट म्यूचुअल फंडको बिक्री 60000 रुपैयामा गरियो। यसलाई दस रुपैया यूनिटको दरले 5000 रुपैयामा खरीद गरिएको थियो। यसमा प्रॉफिट (लाभ) 1000 रुपैयाको भयो जसलाई एचडीएफसी बैंक अकाउंटमा क्रेडिट गरियो।	

लाभमा इक्विटी शेयरको बिक्री

दिनांक	*लेजर अकाउंट*	*अमाउंट*
31 मार्च 2011	एचडीएफसी बैंक	
	31 इंफो	7000
	केहि समयमा प्राप्तको राशि/हानि	1000
टिप्पणी	31 इंफोको 100 वटा शेयर 80 रुपैयाको दरले बेचियो, जबकि यसको मूल्य 70 रुपैयाको दरले 7000 रुपैया थियो।	

घाटामा इक्विटी शेयरको बिक्री

दिनांक	*लेजर अकाउंट*	*अमाउंट*
2 अक्टूबर 2011	एचडीएफसी बैंक	
	आईपीसीएल	6000
	लॉस (हानि)	–500
टिप्पणी	आईपीसीएलको 100 वटा शेयर 55 रुपैयाको दरले 5500 रुपैयामा बेचियो, जबकि यसलाई 60 रुपैयाको दरले 60000 रुपैयामा खरीद गरिएको थियो। यसमा 500 रुपैयाको नोक्सान भयो।	

टैक्स कटौती पछि एफडी माथि प्राप्त ब्याज

दिनांक	*लेजर अकाउंट*	*अमाउंट*
31 दिसंबर 2011	आईडीबीआई बैंक	
	आईडीबीआई फिक्स डिपॉजिट	7000
	एफडी माथि ब्याज	3500
	टैक्सको कटौती (टीडीएस)	–175
टिप्पणी	टीडीएसको कटौती पछि एफडी 5 प्रतिशतको दरले मैच्योर (परिपक्व) भयो।	

टैक्स (टीडीएस) को कटौती पछि प्राप्त डिवीडेंट

दिनांक	*लेजर अकाउंट*	*अमाउंट*
31 दिसंबर 2011	एचडीएफसी बैंक	
	प्राप्त डिवीडेंट	30000
	टीडीएस	–1500
टिप्पणी	5 प्रतिशत टीडीएसको कटौती पछि चेक नंबर 546256 बाट आईपीसीएलको डिवीडेंट प्राप्त गरियो।	

जर्नल वाउचर्स

जनरल वाउचर एंट्रीको केहि उदाहरणहरु तल दिइएको छ।

1. प्राप्त गरिने खालको आमदनी

2. एक्सपेंसको जिम्मेदारी

3. ब्याज (प्राप्त गरिएको अथवा चुकाईयो)

4. डिप्रेशिएशन (मूल्य घटाउन वा मूल्य हास)

1. प्राप्त हुने खालको आम्दानी

दिनांक	लेजर अकाउंट	डेबिट राशि	क्रेडिट राशि
31 मार्च 2011	अर्नव राय	1000	
	प्रोफेशनल फीस (सर्जरी)		1000
टिप्पणी	अर्नव रायबाट सर्जरी फीस प्राप्त गरियो।		

2. एक्सपेंसको लायबिलिटी

दिनांक	लेजर अकाउंट	डेबिट राशि	क्रेडिट राशि
31 मार्च 2011	सैलरी	1000	
	सैलरी पेयबल		1000
टिप्पणी	स्टाफलाई मार्च 2011 को सैलरीको भुक्तानी		

3. ब्याजको प्राप्ति

दिनांक	लेजर अकाउंट	डेबिट राशि	क्रेडिट राशि
31 मार्च 2011	एफडी माथि प्राप्त ब्याज	500	
	एचडीएफसी फिक्स डिपॉजिट		500
टिप्पणी	20000 रुपैया माथि 10 प्रतिशत वार्षिक ब्याजको दरले एफडीमा 1.1.07 देखि 31.03.06 को बीचमा ब्याज प्राप्त भयो।		

4. ब्याजको भुक्तानी

दिनांक	लेजर अकाउंट	डेबिट राशि	क्रेडिट राशि
31 मार्च 2011	लोन माथि ब्याजको भुक्तान	1000	
	अर्नव राय		1000
टिप्पणी	1.1.07 देखि 31.3.2006 को बीचमा दिईएको 40000 रुपैया माथि दस प्रतिशतको ब्याज दरले प्राप्त लोन।		

5. मूल्य ह्रास

दिनांक	लेजर अकाउंट	डेबिट राशि	क्रेडिट राशि
31 दिसंबर 2011	मूल्य कटौती	86000	
	फर्नीचर		9000
	फ्लैट		15000
	मेडिकल उपकरण		12000
	मोटर कार		50000
टिप्पणी	90000 हजारको फर्नीचरमा 10 प्रतिशत, छ लाखको फ्लैटमा 2.5 प्रतिशत, 100000 को मेडिकल उपकरणहरुमा 10 प्रतिशत, 250000 को मोटर कारमा 20 प्रतिशतको मूल्य ह्रास भएको छ।		

वाउचरका केहि अरु उदाहरणहरु

हामीले विभिन्न लेन-देनको लागि एंट्री वाउचरको नियमहरुको व्याख्या पढि सकि सकेका छौं। डा एके सिंहा द्वारा किताबको खरीद गर्नको लागि तैयार नया अकाउंटलाई डे बुकमा देखाईएको छ। उदाहरणको लागि जर्नल वाउचर जनरल बुकमा छ। (चित्र 15.41), रिसीट, पेमेंट र कंट्रा वाउचर डे बुकमा छ। (चित्र 15.35), यो कैश बुक (चित्र 15.38) र बैंक बुक (चित्र 15.39) (चित्र 15. 40) मा कसरी देखिन्छ। यो किताब सिंगल मोडमा एंटर गरिएको वाउचरको डेबिट र क्रेडिटको प्रभावलाई व्यक्त गर्दछ।

रिपोट्र्सको प्रिंटिंग (छपाई)

वाउचरलाई एंटर गरेपछि, तपाई कुनै पनि रिपोर्टको प्रिंट लिन सक्नुहुन्छ। तपाई कुनै पनि समय अन्तिम वाउचरमा भएको एंट्रीलाई अपडेट राख्न सक्नुहुन्छ।

सबै भन्दा पहिला हामीले रिपोट्र्स प्रिंटिंगको सामान्य फीचर्स र ऑप्शंसको बारेमा चर्चा गर्नेछौं। त्यसपछि हामी स्पेसिफिक (विशेष) रिपोट्र्सको प्रिटिंगको बारेमा चर्चा गर्नेछौं।

प्रिंटिंग डायलॉग

कुनै पनि रिपोर्ट स्क्रीनमा 'पी' (प्रिटिंग डायलॉग प्राप्त गर्नको लागि प्रिंटको बटन, चित्र 15-23) माथि क्लिक गर्नुहोस्। यहा तपाईले रिपोर्टको ऑप्शंसलाई सेट गर्न सक्नुहुन्छ।

प्रिटिंग डायलॉग स्क्रीन (चित्र 15-23) मुख्यत: तीन भागमा बाटिएको छ।

1. सबै भन्दा माथिको भागमा जनरल (सामान्य) प्रिटिंग ऑप्शन हुन्छ।
2. बीचमा रिपोर्टलाई स्पेसीफाई गरिन्द जस्तै (टाइटल र अन्य इंर्फोमेशन)।
3. तेस्रो भाग रिपोर्टको स्पेसिफिक ऑप्शनलाई दर्शाउछ।

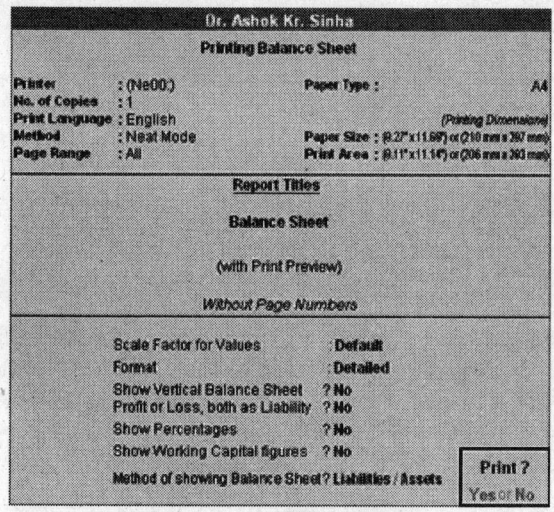

चित्र 15. 23 : प्रिंटिंग डायलॉग

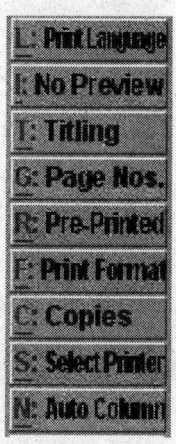

चित्र 15. 24 : प्रिंटिंग डायलॉगमा मौजूद बटन

प्रिंटिंग डायलॉगको बटन

रिपोर्ट प्रिंटिंग डायलॉगको दाया बटन बारमा मौजूद रहेको विभिन्न बटनहरुबाट तपाई रिपोर्ट प्रिंटिंग ऑप्शन सेट गर्न सक्नुहुन्छ। यसलाई हामी पछि स्पष्ट गर्नेछौं।

पेज नंबर

स्क्रीनमा पेजको रेंज (कहा देखि शुरू भएर कहा सम्म) को सेट गर्नको लागि **'जी'** : पेज नंबर बटन क्लिक गर्नुहोस्। (चित्र 15. 25)

• **स्टार्टिंग पेज नंबर (जहा देखि प्रिंट शुरू हुनेछ) :** त्यहा देखि तपाई सेट गर्न सक्नुहुन्छ कि प्रिंटिंग कहाबाट शुरू हुनेछ जस्तै पेज नंबर 1। यस बाहेक तपाई पेज 1 को स्थानमा पेज 31 पनि सेट गर्न सक्नुहुन्छ। यस्तो स्थितिमा तपाईको रिपोर्ट पेज 31 बाट प्रिंट हुनेछ।

• **पेज नंबर :** रिपोर्टमा केवल केहि छानिएको पेजलाई नै प्रिंट गर्नको लागि पेज रेंज एंटर गरिन्छ। जस्तै- पेज नंबर पांच देखि नौ प्रिंट गर्नको लागि 5-9 वा केवल 5 नंबर पेजलाई प्रिंट गर्नको लागि सेट गर्नुहोस् 5-5। यस बाहेक यदि तपाई पूरा रिपोर्टलाई प्रिंट गर्न चाहनुहुन्छ भने **'ऑल'** माथि क्लिक गर्नुहोस्।

प्रिंट फार्मेट

निम्नलिखित सेट गर्नको लागि **'एफ: प्रिंट फार्मेट बटन'** माथि क्लिक गर्नुहोस्।

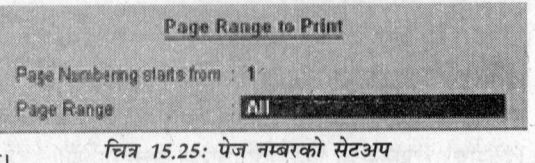

चित्र 15.25: पेज नम्बरको सेटअप

'प्रिंट मोड' यस फील्डमा निम्नलिखित ऑप्शनलाई सेट गर्नुहोस्।

• ***नॉन इंपैक्ट प्रिंटर :*** नीट मोड सलेक्ट गर्नुहोस्। (चित्र 15.26)।

• ***डॉट मैट्रिक्स प्रिंटर :*** डॉट मैट्रिक्स प्रिंटरबाट प्रिंट प्राप्त गर्नको लागि डॉट मैट्रिक्स फार्मेट माथि क्लिक गर्नुहोस्। त्यसपछि प्रॉपर (उपयुक्त) डॉट मैट्रिक्स प्रिंटर ड्राइवर सलेक्ट गर्नुहोस्। (चित्र 15. 27)।

फास्ट (तेज) प्रिंटिंग र रिपोर्टको डाटालाई कतै सेव गर्नको लागि क्विक/ड्राफ्ट (चित्र 15.29) लाई सलेक्ट गर्नुहोस्। त्यसपछि फाइललाई जुन नामले सेव गर्न चाहनुहुन्छ, त्यो नाम एंटर गर्नुहोस्।

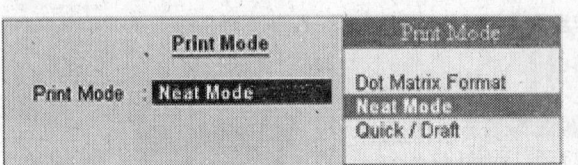

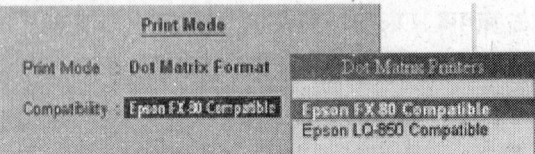

चित्र 15.26 : प्रिंट फार्मेट (प्रारूप) को चुनाव

चित्र 15.27: डॉट मैट्रिक्स प्रिंटरको ड्राइवरको सेलेक्शन (चुनाव)।

नंबर ऑफ कॉपी (कॉपिहरुको संख्या)

रिपोर्टको बढि कॉपी प्राप्त गर्नको लागि सी : कॉपी बटन (नंबर ऑफ कॉपी स्क्रीन प्राप्त गर्नको लागि (चित्र 15.28) थिच्नुहोस्)। त्यसपछि यहा त्यो संख्या एंटर गर्नुहोस् जति कॉपी तपाई प्राप्त गर्न चाहनुहुन्छ। सामान्यत: यो संख्या 1 मा सेट हुन्छ।

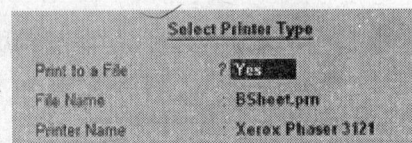

चित्र 15.28: नंबर ऑफ कॉपीको चुनाव

चित्र 15.29: क्विक/ड्राफ्ट फॉर क्विक प्रिंटिंग ओर टू सेव द रिपोर्ट इन फाईल

चित्र 15.30: सेविंग रपोर्ट इन ए फाईल

प्रिंटर सलेक्शन

यदि तपाईको कंप्यूटरमा एक भन्दा बढि प्रिंटर इंस्टॉल छ भने कुनै अर्को प्रिंटर सलेक्ट गर्नको लागि (एस : सलेक्ट प्रिंटर) माथि क्लिक गर्नुहोस् र यहा प्राप्त लिस्टबाट त्यो प्रिंटर माथि क्लिक गर्नुहोस् जसलाई तपाई सलेक्ट गर्न चाहनुहुन्छ।

रिपोर्ट टाइटल

रिपोर्ट टाइटल सेट गर्नको लागि (टी : टाइटल बटन) थिच्नुहोस र निम्नलिखित (चित्र 15. 31) को अनुसार सेट गर्नुहोस्।

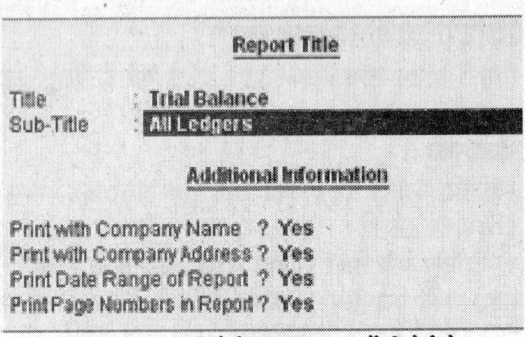

• **टाइटल :** टैली वर्तमान रिपोर्टको लागि एउटा स्टैंडर्ड रिपोर्ट टाइटल प्रस्तुत गर्दछ। तपाईले त्यसलाई आफ्नो चाहना अनुसार बदलिन पनि सक्नुहुन्छ।

• **सब टाइटल :** रिपोर्ट टाइटलको तल सब टाइटल रिपोर्ट एंटर गर्नुहोस्।

• **एडिशनल इंफोर्मेशन :** यस रिपोर्ट टाइटलमा मौजूद पार्टिकुलर (सामग्री) प्रिंट गर्नको लागि 'यस' वा 'नो' सेट गर्नुहोस्।

चित्र 15.31 : रिपोर्ट टाइटल र अर्को रिपोर्टको ऑप्शंसको सेटअप।

स्क्रीनमा रिपोर्टको प्रीव्यू

प्रिंट भएपछि तपाईको रिपोर्ट कस्तो देखिनेछ, त्यो हेर्नको लागि तपाई रिपोर्टको प्रीव्यू पनि हेर्न सक्नुहुन्छ। प्रीव्यू डिस्प्लेलाई सानो-ठूलो (जूम इन र जूम आउट) गरेर हेर्नको लागि प्रीव्यू स्क्रीनमा जूम बटन माथि क्लिक गर्नुहोस्। (चित्र 15.32)

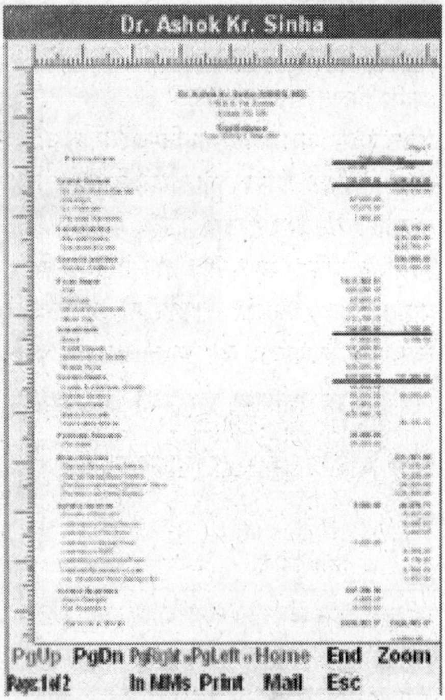

चित्र 15.32: प्रिंट प्रिव्यू (सानो आकारमा)

अकाउंट्सको बुकहरु

यहा हामीले अकाउंटको विभिन्न बुक (किताबहरु वा खाताहरु) को बारेमा चर्चा गर्नेछौं। जस्तै-

- डे-बुक
- कैश/बैंक बुक
- जर्नल
- लेजर
- ट्रायल बैलेंस

डे-बुक

दिनांक (तिथिको क्रमानुसार) वाउचर्सको लिस्ट डे बुकमा प्रदर्शित हुन्छ। टैलीको शुरुआतमा डिस्प्ले सलेक्ट गर्नुहोस् र करेंट डेटको लागि डे बुकमा मौजूद सबै वाउचर्सको लिस्टको लागि डे बुक सलेक्ट गर्नुहोस्। कुनै विशेष समयको लागि डे बुक प्राप्त गर्नको लागि, (एफ 2 : पीरियड बटन) थिच्नुहोस् र त्यसमा डेट रेंज (समय अवधि) एंटर गर्नुहोस्। (चित्र 15.33)।

सलेक्ट डिसप्ले > डे-बुक

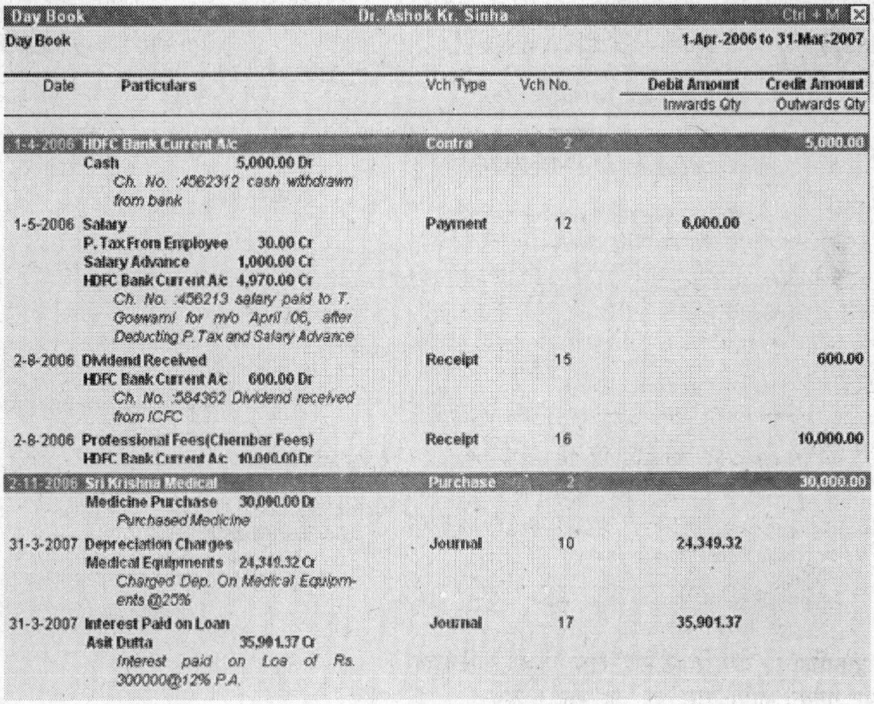

Day Book — Dr. Ashok Kr. Sinha — Ctrl + M

Day Book — 1-Apr-2006 to 31-Mar-2007

Date	Particulars	Vch Type	Vch No.	Debit Amount / Inwards Qty	Credit Amount / Outwards Qty
1-4-2006	HDFC Bank Current A/c Cash 5,000.00 Dr *Ch. No. :4562312 cash withdrawn from bank*	Contra	2		5,000.00
1-5-2006	Salary P. Tax From Employee 30.00 Cr Salary Advance 1,000.00 Cr HDFC Bank Current A/c 4,970.00 Cr *Ch. No. :456213 salary paid to T. Goswami for m/o April 06, after Deducting P.Tax and Salary Advance*	Payment	12	6,000.00	
2-8-2006	Dividend Received HDFC Bank Current A/c 600.00 Dr *Ch. No. :584362 Dividend received from ICFC*	Receipt	15		600.00
2-8-2006	Professional Fees(Chembar Fees) HDFC Bank Current A/c 10,000.00 Dr	Receipt	16		10,000.00
2-11-2006	Sri Krishna Medical Medicine Purchase 30,000.00 Dr *Purchased Medicine*	Purchase	2		30,000.00
31-3-2007	Depreciation Charges Medical Equipments 24,349.32 Cr *Charged Dep. On Medical Equipments @25%*	Journal	10	24,349.32	
31-3-2007	Interest Paid on Loan Asit Dutta 35,901.37 Cr *Interest paid on Loa of Rs. 300000@12% P.A.*	Journal	17	35,901.37	

चित्र 15.33: डे-बुकको डिस्पले (प्रदर्शन)।

डे बुकको कांफिगुरेशन प्राप्त गर्नको लागि **'एफ 12'** माथि क्लिक गर्नुहोस्। आवश्यक्ता अनुसार ऑप्शन सेट गर्नुहोस्। (चित्र 15.34)।

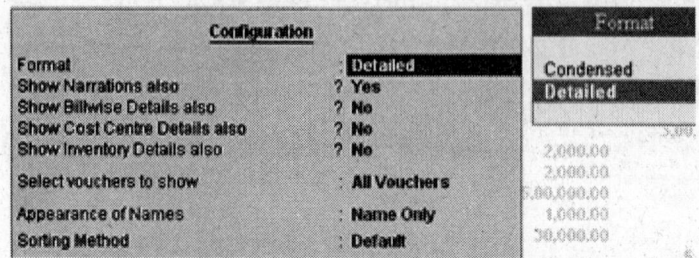

चित्र 15.34 : डे बुक डिस्प्लेको कांफिगुरेशन आप्शंस (विकल्प)।

चित्र 15.35 विभिन्न प्रकारको वाउचर्सलाई नरेशन (टिप्पणी) को साथमा डे बुकले प्रदर्शित गर्दछ।

Dr. Ashok Kr. Sinha (MBBS, MD)
178, B.K. Pal. Avenue
Kolkata 700 025

Day Book
As on 1-Apr-2006 to 31-Mar-2007

Date	Particulars	Vch. Typ	Debit Amount	Credit Amount
1-4-2006	HDFC Bank Current A/c	Ctra		5,000.00
	Cash		5,000.00	
	Ch. No. :456231 cash withdrawn from bank			
1-5-2006	Cash	Ctra		6,000.00
	HDFC Bank Current A/c		6,000.00	
	Cash deposited to HDFC Bank			
1-5-2006	HDFC Bank Current A/c	Ctra		2,000.00
	Cash		2,000.00	
	Ch. No. :234678 Cash withdrawn from HDFC Bank -Rs. 2000 through P.R. Chowbey from HDFC bank Current A/c			
1-5-2006	Telephone Charges	Pymt	652.00	
	HDFC Bank Current A/c			652.00
	Ch. No. :555635 paid for Telephone charges for the Month of April 07(Telephone No. 2546 2564)			
2-5-2006	Salary	Pymt	6,000.00	
	P. Tax From Employee		(-)30.00	
	Salary Advance		(-)1,000.00	
	HDFC Bank Current A/c			4,970.00
	Ch. No. :456213 salary paid to T. Goswami for m/o April 06, after Deducting P. Tax and Salary Advance			

Date	Particulars	Type	Debit	Credit
1-6-2006	Dividend Received HDFC Bank Curre Ch. No. :355236 Dividend Received BRPL	Rcpt	2,000.00	2,000.00
1-7-2006	S. Dutta Interest Received HDFC Bank Current A/c Ch. No. :523632 Loan refunded by S. Dutta alongwith interest for the period from 01-04-06 to 30-06-06	Rcpt	30,750.00	30,000.00 750.00
31-7-2006	Professional Fees (Chamber) HDFC Bank Current A/c Ch. No. :365432 amount received from S. Mitra for professional fees	Rcpt	5,000.00	5,000.00
1-8-2006	Bank Charges HDFC Bank Current A/C Ch. No. :amount paid for Bank charges dt. 1-8-06	Pymt	564.00	564.00
2-8-2006	S. Mitra HDFC Bank Current A/C Ch. No: 789456 Loan given to S. Mitra Returnable on 31.12.06 with 9% p.a. interest	Pymt	30,000.00	30,000.00
	Gateway Distri Pack Ch. No. :Sold Gateway DistriPack 90 shares@89, Pur. Cost 90 Shares@72, Profit 1520	Rcpt	8,000.00	
2-8-2006	Gateway Distri Pack HDFC Bank Current a/c Ch. No. :Sold Gateway Dist. Pack 90 shares	Rcpt	8,000.00	8,000.00
2-10-2006	Tania Mitra HDFC Bank Current A/C Ch. No. :564789 amount received from Tania Mitra on Loan	Rcpt	30,000.00	30,000.00
1-11-2006	S.B. Roy Interest Paid on Loan HDFC Bank Current Ch. No. :145263 Interest paid to S.B. Roy for Rs.100000@9%	Pymt	1,00,000.00 4,500.00	1,04,500.00
31-1-2007	Interest on Fixed Depos SBI Savings Account received from Interest on FD	Rcpt	562.00	562.00

```
 31-3-2007 Depreciation Charges    Jrnl              50,000.00
           Motor Car                                                   50,000.00
              Dep. charged on Motor Car
              on Rs. 250000@20%

31-3-2007 Interest Paid on Loan   Jrnl              6,706.85
          IDBI Bank(Car L                                               6,706.85
             Interest paid@9%

31-3-2007 IDBI Flexi Bond         Jrnl              5,600.00
          Interest on Flexi Bond                                        5,600.00
          Interest on Flexi Bond @8%

31-3-2007 S. Mitra                Jrnl              2,700.00
          Interest Received on Loan                                        2,700.00
```

चित्र 15.35 : विवरणसंगै सबै प्रकारको वाउचरको डे बुक प्रदर्शित हुन्छ।

कैश बैंक बुक्स

सलेक्ट डिसप्ले >अकाउंट्स बुक्स >कैश/बैंक बुक

पहिला तपाई समूहको अनुसार (ग्रुपवाइज) कैशको समरी (सार), बैंक र बैंक ओसीसी अकाउंट्स (चित्र 15.36) प्राप्त गर्नुहुन्छ।

Cash/Bank Summary   Dr. Ashok Kr. Sinha   Ctrl + M

Particulars	Bank Accounts Dr. Ashok Kr. Sinha 1-Apr-2006 to 31-Mar-2007 Closing Balance Debit	Credit
Cash-in-hand	1,09,493.00	
Cash	1,09,493.00	
Bank Accounts	4,67,447.53	
HDFC Bank Current A/c	64,563.00	
HDFC Savings A/c	3,37,540.53	
SBI Bank	65,344.00	
Grand Total	5,76,940.53	

चित्र 15.36 : डिफाल्ट रूपमा कैश/बैंकलाई डिस्प्ले गर्दछ।

सलेक्ट गरिएको कैश/बैंक अकाउंटको लागि कैश/बैंक बुक प्राप्त गर्नको लागि कैश/बैंक अकाउंटमा ड्रिल डाउन गर्नुहोस्।

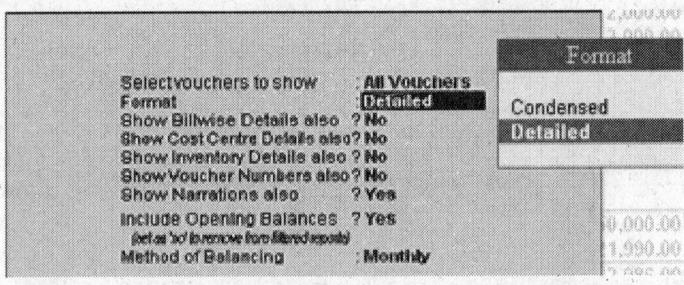

चित्र 15.37 : कैश/बैंक बुकको प्रिंटिंगको लागि प्रिंट डायलॉग प्रदर्शित हुन्छ।

कैश बुक

कैश बुकले समयको समाप्ति पछि ओपनिंग र क्लोजिंग बैलेंसको साथमा नकद (नकदमा भएको भुक्तान र प्राप्ति) मा भएको लेन-देनको डेटवाइज (तिथिको अनुसार) लिस्टलाई प्रदर्शित गर्दछ।

चित्र 15.38 तपाईले सलेक्ट गरिएको ट्रांजेक्शन अर्थात लेन-देन (ठाँउ बचाउनको लागि पटक-पटक आई रहेको एक समानको लेन-देनलाई हटाउछ अर्थात रिमूव गर्दछ) का डाक्टर एके सिंहाको कैश बुकलाई प्रदर्शित गर्दछ।

```
                  Dr. Ashok Kr. Sinha (MBBS, MD)
                       178, B.K. Pal. Avenue
                          Kolkata 700 025

                              Cash Book
                    As on 1-Apr-2006 to 31-Mar-2007
--------------------------------------------------------------------------
    Date      Particulars        Vch Typ      Debit              Credit
--------------------------------------------------------------------------

  1-4-2006   Opening Balance                  2,50,000.00
  1-4-2006   HDFC Bank Current A/c   Ctra                        50,000.00
             Cash Deposited to HDFC
             Bank Current A/c

             Municipal & Local Taxes Pymt                         1,800.00
             Paid Municipal Tax for t-
             he year of 2006 dt. 08.
             01.07, Receipt No. BS254

             Telephone Charges    Pymt                              575.00
             Amount paid for Telephone
             charges  for the month of
             March 06(Telephone No. 2-
             546 2564)

  2-4-2006   General Charges       Pymt                           2,000.00
             Amount paid for purchased
             electric goods against bill
             # 2563

  2-4-2006   Salary Advance        Pymt                           1,000.00
             Paid  to  T.  Goswami for
             Salary Advance to be rea-
             lized from his salary for
             April 06

  1-5-2006   HDFC Bank Current A/c   Ctra    2,000.00
             Ch. No. :234678 Cash wit-
             hdrawn from HDFC Bank Rs.
             2000  through  P.R.
             Chowbey from HDFC bank C-
             urrent A/c

  2-5-2006   Electric Charges      Pymt                             960.00
             Paid for Electric
             charges for CESC Bill for
             the month of April 2006
             Rent                  Pymt                           2,000.00
             Paid  to Mr. S.K.Dutta
             for  Rent  for  the
             Month of April 2006.
```

2-5-2006	Salary Salary paid to A. Dutta for the Month of April 2007	Pymt		4,000.00
31-5-2006	Stationery Expenses Purchased Stationery from public Choice in Cash	Pymt		400.00
2-6-2006	HDFC Bank Current A/c cash deposited to HDFC	Ctra		40,000.00
2-6-2006	Personal Expenses Paid for Personal Expenses of Dr. A.K. Sinha	Pymt		564.00
2-8-2006	Amar Singh Received from Amar Singh of outstanding bill	Rcpt	45,000.00	
31-8-2006	(as per details) HDFC Bank Curre 15,000.00 Cr SBI Savings Acc 7,000.00 Cr cash deposited to HDFC B-ank Current A/c and SBI Savings Account	Ctra	22,000.00	
2-9-2006	Professional Fees(Chemb Received from Mr. Arnab Sinha for Chamber Consultancy Fees	Rcpt	500.00	
	Lic Premium Amount paid for LIC Prem-ium against Policy #SL256	Pymt		5,000.00
	Drawings Cash Drawings for Person-al Use by Ashok Kr. Sinha	Pymt		35,000.00
2-9-2006	P.Bhogilal Paid to P. Bhogilal Of Bill # 2569	Pymt		25,000.00
31-10-2006	Professional Fees(Chamber-Fees) Received for consultation chamber	Rcpt	500.00	
2-11-2006	Conveyance Expenses Paid to A. Dutta for Conveyance Expenses	Pymt		800.00
2-11-2006	(as per details) Professional Fe 3,000.00 Cr Professional Fe 17,000.00 Cr Received from Mr. Nilanjan as professional fees (500 x 6) and Operation Fees Rs 17000	Rcpt	20,000.00	

```
2-12-2006 Professional Fees(Chamber)Rcpt                500.00
              Received from  Mr.
              Bikramjit Naskar for
              Chamber Fees
           HDFC Bank Current A/c   Ctra                            60,000.00
              cash deposited to HDFC S-
              avings A/c

31-12-2006 Drawings                 Pymt                           25,000.00
              Cash Drawings for Person-
              al use of Dr. A.K. Sinha

31-3-2007 Sri Krishna Medical      Pymt                            10,000.00
              Paid to Sri Krish-
              ana Medicine Supplier
              of bill No BS-16

                                        ---------------------------------------
                                               3,48,500.00        2,64,999.00
              Closing Balance                                       83,501.00
                                        ---------------------------------------
                                               3,48,500.00        3,48,500.00
                                         ======================================
```

चित्र 15.38 : विवरणसंगै कैश बुक

बैंक बुक

बैंक बुकले तपाईलाई बैंक अकाउंट द्वारा भएको लेन-देन (बैंक अकांउटबाट भुक्तान र प्राप्ति) को तिथिवार (डेटवाइज) लिस्टलाई समयको अंतमा ओपनिंग र क्लोजिंग बैलेंसको साथमा प्रदर्शित गर्दछ।

चित्र 15.39 डा एके सिन्हाको एचडीएफसी बैंकको करेंट अकाउंट (केहि गरिएको लेन-देनलाई दर्शाउछ जसमा पटक-पटक दोहरिएको एउटै प्रकृतिको लेन-देनलाई रिमूव गर्दछ अर्थात हटाउछ) को बैंक बुकलाई प्रदर्शित गर्दछ।

```
                            Dr. Ashok Kr. Sinha (MBBS, MD)
                            178, B.K. Pal. Avenue
                               Kolkata 700 025

                                HDFC Bank Current A/c
                          As on 1-Apr-2006 to 31-Mar-2007
-------------------------------------------------------------------------------------
        Date      Particulars           Vch Typ                Debit            Credit
-------------------------------------------------------------------------------------

   1-4-2006   Opening Balance                              50,000.00
   1-4-2006 Cash                        Ctra                                   5,000.00
              Ch. No. :456231 cash
              withdrawn from bank

            Bank Charges                Pymt                                      56.00
              Bank charges for
              the Month of April for
              money transfer.

            Asit Dutta                  Rcpt             3,00,000.00
              Ch. No. :456892 Loan Rec-
              eived from Asit Dutta
```

Date	Particulars	Type	Debit	Credit
1-5-2006	Cash cash deposited to HDFC Bank Current A/c.	Ctra		6,000.00
1-5-2006	SBI Savings Account Ch. No. :456321 amount transferred from SBI Savings Account to HDFC Bank Current Account	Ctra		31,000.00
	Telephone Charges Ch. No. :555635 Paid The Month of April 07 (Telephone No. 2546 2564)	Pymt	652.00	
	Cash Ch. No. :234678 Cash withdrawn from HDFC Bank Rs. 2000 through P.R. Chowbey from HDFC bank Current A/c	Ctra	2,000.00	
	Machine Repairs Ch. No. :456213 Paid to T.K. Enterprises for repairs of BP machine, vide bill # 2566	Pymt	600.00	
1-5-2006	(as per details) Salary 6,000.00 Dr P. Tax From Employee 30.00 Cr Salary Advance 1,000.00 Cr Ch. No. :456213 salary paid to T. Goswami for m/o April 06, after Deducting P. Tax and Salary Advance	Pymt	4,970.00	
2-5-2006	Medicine Purchase Ch. No. :556235 purchased Medicine from International Med. supplier Chalan No. LK5463	Pymt	30,000.00	
	P.Bhogilal Ch.No.:235632 Amoount paid to P. Bhogilal for previous year	Pymt	50,000.00	
31-5-2006	Professional Fees (Chamber) Ch. No. :643652 received from Mr. L.K. Laha.	Rcpt		7,000.00
	Dividend Received Ch. No. :561323 Dividend Received from 3I Info	Rcpt		1,500.00
1-6-2006	Conveyance Expenses Ch. No. :4523632 amount paid to S.P. Jha	Pymt	1,200.00	

Date	Particulars	Type	Amount	Total
1-6-2006	(as per details) Pymt			7,350.00
	Salary 6,000.00 Dr			
	Overtime 1,500.00 Dr			
	P. Tax From Employee 30.00 Cr			
	I. Tax From Employee 120.00 Cr			
	Ch. No. :426815 paid to T. Goswami for Salary & Overtime for m/o May06 after deducting P.Tax and Income Tax			
2-6-2006	Telephone Charges Pymt			1,200.00
	Paid for Telephone charges for the Month of May 06 (Tel phone No. 2546 2564)			
	Electric Charges Pymt			750.00
	Ch. No. :256547 amount paid to CESC for the Month of May06			
1-7-2006	Dividend Received Rcpt			1,200.00
	Ch. No. :355232 Dividend Received from Ferro Alloys			
	(as per details) Rcpt			30,750.00
	S. Dutta 30,000.00 Cr			
	Interest Received 750.00 Cr			
	Ch. No. :523632 Loan refunded by S. Dutta along with interest for the period from 01-04-06 to 30-06-06			
2-7-2006	Int. Received From Rcpt			562.00
	Savings			
	Ch. No. : Interest received from HDFC A/c No 2546321 for the period 01.04.06 to 01.07.06			
	LIC Premium Pymt			5,486.00
	Ch. No. :55.6236 amount paid for LIC Premium			
2-8-2006	Salary Pymt			4,000.00
	Ch. No. :546522 salary paid to A. Dutta for the Month of Sept. 2006			
	Gateway Distri Pack Rcpt			8,000.00
	Ch. No. :Sold Gateway Distri Pack 90 shares@89, Pur. Cost 90 Shares@72, Profit 1520.			
2-8-2006	S. Mitra Pymt			30,000.00
	Ch. No: 789456 Loan given to S. Mitra Returnable on 31.12.06 with 9% p.a. interest			

	Medical Equipments	Pymt		50,000.00
	Ch. No. :256426 purchase Medical Equipments for Rs. 50000 from P. Bhogilal against Bill# 5869			
	Kishor Roy	Rcpt	1,500.00	
	Ch. No. :542632 received from Kishor Roy			
31-8-2006	Cash	Ctra	6,532.00	
	Ch. No. :545352 cash withdrawn			
	BRPL Equity Shares	Pymt		20,000.00
	Ch. No. :258963 Purchased BRPL 200 Shares @ 100			
2-9-2006	Cash	Ctra	80,000.00	
	Cash deposited to HDFC Savings			
1-10-2006	Interest Paid on Bank	Pymt		3,000.00
	Ch. No. :Interest paid to HDFC Bank for 50000@12% for the period from 1.4.06 upto 30.09.06			
2-10-2006	Cash	Ctra	758.00	
	Ch. No. :4121542 cash withdrawn			
	Bank of India(Furniture	Pymt		15,000.00
	Ch. No.:458957 Loan on Furniture paid to Bank of India(Furniture)			
	Tania Mitra	Rcpt	30,000.00	
	Ch. No. :564789 amount received from Tania Mitra of Loan			
1-11-2006	Dividend Received	Rcpt	685.00	
	Ch. No. :5435116 Dividend Received from Gateway Distri Pack			
	Interest on Fixed Deposit	Rcpt	885.00	
	Ch. No. :4431312 Received Interest on FD upto 31.10.06			
	(as per details)	Pymt		1,04,500.00
	S.B. Roy 1,00,000.00 Dr			
	Interest Paid o 4,500.00 Dr			
	Ch. No. :145263 Interest paid to S.B. Roy@9% for the period of 01.04.06 to 31.10.06			

Date	Particulars	Type	Amount	Dr/Cr	Total		

31-12-2006 (as per details)   Pymt   27,250.00
          Suresh Mitra   25,000.00 Dr
          Interest Paid o   2,250.00 Dr
          Ch. No. :Loan amount paid
          with Interest

31-12-2006 (as per details)   Rcpt   285.00
          Dividend Received   300.00 Cr
          TDS(06_07)   15.00 Dr
          Ch. No. :546256 Dividend
          received from IPCL after
          deduction of TDS

          (as per details)   Rcpt   73,325.00
          IDBI Fixed Deposit 70,000.00 Cr
          Interest on Fix   3,500.00 Cr
          TDS(06_07)   175.00 Dr
          Fixed Deposit matured wi-
          th interest @5% after
          deduction of TDS

          Arnab Roy   Rcpt   45,000.00
          Ch. No. :245362 amount R-
          eceived from Arnab Roy f-
          or Rs. 25000 against Ref
          No. B-13

31-1-2007 Rajesh Mitra   Rcpt   25,000.00
          amount received from a p-
          atient for a Operation ,
          Doctor fees and Medicine

31-3-2007 Income Tax From Employe Pymt   120.00
          Ch. No. :54263 Income Tax
          Deposit to Income Tax De-
          partment

          P. Tax From Employee Pymt   30.00
          Ch. No. :254362 P. Tax
          Paid Deposited to P.Tax
          Department

          (as per details)   Rcpt   54,000.00
          IDBI Infrastructure 50,000.00 Cr
          Interest on   4,000.00 Cr
          Infrastructure Bond
          Ch. No. :Maturity Amount
          Received with Interest @8
          % upto 31.03.07

                                            8,40,192.00   4,10,010.00
                   Closing Balance   4,30,182.00

                                            8,40,192.00   8,40,182.00
                                          ===================================

चित्र 15.39 : विवरणसंगै बैंक बुक।

(चित्र 15.40) ले डाक्टर एके सिंन्हाको स्टेट बैंक ऑफ इंडियाको सेविंग अकाउंटको बैंक बुकलाई दर्शाउछ। यहा केहि ट्रांजेक्शन अर्थात् लेन-देनलाई दर्शाईएको छ जसमा पटक-पटक दोहरिएको एउटै प्रकृतिको लेन-देनलाई ठाउँको बचतको लागि रिमूव गरिन्छ अर्थात हटाईन्छ।

यो बैंक बुक अनको पर्सनल इनकम (निजी आय), खर्चे (एक्सपेंस) र निवेश (इन्वेंस्टमेंट) संग संबंधित ट्रांजेक्शन (लेन-देन) लाई देखाउछ।

Dr. Ashok Kr. Sinha (MBBS, MD)
178, B.K. Pal. Avenue
Kolkata 700 025

SBI Savings Account
As on 1-Apr-2006 to 31-Mar-2007

Date	Particulars	Vch Typ	Debit	Credit
1-4-2006	Opening Balance		2,50,000.00	
1-4-2006	Int. Received From Savings A/c Ch. No.:Interest receiv- ed from savings A/c No 254632 for the period of Oct. 2006 to March 07	Rcpt	625.00	
1-5-2006	HDFC Bank Current A/c Ch. No. :4563212 amount transferred from SBI Savi- ngs Account to HDFC Bank Current Account	Ctra		31,000.00
	Reliance Equity Mutual Ch. No. :495673 purchased Reliance Equity Mutual F- und, 500units @10	Pymt		5,000.00
2-5-2006	Personal Expenses Ch. No.:Credit Card Expenses	Pymt		650.00
	(as per details) Franklin India 5,000.00 Cr Short Term Capital Gain/Loss 1,000.00 Dr Ch. No. :Mutual Fund Sold for Rs 4000 cost 5000.Loss Rs 1000	Rcpt	4,000.00	
31-7-2006	IDBI Flexi Bond Ch. No. :543556 paid for purchase Flexi Bond Int.@8%.Maturity 31.7.09	Pymt		40,000.00
2-8-2006	National Savings Certificate Ch. No. :987562 purchased NSC (06_07) Rs. 10000, M- aturity date 02.08.2012, Maturity Amount 16110	Pymt		10,000.00

```
        Frankline  India        Pymt                                   50,000.00
           Ch.No.:526345 purchased
           Frankline India 5000
           units@10.

31-8-2006 (as per details)      Ctra                                    7,000.00
           HDFC Bank Current     15,000.00 Cr
           A/c.
           Cash                  22,000.00 Dr
           Cash deposited to HDFC
           Bank  Current A/c(Rs.
           15000)and SBI Savings
           A/c(Rs.7000)

        Nocil                   Rcpt               3,500.00
           Ch.  No.:523625 Sale
           Nocil 80shares@44,
           purchased cost 80
           shares@40, profit 500

2-10-2006 (as per details)      Rcpt               5,500.00
           IPCL                    6,000.00 Cr
           Short Term Capital
           Gain/Loss                 500.00 Dr
           IPCL  100 shares@55 for
           Rs.5500,sold 100 shares
           @60,Loss Rs. 500

 2-1-2007 Interest on Fixed Deposit Rcpt             856.00
           Ch.  No. :556266 Interest
           received on FD upto 31.12.06

31-3-2007 Interest on Flexi Bond  Rcpt             1,650.00
           Ch.  No. :254633 Interest
           received on Flexi Bond
           upto 31.3.06

          Public Providend Fund   Pymt                                  1,000.00
           Amal deposit in PPF A/c.

31-3-2007 (as per details)      Rcpt               6,000.00
           Reliance Equity         5,000.00 Cr
           Short Term Capital
           Gain/Loss               1,000.00 Cr
           sold Mutual fund 500 unit
           @12  =6000, purchase cost
           500@10=5000 profit=1000.
                                           ----------------------------------------
                                              2,72,131.00          1,44,650.00
            Closing Balance                                        1,27,481.00
                                           ----------------------------------------
                                              2,72,131.00          2,72,131.00
                                           ========================================
```

चित्र 15.40 : विवरणसंगै बैंक बुक।

जर्नल बुक

जर्नल बुकले तपाईलाई जनरल वाउचर्सको डेटवाइज (तिथिवार) लिस्ट देखाउछ।

सलेक्ट डिसप्ले > अकाउंट्स बुक्स > जर्नल रजिस्टर। जर्नल रजिस्टर। सबै जनर्ल वाउचरको लिस्ट प्राप्त गर्नको लागि मंथ (महिना) सलेक्ट गर्नुहोस्। **(एफ 2: पीरियड)** माथि क्लिक गर्नुहोस् र त्यस पीरियड (समय) सेट गर्नुहोस् जसको लागि तपाई जर्नल बुक प्राप्त गर्न चाहनुहुन्छ। (चित्र 15.41) ले जर्नल बुक दर्शाउछ।

Dr. Ashok Kr. Sinha (MBBS, MD)
178, B.K. Pal. Avenue
Kolkata 700 025

Journal Register
As on 1-Apr-2006 to 31-Mar-2007

Date	Particulars	Vch Typ	Debit Amount	Credit Amount
2-8-2006	Gateway DistriPack	Jrnl	1,520.00	
	Short Term Capital Gain/Loss			1,520.00
	Profit Transferred on sale of 90 shares@ 89, purchase cost 90@72 Profit 1520			
2-8-2006	Amar Singh	Jrnl	70,000.00	
	Professional Fe			5,000.00
	Professional Fe			65,000.00
	Chamber Fees & Surgery Charges Receivable			
31-3-2007	Depreciation Charges	Jrnl	50,000.00	
	Motor Car			50,000.00
	Dep. charged on Motor Car on Rs. 250000@20%			
31-3-2007	National Savings Certificate	Jrnl	5,304.00	
	Interest on NSC			5,304.00
	Interest accrued on N.S.C. upto 31.03.07 On 65000@8.16%			
31-3-2007	Public Providend Fund	Jrnl	9,176.00	
	Interest on Pro			9,176.00
	Interest Accrued upto 31.03.07			
31-3-2007	Interest Paid on Loan	Jrnl	35,901.37	
	Asit Dutta			35,901.37
	Interest accrued on Loan of Rs. 300000 @12% P.A. upto 31.3.07			
31-3-2007	Interest Paid on Loan	Jrnl	5,000.00	
	A.K. Basu			5,000.00
	Interest accrued on Loan @10 % upto 31.03.07			
31-3-2007	Depreciation Charges	Jrnl	7,000.00	
	Furniture			7,000.00
	Dep. on Furniture of Rs. 70000@10%			
31-3-2007	Bikramjit Naskar	Jrnl	2,895.54	
	Interest Received on loan			2,895.54
	Interest Receivable @9%P. A. on Loan upto 31.03.07			

```
31-3-2007  Tania Mitra              Jrnl       4,068.50
           Interest Received on loan                       4,068.50
             Interest Receivable @9%
             P.A. on Loan upto 31.03.07

31-3-2007  IDBI Flexi Bond          Jrnl       5,600.00
           Interest accrued on Flexi Bond                  5,600.00
             Interest on Flexi Bond @8
             % upto 31.03.07

31-3-2007  S. Mitra                 Jrnl       2,700.00
           Interest Received on loan                       2,700.00
             Interest accrued on Loan
             @9% upto 31.03.07
```

Fig 15.41: Journal Book with Narration

लेजर बुक

लेजर बुक कुनै स्पेसिफिक पीरियड अर्थात निश्चित समयको लागि ओपनिंग र क्लोजिंग बैलेंसको साथमा कुनै अकाउंटको तिथिवार (तिथिको अनुसार) ट्रांजेक्शन (लेन-देन) लाई दर्शाउछ।

मल्टीअकाउंट प्रिंटिंग > अकाउंट्स बुक्स > लेजर > ऑल अकाउंट्स सलेक्ट गर्नुहोस्।

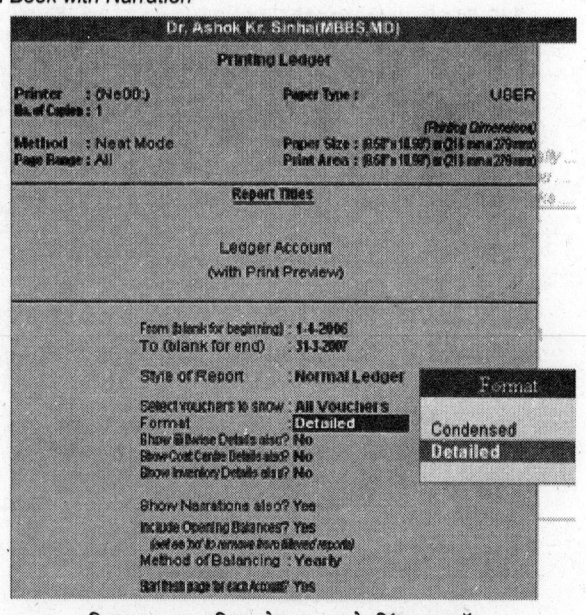

चित्र 15.42 : फिग लेजर बुकको प्रिंट डायलॉग।

```
                Dr. Ashok Kr. Sinha (MBBS, MD)
                     178, B.K. Pal. Avenue
                         Kolkata 700 025
                   Bank of India (Furniture Loan)
                          Ledger Account
                    1-Apr-2006 to 31-Mar-2007
-----------------------------------------------------------------
       Date      Particulars       Vch Typ     Debit       Credit
-----------------------------------------------------------------
    2-4-2006  HDFC Bank Current A/c  Rcpt                 20,000.00
              Ch. No. :546985 Loan Rec-
              eived from Bank Of India
              for purchase furniture

    2-10-2006 HDFC Bank Current A/c  Pymt    15,000.00
              Ch. No.147896 Loan
              Re paid  to Bank of
              India
```

```
     31-3-2007 Interest Paid on Loan  Jrnl                              1,124.39
               Interest paid @ 9%
                                              ----------------------------------
                                                 15,000.00              21,124.39
               Closing Balance                    6,124.39
                                              ----------------------------------
                                                 21,124.39              21,124.39
                                              ==================================
```

                                  Suresh Mitra

```
-------------------------------------------------------------------------------
        Date       Particulars      Vch Typ       Debit             Credit
-------------------------------------------------------------------------------
     1-4-2006    Opening Balance                                    25,000.00
    31-12-2006   (as per details)   Pymt         25,000.00
                 Interest Paid o       2,250.00 Dr
                 HDFC Bank Current    27,250.00 Cr
                 Ch. No. :Loan Re paid
                 with Interest
                                              ----------------------------------
                                                 25,000.00              25,000.00
                                              ==================================
```

                                Sri Krishna Medical

```
-------------------------------------------------------------------------------
        Date       Particulars      Vch Typ       Debit             Credit
-------------------------------------------------------------------------------
     1-4-2006    Opening Balance                                    40,000.00
    31-8-2006   HDFC Bank Current A/c Pymt       40,000.00
                 Ch. No.:542634 paid
                 to Sri Krishna
                 Medical

     2-11-2006  HDFC Bank Current A/c Pymt       15,000.00
                 Ch. No. :546985 Paid
                 to Sri Krishna Medi-
                 cine Supplier

                 Medicine Purchase    Purc                          30,000.00
                 Purchased Medicine
                 From Sri Krishna
                 Medicine Supplier
                 Bill #5896

     2-2-2007  Cash                  Pymt        10,000.00
                 Paid to Sri Krish-
                 na Medicine Supplier
                                              ----------------------------------
                                                 65,000.00              70,000.00
               Closing Balance                    5,000.00
                                              ----------------------------------
                                                 70,000.00              70,000.00
                                              ==================================
```

Motor Car

Date	Particulars	Vch Typ	Debit	Credit
2-7-2006	(as per details) HDFC Bank Current Ch. No. :646325 paid to Motor Car No WBS345,purchased from Bajaj Motor against Bill No.5586	Pymt	2,50,000.00	
31-3-2007	Depreciation Charges Dep. charged on Motor Car on Rs. 250000@20%	Jrnl		50,000.00
			2,50,000.00	50,000.00
	Closing Balance			2,00,000.00
			2,50,000.00	2,50,000.00

Professional Fees(Surgery)

Date	Particulars	Vch Typ	Debit	Credit
2-8-2006	(as per details) Amar Singh Professional Fees Chamber & Surgery Fees for Amar Singh	Jrnl 70,000.00 Dr 5,000.00 Cr		65,000.00
2-11-2006	(as per details) Professional Fe Cash Amount received from Mr. Nilanjan as professional fees(500 x 6) and Operation charges for Rs 17000.	Rcpt 3,000.00 Cr 20,000.00 Dr		17,000.00
31-3-2007	Arnab Roy Surgery fees Receivable from Arnab Roy	Jrnl		10,000.00
				3,01,500.00
	Closing Balance		3,01,500.00	
			3,01,500.00	3,01,500.00

Municipal & Local Taxes

Date	Particulars	Vch Typ	Debit	Credit
1-4-2006	Cash Paid Municipal Tax for the year of 2006-07 Receipt No. BS254. Dt 08.01.07	Pymt	1,800.00	
			1,800.00	
	Closing Balance			1,800.00
			1,800.00	1,800.00

Franklin India Mutual Fund

Date	Particulars	Vch Typ	Debit	Credit
1-4-2006	Opening Balance		5,000.00	
2-7-2006	(as per details)	Rcpt		5,000.00
	Short Term Capital Gain/Loss		1,000.00 Dr	
	SBI Savings A/c		4,000.00 Dr	
	Ch. No. :Mutual Fund sold for Rs 4000,cost price Rs.5000,Loss Rs 1000			
2-8-2006	SBI Savings Account	Pymt	50,000.00	
	Ch. No. :Investment in Mutual Fund 5000units@10			
			55,000.00	5,000.00
	Closing Balance			50,000.00
			55,000.00	55,000.00

3I Info

Date	Particulars	Vch Typ	Debit	Credit
1-4-2006	Opening Balance		7,000.00	
2-9-2006	SBI Savings Account	Rcpt		9,431.80
	Ch. No. :Sold 3I Info 70 Share@135,Purchase Cost 70Share@100			
	Short Term Capital Profit Transferred on sale of 70 shares	Jrnl	2,431.80	
			9,431.80	9,431.80

Dividend Received

Date	Particulars	Vch Typ	Debit	Credit
1-11-2006	HDFC Bank Current A/c	Rcpt		685.00
	Ch. No. :5435116 Received Gateway Distri Pack			
31-12-2006	(as per details)	Rcpt		300.00
	TDS(06_07)		15.00 Dr	
	HDFC Bank Current A/c		285.00 Dr	
	Ch. No. :546256 Dividend received from IPCL after deduction of TDS			
31-3-2007	HDFC Bank Current A/c	Rcpt		960.00
	Ch. No.:542626 Dividend received from Nocil			
				9,727.00
	Closing Balance		9,727.00	
			9,727.00	9,727.00

```
                          Amar Singh
-------------------------------------------------------------------
    Date        Particulars        Vch Typ      Debit        Credit
-------------------------------------------------------------------

 2-8-2006  (as per details)    Jrnl          70,000.00
           Professional Fees    5,000.00 Cr
           Professional Fees   65,000.00 Cr
           Professional Fees & Surgery
           Charges charged to
           Amar Singh against Ref No.
           B-12

           Cash                 Rcpt                         45,000.00
           Amount Received from
           Amar Singh

 2-12-2006 HDFC Bank Current A/c Rcpt                        10,000.00
           Ch. No. :256324 amount
           Received from Amar
           Singh
                                            ---------      ---------
                                            70,000.00       55,000.00
           Closing Balance                                  15,000.00
                                            ---------      ---------
                                            70,000.00       70,000.00
                                            =========      =========
```

```
                          Tania Mitra
-------------------------------------------------------------------
    Date        Particulars        Vch Typ      Debit        Credit
-------------------------------------------------------------------

 1-4-2006  Opening Balance                   60,000.00
 2-10-2006 HDFC Bank Current A/c Rcpt                        30,000.00
           Ch. No. :564789 amount
           received from Tania Mitra
           of Loan

 31-3-2007 Interest accrued on   Jrnl         4,068.50
           @9%P.A.
                                            ---------      ---------
                                            64,068.50       30,000.00
           Closing Balance                                  34,068.50
                                            ---------      ---------
                                            64,068.50       64,068.50
                                            =========      =========
```

चित्र 15.43 : लेजर बुक।

ट्रायल बैलेंस

ट्रायल बैलेंसले अकाउंट्स ग्रुप/लेजरको क्लोजिंग बैलेंसलाई आरोही क्रममा दर्शाउछ।

कांफिगुरेशनमा जरूरी ऑप्शन सेट गरेर (चित्र 15.45), ट्रायल बैलेंसको (ओपनिंग बैलेंसको संख्या, ट्रांजेक्शन र क्लोजिंग बैलेंसको साथै) विस्तार गर्न सक्नुहुन्छ। जस्तै कि (चित्र 15.44) मा देखाईएको छ।

सलेक्ट डिसप्ले > ट्रायल बैलेंस

Trial Balance — Dr. Ashok Kr. Sinha

Dr. Ashok Kr. Sinha
1-Apr-2006 to 31-Mar-2007

Particulars	Opening Balance	Transactions Debit	Transactions Credit	Closing Balance
Capital Account	10,98,678.47 Cr	1,00,235.00		9,98,443.47 Cr
A.K. Sinha	10,98,678.47 Cr			10,98,678.47 Cr
Drawings		87,000.00		87,000.00 Dr
Lic Premium		11,271.00		11,271.00 Dr
Personal Expenses		1,964.00		1,964.00 Dr
Loans (Liability)	1,75,000.00 Cr	1,40,000.00	7,95,584.66	8,30,584.66 Cr
Secured Loans		15,000.00	4,54,683.29	4,39,683.29 Cr
Bank of India (Furniture Loan)		15,000.00	21,124.39	6,124.39 Cr
IDBI Bank (Car Loan)			1,06,706.85	1,06,706.85 Cr
Syndicate Bank (Flat Loan)			3,26,852.05	3,26,852.05 Cr
Unsecured Loans	75,000.00 Cr	25,000.00	3,40,901.37	3,90,901.37 Cr
A.K. Basu	50,000.00 Cr		5,000.00	55,000.00 Cr
Asit Dutta			3,35,901.37	3,35,901.37 Cr
Suresh Mitra	25,000.00 Cr	25,000.00		
S.B. Roy	1,00,000.00 Cr	1,00,000.00		
S.B. Roy	1,00,000.00 Cr	1,00,000.00		
Current Liabilities	90,000.00 Cr	1,40,180.00	55,180.00	5,000.00 Cr
Duties & Taxes		180.00	180.00	
Income Tax From Employee		120.00	120.00	
P. Tax From Employee		60.00	60.00	
Sundry Creditors	90,000.00 Cr	1,40,000.00	55,000.00	5,000.00 Cr
Fixed Assets	1,90,000.00 Dr	8,95,000.00	1,45,349.32	9,39,650.68 Dr
Computer		40,000.00	24,000.00	16,000.00 Dr
Flat	1,00,000.00 Dr	5,00,000.00	15,000.00	5,85,000.00 Dr
Furniture	40,000.00 Dr	30,000.00	7,000.00	63,000.00 Dr
Medical Equipments	50,000.00 Dr	75,000.00	49,349.32	75,650.68 Dr
Motor Car		2,50,000.00	50,000.00	2,00,000.00 Dr
Investments	4,57,178.47 Dr	1,50,531.80	1,56,931.80	4,50,778.47 Dr
Fixed Deposit	3,29,698.47 Dr	71,080.00	1,20,000.00	2,80,778.47 Dr
IDBI Fixed Deposit	70,000.00 Dr		70,000.00	
IDBI Flexi Bond	30,000.00 Dr	45,600.00		75,600.00 Dr
IDBI Infrusructure Bond	50,000.00 Dr		50,000.00	
National Savings Certificate (6_7)	65,000.00 Dr	15,304.00		80,304.00 Dr
Public Providend Fund	1,14,698.47 Dr	10,176.00		1,24,874.47 Dr
Investment in Shares	22,480.00 Dr	24,451.80	26,931.80	20,000.00 Dr
3I Info	7,000.00 Dr	2,431.80	9,431.80	
BRPL Equity Shares		20,000.00		20,000.00 Dr
Gateway Distric Pack	6,480.00 Dr	1,520.00	8,000.00	
IPCL	6,000.00 Dr		6,000.00	
Nocil	3,000.00 Dr	500.00	3,500.00	
Mutual Fund	1,05,000.00 Dr	55,000.00	10,000.00	1,50,000.00 Dr
Frankline India	5,000.00 Dr	50,000.00	5,000.00	50,000.00 Dr

Particulars				
Reliance Equity Mutual Fund		5,000.00	5,000.00	
SBI Blue Chip Fund	1,00,000.00 Dr			1,00,000.00 Dr
Current Assets	**7,16,500.00 Dr**	**16,93,508.84**	**19,18,987.00**	**4,91,021.84 Dr**
Deposits (Asset)		190.00		190.00 Dr
TDS(06_07)		190.00		190.00 Dr
Loans & Advances (Asset)	1,40,000.00 Dr	39,664.04	87,000.00	92,664.04 Dr
Bikramjit Naskar	50,000.00 Dr	2,895.54	27,000.00	25,895.54 Dr
S. Dutta	30,000.00 Dr		30,000.00	
S. Mitra		32,700.00		32,700.00 Dr
Tania Mitra	60,000.00 Dr	4,068.50	30,000.00	34,068.50 Dr
Sundry Debtors	26,500.00 Dr	2,45,000.00	2,01,500.00	70,000.00 Dr
Cash-in-hand	2,50,000.00 Dr	2,21,990.00	4,09,904.00	62,086.00 Dr
Cash	2,50,000.00 Dr	2,21,990.00	4,09,904.00	62,086.00 Dr
Bank Accounts	3,00,000.00 Dr	11,86,664.80	12,20,583.00	2,66,081.80 Dr
HDFC Bank Current A/c	50,000.00 Dr	11,54,540.00	9,46,527.00	2,58,013.00 Dr
SBI Savings Account	2,50,000.00 Dr	32,124.80	2,74,056.00	8,068.80 Dr
Direct Incomes			**3,70,700.00**	**3,70,700.00 Cr**
Professional Fees(Chembar Fees)			69,200.00	69,200.00 Cr
Professional Fees(Surgary)			3,01,500.00	3,01,500.00 Cr
Indirect Incomes		**1,500.00**	**59,899.84**	**58,399.84 Cr**
Dividend Received			9,727.00	9,727.00 Cr
Interest on Fixed Deposit			6,605.00	6,605.00 Cr
Interest on Flexi Bond			7,250.00	7,250.00 Cr
Interest on Infrusture Bond			4,000.00	4,000.00 Cr
Interest on NSC			5,304.00	5,304.00 Cr
Interest on Providend Fund			9,176.00	9,176.00 Cr
Interest Received on Loan			10,414.04	10,414.04 Cr
Int. Received From Savings			1,972.00	1,972.00 Cr
Short Term Capital Gain/Loss		1,500.00	5,451.80	3,951.80 Cr
Indirect Expenses		**3,82,676.98**	**1,000.00**	**3,81,676.98 Dr**
Bank Charges		2,889.00		2,889.00 Dr
Car Expenses		5,000.00		5,000.00 Dr
Conveyance Expenses		3,600.00		3,600.00 Dr
Depreciation Charges		1,45,349.32		1,45,349.32 Dr
Electric Charges		11,955.00		11,955.00 Dr
General Expenses		1,907.00		1,907.00 Dr
Interest Paid on Bank		3,000.00		3,000.00 Dr
Interest Paid on Loan		82,334.66		82,334.66 Dr
Machine Repairs		600.00		600.00 Dr
Medicine Purchase		60,000.00		60,000.00 Dr
Municipal & Local Taxes		1,800.00		1,800.00 Dr
Overtime		1,500.00		1,500.00 Dr
Petrol Charges		786.00		786.00 Dr
Rent		14,652.00		14,652.00 Dr
Salary		36,000.00		36,000.00 Dr
Salary Advance		1,000.00	1,000.00	
Stationery Expenses		400.00		400.00 Dr
Telephone Charges		9,904.00		9,904.00 Dr
Grand Total			**35,03,632.62**	**35,03,632.62**

चित्र 15.44 : बढाईएको ट्रायल बैलेंस।

ट्रायल बैलेंसमा, कांफिगुरेशन स्क्रीन प्राप्त गर्नको लागि (एफ 12 : कांफिगुर) माथि क्लिक गर्नुहोस्। (चित्र 15.45)। आवश्यक्ता अनुसार ऑप्शंस सेट गर्नुहोस्।

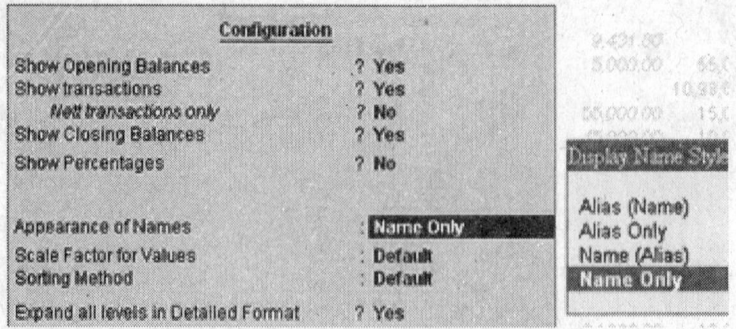

चित्र 15.45: ट्रायल बैलेंस डिसप्ले का कंफिगरेशन।

लेजरवाइज (लेजरको अनुसार) एक्सटेंड (विस्तारित) ट्रायल बैलेंस :

चित्र 15.45 एक्सटेंड ट्रायल बैलेंसलाई शो (प्रदर्शित) गर्दछ जसले सबै लेजर अकाउंट्सलाई अल्फाबेटिकल आर्डर (शब्द क्रम) मा प्रदर्शित गर्दछ। ट्रायल ब्रैलेंस स्क्रीनमा (एफ 5: लेजवाइज) माथि क्लिक गर्नुहोस्।

Trial Balance — **Dr. Ashok Kr. Sinha** — Ctrl + M

Particulars	Dr. Ashok Kr. Sinha 1-Apr-2006 to 31-Mar-2007			
	Opening Balance	Transactions		Closing Balance
		Debit	Credit	
3I Info	7,000.00 Dr	2,431.80	9,431.80	
A.K. Basu	50,000.00 Cr		5,000.00	55,000.00 Cr
A.K. Sinha	10,98,678.47 Cr		47,422.86	11,46,101.33 Cr
Amar Singh		70,000.00	55,000.00	15,000.00 Dr
Arnab Roy		55,000.00	45,000.00	10,000.00 Dr
Asit Dutta			3,35,901.37	3,35,901.37 Cr
Bank Charges		2,889.00		2,889.00 Dr
Bank of India (Furniture Loan)		15,000.00	21,124.39	6,124.39 Cr
Bikramjit Naskar	50,000.00 Dr	2,895.54	27,000.00	25,895.54 Dr
BRPL Equity Shares		20,000.00		20,000.00 Dr
Car Expenses		5,000.00		5,000.00 Dr
Cash	2,50,000.00 Dr	2,14,990.00	4,09,904.00	55,086.00 Dr
Computer		40,000.00	24,000.00	16,000.00 Dr
Conveyance Expenses		3,600.00		3,600.00 Dr
Depreciation Charges		1,45,349.32		1,45,349.32 Dr
Dividend Received			9,727.00	9,727.00 Cr
Drawings		87,000.00		87,000.00 Dr
Electric Charges		11,955.00		11,955.00 Dr
Flat	1,00,000.00 Dr	5,00,000.00	15,000.00	5,85,000.00 Dr
Frankline India	5,000.00 Dr	50,000.00	5,000.00	50,000.00 Dr
Furniture	40,000.00 Dr	30,000.00	7,000.00	63,000.00 Dr
Gateway Distric Pack	6,480.00 Dr	1,520.00	8,000.00	
General Expenses		1,907.00		1,907.00 Dr
HDFC Bank Current A/c	50,000.00 Dr	11,54,540.00	9,41,527.00	2,63,013.00 Dr
IDBI Bank(Car Loan)			1,06,706.85	1,06,706.85 Cr
IDBI Fixed Deposit	70,000.00 Dr		70,000.00	
IDBI Flexi Bond	30,000.00 Dr	45,600.00		75,600.00 Dr
IDBI Insfruscture Bond	50,000.00 Dr		50,000.00	
Income Tax From Employee		120.00	120.00	

Particulars				
Income Tax Payble(FY 06-07)		2,000.00		2,000.00 Dr
Interest on Fixed Deposit			6,605.00	6,605.00 Cr
Interest on Flexi Bond			7,250.00	7,250.00 Cr
Interest on Infrusture Bond			4,000.00	4,000.00 Cr
Interest on NSC			5,304.00	5,304.00 Cr
Interest on Providend Fund			9,176.00	9,176.00 Cr
Interest Paid on Bank		3,000.00		3,000.00 Dr
Interest Paid on Loan		82,334.66		82,334.66 Dr
Interest Received on Loan			10,414.04	10,414.04 Cr
Int. Received From Savings			1,972.00	1,972.00 Cr
IPCL	6,000.00 Dr		6,000.00	
Kishor Roy	1,500.00 Dr		1,500.00	
Lic Premium		11,271.00		11,271.00 Dr
Machine Repairs		600.00		600.00 Dr
Medical Equipments	50,000.00 Dr	75,000.00	49,349.32	75,650.68 Dr
Medicine Purchase		60,000.00		60,000.00 Dr
Motor Car		2,50,000.00	50,000.00	2,00,000.00 Dr
Mrs. Namita Pal		65,000.00	45,000.00	20,000.00 Dr
Municipal & Local Taxes		1,800.00		1,800.00 Dr
National Savings Certificate (6_7)	65,000.00 Dr	15,304.00		80,304.00 Dr
Nityananda Roy		55,000.00	30,000.00	25,000.00 Dr
Nocil	3,000.00 Dr	500.00	3,500.00	
Overtime		1,500.00		1,500.00 Dr
P.Bhogilal	50,000.00 Cr	75,000.00	25,000.00	
Personal Expenses		1,964.00		1,964.00 Dr
Petrol Charges		786.00		786.00 Dr
Professional Fees(Chamber Fees)			69,200.00	69,200.00 Cr
Professional Fees(Surgary)			3,01,500.00	3,01,500.00 Cr
Profit & Loss A/c		47,422.86		47,422.86 Dr
Provision for Income Tax(FY 06-07)			2,000.00	2,000.00 Cr
P. Tax From Employee		60.00	60.00	
Public Providend Fund	1,14,698.47 Dr	10,176.00		1,24,874.47 Dr
Rajesh Mitra	25,000.00 Dr		25,000.00	
Reliance Equity Mutual Fund		5,000.00	5,000.00	
Rent		14,652.00		14,652.00 Dr
Salary		36,000.00		36,000.00 Dr
Salary Advance		1,000.00	1,000.00	
SBI Blue Chip Fund	1,00,000.00 Dr			1,00,000.00 Dr
SBI Savings Account	2,50,000.00 Dr	32,124.80	2,72,056.00	10,068.80 Dr
S.B. Roy	1,00,000.00 Cr	1,00,000.00		
S. Dutta	30,000.00 Dr		30,000.00	
Short Term Capital Gain/Loss		1,500.00	5,451.80	3,951.80 Cr
S. Mitra		32,700.00		32,700.00
Sri Krishna Medical	40,000.00 Cr	65,000.00	30,000.00	5,000.00 Cr
Stationery Expenses		400.00		400.00 Dr
Suresh Mitra	25,000.00 Cr	25,000.00		
Syndicate Bank (Flat Loan)			3,26,852.05	3,26,852.05 Cr
Tania Mitra	60,000.00 Dr	4,068.50	30,000.00	34,068.50 Dr
TDS(06_07)		190.00		190.00 Dr
Telephone Charges		9,904.00		9,904.00 Dr
Grand Total		35,46,055.48	35,46,055.48	

चित्र 15.46 : लेजर अनुसार बढाईएको ट्रायल बैलेंस।

फाइनल अकाउंट्स

अहिले सम्म हामीले अकाउंट्सको बिभिन्न बुक्सको बारेमा चर्चा गरेका छौं। अब हामी फाइनल अकाउंट्स (अंतिम खाता) को बारेमा चर्चा गर्नेछौं: बैलेंस शीट र प्रॉफिट एंड लॉस अकाउंट।

बैलेंस शीट

बैलेंस शीट धैरै नै महत्वपूर्ण फाइनेंसियल स्टेटमेंट (वित्तीय लेखा जोखा) हो जसले बताउछ कि कंपनीको पूंजी (कंपनीसंग आफ्नो के छ) र कंपनीको लायबिलिटी (देनदारी) कति छ।

शुरुआतमं, बैलेंस शीटको स्क्रीन हेर्नको लागि बैलेंस शीट सलेक्ट गर्नुहोस्। यसको फार्मेटको लागि डिटेल बटन एफ1 माथि क्लिक गर्नुहोस्। (चित्र 15.47)।

Balance Sheet — Dr. Ashok Kr. Sinha — Ctrl + M

Liabilities	Dr. Ashok Kr. Sinha as at 31-Mar-2007		Assets	Dr. Ashok Kr. Sinha as at 31-Mar-2007	
Capital Account		9,98,443.47	**Fixed Assets**		9,39,650.68
A.K. Sinha	10,98,678.47		*Computer*	16,000.00	
Drawings	(-)87,000.00		*Flat*	5,85,000.00	
Lic Premium	(-)11,271.00		*Furniture*	63,000.00	
Personal Expenses	(-)1,964.00		*Medical Equipments*	75,650.68	
Loans (Liability)		8,30,584.66	*Motor Car*	2,00,000.00	
Secured Loans	4,39,683.29		**Investments**		4,50,778.47
Unsecured Loans	3,90,901.37		Fixed Deposit	2,80,778.47	
S.B. Roy			Investment in Shares	20,000.00	
Current Liabilities		5,000.00	Mutual Fund	1,50,000.00	
Duties & Taxes			**Current Assets**		4,91,021.84
Sundry Creditors	5,000.00		Deposits (Asset)	190.00	
Profit & Loss A/c		47,422.86	Loans & Advances (Asset)	92,664.04	
Opening Balance			Sundry Debtors	70,000.00	
Current Period	47,422.86		Cash-in-hand	62,086.00	
			Bank Accounts	2,66,081.80	
Total		18,81,450.99	**Total**		18,81,450.99

चित्र 15.47 : बैलेंस शीट (विवरणात्मक रूपमा)।

बैलेंस शीट कंफिगुरेशन

बैलेंश सीटमा बैलेंस शीटको कांफिगुरेशन हेर्नको लागि एफ 2: कांफिगुरेशन माथि क्लिक गर्नुहोस्। (चित्र 15.48)। यहा आवश्यक ऑप्शंसलाई सेट गर्नहोस।

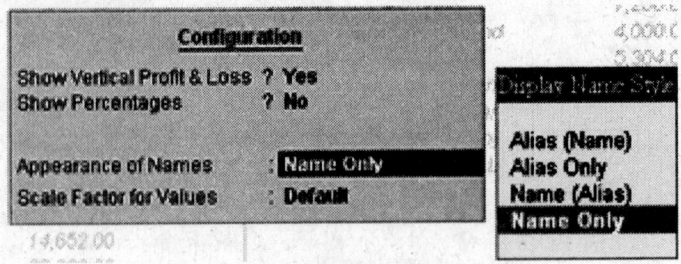

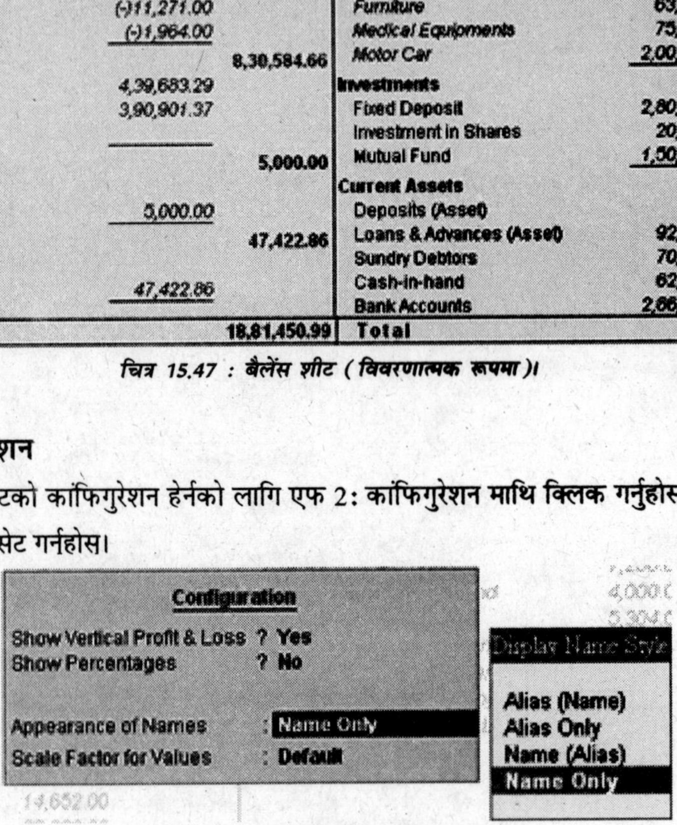

चित्र 15.48: बैलेंस शीटको कंफिगुरेशन।

वर्टिकल बैलेंस शीट

बैलेंस शीट कन्फिगुरेशनमा (चित्र 15.48) मा बैलेंस शीटलाई वर्टिकल फार्मेट (लंबवत रूप) मा हेर्नको लागि (फंडको सोर्स अर्थात माध्येम र अप्लीकेशन अर्थात कार्यको तथ्यांकको साथमा) वर्टिकल बैलेंस शीटमा 'यस' माथि क्लिक गर्नुहोस्। जस्तो कि (चित्र 15.49) मा देखाईएको छ।

```
                     Dr. Ashok Kr. Sinha (MBBS, MD)
                         178, B.K. Pal. Avenue
                            Kolkata 700 025
                             Balance Sheet
                       1-Apr-2006 to 31-Mar-2007
-------------------------------------------------------------------------------
                                                   as at 31-Mar-2007
-------------------------------------------------------------------------------
 Sources of Funds :
 ------------------

 Capital Account                                                    9,98,443.47
  A.K. Sinha                                   10,98,678.47
  Drawings                                     (-)87,000.00
  Lic Premium                                  (-)11,271.00
  Personal Expenses                             (-)1,964.00
                                            ------------------

 Loans (Liability)                                                  8,30,584.66
  Secured Loans                                 4,39,683.29
  Unsecured Loans                               3,90,901.37
                                            ------------------

 Current Liabilities                                                   5,000.00
  Sundry Creditors                                 5,000.00
                                            ------------------

 Profit & Loss A/c                                                    47,422.86
  Opening Balance
  Current Period                                  47,422.86
                                            ------------------

                                           --------------------------------------
   Total                                                          18,81,450.99
                                           ======================================

 Application of Funds :
 ----------------------

 Fixed Assets                                                       9,39,650.68
  Computer                                        16,000.00
  Flat                                          5,85,000.00
  Furniture                                       63,000.00
  Medical Equipments                              75,650.68
  Motor Car                                     2,00,000.00
                                            ------------------

 Investments                                                        4,50,778.47
  Fixed Deposit                                 2,80,778.47
  Investment in Shares                            20,000.00
  Mutual Fund                                   1,50,000.00
                                            ------------------
```

```
Current Assets                                                    4,91,021.84
Deposits (Asset)                                   190.00
Loans & Advances (Asset)                        92,664.04
Sundry Debtors                                  70,000.00
Cash-in-hand                                    62,086.00
Bank Accounts                                 2,66,081.80
                                          -----------------
                                          ------------------------------------
 Total                                                           18,81,450.99
                                          ====================================
```

चित्र 15.49 : वर्टिकल (लंबवत) फार्मेट (प्रारूप) मा बैलेंस शीट।

प्रॉफिट एंड लॉस अकाउंट

प्रॉफिट एंड लॉस अकाउंट निश्चित समय पछि कुनै कार्यको परिणाम बताउछ। प्रॉफिट एंड लॉस अकाउंटले सबै आवश्यक अकाउंट्सको फिगर (संख्या) लाई प्रदर्शित गर्दछ र नेट अर्थात वास्तविक प्रॉफिट/लॉस अर्थात लाभ/हानिलाई प्रदर्शित गर्दछ। हेर्नुहोस्- (चित्र 15.50)।

सेल्स, क्लोजिंग स्टॉक, इनकमको साइड (तिर) मा देखाईएको डाइरेक्ट र इनडाइरेक्ट इनकम र डाइरेक्ट र इनडाइरेक्ट एक्सपेंस एक्सपेंसको साइडमा देखिन्छ। खर्च भन्दा भएको आय नेट प्रॉफिट अर्थात वास्तविक लाभमा देखिन्छ र घाटालाई नेट लॉस अर्थात वास्तविक हानिमा देखिन्छ।

प्रॉफिट र लॉस अकाउंट प्राप्त गर्नको लागि शुरुआतमा नै **प्रॉफिट एंड लॉस** सलेक्ट गर्नुहोस्। यसको डिटेल फार्मेट (विस्तृत प्रारूप) प्राप्त गर्नको लागि **एफ1** बटन माथि क्लिक गर्नुहोस्।

Profit & Loss A/c — Dr. Ashok Kr. Sinha — Ctrl + M

Particulars	Dr. Ashok Kr. Sinha 1-Apr-2006 to 31-Mar-2007		Particulars	Dr. Ashok Kr. Sinha 1-Apr-2006 to 31-Mar-2007	
Direct Expenses		60,000.00	**Sales Accounts**		
Medicine Purchase	60,000.00		**Direct Incomes**		3,70,700.00
Gross Profit c/o		3,10,700.00	*Professional Fees(Chembar Fees)*	69,200.00	
			Professional Fees(Surgary)	3,01,500.00	
		3,70,700.00			3,70,700.00
Indirect Expenses		3,21,676.98	***Gross Profit b/f***		3,10,700.00
Bank Charges	2,889.00		**Indirect Incomes**		58,399.84
Car Expenses	5,000.00		*Dividend Received*	9,727.00	
Conveyance Expenses	3,600.00		*Interest on Fixed Deposit*	6,605.00	
Depreciation Charges	1,45,349.32		*Interest on Flexi Bond*	7,250.00	
Electric Charges	11,955.00		*Interest on Infrusture Bond*	4,000.00	
General Expenses	1,907.00		*Interest on NSC*	5,304.00	
Interest Paid on Bank	3,000.00		*Interest on Providend Fund*	9,176.00	
Interest Paid on Loan	82,334.66		*Interest Received on Loan*	10,414.04	
Machine Repairs	600.00		*Int. Received From Savings*	1,972.00	
Municipal & Local Taxes	1,800.00		*Short Term Capital Gain\Loss*	3,951.80	
Overtime	1,500.00				
Petrol Charges	786.00				
Rent	14,652.00				
Salary	36,000.00				
Stationery Expenses	400.00				
Telephone Charges	9,904.00				
Nett Profit		47,422.86			
Total		3,69,099.84	**Total**		3,69,099.84

चित्र 15.50 : विवरणात्मक प्रारूपमा प्रॉफिट र लॉस (हानि र लाभ) अकाउंट

प्रॉफिट एंड लॉस कंफिगुरेशन

प्रॉफिट एंड लॉस स्क्रीन (चित्र 15. 50) मा प्रॉफिट एंड लॉस कांफिगुरेशन स्क्रीन प्राप्त गर्नको लागि (हेर्नुहोस् चित्र 15. 51), एफ 12 कांफिगुरेशन माथि क्लिक गर्नुहोस्। यहा तपाई आफ्नो आवश्यकता र ईच्छाको मुताबिक बदलाव सेट गर्नुहोस्।

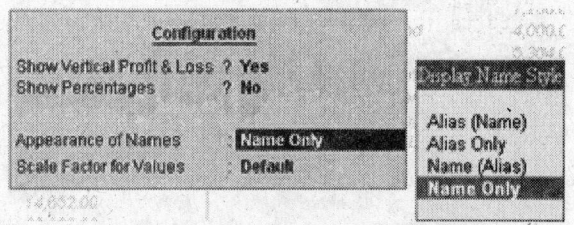

चित्र 15.51: प्रोफिट और लॉस का कंफिगुरेशन

वर्टिकल प्रॉफिट एंड लॉस अकाउंट

प्रॉफिट एंड लॉस कांफिगुरेशन (हेर्नुहोस् चित्र 15.51) मा लाभ र हानिलाई वर्टिकल फार्मेट (लंबवत प्रारूप) मा प्राप्त गर्नको लागि **'शो प्रॉफिट एंड लॉस'** मा 'यस' माथि क्लिक गर्नुहोस्। (हेर्नुहोस् चित्र 15.52)।

Dr. Ashok Kr. Sinha (MBBS, MD)
178, B.K. Pal. Avenue
Kolkata 700 025

Profit & Loss A/c
1-Apr-2006 to 31-Mar-2007

Particulars		1-Apr-2006 to 31-Mar-2007
Trading Account :		
Sales Accounts		
Direct Incomes		3,70,700.00
Professional Fees(Chamber Fees)	69,200.00	
Professional Fees(Surgery)	3,01,500.00	
		3,70,700.00
Cost of Sales :		60,000.00
Direct Expenses	60,000.00	
Medicine Purchase	60,000.00	
Gross Profit :		3,10,700.00
Income Statement :		
Indirect Incomes		58,399.84
Dividend Received	9,727.00	
Interest on Fixed Deposit	6,605.00	
Interest on Flexi Bond	7,250.00	
Interest on Infrastructure Bond	4,000.00	
Interest on NSC	5,304.00	
Interest on Provident Fund	9,176.00	
Interest Received on Loan	10,414.04	
Int. Received From Savings	1,972.00	
Short Term Capital Gain/Loss	3,951.80	
		3,69,099.84

```
Indirect Expenses                                           3,21,676.98
Bank Charges                                   2,889.00
Car Expenses                                   5,000.00
Conveyance Expenses                            3,600.00

Depreciation Charges                       1,45,349.32
Electric Charges                              11,955.00
General Expenses                               1,907.00
Interest Paid on Bank                          3,000.00
Interest Paid on Loan                         82,334.66
Machine Repairs                                  600.00
Municipal & Local Taxes                        1,800.00
Overtime                                       1,500.00
Petrol Charges                                   786.00
Rent                                          14,652.00
Salary                                        36,000.00
Stationery Expenses                              400.00
Telephone Charges                              9,904.00
                                          ------------------

                                          --------------------------------------
Nett Profit :                                                 47,422.86
                                          ======================================
```

चित्र 15.52 : प्रॉफिट र लॉस (हानि-लाभ) लंवबत रूपमा।

शुद्व लाभ

वर्षको अंतमा प्रॉफिट र लॉस (लाभ र हानि) लाई ओनर (स्वामी, मालिक वा कर्ता-धर्ता) को खातामा नै राखिन्छ। किनकि त्यहि व्यक्तिले लाभ कमाएको हो वा नोक्सान खाएको छ। कैपिटल अकाउंट मालिकको संपत्ति अर्थात राशि हो।

- कुनै व्यक्तिको नाममा भएको फर्ममा ओनर नै मालिक हुन्छ र पूरा लाभ र हानि उसको कैपिटल अकाउंटमों ट्रांसफर (स्थानांतरित) हुन्छ।
- पार्टनरशिप फर्म (दुई वा दुई भन्दा अधिक व्यक्तिहरु भएको फर्म) पार्टनर त्यसको संयुक्त मालिक हुन्छ। यस्तोमा प्राप्त भएको शुद्व लाभ र हानि बराबर-बराबर वा उनीहरुको बीचमा जुन हिसाबले समझौता भएको थियो, उनीहरुको कैपिटल अकाउंटमा ट्रांसफर हुन जान्छ।
- यदि कंपनीसंग शेयरको पूंजी छ भने प्रॉफिटलाई रिजर्व (बचत) मा ट्रांसफर गरिन्छ।

भुक्तानी गरिने इनकम टैक्स (आयकर) को गणना प्रॉफिट अर्थात लाभमा गरिन्छ। यो खर्चेमा शामिल हुदैन्। त्यसैले यसलाई नेट प्रॉफिट (शुद्व लाभ) बाट एडजस्ट अर्थात समायोजित गरिन्छ।

अब हामीले एउटा फर्मको नेट प्रॉफिट र इनकम टैक्सको जर्नल वाउचरलाई हेर्नेछौं।

इनकम टैक्सको प्रोवीजन (प्रावधान)

निम्नलिखित लेजर अकाउंट्स तैयार गर्नुहोस्।

लेजर अकाउंट	*पैरेंट ग्रुप*
दिईने खालको इनकम टैक्स	कैपिटल
इनकम टैक्सको प्रोवीजन	प्रोवीजन

अब निम्नलिखतको अनुसार जर्नल वाउचर एंटर गर्नुहोस्।

प्रोवीजन फॉर इनकम टैक्स

लेजर अकाउंट	**डेबिट**	**क्रेडिट**
पेयबल इनकम टैक्स	2000	
प्रोवीजन फॉर इनकम टैक्स		2000
प्रोवीजन फॉर इनकम टैक्स		

कैपीटलाइजेशन ऑफ प्रॉफिट

लेजर अकाउंट	**डेबिट**	**क्रेडिट**
प्रॉफिट एंड लॉस अकाउंट	47,422.86	
ए. के. सिन्हा (कैपिटल अकाउंट)		47,422.86
ट्रांसफर ऑफ नेट प्रॉफिट टू प्रोपराइटर अकाउंट		

ईयर एंड प्रोसेस (वर्ष र प्रक्रिया)

करेंट ईयर (वर्तमान वर्ष) को अकाउंट पूरा गरेपछि, नया वर्षको अकाउंट्स बनाउनको लागि तैयार हुन्छ। यसमा एउटा तरीका त यो पनि छ कि नया वर्षको लागि नयाँ कंपनी क्रिएट गरियोस्। यस नयाँ कंपनीमा नै लेजर अकाउंट्स तैयार गरियोस् र सामान्य तरीकाबाट पहिलाको सरह नै काम गरियोस्। अर्को सजिलो बाटो यो छ कि वर्तमान कंपनीको समयलाई नै (अर्को फाइनेंसियल ईयर अर्थात वित्तीय वर्ष र नया वर्षको लागि कार्य शुरू गर्नको लागि) बढाईयोस्। तपाईले अगाडि यसको बारेमा बताईनेछ। यसरी तपाईले नयाँ कंपनी, नया लेजर र केहि विशेष गर्नु पर्ने कुनै आवश्यक्ता पर्दैन्। यसमा अर्को वित्तीय वर्षको लागि केवल वाउचरको एंट्री गर्नु पर्ने हुन्छ।

फाइनेंसियल ईयरको एक्सटेंशन (वित्तीय वर्षको विस्तार)

सामान्यत: टैली 12 महीनाको लागि वित्तीय वर्ष क्रिएट (तैयार) गर्दछ। यदि तपाई कंपनी क्रिएशन स्क्रीनमा फाइनेंसियल ईयरलाई 01.04.06 बाट शुरू गर्नुहुन्छ भने अर्को वित्तीय वर्ष 31.03.07 हुनेछ। तपाई फाइनेंसियल ईयरलाई 01.04.06 देखि 31.03.08 सम्म एक्सटेंड गर्न सक्नुहुन्छ अर्थात बढाउन सक्नुहुन्छ।

पीरियड (समय) बदाउनको लागि पीरियड स्क्रीन (हेर्नुहोस् चित्र 15.53) प्राप्त गर्नको लागि **एफ2: पीरियड बटन** थिच्नुहोस्। 'टू' फील्डमा अर्को वर्षको क्लोजिंग डेट (अंतिम तारीख) 31.03.08 एंटर गर्नुहोस्।

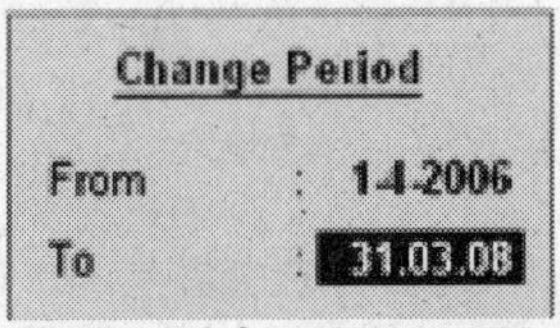

Change Period
From : 1-4-2006
To : 31.03.08

चित्र 15.53 : आउने वित्तीय वर्षको लागि अकाउंटिंगको समयलाई बढाउनु।

अब तपाई अर्को वित्तीय वर्षको लागि वाउचर डाटा एंटर गर्न सक्नुहुन्छ। कुनै पनि समय, तपाई एफ2 बटन द्वारा करेंट पीरियड (वर्तमान समय) लाई बदलिन सक्नुहुन्छ र त्यसमा काम गर्न सक्नुहुन्छ।

उदाहरणको लागि- 01.04.06 देखि 31.03.07 को बीचमा काम गर्नको लागि **'टू'** फील्डमा 31.03.07 र **'फ्रॉम'** फील्डमा 01.04.06 एंटर गर्नुहोस्। दुई फाइनेंसियल ईयरको रिपोर्ट एक साथमा प्राप्त गर्नको लागि, **'फ्रॉम'** फील्डमा 01. 04.06 एंटर गर्नुहोस् र **'टू'** फील्ड पर 31.03.08 एंटर गर्नुहोस्।

बैकअप

डाटा धेरै महत्वपूर्ण हुन्छ त्यसैले नियमित रूपबाट बैकअपद्वारा अर्थात डाटाको अर्को कॉपीद्वारा त्यसलाई सुरक्षित बनाई राख्नुपर्छ। यदि करेंट वर्क्रिंग डाटा हराउन जान्छ वा नष्ट हुन जान्छ भने पनि तपाई बैकअपबाट त्यस डाटालाई पुन: प्राप्त गर्न सक्नुहुन्छ र आफ्नो काम शुरू गर्न सक्नुहुन्छ। आफ्नो डाटालाई कुनै पनि किसिमको नोक्सानबाट बचाउनको लागि हरेक दिनको अंतमा आफ्नो डाटाको बैकअप तैयार गर्नुहोस्।

टेलीको शुरुआतमा, कंपनी इंफो स्क्रीन प्राप्त गर्नको लागि **एफ3** बटन माथि क्लिक गर्नुहोस्। बैकअप स्क्रीन (हेर्नुहोस् चित्र 15.54) प्राप्त गर्नको लागि बैकअप सलेक्ट गर्नुहोस्।

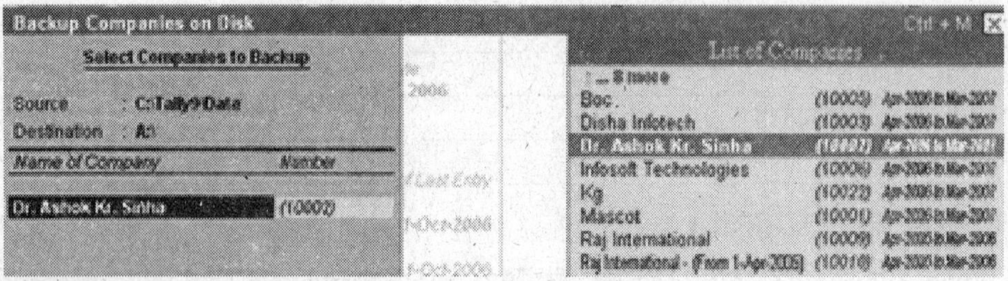

चित्र 15.54 : बैकअप स्क्रीन।

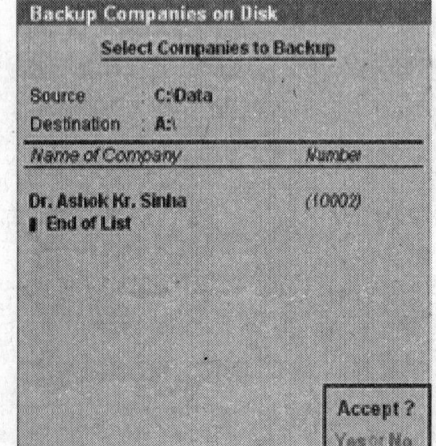

चित्र 15.55 : बैकअप स्क्रीनको सोर्स (स्रोत) र ठाँउ।

बैकअप स्क्रीन बैकअप स्क्रीन (हेर्नुहोस् चित्र 15.54) मा बैकअप प्राप्त गर्नको लागि कंपनी सलेक्ट गर्नुहोस् (आवश्यक छ भने सोर्स डाइरेक्ट्री बदलिनको लागि **शिफ्ट+टैब** ब्रटन थिच्नुहोस्।)।

डेस्टीनेशन फील्डमा अर्थात जहा बैकअप डाटा स्टोर गर्नुछ, फोल्डरको नाम एंटर गर्नुहोस् जस्तै एफ। (हेर्नुहोस् चित्र 15.55)।

बैकअप प्रक्रिया स्टार्ट अर्थात शुरू गर्नको लागि **'यस'** माथि क्लिक गर्नुहोस्।

बैकअप पछि, तपाई त्यस ड्राइवमा **'टीबीके 900.001'** फाइल नेमको नामबाट नया बैकअप प्राप्त गर्नुहुन्छ। (हेर्नुहोस् चित्र 15.56)।

चित्र 15.56: कम्पनीको बैकअप फाईल

रीस्टोर

यदि तपाईको डाटा हराउन जान्छ वा नष्ट हुन जान्छ भने यस प्रक्रिया द्वारा तपाई करेंट डाटालाई रीस्टोर गर्न सक्नुहुन्छ अर्थात पुन: प्राप्त गर्न सक्नुहुन्छ।

टैलीको शुरुआतमा, कंपनी इंफो स्क्रीन प्राप्त गर्नको लागि **'एफ3'** बटन माथि क्लिक गर्नुहोस्। रीस्टोर स्क्रीन (हेर्नुहोस् चित्र 15.57) लाई प्राप्त गर्नको लागि रीस्टोर माथि क्लिक गर्नुहोस्।

डेस्टीनेशन फील्ड (जहा बैकअप तैयार हुनुछ हेर्नुहोस् चित्र 15.57), करेंट वर्क्रिंग डाटाको पाथ एंटर गर्नुहोस् जहाबाट बैकअप डाटा कॉपी गरिनुछ। जुन कंपनीको डाटा कॉपी गर्नुछ, त्यो सलेक्ट गर्नुहोस्। बैकअप प्रक्रियालाई स्टार्ट अर्थात शुरू गर्नको लागि **'यस'** माथि क्लिक गर्नुहोस्।

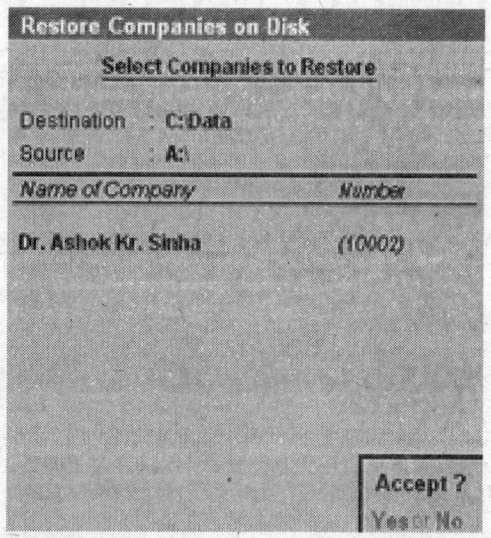

चित्र 15.57 : डाटा रीस्टोरेशन (डाटाको संग्रहण)।

रीराइटिंग (पुर्नलेखन)

कहिले-काहि डाटा नष्ट हुन जान्छ र टैली कंपनी ओपन गर्नमा फेल हुन्छ अर्थात असफल हुन जान्छ। यस्तो स्थितिमा, तपाईले रीराइटिंग ऑप्शन द्वारा डाटालाई रिपेयर (मरम्मत गर्न) गर्नुपर्ने हुन्छ। यदि तपाई टैलीको पुरानो वर्जन (संस्करण) मा तैयार गरिएको कंपनीलाई ओपन गर्नुहुन्छ तब तपाईले रीराइट अर्थात पुर्नलेखनको आवश्यक्ता हुन्छ। उदाहरणको लागि यदि तपाई टैलीको 8.1 वर्जन (संस्करण) मा क्रिएट गरिएको कंपनीलाई टैलीको 9 वर्जनमा ओपन गर्नुहुन्छ।

टेलीको शुरुआतमा, **'अल्ट+कंट्रोल+आर'** थिच्नुहोस् र त्यो कंपनी सलेक्ट गर्नुहोस् जसलाई तपाई रीराइट गर्न चाहनुहुन्छ। (हेर्नुहोस् चित्र 15.58)। श्रीराइट (पुर्नलेखन) को लागि **'यस'** माथि क्लिक गर्नुहोस्।

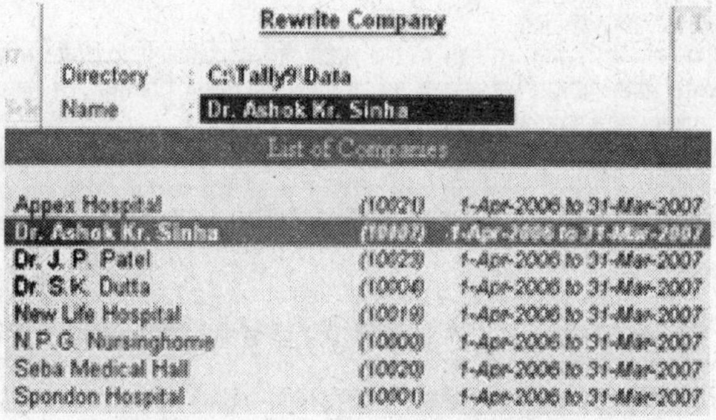

चित्र 15.58 : रीराइटिंग (पुनर्लेखन)।

16 कंप्यूटर सिक्योरिटी (कंप्यूटरको सुरक्षा)

वर्तमानमा कंप्यूटर एउटा महत्वपूर्ण सूचनाहरूलाई तैयार गर्ने, त्यसलाई स्टोर गर्ने र व्यवस्थित गर्ने विश्वसनीय सूत्र बन्दै गई रहेको छ। यस्तोमा यो पनि धैरै महत्वपूर्ण छ कि यूजर (उपभोक्ता) आफ्नो कंप्यूटर र त्यसको डाटा हराउनु, दुरुपयोग रोक्न र नष्ट हुनबाट बचाउनको लागि प्रयास गर्नुहोस्।
उदाहरणको लागि : कुनै कंपनीले यो कुराको सुनिश्चित गर्नुपर्छ कि त्यसको महत्वपूर्ण सूचनाहरु जस्तै- क्रेडिट रिकार्ड, कर्मचारीहरुको रिकार्ड, कस्टमरको डाटा र प्राप्त गरिएको सूचनाहरु गोपनीय र सुरक्षित रहोस्।
कुनै पनि कार्य वा क्रिया जसले तपाईको कंप्यूटरको हार्डवेयर, सॉफ्टवेयर डाटा, प्राप्त गरिएको सूचनाहरूलाई नोक्सान गर्नसक्छ, कंप्यूटर सिक्योरिटी रिस्कको नामबाट जानिन्छ।
कंप्यूटरको सुरक्षामा अथवा चूक कहिले-काहि अचानक रूपबाट हुन्छ जबकि अन्य सुनियोजित हुन्छ। कंप्यूटरको दुनियामा कुनै पनि असंवैधानिक काम **'कंप्यूटर क्राइम'** को श्रेणीमा आउछ। ऑनलाइन वा इंटरनेट आधारित असंवैधानिक कार्यलाई **'साइबर क्राइम'** भनिन्छ।
यहा हामीले केहि सामान्य कंप्यूटर रिस्क र सेफगार्ड (सुरक्षा) को बारेमा चर्चा गर्नेछौं। यी सुरक्षा उपायहरुलाई अपनाएर तपाई कुनै पनि किसिमको रिस्क (खतरा) कम गर्न सक्नुहुन्छ वा त्यसबाट बचाव गर्न सक्नुहुन्छ।

कंप्यूटर वायरस

वायरस तपाईको कंप्यूटरलाई नोक्सान पुगाउने एउटा प्रोग्राम हो, जुन तपाईको बिना जानकारीको तपाईको कंप्यूटरमा नेगेटिव (नकारात्मक) प्रभाव हाल्छ र तपाईको कार्यलाई बाधित गर्दछ।
विशेष रूपमा, कंप्यूटर वायरस केहि बाहरी स्रोतबाट प्राप्त प्रोग्रामको भाग हुन्छ जुन स्यंम नै कंप्यूटरमा आउछ।
यदि एक पटक कुनै वायरस तपाईको कंप्यूटरमा आउछ भने तपाईको फाइल वा ऑपरेटिंग सिस्टम खराब हुन सक्छ।
नेटवर्कको विस्तारको साथमा नै ई-मेल र इंटरनेट द्वारा कंप्यूटर वायरस तेजीबाट फैलिन्छ। यी तकनीकहरुको द्वारा यूजर फाइल र कुनै पनि वायरसलाई एक-अर्कोमा फैलिन सक्नुहुन्छ।

वायरस तपाईको कंप्यूटरमा तीन तरीकाबाट एक्टीवेट हुन्छ।

1. वायरस भएको फाइल खोल्नाले
2. वायरस भएको प्रोग्राम चलाउनाले
3. डिस्क ड्राइवमा वायरस भएको फ्लॉपी हालेर कंप्यूटरलाई बूट (स्टार्ट वा शुरू) गर्नाले।

तपाईको कंप्यूटरमा सजिलैसंग वायरस ई-मेल अटैचमेंट (ई-मेलसंग जोडिएको फाइल) बाट आउछ। कुनै पनि ई-मेलको अटैचमेंट ओपन गर्नु भन्दा पहिला तपाई यो सुनिश्चत गर्नुहोस् कि त्यसलाई पठाउने व्यक्ति विश्वाशीलो छ वा त्यो कुनै जान्ने स्रोतबाट आएको छ। **'ट्रस्टेड सोर्स'** त्यो व्यक्ति वा कंपनी हो जसको बारेमा तपाई निश्चिंत हुनुहुन्छ कि उ तपाईलाई वायरसबाट संक्रमित कुनै फाइल पठाउनेछैन्।
कुनै पनि अनजान ठाउँ अथवा स्रोतबाट आएको ई-मेलको अटैचमेंटलाई बिना ओपनको नै डिलीट (नष्ट गर्न अथवा मेटाउनु) गर्नु पर्छ। यो नियमको पालन गरेर तपाई आफ्नो कंप्यूटरलाई वायरसबाट बचाउन सक्नुहुन्छ।
वायरस कुनै पनि कंप्यूटर द्वारा अचानक तैयार गरिदैन् बल्कि यो कुनै व्यक्ति द्वारा सोच-विचार गरेर वा जानिबूझी बनाईएको प्रोग्राम हो, यस्तो व्यक्तिलाई 'वायरस ऑथर' भनिन्छ। वायरस ऑथर वायरस खोज्ने प्रक्रियालाई एउटा चुनौतीको रूपमा लिन्छ र त्यसलाई मानिसहरुलाई हैरान गर्नको लागि तैयार गर्दछ। वायरस तैयार गर्नको लागि तपाईमा प्रोग्रामिंगको जानकारी हुनुपर्छ। केहि वायरस नोक्सानदायक हुदैन् र यो तपाईको कंप्यूटरलाई अस्थायी रूपबाट जाम (बंद) गर्दछ र संदेश ध्वनि दिन्छ। म्यूजिक बग वायरस, उदाहरणको लागि- तपाईको कंप्यूटरमा केहि अजीब किसिमको ध्वनि बजेको संदेश आउछ। दोस्रो वायरस तपाईको हार्ड डिस्कमा स्टोर डाटालाई डिस्ट्रॉय (नष्ट) वा करप्ट (खराब) गर्दछ। यसले तपाईको कंप्यूटर सामान्य भन्दा अलग अर्थात असामान्य कार्य वा व्यवहार गर्दछ भने यसको मतलब तपाईको कंप्यूटरमा वायरस छ।
यस समय वायरस कंप्यूटरको लागि गंभीर चुनौती बन्दै गई रहेको छ। हरेक दिन छ वटा नया वायरसको साथमा लाखौं-करोडौं वायरस कंप्यूटरको दुनियामा मौजूद छ।
धैरै वेबसाइटले ज्ञात वायरसको लिस्ट पनि राखेका छन् र त्यसलाई प्रदर्शित गर्दछन्। विभिन्न प्रकारको वायरसहरु मध्ये मुख्यत: तीन प्रकारको वायरस छ। बूट सेक्टर, फाइल र मैक्रो।
ÿ बूट सेक्टर वायरसलाई **'सिस्टम वायरस'** को नामले पनि जानिन्छ। यो तब आउछ जब तपाई फ्लॉपी ड्राइवबाट मास्टर ड्राइवमा आफ्नो कंप्यूटरलाई बूट (शुरू) गर्नुहुन्छ। जब तपाई फ्लॉपी ड्राइवबाट आफ्नो कंप्यूटर बूट गर्नुहुन्छ तब यो ड्राइव एमा मौजूद डिस्कको बूट सेक्टरमा जान्छ। यदि त्यो बूट डिस्क छैन् भने पनि फ्लॉपी डिस्कको बूट सेक्टरबाट तपाईको कंप्यूटरको हार्ड डिस्क पनि क्षतिग्रस्त हुन सक्छ।
ÿफाइल वायरसलाई **'प्रोग्राम वायरस'** पनि भनिन्छ। यो कुनै पनि प्रोग्राम फाइलसंग अटैच (जोड्न) हुन जान्छ। जब तपाई इंफेक्टेड प्रोग्राम (वायरसबाट संक्रमित प्रोग्राम) लाई रन गराउनुहुन्छ अर्थात चलाउनुहुन्छ वा त्यसमा काम गर्नुहुन्छ तब वायरस मेमोरीमा लोड हुन जान्छ। अधिकांश यूजर (उपभोक्ता) फाइल वायरसलाई कंप्यूटरबाट कुनै प्रोग्राम डाउलोडिंग गर्दा वा कुनै ई-मेलको अटैचमेंट ओपन गर्दा अनजानमा प्राप्त गर्दछ अर्थात उसलाई थाहा हुदैन् कि यसमा वायरस छ।
ÿ**मैक्रो वायरस** कुनै पनि एप्लीकेशनको मैक्रो लैंग्वेज (भाषा) को प्रयोग गर्दछ। जस्तै- वर्ड प्रोसेसिंग र स्प्रेडशीट। जब तपाई कुनै डाक्यूमेंटलाई ओपन गर्नुहुन्छ जसमा संक्रमित मैक्रो छ तब वायरस मेमोरीमा जान्छ। मैक्रो वायरस तैयार गर्ने आमतौरमा यसलाई टेंपलेटमा लुकाउछ त्यसैले वायरस त्यस डाक्यूमेंटलाई संक्रमित अर्थात प्रभावित गर्दछ जसमा टेंपलेटको प्रयोग हुन्छ।
ज्यादातर वायरस तपाईको कंप्यूटरमा तब एक्टीवेट हुन्छ जब तपाई इंफेक्टेड फाइल ओपन गर्नुहुन्छ वा वायरस भएको प्रोग्राम रन गराउनुहुन्छ। दोस्रो वायरस जसलाई **'लॉजिक बम'** वा **'टाइम बम'** पनि भनिन्छ, अलग किसिमको हुन्छ। लॉजिक बम एउटा वायरस हो जुन तब एक्टीवेट हुन्छ जब यो कुनै विशेष कंडीशन (स्थिति) मा आउछ।
टाइम बम एक प्रकारको लॉजिक बम हो जुन कुनै निश्चित समयमा नै एक्टीवेट हुन्छ।
कहिले-काहि वायरसलाई मैलीसियस (ईर्ष्यालु) लॉजिक प्रोग्राम पनि भनिन्छ। **'मैलीसियस लॉजिक प्रोग्राम'** वा **'मेलवेयर'** त्यो प्रोग्राम हो जुन यूजरको

जानकारीको बिना नै एक्टीवेट हुन जान्छ र कंप्यूटरको आपरेशंस (कार्यप्रणाली) लाई बाधित गर्दछ। वायरससंगा मिलेर अर्को प्रकारको मेलवेयर धेरै खतरनाक बन्दछ।

ÿ **'वर्म'** मैलीसयस लॉजिक प्रोग्राम स्यंम नै हार्ड डिस्कको मेमोरीमा तब सम्म लगातार कॉपी बनि रहन्छ जब सम्म कि मेमोरी समाप्त हुदैन्। जब कंप्यूटरमा मेमोरी रहदैन् तब त्यो काम गर्न बंद गर्दछ। केहि वर्म प्रोग्राम स्यंमलाई नेटवर्कको अर्को कंप्यूटरहरुमा पनि कॉपी गरि रहन्छ।

ÿ **'ट्रोजन हार्स** (यूनानी धारणाको अनुसार दिईएको नाम)**'** त्यो मैलीसियस लॉजिक प्रोग्राम हो जुन स्यंमलाई लुकाएर राख्दछ र कुनै राम्रो र सफा प्रोग्रामको सरह देखिन्छ। कुनै निश्चित दशा वा कार्य हुदा यो एक्टिव हुन जान्छ। वायरस र वर्मको विपरीत यो अर्को कंप्यूटरहरुमा स्यंमलाई फैलाउदैन्।

वायरस खोज्न र नष्ट गर्न

पूरै तरीकाले प्रभावी सुरक्षा उपायको बिना तपाईको कंप्यूटर र नेटवर्क वायरसबाट सुरक्षित रहन सक्दैन्। केहि सुरक्षा उपायहरु अपनाएर तपाई आफ्नो घरेलू र कार्यस्थलको कंप्यूटर दुबैलाई वायरसहरुबाट बचाउन सक्नुहुन्छ।

निम्नलिखित पैराग्राफमा हामीले यी सुरक्षा उपायहरुको बारेमा चर्चा गर्नेछौं।

बूट सेक्टर वायरसको खतराबाट आफ्नो कंप्यूटरलाई बचाउन अथवा यस सरहको खतरालाई कम गर्नको लागि, तपाईले ड्राइव एमा फ्लॉपी डिस्कबाट कहिले आफ्नो कंप्यूटर स्टार्ट (शुरू) गर्नु हुदैन्। जब सम्म कि तपाई पूरै तरीकाले पक्का हुनुहुदैन कि यसमा वायरस छैन्। सबै फ्लॉपी डिस्कमा बूट सेक्टर शामिल हुन्छ। शुरू हुने बितिकै तपाईको कंप्यूटर ड्राइव ए बूट सेक्टरबाट क्रिया गर्दछ। यदि यो क्रियामा असफल हुन्छ भने पनि फ्लॉपी डिस्कको बूट सेक्टरमा मौजूद वायरस तपाईको कंप्यूटरको हार्ड डिस्कलाई क्षतिग्रस्त गर्न सक्छ।

मैक्रो वायरसबाट आफ्नो कंप्यूटरलाई बचाउनको लागि सबै एप्लीकेशंसमा मैक्रो सिक्योरिटी लेवललाई सेट गर्न सक्नुहुन्छ। जसले तपाईलाई माइक्रो लेख्ने अनुमति दिन्छ। मीडियम सिक्योरिटी लेवलमा, उदाहरणको लागि- माइक्रोसॉफ्ट वर्डले तपाईलाई चेतावनी दिनेछ यदि तपाईले खोलिरहनु भएको डाक्यूमेंटमा मैक्रो छ भने यस चेतावनीबाट, तपाईले मैक्रोलाई छान्न वा त्यागने निर्णय लिन सक्नुहुन्छ। यदि डाक्यूमेंट कुनै सुरक्षित वा विश्वाशीलो स्रोतबाट प्राप्त भएको छ भने तपाईले मैक्रोलाई इनेबल गर्न सक्नुहुन्छ। अन्यथा तपाईले त्यसलाई डिसेबल अर्थात ओपन गर्ने प्रयास गर्नु हुदैन्।

वायरसको खतराबाट आफ्नो कंप्यूटरलाई बचाउनको लागि तपाईले यसमा एंटीवायरस प्रोग्राम इंस्टॉल वा लोड गराउनुपर्छ र त्यसलाई नियमित रूपबाट अपडेट गरि रहनु पर्छ। **'एंटीवायरस प्रोग्राम'** तपाईको कंप्यूटरको मेमोरीमा, स्टोरेज मीडिया वा प्राप्त हुने खालको फाइलमा मौजूद कुनै पनि वायरस खाज्दछ र त्यसलाई रिमूव अर्थात नष्ट गर्दछ।

अधिकांश एंटीवायरस प्रोग्राम तपाईलाई वर्म र ट्रोजन होर्सको खतराबाट पनि बचाउछ। प्राय: कुनै पनि नया कंप्यूटर सगैं एंटीवायरस प्रोग्राम पनि यूजरलाई दिईन्छ।

एंटीवायरस प्रोग्राम त्यस प्रोग्रामलाई स्कैन गर्छ जुन बूट प्रोग्राम, ऑपरेटिंग सिस्टम र अर्को प्रोग्रामलाई मॉडीफाई गर्छ।

अधिकांश एंटीवायरस प्रोग्रामले त्यस फाइलहरुलाई स्यंम नै स्कैन गर्छ जसलाई तपाई इंटरनेटबाट डाउनलोड गर्नुहुन्छ, ईमेल अटैचमेंटबाट प्राप्त गर्न सक्नु हुन्छ, फाइललाई ओपन गर्नुहुन्छ वा कंप्यूटरमा राख्ने कुनै पनि ड्राइव त्यसमा लगाउनु हुन्छ। जस्तै-फ्लॉपी डिस्क वा जिप डिस्क।

एंटीवायरस प्रोग्राम कुनै पनि वायरसलाई त्यसै सरहको तकनीक वायरस सिग्नेचरले डिटेक्ट गर्दछ अर्थात खोज्छ।

'वायरस सिग्नेचर' को **'वायरस डेफीनेशन'** पनि भनिन्छ, वायरस कोडलाई स्पेसिफिक पैटर्नबाट पनि जानिन्छ।

आफनो एंटीवायरस प्रोग्रामलाई अपडेट गर्न धेरै जरूरी छ जसबाट सिग्नेचर वायरसले नया खोजको वायरसको फाइललाई नष्ट गर्दछ।

इस सरह तपाईको एंटीवायरस सॉफ्टवेयर तपाईको कंप्यूटर की वायरस से रक्षा गर्दछ। अधिकांश एंटीवायरस प्रोग्राममा ऑटो अपडेट फीचर हुन्छ, जुन तपाईले सिग्नेचरलाई डाउनलोड गर्नको लागि नियमित रूपबाट प्रॉम्प्टलाई डिस्प्ले गर्दछ।

विक्रेताले यस सेवालाई निश्चित समयको लागि नि:शुल्क अर्थात फ्रीमा उपलब्ध गराउछ।

जब वायरसबाट संक्रमित फाइललाई एंटीवायरस खोज्दछ तब यो त्यसले वायरसलाई नष्ट गर्दछ। यदि एंटीवायरस यस वायरसलाई नष्ट गर्न सक्दैन् भने यो प्राय: त्यस संक्रमित फाइललाई **'क्वारेंटाइन'** अर्थात अलग गर्दछ। क्वारेंटाइन हार्ड डिस्कको त्यो अलग क्षेत्र अथवा भाग हुन्छ जसले वायरसलाई तब सम्म आफू कहा राख्दछ जब सम्म कि त्यो नष्ट हुदैन्। यसरी अर्को फाइल यस वायरसबाट प्रभावित हुदैन्। संदिग्ध फाइलहरुलाई तपाई पनि क्वारेंटाइन गर्न सक्नुहुन्छ।

वायरस खोजेर त्यसलाई नष्ट गर्ने बाहेक यस्ता धेरै एंटीवायरस प्रोग्राममा यो सुविधा पनि हुन्छ कि यसले संक्रमित प्रोग्राम वा फाइललाई सही गर्न वा नष्ट गर्नको लागि रेस्क्यू (बचाव) डिस्क तैयार गर्दछ।

बूट सेक्टर वायरसको लागि, तपाईको कंप्यूटर रीस्टार्ट गर्नुपर्ने आवश्यक्ता हुन्छ। **'रेस्क्यू डिस्क'** वा **'इमरजेंसी डिस्क'** एउटा रिमूवेबल डिस्क हुन्छ जसमा की-आपरेटिंग सिस्टम कमांड र स्टार्टअप इंफोर्मेशन हुन्छ जसले कंप्यूटरलाई सही ढंगबाट रीस्टार्ट (फेरीबाट शुरू) गर्दछ।

स्टार्ट अपको समय, रेस्क्यू डिस्क बूट सेक्टरले वायरस नष्ट गरिदिन्छ। फ्लॉपी डिस्क र जिप डिस्क प्राय : रेस्क्यू डिस्प हुन्छ। रेस्क्यू डिस्कको प्रयोग गरेर जब तपाई कंप्यूटरलाई रीस्टार्ट गर्नुहुन्छ तब एंटीवायरस प्रोग्राम क्षतिग्रस्त फाइललाई बलियो बनाउन लाग्छ। यदि यसले त्यो ठीक गर्न सक्दैन् भने त्यस फाइलको बिना संक्रमित कॉपिहरुको साथमा बदलिनु पर्ने हुन्छ वा रीस्टोर गर्नुपर्छ।

वायरस हटाउनको लागि धेरै विशेष परिस्थितिहरुमा नै तपाईले आफ्नो हार्ड डिस्कलाई फार्मेट गर्नुपर्छ। सबै फाइल वा त्यसको बैकअप संक्रमित रहित हुनु र बलियो हुनु धेरै आवश्यक छ।

वायरसलाई रिमूव गर्नु पर्छ अन्यथा यसले कंप्यूटरलाई बाधित गर्न सक्छ। यो पनि जरूरी छ कि तपाईले आफ्नो वायरस इंफेक्शनको बारेमा पनि अरु यूजर्सलाई बताउनहोस्, यदि तपाई त्यस यूजर्सको साथमा आफ्नो कंप्यूटरको डाटा शेयर (साझा) गरिरहनु भएको छ भने त्यो तपाईको जिम्मेदारी हुन आउछ कि उनलाई वायरसको बारेमा बताईयोस्। यस्तो गर्नाले अरु यूजर्स यस किसिमको वायरस इंफेक्शनबाट सिस्टमलाई चेक गर्न सक्छ।

अनधिकृत रूपबाट कंप्यूटरको प्रयोग

बिना आज्ञाको कंप्यूटर वा नेटवर्कको प्रयोग गर्नु अनधिकृत रूपबाट प्रयोग गर्नु हो। जो व्यक्ति कंप्यूटर वा नेटवर्कलाई अवैध रूपमा एक्सेस (काम गर्नु) गर्ने प्रयास गर्दछ, त्यसलाई **'क्रैकर'** भनिन्छ। हालांकि **'हैकर'** पनि यसरी नै काम गर्दछ। केहि हैकरले कंप्यूटरलाई ब्रेक (सेंध लगाउन) गर्ने चुनौतीको रूपमा लिन्छ। अरु हैकर्स कंप्यूटरबाट महत्वपूर्ण सूचनाहरूलाई चोरी गर्दछ र डाटा खराब गर्दछ। हैकर्स कंप्यूटरलाई ब्रेक गर्नको लागि यसबाट स्यंमलाई कनेक्ट गर्दछ र यूजर्सको नामबाट नै लॉगइन गर्दछ। केहि हैकर नोक्सान पुगाउदैन् उनीहरु केवल डाटा, इंफोर्मेशन र प्रोग्रामलाई एक्सेस गर्दछ। केहि हैकर संदेश आदि छोडेर आफ्नो उपस्थितिको कुनै न कुनै सबुत दिन्छ।

बिना अनुमतिको अवैध गतिविधिहरुमा कंप्यूटरको डाटाको प्रयोग गर्नुलाई **'अनऑथराइन्ड यूज अर्थात अवैध प्रयोग'** भनिन्छ। यसमा विभिन्न क्रियाकलाप हुन्छ। कुनै पनि कर्मचारी कंपनीको कंप्यूटरको प्रयोग गरेर पर्सनल ई-मेल पठाउछ। वा कुनै कर्मचारी कंपनीको बैंकको कंप्यूटरको प्रयोग गरेर अवैध रूपबाट

धनलाई स्थानांतरित गर्दछ।

एक्सेस कंट्रोलको प्रयोगबाट कंप्यूटरको दुरुपयोगलाई रोक्नसकिन्छ। **'एक्सेस कंट्रोल'** एक किसिमको सुरक्षा हो जसले तय गर्दछ कि कुन-कुन कंप्यूटरको प्रयोग गर्न सकिन्छ र प्रयोग गर्ने समय कस-कसबाट कार्य गर्न सकिन्छ। धेरै व्यावसायिक सॉफ्टवेयर पैकेज टू फेस प्रोसेसको प्रयोग गरेर एक्सेस कंट्रोललाई अप्लाई गर्दछ, जसलाई आइडेंटीफिकेशन वा ऑथेंटिकेशन भनिन्छ। **'आईडेंटीफिकेशन'** वेरीफाई अर्थात पुष्टि गर्दछ कि तपाई एक वैलिड अर्थात सही यूजर हुनुहुन्छ। **'ऑथेंटिफिकेशन'** पुष्टि गर्दछ कि तपाई यसमा काम गर्न सक्नुहुन्छ।

आईडेंटीफिकेशन र ऑथेंटिकेशनको चार प्रकार हुन्छ। यूजर नेम र पासवर्ड, पजेस्ड ऑब्जेक्ट, बायोमैट्रिक डिवास र कॉलबैक सिस्टम।

यूजर नेम (नाम) र पासवर्ड

'यूजर नेम' र **'यूजर आईडी'** अक्षरहरुको विशेष समूह हो, जस्तै वर्णमालाको अक्षर र संख्याहरु। यो केवल एउटा यूजरलाई स्पेसीफाई गर्दछ। **'पासवर्ड'** यूजर नेमको साथमा प्रयोग गरिने खालको कैरेक्टरको गुप्त कोड हुन्छ। जसले कंप्यूटर प्रयोग गर्ने अनुमति दिन्छ।

अधिकांश मल्टीयूजर (नेटवर्क) ऑपरेटिंग सिस्टममा कंप्यूटरमा स्टोर डाटा, इंफोर्मेशन वा प्रोग्रामलाई प्रयोग गर्नु भन्दा पहिला यूजर नेम र डाटा एंटर गर्नुपर्ने आवश्यक्ता हुन्छ। अन्य अर्को सिस्टम जसमा वित्तीय, गुप्त सूचनाहरु वा निजी सूचनाहरु हुन्छ, त्यसमा पनि सुरक्षाको दृष्टिले यूजर नेम र पासवर्ड एंटर गर्नुपर्ने हुन्छ।

पजेस्ड ऑब्जेक्ट

पजेस्ड आँब्जेक्ट त्यो आइटम हो जुन कंप्यूटर वा कंप्यूटरको कुनै सुविधा प्रयोग गर्नको लागि आवश्यक हुन्छ। बैग, काड्स र की, पजेस्ड आब्जेक्टको उदाहरण हुन्। एउटा कार्ड जसलाई तपाई ऑटोमैटिड टेलर मशीन (एटीएम) को सरह प्रयोग गर्नुहुन्छ, पजेस्ट आब्जेक्ट हो र यो तपाईलाई बैंक अकाउंटलाई ऑपरेट गर्ने अनुमति दिन्छ। पजेस्ड आब्जेक्टलाई प्राय: पर्सनल आईडेंटिफिकेशन नंबरको कांबिनेशन (संयोजन) को साथमा प्रयोग गरिन्छ।

पर्सनल आईडेंटिफिकेशन नंबर (पिन)

'पर्सनल आईडेंटिफिकेशन नंबर (पिन)' एउटा न्यूमैरिक पासवर्ड हो जुन या त कंपनी वा तपाईद्वारा एंटर गरिन्छ। पिनले तपाईलाई अतिरिक्त सुरक्षा प्रदान गर्दछ। एटीएमलाई चार नंबर भएको पिनको आवश्यक्ता हुन्छ, यदि कुनै व्यक्ति तपाईको एटीएम कार्ड चोरी गर्दछ भने चोरले तपाईको अकाउंटबाट पैसा निकाल्नको लागि पिन नंबर एंटर गर्नुपर्ने हुन्छ। पिन एउटा पासवर्ड हो र त्यसलाई अन्य पासवर्डको सरह नै सधै संभालेर सुरक्षित रूपमा राख्नुपर्छ।

बायोमैट्रिक डिवाइस

कुनै पनि अधिकृत व्यक्तिको पहिचान **'बायोमैट्रिक्स डिवाइस'** बाट नै गरिन्छ। केहि बायोमैट्रिक आईडेंटीफायर द्वारा कंप्यूटरको प्रयोग द्वारा यो डिवाइसको प्रोग्राम र सिस्टमलाई प्रयोग गर्ने अनुमति दिन्छ। **'बायोमैट्रिक आईडेंटीफायर'** मा एउटा भौतिक वा व्यावहारिक विशेषता छ। उदाहरणको लागि- फिंगरप्रिंट (औंलाहरुको छाप), हातको बनावट, अनुहारको बनावट, आवाज, हस्ताक्षर र आखाँको पुतलिहरुको संरचना आदि।

यो निजी सूचनाहरु बायोमैट्रिक डिवाइस द्वारा डिजिटल कोड (डिजिटल भाषा) मा बदलिन्छ र यो कंप्यूटरमा स्टोर डिजिटल कोडसंग मिलान गर्दछ। यदि कंप्यूटरमा मौजूद डिजिटल कोड यस निजी सूचनाहरुसंग मैच (मेल) खादैन् भने कंप्यूटर प्रोसेस गर्दैन्। कंप्यूटरको सुरक्षाको लागि विभिन्न प्रकारको बायोमैट्रिक डिवाइसको प्रयोग गरिन्छ।

अहिले दिन **'फिंगरप्रिंट स्कैनर'** बायोमैट्रिक डिवाइसको प्रयोग ठूलो मात्रामा गरिदै छ। फिंगरप्रिंट तपाईको हातको रेखाहरूलाई स्कैन गर्दछ। यसमा **'हैंड ज्यामैट्री सिस्टम'** को सहायताले बायोमैट्रिक डिवाइस व्यक्तिको हातको आकार र आकृतिको माप लिन्छ। ठूलो स्तरमा कंपनिहरुको उपस्थितिलाई सुनिश्चित गर्नको लागि यस सिस्टमको प्रयोग गर्दछ। केहि प्ले स्कूलमा यो ती अभिभावकहरुको लागि यस डिवाइसको प्रयोग गर्दछ जो आफ्नो बच्चालाई स्कूलबाट लिन आउछ।

फेस रिकॉगनिशन सिस्टम : यसले अनुहारको फोटो लिन्छ र त्यसलाई कंप्यूटरमा स्टोरसंग मिलान गरेर हेर्दछ कि तपाई नै त्यो व्यक्ति हुनुहुन्छ वा हुनुहुन्न। केहि नोटबुक कंप्यूटर आफ्नो कंप्यूटरको सुरक्षालाई सुनिश्चित गर्नको लागि यो तकनीकको प्रयोग गर्दछ। कंप्यूटर तब सम्म स्टार्ट हुनेछैन् जब सम्म कि तपाईको अनुहार र त्यसमा स्टोर फोटोको मिलान हुदैन्। यो प्रोग्राम अहिले धेरै राम्रो अथवा परिष्कृत भएको छ जुन तपाईलाई चश्मा वा त्यसको बिना, मेकअपमा, ज्वेलरीको साथमा वा त्यसको बिना पनि पहिचान गर्न सक्छ।

वॉयस वेरीफिकेशन : यो सिस्टम तपाईको आवाजलाई कंप्यूटरमा स्टोर गरिएको आवाजसंग मेल खान्छ। ठूलो संगठनले धेरै पटक उपस्थितिको समय यस सिस्टमको प्रयोग गर्दछ। धेरै कंपनिहरु संवेदनशील फाइल र नेटवर्कको लागि यस तकनीकको प्रयोग गर्दछ।

सिग्नेचर वेरीफिकेशन सिस्टम : यो तपाईको हैंडराइटिंग (हस्तलिपि) संग मिलान गर्दछ कि कसरी तपाई शब्द र अक्षरलाई बनाउनुहुन्छ। सिग्नेचर वेरीफिकेशन सिस्टम विशेष पेन र टैबलेट पीसीको प्रयोग गर्दछ।

रेटिनल स्कैनर : रेटिनल स्कैनर सिस्टमलाई राम्रो सुरक्षा भएको क्षेत्रहरुमा प्रयोग गरिन्छ। यस सिस्टममा आखाँको बनावट र त्यसमा मौजूद मांसपेशिहरुको संरचनासंग मिलान गरिन्छ तब यसलाई उच्च स्तरको फिंगरप्रिंट भनिन्छ। ये सिस्टम धेरै महंगो हुन्छ र सरकारी उपक्रमहरुमा प्रयोग गरिन्छ। खासगरी सेना र धेरै संवेदनशील डाटा भएको वित्तीय संस्थानहरुमा यसको प्रयोग गरिन्छ।

कॉलबैक सिस्टम

कॉलबैक सिस्टम त्यो कंट्रोल मेथड (नियंत्रण तरीका) हो जसलाई केहि सिस्टम वैध रिमोट यूजरको सरह उपयोग गर्दछन्। **'कॉल बैक सिस्टम'**, तपाईको कंप्यूटरसंग तब कनेक्ट गर्नेछ जब तपाईलाई पहिला एंटर गरिएको टेलीफोन नंबरमा त्यस कंप्यूटरबाट कॉल आउनेछ।

कॉल बैक सिस्टमको लागि तपाईले कंप्यूटरलाई कॉल गर्नु पर्ने हुन्छ र यूजर नेम र पासवर्ड एंटर गर्नु पर्ने हुन्छ। यदि यो एंट्री सही छ भने कंप्यूटरले केहि बेर रोकिने आदेश दिन्छ र तपाईले कॉलबैक (वापसी कॉल गर्न) गर्नेछ। कॉलबैक सिस्टम तपाईलाई अतिरिक्त सुरक्षा उपलब्ध गराउछ। यदि कुनै व्यक्ति तपाईको यूजर नेम र पासवर्ड चोरी गर्दछ भने उसले तपाईको कंप्यूटर प्रयोग गर्नको लागि त्यो टेलीफोन नंबर पनि एंटर गर्नुपर्नेछ।

कॉलबैक सिस्टम त्यो यूजर्सको लागि धेरै राम्रो छ जो एउटै रिमोट लोकेशनमा काम गर्नुहुन्छ। जस्तै-घर वा ब्रांच ऑफिस।मोबाइल यूजर जसलाई विभिन्न स्थानमा वा विभिन्न टेलीफोन नंबरमा कंप्यूटरको प्रयोग गर्नुपर्ने आवश्यक्ता पर्दछ, उसले कॉलबैक सिस्टमको प्रयोग गर्न सक्छन्। तर उसले सबै अलग ठाउँमा हरेक पटक कॉलबैक सिस्टम द्वारा स्टोर गरिएको कॉलबैक नंबरलाई बदलिनु पर्नेछ।

17 परचेजिंग र ट्रबलशूटिंग

कंप्यूटर खरीद गर्दा समय सही प्रकारको कंप्यूटर खरीद गर्नको लागि विभिन्न फैक्टर हुन्छ, जसको तपाईले ध्यान राख्नुपर्छ। यो ध्यान राख्नुपर्छ कि कंप्यूटर तपाईको आवश्यक्तालाई पूरा गर्दछ र यो समय र पैसाको बचत पनि गरोस्।

बजारमा दुई प्रकारको कंप्यूटर मौजूद छ।

• ब्रांड नेम • क्लोन कंप्यूटर (एसेंबल)

ब्रांड नेम

यी कंप्यूटर ठूलो कंप्यूटर निर्माता कंपनिहरु द्वारा तैयार गरिन्छ। जस्तै- आईबीएम, डेल र कंपैक। यी कंपनिहरुद्वारा तैयार गरिएको कंप्यूटरलाई ब्रांड नेम कंप्यूटर भनिन्छ। ब्रांड नेम कंप्यूटरको कंपोनेंट (पार्ट्स) ठूलो कंपनिहरुद्वारा तैयार र अप्रूव गरिन्छ।

क्लोन

हालांकि यो कंप्यूटर आईबीएम जस्तो ठूलो कंपनिहरु द्वारा तैयार गरिदैन् तर यो ती कंप्यूटरहरु भन्दा कुनै पनि मामलामा कम हुदैन्। अर्थात क्लोन कंप्यूटर ठूलो कंप्यूटर निर्माता कंपनिहरुद्वारा बनाईएको हुदैन्। क्लोन कंप्यूटर आजकाल बढि लोकप्रिय छ किनकि यसमा विभिन्न कंपनिहरुद्वारा उपलब्ध गराईएको विभिन्नताहरु हुन्छ। यस्तोमा तपाई यो तय गर्न सक्नुहुन्छ कि तपाईको कंप्यूटरमा कुन कंपोनेंट हुनुपर्छ।

कंपैटिबिलिटी (अनुकूलता)

ब्रांड नेम कंप्यूटरको तुलनामा क्लोन कंप्यूटरलाई सजिलैसंग अपग्रेड गर्न सकिन्छ किनकि क्लोन कंप्यूटर विभिन्न निर्माताहरु द्वारा तैयार कंप्यूटरको विस्तृत रेंजलाई सपोर्ट गर्दछ। ब्रांडनेम कंप्यूटरको कंपोनेंट (पार्ट्स) विशेष रूपमा बनाईन्छ र यसलाई बदलिन धेरै एक्सपेंसिव (महंगो) हुन्छ। यस्तोमा ब्रांड नेम कंप्यूटर धेरै महंगो हुन्छ।

रिलायबिलिटी (विश्वसनीयता)

ब्रांडनेम कंप्यूटर क्लोन कंप्यूटरको तुलनामा अधिक विश्वसनीय हुन्छ किनकि ज्यादातार ठूलो कंपनिहरु कंप्यूटरको निर्माणमा हाई क्वालिटी कंट्रोल (उच्च गुणवत्ता नियंत्रक) को प्रयोग गर्दछ।

कॉस्ट (मूल्य वा कीमत)

क्लोन कंप्यूटरको तुलनामा आमतौरमा ब्रांड नेम कंप्यूटर बढि महंगो हुन्छ। हालांकि क्लोन कंप्यूटर केहि सस्तो पनि हुन्छ, तर जरूरी छेन् कि त्यसको क्वालिटी राम्रो हुदैन्।

बिक्री पछि सर्विस

क्लोन कंप्यूटरको अपेक्षामा ब्रांड नेम कंप्यूटर राम्रो ऑफ्टर सेल सर्विस (बिक्री पछि सर्विस) उपलब्ध गराउछ। ब्रांड नेम कंप्यूटर प्रायः वारंटी बढाउने सुविधा दिन्छ। यस बाहेक कंप्यूटरको साथमा दिईएको प्रोग्राम वा साफ्टवेयरको लागि तकनीकी सपोर्ट पनि उपलब्ध गराउछ। यसरी ऑफ्टर सेल सर्विस प्रायः क्लोन कंप्यूटरको साथमा दिने गरिदैन्।

खरीद गर्नु भन्दा पहिला केहि आवश्यक कुराहरु

कंप्यूटर खरीद गर्नु भन्दा पहिला आफ्नो साथीहरु, बाजारमा पसलहरु आदि राम्ररी थाहा गर्नुहोस् कि तपाईलाई कुन प्रकारको कंप्यूटर चाहिएको छ। यसले तपाईलाई धेरै कुराहरुमा मद्दत गर्न सक्छ।

तपाईले वेबसाइटको मद्दत लिन सक्नुहुन्छ र यसको प्रीव्यूलाई पनि पढ्नुपर्छ।

राम्रो कंप्यूटरको लिनुछ भने खरीद गर्दा निम्न कुराहरुको पनि ध्यान राख्नुहोस्।

- प्रोसेसरको स्पीड
- मेमोरी (रैम) र स्टोरेज (हार्ड डिस्क, फ्लॉपी डिस्क, सीडी रोम, सीडी राइटर, डीवीडी रोम, जिप ड्राइव), को साइज (आकार) र टाइप (प्रकार) हेर्नु पर्छ।
- कंप्यूटरसंग संबन्धित इनपुट/आउटपुट डिवाइस। जस्तै- माउस, की-बोर्ड, मॉनिटर, प्रिंटर, साउंड कार्ड, वीडियो कार्ड आदि।
- कंप्यूटरसंग जोडिएको कम्युनिकेशन डिवाइस जस्तै- मॉडम, नेटवर्क इंटरफेस कार्ड।
- कंप्यूटरमा हुने कुनै पनि सॉफ्टवेयर जस्तै- वर्ड प्रोसेसर वा एंटीवायरस आदि।

आफ्नो कंप्यूटर मेंटेन राख्न
कंप्यूटर खरीद गरेपछि यो सुचारु रूपबाट कार्य गरि रहोस्, यसको लागि तपाईले केहि मेंटीनेंस पनि राख्नुपर्छ। यस भागमा बताईएको कुराहरु अपनाएर तपाई आफ्नो कंप्यूटरको मेंटीनेंसलाई कमसे कम राख्न सक्नुहुन्छ।

1. एउटा नोटबुकको प्रयोग गर्नुहोस् जसमा तपाईको कंप्यूटरसंग संबंधित पूरा जानकारी होस्। जब-जब तपाई आफ्नो कंप्यूटरमा कुनै बदलाव गर्नुहुन्छं जस्तै-हार्डवेयर वा सॉफ्टवेयर शामिल गर्दा वा रिमूव गर्दा। यो नोटबुकमा तुरंत नोट गर्नुपर्छ। तपाईले आफ्नो कंप्यूटरमा निम्नलिखित बुदाहरु शामिल गर्नुपर्दछ।
   - आफ्नो यूजर मैनुअलबाट वेंडर सपोर्ट नंबर।
   - आफ्नो आईएसपीको लागि यूजर आईडी, पासवर्ड र निकनेम।
   - सबै उपकरणहरु वा सॉफ्टवेयरको लागि वेंडरको नाम र मिती।
2. आफ्नो कंप्यूटरको नजिकको एरियालाई सर-सफा र धूलोमुक्त राख्नुहोस्। यो तपाईको कंप्यूटर सिस्टमको भित्री भागहरु सफा गर्ने आवश्यक्तालाई कम गर्दछ।
3. महत्वपूर्ण फाइलहरु तथा डाटाको बैकअप तैयार गर्नुहोस्। आपरेटिंग सिस्टममा शामिल यूटिलिटी प्रोग्राम वा थर्ड पार्टीको प्रयोग गर्नुहोस् र रिकवरी वा रीस्टार्ट गर्दा डिस्क कम छ भने यसको सहायता लिनुहोस्। महत्वपूर्ण डाटा फाइलहरुलाई डिस्क, टेप वा नियमित रूपबाट कॉपी गर्दै जानुहोस्।
4. आफ्नो कंप्यूटरमा एंटीवायरस प्रोग्राम इंस्टॉल गरेर र वेंडरको वेबसाइटबाट यस यसलाई नियत अंतरालमा अपडेट गर्दै रहनाले कंप्यूटरलाई वायरसको दुष्प्रभावबाट बचाउन सकिन्छ।
   कुनै अनजान व्यक्तिबाट पाएको फाइललाई कहिले ओपन नगर्नुहोस्। खासगरी उसबाट जसको ई-मेलमा कुनै अटैचमेंट फाइल हुन्छ।
5. विंडो आपरेटिंग सिस्टममा उपलब्ध विशेषताको प्रयोगबाट आफ्नो कंप्यूटरलाई सफा राख्नुहोस्। यसमा पहिलो विशेषता डिस्क डिफ्रेगमेंटर छ जुन तपाईलाई फाइलको पहिचान गर्नमा मद्दत गर्दछ र त्यसलाई क्रमबद्ध गर्दछ। साथै यो डिस्कको कार्यविधिलाई तेजिलो गर्दछ।
6. डायग्नोसिस टूल्सको प्रयोग गर्न सिक्नुहोस् जसले तपाईको कंप्यूटरको समस्या बुझ्न र टाढा गर्नमा तपाईको मद्दत सहायता गर्नेछ। डायग्नोसिस टूल्स कंपोनेंटको जाँच गर्न, मॉनिटर रिसोर्स (मेमोरी र प्रोसेसिंग पावर) फाइलमा गरिएको बदलावलाई निष्क्रिय (अनडू) गर्न आदिमा तपाईको धेरै सहायता गर्दछ।

ट्रवलशूटिंग

ट्रवलशूटिंगले तपाईको कंप्यूटरमा भएको हार्डवेयरको समस्या खोज्न र त्यसलाई ठीक गर्नमा तपाईको सहायता गर्दछ। हार्डवेयर प्रॉब्लममा ट्रवलशूटिंगको दौरान तपाई एक पटकमा केवल एउटा कंपोनेंट माथि केंद्रित हुनुपर्छ।
कंप्यूटरको कनेक्शन चेक गर्न अर्थात जाँच गर्न लूज (नकसिएको) कनेक्शन वा कनेक्शन सही ढंगबाट नहुदा हार्डवेयर प्रॉब्लमको मुख्य कारण हुन्छ। सुनिश्चित गर्नुहोस् कि कंपोनेंट कंप्यूटरसंग सही ढंगबाट अटैच अर्थात जोडिएको छ कि छैन्।
ड्राइवरको जाँच गर्न
कंप्यूटरको अधिकांश कंपोनेंटलाई सॉफ्टवेयरको आवश्यक्ता हुन्छ, जसलाई ड्राइवर भनिन्छ। तपाई यो सुनिश्चित गर्नुहोस् कि तपाईको जुन कंपोनेंटमा समस्या छ, त्यसको लागि सही र अपडेट ड्राइवरको प्रयोग होस्।
प्लग और प्ले
नयाँ कंप्यूटर र डिवाइस प्लग एंड प्ले तकनीकको प्रयोग गर्दछ। जब तपाई प्लग एंड प्ले डिवाइसलाई इंस्टॉल गर्नुहुन्छ तब कंप्यूटर त्यसलाई स्यंम नै डिटेक्ट (खोजी) गर्नछ र तपाईको लागि त्यस डिवाइसलाई सेटअप अर्थात काम गर्नको लागि तैयार गर्दछ।
कसरी थाहा हुन्छ कि मैले माउस कहिले सफा गर्नुछ?
डेस्क र माउस पैडबाट माउस भित्र मौजूद बॉलको चारैतिर धूलो र फोहर एकत्रित हुन जान्छ। यदि तपाईको माउस प्वाइंटर हार्ड छ र स्क्रीनमा एक ठाउँ टिक्नमा गाह्रो गर्दछ भने तपाईले माउसलाई क्लीन अर्थात सफा गर्ने आवश्यक्ता छ। माउसलाई सफा गर्नको लागि निर्माता द्वारा दिईएको दिशा-निर्देशको पालना गर्नुहोस्।
केबल कनेक्टर मेरो कंप्यूटरसंग की-बोर्डलाई कनेक्ट गर्न सकिरहेको छैन्, के गर्नुपर्छ?
केबल कनेक्टर पांच पिनको डिन कनेक्टर हुन्छ। धेरै नयाँ कंप्यूटरहरुमा सानो छ वटा पिन भएको डिन कनेक्टरको आवश्यक्ता हुन्छ। यसलाई पीएस/2 कनेक्टर पनि भनिन्छ। तपाईले यसको लागि एडेप्टरको प्रयोग गर्न सक्नुहुन्छ जसले कुनै पनि प्रकारको कनेक्टरलाई जोड्न सक्छ।
की-बोर्डलाई कसरी सफा गर्न सकिन्छ?
धेरै पटक की-बोर्डमा फोहर र धूलो एकत्रित हुन जान्छ। यस्तोमा बटनले राम्ररी काम गर्न सक्दैन्। धूलो र फोहरलाई रिमूव गर्न अर्थात सफा गर्नको लागि तपाईले की माथि कंप्यूटर वैक्यूम क्लीनर चलाउन सक्नुहुन्छ। यदि वैक्यूम ठीकले काम गरि रहेको छैन् भने तपाईले तेजिलो दबाव भएको हावाको प्रयोग की-बोर्ड माथि गर्न सक्नुहुन्छ। की-बोर्डको बाहिरको कवरलाई हल्का भिजेको कपडाले सफा गर्नुहोस्। की-बोर्डलाई भित्रबाट सफा गर्नको लागि तपाईले त्यसलाई स्यंमले नखोल्नुहोस्, अन्यथा तपाईको की-बोर्ड खराब हुन सक्छ।
प्रिंटरको लागि कुन ड्राइवर इंस्टॉल गनुपर्छ?
सबै प्रिंटरमा काम गर्नको लागि ड्राइवरको आवश्यक्ता हुन्छ। ड्राइवर एउटा सॉफ्टवेयर हो जसले कंप्यूटरको आपरेटिंग सिस्टमलाई प्रिंटरको कंट्रोलसंग मिलेर काम गर्ने अनुमति दिन्छ। अधिकांश प्रिंटरमा इंस्टॉलेशन प्रोग्राम शामिल हुन्छ जसबाट तपाई प्रिंटरको लागि आवश्यक ड्राइवर इंस्टॉल गर्न सक्नुहुन्छ।
इंक जेट प्रिंटरबाट प्रिंट गरिएको इमेजको गुणवत्ता बढाउन
इंक जेट प्रिंटर स्टैंडर्ड पेपरको प्रयोग गर्दछ। तर इमेजको क्वालिटी अर्थात गुणवत्ता तब राम्रो आउछ जब तपाई महंगो र राम्रो क्वालिटी भएको पेपर प्रयोग गर्नुहुन्छ।
समस्या हुदा प्रिंटरले कस्तो सूचना देखाउछ?
प्रिंटरमा प्राय: आफ्नो कमिलाई टाढा गर्ने फीचरको विशेषता शामिल हुन्छ। केहि प्रिंटर जस्तै- इंक जेटमा जब कुनै समस्या हुन्छ तब लगातार बीप (एक किसिमको आवाज वा ध्वनि) गर्दछ र तपाईलाई अलर्ट (अवगत) गर्दछ। अधिकांश लेजर प्रिंटर कुनै पनि किसिमको समस्या हुदा स्क्रीनमा कुनै मैसेज (संदेश) डिस्प्ले गर्दछ।
प्रिंटरमा पेपर जाम हुदा के गर्नुपर्छ?

प्रिंटरमा पेपर जाम हुनु एक किसिमको आम समस्या हो। पटक-पटक पेपर जाम हुदा तपाईको प्रिंटर खराब पनि हुन सक्छ। प्रिंटर द्वारा पेपरलाई दिईने खालको तकनीकी खराबीको कारण पनि पेपर जाम हुन सक्छ। केहि प्रिंटरमा तपाई प्रिंटरको बिर्को हटाएर जाम पेपरलाई निकाल्न सक्नुहुन्छ। जाम पेपरलाई प्रिंटरको भित्रबाट निकाल्न अथवा तान्ने समय तपाईले धेरै सावधानी राख्नुपर्छ। पेपरलाई तेजीबाट वा जबरदस्ती बाहिर तान्दा प्रिंटरमा रहेको सा-सानो सेंसर (संवेदक) खराब हुन सक्नुहुन्छ।

यदि मॉनिटर सही ढंगबाट काम गरि रहेको छैन् भने के गर्ने?

मॉनिटर कुनै पनि कंप्यूटर सिस्टमको महत्वपूर्ण र विश्वाशीलो पार्ट हो। जब मॉनिटर सूचनाहरूलाई डिस्प्ले गर्न सक्दैन् वा सही ढंगबाट डिस्प्ले गर्दैन् तब सामान्यत: यसको वीडियो कार्डमा समस्या हुन्छ। वीडियो कार्ड कंप्यूटर द्वारा पठाईएको त्यो निर्देशलाई त्यस रूपमा अनुवादित गर्दछ, जसलाई मॉनिटर राम्ररी बुझ्छ।

स्क्रीनमा इमेजमा कलर नआउनु

यदि तपाईको कंप्यूटरको स्क्रीनमा नीलो-हरियो र पर्पल कलरको हल्का इमेज देखिन्छ भने जस मध्ये कुनै पनि प्राथमिक रंग मिसिंग (गायब) हुन सक्छ। यो मॉनिटर र वीडियो कार्डको बीच लूज (नकसिएको) कनेक्शनको कारणले हुन सक्छ। मॉनिटरलाई वीडियो कार्डसंग जोड्ने केबलको अंतमा दुई वटा स्क्रू (पेच) हुन्छ। राम्रो र सही कनेक्शनको लागि दुबै पेंचलाई ठीकसंग लगाउनुहोस्।

स्क्रीनमा यदि डार्क एरिया आई रहेको छ भने?

यदि मॉनिटर स्क्रीनमा बिना रंगको वा डार्क एरिया डिस्प्ले गर्दछ भने यो मैग्नेटिक फील्डको कारणबाट हुन्छ। यस्तोमा तपाईले मॉनिटरको नजिकमा मौजूद कुनै पनि मैग्नेटिक डिवाइसलाई हटाउनुपर्छ।

स्कैनर ठीकले काम गरि रहेको छैन्?

ज्यादातर मामलाहरुमा यदि स्कैनर ठीक ढंगसंग काम गरि रहेको छैन् भने ड्राइवरलाई इंस्टॉल गर्नमा वा सॉफ्टवेयर प्रोग्राममा कमी हुन सक्छ। समस्यालाई टाढा गर्नको लागि तपाईले ड्राइवर र सॉफ्टवेयरलाई फेरीबाट इंस्टॉल गर्नुपर्छ। त्यसपछि पनि यदि समस्या टाढा हुदैन् भने यसको मतलब कि स्कैनरमा हार्डवेयरको प्रॉब्लम (समस्या) छ।

कनेक्ट गर्ने बितिकै यूपीएस काम गर्नेछ?

यूपीएसको भित्र मौजूद बैटरी बिजलीलाई स्टोर गर्दछ। पूरा सरह चार्ज हुनको लागि अधिकांश बैटरीलाई 24 घंटा लाग्छ। कंप्यूटरको प्रयोग गर्नको लागि तपाईले बैटरीलाई पूरा चार्जको प्रतिक्षा गर्नु पर्छैन्। तर यूपीएस तब सम्म सही ढंगबाट काम गर्नेछैन् जब सम्म कि बैटरी पूरा सरहबाट चार्ज हुदैन्।

कंप्यूटर स्यंम नै मॉडमलाई खोज्न सक्छ?

यदि तपाई एक्सटर्नल वा इंटर्नल मॉडमलाई कंप्यूटरसंग कनेक्ट गर्नुहुन्छ भने कंप्यूटरले त्यसलाई स्यंम नै डिटेक्ट गर्न सक्छ र यसको लागि जरूरी ड्राइवरलाई इंस्टॉल गर्न सक्छ। यदि कंप्यूटर स्यंम नै मॉडमलाई डिटेक्ट गरेर ड्राइवरलाई इंस्टॉल गर्दैन भने तपाईले मॉडममा शामिल ड्राइवरलाई इंस्टॉल गर्नुपर्छ।

कनेक्शनको समय मॉडममा समस्या आई रहेको छ भने?

यदि तपाईको मॉडम कनेक्शनलाई जोड्नमा वा बनाई राख्नमा समस्या भई रहेको छ भने यो प्रॉब्लम तपाईको टेलीफोन लाइनको फीचरको कारण हुन सक्छ। जस्तै- वॉयस मेल र कॉल वेटिंग। वॉयस मेल र कॉल वेटिंग फीचर टेलीफोन लाइनको टोनलाई बदलिन दिन्छ। यसरी टोन मॉडमको कनेक्शन गर्नमा आई रहेको समस्याबाट बचाव गर्न सक्छ।

यदि मॉनिटर सही ढंगबाट काम गरि रहेको छैन् भने?

मॉनिटर कुनै पनि कंप्यूटर सिस्टमको महत्वपूर्ण पार्ट हो। जब मॉनिटर सूचनाहरूलाई डिस्प्ले गर्न सक्दैन् वा सही ढंगबाट डिस्प्ले गर्दैन् तब सामान्यत: यसको वीडियो कार्डमा समस्या हुन्छ। वीडियो कार्ड कंप्यूटर द्वारा पठाईएको निर्देशलाई त्यस रूपमा अनुवादित गर्दछ, जसलाई मॉनिटर राम्ररी बुझ्दछ।

कंप्यूटरले कुनै हार्ड ड्राइवलाई स्यंम नै खाजी गर्न सक्छ?

तपाईको कंप्यूटरले कुनै पनि हार्ड ड्राइवलाई इंस्टॉल गर्ने समय त्यसलाई डिटेक्ट (खोजी गर्न) गरेर त्यसको सेटअप तैयार गर्दछ। यदि तपाईको कंप्यूटरले हार्ड ड्राइवको सेटअप तैयार गर्दैन् भने तपाईले कंप्यूटरको सेटिंगलाई बदलिनु पर्ने हुन्छ जसबाट यो त्यस ड्राइवको साथमा काम गर्न सकोस्। यदि तपाई ड्राइवलाई डाटा स्टोर गर्नमा प्रयोग गर्नुहुन्छ भने तपाईले हार्ड ड्राइवलाई फार्मेट गर्नु पर्ने हुन्छ।

हार्ड ड्राइवबाट आवाज किन आई रहेको हुन्छ?

हार्ड ड्राइव कुनै पनि कंप्यूटरको मशीनी डिवाइस मध्ये एक हो। सबै मशीनी डिवाइस (उपकरणहरु) को सरह, यसको पार्ट्सलाई मूव (गति गर्न अर्थात चलाउन)मा समास्या आउन सक्छ। अधिकांश हार्ड ड्राइव जब ऑपरेटिंग हुन्छ तब त्यो आवाज निकाल्छ र अनावश्यक वा असामान्य आवाजले तपाईको ड्राइवरमा गडबडि भएको कुरा जाहिर गर्दछ।

फ्लॉपी ड्राइव लगातार चम्कि रहन्छ?

यदि फ्लॉपी ड्राइव कुनै फ्लॉपी डिस्कलाई एक्सेस गरि रहेको छ भने सामान्यत: यो एक किसिमको लाइट (प्रकाश) डिस्प्ले गर्दछ। तर यदि फ्लॉपी ड्राइवको लाइट लगातार जलि रहन्छ भने सम्भावना छ कि त्यो ड्राइव कंप्यूटरमा ठीक ढंगले कनेक्ट भएको छैन्।

सीडी रोम ड्राइव कुनै डिस्कमा इंफार्मेशन एक्सेस किन गर्न सक्दैन्?

यदि तपाईको सीडी-रोम कुनै डिस्कमा इंफोर्मेशनलाई एक्सेस गर्न सक्दैन् भने डिस्क त्यसमा काम गर्ने छैन्। यदि डिस्क सीडी रिकार्डेबल र सीडी राइटेबल ड्राइवको प्रयोगबाट तैयार हुन्छ भने त्यो सीडी रोम ड्राइवमा काम गर्न सक्दैन्। कहिले काहि- ड्राइवमा रहेको डिस्पमा स्क्रैच (खरोंच वा लाइन आदि) हुन्छ। यस्तोमा त्यो ड्राइव त्यस डिस्कको इंफार्मेशनलाई एक्सेस गर्न सक्दैन्।

नेटवर्क इंटरफेस कार्डको लागि ड्राइवर इंस्टॉल गर्नु पर्ने आवश्यक्ता छ?

विभिन्न ऑपरेटिंग सिस्टमको लागि ड्राइवरसंगै नेटवर्क इंटरफेस कार्ड आउछ। ड्राइवर त्यो सॉफ्टवेयर हो जसले तपाईको कंप्यूटरको आपरेटिंग सिस्टमलाई नेटवर्क इंटरफेस कार्डको कंट्रोलसंग काम गर्ने अनुमति दिन्छ। नेटवर्क इंटरफेस कार्ड धेरै राम्रो ढंगबाट काम गराउनको लागि तपाईले करेक्ट (सही अथवा उचित) ड्राइवर इंस्टॉल गर्नुपर्छ।

18 मेमोरी टिप्स

कंप्यूटर

कंप्यूटर के हो? कंप्यूटर एउटा यस्तो डिवाइस अर्थात उपकरण हो जसको सहायताले हामी कामलाई सुव्यवस्थित रूपबाट र धेरै कम समयमा पूरा गर्न सक्छौं। अगाडि जानु भन्दा पहिला म यो स्पष्ट गर्न चाहन्छु कि मनुष्यको दिमाग पनि कंप्यूटरको सरह नै हुन्छ। आउनुहोस् जानौं कसरी–

सी- कंसन्ट्रेशन (एकाग्रता)
ओ- ओवर लर्निंग प्रोसेस (सिक्ने प्रक्रिया)
एम- मेमोरी (याद्दाशत)
पी- पिक्चर वा इमेज
यू- यू(आई)बीएमसी
टी- टाइम फॉर ब्रेक
ई- इमोशन (भावनाहरू)
आर- रिवीजन (पुनरावृत्ति)
एस- स्लीप (बंद हुने वा सुत्ने)

कंसन्ट्रेशन (एकाग्रता)

कुनै चीज माथि तपाई कति एकाग्र हुनु सक्नुहुन्छ? पछिल्लो तीन वर्षमा मैले करीब 50000 छात्रासंग यो प्रश्न गरे। यसबाट 99 प्रतिशत छात्राले निराश गरे र नकारात्मक जवाफ दिए।

अर्को प्रश्न छ कि यो कसरी हुनेछ?

कुनै बोरिंग (उबाऊ) विषयमा आफ्नो रुचिलाई कसरी बढाउन सक्छौं?

एकाग्रतालाई कसरी विकसित गर्न सकिन्छ?

जब हामी आफूलाई मनपर्ने फिल्म हेर्दछौं तब त्यो हामीलाई लामो समय सम्म सम्झना रहन्छ। हामीले शायदै यो कुरा माथि केन्द्रित हुन्छौं कि हाम्रो वरपर को छ, त्यो पनि तब जब उ उठ्छ। उदाहरणको लागि– लगभग यस्तै क्रिकेट मैचमा हुन्छ र हाम्रो आँखा केवल टीवीमा टिकेको हुन्छ।

जबकि पढ्दा, विशेषगरी धेरै र बोरिंग विषयहरुमा हामी नजिकमा भएको होहल्लाबाट डिस्टर्ब हुन्छौं। चाहे त्यो टाढा बजि रहेको संगीत किन नहोस्।

एकाग्रता अरू केहि नभएर बस सब्जेक्टमा तपाईको रुचि र तपाईको ध्यान हुनुपर्छ।

यसको मतलब यो हो कि,

सिक्ने कुरा मात्रा तपाईको एकाग्रता माथि निर्भर गर्दछ र यो तपाईको त्यस माथि कति रुचि छ भन्ने कुरामा पनि निर्भर गर्दछ।

रुचिको सम्झना

तपाईलाई पछिल्लो सप्ताहमा भएको पार्टीको फोटोग्राफ दिईन्छ, जुन पार्टीमा तपाई पनि हुनुहुन्थ्यो। ती फोटोग्राफमा तपाई के पाउनुहुन्छ–उत्तर सफा छ कि यसमा तपाई आफ्नो फोटो हेर्नुहुन्छ। अधिकांश समय हामी ती चीजहरुलाई हेर्दछौं जसमा हामी इंवाल्व (शामिल) हुन्छौं।

(सिक्ने अथवा जान्ने प्रक्रिया तब तेजीबाट हुन्छ जब म अर्थात 'आई' त्यससंग जुडेको महसूस गर्दछौ वा त्यस प्रक्रियामा शामिल हुन्छौ)।

सिक्ने सिद्वांत

सिक्नेको लागि कुनै नया टॉपिक अथवा विषय छान्नुहोस्, त्यस माथि 15 मिनट लगातार तब सम्म खर्च गर्नुहोस् जब सम्म कि तपाई त्यस विषयको पूरै तरीकाले परिचित नभई हाल्नुहोस्। बिना त्यस विषयलाई हेरेर अब तपाई के गर्नुहुन्छ?

सिक्ने सिद्वांत अनुसार, हामी सिक्नको लागि त्यस कंटेंटलाई दोहोराउदा आफ्नो समयको एक तिहाई समय वास्तवमा लर्निंग (सिक्न) को प्रक्रियामा खर्च गर्नुपर्छ।

माथि भने अनुसार, कम से कम यसमा पांच मिनट समय दिनुपर्छ।

यस तरीकाद्वारा तपाई दोहोराएर आफ्नो धेरै समय बचाउन सकिन्छ र वस्तुहरुलाई दोहोराउनमा धेरै ध्यान दिन सकिन्छ।

परीक्षाको दिनहरुमा हामी सधैं समय कम पाएको अनुभव हुन्छ तर यस्तो हुदैन कि हाम्रो लेख्ने क्षमता तेज हुदैन् तर यस्तो हाम्रो रिकॉल गर्नमा आईरहेको परेशानीको कारणले हुन्छ। ओवर लर्निंगबाट तेजीले रिकॉल गर्न धेरै सहयोग मिल्छ।

निमोनिम्स (स्मरण शक्ति)

यसमा एम स्मरणशक्तिका परिचायक हो। यदि तपाई शब्दकोशमा यसको मतलब हेर्छौं कि यो 'मेमोरीको कृत्रिम विज्ञापन' हुन्छ।

यो तकनीकहरुको सहयोगले तपाई आफ्नो मेमोरी (याद्दाश्त अथवा स्मरण शक्ति) लाई बढाउन सक्नुहुन्छ। ती छात्र जो प्रतियोगी परीक्षाहरुको तैयारी गरि रहेका छन् उनले यो बुझ्नुपर्छ कि यो केवल एक विषयको परीक्षा नै भएर बल्कि यो त्यस विषयको बारेमा तेजीले रीकॉल (फेरी सम्झन) गर्ने परीक्षा हो। तपाईको यही क्षमता तपाईको सफलताको ढोका हो।

प्रतियोगी परीक्षा दिई सकेको अधिकांश छात्रको यो मान्यता छ कि उनीहरू मध्ये केहि छात्रालाई विषयको सबै जवाफ थाहा थियो तर समय कम हुनाले (मात्र दुई–तीन घंटा) उनले यी प्रश्नहरू उत्तर दिन सकेनन्। यसबाट थाहा हुन्छ कि अधिकांश टॉपर्स केवल आफ्नो रिकॉल गर्ने क्षमताको कारण नै अगाडि आउछन्। दुई–तीन वर्षको कडा मेहिनतको कारण तपाईको आफ्नो विषय माथि पकड़ त बलियो हुन्छ तर तपाईसंग रिकॉल गर्ने

तकनीक आउदैन्। यस्तोमा तपाईलाई परीक्षामा समस्या हुन्छ। यदि तपाई प्रतियोगी परीक्षाहरूको तैयारी गरि रहनु भएको छ भने सही र तेजीबाट रिकॉल गर्ने क्षमताको विकासले यसमा धेरै महत्वपूर्ण योगदान गर्न सक्छ।

के तपाईले कहिले नोटिस गर्नु भएको छ कि परीक्षामा जब तपाई कुनै चीजलाई रिकॉल गर्न सक्नुहुन्न तब तपाई आतिनु हुन्छ। यही स्थिति तब हुन्छ जब तपाईको दिमागमा उल्टा-सीधा विचार आउछ। यो धेरै हैरान गर्ने खालको स्थिति हुन्छ। तर यो कुराले सिद्व गर्दछ कि हाम्रो दिमागमा एक मशीनरी हुन्छ जसले हामीलाई चीजहरू र सूचनाहरू याद गर्नमा र भुलाउनमा सहायता गर्दछ।

कहिले-काहि तपाई कुनै परिचितलाई भेट्नुहुन्छ तर तपाईलाई त्यसको नाम याद आउदैन्। तपाई स्यंमसंग सोध्नुहुन्छ कि यो व्यक्तिलाई पहिला कहा भेटेको थिए? यो प्रक्रिया अर्को केहि दिन सम्म जारी रहन्छ। तर परिणामको रूपमा यही अगाडि आउछ कि तपाई त्यस व्यक्तिसंग संबंधित सूचनाहरू भूलिसक्नु भएको छ र तपाई त्यस विषय माथि विचार गर्न बंद गर्नु हुन्छ। तर अचानक कुनै दिन तपाईलाई याद आउछ कि ओह! तपाई त्यो व्यक्तिसंग काठमाडौंमा भेट्नु भएको थियो। यदि तपाईलाई यसरी चीजहरूको सम्झना आउछ भने यसको मतलब हुन्छ कि त्यो कुरा तपाईको दिमागमा कतै न कतै छ। यो यस कारण हुन्छ कि तपाईको दिमाग त्यस बारेमा दिगागलाई दिईने सिग्नलको प्रतिक्षा गर्दछ।

यहि कुरा कंप्यूटरमा हुन्छ यदि तपाई सेव गर्न चाहनुहुन्छ भने त्यसलाई स्पेशल कमांड दिनुहोस् र यदि डिलीट गर्न अर्थात नष्ट गर्न चाहनुहुन्छ भने अर्को कमांड दिनुहोस्।

यसरी नै, यदि तपाई दिमागको मशीनरीलाई कुरा बुझाउनमा सक्षम हुनुहुन्छ भने तपाईको काम धेरै सजिलो हुन्छ।

निम्नलिखित उदाहरण बुझ्नुहोस्-

यस्तो धेरै पटक हुन्छ कि तपाई रात दुई बजे सम्म पढ्नुहुन्छ र बिहान पाच बजेको अलार्म लगाउनुहुन्छ र स्यंमसंग वाचा गर्नुहुन्छ कि अलार्म बज्ने बितिकै म उठ्छु र पढाई गर्छु। तर बिहान जब अलार्म बज्छ तब तपाई त्यसलाई बन्द गरेर फेरी निदाउनु हुन्छ। यसको कारण यो छ कि रातमा तपाईको दिमागमा केहि अरू विचार हुन्छ र बिहान तपाईको दिमाग कुनै अर्को विचारबाट नियंत्रित हुन्छ।

यसको मतलब छ कि केहि त पक्कै छ जसले तपाईको क्रिया कलापलाई नियंत्रित गर्दछ। त्यसलाई तपाई स्मरण शक्तिबाट बुझ्न सक्नुहुन्छ। जसले तपाईलाई यो मैकेनिज्म बुझ्नमा, अभ्यासमा र सिक्नमा मद्दत गर्नेछ। जसले तपाईको जीवनमा नियंत्रणको शक्तिमा बल दिनेछ।

सधै याद राख्नुहोस् कि तपाईलाई खुश राख्नमा, दुखी राख्नमा आदि अन्य भावनाहरुमा मेमोरी सधै ठूलो भूमिका निभाउछ। बिना मेमारीको कुनै पनि भावना स्यंम नै आउन सक्दैन्। यदि तपाई यस समय दुखी महसूस गरिरहनु भएको छ भने ध्यान राख्नुहोस् कि कुनै न कुनै विचारले तपाईलाई दुखी गरि रहेको छ। यदि तपाई यस मेमोरीलाई डिलीट गर्नु हुन्छ भने तपाई दुखी हुनुहुन्न। कुनै पनि स्कूल वा विश्वविद्यालय तपाईलाई यो तकनीक सिकाउन सक्दैन्। यसलाई केवल तपाई मेमोरीको मैकेनिज्म मानेर नै बढाउन सक्नुहुन्छ।

पिक्चर (इमेजिनेशन)

कुनै पनि रचना सबै भन्दा पहिला हाम्रो दिमागमा बन्दछ। दिमागको यही इमेज पछि पूरा आकृतिको रूप लिन्छ। यस परिकल्पनाको आधारमा पछि त्यो सही पिक्चरमा बदलि जान्छ। यसरी इमेजिनेशन एक प्रकारको अदृश्य बल हो।

इमेजिनेशनको शक्तिको उपयोग

विजुलाइज

कुनै पिक्चरमा तपाई जे पढ्नुहुन्छ त्यसलाई विजुलाइजेशनमा बदलिने कोशिश गर्नुहोस्। हाम्रो आखाँको मेमोरी पावर (स्मरण शक्ति) हाम्रो कानको मेमोरी पावर भन्दा 20 गुना ज्यादा हुन्छ। दिमागलाई आखाँसंग जोड्ने नसा, कानलाई दिमागसंग जोड्ने नसा भन्दा 20 गुना ज्यादा शक्तिशाली र तेजिलो हुन्छ।

विजुलाइजेशनको तरीकाले कुनै कुरा सजिलै बुझाउन सकिन्छ। उदाहरणको लागि- यदि तपाई इंड्स वैलीको मानिसहरुको बारेमा जान्न चाहनुहुन्छ भने तीनीहरुलाई बुझ्नुहोस् र दिमागमा त्यहाको मानिसहरुको छवि बनाउनुहोस् र उनलाई बुझ्ने कोशिश गर्नुहोस्।

यो सुनिश्चित गर्नुहोस् कि तपाईको विजुलाइजेशन अधिकांश त्यो चीजहरुको हुन्छ जसको बारेमा तपाई पढ्नुहुन्छ। सधै कुनै पनि चीजको पिक्चर सबै भन्दा पहिला दिमागमा बन्दछ।

कुनै चीजको बारेमा सुन्नु त्यस चीजको जान्नमा धेरै सहायता गर्दछ तर कुनै पनि चीजलाई हेर्नु त्यसको बारेमा लामो समय सम्म तपाईको दिमागमा सूचनालाई स्टोर राख्न सक्छ।

यू (आई) बीएमसी

अब हामीले कुनै कुरालाई फेरी नभुल्नको लागि र आवश्यक परेमा त्यो कुरा याद आओस् भन्ने गर्नलाई के गर्नुपर्छ? यसको केवल एउटै जवाफ छ- यू (आई) बीएमसी :

आईबीएमलाई हामी यसरी बुझ्न सक्छौं।

यू **:** तपाईले स्यंम नै हेर्नुपर्छ (म, मेरो)।

बी **:** बिग (ठूलो)

एम **:** मूविंग चलायमान (इन एक्शन)

सी **:** कलर

जुन पिक्चरलाई तपाई इमेजिन गर्नुहुन्छ अर्थात सोच्नुहुन्छ तब तपाईलाई त्यस इमेजिनेशनमा स्यंमलाई एक्शन गर्दै अर्थात सोच्नुपर्छ अर्थात यसरी सोच्नुपर्छ कि तपाई त्यसमा शामिल हुनुहुन्छ। दोस्रो यस भन्दा ठूलो हुनुपर्छ। तेस्रो यो छ कि पिक्चर स्टिल फोटोग्राफी नभएर वीडियो (चलायमान) हुनुपर्छ। आखिरीमा यो छ कि यो रंगीन हुनुपर्छ।

तपाई यसलाई कंप्यूटर कंपनी 'आईबीएम' को नामले याद राख्न सक्नुहुन्छ। यसमा सी को मतलब कंपनीसंग छ।

उदाहरणको लागि- यदि तपाईलाई बंद (एक किसिमको ब्रेड) लाई विजुलाइज गर्नको लागि कहा जाने भन्ने तपाई यसमा कति समय लगाउन हुन्छ। मात्र केहि सेकेंड। अब म तपाईलाई एउटा ठुलो रूमको आकारको रूपमा हेर्नको लागि भन्छु भने पनि तपाई मात्र केहि समय लगाउनु हुन्छ। म यो भन्न चाहन्छु कि यहां तपाईको इमेजिनेशन (सोच्ने शक्ति) बिजुली भन्दा पनि धेरै तेज हुन्छ।

मूविंग (चलायमान) कुराहरु धेरै लामो समयसम्म याद रहन्छं। म तपाईलाई सोधून चाहन्छु कि के तपाईले मूवी (फिल्म) लाई पोस्टर र फिल्म हेर्नु भएको छ। सरल कुरा छ कि कुनै पनि व्यक्ति पोस्टरलाई लगातार तीन घंटासम्म हेर्न सक्दैन। यही सिद्वांत अन्य कुराहरुमा पनि लागू हुन्छ। अब तपाई आफैलाई सोधनुहोस् कि बंद (ब्रेड)मा कति कीटाणु थियो भने यदि तपाई यो बताउनमा सक्षम हुन सक्नु हुन्छ कि ब्रेडसाबाट कति कीटाणु बाहिर निकालेर उडिरहनु भएको थियो भने तपाई सुनिश्चित गर्न सक्नु हुन्छ कि यो सही छ र फेरि सजिलैसगं रिकॉल हुन जान्छ।

के तपाईको घरमा ब्लैक/व्हाइट वा रंगीन टेलीभिजन छ? तपाईको जवाफ रंगीन टीवी छ। जब तपाई ब्लैक/व्हाइट टीवी आफ्नो घरमा राख्न चाहनुहुन्न भने तपाई आफ्नो दिमागमा ब्लैक/व्हाइट पिक्चर कसरी स्टोर गर्न सक्नु हुन्छ।

तपाई जति पनि पिक्चरलाई विजुलाइज गर्ने कोशिश गर्नुहोस् कि त्यो धेरै भन्दा धेरै कलरफुल (रंगीन) होस्। तपाई ब्रेडलाई सधै कीटाणुको साथ हेर्नुपर्छ। र यस्तो बुझनुपर्छ कि जब पनि तपाई यसलाई हेर्नुहुन्छ भने यो तपाईको इमेजिनेशनमा उडिरहेको देखिनेछ।

आईबीएमसी को यो पूरा प्रक्रिया तपाईलाई पढदा सतक्र गर्नेछ र तपाईलाई धेरै काम आउनेछ। पढने समय तपाई केवल कामको कुराहरुमा फोकस रहनु हुनेछ र बेकारको कुराहरु दिमागमा आउने छैन किनकि तपाईको फोकस केवल एक कुरामा हुनेछ। जब तपाई टीवीमा जीटीवी हेरिरहनु भएको बेला तपाई त्यहि समय स्टार टीवी वा कुनै अन्य चैनल हेर्न सक्नु हुन्न। यसै प्रकार आईबीएमसीको सिद्वांतको अनुसार पढने समय कुनै कुराहरु सोचिरहनु भएको छ भने अन्य अनवांछित कुराहरु तपाईको दिमागमा आउन सक्दैन। जब कुनै व्यक्ति तैराकी सिक्छ भने उसको लगि हात/पैरलाई चलाउन धेरै मुश्किल हुन्छ तर केहि समय पछि नै त्यो कुरा धेरै सजिलो हुनजान्छ।

तपाईको दिमागलाई यस विशेषताको बारेमा अवश्य थाहा हुनुपर्छ। अधिकांश छात्र यस तकनीकको बारेमा जान्छ र पढने समय बीच-बीचमा केहि समयको ब्रेक लिन्छ। यसले तपाईको दिमागलाई रिफ्रेश गरि दिन्छ र आधा घंटा पढि सकेपछि पांच मिनटको ब्रेक लिना पनि पर्याप्त हुन्छ। यस तरीकाबाट तपाई रीकॉलिंगमा सही जवाफ खोज्ने संभावनाहरूलाई बढाईदिन्छ। यो मेरो सुझाव छ कि तपाईलाई पढाईको दौरान 25 मिनट पछि 5 मिनटका र 50 मिनट लगातार पढाईपछि 10 मिनटको ब्रेक तपाईले आफुलाई दिनुपर्छ।

ब्रेक का समय (टाइम फॉर ब्रेक)

सुनियोजित तरीकाबाट गरेको पढाईले तपाईको कुराहरुलाई रिकॉल (फेरि याद गर्नु) गर्ने क्षमतालाई बढाउछ। तपाईले प्रत्येक 40 मिनटपछि ब्रेक लिनुपर्छ र यो कम से कम 10 मिनटको हुनुपर्छ। यसबाट तपाईलाई धेरै आराम मिल्नेछ। होईन भने कति कुराहरु तपाईको दिमागमा चल्नेछ जुन तपाईलाई दिग्भ्रमित (कंफ्यूज) गर्नेछ र तपाईको याद्दाशतलाई प्रभावित गर्नेछ।

यस ब्रेकको दौरान तपाईले संगीत सुन्नुपर्छ। केहि बेर घुमफिर गर्नुपर्छ वा तपाइलाई रिलैक्स गर्नको लागि गहिरो-गहिरो सांस लिनुपर्छ।

ब्रेकले किन काम गर्दछ?

एक जर्मन शोधकर्ता अर्निकले पाया कि यदि कुनै व्यक्ति कुनै काममा तल्लीनताको साथ डूबेको छ भने र काम सही भईरहेको छ भने त्यसमा व्यवधान काम को र तपाईको रिकॉल गर्ने क्षमतालाई प्रभावित गर्नसक्छ।

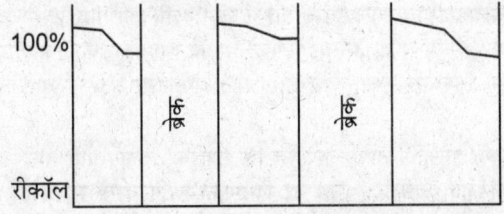

विश्राम, स्तंभको सरह काम गर्दछ, जसले सिकेको सूचनालाई राख्दछ।

45 मिनट प्रति 10 मिनट

इमोशन (भावनाहरु)

अब तपाईको मेमोरी राम्रोसगं काम गर्नको लागि तैयार छ। यस प्रक्रियाको शुरू हुनु पूर्व म तपाईलाई यो बताउन चाहन्छु कि तीन दिनको लागि तपाई भुलिहाल्नुहोस् कि तपाई कंप्यूटर, विज्ञान, कला वर्ग आदिको छात्र हुनुहुन्छ। तपाई आफुलाई केवल मेमोरीको छात्र मान्नुहोस् र यससगं संबंधित प्रत्येक कुराहरुलाई याद कोशिश गर्नुहोस्।

यदि तपाई तैयार हुनुहुन्छ भने म तपाईको त्यो टेलीफोन नंबर जान्न चाहन्छ जसलाई तपाईले सबभन्दा अन्तिममा रिसीव गर्नु भएको थियो। के तपाई त्यो व्यक्तिको टेलीफोन नंबर, त्यो व्यक्तिका बनौट र त्यो व्यक्तिसंग भएको कुराकानीको ब्योरा बताउन सक्नुहुन्छ।

अब म तपाईलाई हिजो बेलुकाको तपाईद्वारा रिसीव भएको टेलीफोन नंबरको रिकॉल गर्ने बारेमा बताउन चाहन्छु कि त्यो कुन व्यक्ति थियो र तपाईले के कुरा गर्नु भएको थियो। यदि तपाईको दिमाग फ्रेश छ भने यस्तो हुन सक्छ।

के तपाईले अनुभव गर्नु भएको छ कि जब तपाई यस संबंधमा आफ्नो दिमाग माथि बल दिनुहुन्छ तब तपाईको दिमाग त्यो दिनको त्यही समयमा पुग्छ। र त्यहाबाट जरूरी सूचनाहरु खोज्छ। यस पूरा क्रियामा केवल केहि सेंकेंड लाग्छ। के तपाई त्यसलाई रिकॉल गर्न सक्नु हुन्छ? तपाई यस्तो गर्न सक्नु हुन्छ। यसबाट थाहा हुन्छ कि तपाईको दिमागमा लाखौ-करोडौं कुरा व्यवस्थित क्रममा सुरक्षित छ। यदि तपाईलाई आफ्नो दिमागमा स्टोर सबै सूचनाहरूलाई कागजमा लेख्नुहुन्छ भने तपाई यस्ता धेरै सूचनाहरु पाउनुहुनेछ जुन तपाईले धेरै पहिला भूलि सक्नुभएको थियो। यसबाट थाहा हुन्छ कि तपाईको दिगामको कैपेसिटी (क्षमता) धेरै लाइब्रेरी (पुस्तकालय) छ।

धेरै पठक तपाईको दिमागमा त्यो कुरा पनि आउछ जसलाई तपाई सोच्न चाहनुहुन्न। जब तपाई सुत्नु हुन्छ तब तपाईको सपनामा तपाईको दिमागले इंफोर्मेशन कलेक्ट (एकत्रित) गर्दछ। यो सूचनाहरु व्यवस्थित रूपमा सेट हुन्छ र पहिला देखि दिमागमा स्टोर सूचनाहरुले कंफ्यूज गर्दैन। यसरी तपाई कुनै कॉलको टाइमको बारेमा कंफ्यूज हुनुहुन्न। सस्तो हुनुको मुख्य कारण जब तपाईको दिमागले कुनै सूचना स्टोर गर्दछ तब यसले साथमा त्यस समयको टाइमलाई पनि स्टोर गर्दछ र जरूरी पर्दा सजिलै याद दिलाउछ कि पहिलो, दोस्रो, चौथो र अन्तिम कॉल कुन थियो।

यसै बीचमा तपाईसंग म आफ्नो जीवनको एक अनुभव बाट्न चाहन्छु। इंजीनियरिंग अंतिम वर्षमा टेस्ट, कैंपस इंटरव्यू आदि कुराले गर्दा म धेरै तनावमा थिए। यी सबै कुराबाट निजात पाउनको लागि मैले बप्पी लहरीको केहि गाना सुने। यति वर्ष पछि पनि जब म ती गानाहरु सुन्दछु तब मलाई त्यो समय याद आउछ। यसको मतलब छ कि त्यो समयको भावनाहरु पनि नचाहेर पनि स्यंम नै दिमागमा स्टोर छ।

यस चित्रबाट बुझ्न सकिन्छ कि टाइम र इमोशन एक-अर्कासंग मजबूतीले जोडिएको छ। यदि तपाई कोशिश गर्नुहुन्छ भने तपाई ती मेमोरीसंग संबंधित टाइम र इमोशनलाई पनि सजिलैसंग थाहा पाउन सक्नुहुन्छ।

यदि सिद्वांत प्रत्येक छात्र माथि लागू हुन्छ। परीक्षाको दौरान तपाईले राम्ररी तैयार गरेको विषयहरु पनि भूल्नुहुन्छ र नर्वस रहनुहुन्छ। तर जसरी नै तपाई घर आउछ र पढ़ाई कोठमा गएर मेजमा राखेको किताबहरु हेर्नुहुन्छ तब तपाईलाई जवाफ तुरंत याद आउछ।

त्यसैले यदि परीक्षाको दौरान तपाई कुनै उत्तरलाई याद गर्न सक्नुहुन्न तब तपाईले त्यस ठाउ र समयको बारेमा सोच्नुपर्छ जब तपाईले त्यो जवाफ याद गर्नु भएको थयो। यसबाट तपाईले त्यस प्रश्नको जवाफ पाउने संभावना बढ्नेछ।

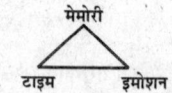

यसबाट थाहा हुन्छ कि तपाईको दिमागको शक्ति असीमित छ र यदि तपाई सोच्नुहुन्छ कि इंफार्मेशनबाट तपाईको दिमाग पूरा भरि सकेको छ भने तपाई गलत हुनुहुन्छ र यो असंभव छ किनकि आज सम्म कुनै पनि व्यक्तिको पूरा दिमाग भर्न सकेको छैन्। यो व्यक्ति माथि छ कि उ कति स्टोर गर्न सक्छ।

यहा म तपाईलाई आफ्नो अर्को अनुभव बताउन चाहन्छु।

एक पल्टमा ट्रेनले जमशेदपुर गई रहेको थिए। यात्राको दौरान मेरो सहयात्रीहरुसंग दोस्ती भयो। त्यो एक वृद्व व्यक्ति थियो। जब उसले थाहा पयो कि म मेमोरी ट्रेनर हू तब उनले मसंग मेमोरी बढाउने खालको केहि तकनीक सोधे। मैले उनको समस्या सोधे र जाने कि उनी के भूलाउछन्। उनले बताए कि उनी सामान्त: तीन चीजहरु प्राय: भूलाउछन्। पहिलो कुनै व्यक्तिको नाम, त्यस व्यक्तिको अनुहार र तेस्रो उनले प्रयास गरेता पनि उनलाई यो कुरा याद आउदैन कि अन्तिम पटक उनलाई कहिले भेटेको थिए। कुराकानीको दौरान मैले उनलाई बताए कि यो मेमोरीको समस्या होईन् बल्कि मेमोरी सिस्टममा विश्वास ठूलो कमी हो। ध्यान राख्नुहोस् कि यो कुनै ठूलो समस्या होईन्। ज्यादातर मानिसहरुसंग यस्तो हुन्छ।

प्रायरूजसो मानिस आफ्नो मैमरीको पावर जान्दैनन्। हालांकि तपाई जानुहुन्छ कि तपाईको दिमाग एक मशीनको जस्तै छ। जहिले पनि कुनै मशीन खराब हुन्छ तब तपाई त्यसलाई नया मशीनसंग बदलिदिनु हुन्छ तर दिमागको लागि यस्तो संभव छैन्। किनकि दिमागलाई रिप्लेस (बदलिन) गर्न सजिलो कमा होईन् तर तपाई केहि मेमोरी तकनीक अपनाएर आफ्नो काम सजिल बनाउन सक्नुहुन्छ।

प्राय: यस्तो भएको पईन्छ छ कि हामी अधिकांश अपोइंटमेंट बिर्सन्छौं र यसलाई आम कुरा मान्दछौं। वास्तवमा यस्तो हुदैन्। कोहि कहिले केहि पनि बिर्सदैन। म तपाईलाई यो कुरा एउटा उदाहरणबाट बझाउछु।

जबमा कुनै वक्रशॉप (कार्यशाला) मा हुन्छु तब म माक्ररको प्रयोग गर्दछु। मानिसहरुलाई बुझाउदा वा कुनै चीजको बारेमा बताउदा मलाई आफ्नो हात खल्टिमा होल्ने बानी छ। धेरै पटक म माक्रर आफ्नो खल्टिमा हाल्थे। केहि समय पछि जब म फेरी टॉपिकमा आउछ तब यो याद हुदैन् कि माक्रर कहा छ? केहि समय पछि मेरो हात फेरी पॉकेटमा जान्छ तब माक्रर मेरो हातमा आउदा मलाई याद आउछ कि यो मैले खल्टिमा राखेको थिए तर भूलेको थिए। तर यसमा मेमोरीको कुनै दोष छैन्। किनकि मार्करलाई खल्टिमा राख्ने समयमा मेरो ध्यान कतै अरु ठाँउमा थियो कि मार्कर राख्ने कुरा माथि।

कुनै पनि चीजको वास्तविक कारणहरू थाहा नखोजेर कुनै चीज नपाउदा व्यक्ति आफ्नो मेमोरीलाई दोष दिन्छ। यो गलत हो। यो बदलिनको लागि तपाईले स्यंम मेमोरीलाई बलियो बनाउने वाचा गर्नुहोस्। र विश्वास राख्नुहोस् कि यो केहि नै बेरमा नै निवारण हुनेछ।

यो कुरा स्पष्ट गर्नको लागि हामी कुनै गेम खेल्नेछौं। म तपाईलाई ती केहि चीजहरू विजुलाइज गर्नको लागि भन्नेछु जुन म अहिले तपाईलाई दिन गई रहेको छु। तपाईले आफ्नो दिमागमा यी चीजहरु एक क्रममा राख्नुछ वा एक किसिमको चेन बनाउनुछ। तपाईले यी चीजहरुलाई चलायमान रूपमा ठूलो आकारमा र एक्शन रूपमा हेर्ने पनि सलाह दिईन्छ। आउनुहोस् अब शुरू गरौं,

मेरो पहिलो शब्द सोफा सेट हो। के तपाईले आफ्नो दिमागमा सोफा सेटको तुरंत तस्वीर बनाउन सक्नुहुन्छ। स्यंमसंग सोध्नुहोस् कि यसको साइज के थियो र यो कुन रंगको थियो? अर्को शब्द छ टाइगर। तपाई टाइगरको पिक्चरलाई निम्न भागहरुमा हेर्न सक्नुहुन्छ। पहिलो सिर, दोस्रो पूच्छर र शरीरको बाकी भाग। यसको साथै पूरा टाइगरको चित्र एकदम तपाईको अगाडि स्पष्ट हुन जान्छ।

हो, तपाई सजिलैसंग यसलाई विजुलाइज गर्न सक्नुहुन्छ र अब त्यसलाई सोफा सेटसंग जोडेर हेर्नुहोस्। टाइगर कहा बसेको छ? टाइगर सोफा सेट माथि बसेको छ। के तपाई यसलाई विजुलाइज गर्न सक्नुहुन्छ। किन सक्नुहुन्! यो सबै तपाईको दिमागमा हुन्छ र यति चाढो हुन्छ कि तपाईलाई यसको भनक नाम मात्रको हुन्छ। तपाईको दिमागमा पिक्चर डिक्शरी पहिला देखि मौजूद छ र यसले ती चीजहरू स्पष्ट गर्दछ। जब तपाई आफ्नो दिमागलाई केहि सूचनाहरु दिनुहुन्छ तब त्यो तेजीबाट यसलाई पिक्चरको रूपमा तपाईको समक्ष प्रस्तुत गर्दछ र तपाई त्यसलाई तुरंत ध्वनिमा बदलिदिनुहुन्छ। जसबाट रिकलेक्शन (चीजहरुलाई फेरी प्राप्त गर्नु) पूरा हुन जान्छ।

अर्को शब्द छ किटकैट चॉकलेट। यो हेर्नुहोस् कि टाइगर रातो रंगको किटकैट चॉकलेट खाई रहेको छ। अर्को शब्द साइकिल र त्यसपछि माइकल जैक्सन छ।

अर्को शब्द नीलो रंगको बस छ। हेर्नुहोस् कि बसमा नीलो, हरियो रंग बाहेक अरू कुनै रंग छैन्। हेर्नुहोस् कि बसको प्रत्येक सीटमा ग्रीन एप्पल छ र पहिलो रंगको पक्षी छ। र पक्षी ग्रीन एप्पलबाट बाहिर आई रहेको छ। यो हेर्नुहोस् कि पक्षी उड्छ र एउटा ट्यूबलाइट माथि बस्छ। (एउटा ठूलो ट्यूबलाइट हेर्नुहोस् जसमा कुनै पहिलो पक्षी बसेको छ।) नारंगी सर्पोलाई हेर्नुहोस् र सोच्नुहोस् कि नारंगी सर्पोहरू ट्यूबलाइटबाट बाहिर निस्कि रहेको छ।

अमरीश पुरा कालो पोशाकमा छ। हेर्नुहोस् कि अमरीश कालो रंगको लुगा लगाएको छ र ऑरेंज कलरको स्नेक (सर्पो) उसको चारैतिर उडि रहेको छ। हामी यहा केहि समयको लागि रोक्नेछौं। यी सबै शब्दहरुलाई राम्ररी याद गर्नको लागि फेरी दोहराउनुहोस्। यो ती चीजहरुको पुष्ट गर्नेछ कि तपाईको दिमागमा के स्टोर गरेको छ।

तपाई अब यी सबै चीजहरूलाई क्रमबाट कागजमा लेख्नुहोस् तर यो सुनिश्चित गर्नुहोस् कि लेख्ने समय तपाईको दिमागले यी चीजहरुलाई विजुलाइज गर्न सकोस्।

रंग र त्यसको विपरीत क्रमको अनुसार चीजहरुलाई याद गर्ने कोशिश

मलाई विश्वास छ कि तपाई यस्तो गर्न सक्नुहुन्छ। अब हामी यस खेल भन्दा अगाडि बढ्न सक्छौं। सेतो टाटा सूमोलाई हेर्नुहोस्, सोच्लाई कि यसलाई अमरीश पुरी चलाई रहेका छन। कालो खरायो,फेरि साच्नुहोस् कि सड़कमा एउटा ठूलो कालो खरायो आउनाले सेतो टाटा सूमो रोकियो। रातो जंगल, सोच्नुहोस् कि कालो खरायो नजिकको रातो जंगलतिर गई रहेको छ।

अब म तपाईलाई एउटा शब्द दिन्छु र तपाईले यस चेनलाई आफ्नो क्रममा लगाउनुछ। तपाईसंग अनुरोध छ कि तपाईले बीचमा केहि समयको लागि ती चीजहरु र त्यससंग संबद्व चीजहरुलाई दोहराउनुहुन्छ।

अन्य शब्द छ ऑनिडा टीवी, स्पाइडरमैन, स्विमिंग पूल, अटल बिहारी वाजपेयी, आपको रूख। आफ्नो क्रम जाँचहरु (तपाईले पाउनुहुनेछ कि रेड फॉरेस्टमा टीवी छ र त्यसमा स्पाइडरमैन आई रहेको छ र त्यो स्विमिंग पूलमा नुहाउदै छ र जब उ बाहिर आउछ तब खाजा खान्छ जुन पूलको बाहिर छ।)

अब केहि समयको लागि रोकिनुहोस् र आफ्नो दिमागमा वीडियो हेर्नुहोस्। सोफा सेटबाट रीललाई शुरू गरेर अंत सम्म जानुहोस्। यो हेर्नुहोस् कि प्रत्येक पिक्चर ठूलो छ, रंगीन छ, चलायमान छ र लिस्टमा शामिल चीजहरुसंग जोडिएको छ। मलाई विश्वास छ तपाई हरेक चीजलाई सजिलैसंग विजुअलाइज गर्न सक्नुहुनेछ। यसको यो अर्थ छ कि तपाईले सबै थोक याद गर्नु भएको छ। यी चीजहरुलाई याद गर्नको लागि र

आपसमा जोड्नको लागि तपाईलाई लॉ ऑफ असोसिएशनको नियमको पालन गर्नु पर्नेछ। यदि तपाई यी सबै चीजहरुलाई एउटै चेनको रूपमा याद गर्नुहुन्छ भने त्यसलाई **'चेन मेथड'** भनिन्छ।

अब तपाई स्यंम एउटा टेस्ट दिनुहोस्।

कलरको आधारमा कुनै पनि ओब्जेक्टलाई याद गर्ने कोशिश गर्नुहोस्। उदाहरणको लागि रातो, नीलो, हरियो, सुंतलाको रंग अनुसार रिकॉल गर्ने कोशिश गर्नुहोस्।

म सय प्रतिशत ठोकुवा गर्न सक्छु कि तपाई यी चीजहरुलाई रिकॉल गर्न सक्नुहुनेछ। किनकि यस्तो **'एसोसिएशन'** को कारण हुन्छ।

उदाहरणको लागि, अधिकांश व्यक्तिको मान्यता छ कि कसैलाई कॉक्रोच राम्रो लाग्दैन् र उसंग डराउछ। हालांकि कॉक्रोचले व्यक्तिको केहि बिगाड गर्न सक्दैन् तर त्यसको संबंध डरसंग छ, त्यसैल उसबाट डराउछ। ध्यान राख्नुहोस् कि जब कुनै बच्चाले पहिलो पटक कॉक्रोच हेरेको थियो तब न त उसलाई त्यो नराम्रो लगेको थियो र न उ त्यसबाट डराएको थियो। जब बच्चाले आफ्नो अभिभावकसंग यसको बारेमा सोध्यो तब उनले कॉक्रोचलाई फोहर र 'भूत' बताए ताकि बच्चा त्यसलाई नछोओस्। त्यस समय तपाईको दिमागमा कॉक्रोचसंग संबंधित कुनै कुरा थिएन् त्यसैले त्यो डर तपाईको मनमा सजिलैसंग बस्न गयो। तपाई बिना यी पूर्वाभासहरुको आफ्नो जीवन बिताउन सक्नुहुन्न हालांकि तपाईलाई थाहा छ कि कॉक्रोच तपाईको केहि बिगाड्न सक्दैन्।

यो बताउछ कि एसोसिएशन तपाईको साथमा कुन प्रकार काम गर्दछ। अब म तपाईलाई यी शब्दहरुको क्रममा कुनै शब्द याद गर्नको लागि दिनेछ। के तपाई यसलाई सिक्नुहुन्न? हो, तपाई सिक्नुहुन्छ किनकि एसोसिएशनको प्रक्रियाको कुनै सीमा हुदैन्।

तपाई आफ्नो दिमागमा मौजूद चीजहरुलाई रिकॉल गर्नमा त्यसैले असफल रहनुहुन्छ किनकि तपाईले आफ्नो दिमागमा प्राप्त हुने इंफोर्मेशनको लिमिट (सीमा) सेट गर्नुहुन्छ।

त्यसैले हामीले आफ्नो दिमागको लिमिट (सीमा) को बोरेमा चिंतित हुनुपर्ने आवश्यक्ता छैन्। अहिले देबिाटा तपाईलाई आफ्नो दिमागको मेमोरीलाई असीमित मान्न शुरू गर्नुहोस्।

तपाई ती सबै चीजहरुलाई सजिलैसंग रिकॉल गर्नु भयो जुन मैले तपाईलाई दिएको थिए किनकि यो सबै तपाईको दिमागमा स्टोर थियो। तर तपाईको पाठ्यक्रम यसमा पिक्चरको रूपमा छैन्। तपाईलाई त्यो याद गर्नमा गाह्रो महसूस हुन्छ। यी पेजहरुमामा म बताउनेछु कि आफ्नो पाठ्यक्रमलाई पिक्चरको रूपमा कसरी याद गर्न सकिन्छ।

एसोसिएशन मेथडको यो विशेषता छ कि तपाई चाहे यसलाई रिकॉल गर्नुहोस् वा न गर्नुहोस् यो तपाईलाई कुनै पिक्चरको गलत तस्वीर देखाउनेछैन्।

उदाहरणको लागि तपाई यदि कॉक्रोचको बारेमा सुन्नुहुन्छ तब तपाईको दिमागमा एकदमै टाइगरको इमेज बन्दैन्।

रिवीजन (दोहराउनु)

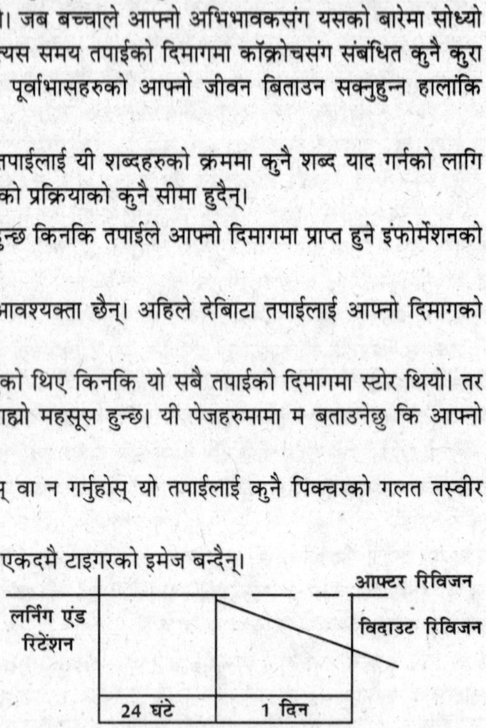

हामीले यो तथ्य मान्नुपर्छ कि सिक्ने प्रक्रियामा रिवीजन अर्थात दोहराउने बानीको धेरै महत्वपूर्ण स्थान छ। राम्रो परिणामको लागि, हामी 'साइंटिफिक रिवीजन' मेथडको बारेमा सिक्छौं।

साइंटिफिक मेथड रिवीजनमा, कुनै टॉपिक याद गर्नको लागि म त्यस माथि दुई घंटा खर्च गर्दछु। पहिलो रिवीजन **24 घंटाको अंतमा** गर्नुपर्छ।

औसत रूपमा, दिमागले सफा र राम्रो सूचनाहरूलाई 24 घंटा भित्र नै केवल 80 देखि 100 प्रतिशत प्राप्त गर्न सक्छ। भूलाउने गति 24 घंटा हुन्छ। त्यसैले पहिलो रिवीजन तपाईले **24 घंटा भित्र** नै गर्नुपर्छ।

यसको मतलब यो छ कि जब तपाई यसलाई दुई पटक गर्नुहुन्छ तब तपाईको रिवीजन टाइप तपाईको सिक्नको टाइमको केवल दस प्रतिशत हुनेछ। तपाईलाई पूरा इंफोर्मेशनको लागि केवल 12 मिनटको आवश्यक्ता हुनेछ।

स्लीप (सुत्नु)

के म ढिलो राती सम्म पढ्न सक्छु वा बिहान छिटो उठेर पढने बानी बसाल्नुपर्छ। कुनै छात्रको लागि कति घन्टाको नींद्रा पर्याप्त छ। के म दिउसो पनि सुत्न सक्छु।

यी प्रश्नहरुको सही र प्रभावी जवाफ पाउनको लागि, तपाईलाई निंद्राको महत्वको बारेमा निम्नलिखित महत्वपूर्ण कुराहरु जान्न धेरै जरूरी छ।

सुत्नाले जरूरी प्रोटीन पनि प्राप्त हुन्छ

निंद्राको दौरान दिमागको सबै भाग आराम गर्दैन्। दिमागको निश्चित भाग द्वारा इलेक्ट्रिकल गतिविधि, ऑक्सीजन प्राप्त गर्न र ऊर्जाको उत्सर्जन आदि गतिविधिहरु बढ्न जान्छ। नर्व सेल (कोशिकाहरु) द्वारा प्रोटीन तैयार गरिन्छ। यो प्रोटीन सेल्युलर मेमोरीलाई स्टोर गर्नमा धेरै सहायता गर्दछ।

त्यसैले यो जरूरी छ कि यो प्रोटीन प्राप्त गर्नको लागि तपाईले पर्याप्त नींद्रा लिनुपर्छ। किनकि तपाई द्वारा प्राप्त गरिएको प्रोटीनमा पटक-पटक व्यवधान आउनाले तपाईको दिनचर्या प्रभावित हुन सक्छ। यदि दिमागको प्रोटीन बदलिदैन भने सबै मेमोरी नष्ट हुन्छ। यसरी सुत्नाले उसको दिमागको प्रोटीन रिप्लेस हुन जान्छ अर्थात बदलिन जान्छ जसले तपाईको दिनचर्यालाई नियमित राख्छ।

नींद्राले सूचनाहरु व्यवस्थित हुन्छ

दिन भरीमा हामी जति पनि इंफोर्मेशन स्टोर गर्दछौं, सुत्नाले ती व्यवस्थित क्रमबाट दिमागमा स्टोर हुन जान्छ। कुनै पनि चीज जसलाई हामी छून्छौं, हेर्दछौं, सुन्छौं ती दिमागमा स्टोर हुन जान्छ। त्यसैले यी चीजहरुलाई दिमागमा व्यवस्थित क्रममा सेट गर्नको लागि निंद्रा जरूरी छ।

यो पनि ध्यान राख्नुहोस् कि कम सुतेर हामी आफ्नो दिमागमा रहेको सूचनाहरूलाई लामो समय सम्म मेमोरीमा राख्ने क्षमताको ह्रास नै गर्दछ।

दिउसोको नींद्रा या झपकी

दिउसोको झपकीको मतलब हुन्छ कि दिनमा दुई पटक बिहान भएको छ।

बिहान उठेर काम गरेपछि दिमागलाई रीचार्ज (फेरीबाट एक्टिव) गर्नको लागि दिउसोमा 30-40 मिनटको झपकी लिनु आवश्यक हुन्छ। हालांकि झपकी लिनाले तपाई त्यस कामबाट शारीरिक रूपमा हट्नुहुन्छ तर तपाईको दिमाग त्यसपछि धेरै तरोताजा हुन जान्छ। यदि तपाई कुनै जागिरमा हुनुहुन्छ र दिउसो झपकी लिनु कुनै पनि हालतमा संभव छैन् भने पनि तपाईले केहि हराउनु भएको छैन्। किनकि तपाईलाई त्यस समय दिउसोको झपकीको नींद्राको आवश्यकता नै हुदैन्। केवल केहि समयको ध्यान र त्यस कामबाट केहि बेरको लागि फुर्सत लिएर पनि तपाई आफ्नो दिमाग र मेमोरीलाई तरोताजा राख्न सक्नुहुन्छ।

अनिद्राको समस्या

यदि तपाईलाई राती राम्ररी निंद्रा आउदैन् भने निम्नलिखित कुराहरु धेरै उपयोगी हुन सक्छ।

1. **लिईएको कैफीनको गणना गर्नुहोस् :** डिनर पछि वा ढिलो राती एक कप चिया वा कॉफी धेरै नोक्सानदायक हुन् सक्छ। किनकि यसले तपाईको शरीरमा कैफीनको मात्रालाई बढाउछ। जबकि दिनमा तपाईको द्वारा प्राप्त गरिएको कैफीन पनि राती तपाईको शरीरबाट निस्कदैन्। यस्तोमा तपाईलाई निंद्रोको समस्या हुन सक्छ।

2. **उच्च प्रोटीनयुक्त खाना बढि नलिनुहोस :** यदि तपाई उच्च प्रोटीनयुक्त खाना खाएको तुरंत पछि नै सुत्नुहुन्छ भने तपाईलाई नींद्रा नआउने समस्या हुन सक्छ। प्रोटीन विभक्त भएर अमीनो अम्लको निर्माण गर्दछ जसले दिमागमा बनेको ट्राईफोटान अम्लको प्रवेशलाई रोक्दछ जसबाट यो सुत्ने समय दिमागमा हुने खालको रिलेक्सेशन (आराम) को प्रक्रियामा व्यवधान ल्याउछ। (ट्राईफोटानले दिमागलाई आराम दिन्छ र सुत्नमा मद्दत गर्दछ।)

3. **सुत्ने समय निर्धारित गर्नुहोस्:** पटक-पटक सुत्ने समयमा बदलाव गर्नाले पनि नींद्रा नआउने समस्या हुन सक्छ। यस्तोमा सुत्ने समय निर्धारित गर्नु धेरै जरूरी हुन्छ।

अंत धेरै नै बढि प्रभावी हुन्छ

छ कि त्यो बीचमा दिइएको जानकारीहरुको अपेक्षामा शुरुआत र अंतमा दिईएको जानकारीहरुलाई बढि राम्ररी याद राख्दछ। हामी जब कुनै लेक्चर वा सेमिनारमा समावेस हुन्छौं तब हामीलाई बीचमा सुनेको कुरा भन्दा शुरु र अंतको कुराहरु धेरै राम्रोसंग याद रहन्छ।

फिल्म हेर्दा पनि यही स्थिति हुन्छ। सुत्नु भन्दा एक घंटा पहिलाको समय र बिहान उठेपछिको पहिलो घंटा बढि प्रभावी हुन्छ। दैनिक पढ्ने समय यी दुई समयको पूरा प्रयोग गर्नुपर्छ। विशेषकर यदि तपाई कुनै चीजको रिवीजन (दोहराउन) गर्न चाहनुहुन्छ भने सुत्नु भन्दा एक घंटा पहिलाको समय तपाईको लागि धेरै महत्वपूर्ण हुन्छ। तपाईको दिमाग नयाँ कुराहरु ग्रहण गर्नको लागि बढि तरोताजा हुन्छ। त्यसैले कुनै पनि नयाँ चीज याद राख्नको लागि बिहान उठेर पहिलो घंटामा यही गर्नुपर्छ।

चेन मेथड (चेन प्रक्रिया)

कुरालाई कराई-कराई याद गर्नु के राम्रो बानी हो? तर यसले पढ्ने समय र चीजहरुलाई तेजीबाट फेरी प्राप्त गर्नको लागि धेरै उपयोगी हुन्छ।

चेन के हो? चेनले दुई आब्जेक्टलाई एक-अर्कासंग जोड्छ।

उदाहरणको लागि, जब तपाई साइकिल चलाउनुहुन्छ र त्यसको पेडल चलाउनुहुन्छ तब एनर्ज (ऊर्जा) चेनबाट पांग्राहरुमा ट्रांसफर हुन जान्छ। जसबाट साइकिल अगाडि जान्छ। यही चेन मेथड तपाईको पढाईमा प्रयोग हुन्छ चाहे तपाई स्टडी रूममा पढ्नुहोस् वा आँखा बंद गरेर कुनै चीजको बारेमा सोच्नुहोस्।

चेन मेथडमा यही सिद्धांत काम गर्दछ। तल दिईएको शॉपिंग लिस्टको लागि यहि दुई नियमको पालना गर्नुहोस्। लिस्टमा 25 वस्तुहरु दिईएको छ जसलाई चेन वा स्पष्ट विजुलाइज द्वारा सजिलैसंग याद किया जा सक्छ।

लिस्टमा 25 वटा वस्तुहरु दिईएको छ जसलाई चेन वा स्पष्ट विजुलाइज द्वारा सजिलैसंग याद राख्न सकिन्छ।

टोपी	टूथपेस्ट	बाल्टी	मोबाइल	किताब
टमाटर	कार	बिस्किट	कोल्ड ड्रिंक	चीनी
लाल जैकेट	पेन	चादर	कैलकुलेटर	डॉगफीड
एशियन पेंट	कंप्यूटर	मोटर साइकिल	सीडी	लक्स
चॉकलेट	क्रिकेट बैट	शर्ट	आलू	आइसक्रीम

विजुलाइजेशन सिक्न

तपाईले कैप (**टोपी**) लगाउनु भएको छ र **टूथपेस्टले** आफनो दांत सफा गरि रहनु भएको छ। जब तपाई बाल्टीबाट पानी लिनुहुन्छ। तपाईको मोबाइल त्यसमा खस्छ।

तपाई त्यसलाई अब ऑपरेट (चलाउन वा प्रयोग गर्न) सक्नुहुन्न किनकि त्यसमा पानी पसेको छ। अब तपाई मोबाइल रिपेयरिंगको किताबहरु निकालेर त्यसको रिपेयरिंगमा लाग्नु हुन्छ। तर जब तपाई किताब खोल्नुहुन्छ तब त्यसमा तपाईलाई हरेक

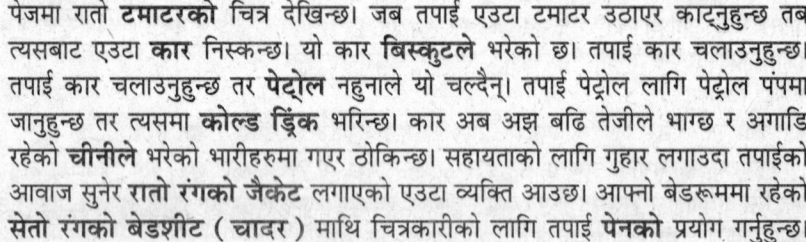

पेजमा रातो **टमाटरको** चित्र देखिन्छ। जब तपाई एउटा टमाटर उठाएर काट्नुहुन्छ तब त्यसबाट एउटा **कार** निस्कन्छ। यो कार **बिस्कुटले** भरेको छ। तपाई कार चलाउनुहुन्छ। तपाई कार चलाउनुहुन्छ तर **पेट्रोल** नहुनाले यो चल्दैन्। तपाई पेट्रोल लागि पेट्रोल पंपमा जानुहुन्छ तर त्यसमा **कोल्ड ड्रिंक** भरिन्छ। कार अब अझ बढि तेजीले भाग्छ र अगाडि रहेको **चीनीले** भरेको भारीहरुमा गएर ठोकिन्छ। सहायताको लागि गुहार लगाउदा तपाईको आवाज सुनेर **रातो रंगको जैकेट** लगाएको एउटा व्यक्ति आउछ। आफ्नो बेडरूममा रहेको **सेतो रंगको बेडशीट (चादर)** माथि चित्रकारीको लागि तपाई **पेनको** प्रयोग गर्नुहुन्छ। जब व्यक्ति यो चित्र खरीद गर्न आउछ तब यसको मूल्यको गणना गर्नको लागि कैलकुलेटरको प्रयोग गर्नुहुन्छ। यसै बीचमा कुनै **कुकुर** आउछ र **कैलकुलेटर**लाई डॉगफीड (भोजन) को सरह चपाएर खान्छ। जब तपाई कुकुरलाई भगाउनुहुन्छ तब त्यो भाग्दै एशियन पेंट्सको बट्टामा खस्छ।

तब कुकूर रातो रंगको हुन जान्छ र एउटा **कंप्यूटर**मा काम गर्न थाल्छ। कंप्यूटरको स्क्रीनमा **मोटरसाइकिल**को तस्वीर देखिन्द। जसमा पांग्राकोको ठाउँमा **सीडी** फिट गरिएको छ। तपाई **लक्स साबुन** लिएर सीडीलाई सफा गर्नुहुन्छ। जसरी नै तपाई सीडीमा लक्स दल्नुहुन्छ, चॉकलेट बग्न थाल्छ। तपाई त्यस **चॉकलेट**लाई बॉलको सरह प्रयोग गर्नुहुन्छ जसलाई तपाईको मित्र **क्रिकेट बैट**ले हिर्काउछ। यो चॉकलेट कुनै व्यक्तिको खल्टिमा भर्न जान्छ। रिसमा उ तपाई माथि **पटेटो (आलू)** फाल्छ। तपाई आलूलाई कैच गर्नुहुन्छ अर्थात समात्नुहुन्छ तर त्यो आइसक्रीममा बदलिन्छ जसलाई तपाई मज्जाले खान थाल्नुहुन्छ।

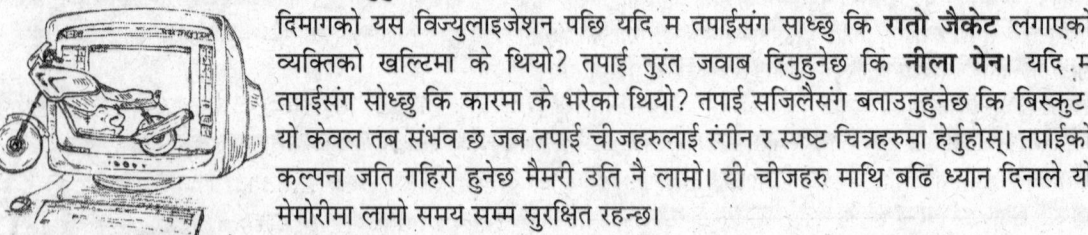

दिमागको यस विज्युलाइजेशन पछि यदि म तपाईसंग साध्छु कि **रातो जैकेट** लगाएको व्यक्तिको खल्टिमा के थियो? तपाई तुरंत जवाब दिनुहुनेछ कि **नीला पेन**। यदि म तपाईसंग सोध्छु कि कारमा के भरेको थियो? तपाई सजिलैसंग बताउनुहुनेछ कि बिस्कुट। यो केवल तब संभव छ जब तपाई चीजहरुलाई रंगीन र स्पष्ट चित्रहरुमा हेर्नुहोस्। तपाईको कल्पना जति गहिरो हुनेछ मैमरी उति नै लामो। यी चीजहरु माथि बढि ध्यान दिनाले यो मेमोरीमा लामो समय सम्म सुरक्षित रहन्छ।

अब शॉपिंग लिस्टलाई कुनै खाली लिस्टमा व्यवस्थित क्रममा लेख्नुहोस्। हामी यो हेर्नेछौं कि तपाईले चीजहरुलाई कति साफ ढंगबाट विजुलाइज गर्नु भएको थियो।

यसको परिणामबाट थाहा हुन्छ कि यी चीजलाई क्रमबाट सेकेंडमा 'चेन मेथड' को प्रयोगले कसरी याद गर्नु भएको थियो।

शेप मेथड (आकार वा आकृतिको तरीका)

हामी प्राय: यो हेर्दछौं कि आफ्नो जीवनको घंटनाहरुमा प्रयोग हुने खालको नंबरलाई हामी भूल्ने गर्दछौं किनकि यो हाम्रो लागि अनुपयोगी हुन्छ। अब हामीले यी नंबरहरु बढि समय सम्म याद राख्नको लागि र त्यसलाई चाढो रिकॉल गर्नको लागि 'शेप मेथड' को सहयोग लिन्छौं। हामी पायौं कि नंबर लामो समय सम्म दिमागमा याद राख्नको लागि शेप मेथड कति उपयोगी छ। यस मेथड (तरीका) बाट तपाई नंबरहरु (0,1........12) लाई पिक्चरहरुमा कंवर्ट (बदलेर) लामो समय सम्म याद राख्न सक्नुहुन्छ।

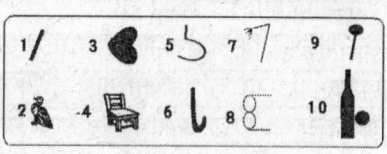

यदि तपाईको दिमागले **1 नंबर**को पिक्चरलाई विजुलाइज (चित्रण) गर्दछ भने त्यो **एउटा स्टिक वा लठ्ठि**को सरह देखिन्छ। यसरी नै **2 नंबर** तपाईले **हाँस**को सरह हेर्नु हुनेछ। **3 नंबर मुटु**को सरह देखिनेछ। **4 नंबर** तपाईले कुनै **चेयर (कुर्सी)** को सरह हेर्नु हुनेछ। **5 नंबर** तपाईलाई कुनै **हुक**को सरह देखिनेछ। **6 नंबर** कुनै **हॉकी स्टिक**को तरह, **7 नंबर** कुनै **लैंपपोस्ट**को तरह, **8 नंबर** कुनै **चश्मा**को सरह र **9 नंबर** कुनै **लॉलीपॉप**को सरह हेर्नु हुनेछ। **10 नंबर** तपाईलाई **बैट-बॉल**को सरह देखिनेछ। यस खाली स्थानलाई यी आकृतिहरुले भर्नुहोस्। जसबाट हामीले थाहा पाउन सक्छौं कि तपाईलाई यी चीजहरु वा शेप कति याद राख्न सक्नुहुन्छ।

1. .... 2. .... 3. .... 4. ....
5. .... 6. .... 7. .... 8. ....
9. .... 10. ....

यस पछि हामीले 11 को लिनेछौं। यो कुनै सडकको सरह देखिन्छ। यो आकृतिहरुले यी नंबरहरुसंग जोडिएको इंफार्मेशनलाई याद गर्नमा धेरै सहायता गर्नेछ। शेप मेथडलाई राम्ररी बुझ्नको लागि आफ्नो दिनचर्याको साधारण उदाहरण लिनुहोस्–

1.00 टेलीफोन बिल जम्मा गर्नु छ।
2.00 अंकललाई एयरपोर्टबाट लिनुछ।
3.00 खरीदारी गर्न जानुछ।
4.00 कोठाको मरम्मत गराउनुछ।
5.00 किताब बदलिन लाइब्रेरियनसंग भेट्नुछ।
6.00 आंटीसंग भेट्नुछ।
7.00 रेलवे स्टेशनबाट भाईलाई लिनुछ।
8.00 प्रधानाचार्यसंग भेट्नुछ।
9.00 दांतको डाक्टरसंग भेट्नुछ।
10.00 बोर्डमा शामिल हुनुछ।
11.00 अटल बिहारी वाजपेयी ज्यूलाई डिनरमा आमंत्रित गर्नुछ।
12.00 टीवीमा आफूलाई मनपर्ने कार्यक्रम हेर्नुछ।

अब तपाईलाई यी नंबरहरुलाई याद राख्नको लागि शेप (आकृति) संग जोड्नुछ। यहा विजुलाइजेशन र दिमागी पिक्चरले यी चीजहरुलाई याद गर्नमा तपाईको मद्दत गर्नेछ। यी चीजहरुलाई सफा र रंगीन रूपमा विजुलाइज गर्नुहोस्।

इमेजिनेशन : तपाईले 1.00 बजे टेलीफोन बिल जम्मा गर्नुछ। कुनै एउटा स्टिक वा लठ्ठिको समान छ। यो सोच्नुहोस् कि तपाईले साथीलाई टेलीफोन गरिरहनु भएको छ। तपाईले नंबर डायल गर्ने ठाँउमा कुनै स्टिकको प्रयोग गरिरहनु भएको छ।

2.00 बजे तपाईलाई आफ्नो अंकल लिन एयरपोर्ट जानुछ। 2 तपाईलाई हाँसको सरह हेर्नुहुन्छ। यो साच्नुहोस् कि जब तपाई आफ्नो अंकल लिन जानुहुन्छ तब तपाई कुनै हाँस माथि बस्नुहुन्छ। 3.00 बजे तपाईलाई खरीदारी गर्न जानुछ। 3 मुटुको आकृति जस्तो देखिन्छ। केवल यो साच्नुहोस् कि तपाई कुनै पसलमा हुनुहुन्छ र दुकानदार केवल मुटु बेच्छ।

4 बजे तपाईलाई कैमरा मरम्मत गराउनुछ। 4 नंबर कुनै चेयर (कुर्सी) को सरह देखिन्छ। तपाई यो साच्नुहोस् कि तपाईले घरमा कैमरा कुर्सी माथि राखिएको छ र यो धेरै भागहरुमा भाचिएको छ।

5 बजे तपाईलाई किताब बदलिन लाइब्रेरियनसंग भेट्नुछ। 5 नंबर कुनै हुकको सरह देखिन्छ। तपाई यो इमेजिन गर्नुहोस् कि तपाई हुकको सहाराले कताबलाई निकाल्दै हुनुहुन्छ जुन लाइब्रेरीमा सबै भन्दा माथिको दराजमा राखिएको छ।

6 बजे तपाईलाई आफ्नो आंटीसंग भेट्नुछ। 6 नंबर तपाईलाई एक हॉकी स्टिकको सरह देखिन्छ। तपाई यो साच्नुहोस् कि तपाई आफ्नो आंटीसंग हॉकी खेल्नुहुन्छ।

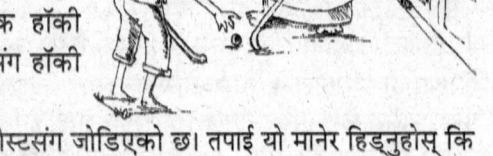

7 बजे तपाईलाई भाईलाई लिन रेलवे स्टेशन जानुछ। नंबर 7 लाई लैंपपोस्टसंग जोडिएको छ। तपाई यो मानेर हिड्नुहोस् कि तपाई यो हेर्नको लागि लैंपपोस्ट माथि चढ्नुहुन्छ कि रेल आई रहेको वा छैन्।

8 बजे तपाईलाई प्रधानाचार्यसंग भेट्नुछ। 8 कुनै चश्माको रूपमा देखिन्छ। तपाई यो इमेजिन गर्नुहोस् कि तपाई आफ्नो प्रधानाचार्यलाई कुनै चश्मा भेंट गरिरहनु भएको छ।

9 बजे तपाईलाई दांतको डाक्टर कहा जानुछ। 9 नंबर आकारमा कुनै लॉलीपॉपको सरह देखिन्छ। तपाई केवल यो साच्नुहोस् कि लॉलीपॉप खानाले तपाईको दांतहरुमा दुखाई हुन्छ।

10 बजे तपाईलाई बोर्ड मीटिंग गर्नुछ। 10 नंबर आकारमा बैट-बॉलको सरह देखिन्छ। तपाई यो मानेर हिड्नुहोस् कि मीटिंगमा तपाई आफ्नो टीमसंग हुनुहुन्छ र बैट-बॉल टेबलको बीचमा राखिएको छ र सबै यस बारेमा कुरा गरिरहेका छन्।

11 बजे तपाईलाई अटल बिहार वाजपेयी ज्यूलाई डिनरमा आमंत्रित गर्नुछ। तपाई यो मानेर हिड्नुहोस् कि तपाईले सुरक्षाको दृष्टिले र अटल ज्यूको आउने कारणले आफ्नो घरको वर-परको सडकलाई सफा गराउनु भएकोछ। उनी तपाईको घरमा डिनर नगरेर सडकको किनारामा डिनर गर्न चाहन्छन्।

12 बजे तपाईलाई टीवीमा आफ्नो मनपर्ने कार्यक्रम हेर्नुछ। 12 कुनै कैप (टोपी) को सरह देखिन्छ। तपाई यो इमेजिन गर्नुहोस् कि तपाईले आफ्नो टोपी टीवी माथि राख्नु भएको छ र जब तपाई टीवी ऑन (शुरू) गर्नुहुन्छ तब समाचार पढ्ने व्यक्ति तपाईको कैप लगाउछ।

तपाई हेर्नु हुन्छ कि यी चीजहरुलाई लामो समय सम्म याद राख्नको लागि विजुलाइजेशन द्वारा नंबरहरुलाई हामी कति धेरै आकारसंग जोड्न सक्छौं। अब तपाई जब तल दिईएको खाली स्थानहरु भर्नु हुनेछ तब तपाईलाई चीजहरु बढि याद आउनेछ र यसलाई सजिलैसंग भर्न सक्नुहुन्छ।

1.00	....	2.00	....
3.00	....	4.00	....
5.00	....	6.00	....
7.00	....	8.00	....
9.00	....	10.00	....
11.00	....	12.00	....

तपाई सही हुनुहुन्छ। यदि म अब तपाईसंग यस उदाहरणको बीचमा कुनै प्रश्न सोध्छु भने तपाई त्यसको तेजीले जवाफ दिन सक्नुहुन्छ। 9 र 10 को बीचमा तपाईलाई कति बजे दांतको डाक्टरसंग भेट्नुछ।

जब तपाई डेंटिस्टको बारेमा सुन्नुहुनेछ तब तपाईलाई लॉलीपॉप याद आउनेछ र तपाईलाई याद आउनेछ कि तपाईलाई 9 बजे उसंग भेट्नुछ। यसरी नै 1 देखि 12 नंबर सम्म हामी त्यसलाई आकार अनुसार कुनै पनि चीजसंग संबद्ध गरेर चीजहरुलाई याद राख्न सक्छौं।

चार्ट

नाम	तारीख	ट्रांजिस्टर
8080	1974	6,000
8088	1979	29,000
80286	1982	134,000
80386	1985	275,000
80486	1989	1,200,000
पेंटियम	1993	3,00,000
पेंटियम 2	1997	7,500,000
पेंटियम 3	1999	9,500,000
पेंटियम 4	2000	42,000,000
पेंटियम 4 'प्रेसकॉट'	2004	125,000,000

तल दिईएको सारिणीलाई हेर्नुहोस्। तपाईलाई यस टेबलबाट अंकको रूपमा नंबरहरुलाई याद गर्नुछ। किनकि नंबर बिना पिक्चर, बिना रंग र बिना अर्थको हुन्छ। त्यसैले लगातार त्यसलाई याद गरेता पनि ती कुराहरु हाम्रो मेमोरीमा लामो सम्म रहदैन्। त्यसैले यस टेबललाई याद गर्नको लागि हामी यी नंबरहरुलाई पिक्चरहरुको रूपमा बदलिनेछौं। त्यसपछि त्यसलाई कुनै विशेष तरीकाबाट आपसमा संबद्ध गरेर सजिलैसंग याद गर्न सक्छौं।

यो टेबलमा नाम भएको कॉलमलाई ध्यानले हेर्नुहोस्। पहिलो नंबरको केवल दुई अंक 80 हेर्नुहुन्छ भने यसमा 8 र 0 शामिल छ। यसमा कुनै असमंजस छैन्। तर अर्को नंबरहरुमा बढि कंफ्यूजन हुन सक्छ। दोस्रो नंबरमा अन्तिमको दुई अंक 88 छ। तेस्रोमा अंतिम अंक 286 छ। चौथोमा अन्तिमको तीन अंक 386 छ र पांचौमा अंतिमको तीन अंक 486 छ। तपाई यहा कंफ्यूज हुन सक्नुहुन्छ त्यसैले तपाईले यसलाई चित्रमा बदलिनुछ। हामी 80 लाई लिन्छौं र यसलाई पिक्चरको फार्म (रूप) मा बदलिनुछ। हामी शेप मेथडको सहायताले गर्न सक्छौं। यस तरीकामा 8 को आकार कुनै चश्माको सरह छ र 0 को आकार कनै बैल्डमैन (टकला व्यक्ति) को सरह छ। तपाई आफ्नो दिमागमा के सोच्नुहुन्छ त्यसको पिक्चर कोर्नुहोस्। हामी यो मानेर हिडौं कि 80 मा कुनै व्यक्ति चश्मा लगाएको सोच्नुहुन्छ। जसरी नै त्यो व्यक्ति चश्मा लगाउछ उ तुरंत टकलाको रूपमा बदलिन्छ। चश्मा भएको व्यक्तिसंग कुनै विशेष शक्ति छ। अब हामी यस पिक्चरलाई डेट (मिति) संग जोड्दछौं। 1979 मिति वा 19 औं शताब्दी, तपाई 19 औं सदीलाई याद त राख्न सक्नुहुन्छ तर 74 कंफ्यूजन हुन सक्छ। तपाई 7 लाई कसरी हेर्नुहुन्छ। 7 नंबर कुनै लैंपपोस्टको सरह र 4 नंबर कुनै कुर्सीको सरह छ। हामी अब यो चित्रण गर्नेछौं कि चश्मा लगाएको गंजा व्यक्ति लैंपपोस्टको तल अभिएको छ। जसरी नै त्यो व्यक्ति लैंपपोस्टको तल आउछ, कुर्सी त्यसको टाउकोमा खस्छ। म यस 74 र 47 को कंफ्यूजनको कारणले यसलाई विजुलाइज गरि रहेको छु। यदि 47 तपाईलाई 74 बाट कंफ्यूज गर्दछ भने यसमा लैंपपोस्ट चेयर माथि हुनेछ। यसरी मानेर हिड्नुहोस् कि यदि तपाईलाई 8088 याद गर्नुछ भने कसको मिति 1979 छ। 88 मा तपाईले दुईवटा चश्मा हेर्नुहुन्छ जुन 79 संग जाडिएको छ। शेप मेथडमा 7 लाई कुनै लैंपपोस्ट र 9 लाई कुनै लॉलीपॉप मान्नुहोस्। अब यो मान्नुहोस् कि तपाईले दुईवटा चश्मा लगाउनु भएको छ र तपाईको हातमा लॉलीपॉप छ र तपाई लैंपपोस्टको तल उभिएको हुनुहुन्छ। तपाई सोच्नुहोस् कि यो पिक्चरले तपाईलाई नाम र मिति याद गर्नमा मद्दत गर्नेछ। तर यहा नंबर 8080 छ र तिमी 1974 छ जसको ट्रांजिस्टर नंबर 6000 छ। 1978 मा नंबर 8080 मा ट्रांजिस्टर नंबर 29000 छ। 1982 मा नंबर 80286 को ट्रांजिस्टर नंबर 134000 छ। यी सबै नंबरहरुमा एक कुरा कॉमन छ, त्यो हो तीनवटा शून्य (000)। जसमा कुनै कंफ्यूजन छैन् ती हुन्- 9, 29 र 41।

अब हामीले यहा यी नंबरहरुलाई याद गर्ने तकनीक खोज्नु छ। यदि हामी पहिलो पंक्ति हेर्दछौं जसमा ट्रांजिस्टर नंबर 6000 छ तब हामी यो 6 अंकको आकृतिलाई हेर्दछौं। कोड मेथडमा 6 को आकार कुनै हॉकी स्टिकको सरह छ। अब हामी 6 अंकलाई 80 संग जोड्छौं। के तपाई त्यस चीजलाई विजुलाइज गर्न सक्नुहुन्छ कि त्यो व्यक्ति जो चश्मा लगाएर लैंपपोस्टको तल उभिएको थियो र उस माथि कुर्सी खसेको थियो र उ रिसाएको थियो। उ एउटा हॉकी स्टिक उठाउछ र यो पत्ता लगाउन शुरू गर्दछ कि कसले त्यो कुर्सी फालेको थियो।

यस तरीकाले जब तपाई कुनै राम्रो पिक्चर हेर्नु हुन्छ तब त्यो तपाईको दिमागमा लामो समय सम्म रहन्छ। यस सिद्वांतलाई 'हंसी वा मजाक' को सिद्वांत भनिन्छ। हामीले यो भन्न सक्छौं कि कुनै पनि त्यो चीज जुन अरू भन्दा अलग छ, मजाकिया छ वा असंभव वा सामान्य भन्दा अलग छ भने तपाईको दिमाग त्यसलाई लामो समय सम्म याद राख्दछ। तपाईले यो यसरी नै गर्नुछ। कुनै पनि चीज जसलाई तपाई यसरी बताउनुहुन्छ, त्यसमा जुन चीजलाई तपाई याद राख्न चाहनुहुन्छ, त्यस वस्तुको कुनै निश्चित रूप बनाउनुहोस् र त्यसलाई कुनै आब्जेक्टसंग संबद्ध गर्नुहोस्। र त्यस वस्तु वा चित्रलाई चलायमान रूपमा हेर्नुहोस्। हामीले सिक्यौं कि ट्रांजिस्टर 6000 को साथमा 1974 को दिनांक 8080 हाम्रो दिमागमा छ। कोशिश गर्नुहोस् कि के तपाई कुनै अर्को तिमी याद गर्न सक्नुहुन्छ। केहि बेर साच्नुहोस् कि जब तपाई पेंटियम 1993 को बारेमा सुन्नुहुन्छ तब के यसले तपाईको दिमागमा कुनै पिक्चर बनाउछ वा बनाउदैन्। पेंटियमलाई हामीले पेंटसंग जोडेर हेर्दछौं। जब हामी आफ्नो हातलाई आफ्नो पेंटको खल्टिमा हाल्दछौं तब 93 को मतलब 9 को लॉलीपॉप हाम्रो हातमा आउछ। जब हामी आफ्नो दोस्रो हात खल्टिमा हाल्दछौं तब 3 अर्थात मुटु हाम्रो हातमा आउछ। यदि हामी यस पिक्चरलाई आफ्नो दिमागमा राख्दछौं भने तपाई डेटलाई लॉलीपॉप र हर्ट (मुटु) बाट याद गर्न सक्नुहुन्छ कि 93।

HOW TO MEMORISE GATES

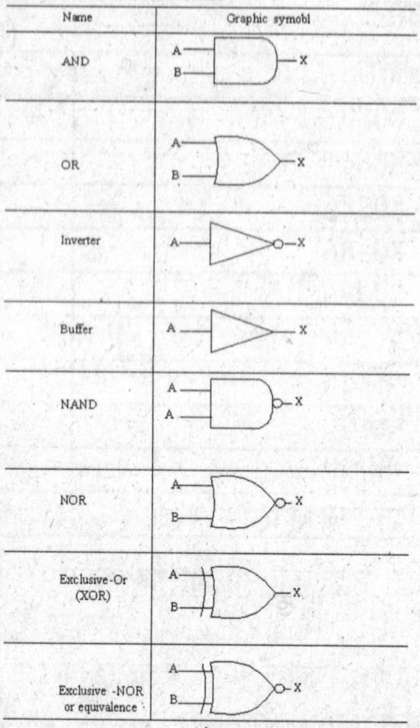

Name
Graphic symobl
AND
OR
Inverter
Buffer
NAND
NOR
Exclusive-Or (XOR)
Exclusive -NOR or equivalence
A
B
X

लॉजिक गेट्स

लॉजिक गेट्रस याद राख्दछौं। लॉजिक गेट्र सिक्नको लागि यस टेबल (सारिणी) लाई हेर्नुहोस्। जस्तो कि यसको नामबाट स्पष्ट छ यसमा कुनै पनि चीजको लॉजिक (तर्क) लाई बुझ्दछौं। बिना यसको यो बेकार छ। धेरै पटक यस्तो हुन्छ कि लॉजिकले कुनै काम गर्दैन्। कहिले-काहि लॉजिकसंगै मेमोरी तकनीकको पनि आवश्यक्ता पर्दछ। तर यसको नाम र चिन्हलाई कसरी बुझ्न सकिन्छ, यसमा मेमोरी तकनीकको आवश्यक्ता हुन्छ। जस्तो कि तपाई कंप्यूटरको यू सेक्शनमा हेरि सक्नु भएको छ। यसको व्याख्या हामी गरि सकेका छौं कि जुन चीजलाई राम्ररी सिक्नु र लामो समय सम्म याद गर्नुछ, त्यसमा स्यंमलाई एउटा ठूलो यूनिटको रूपमा हेर्नुहोस्। यो दिमागको सिद्वांत हो कि यदि हामी कुनै चीजलाई सानो रूपमा हेर्दछौं तब त्यो हाम्रो दिमागमा कम समयको लागि सुरक्षित रहन्छ। तर जब हामी चीजलाई ठूलो रूपमा हेर्दछौं तब त्यो लामो समय सम्म रहन्छ। चुनावको समयमा तपाईले हेर्नु भएको होला कि प्रत्येक प्रत्याशी आफ्नो ठू-ठूलो होर्डिंग लगाउछ। ताकि मानिसहरुको दिमागमा उनको छवि ज्यादा समय सम्म सुरक्षित रहोस्। यो कुनै चीजलाई ज्याद समय सम्म याद राख्ने सिद्वांत हो। यसलाई 'बढाई-चढाई' पेश गर्ने सिद्वांत भनिन्छ। प्राय: तपाईले हेर्नु भएको होला कि तपाईको छिमेकीको कुनै महिला तपाई कहा तपाईको बच्चाको गनासो लिएर आउछिन् कि तपाई बच्चाले क्रिकेट खेल्दा महिलाको घरको शीशा तोडिदिएको छ भने उनले यो कुरालाई धेरै बढाई-चढाई गरेर बताउछिन्। त्यस महिलाको मान्यता छ कि यसरी तपाईको दिमागमा बढि समय सम्म चीज रहनेछ। यसलाई बढाई-चढाई पेश गर्ने सिद्वांत भनिन्छ। यसमा यो हुन्छ कि कुनै पनि चीजलाई ठूलो रूपमा हेरिन्छ जसबाट यो दिमागमा लामो समय सम्म मौजूद रहन्छ।

उदाहरणको लागि- तपाई टेबल गेट्रसको पहिला नामलाई हेर्न सक्नुहुन्छ। यसको ग्राफिक चिन्ह पनि यसको अगाडि दिएको हुन्छ। यो ग्राफिक सिंबल (चिन्ह) यस टेबलमा धेरै सानो साइजमा दिएको हुन्छ। सिक्ने क्रममा तपाईले यसलाई फुटबॉलको मैदान वा आफ्नो स्कूलको खेलको मैदानको रूपमा विचार गर्नुपर्छ। तपाईले यो सोचना पर्छ कि एउटा ठूलो मैदान छ जसमा एंड गेटको चिन्ह रहेको छ। तपाई यस मैदानमा त्यस होर्डिंगको अगाडि उभिएको छ। जब तपाई दिमागलाई एकाग्र गर्नुहुन्छ तब एंड गेट तपाईको दिमागमा छाएको हुन्छ। जब तपाईसंग कसैले एंड गेट्रको बारेमा सोध्छ तब तपाई सजिलैसंग बताउन सक्नुहुन्छ। यस स्थितिमा तपाई कंफ्यूज हुनुहुन्न। तपाई सजिलैसंग एंड गेट्र, ऑर गेट्र, इंवर्टर गेट्र आदि चिन्हको बारेमा सजिलैसंग बताउनुहुनेछ किनकि सबै चिन्ह एक-अर्कोसंग कुनै न कुनै रूपमा जाडिएको छ। यसलाई अलग-अलग याद गर्न धेरै गाह्रो छ। यदि तपाई एंड गेट्रलाई कुनै फुटबॉल मैदानको रूपमा विजुलाइज (चित्रित) गर्नुहुन्छ भने तपाई सजिलैसंग अर्को चिन्हहरुलाई पनि लगभग त्यसरी नै मान्न सक्नुहुन्छ।

मान्नुहोस् कि ऑर गेट्र एउटा ठूलो शॉपिंग कांप्लेक्सको अगाडि छ र इंनर्वटर गेट्र ताजमहलको अगाडि छ र उति नै ठूलो है जति एंड गेट। यसरी नै तपाई इंवर्टर चिह्नलाई ताजमहलको नजिक विजुलाइज गर्नुहुन्छ। यसरी जब तपाई कुनै चीजलाई आफ्नो दिमागमा विजुलाइज गर्नुहुन्छ तब तपाईको सोच्ने शक्ति धेरै तेज हुन जान्छ। यस समयको अंतरालमा तपाई एउटा नयाँ नियमको पालन गर्नुहुन्छ। तपाई केहि समयको वा केहि दिनको अंतरालमा एंड गेट र फर्स्ट गेटलाई विजुलाइज गर्नुहुन्छ। त्यसैले यो दुबै तपाईको दिमागमा एकै साथ हुदैन् भने दुबैमा अंतर सजिलैसंग हुन जान्छ।

फ्लो चार्ट

जब तपाई कुनै फ्लो चार्ट हेर्नु हुन्छ तब तपाईले यसमा धेरै स्टेप (चरण) पाउनुहुनेछ। प्रत्येक स्टेपमा कुनै न कुनै लॉजिक हुन्छ। प्रत्येक लॉजिकमा कुनै न कुनै स्टेप पनि हुन्छ। फ्लोचार्टको महत्वपूर्ण भाग यसमा शामिल रहेको स्टेप हो। फ्लोचार्टमा दिईएको स्टेपको क्रम धेरै महत्वपूर्ण हुन्छ किनकि हामीले त्यसलाई यस क्रममा लेख्नुछ।

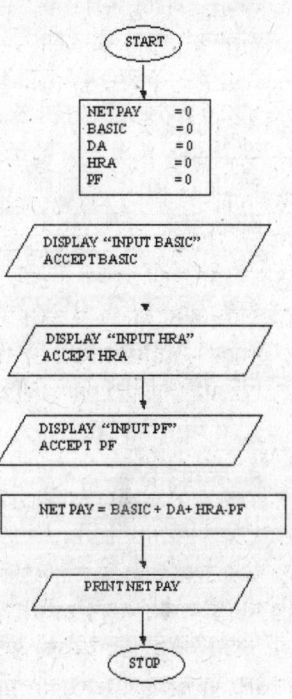

मान्नुहोस् कि तपाईले कुनै फ्लो चार्ट तैयार गर्नु भएकोछ र त्यसमा गलत स्टेप राखिएको छ भने यसको मतलब बदलिनेछ र तपाईको फ्लोचार्ट गलत हुनेछ। मान्नुहोस् कि तपाई विज्ञानको छात्र हुनुहुन्छ र तपाईलाई क्रिस्टीलाइन मैटीरियलको भौतिक विशेषताहरु लेख्नुछ तब मान्नुहोस् कि तपाईले क्रिस्टीलाइन मैटीरियलको पांच भौतिक विशेषताहरु लेख्नु भएको छ भने त्यसलाई कुनै पनि क्रममा लेख्न सक्नुहुन्छ किनकि यसको क्रमबाट क्रिस्टीलाइन मैटीरियलको भौतिक विशेषताहरुमा कुनै फरक आउदैन् तर फ्लो चार्टमा यसको स्टेपको क्रम बदलिने संभव हुदैन्। यदि कुनै पनि स्टेप गलत हुन्द भने पूरा फ्लोचार्ट बेकार हुन्छ र तपाईको पूरा नंबर काटिनेछ किनकि फ्लोचार्टमा प्रत्येक स्टेपको कुनै न कुनै लॉजिक हुन्छ। हाम्रो लागि त्यसमा मौजूद लॉजिक जान्न जरूरी हुन्छ। कुनै पनि चीजलाई निश्चित क्रममा याद गर्नको लागि तपाईले चेन मेथडलाई पहिला नै पढि सक्नु भएको छ। यस तरीकामा तपाईले न केवल त्यससंग संबद्ध आर्टिकलको बारेमा जान्न सक्नुहुन्छ बल्कि त्यसको निश्चित क्रमको बारेमा पनि जान्न सक्नुहुन्छ। कुनै पनि चीज सिक्न वा याद गर्नको लागि तपाईले यस सिद्वांतलाई अप्लाई (लागू) गर्न सक्नुहुन्छ। तर धेरै पटक फ्लो चार्ट यति धेरै लॉजिकल हुन्छ कि तपाईले चेन मेथडको बिना पनि त्यसलाई सिक्न सक्नुहुन्छ।

उदाहरणको लागि यस फ्लोचार्टलाई हेर्नुहोस्।

कुनै कर्मचारीको बेसिक सैलरी, डीए, पीएफ , र एचआरए मिलाएर त्यसको आमदनीको गणना गर्नुछ। यस स्थितिमा, बिना स्टेप र लॉजिकको जानकारीको यो काम धेरै कठिन हुन्छ। यस फ्लोचार्ट तैयार गर्नको लागि तपाईले यसको डिटेल (विवरण) लाई बुझ्नुपर्छ। यस बाहेक यस फ्लोचार्टको अर्थ र फीचर्सलाई पनि बुझ्नु पर्छ।

बेसिकको मतलब हुन्छ बेसिक सैलरी। डीएको मतलब दैनिक भत्ता। एचआरएको मतलब आवास भत्ता। पीएफको मतलब छ भविष्य निधि ।

यदि तपाईको दिमागमा यी सबै कुराहरु स्पष्ट छैन् भने तपाईको लागि यो काम धेरै गाह्रो हुनेछ।

सबै भन्दा पहिला तपाईले चिवार गर्नुपर्छ कि यी स्टेपलाई किन लिईएको छ र फ्लोचार्टमा यो किन मौजूद छ। यो चीजहरु तपाईको दिमागमा स्पष्ट हुनुपर्छ। यी फीचर्सको बारेमा जान्नको लागि अब हामीले भुक्तानको गणना गर्नुछ। त्यसैले अब हामी कर्मचारीको बेसिक आमदनी जानौं, उसको एचआरए र पीएफ राशि जानौं। यी चीजहरुलाई लेखेपछि हामी कर्मचारीको कुल वेतन पनि लेख्न सक्छौं जुन बेसिक आमदनी+एचआरए+पीएफको बराबर हुन्छ। किनकि पीएफ पछि दिईन्छ। त्यसैले यस स्थितिमा यो सैलरीबाट काटिन्छ। त्यसैले यसको टोटल (जोड अथवा कुल योग) नयाँ सैलरी हुनेछ। यही परिणाम हुनेछ। यदि कुनै व्यक्ति तपाईसंग नेट पेय (कुल भुक्तान) को गणना गर्नको लागि भन्छ भने यस राशिको गणना गर्नको लागि सबै स्टेप्स अप्लाई गरिन्छ। यसरी कुनै फ्लोचार्टको लागि, तपाईले त्यसको लॉजिक र असली जीवनमा त्यसको उपयोगको बारेमा जान्नु धेरै जरूरी हुन्छ। यहा हामी फ्लोचार्टलाई विजुलाइजेशन (दिमागमा चित्रण) द्वारा सिक्न सक्छौं।

यदि तपाईले कुल वेतनको गणना गर्नुछ भने तपाईले जुन स्टेपको पालन गर्नु हुनेछ र जुन समय त्यसलाई लॉजिकली लेख्नुहुनेछ तब फ्लोचार्टको त्यो भाग त्यस विशेष गणनाको बराबर हुनेछ वा फ्लोचार्टको त्यस एक्टिविटीको बराबर हुनेछ। त्यसैले यदि कुनै फ्लोचार्ट साधारण छ भने हामीले यसलाई लॉजिकको रूपमा बुझ्नु पर्नेछ। यसपछि त्यसलाई स्यंमले जोड्नु पर्नेछ ताकि यो तपाईलाई याद रहोस् र तपाई सजिलैसंग यसलाई सिक्न सक्नुहोस्। यसरी नै हामी पहिला विजुलाइजेशन मेथडलाई स्पष्ट गरि सकेका छौं। मान्नुहोस्, तपाई एउटा अर्को फ्लोचार्ट हेर्नुहुन्छ जसमा तपाईलाई आयतको परिमाप ज्ञात गर्नुछ। अब तपाई यो सोच्नुहोस् कि यदि तपाईलाई आयतको परिमाप ज्ञात छ भने कुन स्टेप यसको लागि जरूरी हुनेछ। सबै भन्दा पहिला तपाईलाई यसको लंबाई र चौडाइ पता हुनुपर्छ। त्यसपछि यसको परिमापको गणनाको लागि तपाईले फार्मूलाको प्रयोग गर्न सक्नुहुन्छ। यसको फार्मूला छ (2 गुणा लंबाई + 2 गुणा चौड़ाई)। यो लॉजिकलाई बुझेर तपाई फ्लोचार्ट तैयार गर्न सक्नुहुन्छ। बिना यसको लॉजिक तपाई यस माथि मेमोरी टेक्नीक अप्लाई गर्न सक्नुहुन्न। त्यसपछि यो लॉजिक तपाईले बुझ्नुहुनेछ। अब तपाईलाई यस फ्लोचार्ट बुझ्न र याद गर्न धेरै सजिलो हुन्छ।

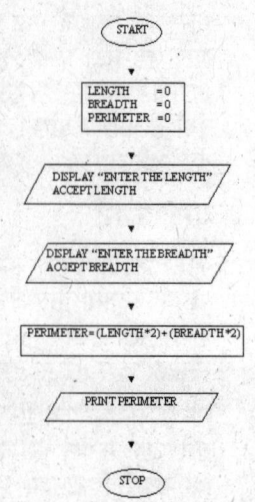

अब कुनै उदाहरण लिन्छौं। जीवन स्तरलाई मेंटेन राख्ने केस स्टडी।

पर्सनल मैनेजमेंट एप्लीकेशनलाई बुझ्नुहोस् जसमा प्रत्येक कंपनीको पर्सनल डिपार्टमेंटले प्रत्येक व्यक्तिको बारेमा निम्नलिखित सूचनाहरू आफूसंग राख्दछ।

1. कर्मचारीको नंबर	2. नाम	3. बुबाको नाम	4. ठेगाना वा पता
5. जन्मतिथि	6. ज्वाइन गर्ने मिती	7. पद	8. पे स्केल (तलब)
10. शैक्षिक योग्यता	11. अनुभव (यदि कुनै छ भने)		

यदि तपाईलाई यी सूचनाहरुको क्रममा कुनै कर्मचारीको फ्लोचार्ट तैयार गर्नुछ भने तपाईको दिमागमा यो क्रम जरूर हुनुपर्छ। यी स्टेपको क्रम याद राख्नको लागि तपाईले चेन मेथडको प्रयोग गर्न सक्नुहुन्छ। जसको सहायताले तपाई पहिलोको उदाहरणमा 40 शब्द सिकि सक्नु भएको छ। त्यसैले, 1. स्टिक 2. डक 3. हर्ट आदि।

पहिला यसलाई स्टिकसंग जोड्छौं फेरी हाँससंग र तेस्रो नंबरमा हर्ट (मुटु) संग जोड्छौं। यसरी तपाई यी स्टेपलाई एउटै धागामा पसाउनुहुन्छ। तपाईले स्थितिलाई बझेर स्यंमलाई यससंग जोडेर हेर्नुहुन्छ। यदि तपाईले यस स्थितिलाई लिखित रूपमा लेख्नुछ वा फ्लोचार्टलाई तैयार गर्नुछ भने तपाईले यसलाई स्यंमसंग जोड्नुपर्नेछ। तपाईले यस चीजलाई विजुलाइज (दिमागमा चित्रण) गर्नु पर्नेछ र यो तपाईलाई त्यस चीजको बारेमा एकाग्र हुनमा सहायता गर्नेछ।

फ्लो चार्ट

यदि तपाई एकाग्र हुनुहुन्छ भने तपाईको दिमागमा सबै स्थिति स्पष्ट हुनेछ। त्यसपछि फ्लोचार्ट लेख्न वा कसैलाई यो फ्लोचार्टको बारेमा बताउन धेरै सजिलो हुन जान्छ।

फ्लोचार्ट, प्रोग्रामिंग, चिप डायग्राम आदिलाई कसरी याद राख्न सकिन्छ

कहिले तपाई सोच्नु भएको छ कि विभिन्न विषय तपाईको दिमागमा अलग-अलग भागहरुमा मौजूद रहन्छ। जस्तै नागरिक शास्त्र, विज्ञान र नेपाली आदि। त्यसैले जब तपाई सोच्नुहुन्छ तब तपाईको आकलन गलत हुन्छ? तपाई आफ्नो शिक्षा र पढ़ाइलाई विभिन्न भागहरुमा बाट्न सक्नुहुन्छ। तर हाम्रो दिमागमा यो केवल दुई रूपहरुमा स्टोर रहन्छ। 1. न्यू (नयाँ) 2. ओल्ड (पुरानो) हाम्रो दिमाग हजारौं कुराहरुलाई सुरक्षित तरीकाबाट स्टोर गर्दछ। दिमाग मेमोरीको कुनै पनि भागमा कुनै पनि टॉपिक तैयार गर्न सक्छ। तर तपाईले यी चीजहरुलाई याद गर्नको लागि लॉ ऑफ एसोसिएशन (संबद्वताको सिद्वांत) वा लॉ ऑफ इमेजिनेशन द्वारा जान्न धेरै जरूरी छ ताकि तपाई यसलाई भूलाउन नसकियोस्।

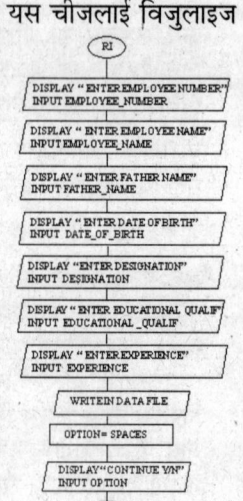

तपाईलाई थाहा छ कि यस तकनीक द्वारा कुनै पनि चीजलाई सिक्नमा धेरै कम समय लाग्छ।

उदाहरणको लागि- सबै भन्दा पहिला तपाईले रिटेल सेक्टरमा आइटमको प्रोसेस लिस्ट सिक्नुछ। यो फ्लोचार्ट सिक्नको लागि तपाईले चेन मेथडको प्रयोग गर्नुपर्छ। पहिलो पाईला छ कि यस फ्लो चार्टलाई पढेर बुझ्नुहोस्। सबै भन्दा पहिला लोचार्टमा यी बुदाहरु पढ्नुहोस् र क्रमको पहिचान गर्नुहोस् वाबझ्नुहोस्।

दोस्रो पाईलामा तपाईले यो फ्लोचार्टको मुख्य की-बर्ड खोज्नुछ जसबाट तपाई त्यसलाई कुनै चेनको रूपमा जोडेर एउटा स्टोरी (कहानी) को फार्म (रूप) मा याद गर्न सक्नुहोस्। यसलाई ध्यानले पढदा तपाईले निम्न की-बर्ड हेर्न सक्नुहुन्छ।

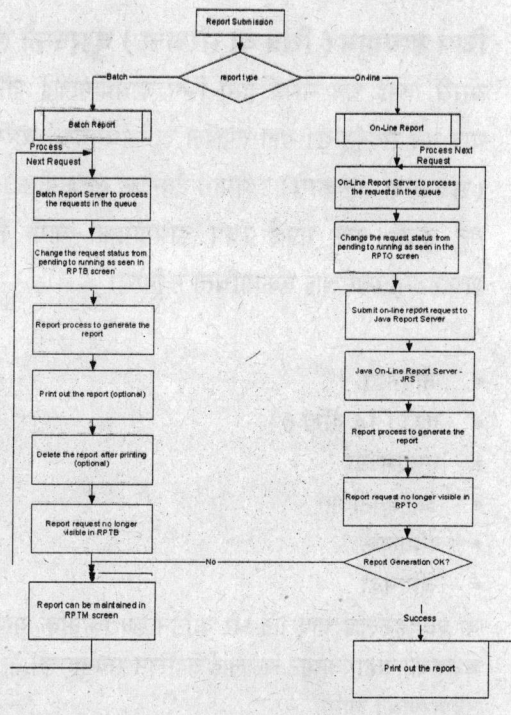

1. बैच रिपोर्ट

पेज 14 को फ्लो चार्ट।

2. क्रममा लगाउनको लागि बैच रिपोर्ट सर्वर।

3. लंबित रहेको रिक्वेस्ट (प्रार्थना) स्टेटसलाई आरपीटीबी स्क्रीनमा आई रहेको रिक्वेस्टमा बदलिन।

4. रिपोर्ट तैयार गर्ने प्रक्रिया।

5. रिपोर्टको प्रिंट आउट।

6. प्रिंट पछि रिपोर्टलाई डिलीट गर्न अर्थात मेटाउन।

7. आरपीटीबीमा बढि समय सम्म नदेखाउनको लागि रिक्वेस्ट गर्न।

अब तपाई चेन मेथड द्वारा अंडरलाइन की-बर्डलाई सावधानी पूर्वक हेर्नुहोस्।

दिमागी परिकल्पना

आफ्नो दिमागमा इमेजिन (परिकल्पना) गर्नुहोस्, कुनै पनि क्लासको छात्र स्कूलको मैदानमा उभिएको छ र टीचर (मैडम) ले भन्छन्, 'बैच एको छात्र लाइनमा आऊ'। लाइनमा रहेको छात्राले आफ्नो हातमा कुनै रस्सी लिएको छ जसको अर्को छैउमा टब छ। टबमा एउटा रासायनिक प्रक्रिया हुन्छ, जब सबै छात्र यस रस्सीलाई घुमाउछ। अचानक टबबाट कुनै आश्चर्यजनक चीज निस्कन्छ। तपाई त्यसलाई आफ्नो हातमा रगडेर हटाउन सक्नुहुन्छ। तब तपाई आफ्नो वर-पर मौजूद मानिसहरुलाई बताउन सक्नुहुन्छ कि अब हामीलाई केहि देखि रहेको छैन्।

यस तरीकाबाट तपाई की-बर्ड चेनमा कुनै फ्लोचार्ट तैयार गर्नुहुन्छ भने कुनै स्टोरी तैयार हुन जान्छ। यस चेनको सबै तरीका र क्रम तपाईको दिमागमा व्यवस्थित रहनेछ। त्यसैले यसरी नै फ्लोचार्टको दायाँ भाग पनि सिक्न सकिन्छ। सधै याद राख्नुहोस् कि तपाईले सबै इंफार्मेशन मेमोरी तकनीक द्वारा शामिल गर्नुछ।

चिप डायग्राम (चित्र वा संरचना) बुझ्नको लागि

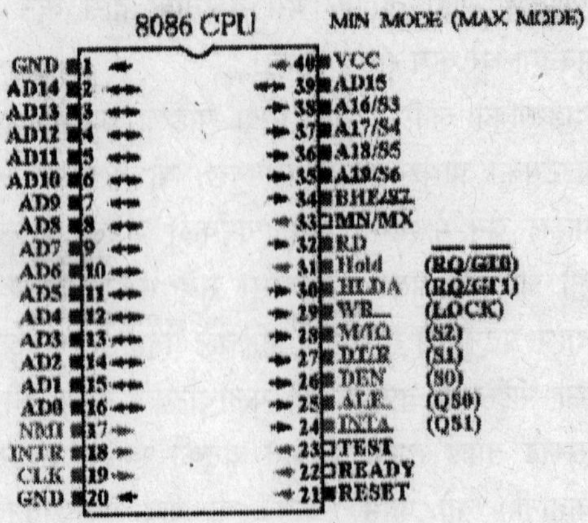

यसरी तपाई चेन मेथड द्वारा चिप डायग्रामलाई पनि सजिलैसंग याद गर्न सक्नुहुन्छ। यहा तपाईले कुनै विषयको बारेमा इंफोर्मेशन (सूचना वा जानकारी) र मेमोरी टेक्नीक (तकनीक) पनि अप्लाई गर्नु हुन्छ। अब तपाई चिप डायग्रामको बायाँ तिर दिईएको शब्दहरुमा स्यंमलाई एकाग्रचित्त गर्नुहोस्।

- जीएनडी
- एडी (14 देखि 0)
- एनएमआई
- आईएनटीआर
- सीएलके
- जीएनडी

यी शब्दहरुलाई याद गर्न धेरै कठिन छ। किनकि यसको कुनै अर्थ हुर्दन् र यो अनिश्चित क्रममा लेखिएको छ। तपाई चेन मेथडको सहायताबाट यसलाई बदलिन सक्नुहुन्छ।

उदाहरणको लागि,

जीएनडी	जीआरआईएनडी **आईएनही**
एडी (14 देखि 0)	**एड**
एनएमआई	नीम
आईएनटीआर	एंटर
सीएलके	**क्लॉक**

विजुलाइजेशन - परिकल्पना वा चित्रण

परिकल्पना गर्नुहोस् कि तपाई ग्राइंडिंग मशीनमा नीमलाई हाल्दै हुनुहुन्छ। एंटर बटन थिच्दा मशीन काम गर्न शुरू गर्दछ र अब तपाईको काम शुरू हुन्छ। घड़ी तिर हेर्नुहोस् कि तपाईले कुन समयमा मशीन बंद गर्नुपर्छ। तब तपाई आफ्नो हातले मशीन रोक्ने प्रयास शुरू गर्नुहोस्।

मलाई विश्वास छ कि मेरो विजुलाइजेशन तपाईको लागि बेकार हुन सक्छ तर रहेक जनाले यस क्रिएटिविटीको प्रयोग गर्न सक्छ। यहा यो प्रश्न आउछ कि मेरो विजुलाइजेशन मेरो मेमोरीको लागि र तपाईलाई विजुलाइजेशन तपाईको मेमोरीको लागि उपयोगी हुनेछ।

अब तपाईलाई थाहा भई सकेको छ कि कुनै पिक्चरको कुनै विशेष विषयको बारेमा बताईदैन् तर पनि तपाई आफ्नो मनले त्यसको परिकल्पना गर्न सक्नुहुन्छ। त्यसैले तपाईको दिमाग नयाँ चीजहरुलाई पनि पुरानो चीजहरुसंग जोडेर सजिलैसंग याद गर्नसक्छ।

परिशिष्ट–1

इमोशंस

इमोशंस अनुहारको यस्तो भाव हो जुन स्ट्रोकको एउटा विशेष सीरीज द्वारा बन्दछ। ज्यादातर यो तेंसो (बांगो) अनुहारको इमेज बनाउछ। यो इमोशंस ईमेल लेख्ने समय धैरै काम आउछन्।

I-(Black eye
I-) Proud of black eye
#:-o Shocked
%-\ Hung over
%-{ Ironic
%-| Worked all night
%-} Humorous or ironic
>>:-<< Furious
>- Female
>-> Winking devil
>-< Furious
>-) Devilish wink
>:) Little devil
>:-> Very mischievous devil
>:-< Angry
>:-< Mad
>:-(Annoyed
>:-) Mischievous devil
<:> Devilish expression
<:-> Devilish expression
<:-(Dunce
<:-) Innocently asking dumb question
<:-| Dunce
<:| Dunce
(8(|) Homer
(<>..<>) alienated
(( )):** Hugs and kisses
() Hugging
(-: Left-handed smile
(:& Angry
(:- Unsmiley
(:-& Angry
(:-(Unsmiley
(:-) Smiley variation
(:-* Kiss
(:-\ Very sad
(::()::) Bandaid, or comfort
(:| Egghead
* Kiss
*<:-) Santa Claus
*<|:-) Santa Claus
*-) Shot to death
+<:-) Religious leader
+<:-| Monk or nun
+<||-) Knight
+:-) Priest
+O:-) The Pope
-) Tongue in cheek
-=#:-) Wizard
/\/\/\ Laughter
0:-) Angel
5:-) Elvis
8-) Wearing glasses
8-o Shocked
8-] Wow!
8-| Wide-eyed surprise

: (Sad
:) Smile
: [Bored, sad
: | Bored, sad
:( ) Loudmouth, shouting
:* Kiss
:*) Clowning
:**: Returning kiss
:,(Crying
:- Male
:-# My lips are sealed
:-& Tongue-tied
:-> Smile of happiness
:->< Puckered up to kiss
:-< Very sad
:-(Frown
:-) Classic smiley
:-, Smirk
:-/ Wry face
:-6 Exhausted
:-9 Licking lips
:-? Licking lips
:-@ Screaming
:-D Laughing
:-d~ Heavy smoker
:-e Disappointed
:-f Sticking out tongue
:-I Pondering, or impartial
:-J Tongue in cheek
:-j One-sided smile
:-k Puzzlement
:-l One-sided smile
:-M Speak no evil
:-O Surprised
:-o Surprised look
:-P Sticking out tongue
:-p Sticking tongue out
:-p~ Heavy smoker
:-Q A smoker
:-Q~ Smoking
:-r Sticking tongue out
:-s What?!
:-V Shouting
:-X My lips are sealed
:-x Kiss
:-Y Aside comment
:-] Smiling blockhead
:-{) Smile with moustache
::-{} Blowing a kiss
:-| Indifferent, bored
:-| :-| Deja vu
:-|| Very angry
:-} Mischievous smile
:-~| A cold
:.(Crying
:/) Not funny

:/i No smoking
:@ What?
:'-) Tears of happiness
:^D Happy, approving
:`-(Shedding a tear
:{ Having a hard time
:~) A cold
:~-(Crying
:~/ Confused
;) Wink
;(Crying
;-(Angry
;-) Winkey
;-D Winking and laughing
=):-)= Abraham Lincoln
=====:} Snake
=^* Kisses
@>--->--- A long-stemmed rose
@== Atomic bomb
@}->-- Rose
B:-) Sunglasses on head
d :-o Hats off to you!
IOHO In Our Humble Opinion
M-) See no evil
M:-) A salute
O 8-) Starry-eyed angel
O :-) Angel
O+ Female
O-> Male
O8-) Starry-eyed angel
O:-) Angel
P* French kiss
Q:-) College graduate
X-(Just died
[:|] Robot
[] Hug
\') Winky
\'-) Winky
_/ Empty glass
\~/ Full glass
]:-> Devil
]:-) Happy devil
][Back to back
^5 High five
`:-) Raised eyebrow
{} No comment
|^o Snoring
}-) Wry smile
}: [Angry, frustrated
}{ Face to face
~ :-(Steaming mad
~:-(Flame message
~:-\ Elvis
~:o Baby
~:\ Elvis
~~~~8} Snake
~~~~~8} Snake

परिशिष्ट-2

ई-मेल लेख्ने समय अथवा चैटिंगको समय काम आउने खालका एब्रिविएशन

कसैसंग ऑनलाइन कुराकानी गर्दा समयको बचत गरेर र संक्षिप्तमा आफ्नो कुराहरु पुगाउनमा यो चीजहरु धेरै उपयोगी र मद्दतगार साबित हुन्छ।

AAMOF As A Matter Of Fact
ADN Any Day Now
AFAIC As Far As I'm Concerned.
AFAIK As Far As I Know
AFAIR As Far As I Remember
AFJ April Fool's Joke
AFK Away From the Keyboard
AISI As I See It.
AS Another Subject.
ASAP As Soon As Possible
ATSL Along The Same Line.
AWC After While, Crocodile
AYOR At Your Own Risk.
B4N Bye For Now
BAK Back At Keyboard
BBFN Bye Bye For Now
BBIAB Be Back In A Bit.
BBIAF Be Back In A Few (minutes)
BBL Be Back Later
BCNU Be seein' you
BEG Big Evil Grin.
BF Boy Friend.
BFN Bye For Now.
BION Believe it or not.
BOT Back On Topic.
BRB Be Right Back
BRS Big Red Switch.
BTA But Then Again
BTAIM Be That As It May.
BTOBD Be There Or Be Dead.
BTW By The Way
BWL Bursting With Laughter.
BWQ Buzz Word Quotient.
BYKT But You Knew That
BYOB Bring Your Own Bottle
BYOM Bring Your Own Mac
C&G Chuckle and Grin.
CID Crying In Disgrace.
CMIIW Correct Me If I'm Wrong
CO Company.
CSG Chuckle, Snicker, Grin.
CU See You
CU2 See You, Too.
CUL See you Later
CUL8R See You Later
CULA See You Later, Alligator
CWYL Chat With You Later.
CYA See Ya.
CYAL8R See You All Later.
DIIK Damned If I Know.
DIKU? Do I Know You?
DIY Do It Yourself.
DK Don't Know
DLTBBB Don't Let The Bed Bugs Bite.
DTRT Do The Right Thing
DWIMC Do What I Mean, Correctly.
F2F Face To Face
FCFS First Come, First Served
FISH First In, Still Here.
FITB Fill In The Blank
FOAF Friend Of A Friend
FS For Sale
FTASB Faster Than A Speeding Bullet.
FTF Face to Face.
FTL Faster Than Light.
FUBAR Fouled Up Beyond All Repair
FUBB Fouled Up Beyond Belief.
FUD Fear, Uncertainty and Doubt
FWIW For What It's Worth
FYA For Your Amusement
FYI For Your Information
GA Go Ahead
GAL Get A Life
GDW Grin, Duck and Weave.
GTSY Great To See You.
H&K Hugs and Kisses.
HAK Hugs And Kisses.
HHIS Hanging Head In Shame.
HOYEW Hanging On Your Every Word
HSIK How Should I Know.
HTH Hope That Helps!
IAE In Any Event.
IANAA I Am Not An Accountant.
IAW In Accordance With
IBTD I Beg To Differ.
IC I See
IIABDFI If It Ain't Broke, Don't Fix It.
IIRC If I Remember Correctly
IJWTK I Just Want To Know
IJWTS I Just Want To Say
IKWUM I Know What You Mean
IMA I Might Add
IMAO In My Arrogant Opinion
IMCO In My Considered Opinion
IME In My Experience
IMHO In My Humble Opinion
IMO In My Opinion
IMPOV In My Point Of View.
INPO In No Particular Order
IOW In Other Words
IRL In Real Life (chat).
ISS I'm So Sure
ISWIM If (you) See What I Mean
ITFA In The Final Analysis.
IWALU I Will Always Love You.
IWBNI It Would Be Nice If
IYSWIM If You See What I Mean
JAM Just A Minute
JAS Just A Second.
JIC Just In Case
JMO Just My Opinion.
JTLYK Just To Let You Know .
k Okay
KHYF Know How You Feel.
KISS Keep It Simple, Stupid.
KIT Keep In Touch.
KWIM Know What I Mean?
KYFC Keep Your Fingers Crossed
L Laugh
L8R Later
LJBF Let's Just Be Friends
LMHO Laughing My Head Off
LOL Laughing Out Loud
LTNS Long Time No See
LTNT Long Time, No Type.
LTS Laughing to Self.
LUWAM Love You With All My Heart.
LY Love You.
MLA Multiple Letter Acronym.
MOF Matter Of Fact.
MOTD Message of the Day
MOTOS Member Of The Opposite Sex
MOTSS Member Of The Same Sex
MTFBWY May The Force Be With You.
MYOB Mind Your Own Business
NBD No Big Deal.
NIH Not Invented Here.
NIMBY Not In My Back Yard.
NOYB None Of Your Business.
NP No Problem.
NQA No Questions Asked.
NTIM Not That It Matters.
NTIMM Not That It Matters Much.
NTW Not To Worry.
NTYMI Now That You Mention It.
OBO Or Best Offer
OBTW Oh, By The Way
OIC Oh, I See
ONNA Oh No, Not Again.
ONNTA Oh No, Not This Again.
OTF On the Floor (laughing)
OTFL On the Floor Laughing
SWIM See What I Mean?
SWL Screaming With Laughter.
SYS See You Soon.
TAF That's All, Folks!.
TAFN That's All For Now
TANJ There Ain't No Justice
TBYB Try Before You Buy.
TTFN Ta Ta For Now
TTYL Talk To You Later
TTYT Talk To You Tomorrow.
TYVM Thank You Very Much
UOK Are You OK?
WAEF When All Else Fails.
WB Welcome Back
YGTI You Get The Idea?
YIU Yes, I Understand

परिशिष्ट–3

लाइनको चौड़ाई तय गर्न

प्वाइंट साइजको प्रयोग ग्राफिक्स, वर्ड प्रोसेसिंग, वेब डिजाइनिंग र अन्य कार्यहरुमा हुन्छ। तल फरक–फरक प्वाइंटर साइजको चौड़ाई दिईएको छ।

¼ point

½ point

1 point

1½ point

2 point

3 point

4½ point

6 point

7 point

8 point

9 point

10 point

11 point

12 point

14 point

16 point

18 point

24 point

36 point

48 point

60 point

72 point

100 point

विंडो 8: संक्षिप्त परिचय

विंडो 8

विंडो 8, माइक्रोसोफ्ट विंडोको अर्को वर्जन (संस्करण) हो। माइक्रोसोफ्टको आपरेटिंग सिस्टमको श्रंखलामा विंडो 7 को सफलता पछि यसलाई लांच गरिएको हो।

विंडो 8 लाई विंडो 7 को आधारमा नै तैयार गरिएको छ। यो विंडो 7 को डेस्कटॉप एप्लीकेशन र डिवाइसलाई सपोर्ट गर्दछ जसबाट विंडो 7 माथि आधारित महत्वूपर्ण एप्लीकेशन विंडो 8 मा सुगमताले कार्य गर्दछ।

विंडो 8 मा माइक्रोसॉफ्टले नया मेटरो स्टाइल इंटरफेसं पेश गरेको छ। जुन टच स्क्रीन माथि आधारित छ। यसको

सहायताबाट तपाई टच गरेर कार्यलाई चाढो र सजिलैसंग गर्न सक्नुहुन्छ।

चाढो कार्य गर्नको लागि नयाँ 'स्टार्ट स्क्रीन' मा सबै एप्लीकेशन तपाईको अगाडि हुन्छ। विंडो 8 लाई सजिलैसंग नेवगेशन (चीजहरु खोजी गर्न) गर्नको लागि तैयार गरिएको छ। त्यसैले यो आपरेटिंग सिस्टममा हातले, माउसले वा की-बोर्डले काम गर्नमा बढि मेहिनत गर्नु पर्दैन्।

विंडो 8 मा दुई वटा टच की-बोर्ड दिईएको छ। टाइपिंगलाई सजिलो बनाउनको लागि विंडोले ती शब्दहरुलाई स्क्रीनमा देखाउछ (सजेस्ट गर्दछ) जसलाई तपाई टाइप गर्न चाहनुहुन्छ। यसमा तपाई सही शब्दलाई केवल एउटा क्लिकमा छान्न सक्नुहुन्छ र पूरा शब्द टाइप गर्नुपर्ने आवश्यक्ता हुदैन्।

विंडो 8 को नयाँ फीचर्स

मेटरो यूजर इंटरफेस र स्टार्ट स्क्रीन

विंडो 8 मा एउटा नया यूजर इंटरफेस शामिल गरिएको छ जसलाई मेटरो यूजर इंटरफेस भनिन्छ। यस फीचरमा स्टार्ट मीनूलाई न्यू स्टार्ट स्क्रीनमा बदलिएको छ। जसमा एप्लीकेशनको शार्टकट शामिल गरिएको छ।

पिक्चर पासवर्ड :

पासवर्ड टाइप गर्नुको सट्टा यसमा एउटा नया तरीका प्रयोग गरिएको छ जसमा यूजर पिक्चरको तीन ठाँउमा स्केच गरेर लॉग इन गर्न सक्छ।

न्यू विंडो एक्सप्लोरर :

यस विंडो एक्सप्लोररमा रिबन इंटरफेस प्रयोग गरिएको छ। यो त्यस्तै छ जस्तो माइक्रोसॉफ्ट ऑफिस एप्लीकेशनमा प्रयोग गरिएको छ।

यूएसबी 3.0 सपोर्ट :

विंडोले 8 यूएसबी 3.0 लाई सपोर्ट गर्दछ जुन यूएसबी 2.0 भन्दा पनि बढि चाढो छ।

विंडो स्टोर :

विंडो 8 मा विंडो स्टोर पनि शामिल छ, यो एउटा ऑनलाइन मार्केट हो जसमा तपाई चीजलाई बेच्न सक्नुहुन्छ, खरीद गर्न सक्नहुन्छ र विज्ञापन पनि गर्न सक्नुहुन्छ।

विंडो टू गो :

विंडो 8 यूएसबी कनेक्टेड ड्राइव जस्तो फ्लैश ड्राइवबाट पनि रन गर्न सक्छ। यो फीचरलाई विंडो टू गो भनिन्छ।

इंटरनेट एक्सप्लोरर 10 :

विंडो 8 मा इंटरनेट एक्सप्लोररबाट तपाई चाढो र राम्रो सुरक्षाको साथमा टच ब्राउजिंगको मज्जा लिन सक्नुहुन्छ।

कनेक्टिविटी :

विंडो 8 स्यंमले नै राम्रो क्वालिटीको नेटवर्क कनेक्शन सर्च गरेर त्यसमा जान्छ। मोबाइल ब्रॉडबैंडको विकल्प हाईफाईको प्रयोगद्वारा यो मोबाइल नेटवर्क कनेक्टिविटीलाई पनि बढाउछ।

डिवाइस ड्राइवर :

विंडो 8 मा नयाँ ड्राइवर शामिल हुल्छ जसले डिवाइसको ठूलो रेंज (प्रिंटर, सेंसर, टच इनपुट डिवाइस र डिस्प्ले) लाई सपोर्ट गर्दछ। त्यसैले यसमा नयाँ डिवाइस ड्राइवर लगाउनु पर्ने आवश्यक्ता छैन्। जसरी नै तपाई यसमा डिवाइस लगाउनुहुनेछ, यो कार्य गर्न थाल्नेछ।

आवश्यक चीजहरु :

विंडो विस्टा र विंडो 7 को समान हार्डवेयरमा पनि विंडो 8 त्यस भन्दा धेरै राम्रो काम गर्दछ।

- एक गीगा हट्‌र्स या 32 बिट या प्रोसेसर
- 1 गीगा बाइट (जीबी) रैम (32 बिट) वा 2 जीबी रैम
- 16 जीबी हार्ड डिस्क (32 बिट) वा 20 जीबी (64 बिट)
- डब्ल्यूडीडीएम 1.0 को साथै डाइरेक्ट एक्स 9 ग्राफिक्स डिवाइस वा त्यो भन्दा पनि राम्रो ड्राइवर

वास्तवमा, टच इनपुटको फाईदा लिनको लागि यसमा स्क्रीन छ जसले मल्टीटचलाई सपोर्ट गर्दछ।